W0259031

PHYSIOLOGISCHE CHEMIE

EIN LEHR- UND HANDBUCH FÜR ÄRZTE
BIOLOGEN UND CHEMIKER

HERVORGEGANGEN AUS DEM
LEHRBUCH DER PHYSIOLOGISCHEN CHEMIE
VON OLOF HAMMARSTEN

ZWEITER BAND

ERSTER TEIL

BANDTEIL a

HERAUSGEGEBEN VON

B. FLASCHENTRÄGER
ALEXANDRIA

UND

E. LEHNARTZ
MÜNSTER/WESTF.

Springer-Verlag Berlin Heidelberg GmbH

DER STOFFWECHSEL

ERSTER TEIL

BEARBEITET VON

H. W. BERENDT · F. L. BREUSCH · K. FELIX · B. FLASCHENTRÄGER
K. HINSBERG · F. HOLTZ · E. JORPES · F. W. KRZYWANEK†
K. LANG · F. LEUTHARDT · C. MARTIUS · H. NETTER
E. SCHÜTTE · G. SIEBERT · W. SIEDEL · Z. STARY
HJ. STAUDINGER · G. STOECK · E. STRACK
O. WISS · K. ZIPF

MIT 62 TEXTABBILDUNGEN

BANDTEIL a

Springer-Verlag Berlin Heidelberg GmbH

ISBN 978-3-642-86169-7 ISBN 978-3-642-86168-0 (eBook)
DOI 10.1007/978-3-642-86168-0

Ursprünglich erschienen bei Springer-Verlag OHG. Berlin, Göttingen and Heidelberg 1954.
Softcover reprint of the hardcover 1st edition 1954

Inhaltsverzeichnis.

Der Stoffwechsel. Erster Teil.

Bandteil a.

Seite

D. Physiologische Chemie der Lebensvorgänge und Organe 1

I. Aufbereitung und Transport 2

1. Die Biochemie der Verdauung. Von F. W. KRZYWANEK †, Berlin, und B. FLASCHENTRÄGER, Alexandria 2
2. Die Biochemie der Resorption (Aufsaugung). Von E. STRACK, Leipzig 200
3. Das Blut 254
   a) Das Blut als Ganzes. Von K. HINSBERG, Düsseldorf 254
   b) Das Blutplasma und Blutserum. Von K. HINSBERG, Düsseldorf . . 283
   c) Die geformten Bestandteile des Blutes. Von K. HINSBERG, Düsseldorf, bearbeitet von H. W. BERENDT, Mölln/Lauenburg 416
   d) Die Blutgerinnung. Von E. JORPES, Stockholm 473
   e) Die Atmungsfunktion des Blutes. Von K. FELIX, Frankfurt/M. . . 500
   f) Das Säure-Basengleichgewicht im Blut. Von K. FELIX, Frankfurt/M. 528
4. Lymphe und verwandte Flüssigkeiten. Von K. HINSBERG, Düsseldorf . . 545

II. Stoffwechsel ohne wesentliche Wärmetönung 589

1. Wasserstoffwechsel. Von ERNST SCHÜTTE, Berlin 589
2. Mineralstoffwechsel. Von ERNST SCHÜTTE, Berlin 608
3. Knochengewebe und Verkalkung. Von FR. HOLTZ, Halle, und ERNST SCHÜTTE, Berlin 700

III. Intermediärer Stoffwechsel 724

1. Stoffwechsel der Kohlenhydrate. Von F. L. BREUSCH, Istanbul 724
2. Stoffwechsel der Fette. Von K. LANG, Mainz 792

Bandteil b.

3. Stoffwechsel der Phosphatide. Von Z. STARY, Istanbul 841
4. Stoffwechsel des Cholesterins und der Steroidhormone. Von Hj. STAUDINGER, Mannheim, und G. STOECK, Mannheim 869
5. Stoffwechsel der Eiweißstoffe und Aminosäuren. Von O. WISS, Tübingen 909
6. Der Stoffwechsel der Porphyrine. Von W. SIEDEL, Frankfurt/M. . . 996
7. Der oxydative Endabbau. Von C. MARTIUS, Würzburg 1025
8. Die chemischen Leistungen der morphologischen Zellelemente. Von K. LANG, Mainz, und G. SIEBERT, Mainz 1064
9. Die Reaktion der Zellen und Gewebe. Von H. NETTER, Kiel, und F. LEUTHARDT, Zürich 1156
10. Der Stoffwechsel der Purine und Pyrimidine. Von K. ZIPF, München 1177

Namen- und Sachverzeichnis 1258

Berichtigungen (am Schluß des Sachverzeichnisses).

Teil 2 wird enthalten:

IV. Biochemie einiger Organe.
1. Leber und Galle. Von Z. STARY, Istanbul.
2. Muskel. Von P. OHLMEYER, Tübingen, und K. LOHMANN, Berlin.
3. Gehirn und Nerven. Von C. G. SCHMIDT, Münster/W.
4. Augen und Tränen. Von H. SÜLLMANN, Münster/W.

V. Die Ausscheidungen und ihre Organe.
1. Niere und Harn. Von E. WERLE, München.
2. Faeces. Von F. W. KRZYWANEK †, Berlin, und B. FLASCHENTRÄGER, Alexandria.
3. Die Haut und ihre Ausscheidungen. Von F. SCHAAF, Basel.
4. Milchdrüse und Milch. Von W. LINTZEL, Krefeld.

VI. Chemische Regulationen im Stoffwechsel.
1. Hormone und endokrine Drüsen. Von K. JUNKMANN, Berlin.
2. Vitamine. Von H. RUDY, Mannheim, bearbeitet von H.-J. BIELIG, Heidelberg (Allgemeines und Vitamin A), K. SCHREIER, Heidelberg (Vitamin B) und H. WOLF, Heidelberg (übrige Vitamine).
3. Phytohormone. Von J. REINERT, Tübingen.

VII. Abwehrreaktionen.
1. Entgiftung. Von A. W. FORST, München, und H. HALBACH, München.
2. Immunchemie. Von O. WESTPHAL, Säckingen.

VIII. Fortpflanzung und Wachstum. Von H. DRUCKREY, Freiburg/Br.

IX. Biochemie der Tumoren. Von H. DANNENBERG, Tübingen.

X. Das Ei. Von M. TOMITA, Kobe, Japan.

E. Gesamtstoffwechsel und Ernährung. Von H. KRAUT, Dortmund.

F. Vergleichende Physiologische Chemie.

I. Viren. Von G. SCHRAMM, Tübingen.

II. Bakterien und Pilze. Von W. FRANKE, Köln/Rh.

III. Pflanzen. Von K. MOTHES, Gatersleben.

IV. Tiere. Von R. BEUTLER, München.

Namen- und Sachverzeichnis.

Zeittafel zur Geschichte der Physiologischen Chemie und verwandter Gebiete. Von B. FLASCHENTRÄGER.

Abkürzungsverzeichnis (lose beigegeben).

Namenverzeichnis.

AAS, K., s. OWREN, P. A. 480[12], 482[2].

ABBA, G. C., e L. NOCETO: Carotinoide im Blut von Neugeborenen 365[19]. — Phosphataseaktivierung durch UV-Bestrahlung 376[7].

ABBOT, W. O., W. G. KARR, P. M. GLENN and R. WARREN: Glucoseresorption im menschlichen Dünndarm 216[10], 223[2].

— s. KARR, W. G. 222[1].

— s. WARREN, R. 221[14].

ABBOTT, L. D. jr., and H. B. LEWIS: Demethylierung von Sarkosin 941[5].

ABDEL KADER, M. M., s. ELLINGER, P. 969[11], 992[16], 994[4].

ABDERHALDEN, E.: Buch über Synthese der Zellbausteine von Pflanze und Tier (1912); 2. Aufl. (1947) 7[1]. — Lehrbuch der physiologischen Chemie; 5. Aufl. (1923) 226[8]. Buch über Abwehrfermente; 6. Aufl. (1941) 382[17]. — Geschichtliches über die Verdauung im Magen 30[12]. — Entstehnng von Peptonen bei Eiweißverdauung 174[5]. Aminosäuren im Darmchymus des Schweines 174[6], 175[1].—Isolierung von Glycyl-phenylalanin aus dem Darminhalt 174[7]. — Keine chemisch nachweisbare Resorption von Peptonen 225[17]. — Rassische und individuelle Eigenschaften von Bluteiweißstoffen 287[2]. — Aminosäuren im Dialysat von Blutplasma 344[4]. — Aminosäuren im Pfortaderblut 345[1]. — Einteilung der säurelöslichen organischen Phosphorverbindungen 411[15]. — Erythrocytenzahl in großer Höhe 418[8]. — Trockensubstanz der Erythrocyten 425[4]. Zusammensetzung des Blutes 426[3], 427[1]. — Stromaeiweißgehalt von Säugetiererythrocyten 440[1]. — Eisengehalt der Milch 661[6]. — Pankreas- und Alloxandiabetes 779[4]. — Umbau von Körpereiweiß beim Rheinlachs 912[4]. — Zusammensetzung des Darminhaltes nach Eiweißfütterung 913[1]. — Isolierung von Aminosäuren aus dem Blut 913[4]. — Höhermolekulare Eiweißspaltprodukte im Blut nach Eiweißzufuhr 914[15]. — D-Aminosäuren in Tumorgewebe 931[1]. — Ersatz von Nahrungseiweiß durch Eiweißhydrolysate 933[2]. — Tryptophan als essentielle Aminosäure 987[11].

— u. R. ABDERHALDEN: Altersveränderungen von Erythrocyteneiweiß 287[4]. — D-Peptidasen im Serum von Geschwulstträgern 383[3].

ABDERHALDEN, E., u. S. BUADZE: Adaptive Bildung von Saccharase und Lactase 127[2]. — Abwehrfermentwirkung von Eiweißstoffen 382[17]. Kreatinsynthese aus Histidin 947[10]. — Kreatinbildung aus Purinen 1237[16], 1254[12]. — Steigerung der Purinausscheidung durch purinfreies Eiweiß 1240[17].

— u. H. DEETJEN: Gewinnung reiner Erythrocyten 424[14]. — Dipeptidase in Thrombocyten 472[9].

— u. G. EFFKEMANN: Keine selektive Hexoseresorption bei Vergiftungen 219[20].

— u. E. v. EHRENWALL, E. SCHWAB u. O. ZUMSTEIN: Iminopeptidase in Darmschleimhaut und Leber 122[14].

— u. H. EINBECK: Histidinabbau 974[8]. — Keine Purinsynthese aus Arginin und Histidin 976[5]. — Histidin als Muttersubstanz der Purinbasen 1218[19].

— u. H. EINBECK u. J. SCHMID: Histidinabbau 974[8].

— F. FRANK u. A. SCHITTENHELM: Aminosäureresorption im Dickdarm 229[2].

— u. A. GIGON: Aminosäurebildung bei Bebrütung von Darmchymus 175[3].

— A. GIGON u. E. STRAUSS: Glykokollsynthese für die Hippursäurebildung 938[9].

— u. R. HANSLIAN: Freisetzung von Eisen im Magen 657[4].

— u. P. HIRSCH: Peptidsynthese in der Darmwand nach Aminosäureresorption 915[4].

— u. K. KIESEWETTER: Adsorption von Pepsin an Eiweiß 76[1].

— W. KLINGEMANN u. T. PAPPENHUSEN: Leucin und Tyrosin im Mageninhalt vom Schwein 98[2]. — Aminosäuren aus Eiweißabbau in Pansen und Haube 101[3]. — Eiweißspaltung im Dünndarm 174[3].

— K. v. KÖRÖSY u. E. S. LONDON: Zusammensetzung des Darminhaltes nach Eiweißfütterung 913[1].

— u. F. KRAMM: Entstehung von Aminosäuren bei Eiweißverdauung 174[4]. — Aminosäurebildung bei Bebrütung von Darmchymus 175[2].

— u. H. KÜRTEN: Bindung von Aminosäuren in den Erythrocyten 228[8].

— u. E. S. LONDON: Resorptionsweg der Eiweißspaltprodukte 228[7], 551[3]. — Amino-

Die Seiten 1—840 befinden sich im Bandteil a, die Seiten 841—1257 im Bandteil b.

säuregehalt des Chylus 552[1]. — Resorption von Eiweißabbauprodukten aus isolierten Darmstücken 914[9]. — Peptidsynthese in der Darmwand nach Aminosäureresorption 915[4].

ABDERHALDEN, E., E. S. LONDON u. C. VOEGTLIN: Peptidspaltung im Darm 913[3].

— u. P. MÖLLER: Mangangehalt des Pferdeblutes 406[3].

— u. G. MOURIQUAND: Buch über Vitamine und Vitamintherapie (1948) 716[8].

— u. H. NIENBURG: Hemmungsstoff für Prolinase 123[5].

— u. C. OPPENHEIMER: Höhermolekulare Eiweißspaltprodukte im Blut nach Eiweißzufuhr 914[15].

— u. A. PAFFRATH: Cholinesterase im Darmextract 125[13]. — Cholinbestimmung 136[12].

— u. C. J. V. PETTIBONE: Abbau von schwer spaltbaren Eiweißkörpern im Darm 175[4].

— O. PRYM u. E. S. LONDON: Aminosäureresorption im Dünndarm 913[2].

— u. F. SAMUELY: Cystein- u. Cystinabbau zu Sulfat 956[8].

— u. A. SCHITTENHELM: Ausscheidung von Aminosäuren im Harn 954[21]. — Nucleindesaminasen, Verbreitung 1189[5].

— u. H. STRAUSS: Synthese von Glykokoll aus anderen Aminosäuren 939[9].

ABDERHALDEN, R.: Buch über Hormone (1952) 371[1]. — Zusammenfassung über Abwehrproteinasen (1950) 383[4]. — D-Peptidasen im Serum von Geschwulstträgern 383[3].

— u. A. HILDEBRANDT: Tagesschwankungen im Vitamin B_1-Gehalt des Blutes 362[3]. — Bestimmung des Vitamin B_1-Defizits 362[3].

— s. ABDERHALDEN, E. 287[4], 383[3].

ABE, Y.: Fehlen von Cholsäure und Desoxycholsäure im Hundeblut 339[12].

ABEL, J. J.: Resorption von Eiweiß in Form von Aminosäuren 226[11].

— L. G. ROWNTREE and B. B. TURNER: Aminosäuretransport im Blut 913[9].

ABELIN, I.: Einführung in die experimentelle chemische Physiologie (1944) 277. — Alkoholgehalt menschlichen Blutes nach Alkoholaufnahme 327[12]. — Goldsol- und Mastixreaktion im Liquor 568[5]. — Verhältnis Rest: N/Gesamt-N in Serum und Liquor 568[11]. — Beziehungen zwischen Schilddrüse und Bromgorgosäure 700[6]. — Steroidgehalt der Nebenniere und Leberglykogenbildung 773[7]. — Glykogenablagerung nach Fettzufuhr 776[5]. — Glykogenbildung im Rattenzwerchfell 777[9].

— s. BRADA, Z. 776[3].

— s. RAAFLAUB, J. 349[8].

ABELL, L. L., and F. E. KENDALL: Bedeutung der Darmmotorik für die Cholesterinresorption 871[20].

ABELSON, N. M., s. DIAMOND, L. K. 389[5].

ABICHT, I., u. F. KUHLMANN: Einfluß von Begleitstoffen auf die Wasserresorption 209[12].

ABL, R.: Wirkung parasympathischer Endgifte auf Harnsäureausscheidung 1231[3].

ABOOD, L. G.: Wirkung elektrischer Reizung auf O_2-Aufnahme der Mitochondrien 1135[3].

— R. W. GERARD, J. BANKS and R. D. TSCHIRGI: Verteilung von Stickstoff und RNS-Phosphor in der Zelle 1072[25]. — Intracelluläre Verteilung von Lipoidphosphor 1077[14]. — Intracelluläre Verteilung von Fermenten 1090[7]. — Brenztraubensäureoxydation durch Mitochondrien 1136[30].

— R. W. GERARD and S. OCHS: Wirkung elektrischer Reizung auf O_2-Aufnahme der Mitochondrien 1135[3].

ABRAHAM, E. P., s. HEIDELBERGER, C. 991[7].

ABRAHAM, S., I. L. CHAIKOFF and W. Z. HASSID: Mechanismus der Glucosebildung aus Fettsäuren 837[4].

ABRAHAMSEN, N. S. B., s. COON, M. J. 951[9].

ABRAMS, A., and H. BORSOOK: Glutaminsäurebildung beim Histidinabbau 977[8].

— P. P. COHEN and O. O. MEYER: Kryoglobulin aus Lymphknoten 557[2].

ABRAMS, R.: Umsatzgeschwindigkeit von Ribonucleotiden und Desoxyribonucleotiden 1120[6]. — Aufnahme von ^{14}C-Glykokoll durch Nucleotide im Blastulastadium 1191[13]. — Hemmung der Nucleinsäuresynthese durch Röntgen- und γ-Strahlen 1197[3], 1248[12]. — Purinsynthese in Seeigeleiern aus Glykokoll 1220[5]. — Keine Beteiligung von Nucleinsäuren an Proteinsynthese 1242[11].

— and J. M. GOLDINGER: Erneuerungsgeschwindigkeit von Nucleotiden 1120[7, 11], 1192[22]. — Abbau von markiertem Adenin 1193[4]. — Gleichgewicht Adenin/Guanin im Knochenmark 1222[7].

— J. M. GOLDINGER and E. S. G. BARRON: Übergang von Essigsäure in Aminosäuren 838[5].

ABRAMSON, C.: Reizart und Zusammensetzung des Pankreassekrets 156[4].

ACHARD, C., M. BARIÉTY, A. CODOUNIS et E. HADJIGEORGES: Fettgehalt des Blutes 331[8].

— J. LÉVY et M. PACU: Elektrolytverteilung in Ergüssen 560[16], 561[1].

— J. LÉVY et I. POTOP: Blutkreatinin ist ultrafiltrierbar 349[4].

— et M. LOEPER: Trockene Retention von Kochsalz 631[2].

ACHRAP, L. K., u. N. A. PODKOPAEW: Wirkung von Milch auf die Speichelsekretion 13[9].

ACKERMANN, D.: Histamingehalt des Blutes bei anaphylaktischem Schock 353[3]. — N- und P-Gehalt kernhaltiger Erythrocyten 454[11]. — Vorkommen von Cholesterin im Maikäfer 870[4]. — Bakterien, Gehalt an Aminosäuredecarboxylasen 931[3]. — Zellkerngewinnung 1065[3].
— u. F. KUTSCHER: Vorkommen von Argininphosphorsäure 946[10]. — Ausscheidung von Aminosäuren im Harn 954[21].
— O. TIMPE u. K. POLLER: Anserin 978[7].
ACKERMANN, W. W., and T. FRANCIS jr.: Intracelluläre Verteilung des Herpesvirus 1147[12].
— s. JOHNSON, R. B. 1090[122], 1155[4].
— s. SHIVE, W. 1221[4].
— s. SWENDSEID, M. E. 1096[8].
ACKROYD, H., and F. G. HOPKINS: Purinsynthese aus Arginin und Histidin 944[3]. 976[4]. — Arginin als entbehrliche Aminosäure 969[5]. — Gegenseitige Vertretung von Histidin und Arginin im Wachstumsversuch 974[3]. — Histidin als Muttersubstanz der Purinbasen 1218[23].
ADA, G. L.: Umsatzgeschwindigkeit der Phosphatide in Zellfraktionen 867[6], 1144[3]. Verteilung von Eiweiß und Ribonucleinsäure auf die Zellelemente 1072[1]. — Intracelluläre Verteilung von Gesamtlipiden und Phosphatiden 1077[5].
ADACHI, K.: Harnsäurevermehrung in Blut und Harn bei Krankheit 1246[17].
ADAIR, G. S.: Molekulargewicht von Hämoglobin 509[2], 512[2]. — Affinität von Sauerstoff und Hämoglobin 513[1]. — Einfluß des p_H auf die Dissoziationskurve von Hämoglobin 514[3].
— and M. E. ADAIR: Phosphatidhaltiges Lipoidprotein aus menschlichem Serum 859[8].
ADAIR, M. E., s. ADAIR, G. S. 859[8].
ADAMS, G., s. ASHWORTH, C. T. 263[2].
ADAMS, M. A., s. GESSLER, C. J. 78[2]
— s. TAYLOR, F. H. L. 422[16].
ADAMS, P., s. GRAY, I. 816[2].
ADAMS, S. W., A. LESLIE and M. H. LEVIN: Eisengehalt abgeschilferter Epithelzellen 660[12].
ADDIS, T.: Beeinflussung von Länge und Weite des Dünndarmes durch die Nahrung 105[8].
— D. D. LEE, W. LEW and L. J. POO: Eiweißspeicherung 911[5], 927[6].
— L. J. POO and W. LEW: Eiweißspeicherung 927[6].
— s. BARRETT, E. 350[8], [17].
ADICKES, F., s. LANG, K. 814[9], 819[2].
ADLER, A.: Zusammenfassung über refraktometrische Blutuntersuchungen (1928) 272[10].
ADLER, E. (Frankfurt): Zusammenfassung über Blutzucker (1928) 313[5]. — Zusammenfassung über Cholesterin und Phosphatide in Plasma und Serum (1928) 338[2].
ADLER E. (Stockholm), H. v. EULER, G. GÜNTHER and M. PLASS: Isocitricodehydrogenase 1051[9].
— H. v. EULER u. W. HUGHES: Funktion von Codehydrogenase II 1236[4].
— s. EULER H. v. 741[2], 753[5], 755[5], 935[6], 949[15], 950[1], 1236[9,10].
ADLER, H. M.: Physiologische Salzlösung für Kaltblüter 267[8].
ADLERSBERG, D., S. R. DRACHMAN, L. E. SCHAEFER and R. DRITCH: Cholesterinausscheidung 875[7].
— and H. SOBOTKA: Resorption von Vitamin A 249[14].
ADMIRAAL, J.: Resorption von Gasen im Katzendünndarm 215[9].
ADOLPH, E. F.: Buch über die Physiologie des Menschen in der Wüste (1947) Engl. 596[6]. — Zusammenfassung über Wasserstoffwechsel (1947) 589[13].
ADOLPH, W. H., s. CHOU, T.-P. 402[10], 667[8], [9].
ADRIAN, E. D., W. FELDBERG and B. A. KILBY: Hemmung der Cholinesterase 375[4].
AEBI, H.: Brenztraubensäuregehalt des Blutes 324[18].
ÄNGÅRD, L., s. NYBERG, A. 1090[140].
AGGELER, P. M., J. HOWARD and S. P. LUCIA: Thrombocytenzahl 470[16].
AGNER, K.: Verdoperoxydase aus Leukocyten 462[16]. — Entgiftende Wirkung der Verdoperoxydase 464[1]. — Entgiftende Wirkung von Cu bei Blausäurevergiftung 669[19].
ÅGREN, G.: Aminopolypeptidase aus Darmschleimhaut 120[6]. — Secretinvorkommen in Organen 132[5]. — Haltbarkeit von krystallisiertem Secretin 133[1]. — Fermentabgabe durch Pankreas nach Secretin 134[1]. — Förderung der Tätigkeit von Pankreas und BRUNNERschen Drüsen durch Secretin 134[2]. — Wirkungsstärke von krystallisiertem Secretin 134[2]. — Aminopolypeptidase aus Pankreas 159[12]. Abgabe von Harnsäure durch Pankreassaft 1213[10].
— and E. HAMMARSTEN: Aminosäurezusammensetzung des Secretins 132[15]. — Secretinspaltung durch Aminopolypeptidase 133[3].
— and H. O. LAGERLÖF: Hitzebeständigkeit von Secretin 133[2]. — Secretin wirkt nicht als Cholagogum 133[8]. — Menge und Zusammensetzung von Pankreassaft nach Secretininjektion 133[11]. — Gewinnung von Darminhalt 169[5].
— s. HAMMARSTEN, E. 132[4, 10, 12, 13], 133[4].
— s. WILANDER, O. 132[9].
AGULHON, H.: Borspeicherung in Pflanzen 689[1].
— s. BERTRAND, G.: 689[12].

Die Seiten 1—840 befinden sich im Bandteil a, die Seiten 841—1257 im Bandteil b.

Ahlborg, K., s. Myrbäck, K. 165[1].

Ahlgren, G.: Nachweis von Insulin im Blut 367[2]

Ahlström, L., H. v. Euler and G. v. Hevesy: Hemmung der Nucleinsäuresynthese durch Röntgenstrahlen 1196[16, 18, 20].

— H. v. Euler, G. Hevesy u. K. Zerahn: ^{32}P-Desoxypentosenucleinsäure, Umsatz 1190[2]. — Hemmung der Nucleinsäuresynthese durch Röntgenstrahlen 1196[19].

— H. v. Euler u. B. Högberg: Vorkommen von Peptidasen im Serum 381[5]. — D-Peptidasen im Serum von Geschwulstträgern 383[3].

— s. Euler H. v. 325[14], 381[5], 383[1, 2].

Ahmad, B., s. Wilson, H. E. C. 249[10].

Ahrens, E. H. jr., and H. G. Kunkel: Bedeutung der Phosphatide für lipämische Trübung des Serums 862[6].

Aihara, D., s. Sera, K. 977[7].

Aiki, T.: Größe der Erythrocyten bei verschiedenen Tieren 418[1].

Aird, R. B., s. Greenberg, D. M. 620[8].

Aisner, M., s. King, F. B. 915[11].

Aitchison, R. S., s. Paton, D. N. 649[11].

Aizzi-Mancini, M.: Hemmung der Blutgerinnung durch Lanthanchlorid 496[2].

Ajl, S. J., and M. D. Kamen: Bernsteinsäurebildung aus Essigsäure 1028[10].

Åkeson, Å., s. Theorell, H. 822[5], 1013[2].

Akkermann, A. M., s. Kögl, F. 930[9].

Albanese, A. A.: Buch über Eiweiß- und Aminosäurebedarf von Säugetieren (1950) Engl. 909[1]. — Zusammenfassung über den Aminosäurebedarf des Menschen (1947) 909[1].

— L. E. Holt jr., J. E. Brumback jr., J. E. Frankston and V. Irby: Essentielle Aminosäuren für den Menschen 934[3].

— L. E. Holt jr., J. E. Brumback jr., M. Hayes, C. Kajdi and D. M. Wangerin: Essentielle Aminosäuren für den Menschen 934[3].

— L. E. Holt jr., J. E. Brumback jr., C. Kajdi, J. E. Frankston and D. M. Wangerin: Essentielle Aminosäuren für den Menschen 934[3].

— L. E. Holt jr., J. E. Frankston and V. Irby: Essentielle Aminosäuren für den Menschen 934[3].

— L. E. Holt jr., V. Irby and J. E. Brumback jr.: Absinken des Bluteiweißes bei Mangel an Methionin und Cystin 654[10].

— s. Holt, L. E. jr. 934[3].

Albanese, M.: Resorption der Methylpurine 1223[11]. — Entmethylierung der Methylpurine im Körper 1224[13].

Albaum, H. G., A. I. Hirshfeld, N. E. Tonhazy and W. W. Umbreit: Kein Einfluß von Cortison auf ATP-Gehalt des Muskels 1234[13].

— and R. Lipshitz: Bestimmung von Adenin- und Adenosinphosphorsäuren 348[4].

Albaum, H. G., and M. Ogur: Adenylpolyphosphate in Pflanzen 789[20]. — Adeninpentosepyrophosphat 1184[7].

Albeaux-Fernet, M., s. Querido, A. 363[12], 453[2].

Albers, D.: Phosphataseaktivierung durch UV-Bestrahlung 376[8]. — Spezifität der Serumpeptidasen 381[7]

Albers, H.: Buch über Eisen bei Mutter und Kind (1941) 655[29]. — Zusammenfassung über Wasserhaushalt der Schwangeren (1939) 589[8]. — Zusammenfassung über Phosphatasen (1940) 120[11]. — Zusammenfassung über Lecithinasen (1940) 124[12]. — Eisenresorption und Vitamin C 214[3]. — Bluteisengehalt bei Schwangeren 399[4], 400[5]. — Abhängigkeit der Salzsäurebildung im Magen vom Chloridgehalt des Blutes 541[7]. — Eisenstoffwechsel 655[29]. — Eisenquellen in der Nahrung 657[13].

— A. Schneider u. I. Pohl: Pepsinidin 75[15].

Albert, A., s. Keating, F. R. jr. 681[4], 683[1].

— s. Sprague, R. G. 628[4].

Albert, S., R. M. Johnson and R. R. Wagshal: Nucleinsäuregehalt von Zellkernen 1102[20]. — Zellkernzählung 1104[2].

— s. Johnson, R. M. 1124[1].

Albertoni, P.: Resorption verschiedener Zucker beim Hund 222[14].

Alberts, G. G.: Zusammenfassung über Cholin (1932) 135[9].

Alberts-Dietert, F.: Notwendigkeit von Mangan für die biologische Nitratreduktion 671[17].

Alberty, R. A., R. M. Smith and R. M. Bock: Energielieferung durch ATP-Spaltung bei verschiedenen p_H-Werten 1175[1].

Albrecht, H., u. E. Zdarek: Ochronose 981[9].

— s. Bernhard, K. 836[1].

— s. Trautmann, A. 12[10], 13[6], 14[4], 15[19], 19[14], 20[4].

Albright, F.: Zusammenfassung über die Wirkung von Hormonen auf die Knochenbildung beim Menschen (1947) 715[2].

— and E. C. Reifenstein: Buch über Nebenschilddrüse und Stoffwechselerkrankung des Knochens (1948) Engl. 715[5].

— H. W. Sulkowitch and E. Bloomberg: Wirkungsmechanismus von Parathormon 715[7].

— s. Bauer, W. 640[16], 643[2].

Albrink, M. J.: Phosphatidgehalt von Blutplasma 858[17], 861[5].

Albu, A., u. C. Neuberg: Buch über Physiologie und Pathologie des Mineralstoffwechsels (1906) 609[15].

Alcaber, T.: Acetylcholingehalt von Liquor cerebrospinalis bei Meningitis 570[4].

Alcock, R. S.: Tyrosinbildung aus Phenylalanin bei der Ratte 980[1].

Alcozer, G., s. Morgano, G. 1242[19].

Die Seiten 1—840 befinden sich im Bandteil a, die Seiten 841—1257 im Bandteil b.

ALDER, A.: Zusammenfassung über spezifisches Gewicht des Blutes (1928) 263[2]. — Zusammenfassung über Blutuntersuchung (1928) 272[10]. — Zusammenfassung über Hämolyse (1928) 419[9]. — Zusammenfassung über osmotische Resistenz (1928) 421[10]. — Volumen der Erythrocyten 418[5].
— s. SCHAUB, F. 560[2].
— s. SCHLEIP, K. 416[15].
ALDER, A. E.: Vorkommen von Harnsäure im Schweiß 1213[20].
ALDERTON, G., and H. FEVOLD: Krystallisiertes Lysozym 25[22].
ALDRICH, R. A., s. GRINSTEIN, M. 1007[2], 1020[3].
ALDRIDGE, W. N., and D. R. DAVIES: Cholinesterase im Blut bei Krankheiten 375[2]. — Cholinesterasebestimmung 375[9].
ALEXANDER, B., s. GUTMAN, G. E. 445[3], 915[7].
ALEXANDER. G.: p_H-Bereich für Wachstum von Euglena 1174[5].
ALEXANDER, G. V., R. E. NUSBAUM and N. S. McDONALD: Borgehalt in Knochenasche 689[13].
ALEXANDRE, A.: Über innere Sekretion der Speicheldrüsen 12[6].
ALEXANDRI, A. K., s. LONDON, E. S. 970[6].
ALEXENTSEVA E. S.: Rest-N-Gehalt im Parotisspeichel 15[12]. — Milchsäuregehalt im Parotisspeichel 16[2]. — Blutzuckerschwankungen im arteriellen Blut 316[3]. Blutzuckerschwankungen im venösen Blut 316[4].
ALEXENZEWA, E. S. s. ALEXENTSEVA, E. S.
ALEXIANU-BUTTU, G. D., e G. DE FLORA: Beschleunigung des Purinumsatzes durch Hypophysenvorderlappenextrakte 1233[14]
— s. MARINESCO, A. 574[1].
— s. SERBESCU, P. 699[24].
ALFERT, M., and H. A. BERN: Volumen von Uteruszellkernen 1098[11].
ALFIN-SLATER, R. B., A. M. LARACK and M. L. PETERMANN: Verteilung von Ribonucleinsäure in der Zelle 1072[20].
— s. PETERMANN, M. L. 1072[17], 1247[19].
— s. SCHOTZ, M. C. 1077[25].
ALFONSINI, L.: Mucinase (Hyaluronidase) 25[10], 160[11].
ALGERI, E. J., s. FISHER, R. S. 1224[3].
ALHA, A.-L.: Fibrinogenbestimmung 295[9]. Tagesschwankungen im Eiweißgehalt des Serums 300[5].
ALKJAERSIG, N., s. ASTRUP, T. 383[8].
ALLARD, C., and A. CANTERO: Intracelluläre Verteilung von Adenosintriphosphatase 1090[134], 1118[1].
— G. DE LAMIRANDE and A. CANTERO: Experimentelle Veränderung der Mitochondrienzahl in Leberzellen 1096[3]. — Mitochondrienzahl in Leberzellen 1127[3].
— R. MATHIEU, G. DE LAMIRANDE and A. CANTERO: Zellzahlen in der Rattenleber 1098[1].
ALLARD, C., s LAMIRANDE, G. DE. 1105[8].
ALLARD, E., u. O. GROSS: Ochronose 981[9].
— s. GROSS, O. 981[9].
ALLCROFT, R.: Kupfergehalt von Rinderblut 668[14].
ALLEN, A., s. GELLHORN, E. 367[3].
ALLEN, E. V.: Wirkungsstärke verschiedener Thrombokinasepräparate 480[9].
ALLEN, F. W.: Zusammenfassung über Biochemie der Nucleinsäuren usw. (1941) 1177[18].
— and L. R. CERECEDO: Abbau des Puringes 1218[1].
— S. P. LUCIA and J. J. EILER: Parallelität von Zahl und Nucleotidgehalt der Erythrocyten 445[2]. — Anstieg des Nucleotid-N im Blut bei myeloischer Leukämie 461[1].
— s. CERECEDO, L. R. 1218[2].
ALLEN, J. G., M. SANDERSON, M. MILHAM, A. KIRSCHON and L. O. JACOBSON: Erhöhung des Blutheparins nach Röntgenbestrahlung 499[3].
ALLEN, R. S., and S. W. FOX: Veränderungen des Carotin- und Vitamin A-Gehaltes bei Krankheiten 360[4].
ALLEN, W. M., s. WINTERSTEINER, O. 886[22].
ALLES, G. A.: Zusammenfassung über physiologische Bedeutung von Cholinderivaten (1934) 135[15].
— s. HAWES, R. C. 374[3].
ALLEY, A.: Förderung der Magensaftsekretion durch Fisch 42[3]. — Angriffspunkt des Histamins in der Magenschleimhaut 44[6].
— D. W. McKENZIE jr. and D. R. WEBSTER: Hemmung der Magensekretion durch Fett 45[3].
ALLFREY, V., and A. E. MIRSKY: Intracelluläre Verteilung von Desoxyribonuclease 1090[135].
— H. STERN and A. E. MIRSKY: Einteilung der Zellkernenzyme 1127[2].
— H. STERN, A. E. MIRSKY and H. SAETREN: Zellkernisolierung 1065[10], 1066[3]. — Prozentualer Gehalt des Gewebes an Zellkernen 1098[3]. — Stickstoff- und Eiweißgehalt von Zellkernen 1100[4]. — DNS-Gehalt lipoidfreier Zellkerne 1104[4].
— L. J. TEPLY, C. GEFFEN and C. G. KING: Folinsäurebestimmung 467[16].
— s. STERN, H. 1101[3], 1116[3], 1126[2], 1127[1].
ALLFREY, V. G., s. DALY, M. M. 1107[7], 1123[5].
ALLIN, K. D., s. HARDING, V. J., 1242[6, 7], 1243[3].
ALLINSON, M. J. C.: Kreatin im menschlichen Blutserum 350[16].
ALLISON, F. E., S. R. HOOVER and H. J. MORRIS: Ca-Bedarf von Pflanzen 644[1].
— s. BURK, D 644[2].
ALLISON, H. W., s. WIKOFF, H. L. 409[9].
ALLISON, J. B.: Zusammenfassung über Eiweiß- und Aminosäurestoffwechsel (1948) 909[3].

Die Seiten 1—840 befinden sich im Bandteil a, die Seiten 841—1257 im Bandteil b.

Allison, J. B. s. Morris, M. L. 432[4], 458[2].
Allodi, A., e A. Bellomo: Gewinnung von Darminhalt 169[4].
— e F. Quaglia: Keine Förderung der Magensaftsekretion durch Antiperniciosastoffe aus Leber 42[28].
Almagia, M.: Aufnahme von Harnsäure durch Knorpelstückchen 1255[11].
— u. G. Embden: Glykogenese aus Alanin bei pankreaslosen Tieren 948[6].
Almasy, F., s. Krupski, A. 1223[14], [17], 1224[4], [8].
Almeida Costa, O. de: Zusammenfassung über die Biochemie des Zinks (1935) 674[11].
Almquist u. Welander: Arsenausscheidung durch Harn und Schweiß 693[20].
Almquist, H. J., and A. A. Klose: Vitamin K-Wirkung von Phthiocol 494[2].
— and E. L. R. Stokstad: K-Avitaminose 193[15].
— s. Klose, A. A. 969[6].
Aloisi, M., s. King, E. J. 842[6], 851[13].
Alphen, A. J. S. van, s. Verkade, P. E. 810[5], 811[4], 813[1].
Alsberg, C., and O. Folin: Vermehrte Cystinausscheidung bei Eiweißfütterung 955[1]. — Bildung von Sulfat aus Cystin 955[1].
Alsberg, C. L.: Beteiligung von Tyrosinase an Melaninbildung 986[1].
Alten, F., s. Trénel, M. 685[11].
Altenburger, E.: Brenztraubensäure bei Vitamin A-Mangel 776[4].
— s, Stepp, W. 776[4].
Althausen, T. L.: Förderung der Resorption durch Thyroxin 218[8].
— E. M. Anderson and M. Stockholm: Hemmung der Glucoseresorption bei Mangel an Nebennierenrindenhormonen 219[25].
— J. J. Eller and M. Stockholm: Steigerung der Glucoseresorption durch Vitamin B-Komplex 217[23].
— and M. Stockholm: Steigerung der Glucoseresorption durch Thyroxin 218[9].
Altman, K. I., G. W. Casarett, R. E. Masters, T. R. Noonan and K. Salomon: Beteiligung von Glykokoll am Aufbau von Porphyrin 436[14], 943[11], 998[5].
— K. Salomon and T. R. Noonan: Einbau der α-CH_2-Gruppe von Glycin in Häm 998[5].
— s. Rosa, R. J. della 1022[8].
— s. Salomon, K. 1003[2].
— s. Vennesland, B. 1054[5].
Altmann, H. W., u. R. Meny: Trypsinsynthese in Pankreaszellkernen 1125[1].
— s. Schubothe. H. 424[10].
Altschul, R.: Bedeutung von Cholesterin für die Entstehung der Atherosklerose 872[10].
Altschule, M. D., s. Vallee, B. L. 429[13], 675[6], 679[1, 4].
Altschuler, M., s. Koldajew, B. 376[9].
Alvarez, W. C., F. R. Vanzant and A. E. Osterberg: Schwankungen der Salzsäurewerte im Magensaft 56[1].
— s. Osterberg, A. E. 77[6, 15].
Alves de Moraes, P.: Bedeutung der Diät für Cholesterinresorption 871[13].
Alwall, N.: Künstliche Niere 499[18].
Amann, R., s. Wolff, H. 679[3].
Amatuzio, D. S., and S. Nesbitt: Brenztraubensäuregehalt von Liquor bei hepatischem Koma 572[4].
Ambard, L., J. Stahl e D. Kuhlmann: Bestimmung der Blutchloride 409[1].
Amelung, D., H. J. Hübener, L. Roka u. G. Meyerheim: 11-Oxylierung von Desoxycorticosteron in Leber und Niere 886[13]. — Umwandlung von Cortison in 17-Oxycorticosteron durch Leber 891[9]. Intracelluläre Verteilung der Glykolyse 1090[133]. — Enzymgehalt von Mikrosomen 1151[2].
Amelung, W., s. Isaac, S. 53[6].
Ames, O., s. Doan, C. A. 1237[3].
Aminoff, D., W. T. J. Morgan and W. M. Watkins: Blutgruppensubstanzen der Magenschleimhaut 40[9]. — Chemische Natur der Blutgruppen 424[8].
Amiradžibi, S., s. Gulewitsch, W. 978[6].
Ammon, R.: Zusammenfassung über Lipasen (1940) 22[15]. — Zusammenfassungen über Cholinesterase (1941) 125[14], (1943) 373[5]. Acetylcholin im Blut 351[22].
— u. E. Chytrek: Zusammenfassung über Amylasebestimmung (1939) 23[9]. — Zusammenfassung über Bedeutung der Enzyme in der klinischen Diagnostik (1939) 73[10]. — Zusammenfassung über Pepsinbestimmung (1941) 75[2].
— u. W. Dirscherl: Buch über Fermente, Hormone und Vitamine; 2. Aufl. (1948) 366[10].
— u. M. Jaarma: Zusammenfassung über Magenlipase (1951) 38[13].
— u. G. Voss: Cholinesteraseaktivität im Blut der Weinbergschnecke 374[1].
— s. Hartmann, H. 406[34], 696[8].
Amos, E. S., s. Totter, J. R. 439[2], 467[9].
Amritmahal, G. R., and A. Banerjee: Erhöhung der Serumphosphatase während der Schwangerschaft 376[17].
Anagnostopoulos, C., et J. Courtois: Hemmung der sauren Phosphatase durch Fluorid 377[17].
Anchel, M., and R. Schoenheimer: Cholestenon als Umwandlungsprodukt des Cholesterins 876[8].
Anderegg, P., s. Hintsche, E. 107[4].
Anders, H. K., s. Urone, P. F. 405[22].
Andersch, M. A.: Amylasebestimmung 379[11, 14].
— and A. J. Szczypinski: Saure Phosphatase im Blut bei Prostatacarcinom 377[6].

— Substrate für Phosphatasebestimmung 377[13].
Andersch, M. A., D. A. Wilson and M. L. Merten: Zwei Hämoglobinarten im menschlichen Blut 516[9].
— s. Fay, M. 684[16].
Andersen, A. C., s. Henriques, V. 1204[7]; 1219[3].
— s. Slutzky, B. 6[6].
Andersen, B.: Pepsinbestimmung 75[6]. — Labferment beim menschlichen Säugling 80[9].
— s. Holter, H. 80[9].
Andersen, O., s. Hoff-Jørgensen, E. 638[10, 11].
Anderson, A. B., s. Tompsett, S. L. 404[10], 688[15].
Anderson, A. F., O. M. Schloss and C. Meyers: Nachweis von Kuhmilcheiweiß im Blut neugeborener Kinder 225[7].
Anderson, A. J.: Wachstumsförderung von Leguminosen durch Molybdänsalze 686[5].
Anderson, B.: Codehydrogenase I bei Glutaminsäuredehydrierung 949[14].
Anderson, B. G., s. Armin, S. S. 723[7].
Anderson, E., E. Lindner and V. Sutton: Insulinempfindlichkeit von adrenal- und hypophysektomierten Tieren 780[5].
— and J. A. Long: Steigerung der Insulinproduktion durch Glucosegehalt des Blutes 770[1].
— s. Morton, M. E. 986[7].
— s. Stillman, N. 843[4].
Anderson, E. G., s. Borman, A. 969[7].
Anderson, E. M., s. Althausen, T. L. 219[25].
Anderson, E. P., and S. E. G. Åqvist: Umsatzgeschwindigkeit von Ribonucleotiden und Desoxyribonucleotiden 1120[16]. — Bevorzugter Einbau von ^{32}P in Zellkernribonucleotide 1122[1].
Anderson, H. H., s. Contopoulos, A. N. 449[1].
Anderson, J. T., s. Lee, N. D. 1145[8].
Anderson, N. G., and K. M. Wilbur: Einfluß von Salzen auf isolierte Zellkerne 1067[3]
— s. Wilbur, K. M. 451[4],, 1066[6].
Anderson, R. K., and C. I. Farmer: Mucinverdauung im Darm 83[2].
— and S. J. Fogelson: Mucintherapie des Duodenalulcus 72[13]. — Mucinverdauung im Darm 83[3].
— S. J. Fogelson u. C. I. Farmer: Reduzierende Substanz im Magensaft 72[6].
Anderson, W. E., s. Williams, H. H. 336[1].
Andersson, B.: Funktion von Codehydrogenase II 1236[7].
Andes, E. J., s. Andes, J. E. 353[14].
Andes, J. E., E. J. van Liere, E. J. Andes and P. Vaughn: Guanidin im Blut 353[14].
— and V. C. Myers: Guanidingehalt des Blutes 353[10].
Andreae, M., s. Bernhard, K. 811[5].
Andreasen, E., u. O. Gottlieb: Einfluß der Nebennierenhormone auf die Leukocytenzahl 456[6].
— and J. Ottesen: Geschwindigkeit der Neubildung von Desoxypentosenucleinsäure 1190[3].
Andreev, P.: Beeinflussung der Pepsinwirkung durch Chinin 77[16].
Andreïtschewa, M., s. Zlataroff, A. 674[19].
Andrejew, V. S. W.: Untersuchungen an Vella-Fistelhunden 144[10].
— u. S. I. Georgiewski: Vermehrung der Amylase im Darmsaft nach Stärkeaufnahme 126[3]. — Menge des Fistelsaftes 146[3].
— s. Georgiewsky, S. I. 126[3], 146[3].
Andresen, G., s. Feulgen, R. 846[5], 856[8].
Andrew, B. L., J. N. Davidson and R. C. Garry: Geschwindigkeit des Wasseraustausches durch die Darmwand 208[5]. — Fehlende Glucoseresorption im Rattendickdarm 222[11].
Andrews, J. C: Zusammenfassung über Chemie und Stoffwechsel von Schwefelverbindungen (1943) 651[11]. — Reduktion von S-Verbindungen durch Dünndarmbakterien 173[9].
— and C. G. Johnston: Resorption von Aminosäuren 913[10].
— C. G. Johnston and K. C. Andrews: Resorptionsgeschwindigkeit S-haltiger Aminosäuren 227[4].
Andrews, K. C., s. Andrews J. C. 227[4].
Andrus, E. C.: Einwirkung von p_H-Änderungen auf Herz und Gefäße 1175[5].
Andrus, W. de W., and J W. Lord jr.: Wirkung der Chloroformvergiftung auf die Prothrombinbildung 478[8].
Anfinsen, C. B.: Einbau von isotopem Kohlenstoff in Asparagin- und Glutaminsäure 924[3].
— A. Beloff, A. B. Hastings and A. K. Solomon: Einbau von isotopem Kohlenstoff in Asparagin- und Glutaminsäure 924[4].
— and D. Steinberg: Einbau von Aminosäuren in Eiweiß 925[7]. — Eiweißsynthese durch Eileiterschnitte 927[2].
— s. Ball, E. G. 424[1].
— s. Buchanan, J. M. 1051[5].
— s. Gould, R. G. 761[7].
— s. Hastings, A. B. 761[7].
— s. Peters, T. jr. 924[5, 8].
— s. Steinberg, D. 927[2].
Angelstein, I., s. Bauer, H. 568[3].
Angermann, M., s. Thannhauser, S. J. 1188[26].
Angevine, R. W., s. Sperry, W. M. 114[4], 875[16].
Anhegger-Lisie, S. C., s. Stary, Z. 729[3].
Anisfeld, L., s. Deuel, H. J. jr. 820[8].

ANKER, H. S.: Fettsäuresynthese aus Brenztraubensäure 834[7]. — Bildung von Stearinsäure aus Myristinsäure 834[10]. — Umwandlung von Brenztraubensäure in Serin 941[14]. — Acetylierung von p-Aminobenzoesäure 1044[6].
— and K. BLOCH: Cholestenonausscheidung in den Faeces 876[6].
— s. PIHL, A. 835[2], 873[9].
ANLYAN, A. J., s. FISHMAN, W. H. 380[1].
ANNAU, E.: Malonathemmung des Acetessigsäureabbaus 827[11].
— I. BANGA, B. GÖZSY, S. HUSZÁK, K. LAKI, B. STRAUB u. A. SZENT-GYÖRGYI: Hemmung der Zellatmung durch Arsenit 694[4].
— A. EPERJESSY u. Ö. FELSZEGHY: Lecithin dehydrierendes Enzym 819[5].
ANNEGERS, J. H., J. H. BOUTWELL and A. C. IVY: Ausnutzung der Nahrungsfette 800[12].
— s. HEERSMA, J. R. 235[6].
— s. SEARLE, G. W. 235[7].
ANNERSTEN, S., A. GRÖNWALL and E. KÖIW: Adrenalingehalt des Blutes 369[14].
ANNONI, G.: Durchmesser der Blutplättchen 470[14].
ANOCHIN, P., D. GOLDBERG u. N. ŠAMARINA: Blutversorgung der Speicheldrüsen 11[5].
ANREP, G. V., G. S. BARSOUM and B. GABRAWY: Andrenalinbestimmung im menschlichen Blut 369[3]. — Adrenalinanstieg im Blut durch Scorpiongift 369[7].
— G. S. BARSOUM, M. TALAAT and E. WIENINGER: Histamingehalt von Plasma und Erythrocyten 352[11], 451[14].
ANSCHÜTZ, R.: Synthese von Dicumarol 495[6, 7].
ANSELMINO, K. J., u. F. HOFFMANN: Kohlenhydratstoffwechselhormon im menschlichen Blut bei Diabetes 368[11]. — Anpassung von Hämoglobin an niederen Sauerstoffdruck 516[5].
ANSLOW, W. P. jr., s. BINKLEY, F. 965[7].
— s. RATNER, S. 973[5].
ANSON, M. L.: Zusammenfassung über krystallisierte Carboxypeptidase (1941) 160[5]. — Pro-carboxypolypeptidase aus Pankreas 160[5].
ANSTETT, P., s. POLICARD, A. 405[26].
ANTAKI, A., s. KERR, S. E. 1201[4].
ANTONY, D. S., s. FORSTER, J. W. 1028[10].
ANTOPOL, W., L. TUCHMAN and A. SCHIFRIN: Cholinesterase im Blut bei Krankheiten 374[8]. — Cholinesterase in Tiererythrocyten 450[3].
ANTWEILER, H. J.: Buch über Elektrophorese (1952) 294[4]. — Mikroelektrophorese 294[4].
— u. H. ENGELHARD: Mikroelektrophorese 294[4].
ANUROW, s. POPOW, N. A. 15[17].
AOYAMA, S., s. OKADA, S. 42[20], 45[11].
APITZ, K.: Zusammenfassung über die intravitale Blutgerinnung (1942/43) 473[7]. — Fibrinogendarstellung 295[7].
APOSHIAN, H. V., s. KOCHAKIAN, C. D. 897[13].
APPEL, H., H. BÖHM, W. KEIL u. G. SCHILLER: Abbau substituierter Fettsäuren 814[12].
APPELMANS, F., s. BERTHET, J. 1129[11].
— s. DUVE, C. DE 1129[7].
APPRICH, K., u. F. F. URBAN: Zusammensetzung von Pleuraempyemen 586[2].
AQUILONIUS, L., s. CASPERSSON, T. 33[4], 926[3].
ÅQVIST, S s. ELIASSON, N. A. 1125[6], 1191[3], 1192[12].
ÅQVIST, S. E. G., s. ANDERSON, E. P. 1120[16], 1122[1].
ARCAND, G. M., s. SWIFT, E. H. 409[2].
ARCHIBALD, R. M.: Glutamin- und Glutaminsäuregehalt im Blut 915[8]. — Verteilung von Glutamin und Glutaminsäure im Gewebe 951[1]. — Allantoingehalt im Blut 1215[7].
— s. PHILLIPS, R. A. 264[3], 290[1].
— s. SLYKE, D. D. VAN 264[3], 290[1].
ARDENNE, M. v., u. H. H. WEBER: Kontraktion von Actomyosin durch ATP 1185[9].
ARDRY, R., s. MAUPIN, B. 459[8].
ARENZ, B.: Giftwirkung von freiem Ammoniak für Pflanzen 617[3]. — Bedeutung von Ammoniak für den N-Stoffwechsel der Pflanze 618[1].
— s. SCHROPP, W. 689[1].
ARGYRIS, A., u. O. FRANK: Entstehung von Triglycerid aus Monoglycerid in der Darmwand 237[12].
ARHIMO, E., s. SUOMALAINEN, H. 746[10].
ARIEL, I., s. DUPONT, O. 693[4].
ARISTOWSKY, W. M.: Ca-Resorption im Dünndarm 639[17].
ARK, P. A.: Zinkbedarf höherer Pflanzen 674[20].
ARKINA, R. C., s. FRIEDMANN, A. P. 570[17].
ARMIN, S. S., M. F. CLARKE, B. G. ANDERSON and A. H. SMITH: Empfindlichkeit der Gewebe gegen Calciummangel 723[7].
ARMOUR, J. C., s. WEBSTER, D. R. 44[9].
ARMSTRONG, A. R., E. J. KING and R. I. HARRIS: Serumphosphatase bei hämolytischem Ikterus 376[13].
— s. HARDING, V. J. 318[12].
— s. KING, E. J. 377[12].
ARMSTRONG, J. B., and J. C. WHITE: Verflüssigung eitriger Exsudate durch Desoxyribonuclease 558[9].
ARMSTRONG, S. H. jr., s. COHN, E. J. 300[3].
— s. EDSALL, J. T. 489[21].
— s. HAWN, C. v. Z. 296[12], 500[1].
ARMSTRONG, W. D., s. SINGER, L. 716[3].
ARNAUDI, C., s. BELFANTI, S. 842[9], 851[5].

Die Seiten 1—840 befinden sich im Bandteil a, die Seiten 841—1257 im Bandteil b.

ARNESEN, K., L. BUXTON and A. D. DULANEY: Intracelluläre Verteilung von Hyaluronidase 1090[61].
— Y. GOLDSMITH and A. D. DULANEY: Keine Antikörperbildung durch Zellkerne 1147[5].
— s. DULANEY, A. D. 1147[4].
ARNETH, J.: Buch über qualitative Blutlehre. 4 Bde. (1925/26) 255[1]. — Thrombocytenzahl nach der Geburt 470[17].
ARNOLD, A., s. BLUMBERG, H. 657[11].
ARNOLD, F. A. jr., s. DEAN, H. T. 698[5].
ARNOLD, H.: Wirksamkeit von β-Glycerinphosphorsäureestern des Cholins 141[3].
ARNOLD, H. R., s. SMITH, H. P. 259[5], 262[2].
ARNOLD, J.: Resorption von Eisenpulver im Lymphsack und Knochenmark von Fröschen 658[1].
ARNOLD, R. M., and L. B. MENDEL: Zusammensetzung von Serum- und Darmlymphe beim Hund 550[7].
ARNON, D. I.: Zusammenfassung über den Mineralstoffwechsel der Pflanzen (1943) 609[18].
— and P. R. STOUT: Kupferbedarf von Tomaten 667[16].
ARNSCHINK, L.: Resorption von Glycerin 236[16]. — Ausnutzung hochschmelzender Fette 245[9].
ARNSTEIN, H. R. V., and A. NEUBERGER: Bedeutung von Vitamin B_{12} für Methylierung 964[1]. — Bedeutung von Vitamin B_{12} für Serinsynthese aus Glycin 964[1].
ARON, H., u. R. GRALKA: Zusammenfassung über Magnesium (1924) 635[1]. — Zusammenfassung über Natriumstoffwechsel (1926) 618[11].
— u. K. KLINKE: Zusammenfassung über Anämien (1936) 466[11].
ARRIGO, L., e T. MONTINI: Verhältnis von Cholesterinresorption und -ausscheidung 871[18]. — Cholesterinausscheidung 875[8].
ARTHUS, M.: Unentbehrlichkeit der Calciumsalze für die Blutgerinnung 484[19].
— et C. PAGÈS: Unentbehrlichkeit der Calciumsalze für die Blutgerinnung 484[19].
ARTOM, C.: Lipoidfraktionen im menschlichen Serum 332[9]. — Colamin- und Serinphosphatidgehalt von Rattenorganen 845[2]. — Abbau der Phosphatide im Leberbrei 850[20]. — Phosphatidgehalt von Blutplasma 858[17]. — Phosphatidgehalt des Muskels 862[10], 863[4].
— and W. E. CORNATZER: Phosphatidbildung im Darm bei Fettresorption 118[3]. — Hemmung der Phosphatidbildung durch Sulfide und Azide 849[4]. — Steigerung der Phosphatidbildung durch Colamin, Monomethyl- und Dimethylcolamin 850[2]. — Steigerung der Phosphatidbildung durch Cholin 850[5].
— and W. H. FISHMAN: Abnahme der Leber- und Nierenphosphatide bei alipotroper Ernährung 850[12].
ARTOM, C., and J. A. FREEMAN: Phosphatidgehalt von Blutplasma 858[17].
— e G. PERETTI: Einbau jodierter Fette in Phosphatide der Darmschleimhaut 118[6], 842[15].
— G. SARZANA, C. PERRIER, M. SANTANGELO et E. SEGRÈ: Phosphatidbildung in der Darmschleimhaut bei Fettresorption 117[9], 795[6]. — Glycerinphosphorsäure, Verwendung zum Phosphatidaufbau in der Darmwand 238[1]. — Phosphatidsynthese in der Leber 847[5].
— G. SARZANA et E. SEGRÈ: Phosphatidbildung in der Darmschleimhaut bei Fettresorption 117[9], 795[6]. — P-Resorption 646[12].
— and M. A. SWANSON: Resorption von Phosphatiden 248[12], 796[3], 842[12]. — P-Aufnahme durch Leberschnitte 648[7].
— s. FISHMAN, W. H. 850[13].
— s. PERRIER, C. 238[1].
— s. SWANSON, M. A. 867[13], 1072[26], 1077[15].
ARULLANI, C.: Anregung der Magensaftsekretion 42[6].
ARVAY, A. v., s. VERZÁR, F. 355[2].
ARVIDSON, A., s. BERGSTRÖM, S. 1193[7].
ASAKUMA, S.: Phosphorgehalt der Kaninchenlymphe 555[2].
ASBOE-HANSEN, G.: Mucingehalt von Synovialflüssigkeit 579[2]. — Gelenklymphe 580[12]. — Hyaluronsäure 581[2].
ASCHAFFENBURG, R., s. THOENES, F. 655[22].
ASCHOFF, L.: Ort der Bilirubinbildung 354[1]. — Ort des Hämoglobinabbaus 437[6].
ASCOLI, G.: Ort der Allantoinbildung 1208[16].
ASCOLI, R.: Stabilisierung übersättigter Harnsäurelösungen 1255[7].
ASERO, B., s. ERSPAMER, V. 40[5], 142[20].
ASHBY, W.: Lebensdauer der Erythrocyten 467[17]. — Vorkommen der Kohlensäureanhydratase 522[4].
ASHER, L.: Zusammenhang zwischen Lymphmenge und Eiweißresorption 549[3].
— u. A. G. BARBÈRA: Zusammenhang zwischen Lymphmenge und Eiweißresorption 549[3].
— u. F. W. BUSCH: Zusammenhang zwischen Lymphmenge und Eiweißresorption 549[3].
— u. W. J. GIES: Zusammenhang zwischen Lymphmenge und Eiweißresorption 549[3].
ASHER, T., s. SPÖRRI, H. 111[1].
— s. TRAUTMANN, A. 8[10], 110[3], 222[7].
ASHFORD, C. A., H. HELLER and G. A. SMART: Pepsin- u. HCl-Gehalt des Magensaftes nach Histamin 44[4].
ASHLEY, C., s. CUYLER, W. K. 889[8], 893[16].
ASHWELL, G., s. MAXWELL, E. 1072[33], 1090[129].
ASHWORTH, C. T., and G. ADAMS: Spezifisches Gewicht des Blutes 263[2].
ASHWORTH, J. N., s. COHN, E. J. 294[9], 306[1], 476[10].

Askanasas, Z.: Glucosegehalt von Hundeerythrocyten 443[13].
Askanazy, M., u. E. Rutishauser: Ostitis fibrosa bei Hyperthyreose 718[10]. — Blutcalcium bei Knochenerkrankungen 721[5].
Assenhajm, D., s. Janicki, J. 301[2], 310[4].
Assmann, H.: Zusammenfassung über Krankheiten der Knochen, Gelenke und Muskeln (1941) 720[3].
Assus, A., s. Laffont, A. 386[6].
Astbury, W. T., and R. Lomax: Röntgenstruktur von Fibrin und Fibrinogen 477[6].
— s. Bailey, K. 477[8].
Asteroth, H., s. Kreuziger, H. 1248[4].
Astrup, T.: Fibrinokinase aus Schweineherz 489[27]. — Aktivierung von Plasminogen 489[28]. — Heparinbedarf eines Cofaktors 492[17].
— and N. Alkjaersig: Antihyaluronidase hat Polysaccharidcharakter 383[8].
— and A. Birch-Andersen: Fällung von Proteinen durch Neutralsalze 299[6].
— J. Crookston and A. McIntyre: Plasminbestimmung 489[29].
— and S. Darling: Prothrombindarstellung 478[15]. — Antithrombine im Plasma 487[7, 8]. — Bestimmung der Antithrombinwirkung 487[13].
— S. Müllertz and J. R. Hansen: Bestimmung der Gerinnungszeit 480[13].
— and J. Piper: Gerinnungshemmende Wirkung von Schwefelsäureestern einiger Polysaccharide 492[10].
— s. Fischer, A. 1180[4].
Atchley, D. W., s. Loeb, R. F. 578[6].
Atchley, W. A.: Abbau von Valeriansäure zu Propionsäure 808[3]. — Stoffwechselleistungen von Mitochondrien 1136[16].
— s. Green, D. E. 1137[24].
Aten, A. H. W. jr., and G. Hevesy: Unangreifbarkeit von Sulfat im Stoffwechsel 615[3]. — Geschwindigkeit des Einbaus von anorg. P in organische Bindung 647[11]. — Kein Austausch von O zwischen SO_4-ionen und Wasser im Tierkörper 653[3]. — Phosphatidbildung in der Milchdrüse 867[3].
— s. Hevesy, G. 858[13], 859[9].
Atkinson, A. J., s. Greengard, H. 142[2].
Atlas, L. T., and K. Benirshke: Verhältnis Pentose-/Desoxypentosenucleinsäure in Meerschweinchenleber 1234[18].
Atmann, H. W., s. Schubothe, H. 424[10].
Atno, J., s. Seibert, F. B. 314[2], 320[7], 321[11], 322[9].
Atsumi, Y.: Indicanvermehrung im Blut bei Nierenkrankheiten 351[1]. — Dystrophische Rachitis 716[12].
Attwood, A. M. P., s. Macfarlane, R. G. 484[8].
Atwater, W. D., and F. G. Benedict: Tägliche Wasseraufnahme des Menschen 593[1].
Atzler, E., u. G. Lehmann: Einwirkung von p_H-Änderungen auf Herz und Gefäße 1175[5].
— s. Bleibtreu, M. 486[5].
Aub, J. C., s. Bauer, W. 640[16], 643[2].
— s. Cohn, W. E. 637[22].
— s. Gibson, J. G. 469[2].
— s. Tibbetts, D. M. 636[13].
Auchinachie, D. W., J. J. R. McLeod and H. E. Magee: Keine selektive Hexoseresorption im abgestorbenen Darm 219[12].
Audy, G., and M. Kerly: Glykogenspaltende Enzyme im Insulin 771[6].
Auerbach, F., u. H. Pick: p_H-Wert des Pankreassaftes 156[17]. — Aschegehalt des Pankreassaftes 157[6].
Auerbach, G., s. Grassmann, W. 123[4].
Auerbach, V. H., s. Green, D. E. 830[9], 1136[14].
— s. Knox, W. E. 830[11], 1141[3].
Auerswald, W., u. H. Bornschein: Fraktionierung der Serumeiweißkörper 305[3].
Aufdermaur, M.: Leber- und Nierennekrosen nach Alloxan 779[3].
Augur, V., H. S. Rollman and H. J. Deuel jr.: Verbesserung der Fettausnutzung durch Phosphatide 232[7], 800[14].
Augustin, H., s. Schmidt-Thomé, J. 338[110], 421[3].
Augustinsson, K.-B.: Zusammenfassung über Cholinacetylase (1952) 1045[1]. — Cholinesterase im Blut bei Krankheiten 375[2].
Auld, W. H. R., and C. D. Needham: Resorption gefärbter Fette beim Menschen 240[2].
Austin, R. E., s. Huff, R. L. 1009[8].
Austoni, M. E., and D. M. Greenberg: Verteilung von radioaktivem Eisen auf die Organe 661[5].
Avellone, L., e G. Di Macco: Puringehalt von entnervten Muskeln 1230[6].
Avrin, I., s. Bernstein, S. S. 439[5].
— s. Erickson, B. N. 427[4], 439[6], 441[3, 7], 442[1, 3, 9], 472[3], 858[17].
— s. Williams, H. H. 442[9], 858[17].
Awapara, J., and B. Seale: Transaminasen in Rattengeweben 938[7].
— s. Wingo, W. J. 932[2].
Axelrod, A. E.: Lactoflavingehalt des Blutes 362[12].
— and C. A. Elvehjem: Cozymasegehalt von Blut 453[10].
— E. S. Gordon and C. A. Elvehjem: Zunahme von Coenzym A nach Nicotinsäureamidzufuhr 363[8].
— T. D. Spies and C. A. Elvehjem: Lactoflavingehalt des Blutes 362[12]. — Cozymasegehalt von Erythrocyten 454[1].
Axelrod, B., P. Saltman, R. S. Bandurski and R. S. Baker: Phosphohexokinase in Pflanzen 746[9].

Die Seiten 1—840 befinden sich im Bandteil a, die Seiten 841—1257 im Bandteil b.

AXELROD, H. E., A. F. MORGAN and S. LEPKOVSKY: Ausscheidung von Kynurenin und Xanthurensäure bei B_6-Mangelratten 993[6].
AXELROD, J., B. B. BRODIE and S. UDENFRIEND: Bedeutung der Ascorbinsäure für den Tyrosinabbau 984[8].
— s. BERGER, E. Y. 591[5].
— s. BRODIE, B. B. 591[6].
— s. SOBERMAN, R. 591[4].
— s. UDENFRIEND, S. 984[8].
AXENFELD, H., s. ZIRM, K. L. 337[1], 822[2].
AXMACHER, F.: Buch über allgemeine Pharmakologie (1938) 250[14].
AYER, J. L., s. PITTS, R. F. 58[7].
AZARKH, R. M., u. N. V. GLADKOVA: Pyridoxalphosphat, Coenzym der Desulfurierung von Cystein 958[5]. — Pyridoxalphosphat und Cystathioninbildung und -spaltung 966[1].
— s. BRAUNSTEIN, A. E. 936[7], 938[5].

BAAR, G.: Buch über Indicanämie (1922) 355[22].
BAARLE, F. VAN, s. BOGAERT, A. VAN 573[9].
BABIČKA, J.: Gold in Lebewesen 405[27].
BABÁK, E.: Beeinflussung von Länge und Weite des Dünndarms durch die Nahrung 105[3].
BABKIN, B. P.: Buch über die äußere Sekretion der Verdauungsdrüsen, 2. Aufl. (1928) 6[3]. — Buch über Sekretionsmechanismus der Verdauungsdrüsen, 2. Aufl. (1950) Engl. 6[4]. — Zusammenfassung über Verdauungsdrüsen (1927) 6[4]. — PAVLOV-Biographie (1951) Engl. 30[21]. — Innervation der Speicheldrüsen 11[4].
— and M. H. F. FRIEDMAN: Zusammenfassung über Verdauungskanal (1945) 6[6].
— C. O. HEBB and L. KRUEGER: Angriffspunkt chemischer Reize an der Pylorusschleimhaut 42[31].
— u. W. W. SAWITSCH: Zusammensetzung des Pankreassaftes 157[4].
BABKIN, M., s. WOINAR, A. 329[1, 6].
BACH, EMRICH, u. ERNST BACH: Glutathionquotient in Erythrocyten 449[2].
BACH, ERNST, s. BACH, EMRICH 449[2].
— s. HENNING, N. 378[4].
BACH, S. J.: Abbaumechanismus von Glykokoll 939[3]. — Zuckerbildung aus Glykokoll 942[6].
— M. DIXON and L. G. ZERFAS: Lacticodehydrogenase aus Hefe 753[2].
— and E. G. HOLMES: Insulinhemmung der oxydativen Aminosäuredesaminierung 782[3]. — Zuckerbildung aus Glykokoll 942[6].
BACHRACH, W. H., s. FOGELSON, S. J. 134[4], 145[11], 148[4].
BACHTOLD, J. G., and L. P. GEBHARDT: Bestimmung von Hyaluronidase 380[8].
BACK, A., and L. BLOCH-FRANKENTHAL: Vorkommen von Atmungsfermenten im Zellkern 1116[9].
BACKER, A. M., s. LEVINE, P. 389[7].
BACKFORD, B. M.: Autointoxikation durch Paraxanthin 1224[25].
BACON, E. E., J. S. D. BACON, E. W. CLARKE and H. D. SMYTH: Maltasegehalt von Jejunalsaft 154[2].
BACON, J. S. D., E. BALDWIN and D. J. BELL: Glykogenstruktur 745[7].
— s. BACON, E. E. 154[2].
BACQ, (Z.) M.: Buch über nervöse Übertragung durch Acetylcholin und Adrenalin (1937) Franz. 135[11].
— et P. FISCHER: Rhodangehalt des Blutes 415[10].
— u. M. GOFFART: Acetylcholingehalt des Darmes 138[4, 11], 139[1].
— s. FRÉDERICQ, H. 1251[10].
— s. GOFFART, M. 40[3], 136[16], 137[7, 9], 138[1, 3].
BADDILEY, J.: Zusammenfassung über Nucleinsäuren, Purine und Pyrimidine (1951) 1177[24].
— G. L. CANTONI and G. A. JAMIESON: Aktiviertes Methionin 964[10].
— and E. F. GALE: Pyridoxal-5-phosphat als Coferment von Bakteriendecarboxylasen 932[1].
— and E. M. THAIN: Adenylsäuregehalt von Coenzym A 1185[5].
— E. M. THAIN, G. D. NOVELLI and F. LIPMANN: Acetobacter stimulatory factor 1037[1].
BADER, C. W., s. EUFINGER, H. 857[1].
BADGER, D. C.: Fluorgehalt des Trinkwassers und Caries 698[11].
BADGER, E.: Methylierung von Colamin durch Methionin 854[3].
BAENA, V.: Blutmengen bei Kaninchen 259[10]. — Förderung der Hämoglobinbildung durch Knochenmarkextrakte 436[5].
BAENSCH, W., s. SCHINZ, H. R. 719[1].
BAER, E., and H. O. L. FISCHER: Synthetisches Glycerinaldehyd-3-phosphat 748[11]. — Kein Umsatz von Glycerinaldehyd-1,3-diphosphat im Muskel 751[4].
— s. FISCHER, H. O. L. 748[11], 751[4].
BAER, J., u. L. BLUM: Abbau verzweigtkettiger Fettsäuren 814[3]. — Zuckerbildung aus Alanin beim Diabetiker 949[3]. — Abbauwege der β-Methylbuttersäure 952[4].
— s. PARNAS, J. 942[7].
BAER, R. S., s. SCHMITT, F. O. 864[5, 6].
BÄSSLER, K. H., u. K. LANG: Stoffwechselleistungen von Mitochondrien 1136[31]. — Dicarbonsäureabbau durch Nierencyclophorase 1144[2].
— s. LANG, K. 808[7], 809[3], 832[3], 1136[31, 37], 1143[7], 1144[2].
BAGLIONI, A.: Äthylalkoholgehalt von Liquor cerebrospinalis 571[6].

BAGLIONI, S.: Bedeutung des Harnstoffs im Selachierorganismus 342[15].
BAILEY, B., S. BELFER, H. EDER and H. C. BRADLEY: Synthetisierende Wirkung von Kathepsinen 917[8].
BAILEY, K.: Zusammenfassung über Proteine des Skeletmuskels (1944) 1185[8]. — Adenosintriphosphatasewirkungen 786[3].
— W. T. ASTBURY and K. M. RUDALL: Röntgenstruktur von Fibrin und Fibrinogen 477[8].
— and E. C. WEBB: Stabilisierung der Hexokinase 741[12]. — Pyrophosphatspaltendes Ferment aus Hefe 789[18].
BAILEY, O. T., and F. D. INGRAHAM: Hämostatischer Effekt von Fibrinschäumen 296[12]. — Fibrin zur Blutstillung 500[5]. — Fibrin als Ersatz bei Duradefekten 500[6].
— O. SWENSON, J. J. LOWRY and E. A. BERING jr.: Medizinische Verwendung von Fibrinschäumen 296[12].
— s. HAWN, C. v. Z. 296[12], 500[1].
BAIN, D. S., s. KING, E. J. 409[2].
BAIN, J. A., s. BRODY, T. M. 1072[29], 1090[86], 1136[1], 1137[20].
BAIRD, E. E., and K. P. DIXON: Einfluß hormonaler Vorgänge auf das Blutbild 418[10]. — Leukocytose durch Insulin 456[10].
BAISSET, A., L. BUGNARD et J. ROGEON: Milchsäuregehalt von Hundeblut 323[11].
BAK, A., s. BLOM, J. 164[8].
BAKER, B. L., D. S. INGLE, C. H. LI and H. M. EVANS: Hemmung der Nucleinsäuresynthese durch ACTH 1197[9]. — Senkung der Pentosenucleinsäure im Cytoplasma durch ACTH 1234[5].
BAKER, C. (F.), s. WERTHESSEN, N. T. 370[5], 904**, 905[1].
BAKER, C. G., and A. MEISTER: Fettsäureoxydation in Tumorzellen 832[2], 1137[5].
BAKER, F.: Über das Wiederkauen 98[10].
BAKER, J. W., and F. C. HAPPOLD: Mechanismus der Indolbildung 995[5].
BAKER, R. L., s. OSGOOD, E. E. 457[10].
BAKER, R. S., s. AXELROD, B. 746[9].
BAKER, Z., s. ELLIOTT, K. A. C. 1033[2].
BAKKER, A.: Vorkommen der Kohlensäureanhydratase im Tierkörper 522[7].
BAKWIN, H., O. BODANSKY and R. TURNER: Phosphatgehalt des Blutes bei Rachitis 716[9].
— s. BODANSKY, O. 125[11], 711[6].
BAKWIN, R. M., s. BODANSKY, O. 125[11], 711[6].
BALANDINA, O. A.: Absonderungsreiz für Parotisspeichel 14[7].
BALDERREY, F. C., s. BARKUS, O. 649[12].
BALDES, K., s. EMBDEN, G. 980[4], 983[1].
BALDINI, M., s. PASARGIKLIAN, M. 850[7].
BALDUS, I., s. LANG, K. 1116[19], 1125[8].
BALDUS, M.: Lösung von Quarzstaub im Organismus 692[1].
BALDWIN, E.: Buch über dynamische Betrachtung der Biochemie (1947) Engl. 951[2]. — Argininphosphorsäure 946[10]. — Harnstoffbildung in der Schneckenleber 1204[17].
— s. BACON, J. S. D. 745[7].
— s. NEEDHAM, J. 946[10].
BALE, W. F., u. H. C. HODGE: Apatitstruktur der Zahnsubstanz 708[16]. — Fluorgehalt von Zahnschmelz 709[5].
— s. HAHN, P. F. 436[13], 657[3], 659[3], 660[3], 663[5, 8], 1010[1].
— s. MANERY, J. F. 598[12], 620[4], 865[13].
— s. TOPOREK, M. 977[4].
— s. YOSHIKAWA, H. 666[12], 668[15].
BALFOUR, W. M., s. HAHN, P. F. 657[3], 663[8].
BALI, T., and J. FURTH: Neoplastisches Wachstum von Mastzellen 499[5].
BÁLINT, M., s. BÁLINT, P. 308[7], 311[9].
BÁLINT, P.: Aminosäuregehalt von Crystalbumin und Seroglykoid 311[12].
— u. M. BÁLINT: Darstellung von Serumeiweiß 308[7]. — Chemische Unterschiede von Serumalbumin und -globulin 311[9].
— u. G. BENKÖ: Na-Gehalt von Liquor cerebrospinalis 575[9].
BALIS, M. E., and G. B. BROWN: Umwandlung von Guanin in Adenin durch Lactobacillus leishmannii 1193[2]. — Guaninbildung aus Adenin durch Lactobacillus casei 1222[9].
— s. BROWN, G. B. 1193[9].
BALL, E. G.: Xanthinoxydase 1184[17], 1237[14]. — Alloxazinadeninnucleotid, prothetische Gruppe der Xanthindehydrogenase 1202[20]. — Hypoxanthinoxydation durch Xanthinoxydase 1209[13]. — Adeninnucleotide als Cofermente 1236[11]. — Thymin im Pigmentstoffwechsel von Drosophilalarven 1237[14].
— and O. COOPER: Übergang von energiereichem Phosphat in Flavin-adenindinucleotide 789[10]. — Inaktivierung der Bernsteinsäureoxydase im Cyclophorasesystem 1133[3].
— R. W. MCKEE, C. B. ANFINSEN, W. O. CRUZ and Q. M. GEIMAN: Glykolyse und Atmung der Erythrocyten bei Malaria 424[1].
— H. F. TUCKER, A. K. SOLOMON and B. VENNESLAND: Hydrogencarbonat des Pankreassaftes, Herkunft 158[8].
— and D. W. WILSON: Mineralstoffe in Blutserum und Pankreassaft 158[5].
— s. CHRISTENSEN, W. R. 741[7].
— s. KINOSHITA, J. H. 920[4].
— s. TUCKER, H. F. 158[7], 166[8].
BALL, G. H.: pH-Wert der Darmwand 149[1].
BALL, M. R., s. CORSA, L. jr. 623[6].
— s. MOORE, F. D. 627[11].
BALLENTINE, R.: Zusammensetzung von Stromatin 441[1].
BALLIF, L.-E., s. BALLIF, L. O. 573[13], 574[2].

BALLIF, L. O., J. NITZULESCU, I. ORNSTEIN et L.-E. BALLIF: Vitamin C im Liquor cerebrospinalis 573^{13}. — Vitamin C-Gehalt von Liquor nach Vitamin C-Zufuhr 574^{2}.

BALLS, A. K., u. F. KÖHLER: Zusammenfassung über Polypeptidasen (1936) 122^{3}. — Polypeptidase im Darmsaft $122^{3,4}$. — Iminopeptidase in Darmschleimhaut und Leber 122^{14}.

— s. SCHWIMMER, S. 165***.

— s. WALDSCHMIDT-LEITZ, E. 121^{14}, $122^{2,14}$, 123^{13}.

BALTES, J., s. KAUFMANN, H. P. 841^{3}.

BALTZER, F.: Pufferwirkung des Magenschleims 58^{5}. — Amino-Stickstoffgehalt des Magensaftes 69^{7}. — Magenschleim 70^{5}, 71^{8}. — Schleimbestimmungen im Magensaft 71^{15}, 72^{2}. — Amylasebestimmung 379^{13}.

— s. KATSCH, G. 51^{7}, 54^{4}, 57^{1}, $58^{1\ 3}$, 62^{8}, 63^{2}, 66^{1}.

BALZER, E.: Invertase und Lipase im Duodenalsaft 151^{3}. — Lipase im menschlichen Duodenalinhalt 171^{11}.

— u. P. SCHULTE: Bilirubinindex 354^{4}.

— u. K. SCHUSTER: Amylasebestimmung im Duodenalsaft 165^{6}.

BAMANN, E.: Zusammenfassung über Esterasen (1933; 1941). 161^{13}. — Zusammenfassung über Substrate der esterspaltenden Enzyme (1941) 371^{5}.

— u. E. HEUMÜLLER: Spaltung von Poly- und Metaphosphaten 649^{3}.

— u. M. MEISENHEIMER: Zusammenfassung über Phosphatasen (1941) 124^{17}.

— u. O. SCHIMKE: D-Polypeptidasen im Serum bei Carcinom 381^{6}. — Aktivierung der Peptidasen durch Schwermetalle 381^{9}, 671^{12}, 674^{3}. — Dipeptidase im Liquor cerebrospinalis 575^{7}.

— s. KESTNER, O. 73^{9}, 78^{3}, 94^{2}.

— s. WILLSTÄTTER, R. 12^{2}, 34^{9}, 39^{2}, 78^{3}, 121^{18}, 123^{18}, 380^{13}, 381^{4}, 459^{6}, 462^{12}, 463^{8}.

BANCROFT, F. W., s. CHARGAFF, E. 483^{14}, 858^{16}.

BANCROFT, J. W., s. CHARGAFF, E. 858^{16}.

— s. QUICK, A. J. 479^{12}.

BANDA, H., s. FRANKE, H. 171^{4}.

BANDIER, E.: Nicotinsäureamidgehalt im menschlichen Blut 363^{10}.

BANDMANN, M., s. ZONDEK, S. G. 609^{14}.

BANDURSKI, R. S., s. AXELROD, B. 746^{9}.

BANERJEE, A., s. AMRITMAHAL, G. R. 376^{17}.

BANERJEE, S.: Hemmung der Alloxanwirkung 779^{13}.

— and G. BHATTACHARYA: Alloxanschädigungen 779^{5}.

BANFI, R. F., s. TANTURI, C. A. 476^{5}.

BANFIELD, W. G., s. HUNTER, F. R. 1116^{6}.

BANG, H. O.: Normalwert für Vitamin B_1 im Blut 361^{9}. — Vitamin B_1-Bestimmung 362^{11}.

BANG, I.: Buch über Mikromethoden, 3. Aufl. (1922) 727^{2}, 6. Aufl. (1927) 255^{9}. — Chymosin und Parachymosin 80^{6}. — Nucleoproteid in kernhaltigen Erythrocyten 454^{14}. — Nucleohiston in Leukocyten 460^{6}. — Zusammensetzung von Lymphknoten 557^{1}. — Arsen im Stoffwechsel 692^{11}. — Arsengehalt von Harn und Kot 693^{13}. — Umbau von Körpereiweiß beim Rheinlachs 912^{4}.

BANGA, I., S. OCHOA and R. A. PETERS: Vorkommen von Cocarboxylase in Erythrocyten 451^{9}. — Bedeutung der Carboxylase für Gehirn- und Nervenstoffwechsel 755^{1}. — Brenztraubensäureoxydation im Gehirn 1032^{1}. — Anorganisches Phosphat bei Brenztraubensäuredehydrierung 1035^{2}.

— s. ANNAU, E. 694^{4}.

— s. SZENT-GYÖRGYI, A. 1185^{11}.

BANKS, B. M., s. ZETZEL, L. 226^{16}, 229^{4}.

BANKS, J., s. ABOOD, L. G. 1072^{25}, 1077^{14}, 1090^{7}, 1136^{30}.

BANKS, T. E., R. L. F. TUPPER and A. WORMALL: Zinkgehalt und Kohlensäureanhydrataseaktivität von Organen 679^{2}.

BANNERJEE, B., s. FRANKE, W. 813^{6}.

BANSI, H. W.: Zusammenfassung über radioaktives Jod (1953) 679^{27}. — Ionendurchlässigkeit der Erythrocytenmembran 425^{10}.

BARAC, G.: Blutmengenbestimmung mit Farbstoffen 258^{9}.

BARACH, A. L.: Aufnahme und Abgabe von Helium durch Blut 505^{7}.

BARANOWSKI, T.: Krystallisierte Glycerin-3-phosphatdehydrogenase 753^{6}.

— and T. R. NIEDERLAND: Aldolase und Myogen A 748^{9}.

— s. OSTERN, P. $1235^{10,15}$.

BARÁTH, E.: Buch über die experimentellen und klinischen Grundlagen der Therapie mit Calciumsalzen (1931) 637^{9}.

BARBÈRA, A. G., s. ASHER, L. 549^{3}.

BARBIERI, A. DE: Buch über Duodenalsekretion und Zuckerstoffwechsel (1937) Franz. 142^{16}.

— e D. PUZZUOLI: Duocrin 142^{16}.

BARBOUR, H. G., and W. F. HAMILTON: Bestimmung des spezifischen Gewichtes von Blut 264^{2}. — Bluteiweißbestimmung 290^{2}.

BARCROFT, H., s. BARCROFT, J. 517^{3}.

BARCROFT, J.: Buch über die Atmungsfunktion des Blutes. 2 Bde. (1927/29) 500^{15}. — Buch über die Architektur physiologischer Funktionen (1934) (Engl.) 1177^{3}. — Zusammenfassung über Hämoglobin (1924) 508^{3}. — Zusammenfassung über Isohydrie (1932) 530^{5}. — Sauerstoffbindungsfähigkeit des Blutes von Mutter und Neugeborenen 516^{10}.

— and H. BARCROFT: Physiologische Schwankungsbreite der Sauerstoffbindungskurve des Hämoglobins 517^{3}.

Barcroft, J., and M. Camis: Einfluß von Salzen auf die Dissoziationskurve von Hämoglobin 514[2].
— R. A. Peters, F. Roberts and J. H. Ryffel: Herabsetzung des Sauerstoffbindungsvermögens im Blut bei Milchsäureanhäufung 540[4].
— and F. Roberts: Sauerstoffbindungskurve von Hämoglobinlösungen 511[11].
Barer, A. P., s. Fowler, W. M. 1010[3].
Bargen, J. A., s. Larson, L. M. 178[6].
Barger, G., and G. S. Walpole: Bakterien, Gehalt an Aminosäuredecarboxylasen 931[3].
Bargeton, A., s. Binet, L. 408[7].
Bargoni, N., s. Heller, L. 1090[42].
Bariéty, M., s. Achard, C. 331[8].
Barkan, G.: Zusammenfassung über den roten Blutfarbstoff (1928) 431[12]. — Leicht abspaltbares Bluteisen 429[2].
— u. O. Schales: Säurelösliches Eisen im Blut 306[3]. — Begleitstoffe des Hämoglobins 433[4]. — Zwischenstufen beim physiologischen Hämoglobinabbbau 437[8]. — Leicht abspaltbares Bluteisen 660[2].
Barker, D. E., s. Vischer, M. B. 210[2].
Barker, G. R., J. M. Gulland and L. D. Parsons: Wirkung von Mononucleotiden auf Tumorwachstum 1251[1].
— s. Gulland, J. M. 1177[20].
— s. Parsons, L. D. 1251[2].
Barker, H. A.: Benzoyl-coenzym A 921[6]. — Purinabbau durch Cl. acidi urici 1211[36], 1223[3].
— and J. V. Beck: Glykokoll als Produkt des Purinabbaues 1211[38], 1222[15].
— S. Ruben and J. V. Beck: Purinabbau durch Cl. acidi urici 1211[35], 1223[2].
— S. Ruben and M. D. Kamen: Purinabbau durch Cl. acidi urici 1211[37], 1223[4].
— s. Karlsson, J. L. 944[11], 1205[12].
— s. Rappoport, D. A. 748[2].
— s. Stadtman, E. R. 826[7], 835[11, 12], 1036[12], 1040[2].
Barker, S. B.: Acetaldehydgehalt von Erythrocyten 444[1].
— M. J. Humphrey and M. H. Soley: Pathognomonische Bedeutung des Blutjodgehaltes 410[7].
— E. Shorr and M. Malam: Jodessigsäurewirkung auf Muskelatmung 1028[11].
— and W. H. Summerson: Milchsäurebestimmung 324[13].
— s. Bogdanove, E. M. 219[18].
— s. Lipner, H. J. 1090[111], 1096[17].
Barki, V. H., N. Nath, E. B. Hart and C. A. Elvehjem: Essentielle Fettsäuren 820[5].
Barklay, H., P. Haas, A. S. G. Huggett, G. King and D. Rowley: Fructose im Blut von Schafsfeten 319[4]. — Fructosegehalt der Amnionflüssigkeit 582[10].
Barkulis, S. S., and A. L. Lehninger: Intracelluläre Verteilung von Myokinase 1090[70]. — Atmungskettenphosphorylierung durch Cyclophorasesystem 1137[12]. — Myokinase in Mitochondrien 1138[5]. — Vergiftung der oxydativen Phosphorylierung durch Dinitrophenol 1139[1].
Barkus, O., and F. C. Balderrey: P-Ausscheidung bei Carnivoren, Omnivoren und Herbivoren 649[12].
Barlow, O. W.: Anregung der Pankreassekretion durch Natriumnitrit 155[20].
— s. Still, E. U. 157[4].
Barmenkow, J. P.: Mechanismus der Salzwirkung auf Amylase 24[12].
Barnard, R. D.: Erhöhung des Blutheparin bei basophiler myeloischer Leukämie 499[4].
Barnes, B. A., s. Lever, W. F. 291[2], 312[2].
Barnes, B. C., s. Belk, W. P. 468[10].
Barnes, B. O., s. Beard, H. H. 947[11].
Barnes, F. W. jr., and R. Schoenheimer: Keine Purinsynthese aus Arginin und Histidin 944[4], 976[7]. — Ausgangsstoffe für die Nucleinsäuresynthese 1192[7]. — Keine Harnsäurebildung aus Harnstoff 1207[6]. — Allantoinbildung beim Säugetier 1216[4], 1219[1]. — Verwendung von ^{15}N-Ammoniumcitrat zur Pyrimidinsynthese 1226[13]. — Purinbildung aus Pyrimidinen 1227[12].
Barnes, R. B., s. Dobriner, K. 880[1].
Barnes, R. H., and E. M. McKay: Bedeutung der Schilddrüse für Lipoidgehalt des Blutes 333[13].
— E. S. Miller and G. O. Burr: Zusammensetzung des Fettes der Darmschleimhaut 117[3]. — Beziehung zwischen Fettsäuren der Darmphosphatide und des Nahrungsfettes 238[8]. — Einbau von Fettsäuren mit konjugierten Doppelbindungen in Phosphatide der Darmschleimhaut 796[4], 842[16]. — Bedeutung der essentiellen Fettsäuren für die Fettresorption 801[9]. — Wirkungsmechanismus der essentiellen Fettsäuren 821[1].
— and A. N. Wick: Acetonkörperbestimmung 328[8].
— A. N. Wick, E. S. Miller and E. M. McKay: Phosphatidspaltung im Darmkanal 842[7].
— s. Bosshardt, D. K. 161[10].
— s. Kazal, L. A. 483[16].
— s. McKay, E. M. 947[18].
— s. Swendseid, M. E. 823[1].
Barnet, H. N., and A. N. Wick: Einbau der markierten Glykokoll-C-Atome in Glykogen 942[11].
Barnett, B., s. Macfarlane, R. G. 491[10].
Barnett, G. D., and R. G. Bramkamp: Menge des Parotisspeichels beim Menschen 14[10]. — Harnstoff- und Milchsäuregehalt von Parotisspeichel 16[1].

BARNETT, G. D., and A. C. MCKENNEY: Milchsäurebildung in Ergüssen 558[6].
BARNETT, H. L., s. LEVINE, S. Z. 984[11].
BARNETT, S. R., s. DOUNCE, A. L. 1065[8].
BARNUM, C. P., and R. A. HUSEBY: Verteilung von Stickstoff, Ribonucleinsäure und Phosphor in der Zelle 1072[6]. — Intracelluläre Verteilung von Gesamtlipiden und -phosphatiden 1077[1]. — Umsatzgeschwindigkeit von Ribonucleotiden und Desoxyribonucleotiden 1120[2]. — Einbau von ^{32}P in Ribonucleinsäure des Zellkerns 1121[5]. — Verteilung von ^{32}P auf Zellfraktionen 1122[2]. — Mikrosomenfraktion 1150[16].
— C. W. NASH, E. JENNINGS, O. NYGAARD and H. VERMUND: Eiweiß-, Phosphatid- und Nucleinsäuregehalt von Zellkernen 1100[5].
— s. HUSEBY, R. A. 1072[4], 1077[10].
— s. KRETCHMER, N. 868[5], 1077[2].
— s. OMACHI, A. 1090[41].
BÁRON, A.: Resorption von Fetten 230[3].
BARON, F., s. KHOUVINE, Y. 1112[6].
— s. WAJZER, J. 1193[12], 1196[9].
BARR, D. P.: Zusammenfassung über pathologische Verkalkung (1932) 720[4].
— and H. E. HIMWICH: Erniedrigung des Blut-p_H durch die Leber 537[6]. — Abnahme von Hydrogencarbonat im Blut bei Zunahme der Milchsäure 540[2].
— s. PETERS, J. P. jr. 531[1].
BARRATT, J. O. W.: Beschleunigung der Blutgerinnung durch Schlangengifte 491[9].
BARRENSCHEEN, H. K.: Zusammenfassung über Blutzucker (1934) 313[5]. — Zusammenfassung über Purinkörper des Muskels (1934) 1177[29]. — Zuckerbildung aus Serin 942[7]. — Zuckerbildung aus Alanin bei phlorrhizinvergifteten Hunden 949[4]. — Keine Zuckerbildung aus Valin und Leucin 951[5].
— u. K. BRAUN: Hexosephosphorsäure im Blutserum 319[18].
— F. DOLESCHALL u. L. POPPER: Arteriovenöse Blutzuckerdifferenz beim Menschen 315[10]. — Hexosephosphorsäure im Blutserum 319[18].
— u. W. FILZ: Keine primäre Desaminierung von ATP 1189[15].
— u. K. HÜBNER: Hexosephosphorsäure im Blutserum 319[18].
— u. S. LÁNG: Apyrase 1188[5].
— u. A. PEHAM: Puringehalt des menschlichen Blutes 347[11]. — Puringehalt im Hühnerblut 348[2]. — Nucleotid-N-Gehalt der Erythrocyten 445[1]. — Nucleinsäurepuringehalt von Leukocyten 461[5]. — Gehalt an freien Purinen im frischen Muskel 1185[18]. — Gehalt an freien Purinbasen in Geweben 1217[2].
— u. T. v. VALYI-NAGY: Methioninsulfoxyd als Zwischenprodukt der Transmethylierung 964[11].
BARRETT, E., and T. ADDIS: Kreatiningehalt von menschlichem Blutserum 350[8, 17].
BARRETT, J. F.: Harnstoffgehalt von Rattenblut 342[12].
BARRINGTON, E. J. W.: Zusammenfassung über Magenverdauung bei niederen Vertebraten (1942) 30[8].
BARRON, E. S. G.: Zusammenfassung über Kohlenhydratstoffwechsel (1943) 725[9].
— s. ABRAMS, R. 838[5].
— s. BARTLETT, G. R. 1059[2].
— s. GOLDINGER, J. M. 453[7].
— s. KALNITSKY, G. 1059[2].
— s. LIPTON, M. A. 1047[2].
BARRON, G. P., S. O. BROWN and P. B. PEARSON: Kleinhirnveränderungen bei Mg-armer Kost 636[10].
— P. B. PEARSON and S. O. BROWN: Verminderung des Mg-Bestandes bei Mg-armer Kost 636[9].
BARROS, H. E. V. DE, s. WOISKI, J. R. 567[11].
BARRY, J. M.: Anorgan. P zum Aufbau von Casein 647[15].
BARRY, M. C., s. GALLAGHER, T. F. 891[2], 892[4].
BARSKIY, B. I.: Bedeutung der Diät für die Cholesterinresorption 871[17].
BARSOUM, G. S., and J. H. GADDUM: Histamingehalt von menschlichem Blut 352[16].
— s. ANREP, G. V. 352[11], 369[3, 7], 451[14].
BARTA, I.: Reifungsfaktor für Erythrocyten im Magensaft 466[9].
BARTELHEIMER, H.: Gewinnung von Hautblasenflüssigkeit 577[2].
BARTH, L. G., and L. JAEGER: Transphosphorylierungssystem im Froschei 651[3].
BARTLETT, G. R., and E. S. G. BARRON: Hemmung von Atmung und Acetatabbau durch Fluoressigsäure 1059[2].
— A. N. WICK and E. M. MCKAY: Hemmung der Glykogensynthese durch Desoxycorticosteron 778[4].
BARTLEY, W., and R. E. DAVIES: Osmotische Arbeit der Mitochondrien bei Oxydationen 1129[5].
BARTON, A. D., s. LAIRD, A. K. 1127[6].
BARTON, D. H. R., and W. KLYNE: iso-Androstan-6-ol-17-on im Harn 901[5].
BARTSCH, A.-R., s. LANG, K. 813[3].
BASCH, F., u. H. MAUTNER: Beeinflussung der Resorption durch Magenentleerungszeit 205[8].
BASILE, G.: Duocrin 142[16].
BASINSKI, D. H., s. SEALOCK, R. R. 981[2].
BASKINA, L., s. KHABAS, I. 257[2].
BASS, A. C., s. STERN, T. N. 627[8].
BASS, E.: Bleigehalt des Blutes 404[4].
BASSANI, B.: Phylogenetische Beziehungen von Zink und Eisen 403[10]. — Zinkgehalt im menschlichen Blut 403[13].
— E. C. CATTANEO: Amylase im Blutplasma 378[5]. — Maltase im Hunde- und Pferdeserum 379[19].

Basse, W., s. Schmitt, F. 575[23].

Basset, H.: Hydroxylapatit im Knochen 707[4].

Bassett, C. F., s. Harris, L. E. 713[13], 717[2].

Bassett, M. A., A. H. Coons and W. T. Salter: Jodbindung an Aluminium 411[4].

Bassham, J. A., s. Buchanan, J. G. 1063[2].

Bassow, B.: Erste Anlegung einer Magenfistel beim Hund 30[16].

Basten, H., s. Maurer, W. 88[6].

Bataille, s. Rathery, F. 348[16].

Batchelder, A. C., s. Scatchard, G. 270[10].

Bates, M. F., s. Bonner, P. 638[7].

Bates, P. L., s. Blair, H. A. 216[1].

Bates, R. W., and H. Cohen: Bestimmung der phenolischen C_{18}-Steroide 907[6].

Batiyok, F., s. Stary, Z. 314[1], 321[12], 322[12], 424[5], 729[3].

Battancs, L., s. Botàr, J. 108[6].

Battelli, F., u. L. Stern: Aldehydmutase 755[10]. — Orte der Allantoinbildung aus Harnsäure 1208[20].

Battistini, S., e F. Quaglia: Vorkommen von Harnsäure im Blut 1198[6].

Bauch, M., s. Mendel, B. 758[6].

Baudisch, O., and D. Davidson: Pyrimidinabbau in vitro 1228[14].

Bauer, C. D., and C. P. Berg: Mangel an essentiellen Aminosäuren 934[1]. — Ersatz von Cystin durch Methionin in der Nahrung 960[9].

Bauer, E., K. Lawrowsky u. E. Skujin: Sauerstoffsättigung des Blutes bei Polycytämie 511[9].

Bauer, F. C. jr., and E. F. Hirsch: Gehalt an Fettsäureestern im Blut 334[4, 5].

Bauer, H.: Zusammensetzung von Blut und Hämothorax 563[1].

— u. I. Angelstein: Bestimmung von Eiweiß im Liquor 568[3].

Bauer, J., u. J. Monguió: Kohlenhydratresorption im Dickdarm 222[8].

— s. Schittenhelm, A. 409[21], 411[8].

— s. Voit, C. 224[5].

Bauer, W., F. Albright and J. C. Aub: Calciumausscheidung im Darm 640[16]. – Calciumbilanz beim Menschen 643[2].

— s. Coggeshall, H. C. 583[1].

— s. Robertson, W. v. B. 582[2].

— s. Ropes, M. W. 579[3,10], 581[5].

— s. Zeller, J. W. 579[4].

Bauereis, R., s. Werle, E. 383[9].

Bauguess, L. C., s. Berg, C. P. 913[12].

Bauld, W. S., s. Heard, R. D. H. 905[7].

— s. Marrian, G. F. 880[14].

Bauman, L., s. Cortese, F. 235[8].

Baumann, C. A., and F. J. Stare: Adeninnucleotidgehalt von Fermenten 1184[8].

— s. Johnson, R. M. 357[8].

— s. Miller, E. C. 993[6].

Baumann, E., u. C. Preusse: Esterschwefelsäureausscheidung bei gesteigerter Eiweißfäulnis 953[1]. — Mercaptursäurebildung aus Halogenbenzolen 966[15].

Baumann, E., u. P. Schmitz: Mercaptursäurebildung aus Halogenbenzolen 966[15].

— s. Goldmann, E. 954[5].

— s. Udránszky, L. v. 954[17].

— s. Wolkow, M. 981[8], 982[5].

Baumann, L., and H. M. Hines: Kreatinsynthese aus Histidin 947[14]. — Kreatinbildung aus Guanidinoessigsäure 947[26].

Baumann, T.: Diätetische Bedeutung von Pektin 188[8].

Baumann, W., s. Henning, N. 102[12].

Baumberger, J. P., and N. Fried: Zerlegung von Antiinvasin 384[1].

Baumeister, C., s. Seed, L. 682[2].

Baumgärtel, T.: Buch über Ernährung und Darmflora (1937) 182[7]. — Buch über Physiologie und Pathologie des Bilirubinstoffwechsels als Grundlage der Ikterusforschung (1950) 172[12]. — Grundriß der theoretischen Bakteriologie (1924) 181[8]. — Dickdarmflora 182[3, 5], 183[9]. — Bact. coli als Gärungs- oder Fäulniserreger 183[8]. — Wege der Bilirubinreduktion 193[3]. — Umwandlung von Urobilin in Urobilinogen im Darm 193[6]. — Aufbau lebenswichtiger Verbindungen durch die Darmflora 194[6]. — Ort des Hämoglobinabbaus 437[6]. — Bakterieller Abbau des Bilirubins 438[7, 8]. — Urobilinogenbildung im reticuloendothelialen System 438[14]. — Phylloerythrinogen 1025[3].

— u. D. Zahn: Mesobilirubinbildung 193[5], 1016[10]. — Vorkommen von Mesobilirubin in der Galle 1016[9].

Baumgarten, F., s. Maske, H. 678[14].

— s. Stampfl, B. 678[15].

— s. Wolff, H. 678[13].

Baumgartner, O.: Darmlänge 103[5], 104[10]. — Darmresektion beim Menschen 198[12].

Baur, H.: Zusammenfassung über tierische Phosphatasen (1948/49) 375[10].

— u. H. Staub: Anstieg der Leukocyten nach Sympathicomimeticis 457[1].

Bauriedel, F.: Harnsäuregehalt im menschlichen Speichel 21[25].

Bavetta, L. A., s. Harris, E. S. 1090[63,121].

Baxter, H.: Zusammensetzung von Speichel 15[11], 16[6].

Bayard, P.: Aufnahme von Arsen in die Erythrocyten 405[19]. — Verteilung von Halogenionen zwischen Serum und Erythrocyten 422[12]. — Arsengehalt von Erythrocyten 430[18].

Bayer, E., s. Bielig, H.-J. 1173[15].

Bayerle, H.: D-Peptidasen im Serum von Geschwulstträgern 383[3].

Bayliss, M. J., s. Saffran, (N.) M. 885[18].

Bayliss, R. I. S.: Hydrolyse von Steroidkonjugaten 880[12].

Die Seiten 1—840 befinden sich im Bandteil a, die Seiten 841—1257 im Bandteil b.

BAYLISS, W. M.: Buch über allgemeine Physiologie, 4. Aufl. (1924) Engl.; Dtsch. Übers. (1926) 523[5].
— and E. H. STARLING: Entdeckung des Secretins 131[7]. — Humorale Erregung der Pankreassekretion 155[11].
BAYNE-JONES, S.: Blutplättchen als Quelle des Prothrombins 478[1].
BAZETT, H. C., F. W. SUNDERMAN, J. DOUPE and J. C. SCOTT: Änderungen von Hämoglobin- und Plasmamenge in der Wärme 259[12].
BAZILEVIČ, I.: Lipasegehalt in Erythrocyten und Leukocyten 372[14]. — Vorkommen von Lipase in Erythrocyten 451[6].
BAZIN, S., s. ROBINEAUX, R. 459[1].
BEACH, E. F., S. S. BERNSTEIN, F. C. HUMMEL, H. J. H. WILLIAMS and I. G. MACY: Chemische Unterschiede verschiedener Globine 517[2].
— B. N. ERICKSON, S. S. BERNSTEIN, H. H. WILLIAMS and I. G. MACY: Zusammensetzung der Stromaeiweißkörper 440[3].
— and A. WHITE: Ersatz von Cystin durch Methionin in der Nahrung 960[6].
— s. WILLIAMS, H. H. 858[17].
BEADLE, G. W., H. K. MITCHELL and J. F. NYC: Kynurenin als Wachstumsfaktor für Neurospora-Mutanten 992[2].
— and E. L. TATUM: Nicotinsäure und Tryptophan als Wachstumsfaktoren für Neurospora-Mutanten 992[1].
— s. BONNER, D. 992[1].
— s. HOROWITZ, N. H. 854[1].
— s. TATUM, E. L. 994[9].
BEALL, D.: Oestron in Nebennieren 904[7]. — Oestron im Hoden 904[8].
BEAM, A. S., s. HAHN, P. F. 659[7].
BEAN, W. B., s. VILTER, R. W. 1246[12].
BEARD, H. H.: Wachstumswirkung von Zink 678[2]. — Förderung der Erythropoese durch Arsen 694[5].
— and B. O. BARNES: Kreatinbildung aus Histidin 947[11].
— and T. S. BOGGESS: Kreatinbildung aus Arginin 946[12]. — Kreatinsynthese aus Aminosäuren 947[12]. — Kreatinsynthese aus Glykokoll 947[20].
— and P. PIZZOLATO: Steigerung der Kreatinausscheidung durch Purine 1238[1].
— s. KELLY, C. J. 1238[3].
— s. KOVEN, A. L. 1238[2].
— s. MYERS, V. C. 678[2].
BEATH, O. A.: Lösliche Arsenverbindung in wachsenden Pflanzen 695[1].
— H. F. EPPSON and C. S. GILBERT: Selenvergiftung bei Weidevieh 695[5].
BEATTY, C. H., and E. S. WEST: Beeinflussung der Acidose durch Glieder des Citronensäurecyclus 828[2].
BEAULIEU, M. (M.), H. BRASSEUR, M. J. DALLEMAGNE et J. MELON: Veraschung von Knochen 703[2].
BEAULIEU, M. (M.) H., et M. J. DALLEMAGNE: Citronensäuregehalt des Knochens 702[13].
BEAUMONT, W.: Buch über Magensaft und Phyiologie der Verdauung (Nachdr. 1929) Engl. 30[14].
BEAVEN, G. H., E. L. HIRST and J. K. N. JONES: Verdauung von Galaktanen und Arabanen 188[6].
BEAZELL, J. M., and A. C. IVY: Tägliche Gasentleerung aus dem Darm 215[11].
BEBBER, H. VAN, s. DIENST, C. 359[3].
BECHER, E.: Buch über Harn- und Blutuntersuchungsmethoden (1934) 328[11]. — Zusammenfassung über Darmgifte (1933) 190[11]. — Intestinale Autointoxykation 189[6, 9], 190[2, 10], 229[8]. — Entstehung von Indol, Phenol und Kresol im Darm 190[12]. — Ort der Indikanbildung 191[6]. — Übergang von Cyan- in Rhodanion 653[4].
— R. ENGER u. E. HERRMANN: Vermehrung der ätherlöslichen Säuren im Blut bei Niereninsuffizienz 326[18].
— u. E. HERRMANN: „Gebundener Amino-N“ im Blut 346[1].
BECHHOLD, H., u. J. ZIEGLER: Ursache der Gicht 1254[3].
BECK, A. B., s. BENNETTS, H. W. 668[12].
BECK, E., s. FLASCHENTRÄGER, B. 802[5], 803[1].
BECK, G.: Eisengehalt von Liquor cerebrospinalis bei Meningitis 575[17].
BECK, G. M., s. HUBBARD, R. S. 408[6].
BECK, H., u. G. STRAUBE: Bleibestimmung 404[14].
— s. STRAUBE, G. 404[5], 575[21].
— s. THALER, H. 810[4].
BECK, J. V.: Verhalten injizierter Harnsäure beim Menschen 1211[34]. — Purinabbau durch Cl. acidi urici 1223[1].
— s. BARKER, H. A. 1211[35, 38], 1222[15], 1223[2].
BECK, K. F., s. WACKER, L. 872[22].
BECK, L. W., s. MATTSON, F. H. 799[8].
BECK, O.: Eisenbilanz bei Frühgeburten 662[5].
BEČKA, J.: Magnesiumretention 635[2]. — Ca-Retention nach Zufuhr von $Mg(OH)_2$ 636[2].
BECKEL, A., s. DAEVES, K. 305[5].
BECKER, A., s. BOTÀR, J. 108[6].
BECKER, E.: Zusammenfassung über die Gen-Wirkstoff-Systeme der Augenausfärbung bei Insekten (1938) 994[6]. — Toxische Wirkung von Nitriten 416[2].
— s. BUTENANDT, A. 994[7].
BECKER, E. W., s. DIMROTH, K. 1192[9], 1220[2].
BECKER, G. H., J. MEYER and H. NECHELES: Hyperlipämie nach Fettresorption 240[6].
BECKER, H., u. E. KESTERMANN: Glucose im Speichel des Diabetikers 27[1].
BECKER, J. E., s. MCCOLLUM, E. V. 685[19].
BECKER, K. P., u. E. GEIS: Förderung der Magensaftsekretion durch Insulin 42[16].
BECKER, M., s. EDLBACHER, S. 931[4].
BECKER, R. B., s. NEAL, W. M. 668[9].

Becker, W., s. Maurer, W. 88^{6}.
Becker-Freyseng, H., u. H. G. Clamann: Giftwirkung von molekularem Sauerstoff 615^{4}.
Beckmann, A., s. Wacholder, K. 456^{3}.
Beckmann, H. A.: Einwirkung von CO auf das leicht abspaltbare Eisen 434^{9}.
Beckmann, K.: Oberflächenspannung von Serum 275^{6}. — Phosphatveresterung in der Leber 647^{5}.
Becks, H.: Calcium-, Phosphor- u. Rhodangehalt des menschlichen Speichels 21^{10}.
— and W. B. Ryder: Veränderungen an Dentin und Schmelz bei D-Avitaminose 723^{10}.
Beeckmans, M.-L., s. Hevesy, G. 835^{1}.
— s. Popják, G. 835^{4}, 856^{5}, $866^{10,11}$, $874^{6,7}$.
Beer, A. G.: Zentralnervöse Regulation der Leukocytenbildung 165^{9}, 160^{6}.
Beer, E. J. de, C. G. Johnston and D. W. Wilson: Sekretmengen aus Darmfisteln beim Hund 148^{6}, 178^{3}. — Carbonatgehalt im Hundecolonsaft 149^{13}. — p_H-Wert im Hundedarmsaft 150^{3}, 178^{13}. — Zusammensetzung der Darmsäfte von Fistelhunden 151^{7}. — HCO_3- und Cl-Gehalt in Colon und Ileum 152^{4}. — Fermentgehalt von Dickdarmfistelsekret 179^{3}.
Beeson, K. C., s. Keener, H. A. 674^{2}.
Begany, A. J., s. Seifter, J. 492^{12}.
Begemann, H., s. Heilmeyer, L. 264^{6}, 416^{16}, 421^{13}, 455^{6}, 457^{9}, 464^{16}, 470^{12}.
Begtrup, H., s. Hoff-Jørgensen, E. 638^{10}.
Behm, W. v., s. Dyckerhoff, H. 496^{8}.
Behre, J. A., and S. R. Benedict: Vorkommen von Kreatinin im Blut wird bestritten 348^{8}.
— s. Benedict, S. R. 449^{4}.
Behrend, A. A., s. Kingsley, G. R. 307^{2}.
Behrendt, H.: Lipokinase des Magensaftes 97^{12}. — Aktivität der Blutphosphatasen 450^{6}. — Erythrocytenphosphatase bei Krankheiten 450^{6}.
Behrendt, V., s. Calvin, M. 389^{3}, 440^{5}.
Behrens, B.: Ursache des „Salzfiebers" 632^{9}. — Bleiausscheidung im Kot 688^{14}.
Behrens, H.: Blutliquorschranke bei Pferden 575^{13}.
Behrens, M.: Fraktionierung der Zellelemente 1066^{12}. — Vorkommen von Succinoxydase und Milchsäuredehydrogenase im Zellkern 1116^{4}.
— s. Feulgen, R. 846^{5}, 863^{5}, 866^{2}, 1066^{2}.
Behring, H. v., u. R. Schönheimer: Nichtresorbierbarkeit von Dihydrocholesterin und Koprosterin 192^{11}. — Isolierung von Cholesterin aus der Thoracicuslymphe 550^{6}.
— s. Schönheimer, R. 113^{1}, 152^{6}, $192^{8,10}$, 337^{4}, 872^{19}.
Behrmann, V. G., s. Fay, M. 684^{16}.
Beickert, A.: Therapie der Leukämie mit Urethan 457^{5}.
Beiglböck, W.: Gesteigerte Wasserausscheidung nach Meerwassergenuß 597^{3}.
Beiler, J. M., and G. J. Martin: Hemmung der Xanthinoxydase durch Verbindungen mit Chalkonstruktur 1203^{12}, 1248^{15}.
Beinert, H.: Intracelluläre Verteilung von Cytochrom c 1090^{89}.
— and P. G. Stansly: Mechanismus der Acetessigsäurebildung 826^{2}. — Verschiedenheit „aktivierter" Acetylreste 1050^{1}.
— s. Cheldelin, V. H. 1136^{33}, 1143^{6}.
— s. Green, D. E. 826^{2}, 1052^{6}, 1134^{1}.
— s. Kuhn, R. 754^{11}.
— s. Sarkar, N. K. 1136^{2}, 1148^{2}.
Beiser, S. M., and E. A. Kabat: Blutgruppenspezifische Substanzen aus Rindermagen 86^{2}.
Bélanger, L. F., and C. P. Leblond: Aufnahme von ^{32}P durch Zähne wachsender Tiere 723^{1}.
Belfanti, S.: Lecithinase aus Pankreas 160^{13}.
— e C. Arnaudi: Phosphatidverdauung 842^{9}. — Phospholipase im Bienen- und Wespengift 851^{5}.
— A. Contardi u. A. Ercoli: Zusammenfassung über Lecithasen (1936) 372^{19}.
Belfer, S., s. Bailey, B. 917^{8}.
Belgowski, J.: Bildung des kleinen Magens beim Kalb 47^{12}. — Wirksamkeit des Magensaftes vom Kalb 77^{2}.
Belinsky, C., s. Carter, H. E. 738^{17}.
Belitzer, V. A., and E. T. Tsibakova: Ausbeute an energiereichem Phosphat bei der biologischen Oxydation 789^{2}.
— and E. T. Zybakowa: Anorganisches Phosphat bei Brenztraubensäuredehydrierung 1035^{2}.
Belk, W. P., and B. C. Barnes: Lebensdauer der Erythrocyten in Blutkonserven 468^{10}.
Belkin, R. B., s. Wiener, A. S. 389^{1}.
Bell, D. J., H. Gutfreund, R. Cecil and A. G. Ogston: Molekulargewicht verschiedener Glykogene 744^{5}.
— s. Bacon, J. S. D. 745^{7}.
Bell, G. H., J. W. Chambers and M. B. R. Waddell: Hämoglobinbestimmung 432^{17}.
— B. T. Scheer and H. J. Deuel jr.: Nicotinsäureausscheidung bei B_6-Mangelratten 993^{7}.
Bell, J. C., s. Venning, E. H. 893^{19}.
Bellamy, W. D., W. W. Umbreit and I. C. Gunsalus: Pyridoxal-5-phosphat als Coferment von Bakteriendecarboxylasen 932^{1}.
— s. Gunsalus, I. C. 932^{1}.
Bellea, L., s. Vladesco, R. 21^{5}.
Bellet, S., C. S. Nadler, P. C. Gazes and M. Lanning: Hypokaliämie 627^{16} 628^{5}.

Die Seiten 1—840 befinden sich im Bandteil a, die Seiten 841—1257 im Bandteil b.

Belli, C. M.: Cl-Gleichgewicht 632[10]. — Gesteigerter Eiweißzerfall bei Cl-Mangel 634[6].
Bellini, L.: Verminderung der Glucose- und Galaktoseresorption bei Vergiftungen 217[24].
— e B. Cera: Phosphataseaktivität im Dünndarm bei Fettresorption 124[10].
— s. Cera, B. 103[1], 237[20], 843[1].
— s. Liotta, A. 248[6].
— s. Lombroso, U. 245[13], 247[14].
Bellomo, A., e M. Pescarmona: Aminosäuregehalt des Magens 90[1].
— s. Allodi, A. 169[4].
Beloff, A., s. Anfinsen, C. B. 924[4].
Belt, A. E., s. Smith, H. P. 259[5].
Belt, T. H., s. King, E. J. 416[9], 690[9], 691[7].
Bénard, H., P. Desgrez, A. Gajdos, F. Lambotte et M. Polonovski: Serumcholesterinesterase 372[21]. — Cholesterinesterbildendes Ferment im Blutserum 443[4].
— A. Gajdos et M. Gajdos-Török: Porphyrinsynthese in Erythrocyten 1004[3,5], 1008[5].
— A. Gajdos, M. Gajdos-Török et M. Polonovski: Bedeutung von Methionin für die Blutbildung 466[2].
— A. Gajdos, M. Gajdos-Török et M.
— Tissier: Akute Porphyrie 1020[1].
A. Gajdos et P. Rambert: Bedeutung von Methionin für die Blutbildung 466[2].
— A. Gajdos et M. Tissier: Buch über Hämoglobin und verwandte Pigmente (1949) Franz. 382[11].
Bence, C.: Vermehrung des Kupfergehaltes im Blut bei Anämien 402[14].
Bence-Jones, H.: Salzsäurebildung im Magen und alkalische Harnreaktion 59[1].
Bender, J. A., s. Hayman, J. M. jr. 348[10].
Bender, M. B.: Cholinesterase im Liquor cerebrospinalis 575[1].
Bendich, A.: Stabile und instabile Desoxyribonucleotide 1119[2].
— and G. B. Brown: 2,6-Diaminopurin als Guaninvorstufe 1193[6], 1222[6].
Bendich, A., G. B. Brown, F. S. Philips and J. B. Thiersch: Oxydation von Adenin im Tierkörper 1202[2], 1223[5]. — Guaninbildung aus Adenin 1222[5]. — Ablagerung von 2,8-Dioxyadenin in der Niere 1256[1].
— W. D. Geren, O. Bodansky and G. B. Brown: Harnsäureabbau beim Menschen 1208[30].
— H. Getler and G. B. Brown: Cytosin, keine Vorstufe von Purinbasen 1228[5].
— E. A. Kabat and A. E. Bezer: Blutgruppenspezifische Substanzen aus der Magenschleimhaut 40[10].
— s. Burchenal, J. H. 1251[21].
— s. Chargaff, E. 477[10], 484[7], 1151[4].
— s. Geren, W. 1208[28], 1211[33], 1212[3].
Bendich, A., s. Kabat, E. A. 40[10].
— s. Philips, F. S. 1256[2].
Bendien, W. M., J. Neuberg u. I. Snapper: Beziehung zwischen Senkungsgeschwindigkeit und Eiweißgehalt des Blutes 265[1].
— u. I. Snapper: Beziehung zwischen Senkungsgeschwindigkeit und Eiweißgehalt des Blutes 265[1].
— s. Snapper, I. 354[2].
Bendix, E., s. Schittenhelm, A. 1181[5], 1199[5, 15].
Bene, E., s. Kersley, G. D. 1249[9], 1250[2].
Benedict, E., s. Loeb, R. F. 578[6].
Benedict, E. B., s. McIver, M. A. 68[11], 215[8].
Benedict, F. G.: Ca-Ausscheidung im Darm bei Hunger 641[6].
— s. Atwater, W. D. 593[1].
Benedict, H.: Unabhängigkeit des Neutralschwefels von der Ernährung 953[12].
Benedict, J. D., P. H. Forsham, M. Roche, S. Soloway and D. Stetten jr.: Beeinflussung der Harnsäurebildung durch ACTH 1234[1]. — Wirkungsmechanismus von Colchicin 1249[14]. — Austausch von Harnsäure bei chronischer Gicht 1250[1].
— P. H. Forsham and D. Stetten jr.: Menge der im Stoffwechsel befindlichen Harnsäure 1200[8]. — Harnsäureabbau beim Menschen 1208[29]. — Harnstoffbildung aus Harnsäure beim Menschen 1211[32]. — Ausscheidung injizierter Harnsäure beim Menschen 1212[2]. — Austausch der Harnsäure in Tophi 1253[1].
Benedict, J. H., s. Mattson, F. H. 799[8].
Benedict, S. R.: Saccharoide 316[10]. — Harnsäureribosid in Erythrocyten 1198[19]. — Harnsäureausscheidung durch Dalmatiner Hund 1213[22]. — Harnsäurebildung aus Methylpurinen 1214[13]. — Purinsynthese 1218[15].
— and E. Franke: Harnsäurebildung aus Methylpurinen 1214[12]. — Harnsäurebestimmung 1225[8].
— and E. H. Hitchcock: Harnsäurebildung aus Methylpurinen 1214[11]. — Harnsäurebestimmung 1225[7].
— and E. B. Newton: Anteil von Glutathion an der Restreduktion 317[4].
— E. B. Newton and J. A. Behre: Ergothioneingehalt von Erythrocyten 449[4].
— and E. Osterberg: Umwandlung von zugeführtem Kreatin in Kreatinin 946[4].
— s. Behre, J. A. 348[8].
— s. Davis, A. R. 451[8], 1185[16], 1198[20], 1211[13].
— s. Nash, T. P. jr. 535[5].
— s. Newton, E. B. 979[5].
Benesch, R. (E.), s. Ellinger, P. 994[3].
— s. Dziewiatkowski, D. D. 653[7].
Benett, W. A., s. Rall, J. E. 681[6].

Benham, G. H.: Harnstoffgehalt von Kaninchenserum 342^{13}.
— and V. E. Petzing: Lactose- und Maltosebestimmung im Blut 319^{12}.
Benirshke, K., s. Atlas, L. T. 1234^{18}.
Ben-Ishai, R., E. D. Bergmann and B. E. Volcani: Einbau von Carboxamid in Desoxyribosidbindung 1221^{7}.
— s. Bergmann, E. D., 1221^{8}, $1244^{11,12}$.
Benjamin, H. R., and A. F. Hess: Formen des Blutcalciums 395^{15}. — Nichtdiffusibler Anteil des Blutcalciums 396^{2}.
— A. F. Hess and J. Gross: Formen des Magnesiums im Blut 397^{15}.
Benkö, G., s. Bálint, P. 575^{9}.
Benkö, S.: Hemmung der Synthese von respiratorischen Enzymen 1015^{4}.
Bennett, E. L.: Ribonucleotidsynthese in Zellfraktionen 1122^{4}.
Bennett, G. A., s. Coggeshall, H. C. 583^{1}.
Bennett, L. L.: Verhalten des Muskelglykogens nach Nebennieren- und Hypophysenentfernung 773^{3}.
— and H. M. Evans: Zusammenfassung über Hypophyse und Diabetes mellitus (1950) 774^{4}. — Stoffwechselwirkung von Hypophysenvorderlappenextrakten 774^{4}.
— R. E. Kreiss, C. H. Li and H. M. Evans: Stoffwechselwirkung von Hypophysenvorderlappenextrakten 774^{3}.
— and C. H. Li: Leberglykogenspaltung bei nebennierenlosen Katzen 778^{7}.
— and L. M. Roberts: Insulinwirkung am leberlosen Hund 780^{7}.
— s. Taurog, A. 411^{8}.
Bennett, L. L. jr., s. Skipper, H. E. 1197^{7}, 1220^{7}, 1221^{3}, 1234^{15}, 1245^{13}, 1248^{13}.
Bennett, L. R., s. Mead, J. F. 246^{4}, 801^{1}.
Bennett, M. A.: Bedeutung von Vitamin B_{12} für Methylierung 941^{3}, 963^{6}. — Sulfatausscheidung nach Zufuhr von Cystinsulfo-dioxyd 959^{1}. — Bedeutung der Folsäure für die Methylierung 963^{5}. — Bildung labiler Methylgruppen 963^{5}. — Kein Ersatz von Methionin durch Methioninsulfon 966^{6}.
— G. Medes and G. Toennies: Bildung labiler Methylgruppen 963^{4}.
— s. Stekol, J. A. 963^{6}.
Bennetts, H. W.: Kupfergehalt von Tierorganen bei Cu-Mangelkrankheit 668^{11}.
— A. B. Beck, R. Harley and S. T. Evans: Kupfergehalt von Rinderblut 668^{12}.
— and F. E. Chapman: Kupfergehalt von Tierorganen bei Cu-Mangelkrankheit 668^{11}.
Bennhold, H.: Zusammenfassung über die Vehikelfunktion der Serum-Eiweißkörper (1932) 285^{1}. — Zusammenfassung über Blut-Liquor-Schranke (1933) 564^{16}. — Vehikelfunktion der Serumeiweißkörper 308^{4}.
Bennhold, H., E. Kylin u. S. Rusznyák: Buch über die Eiweißkörper des Blutplasmas (1938) 264^{6}.
— H. Ott u. M. Wiech: Vehikelfunktion der Serumeiweißkörper 308^{5}. — Beeinflussung der Vehikelfunktion von Eiweiß durch Kollidon 308^{5}.
— u. R. Schubert: Vehikelfunktion der Serumeiweißkörper 308^{4}.
Benni, B.: Citronensäuregehalt von Liquor cerebrospinalis 571^{2}.
Benoit, J., s. Ettori, J. 710^{8}.
Benotti, J., s. Schmidt, G. 332^{9}, 844^{1}, 858^{17}, 865^{17}.
— s. Thannhauser, S. J. 332^{8}, 334^{9}, 442^{7}, 845^{1}, 846^{9}, 858^{18}.
Benoy, M. P., and K. A. C. Elliott: Biologische Acetatoxydation 1033^{2}.
— s. Elliott, K. A. C. 1033^{2}.
Bensley, E. H., A. F. Fowler, M. V. Creaghan, B. A. Moore and E. K. McDonald: Vitamin E-Gehalt des Blutes bei Diabetes 360^{12}.
— S. Mitchell and P. Wood: Harnsäuregehalt des Blutes 1198^{9}.
— P. Wood and D. Lang: Anstieg der sauren Phosphatase im Blut bei Prostatacarcinom 377^{5}. — Hemmung der sauren Phosphatase durch Formaldehyd 377^{16}, 450^{10}.
— P. Wood, S. Mitchell, A. Drysdale and D. Lang: Hemmung der sauren Phosphatase durch Alkohol 377^{15}.
— P. Wood, S. Mitchell and B. Milnes: Saure Phosphatase im Blut bei Prostatacarcinom 377^{5}.
Bensley, R. R.: Intracelluläre Verteilung von Fetten und Lipiden 1077^{18}.
— and N. L. Hoerr: Fraktionierung der Zellelemente 1066^{13}.
Benson, A., s. Falk, J. E. 1006^{6}, 1021^{1}.
Benson, A. A., s. Buchanan, J. G. 1063^{2}.
Bentley, H. R.: Hypothesen der biologischen Porphyrinbildung 996^{1}.
Bentley, R.: Acetylphosphatsynthese 1035^{8}.
Benzon, B., s. Bertrand, G. 677^{12}.
Berencsi, G., s. Goreczky, L. 296^{7}.
Berend, M.: Kohlensäureanhydratase in der Magenschleimhaut 60^{18}.
Berend, N.: Versuche an Thiry-Vella-Fistelhunden 144^{18}. — Vitamine im Darmsaft 154^{9}.
— u. S. Hollán: Urease in der Magenschleimhaut 35^{11}.
s. Tangl, H. 240^{12}, 794^{3}.
Berendt, H. W.: Kreatin- und Kreatiningehalt von menschlichem Blutserum 350^{10}.
Béres, T., s. Dániel, E. v. 357^{5}.
Berg, B. N., s. Bloch, K. 874^{14}, 877^{4}.
Berg, C. P.: Zusammenfassung über Eiweiß- und Aminosäurestoffwechsel (1944) 909^{3}.

BERG, C. P., and L. C. BAUGUESS: Resorption von Aminosäuren 913[12].
— s. BAUER, C. D. 934[1], 960[9].
— s. BORCHERS, R. 987[13].
— s. FEATHERSTONE, R. M. 974[7].
— s. KALLIO, R. E. 991[5].
— s. MASON, M. 989[4], 1153[2].
BERG, P.: Keine Reduktion von Ameisensäure zu Formaldehyd durch Rattenleber 941[9].
BERG, R.: Buch über Kontrolle des Mineralstoffwechsels (1930) 609[5]. — Zusammenfassung über Spurenelemente (1940) 609[4]. — Bedeutung der Spurenelemente in der Biologie 398[14]. — Goldgehalt des Blutes 405[24].
BERG, W.: Eiweißspeicherung in Leberzellen 927[8].
— u. C. CAHN-BRONNER: Eiweißspeicherung in Leberzellen 927[8].
BERGAMI, G.: Harnsäureausscheidung bei Stenose der V. cava inferior 1212[5]. — Abgabe von Harnsäure durch Pankreassaft 1213[13].
BERGEIM, O.: Maltosebildung im Magen 96[4]. — Beeinflussung der Calciumresorption 213[14].
— and E. R. KIRCH: Umwandlung von Eisen(III)- in Eisen(II)-salz im Magen 96[1]. — Reduktion von Eisen im Verdauungskanal 657[5].
— s. HAWK, P. B. 24[5].
— s. KIRCH, E. R. 96[3], 657[5].
— s. MILLER, R. I. 96[5].
— s. SOLOMON, J. D. 568[15].
— s. WELKER, H. D. 97[2].
— s. WOODSON, H. W. 345[8].
BERGEL, S.: Einfluß von Fibrinogen auf Knochenneubildung 296[5].
BERGER, E. Y., B. B. BRODIE, J. AXELROD, M. F. DUNNING, Y. POROSOWSKA and J. M. STEELE: Bestimmung des Gesamtkörperwassers 591[5].
— M. F. DUNNING, B. B. BRODIE and J. M. STEELE: Extra- und intracellulärer Raum 598[9].
BERGER, L., M. W. SLEIN, S. P. COLOWICK and C. F. CORI: Krystallisierte Hefehexokinase 741[10].
BERGER, S., s. BERSIN, T. 380[11].
BERGER, W., J. HARTMANN u. H. LEUBNER: Unterscheidung von Darmsaft und Darminhalt 143[3] — Gewinnung von Pankreassekret 156[10]. — Bestimmung der Pankreasfermente 161[5, 7]. — Amylase- und Trypsinwerte im menschlichen Duodenalsaft 162[1]. — Amylasebestimmung im Darm 165[8], 171[3]. — Gewinnung von Darminhalt 169[3].
— u. K. HANSEN: Resorption von genuinem Eiweiß aus dem Darm 224[7].
BERGERET, B., and F. CHATAGNER: Desulfinicase 957[4].
BERGERET, B., F. CHATAGNER et C. FROMAGEOT: Desulfinicase 957[4].
BERGLUND, H., s. FOLIN, O. 1208[12], 1211[18], 1212[4], 1213[18].
— s. LOONEY, J. M. 954[6, 16], 955[7].
BERGMAN, H. C., s. MCKAY, E. M. 216[9].
BERGMANN, E. D., R. BEN-ISHAI and B. E. VOLCANI: Verminderung der Bildung von 4-Aminoimidazol-5-carboxamid durch Vitamin B_{12} 1244[12].
— B. E. VOLCANI and R. BEN-ISHAI: Methionin und Carboxamidumsatz 1221[8].
— Verminderung der Bildung von 4-Aminoimidazol-5-carboxamid durch Vitamin B_{12} 1244[11].
— s. BEN-ISHAI, R. 1221[7].
BERGMANN, G. v.: Buch über funktionelle Pathologie (1932) 355[1]. — Zusammenfassung über die Pathogenese des Ulcus (1938) 83[4]. — Taurocholsäurebildung nach Cystinfütterung 956[19].
— u. L. LANGSTEIN: Höhermolekulare Eiweißspaltprodukte im Blut nach Eiweißzufuhr 914[13].
— u. F. STROEBE: Zusammenfassung über die Krankheiten der Leber und Gallenwege (1949) 355[1].
BERGMANN, M., and H. FRAENKEL-CONRAT: Synthesierende Wirkung von Proteasen auf Modellverbindungen 917[12]. — Synthese schwerlöslicher Peptide durch Papain 918[1]. — Transamidierung und Transpeptidierung 919[2].
— and J. S. FRUTON: Prolidase aus Darmschleimhaut 120[10]. — Trennung der Prolidase und Dipeptidase von Aminopolypeptidasen 123[10]. — Synthese schwerlöslicher Peptide durch Papain 918[3]. — Peptidsynthesen durch Chymotrypsin 918[4].
— u. L. ZERVAS: Bildung von Guanidinoessigsäure aus Glykokoll und Arginin 947[25].
— L. ZERVAS u. H. SCHLEICH: Prolidase aus Dünndarmschleimhaut 123[9].
— L. ZERVAS, H. SCHLEICH u. F. LEINERT: Prolidase aus Dünndarmschleimhaut 123[9].
BERGMANN, W.: Sterine der Auster 870[9].
— and E. M. LOW: Sterine der Auster 870[10].
BERGMEYER, H.-U., s. DIRSCHERL, W. 777[13].
BERGQVIST, S.: Antihyaluronidase im Blut bei Infektionskrankheiten 384[7].
BERGREN, W. R., s. HARRIS, E. S. 1090[63, 121].
BERGSTRAND, A., N. A. ELLIASSON, E. HAMMARSTEN, B. NORBERG, P. REICHARD and H. v. UBISCH: Umsatzgeschwindigkeit von Ribonucleotiden und Desoxyribonucleotiden 1120[9]. — Ausgangsstoffe für die Nucleinsäuresynthese 1192[10]. — Uridin, keine Vorstufe von Purinbasen 1228[6]. — Orotsäure, nicht Vorstufe der Purinsynthese 1222[11].

BERGSTRÖM, S.: Gerinnungshemmende Wirkung von Schwefelsäureestern einiger Polysaccharide 492[8].
— A. ARVIDSON, E. HAMMARSTEN, N. A. ELLIASSON, P. REICHARD and H. v. UBISCH: Umwandlung von ^{15}N-Orotsäure in Cytosin und Uracil 1193[7].
— B. BORGSTRÖM, A. CARLSTEN and M. ROTTENBERG: Verhältnis von Neutralfetten und Phosphatiden in der Ductus-Lymphe 115[7]. — Fettsäureresorption auf dem Lymphwege 237[17]. — Einbau von Fettsäuren in Phosphatide in der Darmschleimhaut 796[6].
— B. BORGSTRÖM and M. ROTTENBERG: Phosphatidsynthese in der Darmwand 796[7].
— and R. T. HOLMAN: Zusammenfassende Darstellung über Lipoxydase und Autooxydation ungesättigter Fettsäuren (1948) 822[3].
— s. JORPES, E. 491[16].
— s. REICHARD, P. 1227[3].
BERING, E. A. jr.: Fibrin zur Blutstillung 500[3].
— s. BAILY, O. T. 296[12].
— s. HAWN, C. v. Z. 296[12], 500[1].
BERK, L. C., N. KRETCHMER, R. T. HOLMAN and G. O. BURR: Bestimmung ungesättigter Fettsäuren im Blut 337[2].
BERKE, K., s. MADONICK, M. J. 569[4].
BERKMAN, S., s. DORFMAN, A. 1036[7].
BERL, H., s. SCHÄFFNER, A. 1235[14].
BERLAZKI, G. B.: Sekretmenge aus Colonfisteln 178[2]. — Spezifisches Gewicht des Colonsekretes 178[12]. — Fermentgehalt von Dickdarmfistelsekret 179[2].
BERLIN, N. I., R. L. HUFF and T. G. HENNESSY: Halbwertszeit des Plasma-Fe 1009[9].
— L. M. MEYER and M. LAZARUS: Lebensdauer von Rattenerythrocyten 1016[5].
— and W. SIRI: Kobaltspeicherung 673[8].
— s. PRENTICE, T. C. 591[3].
BERLINER, R. W., T. J. KENNEDY jr. and J. G. HILTON: Tubuläre Kaliumsekretion 624[16].
BERMAN, C. W., s. LEVINE, S. Z. 984[11].
BERMAN, H., s. GARDNER, L. I. 1174[1].
BERMAN, M., s. NACHMANSOHN, D. 1036[4].
BERN, H. A., s. ALFERT, M. 1098[11].
BERNARD, C.: Buch über physiologische Eigenschaften der Körperflüssigkeiten (1858) Franz. 59[4]. — Buch über Diabetes und tierische Glykogenese (1877) Franz. 126[11]. — Fructosegehalt der Amnionflüssigkeit 582[7]. — Zuckerstich 768[1].
BERNARDI, O. M.: Harnsäure in Blut und Harn bei Eklampsie 1248[6].
BERNDT, A. L., and I. S. RAVDIN: Chemische Erregung der Darmsaftsekretion 147[2].
BERNFELD, P., E. DUCKERT et E. H. FISCHER: Eigenschaften der α-Amylase 165[16].
— et M. FULD: Amylasebestimmung im Duodenalsaft 165[5].
— and A. MEUTÉMÉDIAN: Isophosphorylase aus Kartoffeln und Hefe 745[2].
— A. STAUB et E. H. FISCHER: Aktivierung der Speichelamylase durch Salze 24[11].
— s. FISCHER, E. H. 164[13, 14].
— s. MEYER, K. H. 18[14], 24[9, 10], 164[11, 12], 745[1].
BERNHARD, A., and L. ROSENBLOOM: Vermehrung der Serumphosphatase bei Tumormetastasen 376[15].
— s. LEOPOLD, J. S. 1240[12].
BERNHARD, F.: atoxylresistente Lipase in Tumorgewebe 372[5].
— u. K. KÖHLER: Serumlipase bei Carcinom 372[9].
BERNHARD, K.: Oxydation von Kohlenwasserstoffen in der Rattenleber 239[15]. — Resorption von Carotin aus Karotten und Spinat 249[12]. — Fettresorption bei Gallenfistelhunden 794[8]. — Beeinflussung der Fettsäureresorption durch hochschmelzende Fettsäuren 800[9]. — Abbau von alkylsubstituierten Malonsäuren 811[2], 817[1]. — Keine ω-Oxydation von höheren Fettsäuren 811[3]. — Oxydation von Dicarbonsäuren 811[8]. — Herkunft der Acetylgruppen für Acetylierungen 838[8].
— u. H. ALBRECHT: Synthese essentieller Fettsäuren durch Schimmelpilze 836[1].
— u. M. ANDREAE: Oxydation von Dicarbonsäuren 811[5].
— u. H. BODUR: Fettstoffe im Chylus aus einer Pleurafistel 112[3].
— u. F. BULLET: Fettstoffe des menschlichen Darmes 112[3]. — Fettstoffwechsel von Darm und Leber 117[7]. — Fettsynthese in der Darmwand 197[9], 237[11], 801[8], 832[5].
— M. FAVARGER, A. RENOLD u. O. SPÜHLER: Diabetogene Wirkung von Alloxanderivaten 779[6].
— u. U. GLOOR: Mechanismus der Ölsäureoxydation 809[6]. — Abbau von Fettsäuren mit dreifacher Bindung 809[7].
— U. GLOOR u. E. SCHEITLIN: Oxydation von Paraffin zu Fettsäuren im Organismus 798[9].
— u. H. KORRODI: Zusammensetzung von Knochenmarkfett 702[15].
— u. H. LINCKE: Verhalten von substituierten Bernsteinsäuren im Stoffwechsel 817[3].
— u. G. RITZEL: Herkunft der Fette in den Faeces 247[9].
— G. RITZEL u. E. HUG: Resorption von Fett bei Gallenfistelhunden 795[2].
— G. RITZEL u. H. WAGNER: Triglyceridspaltung im Darm 799[6].
— u. E. SCHEITLIN: Resorbierbarkeit von Mineralöl 798[8].

BERNHARD, K., E. SCHLÄPFER u. S. WILK: Fettresorption bei Gallenfistelhunden 247[6], 794[9].
— and R. SCHOENHEIMER: Kein Einbau von D_2O in essentielle Fettsäuren 821[2]. — Fettsäuresynthese 832[4].
— u. H. STEINHAUSER: Fettsäuresynthese im hungernden Organismus 833[1]. — Acetylierung von Aminosäuren 936[2].
— H. STEINHAUSER u. F. BULLET: Kein Einbau von D_2O in essentielle Fettsäuren 821[3].
— H. STEINHAUSER u. A. MATTHEY: Fettsynthese in der Darmwand 197[8], 198[1].
— u. E. VISCHER: β-Oxydation von deuterierter Behensäure 803[3].
— H. WAGNER u. G. RITZEL: Spaltung D-markierter Fette 233[7]. — Verfüttertes D-Glycerin fehlt in Lipoiden der Darmlymphe 237[6].
— s. FLASCHENTRÄGER, B. 738[9, 11], 810[6], 811[1, 7, 8], 814[7].
BERNHARDT, H., u. H. UCKO: Bromgehalt des Blutes 409[4].
— s. SCHULER, W. 931[5].
BERNHAUER, K.: Buch über die oxydativen Gärungen (1932) 725[31]. — Gärungschemisches Praktikum (1939) 725[32]. — Zusammenfassung über Biochemie der oxydativen Gärungen (1934) 1030[2].
— u. H. KNOBLOCH: Oxydation von Gluconsäure durch Pseudomonas 738[6].
BERNHEIM, A. R., s. GOLDBERG, A. S. 1060[1].
BERNHEIM, F.: Ferment der L-Aminosäureoxydation 930[7].
— and M. L. C. BERNHEIM: Oxydationshemmende Wirkung von Natriumpertitanat 685[24]. — Oxydation von Cholin zu Betainaldehyd 854[17]. — Ferment der L-Aminosäureoxydation 930[7]. — Oxydation von Cystein durch Rattenleberextrakte 957[5]. — D-Methioninabbau durch D-Aminosäureoxydase 966[10]. — Hemmung der Xanthindehydrogenase durch p-Aminophenol 1203[10]. — Entmethylierung von Coffein und Theophyllin 1225[3].
— M. L. C. BERNHEIM and A. G. GILLASPIE: Oxydative Desaminierung von Methionin 966[7].
— and H. O. MICHEL: Methämoglobin 434[12].
— s. BERNHEIM, M. L. C. 980[2].
— s. PERLZWEIG, W. A. 961[13].
BERNHEIM, M. L. C., and F. BERNHEIM: Tyrosinbildung aus Phenylalanin durch Leberschnitte 980[2].
— s. BERNHEIM, F. 685[24], 854[17], 930[7], 957[5], 966[7, 10], 1203[10], 1225[3].
— s. HANDLER, P. 941[6].
— s. PERLZWEIG, W. A. 961[13].
BERNSTEIN, M., and S. SIMKINS: Umlaufzeit des Blutes 262[3].
BERNSTEIN, S., and R. W. MCGILVERY: Veresterung von Phenolen im Cytoplasma 1153[11].
BERNSTEIN, S., s. WILLIAMS, H. H. 858[10].
BERNSTEIN, S. S., R. L. JONES, B. N. ERICKSON, H. H. WILLIAMS, I. AVRIN and I. G. MACY: Stromaeiweißkörper der Erythrocyten 439[5].
— s. BEACH, E. F. 440[3], 517[2].
— s. ERICKSON, B. N. 427[4], 439[6], 441[3, 7], 442[1, 3].
— s. WILLIAMS, H. H. 442[9], 858[10, 17].
BERRIDGE, N. J.: Zusammenfassung über Labferment (1951) 80[5].
BERRY, I. M., and A. C. IVY: Keine Resorption von Paraffin 239[10]. — Resorbierbarkeit von Mineralölemulsionen 798[7].
BERRY, L. J., and T. D. SPIES: Behandlung der perniciösen Anämie mit Folinsäure 467[7]. — Zusammenfassung über Thiolverbindungen und Enzyme (1935) 654[13].
BERSIN, T.: Zusammenfassung über Amidasen und Proteasen (1940) 73[1]. — Zusammenfassung über allgemeine Methoden der Enzymuntersuchung (1940) 75[1]. — Zusammenfassung über Effektoren der Enzymwirkung (1940) 654[13]. — Zusammenfassende Darstellung über biochemische Proteinsynthese (1940) 917[8]. — Synthetisierende Wirkung von Kathepsinen 917[8].
— u. S. BERGER: Blockierung des tryptischen Fermentes im Blut 380[11].
— u. H. KÖSTER: Synthetisierende Wirkung von Kathepsinen 917[8].
— u. W. LOGEMANN: Synthetisierende Wirkung von Kathepsinen 917[8].
— H. G. MOLDTMANN, H. NAFZIGER, B. MARCHAND u. W. LEOPOLD: Acetalphosphatidgehalt des Muskels 863[6].
— s. FEULGEN, R. 846[5], 852[1], 863[5], 866[4].
BERSOT, H., s. DEMOLE, V. 574[13].
BERTHELOT, A.: Entstehung von Indolessigsäure im Darm 351[9].
BERTHET, J., L. BERTHET, F. APPELMANS and C. DE DUVE: Saure Phosphatase in Mitochondrien 1129[11].
— and C. DE DUVE: Saure Phosphatase in Rattenlebermitochondrien 1129[10].
— s. DUVE, C. DE 1129[7].
— s. HERS, H. G. 1090[39].
BERTHET, L., s. BERTHET, J. 1129[11].
— s. DUVE, C. DE 1129[7].
— s. HERS, H. G. 1090[39].
BERTRAND, G.: Zusammenfassung über die physiologische Bedeutung von Mangan und anderen Spurenelementen (1939) 670[5]. — Goldgehalt des Blutes 405[25]. — Aktivierung von Fermenten durch Mangan 671[10]. — Wachstumsförderung von Aspergillus niger durch Mangan 671[16]. — Biologische Bedeutung von Blei 688[10]. — Arsengehalt des Körpers 692[13]. — Tyrosinase 985[1].
— et H. AGULHON: Borgehalt tierischer Organe 689[12].

BERTRAND, G., et B. BENZON: Zinkmangelerscheinungen 677[12].
— et Y. BRANDT-BEAUZEMONT: Zinkvorkommen in Organen 403[5].
— et V. CIUREA: Zinngehalt des Blutes 406[7]. — Zinngehalt tierischer Organe 688[5].
— et M. MÂCHEBOEUF: Notwendigkeit von Mangan für Rattenwachstum 671[18]. — Kobaltgehalt von Pflanzen 672[21]. — Verstärkung der Insulinwirkung durch Kobalt 674[6]. — Vorkommen von Nickel in Tieren und Pflanzen 686[14]. — Nickelgehalt von Leber und Pankreas 686[15]. — Verstärkung der Insulinwirkung durch Nickel 686[20].
— et H. NAKAMURA: Notwendigkeit von Mangan für Rattenwachstum 671[18]. — Manganmangel bei Pflanzen 672[12]. — Zinkmangelerscheinungen 677[12].
— et M. ROSENBLATT: Bedeutung von Mangan für die Pflanze 671[8].
— et P. SERBESCU: Aluminiumsalze sind ungiftig 685[10].
— et R. VLADESCO: Notwendigkeit von Mangan für Rattenwachstum 671[18]. — Zinkanalyse in biologischem Material 675[8]. — Zinkgehalt der Geschlechtsorgane 676[3]. — Resorbierbarkeit von Zinksalzen 677[1].
— et C. VORONCA-SPIRT: Titangehalt der Leber 685[23].
BERTRAND, I., J. NORDMANN et R. NORDMANN: Mitochondrienzahl in Geschwulstzellen 1096[1].
BERZELIUS, J. J.: Lehrbuch der Chemie, Deutsche Übersetzg. von WÖHLER, F., 3. Aufl. (1840) 22[2].
BESSAU, G., u. O. BOSSERT: Bakterienflora im Dünndarm des Säuglings 173[4].
— s. TOBLER, L. 97[7].
BESSELL, C. J., E. HARRISON and K. A. LEES: Vitamin B_{12}-Bestimmung 364[6].
BESSEY, O. A., O. H. LOWRY and M. J. BROCK: Substrate für Phosphatasebestimmung 377[13]. — Vitamin C-Gehalt von Leukocyten 464[12]. — Ascorbinsäure in Thrombocyten 472[10].
— O. H. LOWRY, M. J. BROCK and J. A. LOPEZ: Carotin- und Vitamin A-Gehalt des menschlichen Blutes 358[10].
— s. BURCH, H. B. 452[6], 464[6], 472[11].
— s. CAMPBELL, H. L. 642[6], 713[15].
— s. LOWRY, O. H. 365[3, 18].
BESSIS, M.: Buch über hämolytische Krankheiten des Neugeborenen (1947) Franz. 387[8].
BESSMAN, S. P., J. ROSSEN and E. C. LAYNE: Intracelluläre Verteilung von γ-Transaminase 1090[143].
BEST, C. H.: Histaminase 932[4], 978[5].
— and E. W. MCHENRY: Histaminase im Blut tumortragender Tiere 382[7]. — Histaminase 932[4], 978[5].
BEST, C. H., and C. C. LUCAS: Zusammenfassung über Cholin (1943) 135[17].
— and J. H. RIDOUT: Zusammenfassung über Cholin als Nahrungsfaktor (1939) 141[9].
— and N. B. TAYLOR: Buch über die physiologische Basis der medizinischen Praxis (1945) Engl. 502[4].
— s. FLETCHER, J. P. 136[20], 137[1], 351[16].
BETHE, A.: Buch über allgemeine Physiologie (1952) 1158[2]. — H-Ionenaufnahme- und -abgabe durch Zellen 1164[2]. — p_H-Wert und Medusenbewegung 1175[4]. — p_H-Abhängigkeit der Gewebsanfärbung 1175[6].
BETHEIL, J. J., s. KATCHMAN, B. 1136[21].
— s. PLAUT, G. W. E. 941[2].
BETHELL, F. H., s. SWENDSEID, M. E. 1096[8].
BETHKE, R. M., C. H. KICK and W. WILDER: Calcium- und Phosphatgehalt der Nahrung bei Rattenrachitis 717[3]. — Optimales Calcium: Phosphorverhältnis für Knochenmineralisierung 718[2].
BETKE, K.: Verschiedene Hämoglobinarten in Tierblut 433[14]. — Freiwerden von Oxydase bei Strukturschädigung von Leukocyten 458[6], 462[15].
BEUMER, A., s. SCHAAF, H. 690[23].
BEUMER, H.: Cholesterinsynthese im Körper 872[24].
— u. G. BISCHOFF: Koprosterinbildung durch Darmbakterien 191[8]. — Koprosterinbildung durch Kot in vitro 192[5].
— u. M. BÜRGER: Stromaeiweißgehalt von menschlichen Erythrocyten 440[2].
— u. F. HEPNER: Cholesterinausscheidung im Darm 191[13], 875[18].
— u. F. LEHMANN: Cholesterinsynthese im Körper 872[25].
— s. BÜRGER, M. 858[2].
BEUTLER, R.: Zusammenfassung über Zuckergehalt des Blutes (1939) 314[5].
BEUTNER, R., and M. CAPLAN: Parallelität von Salzsäuresekretion im Magen und Anstieg von Hydrogencarbonat im Blut 59[2].
BEVELANDER, G., and P. L. JOHNSON: Phosphatase und histologische Differenzierung der Organe 712[10].
— s. JOHNSON, P. L. 712[10].
BEVERS, C. A., and D. B. MCINTYRE: α-Tricalciumphosphat isomorph mit Apatit 708[3].
BEYER, G. T., s. DOUNCE, A. L. 747[6].
BEZER, A. E., s. BENDICH, A. 40[10].
— s. KABAT, E. A. 40[10].
BEZNÁK, A. B. L., and G. LILJESTRAND: Einwirkung von O_2-Atmung auf die Lymphmenge 549[5].
BÉZNAK, M., s. THEORELL, H. 1013[2].
BEZSSONOFF, N., s. ROHMER, P. 574[3].
BHATTACHARYA, G., s. BANERJEE, S. 779[5].
BIAL, M., s. RÖHMANN, F. 555[5].

Die Seiten 1—840 befinden sich im Bandteil a, die Seiten 841—1257 im Bandteil b.

Biasotti, A., s. Houssay, B. A. 774^{2}.

Bibby, B. G., and M. J. van Kesteren: Wirkungsmechanismus von Fluor bei der Cariesprophylaxe 699^{3}.
— s. Buonocore, M. G. 699^{2}.

Biberfeld, J., u. J. Schmid: Keine Purinbasen in Ductus thoracicus-Lymphe 1181^{4}.

Bich, A., s. Comel, M. 1250^{5}.

Bickel, A.: Buch über Stoffwechselwirkungen des Alkohols (1936) 327^{12}. — Zusammenfassung über den nervösen Mechanismus der Sekretion der Magendrüsen und der Bewegungen des Magendarmkanals (1925) 41^{8}. — Zusammenfassung über Magen und Magensaft (1925, 1934) 30^{2}. — Zusammenfassung über operative Gewinnung von Sekreten (1929) 156^{8}.
— u. C. van Eweyk: Zusammenfassung über Sekretin (1938) 131^{6}.
— u. H. R. Kanitz: Amylase und Dipeptidase im Ileumsaft 124^{9}. — Gewinnung von reinem Darmsaft beim Menschen 144^{2}. — Erregung der Darmsaftsekretion durch lokale Reizung der Darmschleimhaut 145^{2}. — Physikalische Eigenschaften des Ileumfistelsaftes 150^{14}.
— u. H. J. Wagner: Nervöse Phase der Darmsekretion 145^{3}.

Bickenbach, O.: Ausnützung des Sauerstoffs im Blut 528^{1}.

Bicker, G.: Serumglobulinkonzentration beim Schwein 305^{7}. — Albumingehalt von Schweineserum 311^{3}.

Bicknell, F., and F. Prescott: Buch über Vitamine in der Medizin, 2. Aufl. (1946) Engl. 574^{19}.

Bidder, F., u. C. Schmidt: Buch über Verdauungssäfte und Stoffwechsel (1852) 18^{7}.

Bidder, H. v., s. Rothlin, E. 397^{7}.

Biddulph, C., s. Meyer, R. K. 887^{4}.

Bidwell, E., s. Warrack, G. H. 1186^{16}.

Biedermann, W.: Zusammenfassung über Aufnahme, Verarbeitung und Assimilation der Nahrung (1911) 6^{13}. — Zusammenfassung über Ernährung höherer Wirbeltiere (1911) 7^{5}. — Zusammenfassung über chemische Verdauung im Magen (1911) 30^{9}.
— s. Lautsch, W. 1170^{5}.

Biehler, R., s. Quaife, M. L. 360^{8}.

Biehler, W., s. Engeland, R. 978^{6}.
— s. Müller, F. 432^{9}.

Bielig, H.-J., u. E. Bayer; Califante, L., u. L. Wirth: p_H-Wert von Ascidienblutzellen 1173^{15}.
— s. Fischer, F. G. 806^{2}.

Bielschowsky, F., s. Brahn, B. 392^{3}.
— s. Diaz, C. J. 391^{6}.

Bienert, G., s. Schwarz, C. 194^{8}.

Bienka, E. J., et C. Szczepanski: Chemische und mechanische Reize für die Speichelsekretion beim Menschen 12^{14}.

Bier, A., s. Zondek, H. 576^{15}, 699^{23}.

Bieri, J. G., and M. O. Schultze: Veränderungen des Carotin- und Vitamin A-Gehaltes bei Krankheiten 360^{4}.

Bierman, W., s. Fishberg, E. H. 537^{10}.

Biernacki, E.: Abnahme der Harnsäureausscheidung bei eiweißarmer Kost 1241^{24}. — Harnsäureausscheidung bei Erkrankungen 1248^{16}.

Bierring, K.: Anzahl der Erythrocyten bei Neugeborenen 418^{7}.

Bierry, H.: Keine Inversion von Rohrzucker durch Darmfistelsaft 127^{10}. — Eiweißzucker 322^{1,3}. — Kohlenhydratkomplex aus Serumproteinen 322^{5}.
— B. Gouzon et C. Magnan: Eiweißzucker 322^{7}.

Bierry, M., s. Dumazert, C. 317^{8}.

Biggs, M. W., M. Friedman and S. O. Byers: Resorption von Cholesterin 871^{3}.
— and D. Kritchevsky: Cholesterinresorption bei der Ratte 871^{6}.
— s. Byers, S. O. 877^{6}.
s. Kritchevsky, D. 338^{5}, 878^{5}.

Biggs, R.: Buch über Prothrombinmangel (1951) Engl. 480^{5}
— and R. G. Macfarlane: Prothrombinbestimmung 480^{2}. — Vipera Russellii-Gift als Thrombokinase 480^{10}.

Bigwood, E. J., J. Thomas et H. Herbo: Dehydrierung des Hypoxanthins 1203^{5}. — Hemmung der Xanthinoxydation durch Blausäure 1203^{6}. — Zweistufige Oxydation von Hypoxanthin zu Harnsäure 1205^{9}.

Bijvoet, J. M., N. H. Kolkmeijer u. C. H. MacGillavry: Buch über Röntgenanalyse von Krystallen (1940) 707^{10}.

Bikich, G., s. Borbola, J. 86^{5}.
— s. Kelemen, N. 464^{11}.

Bilen, M., s. Stary, Z. 314^{1}, 320^{5}, 321^{12}, 322^{12}.

Bilhan, N., s. Frank, E. 498^{11}.

Billerbeck, K.: Zusammenfassung über Hyaluronidase (1952) 380^{7}.

Billeter, O., u. E. Marfurt: Arsengehalt des Blutes 405^{17}, 693^{9}.

Billi, A.: Entstehung von Indol, Phenol und Kresol im Darm 190^{12}.

Bills, C. E.: Zusammenfassung über die Physiologie der Sterine, einschließlich Vitamin D (1935) 877^{1}.

Binet, L., et A. Bargeton: Chloridabgabe für Magensaftbildung 408^{7}.
— et R. Fabre: Erhöhte Purinwerte bei mechanischer Asphyxie 1247^{11}.
— et G. Weller: Glutathiongehalt von Kaninchenblut 448^{13}.

Bing, F. C., s. Hanzal, R. F. 661^{4}.

Bing, J., s. Petri, S. 38^{5}.

Bing, R. J., and M. B. Zucker: Decarboxylierung von Dioxyphenylalanin durch tierische Gewebe 931^{6}.

Die Seiten 1—840 befinden sich im Bandteil a, die Seiten 841—1257 im Bandteil b.

BINGEL, A., s. GOLLWITZER-MEIER, K. 577[10].
BINGOLD, K.: Pentdyopent in Erythrocyten 356[2]. — Hämatingehalt von Blut 356[5]. — Pentdyopentreaktion 438[10]. — Pentdyopentbildung aus Hämoglobin 449[11].
— u. W. STICH: Pentdyopent in Erythrocyten 356[2]. — Innengerüst der Erythrocyten 419[7].
BINKLEY, F.: Glutathionspaltende Enzyme 922[7]. — Serinabbau zu Brenztraubensäure 939[6], 941[16]. — Bedeutung von Cystin für die Bildung von Esterschwefelsäuren 953[9]. — Ersatz von Cystin durch Cystathionin in der Nahrung 965[7]. — Mechanismus der Cysteinbildung aus Cystathionin 965[8].
— W. P. ANSLOW jr. and V. DU VIGNEAUD: Ersatz von Cystin durch Cystathionin in der Nahrung 965[7].
— G. M. CHRISTENSEN and W. N. JENSEN: Bedeutung von Pyridoxalphosphat für Cystathioninbildung und -spaltung 966[1].
— and D. OKESON: Bedeutung von ATP für Cystathioninspaltung 965[8].
— and V. DU VIGNEAUD: Cysteinbildung aus Homocystein und Serin 965[4].
— J. L. WOOD and V. DU VIGNEAUD: Aminierung von Ketosäuren 935[2].
BINKLEY, S. B., s. MCKEE, R. W. 494[1].
BINZER, B. D., s. KOELLE, G. B. 375[4].
BIÖRCK, G.: Muskelarbeit ohne Einfluß auf Blut-Fe 659[13].
BIRATH, G.: Serumlipase bei Lungen-Tbc 372[6].
BIRCH-ANDERSEN, A., s. ASTRUP, T. 299[6].
BIRCHALL, E. F., P. F. FENTON and H. B. PIERCE: Förderung der Zuckerresorption durch Darmfüllung 216[12].
BIRD, F. H.: Kleinhirnveränderungen bei Mg-armer Kost 636[11].
BIRD, H. R., s. LILLIE, R. J. 467[2].
— s. MACHLIN, L. J. 964[4].
BIRD, L. H., s. STERN, R. 1066[8].
BIRD, M. L., and F. CHALLENGER: Bildung von Dimethyltellur durch S. brevicaule 695[20].
BIRD, O. D., and B. HOEVET: Gehalt des Blutes an Vitamin B_{12} 364[4].
— s. PFIFFNER, J. J. 1180[1], 1184[9], 1236[15], 1244[6].
— s. SNELL, E. E. 1036[15].
BIRD, R. M.: Glykolysegröße der weißen und roten Blutkörperchen 423[14]. — Glykolyse der weißen Blutkörperchen 458[13].
BIRJUKOV, D.: Speichelsekretion nach Wasseraufnahme beim Menschen 13[5].
BIRKE, G., s. GEMZELL, C. A. 903[2].
BIRKINSHAW, J. H., and H. RAISTRICK: Notatin 1185[3].
BIRKOFER, L., u. A. TAURINS: Chemische Unterschiede verschiedener Globine 517[2].
— s. KUHN, R. 398[20], 658[7].
BIRMINGHAM, M. K., s. STERN, K. 380[13], 381[4].
BIRNBAUM, S. M., s. ROBINSON, D. S. 1090[120].
BISCHOFF, C., W. GRAB u. J. KAPFHAMMER: Fällung von Cholin und Acetylcholin als Reineckate 136[10]. — Biologische Bestimmung von Acetylcholin 136[14]. — Acetylcholingehalt von Muskel und Uterus 137[3]. — Acetylcholingehalt im Darm 139[3]. — Acetylcholin aus Rinderblut 351[25].
— s. KAPFHAMMER, J. 136[10], 351[19, 23], 987[7].
BISCHOFF, E.: Wasserbestand des erwachsenen Menschen 590[5].
BISCHOFF, F., and R. E. KATHERMAN: Vorkommen von Oestradiol in Erythrocyten 451[13].
— W. D. SANSUM, M. L. LONG and M. M. DEWAR: Veränderung von p_H und Säure-Basen-Gleichgewicht im Blut durch die Nahrung 541[2].
— s. MAXWELL, L. C. 404[13].
BISCHOFF, G.: Koprosterinbildung durch Darmbakterien 191[8]. — Koprosterinbildung durch Kot in vitro 192[5].
— u. A. LOESCHKE: Darmphosphatase bei rachitischen Ratten 125[5].
— s. BEUMER, H. 191[8], 192[5].
BISCHOFF, T. L. W., u. C. VOIT: Buch über die Gesetze der Ernährung des Fleischfressers (1860) 927[4].
BISGAARD, A.: Gesamt-N im Liquor cerebrospinalis 568[9].
BISHOP, C., s. TALBOTT, J. H. 1234[2], 1249[15], 1252[13].
BISHOP, W. B. S.: Manganmangel bei Pflanze und Tier 672[13].
BITMAN, J., and S. L. COHEN: Hydrolyse von Steroidkonjugaten 880[9].
— and J. F. SYKES: Papierchromatographische Trennung oestrogener Hormone 907[16].
BITTNER, J. J., s. GLICK, D. 384[10].
BIZZOZERO, J.: Blutplättchen 470[10].
BJERRUM, J., u.V. HENRIQUES: Kupfergehalt im Kaninchenblut 402[9].
BJØRNEBOE, M., H. GORMSEN and F. LUNDQUIST: Reticuloendotheliales System und Bildung der Bluteiweißkörper 288[4].
BLACK, A. L., s. SMITH, A. H. 648[1].
BLACK, D. A. K., and J. F. POWELL: Eisenresorption im Darm 213[20].
BLACK, H. C., s. BORMAN, A. 969[7].
BLACK, S., s. JONES, M. E. 826[6].
— s. LIPMANN, F. 1041[1].
BLACKBURN, C. R. B.: Wirkung verunreinigter Hyaluronidase auf Blut 380[4].
BLACKWOOD, F. C., s. D'ELSEAUX, F. C. 531[5].
BLAGOWESTSCHENSKI, A. W., and G. W. JEREMEJEW: Plasteinbildung bei Eiweißverdauung 917[1].
— u. I. I. KORMAN: Synthetisierende Wirkung von Kathepsinen 917[8].

Blair, H. A., R. J. Dern and P. L. Bates: Gasbildung bei hoher Darmmotilität 216[1].
Blake, A. D. jr., s. Strumia, M. M. 257[3], 468[10].
Blakely, A. P. L., and J. F. Wilkinson: Pepsin- und HCl-Gehalt des Magensaftes nach Histamin 44[1].
Blakley, E. R.: Fettsäuredehydrogenase in Mitochondrien 1144[1].
Blakley, R. L.: Intracelluläre Verteilung von Sorbitdehydrogenase 1090[34]. — Intracelluläre Verteilung von Fettsäureoxydase 1090[92].
Blalock, A., s. Johnson, G. S. 261[5].
Blanchard, E. W.: Cholesteringehalt von Erythrocyten und Blutplasma bei Nebenniereninsuffizienz 443[6].
Blanchard, M., D. E. Green, V. Nocito and S. Ratner: L-Methioninabbau durch L-Aminosäureoxydase 966[11].
Blanchard, M. H., s. Cohn, E. J. 678[10].
Blanchard, M. L., s. Ochoa, S. 1054[7].
Blanckenburg, K., s. Heupke, W. 175[13], 188[10].
Blanco, G., s. Thannhauser, S. J. 171[10].
Blanco, J. G., s. Knoop, F. 935[1]. 936[1].
Blankenhorn, M. A., s. Thompson, R. T. 384[7].
Blankenstein, A., s. Fischer, A. 309[4].
Blanquet, P., et F. Tayeau: Kein Einfluß von Gallensäuren auf Oberflächenspannung von Serum 275[8].
Blaschko, H.: Decarboxylierung von Dioxyphenylalanin durch tierische Gewebe 931[6]. — Cysteinsäure decarboxylierendes Ferment 957[10].
— D. Richter, and H. Schlossmann: Monoaminoxydase 932[7].
— and A. D. Welch: Intracelluläre Verteilung von Adrenalin 1096[20].
Blasi, A. de: p_H-Wert von Eiter 583[9].
Blass, J., O. Lecomte et M. Macheboeuf: Diaminopimelinsäure in Choleravibrionen 968[6].
Blauch, M. B., and F. C. Koch: Harnsäurezerstörung im Blut bei Ratte und Meerschweinchen 347[3]. — Guanase im Blut 381[13]. — Xanthindehydrogenase im Blut 382[16]. — Xanthinoxydase in Rattenerythrocyten 451[7]. — Desaminasen für Nucleotide und Nucleoside 1201[6].
— F. C. Koch and M. E. Hanke: Desaminasen für Nucleotide und Nucleoside 1201[7].
Blazsó, A.: Vermehrung des Plasmaalbumins nach Hypophysenhinterlappenextrakt 289[4].
Bleibtreu, M.: Thrombindarstellung 486[7].
— u. E. Atzler: Thrombindarstellung 486[5].
Bleicher, J. E., s. Hellwig, C. A. 567[12].
Bleyer, B., s. Diemair, W. 842[1].
Blickenstaff, D., M. I. Grossman and A. C. Ivy: Entstehung von sekretionserregenden Substanzen aus der Nahrung 146[9].
Blickman, J. R., s. Groen, J. 367[4].
— s. Willebrands, A. F. 626[12].
Blix, G.: Albumin- und Globulinkonzentration im Normalserum 300[9]. — Wanderungsgeschwindigkeit der Serumeiweißkörper 302[5]. — Neutralfettgehalt von Blutserum 333[6]. — Phosphatidgehalt von Blutplasma 858[17].
— s. Malmros, H. 264[8], 303[4].
Blixenkrone-Møller, N.: Kaliumverlust der Zelle bei Kaliummangel 627[13]. — Acetessigsäureabbau in Niere und Muskel 827[9].
Bloch, B.: Bildung von 3,4-Dioxyphenylalanin aus Tyrosin 985[4].
Bloch, H. S., s. Mason, E. E. 68[1].
Bloch, K.: Zusammenfassung über Stoffwechsel der Essigsäure in tierischen Geweben (1947) 1033[8]. — Zusammenfassung über die biologische Synthese von Cholesterin (1951) 873[11]. — Zusammenfassung über Zusammenhänge von Fett- und Kohlenhydratstoffwechsel (1952) 766[8]. — Einbau von Arginin in Darmeiweiß 198[3]. — Fettsäuresynthese aus Brenztraubensäure 834[8]. — Cholesterinsynthese aus Acetat 838[3]. — Halbwertszeit von Lebercholesterin 873[3]. — Bildung von Progesteron aus Cholesterin 877[5], 878[2]. — Bildung von Pregnan-3α-ol-20-on aus Cholesterin 887[5]. — Keine Harnsäurebildung aus Histidin und Arginin 944[4]. — Essigsäurebildung aus Leucin und Isovaleriansäure 951[7].
— B. N. Berg and D. Rittenberg: Keine Cholesterinsynthese im Gehirn 874[14]. — Bildung von Cholsäure aus Cholesterin 877[4].
— and E. Borek: Herkunft der Acetylgruppen für Acetylierungen 838[10].
— E. Borek and D. Rittenberg: Cholesterinsynthese aus Acetat 838[2], 873[6]. — Biologische Synthese von Cholesterin 874[3], 875[6].
— and D. Rittenberg: Beteiligung von Essigsäure am Porphyrinaufbau 436[15]. — Cholesterinsynthese aus Acetat 838[1]. 873[5]. — Herkunft der Acetylgruppen für Acetylierungen 838[9]. — Bildung von D-Cholesterin aus D-Natriumacetat 873[4]. — Keine Cholesterinsynthese im Gehirn 874[13]. — Acetylierung von Aminosäuren 936[2]. — Einbau von Deuterium in Hämin 997[1]. — Essigsäurebildung bei Säugetieren 1033[3].
— and R. Schoenheimer: Kreatinsynthese im Organismus 348[15], 947[27]. — Fütterungsversuche an Ratten mit Ammoniumnitrat 617[6]. — Demethylierung von

Sarkosin 941[5]. — Kein Kreatininabbau im Körper 946[1]. — Methylierung von Guanidinoessigsäure durch Methionin 948[1]. — Kein Übergang von Guanidin-N aus Arginin in Purinbasen 1219[9].
BLOCH, K., R. SCHOENHEIMER and D. RITTENBERG: Fütterungsversuche an Ratten mit Ammoniumnitrat 617[6].
— s. ANKER, H. S. 876[6].
— s. GILVARG, C. 983[13].
— s. JOHNSTON, R. B. 920[3], 922[3].
— s. LANGDON, R. G. 874[2].
— s. LITTLE, H. N. 873[8].
— s. PIHL, A. 834[11], 835[2], 856[4], 873[9].
— s. PONTICORVO, L. 997[1], 1016[4].
— s. RITTENBERG, D. 767[5], 833[2].
— s. SNOKE, J. E. 922[4, 5].
— s. WÜERSCH, J. 874[1].
— s. YANARI, S. 922[4, 6].
— s. ZABIN, I. 816[3], 826[3], 873[10].
BLOCH, P. W.: Progesteronnachweis im Schweine- und Kaninchenblut 370[7].
BLOCH, W.: Adrenalingehalt im Kaninchenblut 369[12].
— u. H. PINÖSCH: Decarboxylierung von Histidin durch tierische Gewebe 931[4]. — Histaminanreicherung in der Lunge nach Histidinzufuhr 978[4].
BLOCH-FRANKENTHAL, L., s. BACK, A. 1116[9].
BLOCK, P. jr.: Überführung von Tyrosin in Dijodtyrosin und Thyroxin 986[5].
BLOCK, R. J., J. A. STEKOL and J. K. LOOSLI: SO_4-Ausnutzung durch Pansen-Bakterien 652[6].
— s. BRAND, E. 966[12].
— s. JACKSON, R. W. 654[4].
— s. JERVIS, G. A. 981[1].
BLOCK, W.: Bedeutung der Galle für die Ca-Resorption 640[1].
BLOCK, W. D., and W. A. MURRILL: Serumeiweißstoffe 298[6]. — Aminosäuren im Serum bei rheumatischer Arthritis 344[13].
— s. BUCHANAN, O. H. 1199[18], 1214[20, 21], 1225[2, 10].
BLOM, J., A. BAK u. B. BRAAE: α-Amylase aus Schweinepankreas 164[8].
BLONDHEIM, S. H., s. EISENMENGER, W. J. 561[2].
BLOOD, D. W., s. PERERA, G. A. 622[7].
BLOOM, A., s. CALNAN, W. L. 558[5].
BLOOM, B., I. L. CHAIKOFF and W. O. REINHARDT: Resorptionsweg niedermolekularer Fettsäuren 799[1].
— I. L. CHAIKOFF, W. O REINHARDT and W. G. DAUBEN: Einbau von Palmitinsäure in Phospholipoide im Darm 238[11], 843[16].
— I. L. CHAIKOFF, W. O. REINHARDT, C. ENTENMAN and W. G. DAUBEN: Transportweg resorbierter Fettsäuren 237[18], 798[10].
— M. R. STETTEN and D. STETTEN jr.: Oxydativer Zuckerabbau 1029[1], 1063[4].
— s. CHAIKOFF, I. L. 236[9], 798[11], 871[4].
BLOOM, B., s. KIYASU, J. Y. 799[1].
— s. REINHARDT, W. O. 549[4].
BLOOM, F., s. OLIVER, J. 493[7], 499[7].
— s. PAFF, G. H. 499[8].
BLOOM, W. L., s. MCGHEE, E. C. 860[15], 864[10].
BLOOMBERG, E., s. ALBRIGHT, F. 715[7].
BLOOR, W. R.: Buch über Biochemie der Fettsäuren und Lipoide (1943) Engl. 843[2]. — Zusammenfassung über Resorption von Fetten (1939) 230[5]. — Methodik der Lipoidextraktion 114[6]. — Jodzahlen von Tierblut 336[6]. — Gehalt der Cholesterinester des Blutes an ungesättigten Fettsäuren 337[12]. — Adrenalinbestimmung 369[2]. — Adrenalingehalt im Blut 369[6]. — Säurelöslicher Phosphor des Blutes 412[2]. — Resorbierbarkeit von Kohlenwasserstoffen 798[2]. — Phosphatidgehalt von Rinderorganen 841[1]. — Plasmaphosphatidgehalt bei Fettresorption 861[13]. — Muskelfunktion und Phosphatidgehalt 862[11, 12]. — Phosphatidgehalt von atrophischen und dystrophischen Muskeln 863[1].
— and D. J. MACPHERSON: Phosphatidgehalt von Erythrocyten bei perniciöser Anämie 858[9].
— R. OKEY and G. W. CORNER: Phosphatidstoffwechsel im Corpus luteum 857[1].
— and R. H. SNIDER: Phosphatidstoffwechsel der Milchdrüse 857[2]. — Muskelfunktion und Phosphatidgehalt 862[13].
— s. JORDAN, W. R. 866[1].
— s. SINCLAIR, R. G. 115[4].
— s. SPERRY, W. M. 191[11], 801[7].
— s. YASUDA, M. 857[3].
BLOTNER, H.: Schädigung des Pepsins durch Alkohol 77[14]. — Mineralgehalt des Liquors bei Diabetes insipidus 575[12].
— s. GIBSON, J. G. jr. 327[11].
BLUM, F., u. R. GRÜTZNER: Fraktionierung der Jodverbindungen in der Schilddrüse 411[1].
BLUM, G.: Bedeutung der alkalischen Phosphatase für Verknöcherung 711[10].
BLUM, K.: Resorption von Glycerin 237[1].
— s. STRACK, E. 237[1].
BLUM, L.: Thiosulfatbildung aus Cystin 956[15].
— s. BAER, J. 814[3], 949[3], 952[4].
BLUM, R.: Rhodangehalt in Transsudaten 560[19]. — Rhodangehalt von Serum und Liquor 576[11]. — Rhodangehalt im Liquor cerebrospinalis 576[19].
BLUMBERG, H., and A. ARNOLD: Eisen(II)-sulfat als Eisenquelle 657[11].
BLUME, (V.), u. (E.) PÜSCHEL: Aneuringehalt von Liquor cerebrospinalis 574[8].
BLUMENFELD, O., s. BODANSKY, O. 679[15].
BLUMENTHAL, G., u. L. H. RASCH: Antikörper Anti-0 in Rinderserum 386[3].

BLUNDEN, H., s. BUTTS, J. S. 949[6], 952[3], 960[4], 969[9].
BLUNTSCHLI, H., u. R. WINKLER: Zusammenfassung über Kaubewegungen und Bissenbildung (1927) 10[2].
BOAS, I.: Buch über Magenkrankheiten, 8. u. 9. Aufl. (1925) 87[1]. — Nachweis von okkulten Blutungen 76[5].
— s. EWALD, C. A. 87[1].
BOBB, J. R. R., s. WALLACE, S. L. 329[7].
BOCK, A. V., s. MEANS, J. H. 531[1].
BOCK, E. G., s. FELIX, K. 1090[132], 1153[31].
BOCK, H.-E.: Bildungsstätten der Lymphocyten 465[5].
— u. B. FRENZEL: Bedeutung der Milz für die Blutbildung 465[17].
— u. R. GROSS: Therapie der Leukämie mit Urethan 457[5].
BOCK, J.: Zusammenfassung über die Purinderivate (1920) 1177[2]. — Entmethylierung von Coffein beim Hund 1224[20].
BOCK, R. M., s. ALBERTY, R. A. 1175[1].
— s. MAHLER, H. R. 808[1], 1090[127].
— s. SCHWEET, R. S. 756[6], 1040[5].
BÓCKAY, A.: Lecithinabbau im Darm 248[9].
BOCKLAGE, B. C., s. GRADY, H. J. 889[12], 891[1], 892[3].
BODA, D., s. FERENCZ, P. 1198[16].
BODANSKY, A.: Phosphataseeinheit 375[14]. — Bestimmung der Phosphatase 377[9].
— and H. L. JAFFE: Verschwinden der Serumphosphatase im Alter 376[1]. — Phosphatase im Blut bei Knochenerkrankungen 376[1]. — Leber als Bildungsstätte der Serumphosphatase 376[11]. — Alkalische Serumphosphatase bei Rachitis 716[11].
BODANSKY, M.: Buch über Einführung in die Physiologische Chemie, 4. Aufl. (1938) Engl. 58[6]. — Umbau von Nahrungsfett im Darm 240[11]. — Fettgehalt des Blutes nach Nahrungsaufnahme 333[9]. — Kreatinbildung aus Arginin 947[1]. — Kreatinsynthese aus Histidin 947[17]. — Kreatinbildung aus Guanidinoessigsäure 947[26].
— V. B. DUFF and C. L. HERRMANN: Kreatinretention in Leber und Niere 946[6].
— s. ROSE, W. C. 675[13].
BODANSKY, O.: Verschiedenheit von Darm-, Knochen- und Nierenphosphatase 125[11].
— R. M. BAKWIN and H. BAKWIN: Verschiedenheit von Darm-, Knochen- und Nierenphosphatase 125[11]. — Alkalische Phosphatase in den Zähnen von Selachiern 711[6].
— and O. BLUMENFELD: Wirkung von Zink auf alkalische Serumphosphatase 679[15].
— s. BAKWIN, H. 716[9].
— s. BENDICH, A. 1208[30].
— s. GEREN, W. 1208[28], 1211[33], 1212[3].
— s. GUTMANN, H. R. 435[3].
BODART, F., s. KLIMA, R. 264[6].
BODE, F., s. HÜBENER, H. J. 879[18].
BODEN, E., s. SCHADE, H. 1254[4], 1255[9].
BODNÁR, J., Ö. SZÉP u. V. CIELESZKY: Arsenbestimmung 405[20].
— Ö. SZÉP u. B. WESZPREMY: Quecksilbergehalt des Blutes 405[3].
— u. T. TÖRÖK: Siliciumgehalt des Blutes 416[5].
BODO, R., s. GREMELS, H. 1210[19].
BODUR, H.: Dimethylbernsteinsäuren 817[6].
— s. BERNHARD, K. 112[3].
— s. STARY, Z. 314[1], 321[12], 322[12], 424[5], 729[3].
BOEDEKER, C.: Homogentisinsäureausscheidung 981[7].
BÖDTKER, E.: Ausscheidung von Cadaverin und Putrescin 954[20].
BÖHM, E., s. BÖHM, F. 350[23], 351[4].
BÖHM, F., G. GRÜNER u. E. BÖHM: Indicangehalt des Blutes 350[23]. — Indicangehalt im Blut nach Belastung mit Indolderivaten 351[4].
BOEHM, G.: Darstellung von Stromaeiweiß 439[7].
BÖHM, H., s. APPEL, H. 814[12].
BÖHM, K., s. JUNG, F. 421[2].
BÖHM, R.: Dihydrocholesterinausscheidung im Dickdarm des Menschen 192[7]. — Krampfwirkung von Bariumsalzen 685[3].
BÖHME, A., u. H. KRAUT: Siliciumgehalt des Blutes bei Silikose 691[5].
BÖHNE, C.: Wirkung der Pankreasamylase im ganzen Darm 175[9].
BOELTER, M. D. D., s. GREENBERG, D. M. 620[8].
— s. KLEIBER, M. 642[4], 713[14].
BOER, J., s. SCHOO, A. G. 947[23].
BOERNER, F., s. SUNDERMAN, F. W. 276[11].
BÖRNER, R.: Zahl und Hämoglobingehalt von Erythrocyten 418[16]. — Hämoglobingehalt im Blut von Neugeborenen 432[2].
BÖSEKEN, J., et J. COOPS: Bindung von Bor an Hydroxylgruppen 689[3].
BÖTTGER, I., s. FISCHER, F. G. 166[4, 5], 1186[5].
BÖTTNER, H., u. B. SCHLEGEL: Extrarenale Wasserabgabe bei Hitzearbeit 594[3]. — Cl-Konzentration im Schweiß 631[8].
BOGAERT, A. VAN, et F. VAN BAARLE: Corticotroper Stoff im Liquor cerebrospinalis 573[9].
BOGDANOVE, E. M., and S. B. BARKER: Kohlenhydratresorption nach Phlorrhizinvergiftung 219[18].
BOGENDÖRFER, L.: Mitwirkung von Bakterien bei der Verdauung 9[8]. — Erregung der Magensaftsekretion durch Kälte 44[10]. — Bakteriengehalt im Dünndarm 172[9].
BOGERT, L. J., and A. B. HASTINGS: Struktur der anorganischen Knochensubstanz 707[9]. — s. UNDERHILL, F. P. 635[5].
BOGGESS, T. S., s. BEARD, H. H. 946[12], 947[12, 20].
BOGNIARD, R. P., and G. H. WHIPPLE: Eisengehalt von Organen 656[4].

BOGORAD, L., and S. GRANICK: Porphyrine aus Chlorella-Mutanten 1022[7].
— s. GRANICK, S. 1021[4], 1022[9].
BOGUTH, W., s. FEULGEN, R. 846[5].
BOHN, H., A. FRIEDSAM u. F. HAHN: Kreatingehalt von menschlichem Blutserum 350[6].
— u. F. HAHN: Pseudokreatine im Blut 349[10]. — Kreatingehalt von menschlichem Blutserum 350[6].
BOHR, C.: Zusammenfassung über Blutgase und respiratorischen Gaswechsel (1909) 518[5]. — Carbhämoglobin 523[3]. — Löslichkeitskoeffizienten von Gasen 502[3]. — Sekretion von Sauerstoff durch Alveolarepithel 504[3].
— K. HASSELBALCH u. A. KROGH: Einfluß von Kohlensäure auf die Dissoziationskurve von Hämoglobin 515[2].
BOHR, D. F., s. GREENBERG, L. D. 993[6].
BOHSTEDT, G., s. HALE, W. H. 671[7].
BOISSONNAS, R.: Bestimmung der Pankreaslipase 162[11].
BOITEL, R., s. WILLENEGGER, H. 385[1].
BOIVIN, A.: Keine Pyrimidine und Pyrimidinucleoside im normalen Harn 1226[9].
— R. VENDRELY et C. VENDRELY: Nucleinsäuregehalt von Zellkernen 1102[1].
BOKELMANN, O., u. O. MÜHLBOCK: Anstieg des Blutcholesterins im Alter 337[9].
— u. J. ROTHER: Harnsäure in Blut und Harn bei Eklampsie 1248[5].
BOKMAN, A. H., and B. S. SCHWEIGERT: Chinolinsäurebildung aus 3-Oxyanthranilsäure 993[1].
BOLDYREFF, W. (N.): Zusammenfassung über Pankreasfunktion (1911) 94[4]. — Mucintherapie des Duodenalulcus 72[17]. — Regurgitation 94[4]. — Entdeckung der Darmlipase 124[5]. — Versuche an THIRY-VELLA-Fistelhunden 144[16]. — Periodische Darmsaftabsonderung 146[4]. — Milchkoagulierendes Enzym im Dünndarmsaft 171[9].
— u. O. E. THOMPSON: Pankreasfistel beim Hund 156[7].
— s. STEWART, C. F. 84[5].
BOLLETTI, M., s. RASI, F. 471[2].
BOLLETTINO, A.: Vitamin B_1 im Liquor cerebrospinalis bei Kindern 574[10].
BOLLIGER, A.: Ca-Konzentration im Neugeborenen-Serum 644[7].
— and F. W. HARTMAN: Anstieg des Blutphosphats bei Diabetes 769[4].
BOLLING, D., s. JERVIS, G. A. 981[1].
BOLLMAN, J. L., and E. V. FLOCK: Cholesteringehalt der Lymphe nach Fettdiät 554[11]. — Auftreten adenosinartiger Stoffe im Blut bei Schock 1236[31].
— E. V. FLOCK, J. C. CAIN and J. H. GRINDLAY: Phosphatidgehalt der Darmlymphe bei Fettresorption 240[16], 843[14]. — Lipoidgehalt der Ductus thoracicus-Lymphe bei Fettresorption 550[5], 798[13]. — Resorptionsweg der Fettsäuren 799[2].
BOLLMAN, J. L., and F. C. MANN: Umwandlung von Fructose in Glucose bei der Zuckerresorption 221[7]. — Harnsäureanhäufung nach Ausschaltung der Leber 1210[16]. — Abnahme der Allantoinausscheidung nach Ausschaltung der Leber 1210[18].
— F. C. MANN and T. B. MAGATH: Harnsäureanhäufung nach Ausschaltung der Leber 1210[15].
— s. CAIN, J. C. 548[14], 549[6].
— s. FLOCK, E. V. 555[6], 843[15], 859[3], 860[16].
— s. GREENE, C. H. 560[17].
— s. MANN, F. C. 475[10].
— s. NIX, J. T. 548[7], 553[4, 5].
BOLLMAN, V. L., s. MORGULIS, S. 393[13], 395[4], 396[15].
BOLTON, J. H.: Resistenzbestimmung an Erythrocyten 422[1].
BOMMEL VAN VLOTEN, W. J. VAN, s. SNAPPER, I. 351[6].
BOMMES, A., s. THANNHAUSER, S. J. 1211[21], 1254[14].
BOMSKOV, C.: Buch über Methodik der Vitaminforschung (1935) 357[15]. — Buch über Methodik der Hormonforschung, Bd. 1 (1937) 451[15].
— u. E. KRÜGER: Magnesiumgehalt im Blut bei experimenteller Rachitis 398[6].
— u. H. NISSEN: Anorganisches Phosphat im Blut 413[3].
— u. F. RUF: Verbesserung der Carotinresorption durch Fettzulage 249[8].
BONCODDO, N. F., s. THANNHAUSER, S. J. 846[7, 9], 866[5].
BOND, H. W., s. HUNDLEY, J. M. 991[5], 992[14].
BOND, V. P., s. COLE, L. J. 1156[7].
BONDZYŃSKI, S.: Koprosterinbildung durch Darmbakterien 191[8]. — Koprosteringehalt des Kotes 192[6].
— u. R. GOTTLIEB: Entmethylierung der Methylpurine im Körper 1224[14]. — Ausscheidungsprodukte des Coffeins 1224[22].
— u. V. HUMNICKI: Koprosterinbildung durch Darmbakterien 191[8]. — Koprosteringehalt des Kotes 192[6].
BONE, A. H., and C. REID: Beeinflussung des Aminosäuregehaltes im Blut durch Insulin bzw. Kohlenhydrat 345[6].
BONEM, P., s. EDLBACHER, S. 968[10].
BONGIOVANNI, A. M., and W. J. EISENMENGER: Testosteronabbau in der Leber 897[9].
— s. EISENMENGER, W. J. 561[2].
BONI, I., s. CARO, L. DE 324[6], 326[4].
BONIS, A., s. KALK, H. 58[5], 72[9], 343[7].
BONNEL, P. H., s. MAUPIN, B. 459[8].
BONNER, D.: Abbauprodukte von Tryptophan 992[4].
— and G. W. BEADLE: Nicotinsäure und Tryptophan als Wachstumsfaktoren für Neurospora-Mutanten 992[1].

Bonner, D. M., and C. Yanofsky: Chinolinsäurewirkung bei Neurospora 993[4].
— s. Krehl, W. A. 992[7], 993[3].
— s. Partridge, C. W. H. 995[7].
— s. Tatum, E. L. 995[8].
— s. Yanofsky, C. 992[5], 993[5].
Bonner, J., and A. Millerd: Identische Enzymausrüstung verschiedener Mitochondrien 1135[6].
— s. English, J. jr. 806[4].
Bonner, P., F. C. Hummel, M. F. Bates, J. Horton, H. A. Hunscher and I. G. Macy: Oxalsäuregehalt der Nahrung und Ca-Resorption 638[7].
Bonnichsen, F., s. Theorell, H. 1013[2].
Bonnichsen, R. K.: Katalase aus menschlichen Erythrocyten 449[10].
— and A. M. Wassén: Krystallisierte Äthanoldehydrogenase 755[8].
Bono, S.: Unmöglichkeit der operativen Entfernung aller Speicheldrüsen 11[2]. — Backendrüsen (Gl. buccales) 11[2].
Bonorino, U. C., H. Zunino et J. J. Lacour: Pepsin- und HCl-Gehalt des Magensaftes nach Histamin 44[3]. — Abhängigkeit der Pepsinwirkung vom Säuregehalt 77[7].
Bonot, A., s. Cahn, T. 928[3].
Bonsdorff, B. v.: Fettresorption bei Fehlen von Speichel 95[7].
Booher, L. E., s. Myers, V. C. 531[1].
— s. Sherman, H. C. 713[14], 717[3], 718[2].
Booij, J.: Vitamin C im Liquor cerebrospinalis 573[12]. — Vitamin B_1 im Kaninchenliquor 574[11].
Bookman, S., s. Epstein, A. A. 938[9], 939[9].
Booth, F. J.: Cholinvorstufen in Placenta und Niere 136[3]. — Sphingosinphosphorsäure-Cholinester 853[2].
— and T. H. Milroy: Sphingosinphosphorsäure-Cholinester 853[2].
Booth, H., and B. C. Saunders: Oxydation von Methylgruppen zu Aldehydgruppen 812[3].
Booth, V. H.: Vorstufen von 2,8-Dioxyadenin 1256[3].
Boothby, W. M., s. Deuel, H. J. jr. 911[5], 928[2].
Bopp, F., s. Doerr, W. 779[15].
Borak, J.: Harnsäureausscheidung bei Röntgenbestrahlung der Leber 1248[8].
Borbola, J., G. Bikich u. G. Hétényi: Histamingehalt von menschlichem Magensaft 86[5].
— s. Kelemen, N. 463[11].
Borchardt, P.: Harnsäuregehalt des Blutes im Hochgebirge 1198[12]. — Störung der Purinoxydation bei Tuberkulose 1247[2].
Borchardt, W.: Abhängigkeit der Resorption von der Durchblutung der Darmwand 206[9].
Borchers, R., C. P. Berg and N. E. Whitman: Glucosebildung aus Tryptophan 987[13].
Borchers, W., s. Schwaibold, J. 406[9].
Bordet, J.: Herkunft des Prothrombins 478[3]. — Lipoidnatur der Thrombokinase 483[9].
— et L. Delange: Gewinnung von prothrombinfreiem Fibrinogen 476[4, 6]. — Prothrombindarstellung 478[16]. — Thrombindarstellung 486[6].
— et O. Gengou: Verzögerung der Blutgerinnung an paraffinierten Oberflächen 490[13].
Borek, E., s. Bloch, K. 838[2, 10], 873[6], 874[3], 875[6].
— s. Grossowicz, N. 920[6].
— s. Waelsch, H. 920[6].
Boretti, G.: D-Peptidasen im Serum von Geschwulstträgern 383[3].
Borghetti, U.: Purinstoffwechsel bei Diabetes insipidus 1233[9].
Borgström, B.: Fettsäureresorption auf dem Lymphwege 237[17]. — Hydrolyse von Fettsäureestern bei Ratten 238[17]. — Einbau von Fettsäuren in Phosphatide der Darmschleimhaut 796[7]. — Produkte der Fettspaltung im Darm 799[7]. — Spaltung von Fettsäureäthylestern im Darm 800[3]. — Cholesterinsynthese im Darm 875[5].
— s. Bergström, S. 115[7], 237[17], 796[6, 7].
Bori, D. V.: Pepsingehalt im Magen und Art der Nahrung 77[12]. — Einfluß der Hypophysenhormone auf Fettresorption 247[16].
Borin, J. W.: Pepsin- und Kathepsingehalt von Magensaft bei Magenkranken 79[3].
Bork, H., s. Kleinmann, H. 1208[32].
Borman, A., T. R. Wood, H. C. Black, E. G. Anderson, M. J. Oesterling, M. Womack and W. C. Rose: Argininbedarf wachsender Tiere 969[7].
Born, G. V. R., and J. R. Vane: Histaminähnliche Substanz im Magensaft 86[9].
Born, H. J., u. H. Timoféeff-Ressovsky: Verweildauer von P im Gewebe 647[7]. — Arsenspeicherung in der Haut 693[1].
— H. A. Timoféeff-Ressowsky u. P. M. Wolf: Verteilung von radioaktivem Mangan im Organismus 406[5]. — Mangangehalt der Organe 671[2].
Bornschein, H., s. Auerswald, W. 305[3].
Bornstein, A., u. W. Griesbach: Harnsäureribosid im Blut 1198[22], 1211[12].
Bornstein, J.: Insulingehalt von Hundeblut 367[3].
— and J. F. Nelson: Hexokinaseaktivität bei hypophysektomierten Ratten 780[12].
Borodina, O., s. Michlin, D. 319[8].
Boros, J. v.: Dicke der Erythrocyten 418[4].
Boroughs, E. D., s. Jonston, F. A. 659[7].
— s. Schlaphoff, D. 659[11].
Borsook, H.: Buch über N-Stoffwechsel der Tiere (1938) Engl. 616[12]. — Zusammenfassung über Biosynthese der

Peptide (1952) 918[5]. — Plasteinbildung 918[5].

Borsook, H., and C. L. Deasy: Zusammenfassung über Eiweiß- und Aminosäurestoffwechsel (1951) 909[3].
— C. L. Deasy, A. J. Haagen-Smit, G. Keighley and P. H. Lowy: Aufnahme und Abgabe von Aminosäuren durch Eingeweideeiweiß 924[1]. — Einbauquote von Aminosäuren in Mikrosomen 924[2]. — Einbau von Aminosäuren in Zwerchfell- und Tumoreiweiß 924[9]. — Einbau von Aminosäuren in Knochenmarkseiweiß 924[10]. — Einbau von Aminosäuren in Reticulocyteneiweiß 924[11]. — Hemmung des Aminosäureeinbaus durch Dinitrophenol 925[1]. — Einbaumechanismus der Aminosäuren in Eiweiß 925[4-6]. — Bedeutung der Ribonucleinsäuren für die Eiweißsynthese 926[4]. — Peptidfraktion aus Leber 927[1]. — Proteinsynthese durch isolierte Mitochondrien 1145[4]. — Einbau von markierten Aminosäuren in Zellfraktionen 1146[1].
— and J. W. Dubnoff: Zusammenfassung über Eiweiß- und Aminosäurenstoffwechsel (1943) 909[3]. — Mechanismus der Hippursäuresynthese 921[3]. — Kreatinbildung aus Arginin und Glykokoll durch Leberschnitte 947[28]. — Methylierung von Guanidinoessigsäure durch Methionin 948[2]. — Enzyme der Methylierung 962[1]. — Glutaminsäure als Aminodonator für die Citrullinsynthese 972[4]. — Hemmung der Argininbildung durch Brenztraubensäure und α-Ketoglutarsäure 973[1].
— and C. E. P. Jeffreys: Harnsäurebildung durch Muskulatur 1202[15].
— and G. L. Keighley: Theorie des Eiweißstoffwechsels 911[4]. — Vorstufen der Purinsynthese 944[5], 1218[30]. — Aktivierung der Harnstoffbildung durch Ornithin 970[5].
— s. Abrams, A. 977[8].
— s. Dubnoff, J. W. 962[1].
— s. Wasteneys, H. 917[1].

Borst, M., u. H. Königsdörffer jr.: Buch über Porphyrie mit besonderer Berücksichtigung der Porphyria congenita (1929) 436[7].

Bortels, H.: Bedeutung von Kupfer für Konidien 668[3]. — Notwendigkeit von Zink für Aspergillus niger 674[17]. — Notwendigkeit von Zink für Prodigiosinbildung 674[18]. — Wachstumsförderung von Leguminosen durch Molybdänsalze 686[5].

Boselli, A., G. Mars et M. Morpurgo: Altersveränderungen im Serumeiweiß 300[8].

Bosio, P., and C. Giaume: Verminderung der Glucoseresorption durch Hyperglykämie 218[11].

Bosio, P., s. Giaume, C. 345[2].

Bossenmeier, I., s. Watson, C. J. 1005[4].

Bossert, K., s. Plaut, F. 570[6, 7].

Bossert, O., s. Bessau, G. 173[4].

Bosshardt, D. K., L. S. Cieresko and R. H. Barnes: Pankreaspräparat mit lipotroper Wirkung 161[10].

Boström, H., s. Jorpes, J. E. 492[1].

Botàr, J., L. Battancs u. A. Becker: Darminnervation 108[6].

Bottazzi, F.: Zusammenfassung über Lymphe (1908) 547[8].
— s. Fano, G. 268[3].

Bottin, J.: Chloridgehalt des Blutes bei fehlender Salzsäureabsonderung 64[9].

Bouckaert, J. J., s. Heymans, C. 537[3].

Bouisset, L., L. Bugnard, J.-J. Rouzaud et C. Soula: Harnsäureanhäufung nach Ausschaltung der Leber 1210[17].

Boulin, R., s. Labbé, M. 318[1].

Boulud, R., s. Lépine, R. 322[18], 444[7].

Bourdillon, J., s. Lavietes, P. H. 599[4], 600[2].

Bourne, G. (H.): Alkalische Knochenphosphatase im Callus 711[4]. — Phosphatase in heilenden Hautwunden 712[9].

Bourne, M. C., s. Herbert, F. K. 316[13], 317[4, 9].

Bouthillier, L. P., s. D'Ioro, A. 977[10].
— s. Fournier, J. P. 977[9].

Boutwell, J. H., s. Annegers, J. H. 800[12].

Bovens, B. R., s. Kalsbeek, F. 575[1].

Bowie, D. J., and A. N. Vineberg: Umwandlung der Pepsingranula in Pepsin 44[5].

Bowie, M. A., s. Castle, W. B. 466[11].

Bowler, R. G., s. Mather, K. 258[9].

Bowley, C. C., and I. Dunsford: Anti-M- und Anti-N-Faktoren 387[3].

Bowman, J. M., s. White, F. D. 380[19].

Bowman, M. C., s. Mendel, B. 415[12].

Bowman, R. O., s. Higley, C. S. 349[1].

Bowness, J. M., R. A. Morton, M. H. Shakir and A. L. Stubbs: Zinkgehalt und Kohlensäureanhydrataseaktivität der Aderhaut 679[5].

Boxer, G. E., and J. C. Rickards: Vitamin B_{12}-Bestimmung 364[6].
— and D. Stetten jr.: Steigerung der Phosphatidbildung durch Cholin 850[6]. — Fettsäurebildung aus Brenztraubensäure 1029[2].
— s. Stetten, D. jr. 833[5].

Boyarsky, L. L., s. Samuels, A. J. 865[15].

Boyce, W. H., and S. A. Vest: Ammoniumchloridresorption im Hundecolon 215[6].

Boyd, E. M.: Verteilung der Gesamtfette im Serum 332[5]. — Plasmalipoide im Blut 333[5]. — Gebundene Fettsäuren im Blutserum 335[7]. — Jodzahlbestimmung im Blut 336[7]. — Verteilung der Fettstoffe in menschlichen Erythrocyten

442[6]. — Fettverteilung in menschlichen Leukocyten 461[6,9,10]. — Phosphatidgehalt von Hundeleukocyten 461[7], 858[14]. — Phosphatidgehalt von Bindegewebe 846[1]. Phosphatidgehalt von Leukocyten und phagocytäre Aktivität 857[5]. — Phosphatidgehalt von Leukocyten 858[14]. — Phosphaditgehalt von Blutplasma 858[17]. — Tagesschwankungen der Plasmaphosphatidwerte 860[11]. — Hyperphosphatidämie bei Lipämien 862[1]. — Plasmaphosphatid- und -cholesteringehalt bei Eklampsie 862[2]. — Plasmaphosphatidgehalt bei Fettresorption 862[5].
Boyd, E. M., and R. B. Murray: Fettverteilung in menschlichen Erythrocyten 442[6].
— and D. J. Stephens: Fettverteilung in Leukocyten 461[12].
— and J. W. Stevenson: Fettverteilung in Kaninchenleukocyten 461[11].
— and H. J. Twedell: Verteilung der Gesamtfette im Blut 332[3].
— and K. M. Wilson: Phosphatidverbrauch des Embryo 866[9].
— s. Clarke, E. L. 410[5].
Boyd, E. S., and W. F. Neuman: Mechanismus der Verknöcherung 712[4].
Boyd, L. J., s. Glass, G. B. J. 70[6, 8, 10–12], 71[3–7], 72[1].
Boyd, O. F., C. L. Crum and J. F. Lyman: Resorption von Calciumseifen 213[7], 639[18].
Boyd, T. C., and N. K. De: Vanadium im Blut 398[17].
Boyd, T. E., s. Coyle, C. L. 229[11].
Boyd, W. C., s. Schiff, F. 385[1].
Boyden, R., and V. R. Potter: Kupferbindung an Blutalbumine 401[4].
Boye, E.: Zusammensetzung von Zahnstein 709[7].
Boyer, P. D., H. A. Lardy and P. H. Phillips: Aktivierung von Transphosphorylierungen durch Kalium 626[16].
— J. H. Shaw and P. H. Phillips: Notwendigkeit von Mangan für Rattenwachstum 671[19].
— s. Kachmar, J. F. 360[13].
— s. Wolcott, G. H. 327[6].
Boyer, P. K., s. Danforth, D. N. 300[7], 418[12].
Boyes-Watson, J., and M. F. Perutz: Dimensionen des Hämoglobinmoleküls 435[11].
Boyland, E., s. Chibnall, A. C. 931[1].
Boyle, A. J., s. Zak, B. 409[22].
Boyle, P. J., and E. J. Conway: Kaliumaustausch der Zelle bei Erregung 626[2]. — H-Ionenverteilung an der Muskelmembran 1166[3].
— s. Conway, E. J. 602[7], 620[3].
Braae, B., s. Blom, J. 164[8].
Brachet, J.: Bedeutung der Nucleinsäuren für die Eiweißsynthese 926[1, 3]. — Ribonucleotidgehalt der Zellen bei Proteinsynthese 1125[4]. — Desoxyribonucleinsäurenachweis 1183[5]. — Nucleinsäuresynthese während der Embryonalentwicklung 1191[8–10].
Brachet, J., u. R. Jeener: Bedeutung der Nucleinsäuren für die Eiweißsynthese 926[1]. — Intracelluläre Verteilung von Lipoidphosphor 1077[19]. — Ribonucleotidverschiebung in zentrifugierten Zellen 1150[12].
— s. Needham, J. 1207[4].
Bracco, F.: Ausscheidung von Aneurin im Harn 361[14].
Brachvogel, C.: Porphyrintrennung 1021[1].
Brada, Z., u. I. Abelin: Wirkung von Aneurin auf alloxandiabetische Ratten 776[3].
Bradfield, J. R. G.: Zusammenfassung über chemische Leistungen der morphologischen Zellelemente (1950) 1064[3].
Bradford, N. M., and R. E. Davies: Ort der Salzsäurebildung im Magen 59[5]. — Alkalische Reaktion in tieferen Schichten der Magenschleimhaut 59[9].
Bradley, D. F., s. Buchanan, J. G. 1063[2].
Bradley, H. C., and M. Hodges: Mucintherapie des Duodenalulcus 72[18].
— s. Bailey, B. 917[8].
Bradlow, H. L., s. Chaikoff, I. L. 878[4].
Brady, R. O.: Bildung von Testosteron aus Acetat im Hoden 895[11].
— and S. Gurin: Beteiligung des Pankreas am Fettsäurestoffwechsel 833[6]. — Entstehung höherer Fettsäuren aus markiertem Octanat 834[5]. — Cholesterinsynthese 873[7], 874[4].
— F. D. W. Lukens and S. Gurin: Wirkung von Hypophyse und Nebennierenrinde auf Fettsynthese 834[3].
Brady, T. G., and E. McEvoy-Bowe: Nucleotidbestimmung im Serum 348[6].
Braganza, B. de, s. Korey, S. R. 1045[4].
Bragg, W. L., and M. F. Perutz: Strukturanalyse von Hämoglobin 1011[4].
Brahinsky, R., s. Kazal, L. A. 483[16].
Brahme, L.: Arsengehalt von Fischen 405[16], 693[7]. — Arsen im Stoffwechsel 692[10]. — Arsengehalt im Blut 693[10].
Brahn, B., u. F. Bielschowsky: Wasserbestimmung im Blut 392[3].
— u. L. Pick: Plasmaphosphatidgehalt bei Niemann-Pickscher Krankheit 861[10].
Braier, B.: Glutathiongehalt von Liquor cerebrospinalis 570[9]. — Wirkung von Hypophysektomie auf Purin- und Allantoinausscheidung 1234[7].
Brain, R. T., H. D. Kay and P. G. Marshall: P-Ausscheidung durch die Niere 649[13].
Bramkamp, R. G.: Eiweißgehalt des menschlichen Parotisspeichels 16[3].
— s. Barnett, G. D. 14[10], 16[1].
Bramstedt, E.: Magermilchtrunk als Probemahlzeit 87[4].

BRAND, E., G. F. CAHILL and R. J. BLOCK: Verhalten von Homocystin und Homocystein im Stoffwechsel 966[12].
— G. F. CAHILL and M. M. HARRIS: Mehrausscheidung von Cystin nach Methioninzufuhr 955[11]. — Oxydation von Cystein zu Cystin beim Cystinuriker 955[15]. — Cystinausscheidung beim Cystinuriker 958[7].
— B. KASSELL and L. J. SAIDEL: Bausteinanalyse von Plasmaproteinen 303[6].
BRAND, F. C., s. SPERRY, W. M. 850[19], 864[12].
BRAND, J., s. BROH-KAHN, R. H. 742[2], 771[4], 782[6].
— s. MIRSKY, I. A. 771[4].
BRAND, T. v., u. F. HOLTZ: Bakterientoxine Ursachen metastatischer Verkalkungen 721[1].
— F. HOLTZ u. W. PUTSCHAR: Wirkung von AT 10 auf Calciumstoffwechsel 720[10].
— F. HOLTZ u. H. VOGEL: Tierische Parasiten Ursache metastatischer Verkalkungen 721[2].
— u. E. G. NAUCK: Verkalkungen in Gewebskulturen durch A.T. 10 721[4].
BRAND, V. v., u. A. KRAUTWALD: Glucoseresorption im Dickdarm 222[11].
BRANDENBERGER, E., F. DE QUERVAIN u. H. R. SCHINZ: Mononatriumurat-monohydrat in Gichttophi 1252[12].
— u. H. R. SCHINZ: Basenüberschuß im Knochengewebe 707[12]. — Aragonit und Calcit in Muschel- und Schneckenschalen 719[6].
BRANDENBURG, E.: Mangan verhindert Dörrfleckenkrankheit bei Hafer 672[1].
BRANDES, W.: Wirkung von Fluor auf die Blutgerinnung 697[12].
BRANDT, E. L., s. GRIFFIN, A. C. 1247[18].
BRANDT, W.: Restunverseifbares im Blutserum 339[2].
— s. BÜRGER, M. 783[5].
BRANDT-BEAUZEMONT, Y., s. BERTRAND, G. 403[5].
BRANNON, E. S., s. WARREN, J. v. 270[4].
BRANTE, G.: Blutphosphatide bei alimentärer Hyperlipämie 333[11]. — Phosphatidgehalt von Blutplasma 858[17].
BRASSEUR, H., M. J. DALLEMAGNE and J. MELON: Struktur der anorganischen Knochensubstanz 708[1].
— s. BEAULIEU, M. 703[2].
— s. DALLEMAGNE, M. J. 708[1].
BRATTON, A. C., and E. K. MARSHALL jr.: Acetylierungsreaktion zum Nachweis von Acetyl-CoA 1044[3].
BRAUER, R. W., and E. HARDENBERGH: Cholinesterasegehalt von Hundelymphe 555[4].
BRAUN, H.: Zusammensetzung der Kohlenhydratfraktion des Blutes 320[8]. — Bestimmung des Eiweißzuckers 322[10].
BRAUN, I.: Phosphatase im Speichel 25[13].
BRAUN, K., s. BARRENSCHEEN, H. K. 319[18].
BRAUN, L., u. L. SCHEFFER: Kupfergehalt des Blutes 402[1].
BRAUN, R., s. BRUGSCH, J. 1024[2], 1025[4].
BRAUNSTEIN, A. E.: Zusammenfassung über Transaminierung und integrative Funktionen der Dicarbonsäuren im Stickstoffwechsel (1947) 909[4]. — Umaminierung in verschiedenen Geweben 936[7]. — Umaminierung verschiedener Aminosäuren 936[8]. — Vitamin B_6 als Coenzym von Transaminasen 938[4].
— and R. M. AZARKH: Umaminierung in verschiedenen Geweben 936[7]. — Vitamin B_6 als Coenzym von Transaminasen 938[5].
— and S. M. BYCHKOV: Umaminierung in verschiedenen Geweben 936[7].
— E. V. GORYACHENKOVA u. T. S. PASKHINA: Kynureninabbau 990[6], 992[10]. — Aktivierung des kynureninspaltenden Fermentes 994[1].
— u. M. G. KRITZMANN: Transaminierung 936[6-8], 937[4].
— u. M. M. LEWITOW: Einfluß von Arsenat auf Glucoseabbau 693[16].
BRAUNSTEINER, H.: Bau der Erythrocytenmembran 419[5]. — Blutplättchen 470[13], 471[10].
— E. GISINGER u. F. PAKESCH: Fe-Haushalt und Eiweißstoffwechsel 664[4].
— u. O. KARNER: Thrombokinasegehalt von Mikrosomen 1152[2].
— F. PAKESCH u. H. VETTER: Abnahme der eosinophilen Leukocyten nach Nebennierenhormonen und ACTH 456[11].
BRAUS, H., u. C. ELZE: Buch über Anatomie, Bd. 2. 2. Aufl. (1934) 8[4].
BRAWERMAN, G., s. CHARGAFF, E. 1108[3].
— s. ZAMENHOF, S. 1108[3].
BRAY, H. G., H. HENRY and M. STACEY: Blutgruppenspezifische Substanzen im Magensaft 85[17].
BRECHT, K.: Acetylcholingehalt von Liquor cerebrospinalis bei Krankheiten 570[2, 4].
BREDEMANN, G.: Buch über Biochemie und Physiologie des Fluors und der industriellen Fluorrauchschäden (1951) 695[29].
BREDERECK, H.: Zusammenfassung über Nucleinsäuren (1934; 1938) 1177[27]. — Zusammenfassung über Nucleasen (1938) 129[1]; (1940) 120[15].
— u. R. MITTAG: Zusammenfassung über Vitamine und Hormone (1938) 357[17].
— u. G. MÜLLER: Spaltung der Hefenucleinsäure durch Erwärmen 128[7].
BREDIG, M. A.: Basenüberschuß im Knochengewebe 707[10].
BREGOFF, H. M., s. ROBERTS, E. 1090[142].
BREHMER, W. v.: Buch über Syphnosphora polymorpha (1947) 271[10]. — p_H-Wert im Blut 271[10].
BRENCHLEY, W. E.: Borstoffwechsel 688[23]. — Einfluß von Arsenat auf Glucoseabbau 693[17].

BRENCHLEY, W. E., and K. WARINGTON: Bedeutung von Bor für Teilungsfähigkeit von Pflanzenzellen 689[8].
BRENDGEN, C.: Nitritgehalt des menschlichen Speichels 21[17].
BRENDLER, H., s. HUDSON, P. B. 377[13].
BRENNER, M., H. R. MÜLLER u. R. W. PFISTER: Peptidsynthesen mit Chymotrypsin 920[5].
— u. R. W. PFISTER: Peptidsynthese mit Chymotrypsin 920[5].
— E. SAILER u. K. RÜFENACHT: Peptidsynthese mit Chymotrypsin 920[5].
BRESTKIN, M. P.: Hemmung der Magensaftsekretion 45[21].
BREUER, H., s. DIRSCHERL, W. 777[13].
BREUSCH, F. L.: Zusammenfassung über Biochemie des Fettsäureabbaus (1948) 819[7]. — Zusammenfassung über Verbrennung der Fettsäuren im tierischen Organismus (1950) 762[6]. — Abhängigkeit der Fettausnutzung von Begleitstoffen 233[2]. — Diffusionsteigerung durch gepaarte Gallensäuren 234[5]. — Bedeutung von Gallensäuren für Fettsäureresorption 235[8]. — Kettenlänge von Fettsäuren und Resorptionsgeschwindigkeit 236[4]. — Abbau von Ribosephosphat und Glycerinaldehyd 737[4]. — Dehydrogenasen der Katzenleber 738[3]. — Tetrosedehydrogenasen 738[4]. — Glykogen als Wasserstoffdonator der Oxalessigsäurereduktion 739[4]. — Hemmung der Atmung verschiedener Organe durch Fluorid 739[6]. — Hemmung der Gewebsatmung durch Gifte 759[3]. — Succinodehydrogenase in Tumoren 760[2]. — Übergang von Acetessigsäure in Tricarbonsäure 790[4], 827[14]. — Reaktion von Gallensäuren mit höheren gesättigten Fettsäuren 794[2]. — Citronensäurebildung 1032[4]. — Decarboxylierung von Oxalessigsäure 1053[3].
— u. H. KESKIN: Citronensäurebildung 1032[4].
— u. G. PETERS: Aglykolytischer Glucoseabbau 739[3]. — Aldolasegehalt von Leber und Niere 748[5].
— and R. TULUS: Substrate der β-Oxybuttersäuredehydrogenase 828[4].
— and E. ULUSOY: Polyketofettsäuren spaltendes Leberenzym 767[10]. — Acetessigsäurebildung aus β-δ-Diketocapronsäure 804[2].
— s. SCHOENHEIMER, R. 877[2].
BREUSING, R.: Amylasegehalt von Ergüssen 560[15].
BREWER, G.: Polycytämie nach hohen Kobaltgaben 673[10].
— s. LARSON, P. S. 1232[11].
BREWSTER, L. E., s. ZAMECNIK, P. C. 852[13].
BRIEGER, H.: Form des Vitamin C im Blut 364[14]. — Vitamin C-Gehalt im Blut von Schwangeren 365[4].
BRIEGER, L., s. STADTHAGEN, M. 954[17].
BRIERLY, J. M., s. SEALOCK, R. R. 984[7].
BRIGGS, A. P., s. SINGAL, S. A. 991[5].
BRIGGS, H. M., s. DINNING, J. S. 342[11].
BRILMAYER, H., s. OHLMEYER, P. 1109[6].
BRINCK, J.: Rhodangehalt im Magensaft 67[1].
— s. KATSCH, G. 51[7], 54[4], 57[1], 58[1, 3], 62[7], 66[1], 155[4].
BRINK, N. J., s. RICKES, E. L. 430[2], 467[1].
BRINK, R. A., s. SMITH, W. K. 494[5].
BRINKHOUS, K. M.: Ursache der Hämophilie 497[11].
— and J. B. GRAHAM: Erbliche Hämophilie bei Hunden 498[6].
— H. P. SMITH, E. D. WARNER and W. H. SEEGERS: Heparinbedarf eines Cofaktors 492[16].
— and S. A. WALKER: Prothrombingehalt in den Lymphgefäßen 478[9].
— s. GRAHAM, J. B. 498[7].
— s. SEEGERS, W. H. 478[20], 487[11].
— s. SMITH, H. P. 478[7], 481[1].
— s. WARNER, E. D. 479[4], 480[15], 481[1].
BRINKMANN, E., s. TOENNIESSEN, E. 326[22], 1029[6].
BRINKMAN, R.: Zusammenfassung über Hämolyse (1928) 419[10].
— and J. H. P. JONXIS: Fetales und adultes Hämoglobin 433[8]. — Verschiedene Hämoglobinarten bei Fetus, Kind und Erwachsenen 434[1]. — Sauerstoffaffinität des Hämoglobins von neugeborenen Tieren 516[7].
— and R. MARGARIA: Entdeckung der Kohlensäureanhydratase 521[3].
— R. MARGARIA and F. J. W. ROUGHTON: Zusammenfassung über Kohlensäureanhydratase (1933) 520[3]. — Formen der Kohlensäure im Blut 519[4]. — Darstellung von Kohlensäureanhydratase 521[6].
— and A. v. SZENT-GYÖRGYI: Reversion der Hämolyse 419[13].
BRISKAS, S., s. POLONOVSKI, M. 406[23].
BRITTON, S. W., R. F. KLINE and H. SILVETTE: Hypoglykämische Krämpfe nach Nebennierenentfernung 773[1].
— H. SILVETTE and R. (F.) KLINE: Hypoglykämische Krämpfe nach Nebennierenentfernung 773[1].
— and H. SILVETTE: Natriumgehalt im Blutserum bei Krankheiten 394[2].
BRJUCHANOW, P. P., s. LONDON, E. S. 228[10].
BRJUCHANOW, P. T., s. LONDON, E. S. 228[10].
BRØCHNER-MORTENSEN, K.: Bluthamsäure nach purinreicher Kost 346[11]. — Erhöhung des Bluteisens 399[2].
BROCK, J.: Buch über biologische Daten für den Kinderarzt, Bd. 3. (1939) 286[6]. — Zusammenfassung über Wasserwechsel (1934) 589[7]. — Zusammenfassung über

den Eisenstoffwechsel (1939) 655[21]. — Retention von Mineralien bei Kindern 625[5].
Brock, J., u. H. Stelter: Anionenüberschuß im Liquor cerebrospinalis 576[22].
Brock, M. J., s. Bessey, O. A. 358[10], 377[13], 464[12], 472[10].
— s. Lowry, O. H. 365[3].
Brock, N., H. Druckrey u. H. Herken: Rubidiumwirkung auf Tiere 684[11]. — Acidose bei Schädigung oder Reizung der Speicheldrüsen 1177[1].
— s. Druckrey, H. 394[20], 626[5].
Brocket, S. H., M. A. Spiers and H. E. Himwich: Phosphatidgehalt des Chylusfettes 241[1].
Brockman, P. E., and C. H. Gray: Porphobilinogen 1005[2].
Brocq-Rousseu, D., et G. Roussel: Buch über das normale Serum (1934) Franz. 263[3].
Brodersen, J.: Zusammenfassung über Blutzellen (1927) 416[13].
Brodgon, E., s. Hellebrandt, F. A. 45[22].
Brodie, B. B., J. Axelrod, R. Soberman and B. B. Levy: Gewebswasserbestimmung 591[6].
— s. Axelrod, J. 984[8].
— s. Berger, E. Y. 591[5], 598[9].
— s. Soberman, R. 591[4].
— s. Udenfriend, S. 984[8].
— s. Wallace, G. B. 547[1], 576[7], 681[5].
Brodie, T. G., W. C. Cullis and W. D. Halliburton: Steigerung des O_2-Verbrauches bei der Darmresorption 207[7].
Brody, T. M., and J. A. Bain: Verteilung von RNS-Phosphor in der Zelle 1072[29]. — Stoffwechselleistungen von Mitochondrien 1136[1]. — Atmungskettenphosphorylierung durch Cyclophorasesystem 1137[20].
— R. I. H. Wang and J. A. Bain: Intracelluläre Verteilung von Cytochromoxydase und DPN-Cytochrom c-Reductase 1090[86].
Broek, C. J. H. van der, and A. P. de Groot: p_H-Werte im Magen von Ratten 50[5].
Broek, W. A. van den, s. Groen, J. 214[4].
— s. Westenbrink, H. G. K. 361[12].
Brömel, H., s. Negelein, E. 750[3], 930[2].
Broggen, J. T. van, s. Roberts, E. C. 1185[2].
Broh-Kahn, R. H., and I. A. Mirsky: Hexokinasewirkung 781[2].
— I. A. Mirsky, G. Perisutti and J. Brand: Glucose-6-phosphorylase 742[2]. — Insulinase 771[4]. — Fehlen von Glucose-6-phosphatase im Muskel 782[6].
— s. Mirsky, I. A. 771[4,5].
Brookfield, R. W.: Magnesium und Phosphor im Blut bei Nierenkranken 398[4]. — Verminderung des Mg-Bestandes bei Mg-armer Kost 636[7].
Brooks, J.: Methämoglobin 434[12].
Brooks, M. M.: p_H-Wert von Zellen 1173[3].
Brooksbank, B. W. L., and G. A. D. Haslewood: Δ^{16}-Androsten-3-ol im Harn 902[2,4].
Broquist, H. P., s. Jukes, T. H. 965[1].
Broser, W., s. Lautsch, W. 1170[5].
Bross, W., u. H. Hilarowicz: Erhöhung des Blutcalciums bei Knochenerkrankungen 721[5].
Brossmer, R., s. Seifert, P. 405[21].
Broude, L.: Vorkommen von Argininphosphorsäure 946[10].
Brower, T. D., s. Eichelberger, L. 701[3].
Brown, A., s. Oncley, J. L. 293[1], 294[1], 305[9], 476[11].
— s. Scatchard, G. 270[10].
Brown, B. H., and H. B. Lewis: Cystingehalt im Blut nach Methionin 960[7].
— s. Lewis, H. B. 913[10], 955[11].
Brown, C. L., and R. G. Smith: Histamin aus der Pylorusregion des Menschen 43[16]. — Histaminähnliche Substanz im menschlichen Magensaft 86[8].
— s. Meienberg, L. J. 43[20].
Brown, D. H., s. Park, C. R. 775[4].
Brown, D. M., and J. M. Luck: Kreatinbildung aus Arginin 947[3].
— s. Jager, B. V. 295[1], 300[4], 304[2], 307[8], 308[3].
Brown, E. W., s. Mendel, L. B. 1208[22], 1215[9].
Brown, G. B.: Zusammenfassung über Nucleinsäuren, Purine und Pyrimidine (1953) 1177[26]. — Verwendung von Purinen und Pyrimidinen zur Nucleinsäuresynthese 1192[18]. — Einbau von ^{14}C-Adenin in Lebernucleinsäure 1192[21]. — Guaninbildung aus Adenin 1222[3]. — Pyrimidinquellen für Polynucleotidsynthese 1228[3].
— M. E. Balis, G. B. Elion and G. H. Hitchings: Polynucleotidvorstufen bei Lactobacillus casei 1193[9].
— M. L. Petermann and S. S. Furst: Austausch von Nucleinsäure-P 1190[9].
— P. M. Roll and L. F. Cavalieri: Allantoinbildung aus Harnsäure 1209[2].
— P. M. Roll, A. A. Plentl and L. F. Cavalieri: Verwendung von Purinen und Pyrimidinen zur Nucleinsäuresynthese 1192[17]. — Einbau von ^{15}N-Adenin in ATP 1194[14]. — Allantoinbildung aus Adenin 1209[1]. — Keine Pyrimidinsynthese aus Adenin 1222[13]. — Kein Übergang von ^{15}N-Adenin in Pyrimidinnucleotide 1227[9].
— s. Balis, M. E. 1193[2], 1222[9].
— s. Bendich, A. 1193[6], 1202[2], 1208[30], 1222[5,6], 1223[5], 1228[5], 1256[1].
— s. Burchenal, J. H. 1251[21].
— s. Furst, S. S. 1120[3,8,18,19], 1121[3], 1192[20].
— s. Geren, W. 1208[28], 1211[33], 1212[3].
— s. Kerr, S. E. 1193[3], 1222[8].
— s. Roll, P. M. 1192[14].

BROWN, G. B., s. VIGNEAUD, V. DU 853[13], 854[13], 935[3], 936[1], 960[13], 965[7].

BROWN, G. M., J. A. CRAIG and E. E. SNELL: Struktur von Coenzym A 1036[15].

— s. SNELL, E. E. 1036[15].

BROWN, G. W. jr., and I. L. CHAIKOFF: Mechanismus der Acetessigsäurebildung 826[1].

— s. CHAIKOFF, I. L. 824[2].

BROWN, H., s. WEST, C. D. 897[7].

BROWN, K. D., G. JACOBS and M. LASKOWSKI: Intracelluläre Verteilung von Desoxyribonuclease und Adenosindesaminase 1090[76]. — Ribonucleotidase aus Pankreas 1187[2].

BROWN, R. K., s. LEVER, W. F. 291[2], 312[2].

— s. NEEDHAM, J. 1207[4].

BROWN, S. O., s. BARRON, G. P. 636[9, 10].

BROWN, W. E. L., and A. V. HILL: Sauerstoffbindungskurve von Hämoglobinlösungen 511[12]. — Wärmetönung der Sauerstoffbindung an Hämoglobin 513[6].

BROWN, W. R., and A. E. HANSEN: Gehalt von kindlichem Blut an ungesättigten Fettsäuren 335[9].

BROWN, W. T., E. F. GILDEA and E. B. MAN: Lipoidgehalt von Liquor cerebrospinalis 573[1].

BROWNE, J. S. L., s. KARADY, S. 407[15], 431[3].

BROWNLEE, I. E., s. OSGOOD, E. E. 457[10].

BRUCE, L. W., and F. B. SHORLAND: Ungesättigte Fettsäuren in Taubenorganen 845[4].

BRUCH, H., u. H. NETTER: Verteilung von Farbstoffen in Zellen 1171[2]. — Verteilung von Farbstoffen auf Blutkörperchen und Lösung 1172[1].

BRÜCHER, H., s. BUTENANDT, A. 893[1].

BRÜCKE, E. (v.): Buch über Peptontheorien und Aufsaugung eiweißartiger Substanzen (1869) 95[4]. — Vorlesungen über Physiologie, 2. Aufl. (1875) 31[3].

BRÜCKE, E. W. R.: Ähnlichkeit von Blutgerinnung und Labgerinnung 474[2].

BRÜCKE, F. T. v., E. v. HUEBER u. H. SARKANDER: Cholinesterase im Blut bei spastischer Obstipation 140[1]. — Cholinesterasegehalt im Blut von Schwangeren 374[2].

BRÜCKMANN, G.: Alloxanbestimmung im Blut 348[7].

— and E. WERTHEIMER: Diabetogene Wirkung von Alloxanderivaten 779[7].

BRÜCKNER, J.: Cerebrosidgehalt von Blutserum und -plasma 334[7], 335[4]. — Cerebrosidgehalt menschlicher Erythrocyten 442[8], 443[2]. — Cerebrosidgehalt von Leukocyten 461[8].

BRÜGGEMANN, J., s. KRYZWANEK, F. W. 668[7].

BRÜHL, A.: Hemmung der Fettresorption durch Thyroxin 247[17].

BRÜHL, H., u. E. FREUDENBERG: p_H-Wert im Duodenalinhalt des Säuglings 170[5].

BRÜHL, H. H.: Ammoniakwerte im Liquor bei Erregungszuständen und Krankheiten 569[6].

BRÜLL, Z., u. E. FRÖHLICH: Förderung der Magensaftsekretion durch Alkohol 42[10].

— s. FROEHLICH, E. 43[24].

BRÜNIG, H., F. EINECKE, F. PETERS, R. RABL u. K. VIEHL: Vorstufen des Allantoins 1209[12].

BRÜNINGHAUS, S., s. WERLE, E. 932[3].

BRUENS, J. C. E., s. GOOR, H. VAN 25[26].

BRUES, A. M., M. M. TRACY and W. E. COHN: Umsatzgeschwindigkeit von Ribonucleotiden und Desoxyribonucleotiden 1120[4]. — ^{32}P-Aufnahme durch schnellwachsendes Gewebe 1191[5]. — Aufnahme von ^{32}P in Nucleinsäuren bei Zellneubildung 1194[2].

— s. DUCOFF, H. S. 693[3].

BRUGER, M., J. W. HINTON and W. G. LOUGH: Jodgehalt des menschlichen Speichels 21[16]. — Bindungsart von Jod in der Schilddrüse 411[3].

BRUGGEN, J. T. VAN, T. T. HUTCHENS, C. K. CLAYCOMB, W. J. CATHEY and E. S. WEST: Fettsäuresynthese und Art der Ernährung 835[6].

— and J. V. STRAUMFJORD: Vitamin E-Gehalt des Blutes 360[8].

BRUGSCH, J.: Buch über Hämoglobin (1950) 431[19]. — Buch über Porphyrine (1952) 356[8]. — Porphyrintrennung 1021[1]. — Chlorophyllabbau im Verdauungskanal 1024[2].

— R. BRAUN, D. SCHMIDT, J. WEGNER u. KÜHNEL: Chlorophyllabbau im Verdauungskanal 1024[2]. — Chlorophyllabbauprodukte im menschlichen Harn 1025[4].

BRUGSCH, T.: Zusammenfassung über den Dünndarm und seine Sekrete (1925; 1934) 102[7]. — Darminhalt, Menge in verschiedenen Darmabschnitten 147[5]. — Harnsäuretageswerte bei Hunger 1239[13]. — Spezifisch dynamische Wirkung und Harnsäureausscheidung 1241[19]. — Harnsäureausscheidung bei Gichtanfall und vegetativ nervösen Krisen 1253[7].

— u. J. ROTHER: Abgabe von Harnsäure durch Pankreassaft 1213[11].

— u. A. SCHITTENHELM: Buch über den Nucleinstoffwechsel und seine Störungen (1910) 1252[5]. — Harnsäureausscheidung nach Zufuhr von Purinen 1199[14]. — Keine Harnsäure in Verdauungssäften 1213[7].

— s. SCHITTENHELM, A. 1225[14].

— s. UMBER, F. 124[6].

BRULL, L.: Formen des Blutcalciums 395[16]. Erhöhung des Blut-P nach P-Zufuhr 647[6]. P-Ausscheidung durch die Niere 649[13]. —

Brull, L., u. F. Eichholtz: Erhöhung des Blut-P nach P-Zufuhr 647[6]. — P-Ausscheidung durch die Niere 649[13].
— s. Eichholtz, F. 647[6], 649[13].
Brumback, J. E. jr., s. Albanese, A. A. 654[10], 934[3].
— s. Holt, L. E. jr. 934[3].
Brun, G. C.: Freies und Estercholesterin in Erythrocyten und Blutplasma 443[3].
— H. Buchwald u. K. Roholm: Toxische Wirkung von Fluor 407[4].
— s. Dam, H. 249[1].
Brunacci, B.: Sekretion der Gl. parotis beim Menschen 13[4].
Brunel, A.: Allantoinabbau bei Amphibien und Fischen 1216[11]. — Allantoinase und Allantoicase, Vorkommen 1216[13, 14].
— s. Echevin, R. 1216[16].
— s. Fosse, R. 1210[12], 1216[15].
Brunelli, B.: Wirkung von Harnsäure auf Blut-Liquor-Schranke 1255[14].
Brunetti, R., s. Fishman, W. H. 379[23].
Brungger, H., s. Ruzicka, L. 897[5].
Brunish, R., D. Fairley and J. M. Luck: Aminosäurezusammensetzung von Zellkernproteinen 1112[2].
— and J. M. Luck: Einbaugeschwindigkeit radioaktiver Aminosäuren in Zellkernproteine 1123[4].
Brunner, M. P., s. Colingsworth, D. R. 886[17].
Brunner, R. A., s. Wikoff, H. L. 409[9].
Brunquist, E. H., s. Koehler, A. E. 543[1].
Brunschwig, A., and R. L. Schmitz: Chloridausscheidung in den Magen 64[3].
Brush, B., s. Hartmann, F. W. 188[7].
Brust, M., s. Samuels, A. J. 865[15].
Bruttin, H., s. Leuthardt, F. 1090[71].
Bryan, A. R., s. Huggins, R. A. 624[13].
Bryand, J. E., s. Kirsner, J. B. 66[6].
Bryner, L. C., s. Thomas, M. D. 652[3].
Bryson, M. J., s. Reiser, R. 237[16], 238[3], 240[9], 798[12], 799[5].
Buadze, S., s. Abderhalden, E. 127[2], 382[17], 947[10], 1237[16], 1240[17], 1254[12].
Bubb, W.: Kolloidosmotischer Druck des Serumalbumins 270[4].
Bucciero, M. C., and J. M. Orten: Kobaltpolycytämie 430[8], 466[5].
— s. Orten, J. M. 430[4], 466[5].
Buchanan, A.: Blutgerinnung und Labgerinnung 474[1]. — Thrombingewinnung 486[2].
Buchanan, A. R., s. Hill, R. M. 672[10].
Buchanan, J. G., J. A. Bassham, A. A. Benson, D. F. Bradley, M. Calvin, L. L. Daus, M. Goodman, F. M. Hayes, V. H. Lynch, L. T. Norris and A. T. Wilson: Chemismus der Kohlensäureassimilation 1063[2].
Buchanan, J. M.: Hypoxanthinbildung aus ^{14}C-Formiat in Taubenleber 1205[7]. — Einbau von Ammonium-^{15}N in Harnsäure bei der Taube 1205[10]. — Harnsäuresynthese aus ^{13}C-markierten Verbindungen 1206[3]. — Hypoxanthinbildung aus Aminoimidazolcarboxamid 1221[2]. — Vorstufen der Pyrimidinsynthese 1226[12].
Buchanan, J. M., and C. B. Anfinsen: Instabilität gereinigter Aconitase 1051[5].
— A. B. Hastings and F. B. Nesbett: Einbau von $^{14}CO_2$ in Glykogen 761[6]. — Propionsäureabbau 808[8].
— W. Sakami and S. Gurin: Acetessigsäurebildung aus markiertem Octanat 823[4]. — Acetatabbau 1033[7].
— W. Sakami, S. Gurin and D. W. Wilson: Essigsäureoxydation 1033[4]. — Mechanismus der α-Ketoglutarsäurebildung 1056[3].
— and J. C. Sonne: Verwertung von Glycin-C für die Harnsäuresynthese 944[8]. — Verwendung von CO_2 zur Harnsäuresynthese 1206[6].
— J. C. Sonne and A. M. Delluva: Einbau von Carboxyl-C der Essigsäure in Harnsäure 838[4]. — Herkunft der N- und C-Atome der Harnsäure 944[10]. — Einbau von Glykokoll-^{15}N in Harnsäure 1205[11]. — Harnsäuresynthese aus ^{13}C-markierten Verbindungen 1206[4].
— s. Schulmann, M. P. 1153[20, 21], 1154[2].
— s. Solomon, A. K. 1054[2].
— s. Sonne, J. C. 834[4], 944[8, 14], 945[1], 1206[5, 7].
Buchanan, O. H., W. D. Block and A. A. Christman: Keine Harnsäurebildung aus Methylpurinen 1214[21].
— A. A. Christman and W. D. Block: Bildung von Methylharnsäuren aus Coffein und Theophyllin 1199[18]. — Keine Harnsäurebildung aus Methylpurinen 1214[20]. Entmethylierung von Coffein 1225[2]. — Keine Störung der Harnsäurebestimmung durch Theobromin 1225[10].
Buchbinder, W. C., and R. Kern: Hypocalcämie bei Gallenmangel 640[3].
Bucher, G. R., s. Gray, J. S. 51[6].
Bucher, O.: Gewinnung lebender Leukocyten 459[3].
Bucher, R.: p_H-Wert von Magenschleim 71[10]. — Mucintherapie des Duodenalulcus 72[19].
Buchner, E., H. Buchner u. M. Hahn: Buch über die Zymasegärung (1903) 725[1].
Buchner, H., s. Buchner, E. 725[1].
Buchs, S.: Buch über Kathepsin (1947) 34[10]. Zusammenfassung über Kathepsin des Magensaftes (1940) 34[10]. — Kathepsingehalt von Handelspepsin 34[8]. — Kathepsin des Magensaftes 77[20]. — Pepsin- und Kathepsinnachweis 78[4]. — Kathepsin- und Pepsingehalt des Magensaftes beim Magenkranken 79[1]. — Labwirkung durch Pepsin-Parachymosinkomplex 80[1].
— u. E. Freudenberg: Zusammenfassung über Kathepsin (1951) 6[18]. — Bildung von Kathepsin und Parachymosin in den Belegzellen der Magenschleimhaut 34[13].

BUCHS, S., s. FREUDENBERG, E. 31[5], 77[20].
BUCHTHAL, F., A. DEUTSCH and G. G. KNAPPEIS: Inaktive Form von ATP in Muskel 1185[12].
BUCHWALD, H., s. BRUN, G. C. 407[4].
BUCKMASTER, G. A.: Carbhämoglobin 523[4].
BUCKWALTER, J. A., s. GRAHAM, J. B. 498[7].
BUDDECKE, E., s. WEITZEL, G. 676[2].
BÜCHER, T.: Zusammenfassung über Energietransport innerhalb lebender Zellen (1953) 1175[1]. — Krystallisiertes phosphatübertragendes Gärungsferment 750[6]. — Molekulargewicht der Enolase 751[10].
D. MATZELT u. D. PETTE: Präalbumin im Liquor 568[1].
— s. KIRKBERGER, E. 984[3].
BÜCHMANN, P.: Zusammenfassung über die Bedeutung der Serumeisenbestimmung für die Klinik (1941) 399[10].
— u. R. STODTMEISTER: Abhängigkeit der Eisenresorption vom Bedarf 214[10].
— s. STODTMEISTER, R. 655[31], 663[4].
BUEDING, E., J. F. FAZEKAS, H. HERRLICH and H. E. HIMWICH: Brenztraubensäuregehalt im Blut bei Pankreasdiabetes 783[1].
— and W. GOLDFARB: Hemmung der Erythrocytenglykolyse 423[11].
— and R. GOODHART: Verschwinden von Brenztraubensäure aus dem Blut in vitro 324[20]. — Förderung des Brenztraubensäureabbaues im Blut durch Phosphat 450[14].
— M. H. STEIN and H. WORTIS: Verhalten der Brenztraubensäure im Blut nach Zufuhr von Glucose 325[7]. — Brenztraubensäuregehalt im Blut nach Kohlenhydratzufuhr 783[2].
— and H. WORTIS: Verschwinden von Brenztraubensäure aus dem Blut in vitro 324[19]. — Gehalt des Blutes an Ketosäuren 325[2]. — Brenztraubensäuregehalt von Liquor cerebrospinalis 572[2].
— s. LIPSCHITZ, W. L. 735[1], 782[10].
— s. WORTIS, H. 361[15].
BÜDINGEN, F.: Resorption im Dickdarm 195[6].
BUEHLER, H. J., P. A. KATZMAN and E. A. DOISY: Hydrolyse von Steroidkonjugaten 880[11].
— P. A. KATZMAN, P. L. DOISY and E. A. DOISY: Hydrolyse von Steroidkonjugaten 880[10].
BUELL, M. V.: Adenylsäuregehalt im Blut 347[14]. — Nucleotid-N-Gehalt der Erythrocyten 445[1].
— and M. E. PERKINS: Adeninnucleotidgehalt im Blut 348[3]. — Nucleotid-N-Gehalt der Erythrocyten 445[1].
— s. STILL, J. L. 1136[7, 8], 1148[4].
BÜLOW, M., s. PLAUT, F. 364[14], 365[4], 570[7], 573[11, 13, 14], 574[3, 5].
BÜNNING, E.: Bedeutung von Mangan für die Pflanze 671[7].
BUESNOD, M., P. FAVARGER et R. A. COLLET: Phosphatidbildung in der Darmschleimhaut 796[1].
BÜRGER, M.: Einführung in die pathologische Physiologie (1936) 93[7]; 4. Aufl. (1952) 564[13]. — Zusammenfassung über Cholesterinhaushalt beim Menschen (1928) 248[21]. — Zusammenfassung über Resorption (1944) 176[6]. — Estersturz der Cholesterinester 337[16]. — Kreatinverteilung im Organismus 945[5].
— u. H. BEUMER: Phosphatidgehalt von Erythrocyten 858[2].
— u. W. BRANDT: Hyperglykämischer Pankreasfaktor 783[5].
— u. H. KRAMER: Hyperglykämie nach körperlicher Arbeit 318[2].
— u. H. D. OERTER: Cholesteringehalt in der Dickdarmschleimhaut 177[5].
— u. K. PLÖTNER: D-Aminosäuren in Tumorgewebe 931[1].
— u. W. WINTERSEEL: Sterinausscheidung im Dickdarm 177[6], 191[12], 875[19]. — Schicksal des Cholesterins im Darm 191[10]. Koprosterinbildung aus Cholesterin im Darm 192[2]. — Sterinfraktionen des Kotes nach Cholesterinzufuhr 192[15]. — Keine Resorption von Koprosterin 249[2].
— s. BEUMER, H. 440[2].
— s. UMBER, (F.) 955[5], 982[3].
BÜRGI, E.: Zusammenfassung über Jod (1927) 679[22]. — Zusammenfassung über Fluor (1927) 695[25]. —Zusammenfassung über Brom (1927) 700[3].
BÜRKER, K.: Zusammenfassung über Hämoglobinbestimmung (1910) 432[10]. — Zusammenfassung über die körperlichen Bestandteile des Blutes (1928) 416[12]. — Zusammenfassung über Thrombocyten (1928) 470[7]. — Auflösung der Thrombocyten durch Alkali 490[10].
BÜSING, K.-H., s. SCHMIDT, T. 194[3].
BÜTSCHLI, O.: Strontium im Skelet niederer Tiere 684[15].
BÜTTNER, H.: Wasserverdampfung von der Hautoberfläche 593[3].
BÜTTNER, H. E.: Zusammenfassung über Erkrankungen durch Mangan und seine Verbindungen mit besonderer Berücksichtigung der Lungenentzündungen (1940) 670[11].
BUFFA, P., and R. A. PETERS: Fluoressigsäurehemmung des Citronensäureabbaus 1059[5].
BUGARSZKY, S., u. F. TANGL: Mittelwerte der molaren Konzentration im Blutserum 268[4].
BUGNARD, L., s. BAISSET, A. 323[11].
— s. BOUISSET, L. 1210[17].
BUGYI, B.: Zerstörung von Kallikrein durch Magensalzsäure 86[4].
BULGER, H. A., and H. E. JOHNS: Harnsäuregehalt des Blutes 1198[10].

Bull, H. B., and J. S. Gray: Bedeutung der Kohlensäureanhydratase für HCl-Bildung im Magen 522^{5}.

Bull, L. B., s. Dick, A. T. 686^{12}.

Bullard, H. H.: Phosphatidgehalt der Mitochondrien 867^{11}.

Bullet, F., s. Bernhard, K. 112^{3}, 117^{7}, 197^{9}, 237^{11}, 801^{8}, 821^{7}, 832^{5}.

Bullinger, E., s. Roche, J. 450^{11}, 711^{7}.

Bullough, W. S.: Zusammenfassung über Mitose und energieliefernde Reaktionen (1952) 1118^{3}. — Zahl der Mitosen im Hunger 1118^{2}.

Bumbalo, T. S., s. Jetter, W. W. 573^{11}, 574^{5}.

Bunge, G. (v.): Lehrbuch der physiologischen und pathologischen Chemie 2. Aufl. (1889) 390^{5}. — Buch über Physiologie des Menschen, 2. Aufl. Bd. 2 (1905) 618^{2}.

Bungenberg de Jong, W. J. H.: Molekulargewicht des Serumbilirubins 438^{3}.

Bunkfeldt, R., s. Krieger, C. H. 647^{2}.

Bunney, W. E., and W. C. Rose: Arginin als entbehrliche Aminosäure 969^{5}.

Bunting, H., s. Pearson, O. H. 778^{10}.

Bunting, R. W., s. Koehne, M. 708^{18}.

Buonocore, M. G., and B. G. Bibby: Wirkungsmechanismus von Fluor bei der Cariesprophylaxe 699^{2}.

Burbridge, T. N., C. H. Hine and A. F. Schick: Acetaldehydbestimmung im Blut 327^{10}.

Burch, H. B., O. A. Bessey and O. H. Lowry: Riboflavin in Erythrocyten 452^{6}. — Lactoflavin in Leukocyten und Thrombocyten 464^{6}. — Riboflavin in Thrombocyten 472^{11}.

Burchenal, J. H., A. Bendich, G. B. Brown, G. B. Elion, G. H. Hitchings, C. P. Rhoads and C. C. Stock: Wirkung von 2,6-Diaminopurin auf infektiöse lymphatische Leukämie 1251^{21}.

— s. Skipper, H. E. 1197^{10}.

Burdon, K. L., and R. P. Mudd: Bestimmung der Serumproteasen 380^{19}.

Burg, C., s. Chevallier, A. 337^{2}.

Burgardt, L., s. Hasse, K. 380^{19}.

Burgen, A. S. V., and J. I. Lorch: Diabetogene Wirkung von Alloxanderivaten 779^{8}.

Burger, F.: Spaltbarkeit gekochter Stärke 28^{1}.

Burgess, J. P., s. Sacks, J. 43^{14}.

Burget, G. E., R. Lloyd and P. Moore: Resorptionsgeschwindigkeit verschiedener Monosaccharide 218^{21}.

— and P. Moore: Resorption eines Fructose-Glucose-Gemisches 220^{14}.

— P. H. Moore and R. W. Lloyd: Resorption von Glucose im Dickdarm von Hunden 222^{10}.

— W. R. Todd and H. F. Haney: Resorption von Hexiten 250^{3}.

Burian, R.: Zusammenfassung über Chemie der Spermatozoen I und II (1904; 1906) 1064^{4}. — Xanthinoxydasewirkung 1201^{13}. Xanthindehydrogenase in Rinderleber und Milz 1202^{7}. — Harnsäureschwund 1211^{26}. — Konstanz des Purinstoffwechsels 1238^{4}.

— u. H. Schur: „Endogene“ Harnsäure 1199^{21}. — Konstanz der endogenen Harnsäureausscheidung 1200^{5}. — Endogener Harnsäurewert beim Menschen 1212^{11}. — Harnsäurebildung aus Methylpurinen 1214^{7}. — Purinsynthese 1218^{10}.

Burk, D., and R. H. Burris: Zusammenfassung über Biochemie der N-Fixierung (1941) 616^{10}.

— H. Lineweaver, C. K. Horner and F. E. Allison: Bedarf von Azotobakter an Ca und Sr 644^{2}.

— s. Fiala, S. 659^{9}.

— s. Riley, V. T. 1067^{1}.

Burlakova, E. V., s. Tarusov, B. N. 394^{10}, 428^{1}.

Burnett, L., s. Minor, A. H. 459^{8}.

Burnham, L., s. Levine, P. 388^{4}.

Burr, G. O., and M. M. Burr: Essentielle Fettsäuren 820^{1}.

— M. M. Burr and E. S. Miller: Essentielle Fettsäuren 820^{1}.

— s. Barnes, R. H. 117^{3}, 238^{8}, 796^{4}, 801^{9}, 821^{1}, 842^{16}.

— s. Berk, L. C. 337^{2}.

— s. Riekehoff, I. G. 821^{7}.

Burr, M. M., s. Burr, G. O. 820^{1}.

Burris, R. H., s. Burk, D. 616^{10}.

Burroughs, E. W., H. S. Burroughs and H. H. Mitchell: Aminosäurebedarf 934^{5}. — Essentielle Aminosäuren 934^{6}. — Argininbedarf wachsender Tiere 969^{6}.

Burroughs, H. S., s. Burroughs, E. W. 934^{5,6}, 969^{6}.

Burrows, B. A., s. Danowski, T. S. 628^{8}.

Bursa, F., s. Stary, Z. 314^{1}, 320^{5}, 321$^{12\text{-}14}$, 322^{12}, 729^{3}.

Burstein, A. I.: Zinkgehalt des Blutes 403^{12,14}. — Zinkgehalt von Kohlensäureanhydratase 429^{12}.

Burstein, L. S., s. Srere, P. A. 874^{10}.

Burström, H.: Zusammenfassung über Mineralstoffwechsel von Pflanzen (1948) 609^{18}. — Notwendigkeit von Mangan für die biologische Nitratreduktion 671^{17}.

Burt, M. L., s. Page, I. H. 864^{8}.

Burt, N. S., and R. J. Rossiter: Phosphatidgehalt von Leukocyten 858^{15}.

Burton, H. B.: Phosphatretention aus Weizen und Hafer 646^{17}.

Burton, K.: Reinigung der Fettsäuredehydrogenase 819^{4}.

Burton, R. B., C. Waterhouse and E. H. Keutmann: Ausscheidung von 17-Oxycorticosteron und 11-Dehydro-17-oxycorticosteron im Harn 893^{22}.

Die Seiten 1—840 befinden sich im Bandteil a, die Seiten 841—1257 im Bandteil b.

BURTON, R. B., A. ZAFFARONI and E. H. KEUTMANN: Steroidtrennung durch Papierchromatographie 879[9]. — Papierchromatographische Bestimmung der Nebennierensteroide 882[8]. — Ausscheidung von 17-Oxycorticosteron und 11-Dehydro-17-oxycorticosteron im Harn 893[21].
— s. ZAFFARONI, A. 881[11].
BURTON, R. M.: Acetyl-CoA-Bildung aus Acetaldehyd 1040[2].
BURTON-OPITZ, R.: Viskositätssteigerung bei CO_2-Anreicherung im Blut 274[3].
BUSCH, F. W., s. ASHER, L. 549[3].
BUSH, I. E.: Steroidtrennung durch Papierchromatographie 879[11]. — Relativer Anteil von Corticosteron und 17-Oxycorticosteron in der Nebennierenrinde 882[11, 12].
BUSH, J. A., s. YUILE, C. L. 663[7].
BUSHEY, M. S., s. VISSCHER, M. B. 210[2].
BUSINCO, L.: Histamingehalt im Tierblut 352[21].
BUSS, W., s. KRZYWANEK, F. W. 39[8], 56[10], 77[4], 102[1].
BUSSABARGER, R. A., A. C. IVY, H. S. WIGODSKY and F. D. GUNN: Folgen der Magenresektion 38[6].
BUSSCHER, G. DE: Pankreassaft 155[6].
BUSSO, R. R., s. HOUSSAY, B. A. 775[6].
BUSZTIN, A., s. WAELSCH, H. 425[10].
BUTCHER, E. O., s. JOHNSON, P. L. 712[10].
BUTCHER, H. R., s. PAINE, R. 548[6, 13].
BUTENANDT, A.: Oekonomieprinzip im Stoffwechsel 135[1]. — Vorkommen von Progesteron im Corpus luteum 886[20]. — Pregnan-3α,20α-diol als Progesteronmetabolit im Harn 893[1]. — Oestron im Harn schwangerer Frauen 906[16]. — Ommochrome 995[1].
— u. H. DANNENBAUM: Androstan-3α-ol-17-on als Abbauprodukt von Testosteron 897[4].
— H. DANNENBAUM, G. HANISCH u. K. KUDSZUS: Androstan-3α-ol-17-on als Abbauprodukt von Testosteron 897[4].
— H. HELLMANN u. G. HANSER: Auslösung von Pigmentbildung durch Kynurenin bei Drosophila 994[7].
— F. HILDEBRANDT u. H. BRÜCHER: Pregnan-3α,20α-diol als Progesteronmetabolit im Harn 893[1].
— u. L. MAMOLI: Vorkommen von allo-Pregnan-3β-ol-20-on 886[36].
— u. K. TSCHERNING: Androstan-3α-ol-17-on als Abbauprodukt von Testosteron 897[3].
— W. WEIDEL u. E. BECKER: Auslösung von Pigmentbildung durch Kynurenin 994[7].
— W. WEIDEL u. W. v. DERJUGIN: Kynureninsynthese 989[1].
— W. WEIDEL u. H. SCHLOSSBERGER: Spezifität der Kynureninase 992[11]. — Auslösung von Pigmentbildung durch 3-Oxykynurenin 994[8].
BUTENANDT, A., W. WEIDEL, R. WEICHERT u. W. v. DERJUGIN: Kynureninsynthese 989[1]. — Auslösung von Pigmentbildung durch Kynurenin 994[7].
BUTKEWITSCH, W. S., u. T. FEDOROFF: Bernsteinsäurebildung in Pilzen 1028[7].
BUTLER, A. M., and M. CUSHMAN: Gehalt an Vitamin C im Gesamtkörper und in Leukocyten 365[3].
— and H. MONTGOMERY: Bestimmung der Serumeiweißfraktionen 308[1].
— s. TALBOT, N. B. 682[15].
BUTLER, C., s. LEVIN, E. 48[5].
BUTLER, G. C., s. HURST, R. O. 1107[10], 1187[11].
— s. LITTLE, J. A. 1183[11].
BUTLER, R., s. DINNING, J. S. 342[11].
BUTSON, A. R. C.: Abhängigkeit der Fettresorption von der Außentemperatur 801[3].
BUTTS, J. S., H. BLUNDEN and M. S. DUNN: Zuckerbildung aus Glutaminsäure 949[6]. — Zucker- und Acetonbildung aus Leucin 952[3]. — Keine Glykogenbildung nach Cystinzufuhr 960[4]. — Zuckerbildung aus Arginin und Ornithin 969[9].
— C. H. CUTLER, L. HALLMAN and H. J. DEUEL jr.: Acetessigsäureausbeute bei β-Oxydation von Fettsäuren 804[1].
— M. S. DUNN and L. F. HALLMAN: Zuckerbildung aus Glykokoll 942[6]. — Zuckerbildung aus Serin 942[7]. — Glykogenese durch Alanin 948[4].
— and R. O. SINNHUBER: Zuckerbildung aus Valin 951[6]. — Lysin als aketo- und aglucoplastische Aminosäure 968[1].
— s. DEUEL, H. J. jr. 827[10].
— s. REMMERT, L. F. 974[7].
BUTTU, G. A., s. ALEXIANU-BUTTU.
BUTZ, L. W., and V. DU VIGNEAUD: Homocysteinbildung aus Methionin 960[11].
BUXTON, J., s. ARNESEN, K. 1090[61].
— s. DULANEY, A. D. 1147[4].
BYCHKOV, S. M.: Umaminierung in verschiedenen Geweben 936[7].
— I. B. ZBARSKIJ, A. I. CHAZANOVA u. V. A. FOMINA: Hexosamingehalt von Zellkernen 1100[8].
— s. BRAUNSTEIN, A. E. 936[7].
BYČKOV, S. M., s. BYCHKOV, S. M.
BYERS, H. G., and H. G. KNIGHT: Lösliche Arsenverbindung in wachsenden Pflanzen 695[2].
BYERS, S. O., and M. W. BIGGS: Cholsäure aus Cholesterin 877[6].
— and M. FRIEDMAN: Bedeutung von Gallensalzen für Cholesterinresorption 871[8]. Cholesterinsynthese 874[5]. — Cholesterinausscheidung in der Galle 875[14], 878[7]. — Cholesterin- und Koprosterinausscheidung bei Erhöhung des Blutcholesterins 876[3].
— M. FRIEDMAN and M. M. GARFIELD: Harnsäuregehalt von Säugetierblut 1198[17]. — Allantoinbildung in der Leber 1216[5].

BYERS, S. O., M. FRIEDMAN and F. MICHAELIS: Cholesterinsynthese in der Leber 875[1]. — Cholesterin- und Koprosterinausscheidung bei Erhöhung des Blutcholesterins 876[1].
— s. BIGGS, M. W. 871[3].
— s. FRIEDMAN, M. 871[7, 19], 875[2, 4], 878[1, 6], 1253[2].
BYROM, F. B., s. KAY, H. D. 446[1], 447[11].
BYWATERS, E. G. L., s. ZELLER, J. W. 579[4].
BYWATERS, H. W.: Serummucoidgehalt von Hundeserum 301[11].

CABEZA, J. F.: Corticotropes Hormon im Blut beim Diabetiker 775[1].
CABITTO, A.: Altersveränderungen der Magnesiumwerte im Blut 398[5]. — Herabsetzung der Harnsäureausscheidung bei Rachitis 1246[3]. — Harnsäureausscheidung nach UV-Bestrahlung 1248[14].
CACCIAVILLANI, B.: Zusammenfassung über das Kupfer in Biologie und Therapie (1941) 665[18].
CACHERA, R., s. CARNOT, P. 43[21].
CACIOPPO, F., e D. PUSTORINO: Eisenverteilung in Erythrocyten 429[6].
CADE, A., et A. LATARJET: Gewinnung von reinem Magensaft beim Menschen 46[13].
CAGIANUT, B., K. ZEHNDER u. U. NAGER: Aminosäuregehalt des Magensekrets 69[8].
— s. FLASCHENTRÄGER, B. 738[10].
CAHANE, M.: Nervöse Regulation des Blutzuckers 317[14].
CAHEN, R., et A. TRONCHON: Bedeutung von Zink bei den Fortpflanzungsvorgängen 676[4].
— s. URBAIN, A. 266[8].
CAHILL, G. F., s. BRAND, E. 955[11, 15], 958[7], 966[12].
CAHN, A.: Verschwinden der freien Salzsäure bei Kochsalzhunger 64[6].
CAHN, T., et A. BONOT: Labiles und fixes Eiweiß 928[3].
CAHN-BRONNER, C. E.: Eiweißspeicherung in Leberzellen 927[8].
— s. BERG, W. 927[8].
CAHOON, R., s. MORRISON, J. L. 221[20].
CAIN, C. K., s. ROBERTS, E. C. 1185[2].
CAIN, J. C., J. H. GRINDLAY, J. L. BOLLMAN, E. V. FLOCK and F. C. MANN: Lymphmenge beim Hund 548[14], 549[6].
— s. BOLLMAN, J. L. 240[16], 550[5], 798[13], 799[2], 843[14].
— s. FLOCK, E. V. 843[15].
CAJORI, F. A.: Lactasegehalt der Darmschleimhaut vom Hund 127[17].
— and R. PEMBERTON: Albumin/Globulin-Quotient der Gelenklymphe 580[15].
— s. RHOADS, J. E. 195[3].
CALABRESI, M., s. CRISMON, J. M. 627[2].
CALABY, J. H.: Adenosintriphosphatase aus Insektenmuskel 787[8].
CALBERT, C. E., s. GREENBERG, S. M. 820[7].
CALCUTT, G., and S. PAYNE: Bindung cancerogener Kohlenwasserstoffe an Mitochondriennucleotide 1154[6].
CALDWELL, M. L., s. SHERMAN, H. C. 164[18].
CALDWELL, P. C., and C. HINSHELWOOD: Bedeutung der Ribonucleinsäuren für die Eiweißsynthese 926[3].
— E. L. MACKOR and C. HINSHELWOOD: Bedeutung der Ribonucleinsäuren für die Eiweißsynthese 926[3].
CALHOUN, H. A., s. COWIE, D. M. 428[5].
CALIFANTE, L., s. BIELIG, H.-J. 1173[15].
CALKINS, D. G., s. DION, H. W. 1180[2], 1184[10], 1236[16], 1244[7].
— s. PFIFFNER, J. J. 1180[1], 1184[9], 1236[15], 1244[6].
CALKINS, E., s. LERNER, A. B. 1090[26].
CALLAHAN, R., s. MASKIN, M. H. 82[7].
CALLEGARI, L., s. MASCHERPA, P. 406[27].
CALLENDER, S. T., E. O. POWELL and L. J. WITTS: Begrenzende Faktoren für die Lebensdauer der Erythrocyten 468[2].
— and R. R. RACE: Anti-M- und Anti-N-Faktoren 387[1, 2].
CALLOW, H. J., s. HOLT, P. F. 397[7].
CALNAN, W. L., B. J. O. WINFIELD, M. F. CROWLEY and A. BLOOM: Glucosegehalt von Ergüssen bei Tuberkulose 558[5].
CALVARY, E., s. WOLFSON, W. Q. 305[2].
CALVERLY, C. E., and C. KENNEDY: Wirkung von Fett auf Ca-Resorption 639[2].
CALVERY, H. O.: Adenosinausscheidung im Harn 1185[13].
CALVIN, G., s. CALVIN, M. 389[3], 440[5].
CALVIN, M., R. S. EVANS, V. BEHRENDT and G. CALVIN: Stromatin und Elinin 389[3]. — Vorkommen von Elinin im Stromatin 440[5].
— s. BUCHANAN, J. G. 1063[2].
— s. DAUS, L. 809[1].
— s. KRITCHEVSKY, D. 879[13].
CAMARA, S., s. RABINOVITCH, M. 1231[9].
CAMERER, J. W.: Pathologische Veränderungen des Vitamin C-Gehaltes im Liquor cerebrospinalis 574[1].
CAMERER, W. jr., SÖLDNER u. HERZOG: Wassergehalt des Menschen in verschiedenem Lebensalter 591[7].
CAMERER (W.), s. SÖLDNER, (F.) 685[13].
CAMERINO, B., s. KARRER, P. 492[9].
CAMERON, A. T.: Jodgehalt der Schilddrüse von Tieren 680[4].
— and J. C. MCMILLAN: Cl-Retention bei gesteigertem Eiweißzerfall 634[8].
CAMERON, G., s. CHAMBERS, R. 1173[2].
CAMERON, J. W., s. ONCLEY, J. L. 301[5], 305[9], 306[2].
CAMIS, M., s. BARCROFT, J. 514[2].
CAMMARATA, P. S., and P. P. COHEN: Umaminierung 937[2]. — Vitamin B_6 als Coenzym von Transaminasen 938[4].
CAMMAROTI, M., s. WEINHOUSE, S. 1033[6].

Die Seiten 1—840 befinden sich im Bandteil a, die Seiten 841—1257 im Bandteil b.

CAMMIDGE, P. J., and A. E. GARROD: Ausscheidung von Cadaverin und Putrescin 954[17].
— and H. A. H. HOWARD: Blutzuckerwerte von Bastarden 316[8].
CAMPANI, M.: Hyaluronsäure in Exsudaten 558[7].
— e P. SCHLECHTER: Hyaluronsäure in Exsudaten 558[7].
CAMPBELL, A. S., s. LOZNER, E. L. 286[1].
CAMBPELL, C. S.: Zuckerschwelle der Niere 733[1].
CAMPBELL, D. G., s. SIMON, C. E. 956[9].
CAMPBELL, D. J., s. GOULD, G. 875[3].
CAMPBELL, H. A., and K. P. LINK: Isolierung des wirksamen Faktors aus Melilotusheu 494[10].
— W. L. ROBERTS, W. K. SMITH and K. P. LINK: Isolierung des wirksamen Faktors aus Melilotusheu 494[9].
— W. K. SMITH, W. L. ROBERTS and K. P. LINK: Isolierung des wirksamen Faktors aus Melilotusheu 494[11].
— s. OVERMAN, R. S. 495[3].
CAMPBELL, H. L., O. A. BESSEY and H. C. SHERMAN: Folgen von Ca-Mangel bei Tieren 642[6]. — Folgen calciumarmer Ernährung für den Nachwuchs 713[15].
CAMPBELL, H. W., s. SEIBERT, F. B. 320[7], 321[11], 322[9].
CAMPBELL, J. A.: Zusammenfassung über Gasspannungen in den Geweben (1931) 507[1]. — Keine Sauerstoffsekretion durch Alveolarepithel 504[8].
CAMPBELL, J. J. R., s. STOCKES, F. N. 738[7].
CAMPBELL, P. N.: Bedeutung der Phosphorylierung für Zuckerresorption 220[3].
— and H. DAVSON: Resorption von Methylglucosen 220[11].
CAMPBELL, R., s. GRIFFITH, J. Q. jr. 259[9].
CAMPBELL, R. M., and H. W. KOSTERLITZ: Nucleinsäuregehalt von Zellkernen 1102[8]. Desoxyribonucleinsäuregehalt der Leber bei Schwangerschaft 1190[12]. — Pentosenucleinsäurebildung nach Leberschädigung 1190[13]. — Nucleinsäurevermehrung in der Leber nach Oestradiol 1234[10]. — Pentosenucleinsäurebildung in regenerierender Leber 1241[2]. — Ribonucleinsäuregehalt der Leber bei proteinfreier Kost 1241[5]. — Kein Einfluß von Cholin auf Nucleinsäureumsatz der Leber 1242[18].
— s. KOSTERLITZ, H. W. 1190[11].
CAMPBELL, W., s. GREENBERG, D. M. 671[1].
CAMPBELL, W. R., and M. I. HANNA: Ausfällung der Eiweißstoffe durch Natriumsulfit 299[4].
— s. HOWLAND, G. 770[3].
CAMPBELL, W. W., and D. M. GREENBERG: Ca-Ausscheidung durch Darm und Nieren 640[10].
— s. GREENBERG, D. M. 620[6, 8], 624[8].
— s. TWEEDY, W. R. 715[3].
CAMPEN, G., s. WORTH, G. 690[24], 691[1].
CAMPILLO, A. DEL, s. KORKES, S. 1038[4], 1040[4].
— s. STERN, J. R. 1041[7], 1047[4], 1049[4].
CANELLAKIS, E. S., and H. TARVER: Methylmercaptanbildung durch Lebermitochondrien 1149[1].
CANNON, R. O., s. HAHN, P. F. 659[7].
CANNON, W. B., A. T. SHOHL and W. S. WRIGHT: Psychisch bedingte Hyperglykämie 769[1].
CANTAROW, A.: Buch über Calciumstoffwechsel und -therapie, 2. Aufl. (1933) Engl. 637[8].
— and R. C. DAVIS: Kreatininvermehrung im Blut bei Prostatahypertrophie 348[18].
— s. MEIO, R. H. DE 905[12].
— s. PEARLMAN, W. H. 906[5].
CANTERO, A., et M. FAUTEUX: Erregung der Magensaftsekretion durch Histamin 43[25].
— s. ALLARD, C. 1090[134], 1096[3], 1098[1], 1118[1], 1127[3].
— s. LAMIRANDE, D. DE 1105[8].
CANTONI, G. L.: Übertragung der Methylgruppe von Methionin auf Cholin 964[8]. — Aktiviertes Methionin 964[9]. — Intracelluläre Verteilung von Nicotinsäureamidmethylkinase 1090[80]. — Methylierung von Nicotinsäureamid im Cytoplasma 1153[6]. — Beteiligung von Methionin an der Purinsynthese 1221[10].
— s. BADDILEY, J. 964[10].
CANTOR, M. M., J. TUBA and P. A. CAPSEY: Alkalische Serumphosphatase bei Alloxandiabetes 779[11].
CAPE, J., and E. L. SEVRINGHAUS: Veränderung von p_H und Säure-Basen-Gleichgewicht im Blut durch die Nahrung 541[2].
CAPLAN, M., s. BEUTNER, R. 59[2].
CAPPELIN, M.: Bedeutung der Phosphatase für Bildung der Knochengrundsubstanz 712[7].
CAPRON, P., s. COSTE, F. 334[10].
CAPSEY, P. A., s. CANTOR, M. M. 779[11].
CAPUTTO, R.: Adenosinkinasewirkung 1194[12].
— and M. DIXON: Krystallisation des oxydierenden Gärungsfermentes aus Muskel 749[7].
— L. F. LELOIR, C. E. CARDINI and A. C. PALADINI: Glucose-pyrophosphat-uridin 762[4].
— L. F. LELOIR, R. E. TRUCCO, C. E. CARDINI and A. C. PALADINI: Umwandlung von Galaktose in Glucose-6-phosphat durch Hefe 319[10].
— s. CARDINI, C. E. 742[6].
— s. LELOIR, L. F. 742[6].
— s. PALADINI, A. C. 742[6].
— s. TRUCCO, R. E. 741[8].
CARMAZZA, P., s. MANZINI, C. 566[2], 567[3].
CARD, W. I.: Hemmung der Magenbewegung durch Fettsäuren vom Duodenum aus 246[15].

CARDIN, A.: Urease in der Magenschleimhaut des Fötus 35[12], 85[10].
CARDINI, C. E., A. C. PALADINI, R. CAPUTTO, L. F. LELOIR and R. E. TRUCCO: Glucose-1,6-diphosphat als Coferment der Phosphoglucomutase 742[6].
— and M. E. SERANTES: Phosphatidgehalt von Blutplasma 858[17].
— s. CAPUTTO, R. 319[10], 762[4].
— s. LELOIR, L. F. 742[6].
— s. MARENZI, A. D. 351[19], 858[17].
— s. PALADINI, A. C. 742[6].
CAREL, R., s. LECOQ, R. 328[7].
CARERE-COMES, O.: Aufnahme corpusculärer Elemente durch die Darmwand 205[7].
CARLO, F. J. DI, s. ROLL, P. M. 1192[14].
CARLO, J., s. SLAUNWHITE, W. R. jr. 907[13].
CARLSON, A. J.: Zusammenfassung über Magensaft (1923) 51[4]. — Magensaftuntersuchungen beim Menschen mit Magenfisteln 46[14]. — Spezifisches Gewicht des menschlichen Magensaftes 48[9]. — Gefrierpunktserniedrigung und spezifisches Gewicht von Magensaft 49[2]. — Organische Substanzen im menschlichen Magensaft 68[16].
— H. HAGER and M. P. ROGERS: Ammoniakgehalt des menschlichen Speichels 21[19]. — Spezifisches Gewicht des menschlichen Magensaftes 48[9]. — Spezifische Drehung von Magensaft 49[4]. — Zusammensetzung von Magensaft 51[3]. — Gehalt des Magensaftes an organischen Stoffen 52[11]. — Salzsäurewerte im Magensaft 55[4]. Biuretreaktion im menschlichen Magensaft 69[4]. — Stickstoffgehalt von Magensaft 69[5, 6].
CARLSTEN, A.: Histaminase im Blut von Katzen 382[10].
— G. KAHLSON and F. WICKSELL: Histamingehalt der Ductus thoracicus-Lymphe 553[6]. — Histaminase aus Lymphknoten 555[7].
— s. BERGSTRÖM, S. 115[7], 237[17], 796[6].
CARNE, H. O., s. MCKAY, E. M. 942[6].
CARNOT, P., et Z. GRUZEWSKA: Nucleoproteidgehalt in Galle 1180[5].
— W. KOSKOWSKI et E. LIBERT: Magensekret nach Histaminreiz beim Menschen 52[13].
— H. SIMONNET, M. TISSIER et R. CACHERA: Erregung der Magensaftsekretion durch Histamin 43[21].
CARO, L. DE, e P. FORNAROLI: Vitamin B_1-Bestimmung 361[8], 362[10].
— P. FORNAROLI e I. BONI: Erhöhung der Blutmilchsäure nach Brenztraubensäureinfusion 324[6]. Brenztraubensäureanstieg im Blut bei Beri-Beri und Vitamin A-Mangel 326[4].
CAROLINE, L., s. SCHADE, A. L. 1009[5].
CAROTHERS, E. L., s. HAHN, P. F. 659[7].
CARPENTER, F. H., s. LORING, H. S. 1186[10, 20].
CARPENTER, T. M.: Zusammensetzung der atmosphärischen Luft 503[4].
CARPUS, I., s. HESSE, E. 669[18].
CARR, C. W., s. VISSCHER, M. B. 210[2].
CARR, M. J., s. REISER, R. 238[3], 799[5], 821[6].
CARRETERO, R., s. SNYDERMAN, S. E. 991[5].
CARRIÉ, K.: Buch über die Porphyrine, ihren Nachweis, ihre Physiologie und Klinik (1936) 356[7].
CARRIER, E. B., s. SMITH, H. P. 259[5].
CARROLL, M. P., s. FREMONT-SMITH, F. 566[5].
CARROL, W. E., s. HAMILTON, T. S. 669[6].
CARROL, W. R., G. W. STACY and V. DU VIGNEAUD: Mechanismus der Cysteinbildung aus Cystathionin 965[9].
CARSON, S. F., s. FORSTER, J. W. 1028[10].
CARTER, C. E.: 5-Nucleotidase in Schlangengift 1187[17]. — Uridinnucleosidase 1188[19].
— s. TOTTER, J. R. 1120[12], 1192[8], 1195[2], 1196[10], 1228[2].
— s. VOLKIN, E. 648[3], 1193[14].
CARTER, H. E., C. BELINSKEY, R. K. CLARK jr., E. H FLYNN, B. LYTLE, G. E. MCCASLAND and M. ROBBINS: Oxydation von D- und L-Inosit durch Acetobacter suboxydans 738[17].
CARTER, L. W., s. LOUGH, S. A. 955[12].
CARTER, P., s. ENGEL, L. L. 907[3, 12].
CARTIER, P.: Struktur der anorganischen Knochensubstanz 708[1]. — Calciumbindung an Proteine des Knochens 708[11]. — Bedeutung proteolytischer Enzyme für Umwandlung der Knochenmatrix 712[15].
— s. POLONOVSKI, M. 712[11].
CARTTAR, M. S., F. C. MCLEAN and M. R. URIST: Experimentelle Rattenrachitis 713[13]. — Rachitogene Diät 717[2].
CARTWRIGHT, G. E., and M. M. WINTROBE: Beziehungen zwischen Erythrocyten-Protoporphyrin, Plasma-Eisen und Plasma-Kupfer 436[12]. — Infektanämie 664[1].
— M. M. WINTROBE, P. JONES, M. LAURITSEN and S. HUMPHREYS: Ausscheidung von Kynurenin und Xanthurensäure bei B_6-Mangelratten 993[6].
— s. GUBLER, C. J. 214[13], 664[2].
— s. HAMILTON, L. D. 659[12].
— s. KUHNS, W. J. 664[2].
— s. SMITH, E. L. 381[1].
CARVER, M. J., and L. E. THOMAS: Lipoproteide aus Zellkernen 1105[10], 1109[4].
CARY, C. A.: Tryptophangehalt von Rinderblut 344[8].
CASARETT, G. W., s. ALTMAN, K. I. 436[14], 943[11], 998[5].
CASCAO DE ANCIAES, J.-H.: Lipasegehalt der Galle 167[9].
CASHIN, M. F., and V. MORAVEK: Cholesterinabscheidung in der Lunge 877[12].
CASOLO, G.: Einfluß von Alkohol auf Purinstoffwechsel 1242[17].

CASPERSSON, T. (O): Buch über Zellwachstum und Zellfunktion (1950) Engl. 1064[5]. — Lokalisation von Nucleinsäuren und Eiweißstoffen in Chromosomen 925[9]. — Nucleinsäurenachweis durch UV-Photometrie 1183[2].
— E. HAMMARSTEN and H. HAMMARSTEN: Lokalisation von Nucleinsäuren und Eiweißstoffen in Chromosomen 925[9].
— H. LANDSTRÖM-HYDÉN u. L. AQUILONIUS: Nucleinsäuregehalt der Drüsenzellen der Magenschleimhaut 33[4]. — Bedeutung der Ribonucleinsäuren für die Eiweißsynthese 926[3].
— and J. SCHULTZ: Lokalisation von Nucleinsäuren und Eiweißstoffen in Chromosomen 925[9].
— u. B. THORELL: Lokalisation der ATP im Muskel 1185[7].
— s. SCHULTZ, J. 925[9].
— s. SINGER, R. 925[9].
CASPI, E., s. HECHTER, O. 891[8].
CASSANO, C.: Purinstoffwechsel bei Diabetes insipidus 1233[8].
CASTILLO, A. L. A. DEL, s. CYTRONENBERG, S. S. 86[11].
CASTLE, W. B.: intrinsic factor der Magenschleimhaut 38[2]. — Reifungsstoff für Reticulocyten 466[11].
— and M. A. BOWIE: Reifungsstoff für Reticulocyten 466[11].
— and F. H. L. TAYLOR: Reifungsstoff für Reticulocyten 466[11].
— and W. C. TOWNSEND: intrinsic factor der Magenschleimhaut 38[2].
— s. STRAUSS, M. B. 466[11].
CATCHPOLE, H. R.: Intracelluläre Verteilung von gonadotropem Hormon 1096[14].
CATEL, W.: Buch über Bewegungsvorgänge im Verdauungskanal, 2 Tle. (1936, 1937) 6[7]. — Darmbewegungen 109[5]. —→Herabsetzung der Zuckerresorption im entzündeten Darm 222[5].
CATHCART, E. P., and J. B. LEATHES: Eiweißresorption im Darm unter abnormen Bedingungen 225[1]. — Rest-N im Blut nach Eiweißfütterung 913[5].
CATHERWOOD, R., s. HELLEBRANDT, F. A. 41[3].
CATHEY, W. J., s. BRUGGEN, J. T. VAN 835[6].
CATTANEO, C.: Bindung der Esterasen an Albumine und Globuline im Serum 371[10]. Glycerophosphatase im Serumalbumin 375[11].
— u. G. SCOZ: Esterase- und Lipasegehalt von Pleuraflüssigkeit 562[4].
— s. BASSANI, B. 378[5], 379[19].
CATTANEO, E. C., s. CATTANEO, C.
CATTANEO, M.: Förderung der Magensaftsekretion durch Kallikrein 42[22].
CAUER, H.: Jodgehalt der Luft 411[7].
CAVALIERI, L. F., s. BROWN, G. B. 1192[17], 1194[14], 1209[1, 2], 1222[13], 1227[9].
CAVALLI, G.: Methode der Mucinbestimmung 71[13].
CAVALLINI, D., N. FRONTALI and G. TOSCHI: Brenztraubensäurebestimmung 324[21]. — α-Ketoglutarsäure im Blut 328[9]. —
CAVALLINI-FRANCOLINI, C., e C. CEI: Beeinflussung der Salzsäurebildung im Magen durch NaCl und Glucose 63[1].
CAVANAGH, B., and H. S. RAPER: Phosphatidumsatz im Gehirn 864[13].
CAVAZZUTTI, F.: Mucinasegehalt des menschlichen Parotisspeichels 15[21].
CAVETT, J. W., s. SELJESKOG, S. R. 343[2].
CAYER, D., s. CORNATZER, W. E. 860[8], 861[9].
CAVIER, R., s. VALETIN, S. 250[8].
CAZZALO, D., s. GUERCIO, F. 368[8].
CAZZULLO, C. L.: Nicotinsäureamid im Liquor cerebrospinalis 574[14, 16].
— s. GRISONI, R. 574[1].
CECIL, R., s. BELL, D. J. 744[5].
CEDER, E. T., s. ZON, L. 352[12], 472[8].
CEDERQUIST, D., s. OHLSON, M. A. 510[11].
CEI, C., s. CAVALLINI-FRANCOLINI, C. 63[1].
CEITHAML, J., and B. VENNESLAND: Gleichgewicht Oxalbernsteinsäure ⇌ α-Ketoglutarsäure 1052[3]. — Isotopenaustausch zwischen Isocitrat und Ketoglutarat 1055[1].
CEITHAML, J. J., s. EVANS, J. S. 676[4].
CEKADA, E. B.: Prothrombinaktivierung durch Chloroform 485[15].
CERA, B., e L. BELLINI: Bedeutung der Verdauungssäfte für die Resorption 103[1]. — Verbesserung der Fettresorption durch Glycerinphosphorsäure 237[20]. — Steigerung der Fettresorption durch Phosphat oder Glycerophosphat 843[1].
— s. BELLINI, L. 124[10].
CERCEO, E., s. PEARLMAN, W. H! 886[27—29], 892[7].
CERECEDO, L. R.: Zusammenfassung über Chemie und Stoffwechsel der Nucleinsäuren usw. (1933;1935) 1177[12]. — Pyrimidinabbau zu Harnstoff und Ammoniak 1228[13]. — Abbauwege des Uracils 1229[2]. Stellung der Oxalursäure im Stoffwechsel 1229[6].
— and F. W. ALLEN: Abbau des Purinringes 1218[2].
— M. E. LOMBARDO, D. V. N. REDDY and J. J. TRAVERS: Wirkung von Desoxypyridoxin auf Desoxypentosenucleinsäuregehalt der Milz bei Pyridoxinmangel 1244[4].
— s. ALLEN, F. W. 1218[1].
— s. CONWAY, W. J. 1229[4].
— s. EMERSON, O. H. 1228[11].
— s. SCHWOB, C. R. 1229[1].
— s. STEKOL, J. A. 1229[3, 5].
CEREDKOV, V., s. EGOROV, S. 46[9], 56[6].
CERESA, F., e P. GUALA: Glutathiongehalt von venösem und arteriellem Blut 448[4].

CERUTI e MAESTRI: Reaktion des Liquor cerebrospinalis bei Meningitis 566[3].
CHABANIER, H., C.-O. GUILLAUMIN, M. LAUDAT, M. LÉVY, M. PAGET et C. VAILLE: Chloridverhältnis, Zellen: Serum 407[20].
CHAFFEE, E., s. MEYER, K. 558[7], 580[9, 10].
CHAIKOFF, I. L.: Zusammenfassung über Kohlenhydratstoffwechsel (1936) 725[5]. — Zusammenfassung über die Anwendung markierter Stoffe zur Untersuchung des Phosphatidstoffwechsels (1942) 843[8].
— B. BLOOM, M. D. SIPERSTEIN, J. Y. KIYASU, W. O. REINHARDT, W. G. DAUBEN and J. F. EASTHAM: Resorption von Cholesterin 871[4].
— B. BLOOM, B. P. STEVENS, W. O. REINHARDT and W. G. DAUBEN: Transportweg resorbierter Fettsäuren 236[9], 798[11].
— and C. ENTENMAN: Zusammenfassung über Lipoidstoffwechsel (1948) 872[7].
— C. ENTENMAN and M. L. MONTGOMERY: Ersatz von Cholin durch Methionin beim Hund 961[9].
— D. S. GOLDMAN, G. W. BROWN jr., W. G. DAUBEN and M. GEE: Acetessigsäurebildung aus markierter Palmitinsäure 824[2].
— and A. KAPLAN: Zusammenfassung über Kohlenhydratstoffwechsel (1939) 725[8]. — Verteilung der Gesamtfette im Hundeblut 332[6]. — Gebundene Fettsäuren im Hundeblut 336[3].
— and P. S. LARSON: Keine Vermehrung der Allantoinausscheidung durch Insulin 1232[12].
— P. S. LARSON and L. S. READ: Purinausscheidung nach Adrenalin 1230[14]. — Keine Vermehrung der Allantoinausscheidung durch Insulin 1232[13].
— S. R. LERNER, C. ENTENMAN and W. G. DAUBEN: Übergang von markierter Palmitinsäure in Glucose 763[1].
— I. PERLMAN and M. E. MORTON: Einbau von Jod in organische Verbindungen 682[6].
— M. D. SIPERSTEIN, W. G. DAUBEN, H. L. BRADLOW, J. F. EASTHAM, G. M. TOMKINS, J. R. MEIER, R. W. CHEN, S. HOTTA and P. A. SRERE: Cholesterinabbau 878[4].
— and A. TAUROG: Einbau von Jod in organische Verbindungen 682[5].
— and D. B. ZILVERSMIT: Zusammenfassung über Anwendung von radioaktivem P zur Untersuchung des Phosphatidstoffwechsels (1948) 648[11]. — Phosphatidbildung in der Darmschleimhaut bei Fettresorption 795[5]. — Bildung der Plasmaphosphatide in der Leber 796[5].
— s. ABRAHAM, S. 837[4].
— s. BLOOM, B. 237[18], 238[11], 798[10], 799[1], 843[16].
— s. BROWN, G. W. 826[1].
— s. CHANGUS, G. W. 848[3], 864[15], 865[1].
— s. CHERNICK, S. S. 833[4, 7].
CHAIKOFF, I. L., s. ENTENMAN, C. 333[12], 858[17], 860[3, 16], 861[4], 866[14].
— s. FELTS, J. M. 834[1].
— s. FISHLER, M. C. 847[8], 848[2], 850[18], 859[11], 860[1], 865[6].
— s. FRIEDLANDER, H. D. 848[6], 850[8], 859[10].
— s. FRIES, B. A. 117[9], 648[16], 843[6], 846[4], 847[4], 848[3, 5], 849[1], 864[16, 17], 865[3-5, 9, 10].
— s. GOLDMAN, D. S. 848[1].
— s. HANAHAN, D. J. 852[7, 9].
— s. JONES, H. B. 648[8], 865[14].
— s. KIYASU, J. Y. 799[1].
— s. LARSON, P. S. 1232[9].
— s. LORENZ, F. W. 860[16].
— s. LYON, I. 835[5].
— s. MASORO, E. J. 766[10], 835[3].
— s. MONTGOMERY, M. L. 158[10], 677[11].
— s. MORTON, M. E. 986[6, 7].
— s. OSBORN, M. J. 834[2].
— s. PERLMAN, I. 795[7], 847[3], 850[4, 9, 10, 16, 17], 986[6].
— s. RANNEY, R. E. 335[1], 858[17].
— s. REINHARDT, W. O. 333[12], 860[4].
— s. ROBINSON, A. 117[9].
— s. SCHACHNER, H. 849[2].
— s. SHELINE, G. E. 663[9], 677[10].
— s. SIPERSTEIN, M. D. 794[5], 874[8].
— s. SRERE, P. A. 874[9, 10], 884[7].
— s. STEVENS, B. P. 809[8], 849[11], 856[2].
— s. STILLMAN, N. 843[4].
— s. STRISOWER, E. H. 837[5].
— s. TAUROG, A. 367[7], 410[9, 10], 411[8], 682[6, 10, 13], 847[7], 848[4], 849[3], 858[21].
— s. TOMKINS, G. M. 874[11].
— s. WEINMAN, E. O. 805[3], 856[3], 860[6].
— s. WOLFF, J. 681[15].
— s. ZILVERSMIT, D. B. 238[2], 781[7], 843[7], 858[17], 860[5].
CHAILLEY, H. s. VARANGOT, J. 360[13].
CHAIN, E., s. GOODFRIEND, J. 151[5].
CHAIX, P., s. FROMAGEOT, C. 759[4], 958[2, 3].
CHAKRABORTY, M. K., and M. C. NATH: Acetonkörpergehalt von Blut im Coma 328[6].
CHALLENGER, F.: Methylierung von Arsenverbindungen im Stoffwechsel 694[7]. — Bildung von Dimethylselenid durch Bakterien 695[17]. — Umsetzung von Tellurverbindungen im Stoffwechsel 695[19].
— and C. HIGGINBOTTOM: Trimethylarsinbildung durch Penicillium brevicaule 694[6].
— and H. E. NORTH: Bildung von Dimethylselenid durch Bakterien 695[17].
— and A. A. RAWLINGS: Trimethylarsinbildung durch Penicillium brevicaule 694[6].
— s. BIRD, M. L. 695[20].
CHALMERS, J. N. M.: Berufliche Beeinflussung des Bleigehaltes im Blut 404[9].
CHAMBERLAIN, C., s. SCOTT, F. H. 485[11].
CHAMBERLAIN, E. N.: Cholesterinabscheidung in der Lunge 877[11].
CHAMBERLIN, W. E., s. NORRIS, J. H. 346[15].

CHAMBERS, J. W., s. BELL, G. H. 432[17].
CHAMBERS, L. A., s. HENLE, W. 1147[3].
CHAMBERS, R.: p_H-Wert von Amöben 1174[2].
— and G. CAMERON: p_H-Werte von Zellen 1173[2].
— and R. J. LUDFORD: p_H-Wert bei Cytolyse 1175[7].
— and H. POLLACK: p_H-Werte von Zellen 1173[2].
— s. SPEK, J. 1171[3].
CHAMBERS, W. H., and A. T. MILHORAT: Eiweißspeicherung 911[5]. — Abbaustufen von Körpereiweiß 928[2].
CHANDLER, J. P., and H. B. LEWIS: Keine Ausscheidung von Oxyphenylbrenztraubensäure nach L-Tyrosinzufuhr 980[6].
— s. JACKSON, R. W. 975[2], 988[12].
— s. SIMMONDS, S. 960[13], 961[1].
— s. VIGNEAUD, V. DU 853[13,14], 854[4,7,13], 855[2,8], 943[6], 960[12,13], 961[1,2,5,8], 963[1,3,4], 965[7].
CHANDLER, W. H.: Zinkbedarf höherer Pflanzen 674[20].
CHANEL, J., s. CORDIER, R. 217[15,16].
CHANG, H. C., and J. H. GADDUM: Acetylcholin im Darm von Pferd, Hund und Kaninchen 139[4].
CHANG, T. S., and S. FREEMAN: Einfluß von Ca-Injektionen auf Citratausscheidung 644[14].
CHANGUS, G. W., I. L. CHAIKOFF and S. RUBEN: Phosphatidumsatz im Nervengewebe 848[3]. — Phosphatidumsatz im Gehirn 864[15], 865[1].
— s. FRIES, B. A. 848[3], 865[4,9].
CHANNON, H. J., and G. A. COLLINSON: Resorbierbarkeit von Kohlenwasserstoffen 798[4].
— and J. DEVINE: Resorption von flüssigem Paraffin 239[13].
— and C. A. M. FOSTER: Vorkommen von Phosphatidsäuren 842[3].
— s. CHIBNALL, A. C. 842[2], 852[10].
— s. EL MAHDI, M. A. H. 239[12].
CHANTRENNE, H.: Fermentsystem der p-Aminohippursäuresynthese 921[5]. — Bedeutung von CoA für Hippursäurebildung 1044[9]. — Intracelluläre Verteilung von Stickstoff und Ribonucleinsäure 1072[8]. — Intracelluläre Verteilung von Phosphatiden 1077[11]. — Ribonucleotidverschiebung in zentrifugierten Zellen 1150[14]. — Fraktioniertes Zentrifugieren von Homogenaten 1150[15].
— K. LINDERSTRØM-LANG and L. VANDENDRIESSCHE: Ribonucleotidase als Depolymerase und Phosphatase 1186[19].
— and F. LIPMANN: Thioklastische Spaltung der Brenztraubensäure 1041[12].
CHANUTIN, A.: Umwandlung von Kreatin in Kreatinin 946[4].
— J. C. HORTENSTINE, W. S. COLE and S. LUDEWIG: Leber und Knochenmark als Bildungsstätten der Plasmaeiweißkörper 287[8].
CHANUTIN, A., s. FISK, A. A. 568[1].
— s. GJESSING, E. C. 1152[6].
— s. LUDEWIG, S. 424[11], 857[6], 1072[9], 1090[12], 1150[9].
CHAPMAN, F. E., s. BENNETTS, H. W. 668[11].
CHAPMAN, H. D.: Zusammenfassung über den Mineralstoffwechsel von Pflanzen (1945) 609[18].
— A. P. VANSELOW and G. F. LIEBIG: Zinkbedarf höherer Pflanzen 674[20].
CHAPPELL, J. B., and S. V. PERRY: Stoffwechselleistungen von Mitochondrien 1136[39]. — Oxydative Phosphorylierung 1140[6].
CHARALAMPOUS, F. C., and G. C. MUELLER: Intracelluläre Verteilung der Rhodanese 1090[136]. — Intracelluläre Verteilung der Erythrulosephosphatbildung 1153[32].
CHARGAFF, E.: Zusammenfassung über die Koagulation des Blutes (1945) 473[8]. — Einbau von ^{32}P in Phosphatide 118[2]. — Phosphatidbestimmung 118[7]. — Thrombokinase 484[1]. — Geschwindigkeit der Lecithin- und Kephalinbildung 848[11]. — Protein-Phospholipoidkomplexe 859[4]. — Verteilung von Stickstoff, Phosphor und Schwefel in der Zelle 1072[28]. — Ausbeute an Zellfraktionen 1072[5, 16]. — Intracelluläre Verteilung von Acetalphosphatiden 1077[13]. — Intracelluläre Verteilung von Gesamtlipiden 1077[20]. — Zusammensetzung von Desoxyribonucleinsäure 1107[2], 1108[1].
— F. W. BANCROFT and M. STANLEY-BROWN: Thrombokinasewirkung von Pflanzenkephalin 483[14]. — Phosphatidgehalt von Blutplättchen 858[16].
— and A. BENDICH: Koagulation von Fibrinogen durch oxydierende Reagenzien 477[10].
— A. BENDICH and S. S. COHEN: Keine proteolytische Wirkung von Thromboplastin aus Lunge 484[7]. — Thrombokinasegehalt von Mikrosomen 1151[4].
— and A. S. KESTON: Phosphatidumbau 849[6].
— and J. KREAM: Desaminasen für Purine in Hefe und E. coli 1201[9].
— R. LIPSHITZ and C. GREEN: Zusammensetzung von Desoxyribonucleinsäure 1107[3].
— R. LIPSHITZ, C. GREEN and M. E. HODES: Zusammensetzung von Desoxyribonucleinsäure 1107[4].
— D. H. MOORE and A. BENDICH: Thrombokinasegehalt von Mikrosomen 1151[4].
— and K. B. OLSON: Heparinfällung mit Protamin 492[2]. — Aufhebung der Heparinwirkung 492[7].
— K. B. OLSON and P. F. PARTINGTON: Einbau von ^{32}P in Phosphatide 118[2]. —

Phosphatidsynthese in der Darmschleimhaut 118[7]. — Umsatzgeschwindigkeit der Phosphatide 848[11].
CHARGAFF, E., and D. B. SPRINSON: Serinabbau zu Brenztraubensäure 939[5], 941[15].
— and E. VISCHER: Zusammenfassung über Nucleoproteine, Nucleinsäuren und verwandte Stoffe (1948) 1177[21]. — Desoxyribonucleotidase aus Pankreas 1186[13].
— E. VISCHER, R. DONIGER, C. GREEN and F. MISANI: Zusammensetzung von Desoxyribonucleinsäure 1107[8].
— S. ZAMENHOF, G. BRAWERMAN and L. KERIN: Zusammensetzung von Desoxyribonucleinsäure 1108[3].
— S. ZAMENHOF and C. GREEN: Zusammensetzung von Desoxyribonucleinsäure 1107[9].
— M. ZIFF and D. RITTENBERG: Fütterungsversuche an Ratten mit Ammoniumnitrat 617[7].
— s. COHEN, S. S. 484[2], 1151[4].
— s. ELSON, D. 1102[15].
— s. GANDELMAN, B. 1107[13].
— s. KREAM, J. 1230[3].
— s. LEVINE, C. 1077[4].
— s. MAGASANIK, B. 738[16].
— s. ZAMENHOF, S. 1108[3], 1119[3], 1186[17].
— s. ZIFF, M. 487[5].
CHARIT, A. J.: Phosphatveresterung in der Leber 647[5].
CHARLAMOVA, V. N., s. ZBARSKIJ, I. B. 1187[9].
CHARLES, A. F., A. M. FISHER and A. D. SCOTT: Antiheparin 483[15].
— and D. A. SCOTT: Heparin 491[14].
— s. SCOTT, D. A. 491[14].
CHARNASS, D., s. FÜRTH, O. (v.) 324[14], 727[5].
CHARNEY, J., and R. M. TOMARELLI: Bestimmung der Serumproteasen 380[19].
— s. TOMARELLI, R. M. 380[19].
CHARNOT, A., s. LEULIER, A. 870[2].
CHARPY, A., s. POIRIER, P. 104[1].
CHARY, R., s. MAUPIN, B. 459[8].
CHASE, A. M., s. PARPART, A. K. 422[2], 468[10].
CHASE, B. W.: Resorption von Aminosäuren 913[13].
— and H. B. LEWIS: Resorption verschiedener Aminosäuren bei Ratten 227[3], 913[13].
CHASE, J. H., s. DOUGHERTY, T. F. 288[4].
CHASE, M. W., s. LANDSTEINER, K. 26[1].
CHATAGNER, F., s. BERGERET, B. 957[4].
— s. FROMAGEOT, G. 957[4].
CHATIN, A.: Jodaufnahme aus der Luft 680[9].
CHAUCHARD, P., s. LECOQ, R. 1246[10].
CHAUDHURI, H., and B. S. KAHALI: Verminderung der Glucoseresorption durch Insulin 218[10].
CHAUVEAU, A.: Blutzuckerverteilung 315[5].
— et KAUFMANN: Arteriovenöse Blutzuckerdifferenz beim Pferd 315[11].
CHAUVEAU, J., G. CLÉMENT, J. CLÉMENT-CHAMPOUGNY et E. LE BRETON: Intracelluläre Verteilung von Fettsäuren, Cholesterin und Phosphatidfettsäuren 1077[8]. — Cytoplasmalipide 1152[8].
— et LE-VAN-HUNG: Intracelluläre Verteilung der Acetylierung 1090[137], 1153[33].
CHAZANOVA, A. I., s. BYČKOV, S. M. 1100[8].
CHEATHAM, P. N., s. ROSE, W. C. 946[3].
CHELDELIN, V. H., and H. BEINERT: Stoffwechselleistungen von Mitochondrien 1136[33]. — Oxydation ungeradzahliger Fettsäuren durch Cyclophorasesystem 1143[6].
CHEN, R. W., s. CHAIKOFF, I. L. 878[4].
CHEN, Y. P., s. FREEMAN, S. 376[11].
CHENAVIER, P., s. FERRANDO, R. 361[1].
CHENG, A. L.-S., M. G. MOREHOUSE and H. J. DEUEL jr.: Einfluß von Calcium- und Magnesiumionen auf die Fettresorption 801[4].
— s. DEUEL, H. J. jr. 245[12].
— s. MOREHOUSE, M. G. 248[3].
CHENG, R. G., s. REID, E. 407[2].
CHENTOW, J. S., F. A. RATSCHEWSKI u. A. M. SCHENDEL: Carotin- und Vitamin A im Blut bei Leberkrankheiten 358[8].
CHERBULIEZ, E., s. FAVARGER, P. 233[8], 238[13], 800[2].
CHERNICK, S. S., and I. L. CHAIKOFF: Fettsäuresynthese bei Alloxandiabetes 833[7].
— E. J. MASORO and I. L. CHAIKOFF: Fettsäuresynthese aus Glucose in Leberschnitten 833[4].
— s. SIPERSTEIN, M. D. 874[8].
CHERRINGTON, M. E., s. WOODRUFF, C. W. 467[8], 984[9].
CHESLER, A., s. TISLOW, R. 779[14].
CHEVALLEY, J. E., s. GLASS, G. B. J. 70[10], 71[3].
CHEVALLIER, A., S. MANUEL, C. BURG et J. ROUILLARD: Bestimmung der ungesättigten Fettsäuren im Blut 337[2].
CHEVREUL, M. E.: Entdeckung des Kreatins 945[3].
CHIANCONE, F. M., s. MUSAJO, L. 990[3].
CHIATELLINO, A., e E. SAPEGNO: Endogene Harnsäure nach Seebädern 1250[4].
CHIBA, H., s. UYEI, N. 368[6].
CHIBNALL, A. C., and H. J. CHANNON: Phosphatidsäuren in Pflanzen 842[2], 852[10].
— M. W. REES, G. R. TRISTRAM, E. F. WILLIAMS and E. BOYLAND: D-Aminosäuren in Tumorgewebe 931[1].
Chilean Nitrate Educational Bureau: Bibliographie der Spurenelemente, Bd. 1, 4. Aufl. (1948) 679[30].
CHIN, H. J., s. CRAWEN, C. W. 1021[3].
CHIU, C.-Y., and D. M. NEEDHAM: Förderung der Glykogensynthese durch Desoxycorticosteron 761[3].
CHÔDA, T.: Innervation des Dünndarms 108[3].

Chomse, H., s. Tiede, E. 708[22], 709[6].

Chornock, F. W., s. Moseley, V. 223[1].

Chou, T. C., and F. Lipmann: Reaktion von Acyl-coenzym A mit Hydroxylamin 1035[10].
— G. D. Novelli, E. R. Stadtman and F. Lipmann: Umsatz von Acetylphosphat 1043[2]. — Acetylierungsreaktion zum Nachweis von Acetyl-CoA 1044[2].
— and M. Soodak: Acetylierung von Glucosamin durch Acetyl-CoA 1044[5].

Chou, T.-P., and W. H. Adolph: Kupfergehalt im Geflügelblut 402[10]. — Kupferausscheidung durch Darm und Niere 667[8]. — Kupferbedarf 667[9].

Chow, B. F., C. Rosenblum, R. H. Silber, D. T. Woodbury, R. Yamamoto and C. A. Lang: Verfütterung von ^{60}Co-markiertem Vitamin B_{12} 674[9].

Christ, P., u. W. H. Hauss: Antihyaluronidasen im Blut bei rheumatischem Fieber 384[5].

Christ, W.: Wasseraufsaugung im Magen 209[4]. — Verweildauer des Wassers im Magen 597[9].

Christensen, E. H.: Zusammenfassung über Herzminutenvolumen (1937) 528[1].

Christensen, G. M., s. Binkley, F. 966[1].

Christensen, H. N.: Zusammenfassung über Eiweiß- und Aminosäurestoffwechsel (1953) 909[3]. — Gebundene Aminosäuren im Pfortaderblut nach Eiweißverdauung 226[7]. — Einteilung der säurelöslichen organischen Phosphorverbindungen 411[14]. — Phosphorsäureester im Serum 412[3]. — Darstellung der Fettstoffe aus Erythrocyten 441[5].
— P. F. Cooper jr., R. D. Johnson and E. L. Lynch: Freie Aminosäuren im Blut 445[5]. — Glutathiongehalt von Plasma und Erythrocyten 915[7]. — Erhöhung des Alaningehalts im Gewebe nach Glycin 916[7].
— and R. C. Corley: Bindungsart der Chloride im Serum 407[17].
— and E. L. Lynch: Gesamtaminosäuregehalt im menschlichen Blut 344[15]. — Nichtdiffusibler Amino-N in enteiweißten Blutfiltraten 346[3]. — Glutathiongehalt von Plasma und Erythrocyten 915[7].
— J. A. Streicher and R. L. Elbinger: Erhöhung des Glycingehaltes im Gewebe nach Prolin 916[9].

Christensen, L. R.: Plasmin und Plasminogen 297[11].
— and C. M. McLeod: Herkunft der Serumproteinasen 380[16].

Christensen, W. R., C. H. Plimpton and E. G. Ball: Hexokinasehemmung durch Plasma 741[7].

Christian, W., s. Warburg, O. 382[3], 697[9], 737[1], 739[5], 747[8], 748[4], 749[6], 751[1,9], 758[4], 930[1], 949[15], 966[9], 1061[6], 1062[2], 1184[12,13], 1235[16,17], 1236[6,12,13], 1237[9,11].

Christiansen, J.: Toepfers Reagenz 53[8]. — Phloroglucin-Vanillin-Probe 53[9]. — Bestimmung der Säurefraktionen des Magensaftes 54[5], 55[8].
— C. G. Douglas and J. S. Haldane: Isoelektrischer Punkt von Oxyhämoglobin 510[7]. — Abhängigkeit der Kohlensäurebindung im Blut vom Partialdruck 518[6].

Christiansen, T.: Pankreassekretion anregende Substanzen der Nahrung 155[15].

Christie, G. S., J. D. Judah and K. R. Rees: Kobaltbedarf der Rattengehirnmitochondrien 1137[1].

Christman, A. A., P. W. Foster and M. B. Esterer: Allantoingehalt im Blut 1215[6].
— and E. C. Mosier: Harnsäurevorstufen 944[5]. — Steigerung der Harnsäureausscheidung durch Aminosäuren 1241[8].
— s. Buchanan, O. H. 1199[18], 1214[20,21], 1225[2,10].
— s. Roberts, E. 213[16].

Christo, E., s. Zygmuntowicz, A. S. 903[12].

Christoffel, H.: Zusammenfassung zur Geschichte der Liquorforschung (1944) 564[18].

Christol, P., s. Derrien, E. 677[8].

Chrometzka, F.: Zusammenfassung über den Purinstoffwechsel des Menschen (1932) 1177[10]. — Zusammenfassung über Chemie und Stoffwechsel der Nucleinsäuren usw. (1937) 1177[16]. — Harnsäurebildung in der Leber 1208[1]. — Hemmung der Allantoinbildung in Hundeleber 1211[4]. — „Oxyharnsäure" 1213[1]. — Allantoin als Zwischenprodukt des Stoffwechsels beim Menschen 1215[16]. — Harnsäureausscheidung bei Akromegalie 1233[3]. — Purinstoffwechsel bei Diabetes insipidus 1233[3]. — Purine als Vorstufen von Kreatin 1237[17].
— R. Dreyer u. K. Dümlein: Hemmung der Allantoinbildung in Hundeleber 1211[2]. — Verminderung der Harnsäureausscheidung nach Alkaligaben 1243[2].
— u. F. Erlemann: Amylasegehalt von Blutplasma 378[10]. — Erhöhung der Blutdiastase bei Krankheiten 379[2].
— E. Finke u. H. Uffenorde: Hemmung der Allantoinbildung in Hundeleber 1211[1].
— u. (P.) Gottlebe: Hemmung der Harnsäuresynthese 1207[8].
— u. H. Kühl: Hemmung der Allantoinbildung in Hundeleber 1211[3].
— u. H. Lubjuhn: Vorstufen des Allantoins 1209[11]. — „Oxyharnsäure" 1213[2].
— s. Schittenhelm, A. 1210[13].

Chrząszcz, T., u. Z. Schechtlówna: Speichelmenge bei der Kuh 13[12]. — p_H im Speichel 19[4]. — Speichelamylase 23[4].

Chu, E. C., s. Gots, J. S. 1221[9].

Chu, E. J.-H., and C. J. Watson: Koproporphyrin III-Bildung bei Bleivergiftung 1007[3].

CHU, E. J.-H., s. CHU, T. C. 1006[5], 1021[2].
CHU, H. I., s. DANIELSON, I. S. 1162[3], 1169[7].
CHU, T. C., A. A. GREEN and E. J.-H. CHU: Papierchromatographie der Porphyrine 1006[5], 1021[2].
CHU FU-T'ANG, T. WOO and C. SUNG: Form des Vitamin C im Blut 364[14]. — Vitamin C-Gehalt im Blut von Schwangeren 365[4].
CHUSHMAN, M., s. BUTLER, A. M. 365[3].
CHUYKO, V., and A. VOYNAR: Titan im Hundeblut 406[11].
CHYTREK, E., s. AMMON, R. 23[9], 73[10], 75[2], 379[5], 380[14].
— s. HARTMANN, H. 406[34], 696[8].
CIACCIO, C.: Phosphatidgehalt von atrophischen und dystrophischen Muskeln 863[2].
CIELESZKY, V., s. BODNÁR, J. 405[20].
CIERESKO, L. S., s. BOSSHARDT, D. K. 161[10].
CINDI, R., s. STARY, Z. 321[14], 720[3].
CIPRIANI, C., e R. MORACCHINI: Hemmung der Purinoxydation bei Diabetes mellitus 1233[11].
CIUREA, V., s. BERTRAND, G. 406[7], 688[5].
CLAFF, C. L., and O. SWENSON: Elektrode zur Gewebs-p_H-Messung 1168[3].
CLAMANN, H. G., s. BECKER-FREYSENG, H. 615[4].
CLARA, M.: Funktion der basalgekörnten Zellen der Darmschleimhaut 107[8].
CLARK, A. M., s. ROUGHTON, F. J. W. 38[9].
— s. SPICER, S. S. 435[4].
CLARK, B. B., s. KURTZ, L. D. 61[2].
CLARK, C. T., s. UDENFRIEND, S. 984[8].
CLARK, D. M., s. JENSEN, J. M. 682[8].
CLARK, G. W., and L. LEVINE: Chemische Zusammensetzung des Speichels 20[2], 21[2].
— and A. A. DE LORIMIER: Harnsäurebildung aus Methylpurinen 1214[15].
— s. SCHMIDT, C. L. A. 956[7], 957[6].
CLARK, H. E., s. SWANSON, P. P. 909[3].
CLARK, I., s. PORTER, C. C. 993[6].
CLARK, L. C. jr., and C. D. KOCHAKIAN: „cis"-Testosteron 899[2].
— C. D. KOCHAKIAN and J. LOBOTSKY: „cis"-Testosteron 899[3].
CLARK, P. F., s. JONES, E. S. 418[9].
CLARK, R. K. jr., s. CARTER, H. E. 738[17].
CLARK, W. G., and E. M. MCKAY: Ablehnung der Rolle des Nebennierenrindenhormons bei Phosphorylierung 220[1].
— and A. N. WICK: Nebennierenrinde und Fettresorption 248[1].
CLARKE, A. H., s. WENDT, G. L. 706[2].
CLARKE, B. G., A. C. IVY and D. GOODMAN: Mesenteriale Lymphknoten haben keine Bedeutung für Fettverdauung 107[11]. — Fettresorption nach Unterbindung der Lymphgefäße des Darmes 244[6].
CLARKE, D. H., s. WEST, R. 322[15].
CLARKE, E. L., and E. M. BOYD: Jodgehalt des Blutes von Vögeln 410[5].
CLARKE, E. W., s. BACON, E. E. 154[2].
CLARKE, M. F., and A. H. SMITH: Störungen der Zahnverknöcherung bei mineralarmer Diät 723[4].
— s. ARMIM, S. S. 723[7].
CLARKE, W. O., s. WATSON, C. J. 436[8].
CLASEN, A. C.: Menge des Pankreassekretes beim Menschen 156[13].
CLASSEN, P. H.: Acetylcholin im Blut 351[22].
CLAUDATUS, I.: Bestimmung der Peptide im Blut 346[8].
CLAUDE, A.: Zusammenfassung über Proteine, Lipoide und Nucleinsäuren in Zellstrukturen (1949) 867[8]. — Phosphatidverteilung in Mitochondrien 868[1]. — Phosphatide in Mitochondrien, Bindung an Fermente 868[2]. — Spaltung der Protein-Phosphatidkomplexe aus Zellen 868[6]. — Mitochondrienveränderung bei Zellerwärmung 868[9]. — Fraktionierung der Zellelemente 1066[14]. — Intracelluläre Verteilung von Stickstoff, Phosphor und Schwefel 1072[11]. — Intracelluläre Verteilung von Stickstoff, Phosphor, Kohlenstoff und Wasserstoff 1072[19, 27]. — Intracelluläre Verteilung von Eisen und Kupfer 1077[2]. — Intracelluläre Verteilung von Gesamtlipiden 1077[6, 16]. — Chromosomenisolierung (?) 1097[6]. — Empfindlichkeit von Mitochondrien gegen osmotische Änderungen 1129[8]. — Zahl der Eiweißmoleküle pro Mitochondrion 1135[5]. — Ribonucleotidverschiebung in zentrifugierten Zellen 1150[13]. — Schwellung von Mitochondrien 1151[1].
— and J. S. POTTER: Chromosomenisolierung (?) 1097[7].
— and A. ROTHEN: Spaltung der Protein-Phosphatid-Komplexe von Zellen 868[7].
— s. HOGEBOOM, G. H. 1090[2].
— s. SCHNEIDER, W. C. 868[3].
CLAUSEN, S. W., and A. B. MCCOORD: Carotingehalt des Blutes in den ersten Lebensmonaten und im Winter 357[2].
CLAUSMANN, P., s. GAUTIER, A. 406[35], 695[34], 696[2, 6].
CLAUSSEN, F., s. SCHADE, H. 602[3].
CLAVERT, J., s. ETTORI, J. 710[8].
CLAYCOMB, C. K., s. BRUGGEN, J. T. VAN 835[6].
CLEGHORN, R. A., s. JENDRASSIK, L. 355[3].
CLELAND, K. W., and E. C. SLATER: Verteilung von Eiweiß in der Zelle 1072[35]. — Intracelluläre Verteilung von Fermenten 1090[95]. — Stoffwechselleistungen von Mitochondrien 1136[36].
— s. SLATER, E. C. 1129[4], 1140[5].
CLEMENS, P.: Ochronose 981[9].
CLÉMENS, P., s. DECO, M. 358[3].
CLÉMENT, G., s. CHAUVEAU, J. 1077[8], 1152[8].
CLÉMENT-CHAMPOUGNY, J., s. CHAUVEAU, J. 1077[8], 1152[8].

CLEMENTI, A.: Glycerophosphatase im Darmsaft 125[9]. — Arginase 968[10]. — Harnstoff als N-Quelle für Harnsäure 1204[13].
CLIFFORD, W. M.: Neutralsalzwirkung auf Amylase 24[15]. — Carnosin 978[6].
— and V. H. MOTTRAM: Carnosin 978[6].
CLIFFTON, E. E., s. KLINE, D. L. 470[5].
CLIFTON, C. E.: Synthesen durch die Dickdarmflora 186[2].
CLOÉTTA, M., u. H. FISCHER: Ca-Injektionen in die Infundibulargegend 645[2].
CLOSS, J. O., s. KAHLENBERG, L. 685[17].
CLOSS, K., s. LUNDE, G. 410[2].
CLOUTIER, A. A., s. DICKMANN, S. R. 1051[6].
CLOWES, G. H. A. jr., and L. B. MCPHERSON: Pankreasfaktor verhindert Fettleber 247[10].
CLOSS, K., s. FÖLLING, A. 344[11].
CLUTTON, R. F., R. SCHOENHEIMER and D. RITTENBERG: Übergang von D-haltigem Ornithin in Arginin 971[4].
COBB, D. M., s. FENN, W. O. 624[12], 627[3].
COBET, R.: Aktive NaCl-Resorption im unteren Dünndarm 211[10]. — Abgabe von Darmflüssigkeit in $MgSO_4$-Lösung 212[5].
COBEY, F. A., and P. HANDLER: Aktivität der Myokinase in verschiedenen Organen 1138[6].
COCCI, C.: Amylase im Speichel des Neugeborenen 24[1].
CODE, C. F.: Histamingehalt von eosinophilen Leukocyten 352[10]. — Histamingehalt von Plasma und Erythrocyten 352[11]. — Histaminvermehrung im anaphylaktischen Schock 353[6]. — Histamingehalt von Erythrocyten 451[14]. — Histamingehalt der Granulocyten 464[9].
— and H. R. HESTER: Histamin im Blut im anaphylaktischen Schock 353[5].
— and H. R. ING: Histamin im Blut 352[8]. — Histamingehalt der Granulocyten 464[9].
— and J. L. JENSEN: Histamingehalt im Pferdeblut 352[20].
— and A. D. MCDONALD: Histamingehalt von eosinophilen Leukocyten 352[10]. — Histaminbindung an eosinophilen Leukocyten 464[10].
— s. DWORETZKY, M. 229[12].
— s. FERAYORNI, R. R. 42[23].
CODOUNIS, A., s. ACHARD, C. 331[8].
COGGESHALL, H. C., G. A. BENNETT, C. F. WARREN and W. BAUER: Zellgehalt der Synovialflüssigkeit 583[1].
COHEN, E., and C. A. ELVEHJEM: Bedeutung von Kupfer für Cytochromsynthese 1015[8].
COHEN, H., s. BATES, R. W. 907[6].
COHEN, J. A., and D. M. NEEDHAM: Adrenalinwirkung auf Glykogenolyse im Muskel 778[1].
— s. KALSBEEK, F. 575[1].
COHEN, J. L., s. COVEY, J. A. 498[9].
COHEN, P.: Umaminierung von Sulfobrenztraubensäure 957[11].
COHEN, P. P.: Zusammenfassung über Eiweiß- und Aminosäurestoffwechsel (1945) 909[3]. — Umaminierung 937[1]. — Vitamin B_6 als Coenzym von Transaminasen 938[4].
— and S. GRISOLIA: Mechanismus der Citrullinbildung aus Ornithin 971[10].
— and M. HAYANO: Mechanismus der Citrullinbildung aus Ornithin 971[10]. — Glutaminsäure als Aminodonator für die Citrullinsynthese 972[3,5]. — Hemmung der Argininbildung 973[1,3].
— and G. L. HEKHUIS: Umaminierung 937[1].
— G. L. HEKHUIS and E. K. SOBER: Umaminierung 937[1].
— and H. C. LICHSTEIN: Umaminierung 937[1].
— and R. W. MCGILVERY: Mechanismus der Hippursäuresynthese 921[4]. — Stoffwechselleistungen von Mitochondrien 1136[11].
— and F. L. THOMPSON: Methoden der Bluteiweißbestimmung 295[4].
— s. ABRAMS, A. 557[2].
— s. CAMMARATA, P. S. 937[2], 938[4].
— s. GRISOLIA, S. 971[11], 1136[19].
— s. KREBS, H. A. 935[7].
— s. LICHSTEIN, H. C. 937[1].
— s. MCGILVERY, R. W. 921[7].
— s. SOROF, S. 1152[5].
COHEN, S.: Methylierung von Guanidinoessigsäure durch Methionin 948[1]. — Intracelluläre Lokalisation der Kreatinsynthese 1090[108], 1153[26].
COHEN, S. J.: Chloridgehalt im Magensaft 57[3].
COHEN, S. L.: Hydrolyse von Steroidkonjugaten 880[8]. — Trennung der phenolischen C_{18}-Steroide 907[9].
— s. BITMAN, J. 880[9].
— s. ONESON, I. B. 906[10].
COHEN, S. S.: Bedeutung der Ribonucleinsäuren für die Eiweißsynthese 926[3]. — Nucleotidsynthese durch Bakteriophagen in infizierten Colikulturen 1192[1,2]. — Herkunft des Pentoseanteils von Nucleosiden und Nucleotiden 1196[6].
— and E. CHARGAFF: Gehalt an Phosphatiden in Blutplättchen 484[2]. — Thrombokinasegehalt von Mikrosomen 1151[4].
— and D. B. M. SCOTT: Abbau der Phosphogluconsäure 1062[3].
— s. CHARGAFF, I. L. 484[7], 1151[4].
— s. SCOTT, D. B. M. 1062[3].
— s. WYATT, G. R. 1105[5].
COHEN, W., s. OSGOOD, E. E. 457[10].
COHN, C., and W. Q. WOLFSON: Fraktionierung der Serumeiweißkörper 305[3].
— s. WOLFSON, W. Q. 305[2].
COHN, D. J., s. KAPLAN, I. 575[2].
COHN, E. J.: Zusammenfassung über Eigenschaften und klinische Verwendung von Blutderivaten (1947) 298[6]. — Fraktionie-

rung der Plasmaeiweißkörper 287[1]. — Reindarstellung von Eiweißkörpern 290[7]. — Geschichte des Komitees für Medizinische Forschung 290[7]. — Krystallisiertes menschliches Serumalbumin 311[1]. — Physiologie und klinische Verwendung der Plasmaeiweißfraktionen 312[2]. — Eisentransport im Blut 659[9], 1009[4].

Cohn, E. J., and J. T. Edsall: Buch über Proteine, Aminosäuren und Peptide (1943) Engl. 285[8].
— J. D. Ferry, J. J. Livingood and M. H. Blanchard: Beziehungen zwischen Zink, Pankreas und Kohlenhydrathaushalt 678[10].
— W. L. Hughes jr. and J. H. Weare: Krystallisation von Serumalbumin 311[13].
— J. A. Luetscher jr., J. L. Oncley, S. H. Armstrong jr., and B. D. Davis: Fraktionierung der Serumeiweißkörper 300[3].
— L. E. Strong, W. L. Hughes jr., D. J. Mulford, J. N. Ashworth, M. Melin and H. L. Taylor: Stickstoffgehalt der Plasmaeiweißfraktionen 294[8]. — Plasmaproteinfraktionen 306[1]. — Fibrinogendarstellung 476[10].

Cohn, E. T., s. Cohn, W. E. 623[11], 637[22].

Cohn, J.: Cystinurie 954[15].

Cohn, J. M., s. Ting, K. S. 366[2].

Cohn, Max, s. Ellinger, A. 121[5], 161[3].

Cohn, Mildred: Oxydative Phosphorylierung durch Mitochondrien 1139[3].
— and G. T. Cori: Adenylsäure als Coenzym für Muskelphosphorylase 743[15].
— s. Schenck, J. R. 961[12].
— s. Simmonds, S. 960[13], 961[1].
— s. Sutherland, E. W. 742[7].
— s. Vigneaud, V. du 654[7], 853[13,14], 854[4,7,13], 855[8], 935[3], 936[1], 943[6], 960[13], 961[1-3,5], 963[1,3], 965[3].

Cohn, R.: Glykokollsynthese aus Aminosäuren 939[9].
— s. Neuberg, C. 188[2].

Cohn, T.: Allantoinausscheidung nach purinreicher Nahrung 1215[11].

Cohn, W. E.: 5-Methylcytosin als DNS-Baustein 1105[2].
— and E. T. Cohn: Natrium- und Kaliumaustausch der Erythrocyten 623[11].
— E. T. Cohn and J. C. Aub: Zusammenfassung über Calcium- und Phosphorstoffwechsel (1942) 637[22].
— and D. M. Greenberg: P-Resorption 212[9], 646[11,14]. — Wirkungsmechanismus von Vitamin D 714[3]. — Aufnahme von anorganischem Phosphat durch Gehirn 865[12].
— s. Brues, A. M. 1120[4], 1191[5], 1194[2].
— s. Greenberg, D. M. 620[8], 624[9,10].

Cohnheim, O.: Buch über Verdauung und Ernährung (1908) 67[9]. — Entdeckung des Erepsins 121[13]. — Abbau von Aminosäuren in der Darmwand 228[4]. — Eiweißspaltung im Darm 912[9].

Cohnheim, O., u. F. Marchand: Hemmung der Magensaftsekretion durch Salzsäure 45[16].

Colangiuli, A., e A. Mastropaolo: Bestimmung der interstitiellen Flüssigkeit 547[4].

Colarusso, A.: Geschlechtsbedingte Unterschiede im Lipoid-P des Blutplasmas 333[3].

Colas, J., G. Demaux, H. Simonnet et J. Sternberg: Resorption organischer Phosphorverbindungen 226[15], 646[15].

Cole, J. W., s. Holden, W. D. 487[15].

Cole, L. J., M. C. Fishler and V. P. Bond: Bestrahlungsschutzstoff in Zellkernen 1156[7].

Cole, S. W., s. Hopkins, F. G. 995[3].

Cole, V. V., and G. M. Curtis: Jodresorption 680[6], 681[1].
— J. H. Speer and F. W. Heyl: Positive Ca-Bilanz bei Alkalisierung des Körpers 642[10].
— s. Stern, T. N. 627[8].

Cole, W. S., s. Chanutin, A. 287[8].

Colin, G.: Buch über vergleichende Physiologie der Haustiere, Franz. (1854) 144[4]; 3. Aufl. (1885) 7[7].

Colla, S.: p_H-Werte von Zellen 1173[8].

Collazo, J. A., u. M. Dobreff: Anregung der Pankreassekretion durch Insulin 155[18].

Colldahl, H., C. G. Holmberg u. C. B. Laurell: Inaktivierung von Histamin durch Serum 352[14].

Collet, R. A., et P. Favarger: Einbau von Elaidinsäure in Phosphatide der Darmwand 238[7]. — Einbau verfütterter Fette in die Darmschleimhaut 238[10].
— s. Buensod, M. 796[1].
— s. Favarger, P. 233[6,8], 238[13], 796[2], 800[2], 842[13].

Colling, K. G., and R. J. Rossiter: Cholinesterase im Liquor cerebrospinalis 575[1].

Colingsworth, D. R., M. P. Brunner and W. J. Haines: Bildung von 11β-Oxysteroiden durch Streptomyces 886[17].

Collins, A., s. Senecca, H. 886[12].

Collins, F. D.: Intracelluläre Verteilung von Vitamin A 1096[1].

Collinson, G. A., s. Channon, H. J. 798[4].

Collip, J. B., s. Thomson, D. L. 715[4].

Colowick, S. P.: Reversible Reaktion von Guanin und Ribose-1-phosphat 1196[2].
— and C. F. Cori: Colaminphosphat im Dünndarmgewebe 852[4].
— G. T. Cori and M. W. Slein: Hexokinasewirkung 780[10].
— H. M. Kalckar and C. F. Cori: Fructose-diphosphatausbeute bei Glucoseoxydation 789[1]. — Anorganisches Phosphat bei Brenztraubensäuredehydrierung 1035[2].

Colowick, S. P., and N. O. Kaplan: Zusammenfassung über Kohlenhydratstoffwechsel (1951) 725[25].
— and W. H. Price: Beteiligung von Cozymase an Phosphohexokinasereaktion 746[7]. — Reversible Reaktion Guanin/Ribose-1-phosphat 1196[1]. — Bedeutung von Ribose- und Desoxyribose-1-phosphat für Harnsäurebildung 1204[2]. — Guanin- und Hypoxanthinbildung 1217[14].
— M. S. Welch and C. F. Cori: Bildung von energiereichem Phosphat 789[5].
— s. Berger, L. 741[10].
— s. Cori, C. F. 743[8].
— s. Cori, G. T. 742[3], 743[14].
— s. Nason, A. 679[10].
— s. Price, W. H. 780[9].
— s. Sutherland, E. W. 742[4].
Colter, J. S., and J. H. Quastel: Dismutation von Hydroxylamin durch Leghämoglobin 1014[4].
Comar, C. L., and G. K. Davis: Kobaltgehalt der Erythrocyten 430[1]. — Kobaltspeicherung 673[5].
— G. K. Davis and L. Singer: Bindung des Kupfers in Erythrocyten 401[10]. — Kupferverteilung auf Serum und Blutkörperchen 429[8]. — Kupferausscheidung durch Darm und Niere 666[13].
— L. Singer and G. K. Davis: Beeinflussung der Molybdänvergiftung durch Kupfer 686[11].
— s. Hansard, S. L. 716[2].
Combs, G. F., s. Menge, H. 964[4].
Comel, M., e A. Bich: Mobilisierung von Harnsäure durch Fangokuren 1250[5].
Comfort, A., and M. Weatherall: Porphyrintrennung 1021[1].
— s. Nicholas, R. E. H. 1006[4], 1021[2].
Comfort, M. W., and A. E. Osterberg: Menge und Zusammensetzung von Pankreassaft nach Secretininjektion 133[11].
— s. Gross, J. B. 379[8].
Comline, R. S., H. E. Roberts and D. A. Titchen: Resorption von rohem Eiereiweiß aus dem Darm 225[5].
Commission Acute Resp. Dis.: Antifibrinolysine im Blut bei Infektionen mit hämolytischen Streptokokken 490[2].
Common, R. H.: Verwertung von Phytin als P-Quelle durch Küken 647[3].
— s. Phillips, W. E. J. 1102[19].
Companetz, V., s. Georgesco, I. D. 271[8].
Comroe, J. H. jr., R. D. Dripps, P. R. Dumke and M. Deming: Giftwirkung von molekularem Sauerstoff 615[4].
Conant, J. B., and R. C. McGrew: Stufenweise Sättigung von Hämoglobin mit Sauerstoff 509[5].
— and N. D. Scott: Löslichkeit von Stickstoff im Blut 505[1].
Concas, G.: Jodgehalt im Liquor 576[7]. — Blut/Liquor-Quotient für Jod 576[14].
Conley, C. L., R. C. Hartmann and W. I. Morse: Plasmathromboplastin 484[3]. — Aktivierung von Thromboplastinogen 498[2].
Conn, J. W., L. H. Louis and S. S. Fajans: Sekretion von 17-Oxycorticosteron durch Nebenniere 883[3].
— L. H. Louis and C. E. Wheeler: Steigerung der Harnsäureausscheidung durch ACTH 1215[1], 1233[15].
— W. C. Vogel, L. H. Louis and S. S. Fajans: Serumcholesterin nach ACTH-Behandlung 884[4].
Connet, H., s. Salant, W. 678[6].
Connolly, J. M., s. Coons, A. H. 1147[2].
Connor, A. C., G. M. Curtis and R. E. Swenson: Pathognomonische Bedeutung des Blutjodgehaltes 410[7].
Connor, C. L., s. Lawrence, J. H. 648[14].
Connors, W. M., and E. Stotz: Ferment der Triessigsäurespaltung 804[4]. — β-δ-Diketohexansäure-Umsatz durch Mitochondrien und Cytoplasma 1143[3]. — Triessigsäurespaltung durch Cytoplasma 1156[1].
Connstein, W., u. K. Lüdecke: Glyceringewinnung aus Zucker 758[2].
Constantin, M. J., s. Desnuelle, P. 233[5], 799[10], 800[1].
Contardi, A., u. A. Ercoli: Lecithinase aus Schlangengift 851[1].
— s. Belfanti, S. 372[19], 851[12].
Conti, C.: Fettresorption bei Funktionsstörungen der Darmschleimhaut 246[17].
Conti, G., s. Mazani, C. 32[8].
Conti, H. s. Picchini, A. 954[21].
Contopoulos, A. N., and H. H. Anderson: Glutathiongehalt von Erythrocyten und Leukocyten bei Dyskrasien 449[1].
Conway, A. C., s. Ting, K. S. 366[2].
Conway, C. F., s. Young, E. G. 1213[23], 1214[2], 1218[27], 1241[21].
Conway, E. J.: Buch über Mikrodiffusion und volumetrischen Fehler (1939) Engl. 343[5]. — Permeation von Natrium in die Zellen 620[2].
— and P. J. Boyle: Permeabilität der Zellmembran für Cl 602[7]. — Permeation von Natrium in die Zellen 620[3].
— and R. Cooke: Ammoniakgehalt des Blutes 343[5]. — Ammoniakbestimmung 343[16]. — Aldenylsäure als Ammoniakmuttersubstanz im Blut 447[6]. — Nucleindesaminase, Verbreitung 1189[7]. — Quellen der Ammoniakbildung in Blut und Gewebsextrakten 1201[2].
— and M. Downey: p_H der Hefe 1167[1], 1170[2].
— and D. Hingerty: Kalium- und Natriumaustausch der Zelle 624[1], 626[3].
— and P. T. Moore: Vorkommen von Carbaminoverbindungen im Muskel 1166[1]. — Verteilung von NH_3 auf Muskel und Perfusionslösung 1166[11].

CONWAY, E. J., s. BOYLE, P. J. 626[2], 1166[3].
CONWAY, W. J., and L. R. CERECEDO: Harnstoffbildung aus Isobarbitursäure 1229[4].
COOK, E. T., J. A. DYE and E. L. MCCANDLESS: Diabetes bei Vögeln und Kälbern 769[5]. — Alloxanempfindlichkeit von Kälbern 779[9].
COOK, G. M., s. MITCHELL, H. S. 762[2].
COOK, K. G., s. ROSE, W. C. 947[4], 1218[20].
COOK, M., s. LORBER, V. 762[5], 827[5], 837[2].
COOK, M. B., s. DARBY, W. J. 659[8].
COOK, R. P.: Notwendigkeit von Fetten für Cholesterinresorption 248[17].
— and N. L. EDSON: Cholesterinresorption 248[17].
— and R.O.THOMSON: Cholesterinresorption 871[5].
— s. NEEDHAM, J. 739[2].
COOKE, I. V., s. WHIPPLE, G. H. 634[6].
COOKE, R., s. CONWAY, E. J. 343[5,16], 447[6], 1189[7], 1201[2].
— s. SHARPE, L. M. 657[9].
COOKE, W. T.: K-Mangel-Symptome bei Steatorrhoe 628[3].
COOKSON, G. H., and C. RIMINGTON: Porphobilinogenstruktur 1006[2].
COON, M. J.: Abbau von Isovaleriansäure 816[4]. — Acetessigsäurebildung aus Isovaleriansäure 829[1], 951[9].
— and N. S. B. ABRAHAMSEN: Acetessigsäurebildung aus Isovaleriansäure 951[9].
— and S. GURIN: Leucinabbau 951[8].
— s. LEVY, L. 977[14].
— s. STERN, J. R. 1047[4].
COONS, A. H., E. H. LEDUC, M. H. KAPLAN and J. M. CONNOLLY: Antigenspeicherung in Zellkernen 1147[2].
— s. BASSETT, M. A. 411[4].
COOPER, A. M., R. D. ECKHARDT, W. W. FALOON and C. S. DAVIDSON: Ausscheidung von Aminosäuren im Harn 954[21].
COOPER, F. S., s. ZAHL, P. A. 684[4].
COOPER, G. R., s. DILLON, M. L. 560[3].
COOPER, J. R., s. UDENFRIEND, S. 980[3], 1090[27], 1153[3].
COOPER, O., s. BALL, E. G. 789[10], 1133[3].
COOPER, P. F., jr., s. CHRISTENSEN, H. N. 445[5], 915[7], 916[7].
COOPERSTEIN, S. J., and A. LAZAROW: Mitochondrienfärbung durch Janusgrün B 1128[1].
— A. LAZAROW and J. W. PATTERSON jr.: Mitochondrienfärbung durch Janusgrün B 1128[1].
— s. LAZAROW, A. 1128[1].
— s. WAINIO, W. W. 868[4].
COOPS, J., s. BÖSEKEN, J. 689[3].
COPE, O., and F. D. MOORE: Vorkommen von Albumin außerhalb der Blutbahn 601[6].
— and L. ROSENFELD: Zusammenfassung über das Lymphsystem (1946) 546[8].
COPELAND, D. H., s. SCHAEFER, A. E. 965[1].
COPENHAVER, J. H. jr., and H. A. LARDY: Atmungskettenphosphorylierung durch Cyclophorasesystem 1137[19].
COPENHAVER, W. M., s. SPERRY, W. M. 850[19], 864[12].
COPP, D. H., and D. M. GREENBERG: Eisenaufnahme durch das Knochenmark 663[6]. — Kobaltspeicherung 673[6]. — Beförderung des Strontiumansatzes durch Vitamine A und D 684[20].
— s. GREENBERG, D. M. 671[5], 673[7].
— s. JONES, D. C. 714[6].
COPPEDGE, R. L., A. SEGALOFF and H. P. SARETT: Fermentsystem des C_{18}-Steroidabbaus in der Leber 906[2].
CORBET, A., s. LANG, K. 1116[19], 1125[8].
— s. SIEBERT, G. 1186[22].
CORCHIA, G., s. VANNUCCI, F. 71[13].
CORCORAN, A. C., H. P. DUSTAN and I. H. PAGE: Hydrolyse von Steroidkonjugaten 880[16].
— s. DUSTAN, H. P. 880[16].
— s. GRECO, F. DEL 902[14].
CORDIER, D., et J. CHANEL: Glucoseresorption bei Sauerstoffverarmung der Atemluft 217[15,16].
— et Y. PIÉRY: Magenentleerung bei der Ratte, Einfluß der Außentemperatur 216[15]. — Magenentleerung bei der Ratte nach Fettzufuhr 246[14].
CORLEY, R. C., s. CHRISTENSEN, H. N. 407[17].
CORELLI, F.: Keine Förderung der Magensaftsekretion durch Antiperniciosastoffe aus Leber 42[29].
CORI, C. F.: Zusammenfassung über Kohlenhydratstoffwechsel der Säugetiere (1931) 217[9]. — Resorptionsgeschwindigkeit von Monosacchariden 216[11], 217[17], 218[18], 223[3]. — Gegenseitige Resorptionsbehinderung verschiedener Stoffe 227[9]. — Bestimmung der Resorption im Darm 913[15].
— and G. T. CORI: Zusammenfassung über Kohlenhydratstoffwechsel (1933) 725[4]. — Resorption von Hexosemischungen 220[13]. Verzögerung der Lactosespaltung im Darm 224[1]. — Kohlenhydratbilanz nach Insulin und Adrenalin 770[4,6].
— G. T. CORI and S. P. COLOWICK: Glucose-1-phosphorsäure 743[8].
— G. T. CORI and H. GOLTZ: Zuckergehalt im Lebervenenblut 315[16].
— G. T. CORI and A. A. GREEN: Glykogenzusatz bei der Phosphorylasereaktion 745[4].
— s. BERGER, L. 741[10].
— s. COLOWICK, S. P. 789[1,5], 852[4], 1035[2].
— s. CORI, G. T. 742[3], 743[14], 744[9], 745[3], 749[8].
— s. FISHER, R. E. 774[5].
— s. GREEN, A. A. 743[10].
— s. KRAHL, M. E. 777[8].
— s. PRICE, W. 780[9].

CORI, C. F., s. SUTHERLAND, E. W. 742[4,7], 751[6], 783[6,8].
— s. SWANSON, M. A. 745[5].
— s. TAYLOR, J. F. 749[9].
CORI, G. T., S. P. COLOWICK and C. F. CORI: Phosphoglucomutase 742[3]. — Adenylsäure als Coenzym von Muskelphosphorylase 743[14].
— and C. F. CORI: Reaktionsprodukt der Phosphoglucomutasereaktion 744[9]. — Glykogenzusatz bei der Phosphorylasereaktion 745[3].
— and A. A. GREEN: Krystallisierte Phosphorylase 743[10].
— M. W. SLEIN and C. F. CORI: Krystallisation des oxydierenden Gärungsfermentes aus Muskel 749[8].
— s. COHN, M. 743[15].
— s. COLOWICK, S. P. 780[10].
— s. CORI, C. F. 220[13], 224[1], 315[16], 725[4], 743[8], 745[4], 770[4,6].
— s. GREEN, A. A. 743[10].
— s. TAYLOR J. F. 747[5], 748[6], 749[9].
CORI, O., and F. LIPMANN: Glucose-6-phosphat-dehydrierung zu 6-Phosphogluconsäure 1062[1].
— s. KAUFMAN, S. 1052[7].
CORKILL, A. B., and J. F. NELSON: Glykogensynthese im Muskel durch Insulin 777[4].
CORLEY, R. C., s. LEWIS, H. B. 1242[5].
— s. CHRISTENSEN, H. N. 407[17].
— s. MARTIN, M. F. 1241[13].
— s. NIELSEN, E. K. 934[1].
— s. WOLF, P. A. 934[1].
CORMACK, W., s. WALKER, J. 532[2].
CORMIER, M., s. FERRANDO, R. 361[1].
CORMIER, M. J., s. REED, L. J. 1096[12].
CORNATZER, W. E., and D. CAYER: Phosphatidumsatz im Gewebe 860[8]. — Erneuerungsgeschwindigkeit der Plasmaphosphatide bei Lebercirrhose 861[9].
— s. ARTOM, C. 118[3], 849[4], 850[2,5].
CORNBLATH, M., s. PARK, C. R. 775[4].
CORNER, G. W., s. BLOOR, W. R. 857[1].
CORNER, H. H., and A. M. SMITH: Kobaltbedarf bei Schafen 673[16].
CORPER, H. J., s. WELLS, H. G. 1211[9], 1213[21].
CORRAN, H. S., s. STRAUB, F. B. 1184[14].
CORSA, L. jr., J. M. OLNEY jr., R. W. STEENBURG, M. R. BALL and F. D. MOORE: Kaliumbestand des Körpers 623[6].
CORTEGGIANI, E.: Acetylcholin im Darm verschiedener Tiere 139[6].
CORTESE, F., and L. BAUMAN: Bedeutung von Gallensäuren für Fettresorption 235[8].
CORTIS-JONES, B., s. LEMBERG, R. 438[1].
CORYELL, C. D.: Formulierung der Dissoziation von Oxyhämoglobin 512[5]. — Affinität von Sauerstoff zu Myoglobin 513[3].
— s. PAULING, L. 509[10].
COSGRIFF, S. E., and E. LEIFER: Parahämophilie 498[12].
COSS, J. A. jr., s. RAGAN, C. 580[11].
COSTA, E. DA, s. HASTINGS, B. 1061[1].
COSTE, F., A. GRIGAUT et P. CAPRON: Abnahme der Blutphosphatide bei Unterernährung 334[10].
— A. GRIGAUT et M. LAMOTTE: Purinsynthese im Organismus 347[8].
COTONI, M., s. FRIEDEMANN, T. E. 324[14].
COTZIAS, G. C., and V. P. DOLE: Intracelluläre Verteilung von Aminoxydase 1090[24]. — Intracelluläre Verteilung von Histaminase 1090[25]. — Oxydative Amindesaminierung durch Mitochondrien 1150[5].
COUCH, J. R., M. L. SUNDE, W. W. CRAVENS, C. A. ELVEHJEM and J. G. HALPIN: Biotinsynthese im Darm 197[7].
COULSON, R. A., s. ELLINGER, P. 994[3].
COUPERUS, J.: Vitamin E-Gehalt des Blutes 360[10]. — Kein Vitamin E im Liquor 574[19].
COURCY, C. DE, C. H. GRAY and J. B. LUNNON: Vorkommen von 17-Oxycorticosteron und 11-Dehydro-17-oxycorticosteron in der Placenta 886[30].
COURRIER, R.: Jodanreicherung in der Neurohypophyse 682[8].
COURTNEY, A. M., s. HOLT, L. E. 640[4].
COURTOIS, J., s. ANAGNOSTOPOULOS, C. 377[17].
COUTEAUX, R., H. GRUNDFEST, D. NACHMANSOHN and M. A. ROTHENBERG: Hemmung der Cholinesterase 375[4].
COVEY, J. A., J. L. COHEN and J. P. PAPPS: Idiopathische Hypoprothrombinämie 498[9].
COVILLE, F., s. DARROW, D. C. 624[4].
COVO, G. A., s. CROSS, R. J. 789[4], 831[1], 1035[3], 1137[6], 1140[1].
COW, D.: Diuresewirkung von Duodenalextrakt 596[3].
COWDRY, E. V., s. GOPAL-AYENGAR, A. R. 1197[5].
COWGILL, G. R., and E. R. B. SMITH: Förderung der Magensaftsekretion durch Eiweiß 42[4].
— s. SMITH, E. R. B. 77[11].
COWIE, D. M., and H. A. CALHOUN: Kein Ca in menschlichen Erythrocyten 428[5].
COX, G. J.: Zusammenfassung über Ätiologie der Zahnkaries (1944) 723[11].
— s. ROSE, W. C. 969[5], 974[4].
COX, R. I.: Pregnandiolähnliche Metabolite des Progesterons im Harn 895[4].
— and G. F. MARRIAN: Hydrolyse von Steroidkonjugaten 880[13].
COX, W. M. jr., and M. IMBODEN: Calcium- und Phosphatzufuhr bei Rachitis 717[5]. — Mineralstoffreiche Diät und Knochenentwicklung 718[1].
COYLE, C. L., and T. E. BOYD: Resorption von Tyramin 229[11].
COYNE, A., s. NECHELES, H. 72[7].

Crafts, A. S., H. B. Currier and C. R. Stocking: Buch über Wasser in der Pflanzenphysiologie (1949) Engl. 605[1].

Craig, F. N.: Milchsäureschwelle der Niere 761[2].

Craig, J. A., s. Brown, G. M. 1036[15].

— s. Snell, E. E. 1036[15].

Cramer, F.: Chromatographie der Zucker im Blut 319[14]. Beeinflussung von Indikatoren durch Molekel mit Einschlußhohlräumen 1170[5].

Cramer, F. B. jr., and T. Winnick: α-Amino-N-Gehalt in Plasma und Erythrocyten 915[6].

Cramer, W., and R. J. Ludford: Großtropfige Fettresorption bei Mangel an Vitamin A und B 241[13].

— s. Mottram, J. C. 241[13], 243[3].

Crampton, C. F., and F. Haurowitz: Anreicherung von Antigenen in Mitochondrien 1146[0]. — Speicherung von jodiertem Ovalbumin in Zellfraktionen 1147[1].

— s. Haurowitz, F. 1146[5].

Crandall, D. I., and S. Gurin: Mechanismus der β-Oxydation von Octanat 823[5]. — Bildung von Acetessigsäure aus Brenztraubensäure 827[4].

— s. Ravdin, R. G. 984[4], 1153[5].

Crandall, L. A. jr.: Lecithinase im Blutserum 372[19]. — Kohlenhydratbildende Wirkung des Blutes 379[16].

— H. B. Ivy and G. J. Ehni: Acetessigsäurebildung und -oxydation durch Nieren- und Leberschnitte 830[3].

— and A. Lipscomb: Glucoseabgabe durch die Leber 782[7].

— s. Lipscomb, A. 732[2].

— s. Winter, I. C. 237[15].

Crandall, M. W., and D. L. Drabkin: Fetales und adultes Hämoglobin 433[11].

Crandall, W. A., and E. G. Young: Vorstufen der Purinsynthese 1218[40]. — Steigerung der Harnsäureausscheidung durch Aminosäuren 1241[22].

— s. Young, E. G. 1213[23], 1214[2], 1218[27], 1241[21].

Crane, E. E.: Zusammenfassung über Mechanismus der Salzsäurebildung im Magen (1950) 61[7].

— and R. E. Davies: Negativer R.Q. des säuresezernierenden Magens 61[2]. — Energiebedarf der Salzsäurebildung im Magen 61[4]. — Energiequellen für Salzsäurebildung im Magen 62[4]. — Entstehung von HCO_3^- bei HCl-Bildung im Magen 1174[7].

— R. E. Davies and N. M. Longmuir: Salzsäurebildung in den Sekretkanälchen der Belegzellen 59[10]. — Stoffwechsel der Magenschleimhaut 60[7]. — Elektrische Kräfte bei der Salzsäurebildung im Magen 61[6]. — Potentialdifferenz in der Magenschleimhaut 61[10]. — Beeinflussung der Salzsäurebildung im Magen durch elektrischen Strom 61[15], 62[3].

Crane, E. E. s. Davies, R. E. 61[3].

Crane, R. K., and F. Lipmann: Hemmung der oxydativen Phosphorylierung durch Arsen 1140[7].

— s. Niemeyer, H. 1140[8].

— and A. Sols: Intracelluläre Verteilung von Hexokinase 1090[138].

Cravens, W. W., s. Couch, J. R. 197[7].

Crawen, C. W., K. R. Reissmann and H. J. Chin: Ultrarotabsorptionsanalyse der Porphyrine 1021[3].

Crawford, M., s. Wieland, H. 1034[5].

Creaghan, M. V., s. Bensley, E. H. 360[12].

Creasey, N. H., and C. H. Gray: Polysaccharidsynthese in Fettgewebe 745[6].

Credner, K., s. Holtz, P. 166[9], 931[4-6], 978[3].

Cremer, H.-D.: Rest-N bei Schock 342[1]. — Quotient Na/K im Blut bei Schock 394[11].

— u. W. Herr: Resorptionsgeschwindigkeit verschiedener Ca-Salze 213[1].

— W. Herr u. H. Späth: Erhöhung der Resorption von Calcium und Lactat durch Vitamin D 638[2].

— u. A. Tiselius: Papierelektrophorese 294[8].

— u. W. Voelcker: Fluorbestimmung in Knochen und Zähnen 696[11].

Cremer, M.: Rachitis nach Strontiumzufuhr 684[22]. — Zuckerbildung aus Glykokoll 942[6]. — Zuckerbildung aus L- und D-Alanin 949[1].

Crépy, O.: Stoffwechsel der C_{18}-Steroide in der Leber 905[4].

— s. Raoul, Y. 364[1].

Crick, J., A. A. Harper and H. S. Raper: Pankreozymin 130[10]. — Darstellung von Secretin 132[3].

Crider, J. O., s. Thomas, J. E. 233[9].

Crigler, C. W., s. Zon, L. 352[12], 472[8].

Crismon, C. S., s. Crismon, J. M. 627[2].

Crismon, J. M., C. S. Crismon, M. Calabresi and D. C. Darrow: Kaliumaufnahme durch die Muskulatur 627[2].

Cristol, P.: Zinkgehalt bösartiger Tumoren 679[11].

Crocetta, A.: Erythrocyten als Adrenalinspeicher 369[9].

Crockett, M. E., and H. J. Deuel jr.: Resorbierbare Fettmenge bei Ratten 246[12]. Ausnutzung der Nahrungsfette 800[8].

Croft, P. G., s. Richter, D. 364[7].

Croisier, M., s. Studer, A. 451[10].

Croner, W.: Resorption von Seifen in Ileumschlingen 233[12].

Cronheim, G., s. Loewy, A. 400[6].

Crooke, A. C., s. Mather, K. 258[9].

Crooks, H. M., s. Marker, R. E. 893[9], 894[9,12]

Crookston, J., s. Astrup, T. 489[29].

Crosnier, R., P. Girard, J. Renault and S. Goussault: Resorptionsmöglichkeit für $CaCO_3$ 639[19].

Cross, R. J., J. V. Taggart, G. A. Covo and D. E. Green: Ausbeute an energiereichem Phosphat bei der biologischen Oxydation

789[4]. — Koppelung von Oxydationsvorgängen und Phosphatveresterung 831[1]. — Phosphorylierung bei Essigsäureabbau 1035[3]. — Atmungskettenphosphorylierung durch Cyclophorasesystem 1137[6]. — Pyrophosphatanhäufung im Cyclophorasesystem 1140[1].
CROSSBIE, G. W., R. M. S. SMELLIE and J. N. DAVIDSON: Zusammensetzung von Ribonucleinsäuren aus Cytoplasma 1108[1].
CROSSMON, G.: Citronensäure zur Zellkernisolierung 1065[4].
CROWDLE, J. H., and C. P. SHERWIN: Kreatinbildung aus Arginin 946[12].
CROWLEY, M. F., s. CALNAN, W. L. 558[5].
CRUM, C. L., s. BOYD, O. F. 213[7], 639[18].
CRUZ, W. O., s. BALL, E. G. 424[1].
— s. SLYKE, D. D. VAN 432[18], 434[4, 17].
CRZELLITZER, R., s. SABALITSCHKA, T. 25[2].
CSÁKI, L.: Beteiligung von Tyrosinase an Melaninbildung 986[1].
CSÁKY, T.: Resorption von Methylglucosen 220[10].
CSAPÓ, J.: Organische Säuren im Serum von Kleinkindern 326[17].
CSONKA, F. W., s. EDELSTEIN, F. 661[8].
CUBILES, R., s. SCHMIDT, G. 1186[21], 1187[1].
CUCUEL, F., s. STOCK, A. 405[2], 687[11-13], 688[1, 2].
CUÉNOT, L.: Zusammenfassung über Blutgerinnung bei Invertebraten (1934) 475[1].
CULLEN, A., s. STERN, K. 380[13], 381[4].
CULLEN, G. E.: $p_{K'}$ der Kohlensäure im Blut 532[4].
— H. R. KEELER and H. W. ROBINSON: $p_{K'}$ der Kohlensäure im Blut 532[5].
— and H. W. ROBINSON: p_H-Werte im Blut 271[2], 531[1].
— s. DRUCKER, P. 531[1].
— s. EARLE, I. P. 531[2].
— s. ROBINSON, H. W. 532[8, 9].
CULLIS, W. C., s. BRODIE, T. G. 207[7].
CULVER, P. J., s. JONES, C. M. 239[18], 800[15].
CUMMINE, H. G., and R. N. LYONS: Fibrinogen A und B 476[14].
CUMMING, G. R., s. PERRY, W. F. 884[12].
CUNHA, F. M.: Über BEAUMONT und seine Physiologie der Verdauung 30[15].
CUNNINGHAM, B., s. SISCO, R. C. 1168[3].
CUNNINGHAM, I. J.: Cu-Mangel als Ursache einer Lämmerkrankheit 668[10]. — Kupfergehalt von Rinderblut 668[13].
CUNNINGHAM, L., A. C. GRIFFIN and J. M. LUCK: Nucleinsäuregehalt von Zellkernen 1102[9].
— s. GRIFFIN, A. C. 1247[18].
CUNNINGHAM, M., s. GEYER, R. P. 824[1], 832[1].
CUNNINGHAM, R. N.: Extraktion von Secretin aus der Darmschleimhaut 131[10]. — Vasodilatin 142[13]
— and B. A. PETERS: Sichtbarmachung von Blutstäubchen 473[5].
CUNY, S., s. MANDEL, P. 1102[12].
CURCY, C. DE, C. H. GRAY and J. B. LUNNON: Vorkommen von C_{21}-Steroiden in der Placenta 886[30].
CURRENCE, J., s. STOCK, R. 1198[13].
CURRIER, H. B., s. CRAFTS, A. S. 605[1].
CURTIS, F. C., s. HAM, T. H. 477[12].
CURTIS, G. M., and M. B. FERTMAN: Pathognomonische Bedeutung des Blutjodgehaltes 410[7].
— s. COLE, V. V. 680[4], 681[1].
— s. CONNOR, A. C. 410[7].
— s. DAVISON, R. A. 411[1].
— s. KLASSEN, K. P. 410[8].
— s. SWENSON, R. E. 410[7].
CURTIS, H., s. JACKSON, H. jr. 1237[5]
CURTIUS, F., s. THANNHAUSER, S. J. 1233[4].
CURTIUS, T., u. H. FRANZEN: Δ^2-Hexensäure 806[3].
CURTOS, J. M., s. DOISY, A. E. 906[20].
CURZON, E. G., s. MITCHELL, H. H. 641[10].
CUSHNY, A. R., s. WALLACE, G. B. 212[2], 610[1].
CUTHBERT, F. S., and A. C. IVY: Aufnahme unlöslicher Stoffe durch Darmwandzellen 205[4].
CUTHBERRTSON, D. B.: Zusammenfassung über Eiweiß- und Aminosäurestoffwechsel (1947) 909[3].
— and S. L. TOMPSETT: Plasteinbildung bei Eiweißverdauung 917[1].
CUTHBERTSON, E. M., and D. M. GREENBERG: Tierversuche mit chlorarmer Kost 632[3].
— s. GREENBERG, D. M. 632[2], 671[5], 673[7].
CUTHBERTSON, W. F. J., s. SMITH, E. L. 364[6].
CUTLER, C. H., s. BUTTS, J. S. 804[1].
CUTTING, R. A., s. LANDS, A. M. 547[3].
CUTTING, W. C., and G. B. ROBSON: Steigerung der Insulinresorption im Darm durch Chinin 225[16].
— s. HANZLIK, P. J. 225[15].
— s. MARSHALL, E. K. jr. 838[11].
CUYLER, W. K., C. ASHLEY and E. C. HAMBLEN: Bildung von Pregnan-3α,20α-diol aus Desoxycorticosteron 889[8], 893[16].
CYTRONENBERG, S. S., A. L. A. DEL CASTILLO and A. DE LACNICA: Zusammensetzung des Mageninhaltes 86[11].
CZARNETZKY, E. J., s. WEISS, C. 463[7].
CZERNECKI, W.: Oxyproteinsäure in Ergüssen 560[11]. — Arginin als Vorstufe von Kreatin 946[9].
CZEŻOWSKA, Z.: Erregung der Darmsekretion durch Histamin 44[16].
CZONICZER, G., s. THANNHAUSER, S. J. 347[13], 1254[15].
CZUBALSKI, F.: p_H-Wert des Pankreassaftes beim Hund 156[18].

DACHÀ, U.: Resorption von arteigenem Serumeiweiß im Darm 225[2].
— s. LOMBROSO, U. 225[4].
DA COSTA, E., s. HASTINGS, A. B. 644[9].

DAEVES, K., u. A. BECKEL: Buch über Großzahlforschung und Häufigkeitsanalyse (1948) 305[5].
DAGAEW, W. F., s. LONDON, E. S. 221[12], 228[13].
DAHL, S.: Eisengehalt des Blutes 659[11].
DAHLHAUS, H.: Calciumgehalt von Kälberblut 396[14].
DAHMEN, H.: Mucintherapie des Duodenalulcus 72[14].
DAHR, P.: Buch über die Technik der Blutgruppen- und Blutfaktorenbestimmung (1940) 387[5].
DAILEY, M. E., s. FREMONT-SMITH, F. 566[5].
DAKIN, H. D.: Buch über Oxydationen und Reduktionen im Tierkörper (1922) Engl. 909[5]. — Abbau von Aminosäuren im tierischen Organismus 928[5]. — Abbau von γ-Phenyl-α-aminobuttersäure zu Hippursäure 929[3]. — Zuckerbildung aus Serin 942[7]. — Keine Zuckerbildung aus Valin und Leucin 951[5]. — Glucosebildung aus Cystin und Cystein 960[3]. — Zuckerbildung aus Arginin und Ornithin 969[9]. — Acetonkörperbildung aus Histidin 974[5]. — Spaltung aromatischer Verbindungen im Organismus 983[2]. — Acetonbildung aus Tyrosin und Phenylalanin 983[3]. — Glucosebildung aus Tryptophan 987[13]. —
— and H. W. DUDLEY: Zuckerbildung aus L- und D-Alanin 949[1].
— and A. J. WAKEMAN: Acetonkörperbildung aus Histidin 974[5].
— s. KOSSEL, A. 912[3], 968[9], 970[3].
— s. NEWTON, E. B. 979[5].
DALE, D., and C. R. A. THACKER: Einwirkung von p_H-Änderungen auf Herz und Gefäße 1175[5].
DALE, D. U., and L. B. JAQUES: Fibrinolyse 489[15].
DALE, H. H., u. H. W. DUDLEY: Kein Acetylcholin im Blut 352[2].
— and W. FELDBERG: Übertragung der Vaguswirkung auf Magen und Darm durch Acetylcholin 141[6].
— and G. S. WALPOLE: Prothrombindarstellung 478[13].
DALEY, R., s. SMART, G. A. 247[3].
DALGLIESH, C. E., W. E. KNOX and A. NEUBERGER: Keine Bildung von α-Oxytryptophan beim Tryptophanabbau 989[4]. — Alaninabspaltung aus Kynurenin 990[8].
DALLA VOLTA, A.: Bildungsstätte der Plasmaeiweißkörper 288[6].
DALLEMAGNE, M. J.: Buch über Knochenstoffwechsel (1945) Franz. 700[28]. — Zusammenfassung über Physiologie des Stützgewebes (1950) 700[9]. — Chemische Natur der Knochensubstanz 708[9]. — Bindung von Phosphorsäure bei der Verknöcherung 712[3].
— et H. BRASSEUR: Struktur der anorganischen Knochensubstanz 708[1].
DALLEMAGNE, M. J., H. BRASSEUR et J. MÉLON: Struktur der anorganischen Knochensubstanz 708[1].
— J. DERIVAUX et J. MÉLON: Phosphatreiches Futter und Calciumabnahme im Skelet 714[1].
— et J. MÉLON: Polarisationsbild der organischen Knochenmatrix 708[7]. — Organische Reste im Calciumphosphat des Knochens 708[9].
— s. BEAULIEU, M. M. 702[13], 703[2].
— s. BRASSEUR, H. 708[1].
— s. MÉLON, J. 708[8], 710[7].
DALMER, O.: Zusammenfassung über Cholin (1924; 1933; 1936) 135[6].
— s. MOLL, T. 358[7].
DALTON, A. J., s. MAVER, M. E. 1090[128].
DALY, B. M., C. G. JOHNSTON and G. C. PENBERTHY: Thrombinpräparate zur Behandlung von Magenblutungen 500[14].
— s. GUEST, M. M. 489[8], 490[1].
DALY, C., s. DILL, D. B. 532[10].
DALY, M. M., V. G. ALLFREY and A. E. MIRSKY: Zusammensetzung von Desoxyribonucleinsäure 1107[7]. — Einbaugeschwindigkeit von ^{15}N-Glykokoll in Zellkernproteine 1123[5].
DAM, H.: Zusammenfassung über Vitamin K (1942) 194[2]. — Koprosterinbildung durch Kot in vitro 192[4]. — Dihydrocholesterin im Kot 192[12]. — Verschiedene Prothrombinkomponenten 481[9]. — Blutungen bei Küken bei sterinfreier Diät 493[12]. — K-Avitaminose 493[13, 16]. — Cholesterinsynthese im Körper 872[27].
— u. G. C. BRUN: Resorption von Dihydrocholesterin 249[1].
— and J. GLAVIND: Behandlung cholämischer Blutungen mit Vitamin K 499[10].
— u. F. SCHØNHEYDER: K-Avitaminose 493[14].
— F. SCHØNHEYDER and E. TAGE-HANSEN: Prothrombinmangel bei K-Avitaminose 493[18].
— and E. SØNDERGAARD: Verschiedene Prothrombinkomponenten 481[9].
— s. GLAVIND, J. 26[13].
— s. SCHÖNHEIMER, R. 872[19].
DAMBOVICEANU, A.: Harnstoffgehalt im Katzen- und Pferdeblut 342[10].
DAMIENS, A.: Zusammenfassung über Brom im Körper der Lebewesen (1938) 699[14]. — Vorkommen von Brom im Organismus 699[25].
DANCKWORTT, P. W.: Bleigehalt der Hefe 404[12]. — Giftwirkung von Fluor 697[14].
DANFORTH, D. N., P. K. BOYER and S. GRAF: Konzentration an Serumeiweißkörpern während des Menstruationscyklus 300[7]. — Einfluß der Menstruation auf die Erythrocytenzahl 418[12].
D'ANGELO, S. A., and A. S. GORDON: Gehalt von Blut an Thyroxin und thyreotropem Hormon 367[12].

Die Seiten 1—840 befinden sich im Bandteil a, die Seiten 841—1257 im Bandteil b.

DÁNIEL, E. v., u. T. BÉRES: Fraktionierung der Carotinoide des Blutserums 357^{5}.
DANIEL, L. J., M. L. SCOTT, L. C. NORRIS and G. F. HEUSER: Wirkung von Pterinen und Pyrimidinen auf die Blutbildung 467^{13}.
DANIEL, R. J., and W. DORAN: Vorkommen von Cholesterin in der Miesmuschel 870^{3}.
DANIELLI, J. F.: p_H-Differenz zwischen Oberfläche und Innerem einer Flüssigkeit 1158^{4}. — Berechnung des p_H an der Zellaußenfläche 1167^{3}. — DONNAN-Gleichgewicht für einwertige Kationen an Zellgrenzen 1168^{1}. — Eiweißfehler von Indikatoren 1170^{4}.
— H. B. FELL and E. KODICEK: Bedeutung der Phosphatase für Bildung kollagener Fasern im Knochen 712^{8}.
— s. DAVSON, H. 423^{3}, 425^{10}.
DANIELS, A. L.: Magnesiumbedarf von Knaben 636^{14}.
— and G. J. EVERSON: Mn-arme Diät bei Mäusen 672^{8}.
— and L. M. HEJINIAN: Zunahme der Harnsäureausscheidung bis zur Pubertät 1238^{8}.
— and M. K. HUTTON: Aluminiumwirkung auf die Fortpflanzung 685^{18}.
— and O. E. WRIGHT: Kupferbedarf von Kindern 667^{10}.
DANIELSON, I. S.: Vorkommen von Kreatinin im Blut 348^{10}.
— H. I. CHU and A. B. HASTINGS: Pufferkurven für Phosphat-H_2CO_3-Systeme 1162^{3}. Fermenthemmung durch Fe^{+++} 1169^{7}. — p_H des ruhenden Muskels 1166^{7}.
DANN, M., E. MARPLES and S. Z. LEVINE: Imbecillitas phenylpyruvica 981^{6}.
— s. LEVINE, S. Z. 981^{5}.
DANN, W. J., s. HANDLER, P. 961^{13}.
DANNENBAUM, H., s. BUTENANDT, A. 897^{4}.
DANOWSKI, T. S.: Na-arme Kost bei Oedemen 622^{3}. — Klinische Bedeutung von Kaliummangel 627^{10}.
— and J. R. ELKINTON: Zusammenfassung über Kaliumstoffwechsel (1951) 623^{3}.
— J. R. ELKINTON, B. A. BURROWS and A. W. WINKLER: Kaliumgehalt der Zellen bei familiärer paroxysmaler Lähmung 628^{8}.
— P. M. HALD and J. P. PETERS: Veränderungen im Na- und K-Gehalt von Erythrocyten bei Acidose 428^{4}. — Ca-Gehalt der Erythrocyten 428^{4}.
— J. H. PETERS, J. C. RATHBUN, J. M. QUASHNOCK and L. GREENMAN: Na- und K-Austausch der Zelle im diabetischen Koma 622^{11}.
— s. ELKINTON, J. R. 598^{8}, 622^{1}, $624^{2,5}$.
— s. GREENMAN, L. 622^{4}.
— s. WINKLER, A. W. 620^{11}.
DAOUST, R., s. STEVENS, C. E. 1103^{7}, 1121^{2}.
DARBY, W. J., P. F. HAHN, M. M. KASER, R. C. STEINKAMP, P. M. DENSEN and M. B. COOK: Eisenbedarf kleiner Kinder 659^{8}.
DARBY, W. J., and H. B. LEWIS: Keine Urocaninsäurebildung aus Histidin 975^{13}.
— s. HAHN, P. F. 659^{7}.
— s. WOODRUFF, C. W. 467^{8}, 984^{9}.
DARGUZAS, V., s. STAFFE, A. 382^{13}.
DARLING, R. C.: Zusammenfassung über Blutgastransport (1950) 500^{22}.
DARLING, S., s. ASTRUP, T. 478^{15}, $487^{7,8,13}$.
DARROW, D. C.: Zusammenfassung über Gewebewasser und Elektrolyte (1944) 546^{8}. Extra- und intracellulärer Raum 598^{7}. — Gefahrengrenze bei Kaliumverlust 627^{14}. Behandlung der Diarrhoe beim Kleinkind durch Kalium 628^{2}.
— R. SCHWARTZ, K. J. F. IANNUCCI and F. COVILLE: K-Austausch der Zelle 624^{4}.
— s. CRISMON, J. M. 627^{2}.
— s. GOVAN, C. D. 209^{5}.
— s. HARRISON, H. E. 599^{2}.
DAS, N. B., s. EULER, H. v. 935^{6}, 949^{15}, 950^{1}.
DASEF, L., s. HAMILTON, B. 367^{14}.
DAS GUPTA, S. M., s. WILSON, H. E. C. 249^{10}.
DASTRE, A.: Fettresorption im Dünndarm 245^{6}. — Fibrinolyse 297^{6}.
DAUBARD, s. ROSSI P. 27^{10}.
DAUBEN, W. G., s. BLOOM, B. 237^{18}, 238^{11}, 798^{10}, 843^{16}.
— s. CHAIKOFF, I. L. 236^{9}, 763^{1}, 798^{11}, 824^{2}, 871^{4}, 878^{4}.
— s. GOLDMAN, D. S. 848^{1}.
— s. MASORO, E. J. 766^{10}, 835^{3}.
— s. SRERE, P. A. 874^{9}, 884^{7}.
— s. WEINMAN, E. O. 805^{3}, 856^{3}, 860^{6}.
DAUBENMERKL, W.: Vitamin C-Gehalt des Blutes $364^{8,12}$, $365^{9,10}$, 454^{7}. — Vitamin C-Bestimmung 365^{19}.
DAUBERT, B. F., s. O'CONNELL, P. W. 336^{9}.
DAUM, K., s. OSBORN, M. 877^{13}.
DAUS, L., M. MEINKE and M. CALVIN: Propionsäureabbau durch Leberschnitte 809^{1}.
DAUS, L. L., s. BUCHANAN, J. G. 1063^{2}.
DAUS, M. A., s. HIRSCHMANN, H. 888*, 894^{8}.
DAVENPORT, H. W.: Zusammenfassung über Kohlensäureanhydratase (1946) 1174^{7}. — Kohlensäureanhydratase der Magenschleimhaut $38^{10,11}$, 60^{19}, 522^{5}. — Steigerung der Oxydationen in der Magenschleimhaut durch Histamin 60^{13}. — Hemmung der Kohlensäureanhydratase 60^{20}, 521^{12}. — Mechanismus der Salzsäuresekretion im Magen 630^{3}.
— and R. B. FISHER: Kohlensäureanhydratasegehalt der Magenschleimhaut 38^{11}.
— and V. JENSEN: Hemmung der Kohlensäureanhydratase 60^{20}.
DAVEY, D. G.: Resorptionsfähigkeit der Pansenschleimhaut 99^{2}.
DAVIDE, H.: Beteiligung der Erythrocytenmembran an der Fibrinogenbildung 475^{14}.

DAVIDSOHN, H.: Aktivitäts-p_H-kurven von Magenschleimhautextrakt und Magensaft 39[6]. — Bildung der Magenlipase in den Fundusdrüsen 83[16]. — Magenverdauung beim Säugling 97[8].
DAVIDSON, C. S., s. COOPER, A. M. 954[21].
— s. LEWIS, J. H. 497[16].
— s. MINOT, G. R. 497[16].
— s. TAGNON, H. J. 484[5], 489[3,16].
DAVIDSON, D., s. BAUDISCH, O. 1228[14].
DAVIDSON, J. N.: Zusammenfassung über Nucleoproteine, Nucleinsäuren und verwandte Stoffe (1949) 1177[22]. — Einbau von Aminosäuren in Lebereiweiß 924[6]. — Bedeutung der Ribonucleinsäuren für die Eiweißsynthese 926[3]. — Pentosenucleinsäuregehalt der Leber bei Schwangerschaft 1190[10]. — ^{32}P-Aufnahme durch schnellwachsendes Gewebe 1191[6]. — Eisengehalt der Uricase 1210[5,8]. — Zinkgehalt der Uricase 1210[8]. — Verschwinden der basophilen Cytoplasmagranula bei Hunger 1239[3].
— and R. C. GARRY: Resorptionsgeschwindigkeit verschiedener Monosaccharide 219[1]. — Geschwindigkeit der Xyloseresorption 223[8].
— and R. A. LAWRIE: Aminosäurezusammensetzung von Zellkernproteinen 1112[3].
— and I. LESLIE: DNS-Gehalt des Zellkerns als Bezugsbasis 1103[8].
— I. LESLIE and C. WAYMOUTH: Nucleotidgehalt von Hühnerherzfibroblasten 1191[14].
— I. LESLIE and J. C. WHITE: Nucleinsäuregehalt von Zellkernen 1102[5].
— and W. M. MCINDOE: Nucleinsäuregehalt von Zellkernen 1102[7].
— W. M. MCINDOE and R. M. S. SMELLIE: Ribonucleotidsynthese in Zellfraktionen 1121[7].
— and W. RAYMOND: Einbau von ^{15}N in Nucleinsäuren 1190[8]. — ^{32}P-Aufnahme durch schnellwachsendes Gewebe 1191[7]. — Ausgangsstoffe für die Nucleinsäuresynthese 1192[5]. — Vorkommen von Uracil 1226[3]
— and C. WAYMOUTH: Säurelösliche Purinnucleotide in embryonalem Gewebe 1185[17]. — Verschwinden der basophilen Granula bei Hunger 1239[4]. — Nucleinsäuregehalt von Tumoren 1247[15]
— s. ANDREW, B. L. 208[5], 222[11].
— s. CROSSBIE, G. W. 1108[1].
— s. MCINDOE, W. M. 1098[12], 1101[1], 1102[16], 1107[2], 1119[1], 1121[6].
— s. SMELLIE, R. M. S. 1120[17], 1122[5], 1123[6].
— s. THOMSON, R. Y. 1102[17], 1103[9].
DAVIES, D. R., s. ALDRIDGE, W. N. 375[2,9].
DAVIES, D. V.: Menge der Gelenkflüssigkeit beim Hund 579[11]. — Viscosität der Gelenklymphe 580[7]. — N-Gehalt der Gelenklymphe vom Rind 581[11].
DAVIES, R., s. HOAGLAND, D. 1173[3].
DAVIES, R. E.: Zusammenfassung über Mechanismus der Salzsäurebildung im Magen (1951) 58[9]. — Stoffwechsel der Magenschleimhaut 60[4,5]. — Negativer R. Q. des säuresezernierenden Magens 61[2]. — Mechanismus der Salzsäuresekretion im Magen 630[2]. — Entstehung von HCO_3^- bei HCl-Bildung im Magen 1174[7].
— and J. EDELMAN: Hemmung der Kohlensäureanhydratase 60[21].
— and H. L. KORNBERG: Urease und Salzsäurebildung im Magen 37[4], 85[14].
— and M. N. LONGMUIR: Stoffwechsel der Magenschleimhaut 60[6]. — Steigerung der Oxydation in der Magenschleimhaut durch Histamin 60[12]. — Ursachen der Entstehung des Magenulcus 61[1].
— N. M. LONGMUIR and E. E. CRANE: Elektrochemische Arbeit bei der Salzsäureproduktion im Magen 61[3].
— and A. G. OGSTON: Theorie der Salzsäurebildung im Magen 60[10]. — Energiebedarf der Salzsäurebildung im Magen 61[4]. — Energiequellen für die Salzsäurebildung in der Magenschleimhaut 62[5]. — Mechanismus der Salzsäuresekretion im Magen 630[1].
— and F. J. W. ROUGHTON: Stoffwechsel der Magenschleimhaut 60[5].
— and D. H. SMYTH: Erregung der Magensaftsekretion durch Histamin 43[27].
— and C. TERNER: Stoffwechsel der Magenschleimhaut 60[9].
— s. BARTLEY, W. 1129[5].
— s. BRADFORD, N. M. 59[5,9].
— s. CRANE, E. E. 59[10], 60[7], 61[2,4,6,10,15], 62[3,4], 1174[7].
— s. KORNBERG, H. L. 85[15].
DÁVILA, M., s. HUIDOBRO, F. 216[5].
DAVIS, A. K., s. FLANAGAN, J. B. 627[7].
— s. ZILVERSMIT, D. B. 333[1].
DAVIS, A. R., E. B. NEWTON and S. R. BENEDICT: Codehydrogenase in Rindererythrocyten 451[8]. — Harnsäureribosid aus Blut 1185[16], 1198[20], 1211[13].
— s. HOAGLAND, D. R. 1173[3].
— s. NEWTON, E. B. 1198[21], 1211[14].
DAVIS, B. D.: Diaminopimelinsäure als Lysinvorstufe bei E. coli 968[5].
— s. COHN, E. J. 300[3].
— s. VOGEL, H. J. 987[4].
DAVIS, C. B. jr., s. GOULD, G. 875[3].
DAVIS, G. K., s. COMAR, C. L. 401[10], 429[8], 430[1], 666[13], 673[5], 686[11].
— s. WALLACE, H. D. 640[13].
DAVIS, J. H., s. HOLDEN, W. D. 487[15]
DAVIS, M. E., s. HUGGINS, C. 490[4].
DAVIS, R. C., s. CANTAROW, A. 348[18]
DAVISON, R. A., and G. M. CURTIS: Fraktionierung der Jodverbindungen in der Schilddrüse 411[1].

Davson, H.: Kaliumsalze in Erythrocyten 428[1].
— and J. F. Danielli: Buch über die Permeabilität natürlicher Membranen (1943) Engl. 423[3]. — Ionendurchlässigkeit der Erythrocytenmembran 425[10].
— and E. Ponder: Reversion der Hämolyse 420[2].
— and J. M. Reiner: Aktive Membrandiffusion 423[5].
— s. Campbell, P. N. 220[11].
Dawes, E. A., J. Dawson and F. C. Happold: Mechanismus der Indolbildung aus Tryptophan 995[5].
— and F. C. Happold: Mechanismus der Indolbildung aus Tryptophan 995[5].
Dawson, I. M.: Struktur der anorganischen Krystallite des Knochens 708[5].
Dawson, J., s. Dawes, E. A. 995[5].
Dawson, M. H., s. Meyer, K. 580[5,10].
Dawson, R. M. C., and D. Richter: Stoffwechsel der P-Fraktionen des Gehirns 648[4].
— s. Richter, D. 569[8].
Day, A. A., s. Kendall, A. I. 172[10].
— s. Werch, S. C. 188[4].
Day, H. G., and E. V. McCollum: Folgen von Zinkmangel bei der Ratte 403[6]. — Wachstumsstörungen bei zinkfreier Ernährung 677[15]. — Rachitogene Diät 713[12], 717[2].
— and B. E. Skidmore: Wachstumsstörungen bei zinkfreier Ernährung 677[16].
— s. Proehl, E. C. 745[8].
Day, J. J., and D. R. Webster: Hemmung der Magensaftsekretion durch Salzsäure 45[17].
Day, J. N. E., and P. Sheel: Verhalten von ^{18}O im Stoffwechsel 615[2].
Day, P. L., s. Dinning, J. S. 470[2].
— s. Totter, J. R. 924[8], 941[2].
Dayton, A. B., s. Goldschmidt, S. 215[5].
De, N. K., s. Boyd, T. C. 398[17].
Dean, H. T., F. A. Arnold jr., E. Elvove, D. C. Johnston and E. M. Short: Fluorgehalt des Trinkwassers und Caries 698[5].
— F. A. Arnold jr., P. Jay and J. W. Knutson: Fluorgehalt des Trinkwassers und Caries 698[5].
— P. Jay, F. A. Arnold jr. and E. Elvove: Fluorgehalt des Trinkwassers und Caries 698[5].
— P. Jay, F. A. Arnold jr., D. C. Johnston and E. M. Short: Fluorgehalt des Trinkwassers und Caries 698[5].
Dean, R. B., T. R. Noonan, L. Haege and W. O. Fenn: Aufnahme von radioaktivem K durch Erythrocyten 423[2].
Deane, H. W., J. H. Shaw and R. O. Greep: Veränderung der Nierenhistologie durch Na-Gehalt der Nahrung 620[15].
Deasy, C. L., s. Borsook, H. 909[3], 924[1,2,9–11], 925[1,4–6], 926[4], 927[1], 1145[4], 1146[1].
Deatherage, C. F.: Fluorgehalt des Trinkwassers und Caries 698[6].
Debay, A.: Zusammenfassung über Cholin und Acetylcholin (1951) 135[18]. — Hormone der Darmbewegung 109[10].
Debov, S. S., s. Zbarskij, I. B. 1112[7].
DeBusk, B. G., s. Reed, L. J. 1039[1,2,4].
Decker, A. B., s. Mead, J. F. 246[4], 801[1].
Decker, C. T.: Senkungsgeschwindigkeit und Temperaturabnahme 265[8].
Decker, P., s. Riffert, W. 319[13].
Deco, M., et P. Clémens: Carotin- und Vitamin A-Gehalt des Blutes 358[9].
Decourt, J., s. Loeper, M. 653[5].
Dees, J. E.: Fibringerinnsel zur Entfernung von Nierensteinen 500[10].
— s. Neurath, H. 500[9].
Deetjen, H.: Auflösung der Thrombocyten durch Alkali 490[9].
— s. Abderhalden, E. 424[14], 472[9].
Deffner, M., s. Franke, W. 737[9].
Degan, C.: Endogene Harnsäureausscheidung 1200[6]. — Wirkung von Aminosäuren auf Harnsäureausscheidung 1241[10,12,20].
Degkwitz, R. u. a.: Lehrbuch der Kinderheilkunde (1933) 572[1]. — Durchmesser der Blutplättchen 470[14].
Dejardin, J., et A. Lambrechts: Eisengehalt des Blutes 399[10].
Dekker, C. A., and D. T. Elmore: 5-Methylcytosin als DNS-Baustein 1105[3].
— and A. R. Todd: Uracildesoxyribosid 1185[15]. — Vorkommen von Uracil 1226[5].
Delachaux, A., s. Vannotti, A. 400[7], 431[20], 655[30], 660[1].
Delage, P.: Lipoidbindung an Eiweiß 331[6].
Delange, L., s. Bordet, J. 476[4,6], 478[16], 486[6].
Delaunay, A., J. Pages et M. Maurin: Atmung der Leukocyten 458[10].
Delaunay, H.: Amino-N-Gehalt in V. portae und Arterien 913[6].
— et M. Polonovski: Buch über den Stoffwechsel des Ammoniaks (1935) Franz. 616[8].
Delbet, P., et Palios: Wirkung von Mg auf scorbutische Meerschweinchen 636[22].
Delezenne, C.: Gewinnung von reinem Pankreassekret 161[1]. — Blutplättchen als Quelle der Thrombokinase 483[3].
— et E. Fourneau: Wirkung der Schlangengiftlecithinase aus Kephalin 851[2].
— et A. Frouin: Tryptische Inaktivität von frisch sezerniertem Pankreassaft 161[2].
Delhougne, F.: Schwefel- und Phosphorgehalt im Magensaft 66[8]. — Aminosäureresorption im Magen 228[11].

Die Seiten 1—840 befinden sich im Bandteil a, die Seiten 841—1257 im Bandteil b.

DELL'ACQUA, G.: Vermehrung des Serummagnesiums nach Prolan 398[9].
DELLUVA, A. M., s. BUCHANAN, J. M. 838[4], 944[10], 1205[11], 1206[4].
— s. GURIN, S. 834[6], 837[3], 984[16].
— s. SONNE, J. C. 838[4], 944[8,14], 945[1], 1206[5,7].
DELLWEG, H., s. WEYGAND, F. 1193[1].
DELOCH, E.: Duodenalinhalt des Menschen 169[10].
DELORY, G. E., and J. JACKLIN: Vorkommen von Kreatin im Blut 348[12].
— s. KING, E. J. 450[9].
DELRUE, G.: Stoffwechsel der Magenschleimhaut 60[3].
DELSAL, J. L., and M. MACHEBOEUF: Lecithingehalt von Pferdeserum 335[3].
D'ELSEAUX, F. C., F. C. BLACKWOOD, L. E. PALMER and K. G. SLOMAN: Schwankungen des p_H-Wertes im arteriellen Blut 531[5].
DELTOUR, G.-H., s. ROCHE, J. 710[9], 711[2,13], 712[6].
DELWICHE, C. C., W. D. LOOMIS and P. K. STUMPF: Glutamin-Asparagin-Transferase 920[7].
DELWICHE, E. A.: Pyridoxalphosphat als Coenzym der Desulfurierung von Cystein 958[5].
DEMANT, B.: Darmsaft des Menschen 143[6].
DÉMAUX, G., s. COLAS, J. 226[14], 646[15].
DEMEIO, R. H., A. E. RAKOFF, A. CANTAROW and K. E. PASCHKIS: Oxydativer Abbau der C_{18}-Steroide in der Leber 905[12].
— M. WIZERKANIUK and E. FABIANI: Veresterung von Phenolen im Cytoplasma 1153[22].
DEMING, M., s. COMROE, J. H. jr. 615[4].
DEMLING, L., s. HENNING, N. 47[5], 49[11], 56[3], 68[15], 69[2], 86[15], 216[2].
DEMME, H.: Buch über die Liquordiagnostik in Klinik und Praxis; 2. Aufl. (1950) 564[9].
DEMOLE, M., s. MILHAUD, G. 78[5], 79[2], 81[3].
DEMOLE, V., et H. BERSOT: Übergang von Lactoflavin aus dem Liquor ins Blut 574[13].
— u. M. REINERT: Verhinderung der Blutgerinnung durch Liquoid 491[3].
DEMOLON, A., et A. DUNEZ: Hemmung der N-Assimilation bei Leguminosen durch Nitrate 617[10].
DEMPSEY, E. W., s. WISLOCKI, G. B. 462[5], 472[6], 712[7].
DENIS, P.-S.: Buch über neue chemische, physiologische und medizinische Untersuchungen (1856) Franz. 476[1].
DENIS, W., and L. REED: Oxydation von Schwefelwasserstoff zu Sulfat im Tierkörper 959[8].
— s. FOLIN, O. 228[5], 911[2], 913[7,10], 928[1], 1225[6].
— s. HUME, H. V. 170[1].
DENKO, C. W., W. E. GRUNDY and J. W. PORTER: Pantothensäuregehalt des Blutes 363[5]. — Vitamin H-Gehalt von Blutplasma 366[6].
DENNIG, A.: Wasserhaushalt bei Wassermangel 596[7].
DENNIS, C., and M. B. VISSCHER: Resorption von Salzlösungen 210[1].
DENNIS, R. W. G.: Zusammenfassung über Borstoffwechsel (1937) 688[24].
DENNISON, M., s. SAMPSON, M. M. 229[7].
DENSEN, P. M., s. DARBY, W. J. 659[8].
— s. HAHN, P. F. 659[7].
DENSTEDT, O. F., s. OSBORNE, D. E. 467[18].
— s. SAFFRAN, M. 644[15].
DENT, C. E.: Resorption von Peptonen und Polypeptiden aus dem Darm 225[4]. — Ausscheidung von Aminosäuren im Harn 954[21].
— and H. HARRIS: Ausscheidung von Aminosäuren im Harn 954[21].
— and G. A. ROSE: Ausscheidung von Aminosäuren im Harn 954[21].
— and J. A. SCHILLING: Resorption von arteigenem Serumeiweiß im Darm 225[3]. — Resorption von Eiweiß in Form von Aminosäuren 226[12].
DENTON, C. A., s. LILLIE, R. J. 467[2].
— s. MACHLIN, L. J. 964[4].
DERIBAS, D., et J. KORNMANN: Katalasegehalt des Blutes 382[14].
DERICK, C., s. FOLIN, O. 1208[12], 1211[18], 1212[4], 1213[18].
DERIVAUX, J., s. DALLEMAGNE, J. 714[1].
DERJUGIN, W. v., s. BUTENANDT, A. 989[1], 994[7].
DERN, R. J., s. BLAIR, H. A. 216[1].
DERNBY, K. G.: Eiweißfäulnis im menschlichen Dünndarm 173[5].
DÉROT, M., s. RATHERY, F. 348[16].
DERRIEN, E., et P. CHRISTOL: Zinkausscheidung bei Porphyrurie 677[8].
DERRIEN, Y.: Bestimmung der Serumeiweißfraktionen durch Aussalzung 308[1].
— s. ROCHE, J. 299[4].
DERVICHIAN, D., et C. MAGNANT: Phosphatide als Membranbausteine 867[5].
DERVICHIAN, D. G., G. FOURNET et A. GUINIER: Zustand des Hämoglobins im Erythrocyten 1012[1].
DESBARATS, M. L., s. HOFFMAN, M. M. 249[5].
DESCAMPS, A., s. FRÉDERICQ, H. 1251[5].
DESEÖ, D. v.: Refraktionswert von Serumbestandteilen 273[4].
DESGREZ, A.: Anregung der Pankreassekretion durch Cholin 141[5].
DESGREZ, P., s. BÉNARD, H. 372[21], 443[4].
DESMARAIS, A., and J. LEBLANC: Förderung der Corticosteroidsynthese durch ACTH 885[17].
DESNUELLE, P.: Förderung der Wirkung der Pankreaslipase durch Ca-ionen 233[5]. — Homocystein-desulfhydrase 966[14].

Die Seiten 1—840 befinden sich im Bandteil a, die Seiten 841—1257 im Bandteil b.

DESNUELLE, P., et M. J. CONSTANTIN: Förderung der Pankreaslipase durch Ca-ionen 233[5]. — Gleichzeitige Resorption von Fettsäuren und Glyceriden 800[1].
— M. NAUDET et M. J. CONSTANTIN: Bedeutung von Ca-ionen für Aktivität der Pankreaslipase 233[5], 799[10].
— M. NAUDET et J. ROUZIER: Bedeutung von Ca-ionen für Aktivität der Pankreaslipase 799[9].
— s. FROMAGEOT, C. 966[14].
DESREUX, V., s. PIROTTE, M. 1090[77], 1129[12].
DESRUISSEAUX, G., s. ROCHE, J. 679[14].
DEUEL, H. J. jr.: Pyrimidinabbau zu Harnstoff und Ammoniak 1228[10].
— A. L.-S. CHENG and M. G. MOREHOUSE: Resorbierbarkeit der Erucasäure 245[12].
— S. M. GREENBERG, L. ANISFELD and D. MELNICK: Linolensäurebedarf von Ratten 820[8].
— and L. HALLMAN: Ausnutzung einsäuriger Triglyceride 246[13].
— L. F. HALLMAN, P. O. GREELEY, J. S. BUTTS and N. HALLIDAY: Acetessigsäureabbau in Niere und Muskel 827[10].
— L. HALLMAN and A. LEONARD: Resorbierbare Fettmenge bei Ratten 246[11].
— L. F. HALLMAN, S. MURRAY and L. T. SAMUELS: Förderung der Glucoseresorption durch Insulin 218[15].
— L. HALLMAN and A. REIFMAN: Resorptionsgeschwindigkeit von Fettsäuren 236[5].
— and L. B. MENDEL: Pyrimidinabbau zu Harnstoff und Ammoniak 1228[12].
— I. SANDIFORD, K. SANDIFORD and W. M. BOOTHBY: Eiweißspeicherung 911[5]. — Abbaustufen von Körpereiweiß 928[2].
— s. AUGUR, V. 232[7], 800[14].
— s. BELL, G. H. 993[7].
— s. BUTTS, J. S. 804[1].
— s. CHENG, A. L.-S. 801[4].
— s. CROCKETT, M. E. 246[12], 800[8].
— s. GANGULY, J. 1090[99], 1151[3].
— s. GREENBERG, S. M. 820[7].
— s. HOLMES, A. D. 800[5].
— s. MATTSON, F. H. 197[1].
— s. MOREHOUSE, M. G. 248[3].
— s. NIEFT, M. L. 236[1], 248[19].
— WIESE, C. E. 197[2].
DEUTICKE, H. J., s. EMBDEN, G. 749[1], 752[6].
DEUTSCH, A., s. BUCHTHAL, F. 1185[12].
DEUTSCH, E.: Inulinbestimmung 319[5]. — Vitamin B_1-Gehalt im Blut 361[10], 362[1]. Vitamin B_1-Bestimmung 362[11].
DEUTSCH, H. F., s. HESS, E. L. 307[11].
DEUTSCH, V., s. PAÏC, M. 286[7], 305[8].
DEUTSCH, W., u. R. LASER: Pyrimidinnucleosidase 1188[17]. — Reversible Phosphorolyse von Pyrimidinnucleosiden 1195[14].
— u. K. RÖSLER: Nucleotidasegehalt von Leukocyten 463[4].
DEVINE, J., s. CHANNON, H. J. 239[13].
DEWAN, J. G., s. GREEN, D. E. 1236[1-3].
DEWAR, M. M., s. BISCHOFF, F. 540[2]
DEWAR, M. R.: p_H im menschlichen Speichel 19[9].
DEWEY, D. L., and E. WORK: Decarboxylase für Diaminopimelinsäure in E. coli 968[8].
DEWEY, D. W., s. QUINLAN-WATSON, T. A. F. 1066[7].
DEXTER, S. O., s. GESSLER, C. J. 78[2].
DEY, F., s. GILBERT, N. C. 1251[15].
DHÉRÉ, C.: Kupfergehalt von Hämocyanin 665[19].
DIAMOND, L. K., and N. M. ABELSON: Thermostabilität der blockierenden Antikörper 389[5].
— s. ONCLEY, J. L. 305[9].
DIANZANI, M. U.: Intracelluläre Verteilung von Glucose- und Alkoholdehydrogenase 1090[31]. — Intracelluläre Verteilung von Milchsäuredehydrogenase 1090[35]. — Intracelluläre Verteilung von α-Glycerophosphat-dehydrogenase 1090[36]. — Permeabilität der Mitochondrienmembranen 1129[3]. — Inaktivierung der Mitochondrien-Succinoxydase 1133[1].
DIAZ, C. J., F. BIELSCHOWSKY u. J. R. MIÑÓN: Wassergehalt von menschlichem Blut 391[6].
DIAZ, D., s. SOCONDAT, M. 324[10].
DIBBELT, L., K. HINSBERG u. H. ESSER: Pregnandiolähnliche Metabolite des Progesterons 895[3].
DIBBELT, W.: Umbauvorgänge im Knochen bei Halisterese 719[4].
DICK, A. T., and L. B. BULL: Kupferbestand der Leber nach Molybdänzufuhr 686[12].
DICKENS, F.: Citronensäuregehalt des Knochens 702[11]. — Oxydation von Ribosephosphat durch Hefe 737[3]. — Citronensäurestoffwechsel im Gewebe 1059[9]. — Citronensäureverteilung in der Maus 1061[4]. — Abbau der Phosphogluconsäure 1062[2].
— and G. E. GLOCK: Abbau der Phosphogluconsäure 1062[5].
— and H. WEIL-MALHERBE: Stoffwechsel der Jejunalschleimhaut 106[1].. — Harnsäureabbau in Hepatomen 1210[10].
DICKER, S. E.: Vergleich verschiedener Methoden der Bluteiweißbestimmung 295[4].
DICKERMAN, H. W., s. KRETSCHMER, N. 1090[124].
DICKMANN, S. R., and A. A. CLOUTIER: Bedeutung von Fe(II)-Ionen für Aconitasewirkung 1051[6].
DICZFALUSY, E.: Progesteron in der Placenta 886[26]. — Oestron und Oestriol in der Placenta 904[9].
DIECKHOFF, J.: Acetylcholingehalt von Liquor cerebrospinalis bei Meningitis 570[4]. — Histamingehalt von Liquor cerebrospinalis 570[11].

DIECKMANN, H., u. H. MOHR: Blut-p_H bei Krebskranken 543[3].
DIEHL, F.: Restkohlenstoff im Hundeblut 330[5].
DIEMAIR, W., B. BLEYER u. W. SCHMIDT: Phosphatidgehalt von Getreidesamen 842[1].
— J. KOCH u. R. ZACHARIAS: Reduktion von Eisen im Verdauungskanal 657[6].
DIENST, C.: Beziehungen zwischen Salzsäure- und Chloridgehalt im Magensaft 57[8]. — Parallelität von Pepsin- und Salzsäureabsonderung 74[6].
— u. H. VAN BEBBER: Kein Zusammenhang zwischen Vitamin A-Gehalt des Blutes und Alter 359[3].
— M. GLEES u. H. VAN BEBBER: Kein Zusammenhang zwischen Vitamin A-Gehalt des Blutes und Alter 359[3].
DIETRICH, A.: Zusammenfassung über Störungen des Kreislaufs (1928) 261[4].
DIETSCHY, R., s. MORAWITZ, P. 914[16].
DIETZ, A. A.: Fettgehalt des Knochenmarks 702[14].
DIEULAFAIT, L.: Zinkgehalt des Meerwassers 675[15].
D'IGNAZIO, C., e G. SOTGIU: Uricämie und Uricurie nach Adrenalin 1230[23]. — Uricämie nach Insulin 1232[6]. — Harnsäureausscheidung nach Glucosezufuhr 1242[13].
DILL, D. B., C. DALY and W. H. FORBES: $p_{K'}$ der Kohlensäure im Blut 532[10].
— and W. H. FORBES: Zusammenfassung über Blutgastransport (1947) 500[18].
— s. HENDERSON, L. J. 539[2].
— s. HOCHREIN, M. 540[3].
DILL, W. A., s. GLAZKO, A. J. 369[17].
DILLE, R. S., and C. H. WATKINS: Katalase im Blut 384[14], 449[7].
DILLON, M. L., G. R. COOPER and V. MENKIN: Anregung der Leukocytenausschüttung durch Protein aus Transsudaten 560[3].
DILLON, R. T., s. LEVENE, P. A. 128[6], 129[3].
— s. SENDROY, J. jr. 502[2].
— s. SLYKE, D. D. VAN 502[1], 505[2].
DILUZIO, N. R., s. ZILVERSMIT, D. B. 862[4].
DIMITRIU, C. C., et L. SCHWARTZ: Beziehungen zwischen Blut- und Gewebechlorid 408[1].
DIMMITT, F. W., s. ROSE, W. C. 946[3].
DIMROTH, K., L. JAENICKE u. E. W. BECKER: Ausgangsstoffe für die Nucleinsäuresynthese 1192[9]. — Purinsynthese aus Serin 1220[2].
DIMTER, A.: Zusammensetzung des Restunverseifbaren im Blut 339[3,4].
DINGEMANSE, E.: Dehydroisoandrosteron ein Artefakt? 901[2].
— and L. G. HUIS IN'T VELDT: Testosteronbildung im Ovar 896[9]. — Herkunft von Dehydroandrosteron 900[6]. — Dehydroisoandrosteron ein Artefakt? 901[1]. — iso-Androstan-6-ol-17-on im Harn 901[4]. Ausscheidung von Androstanderivater bei der Frau 901[9]. — Aetiocholan-3α, 11β-diol-17-on im Harn 902[9].
DINGEMANSE, E., L. G. HUIS IN'T VELD and S. L. HARTOGH-KATZ: iso-Androstan-6-ol-17-on im Harn 901[3]. — Fraktionierung der 17-Ketosteroide 903[11].
— L. G. HUIS IN'T VELD and B. M. DE LAAT: Steroidtrennung durch Säulenchromatographie 879[6]. — Fraktionierung der 17-Ketosteroide 903[10].
— E. LAQUEUR and O. MÜHLBOCK: Oestron im Männerharn 906[15].
— s. HUIS IN'T VELD, L. G. 896[10], 901[10].
DINNING, J. S., H. M. BRIGGS, W. D. GALLUP, H. W. ORR and R. BUTLER: Harnstoffgehalt im Pfortaderblut vom Widder 342[11].
— L. D. PAYNE and P. L. DAY: Notwendigkeit von Methylgruppen und Vitamin B_{12} für Leukocytenbildung 470[2].
— s. YOUNG, J. M. 1246[4].
DION, H. W., D. G. CALKINS and J. J. PFIFFNER: Pseudovitamine B_{12} 1180[2]. — Adeninnucleotidgehalt von Fermenten 1184[10]. — Adenylsäure in Pseudovitaminen B_{12} 1236[16]. — Umwandlung von Pseudovitaminen B_{12} in Vitamine B_{12} 1244[7].
D'IORO, A., and L. P. BOUTHILLIER: Glutaminsäurebildung beim Histidinabbau 977[10].
— and J. P. LUSSIER: Aufnahme von ^{45}Ca durch Zähne 723[2].
DIRKEN, M. N. J., and H. W. MOOK: Geschwindigkeit der Kohlensäureanhydratasewirkung 522[9].
DIRR, K.: Zusammenfassung über Serumeiweißkörper (1939) 289[7].
— u. E. KLEMM: Mechanismus der Bilirubinbildung 438[6]. — Zusammensetzung von Blut und Hämothorax 563[2].
— u. J. STREHLE: Aminosäuregehalt von menschlichem Serum 344[5].
DIRR-KALTENBACH, H., s. FELIX, K. 983[9].
DIRSCHERL, W., H.-U. BERGMEYER u. H. BREUER: Glykolysebeeinflussung durch Sexualhormone 777[13].
— u. K. H. HAUPTMANN: Glykolysebeeinflussung durch Sexualhormone 777[13].
— u. W. KNÜCHEL: Glykolysebeeinflussung durch Sexualhormone 777[13].
— u. H. TRAUT: Bestimmung von Dehydroisoandrosteron 903[8].
— u. F. ZILLIKEN: Verminderung der Methylglyoxalbildung durch Insulin 770[2].
— s. AMMON, R. 366[10].
DISCHE, Z.: Nachweis von Glucuronsäure 323[3]. — Phosphohexokinase 746[4]. — Synthesen durch Aldolase 747[11]. — Brenztraubensäure als Wasserstoffacceptor 755[4]. — Umwandlung von Ribose in

Triose- und Hexosephosphat 1196[11,15]. Nucleinsäurereaktion 1183[4].
Dische, Z., u. H. Popper: Bestimmung der gebundenen Kohlenhydrate im Blut 322[14].
DiStefano, V., s. Neuman, W. F. 712[5].
Ditt, M., s. Funk, H. 406[24].
Dittebrandt, M.: Fibrinogenbestimmung 295[9].
Dittmar, C.: D-Aminosäuren in Tumorgewebe 931[1]. — Intracelluläre Verteilung von Fetten und Lipoiden 1077[21].
Dixon, K. C., s. Needham, J. 739[2].
Dixon, K. P., s. Baird, E. E. 418[10], 456[10].
Dixon, M.: Zusammenfassung über Aldehydmutase (1939) 755[12].
— and C. Lutwak-Mann: Cozymasebedarf der Aldehydmutase 756[1].
— s. Bach, S. J. 753[2].
— s. Caputto, R. 749[7].
— s. Zerfas, L. G. 276[3].
Dixon, T. F.: Brombestimmung 699[22].
Dizerbo, L., s. Macheboeuf, M. A. 331[4], 859[5].
Dju, M. J., s. Quaife, M. L. 360[11].
Dmitriew, W., s. London, E. S. 228[14].
Dmochowski, A.: Harnstoff als N-Quelle für Harnsäure 1204[14].
Dmochowski, L., and L. H. Stickland: Intracelluläre Verteilung von Succinoxydase 1090[96].
Doan, C. A.: Leukocytose nach Nucleotiden und Nucleosiden 1237[4].
— L. G. Zerfas, S. Warren and O. Ames: Leukocytose nach Nucleotiden und Nucleosiden 1237[3].
Dobeneck, H. v., s. Fischer, H. 355[12].
Dobeneck, P. v., s. Moll, T. 358[7].
Dobreff, M., s. Collazo, J. A. 155[18].
Dobriner, K., u. S. Lieberman: Hydrolyse von Steroidkonjugaten 880[5]. — Abbauprodukte von Testosteron 897[6]. — Produkte des Testosteronabbaus beim Menschen 899[5,7].
— S. Lieberman and C. P. Rhoads: Steroidtrennung durch Säulenchromatographie 879[7].
— S. Lieberman, C. P. Rhoads, R. N. Jones, V. Z. Williams and R. B. Barnes: Ultrarotspektroskopie der Steroide 880[1].
— S. Lieberman, H. Wilson, M. Dunham, I. F. Sommerville and C. P. Rhoads: Ausscheidung von Androsteron und Aetiocholanonon nach ACTH 901[13].
— S. Lieberman, H. Wilson, B. Ekman and C. P. Rhoads: Vermehrte Ausscheidung von Δ^5-Pregnen-ol-on nach ACTH 892[14].
— s. Fukushima, D. K. 899[10], 901[11], 903[1].
— s. Gallagher, T. F. 891[2], 892[4], 898[3], 899[4].
— s. Hellman, L. 887[6].
Dobriner, K., s. Jones, R. N. 880[2].
— s. Lieberman, S. 880[4], 893[12,13,15], 894[1,2], 899[6], 901[12], 902[1,5,6,10,12].
— s. West, C. D. 895[13].
Dobrowolskaja, N. A., s. London, E. S. 228[10].
Dodgson, K. S., B. Spencer and J. Thomas: Intracelluläre Verteilung von Arylsulfatase 1090[97].
Döring, G. K.: Einfluß der Menstruation auf die Erythrocytenzahl 418[13]. — Bedeutung der Keimdrüsenhormone für die Blutbildung 465[12].
— u. H. H. Loeschcke: Oxydables Hämopoieitin 466[8]. — Kein Einfluß von Folinsäure auf die Erythropoese 467[12].
— E. Schaefers u. G. Weber: 24 Stunden-Rhythmus der Serumeiweißkörper 300[6].
Döring, H.: Blutvermehrung bei Luftverdünnung 262[7]. — Vorkommen von Brom in organischer Bindung 409[11].
Doerr, W., F. Bopp, R. Kuhn u. G. Quadbeck: Pankreasschäden nach Glyoxal 779[15].
Doerschuk, A. P.: Glucuronsäurebildung im Körper 735[2].
Dohan, J. S., s. Woodward, G. E. 931[1].
Dohrn, M., s. Nicolaier, A. 1249[8].
Doisy, E. A., S. A. Thayer, L. Levin and J. M. Curtos: Oestriol im Harn schwangerer Frauen 906[20].
— C. D. Veler and S. A. Thayer: Oestron im Harn schwangerer Frauen 906[17].
— s. Buehler, H. J. 880[10,11].
— s. Gibson, H. V. 944[5].
— s. Grady, H. J. 889[12], 891[1], 892[3].
— s. Huffman, M. N. 904[4].
— s. Lewis, H. B. 944[5], 1218[24,29], 1240[11], 1241[9].
— s. MacCorquodale, D. W. 904[3].
— s. McKee, R. W. 494[1].
— s. Roberts, E. C. 1185[2].
— s. Smith, G. V. 906[11].
— s. Westerfeld, W. W. 904[6].
Doisy, E. A. jr., s. Grady, H. J. 889[12], 891[1], 892[3].
Doisy, P. L., s. Buehler, H. J. 880[10].
Doladilhe, M.: Visköses Protein aus Blutserum 302[3,6].
— et M. Mazille: Hämolysine im Blutserum 302[4]. — Unterschiede von Pseudoglobulin und viskösem Protein 302[6].
Dolan, M., s. King, E. J., 124[15], 690[17], 691[2,7,13].
Dole, M., s. McInnes, D. A. 74[3], 1168[5].
Dole, V. P.: Elektrophorese von Blutserum 299[11].
— s. Cotzias, G. C. 1090[24,25], 1150[5].
— s. Phillips, R. A. 264[3], 290[1].
— s. Slyke, D. D. van 264[3], 290[1].
Doleschall, F., s. Barrenscheen, H. K. 315[10], 319[18].
Domagk, G., s. Moll, T. 358[7].

Domarus, A. v.: Buch über Methodik der Blutuntersuchung (1921) 391[5]. — Buch über Hämatologie (1929) 418[17].
Domini, G.: Pufferungsvermögen des Darmmucins 119[5]. — Allantoinausscheidung bei Karyoklasie 1211[5].
Donahue, D. D., s. Howell, W. H. 471[13].
Donaldson, R., s. King, E. J. 432[20].
Donelson, E. G., s. Ohlson, M. A. 510[11].
Doniger, R., s. Chargaff, E. 1107[8].
Donin, M. N., s. Fried, J. 886[19].
Donk, E. van, s. Hart, E. B. 666[3], 669[1].
Donlan, C. P., s. Ragan, C. 580[11].
Donne, A.: Elektrische Kräfte bei der Salzsäurebildung im Magen 61[5].
Doran, W., s. Daniel, R. J. 870[3].
Dorby, A., J. S. Fruton and J. M. Sturtevant: Transpeptidierung 919[5].
Dordi, A.: Guanidingehalt des Blutes bei Kindern 353[11].
Dore, W. H., s. Johnston, E. S. 689[10].
Dorée, C.: Vorkommen von Cholesterin bei niederen Tieren 870[1].
— and J. A. Gardner: Cholesterinstoffwechsel im Hungerzustand 872[11].
Dorfman, A., S. Berkman and S. A. Koser: Pantothensäure beim oxydativen Brenztraubensäureabbau 1036[7].
— M. K. Horwitt, S. A. Koser and F. Saunders: Nicotinsäureamidgehalt der Erythrocyten 452[9].
— M. L. Ott and R. Whitney: Antihyaluronidasegehalt von Frauenblut 383[10].
— s. Freeman, M. E. 383[8].
Dorfman, R. I.: Zusammenfassung über den Stoffwechsel der Androgene (1948) 896[11]. Zusammenfassung über Biochemie der Androgene (1949) 895[10]. — Zusammenfassung über den Testosteronstoffwechsel (1952) 896[11]. — Biosynthese der Corticosteroide 884[9]. — Δ^4-Androsten-3,17-dion im Testosteronstoffwechsel 899[1].
— and M. Hayano: Bedeutung der Ascorbinsäure für Biosynthese der Corticosteroide 886[10].
— E. Ross and R. A. Shipley: Pregnan-3α, 20α-diol als Stoffwechselprodukt des Progesterons 889[7].
— J. E. Wise and R. A. Shipley: Testosteronabbau 897[2].
— s. Hayano, M. 885[1,4,11,19], 886[1], 1090[109], 1150[11].
— s. Haynes, R. 885[16].
— s. Miller, A. M. 892[9], 894[4], 899[12], 900[3], 902[8].
— s. Savard, K. 895[12].
— s. Schiller, S. 899[11].
— s. Ungar, F. 889[6].
Dorfman, W. A.: p_H-Werte von Froscheiern 1173[4].
Dorfmüller, G., s. Thannhauser, S. J. 171[10].
Doria, C., s. Pegreffi, G. 566[1], 567[8], 570[16].
Dornbush, A. C., s. Jukes, T. H. 854[2,3,14].
Dorner, G.: Kreatinbildung aus Guanidinoessigsäure 947[26].
Dorow, A. R. E.: Darmresektion beim Menschen 198[11].
Doster-Virtue, M. E., s. Virtue, R. W. 233[13], 956[21], 959[4], 966[4,5].
Dotterweich, H.: Ca-Mobilisierung beim Regenwurm in CO_2-reicher Luft 637[23].
Doty, J. R., and A. G. Eaton: Resorption von Aminosäuren 913[14].
Doudoroff, M., s. Stadtman, E. R. 827[1], 1047[5].
Doughaday, W. H., s. Park, C. R. 775[4].
Dougherty, E. C., and J. H. Lawrence: Zusammenfassung über schwere und radioaktive Isotope in der Medizin (1948) 609[20].
Dougherty, T. F., J. H. Chase and A. White: Reticuloendotheliales System und Bildung der Bluteiweißkörper 288[4].
— and A. White: Bedeutung von Hypophyse und Nebenniere für die Blutbildung 465[14]. — Nebennierenrinde und Eiweißgehalt im lymphoiden Gewebe 927[7].
— s. White, A. 465[14], 469[8].
Douglas, C. G., J. S. Haldane and J. B. S. Haldane: Affinität von Kohlenmonoxyd zu verschiedenen Hämoglobinen 516[1].
— s. Christiansen, J. 510[7], 518[6].
Douglas-Sauermann, A. Graf, u. F. v. Maltzahn: Gallensäuregehalt des Blutes 339[7].
Dounce, A. L.: Zusammenfassung über cytochemische Grundlagen der Enzymchemie (1950; 1952) 1064[7]. — Vervielfältigungsmechanismus der Peptidkette 926[7]. — Citronensäure zur Zellkernisolierung 1065[6]. — Zellkernisolierung 1065[7]. — Reinheitsprüfung isolierter Zellkerne 1067[4].
— and G. T. Beyer: Aldolase 747[6].
— G. H. Tishkoff, S. R. Barnett and R. M. Freer: Zellkernisolierung 1065[8].
— s. Lit, M. 1097[12].
Doupe, J., s. Bazett, H. C. 259[12].
Downey, M., s. Conway, E. J. 1167[1], 1170[2].
Downing, M., I. A. Rose and B. S. Schweigert: Vitamin B_{12} als Wuchsstoff für Lactobazillen durch Nucleinstoffe ersetzbar 1244[9].
Downs, C. E., s. Harding, V. J. 318[12].
Doyon, M., et N. Kareff: Leberexstirpation und Blutgerinnung 475[3].
Drabkin, D. (L.): Zusammensetzung von Erythrocyten 425[7]. — Umfang des täglichen Hämoglobinabbaus 437[7]. — Sauerstoffaffinität des Hämoglobins von neugeborenen Tieren 516[7]. — Eisenbestand des Menschen 1009[7]. — Ferritinspeicher 1010[2]. — Krystallisiertes menschliches Hämoglobin 1011[2]. — Mechanismus der

Cytochrom c-Synthese 1015[3]. — Pentosenucleinsäurebildung bei Leberregeneration 1191[2]. — Pentosenucleinsäurebildung nach partieller Hepatectomie 1241[1].
DRABKIN, D. (L.), and O. MEYERHOF: Kinetik des oxydierenden Gärungsfermentes 749[10].
— s. CRANDALL, M. W. 433[11].
— s. EHRICH, W. E. 288[4], 1192[4].
— s. SMELO, L. S. 316[11], 317[1].
DRACHMAN, S. R., s. ADLERSBERG, D. 875[7].
DRAGSTEDT, L. R.: Innersekretorische Funktion der Magenschleimhaut 43[1]
— and W. B. MATTHEWS: Einwirkung von Magen- und Darmsekreten auf Lebewesen und lebende Organe 82[3].
— E. R. WOODWARD, E. H. STORER, H. A. OBERHELMAN jr. and C. A. SMITH: Innersekretorische Funktion der Magenschleimhaut 43[1].
— s. OBERHELMAN, H. A. jr. 45[28].
— s. WOODWARD, E. R. 45[29].
DRAKE, N. A., s. HAINES, W. J. 884[8], 885[12].
— s. NIELSON, E. D. 885[13].
DRAKE, R. L., s. HELLWIG, C. A. 567[12].
DRAKE, T. G. H., s. JACKSON, S. H. 697[6].
DREKTER, I. J., s. GLASS, G. B. J. 70[11], 71[6].
DRESEL, K., u. H. ULLMANN: Allantoinausscheidung beim Kaninchen 1230[24]. — Erregung des Harnsäurezentrums durch Coffein und Diuretin 1231[14].
DREW, A. H., s. MOTTRAM, J. C. 241[13], 243[3].
DREW, C. R., and J. SCUDDER: Lebensdauer der Erythrocyten in Blutkonserven 468[10].
DREWYER, G. E., s. IVY, A. C. 131[10].
DREYER, R., s. CHROMETZKA, F. 1211[2], 1243[2].
DRINKER, C. K.: Buch über das Lymphsystem (1942) Engl. 546[8]. — Zusammenfassung über das Lymphsystem (1945) 546[8].
— and M. E. FIELD: Eiweißgehalt der Hundelymphe 553[1].
— and J. M. YOFFEY: Buch über Lymphe und lymphoide Gewebe (1941) Engl. 601[6].
— s. FIELD, M. E. 553[1].
— s. MAURER, F. W. 561[7], 562[5], 563[4].
— s. YOFFEY, J. M. 548[4].
DRINKER, K. R., J. W. FEHNEL and M. MARSH: Zinkausscheidung beim Menschen 677[6].
— P. K. THOMPSON and M. MARSH: Zinkausscheidung beim Menschen 677[6]. — Ausscheidungswege für verfüttertes Zink 677[9].
— s. THOMPSON, P. K. 677[14].
DRIPPS, R. D., s. COMROE, J. H. jr. 615[4].
DRITCH, R., s. ADLERSBERG, D. 875[7]
DRIVER, R. L.: Auswählende Resorption von Elektrolyten 211[9].
DROCHMANS, P.: Nucleinsäuregehalt der ischämischen Leber 1247[13].
DROLLER, H.: Ameisensäuregehalt im Blut 326[19].
DRUCKER, P., and G. E. CULLEN: p_H-Wert im arteriellen Blut 531[1].
DRUCKREY, H., H. HERKEN u. N. BROCK: Bedeutung des Kaliums für die Zelle 394[20], 626[5].
— s. BROCK, N. 684[11], 1177[1].
DRUMMEY, (G.) D., s. JONES, C. M. 239[18], 800[15].
DRURY, A. N., C. LUTWAK-MANN and O. M. SOLANDT: Desaminierung von Adenylsäure und ATP durch Blutplasma 2101[3].
— and A. SZENT-GYÖRGYI: Pharmakologische Wirkung von Adeninverbindungen 1236[18].
DRURY, D. R., s. MCMASTER, P. D. 475[11].
DRY, T. J., s. JUDD, E. S. 667[5].
DRYSDALE, A., s. BENSLEY, E. H. 377[15].
DRYSDALE, G. R., and H. A. LARDY: Beeinflussung der Fettsäureoxydation in Lebermitochondrien 1143[2].
— G. W. E. PLAUT and H. A. LARDY: Bedeutung von Folsäure für die Purinsynthese 1245[15].
DUBACH, R., and R. M. HILL: Bedeutung von Cholesterin für Entstehung der Atherosklerose 872[9].
DUBINSKY, A. M., s. LONDON, E. S. 228[6].
DUBNOFF, J. W.: Keine Demethylierung von Cholin zu Colamin 854[12]. — Oxydation von Betainaldehyd zu Betain 854[19]. — Entmethylierung von Betain und Cholin 855[4,5] — Bedeutung von Vitamin B_{12} für Bildung von Sulfhydrylverbindungen 964[5].
— and H. BORSOOK: Enzyme der Methylierung 962[1].
— s. BORSOOK, H. 909[3], 921[3], 947[28], 948[2], 962[1], 972[4], 973[1].
DUBOIS, F., s. LAMBLING, E. 1218[35].
DUBOIS-FERRIÈRE, H., s. ZIMMET, D. 26[10,11].
DUBOS, R., and B. F. MILLER: Kreatinabbau durch Bakterien 348[14]. — Pseudokreatinc in Erythrocyten 349[11].
— s. MILLER, B. F. 348[14], 349[11].
DUBOST, P., s. HALPERN, B. N. 434[12].
DUBOY, J., s. MACHEBOEUF, M. 311[6], 331[3], 859[5].
DUCCI, L.: Menge der Gelenklymphe bei Gelenkerkrankungen 580[1]. — Spezifisches Gewicht von Gelenklymphe 580[1]
DUCET, G.: Cholinbestimmung 351[21].
DUCHATEAU-BOSSON, G., M. FLORKIN et G. FRAPPEZ: Fehlen von Guanosinoxydase beim Salamander 1201[8].
— s. FLORKIN, M. 308[1].
DUCHENEAU, L.: Schilddrüsenfunktion und Insulinempfindlichkeit 775[5].
DUCKERT, F., A. LOELIGER u. F. KOLLER: Reinigung von Convertin 482[1].
— s. BERNFELD, P. 165[16].
— s. KOLLER, F. 481[16].

DUCKERT, F., s. MEYER, K. H. 22[9].
DUCKWORTH, J., and W. GODDEN: Knochen als Mg-Speicher 636[16].
DUCOFF, H. S., W. B. NEAL, R. L. STRAUBE, L. O. JACOBSON and A. M. BRUES: Arsenspeicherung in der Haut 693[3].
DUDLEY, H. C., G. E. MADDOX and H. C. LA RUE: Verteilung von ^{72}Ga 685[21].
DUDLEY, H. W., s. DAKIN, H. D. 949[1].
— s. DALE, H. H. 352[2].
DÜMLEIN, K., s. CHROMETZKA, F. 1211[2], 1243[2].
DUENSING, F.: Bleigehalt im Liquor cerespinalis 575[22].
DUERST, M. L., s. OSGOOD, E. E. 1121[1].
DUESBERG, R.: Bedeutung des Blutvolumens bei Blutverlusten 261[3]. — Wiederverwendung von Globin zum Hämoglobinaufbau 436[1]. — Bildung von Protoporphyrin I 437[4]. — Ort des Hämoglobinabbaus 437[4]. — Vorkommen von Hämatin im Serum 438[18]. — Reifungsstoff für Reticulocyten 466[11]. — Hämoglobinabbau 1019[1]. — Akute Porphyrie 1020[1].
DUFAIT, R. et L. MASSART: Zusammenfassung über Fluorstoffwechsel (1939) 695[31].
DUFF, V. B., s. BODANSKY, M. 946[6].
DUFFY, B. J., s. TRUNNELL, J. B. 681[7].
DUFOURT, A., s. POLICARD, A. 405[26].
DUFRENOY, J., s. PRATT, R. 1197[15].
DULANEY, A. D., Y. GOLDSMITH, K. ARNESEN and L. A. BUXTON: Antigenwirkung der Mitochondrien 1147[4].
— s. ARNESEN, K. 1090[61], 1147[5].
DUMAZERT, C., et M. BIERRY: Enteiweißung von Blut 317[8].
— et G. PENET: Kohlenhydrate im Blut 313[5]. — Hydrolytische Spaltung der Kohlenhydratkomponente von Serumproteinen 322[4].
DUMKE, P. R., s. COMPROE, J. H. jr. 615[4].
DUNCAN, G. G.: Buch über Krankheiten des Stoffwechsels (1942) Engl. 909[6].
DUNCAN, C. W., s. ROBINSON, C. S. 640[7].
DUNEZ, A., s. DEMOLON, A. 617[10].
DUNGERN, E. v., u. L. HIRSZFELD: Blutgruppen A_1 und A_2 386[1].
DUNHAM, M., s. DOBRINER, K. 901[13].
DUNLOP, G., and H. E. WELLS: Cu-Mangelkrankheit 668[11].
DUNLOP, J. C., s. PATON, D. N. 649[11].
DUNN, A. D., and W. THOMPSON: CO_2-Gehalt der Magengase 68[9].
DUNN, A. L., and A. R. MCINTYRE: Bromanhäufung in Erythrocyten 409[10].
DUNN, J. S., and N. G. B. MCLETCHIE: Alloxandiabetes 779[2].
— H. L. SHEEHAN and N. G. B. MCLETCHIE: Alloxandiabetes 779[2].
DUNN, M. S., H. F. SCHOTT, W. FRANKL and L. B. ROCKLAND: Glutathiongehalt von Plasma und Erythrocyten 915[7].
DUNN, M. S., s. BUTTS, J. S. 942[6, 7], 948[4], 949[6], 952[3], 960[4], 969[9].
— s. LEWIS, H. B. 944[5], 1218[29], 1240[11], 1241[9].
DUNNING, M. F., s. BERGER, E. Y. 591[5], 598[9].
DUNSFORD, I., s. BOWLEY, C. C. 387[3].
DU PONT, O., I. ARIEL and S. L. WARREN: Arsenspeicherung in der Haut 693[4].
DURAN-JORDA, F.: Sekretorische Eigenschaften der Erythrocyten 425[1].
DURANTE, G.: Muskelfaserverkalkung bei Pflanzenfressern 722[1].
DURIG, A., C. NEUBERG u. N. ZUNTZ: N-Ausscheidung durch die Haut 594[1]
DURSO, D. F., s. WHITLER, R. L. 319[17].
DURYEE, A. W., s. SCHWARTZ, M. S: 190[7].
DUSPIVA, F.: Zusammenfassung über enzymatische Histochemie (1940) 121[1]; (im Druck) 1064[16].
DUSTAN, H. P., H. L. MASON and A. C. CORCORAN: Steroidisolierung aus dem Harn 880[16].
— s. CORCORAN, A. C. 880[16].
DUTOIT, C. H., s. PEARSON, O. H. 778[10].
DUTOIT, P., et C. ZBINDEN: Spurenelemente im Blut 398[15].
DUVE, C. DE: Zusammenfassung über chemische Leistungen der morphologischen Zellelemente (1952) 1064[8].
— J. BERTHET, L. BERTHET and F. APPELMANS: Selektive Permabilität von Mitochondrien 1129[7].
— s. BERTHET, J. 1129[10, 11].
— s. HERS, H. G. 1090[39].
— s. SUTHERLAND. E. W. 783[7].
DWORETZKY, M., and C. F. CODE: Resorption von Histamin im Darm 229[12].
DYCKERHOFF, H.: Hemmung der Blutgerinnung durch Neodymsalze 496[6].
— W. v. BEHM, N. GOOSSENS u. H. MIEHLER: Hemmung der Blutgerinnung durch Neodymsalze 496[8].
— u. O. JACOBER: Fibrinolyse 297[7].
— u. H. F. KÜRTEN: Thrombin, eine Calciumverbindung 485[13]. — Hemmung der Blutgerinnung durch Neodymsalze 496[7].
— u. G. TEWES: Adsorption von Pepsin an Eiweiß 76[1].
— s. GRASSMANN, W. 120[8], 123[3], 160[10], 654[12].
DYE, J. A., s. COOK, E. T. 769[5], 779[9].
DYER, H. A., s. VOEGTLIN, C. 693[15].
DYER, H. M., s. VIGNEAUD, V. DU 346[7], 651[11].
DYER, W. J., and C. L. WRENSHALL: Org. P-Verbindungen als P-Quelle für Pflanzen 646[10].
DYNIEWICZ, H. A., s. POPPER, H. 249[17].
DZIEMIAN, A. J., s. PARPART, A. K. 441[6].
DZIEWIATKOWSKI, D., s. MINOT, A. S. 1247[12].
DZIEWIATKOWSKI, D. (D.): Veresterung von anorganischem Sulfat im Tierkörper 653[6], 953[8]. — Einbau von anorganischem Sulfat in Chondroitinschwefelsäure 653[8]. Verwertung von Sulfid-S durch den Tier-

körper 654[2]. — Oxydation von Schwefelwasserstoff zu Sulfat im Tierkörper 959[9].
DZIEWIATKOWSKI, D. (D.), R. E. BENESCH and R. BENESCH: Einbau von anorganischem Sulfat in Chondroitinschwefelsäure 653[7].
— and H. B. LEWIS: Ausscheidung von Glucuroniden substituierter Fettsäuren 815[1].
— A. VENKATARAMAN and H. B. LEWIS: Ausscheidung von Glucuroniden substituierter Fettsäuren 815[1].
— MINOT, A. S. 1247[12].

EAGLE, E.: Zusammenhang von Cholin und Geburt 351[13]. — Cholinbestimmung 351[20].
EAGLE, H.: Herkunft des Prothrombins 478[4]. Wirkungsweise der Thrombokinase 484[9]. Unabhängigkeit der Thrombinwirkung von Calciumionen 485[6]. — Prothrombinaktivierung durch Proteasen 485[16].
— and T. N. HARRIS: Prothrombindarstellung 478[14].
EAGLES, B. A., and T. B. JOHNSON: Ergothionein in Erythrocyten 979[5].
— and H. M. VARS: Ergothioningehalt des Blutes 979[6].
— s. HARDING, V. J. 1242[6,7].
— s. HUNTER, G. 448[5], 449[4].
EAKIN, R. E. s. SHIVE, W. 1221[4].
— s. TERNBERG, J. L. 467[6].
EARLE, I. P., and G. E. CULLEN: p_H-Wert im venösen Blut 531[2].
EASSON, L. H., s. STEDMAN, ED. 375[7].
EASTHAM, J. F., s. CHAIKOFF, I. L. 871[4], 878[4].
EATON, A. G., and J. R. MURLIN: Resorption von Insulin in Puffergemischen 225[14].
— s. DOTY, J. R. 913[14].
EBERHAGEN, A., s. WEITZEL, G. 675[16], 676[1].
EBERT, R. V., E. A. STEAD jr. and J. G. GIBSON jr: Veränderung in der Plasmamenge bei Blutspendern 260[3].
EBERWEIN, A., s. LANG, K. 638[12].
EBIHARA, T., s. FUJITA, A. 364[14], 365[4].
EBINA, R., s. KUKODA, K. 391[6].
EBSTEIN, W.: Buch über die Natur und Behandlung der Gicht (1882) 1256[5]. — Pentoseausscheidung im Harn 223[7].
ECHEVIN, R., et A. BRUNEL: Allantoinase und Allantoicase, Vorkommen 1216[16].
ECKARDT, B., s. TROPP, C. 576[8].
ECKER, E. E., s. HANZAL, R. F. 1211[39].
ECKER, P. G.: Eiweißsynthese durch Pepsin und Trypsin 917[4].
ECKHARD, G.: Kynurensäureausscheidung 988[2].
ECKHARDT, R. D., s. COOPER, A. M. 954[21].
ECKSTEIN, H. C.: Resynthese von Lecithin in der Darmwand 248[11]. — Phosphatidgehalt der Darmlymphe 843[12]. — Ameisensäurebildung bei Histidinabbau 977[5].
— and C. R. TREADWELL: Transport resorbierter Cholesterinester zur Leber 236[3].
— s. HORNING, M. G. 850[11].
EDDY, E., s. PIJOAN, M. 365[6].
EDDY, W. H., H. L. HEFT, S. ROSENSTOCK and R. RALSTON: Phosphorgehalt des Speichels 21[13].
EDELMAN, I. S., s. SCHLOERB, P. R. 591[2].
EDELMAN, J., s. DAVIES, R. E. 60[21].
EDELSTEIN, F., u. F. W. CSONKA: Eisengehalt der Milch 661[8].
— s. LANGSTEIN 662[4].
EDEN, A.: Kupfergehalt im Schafsblut 402[7].
EDEN, E., and K. C. SELLERS: Verhältnis von freiem und verestertem Vitamin A im Darminhalt 197[4]. — Veresterung von Vitamin A in der Darmschleimhaut 249[16].
EDEN, R., s. SCHWARZ, R. 706[1]
EDER, H., s. BAILEY, B. 917[8].
EDER, H. A., s. FINCH, C. A. 435[2].
— s. SLYKE, D. D. VAN 264[3], 290[1].
EDGAR, D. G.: Progesteron im Corpus luteum 886[35].
EDICK, M., s. SMITH, A. H. 648[1].
Editorial: Nebennierenrinde und hämatopoetisches System 465[16].
EDKINS, J. S.: Erregung der Magensaftsekretion durch Extrakte der Pylorusschleimhaut 43[3].
EDKINS, N., and M. M. MURRAY: Zuckerresorption im Magen 221[17]. — Beschleunigung der Äthanolresorption durch CO_2 249[20].
EDLBACHER, S.: Zusammenfassung über deskriptive Chemie der Zelle (1933) 416[11]. — Zusammenfassung über Blutplättchen und Spermatozoen (1933) 470[9]. — Zusammenfassung über Histidase und Urocaninase (1943) 909[7]. — Histidinabbau 975[15]. — Verhältnis Purin-N: Gesamt-N bei hungernden Ratten 1239[16].
— u. P. BONEN: Arginase 968[10].
— u. H. GRAUER: L-Aminosäureoxydasen 930[7], 949[12].
— u. P. JUCKER: Einfluß von Vitamin A auf Puringehalt von Organen 1243[7]. — Purinausscheidung bei gesteigertem Kern- und Zellzerfall 1247[7].
— u. J. KRAUS: Glutaminsäurebildung aus Histidin 976[1]. — Verwendung von Histidin-C zur Purinsynthese 977[3].
— F. KRAUSE u. K. W. MERZ: Vorkommen von Arginase in Erythrocyten 381[11]. — Hemmung der Erythrocytenarginase durch Seruum 450[16].
— u. M. NEBER: Glutaminsäurebildung beim Histidinabbau 977[6].
— u. H. PINÖSCH: Aktivierung von Arginase durch Vanadium 686[2].
— M. SIMON u. M. BECKER: Decarboxylierung von Histidin 931[4].
— u. O. WISS: D-Aminosäureoxydase 930[4], 949[11]. — Aktivierung der D-Aminosäureoxydase durch L-Aminosäuren 930[6]. — Racemische Formen der Aminosäuren im Tierkörper 931[2].

Edlbacher, S., u. A. Zeller: Aktivierung von Arginase 671[13], 674[5], 686[19]. — Harnstoffbildung aus Arginin in Taubenorganen 1207[2]. — Hemmung von Urease und Arginase durch Quecksilberverbindungen 687[15].

Edman, P., s. Jorpes, E. 492[6].

Edsall, J. T.: Zusammenfassung über Plasmaproteine und ihre Fraktionierung (1947) 285[7]; (1950) 291[2]. — Form und Größe der Plasmaeiweißkörper 293[1].

— R. M. Ferry and S. H. Armstrong jr.: Fibrinolytisches Ferment aus Plasmaeiweiß 489[21].

— s. Cohn, E. J. 285[8].

Edson, N. L.: Acetonbildung aus Tyrosin und Phenylalanin 983[4]. — Bildung von Ketonkörpern aus Oxyprolin 987[8].

— H. A. Krebs and A. Model: Keine Harnsäurebildung aus Hypoxanthin in Taubenleber 1205[3]. — Harnsäurebildung in der Niere 1207[10]. — Oxyacetylen-diureincarbonsäure, Vorstufe des Allantoin 1208[34]. — Uricase, ein Fermentgemisch 1210[2]. — Vorstufen der Purinsynthese 1218[31].

— s. Cook, R. P. 248[17].

Edström, J.: Volumen und RNS-Gehalt von Vorderhornzellen 1098[20].

Edwards, G. A., P. F. Scholander and F. J. W. Roughton: Bestimmung der Blutgase 508[1].

— s. Scholander, P. F. 505[4].

Edwards, H. T., s. Henderson, L. J. 539[2].

— s. Johnson, R. E. 325[6].

Edwards, R. R., s. Totter, J. R. 924[8], 941[2].

Eekelen, M. van: Vitamin C-Gehalt des Blutes 364[9].

— A. Emmerie u. L. K. Wolff: Lovibond-Einheit 358[5,6].

Efendijewa, V. M., s. Karajev, A. I. 315[14].

Effersøe, P.: Eiweißfällung durch Neutralsalze 298[8].

Effkemann, G., s. Abderhalden, E. 219[20].

— s. Werle, E. 352[18], 382[9].

Ege, R.: Pepsinbestimmung mit Edestin 75[10]. — Glucosepermeabilität der Erythrocyten 422[6], 427[10]. — Glucosegehalt tierischer Erythrocyten 443[11].

— u. J. Roche: Restreduktion im Vollblut 317[3].

— Restreduktion von Erythrocyten 444[2].

— s. Henriques, V. 315[9].

Eggers, H.: Messung des Redoxpotentials 276[3].

— u. H. Mohr: Messung des Redoxpotentials 276[3].

Eggers-Lura, H.: Zusammenfassung über Enzyme des Speichels und der Zähne (1949) 22[8]. — Glycerophosphatspaltung durch Speichelphosphatase 25[14]. — Lipase im menschlichen Speichel 25[14,16].

Eggleston, L. V., s. Krebs, H. A. 777[1], 951[1], 971[19], 972[7], 973[3], 1051[1], 1054[1], 1138[7], 1139[5].

Eggleton, P.: Zusammenfassung über Chemie des Muskels (1935) 1235[6].

Eggleton, W. G. E.: Physiologische Funktion des Kupfers 401[9]. — Kupfergehalt im Blut bei Unterernährung 402[13]. — Zinkvorkommen in Organen 403[5]. — Zinkgehalt im Blut bei Beriberi und Pellagra 403[11]. — Zinkgehalt im menschlichen Blut 403[12]. — Kupfergehalt der Leber bei Cirrhose 666[10].

Egle, K., u. H. Munding: Hämingehalt in Wurzelknöllchen der Erle 1014[5].

Egoroff, S. W., s. Egorov, S.

Egorov, S., u. V. Ceredkov: Keine psychische Magensaftsekretion beim Pferd 46[9]. Magensaftgewinnung beim Pferd 56[6].

— s. Poltyreff, S. S. 46[8].

Ehni, G. J., s. Crandall, L. A. 830[3].

Ehrenberg, R.: Steigerung der Resorption von Ca-phosphat durch Vitamin B_1 213[8]. Beeinflussung der Calciumresorption 213[13].

— H.-G. Günhagen, K. M. v. Mellenthin u. K. Stemmer: Steigerung der Resorption von Ca-phosphat durch Vitamin B_1 213[8].

Ehrenreich, M.: Verweilsonde 86[14].

Ehrensvärd, G., s. Eliasson, N. A. 1125[6], 1191[3], 1192[12].

— s. Lagerkvist, U. 1227[2].

Ehrensvärd, G. C. H., E. Sperber, E. Saluste, L. Reio and R. Stjernholm: Serinsynthese aus Glycin 940[3].

Ehrenwall, E. v., s. Abderhalden, E. 122[14].

Ehrhardt, K., and H. F. Voller: Lactationshormon im Blut von Frauen 368[15].

Ehrich, W. E., D. L. Drabkin and C. Forman: Reticuloendotheliales System und Bildung der Bluteiweißkörper 288[4]. — Nucleinsäuresynthese in Lymphknotenzellen 1192[4].

Ehrismann, O.: Mangangehalt von Mäusen 670[16].

Ehrlichman, E., s. Vogelaar, J. P. M. 669[16].

Ehrmann, R., u. H. Kruspe: Lecithinausscheidung bei Mangel an Darmfermenten 248[14].

Ehrström, R.: Umbau von Körpereiweiß beim Rheinlachs 912[4].

Eichel, B., and W. W. Wainio: Wasserstoffacceptoren bei der Glucosedehydrogenasewirkung 737[10].

— s. Wainio, W. W. 868[4].

Eichel, H., s. Freudenberg, K. 424[8].

Eichelberger, L., T. D. Brower and M. Roma: Mineralstoffgehalt von Knorpel 701[3].

— s. Hastings, A. B. 619[13], 644[9].

— s. Hastings, B. 1061[1].

Eichenberger, E., s. Ruzicka, L. 897[5].

Eichhoff, H. J., s. Lang, K. 1101[3].

Eichholtz, F.: Zusammenfassung über Kupfer (1934) 665[14]. — Zusammenfassung über Zink (1934) 674[15].

— R. Robison and L. Brull: Erhöhung des Blut-P nach P-Zufuhr 647[6]. — P-Ausscheidung durch die Niere 649[13].

— and E. H. Starling: Erhöhung des Blut-P nach P-Zufuhr 647[6]. — P-Ausscheidung durch die Niere 649[13].

— s. Brull, L. 647[6], 649[13].

Eichhorn, F.: Zusammenfassung über Pepsinbestimmung (1941) 75[11]. — Zusammenfassung über Trypsin (1941) 120[1].

Eichler, O.: Buch über Kaffee und Coffein (1938) 1251[3]. — Zusammenfassung über die Pharmakologie anorganischer Anionen (1950) 602[5].

— u. G. Speda: Histaminabbau in der Lunge 352[9].

Eidelman, M. M., u. F. J. Gordon: Gebundenes und freies Vitamin C. 365[8].

Eidson, M., s. Skipper, H. E. 1197[7], 1234[15], 1248[13].

Eigler, G.: Tonsillektomie und Speichelamylase 25[6].

Eilbott, W.: Ursachen des Bilirubinanstiegs im Blut 355[1].

Eiler, J. J., s. Allen, F. W. 445[2], 461[1].

— s. Althausen, T. L. 217[23].

— s. Lee, K.-H. 1139[6].

Einbeck, H., s. Abderhalden, E. 974[8], 976[5], 1218[19].

Einecke, F., s. Brünig, H. 1209[12].

Einhauser, M., s. Wendt, H. 359[6].

Eirich, F., u. F. Mark: Zusammenfassung über hochmolekulare Stoffe in Lösung (1936) 590[2].

— s. Perutz, M. F. 1011[4].

Eisbrich, F.: Zahl und Hämoglobingehalt der Erythrocyten 418[18]. — Hämoglobingehalt von Rinderblut 432[3].

Eisenberg, F. jr., and S. Gurin: Glucuronsäurebildung im Körper 735[3].

Eisenbrand, J., u. M. Sienz: Zinkgehalt von Pferdeblut 403[15]. — Zinkbestand des Menschen 675[5]. — Aufnahmefähigkeit von Insulin für Zink 678[9].

— M. Sienz u. F. Wegel: Zinkgehalt des Pankreas 676[7].

Eisenlohr, W., s. Thaler, H. 810[3].

Eisenman, A. J., P. K. Smith, A. W. Winkler and J. R. Elkinton: Resorption von Salzen im Magen 214[20].

— s. Hald, P. M. 425[6], 428[9].

— s. Peters, J. P. 425[10].

— s. Smith, P. K. 422[13].

— s. Wakeman, A. M. 425[10]

Eisenmenger, W. J., S. H. Blondheim, A. M. Bongiovanni and H. G. Kunkel: Herkunft der Mineralstoffe seröser Ergüsse 561[2].

— s. Bongiovanni, A. M. 897[9].

Eisenreich, F., s. Siedel, W. 180[5], 355[9].

Eisler, B., K. G. Rosdahl u. H. Theorell: Kupferbindung an Blutalbumine 401[4].

— s. Schittenhelm, A. 225[13], 573[5], 682[7].

Eisner, G., u. F. Lewy: Fructoseimpermeabilität menschlicher Erythrocyten 444[5].

Eitington, I. V., s. Talbot, N. B. 895[8].

Ejdinova, M., and S. Frumin: Herabsetzung der Magensaftsekretion durch Harnstoff 45[14].

Ekman, B., s. Dobriner, K. 892[14].

Ekman, G., s. Slaunwhite, W. R. jr. 907[13].

Ekren, H., s. Frank, E. 498[11].

Elbel, H.: Buch über die wissenschaftlichen Grundlagen der Beurteilung von Blutalkoholbefunden (1937) 327[14]. — Quotient-Blutalkohol: Speichelalkohol 27[9].

Elbinger, R. L., s. Christensen, H. N. 916[9].

Eldahl, A.: Anstieg des Blut-p_H im Alter 272[5].

— s. Meulengracht, E. 39[1].

Elden, C. A., s. Whipple, G. H. 669[4].

Elema, J.: Kupfermangelkrankheit 667[12].

Eliasberg, E., s. Schiff, E. 170[4].

Eliasson, N. A., E. Hammarsten, P. Reichard, S. Åqvist, B. Thorell and G. Ehrensvärd: Ribonucleotidsynthese und Eiweißneubildung bei Leberregeneration 1125[6]. — Nucleinsäuresynthese mit ^{32}P und ^{15}N-Glykokoll 1191[3]. — Ausgangsstoffe für die Nucleinsäuresynthese 1192[12].

— s. Bergstrand, A. 1120[9], 1192[10], 1222[11], 1228[6].

— s. Bergström, S. 1193[7].

Eliel, L. P., O. H. Pearson and R. W. Rawson: Hypokaliämische Alkalose 628[7].

Elion, G. B., and G. H. Hitchings: Purinsynthese durch Lactobacillus casei 1222[10]. Wachstumshemmung von Lactobazillus casei durch 2,6-Diaminopurin 1245[10]. — Chemotherapie mit Hemmstoffen der Nucleinsäuresynthese 1252[1].

— G. H. Hitchings and H. Vanderwerff: Wachstumshemmung von Lactobazillus casei durch 2,6-Diaminopurin 1245[12]. — Chemotherapie mit Hemmstoffen der Nucleinsäuresynthese 1252[3].

— s. Brown, G. B. 1193[9].

— s. Burchenal, J. H. 1251[21].

— s. Hitchings, G. H. 1245[11], 1252[2,4].

Elkes, J. J., and A. C. Frazer: Bedeutung der Phosphatide für Bildung eines Emulsionszwischenfilms 241[5].

— A. C. Frazer and H. C. Stewart: Sichtbarmachung von Blutstäubchen 473[6].

Elkinton, J. R.: Zusammenfassung über Wasserstoffwechsel (1950) 589[19].

— and M. Taffel: Wasserverschiebungen beim Dursten 600[1].

— R. Tarail and J. P. Peters: Natrium- und Kaliumaustausch der Zelle bei Niereninsuffizienz 622[12].

ELKINTON, J. P., A. W. WINKLER and T. S. DANOWSKI: Extra- und intracellulärer Raum 598[8]. — Natriummangelschock 622[1]. — Kalium- und Natriumaustausch der Zelle 624[2]. — Osmotische Inaktivierung von Basen im intracellulären Raum 624[5].
— s. DANOWSKI, T. S. 623[3], 628[8].
— s. EISENMAN, A. J. 214[20].
— s. WINKLER, A. W. 620[11].
ELLENBERGER, W.: Nahrungsmittelfermente 9[1]. — Schichtung der Speisen im Magen 32[2].
— u. (F. A.) V. HOFMEISTER: Menge des Parotisspeichels beim Pferd 14[12]. — Zusammensetzung des Parotisspeichels 15[16]. — Zusammensetzung des Submandibularisspeichels 17[1]. — Spaltbarkeit gekochter Stärke 28[2]. — Säuregehalt im Labmageninhalt von Wiederkäuern 56[7]. — Kohlenhydratverdauung im Hundemagen 95[5]. — Verdauung im Schweinedickdarm 196[5].
— u. A. SCHEUNERT: Buch über vergleichende Physiologie der Haustiere; 3. Aufl. (1925) 7[3].
ELLENBOGEN, E., s. SENECCA, H. 886[12]
ELLFOLK, N., and A. I. VIRTANEN: Komponenten von Leghämoglobin 1013[5]. — Leghämoglobin 1013[6].
ELLINGER, A.: Zusammenfassung über aromatische Kohlenwasserstoffe: Salicylsäure (1923) 1249[17]. — Bakterien, Gehalt an Aminosäuredecarboxylasen 931[3]. — Kynurensäureausscheidung 988[4].
— u. M. COHN: Nachweis von Enterokinase im menschlichen Darm 121[5]. — Aktivierung von Pankreassaft durch Darmsaft 161[3].
— u. Z. MATSUOKA: Indolbrenztraubensäure als Zwischenstufe des Tryptophanabbaus 988[9].
— u. O. RIESSER: Ausscheidung von Aminosäuren im Harn 954[21].
ELLINGER, P.: Zusammenfassung über Theorien der Harnabsonderung (1929) 1212[6]. — Ausnutzung im Darm gebildeter Nicotinsäure 994[4].
— and M. M. ABDEL KADER: Nicotinsäurebildung aus Ornithin durch Bact. coli 969[11]. — Ausnutzung im Darm gebildeter Nicotinsäure 994[4].
— R. BENESCH and W. W. KAY: Nicotinsäurebildung durch Darmflora 994[3].
— R. A. COULSON and R. BENESCH: Nicotinsäurebildung durch Darmflora 994[3].
— G. FRAENKEL and M. M. ABDEL KADER: N^1-Methylnicotinsäureamidausscheidung nach Chinolinsäurezufuhr 992[16].
ELLINGHAUS, J., s. MÜLLER, E. 1218[13].
— s. STEUDEL, H. 1254[11].
ELLIOT, A., L. RISHOLM and K. J. ÖBRINK: Resorption von CO_2 und HCl im Magen 214[24].
ELLIOTT, D. F., and A. NEUBERGER: Irreversibele Desaminierung von Threonin 923[4].
ELLIOTT, E. H., s. GRADY, H. J. 889[12], 891[1], 892[3].
ELLIOTT, K. A. C., M. P. BENOY and Z. BAKER: Biologische Acetatoxydation 1033[2].
— M. E. GREIG and M. P. BENOY: Biologische Acetatoxydation 1033[2].
— and E. F. SCHROEDER: Biologische Acetatoxydation 1033[2].
— s. BENOY, M. P. 1033[2].
ELLIOTT, R. R., s. WEST, H. D. 687[9].
ELLIOTT, W. B., and G. KALNITSKY: Verschwinden der Coenzyme bei Alterung des Cyclophorasesystems 1132[7]. — Stoffwechselleistungen von Mitochondrien 1136[26]. — Essigsäureumsatz durch Nierenmitochondrien 1143[4].
ELLIOTT, W. H.: Glutaminsynthese 922[2]. — Energielieferung durch ATP-Spaltung 1184[2].
ELLIS, D. M., s. OSGOOD, E. E. 457[10].
ELLIS, F. W., s. WAX, J. 250[1].
ELLIS, G. H., S. E. SMITH, E. M. GATES and E. J. LARSON: Mn-arme Diät bei Mäusen 672[9].
— s. GRAY, L. F. 678[1], 686[10].
— s. KEENER, H. A. 674[2].
ELLIS, G. W., and J. A. GARDNER: Cholesterinablagerung 872[6].
ELLIS, L. N., s. SPENCER, A. J. jr. 698[9].
ELMADJIAM, F., H. FREEMAN and G. PINCUS: Einfluß der Nebennierenhormone auf die Leukocytenzahl 456[8]. — Beziehungen zwischen Lymphocytenzahl und Blutzucker 469[10].
EL MAHDI, M. A. H., and H. J. CHANNON: Resorption von Hexadecan 239[12].
ELMAN, R.: Eiweißverarmung im Blut nach Aderlaß 260[4].
ELMER, A. W., u. M. SCHEPS: Hormonale Regulation des Blutzuckers 317[15].
ELMORE, D. T., s. DEKKER, C. A. 1105[3].
ELMSLIE, W. P., and H. STEENBOCK: Wirkung Mg-armer Kost bei Tieren 636[4].
EL'PINER, I. E., s. ZBARSKIJ, I. B. 1187[9].
ELSON, D., and E. CHARGAFF: Nucleinsäuregehalt von Zellkernen 1102[15].
ELTINGE, E. T.: Bormangelsymptome in Blättern 689[4].
ELVEHJEM, C. A.: Zusammenfassung über die biologische Bedeutung des Kupfers und seine Beziehung zum Eisenstoffwechsel (1935) 665[15]. — Kupferbedarf von Kindern 667[10]. — Bedeutung von Kupfer für Hämoglobinbildung 669[9].
— and E. B. HART: Behebung der „Milchanämie“ durch Fe und Cu 669[3].
— R. J. MADDEN, F. M. STRONG and D. W. WOOLLEY: Nicotinsäuremangel bei Pellagra 991[3].

Die Seiten 1—840 befinden sich im Bandteil a, die Seiten 841—1257 im Bandteil b.

ELVEHJEM, C. A., and M. O. SCHULTZE: Behebung der „Milchanämie" durch Fe und Cu 669[3].
— s. AXELROD, A. E. 362[12], 363[8], 453[10], 454[1].
— s. BARKI, V. H. 820[5].
— s. COHEN, E. 1015[8].
— s. COUCH, J. R. 197[7].
— s. HART, E. B. 609[17], 666[3], 669[1], 695[6].
— s. HOVE, E. 403[8], 677[17], 685[19].
— s. JONES, E. S. 418[9].
— s. KEMMERER, A. R. 672[7,16].
— s. KREHL, W. A. 991[4], 992[9].
— s. LARDY, H. A. 788[8].
— s. NEILANDS, J. B. 686[11].
— s. SCHULTZE, M. O. 401[6], 429[9].
— s. SCHWEIGERT, B. S. 194[5].
— s. SPECTOR, H. 662[13].
— s. STIRN, F. E. 678[3].
— s. TEPLY, L. J. 994[4].
— s. TODD, W. R. 403[5,7], 674[16], 676[4].
— s. UNDERWOOD, E. J. 672[25], 673[11].
— s. WACHTEL, L. W. 403[3], 1210[7].
— s. WILLIAMS, J. N. jr. 467[10], 1096[22], 1132[5], 1199[17], 1202[19], 1216[7].
ELVOVE, E., s. DEAN, H. T. 698[5].
ELWYN, D., and D. B. SPRINSON: Bedeutung von Folsäure für Serinabbau zu Glykokoll 941[1]. — Abbau von Serin zu Glykokoll 942[2]. — Herkunft der C-Atome der Harnsäure 944[13]. — Keine Beteiligung von Essigsäure an der Harnsäuresynthese 945[2]. — Einbau von Aminosäure-N in Harnsäure 1206[2].
— A. WEISSBACH and D. B. SPRINSON: Synthese der Methylgruppen des Cholins aus Serin 964[6].
ELZAS, M., s VERKADE, P. E. 810[5].
ELZE, C., s. BRAUS, H. 8[4].
EMBDEN, G.: Fettsäureabbau 928[6]. — Acetonbildung aus Leucin, Isovaleriansäure und Valin 951[3].
— u. K. BALDES: Desaminierung von Tyrosin und Phenylalanin 980[4]. — Acetonbildung aus Phenylalanin, Tyrosin und Homogentisinsäure 983[1].
— u. H. J. DEUTICKE: Glycerinaldehyd-3-phosphatdehydrogenase aus Muskel 749[1].
— H. J. DEUTICKE u. G. KRAFT: Glycerinsäure-3-phosphorsaures Barium 749[2]. Brenztraubensäure aus Glycerinsäure-3-phosphat 752[6].
— u. F. KALBERLAH: Abbau verzweigtkettiger Fettsäuren 814[4].
— u. F. KNOOP: Höhermolekulare Eiweißspaltprodukte im Blut nach Eiweißzufuhr 914[11].
— u. A. LOEB: Acetessigsäurebildung aus Essigsäure 822[6], 1033[5].
— u. A. MARX: Acetessigsäurebildung aus Fettsäuren mit gerader C-Atomzahl 802[3]. — Fettsäureabbau 928[6].
— u. M. OPPENHEIMER: Bildung von Acetessigsäure aus Brenztraubensäure 827[2].
EMBDEN, G., u. H. SALOMON: Zuckerbildung aus Glykokoll 942[6]. — Glykogenese aus Alanin bei pankreaslosen Tieren 948[6]. — Zuckerbildung aus Asparaginsäure 949[5].
— H. SALOMON u. F. SCHMIDT: Abbau von α-Aminosäuren 929[1].. — Acetonbildung aus Phenylalanin, Tyrosin und Homogentisinsäure 983[1].
— u. E. SCHMITZ: Aminierung von Ketosäuren 935[4]. — Zuckerbildung aus Alanin 949[2]. — Alaninbildung aus Brenztraubensäure 950[3].
— u. M. ZIMMERMANN: EMBDEN-Ester 746[1].
— s. ALMAGIA, M. 948[6].
EMBDEN, H.: Vorstufen der Homogentisinsäure 982[13]. — Alkaptonurie 982[14].
EMERSON, K. jr., s. MARSHALL, E. K. jr. 838[11].
— s. PHILLIPS, R. A. 264[3], 290[1].
EMERSON, O. H., and L. R. CERECEDO: Pyrimidinabbau zu Harnstoff und Ammoniak 1228[11].
EMERSON, R. L.: Decarboxylierung von Tyrosin durch tierische Gewebe 931[5].
EMERY, E. S. jr.: Entleerungsmodus des Magens 102[4].
— s. MCGEE, L. C. 226[14].
EMMERIE, A., s. EFKELEN, M. VAN. 358[5,6].
EMMRICH, R.: Buch über das Bluteiweißbild (1952) 288[1]. — Monomethylbernsteinsäure, Abbau 817[7].
— u. I. EMMRICH-GLASER: Oxydation von Dicarbonsäuren 811[6]. — Dicarbonsäureabbau beim Hund 813[2].
— P. NEUMANN u. I. EMMRICH-GLASER: Verhalten von substituierten Bernsteinsäuren im Stoffwechsel 817[2].
EMMRICH-GLASER, I., s. EMMRICH, R. 811[6], 813[2], 817[2].
EMSLIE, A. R. G., s. MIGICOVSKY, B. B. 714[4,10].
ENDER, F., u. H. STEEG: Vitamin B_{12}-Bestimmung 364[6].
ENDRES, G., u. L. HERGET: Mineralgehalt des Pferdeblutes 430[9]. — Mineralstoffgehalt von Leukocyten 460[2].
ENEKEL, A. J., s. TURBA, F. 294[8].
ENGASSER, L. M., s. WITEBSKY, E. 386[5].
ENGBRING, V. K., and M. LASKOWSKI: Phosphorfraktionen in Erythrocytenkernen 1099[2]. — Hühnererythrocytenzellkerne 1105[9].
ENGEL, C., s. GENDEREN, H. VAN 122[13], 126[4].
— s. VONK, H. J. 234[10].
— s. WEEL, P. B. VAN 159[8,11], 161[16].
ENGEL, C. H., s. VONK, H. J. 234[10].
ENGEL, G. L., s. RAPOPORT, S. 540[1].
ENGEL, L. L.: Zusammenfassung über Bestimmung der Stoffwechselprodukte von Sexualhormonen (1950) 879[8]. — Alkoholische Steroide als Corticoidsteroidmetabolite im Harn 895[6].

ENGEL, L. L., H. R. PATTERSON, H. WILSON and M. SCHINKEL: Alkoholische Steroide als Corticosteroidmetabolite im Harn 895[5].
— W. R. SLAUNWHITE jr., P. CARTER, P. C. OLMSTED and I. T. NATHANSON: Bestimmung der phenolischen C_{18}-Steroide 907[3].
— W. R. SLAUNWHITE jr., P. CARTER and I. T. NATHANSON: Trennung oestrogener Hormone durch Gegenstromverteilung 907[12].
— s. HERBST, R. M. 937[3].
— s. SLAUNWHITE, W. R. jr. 907[13].
ENGEL, M.: Abnahme des Serumbilirubins nach Nahrungsaufnahme 354[7]. — Bilirubingehalt von Kuhserum 354[10]. — Bilirubinbestimmung 355[4]. — Katalase als Schutz der Erythrocyten gegen H_2O_2 382[12]. — Ort des Hämoglobinabbaus 437[6]. — Physiologischer Hämoglobinabbau 437[14].
ENGEL, M. B., and W. FURUTA: Vorkommen von Glykogen und Phosphorylase im Knochen 712[1].
ENGEL, R.: Kaliumgehalt von Taubenblut 395[6].
ENGEL, W., s. MENDEL, B. 324[8].
ENGELAND, R.: Histidinabbau 974[8].
— u. W. BIEHLER: Carnosin 978[6].
ENGELBACH, K.: Glucosegehalt von Ergüssen bei Tuberkulose 558[5].
ENGELBERG, H., s. RAPPAPORT, F. 335[8].
ENGELHARD, H., s. ANTWEILER, H. J. 294[4].
ENGELHARDT, V. A.: Zusammenfassung über Adenosintriphosphataseeigenschaften von Myosin (1946) 1188[1]. — Harnsäurebildung in defibriniertem Blut 1202[17].
— u. M. N. LYUBIMOWA: Adenosintriphosphatase 746[6], 786[2].
— s. LJUBIMOWA, M. N. 787[2].
ENGELHARDT, W. A., s. ENGELHARDT, V. A.
ENGELMAN, M., s. GRAFF, S. 1217[5].
ENGELS, W.: Extracellulärer Raum in Haut und Muskulatur 599[7].
ENGER, R.: Stereoisomerie der Milchsäure des Magensaftes 92[6].
— s. BECHER, E. 326[18].
ENGLISH, A., s. FROMMEYER, W. B. jr. 1251[17].
ENGLISH, J. jr., and J. BONNER: Δ^2-Dodecendisäure (Traumatinsäure) 806[4].
ENGMAN, M. F., and D. J. KOOYMAN: Phosphatidgehalt der Haut 846[3].
ENGSTRÖM, A., and B. LINDSTRÖM: Trockensubstanz von Zellkernen des Nervengewebes 1098[13].
— and B. MALMSTROM: Trockensubstanz von Magenschleimhautzellen 1098[21].
ENGSTROM, W. W., s. MASON, H. L. 901[6].
ENKLEWITZ, M., and M. LASKER: L-Xyloketose im Harn 729[4].
ENTENMAN, C., and I. L. CHAIKOFF: Phosphatidgehalt von Blutplasma 858[17].
— I. L. CHAIKOFF and D. B. ZILVERSMIT: Bedeutung der Leber für Phosphatidumsatz 333[12], 860[3]. — Plasmaphosphatidgehalt nach Ausschaltung der Leber 861[4].
— F. W. LORENZ and I. L. CHAIKOFF: Plasmaphosphatide bei Vögeln nach oestrogenen Stoffen 860[16], 866[14].
— s. BLOOM, B. 237[18], 798[10].
— s. CHAIKOFF, I. L. 763[1], 872[7], 961[9].
— s. FISHLER, M. C. 848[2], 859[11], 860[1].
— s. FRIEDLANDER, H. D. 848[6], 850[8], 859[10].
— s. GOLDMAN, D. S. 848[1].
— s. LORENZ, F. W. 860[16].
— s. RANNEY, R. E. 335[1], 858[17].
— s. TAUROG, A. 410[10], 682[10], 858[21].
— s. STILLMAN, N. 843[4].
— s. WEINMAN, E. O. 805[3], 856[3], 860[6].
— s. ZILVERSMITH, D. B. 238[2], 682[9], 843[7], 848[8], 858[17], 860[2,5].
ENTIN, D. A., u. A. A. SCHMIDT: Milchsäuregehalt des Speichels 27[4].
— u. B. M. STARK: Keine Beziehung zwischen p_H des Speichels und Caries 19[2].
EPERJESSY, A., s. ANNAU, E. 819[5].
EPINEY, J., s. MILHAUD, G. 78[5], 79[2], 81[3].
EPPINGER, H.: Buch über Pathologie und Therapie des menschlichen Ödems (1917) 604[2]. — Buch über Leberkrankheiten (1937) 250[5].
— H. KAUNITZ u. H. POPPER: Buch über die seröse Entzündung (1945) 506[2].
EPPS, H. M. R., s. GALE, E. F. 932[1].
EPPSON, H. F., s. BEATH, O. A. 695[5].
EPPSTEIN, S. H., s. MORGULIS, S. 863[3].
— s. PETERSON, D. H. 886[16].
EPSTEIN, A. A., and S. BOOKMAN: Glykokollsynthese für die Hippursäurebildung 938[9]. — Glykokollsynthese aus anderen Aminosäuren 939[9].
EPSTEIN, E., u. K. LORENZ: Plasmaphosphatidgehalt bei NIEMANN-PICKscher Krankheit 861[10].
EPSTEIN, J. A., s. VLADIMIROV, G. E. 326[16].
EPSTEIN, J. H., s. GOLDSTEIN, N. P. 372[3], 379[10].
EPSTEIN, R. D., s. FROMMEYER, W. B. jr. 480[4].
ERBEN, A., s. SCHWARZ, C. 194[8].
ERBSEN, H., s. HARPUDER, K. 1255[3].
ERCOLI, A.: Zusammenfassung über Lecithinasen (1940) 120[14].
— s. BELFANTI, S. 372[19], 851[12].
— s. CONTARDI, A. 851[1].
— s. FRANCIOLI, M. 136[9], 163[15].
ERDHEIM, J.: Empfindlichkeit der Gewebe gegen Calciummangel 723[6].
ERDÖS, T., s. SZENT-GYÖRGYI, A. 1185[11].
ERDTMAN, H.: Mg als Aktivator von Phosphatasen 636[18].

Die Seiten 1—840 befinden sich im Bandteil a, die Seiten 841—1257 im Bandteil b.

ERF, L. A.: P-Stoffwechsel geschwulstkranker Mäuse 648[15]. — Eisengehalt der Milch nach Eisenfütterung 661[10].
— s. TUTTEL, L. W. 648[13], 1194[4].
ERICKSON, B. N., I. AVRIN, D. M. TEAGUE and H. H. WILLIAMS: Verteilung von Lecithin und Kephalin zwischen Erythrocyten und Blutplasma 442[9]. — Phosphatidgehalt von Blutplasma 858[17].
— P. LEE and H. H. WILLIAMS: Gewinnung von Thrombocyten 471[4]. — Zusammensetzung menschlicher Thrombocyten 472[1].
— H. H. WILLIAMS, I. AVRIN and P. LEE: Kephalingehalt menschlicher Thrombocyten 472[3].
— H. H. WILLIAMS, S. S. BERNSTEIN, I. AVRIN, R. L. JONES and I. G. MACY: Fettgehalt der roten Blutkörperchen 427[4]. — Stromaeiweiß, ein Protein-Lipoid-Komplex 439[6]. — Lipoidgehalt im Stroma der Erythrocyten 441[3]. — Zusammensetzung der Fettstoffe aus Erythrocytenstromata 441[7]. — Lipoidverteilung im Erythrocyten 442[1,3].
— H. H. WILLIAMS, F. C. HUMMEL, P. LEE and I. G. MACY: Verteilung der Gesamtfette im Blut 332[4], 442[4].
— H. H. WILLIAMS, F. C. HUMMEL and I. G. MACY: Verteilung der Gesamtfette im Serum 332[4], 442[4]. — K-, Na-, Ca- und Mg-Gehalt in Erythrocyten 428[8]. — Phosphatidgehalt von Erythrocyten 858[5,8].
— s. BEACH, E. F. 440[3].
— s. BERNSTEIN, S. S. 439[5].
— s. FERGUSON, J. H. 295[7].
— s. WILLIAMS, H. H. 442[9], 858[10,17].
ERICKSON, J. O., s. NEURATH, H. 477[7].
ERIKSON, Y.: Wirkungsmechanismus von Fluor bei der Cariesprophylaxe 699[2].
ERKAMA, J., s. VIRTANEN, A. I. 1013[4], 1014[7], 1015[2].
ERKOL, M.: Milchsäuregehalt von Pferdeblut 323[10]. — Blutmilchsäure bei Muskelarbeit 324[2].
ERLANGER, J.: Zusammenfassung über Blutvolumen (1921) 258[5]. — Zusammenfassung über Blutmengenbestimmung (1921) 259[1].
ERLEMANN, F., s. CHROMETZKA, F. 378[10], 379[2].
ERLENBACH, F.: Blutzucker bei Tieren 314[12].
ERLENMEYER, H., H. GAERTNER, E. J. MCDOUGALL and F. VERZÁR: Geschwindigkeit des Wasseraustausches durch die Darmwand 208[5].
ERNSTER, L., s. LINDBERG, O. 1136[34], 1137[22], 1140[2].
ERÖS, G., u. S. KUNOS: Atrophie des argentaffinen Systems bei perniciöser Anämie 121[10].
ERRERA, M.: Intracelluläre Verteilung von Glutaminase 1090[52]. — Spaltung von Glutamin im Cytoplasma 1153[16].
— and J. P. GREENSTEIN: Intracelluläre Verteilung von Glutaminase 1090[52]. — Spaltung von Glutamin im Cytoplasma 1153[16].
ERRINGTON, B. J.: Calciumgehalt von Pferdeblut 396[12].
ERSPAMER, V.: Enteramin 40[4].
— and B. ASERO: Enteramin 40[5], 142[20].
— s. VIALLI, M. 107[7].
ERULKAR, S. D., s. GORANSON, E. S. 789[13].
ERXLEBEN, H., u. H. HERKEN: D-Aminosäuren in Tumorgewebe 930[9].
— s. HERKEN, H. 381[10].
— s. KÖGL, F. 930[9].
ESAKI, S.: Eiweißspeicherung in Leberzellen 927[8].
ESCHWEILER, P. C., and L. NERLE: p_H-Messung im Magensaft 49[9].
ESKUCHEN, K.: Buch über die Lumbalpunktion (1919) 571[9].
ESSER, H., F. HEINZLER, F. KAZMEIER u. W. SCHOLTAN: Papierelektrophorese 294[8].
— F. HEINZLER u. H. WILD: Präalbumin im Liquor 568[1].
— s. DIBBELT, L. 895[3].
— s. SCHOLTAN, W. 300[4].
ESSER, M.: Wassergehalt menschlicher Organe 591[9].
ESTABLIER Y COSTA, A., s. KAYSER, C. 1231[16,17].
ESTBORN, B., s. REICHARD, P. 1193[11], 1227[10].
ESTELMANN, W., s. LANG, K. 1197[8].
ESTERER, M. B., s. CHRISTMAN, A. A. 1215[6].
ETTEN, C. VAN, s. VIGNEAUD, V. DU 935[2], 936[1].
ETTI, C.: Konstitution des roten Farbstoffs bei Phloroglucin-Vanillinprobe 53[11].
ETTORI, J., R. GRANGAUD, J. BENOIT et J. CLAVERT: Calcium: Phosphor-Verhältnis im Knochen 710[8].
EUCKEN, A.: Grundriß der physikalischen Chemie; 6. Aufl. (1948) 501[1].
EUFINGER, H., u. C. W. BADER: Phosphatidstoffwechsel im Corpus luteum 857[1].
EUGSTER, A.: Abfall des Serumchlorids bei Nephritis 407[21].
EULER, B. v., H. v. EULER u. H. HELLSTRÖM: Vorkommen von Carotin in Ochsenblut 451[18].
EULER, HANS v.: Zusammenfassung über die Cozymase (1936) 725[35]. — p_H-Optimum der Darmpeptidase 122[8]. — Brenztraubensäureanstieg im Blut nach Überimpfung von Tumoren 325[14]. — Keine Antikörperbildung durch Zellkerne 1147[6]. — Funktion der Codehydrogenase II 1236[5].
— u. E. ADLER: Hexokinase 741[2]. — Glutaminsäuredehydrierung mit Codehydro-

Die Seiten 1—840 befinden sich im Bandteil a, die Seiten 841—1257 im Bandteil b.

genase I und II 949[15]. — Funktion von Codehydrogenase II 1236[9].

EULER, Hans v., E. ADLER u. G. GÜNTHER: Glycerin-1-phosphatdehydrogenase 753[5]. — Funktion von Codehydrogenase II 1236[10].

— E. ADLER, G. GÜNTHER u. N. B. DAS: Bildung von Glutaminsäure durch Aminierung von α-Ketoglutarsäure 935[6]. — Glutaminsäuredehydrierung mit Codehydrogenase I und II 949[15]. — Mechanismus der Glutaminsäurebildung 950[1].

— E. ADLER u. S. KYRNING: Äthanoldehydrogenase aus Hefe 755[5].

— E. ADLER u. T. STEENHOFF ERIKSEN: Glutaminsäuredehydrierung mit Codehydrogenase I und II 949[15].

— L. AHLSTRÖM u. B. HÖGBERG: Spaltung von L-Peptiden durch Serum 383[1]. — D-Peptidasen im Serum von Geschwulstträgern 383[2].

— L. AHLSTRÖM, B. HÖGBERG u. A. M. LILJA: Vorkommen von Peptidasen im Serum 381[5]. — D-Peptidasen im Blut von Geschwulstträgern 383[2].

— L. AHLSTRÖM, J. RÖNNESTAM-SÄBERG u. I. PETTERSSON: Brenztraubensäureanstieg im Blut nach Überimpfung von Tumoren 325[14].

— u. I. FISCHER: Zellkernisolierung 1065[9].

— I. FISCHER, H. HASSELQUIST u. M. JAARMA: Stickstoff-, Phosphor- und Desoxyribonucleinsäuregehalt in Zellkernen 1100[1]. — Vorkommen von Lipase und Arginase im Zellkern 1116[16].

— u. G. GÜNTHER: Diaphorase I und II 1184[20].

— u. K. HASSE: Diaphorase I und II 1184[19].

— u. L. HELLER: Intracelluläre Verteilung von Katalase 1090[13].

— u. B. HÖGBERG: Brenztraubensäure im Blut bei Beri-Beri und Vitamin A-Mangel 326[9]. — Herabsetzung der Brenztraubensäure im Blut durch Citronensäure 326[10]. — Phosphatgehalt des Harnes nach Aneurin und Insulin 776[2].

— B. HÖGBERG u. I. SÄBERG: Brenztraubensäureanstieg im Blut nach Überimpfung von Tumoren 325[13].

— u. K. JOSEPHSON: p_H-Optimum der Darmpeptidase 122[8].

— u. K. MYRBÄCK: Codehydrogenase II 1235[18].

— I. SÄBERG u. B. HÖGBERG: Brenztraubensäuregehalt des Blutes 325[1], 326[2,3].

— u. F. SCHLENK: Cozymase- und Nicotinsäureamidgehalt von Blut 453[9].

— F. SCHLENK u. B. HÖGBERG: Brenztraubensäuregehalt des Blutes bei Diabetes 326[5]. — Cocarboxylasegehalt von Rattenblut 452[4].

— u. G. SCHMITD: Einfluß von Vitamin A auf Puringehalt von Organen 1243[6].

EULER, Hans v., u. B. SKARŻYŃSKY: 5-Nucleotidase aus Leber 1187[16]. — Fermentativer Abbau von Purinbasen 1222[14].

— B. SKARZYNSKI u. B. HÖGBERG: Brenztraubensäureanstieg im Blut nach Überimpfung von Tumoren 325[14].

— u. S. STEFFENBURG: Vitamin A-Gehalt von Rattenblut 357[20].

— u. O. SVANBERG: p_H-Optimum der Darmsaccharase 127[5]. — Spaltung von Rohrzucker durch Darmschleimhaut und Darmsaft 127[11].

— s. ADLER, E. 1051[9], 1236[4].

— s. AHLSTRÖM, L. 381[5], 383[3], 1190[2], 1196[16, 18-20].

— s. EULER, B. v. 451[18].

— s. SCHLENK, F. 1184[11].

EULER, Hermann: Zusammenfassung über naturwissenschaftlich-kriminalistische Untersuchungen an Zähnen (1934) 700[21]. — Zusammenfassung über Ergebnisse und Aufgaben der Kariesforschung (1944) 723[11].

EULER, U. S. v.: Thyroxingehalt von Venenblut 367[7]. — Adrenalingehalt im Venenblut 369[4].

EUW, J. v., u. T. REICHSTEIN: Δ^4-Androsten-3α, 11diol-17-on u. Δ^4-Androsten-3,17-dion aus Nebennierenrinde 896[5].

EVANS, E. A. jr., and L. SLOTIN: Einbau von radioaktivem CO_2 in Harnstoff 971[5]. — Mechanismus der α-Ketoglutarsäurebildung 1056[1].

— B. VENNESLAND and L. SLOTIN: CO_2-Fixierung durch tierische Enzyme 1054[3].

— s. VENNESLAND, B. 1054[5].

— s. WOOD, H. G. 1054[3].

EVANS, G. T., s. LARSON, E. A. 355[8].

EVANS, H. M., and S. LEPKOVSKY: Essentielle Fettsäuren 820[2].

— S. LEPKOVSKY and E. A. MURPHY: Essentielle Fettsäuren 820[2].

— s. BAKER, B. L. 1197[9], 1234[5].

— s. BENNETT, L. L. 774[3,4].

— s. GREENSPAN, F. S. 368[4].

— s. LI, C. H. 345[5], 775[3].

EVANS, J. S., L. R. HINES, J. J. CEITHAML and F. C. KOCH: Bedeutung von Zink bei den Fortpflanzungsvorgängen 676[4].

— s. VRIES, W. H. DE 1036[14].

EVANS, M., s. LANGLEY, W. D. 350[5].

EVANS, P.: Viskosität des Blutes 273[11].

EVANS, R. D., s. GIBSON, J. G. 469[2].

— s. KEATING, F. R. jr. 682[12].

EVANS, R. J., and P. H. PHILLIPS: Keine Fluormangelerscheinungen 699[10].

EVANS, R. S., s. CALVIN, M. 389[3], 440[5].

EVANS, S. T., s. BENNETTS, H. W. 668[12].

EVANS, W. A., jr., s. GIBSON, J. G. jr. 258[8].

EVELETH, D. F.: Magnesiumverteilung im Blut 397[13]. — Mg-Gehalt von Erythrocyten 428[10].

Evelyn, K. A., s. Gibson, J. G. jr. 258[8].
Even, R., s. Villaret, M. 155[25].
Everett, J. W., and C. H. Sawyer: Cholinesterase im Blut nach Kastration und Oestrogenhormon 374[9].
— s. Sawyer, C. H. 373[4].
Everett, M. R.: Anteil von Glutathion an der Restreduktion 317[4].
— s. Shetlar, M. R. 314[4].
Everson, G., s. Hawkes, J. E. 1218[41].
Everson, G. J., s. Daniels, A. L. 672[8].
Ewald, C. A.: Magengase bei Pylorusstenose 68[13]. — Ätherlösliche Substanzen in der getrockneten Darmschleimhaut 114[1].
— u. I. Boas: Probefrühstück 87[1].
Ewer, T. K., s. Scarisbrick, R. 214[25].
Ewerbeck, H.: Präalbumin im Liquor 568[1].
— u. H. E. Levens: Eiweißfraktionen im foetalen Blutserum 300[2].
Eweyk, C. van, s. Bickel, A. 131[6].
Ewins, A. J., and P. P. Laidlaw: Bildung von Adrenalin aus Tyrosin 984[15].
Exer, B., s. Leuthardt, F. 1077[1,24], 1149[5].
Exner, S.: Resorption von Fetten 230[7].
Eymer, P.: Fruchtzucker im Blut menschlicher Feten 318[14].
Eyring, H., s. Johnson, F. H. 1184[22].

Fabbrini, V., s. Iberti, U. 409[14].
Faber, V., and K. Schmith: Antihyaluronidasen im Serum 383[5]. — Hyaluronidasebestimmung 384[13].
— s. Schmith, K. 383[5], 384[13].
Fabian, A. A., s. Sachs, A. 402[3,7].
Fabian, G.: Buch über Physiologie und Pathologie der Speichelsekretion des Menschen und ihre Beziehung zur Magenfunktion (1938) 12[8].
Fabiani, E., s. DeMeio, R. H. 1153[22].
Fabre, R.: Quotient Speichelalkohol: Blutalkohol 27[6]. — Acetaldehydgehalt des Blutes 327[9]. — Durchtritt von Coffein durch die Placenta 1224[9].
— et E. Kahane: Quotient Speichelalkohol: Blutalkohol 27[6].
— et M.-T. Régnier: Durchtritt von Coffein durch die Placenta 1224[10].
Fabriani, G., s. Tria, E. 156[14], 158[2].
Fabrykant, M., s. Labbé, M. 646[1].
Fagerberg, E., S. E. Fagerberg and R. Fåhraeus: Beteiligung der Erythrocytenmembran an der Fibrinogenbildung 475[15].
Fagerberg, S. E., s. Fagerberg, E. 475[15].
Fahey, J. L., J. H. Olwin and A. G. Ware: Dicumarolwirkung auf den Faktor V 482[10].
— A. G. Ware and W. H. Seegers: Haltbarkeit von Ac-globulin in Citratplasma 482[12].
— s. Ware, A. G. 482[5].
Fåhraeus, R.: Zusammenfassung über die Suspensionsstabilität des Blutes (1921) 477[15]. — Zusammenfassung über Suspensionsstabilität des Blutes (1924) 264[6]. — Entdeckung der Suspensionsstabilität des Blutes 264[7]. — Blutsenkungsreaktion und elektrische Ladung der Erythrocyten 424[4].
— s. Fagerberg, E. 475[15].
— s. Svedberg, T. 509[2], 512[3].
Fahr, E.: Giftwirkung von molekularem Sauerstoff 615[4].
Fahrländer, H., P. Favarger u. F. Leuthardt: Hemmung der Argininbildung durch Malonsäure 973[3].
— H. Nielsen u. F. Leuthardt: Beeinflussung der Argininbildung durch Ammonium 973[2].
Fairbairn, D.: Postmortale Freisetzung von Fettsäuren aus Phosphatiden 850[21]. — Phospholipase 851[8]. — Lysophospholipase aus Penicillium notatum 851[11].
Fairbanks, B. W., and H. H. Mitchell: Optimales Ca : P-Verhältnis in der Nahrung 639[6].
Fairhall, L. T.: Resorption anorganischer Zinksalze 677[2].
Fairi, R., s. Binet, L. 1247[11].
Fairley, D., s. Brunish, R. 1112[2].
Faitelberg, O.: Zusammenfassung über die Stoffresorption im Magen (1950) 221[18].
Fajans, S. S., s. Conn, J. W. 883[3], 884[4].
Falco, E. A., s. Hitchings, G. H. 1245[8,11], 1252[2,4], 1257[5].
Fales, H. L., s. Holt, L. E. 640[4]
Falk, J. E., and A. Benson: Porphyrintrennung 1006[6], 1021[1].
— and J. B. Willis: Ultrarotabsorptionsanalyse der Porphyrine 1021[3].
Falkenbach, K. H., s. Gohr, H. 299[7].
Falkenheim, C.: Harnstoff- und Harnsäuregehalt des menschlichen Speichels 21[23].
Falkenheim, M., M. F. Neuman and H. C. Hodge: Leicht und schwer austauschbares Calcium im Knochen 716[4].—
— E. E. Underwood and H. C. Hodge: Leicht und schwer austauschbares Calcium im Knochen 716[6].
— s. Johansson, E. G. 716[7].
Faloon, W. W., s. Cooper, A. M. 954[21].
Falta, W.: Alkaptonurie 982[14]. — Purinausscheidung nach Adrenalin 1230[8].
— u. L. Langstein: Homogentisinsäureausscheidung nach Phenylalaminzufuhr 982[6].
— u. J. Nowaczyński: Harnsäureausscheidung bei Akromegalie 1233[1].
— s. Neubauer, O. 982[10].
Faltin, E., s. Gróh, J. 299[5], 309[1].
Fanconi, G.: Zusammenfassung über Chloridstoffwechsel (1940) 628[16]. — Buch über Störungen der Blutgerinnung beim Kinde (1941) 475[20]. — Zusammensetzung von

Ascites 560[18]. — „Trockene Retention" von Kochsalz 631[1].
FANO, G., e F. BOTTAZZI: Isotonie des Blutes 268[3].
FANTES, K. H., J. E. PAGE, L. F. J. PARKER, E. L. SMITH, D. HODGKIN, M. W. PORTER and R. C. SPILLER: Kobalt und Vitamin B_{12} 674[8].
— J. E. PAGE, L. F. J. PARKER and E. L. SMITH: Vitamin B_{12} 406[28].
FANTL, P., and G. J. LINCOLN: Dehydrierung von Palmitinsäure zu Δ^9-Hexadecensäure 819[3].
— and M. NANCE: Adsorption von Prothrombin 478[18]. — Aktivierung des Prothrombins 481[3].
FANUCCHI, F.: Periodische Tagesschwankungen des Blut-p_H-Wertes 272[1].
FARBER, E., s. KOCH-WESER, D. 861[8].
FARBER, M. A. T. MILHORAT and H. ROSENKRANTZ: Vitamin E-Bestimmung 361[4].
— s. HARRIS, T. N. 553[3].
FARBMAN, A. A., s. SANDWEISS, D. J. 142[7].
FARKAS, G. v.: Zusammenfassung über Kolloiddruck des Blutes (1938) 269[5]. — Bedeutung des kolloidosmotischen Druckes für Flüssigkeitsersatz im Blut 270[2]. — Methoden zur Messung des kolloidosmotischen Druckes 270[7].
— s. ZÁRDAY, I. v. 265[2].
FARMER, C. I., s. ANDERSON, R. K. 72[6], 83[2].
FARMER, S. N., u. M. MAIZELS: P-Gehalt menschlicher Erythrocyten 430[15]. — Gehalt der Erythrocyten an anorganischem P 431[5]. — Bedeutung der Phosphate in Blutzellen für absolute Reaktion des Blutes 447[4].
FARMER LOEB, L.: Coffeinausscheidung bei Kaninchen 1224[7].
FARRAR, G. E. jr., and S. M. GOLDHAMER: Eisenausscheidung im Harn 661[4].
FASANARO, G.: Adrenalingehalt von Hundeblut 369[8].
FASHENA, G. J.: Jodgehalt im Blut von Kindern 409[24].
— and H. A. STIFF: Zusammensetzung der Restreduktion des Blutes 317[5].
FASOLD, H., u. H. A. SCHMIDT: Keine Glykolyse im menschlichen Liquor 570[14].
FASSINA, R. J., s. SINCLAIR, R. G. 217[7].
FATTERPAKER, P., and A. SREENIVASAN: Wirkung von Folsäure auf Xanthindehydrogenase 1203[13].
FAULEY, G. B., s. ORNDORFF, J. R. 72[12].
FAURHOLT, C.: Formen des Vorkommens der Kohlensäure im Blut 519[2].
FAUSTKA, O.: Konstanz der endogenen Harnsäureausscheidung 1200[7]. — Konstanz des Purinstoffwechsels 1238[5].
FAUTEUX, M., s. CANTERO, A. 43[25].
FAUTREZ, J., and N. FAUTREZ-FIRLEFYN: DNS-Synthese während der Interphase 1103[6].
FAUTREZ-FIRLEFYN, N., s. FAUTREZ, J. 1103[6].
FAVARGER, M., s. BERNHARD, K. 779[6].
FAVARGER, P.: Bedeutung von Cholesterin für Fettsäureresorption 235[11], 797[1]. — Art der Lipoide in verschiedenen Darmabschnitten 238[9]. — Keine Dehydrierung von Palmitin- oder Stearinsäure durch Pankreassaft oder Galle 240[14]. — Resorption fettähnlicher Stoffe 248[8]. — Dehydrierung gesättigter Fettsäuren bei der Fettresorption 794[4]. — Phosphatidbildung in der Darmschleimhaut bei Fettresorption 796[2].
— et R. A. COLLET: Spaltung D-markierter Fette 233[6].
— R. A. COLLET et E. CHERBULIEZ: Bildung von freiem Glycerin bei Fettspaltung 233[8]. Resorption ungespaltener Fette 238[13]. — Umfang der Glyceridspaltung im Darm 800[2].
— R. A. COLLET et P. VERAGUTH: Phosphatbildung in der Darmschleimhaut bei Fettresorption 796[2], 842[13].
— s. BUENSOD, M. 796[1].
— s. COLLET, R. A. 238[7,10].
— s. FAHRLÄNDER, H. 973[3].
— s. METZGER, E. F. 797[3].
FAVATA, B. V., s. YOUNG, F. 500[2].
FAVILLI, G.: Wirkung verunreinigter Hyaluronidase auf Blut 380[5].
— and D. MCCLEAN: Wirkung verunreinigter Hyaluronidase auf Blut 380[5].
FAVILLI, N.: Unterschiede der BRUNNERschen Drüsen bei verschiedenen Tierarten 108[2].
FAWITZSKY, A. P.: Purin- und Harnsäuregehalt von Harn und Blut bei Lebererkrankungen 1247[21].
FAY, M., M. A. ANDERSCH and V. G. BEHRMANN: Strontiumablagerung im Knochen 684[16].
FAZEKAS, J. F., s. BUEDING, E. 783,[1].
— s. HIMWICH, H. E. 773[4].
FEARON, W. R., s. PRESS, R. 398[16].
FEATHERSTONE, R. M., and C. P. BERG: Zukkerbildung aus Histidin 974[7].
FEDI, M., s. GAMBIGLIANI ZOCCOLI, A. 328[1,3].
FEDIAI, T. P., s. SMORODINZEW, I. A. 420[6].
FEDOROFF, T., s. BUTKEWITSCH, W. S. 1028[7].
FEENEY, R. E., s. STRONG, F. M. 452[5].
FEHNEL, J. W., s. DRINKER, K. R. 677[6].
FEIGELSON, M., s. HARMAN, J. W. 1133[7], 1137[23].
FEIGELSON, P., s. WILLIAMS, J. N. jr. 1199[17], 1202[19], 1216[7].
FEIGL, J.: Kreatinvermehrung im Blut bei Krankheiten 348[16]. — Phosphatidgehalt von Erythrocyten bei perniciöser Anämie 858[9].
— u. W. WEISE: Hämoglobinbestimmung 432[8].
FEIL, G. H., s. SHREEVE, W. W. 761[8].
FEINDT, W., s. RUST, H. H. 421[5].

FEINSCHMIDT, O., s. FERDMAN, D. 1194[8].
FEINSTEIN, H. I.: Nickelbestimmung 406[24].
FEINSTEIN, M., s. HECHTER, O. 891[8].
FEISSLY, R.: Antiprothrombin bei Hämophilie 497[7]. — Ursache der Hämophilie 497[12].
— u. A. FRIED: Antiprothrombin bei Hämophilie 497[8].
FELBERG, R. S., s. HOLLANDER, F. 70[9], 71[9].
FELDBERG, W., u. E. SCHILF: Buch über Histamin (1930) 577[1].
— and R. C. Y. LIN: Verteilung der Cholinacetylase im Darm 140[2].
— and T. MANN: Bestimmungsmethode für Cholinacetylase 140[3,4]. — Coenzym A bei Cholinacetylierung 1036[5].
— u. P. ROSENFELD: Bildung der Cholesterinesterase in der Magen-Darmwand 373[7].
— s. ADRIAN, E. D. 375[4].
— s. DALE, H. H. 141[6].
FELDKAMP, F., s. SAHYUN, M. 678[10].
FELDMAN, L. I., and I. C. GUNSALUS: Vitamin B_6 als Coenzym von Transaminasen 938[6].
FELDMANN, H., s. GOHR, H. 1018[3].
FELDMANN, J., s. GELLHORN, E. 367[3].
FELDOTT, G., and H. A. LARDY: Entkoppelung von Atmung und oxydativer Phosphorylierung durch Thyroxin 1140[8].
FELDSTED, E. T., s. JAQUES, L. B. 483[5], 490[15].
FELIX, K.: Lehrbuch der physiologischen Chemie (1951) 533[2]. — Zusammenfassung über die Dynamik des Eiweißes (1940) 435[15]. — Stickstoff-, Arginin- und Phosphorgehalt von Spermatozoenzellkernen (Fisch) 1100[2]. — Kernprotein der Fischspermatozoen 1105[6]. — Aminosäurezusammensetzung von Zellkernproteinen 1112[11].
— E. G. BOCK, D. GERATZ, I. v. GLASENAPP, L. ROKA u. K. WEISENBERGER: Intracelluläre Verteilung der Tyrosinoxydation 1090[132], 1153[31].
— H. FISCHER, A. KREKELS u. R. MOHR: DNS : Arginin-Verhältnis in Fischspermatozoen 1103[12].
— u. A. KREKELS: DNS : Arginin-Verhältnis in Fischspermatozoen 1103[12].
— u. K. MORINAKA: Arginase 968[10].
— u. S. NAKA: Desaminierende Fähigkeit der Niere 535[6].
— F. SCHEEL u. W. SCHULER: Harnsäureabbau durch Uricase 1209[5]. — Uricase, ein Fermentgemisch 1210[3].
— u. K. ZORN: Ferment der L-Aminosäureoxydation 930[7]. — Histaminasewirkung auf andere Diamine 932[5]. — Alaninbildung bei oxydativem Tyrosinabbau 983[10].
— K. ZORN u. H. DIRR-KALTENBACH: Acetessigsäurebildung aus L-Tyrosin 983[9].
FELIX, W.: Zusammenfassung über Anatomie der Atmungsorgane (1925) 502[5].
FELL, H. B., and R. ROBISON: Bildung des enchondralen Knochens 704[3]. — Wirkungsmechanismus der alkalischen Phosphatase bei der Verknöcherung 711[12].
— s. DANIELLI, J. F. 712[8].
FELLENBERG, T. v.: Zusammenfassung über Vorkommen, Kreislauf und Stoffwechsel des Jods (1926) 409[20]. — Fluorgehalt von Pflanzenteilen 696[5]. — Kein Fluorverlust beim Kochen von Nahrungsmitteln 696[14]. Fluorgehalt von Nahrungsmitteln in der Schweiz 697[3].
— u. G. LUNDE: Jodausscheidung durch die Niere 681[9].
FELLER, D. D.: Cholesterinsynthese im Fettgewebe 874[12].
— s. ZILVERSMIT, D. B. 781[7].
FELLER, P., s. FEULGEN, R. 846[5], 856[8].
FELLIG, J., s. ZÖLLNER, N. 1187[8].
FELLINGER, K.: Thyreotropes Hormon im Serum bei Hyper- und Hypothyreosen 367[16].
— u. J. SCHMID: Beeinflussung der Leukocytenatmung durch Urethan 457[6].
FELLOWS, M.-D.: Antigonadotropes Hormon im Serum 368[9].
FELS, E., s. SLOTTA, K. H. 886[21].
FELS, S. S., s. SHAY, H. 216[13], 221[16].
FELSZEGHY, Ö., s. ANNAU, E. 819[5].
FELTS, J. M., I. L. CHAIKOFF and M. J. OSBORN: Verminderung der Acetatoxydation durch Insulin 834[1].
— s. OSBORN, M. J. 834[2].
FENGER, F.: Jahreszeitliche Schwankungen im Jodgehalt der Atmosphäre 680[6].
— s. SEIDELL, A. 680[6].
FENN, W. O.: Zusammenfassung über die Bedeutung des Kaliums bei biologischen Vorgängen (1940) 623[2]. — Adsorption von Natriumionen an die Muskelfaser 619[12]. — Bedeutung der Leber für die Regulierung des Kaliums im Blut 627[5].
— and D. M. COBB: Kaliumaustausch der Zelle 624[12]. — Kaliumaufnahme durch die Muskulatur 627[3].
— L. F. HAEGE, E. SHERIDAN and J. B. FLICK: Verteilung von NH_3 auf Muskel und Perfusionslösung 1166[10].
— s. DEAN, R. B. 423[2].
FENTON, P. F.: Zuckerresorption im Rattenmagen 221[21].
— s. BIRCHALL, E. F. 216[12].
— s. PIERCE, H. B. 216[14], 221[22].
FENYVESSY, B.: Mikroorganismen des Dickdarms 181[9].
FERAYORNI R. R., C. F. CODE and C. G. MORLOCK: Wirkung von Insulin und Enterogastron auf die Magensaftsekretion 42[23].
FERBER, K. E.: p_H-Wert im Magneinhalt von Schafen 56[9]. — Aktuelle Reaktion in Pansen und Haube 100[8].

FERDMAN, D., O. FEINSCHMIDT u. M. OKUHN: ATP-Bildung durch Umesterung mit Kreatinphosphat 1194[8].
FERDMAN, D. L., A. J. MESTEČKINA u. N. V. SEMENOV: ATP und Muskelatrophie 1230[5].
FERENCZ, P., u. D. BODA: Harnsäuregehalt im Liquor 1198[16].
FERGER, M. F., s. RACHELE, J. R. 654[8].
FERGER, O.: Zur Geschichte der Magensondierung 86[13].
FERGUSON, J. H.: Herkunft des Prothrombins aus den Plasmaproteinen 478[5]. — Prothrombinbildung in der Leber 478[6]. — Prothrombinaktivierung ein proteolytischer Prozeß 484[6]. — Keine Thrombinneutralisierung durch kryst. Serumalbumin 487[6].
— and B. N. ERICKSON: Fibrinogendarstellung 295[7].
— and J. H. LEWIS: Befreiung des Prothrombins von Ac-globulin 482[9].
— s. LEWIS, J. H. 1090[48].
FERGUSON, J. K.W., L. LEWIS and J. SMITH: Vorkommen der Kohlensäureanhydratase bei Wirbellosen 522[8].
— and F. J. W. ROUGHTON: Bindung und Abspaltung von Kohlendioxyd durch reine Hämoglobinlösungen 524[2].
FERGUSON, W. S., A. H. LEWIS and S. J. WATSON: Molybdänkrankheit bei Tieren 686[9].
FERMI, C.: Zerkleinerung der Nahrung beim Kauen 10[14].
FERRARA, D.: Gallensäuregehalt des Blutes bei Lebererkrankungen 339[10].
FERRARI, R.: Förderung der Magensaftsekretion durch Insulin 42[17].
FERRANDO, R., P. CHENAVIER et M. CORMIER: Abhängigkeit des Vitamin E-Gehaltes im Blut von ungesättigten Fettsäuren 361[1].
FERRATA, A., u. G. MOROZZI: Fettgehalt des Kaninchendarms 118[5].
FERRIS, E. B., s. RAPOPORT, S. 540[1].
FERRO-LUZZI, G.: Vorkommen von Kreatinin im Blut 348[10]. — Kreatinin als Clearancesubstanz 349[3].
— A. SALADINO u. S. SANTAMAURA: Höhe der Kreatininwerte im Blut und Art der Eiweißfällung 349[12].
FERRY, E. L. s. OSBORNE, T. B. 654[3], 1218[12].
FERRY, J. D., and P. R. MORRISON: Antihämophiles Globulin im Blut 296[10]. — Wirkungsstärke von Thrombin 477[1]. — Fibrin zur Blutstillung 500[4].
— M. SINGER, P. R. MORRISON, J. D. PORSCHE and R. J. L. KUTZ: Fibrinfilme zur Behandlung von Verbrennungen 296[11].
— s. COHN, E. J. 678[10].
FERRY, R. M., s. EDSALL, J. T. 489[21].
FERTMAN, M. B., s. CURTIS, G. M. 410[7].
FETCHER, E. S. jr., s. VISSCHER, M. B. 210[2].
FEUCHTINGER, O.: Oestrogene Stoffe in Blut und Harn im Klimakterium 370[4]. — Bedeutung der Keimdrüsenhormone für die Blutbildung 465[12]. — Wirkung von Sexualhormonen auf die Leukocytenzahl 469[12].
FEUER, G., s. STRAUB, F. B. 1184[5].
FEUERSTEIN, K., s. STAUDINGER, H. 744[6].
FEULGEN, R.: Buch über Chemie und Physiologie der Nucleinstoffe (1923) 1177[3]. — Desoxyribonucleotidase 1186[4].
— u. M. BEHRENS: Acetalphosphatidgehalt von Organen 846[5]. — Acetalphosphatidgehalt im nervösen Gewebe 866[2]. — Zellkernisolierung 1066[2].
— u. T. BERSIN: Acetalphosphatidgehalt von Organen 846[5]. — Colaminglycerophosphorsäure 852[1]. — Acetalphosphatidgehalt des Muskels 863[5]. — Acetalphosphatidgehalt im nervösen Gewebe 866[4].
— W. BOGUTH u. G. ANDRESEN: Acetalphosphatidgehalt von Organen 846[5].
— P. FELLER u. G. ANDRESEN: Acetalphosphatidgehalt von Organen 846[5]. — Rolle der Acetalphosphatide bei der Umwandlung Kohlenhydrat/Fett 856[8].
— u. H. GRÜNBERG: Acetalphosphatidgehalt von Organen 846[5]. — Acetalphosphatidgehalt in nervösen Geweben 866[3].
— u. K. IMHÄUSER: Nucleinsäurereaktion 1183[3].
— K. IMHÄUSER u. M. BEHRENS: Acetalphosphatidgehalt des Muskels 863[5].
FEVOLD, H., s. ALDERTON, G. 25[22].
FIALA, S., and D. BURK: Transport des Eisens im Blut in Bindung an β_1-Globulin 659[9].
— s. RILEY, V. T. 1067[1]
FIDLAR, E., and L. P. JACQUES: Abfall der Thrombocytenzahl nach Heparin beim Hund 470[18].
— s. JAQUES, L. B. 483[5], 490[15].
FIEBER, M. H., s. SILVER, S. 683[2].
FIEBIGER, J., s. TRAUTMANN, A. 34[5].
FIELD, H. jr., D. MELNICK, W. D. ROBINSON and C. F. WILKINSON jr: Nicotinsäureamidgehalt des menschlichen Blutes 363[13].
— s. MELNICK, D. 363[11], 453[5].
FIELD, J. B., A. SVEINBJORNSSON and K. P. LINK: Erhöhung des Fibrinogens durch Adenin und Xanthin 1251[16].
FIELD, M. E., O. C. LEIGH jr., J. W. HEIM and C. K. DRINKER: Eiweißgehalt der Hundelymphe 553[1].
— s. DRINKER, C. K. 553[1].
FIELD, N. S., s. WERTHESSEN, N. T. 370[5], 905[1].
FIELD, R. A., C. G. RICHARD and F. B. HUTT: Erbliche Hämophilie bei Hunden 498[5].
FIELDS, M., and R. L. LIBBY: Antigenspeicherung in den Mitochondrien 1146[6].
FIERENS, B., et P. P. DE NAYER: Magensaftsekretion nach Histamin 45[6].

FIERZ-DAVID, H. E.: Buch über künstliche organische Farbstoffe (1926) 288[5].
FIESER, L. F., and M. FIESER: Buch über Naturprodukte, die mit Phenanthren verwandt sind (1949) Engl. 870[11]. s. LIEBERMAN, S. 894[2], 899[6].
FIESER, M., s. FIESER, L. F. 870[11].
FIESSINGER, N.: Keine Veränderung der Blutgerinnung nach Leberexstirpation 475[7].
— L. MICHAUX et M. HERBAIN: Peptidgehalt von Liquor cerebrospinalis 568[7].
— H. WALTER, M. GAULTIER et J. J. WELTI: Leberfunktionsprüfung mit Galaktose 223[6].
FILINSKI, W., et C. ROSTKOWSKI: Anregung der Pankreassekretion durch Pilocarpin 155[23].
FILLIPPON, S., s. LOMBROSO, U. 245[13], 247[14].
FILMER, J. F.: coast disease 673[14].
— and E. J. UNDERWOOD: coast disease 673[14].
FILZ, W., s. BARRENSCHEEN, H. K. 1189[15].
FINCH, C. A., H. A. EDER and R. W. MCKEE: Umwandlung von Methämoglobin in Hämoglobin im Organismus 435[2].
— M. HEGSTEDT, T. D. KINNEY, E. D. THOMAS, C. E. RATH, D. HASKINS, S. FINCH and R. G. FLUHARTY: Hämochromatose 665[2].
— s. HILLS, A. G. 456[11].
— s. KINNEY, T. D. 214[12], 665[4].
— s. RATH, C. R. 659[10].
FINCH, S., s. FINCH, C. A. 665[2].
FINCKE, A., s. GOHR, H. 1018[1,2].
FINE, A., and N. B. TAYLOR: Blutcalcium nach Calciuminjektion 397[5].
- s. TAYLOR, N. B. 195[18].
FINE, M. S., s. MYERS, (V.) C. 195[12], 945[8], 946[3,5], 947[5].
FINEBERG, M. H.: Menge der Pericardialflüssigkeit beim Menschen 561[6].
FINK, R. M.: Enterocrinin 135[4].
FINKE, E., s. CHROMETZKA, F. 1211[1].
FINKELSTEIN, L., s. WENZEL, F. 53[11].
FINKELSTEIN, M.: Bestimmung der phenolischen C_{18}-Steroide 907[5].
FISCH, S., s. UNDERWOOD, E. 714[9].
FISCHER, A.: Buch über Gewebezüchtung; 3. Aufl. (1930) 1174[4].
— u. T. ASTRUP: Embryosin 1180[4].
— u. A. BLANKENSTEIN: Darstellung von Pseudoglobulin 309[4].
— s. SCHMITZ, A. 491[13].
FISCHER, A. H., s. NEUBERG, C. 649[2].
FISCHER, C. J., s. GREEP, R. O. 711[3].
FISCHER, E., u. U. SUZUKI: Ausscheidung von Aminosäuren im Harn 954[21].
FISCHER, E. H.: Identität von Speichel und Pankreasamylase 164[16].
— et P. BERNFELD: Krystallisierte α-Amylase aus Schweinepankreas 164[13]. — Stabilisierung von roher α-Amylase 164[14].
FISCHER, E. H., s. BERNFELD, P. 24[11], 165[16].
— s. MEYER, K. H. 18[14], 22[9], 24[9,10], 164[11,12].
FISCHER, F., s. LANG, K. 1116[20], 1124[6].
— s. SIEBERT, G. 1113[1].
FISCHER, F. G., u. H.-J. BIELIG: α-β-Hydrierungen im Tierreich 806[2].
— I. BÖTTGER u. H. LEHMANN-ECHTERNACHT: Desoxyribonolynucleotidase aus Rinderpankreas 166[5]. — Desoxyribonucleotidase 1186[5].
— u. H. LEHMANN-ECHTERNACHT: Polynucleotidasen aus Pankreas 160[18], 166[5].
— H. LEHMANN-ECHTERNACHT u. I. BÖTTGER: Wirkungsmechanismus der Polynucleotidase 166[4]. — Desoxyribonucleotidase 1186[5].
— A. ROEDIG u. K. RAUCH: Fumarathydrase 1184[18].
FISCHER, HANS: Lithofellinsäure 185[4].
— u. H. v. DOBENECK: Pentdyopentreaktion 355[12].
— u. J. HILGER: Turacin 666[1].
— H. HILMER, F. LINDNER u. B. PÜTZER: Uroporphyrin im Knochenmark bei Porphyrie 1003[3].
— u. G. NIEMANN: Mesobiliviolinreaktion 355[11]. — Unterscheidung von Urobilinogen (Urobilin) und Stercobilinogen (Stercobilin) 438[9].
— s. NEUBAUER, O. 929[5].
FISCHER, HANS (Zürich): Kaliumgehalt der Erythrocyten 394[8]. — Kaliumbestimmung 395[9]. — Haltbarkeit von Blutkonserven 468[14].
— u. O. SCHÜRCH: Erhaltung der Funktion des Hämoglobins in Blutkonserven 469[3].
— s. CLOËTTA, M. 645[2].
FISCHER, H., s. FELIX, K. 1103[12].
— u. L. KREUZER: Aminosäurezusammensetzung von Zellkernproteinen 1112[14].
FISCHER, H. O. L., u. E. BAER: Synthetisches Glycerinaldehyd-3-phosphat 748[11]. — Kein Umsatz von Glycerinaldehyd-1,3-diphosphat im Muskel 751[4].
— s. BAER, E. 748[11], 751[4].
— s. SOWDEN, J. C. 646[6].
FISCHER, I., s. EULER, H. v. 1065[9], 1100[1], 1116[16].
FISCHER, K.: Wasserbestimmung im Blut 392[7].
FISCHER, M. I., s. MAWSON, C. A. 675[11].
FISCHER, P., s. BACQ, Z. M. 415[10].
FISCHER, R.: Lebensdauer der Erythrocyten in Blutkonserven 468[12].
FISCHER, R. (Graz), u. T. LANGHAMMER: Arsenbestimmung 405[21].
FISCHL, E., u. R. H. KAHN: Herkunft der Speichelamylase 23[7].
FISCHLER, F., u. F. GEBHARDT: Enterohepatischer Kreislauf des Urobilinogens 438[12].
FISH, C. A., M. HAYANO and G. PINCUS: Umwandlung von Cortison in 17-Oxy-

corticosteron durch Leber 891[10]. — Intracelluläre Verteilung der Cortisonumwandlung 1090[98]. — Enzymgehalt von Mikrosomen 1151[2]. — Abbau von Cortison im Cytoplasma 1153[23].
FISHBERG, E. H., and W. BIERMAN: Erniedrigung des Blut-p_H durch die Leber 537[10].
FISHER, A., s. SCHLENK, F. 938[5].
FISHER, A. M., s. CHARLES, A. F. 483[15].
— s. SCOTT, D. A. 676[6].
FISHER, M. M., s. SCHWARTZ, M. S. 190[7].
FISHER, R. B.: Vermehrung der Harnsäurebildung durch Milchsäure beim Vogel 944[6].
— and J. N. HUNT: Anorganische Bestandteile des Magensaftes 51[7].
— and A. E. WILHELMI: Kreatinvermehrung bei Durchströmung des Herzens mit Arginin 947[9].
— s. DAVENPORT, H. W. 38[11].
FISHER, R. E., J. A. ROUSSELL and C. F. CORI: Kohlenhydratverbrennung bei hypophysektomierten Tieren 774[5].
FISHER, R. S., E. J. ALGERI and J. T. WALKER: Dauer der Coffeinausscheidung 1224[3].
FISHLER, M. C., C. ENTENMAN, M. L. MONTGOMERY and I. L. CHAIKOFF: Bildung der Plasmaphosphatide in der Leber 848[2], 859[11]. — Phosphatidumsatz von Blut und Organen 860[1].
— A. TAUROG, I. PERLMAN and I. L. CHAIKOFF: Phosphatidbildung und -abbau in Leberschnitten 847[8], 850[18]. — Phosphatidbildung im Nervengewebe 865[6].
— s. COLE, L. J. 1156[7].
— s. REINHARDT, W. O. 333[12], 860[4].
— s. ZILVERSMIT, D. B. 682[9], 848[8], 860[2,5].
FISHMAN, J. B., s. WHITE, A. 956[23].
FISHMAN, W. H.: Bestimmung von β-Glucuronidase 380[3].
— and A. J. ANLYAN: Einfluß östrogener Hormone auf Fermente 380[1].
— and C. ARTOM: Abnahme der Leber- und Nierenphosphatide bei alipotroper Ernährung 850[13].
— R. L. MARKUS, O. C. PAGE, P. H. PFEIFFER and F. HOMBURGER: Milchsäurebildung in Ergüssen 558[6].
— B. SPRINGER and R. BRUNETTI: β-Glucuronidase im Blut 379[23].
— A. WAYNE and F. HOMBURGER: Wirkung von Zink auf alkalische Serumphosphatase 679[16].
— s. ARTOM, C. 850[12].
— s. TALALAY, P. 380[2].
FISK, A. A., A. CHANUTIN and W. O. KLINGMAN: Präalbumin im Liquor 568[1].
FITCH, H. M., s. MEYER, L. M. 374[7], 450[5].
— s. SAWITSKY, A. 449[15].
FITCH, R. H., s. VOEGTLIN, C. 1168[4].
FITZ GERALD, O.: Vorkommen von Urease in der Magenschleimhaut 37[1]. — Urease bei der Salzsäurebildung im Magen 37[6], 85[13]. — Anstieg hydrogensulfitbindender Substanzen im Blut bei B_1-Avitaminose 326[7].
FITZGERALD, O., L. LASZT u. F. VERZÁR: Verminderung der Glucoseresorption durch Hypophysektomie 218[6].
— and P. MURPHY: Aufgabe der Magenurease 85[13].
FITZPATRICK, T. B., s. LERNER, A. B. 1090[26].
FLAKS, J., I. HIMMEL et A. ZLOTNIK: Bedeutung der Hypophyse für die Blutbildung 465[13].
FLANAGAN, J. B., A. K. DAVIS and R. R. OVERMAN: Bedeutung der Nebennierenrinde für Kaliumregulation 626[7].
FLANDRIN, F., s. RAMON, F. 237[10].
FLASCHENTRÄGER, B.: Auswählende Fettresorption 239[1]. — Bedeutung der Spurenelemente in der Biologie 398[12], 614[1]. — LIEBIGsches Minimumgesetz 612[1].
— u. E. BECK: Abbau der Benzolsulfomethylamino-derivate von Fettsäuren durch β-Oxydation 802[5], 803[1].
— u. K. BERNHARD: Furan-2,5-dicarbonsäureausscheidung 738[9,11]. — Dicarbonsäurebildung 810[6]. — Oxydation von Dicarbonsäuren 811[7,8]. — Abbau α,β-substituierter Fettsäuren 814[7].
— K. BERNHARD, C. LÖWENBERG u. M. SCHLÄPFER: Abbau von Benzolsulfomethyl-α-aminolaurinsäure 811[1]. — Abbau α, β-substituierter Fettsäuren 814[7].
— B. CAGIANUT u. F. MEIER: Furan-2,5-dicarbonsäureverbrennung beim Menschen 738[10].
— A. HALAWANI u. I. NABEH: Vitamin B_{12} und Homogentisinsäurebildung 982[8].
— u. F. HALLE: β-Oxydation der Benzolsulfo-methylamino-derivate von Fettsäuren 802[5], 803[1].
— u. T. HOSODA: Bernsteinsäureumsatz 813[4].
— u. G. LÖHR: Bernsteinsäuregehalt des Blutes 327[3].
— u. P. B. MÜLLER: Oxalsäuregehalt des Blutes 326[10]. — Oxalsäureausscheidung 738[8], 1027[3].
— s. THOMAS, K. 250[2], 947[6].
FLASCHKA, H., u. A. HOLASEK: Calciumbestimmung 397[10].
FLATOW, L.: Oxydative Desaminierung von Aminosäuren 929[5].
FLAUM, G., s. STUECK, G. H. 357[4].
FLECKENSTEIN, A.: Bedeutung des Kaliumaustausches für die Zelltätigkeit 626[4].
FLECKSEDER, R.: Eiweißgehalt des menschlichen Speichels 21[28].
FLEISCH, A.: Acetylcholin im Blut frisch verstorbener Tiere 136[7]. — Einwirkung von p_H-Änderungen auf Herz und Gefäße 1175[5].
— I. SIBUL et M. KAELIN: Acetylcholin im Blut frisch verstorbener Tiere 136[6].

FLEISCH, A., u. P. WEGER: Adenosintriphosphorsäure in Erythrocyten 451[10]. — Pharmakologische Wirkung von Adeninverbindungen 1236[21].
— s. STUDER, A. 451[10].
FLEISCHER, J. H., s. KAREL, L. 249[22].
FLEISCHHACKER, H.: Leber und Knochenmark als Bildungsstätten der Plasmaeiweißkörper 287[9].
— u. G. SCHEIDERER: Magnesiumgehalt von Liquor cerebrospinalis bei Paralyse 575[15].
FLEISCHHACKER, H. H.: Phosphatase im Liquor cerebrospinalis 574[20].
FLEISCHMANN u. SALECKER: Purinausscheidung nach Adrenalin 1230[10].
FLEISCHMANN, F., s. REISS, M. 344[6].
FLEISCHMANN, G., s. NAJJAR, V. A. 994[4].
FLEISCHMANN, W.: Zusammenfassung über Methoden zur Untersuchung des Stoffwechsels von Leukocyten und Thrombocyten (1937) 583[4]. — Lipasegehalt in Erythrocyten und Leukocyten 372[13]. — Lipase in Kaninchenleukocyten 463[1]. — Lipasegehalt von Ergüssen 560[13].
— s. HARTMAN, C. G. 337[11].
FLETCHER, J. P., C. H. BEST and O. M. SOLANDT: Cholinbestimmung 136[20], 137[1]. — Cholingehalt von Tierblut 351[16].
FLEURY, P., et Z. SUTU: Ausscheidung organischer P-Verbindungen im Harn 650[2]. — Spaltung von Glycerinphosphorsäuren durch unspezifische Phosphatasen 852[2].
FLEXNER, J., and M. KNIAZUK: Fortlaufende p_H-Registrierung im Magensaft 49[8].
FLEXNER, L. B.: Zusammenfassung über Enstehung, Zirkulation und Absorption der Cerebrospinalflüssigkeit (1933) 565[4]. — Zusammenfassung über Chemie und Natur der Cerebrospinalflüssigkeit (1934) 564[8].
FLICK, J. B., s. FENN, W. O. 1166[10].
FLIEDERBAUM, J.: Hydrämie nach intravenöser Flüssigkeitszufuhr 262[1]. — Unterschiede im Wassergehalt von arteriellem und venösem Blut 391[3].
FLINN, F. B., and J. M. INOUYE: Kupferausscheidung durch Darm und Niere 667[7]. — Zinkbilanz bei Verschiebungen des Säure-Basen-Haushaltes 677[7].
FLINT, J. M.: Darmresektion beim Hund 198[7].
— and L. MICHAUD: Buch über Duodenalextrakte und hypophysären Diabetes (1939) Engl. 142[17].
FLOCK, E. V., and J. L. BOLLMAN: Übertritt von Phosphatase aus der Lymphe ins Plasma 555[6]. — Kephalingehalt von Vogelblut 859[3]. — Vermehrung der Plasmaphosphatide bei Vögeln durch oestrogene Stoffe 860[16].
— J. C. CAIN, J. H. GRINDLAY and J. L. BOLLMAN: Phosphatidgehalt der Darmlymphe nach Fettsäurefütterung 843[15].
FLOCK, E. V., s. BOLLMAN, J. L. 240[16], 550[5], 554[11], 798[13], 799[2], 843[14], 1236[31].
— s. CAIN, J. C. 548[14], 549[6].
— s. NIX, J. T. 548[7], 553[4,5].
FLÖSSNER, O.: Buch über synthetische Fette (1948) 232[4]. — Echinococcuscystenflüssigkeit 578[8].
— F. KUTSCHER u. W. WITTNEBEN: Harnsäurestoffwechsel bei Schilddrüsenstörungen 1232[4].
— s. STEUDEL, H. 1177[13].
FLOOD, C. A., s. GUTMAN, A. B. 376[12].
— s. MULLINS, C. R. 77[8].
FLORA, G. DE, s. ALEXIANU-BUTTU, G. D. 1233[15].
FLORENCE, G.: Harnsäureabbau durch Uricase 1209[4].
FLOREY, H.: Reize für Colonsekretion 178[4].
FLOREY, H. W., and H. E. HARDING: Steuerung der Darmsekretion 145[7,10]. — Secretin als Hormon der Duodenaldrüsen 145[11]. — Sekretmenge aus Darmfistel beim Hund 148[3]. — Spezifisches Gewicht und Alkalinität von Duodenalsäften 148[10,13]. — p_H-Wert im Jejunalsaft der Ziege 150[8].
— M. A. JENNINGS, D. A. JENNINGS and R. C. O'CONNOR: Schutzwirkung des Duodenalsaftes 148[9].
— R. D. WRIGHT and M. A. JENNINGS: Zusammenfassung über Darmsekrete (1941) 102[5]. — Zusammenfassung über Verdauung im Dickdarm (1941) 177[2]. — Wirkung chemischer Verbindungen auf Darmsekretion 146[6]. — Darmsaft aus dem oberen Duodenum 147[9].
— s. GOODFRIEND, J. 151[5].
— s. WRIGHT, R. D. 120[3], 146[1], 148[5], 151[3], 178[5], 179[8].
FLORIJN, E., s. SMITS, G. 1096[3].
FLORKIN, M.: Fibrinogendarstellung 295[7]. — Bestimmung der Serumeiweißfraktionen 308[1].
— et G. DUCHATEAU-BOSSOU, G.: Bestimmung der Serumeiweißfraktionen 308[1].
— et G. FRAPPEZ: Ammoniakbildung im Säugetierblut in vitro 343[14].
— et H. RENWART: Ammoniakgehalt im Blut von Wirbellosen 343[13].
— s. DUCHATEAU-BOSSON, G. 1201[8]
FLOYD, C. S., s. GJESSING, E. C. 1152[6].
FLOYD, N. (F.), s. MEDES, G. 956[3,27], 957[2,9], 958[8], 959[5], 966[13], 1033[2,6].
— s. WEINHOUSE, S. 823[3], 1033[6], 1057[1].
FLÜGGE, S., s. HAHN, O. 616[1].
FLUHARTY, R. G., s. FINCH, C. A. 665[2].
— s. MCARTHUR, J. W. 681[14].
FLURY, F.: Zusammenfassung über Blei (1934) 688[9]. — Intestinale Autointoxikation 229[8].
FLYNN, E. H., s. CARTER, H. E. 738[17].
FLYNN, J. E., s. SMITH, H. P. 473[24].

FLYNN, R. M., s. JONES, M. E. 826[6].
— s. LIPMANN, F. 1041[1].
FOÀ, P. P., J. A. SMITH and H. R. WEINSTEIN: Zunahme der Blutcocarboxylase nach Insulin 452[3].
— H. R. WEINSTEIN and B. KLEPPEL: Stoffwechsel der Gehirnsphosphatide bei cholinarmer Ernährung 865[8].
FOCET, B., s. SANFOURCHE, A. 706[3].
FODOR, P. J.: Pankreasesterasen 161[14].
— and J. P. GREENSTEIN: Intracelluläre Verteilung von Dehydropeptidasen 1090[54]. — Spaltung von Dehydropeptiden im Cytoplasma 1153[17].
— A. MILLER and H. WAELSCH: Steigerung der enzymatischen Glutathionspaltung 923[1].
FÖLDI, M., G. SZABÓ u. S. ZSOLDOS: Blutzuckerschwelle 318[5].
FÖLLING, A.: Celluloseverdauung durch Bakterien im Dickdarm 187[5]. — Phenylbrenztraubensäureausscheidung bei Oligophrenie 980[8]. — Imbecillitas phenylpyruvica 981[6].
— u. K. CLOSS: Phenylalanin in Blut und Harn bei Imbecillitas phenylpyruvica 344[11].
FOGELSON, S. J., and W. H. BACHRACH: Secretin als Hormon der Duodenaldrüsen 134[4], 145[11]. — Sekretmengen aus Darmfisteln beim Hund 148[4].
— s. R. K. ANDERSON. 72[6,13], 83[3].
FOGLIA, V. G., s. HOUSSAY, B. A. 218[7], 779[10].
FOLCH, J.: Phosphatidgehalt des Gehirns 863[7,9].
— H. A. SCHNEIDER and D. D. VAN SLYKE: Phosphatidgehalt von Blutplasma 858[24].
FOLIN, O.: Ammoniakgehalt des Blutes 343[5]. — Ammoniakbestimmung 343[16]. — Aminosäurebestimmung 345[10]. — Theorie des Eiweißstoffwechsels 911[2], 928[1]. — Ausscheidung von zugeführtem Kreatinin 945[11]. — Verhalten von zugeführtem Kreatin im Stoffwechsel 946[2]. — Kreatininausscheidung bei kreatinfreier Kost 946[8]. — Schwefelausscheidung beim Menschen 952[5]. — Esterschwefelsäureausscheidung bei gesteigerter Eiweißfäulnis 953[1]. — Unabhängigkeit des Neutralschwefels von der Ernährung 953[12].
— H. BERGLUND and C. DERICK: Harnsäureabbau durch Pflanzen- und Fleischfresser 1208[12]. — Harnsäureschwund 1211[18]. — Harnsäurespeicherung in der Niere 1212[4]. — Rückresorption von Harnsäure aus dem Darminhalt 1213[18].
— and W. DENIS: Ammoniakbildung in der Darmwand 228[5]. — Theorie des Eiweißstoffwechsels 911[2], 928[1]. — Amino-N-gehalt des Blutes und Eiweißaufnahme 913[7]. — Resorption von Aminosäuren 913[10]. — Harnsäurebestimmung 1225[6].
FOLIN, O., and A. B. MACALLUM: Harnsäurebildung aus Methylpurinen 1214[9,10]. — Harnsäurebestimmung 1225[4,5].
— and A. SVEDBERG: Prozentualer Anteil des Harnstoffs am Rest-N des Blutes 340[1]. — Verteilung des Blutzuckers auf Erythrocyten und Plasma bei Diabetes mellitus 443[10].
— s. ALSBERG, C. 955[1].
FOLKERS, K., s. RICKES, E. L. 430[2], 467[1].
FOLKES, J. P., s. GALE, E. F. 926[6].
FOLLEY, S. J.: and H. D. KAY: Zusammenfassung über Phosphatasen (1936) 124[18]. — Plasteine, Spaltprodukte von Peptonen 917[2].
— s. POPJÁK, G. 832[6].
FOMINA, V. A., s. BYČKOV, S. M. 1100[8].
FONES, W. S., and J. WHITE: Zuckerbildung aus Valin 951[6].
— s. PETERSON, E. A. 951[6].
FONIO, A.: Zusammenfassung über die Gerinnung des Blutes (1928) 473[9]. — Zusammenfassung über Hämophilie (1936) 473[10]. — Resistenz der Thrombocytenmembran bei Hämophilie 497[10].
— u. J. SCHWENDENER: Buch über die Thrombocyten des menschlichen Blutes und ihre Beziehung zum Gerinnungs- und Thrombosevorgang (1942) 470[11].
FONSECA, F., et C. TRINCAO: Beeinflussung von Länge und Weite des Dünndarmes durch die Nahrung 105[7]. — Psychische Erregung der Pankreassekretion 155[13].
FONTÈS, G., et L. THIVOLLE: Verhältnis Zellzucker : Plasmazucker 315[7]. — Reste de déglucidation 316[9]. — Bedeutung von Kupfer für den Hämoglobinaufbau 437[2].
FORBES, T. R.: Progesterongehalt des Blutes 370[9].
— s. HOOKER, C. W. 370[9].
— s. TRAPS, R. M. 886[31].
FORBES, W. H., s. DILL, D. B. 500[18], 532[10].
FORDOS, M. J.: Pyocyanin 587[6], 588[1].
FORELL, M. M., u. F. KOLLER: Convertin 482[1].
FORER, S., s. INOUYE, J. M. 21[20].
FORGEOT, E.: Erythrocytengehalt der Lymphe 548[2].
FORMAN, C., s. EHRICH, W. E. 288[4], 1192[4].
FORNAROLI, P.: Brenztraubensäureanstieg im Blut bei Beri-Beri und Vitamin A-Mangel 326[4].
— s. CARO, L. DE. 324[6], 326[4], 361[8], 362[10].
FORRAI, E., u. R. SIVÓ: Bilirubingehalt von Ergüssen 560[10].
FORSGREN, E.: Tagesschwankungen der Salzsäurewerte des Magensaftes 56[2].
FORSHAM, P. H., s. BENEDICT, J. D. 1200[8], 1208[29], 1211[32], 1212[2], 1234[1], 1249[14], 1250[1], 1253[1].
— s. HILLS, A. G. 456[11].
— s. THORN, G. W. 456[11], 1234[16].

Forster, G. L., s. Graff, S. 931[1].
— s. Rittenberg, D. 931[1].
Forster, J.: Polycytämie nach Plethora 261[8].
Forster, J. W., S. F. Carson and D. S. Antony: Bernsteinsäurebildung aus Essigsäure 1028[10].
Forth, R., s. Huff, J. W. 991[6].
Forti, C.: Zellen im Duodenalsaft 149[8,9]. — Abhängigkeit der Darmflora von der Nahrung 183[6]. — Förderung der bakteriellen Eiweißspaltung im Dickdarm durch Fette 183[7].
Fortney, J. D., s. Hager, L. P. 1039[3].
Fortunesco, A.: Gesamtbasengehalt von Blutserum 393[4].
Fosse, R., A. Brunel et P. de Graeve: Allantoinbildung aus Harnsäure durch Pferdeleber 1210[12]. — Allantoinase und Allantoicase, Vorkommen 1216[15].
Fossel, M.: Vorkommen von Urease im Magen 35[2,13], 85[11]. — Ammoniakbildung durch Magenschleimhaut 37[3]. — Ammoniakgehalt des Magensaftes 93[2]. — Fermentgehalt der Galle 167[8].
Foster, C. A. M., s. Channon, H. J. 842[3].
Foster, D. P., and G. H. Whipple: Leber und Knochenmark als Bildungsstätten der Plasmaeiweißkörper 287[8]. — Fibrinogen im Blut nach Vergiftungen 475[5].
Foster, G. L.: Einbau von Jod in organische Verbindungen 682[4].
— R. Schoenheimer and D. Rittenberg: Kein Stickstoffaustausch mit Lysin 967[8]. — Einbau von ^{15}N aus Ammoniumcitrat in Arginin 971[2]. — Kein Übergang des Guanidin-N aus Arginin in Purinbasen 1219[8].
— s. Schayer, R. W. 997[8].
— s. Schoenheimer, R. 617[8].
Foster, J. V., s. Shetlar, M. R. 314[4].
Foster, M. G., C. W. Hooper and G. H. Whipple: Gallensekretion bei erhöhter Cholesterinzufuhr 877[7]. — Taurocholsäurebildung nach Cystinfütterung 956[20,21].
Foster, P. W., s. Christman, A. A. 1215[6].
Foster, W. C., s. McClendon, J. F. 698[10].
Foulks, J., s. Mudge, G. H. 624[17].
Fourman, L. P. R.: Chylomikronen 473[2].
Fourneau, E., s. Delezenne, C. 851[2].
Fournet, G., s. Dervichian, D. G. 1012[1].
Fournier, J. P., and L. P. Bouthillier: Glutaminsäurebildung beim Histidinabbau 977[9].
Fournier, P.: Resorption von Ca-Salzen 213[3]. — Regulation von Ca-Aufnahme und -ausscheidung durch Ca-Gehalt des Körpers 638[5].
— s. Randoin, L. 213[9].
Fouts, P. J., O. M. Helmer and L. G. Zerfas: Verminderung der Magensaftsekretion bei Anämie 46[3].
Fowler, A. F., s. Bensley, E. H. 360[12].
Fowler, H. L., s. Miller, R. I. 96[5].
Fowler, W. M., and A. P. Barer: Eisenspeicherung 1010[3].
Fowweather, F. S.: Zusammensetzung menschlicher Darmsteine 184[8].
Fox, F. W., and J. A. Gardner: Cholesterinsynthese im Körper 872[21].
— s. Gardner, J. A. 872[21].
— s. Walker, A. R. P. 638[13].
Fox, H., s. Neurath, H. 500[9].
Fox, S., s. Rhoads, J. E. 161[11].
Fox, S. W., s. Allen, R. S. 360[4].
Fradà, G.: Harnsäuregehalt von Liquor cerebrospinalis 569[9].
Fränkel, E. M., s. Ringer, A. J. 951[3].
Fraenkel, G., s. Ellinger, P. 992[16].
Fraenkel-Conrat, H., s. Bergmann, M. 917[12], 918[1], 919[2].
Fraenkel-Conrat, H. L., s. Slotta, K. H. 851[4].
Fraenkel-Conrat, J., and C. H. Li: Nucleinsäureumsatz bei hypophysektomierten Ratten 1233[12].
Francesco, S. di: Harnsäureausscheidung nach Röntgen- und Radiumbestrahlung 1248[9].
Franchini, R.: Uricämie und Uricurie nach Adrenalin beim Menschen 1230[21]. — Wirkung parasympathischer Endgifte auf Harnsäureausscheidung 1231[4].
Francioli, M.: Phospholipase 851[7]. — Lysophospholipasen 851[9].
— u. A. Ercoli: Zusammenfassung über Cholin (1941) 136[9]. — Zusammenfassung über Lecithinasen (1941) 163[15].
Francis, T., s. Ackermann, W. W. 1147[12].
Frank, E.: Buch über die Pathologie des Kohlenhydratstoffwechsels (1949) 725[41]. Renaler Diabetes 734[1].
— N. Bilhan and H. Ekren: Parahämophilie 498[11].
Frank, F., u. A. Schittenhelm: Harnsäureschwund 1211[25].
— s. Abderhalden, E. 229[2].
Frank, Hans, u. G. Gerstel: Siliciumgehalt des Blutes 416[5].
Frank, Helen, s. Minot, A. S. 1247[12].
Frank, Hermann, s. Karrer, P. 930[5].
Frank, M.-L., s. Frank, R. T. 370[2].
Frank, O.: Entstehung von Tripalmitat in der Darmwand 237[9]. — Übertritt von Fett in die Pfortader nach Ductus thoracicus-Unterbindung 244[4]. — Verzögerung der Magenentleerung durch schlecht ausnutzbare Ester 246[16].
— s. Argyris, A. 237[12].
Frank, R. T.: Follikelhormongehalt von Menstrualblut 370[3].
— M.-L. Frank, R. G. Gustavson and W. W. Weyerts: Erster Nachweis von Follikelhormonen im Blut 370[2].

Frank, R. T., and M. A. Goldberger: Follikelhormongehalt von Menstrualblut 370[3].
— and U. J. Salmon: Gehalt an gonadotropem Hormon im Blut beim Cyclus 368[5].
Franke, E., s. Benedict, S. R. 1214[12], 1225[8].
Franke, H., u. H. Banda: Gallensäuregehalt im Duodenalinhalt 171[4].
— u. E. Heinicke: Plasmazellen 472[13].
Franke, K. W., and A. L. Moxon: Selenitausscheidung durch die Lunge 695[13].
— and E. P. Painter: Lösliche Arsenverbindung in wachsenden Pflanzen 695[3].
— s. Painter, E. P. 694[15].
Franke, W.: Zusammenfassende Darstellung über die Oxydation ungesättigter Fettsäuren (1951) 822[4].
— u. M. Deffner: Redoxfarbstoffe zur Untersuchung von Glucosedehydrogenasen 737[9].
— u. K. Hasse: Oxalsäuredehydrogenase in Pflanzen und Bakterien 813[6].
— u. F. Lorenz: Redoxfarbstoffe zur Untersuchung von Glucosedehydrogenasen 737[8].
— F. Schumann u. B. Bannerjee: Oxalsäuredehydrogenase in Pflanzen und Bakterien 813[6].
— s. Lynen, F. 1033[1]..
Frankel, E. M., s. Ringer, A. J. 969[10].
Frankel, S., s. Roberts, E. 932[2]
Frankenthal, K.: Albumingebundene Neutralfette bei positiver WaR 334[6].
Frankl, W., s. Dunn, M. S. 915[7].
Franklin, A. E., s. Gross, J. 367[7], 682[14].
Franklin, A. L., s. Stokstad, E. L. R. 1246[7].
Franklin, M., s. Huerga, J. de la. 307[9].
Franksson, C., s. Gemzell, C. A. 903[2].
Frankston, J. E., s. Albanese, A. A. 934[3].
Frantz, I. D. jr., and R. B. Loftfield. Austauschreaktionen mit Dipeptidasen und Carboxypeptidasen 920[1].
— R. B. Loftfield and W. W. Miller: Einbau von Aminosäuren in Lebereiweiß 924[6].
— s. Zamecnik, P. C. 920[1], 924[7].
Franz, F.: Darstellung von Hirudin 491[6].
Franzen, G.: Wirkung von Alkohol auf Pepsinverdauung 77[13].
Franzen, H., s. Curtius, T. 806[3].
Frappez, G., s. Duchateau-Bosson, G. 1201[8].
— s. Florkin, M. 343[14].
Frazer, A. C.: Zusammenfassung über Fettresorption und ihre Beziehung zum Fettstoffwechsel (1940; 1946) 119[1]. — Zusammenfassung über die Resorption von Fetten (1940; 1946; 1948; 1949) 230[2], 797[4]. Zusammenfassung über Fettstoffwechsel (1952) 872[7]. — Resorptionsweg der freien Fettsäuren 237[14]. — Resorption ungespaltener Fette 239[6]. — Resorption von Paraffin 239[7]. — Verbesserung der Resorption von Fettemulsionen durch Cholinzusatz 239[17]. — Kein Einfluß von Cholin auf Fettverteilung in der Darmwand 242[2]. — Beeinflussung der Fettresorption durch Vitamine 248[4].
Frazer, A. C., J. M. French, H. G. Sammons, G. Thomas and M. D. Thompson: Fettresorption bei Funktionsstörungen der Darmschleimhaut 246[17].
— and H. G. Sammons: Spaltung von Olivenöl durch Pankreaslipase 162[7]. — Bildung von Mono- und Diglyceriden durch Pankreaslipase 162[10]. — Bedeutung der Pankreaslipase für die Verdauung 233[4].
— J. H. Schulman and H. C. Stewart: Resorption von Neutralfett und Paraffin aus Emulsionen 239[16].
— and H. C. Stewart: Hämokonien im Blut nach Fettresorption 240[3,4]. — Hyperlipämie nach Fettresorption 240[8].
— s. Elkes, J. J. 241[5], 473[6].
Frazier, E. I., s. Friedemann, T. E. 364[1].
Frazier, W. D., s. Rhoads, J. E. 195[3].
Freckmann, W.: Buch über die Erschließung und Bewirtschaftung des Niederungsmoores (1921) 667[13].
Frédericq, H.: Symphaticolytische Wirkungen von Methylpurinen und Lithiumurat 1251[4].
— et Z. M. Bacq: Wirkung der Methylxanthine auf symphatische Nerven 1251[10].
— et A. Descamps: Symphaticolytische Wirkungen von Methylpurinen und Lithiumurat 1251[5].
— et L. Mélon: Symphaticolytische Wirkungen von Methylpurinen und Lithiumurat 1251[6].
— et A. Radelet: Symphaticolytische Wirkungen von Methylpurinen und Lithiumurat 1251[7].
Fredericq, L.: Sekretion von Sauerstoff durch Alveolarepithel 504[6].
Fredericq, P.: Buch über neuere Tatsachen über die Blutgerinnung (1946) Franz. 473[11].
Free, A. H., and J. R. Leonhards: Eiweiß- und Aminosäureausnutzung 226[12].
— s. Leonhards, J. R. 217[22].
Freedberg, A. S., s. Kurland, G. S. 681[8].
Freeman, H., s. Elmadjiam, F. 456[8], 469[10].
Freeman, J. A., s. Artom, C. 858[17].
Freeman, M. E., R. Whitney and A. Dorfman: Antihyaluronidase hat Polysaccharidcharakter 383[8].
— s. Schack, J. A. 384[11].
Freeman, S., Y. P. Chen and A. C. Ivy: Leber als Bildungsstätte der Serumphosphatase 376[11].
— s. Chang, T. S. 644[11].

FREER, R. M., s. DOUNCE, A. L. 1065[6].
FREIBERG, I. K., s. GREAVES, J. D. 780[11].
FREISE, R., s. STEUDEL, H. 947[16], 974[7].
FREMONT-SMITH, F., G. W. THOMAS, M. E. DAILEY and M. P. CARROLL: Gefrierpunktserniedrigung des Liquor cerebrospinalis 566[5].
— s. MERRITT, K. K. 564[19].
FRENCH, J. M., s. FRAZER, A. C. 246[17].
FRENCH, T. H., s. POPJÁK, G. 832[6].
FRENCHMAN, R., s. JOHNSTON, F. A. 659[7].
FRENZEL, B., s. BOCK, H.-E. 465[17].
FRENZEL, M.: Senkungsgeschwindigkeit 265[9].
FRÈREJACQUE, M.: Oxyacetylen-diureincarbonsäure, Vorstufe von Allantoin 1208[33].
FRERICHS, F. T.: Zusammensetzung von Gelenklymphe 581[8], 582[5].
FRERKING, H.: Quellungsfördernde Wirkung von Lithium 684[2].
FRESENIUS, R.: Synthese von Dicumarol 495[5].
FRETZDORFF, A.-M., s. WEITZEL, G. 675[9,16], 676[1,2,11], 678[17], 815[2].
FREUDENBERG, E.: Buch über Verdauung im Säuglingsalter (1929) 50[1]. — Kathepsin im Darmsaft 31[6], 119[9], 171[8]. — Kathepsin im Magensaft 34[11], 77[20]. — Lipokinase in Magenschleimhaut 39[9]. — Aktivierung der Magenlipase 97[12]. — Kathepsin aus Darmschleimhaut 120[4]. — Verschiebung des Trypsin-p_H-Optimum durch Galle 167[16]. — Herkunft der Phosphatester der Erythrocyten 447[7].
— u. S. BUCHS: Kathepsin im Magensaft 31[5], 77[20].
— u. P. GYÖRGY: Zusammenfassung über den Verkalkungsvorgang bei der Entwicklung des Knochens (1923) 700[16]. — Calcium-Eiweiß-Verbindung in verkalkenden Knochen 709[9].
— u. P. HOFFMANN: p_H-Optimum der Darmlactase 127[18].
— u. H. WITTICH: p_H-Wert im Jejunum von lebenden Kälbern 149[4]. — Jejunalsondierung 169[1]. — p_H-Wert im Duodenalinhalt 170[3].
— s. BRÜHL, H. 170[5].
— s. BUCHS, S. 6[18], 34[13].
FREUDENBERG, K., u. H. EICHEL: Chemische Natur der Blutgruppen 424[8].
— u. R. KELLER: Wirksamkeit von Aminosäureestern des Cholins 141[2].
FREULER, R., s. KARRER, P. 852[2].
FREUND, E.: Lipoidlöslichkeit der Thrombokinase 483[7]. — Beschleunigung der Blutgerinnung durch Gipslösung 484[18]. — Verzögerung der Gerinnung an Vaseline 490[12]. — Höhermolekulare Eiweißspaltprodukte im Blut nach Eiweißzufuhr 914[14].
— u O. FREUND: Unabhängigkeit des Neutralschwefels von der Ernährung 953[12].
FREUND, E., u. F. OBERMAYER: Mineralbestandteile von Eiterzellen 587[4].
FREUND, I., u. P. STEINHARDT: Zuckerresorption bei Magenerkrankungen 221[19].
FREUND, O., s. FREUND, E. 953[12].
FREY, Edwin: Pepsinbestimmung 75[4]. —
FREY, Ernst: Buch über Nierentätigkeit und Wasserhaushalt (1951) 534[2] — Transmineralisation des Darminhaltes durch Sekrete 208[3]. — Ausscheidung von intravenös zugeführtem Wasser 596[1].
FREY, M. v., u. M. GRUBER: L-Milchsäure im Blut 323[5].
FREYBERG, R. H., and R. L. GRANT: Na-Abgabe mit dem Schweiß 621[1]. — Cl-Abgabe bei Perspiratio insensibilis 631[4].
FREYTAG, F. R., s. KOSSEL, A. 584[6].
FREY-WYSSLING, A.: Buch über submikroskopische Morphologie des Protoplasmas; 2. Aufl. (1953) Engl. 1064[9].
FRIDENSON, A., s. GIRARD, A. 906[22].
FRIED, A., s. FEISSLY, R. 497[8].
FRIED, J., R. W. THOMA, J. R. GERKE, J. E. HERZ, M. N. DONIN and D. PERLMAN: Oxylierung von Corticosteroiden durch Mikroorganismen 886[19].
— s. PERLMAN, D. 886[18].
FRIED, N., s. BAUMBERGER, J. P. 384[1].
FRIEDBERG, E.: Dauer der Coffeinausscheidung 1224[2].
FRIEDBERG, F.: Einbau von Methionin in Darmeiweiß 198[2].
— and D. M. GREENBERG: Hormonale Einflüsse auf Aminosäurekonzentration im Blut 445[9]
— H. TARVER and D. M. GREENBERG: Einbau von Aminosäuren in verschiedenen Geweben 923[8].
— s. WINNICK, R., 851[10], 923[8], 925[8], 1098[6].
FRIEDELL, H. L., s. KRIEGER, H. 547[6].
FRIEDEMANN, T. E., M. COTONIO and P. A. SHAFFER: Milchsäurebestimmung 324[14].
— and E. I. FRAZIER: Nicotinsäureamidbestimmung 364[1].
— and G. E. HAUGEN: Brenztraubensäurebestimmung 326[14].
FRIEDEMAN, U., S. KWASNIEWSKI: Zusammenfassung über parenterale Resorption (1925) 250[10].
— u. A. SCHÖNFELD: Amöboide Bewegungen der Leukocyten 455[15].
FRIEDENTHAL, H.: Physiologische Salzlösung für Warmblüter 267[9]. — Gefrierpunktsbestimmung 268[5].
FRIEDGOOD, H. B., and J. B. GARST: Zusammenfassung über Bestimmung der C_{18}-Steroide durch UV-Spektrophotometrie (1948) 907[7].
— s. NYC, J. F. 907[10].
FRIEDKIN, M.: Bildung von Desoxyribose-1-phosphat aus Nucleotiden 1195[10]. — Enzymatische Desoxyxanthosinsynthese 1196[3].

Friedkin, M., and H. M. Kalckar: Bildung von Desoxyribose-1-phosphat aus Nucleotiden 1195[9].
— H. M. Kalckar and E. Hoff-Jørgensen: Nucleosidphosphorylase 1195[7].
— and A. L. Lehninger: Entstehung von energiereichem Phosphat bei Dehydrogenierung von Dihydrocozymase 789[12]. — Atmungskettenphosphorylierung durch Cyclophorasesystem 1137[7].
— s. Hoff-Jørgensen, E. 1195[11].
Friedl, E., s. Schinz, H. R. 719[1].
Friedländer, H. D., I. L. Chaikoff and C. Entenman: Phosphatidbildung in Muskel- und Dünndarmschnitten 848[6]. — Steigerung der Phosphatidbildung durch Cholin 850[8]. — Keine Phosphatidbildung im Blutplasma 859[10].
Friedmann, B., s. Weinhouse, S. 1028[3].
Friedman, C. L., s. Friedman, S. M. 622[8].
Friedmann, E.: Bildung von Homogentisinsäure aus Tyrosin 982[9].
— u. H. Mandel: Harnstoff als N-Quelle für Harnsäure 1204[12].
Friedman, M., and S. O. Byers: Bedeutung von Fetten für die Cholesterinresorption 871[7]. — Verhältnis von Cholesterinresorption und -ausscheidung 871[19]. — Cholesterinsynthese in der Leber 875[4]. — Cholesterinausscheidung in der Galle 878[1]. Cholesterinabbau in der Leber 878[6]. — Urat- und Allantoinclearance bei Gichtkranken 1253[2].
— S. O. Byers and F. Michaelis: Cholesterinsynthese in der Leber 875[2].
— s. Biggs, M. W. 871[3].
— s. Byers, S. O. 871[8], 874[5], 875[1, 14], 876[1, 3], 878[7], 1198[17], 1216[5].
Friedman, M. H. F., and J. E. Thomas: Secretin 132[6].
— R. O. Recknagel, D. J. Sandweiss and T. L. Patterson: Histaminwirkung am Magen 45[20].
— s. Babkin, B. P. 6[6]
— s. Sandweiss, D. J. 142[7].
— s. Snape, W. J. 141[13].
— s. Thomas, J. E. 6[6], 155[8].
— s. Waldron, I. M. 240[7].
Friedman, S. M., C. L. Friedman and J. R. Polley: Hochdruck durch Desoxycorticosteronacetat abhängig von Natriumzufuhr 622[8].
Friedmann, A., s. Weissberg, H. F. 771[3].
Friedmann, A. P., u. R. C. Arkina: Zuckergehalt des Liquor cerebrospinalis beim Kalb 570[17].
Friedmann, B., s. Weinhouse, S. 840[3].
Friedmann, E.: Zusammenfassung über den Kreislauf des Schwefels in der organischen Natur (1902) 651[14]. — Acetessigsäurebildung aus Essigsäure 822[7]. — Taurinbildung aus Cystin 956[22].
Friedmann, E., u. C. Maase: Abbau von Crotonsäure 806[7]. — Abbau von Phenylaminoessigsäure zu Phenylglyoxylsäure 929[5].
— u. H. Mandel: Harnsäurebildung aus Harnstoff bei Vögeln 1204[12].
Friedmann, W., s. Shemin, D. 941[13].
Friedrich, B., s. Hahn, A. 760[4].
Friedrich, G., s. Strack, E. 230[9], 246[6], 800[13].
Friedrich, L. v.: Zusammenfassung über Untersuchung des Duodenalinhaltes (1926) 169[2]. — Nachweis der freien Salzsäure im Magensaft 54[2]. — Histaminprobe auf Magensaftsekretion 88[8].
Friedrich, R., s. Hahn, A. 760[4].
Friedrich-Freksa, H.: Reproduktionsmechanismus von Nucleinsäuren und Eiweißstoffen 926[2].
Friedsam, A., s. Bohn, H. 350[6].
Friend, D. G., and O. Krayer: Cholinesterasegehalt von Hundelymphe 555[4].
Fries, B. A., and I. L. Chaikoff: P-Aufnahme durch Hirn neugeborener Ratten. 648[16]. — Phosphatidumsatz im Nervengewebe 848[3]. — Phosphatidumsatz im Gehirn 864[16], 865[9]. — Phosphatidbildung in Nervenzellen 865[3].
— G. W. Changus and I. L. Chaikoff: Phosphatidumsatz im Nervengewebe 848[3], 865[4]. — Phosphatidumsatz im Gehirn junger Tiere 865[9].
— S. Ruben, I. Perlman and I. L. Chaikoff: Einbau von ^{32}P in Darmphosphatide 117[9]. — Phosphatidumsatz in der postresorptiven Phase 843[6]. — Phosphatidsynthese in der Leber 847[4]. — Phosphatidumsatz im Gehirn 864[17].
— H. Schachner and I. L. Chaikoff: Phosphatidumsatz in Binde- und Fettgewebe 846[4]. — Phosphatidumsatz im Gehirn 848[5], 865[10]. — Koppelung der Phosphatidbildung an Oxydationsvorgänge 849[1]. — Phosphatidbildung im Nervengewebe 865[5].
— s. Schachner, H. 849[2].
Friis-Hansen, B. J., s. Schloerb, P. R. 591[2].
Frimberger, F.: Zusammenfassung über Sedimentierung der roten Blutkörperchen (1942) 424[6].
Friou, G. J.: Antihyaluronidasen im Blut bei Infektionskrankheiten 384[7].
— and H. A. Wenner: Antihyaluronidase im Blut bei Infektionskrankheiten 384[7].
Frisell, W. R., s. Mackenzie, C. G. 1090[112], 1148[3], 1153[27].
Fritsch, F., u. F. Reimann: Umfang der Eisenresorption 659[4].
— s. Reimann, F. 655[27], 1010[3].
Fritschy, W., s. Koller, F. 487[10].
Fritze, E.: Elektrokinetisches Potential der Blutzellen 423[10].
— s. Schulze, E. 457[5].
— s. Tischendorf, W. 424[10], 459[2].

Die Seiten 1—840 befinden sich im Bandteil a, die Seiten 841—1257 im Bandteil b.

FROEHLICH, C.: Volumen der Erythrocyten 418[5].
FROEHLICH, E., u. Z. BRÜLL: Erregung der Magensaftsekretion durch Histamin 43[24].
— s. BRÜLL, Z. 42[10].
FRÖHLICH, F., s. MERKLEN, L. I. 43[6].
FRÖHLICHER, E.: Enterohepatischer Kreislauf der Gallensäuren 235[1].
— u. H. SÜLLMANN: Bedeutung der Veresterung für Cholesterinresorption 248[20].
FROLOV, U. P.: Buch über J. P PAWLOW und seine Schule (1937) Engl. 30[18].
FROMAGEOT, C.: Zusammenfassung über Oxydation von organ. Schwefelverbindungen durch Tiere (1947) 651[17]. — Zusammenfassung über Cysteinstoffwechsel (1947) 956[14]. – Zusammenfassung über die Oxydation des Methioninschwefels (1947) 966[3].
— et P. CHAIX: PASTEUR-MEYERHOF-Effekt in Bakterien 759[4].
— P. CHAIX et Y. THIBAUD: Schwefelwasserstoffbildung aus Cystein 958[2].
— et F. CHATAGNER: Desulfinicase 957[4].
— et P. DESNUELLE: Homocystein-desulfhydrase 966[14].
— et M. A. ROYANE: Desulfinicase 957[4].
— E. WOOKEY et P. CHAIX: Schwefelwasserstoffbildung aus Cystein 958[3].
— s. BERGERET, B. 957[4].
FROMHERZ, K.: Zusammenfassung über Verhalten körperfremder Substanzen im intermediären Stoffwechsel (1928) 909[9].— Abbau von Phenylaminoessigsäure zu Phenylglyoxylsäure 929[5]. — Cystinurie 954[12].
— u. L. HERMANNS: Alkaptonurie 982[14]. — Abbau von Brenzkatechinderivaten im tierischen Organismus 984[12].
— s. NEUBAUER, O. 754[1].
FROMMEYER, W. B. jr., and R. D. EPSTEIN: Prothrombinbestimmung 480[4].
— T. D. SPIES, C. F. VILTER and A. ENGLISH: Anregung der Blutbildung bei perniciöser Anämie durch Thymin 1251[17].
FRONTALI, N., s. CAVALLINI, D. 324[21], 328[9].
FROUIN, A.: Auslösung der Darmsekretion 146[11], 147[3].
— s. DELEZENNE, C. 161[2].
FRUMIN, S., s. EJDINOVA, M. 45[14].
FRUNDER, H.: Buch über die Wasserstoffionenkonzentration im Gewebe lebender Tiere (1951) 1168[7]. — p_H-Wert von Bindegewebe 1173[11].
FRUTON, J. S.: Transpeptidierung 919[3].
— s. BERGMANN, M. 120[10], 123[10], 918[3,4].
— s. DORBY, A. 919[5].
— s. JOHNSTON, R. B. 919[3], 919[4].
— s. YUDKIN, W. H. 679[9].
FRYDMANN, A. J., u. W. W. PETROWA: Mineralstoffgehalt im Rinderliquor 576[2].
FUCHS, D., s. ZEMPLEN, G. 135[6].
FUCHS. H., s. WISS, O. 992[12].
FUCHS, HEINR.: N-haltige Verbindungen in der Magenschleimhaut 40[6]. — Abbau von Cholinphosphat durch Meerschweinchenleber 852[6].
FUCHS, H. J.: Zusammenfassung über Blutgerinnung (1933) 473[12]. — Gewinnung von prothrombinfreiem Fibrinogen 476[3]. Blutplättchen als Quelle des Prothrombins 478[2]. — Prothrombindarstellung 478[17]. — Herstellung von thrombocytenfreiem Säugetierplasma 483[4]. — Eigenschaften der Thrombocyten bei Hämophilie 497[13].
FÜHNER, H.: Zusammenfassung über Colchicin (1920) 1249[13]. — Zusammenfassung über parenterale Resorption (1921) 250[16].
FÜHRER, J., s. PRELOG, V. 906[24].
FÜRBRINGER, P.: Ochronose und Alkaptonurie 982[3].
FÜRST, K., s. LUSTIG, B. 560[8].
FÜRTH, O. (v.): Lehrbuch der physiologischen und pathologischen Chemie; 2. Aufl., 2. Bd. (1927) 1177[7]. — Zusammenfassung über den Gehalt an cyklischen Komplexen im Eiweißmolekül (1925) 988[6].
— u. D. CHARNASS: Milchsäurebestimmung 324[14], 727[5].
— u. T. HRYNTSCHAK: Carnosin 978[6].
— u. F. LIEBEN: Kynurensäureabbau 988[6,8].
— u. H. MINIBECK: Cholsäuremenge im Darm bei Fettresorption 235[2].
— u. R. SCHOLL: Steigerung der Glykocholsäurewirkung durch Lecithin und NaCl 234[7]. — Lösung von Fetten durch gallensaure Salze 234[11].
— R. SCHOLL u. H. HERRMANN: Schwefelgehalt im Liquor cerebrospinalis 576[21].
FUHRMANN, F.: Buch über elektrometrische p_H-Messungen mit kleinen Lösungsmengen (1941) 1168[1].
FUJINAGA, I., s. YAMAKAWA, S. 239[3]
FUJISAWA, Y., s. KASAHARA, M. 571[10].
FUJITA, A., u. T. EBIHARA: Form des Vitamin C im Blut 364[14]. — Vitamin C-Gehalt im Blut von Schwangeren 365[4].
— u. D. IWATAKE: Bluzuckerbestimmung 315[3].
— u. K. OKAMOTO: Blutzuckerbestimmung 315[3].
— and M. YAMADORI: Verteilung von Riboflavin und Aneurin im Blut 452[7].
FUKASAKO, T.: Phosphatidbindung an Serumproteine 859[7].
FUKUDA, M., and A. SHIBATANI: Leberregeneration 1097[2].
FUKUCHI, K.: Katalasegehalt von Kaninchenleukocyten 463[17]. — Katalasegehalt von Lymphocyten 464[4].
FUKUHARA, R.: Normalisierung des Blutes nach Aderlaß 261[1].
FUKUSHIMA, D. K., K. DOBRINER and T. F. GALLAGHER: 3α-Konfiguration der Testosteronabbauprodukte 899[10]. — Aus-

scheidung von Androsteron und Aetiocholanolon im Harn nach ACTH 901[11]. — Bildung von Androsteron und Aetiocholanolon aus 17 α-Oxyprogesteron 903[1].
Fukushima, D. K. s. Gallagher, T. F. 891[2], 892[4], 898[3].
— s. Hellman, L. 887[6].
— s. Lieberman, S. 893[15], 894[1], 901[12].
Fukushima, K., s. Kozawa, S. 66[9].
Fuld, E.: Zusammenfassung über Bestimmungsmethoden eiweißspaltender Fermente (1929) 161[9].
— u. L. A. Levison: Pepsinbestimmung mit Edestin 75[10].
— u. K. Spiro: Fraktionierte Eiweißfällung im Serum mit Ammoniumsulfat 298[7]. — Gerinnungstheorie 474[4].
Fuld, H.: Vermehrung des Blutammoniaks bei Sterbenden und bei Leberleiden 343[10].
Fuld, M., and M. H. Paul: Essigsäurebildung in geschädigten Mitochondrien 1133[10].
— s. Bernfeld, P. 165[5].
— s. Green, D. E. 1134[1].
— s. Paul, M. H. 1136[18].
— s. Sarkar, N. (K.) 921[9], 1136[2], 1148[2].
Fuller, W. H., s. A. G. Norman 187[3].
Fulton, J. K., S. Marcus and W. D. Robinson: Thermolabile Antihyaluronidasen im Serum 383[7].
Funaoka, S.: Zusammensetzung der Beinlymphe 554[1]. — Amylasegehalt der Kaninchenlymphe 555[3].
— u. S. Sumiya: Gewinnung von Leberlymphe 550[3]. — CO_2-Gehalt der Lymphe 551[6].
Funk, H., u. M. Ditt: Nickelbestimmung im Blut 406[24].
Furbetta, D., s. Oliva, G. 399[10].
Furchgott, R. F., and E. Shorr: Ausbeute an energiereichem Phosphat bei Bernsteinsäuredehydrogenierung 789[8].
Furst, S. S., and G. B. Brown: Umsatzgeschwindigkeit von Ribonucleotiden und Desoxyribonucleotiden 1120[8,19]. — Verwertung von Purinen und Pyrimidinen zur Nucleinsäuresynthese 1192[20].
— P. M. Roll and G. B. Brown: Umsatzgeschwindigkeit von Ribonucleotiden und Desoxyribonucleotiden 1120[3,18]. — Einbau von ^{15}N-Adenin in Leberpolynucleotide 1121[3].
— s. Brown, G. B. 1190[9].
Furth, J., and E. A. Kabat: Antikörper aus Mitochondrien und Mikrosomen 1147[7].
— s. Bali, T. 499[5].
— s. Kabat, E. A. 711[3].
Furuta, W., s. Engel, M. B. 712[1].
Fustinoni, O., s. Houssay, B. A. 218[7].

Gabrawy, B., s. Anrep, G. V. 369[3,7].
Gabriel, F.: Aktuelle Reaktion in Pansen und Haube 100[7].
Gabriel, S.: Mineralzusammensetzung von Knochen 703[1].
Gabrieli, E.: Ersatz von Chlorid- durch Bromid- und Rhodanidionen im Magensaft 68[3].
Gabrio, B. W., and K. Salomon: Bildung von Ferritin bei Eisenresorption 214[6].
Gaby, W. L., s. Roberts, E. C. 1185[2].
Gad, I.: Aktivität von Amylase aus Schweinepankreas 165[9].
Gaddum, J. H.: Buch über gefäßerweiternde Stoffe (1936) 351[18].
— s. Barsoum, G. S. 352[16].
— s. Chang, H. C. 139[4].
Gaebler, O. H.: Vorkommen von Kreatinin im Blut wird bestritten 348[9].
Gaedertz, A., s. Wittgenstein, A. 570[20].
Gaehtgens, G.: Carotinoidgehalt von Schwangerenblut 357[9].
Gaertner, H., s. Erlenmeyer, H. 208[5].
Gainsborough, H., s. Gardner, J. A. 192[3], 871[23], 875[12], 876[2].
Gajatto, S.: Glutathion nur in Erythrocyten 448[6].
Gajdos, A., et G. Tiprez: Natur der Heinz-Körperchen 455[3].
— s. Bénard, H. 372[21], 382[11], 443[4], 466[2], 1004[3,5], 1008[5], 1020[1].
Gajdos, M. A.: Bedeutung von Methionin für die Blutbildung 466[2].
Gajdos-Török, M., s. Bénard, H. 466[2], 1004[3,5], 1008[5], 1020[1].
Gajdos-Torok, M., s. Gajdos-Török, M.
Gál, G.: Aminosäureresorption bei Vitamin B-Mangel 229[6].
— s. Kokas, E. v. 217[4].
Galbraith, H., s. Williams, H. H. 847[1,2].
Gale, E. F., and H. M. R. Epps: Pyridoxal-5-phosphat als Coferment von Bakteriendecarboxylasen 932[1].
— and J. P. Folkes: Ribonucleinsäuregehalt und Eiweißsynthese bei Staphylococcus aureus 926[6].
— s. Baddiley, J. 932[1].
Galeone, A.: Serumlipochromgehalt nach erhöhter Carotinzufuhr 357[3].
Galeotti, G., e G. Giampalmo: Protein-Phospholipoidkomplexe 859[4].
Galewski: Immediatsekret des Magens 88[3].
Galinowski, Z.: Tagesrhythmus der Harnsäureausscheidung beim Erwachsenen 1238[12]. — Purinstoffwechsel im Hunger 1239[9]. — Bluthamsäure nach Zufuhr von Hefenucleinsäure 1240[5]. — Purin- und Harnsäuregehalt von Harn und Blut bei Lebererkrankungen 1247[20].
Gallagher, T. F., D. K. Fukushima, M. C. Barry and K. Dobriner: Zusammenfassung über Untersuchungen mit isotopen Steroidhormonen (1951) 892[4].— Harnausscheidung von Progesteronstoffwechselprodukten nach Gallengangsligatur 891[2].

Die Seiten 1—840 befinden sich im Bandteil a, die Seiten 841—1257 im Bandteil b.

Gallagher, T. F., s. Fukushima, D. K. 899[10], 901[11], 903[1].
— s. Hellman, L. 887[6].
Gallerani, U.: Blutmengen bei Kindern 259[7].
Gallina, E., e A. Nascimbene: Lipasegehalt von Pfortaderblut 371[13]. — Verteilung der Amylase im Blut 378[14].
Gallivan, D. E., s. Rowe, A. W. 734[2].
Gallup, W. D., and L. C. Norris: Manganmangelkrankheit „Perosis" (slipped tendon) 672[4].
— s. Dinning, J. S. 342[11].
Gambigliani Zoccoli, A., e M. Fedi: Abbau der Ketonkörper im Muskel 328[1]. — Acetonkörpergehalt im Blut 328[3].
Gamble, A. H., H. F. Wiese and A. E. Hansen: Gefahrengrenze bei Kaliumverlust 627[15].
Gamble, J. L.: Buch über chemische Anatomie, Physiologie und Pathologie der extracellulären Flüssigkeit; 5. Aufl. (1947) Engl. 530[1]. — Gesteigerte Wasserausscheidung nach Meerwassergenuß 597[5]. — Nierenstörungen bei Cl-Mangel 634[9].
— and M. A. McIver: Kaliumgehalt der Verdauungssäfte 625[1].
— and G. S. Ross: Ca-Bilanz bei Alkalisierung des Körpers 642[10].
— G. S. Ross and F. F. Tisdall: Ca-Ausscheidung im Darm bei Hunger 641[5].— Ca-Bilanz bei Alkalisierung des Körpers 642[10]. — Säuernde Wirkung von $CaCl_2$ 643[6].
Gamgee, A.: Thrombindarstellung 486[3].
Gammeltoft, A.: Arteriovenöse Differenz der Acetonkörper im Hunger 829[6].
Gammo, H., s. Kasahara, M. 574[4].
Ganassini, D.: Harnsäureretention bei Fleischkost 1240[4]. — Harnsäurevermehrung in Blut und Harn bei Krankheit 1246[16]. — Purinausscheidung bei Kern- und Zellzerfall 1247[5]. — Harnsäureausscheidung bei Nephritis 1248[20].
Gandelman, B., S. Zamenhof and E. Chargaff: Zusammensetzung von Desoxyribonucleinsäure 1107[13].
Gandin, S.: Chylöse Ergüsse 561[3].
Ganguly, J., and H. J. Deuel jr.: Intracelluläre Verteilung von Vitamin A-Esterase 1090[99]. — Vitamin A-Esterase-Gehalt von Mikrosomen 1151[3].
— s. Krinsky, N. I. 1096[19].
— s. Thompson, S. Y. 197[3].
Ganter, G., u. V. van der Reis: Mitwirkung von Bakterien bei der Verdauung 9[7]. — p_H-Wert im Duodenalinhalt 170[2].
Garcia, J. F., s. Huff, R. L. 1009[8].
Gard, S.: Adenosinartige Stoffe im Blut bei Schock 1236[28].
Gardikas, C., s. Kench, J. E. 1019[3].
Gardner, J. A., and F. W. Fox: Cholesterinsynthese im Körper 872[21].
Gardner, J. A., and H. Gainsborough: Cholesteringehalt des Blutes und Cholsterinzufuhr 871[23]. — Cholesterinausscheidung im Harn 875[12]. — Cholesterin- und Koprosterinausscheidung bei Erhöhung des Blutcholesterins 876[2].
— H. Gainsborough and A. R. Murray: Entstehung von Koprosterin im mittleren Colon 192[3].
— s. Dorée, C. 872[11].
— s. Ellis, G. W. 872[6].
— s. Fox, F. W. 872[21].
Gardner, L. I., E. A. MacLachlan and H. Berman: p_H-Wert der Muskelfasern nach starker Kontraktion 1174[1].
Gardner, W. U., s. Landauer, W. 860[16].
Garfield, M. M., s. Byers, S. O. 1198[17], 1216[5].
Gargasole, D.: Herkunft der Blutamylase 378[13].
Garkawi, P. G.: Carnosinspaltendes Ferment aus Dünndarmschleimhaut 122[15].
Garn, S. M., s. Gertler, M. M. 1198[11].
Garner, R. L., and W. S. Tillett: Streptokinase 297[14].
— s. Tillett, W. S. 297[14].
Garner, W., s. Talbott, J. H. 1234[2], 1249[15], 1252[13].
Garot, L.: Harnsäureabbau nach Leberausschaltung 1210[20]. — Harnsäure im Pankreassaft 1213[16].
Garrer, A. H., J. Groen and L. Hallén: Resorption von Glucose im Colon 195[4]. Resorption von Monosacchariden im menschlichen Dickdarm 222[13].
Garrod, A. E.: Buch über angeborene Stoffwechselstörungen; 2. Aufl. (1923) Engl. 954[10].
— and W. H. Hurtley: Ausscheidung von Cadaverin und Putrescin 954[18].
— s. Cammidge, P. J. 954[17].
Garry, R. C.: Harnsäureausscheidung nach schwerer Muskelarbeit 1238[15].
— s. Andrew, B. L. 208[5], 222[11].
— s. Davidson, J. N. 219[1], 223[8].
Garst, J. B. s. Friedgood, H. B. 907[7].
— s. Nyc, J. F. 907[10].
Gassmann, T.: Apatitstruktur der anorganischen Knochensubstanz 707[3].
Gassner, F. X., D. H. Nelson, H. Reich, R. T. Rapala and L. T. Samuels: Androgenwirkende Hormone 896[6].
Gatchell, H. D., s. Geiger, E. 991[5].
Gates, E. M., s. Ellis, G. H. 672[9].
Gates, F. L., s. Grant, J. H. B. 413[6].
Gaudefroy, C., s. Girard, A. 906[22].
Gaudenz, J. U.: Zerkleinerung der Nahrung beim Kauen 10[13].
Gaudino, M., and M. F. Levitt: Bestimmung des extracellulären Raumes 598[11].
Gaudio, V.: Dehydrogenasen in Leukocyten 382[2], 463[15].
Gaultier, M., s. Fiessinger, N. 223[6].

Gaunt, W. E., and J. T. Irving: Zahnverknöcherung bei calcium- und phosphatarmer Diät 723[5].

Gautier, A.: Arsengehalt des Körpers 692[12]. Beziehung zwischen Fluorid- und Phosphatstoffwechsel 699[11].

— et P. Clausmann: Fluorgehalt des menschlichen Blutes 406[35]. — Fluorstoffwechsel 695[34]. — Fluorgehalt von Pflanzenteilen 696[2]. — Fluorgehalt tierischer Organe 696[6].

Gautier, C., et R. Ricard: Leber und Manganstoffwechsel 671[4]. — Aluminiumausscheidung im Kot 685[9].

Gautrelet, J.: Zusammenfassung über Cholin (1936) 135[12].

Gavin, G., E. W. McHenry and M. J. Wilson: Hormonbildung im Pylorus 43[5].

— s. McHenry, E. W. 834[4], 932[4], 978[5].

Gavosto, F., et F. Moyson: Einfluß des traumatischen Schocks auf die morphologischen Zellelemente 1097[5].

Gawiński, W.: „Neutralschwefel“ 953[11].

Gawrilow, N. I., A. I. Paradachwilli et A. I. Goworow: Plasteinbildung bei Eiweißverdauung 917[1].

Gayda, T.: Aktivität der Speichelamylase beim Kaninchen 23[16]. — Peptidsynthese in der Darmwand nach Aminosäureresorption 915[4].

Gaza, W. v.: Calcinosis universalis 722[2].

Gazes, P. C., s. Bellet, S. 627[16], 628[5].

Gebhard, W., s. Sarreither, W. 766[2].

Gebhardt, F., s. Fischler, F. 438[12].

— s. Jürgens, R. 287[9].

Gebhardt, L. P., s. Bachtold, J. G. 380[8].

Gedigk, P., s. Westphal, U. 354[6], 438[5].

Gee, M., s. Chaikoff, I. L. 824[2].

— s. Weinman, E. O. 805[3], 856[3].

Geffen, C., s. Allfrey, V. 467[16].

Gehrig, R. F., s. Oginsky, E. L. 974[1].

Gehrke, M., s. Knoop, F. 1028[9].

Geiger, A.: Vorkommen verschiedener Hämoglobine im Tierblut 433[7].

— s. Kligler, I. J. 621[3].

Geiger, E., E. B. Hagerty and H. D. Gatchell: Trigonellin- und Nicotinsäureamidausscheidung nach Tryptophanzufuhr 991[5].

Geigy A. G., J. R.: Wissenschaftliche Tabellen (1953) 600[7].

Geill, T.: Zusammenfassung über Fällung der Blutproteine (1938) 299[1].

Geiman, Q. M., s. Ball, E. G. 424[1].

Geis, E., s. Becker, K. P. 42[16].

Geissberger, W., s. Viollier, G. 915[9].

Geissendörfer, H., s. Strack, E. 136[8], 137[4,6], 853[1].

Geist, G., s. Thaler, H. 810[2].

Gelenger, S. M., and R. F. Wiggers: Glucosegehalt von Ergüssen bei Tuberkulose 558[5].

Geliazkowa, N., s. Meyerhof, O. 741[4].

Gellhorn, A., M. Merrell and R. M. Rankin: Natriummangelschock 622[2].

— s. Ultmann, J. E. 1097[3], 1102[23].

Gellhorn, E., J. Feldman and A. Allen: Insulingehalt von Hundeblut 367[3].

Gelmann, S. E.: Bedeutung des Kauens für Ausnutzung der Nahrung 29[7].

Gemmill, C. L.: Glykogensynthese im Muskel durch Insulin 777[2].

— and L. Hamman jr.: Glykogensynthese im Muskel durch Insulin 777[2].

Gemzell, C. A., G. Birke, J. Hellström, C. Franksson and L. O. Plantin: Bildung von 17-Keto- und 11-Oxy-17-ketosteroiden aus Cortison 903[2].

Gen, S., s. Linneweh, F. 395[13].

Genderen, H. van, and C. Engel: Lokalisation der Dipeptidase in der Dünndarmschleimhaut 122[13]. — Amylase in der Darmschleimhaut 126[4].

Gendre, T., et E. Lederer: Diaminopimelinsäure in Mycobakterien 968[7].

Geness, S. G., u. W. P. Komissarenko: Blutzucker bei Hund und Kaninchen 314[11].

Gengou, O., s. Bordet, J. 490[13].

Genkin, A. M.: Glykogengehalt des Blutes 321[3,5], 444[3].

Gentner, W., s. Meyerhof, O. 740[4].

George, C. jr., s. Loomis, E. C. 489[26].

George, W. E., s. Madden, S. C. 288[8], 928[4].

Georgesco, I. D., et V. Companetz: p_H-Wert im Blut von Syphilitikern 271[8].

Georgievskaya, E. F., s. Severin, S. E. 979[2].

Georgiewski, S. I., u. S. W. Andrejew: Amylase im Darmsaft nach Stärkeaufnahme 126[3]. — Menge des Darmfistelsaftes 146[3].

— s. Andrejev, S. W. 126[3], 146[3].

Georgiewsky, S. J., s. Georgiewski, S. I.

Gerard, R. W., s. Abood, L. G. 1072[25], 1077[14], 1090[7], 1135[3], 1136[30].

— s. Samuels, A. J. 865[15].

Gerarde, H. W., M. Jones and T. Winnick: Umsatzgeschwindigkeit von Ribonucleotiden und Desoxyribonucleotiden 1120[20].

Gerassimow, P. N.: Aluminiumgehalt von Rinderblut 405[12]. — Aluminiumgehalt im Liquor cerebrospinalis 575[20].

Gerassimowa, W. W., s. Goldstein, B. I. 1246[2].

Geratz, D., s. Felix, K. 1090[132], 1153[31].

Gerbeaux, J., s. Gounelle, H. 357[21].

Gerber, C.: Fettbildung aus Kohlenhydrat in Oliven 767[1].

Geréb, S., u. D. Laszlo: Veränderungen von Serumcalcium und -phosphat bei Kreislaufdekompensation 413[9].

Geren, W. (D.), A. Bendich, O. Bodansky and G. B. Brown: Harnsäureabbau beim Menschen 1208[28]. — Harnstoffbildung

aus Harnsäure beim Menschen 1211[33].— Ausscheidung injizierter Harnsäure beim Menschen 1212[3].

Geren, W. (D.) s. Bendich, A. 1208[30].

Gerendás, M., s. Szent-Györgyi, A. 1185[11].

Gergely, J.: Gültigkeit der Földischen Formel 318[6].

— P. Hele and C. V. Ramakrishnan: Ferment der Spaltung von Succinyl-coenzym A 839[1].

Gerhardt, D.: Zusammenfassung über Darmfäulnis (1904) 189[5].

Gerhartz, H.: Zusammenfassung über Chemie der Transsudate und Exsudate (1925; 1934) 105[10]. — Zusammenfassung über Chemie der Lymphe (1925; 1934) 546[1]. — Zusammenfassung über die Lymphdrüsen (1925) 556[2]. — Zusammenfassung über Eiter (1925; 1934) 583[2].

Gerischer, W., s. Negelein, E. 737[2].

Gerke, J. R., s. Fried, J. 886[19].

Gernhardt, A.: Aktivität der Speichelamylase 23[14].

Gerritsen, H. J., s. Melchers, W. J. 667[11].

Gersch, I.: Rückresorption von Harnsäure in der Niere 1212[7].

Gersch, M.: Isoelektrischer Punkt von Froscheiern 1098[17].

Gershon-Cohen, J., s. Shay, H. 216[13], 221[16].

Gerstel, G., s. Frank, H. 416[5].

Gertler, M. M., S. M. Garn and S. A. Levine: Harnsäuregehalt des Blutes 1198[11].

Geschwind, I., s. Li, C. H. 345[5].

Gesell, R.: Zusammenfassung über chemische Regulation der Atmung (1925) 536[1].

Gessard, C.: Beteiligung von Tyrosinase an Melaninbildung 986[1].

Gessler, C. J., S. O. Dexter, M. A. Adams and F. H. L. Taylor: Eiweißspaltung durch menschlichen Magensaft 78[2].

Gessner, F.: Bedeutung des Wurzeldruckes für Wassertransport in den Pflanzen 607[1].

Getler, H., s. Bendich, A. 1228[5].

Getzendaner, M. E., s. Shive, W. 1221[4].

Geyer, R. P., and M. Cunningham: Fettsäureoxydation durch Leberschnitte 832[1].

— M. Cunningham and J. Pendergast: Asymmetrische Verteilung von markiertem C in Acetessigsäure 824[1].

— W. R. Waddell, J. Pendergast and G. S. Yee: Fettsäureabbau 809[4].

— s. Shoshkes, M. 232[9], 801[2], 843[9].

Ghalioungui, P.: Hämoglobingehalt der Erythrocyten bei Ankylostomyasis 431[23].

Ghigliotto, C.: Zinkgehalt des Neugeborenen 676[10].

Giampalmo, G., s. Galeotti, G. 859[4].

Giaume, C.: Abnahme des Aminosäure-N im Blutplasma bei Hunger 345[2].

— e P. Bosio: Abnahme des Aminosäure-N im Blutplasma bei Hunger 345[2].

— s. Bosio, P. 218[11].

Giaya, S.: Zinkgehalt des Neugeborenen 676[10].

Gibb, R. P., and R. E. Stowell: Kein Glykogen in Erythrocyten 444[4]. — Glykogengehalt von Leukocyten 462[4]. — Glykogengehalt von Thrombocyten 472[7].

Gibbs, E. L., W. G. Lennox, L. F. Nims and F. A. Gibbs: Schwankungen des p_H-Wertes im arteriellen Blut 531[5].

Gibbs, F. A., s. Gibbs, E. L. 531[5].

Gibbs, O. S.: Adrenalinwirkung auf Harnsäureausscheidung beim Huhn 1230[19]. — Steigerung der Harnsäureausscheidung durch Hypophysenhinterlappenextrakt 1233[13].

Gibertini, G.: Gonadotrope Hormone und Histamin im Speichel 26[6]. — Histamingehalt des Mageninhaltes bei Magenkranken 86[7].

Gibian, H.: Zusammenfassung über Hyaluronidase (1951) 380[6]. — Hyaluronidase im Speichel 25[27]. — Plasminogen 297[12].

Gibson, B., s. Reiser, R. 821[6].

Gibson, H. V., and E. A. Doisy: Harnsäurevorstufen 944[5].

Gibson, J. G., R. D. Evans, J. C. Aub, T. Sack and W. C. Peacock: Überlebensdauer transfundierter Erythrocyten 469[2].

— s. Vallee, B. L. 679[4].

Gibson, J. G. jr., and H. Blotner: Alkoholgehalt von menschlichem Blut 327[11].

— and W. A. Evans jr.: Blutmengenbestimmung 258[8].

— and K. A. Evelyn: Blutmengenbestimmung 258[8].

— J. L. Keeley and M. Pijoan: Blutmenge beim Hund 259[8].

— s. Ebert, R. V. 260[3].

— s. Vallee, B. L. 404[1], 429[10, 14], 460[3].

Gibson, J. G. II, s. Gibson, J. G. jr.

Gibson, Q. H., and D. C. Harrison: Am Sauerstofftransport nicht beteiligter Anteil des Hämoglobins 511[5]. — Akute Porphyrie 1020[1].

Gibson, R. B., and F. T. Martin: Kreatinausscheidung und Argininngehalt von Nahrungseiweiß 947[4]. — Kreatinsynthese aus Histidin und Guanidinoessigsäure 947[15].

Gierke, E. v.: Glykogenspeicherkrankheit 766[6].

Gies, W. J., s. Asher, L. 549[3].

— s. Hawk, P. B. 702[10].

Giese, W.: Siliciumstoffwechsel 690[8].

Gigante, D.: Mucingehalt des menschlichen Magensaftes 72[3]. — Serumlipase im Alter 372[11].

Gigli, G.: Ursachen des Absinkens von Blutchlorid 408[2].

Gigon, A.: Resorption von Zucker auf dem Lymphwege 221[3].

— u. M. Noverraz: Gallensäuregehalt des Blutes bei hämolytischem Ikterus 339[11].

Die Seiten 1—840 befinden sich im Bandteil a, die Seiten 841—1257 im Bandteil b.

GIGON, A., s. ABDERHALDEN, E.: 175[3], 938[9].
GILBERT, C., s. GILLMAN, J. 660[4].
GILBERT, C. S., s. BEATH, O. A. 695[5].
GILBERT, J. B., s. PRICE, V. E. 1090[53].
GILBERT, J. H., s. LAWES, J. B. 766[9].
GILBERT, N. C., F. DEY and R. TRUMP: Keine Beeinflussung der Blutgerinnung durch Methylxanthine 1251[15].
GILBEY, B. E.: Blutgruppen-Antigen JOBBINS 389[8].
GILCHRIST, M., s. KING, E. J. 432[20].
GILDA, J. E., s. GOLDBERG, H. J. V. 27[11].
GILDEA, E. F., s. BROWN, W. T. 573[1].
— s. MAN, E. B. 860[10].
GILLASPIE, A. G., s. BERNHEIM, F. 966[7].
GILLELS, M. R., s. LONDON, E. S. 228[10].
GILLESPIE, H. B., s. GRAFF, S. 1217[5].
GILLIS, M. B., and L. C. NORRIS: Synthese von labilen Methylgruppen 965[1].
GILLMAN, J., T. GILLMAN, J. MANDELSTAM and C. GILBERT: Hämosiderin 660[4].
— J. MANDELSTAM and T. GILLMAN: Hämosiderin 660[4].
GILLMAN, T., and A. C. IVY: Fe-Resorption aus Meerschweinchendarm 214[8].
— s. GILLMAN, J. 660[4].
GILMAN, A., s. KOELLE, G. B. 375[4].
— s. MUDGE, G. H. 624[17].
GILMOUR, D.: Adenosintriphosphatase aus Heuschreckenmuskel 787[7].
GILVARG, C., and K. BLOCH: Übergang von Glucose in Tyrosin 983[13].
— s. KAUFMAN, S. 1052[7].
GINSBERG, W.: Ausscheidung von intravenös zugeführtem Wasser 596[2].
GIORDANO, C., u. P. ZEGLIO: Adrenalinbestimmung im menschlichen Blut 369[1]. Adrenalingehalt im Blut 369[5].
GIRARD, A., et G. SANDULESCO: Steroidtrennung durch GIRARDs-Reagens 879[5].
— G. SANDULESCO, A. FRIDENSON, C. GAUDEFROY et J.-J. RUTGERS: Equilin und Equilenin im Harn trächtiger Stuten 906[22].
— G. SANDULESCO, A. FRIDENSON et J.-J. RUTGERS: Equilin und Equilenin im Harn trächtiger Stuten 906[22].
GIRARD, P., s. GROSNIER, R. 639[19].
GIRI, K. V.: Phosphatase im Speichel 25[11].
GISINGER, E., s. BRAUNSTEINER, H. 664[4].
GIVENS, M. H.: Steigerung der Ca-Ausscheidung nach Mg-reicher Nahrung 636[6].
— s. HUNTER, A. 1208[10].
GIZELT, A.: Diuresewirkung von Duodenalextrakt 596[4].
GJESSING, E. C., C. S. FLOYD and A. CHANUTIN: Proteinfraktionen im Cytoplasma 1152[6].
GLADKOVA, N. V., s. AZARKH, R. M. 958[5], 966[1].
GLAESSNER, K.: Nachweis von Enterokinase im menschlichen Darm 121[5]. — Menge des Pankreassaftes beim Menschen 156[11]. Zusammensetzung von Pankreassaft 157[2], 158[2]. — Mineralstoffe des Pankreassaftes 158[2]. — Aktivierung von Pankreassaft durch Darmsaft 161[3].
GLANZMANN, E.: Zusammenfassung über die Physiologie der Leukocyten nach den Arbeiten von 1929—1940 (1941) 455[8].
— K. MEIER u. B. WALTHARD: Verbesserung der Ca-Resorption durch Citronensäure 639[11].
— H. STEINER u. H. KELLER: Pseudohämophilie 475[21].
GLASENAPP, I. v., s. FELIX, K. 1090[132], 1153[31].
GLASER, F. W. jr., s. MIESCHER, F. 1180[6], 1218[3].
GLASS, B., s. MCELROY, W. D. 743[5].
GLASS, G. B. J.: Magenschleim 70[6].
— and L. J. BOYD: Magenschleim 70[6, 8]. Mucoprotein im Magenschleim 71[5, 6]. — Schleimbestimmung im Magensaft 71[7], 72[1]. — Protein und Proteose des Magensaftes 70[11], 71[6]. — Bestimmung der Komponenten des Magenschleims 71[7].
— L. J. BOYD, A. HEISSLER and I. J. DREKTER: Protein und Proteose des Magensaftes 70[11], 71[6].
— L. J. BOYD, M. A. RUBINSTEIN, C. S. SVIGALS and J. E. CHEVALLEY: Proteose des Magenschleims 70[10]. — Antiperniciosawirkung von Drüsenmucoprotein 71[3].
— L. J. BOYD and C. S. SVIGALS: Protein und Proteose des Magensaftes 70[12]. — Antiperniciosawirkung von Drüsenmucoprotein 71[4].
— W. L. MERSHEIMER u. C. S. SVIGALS: Proteose des Magensaftes 70[10]. — Antiperniciosawirkung von Drüsenmucoprotein 71[3].
— B. L. PUGH and S. WOLF: Pepsinbestimmung 75[7].
GLASS, J.: Mucinbestimmung 21[22], 71[13]. — Beziehungen von Blutchlor zu Liquorchlor 408[6]. — Chlorgehalt der Organe bei chlorarmer Kost 633[5]. — Ursachen des Todes bei Cl-Verlust 633[5]. — Magensaftsekretion bei Cl-Mangel 634[2].
— s. LANDAU, A. 407[15].
GLASSON, B.: Hemmbarkeit der Cholinesterase 373[5].
— s. LEUTHARDT, F. 853[5], 939[11], 971[8], 972[1].
GLATZEL, H.: Zusammenfassung über das Kochsalz und seine Bedeutung in der Klinik (1937) 618[1]. — Cl-Konzentration im Schweiß 631[7].
GLAVIND, J., H. GRANADOS, L. A. HANSEN, K. SCHILLING, I. KRUSE and H. DAM: Vitamingehalt des Speichels 26[13].
— and K. F. JANSEN: Wirkungsmechanismus von Dicumarol 495[14].
— s. DAM, H. 499[10].
GLAZKO, A. J.: Thrombin und Prothrombin bei Fraktionierung von Plasmaeiweiß 380[17].

GLATZKO, A. J., and W. A. DILL: Bestimmung von Adrenalin und Noradrenalin 369[17].
— and D. M. GREENBERG: Verweildauer des Kaliums im Körper 624[15].
GLEES, M., s. DIENST, C. 359[3].
GLEISS, J., u. K. HINSBERG: Eiweißfraktionierung durch Neutralsalzgemische 294[6], 295[1]. — Bestimmung der Serumeiweißfraktionen 305[4]. — Cholesterinbestimmung 338[11]. — Untersuchung des Liquor cerebrospinalis 565[11]. — Bestimmung von Eiweiß im Liquor 568[3].
— u. H. RÖTTGER: Konzentration von Serumeiweißkörpern beim Menschen 286[8]. — Eiweißfraktionierung im Blutserum 300[1].
— s. HINSBERG, K. 568[5].
GLÉNARD, R., et A. GRIGAUT: Zusammensetzung von Darmkonkrementen 185[6].
GLENN, P. M., s. ABBOT, W. O. 216[10], 223[2].
— s. NICHOLS, A. C. 172[13], 173[1].
GLICK, D.: Buch über Technik der Histo- und Cytochemie (1949) Engl. 1064[17]. — Bestimmung der Magenlipase 83[20]. — Urease und Salzsäurebildung im Magen 85[16]. — Lipasebestimmung 163[14]. — Cholinbestimmung 351[19]
— and F. GOLLAN: Antihyaluronidasen im Blut bei Poliomyelitis 384[4].
— T. A. GOOD and J. J. BITTNER: Antihyaluronidase im Blut bei Mammakrebs der Maus 384[10].
— and C. G. KING: Pankreas- und Leberesterase 161[15]. — Lipasegehalt im Schafspankreas 162[3]. — Eigenschaften von Pankreas-, Leber- und Blutlipase 163[1].
— and D. H. MOORE: Thermolabile Antihyaluronidasen im Serum 383[7,9].
— E. ZAK and R. v. KORFF: Urease und Salzsäurebildung im Magen 37[5].
— s. GOOD, R. A. 384[5,12].
— s. GRAIS, M. L. 384[6,7].
— s. HAKANSON, E. Y. 384[8,9].
— s. OMACHI, A. 1090[41].
— s. SNIVELY, G. G. 384[3].
— s. SOBOTKA, H. 861[10].
GLOCK, G. E.: Maltase im menschlichen Serum 379[18]. — Alkalische Phosphatase in Verknöcherungszonen 711[3].
— M. M. MURRAY and P. PINCUS: Phosphatase im Speichel 25[12].
— and P. McLEAN: Umsatzgeschwindigkeit der Glucose-6-phosphat-dehydrogenase 1063[3]. — Intracelluläre Verteilung von Glucose-6-phosphat-dehydrogenase 1090[33,100]. Intracelluläre Verteilung von 6-Phosphogluconsäure-dehydrogenase 1090[100]. — Dehydrierung von Glucose-6-phosphat im Cytoplasma 1153[15, 24]. — Dehydrierung von 6-Phosphogluconsäure im Cytoplasma 1153[24].
— s. DICKENS, F. 1062[5].
GLOOR, U., s. BERNHARD, K. 798[9], 809[6,7].
GLOVER, J., and R. A. MORTON: Vitamin A-Ester in der Darmschleimhaut von Heilbutt 249[15].
— s. GLOVER, M. 879[1].
GLOVER, M., J. GLOVER and R. A. MORTON: Bildung von Provitamin D_3 aus Cholesterin im Organismus 879[1].
GNANN, G., s. SPIEGELHOFF, W. 171[5].
GNICHTEL, H., s. LAUTSCH, W. 1170[5].
GNOINSKI, H.: Lebensdauer der Erythrocyten in Blutkonserven 468[11].
GODA, T.: Umwandlung von Fructose in Glucose 762[1].
GODDEN, W., s. DUCKWORTH, J. 636[16].
GODFRIED, E. G.: Verdauung des „Differenz-N“ durch Erepsin 342[6]. — Vorkommen von Polypeptiden im Blut 345[13].
GODWIN, J. T., s. TRUNNELL, J. B. 681[7].
GOEBEL, H., s. SCHMIDT-THOMÉ, J. 338[9], 872[17].
GÖBELL, O., u. K. JANDA: Anstieg der Kreatinphosphorsäure nach Vitamin D 349[7].
— s. JANDA, K. 349[6].
GÖHR, W.: Amylasegehalt des Speichels bei der Ratte 23[8].
GOELLER, J. P., s. SHERRY, S. 1186[15].
GOEPFERT, G. J., and F. F. NORD: Oxydation von Glykol durch Fusarien 738[13].
GÖRGES, T., s. GOHR, H. 1018[1,3], 1025[5].
GOERNE, M. G. H., s. THOMAS, K. 947[6,7].
GOERNER, A., and M. M. GOERNER: Intracelluläre Verteilung von Gesamtlipiden 1077[22]. — Intracelluläre Verteilung von Vitamin A 1096[16].
GOERNER, M. M., s. GOERNER, A. 1077[22], 1096[16].
GÖSSNER, W.: Roter Farbstoff aus Indoxyl und EHRLICHs Reagens 351[7]. — Aldehydreaktion durch Indolderivate 355[10].
GOETHART, G.: Intracelluläre Verteilung von Cocarboxylase 1096[13].
GOETSCH, A. T., C. V. MOORE and V. MINNICH: Ausnutzung von parenteral zugeführtem Eisen zur Hämoglobinbildung 662[9].
GÖTTE, H.: Hochpolymere Phosphate 649[7].
GOETTSCH, E., and J. D. LYTTLE: Atypische Bluteiweißkörper 303[2].
— s. WEECH, A. A. 288[9].
GÖZSY, B., s. ANNAU, E. 694[4].
GOFF, J. M. DE: Kobalt- und Nickelausscheidung im Harn 686[17].
GOFFART, M.: Acetylcholingehalt in Hundeorganen 137[8]. — Acetylcholingehalt der Darmabschnitte 138[2, 12]. — Acetylcholingehalt im Darm 138[5,6], 139[2].
— et Z. M. BACQ: Acetylcholin in der Magenschleimhaut 40[3]. — Acetylcholinbestimmung 136[16]. — Acetylcholingehalt in Blut und Organen 137[7,9]. — Acetylcholingehalt der Darmabschnitte 138[1,3].

GOFFART, M., et R. GOUTIER: Methylxanthine als Kaliumsensibilisatoren 1251[13].
— s. BACQ, Z. M. 138[4,11], 139[1].
GOHR, H.: Leitfähigkeit von Magensaft 49[5]. Leitfähigkeit von Blutserum 268[10].
— K. H. FALKENBACH u. H. LANGENBERG: Elektrophorese und Salzfällung von Eiweißkörpern 299[7].
— u. A. FINCKE: Gallenfarbstoffreaktionen 1018[2].
— A. FINCKE u. A. MEERBECK: Hämoglobinabbauprodukte in Darm und Harn 1018[1].
— u. T. GÖRGES: Hämoglobinabbauprodukte in Darm und Harn 1018[1]. — Diagnostische Bedeutung der Gallenfarbstoffe 1018[3].
— T. GÖRGES u. H. FELDMANN: Diagnostische Bedeutung der Gallenfarbstoffe 1018[3].
— T. GÖRGES u. J. THIESEN: Chlororubin 1025[5].
— u. B. THIEKÖTTER: Lactoflavinbestimmung 363[1]. — Vitamin C-Gehalt des Blutes 364[8]. — Vitamin C-Bestimmung 365[16].
GOLANDAS, G.: Glykogengehalt des Blutes von Erwachsenen 321[4].
— s. STAUB, H. 321[7].
GOLDBERG, A., and E. HAAS: Zerlegung von Antiinvasin 384[1].
GOLDBERG, A. S., and A. R. BERNHEIM: Citronensäurebestimmung 1060[1].
GOLDBERG, D., s. ANOCHIN, P. 11[5].
GOLDBERG, H. J. V., J. E. GILDA and G. H. TISHKOFF: Aminosäuren und Peptide im Speichel 27[11].
GOLDBERG, L., E. KLEIN and G. KLEIN: Nucleinsäuregehalt von Zellkernen 1102[14].
GOLDBERG, M. W., s. RUZICKA, L. 415[7], 897[5].
GOLDBERGER, M. A., s. FRANK, R. T. 370[3].
GOLDECK, H., G. HERRNRING u. U. RICHTER: Schwankungen der Thrombocytenzahl 470[15].
GOLDEN, F., s. MEHL, J. W. 302[1].
GOLDEN, J. S., s. MEYER, J. 24[4].
GOLDEN, L. A., A. L. SIERACKI, M. B. HANDELS and J. H. PRATT: Amylase und Kohlenhydratstoffwechsel 165[2].
GOLDENBERG, M., u. J. C. ROTHBERGER: Acetylcholin als Vagusstoff des Herzens 141[7].
GOLDFARB, W., s. BUEDING, E. 423[11].
GOLDHAHN, R.: Letale Alkoholkonzentration im Blut 327[14].
GOLDHAMER, S. M., s. FARRAR, G. E. jr. 661[4].
GOLDIE, E. A. G., s. MYANT, N. B. 681[10].
GOLDINGER, J. M., M. A. LIPTON and E. S. G. BARRON: Cozymasegehalt der Erythrocyten 453[7].
— s. ABRAMS, R. 838[5], 1120[7,11], 1192[22], 1193[4], 1222[7].
GOLDMAN, A.: Bakteriengehalt im Dünndarminhalt 172[11].
GOLDMAN, D., s. GREEN, D. E. 1134[1].
GOLDMAN, D. S., I. L. CHAIKOFF, W. O. REINHARDT, C. ENTENMAN and W. G. DAUBEN: Phosphatidbildung in verschiedenen Organen 848[1].
— s. CHAIKOFF, I. L. 824[2].
— s. GREEN, D. E. 826[2].
GOLDMANN, E.: Neutralschwefel bei verschiedenen Tierarten 953[13].
— Cystein/Cystinabbau zu Sulfat 956[6].
— u. E. BAUMANN: Cystinausscheidung 954[5].
GOLDOBINA, A., s. PAVLOV, M. 1248[23].
GOLDSCHEIDER, A., u. R. F. MÜLLER: Harnsäureausscheidung nach Aufnahme von Nucleinen 1199[8].
GOLDSCHEIDER, I., s. MENDEL, B. 324[8].
GOLDSCHMIDT, S(am), and A. B. DAYTON: Keine Resorption von $MgSO_4$ im Dickdarm 215[5].
GOLDSCHMIDT, S(tefan), s. HELMREICH, E. 787[12].
GOLDSCHMIDT, V. M.: Röntgendiagramme von Knochen 707[7]. — Fluorapatit 707[7]. — Krystallorientierung im Zahnschmelz 708[23].
GOLDSMITH, G. A.: Milchsäurenüchternwerte im Blut 323[8]. — Verhältnis Milchsäure: Brenztraubensäure im Blut 326[11].
— s. SARETT, H. P. 993[8].
GOLDSMITH, Y., s. ARNESEN, K. 1147[5].
— s. DULANEY, A. D. 1147[4].
GOLDSTEIN, B. I., L. G. KONDRATJEWA and W. W. GERASSIMOWA: Vitamin C und Bildung von Desoxypentosenucleinsäure 1246[2].
GOLDSTEIN, F.: Rhodanbestimmung 415[13].
GOLDSTEIN, L., and C. V. HARDING: Permeabilität der Kernmembran von Oocyten 1118[4].
GOLDSTEIN, M., s. LEVINE, R. 782[1].
GOLDSTEIN, N. P., J. H. EPSTEIN and J. H. ROE: Lipasegehalt von menschlichem Blut 372[3].
— B. W. SMITH, J. H. EPSTEIN and J. H. ROE: Serumamylase nach oraler Glucosezufuhr 379[10].
GOLDSWORTHY, P. D., T. WINNICK and D. M. GREENBERG: Serinsynthese aus Glykokoll 940[4].
GOLDWASSER, E.: Aufnahme von ^{14}C-Adenin in die Nucleotidfraktion 1193[5].
GOLDZIEHER, J. W., and I. S. ROBERTS: β-Oestradiol im Hoden 904[5].
GOLLAN, F., s. GLICK, D. 384[4].
GOLLWITZER-MEIER, K.: Zusammenfassung über Säure-Basen-Gleichgewicht (1934) 528[3]. — Ausscheidung von Säuren durch die Niere 535[1]. — Pufferungsvermögen von Albuminen und Globulinen des Blutes 539[4].

GOLLWITZER-MEIER, K., u. A. BINGEL: Histamingehalt von Zugblasenflüssigkeit 577[10].
— u. E. C. MEYER: Pufferungsvermögen von Albuminen und Globulinen des Blutes 539[4].
— s. STRAUB, H. 531[1].
GOLTZ, H., s. CORI, C. F. 315[16].
OMOLIŃSKA, M.: Allantoinbildung im Pferdeblut 1210[21].
GOMORI, G.: Bedeutung der alkalischen Phosphatase für Verknöcherung 711[9].
GONGORA, J., s. KOCHAKIAN, C. D. 897[14].
GONNARD, P.: Methioningehalt des menschlichen Blutes 344[12]. — Freie Aminosäuren in Erythrocyten 445[4].
GONNERMANN, M.: Zusammensetzung der Asche von Darmkonkrementen 185[2]. — Kieselsäuregehalt von Erythrocyten 431[8]. Behebung der „Milchanämie" durch Fe und Cu 669[3]. — Aluminiumgehalt von Organen 685[14]. — Siliciumausscheidung durch den Dickdarm 690[21].
GONTZEA, I., s. NITZESCU, I.-I. 946[7].
GONZALES, W. T., s. MORRISON, L. M. 338[8].
GOOD, R. A., and D. GLICK: Antihyaluronidasen im Blut 384[5].
— T. A. GOOD, V. C. KELLEY and D. GLICK: Antihyaluronidase im Blut 384[12].
GOOD, T. A., s. GLICK, D. 384[10].
— s. GOOD, R. A. 384[12].
GOODELL, J. P. B., s. SHEPPARD, C. W. 687[10].
GOODFRIEND, J., E. CHAIN and H. W. FLOREY: intrinsicfactor-artiges Polypeptid aus Duodenalsaft 151[5].
GOODHART, R., s. BUEDING, E. 324[20], 450[14].
GOODHART, R. S., and T. NITZBERG: Vitamin B_1-Gehalt des Blutes 362[7].
— and H. M. SINCLAIR: Vitamin B_1-Gehalt des Blutes 362[8]. — Vorkommen von Aneurin im Blutplasma 451[20]. — Cocarboxylasegehalt von Blutzellen 451[20], 452[1].
— s. WORTIS, H. 361[15].
GOODLAND, R. L., s. SEALOCK, R. R. 984[7], 1153[4].
GOODMAN, D., s. CLARKE, B. G. 107[11], 244[6].
GOODMAN, M., s. BUCHANAN, J. G. 1063[2].
GOODPASTURE, E. W.: Leber und Knochenmark als Bildungsstätten der Plasmaeiweißkörper 287[8].
GOOR, H. VAN: Zusammenfassung über Kohlensäureanhydratase (1948/49) 520[4]. — Kohlensäureanhydratase im Speichel 25[25]. — Kohlensäureanhydratasegehalt von Fetalblut 522[3].
— and J. C. E. BRUENS: Kohlensäureanhydratase im Speichel 25[26].
GOOSSENS, N., s. DYCKERHOFF, H. 496[8].
GOPAL-AYENGAR, A. R., and E. V. COWDRY: Hemmung der Nucleinsäuresynthese durch Röntgenstrahlen 1197[5].
GORANSON, E. S., and S. D. ERULKAR: Kreatinphosphatbildung im alloxandiabetischen Muskel 789[13].
— s. LUNDBÆK, K. 743[12].
GORDON, A. H., J. GROSS, D. O'CONNOR and R. PITT-RIVERS: Thyroxin in Eiweißbindung im Blut 367[9].
GORDON, A. S., s. D'ANGELO, S. A. 367[12].
GORDON, C. M., and J. R. WARDLEY: Einfluß der einzelnen Plasmaeiweißkörper auf die Blutkörperchensenkung 264[9].
GORDON, E. S., s. AXELROD, A. E. 363[8].
GORDON, F. J., s. EIDELMAN, M. M. 365[8].
GORDON H., s. HERBERT, D. 747[3].
GORDON, H. H., s. GOVAN, C. D. jr. 984[10].
— s. LEVINE, S. Z. 981[5].
GORDON, M., s. SHIVE, W. 1221[4].
GORDONOFF, T., u. W. MINDER: Antirachitische Wirkung von Citronensäure 718[3].
GORE, M. B. R.: Intracelluläre Verteilung von Phosphatasen 1090[87].
GORECZKY, L., u. G. BERENCSI: Fibrinogenwerte bei hohem Blutdruck 296[7].
— u. J. KOÁVTS: Fibrinogenregulation durch die Lunge 289[6].
GORINSTEIN, M. L., s. LEWIN, A. E. 42[11].
GORMSEN, H., s. BJØRNEBOE, M. 288[4].
GORNALL, A. G., and A. HUNTER: Aktivierung der Harnstoffbildung durch Ornithin 970[5].
GORODISKI, H., s. PRINGSHEIM, H. 23[12].
GOROWITSCH, E. A.: Biologische Acetatoxydation 1033[2].
GORR, G.: Acetaldehydbildung aus Brenztraubensäure 1029[5].
— u. J. WAGNER: Acetaldehydbildung aus Brenztraubensäure 1029[5].
GORTER, A.: Aktivierung der Harnstoffbildung durch Ornithin 970[5].
GORTNER, R. A.: Zusammenfassung über Bedeutung des Wassers für Struktur und Eigenschaften des Protoplasmas (1932) 589[17]. — Zusammenfassung über Wasser und seine biochemischen Beziehungen (1934) 589[17].
— and H. B. LEWIS: Keine Selenspeicherung bei Ratten 695[10].
GORYACHENKOVA, E. V.: Bedeutung von Pyridoxalphosphat für Cystathioninbildung- und -spaltung 966[1].
— s. BRAUNSTEIN, A. E. 990[6], 992[10], 994[1].
GOSMANN, W.: Rest-N im Speichel 27[13].
— s. REIS, V. VAN DER 187[7].
GOSS, H., s. KLEIBER, M. 650[4].
GOTO, S., s. ICHIHARA, K. 988[5].
GOTS, J. S., and E. C. CHU: Methionin und Carboxamidumsatz 1221[9].
GOTSCHLICH, E.: Reaktion des Duodenalinhaltes 169[11].
GOTTBERG, K. v., s. SCHÖNHEIMER, R. 872[19].
GOTTHEIL, C., s. LÖWENBERG, W. 9[9].
GOTTLEBE, (P.) s. CHROMETZKA (F.) 1207[8].
GOTTLIEB, O., s. ANDREASEN, E. 456[6].

GOTTLIEB, R., s. BONDZYŃSKI, S. 1224[14,22].
— s. MEYER, H. H. 1250[6].
GOTTSCHALK, A.: Zusammensetzung des Parotisspeichels vom Pferd 15[15]. — Phenolase im Serum tumortragender Tiere 382[6].
— and H. B. LEWIS: Cystinurie 954[14].
— s. NEUBERG, C. 1029[5].
GOUDSMIT, A. jr.: Differenz im Kreatiningehalt von venösem und arteriellem Blut 349[2].
GOUDSMIT, J., s. WESTENBRINK, H. G. K. 754[7].
GOULD, G., D. J. CAMPBELL, C. B. TAYLOR, F. B. KELLY jr., I. WARNER and C. B. DAVIS jr.: Cholesterinsynthese in der Leber 875[3].
GOULD, R. G.: Cholesterinabbau 878[3].
— A. B. HASTINGS, C. B. ANFINSEN, I. N. ROSENBERG, A. K. SOLOMON and Y. J. TOPPER: Einbau von $^{14}CO_2$ in Glykogen 761[7].
— s. HASTINGS, A. B. 761[7].
GOUNELLE, H., J. GERBEAUX et Y. RAOUL: Tagesschwankungen im Vitamin A-Gehalt des Blutes 357[21].
— s. RAOUL, Y. 365[15].
GOUREWITSCH, D.: Coffeinaufnahme durch Gehirn 1223[15].
GOURLEY, D. R. H.: Adenosindiphosphorsäure in Erythrocyten 446[6]. — Organische P-Verbindungen in menschlichen Erythrocyten 447[1]. — Wirkung von Jodessigsäure auf P-Aufnahme durch Erythrocyten 447[3].
GOUSSAULT, S., s. GROSNIER, R. 639[19].
GOUTIER, R.: Methylxanthine als Kaliumsensibilisatoren 1251[11,12,14].
— s. GOFFART, M. 1251[13].
GOUZON, B., s. BIERRY, H. 322[7].
GOVAN, C. D., and D. C. DARROW: Wasserresorption aus Salzlösungen bei diarrhoischen Kindern 209[5].
GOVAN, C. D. jr., and H. H. GORDON: Bedeutung von Vitamin B_{12} für Tyrosinabbau 984[10].
GOVIER, W. M., s. VRIES, W. H. DE 1036[14].
GOWOROW, A. I., s. GAWRILOW, N. L. 917[1].
GOZMAN, R., and S. SOUBKOWA: Katalasegehalt des Blutes 382[15].
GRAAFF, W. C. DE, u. W. NOLEN: Dauer der Darmpassage beim Menschen 172[3]. — Wirkung von Dünndarmfermenten im Dickdarm 181[3].
GRAB, W.: Jodanreicherung in der Schilddrüse 681[17].
— s. BISCHOFF, C. 136[10,14] 137[3], 139[3], 351[25].
GRABFIELD, G. P., s. GRAY, M. G. 1249[23].
GRADWOHL, M.: Harnsäureausscheidung nach schwerer Muskelarbeit 1238[18].
GRADY, H. J., E. H. ELLIOTT, E. A. DOISY jr., B. C. BOCKLAGE and E. A. DOISY: Progesteronabbau 889[12]. — Harnausscheidung von Progesteronstoffwechselprodukten nach Gallengangsligatur 891[1]. Ausscheidung von Stereoidmetaboliten durch die Galle 892[3].
GRAEBE, C.: Ellagsäure in Darmkonkrementen 185[7].
GRAD, B., s. SAFFRAN, M. 885[18].
GRÄFF, S., u. A. E. RAPPOPORT: p_H-Werte bei der Gewebsautolyse 1163[2]. — Konzentration von Indikatoren im Zellsaft 1172[6].
GRAEVE, P. DE, s. FOSSE, R. 1210[12], 1216[15].
GRAF, G.: Lipoidgehalt von Liquor cerebrospinalis 573[1]. — Phosphorgehalt von menschlichem Liquor 576[8].
GRAFE, E.: Zusammenfassung über die Gicht (1949) 1252[9].
GRAFF, A. M., s. GRAFF, S. 1217[5].
GRAFF, M., s. SCHOENHEIMER, R. 875[20], 876[4].
GRAFF, S., M. ENGELMAN, H. B. GILLESPIE and A. M. GRAFF: Adenin in Polynucleotiden aus Carcinomgewebe 1217[5].
— D. RITTENBERG and G. L. FORSTER: D-Aminosäuren in Tumorgewebe 931[1].
— s. DANFORTH, D. N. 300[7], 418[12].
GRAFF, U.: Verseifbarer und unverseifbarer Anteil der Lipoide im Blut 331[1]. — Restunverseifbares des Blutes 339[1].
— s. JENKE, M. 339[8].
GRAFFI, A.: Intracelluläre Verteilung von antidiuretischem Hormon 1096[10].
— u. W. HEBEKERL: Verteilung von Stickstoff und Phosphor in der Zelle 1072[18]. — Intracelluläre Verteilung von Jod 1077[3]. — Intracelluläre Verteilung von Gesamtlipiden 1077[7].
— u. K. JUNKMANN: Vorkommen von Succinoxydase im Zellkern 1116[5].
GRAFFLIN, A. L., and D. E. GREEN: Endabbau der Propionsäure 808[5]. — Brenztraubensäureoxydation durch das Cyclophorasesystem 830[10], 1136[15]. — Fettsäureoxydation durch Mitochondrien 1136[15], 1140[10].
GRAHAM, J. B., J. A. BUCKWALTER, L. J. HARTLEY and K. M. BRINKHOUS: Erbliche Hämophilie bei Hunden 498[7].
— s. BRINKHOUS, K. M. 498[6].
GRAIS, M. L., and D. GLICK: Antihyaluronidase im Blut 384[6,7].
GRALÉN, N.: Aldolase und Myogen A 748[8].
GRALKA, R., s. ARON, H. 618[11], 635[1].
GRAM, C. N. J., O. J. NIELSEN u. E. RUD: Kohlenhydratgehalt von Liquor cerebrospinalis 570[12].
GRANADOS, H., s. GLAVIND, J. 26[13].
GRANAT, S., s. SOPER, W. B. 1198[15].
GRANATA, L.: 11-Oxylierung von Corticosteroiden durch Nebennierenschnitte 885[2].
GRANER, W., s. MASSHOFF, W. 558[2,3].
GRANGAUD, R., s. ETTORI, J. 710[8].
GRANGE, R. H., s. LUMIÈRE, A. 271[11].

GRANICK, S.: Zusammenfassung über Stoffwechsel der Erythrocyten (1949) 1012[3]. — Zusammenfassung über Funktion des Eisens (1951) 1009[3]. — Ferritin 214[7], 658[8]. — Zinkgehalt der Kohlensäureanhydratase 429[12]. — Reduktion von Methämoglobin durch Diphosphopyridinnucleotid 435[5]. — Adenosintriphosphorsäure und Aufbau von Diphosphopyridinnucleotid 453[8]. — Protoporphyrin IX aus Chlorella-Mutanten 1022[4,5]. — Magnesium-vinylphäoporphyrin a_5 aus Chlorella-Mutanten 1022[6].
— and L. BOGORAD: Gegenstromverteilung der Porphyrine 1021[4].
— L. BOGORAD and H. JAFFE: Hämato- und Protoporphyrin als Chlorophyllvorstufen 1022[9].
— and P. F. HAHN: Ferritin 398[20].
— and L. MICHAELIS: Ferritin und Apoferritin 659[1]. — Ferritinbildung bei Hämochromatose 665[5].
— s. BOGORAD, L. 1022[7].
— s. HAHN, P. F. 660[3], 1010[1].
GRANT, G. A., s. HARDING, V. J. 318[12].
— s. SKELTON, F. R. 220[12].
GRANT, H., s. HELLEBRANDT, F. A. 41[3].
GRANT, J. H. B., and F. L. GATES: Ca- und P-Gehalt im Kaninchenblut 413[6].
GRANT, J. K.: Bildung von Pregnan-3α, 20α-diol aus Desoxyeorticosteron 889[10].
— and G. F. MARRIAN: Pregnandiolabbau 889[11].
GRANT, R.: Ca-Gehalt des Magensaftes 52[8], 66[5].
GRANT, R. L., s. FREYBERG, R. H. 621[1], 631[4].
GRANT, R. T., s. LEWIS, T. 577[7].
GRASHEY, R.: Zusammenfassung über Röntgenuntersuchung der Knochen und Gelenke (1936) 700[20].
GRASS, H., s. GUTHMANN, H. 405[18], 693[11].
GRASSMANN, W.: Zusammenfassung über Proteasen (1932) 119[6]. — Prolinase aus Darmschleimhaut 123[3]. — Papierelektrophorese von Plasmaeiweiß 290[6].
— H. DYCKERHOFF u. O. v. SCHOENEBECK: Prolinase im Darm 120[8], 123[3]. — Prolinase aus Pankreas 160[10]. — Cystin als Aktivator von ungereinigtem Trypsin 654[12].
— K. HANNIG u. M. KNEDEL: Papierelektrophorese von Plasmaeiweiß 294[8].
— u. W. HEYDE: Serumpolypeptidase bei Krankheiten 381[3].
— u. L. KLENK: Dipeptidasen des Darmes 122[11].
— u. F. SCHNEIDER: Zusammenfassung über Proteasen (1936) 160[19]. — Fermentgehalt tierischer Leukocyten 462[11]. — Proteinasen- und Peptidasengehalt von Pferdeleukocyten 463[11].
— O. v. SCHOENEBECK u. G. AUERBACH: Prolinase und Dipeptidase 123[4].
GRASSMANN, W., s. MERTEN, R. 81[4].
GRATAMA, K., s. WESTENBRINK, H. G. K. 218[22].
GRATIA, A., and P. A. LEVENE: Kephalin, Träger der Thrombokinasewirkung 483[12].
GRAUER, H., s. EDLBACHER, S. 930[7], 949[12].
— s. HEGGLIN, R. 787[10].
GRAUL, E. H., u. K. PATZSCHKE: Wirkung von Cytosin auf Paratyphus B-Agglutinationstiter 1251[20].
— u. L. RAUSCH: Kaliumbestimmung im Blut 395[8].
GRAVES, R. C., s. LOONEY, J. M. 954[6,16], 955[7].
GRAY, C. H.: Buch über Gallenfarbstoffe (1953) Engl. 1016[1]. — Porphobilinogen 1005[2].
— and A. NEUBERGER: Mechanismus der Koproporphyrin I-Bildung 1007[5]. — Synthese von Porphyrinen der Reihe I 1020[2].
— A. NEUBERGER and P. H. A. SNEATH: Isotopenversuche über Hämoglobinabbau 1019[4]. — Synthese von Porphyrinen der Reihe I 1020[2].
— s. BROCKMAN, P. E. 1005[2].
— s. COURCY, C. DE 886[30].
— s. CREASEY, N. H. 745[6].
— s. NEUBERGER, A. 1007[1], 1020[2].
— s. WHIDBORNE, J. 355[5].
GRAY, I., P. ADAMS and H. HAUPTMANN: Abbau von iso-Buttersäure 816[2].
— s. HARTEN, M. 224[8].
GRAY, F. V.: Unangreifbarkeit von Pektin in Pansen und Haube 100[12].
— and A. F. PILGRIM: Heuabbau mit Mikroorganismen in vitro 100[11].
GRAY, J. S., and G. R. BUCHER: Hundemagensaft, Zusammensetzung und Sekretionsgeschwindigkeit 51[6].
— s. BULL, H. B. 522[5].
— s. IVY, A. C. 6[6], 142[18].
— s. LOEW, E. R. 142[18].
GRAY, L. F., and G. H. ELLIS: Wirkung von Molybdän und Zink auf Wachstum 678[1]. — Beeinflussung der Molybdänwirkung durch Kupfer und Zink 686[10].
GRAY, M. G., and G. P. GRABFIELD: Steigerung der Harnsäure- und Allantoinausscheidung durch Salicylsäure 1249[23].
GRAYZEL, D. M., and E. G. MILLER jr.: p_H-Werte im Magen-Darmkanal beim Hund 149[5], 180[3].
— s. LOEWE, L. 489[14].
GREAVES, J. D., I. K. FREIBERG and H. E. JOHNS: Hypophysenvorderlappenextrakt 780[11].
— and C. L. A. SCHMIDT: Wirkung von Gallensäuren auf Resorption von Carotinoiden 249[6].
GRECO, A. E., s. MAVER, M. E. 1090[45,128], 1125[9], 1187[3].
GRECO, F. DEL, G. M. C. MASSON and A. C. CORCORAN: 17-Ketosteroidausscheidung beim Menschen 902[14].

GRECO, S.: Pufferwirkung des Speichels 19[11].
GREELEY, P. O.: Inaktivierung von Insulin im Kreislauf 771[2].
— s. DEUEL, H. J. jr. 827[10].
GREEN, A. A., and G. T. CORI: Krystallisierte Phosphorylase 743[10].
— G. T. CORI and C. F. CORI: Krystallisierte Phosphorylase 743[10].
— s. CHU, T. C. 1006[5], 1021[2].
— s. CORI, C. F. 745[4].
— s. CORI, G. T. 743[10].
— s. MARGARIA, R. 524[3].
— s. SAVARD, K. 885[3].
— s. TAYLOR, J. F. 747[5], 748[6].
GREEN, C., s. CHARGAFF, E. 1107[3,4,8,9].
GREEN, D. E. Zusammenfassung über Brenztraubensäureoxydation (1951) 830[9]. — Zusammenfassung über Cyclophorasesystem (1951) 1132[2]. — Zusammenfassung über die chemischen Leistungen der morphologischen Zellelemente (1952) 1064[10]. — Methodik der Messung des Redoxpotentials 276[3]. — Essigsäureaktivierendes Enzym 1041[3]. — Decarboxylierung von α-Ketoglutarsäure 1052[7]. — Fettsäureoxydation durch Mitochondrien 1136[5]. — Dehydrierung des Hypoxanthins 1203[4].
— W. A. ATCHLEY, J. NORDMANN and J. L. TEPLY: Gel-P. 1137[24].
— and H. BEINERT: Decarboxylierung von α-Ketoglutarsäure 1052[6].
— H. BEINERT, M. FULD, D. GOLDMAN, M. H. PAUL and N. K. SARKAR: „Künstliches“ Cyclophorasesystem 1134[1].
— and J. G. DEWAN: Funktion von Codehydrogenase II 1236[3].
— J. G. DEWAN and L. F. LELOIR: Funktion von Codehydrogenase II 1236[1].
— D. S. GOLDMAN, S. MII and H. BEINERT: Mechanismus der Acetessigsäurebildung 826[2].
— D. HERBERT and V. SUBRAHMANYAN: Cocarboxylase- und Magnesiumgehalt von Carboxylase 754[9].
— L. F. LELOIR and V. NOCITO: Transaminasen 938[2]. — Vitamin B_6 als Coenzym von Transaminasen 938[4].
— W. F. LOOMIS and V. H. AUERBACH: Brenztraubensäureoxydation über den Citronensäurecyclus 830[9]. — Brenztraubensäureoxydation in Mitochondrien 1136[14].
— and S. MII: Äthylenreduktase 1048[4].
— D. H. MOORE, V. NOCITO and S. RATNER: L-Methioninabbau durch L-Aminosäureoxydase 966[11].
— D. M. NEEDHAM and J. G. DEWAN: Funktion von Codehydrogenase II 1236[2].
— V. NOCITO and S. RATNER: Fermentprotein der L-Aminosäureoxydation 930[8]. — L-Aminosäureoxydasen 949[12].
GREEN, D. E., and P. K. STUMPF: Kartoffelphosphorylase 744[2].
— s. BLANCHARD, M. 966[11].
— s. CROSS, R. J. 789[4], 831[1], 1035[3], 1137[6], 1140[1].
— s. GRAFFLIN, A. L. 808[5], 830[10], 1136[15], 1140[10].
— s. HERBERT, D. 747[3].
— s. HUENNEKENS, F. M. 1132[4,6].
— s. LELOIR, L. F. 938[4].
— s. RATNER, S. 939[4], 1028[4], 1184[21].
— s. SARKAR, N. (K.) 921[9], 1136[2], 1148[2].
— s. STILL, J. L. 1136[7,8], 1148[4].
— s. STRAUB, F. B. 1184[14].
GREEN, D. F., s. MORRIS, M. L. 432[4], 458[3].
GREEN, D. M., s. PICHA, G. M. 891[15].
GREEN, H., s. MEYERHOF, O. 785[3].
GREEN, H. H.: Zusammenfassung über die Bedeutung der Spurenelemente in der tierärztlichen Wissenschaft (1938) 655[6]. — P-Bestimmung 413[12].
GREEN, J. R.: Beschleunigung der Blutgerinnung durch Gipslösung 484[17].
GREENBERG, D. M.: Zusammenfassung über Mineralstoffwechsel (1939) 395[12]. — Zusammenfassung über Calcium-, Magnesium- und Phosphorstoffwechsel (1939) 634[20]. — Symposium über Erforschung des Mineralstoffwechsel mit radioaktiven Isotopen (1948) 609[24]. — Beförderung des Strontiumansatzes durch Vitamine A und D 684[20]. — Verwertung von radioaktivem Calcium und Strontium unter der Wirkung von Vitamin D 714[11].
— R. B. AIRD, M. D. D. BOELTER, W. W. CAMPBELL, W. E. COHN and M. M. MURAYAMA: Natriumaustausch im Liquor cerebrospinalis 620[8].
— and W. CAMPBELL: Mangangehalt der Organe 671[1].
— W. W. CAMPBELL and M. MURAYAMA: Umsatzgeschwindigkeit von Natrium im Körper 620[6]. — Kaliumresorption bei Ratten 624[8].
— D. H. COPP and E. M. CUTHBERTSON: Manganspeicherung und -ausscheidung durch die Leber 671[5]. — Kobaltspeicherung 673[7].
— and E. M. CUTHBERTSON: Cl^+ und HCO_3^+ im Blut bei chlorarmer Kost 632[2].
— and L. D. GREENBERG: Ca-Bindung im Blut an „citratähnlichen“ Körper 644[12].
— M. JOSEPH, W. E. COHN and E. V. TUFTS: Kaliumresorption bei Ratten 624[9].
— S. P. LUCIA, M. A. MACKEY and E. V. TUFTS: Mg-Gehalt von Erythrocyten 428[10].
— L. A. MILLER and R. A. SILLS: Intracelluläre Verteilung freier Aminosäuren in der Rattenleber 1072[1].
— and W. D. MILLER: Folgen von Ca-Mangel bei Tieren 642[5].

Greenberg, D. M., and T. Winnick: Einbau von Aminosäuren in verschiedenen Geweben 923[8].
— s. Austoni, M. E. 661[5].
— s. Campbell, W. W. 640[10].
— s. Cohn, W. E. 212[9], 646[11,14], 714[3], 865[12].
— s. Copp, D. H. 663[6], 673[6], 684[20].
— s. Cuthbertson, E. M. 632[3].
— s. Friedberg, F. 445[9], 923[8].
— s. Glazko, A. J. 624[15].
— s. Goldsworthy, P. D. 940[4].
— s. Joseph, M. 624[10].
— s. Kit, S. 1145[6].
— s. Kleiber, M. 642[4], 713[14].
— s. La Dubert, N. jr. 984[2].
— s. Mitoma, C. 941[4], 1136[17].
— s. Mohamed, M. S. 672[6].
— s. Peterson, E. A. 1145[5].
— s. Sanadi, D. R. 923[8], 983[12], 992[15], 1044[7].
— s. Schmidt, C. L. A. 396[4].
— s. Siekevitz, P. 840[1], 940[6], 941[10].
— s. Tufts, E. V. 636[3,17].
— s. Winnick, T. 851[10], 853[10], 923[8], 924[8], 925[7,8], 940[3], 1098[6].
Greenberg, G. R.: Hypoxanthinbildung aus ^{14}C-Formiat 1205[6], 1220[6]. — Synthese von Pentose- und Phosphatderivaten des Carboxamids durch E. coli 1221[6]. — Bedeutung von Citrovorum factor für Purinsynthese 1245[17]. — Bedeutung von Biotin für Hypoxanthinsynthese 1246[13].
— and M. M. Wintrobe: Eisenvorrat 660[6], 1010[4].
Greenberg, L. D.: D. F. Bohr, H. McGrath and J. F. Rinehart: Ausscheidung von Kynurenin und Xanthurensäure bei B_6-Mangelratten 993[6].
— and J. F. Rinehart: Eiweißbindung von Vitamin B_6 364[3]. — Biotin- und Pyridoxingehalt von Blut 454[5].
— s. Greenberg, D. M. 644[12].
Greenberg, S. M., C. E. Calbert and H. J. Deuel jr.: Linolsäurebedarf von Ratten 820[7].
— s. Deuel, H. J. jr. 820[8].
Greenblatt, J., s. Virtue, R. W. 233[13].
Greene, C. H., J. L. Bollman, N. M. Keith and E. G. Wakefield: Mineralgehalt von serösen Ergüssen und Blut 560[17].
— and L. G. Rowntree: Blutverdünnung nach Flüssigkeitszufuhr 598[6].
Greengard, H.: Zusammenfassung über den Verdauungskanal (1947) 6[6]. — Zusammenfassung über Hormone des Darmkanals (1948) 130[8].
— A. J. Atkinson, M. I. Grossman and A. C. Ivy: Enterogastron 142[2].
— and A. C. Ivy: Secretineinheiten im krystallisierten Pikrolonat 132[11].
— I. F. Stein jr. and A. C. Ivy: Schwellenwert der Secretinwirkung 134[8].
— and J. R. Woolley: Oxydation von freiem Schwefel im Organismus 960[2].
Greenman, L., J. H. Peters, F. M. Mateer, F. A. Weigand, D. Wilkins, R. Tarail, G. Rhodes and T. S. Danowski: Kationenaustauscher zur Vermeidung von Na-Retention 622[4].
— s. Danowski, T. S. 622[11].
Greenspan, F. S., C. H. Li and H. M. Evans: ACTH im Blut der Ratte 368[4].
Greenstein, J. P., and F. M. Leuthardt: Fermentative Oxydation von Cystin 958[8]. Cystindesulfhydrase in Rattenleber 959[6].
— and A. Meister: Zusammenfassung über Tumorenzymologie (1952) 1093[1].
— s. Errera, M. 1090[52], 1153[16].
— s. Fodor, P. J. 1090[54], 1153[17].
— s. Leuthardt, F. M. 959[7].
— s. Neurath, H. 477[7].
— s. Price, V. E. 1090[53].
— s. Robinson, D. S. 1090[120].
Greenwald, D. J.: Hydroxylapatit 396[8].
Greenwald, I.: Phosphoglycerinsäure in Erythrocyten 319[21]. — Nichtionisierter Anteil des Blutcalciums 395[18]. — Einteilung der säurelöslichen organischen Phosphorverbindungen 411[16]. — Säurelöslicher Phosphor des Blutes 412[1]. — Entfernung der Nebenschilddrüse und P-Ausscheidung 651[7]. — Glycerinsäure-1,3-diphosphorsäure 750[2]. — Vorkommen von Argininphosphorsäure 946[10].
— and J. Gross: Entfernung der Nebenschilddrüse und P-Ausscheidung 651[7].
Greenwood, D. A.: Zusammenfassung über Fluoridvergiftung (1940) 407[5].
Greep, R. O., C. J. Fischer and A. Morse: Alkalische Knochenphosphatase in Verknöcherungszonen 711[3].
— s. Deane, H. W. 620[15].
— s. Perlmutter, M. 777[5], 781[5].
Gregersen, J. P.: Antiseptische Wirkungen des Magensaftes und Salzsäurekonzentration 67[10].
Gregersen, M. I., s. Noble, R. P. 258[10].
Gregg, J. R., s. Parpart, A. K. 422[2], 468[10].
Grégoire, J(ana), s. Grégoire, J(ean) 1109[1].
Grégoire, J(ean), J(ana) Grégoire et J. Reynaud: Histonfraktionen aus Zellkernen 1109[1].
— s. Khouvine, Y. 1107[11], 1112[13], 1186[12], 1247[14].
Gregor, H. P., s. Visscher, M. B. 210[2].
Gregory, F. G.: Zusammenfassung über Mineralernährung von Pflanzen (1937) 609[18].
Gregory, J. D., s. Vries, W. H. de 1036[14].
Gregory, R. A., and A. C. Ivy: Sekretionsförderung des Magens 42[33].
Gréhant, N., et E. Quinquaud: Blutmengenbestimmung mit Kohlenoxyd 259[2].
Greif, R. L.: Bestimmung von Hyaluronidase 380[8].

GREIG, M. E., and W. C. HOLLAND: Acetylcholin-Cholinesterase-System und Permeabilitätsänderungen der Erythrocyten 423[7].
— s. ELLIOTT, K. A. C. 1033[2].
GREMELS, H., and R. BODO: Harnsäureabbau nach Leberausschaltung 1210[19].
GREVEN, K., s. WEZLER, K. 528[1,2].
GREVENSTUK, T. A.: Zusammenfassung über freien und gebundenen Zucker (1929) 313[5].
GREVILLE, G. D., s. LEHNINGER, A. L. 1041[6], 1090[102], 1141[1].
GRIESBACH, W.: Zusammenfassung über Gesamtblutmenge (1928) 258[3]. — Acetessigsäureabbau in Niere und Muskel 827[7].
— s. BORNSTEIN, A. 1198[22], 1211[12].
GRIESE, A., s. WARBURG, O. 949[15], 1061[6], 1235[17], 1236[13].
GRIFFIN, A. C., L. CUNNINGHAM, E. L. BRANDT and D. W. KUTKE: Umsatz von Desoxyribonucleinsäure bei Zufuhr von Buttergelb 1247[18].
— s. CUNNINGHAM, L. 1102[9].
GRIFFITH, J. Q. jr., and R. CAMPBELL: Blutmengen bei Ratten 259[9].
GRIFFITH, W. H., and H. B. LEWIS: Glykokollsynthese aus anderen Aminosäuren 939[9].
— and D. J. MULFORD: Bildung von Glycin aus Betain 943[6]. — Cholin und Betain als Methyldonatoren 961[4].
GRIFFITH, W. O., s. SACHS, A. 399[10], 402[4].
GRIFFITHS, M.: Alloxanhemmung der Hexokinase 741[14]. — Diabetes mellitus durch Harnsäure beim australischen Wildkaninchen 1232[15].
— s. MARGULES, L. 1210[11].
GRIFFITHS, W. J., s. MCLEAN, H. 62[8], 63[2].
GRIGAUT, A., s. COSTE, F. 334[10], 347[8].
— s. GLÉNARD, R. 185[6].
GRIJNS, G.: Kaliumbedarf der Ratte 625[3].
GRIMMER, W.: Mitwirkung der Nahrungsproteasen bei Verdauung im Pferdemagen 987[7,9]. — Eiweißresorption im Pferdemagen 914[6]. — Keine Eiweißresorption im Hundemagen 914[7].
— s. SCHEUNERT, A. 187[6], 914[6].
GRINDLAY, J. H., s. BOLLMAN, J. L. 240[16], 550[5], 798[13], 799[2], 843[14].
— s. CAIN, J. C. 548[14], 549[6].
— s. FLOCK, E. V. 843[15].
— s. NIX, J. T. 553[5].
GRINSTEIN, M., R. A. ALDRICH, V. HAWKINSON, P. LOWRY and C. J. WATSON: Koproporphyrin III bei kongenitaler Porphyrie 1007[2]. — Synthese von Porphyrinen der Reihe I 1020[3].
— M. D. KAMEN and C. V. MOORE: Kein Einbau von Glycin-Carboxyl-C in Häm 944[1], 998[6]. — Einbau von ^{15}N-markiertem Glycin in Häm 998[2].
— and C. J. WATSON: Protoporphyringehalt von Erythrocyten 1008[2].
GRINSTEIN, M., H. M. WIKOFF, R. P. DE MELLO and C. J. WATSON: Protoporphyringehalt von Erythrocyten bei Intoxikationen 1008[3]. — Vorkommen von Koproporphyrin III in Erythrocyten 1009[2].
— and M. M. WINTROBE: Protoporphyringehalt von Erythrocyten 356[14].
— s. WATSON, C. J. 1008[4].
GRISOLIA, S., and P. P. COHEN: Carbamylglutaminsäure als Katalysator der Citrullinsynthese 971[11].
— S. B. KORITZ and P. P. COHEN: Citrullinsynthese in Mitochondrien 1136[19].
— and B. VENNESLAND: Gleichgewicht Oxalbernsteinsäure ⇌ α-Ketoglutarsäure 1052[3]. — Isotopenaustausch zwischen Isocitrat und Ketoglutarat 1055[1].
— s. COHEN, P. P. 971[10].
GRISONI, R., e C. L. CAZZULO: Pathologische Veränderungen des Vitamin C-Gehaltes im Liquor cerebrospinalis 574[1].
GROÀK, B.: Mucintherapie des Duodenalulcus 72[16].
GROEBBELS, F.: Zusammenfassung über funktionelle Anatomie und Histophysiologie der Verdauungsdrüsen (1927, 1932) 8[2].
GROEN, J.: Resorption verschiedener Zucker 217[12]. — Röntgenologische Verfolgung der Fettresorption 231[2].
— W. A. VAN DEN BROEK and H. VELDMAN: Fe-Resorption 214[4].
— C. E. KAMMINGA, A. F. WILLEBRANDS and J. R. BLICKMAN: Insulinbestimmung im Blut 367[4].
— s. GARRER, A. H. 195[4], 222[13].
— s. HERBERT, F. K. 317[4,9].
— s. WILLEBRANDS, A. F. 626[12].
GRÖNWALL, A., s. ANNERSTEN, S. 369[14].
GRÓF, P., s. JENDRASSIK, L. 355[3].
GRÓH, J., u. E. FALTIN: Serumalbumine und -globuline 299[5]. — Darstellung von Serumglobulin 309[2].
GROLL, J.T.: Unterstützung der Trypsinwirkung durch Galle 167[11].
GROLLMANN, A.: Buch über Schlagvolumen und Zeitvolumen des gesunden und kranken Menschen (1935) 528[1]. — Herzminutenvolumen nach Flüssigkeitszufuhr 598[4]. — Nebennierenrindenhormon und Blutzuckergehalt 773[2].
GRONCHI, V.: Phospholipase aus Pankreas 851[6].
GROOT, A. P. DE, s. BROEK, C. J. H. VAN DER 50[5].
GROSCURTH, G., u. R. HAVEMANN: Bedeutung von Carbamaten für Bestimmung der gebundenen Kohlensäure 1165[3].
GROSS, E. G., and H. STEENBOCK: Kreatinvermehrung im Muskel nach Argininzufuhr 946[12]. — Kreatinsynthese 947[19].
— s. UNDERHILL, F. P. 405[11].

GROSS, J., C. P. LEBLOND, A. E. FRANKLIN and J. H. QUASTEL: Thyroxingehalt von Venenblut 367[7]. — Arten des Vorkommens von Jod im Blut 682[14].
— and R. PITT-RIVERS: 3,5,3'L-Trijodothyronin im menschlichen Plasma 367[10].
— s. BENJAMIN, H. R. 397[15].
— s. GORDON, A. H. 367[9].
— s. GREENWALD, I. 651[7].
GROSS, J. B., M. W. COMFORT, D. R. MATHIESON and M. H. POWER: Blutdiastase 379[8].
GROSS, M., OFELE u. M. ROSENBERG: Zusammensetzung des Duodenalinhaltes vom Menschen 170[7].
GROSS, O.: Pepsinbestimmung mit Casein 75[11]. — Tyrosinase und Melaninbildung 986[1].
— u. E. ALLARD: Ochronose 981[9].
— s. ALLARD, E. 981[9].
GROSS, P. M. jr., s. ONCLEY, J. L. 301[5], 306[2].
GROSS, R., s. BOCK, H.-E. 457[5].
— s. THEDERING, F. jr. 400[1].
GROSS, W., s. NEUBAUER, O. 983[1].
GROSSE-BROCKHOFF, F.: Buch über pathologische Physiologie (1950) 665[6].
GROSSER, P.: 2. Phase der Magensaftsekretion im Labmagen der Ziege 46[10]. — Bildung des kleinen Magens bei der Ziege 47[11].
GROSSMAN, M. I.: Zusammenfassung über Verdauung (1950) 6[6]. — Zusammenfassung über Hormone des Magen-Darmkanals (1950) 43[2].
— H. D. JANOWITZ, H. RALSTON and K. S. KIM: Wirkung des Secretins 134[5].
— C. R. ROBERTSON and A. C. IVY: Humorale Übertragung des Ausdehnungsreizes für Magensaftsekretion 44[11].
— s. BLICKENSTAFF, D. 146[9].
— s. GREENGARD, H. 142[2].
— s. HALE, E. 53[2].
— s. NEWMAN, E. A. 1240[2].
— s. ROBACK, R. 44[12].
— s. WANG, C. C. 133[10].
GROSSOWICZ, N., E. WAINFAN, E. BOREK and H. WAELSCH: Austausch der Amidgruppe von Glutamin und Asparagin 920[6].
— s. SCHOU, M. 921[1,2].
— s. WAELSCH, H. 920[6].
GROTEPASS, W., s. HIJMANS VAN DEN BERGH, A. A. 436[9].
GROTH, H., s. SKURNIK, L. 365[11].
GROUPE, V., s. HENLE, W. 1147[3].
GROWE, M. O. L., and A. WALKER: Porphyrintrennung 1021[1].
GRUBB, R., and W. T. J. MORGAN: LEWIS-Faktor 389[6].
GRUBER, M.: Stickstoffretention 927[4].
— s. FREY, M. v. 323[5].
GRUBIN, A. F., s. RAGAN, C. 580[11].
GRUEHL, H. L., s. RATNER, B. 225[10].
GRÜN, A., u. R. LIMPÄCHER: Synthetisches Distearylkephalin hat keine Thrombokinasewirkung 483[13].
GRÜNBAUM, A., s. SNAPPER, I. 537[9], 807[1], 827[6].
GRÜNBAUM, D., s. GÜRBER, A. 582[8].
GRÜNBERG, H., s. FEULGEN, R. 846[5], 866[3].
GRÜNER, G., s. BÖHM, F. 350[23].
GRÜNFELD, K.: Antianämische Wirkung von Cu 669[5].
GRÜNHAGEN, H.-G., s. EHRENBERG, R. 213[8].
GRÜNING, W.: Hemmung der sauren Phosphatase durch Fluorid 377[17].
GRÜNINGER, U.: Bromgehalt des Blutes beim Kind 409[15].
GRÜTER, M., s. SCHLOSSMANN, H. 455[13].
GRÜTZNER, P.: Schichtung der Speise im Magen 32[1]. — Pepsinnachweis 74[4].
GRÜTZNER, R., s. BLUM, F. 411[1].
GRUMBACH, A.: Zusammenfassung über Rhesustypen und ihre Diagnose (1947) 387[10].
GRUND, G.: Eiweißspeicherung 927[5].
GRUNDFEST, H., s. COUTEAUX, R. 375[4].
GRUNDNER-CULEMANN, A.: Herzmuskelveränderungen bei Kaliummangel 625[8].
GRUNDY, H. M., S. A. SIMPSON and J. F. TAIT: Noch nicht identifiziertes Nebennierenrindensteroid 881[13].
— S. A. SIMPSON, J. F. TAIT and M. WOODFORD: Noch nicht identifiziertes Nebennierenrindensteroid 881[13].
GRUNDY, W. E., s. DENKO, C. W. 363[5], 366[6].
GRUZEWSKA, Z., s. CARNOT, P. 1180[5].
GRYNBERG, M. Z.: Harnsäureabbau durch Uricase 1209[8].
GRYNS, G.: Permeabilität von Erythrocyten für organische Substanzen 422[8].
GRYSZKIEWICZ-TROCHIMOWSKI, E., A. SPORZYŇSKI et J. WNUK: Hemmung von Atmung und Acetatabbau durch Fluoressigsäure 1059[3].
GRZYCKI, S., s. MORACZEWSKI, W. v. 346[11], 1240[3,18], 1241[4], 1242[4,21].
GSCHAEDLER, L., u. G. VIOLLIER: Bedeutung der essentiellen Fettsäuren für die Fettresorption 801[10]. — Wirkungsmechanismus der essentiellen Fettsäuren 821[1].
GSCHEIDLEN, R.: Rhodanidausscheidung 954[3].
GSTIRNER, F.: Buch über chemisch-physikalische Vitaminbestimmungsmethoden; 4. Aufl. (1951) 357[8].
GUALA, P., s. CERESA, F. 448[4].
GUARINO, A. J., s. SABLE, H. Z. 741[9].
GUARNASCHELLI-RAGGIO, A.: Gefrierpunktserniedrigung des Inhaltes von nüchternem Magen 89[3].
GUBERNIEV, M. A., u. L. I. IL'INA: Pilocarpinwirkung auf ^{32}P-Einbau in Pentosenucleinsäure 1231[10].
GUBLER et QUÉVENNE: Zusammensetzung der Oberschenkellymphe 552[3].

GUBLER, C. J., G. E. CARTWRIGHT and M. M. WINTROBE: Pyridoxinmangel und Fe-Gehalt des Körpers 214[13]. — Infektanämie 664[2].
— s. HAMILTON, L. D. 659[12].
— s. KUHNS, W. J. 664[2].
GUCWA, W., s. MORACZEWSKI, W. 1242[21].
GUDIKSEN, E.: Zusammensetzung des Magensaftes 51[1].
GUDZENT, F.: Buch über Gicht und Rheumatismus (1928) 1252[7]. — Ursache der Gicht 1254[1]. — Löslichkeit der tautomeren Harnsäureformen 1255[5].
—, WILLE u. (E.) KEESER: Ursache der Gicht 1254[2].
GÜLLEKES, M.: Blutkörperchensenkung in künstlichen Solen 265[5].
— s. SCHWALM, H. 265[6].
GÜLZOW, M.: Beziehungen von Amylase zum Kohlenhydratstoffwechsel 165[2]. — Blutdiastase bei Leberparenchymschäden 379[6].
GÜNTHER, F., s. MEYER-BISCH, R. 546[7].
GÜNTHER, G., s. ADLER, E. 1051[9].
— s. EULER, H. v. 753[5], 935[6], 949[15], 950[1], 1184[20], 1236[10].
GÜNTHER, L., s. WAGNER, K.-H. 249[9].
— s. WALTHER, G. 408[2].
GÜNTHER, W.: Nicotinsäureamidgehalt im Liquor cerebrospinalis 574[15].
GÜNZBURG, A.: Phloroglucin-Vanillinprobe 53[9].
GÜRBER, A.: Erste Darstellung von krystallisiertem Serumalbumin 311[5].
— u. D. GRÜNBAUM: Fructosegehalt der Amnionflüssigkeit 582[8].
GUERCHOWITCH, A. E., s. SINELNIKOV, E. I. 107[9].
GUERCIO, F.: Vorkommen von gonadotropen Hormonen im Speichel 26[8].
— e D. CAZZOLA: Antigonadotropes Hormon im Serum 368[8].
GÜRSCHING, J., u. H. KRAUT: Parallelismus von Kieselsäure- und Calciumstoffwechsel 692[3].
— s. HOLTZ, F. 692[3].
GUEST, G. M., and S. RAPOPORT: Zusammenfassung über organische säurelösliche Phosphorverbindungen im Blut (1941) 412[2]. — P-Fraktionen im Tierblut 413[13]. Na- und K-Gehalt von Erythrocyten bei Acidose 428[4]. — Ca-Gehalt der Erythrocyten 428[4]. — Gehalt der Erythrocyten an anorganischem P 431[5]. — Anorganischer P im Blut bei Acidose 431[6]. — P-Verteilung zwischen Erythrocyten und Serum 445[11]. — Säurelöslicher P in menschlichen Erythrocyten 446[2]. — Spaltung organischer P-Verbindungen der Erythrocyten bei Acidose 447[5].
— s. RAPOPORT, S. 263[7], 271[7], 378[1], 427[12], 431[2], 446[3—5], 788[5].
GUEST, M. M., B. M. DALY, A. G. WARE and W. H. SEEGERS: Fibrinolyse 489[8]. — Antifibrinolysine im Blut 490[1].
— s. WARE, A. G. 476[9], 479[1], 481[4].
GUIDETTI, E.: Fetalblut enthält keine Carotinoide 356[18].
GUIDI, G.: Hemmung der Blutgerinnung durch Neodymchlorid 496[3].
GUILBERT, H. R., s. KLEIBER, M. 650[4].
GUILLAUMIN, C.-O.: Schwefelfraktionen im Blut 414[6]. — Oxalsäuregehalt im Liquor cerebrospinalis 571[1].
— et B. MEREJKOWSKY: Keine Bromeiweißverbindung im Blut 409[13].
— s. CHABANIER, H. 407[20].
— s. WEIL, M.-P. 1211[15].
GUILLEMET, R., et A. SIGOT: Kupfergehalt im Schneckenblut 402[11].
GUILLOUD, M., s. SCHOPFER, W. H. 1197[12].
GUINIER, A., s. DERVICHIAN, D. G. 1012[1].
GUION, C. M., s. HUNTER, A. 1208[10].
GUIRARD, B. M., s. LIPMANN, F. 838[12], 1036[6, 14].
GUKELBERGER, M., u. F. WYSS: Kreatiningehalt von menschlichem Blutserum 350[4].
GULEKE, N.: Zusammenfassung über die äußere Sekretion des Pankreas unter pathologischen Bedingungen (1927) 155[3].
GULEWITSCH, W.: Carnosin 978[6].
— u. S. AMIRADŽIBI: Carnosin 978[6].
GULICK, A., s. MAYER, D. T. 1109[2].
— s. WILLIAMSON, M. B. 1101[1].
GULLAND, J. M.: Herkunft des Pentoseanteils von Nucleosiden und Nucleotiden 1196[7].
— G. R. BARKER and D. O. JORDAN: Zusammenfassung über Chemie der Nucleinsäuren usw. (1945) 1177[20].
— and E. M. JACKSON: 5-Nucleotidase in Schlangengift 1187[18].
— s. BARKER, G. R. 1251[1].
— s. PARSONS, L. D. 1251[2].
GULLBERG, M. E., s. HEIDELBERGER, C. 990[1], 991[7], 992[13].
GULLICKSON, T. W., s. KACHMAR, J. F. 360[13].
GUNDLACH, R., s. HESS, W. R. 45[26].
— s. ROTHLIN, E. 52[17].
GUNN, F. D., s. BUSSABARGER, R. A. 38[6].
GUNSALUS, C. F., and J. TONZETICH: Pyridoxal als Coferment von Purintransaminase 1201[12]. — Adenin- und Guanindesaminierung durch Transaminasen 1217[12]. — Transaminierung Cytosin/α-Ketoglutarsäure durch E. coli 1226[8], 1230[4].
GUNSALUS, I. C., and W. D. BELLAMY: Pyridoxal-5-phosphat als Coferment von Bakteriendecarboxylasen 932[1].
— W. D. BELLAMY and W. W. UMBREIT: Pyridoxal-5-phosphat als Coferment von Bakteriendecarboxylasen 932[1].
— s. BELLAMY, W. D. 932[1].
— s. FELDMAN, L. I. 938[6].
— s. HAGER, L. P. 1039[3], 1040[3].
— s. KORKES, S. 1038[4].

Die Seiten 1—840 befinden sich im Bandteil a, die Seiten 841—1257 im Bandteil b.

GUNSALUS,, I. C., s. LICHSTEIN, H. C. 938[3].
— s. O'KANE, D. J. O. 1039[1].
— s. REED, L. J. 1039[1].
— s. UMBREIT, W. W. 932[1], 995[8].
— s. WOOD, W. A. 937[2], 995[6,8].
GUNTHER, J. K., s. ROSE, W. C. 960[10].
GURD, F. R. N., s. LEVER, W. F. 291[2], 312[2].
— s. ONCLEY, J. L. 301[3].
GUREWITSCH, D. J., s. POLTYREFF, S. S. 46[8].
GURIN, S.: Zusammenfassung über isotope Elemente bei Untersuchungen des Kohlenhydratstoffwechsels (1948) 725[27].
— and A. M. DELLUVA: Adrenalinbildung aus Phenylalanin 984[16].
— A. M. DELLUVA and D. W. WILSON: Fettsäuresynthese aus Brenztraubensäure 834[6]. — Mechanismus der Fettbildung aus Kohlenhydrat 837[3].
— and D. B. HOOD: Zusammensetzung von Serummucoid 301[12].
— s. BRADY, R. O. 833[6], 834[3,5], 873[7], 874[4].
— s. BUCHANAN, J. M. 823[4], 1033[4,7], 1056[3].
— s. COON, M. J. 951[8].
— s. CRANDALL, D. I. 823[5], 827[4].
— s. EISENBERG, F. jr. 735[3].
— s. MILLER, C. S. 1221[1].
— s. SCHEPARTZ, B. 983[5].
GUSSEROW, A.: Allantoinausscheidung im Harn gravider Frauen 1215[3].
GUSTAVSON, R. G., s. FRANK, R. T. 370[2].
GUTFREUND, H., s. BELL, D. J. 744[5].
GUTHKE, J. A., s. OSTERN, P. 743[9], 746[5].
GUTHMANN, H., u. H. GRASS: Arsengehalt von Blut 405[18], 693[11].
— u. K. H. HENRICH: Arsengehalt von Blut 405[15], 693[12].
GUTMAN, A. B., E. B. GUTMAN and J. N. ROBISON: Serumphosphatase bei Tumormetastasen 376[14]. — Phosphatasegehalt im Blut bei M. BASEDOW und Hyperparathyreose 377[3].
— and B. JONES: Phosphatasebestimmung im Blut als Leberfunktionsprüfung 376[12].
— D. H. MOORE, E. B. GUTMAN, V. MCCLELLAN and E. A. KABAT: Eiweißverteilung im Blutserum 304[1].
— K. B. OLSON, E. B. GUTMAN and C. A. FLOOD: Phosphatasebestimmung im Blut als Leberfunktionsprüfung 376[12].
— and T. F. YÜ: Beeinflussung der Harnsäurebildung durch ACTH 1234[3].
— s. GUTMAN, E. B. 377[5,14].
GUTMAN, E. B., and A. B. GUTMAN: Saure Phosphatase im Blut bei Prostatacarcinom 377[5]. — Bestimmung der sauren Phosphatase 377[14].
— s. GUTMAN, A. B. 304[1], 376[12,14], 377[3].
GUTMAN, G. E., and B. ALEXANDER: Freie Aminosäuren in Erythrocyten 445[3]. — Glutathiongehalt von Plasma und Erythrocyten 915[7].
GUTMANN, H. R., B. J. JANDORF and O. BODANSKY: Reduktion von Methämoglobin 435[3].
— and J. L. WOOD: Übergang von Cystin in Mercaptursäure 953[10], 967[4].
GUTSCHMIDT, J.: Gerichtliche Definition eines vermehrten Blutalkoholgehaltes 327[13]. — Störung der Blutalkoholbestimmung durch Aceton 327[13].
GUTSTEIN, M.: p_H-Werte von Bakterien 1173[1].
GUTTMANN, L.: Zusammenfassung über Physiologie und Pathologie der Liquormechanik und Liquordynamik (1936) 564[14].
GUTTMANN, P.: Farbe von Exsudaten 558[1].
GUTZEIT, K.: Intestinale Autointoxikation 229[8].
— u. G. W. PARADE: Jodgehalt des Blutes 409[22]. — Alkohollöslicher und -unlöslicher Anteil von Blutjod 410[1]. — Blutjod nach körperlicher Anstrengung 410[11]. — Jodquotient 411[5]. — Jodbestimmung 411[9].
GUY, R., s. HILL, J. M. 389[4].
GUZINSKI, P., s. THIELE, W. 360[2].
GYÖRGY, P. (Hrsg.): Buch über Vitaminmethoden; 2 Bde. (1950 u. 1951) Engl. 357[19]. Zusammenfassung über Mineralstoffwechsel (1931) 609[12]. — Zusammenfassung über Umsatz von Erdalkalien und Phosphat (1931) 634[16].
— u. W. KELLER: Milchsäuregehalt von Kinderblut 323[9].
— F. S. ROBSCHEIT-ROBBINS and G. H. WHIPPLE: Hämoglobinbildung durch Lactoflavin 436[4].
— u. H. RÖTHLER: Histidinabbau 975[16]. — Nucleindesaminase, Verbreitung 1189[9].
— u. E. SULGER: Anorganisches Phosphat im Blut bei Heilung von Knochenbrüchen 413[8].
— and S. J. THANNHAUSER: Histidin als Muttersubstanz der Purinbasen 1218[22].
— s. FREUDENBERG, E. 700[16], 709[9].
— s. HAANES, M. L. 161[12].
— s. RHOADS, J. E. 161[11].
GYÖRGYI, G., s. KÜRTI, L. 1232[7], 1248[21].
GYOTOKU, K.: Hemmung der Pankreaslipase durch Chinin 162[9].
GYSLING, H., s. SCHWARZENBACH, G. 397[9].

HAAG, H. B., u. G. KAHLSON: Konzentrationsgefälle und Acetylcholinwirkung 138[10], 139[10].
HAAG, J. R., and L. S. PALMER: Wirkung Mg-armer Kost bei Tieren 636[4].
HAAGEN-SMIT, A. J., s. BORSOOK, H. 924[1,2,9–11], 925[1,4-6], 926[4], 927[1], 1145[4], 1146[1].
— s. LEPKOVSKY, S. 993[6].
— s. TATUM, E. L. 994[9].
HAAM, E., s. LAUDA, E. 655[23].
HAAN, J. DE: Trockenmasse von Leukocyten 460[1]. — Glykogengehalt von Leukocyten 462[2].
— s. HAMBURGER, H. J. 456[1].

HAANES, M. L., and P. GYÖRGY: Lipotrope Wirkung von Pankreasextrakt 161[12].
HAARMANN, W.: Takata-Reaktion 306[6]. — Hexokinasegehalt von Muskulatur 742[1].
— s. HAHN, A. 753[3].
HAAS, E.: Proinvasin 384[2]. — Adeninnucleotide als Cofermente 1236[14].
— C. J. HARRER and T. R. HOGNESS: Cytochrom c-Reductase 1184[16]. — Alloxazinadenindinucleotid als Coferment 1237[13].
— B. L. HORECKER and T. R. HOGNESS: Cytochrom c-Reductase 1184[15]. — Alloxazinadenindinucleotid als Coferment 1237[12].
— s. GOLDBERG, A. 384[1].
HAAS, F., s. KAPELLER-ADLER, R. 979[7].
HAAS, G.: Indicangehalt des Blutes 350[20].
HAAS, J., s. STREHLER, E. 343[4].
HAAS, P., s. BARKLAY, H. 319[4], 582[10].
HAASE, A.: Apyrase 1188[6].
HABA, G. DE LA, s. RACKER, E. 1062[7].
HABELMANN, G.: Buch über Blutverlust und Blutersatz (1942) 260[1].
HABERMAN, S., s. HILL, J. M. 389[4].
HABERSANG, M.: Zusammenfassung über Eisen- und Kupfergehalt der Schweinemilch (1953) 661[9].
HACK, M. H.: Lipoidgehalt im Blut 332[7]. — Sphingomyelingehalt der Erythrocyten 442[11]. — Phosphatidgehalt von Blutplasma 858[17].
HACKER, W., A. ZIMMERMANN u. H. RECHMANN: Eisenbestimmung 400[8].
HACKH, I. W. D.: Natriumbestand des Organismus 619[4].
HACKSPILL, L., A.-P. ROLLET et M. NICLOUX: Argongehalt von Blut 505[5].
HADDOW, A., s. PATERSON, E. 457[5].
HADEN, R. L., and T. G. ORR: Gesteigerter Eiweißzerfall bei Cl-Mangel 634[6].
HADIDIAN, Z.: Antihyaluronidase 383[11].
— and N. W. PIRIE: Antihyaluronidasen 383[11].
HADJIGEORGES, E., s. ACHARD, C. 331[8].
HADJIOLOFF, A., u. B. PAPASOFF: Fetttröpfchen in der Darmwand nach Olivenölzufuhr 245[3].
HADORN, W., u. G. RIVA: Klinische Bedeutung von Kaliummangel 627[12].
HÄBLER, C.: Buch über physiko-chemische Medizin (1939) 250[15].
HAEGE, L., s. DEAN, R. B. 423[2].
HAEGE, L. F., s. FENN, W. O. 1166[10].
— s. PIERCE, H. B. 216[14], 221[22].
HAEHN, H., u. W. KINTOFF: Übergang von 2 C-Körpern in Fett 767[4].
HAENEL, U., u. G. RIVA: Identität von basophil punktierten Erythrocyten mit Reticulocyten 455[1].
HÄNNI, H.: Nitritbestimmung 416[3].
HAESLER, K.: Beeinflussung von Länge und Weite des Dünndarmes durch die Nahrung 105[4].
HAESLER, K., s. MANGOLD, E. 105[5].
HÄSSLER, E.: Zusammenfassung über Spätrachitis (Rachitis tarda) (1941) 720[3].
HÄUSLER, H.: Aminosäuretransport durch Erythrocyten 445[7].
HÄUSSLER, E. P.: Oestron im Hengstharn 906[18].
HAGEDORN, H. C., u. B. N. JENSEN: Blutzuckerbestimmung 315[2], 727[3].
HAGEN, P.: Intracelluläre Verteilung von Adrenalin 1096[23]. — Ascorbinsäure im Nebennierencytoplasma 1154[7].
HAGER, H., s. CARLSON, A. J. 21[19], 48[9], 49[4], 51[3], 52[11], 55[4], 69[4-6].
HAGER, L. P., J. D. FORTNEY and I. C. GUNSALUS: Oxydative Brenztraubensäuredecarboxylierung 1039[3].
— and I. C. GUNSALUS: lipoic-Dehydrogenase 1040[3].
HAGERTY, E. B., s. GEIGER, E. 991[5].
HAGGARD, H. W.: Oxydation von Schwefelwasserstoff zu Sulfat im Tierkörper 959[8].
— and Y. HENDERSON: Isohydren und Kohlensäurebindungskurven 533[4].
HAHN, A.: Verteilung der Polypeptide im Blut 346[6]. — Desaminierung von Cytosin durch Hefe 1226[7].
— R. FRIEDRICH u. B. FRIEDRICH: Hemmung der Phosphoglycerinsäurespaltung durch Sauerstoff 760[4].
— u. W. HAARMANN: Glycerin-3-phosphatdehydrogenase aus Muskel 753[3].
— u. G. MEYER: Übergang Kreatin ⇌ Kreatinin 945[7]. — Verhalten von zugeführtem Kreatin im Stoffwechsel 945[12], 946[3].
HAHN, F., s. BOHN, H. 349[10], 350[6].
— s. HEILMEYER, L. 424[10].
HAHN, H.: Verhalten von Zugblasenflüssigkeit 577[3]. — Blut als Quelle der Zugblasenflüssigkeit 578[1].
HAHN, L. (A.), and G. (C.) HEVESY: Blutmengenbestimmung mit radioaktivem Phosphor 258[6]. — Phosphatidaustausch zwischen Erythrocyten und Plasma 858[11]. — Phosphatidneubildung in Erythrocyten 858[12]. — Aufnahme von ^{32}P in Nucleinsäuren bei Zellneubildung 1194[1].
— G. C. HEVESY and O. H. REBBE: Natrium- und Kaliumaustausch der Erythrocyten 623[12].
— s. HEVESY, G. (C.) 647[8], 649[9], 847[6], 848[3], 864[14], 865[2,11], 866[13].
HAHN, M.: Harnsäureausscheidung nach Aufnahme von Nucleinen 1199[7].
— s. BUCHNER, E. 725[1].
HAHN, O., S. FLÜGGE u. J. MATTAUCH: Normaler ^{13}C-Gehalt von Kohlenstoffverbindungen 616[1].
HAHN, P. (F.): Zusammenfassung über den Eisenstoffwechsel (1937) 655[25]. — Zusammenfassung über die Anwendung

von radioaktivem Eisen zur Untersuchung des Eisen- und Hämoglobinstoffwechsels (1948) 662[8]. — Eisenverteilung beim Hund 656[3].
HAHN, P. (F.), W. F. BALE, R. A. HETTIG, M. D. KAMEN and G. H. WHIPPLE: Umfang der Eisenresorption 659[3].
— W. F. BALE, E. O. LAWRENCE and G. H. WHIPPLE: Eisenaufnahme in die Erythrocyten 436[13]. — Eisenresorption 659[3], 663[5].
— W. F. BALE, J. F. ROSS, W. M. BALFOUR and G. H. WHIPPLE: Eisenresorption 657[3], 663[8].
— E. L. CAROTHERS, W. J. DARBY, M. MARTIN, C. W. SHEPPARD, R. O. CANNON, A. S. BEAM, P. M. DENSEN, J. C. PETERSON and G. S. MCCLELLAN: Eisenbedarf von Schwangeren und älteren Kindern 659[7].
— S. GRANICK, W. F. BALE and L. MICHAELIS: Orte der Eisenspeicherung 660[3]. — Ferritinspeicher 1010[1].
— E. JONES, R. C. LOWE, G. R. MENEELY and W. PEACOCK: Resorption von Fe^{++} und Fe^{+++} 214[1].
— and G. H. WHIPPLE: Gehalt an Funktionseisen im Muskel 656[5].
— s. DARBY, W. J. 659[8].
— s. GRANICK, S. 398[20].
— s. MILLER, L. L. 399[9], 429[3].
— s. SHEPPARD, C. W. 687[10].
— s. YOSHIKAWA, H. 666[12], 668[15].
HAHNEL, G., s. STARKENSTEIN, E. 407[19].
HAIGHT, W. F., and R. J. ROSSITER: Phosphatasegehalt in Leukocyten 463[2].
HAINES, W. J.: Zusammenfassung über Biosynthese der Nebennierenrindenhormone (1952) 885[14].
— E. D. NIELSON, N. A. DRAKE and O. R. WOODS: Bildung von Corticosteroiden aus Acetat im Nebennierenbrei 884[8], 885[12].
— s. COLINGSWORTH, D. R. 886[17].
— s. JOHNSON, R. H. 886[34].
— s. NIELSON, E. D. 885[13].
— s. ROSE, W. C. 765[1], 934[4], 951[6].
HAI-PENG LEI, s. KILBORN, L. G. 698[2], 699[1].
HAJDU, N.: Diffusibler Schwefel im Blut 414[9]. — Glutathionschwefel in Erythrocyten 448[2].
HAJÓS, K.: Antiseptische Wirkungen des Magensaftes 67[11].
— R. MAZGON: Kein Einfluß von Parathormon auf Harnsäuregehalt des Serums 1234[12].
HAKALA, M., s VIRTANEN, A. I. 917[10].
HAKANSON, E Y., and D. GLICK: Antihyaluronidase im Blut 384[8, 9].
HALAWANI, A., s. FLASCHENTRÄGER, B. 982[8].
HALÁSZ, M.: Natrium-Kaliumbestimmung 66[2]. — Kalium- und Natriumgehalt des Magensaftes nach Histamin 66[2]. — Gelbe Substanzen im Serum 355[7].
HALBROOK, E. R., s. HOLST, W. F. 493[17].
HALD, P. M.: Natriumgehalt im Blutserum 393[10]. — Kaliumverteilung im Blut 623[8].
— and A. J. EISENMAN: Trockengehalt menschlicher Erythrocyten 425[6]. — K- und Mg-Gehalt von Erythrocyten 428[9].
— A. J. HEINSEN and J. P. PETERS: Diffusion von Phosphationen durch die Erythrocytenmembran 422[14].
— s. DANOWSKI, T. S. 428[4].
— s. PETERS, J. P. 425[10].
HALDANE, J. (B.) S.: Zusammenfassung über Gewöhnung an große Höhen (1927) 504[7]. — Sauerstoffkapazität von menschlichem Blut 511[3].
— R. HILL and J. M. LUCK: Säuernde Wirkung von $CaCl_2$ 643[5].
— and J. G. PRIESTLEY: Buch über Atmung (1935) Engl. 500[19]. — Zusammensetzung der Alveolarluft 503[2].
— and J. L. SMITH: Blutmengenbestimmung mit Kohlenoxyd 259[2].
— s. CHRISTIANSEN, J. 510[7], 518[6].
— s. DOUGLAS, C. G. 516[1].
— s. STEWART, C. P. 642[9].
HALE, C. W., s. MCCLEAN, D. 383[5], 384[13].
HALE, E., and M. I. GROSSMAN: Definition der „gebundenen" Salzsäure 53[2].
HALE, M. P.: Essigsäureaktivierendes Enzym 1041[3].
HALE, O. M., and A. E. SCHAEFER: Synthese von labilen Methylgruppen 965[1].
HALE, W. H., A. L. POPE, P. H. PHILLIPS and G. BOHSTEDT: Vitamin B_{12}-Bildung im Pansen und Kobaltzufuhr 674[7].
HALL, A. D.: Histidin-α-desaminase 977[12].
HALL, B. E.: Apoerythein 467[6].
HALL, C. E., s. SELYE, H. 622[6].
HALL, G. E., s. ROSSITER, R. J. 371[12], 463[2], 464[7].
HALL, J. L., s. HASTINGS, A. B. 644[9], 1061[1].
HALL, K.: Übertritt von Fett in die Pfortader nach Unterbindung der Darmlymphgefäße 244[5].
HALL, L., s. MORRISON, L. M. 338[8], 1061[1].
HALLAUER, C.: Chemische Natur der Blutgruppen 424[8].
HALLE, F., s. FLASCHENTRÄGER, B. 802[5], 803[1].
HALLE, W. L.: Bildung von Adrenalin aus Tyrosin 984[14].
HALLÉN, L., s. GARRER, A. H. 195[4], 222[13].
HALLIBURTON, W. D.: Lehrbuch der chemischen Physiologie und Pathologie (1893) Dtsch. Übers. 561[10].
— s. BRODIE, T. G. 207[7].
HALLIDAY, D., s. SMYTHE, C. V. 960[1].
HALLIDAY, N., s. DEUEL, H. J. jr. 827[10].
HALLMAN, L(ois) (F.), s. BUTTS, J. S. 804[1], 942[6, 7], 948[4].
— s. DEUEL, H. J. jr. 218[15], 236[5], 246[11, 13], 827[10].

Hallman, N.: Quelle der Citronensäure in verschiedenen Organen 1029[3]. — Citronensäurebildung 1031[3], 1032[5], 1052[2]. — Citronensäuregehalt von Geweben und Körperflüssigkeiten 1060[2], 1061[3].

Hallmann, Lo(thar): Buch über klinische Chemie und Mikroskopie; 6. Aufl. (1952) 255[10].

Halpern, B. N., et P. Dubost: Methämoglobin 434[12].

Halpern, F.: Aminosäure-N im Liquor cerebrospinalis 568[10].

Halpern, P., s. Stekol, J. A. 963[6].

Halpert, A., s. Schade, H. 583[8], 1168[9].

Halpin, J. G., s. Couch, J. R. 197[7].

— s. Phillips, P. H. 695[26], 697[7].

Halse, T.: Buch über Fibrinolyse (1948) 297[4]. — Fibrinolytisches Ferment in Exsudaten 558[8]. — Tagesmaxima und -minima der Plasmaphosphatidwerte 860[12]. — Vermehrung der Serumphosphatide durch sympathicuserregende Substanzen 861[3].

— K. Philipp and F. Ruf: Blutphosphatide nach Fettresorption 241[4].

Halsey, J. T.: Zuckerbildung aus Valin und Leucin 951[4].

Ham, M. P., and M. D. Smith: Tägliche Fluoraufnahme 696[15].

Ham, T. H., and F. C. Curtis: Fibrinogengehalt des menschlichen Blutplasmas 477[12].

Hamamoto, E.: Mangan und Vitamin B_1-Wirkung 670[12].

— s. Taniguchi, T. 364[14], 365[4].

Hamar, N.: Resorption von Glucose und Fructose bei Hunger 217[10]. — Rhythmik der Glucoseresorption 217[19].

Hamblen, E. C., s. Cuyler, W. K. 889[8], 893[16].

Hamburger, C., and S. Kaae: Testosteronabbau in der Leber 897[10].

Hamburger, H. J.: Buch über osmotischen Druck und Ionenlehre in der medizinischen Wissenschaft (1902) 421[11]. — Zusammenfassung über die Technik des Arbeitens mit Phagozyten zu biologischen Zwecken (1919) 459[4]. — Zusammenfassung über Bestimmung der Resistenz der roten Blutkörperchen (1924) 419[11]. — Identität der Gefrierpunktserniedrigung von Blut und Plasma 268[1]. — Veränderung der Leukocytenbeweglichkeit durch Calcium- und Kaliumsalze 456[1]. — Keine Bedeutung von radioaktivem Kalium für Herzmuskeltätigkeit 625[10].

— u. J. de Haan: Veränderung der Leukocytenbeweglichkeit durch Calcium- und Kaliumionen 546[1].

— et E. Hekma: Menschlicher Darmsaft 143[10], 149[12], 150[6].

Hamer, D.: Aminosäurezusammensetzung von Zellkernproteinen 1112[9, 15].

Hamill, J. M.: Phosphatidgehalt der Darmlymphe 843[10].

Hamilton, B., L. Dasef, W. J. Highman jr. and C. Schwartz: Parathyreotropes Hormon im Blut 367[14].

Hamilton, J. G.: Resorptionsgeschwindigkeit verschiedener Ionen 211[12]. — Umsatzgeschwindigkeit von Natrium im Körper 620[7]. — Kaliumresorption 624[7].

— and M. H. Soley: Jodresorption 681[3].

Hamilton, L. D., C. J. Gubler, G. E. Cartwright and M. M. Wintrobe: Tagesschwankungen des Serum-Fe 659[12].

Hamilton, M. G., s. Petermann, M. L. 1096[5], 1150[19].

Hamilton, P. B., and D. D. van Slyke: Bestimmung von Carboxyl-C 340[Tab.] — α-Amino-N-Gehalt in Plasma und Erythrocyten 915[5].

— and R. R. Tarr: Glutamin- und Glutaminsäuregehalt im Blut 915[8]. — Aminosäureaufnahme durch Muskulatur 916[3]. — Verteilung von Glutamin und Glutaminsäure im Gewebe 951[1]. — Glutamingehalt im Blutplasma 972[2].

Hamilton, P. G., and D. D. van Slyke: Bestimmung von Carboxyl-C 340[Tab.]

— s. Phillips, R. A. 264[3], 290[1].

— s. Slyke, D. D. van 264[3], 290[1].

Hamilton, R. H.: Venöse Beschaffenheit des Fingerbeerenblutes bei Diabetikern 315[4].

Hamilton, T. S., G. E. Hunt, H. H. Mitchell and W. E. Carroll: Antianämische Wirkung von Cu 669[6].

— s. Johnson, B. C. 991[6].

— s. McClure, F. J. 697[2].

— s. Mitchell, H. H. 640[11], 660[11], 934[5].

Hamilton, W. F., s. Barbour, H. G. 264[2], 290[2].

Hamman, L. jr., s. Gemmill, C. L. 777[2].

Hammarsten, E.: Secretindarstellung 132[4].

— G. Ågren, H. Hammarsten u. O. Wilander: Secretindarstellung 132[4]. — Secretineinheiten 132[10, 12].

— G. Ågren u. H. Lagerlöf: Krystallisation von Secretin 132[13]. — Angriffsort des Secretins 133[4].

— and G. Hevesy: Umsatzgeschwindigkeit von Ribonucleotiden und Desoxyribonucleotiden 1120[1], 1190[1].

— E. Jorpes u. G. Ågren: Secretindarstellung 132[4]. — Hammarsten-Katzen-Einheit des Secretins 132[10].

— and P. Reichard: Verwendung von Purinen und Pyrimidinen zur Nucleinsäuresynthese 1192[19].

— P. Reichard and E. Saluste: Einbau von ^{15}N-Pyrimidinnucleosiden in Ribonucleinsäure 1192[15]. — Einbau von Uridin in Polynucleotide 1193[10]. — Keine Pyrimidinbildung aus Guanin und Guanosin 1227[7]. — Pyrimidinquellen für Polynucleotidsynthese 1228[4].

Hammarsten, E., s. Ågren, G. 132[15], 133[3].
— s. Bergstrand, A. 1120[9], 1192[10], 1222[11], 1228[6].
— s. Bergström, S. 1193[7].
— s. Casperson, T. 925[9].
— s. Eliasson, N. A. 1125[6], 1191[3], 1192[12].
— s. Signer, R. 925[9].
Hammarsten, H., s. Caspersson, T. 925[9].
— s. Hammarsten, E. 132[4, 10, 12].
Hammarsten, O.: Lehrbuch der Physiologischen Chemie; 11. Aufl. (1926) 15[6]. — Verdaulichkeit verschiedener Stärkearten 28[3]. — Entdeckung des Chymosins 80[2]. — Fibrinogendarstellung 295[7]. — Fibringlobulin 298[2, 5]. — Ausfällung der Eiweißstoffe durch Neutralsalze 299[2]. — Erster Nachweis von Bilirubin im Pferdeserum 353[16]. — Fibrinogenfällung mit Kochsalz 476[2]. — Bedeutung von Calcium für die Blutgerinnung 485[2]. — Zusammensetzung der Lymphgase 551[5]. — Serosamucin in der Synovialflüssigkeit 559[5]. — Zusammensetzung von Hydrocele- und Spermatoceleflüssigkeit 564[3]. — Viscosität der Gelenklymphe 580[3].
Hammerschlag, A.: Bestimmung des spezifischen Gewichtes von Blut 264[1].
Hammerschlag, R.: Zahl der Speichelkörperchen 18[17].
Hammett, F. S.: Knochenzusammensetzung bei jungen Ratten 704[1].
Hammond, L. D.: Lactose- und Maltosebestimmung im Blut 319[12].
Hanahan, D. J.: Phosphatidverdauung 842[10].
— and I. L. Chaikoff: p_H-Optimum der Phosphatidspaltung in Pflanzen 852[7]. — Phosphatidspaltung in Karotten 852[9].
Hanák, M., s. Karczag, L. 566[7].
Hancox, N. M.: Einwände gegen „Knochenorganisator" 713[9].
Handels, M. B., s. Golden, L. A. 165[2].
Handler, P., M. L. C. Bernheim and J. R. Klein: Demethylierung von Sarkosin 941[6].
— and W. J. Dann: Methylierung von Nicotinsäure zu Trigonellin durch Methionin 961[13].
— s. Cobey, F. A. 1138[6].
— s. Klein, J. R. 363[13].
— s. Leder, I. G. 1195[3].
Handovsky, H.: Antianämische Wirkung von Cu 669[6].
Haner, R. C., s. Kendall, A. I. 172[10].
Hanes, C. S.: Gleichgewicht der Phosphoglucomutasereaktion 743[7]. — Phosphohexomutase 746[2].
— F. J. R. Hird and F. A. Isherwood: Transpeptidierung von Glutathion 920[2].
Hanes, F. M.: Cholesterinsynthese im Körper 872[29].
Haney, H. F., s. Burget, G. E. 250[3].
Hangleiter, H., u. A. Reuter: Verminderung der Serumlipase bei Krankheiten 372[7].
Hanhart, E.: Glykogenspeicherkrankheit 766[3].
Hanisch, G., s. Butenandt, A. 897[4].
Hanke, M. E.: Beziehungen zwischen Salzsäure- und Chloridgehalt des Magensaftes 57[7]. — Mechanismus der Salzsäurebildung im Magen 60[17].
— R. E. Johannesen and M. M. Hanke: Mechanismus der Salzsäurebildung im Magen 60[16].
— s. Blauch, M. B. 1201[7].
Hanke, M. M., s. Hanke, M. E. 60[16].
Hanna, C. H., s. Spicer, S. S. 435[4].
Hanna, M. I., s. Campbell, W. R. 299[4].
Hannig, K., s. Grassmann, W. 294[8].
— s. Merten, R. 81[4].
Hansard, S. L., C. L. Comar and M. P. Plumlee: Calciumstoffwechsel nach calciumarmer Ernährung 716[2].
Hansen, A. E., s. Brown, W. R. 335[9].
— s. Gamble, A. H. 627[15]
— s. Wilson, W. R. 332[8].
Hansen, C., s. Henriques, V. 239[11], 798[1].
Hansen, F., and K. O. Møller: Arsengehalt von Organen 692[15].
Hansen, J. R., s. Astrup, T. 480[13].
Hansen, K., u. H. v. Staa: Buch über die einheimische Sprue (1936) 247[1].
— s. Berger, W. 224[7].
Hansen, L. A., s. Glavind, J. 26[13].
Hansen, L. E., s. Pearlman, W. H. 906[5].
Hanser, G., s. Butenandt, A. 994[7].
Hanslian, R., s. Abderhalden, E. 657[4].
Hanson, H. T., and E. L. Smith: Carnosinase 979[1].
— s. Smith, E. L. 159[7].
Hanssen, R.: Calciumgehalt des menschlichen Speichels 21[9].
Hanzal, R. F., and F. C. Bing: Eisenausscheidung im Harn 661[4].
— and E. E. Ecker: Harnsäureabbau durch Bakterien 1211[39].
— and V. C. Myers: Harnsäureausscheidung nach Zufuhr von Theobromin 1214[19]. — Entmethylierung von Coffein beim Dalmatiner Hund 1224[21]. — Wirkung der Methylpurine auf Harnsäure- und Allantoinausscheidung 1250[14].
— s. Myers, V. C. 1199[20], 1214[18], 1225[11], 1250[13].
Hanzlik, P. J., and W. C. Cutting: Resorption von Insulin 225[15].
Happold, F. C., and L. Hoyle: Mechanismus der Indolbildung aus Tryptophan 995[5].
— and H. S. Raper: Mechanismus der Tyrosinasewirkung 985[3].
— s. Baker, J. W. 995[5].
— s. Dawes, E. A. 995[5].

HARDEN, A.: Buch über alkoholische Gärung; 4. Aufl. (1932) Engl. 725[29]. — Zusammenfassung über alkoholische Gärung (1932) 725[30].
— and W. J. YOUNG: Bedeutung organischer Phosphorsäureester für die Gärung 739[1].
HARDENBERGH, E., s. BRAUER, R. W. 555[4].
HARDING, C. V.: Seeigelei, Dichteunterschied zwischen Zellkern und Nucleolus 1098[18].
— s. GOLDSTEIN, L. 1118[4].
HARDING, H. E.: Mucinasegehalt im Colonsekret 179[7].
— s. FLOREY, H. W. 145[7, 10, 11], 148[8, 10, 13], 150[8].
HARDING, M. L., s. TOMARELLI, R. M. 380[19].
HARDING, V. J., K. D. ALLIN and B. A. EAGLES: Harnsäureausscheidung nach Kohlenhydrat- und Fettkost 1242[7].
— K. D. ALLIN, B. A. EAGLES and H. B. VAN WYCK: Harnsäureausscheidung nach Kohlenhydrat- und Fettkost 1242[6].
— K. D. ALLIN and H. B. VAN WYCK: Blutharnsäure nach Kochsalzzufuhr 1243[3].
— and T. F. NICHOLSON: Fructosebestimmung 318[12].
— T. F. NICHOLSON and A. R. ARMSTRONG: Fructosebestimmung 318[12].
— T. F. NICHOLSON, G. A. GRANT, G. HERN and C. E. DOWNS: Fructosebestimmung 318[12].
— and E. G. YOUNG: Kreatinausscheidung und Arginingehalt von Nahrungseiweiß 947[4]. — Kreatinsynthese aus Cystin 947[19].
HARDY, T. L., s. HAWKINS, C. F. 627[13].
HARFENIST, M., s. PACE, N. 591[1].
HARINGTON, C. R.: Tyrosin als Muttersubstanz von Dijodtyrosin und Thyroxin 986[3].
— and W. MCCARTNEY: Tyrosin als Muttersubstanz von Dijodtyrosin und Thyroxin 986[3].
— and R. V. P. RIVERS: Tyrosin als Muttersubstanz von Dijodtyrosin und Thyroxin 986[5].
— s. HASTINGS, A. B. 510[2], 538[2], 539[1].
HARITON, L. B., s. LIEBERMAN, S. 893[12, 13], 902[10, 12].
HARKINS, H. N., s. HARTMANN, F. W. 188[7].
— s. SCOTT, O. B. 563[6].
HARKNESS, D. M., s. MUNTWYLER, E. 1072[31], 1096[15].
— s. SEIFTER, S. 1072[13].
HARKNESS, R. D.: Volumen von Leberzellkernen 1098[8].
HARLEY, R., s. BENNETTS, H. W. 668[12].
HARLEY, V.: Störungen nach Colonektomie beim Menschen 199[1].
HARMAN, J. W.: Gestalt der Mitochondrien 1127[5]. — Permeabilität der Mitochondrienmembranen 1129[2]. — Mitochondrienzahl und Aktivität des Cyclophorasesystems 1132[3].
HARMAN, J. W., and M. FEIGELSON: Atmungskettenphosphorylierung durch Cyclophorasesystem 1133[7], 1137[23].
— s. KITIYAKARA, A. 1090[123].
HARNACK, E., u. F. K. KLEINE: Unabhängigkeit des Neutralschwefels von der Ernährung 953[12].
HARNAPP, G. O.: Formen des Blutcalcium 395[14], 644[10]. — Calcium im Liquor cerebrospinalis 575[11].
HARNDT, E.: Rhodangehalt des menschlichen Speichels 21[15].
HARO, A.: Viskositätssteigerung bei CO_2-Anreicherung des Blutes 274[3].
HARPER, A. A., and J. F. S. MACKAY: Pankreozymin 130[10].
— s. CRICK, J. 130[10], 132[3].
HARPER, H. A.: Zuckerresorption bei Vitamin B_1-Mangel 217[21]. — Glutamin- und Glutaminsäuregehalt im Blut 915[8].
— and M. D. MORRIS: Aminosäurezusammensetzung von Zellkernproteinen 1112[16].
HARPUDER, K.: Uricämie und Uricurie nach Adrenalin beim Menschen 1230[22]. — Wirkung parasympathischer Endgifte auf Harnsäureausscheidung 1231[5]. — Stabilisierung übersättigter Harnsäurelösungen 1255[8].
— u. H. ERBSEN: Löslichkeit der Harnsäure 1255[3].
— u. W. HEYMANN: Wirkung von Novasurol auf retinierte Harnsäure 1250[15].
— s. SCHITTENHELM, A. 1177[5], 1181[1], 1182[1], 1211[20, 23], 1233[2], 1240[8], 1241[7].
HARRER, C. J., s. HAAS, E. 1184[16], 1237[13].
HARRIS, D. L.: Phosphoproteinphosphatase 651[4].
HARRIS, E. S., W. R. BERGREN, L. A. BAVETTA and J. W. MEHL: Intracelluläre Verteilung von alkalischer Phosphatase 1090[63, 121].
HARRIS, H., s. DENT, C. E. 954[21].
HARRIS, J. E.: Kaliumverlust der Erythrocyten in sterilem Plasma 422[18].
HARRIS, K. E.: Histamingehalt in Zugblasenflüssigkeit 577[8].
HARRIS, L. E., C. F. BASSETT and C. F. WILKE: Experimentelle Rattenrachitis 713[13]. — Rachitogene Diät 717[2].
HARRIS, M. M.: Glutamin- und Glutaminsäuregehalt im Blut 915[8]. — Verteilung von Glutamin und Glutaminsäure im Gewebe 951[1].
— s. BRAND, E. 955[11, 15], 958[7].
HARRIS, P. L., s. QUAIFE, M. L. 360[8].
— s. WEISSBERGER, L. H. 684[20].
HARRIS, R. I., s. ARMSTRONG, A. R. 376[13].
HARRIS, R. S., s. SHARPE, L. M. 657[9].
HARRIS, S., s. HARRIS, T. N. 288[4], 383[6], 557[3], 1192[3].

Harris, T. N., and S. Harris: Reticuloendotheliales System und Bildung der Bluteiweißkörper 288[4]. — Antihyaluronidasen im Serum 383[6]. — Antikörperbildung in Lymphknoten 557[3]. — Nucleinsäuresynthese in Lymphknotenzellen 1192[3].
— D. H. Moore and M. Farber: γ-Globulin der Lymphe 553[3].
— s. Eagle, H. 478[14].
— s. Moore, D. H. 383[7].
Harrison, D. C.: Glucosedehydrogenase der Leber 737[6]. — In vitro-Oxydation von Cystein zu Cystin 955[13]. — Hemmung der Xanthindehydrogenase durch Harnsäure 1203[11]. — Funktion von Codehydrogenase II 1236[8].
— s. Gibson, Q. H. 511[5], 1020[1].
Harrison, E., s. Bessell, C. J. 364[6].
Harrison, G. A.: Buch über chemische Methoden in der klinischen Medizin; 3. Aufl. (1947) Engl. 255[14].
Harrison, H. C., s. Harrison, H. E. 213[10], 638[4], 714[7], 716[1].
Harrison, H. E., D. C. Darrow and H. Yanett: Extracellulärer Raum bei Hunden 599[2].
— and H. C. Harrison: Ca-Resorption in verschiedenen Darmabschnitten und Vitamin D 213[10], 638[4]. — Vitamin D und Calciumstoffwechsel junger Ratten 714[7]. — Calcium- und Phosphataustausch im rachitischen Knochen 716[1].
Harrison, J. S., s. Trevelyan, W. E. 743[11].
Harrison, M. F.: Fluorausscheidung im Harn 697[1]. — Einfluß der Ernährung auf morphologische Zellelemente 1097[1].
Harrison, R. W.: Zusammenfassung über Mikrobiologie der Mundhöhle (1949) 12[3].
Harrop, G. A. jr.: Sauerstoffsättigung des arteriellen Blutes 511[8].
Harrow, B., and C. P. Sherwin: Lehrbuch der Biochemie (1935) Engl. 528[8]. — Imidazylacrylsäure als Histidinabbauprodukt 975[9].
Hart, E. B., and C. A. Elvehjem: Zusammenfassung über Mineralstoffwechsel (1936) 609[17]. — Selenvergiftung bei Weidevieh 695[6].
— H. Steenbock, J. Waddell, C. A. Elvehjem, E. van Donk and B. M. Riising: Notwendigkeit von Kupfer für Hämoglobinbildung 666[3], 669[1].
— s. Barki, V. H. 820[5].
— s. Elvehjem, C. A. 669[3].
— s. Hove, E. 403[8], 677[17], 685[19].
— s. Kemmerer, A. R. 672[7,16].
— s. Phillips, P. H. 695[26], 697[7].
— s. Schultze, M. O. 401[6], 429[9].
— s. Spector, H. 662[13].
— s. Steenbock, H. 638[1].
Hart, E. B., s. Stirn, F. E. 678[3].
— s. Todd, W. R. 403[7], 674[16], 676[4].
— s. Wachtel, L. W. 403[3], 1210[7].
Harte, R. A., s. Landsteiner, K. 26[2], 390[3].
Hartelius, V., s. Nielsen, N. 366[8], 454[2], 1237[9].
Harten, M., I. Gray, S. Livingston and M. Walzer: Resorption von genuinem Eiweiß in Oesophagus und Magen 224[8].
Harteneck, A., s. Waldschmidt-Leitz, E. 160[7].
Harting, J.: Acetaldehyddehydrierung durch Triosephosphatdehydrogenase 1040[6].
— and S. Velick: Triosephosphatdehydrogenase als Phosphotransacetylase 1040[6].
Hartley, G. S., and J. W. Roe: Berechnung des p_H an der Zellaußenfläche 1167[4].
Hartley, L. J., s. Graham, J. B. 498[7].
Hartman, C. G., and W. Fleischmann: Cholesteringehalt im Blutserum von Rhesusaffen 337[11].
Hartman, F. W., s. Bolliger, A. 769[4].
Hartmann, A. F.: Hypochlorämische Azotämie 634[4].
Hartmann, C.: Harnsäureausscheidung nach schwerer Muskelarbeit 1238[17]. — Harnsäureretention bei schwerer Muskelarbeit 1239[1].
Hartmann, E.: Elektrophorese von Blutserum 299[10].
Hartmann, F. W., V. Schelling, H. N. Harkins and B. Brush: Verhalten von Pektin bei intravenöser Zufuhr 188[7].
Hartmann, H., E. Chytrek u. R. Ammon: Fluorgehalt im Blut 406[34], 696[8].
Hartmann, H(ans), u. A. v. Muralt: Akklimatisation an Höhenklima 542[6].
Hartmann, J., s. Berger, W. 143[3], 156[10], 161[5,7], 162[1], 165[8], 169[3], 171[3].
Hartmann, M., u. F. Locher: allo-Pregnan-3α, 20α-diol als Progesteronmetabolit im Harn 893[4].
— u. A. Wettstein: Vorkommen von Progesteron im Corpus luteum 886[24].
Hartmann, R. C., s. Conley, C. L. 484[3], 498[2].
Hartogh-Katz, S. L., s. Dingemanse, E. 901[3], 903[11].
Hartop, W. L. jr., s. Riegel, B. 891[3], 892[5], 908[1].
Hartree, E. F., s. Keilin, D. 434[3], 730[2], 737[12,13], 1016[8], 1133[5], 1185[1], 1209[9].
Hartridge, H.: Sekretion von Sauerstoff durch Alveolarepithel 504[5]. — Geschwindigkeit der Sauerstoffaufnahme durch Hämoglobin 513[4].
— and F. J. W. Roughton: Kohlensäureanhydratase in Erythrocyten 451[3]. — Geschwindigkeit der Sauerstoffaufnahme durch Hämoglobin 513[4]. — Temperaturkoeffizient der Sauerstoffbindung und -abgabe durch Hämoglobin 513[7]. —

Temperaturwirkung auf die Dissoziationskurve von Oxyhämoglobin 516[3].
Hartroft, W. S., s. Tasker, R. R. 242[3].
Harvalik, Z., s. Starkenstein, E. 399[8].
Harvey, S. C., and V. Higby: Glycerinbestimmung im Blut 337[3].
Hartwell, G. A.: Fettverdauung durch Pankreaslipase 162[4]. — Cholinesterasegehalt von Leber und Pankreas 164[1].
Hase, T.: Cholin- und Acetylcholinwirkung auf den Darm 138[8]. — Acetylcholinempfindlichkeit von Kaninchendarm 139[8].
Hasebroek, K.: Lipoidgehalt von Chylopericard 561[5].
Hasegawa, T.: Thiry-Vella-Fistel 144[19]. — p_H-Wert im Jejunalsaft vom Hund 150[7].
Hasenfuss, M., s. Kutscher, W. 760[5].
Haskins, D. ,s. Finch, C. A. 665[2].
Haslam, H. C.: Fraktionen des Serumglobulins 309[6].
Haslam, R. M., and W. Klyne: Fällung der 3β-Oxysteroide mit Digitonin 903[7].
Haslewood, G. A. D., and T. A. Strookman: Bestimmung des wahren Blutzuckers 317[10].
— s. Brooksbank, B. W. L. 902[2,4].
Haslhofer, L., s. Lang, F. J. 700[19].
Hass, G. M.: Zusammenfassung über Knochen (1942) 700[34].
Hasse, K., u. L. Burgardt: Bestimmung der Serumproteasen 380[19].
— s. Euler, H. v. 1184[19].
— s. Franke, W. 813[6].
Hasselbach, K. A.: Isoelektrischer Punkt von Oxyhämoglobin 510[6]. — Berechnung der Wasserstoffionenkonzentration von Kohlensäure-Hydrogencarbonatlösungen 531[7]. — p_K-Wert der Kohlensäure 532[3].
— u. C. Lundsgaard: Isoelektrischer Punkt von Oxyhämoglobin 510[5].
— s. Bohr, C. 515[1].
Hasselbeck, J.: Bromgehalt von Tierblut 409[16].
Hasselquist, H., s. Euler, H. v. 1100[1], 1116[16].
Hassid, W. Z., s. Abraham, S. 837[1].
— s. Rappoport, D. A. 748[2].
Hastings, A. B., and L. Eichelberger: Adsorption von Natriumionen an die Muskelfaser 619[13].
— F. C. McLean, L. Eichelberger, J. L. Hall and E. Da Costa: Art der Ca-Bindung im Blut 644[9]. — Komplexbildung aus Citronensäure und Calcium 1061[1].
— J. Sendroy jr., C. D. Murray and M. Heidelberger: Dissoziationskonstante von Hämoglobin und Oxyhämoglobin 510[9].
— J. Sendroy jr. and D. D. van Slyke: p_K der Kohlensäure im Blut 532[7].
— D. D. van Slyke, J. M. Neill, M. Heidelberger and C. R. Harington: Isoelektrischer Punkt von Pferdehämoglobin 510[2]. — Isoelektrischer Punkt des Oxyhämoglobins 538[2]. — Zahl der sauren Gruppen im Hämoglobin von Mensch und Pferd 539[1].
Hastings, A. B., A. K. Solomon, C. B. Anfinsen, R. G. Gould and I. N. Rosenberg: Einbau von $^{14}CO_2$ in Glykogen 761[7].
— s. Anfinsen, C. B. 924[4].
— s. Bogert, L. J. 707[9].
— s. Buchanan, J. M. 761[6], 808[8].
— s. Danielson, I. S. 1162[3], 1166[7], 1169[7].
— s. Gould, R. G. 761[7].
— s. Kiese, M. 521[11].
— s. Klemperer, F. W. 1214[1].
— s. McLean, F. C. 395[19].
— s. Pearson, O. H. 778[10].
— s. Schlutz, F. W. 540[5,6].
— s. Shock, N. W. 541[4], 542[7].
— s. Slyke, D. D. van 510[10], 532[6], 538[5], 539[6], 1165[2].
— s. Solomon, A. K. 1054[2].
— s. Taylor, J. F. 513[2].
— s. Topper, Y. J. 763[2].
— s. Villee, C. A. 777[12], 778[11].
— s. Wallace, W. M. 1166[7].
— s. Weir, E. G. 409[17], 430[19].
Hata, M.: Milchsäuregehalt des Speichels 27[3].
Hatcher, R. A., and N. T. Kwit: Resorption von Coffein 1223[13].
Hatiegan, J.: Oxydasegehalt polymorphkerniger Leukocyten 458[5].
Hatschek, R., s. Waldschmidt-Leitz, E. 381[5], 382[18].
Hatwalne, V. G., s. Nath, M. C. 830[4].
Hatz, E. B.: Zusammenfassung über Bestimmung von Bluteiweiß (1938) 285[2].
— s. Korányi, A. 26[5].
Hatz, F.: Alaninbildung im Gewebe aus anderen Aminosäuren 916[8].
— s. Wiss, O. 990[5], 992[10].
Haugaard, E. S., and W. C. Stadie: Fettsäuresynthese und Glykogengehalt der Leber 835[8].
Haugaard, G., u. E. Lundsteen: p_H-Werte im Kapillar- und Venenblut 271[4].
Haugaard, N., s. Stadie, W. C. 778[9], 781[3].
Haugen, G. E., s. Friedemann, T. E. 326[14].
Hauptmann, H., s. Gray, I. 816[1].
Hauptmann, K. H., s. Dirscherl, W. 777[13].
Haurowitz, F.: Buch über Fortschritte der Biochemie 1938—1947 (1948) 275[10]. — Zusammenfassung über Proteine (1933) 76[3]. — Zusammenfassung über Hämoglobin (1933) 431[14]. — Zusammenfassung über Chromoproteide (Respiratorische Farbstoffe) (1933) 509[9]. — Abbau von Hämoglobin im Verdauungskanal 76[3,4]. — Sulfhämoglobin 435[7]. — Dimensionen des Hämoglobinmoleküls 435[11]. — Stufenweise Sättigung des Hämoglobins mit Sauerstoff 509[8]. — Ort der Sauerstoff-

bindung an Hämoglobin 509[9]. — Vorkommen von Argininphosphorsäure 946[10].
HAUROWITZ, F., C. F. CRAMPTON and H. H. RELLER: Anreicherung von jodierten Proteinen in Mitochondrien 1146[5].
— u. W. PETROU: Lipase im menschlichen Magen 35[5], 39[3,5], 83[17].
— u. J. SLÁDEK: Gewinnung reiner Erythrocyten 424[12]. — N-Verteilung im Stromaeiweiß vom Pferd 440[6]. — Gewinnung von Thrombocyten 471[3]. — Zusammensetzung der Thrombocyten und Leukocyten vom Pferd 472[2]. — Phosphatidgehalt von Erythrocyten 858[3].
— u. H. WAELSCH: Vorkommen von Cholesterin in Quallen 870[5].
— A. WINKLER u. F. KRAUS: Verschiedene Hämoglobinarten im menschlichen Blut 433[12].
— s. CRAMPTON, C. F. 1146[3], 1147[1].
— s. WILLSTÄTTER, R. 38[14].
HAUSEN, S. v., s. VIRTANEN, A. I. 618[2].
HAUSER, A.: Kynurensäureabbau 988[7,8].
HAUSMANN, R., s. WALDSCHMIDT-LEITZ, E. 381[5], 382[18].
HAUSS, W. H., s. CHRIST, P. 384[5].
HAUSWIRTH, L., s. SILBERSTEIN, F. 198[5].
HAVARD, R. E.: Neutralisationsvermögen des Duodenalsaftes 148[11].
HAVEMANN, R.: Verdohämoglobin im Blut 435[9]. — Verdohämochromogen 437[11].
— u. W. HEUBNER: Methämoglobin 434[12].
— F. JUNG u. B. v. ISSEKUTZ jr.: Methämoglobinbestimmung 435[6].
— s. GROSCURTH, G. 1165[3].
HAVEN, F. L.: Phosphatidgehalt von Tumoren uud Leukocyten 857[4].
— and S. R. LEVY: Intracelluläre Verteilung von Phosphatiden 1077[12].
HAWES, R. C., and G. A. ALLES: Cholinesterasegehalt im menschlichen Blut 374[3].
HAWK, P. B., and O. BERGEIM: Buch über praktische physiologische Chemie; 10. Aufl. (1931) Engl. 24[5].
— and W. J. GIES: Glykoproteid aus Knochen 702[10].
— B. L. OSER and W. H. SUMMERSON: Buch über praktische physiologische Chemie; 12. Aufl. (1947) Engl. 87[6].
— s. MILLER, R. I. 96[5].
HAWKINS, C. F., T. L. HARDY and H. H. SAMPSON: Kaliumverlust der Zelle bei Kaliummangel 627[13].
HAWKINS, J.: Intracelluläre Verteilung von Aminoxydase 1090[23].
HAWKINS, J. A., s. SLYKE, D. D. VAN 521[3].
HAWKINS, V., s. VILTER, R. W. 1227[6], 1245[4], 1251[18], 1257[1].
HAWKINS, W. B., and A. C. JOHNSON: Täglicher Hämoglobinverlust 435[17].
— s. HOWLAND, J. W. 289[9].
HAWKINS, W. W., M. L. MCFARLAND and E. W. MCHENRY: Harnstoffgehalt von Rattenblut 342[12]. — Allantoingehalt in Ratten- und Hundeblut 348[1]. — Kreatiningehalt von Hunde- und Rattenblut 350[12].
— s. YOUNG, E. G. 1215[5,14], 1216[12].
HAWKINSON, V. (E.), and C. J. WATSON: Porphobilinogen 1005[1].
— s. GRINSTEIN, M. 1007[2], 1020[3].
— s. LOWRY, P. T. 1005[1].
— s. WATSON, C. J. 1005[4], 1008[4], 1020[1].
HAWKS, J. E., and G. EVERSON: Vorstufen der Purinsynthese 1218[41].
HAWLEY, E. E., s. STEPHENS, D. J. 365[2].
HAWN, C. v. Z., E. A. BERING jr., O. T. BAILEY and S. H. ARMSTRONG jr.: Hämostatischer Effekt von Fibrinschäumen 296[12]. — Fibrin als Deckungsmittel für Gewebsdefekte 500[1].
— s. PORTER, K. R. 477[2].
HAWORTH, W. N., E. L. HIRST and F. A. ISHERWOOD: Methylglucosen aus methyliertem Glykogen 744[8].
HAYAISHI, O., s. SAKAN, T. 989[5].
— s. STANIER, R. Y. 991[2].
— s. TABOR, H. 977[13].
HAYANO, M., and R. I. DORFMAN: 17- u. 21-Oxylierung von Progesteron in der Nebenniere 885[11]. — Fermentsystem der 11β-Oxylierung in der Mitochondrienfraktion der Nebenniere 885[19]. — Biologische Einführung von 17- u. 21-OH-Gruppen in Corticosteroide 886[1]. — Intracelluläre Verteilung des Oestrogenabbaus 1090[109]. — Desoxycorticosteronoxydation in Mitochondrien 1150[11].
— I. DORFMAN and D. A. PRINS: 11-Oxylierung von Corticosteroiden durch Nebennierenschnitte 885[1].
— R. I. DORFMAN and E. Y. YAMADA: 11-Oxylierung von Corticosteroiden durch Nebennierenbrei 885[4].
— s. COHEN, P. P. 971[10], 972[3,5], 973[1,3].
— s. DORFMAN, R. I. 886[10].
— s. FISH, C. A. 891[10], 1090[98], 1151[2], 1153[23].
HAYASHI, T., s. OKADA, S. 461[2].
HAYCRAFT, J. B.: Gerinnungshemmung durch Mundsekret des Blutegels 491[5].
HAYDEN, J. W., s. YUILE, C. L. 663[7].
HAYEK, H. v.: Buch über die menschliche Lunge (1953) 502[5].
HAYEM, G.: Blutplättchen, Quelle der Thrombokinase 483[1].
HAYES, F. M., s. BUCHANAN, J. G. 1063[2].
HAYES, M., s. ALBANESE, A. A. 934[3].
HAYMAN, J. M. jr., S. M. JOHNSTON and J. A. BENDER: Vorkommen von Kreatinin im Blut 348[10].
HAYNES, R., K. SAVARD and R. I. DORFMAN: Förderung der Corticosteroidsynthese durch ACTH 885[16].
— s. SUTHERLAND, E. W. 783[8].

Hays, H. W., s. Lein, J. 483[17].
Heagy, F. C., s. Thomson, R. Y. 1102[17], 1103[9].
— s. Wikramanayake, T. W. 1122[7].
Healy, D. J., s. McHargue, J. S. 666[4].
Heard, R. D. H.: Zusammenfassung über Chemie und Stoffwechsel der Nebennierenrindenhormone (1948) 881[1]. — Zusammenfassung über Stoffwechsel der Oestrogene (1949) 904[2].
— W. S. Bauld and M. M. Hoffman: Keine Umwandlung oestrogener Hormone durch Uterusschleimhaut 905[7].
— and M. M. Hoffman: $\Delta^{5,7,9}$-Oestratrien ol-on im Harn trächtiger Stuten 906[23].
— and J. C. Saffran: Zusammenfassung über Stoffwechsel der Oestrogene (1949) 904[2].
Heath, C. W., s. Maddock, S. 195[20].
Heath, J. C.: Zinkgehalt bösartiger Tumoren 679[12].
— and J. Liquier-Milward: Zinkgehalt bösartiger Tumoren 679[12].
Hebb, C. O., and G. W. Stavraky: Übergang von Glucose in den Speichel 18[2]. — Glucose fehlt im Chordaspeichel 26[15].
— s. Babkin, B. P. 42[31].
Hebekerl, W., s. Graffi, A. 1072[18], 1077[3,7].
Hebeler, F., s. Winkler, H. 328[2].
Hecht, A. F.: Fettverdauung im Säuglingsmagen 97[11].
Hecht, G.: Calciumbestimmung im Blut 397[7].
Hecht, L., s. Novikoff, A. B. 1072[30], 1090[64], 1137[18], 1138[12], 1154[1].
— s. Schmidt, G. 789[15], 1187[1], 1191[11].
Hechter, O.: Übergang von Δ^4-Pregnen-3β-ol-20-on in Corticosteroide 883[8]. — Biosynthese der Corticosteroide 884[2].
— R. P. Jacobsen, R. Jeanloz, H. Levy, C. W. Marshall, G. Pincus and V. Schenker: Umwandlung von Desoxycorticosteron in Corticosteron in der Nebenniere 883[4]. — 11-Oxylierung von Corticosteroiden 883[6].
— R. P. Jacobsen, R. Jeanloz, H. Levy, G. Pincus and V. Schenker: 11-Oxylierungen von Corticosteroiden 883[7].
— M. M. Solomon, I. A. Macchi, E. Caspi and M. Feinstein: Reduktion der Δ^4-3-Ketogruppe von Cortison durch Leber 891[8].
— A. Zaffaroni, R. P. Jacobsen, H. Levy, R. W. Jeanloz, V. Schenker and G. Pincus: Zusammenfassung über Natur und Biogenese der Sekretionsprodukte der Nebenniere (1951) 882[6].
— R. Levine and S. Soskin: Glykogenbildung im Rattenzwerchfell 777[10].
— s. Pincus, G. 882[10].
— s. Zaffaroni, A. 884[5].
Heck, M. H.: Phosphatidgehalt von Blutplasma 858[23].
Hedén, C.-G., s. Malmgren, B. 926[3].
Hedin, S. G.: Identität der Gefrierpunktserniedrigung von Blut und Plasma 268[1]. — Permeabilität von Erythrocyten für organische Substanzen 422[9]. — Eiweißspaltende Fermente in Pferdelymphknoten 557[5].
Heersma, J. R., and J. H. Annegers: Bedeutung der Galle für die Fettresorption 235[6].
Heffter, A.: Zusammenfassung über Arsenstoffwechsel (1903) 693[19]. — Unabhängigkeit des Neutralschwefels von der Ernährung 953[12]. — Thiosulfatausscheidung 954[2].
— u. E. Keeser: Zusammenfassung über Arsen und seine Verbindungen (1927) 692[10].
Heft, H. L., s. Eddy, W. H. 21[13].
Heger, F.: Kreatinin- und Kreatingehalt von menschlichem Blutserum 350[7].
Hegglin, R., H. Grauer u. R. Münchinger: Förderung von Adenosintriphosphatase durch herzwirksame Glykoside 787[10].
Hegsted, D. M., s. Kinney, T. D. 214[12], 665[4].
— s. Ling, C.-T. 993[7].
— s. Riggs, T. R. 839[2].
Hegsted, M., s. Finch, C. A. 665[2].
Heidelberger, C., E. P. Abraham and S. Lepkovsky: Nicotinsäurebildung aus Tryptophan 991[7].
— M. E. Gullberg, A. F. Morgan and S. Lepkovsky: Tryptophanabbau 990[1]. — Nicotinsäurebildung aus Tryptophan 991[7]. — Alaninabspaltung aus Kynurenin 992[13].
— s. Le Page, G. A. 1120[14], 1192[6].
— s. Potter, V. R. 1058[2].
— s. Wiest, W. G. 1154[5].
Heidelberger, M., and K. O. Pedersen: Gespaltenes Thyreoglobulin wirksamer als Thyroxin 225[12].
— s. Hastings, A. B. 510[2,9], 538[2], 539[1].
— s. Schoenheimer, R. 912[6].
— s. Slyke, D. D. van 510[10], 538[5].
Heidenhain, M.: Bau der Dünndarmschleimhaut 105[12].
Heidenhain, R.: Bildung des kleinen Magens 47[7]. — Gehalt an Salzsäure und Chloriden im Magensaft 57[4]. — Lymphmenge im Ductus thoracicus nach Wasserresorption 210[5]. — Resorptionsweg der Salze im Darm 215[2]. — Histologisches Bild der Fettresorption 241[8]. — Menge der Thoracicuslymphe beim Hund 548[12]. — Lymphagoga 549[8].
Heidermanns, C.: Keine Harnsäurebildung aus Harnstoff 1207[7].
— u. I. Kirschner-Kühn: Urease in Schneckennieren 85[12].
Heilbrunn, L. V.: Buch über allgemeine Physiologie; 2. Aufl. (1949) Engl. 1172[8].

Die Seiten 1—840 befinden sich im Bandteil a, die Seiten 841—1257 im Bandteil b.

Heile, B.: Dickdarmausschaltung 199[4].

Heilmeyer, L.: Buch über medizinische Spektrophotometrie (1933) 432[15]. — Lehrbuch der pathologischen Physiologie; 3. Aufl. (1940) 276[7]; 8. Aufl. (1951) 500[20]. — Buch über die Eisentherapie und ihre Grundlagen; 2. Aufl. (1944) 655[20]. — Zusammenfassung über Bestimmung des spezifischen Gewichtes von Blut (1933) 263[8]. — Zusammenfassung über Refraktometrie (1933) 272[10]. — Zusammenfassung über Blutviskosität (1933) 274[1]. — Zusammenfassung über Erkennung und Behandlung der Anämien (1938) 435[16]. — Zusammenfassung über Blutkrankheiten (1942) 255[22]. — Zusammenfassung über Physiologie der Blutgerinnung und Blutstillung (1942) 473[13]. — Zusammenfassung über Eisenmangel als Krankheitsursache (1943) 664[7]. — Zusammenfassung über Blut (1945) 255[21]; (1951) 500[21]. — Sekretion von Chloriden und Salzsäure im Magen 62[9]. — Blutmengenbestimmung mit Farbstoffen 258[8]. — Eisengehalt des Blutes 399[10].

— u. H. Begemann: Zusammenfassung über Blutkörperchensenkung (1951) 264[6]. — Zusammenfassung über Morphologie und Physiologie des erythrocytären Systems (1951) 416[16]. — Zusammenfassung über osmotische Resistenz (1951) 421[13]. — Zusammenfassung über weiße Blutzellen und Reticulumzellen (1951) 455[6]. — Zusammenfassung über Leukocyten (1951) 457[9]. — Zusammenfassung über Blutbildung (1951) 464[16]. — Zusammenfassung über Blutplättchen (1951) 470[12].

— F. Hahn u. H. Schubothe: Kälteagglutinine 424[10].

— W. Keiderling u. G. Stüwe: Buch über Kupfer und Eisen als körpereigene Wirkstoffe (1941) 400[2].

— u. I. v. Mutius: Bedeutung der Magensalzsäure für die Eisenresorption 213[19]. — Erhöhung der Eisenresorption durch Ascorbinsäure 657[7].

— u. W. Ohlig: Fehlermöglichkeiten der Schelsingerschen Probe 356[1].

— u. K. Plötner: Buch über das Serumeisen und die Eisenmangelkrankheiten (1937) 399[10].

— u. G. Stüwe: Eisengehalt des Blutes 399[10]. — Eisenaustausch zwischen Serum- und Erythrocyten 429[5]. — Beziehungen zwischen Serumeisen und -kupfer 429[5]. Eisen- und Kupfergehalt im menschlichen Serum 576[5].

— s. Otto, W. 438[17].

Heim, F.: Acetylcholinesterasegehalt des Blutes im Alter 374[5].

Heim, J. W., s. Field, M. E. 553[1].

Heinemann, M.: Vitamin C-Verteilung zwischen Plasma und Erythrocyten 365[1].

Heinen, H. J., s. Lough, S. A. 955[12].

Heinicke, E., s. Franke, H. 472[13].

Heinlein, H.: Zusammenfassung über morphologische Veränderungen durch parenterale Eiweißzufuhr (1937) 288[4].

Heinrich, K. H., s. Guthmann, H. 405[15].

Heinrich, M. R., and D. W. Wilson: Herkunft des C-Atom 2 im Pyrimidinring 1228[1].

Heinsen, A. J.: Glykolyse bei Durchtritt von Phosphat durch die Erythrocytenmembran 422[15].

— s. Hald, P. M. 422[14].

Heinsen, H. A.: Decarboxylierung von Tyrosin durch tierische Gewebe 931[5].

— s. Wolf, H. J. 931[5].

Heinsheimer, F.: Bildung der Magenlipase in den Fundusdrüsen 83[15].

Heintz, W.: Entdeckung des Kreatinins 945[6].

Heintze, S. G.: Bedeutung von Mangan für die Pflanze 671[7].

Heinz, E.: Ca-Citronensäurekomplex bei Ca-Resorption 639[15]. — Ca-Bindung im Blut an „citratähnlichen" Körper 644[13].

— E. Müller u. E. Rominger: Verbesserung der Ca-Resorption durch Citronensäure 639[10].

— u. H. Netter: Rhythmische Änderungen des kolloidosmotischen Druckes bei der Atmung 270[5].

Heinzler, F., s. Esser, H. 294[8], 568[1].

— s. Scholtan, W. 300[4].

Heise, R., s. Holtz, P. 931[4,6].

Heisel, M., s. Kreuziger, H. 1248[4].

Heissler, A., s. Glass, G. B. J. 70[11], 71[6].

Heitman, H. jr., s. Smith, A. H. 648[1].

Heitzer, K., s. Werle, E. 931[4]. 978[2].

Hejinian, L. M., s. Daniels, A. L. 1238[8].

Hekhuis, G. L., s. Cohen, P. P. 937[1].

Hekma, E.: Darmsaft des Menschen 143[11].
— Gewinnung reiner Erythrocyten 424[13].
— Gewinnung reiner Leukocyten 459[3].
— Theorie der Blutgerinnung 488[5].

— s. Hamburger, H. J. 143[10], 149[12], 150[6].

Held, A. J.: Fluorgehalt des Trinkwassers und Caries 698[7].

— F. Piguet et L. Roesgen: Fluoridbehandlung von Zähnen 699[8].

Hele, M. P.: Hexokinase bei Zuckerresorption im Darm 219[10].

Hele, P.: Acetatoxydierendes Enzym aus Herzmitochondrien 1142[3].

— s. Gergely, J. 839[1].

Hele, T. S.: Mechanismus der Esterschwefelsäurebildung 953[4]. — Mercaptursäuren 953[7], 967[2]. — Cystinausscheidung 955[9].
— Bildung von Sulfat aus Cystin 955[9].
— Cystein/Cystinabbau zu Sulfat 956[5].

— and N. W. Pirie: Cystein/Cystinabbau zu Sulfat 956[12].

HELIN, B., u. H. ZILLIACUS: Jodgehalt im Katzenblut 409[25].
HELLBAUM, A. A., s. STANLEY, A. J. 430[6].
HELLEBRANDT, F. A., E. BRODGON and S. L. HOOPES: Hemmung der Magensaftsekretion 45[22].
— R. H. TEPPER, H. GRANT and R. CATHERWOOD: Dauersekretion der Magendrüsen 41[3].
HELLEM, A., s. PALMER, H. 480[14].
HELLÉN, M., s. SKURNIK, L. 359[5].
HELLER, A., s. LEHMANN, H. 503[1].
HELLER, C. G.: Keine Umwandlung oestrogener Hormone durch Uterusschleimhaut 905[8].
HELLER, H.: Duodenin 142[15]. — Wasserresorption im Darm neugeborener Ratten 209[9].
— s. ASHFORD, C. A. 44[4].
HELLER, J.: Vorkommen von Harnsäure im Blut 1198[7].
— s. PARNAS, J. K. 343[5,16].
HELLER, L., u. N. BARGONI: Intracelluläre Verteilung von Monobutyrase 1090[42].
— s. EULER, H. v. 1090[13].
HELLER, O.: Unterstützung der Trypsinwirkung durch Galle 167[12].
HELLMAN, L., R. R. ROSENFELD, D. K. FUKUSHIMA, T. F. GALLAGHER and K. DOBRINER: Ausscheidung markierter Pregnanderivate nach Zufuhr von markiertem Cholesterin oder Acetat 887[6].
HELLMANN, H., s. BUTENANDT, A. 994[7].
— s. MASSHOFF, W. 558[2,3].
HELLMERS, J. H., u. H. UDLUFT: Buch über die mineralogischen Grundlagen der Silikosefrage (1943) 690[6].
HELLNER, H.: Buch über die Knochengeschwülste (1938) 720[5].
HELLSTRÖM, H., s. EULER, B. v. 451[18].
HELLSTRÖM, J., s. GEMZELL, C. A. 903[2].
HELLWIG, C. A., R. L. DRAKE, H. W. VOTH and J. E. BLEICHER: Globuline im Liquor bei Nervenkrankheiten 567[12].
HELMER, O. M.: Salzsäure- und Chloridgehalt im Magensaft 57[9].
— and I. H. PAGE: Guanidingehalt des Hundeblutes 353[12].
— s. FOUTS, P. J. 46[3].
HELMREICH, E.: Zusammenfassung über Knochensystem (1933) 700[15].
— u. S. GOLDSCHMIDT: Aktivierung der Adenosintriphosphatspaltung durch „Corhormon" 787[12].
HELMREICH, M. L., s. SAMUELS, L. T. 885[23,24], 896[2], 898[2].
HEMINGWAY, A., s. OLSEN, N. S. 939[1], 942[8].
— s. SWENSEID, M. E. 823[1].
— s. WOOD, H. G. 616[2,5], 1056[2].
HEMKE, W., s. THANNHAUSER, S. J. 1254[16].
HEMMELER, G.: Enterogastronwirkung bei Ulcuskranken 142[4]. — Regulation der Eisenresorption 214[11]. — Vorkommen von Ferritin 659[2].
HEMMRICH, F., s. REIMANN, F. 466[12].
HEMPHILL, R. E., s. REISS, M. 575[1].
HEMS, R., s. KREBS, H. A. 951[1], 1138[7], 1139[5].
HÉNAFF, L., s. MAUPIN, B. 459[8]
HENCH, P. S., s. SPRAGUE, R. G. 628[4].
HENDERSON, E., s. SENECCA, H. 886[12].
HENDERSON, J. L., A. R. MCGREGOR, S. J. THANNHAUSER and R. HOLDEN: Phosphatidgehalt von Leber und Milz bei Gargoylismus 861[11].
HENDERSON, L. J.: Buch über Blut (1928) Engl. 528[5]; (1932) Dtsch. Übers. 528[6]. — Isoelektrischer Punkt von Oxyhämoglobin 510[4]. — Einfluß der Kohlensäure auf die Dissoziationskurve von Hämoglobin 515[1]. — Dissoziation der Phosphate im Harn 535[3].
— D. B. DILL, H. T. EDWARDS and W. O. P. MORGAN: Pufferwert der roten Blutkörperchen 539[2].
— u. K. SPIRO: Dissoziation der Phosphate im Blut 535[2].
— s. HOCHREIN, M. 540[3].
HENDERSON, L. M.: Wachstumswirkung von Chinolinsäure 993[2].
— and H. M. HIRSCH: Chinolinsäureausscheidung nach Tryptophanzufuhr 992[17].
— and G. B. RAMASARMA: Chinolinsäurebildung aus 3-Oxyanthranilsäure 993[1].
— G. B. RAMASARMA and B. C. JOHNSON: Chinolinsäureausscheidung nach Tryptophanzufuhr 992[17].
— s. KREHL, W. A. 992[9].
— s. SCHAYER, R. W. 992[17].
— s. SCHWEIGERT, B. S. 194[5].
HENDERSON, M., and J. A. P. MILLET: pH im menschlichen Speichel 19[6].
HENDERSON, Y., Buch über Atmung, Erstickung, Wiederbelebung (1941) Dtsch. Übers. 500[16]. — Zusammenfassung über physiologische Regulation des Säurebasengleichgewichts im Blut (1925) 528[7].
— s. HAGGARD, H. W. 533[4].
HENDRICKS, R. H., s. THOMAS, M. D. 652[3].
HENDRICKS, S. B., and W. L. HILL: Mineralzusammensetzung von Knochen 703[3].
HENDRYCH, F., u. H. WEDEN: Zusammenfassung über Nickel (1934) 406[22].
HENLE, W., L. A. CHAMBERS and V. GROUPE: Antigenwirkung der Mitochondrien 1147[3].
HENNEBERG, W., u. T. PFEIFFER: Wasserstoff und Methan in der Atemluft des Hammels 503[8].
HENNESSY, T. G., s. BERLIN, N. I. 1009[9].
— s. HUFF, R. L. 1009[8].
HENNICKE, A.: Zusammenfassung über Cariesforschung (1949) 723[11].

Die Seiten 1—840 befinden sich im Bandteil a, die Seiten 841—1257 im Bandteil b.

Hennig, W., N. G. Schmahl u. W. Theopold: Ca-Citronensäurekomplex bei Ca-Resorption 639[14].
— u. W. Theopold: Ca-Citronensäurekomplex bei Ca-Resorption 639[13].
— s. Theopold, W. 639[12].
Henning, N.: Zusammenfassung über den Magensaft bei Krankheiten (1940) 93[7]. — Ort der Salzsäurebildung im Magen 59[6]. Resorption von Jodid im Magen 214[21].
— u. E. Bach: Keine Amylaseresorption im Darm 378[4].
— u. W. Baumann: Zusammenfassung über Krankheiten des Darmes (1938) 102[12].
— L. Demling u. H. Kinzlmeier: Gewinnung von reinem Magensaft 47[5], 86[15]. — p_H-Messung im Magensaft 49[11]. — Salzsäurewerte im Magensaft 56[3]. — Körperfremde Gase zur Funktionsprüfung von Darm und Leber 216[2].
— H. Kinzlmeier u. L. Demling: Eiweißfraktionen im Magensaft 68[15], 69[2].
— u. L. Norpoth: Eingetrockneter Magensaft 48[11].
Henny, G. C., and M. Spiegel-Adolf: Struktur der organischen Grundsubstanz des Knochens 708[4].
Henrich, K. H., s. Guthmann, H. 405[15], 693[12].
Henrichs, L. C., s. Wilhelmj, C. M. 171[6,7].
Henriques, O. M.: Carbhämoglobin 523[7].
Henriques, V., u. A. C. Andersen: Ausscheidung von Ammonium-N als Harnsäure durch Hühner 1204[7]. — Ammoniak als Intermediärprodukt der Purinsynthese 1219[3].
— u. R. Ege: Arteriovenöse Blutzuckerdifferenz beim Menschen 315[9].
— u. C. Hansen: Resorption von Paraffinum liq. beim Hund 239[11]. — Resorbierbarkeit von Kohlenwasserstoffen 798[1].
— s. Bjerrum, J. 402[9].
Henry, H., s. Bray, H. G. 85[17].
Henry, K. M., and S. K. Kon: Phytingehalt von Brot und Ca-Resorption 638[11]. — Regulation des Ca: P-Verhältnisses im Darminhalt 639[9].
Henry, R. J.: Buch über den Wirkungsmechanismus von Sulfonamiden (1944) Engl. 1245[6].
Hensel, G.: Amylase im Speichel von Frühgeborenen 24[2].
Hensel, M., u. O. Riesser: Acetonbildung aus Muconsäure 983[7].
Henseleit, K., s. Krebs, H. A. 970[4], 971[7].
Henze, M.: Bedeutung von Vanadium für Ascidien 686[1]. — Bromaufnahme und -ausscheidung 700[2]. — Octopin 937[6]. — p_H-Wert von Ascidienblutzellen 1173[10].
Hepner, F., s. Beumer, H. 191[13], 875[18].
Heppel, L. A., and R. J. Hilmoe: Aktivität der 5-Nucleotidase gegen verschiedene Substrate 1187[15].
Herbain, M., s. Fiessinger, N. 568[7].
Herbert, D., H. Gordon, V. Subrahmanyan and D. E. Green: Aldolase 747[3].
— and J. Pinsent: Katalasegehalt von Erythrocyten 449[9].
— s. Green, D. E. 754[9].
Herbert, F. K.: Fructosegehalt des Blutes 317[13], 318[11]. — Freie Fettsäuren im Blut 331[2]. — Neutralfettgehalt des Blutes 333[8]. — Porphobilinogen als Uroporphyrinvorstufe 1005[5].
— and M. C. Bourne: Restreduktion beim Menschen 316[13]. — Anteil von Glutathion an der Restreduktion 317[4]. — Bestimmung des wahren Blutzuckers 317[9].
— M. C. Bourne and J. Groen: Anteil von Glutathion an der Restreduktion 317[4]. Bestimmung des wahren Blutzuckers 317[9].
— and J. Groen: Bestimmung des wahren Blutzuckers 317[9].
Herbert, P. H., and J. A. de Vries: Einfluß der Nebennierenhormone auf die Leukocytenzahl 456[7]. — Beeinflussung der Leukocytenzahl durch ACTH 469[11].
Herbo, H., s. Bigwood, E. J. 1203[5,6], 1205[9].
Herbrand, W., u. K. H. Jaeger: Buch über das Adenylsäuresystem (1943) 1182[5].
Herbst, (R.): Katalase als Schutz der Erythrocyten gegen H_2O_2 382[12].
Herbst, R. M.: Zusammenfassung über Transaminierung (1946) 937[3]. — Umaminierung 937[3].
— and L. L. Engel: Umaminierung 937[3].
— and D. Rittenberg: Umaminierung 937[3].
— and D. Shemin: Umaminierung 937[3].
Hrrget, L., s. Endres, G. 430[9], 460[2].
Herkel, W., s. Schönheimer, R. 666[10].
Herken, H., u. H. Erxleben: Bestimmung der Serumpeptidasen 381[10].
— u. R. Merten: D-Polypeptidasen im Serum bei Carcinom 381[6].
— R. Merten u. A. Schmitz: D-Polypeptidasen im Serum bei Carcinom 381[6].
— u. M. Wolf: Kationenaustauscher zur Vermeidung von Na-Retention 622[5]. — Kationenaustauscher bei Kaliumvergiftung 628[12].
— s. Brock, N. 684[11], 1177[1].
— s. Druckrey, H. 394[20], 626[5].
— s. Erxleben, H. 930[9].
— s. Kögl, F. 930[9].
Herkert, L., s. Siebert, G. 1112[1], 1116[24].
Hermann, G., s. Ruhenstroth-Bauer, G. 858[7].
Hermann, H., et M. Ribère: Gewinnung von reinem Darmsaft beim Menschen 144[2]. — Zusammensetzung des Ileumsaftes vom Menschen 154[4].
Hermann, V. S., and G. Josepovits: Bindung der 5-Adenylsäuredesaminase an Myosin 1189[10], 1201[11].
Hermanns, L., s. Fromherz, K. 982[14], 984[12].

Hern, G., s. Harding, V. J. 318[12].
Herne, R., s. Hultin, T. 1112[12].
Herr, W., s. Cremer, H.-D. 213[1], 638[2].
Herrin, R. C.: Zusammenfassung über Verdauungskanal (1943) 6[6]. — Thiry-Fistel beim Hund 144[9]. — Zusammensetzung von Blut und Jejunalsaft von Hunden 152[2], 153[1].
Herriott, R. M., s. Seastone, C. V. 73[6].
Herrlich, H., s. Bueding, E. 783[1].
Herrmann, A.: Einfluß von Kohlenhydrat- und Fettkost auf Harnsäureausscheidung 1242[9].
Herrmann, B., s. Schwarz, C. 19[4].
Herrmann, C. L., s. Bodansky, M. 946[6].
Herrmann, E.: Lithiumgehalt von Organen 684[5].
— s. Becher, E. 326[18], 346[1].
— s. Schwarz, R. 706[1].
Herrmann, G. R.: Bedeutung der Diät für die Cholesterinresorption 871[10].
Herrmann, H(einz), s. Fürth, O. 576[21].
Herrmann, H. (Düsseldorf), s. Werle, E. 931[4], 978[2].
Herrnring, G., s. Goldeck, H. 470[15].
Hers, H. G., J. Berthet, L. Berthet et C. de Duve: Intracelluläre Verteilung von Fermenten 1090[39].
Hershman, B., s. Schmidt, G. 332[9], 842[4], 844[1], 851[14], 858[17], 865[17].
Hervieux, C.: Indicangehalt von pathologischen Seren 350[24]. — Indicangehalt von Hundeblut 351[2].
Herz, J. E., s. Fried, J. 886[19].
Herz, N., and B. Shapiro: Inulinbestimmung 319[6].
Herzog, s. Camerer, W. jr. 591[7].
Hess, A. F., s. Benjamin, H. R. 395[15], 396[2], 397[15].
Hess, B.: Zusammenfassung über Jodstoffwechsel (1952) 679[31]. — Jodgehalt von menschlichem Blut 409[20].
— s. Martius, C. 1140[8].
Hess, E. L., and H. F. Deutsch: γ-Globulinfraktion als Träger der Antigene im Serum 307[11].
Hess, E. R., s. Kaplan, L. 478[11].
Hess, N., u. E. Schmoll: Harnsäureschwund 1211[29]. — Harnsäureausscheidung nach purinfreiem Eiweiß 1240[19].
Hess, W. C.: Resorptionsgeschwindigkeit von L- und D,L-Methionin 227[5].
— and J. P. Shaffran: Resorption von L-Prolin und Oxyprolin im Rattendarm 227[7].
— and M. X. Sullivan: Cystinausscheidung nach Methioninzufuhr 955[11,12].
— s. Sullivan, M. X. 947[24].
Hess, W. (R.): Buch über Regulierung des Blutkreislaufes (1930) 262[6]. — Buch über Regulierung der Atmung (1931) 537[2]. — Viskosität des Blutes 274[7]. — Viskositätsbestimmung 275[2].
Hess, W. (R.), u. R. Gundlach: Hemmung der Magensaftsekretion durch Adrenalin 45[26].
Hesse, A. R. F., s. Willstätter, R. 160[17], 164[9].
Hesse, E.: Bleiphosphat im Blut 404[7].
— I. Carpus u. L. Zeppmeisel: Entgiftende Wirkung von Cu bei Thyroxinvergiftung 669[18].
— u. K. Nawrath: Allantoin- und Harnsäureausscheidung nach Salzbrunner Kronenquelle 1250[10].
Hesse, H.: Blutfarbe 258[2].
Hessel, G.: Wirkung von Zink auf Fortpflanzungsorgane 678[5].
— E. Pekelis u. A. Meltzer: Ammoniakgehalt des Magensaftes 68[4].
Hesselbach, M. L., s. Riley, V. T. 1067[1].
Hesselvik, L.: Eiweißfraktionen der Gelenklymphe 580[13].
Hester, H. R., s. Code, C. F. 353[5].
Hestrin, S.: Bestimmung von Acetylcholin 352[7]. — Wirkung krystallisierter Muskelphosphorylase auf verzweigte Polysaccharide 745[9].
— s. Leibowitz, T. 187[1].
Hétényi, G.: Verhalten des Blutfettes nach Nahrungsaufnahme 333[10].
— s. Borbola, J. 86[5].
Hettig, R. A., s. Hahn, P. F. 659[3].
Hettwer, J. P., and R. Kritz-Hettwer: Resorption von genuinem Eiweiß aus dem Darm 224[9].
Heubner, W.: Zusammenfassung über Mineralstoffwechsel (1922) 392[9]; (1931) 609[12]. — Zusammenfassung über Anwendung der photographischen Methode in der Spektrophotometrie des Blutes (1924) 432[7]. — Zusammenfassung über Mineralbestand des Körpers (1931) 623[7]. — Zusammenfassung über Calcium (1931) 637[12]. — Zusammenfassung über Sulfat (1931) 653[2]. — Zusammenfassung über Umsatz der Kieselsäure (1931) 690[7]. — Zusammenfassung über Kobalt (1934) 406[30]. — Zusammenfassung über Silber (1934) 687[2]. — Zusammenfassung über methämoglobinbildende Gifte (1940) 434[13]. — Resorption verschiedener Fe-Präparate 214[17]. — Fibrinogendarstellung 295[7]. — Vorkommen von Silber im Organismus 406[17]. — Aktives und inaktives Hämoglobin 434[5]. — Methämoglobin 434[12]. — Sulfhämoglobin und grüne Hämine 437[13]. — Resorption von Eisen 657[2]. — Eisenablagerung im Darm 657[14].
— et F. Jung: Parallelität der Bildung von Heinz-Körperchen und von Methämoglobin 455[4].
— M. Kiese, M. Stuhlmann u. W. Schwartzkopff-Jung: Methämoglobingehalt von menschlichem Blut 434[16].

HEUBNER, W., u. P. RONA: Calciumgehalt von Katzenerythrocyten 427[8]. — Kein Ca in menschlichen Erythrocyten 428[5]. — Ca-Gehalt tierischer Erythrocyten 428[6].
— s. HAVEMANN, R. 434[12].
HEUMÜLLER, E., s. BAMANN, E. 649[3].
HEUPKE, W.: Buch über die Faeces des Menschen (1939) 172[4]. — Verdauung pflanzlicher Zellen 96[7]. — Eindringen von Verdauungsfermenten in pflanzliche Zellen 181[6]. — Steigerung der Calciumphosphatausscheidung im Darm durch $CaCO_3$ 195[19].
— Cholesterinausscheidung im Dickdarm 196[1].
— u. K. BLANCKENBURG: Inulinverdauung im Darm 175[13]. — Inulinresorption beim Menschen 188[10].
— u. G. ROST: Fettverdauung aus Sojabohnen 176[5], 238[15]. — Durchtritt von Choleinsäuren durch pflanzliche Zellmembranen 794[6].
— u. F. SCHÜLEIN: Zusammensetzung von Ileuminhalt 172[5].
— u. H. WIRTZ: Zerstörung von Dünndarmfermenten im Dickdarm 181[4].
HEUSER, G. F., s. DANIEL, L. J. 467[13].
— s. WILGUS, H. S. jr. 672[3].
HEUSGHEM, C.: Trennung und Bestimmung oestrogener Hormone durch Papierchromatographie 907[15].
HEVESY, G. (C.) (v.): Buch über radioaktive Indikatoren (1948) Engl. 609[23]. — Zusammenfassung über Anwendung radioaktiver Indikatoren in der Biologie (1939; 1940) 646[6]. — Zusammenfassung über Nucleinsäurestoffwechsel (1948) 648[12]. — Verweildauer des Kaliums im Körper 624[14]. Verweildauer von P im Gewebe 647[7]. — Lebensdauer der Erythrocyten 648[10]. — Halbwertszeit von Fettsäuren in der Leber 834[12]. — Phosphatidstoffwechsel der legenden Henne 866[12]. — Hemmung der Nucleinsäuresynthese durch Röntgenstrahlen 1196[17].
— and A. H. W. ATEN jr.: Bildung der Blutphosphatide in der Leber 859[9]. — Phosphatidneubildung in Erythrocyten 858[13].
— and L. (A.) HAHN: Phosphatidsynthe sein der Leber 847[6] — Phosphatidumsatz im Nervengewebe 848[3], 865[2]. — Phosphatidumsatz im Gehirn 864[14]. — Aufnahme von anorganischem Phosphat durch Gehirn 865[11]. — Phosphatidstoffwechsel der legenden Henne 866[13].
— L. HAHN and O. REBBE: Verweilzeit von P im Gewebe 647[8]. — P-Ausscheidung durch Darm und Niere 649[9].
— and E. HOFER: Berechnung des Gesamtkörperwassers 590[7].
— J. J. HOLST and A. KROGH: Austauschgeschwindigkeit von P in den Zähnen 647[13]. — Aufnahme von ^{32}P durch Dentin und Schmelz 722[9].
HEVESY, G. (C.) (v.), H. B. LEVI and O. H. REBBE: Austauschgeschwindigkeit von P im Knochen 647[12]. — Funktion der Phosphatide des Eidotters 867[2].
— K. LINDSTRØM-LANG, A. S. KESTON and C. OLSEN: Einbau von ^{15}N in Eiweiß durch Sonnenblumen 617[9].
— and E. LUNDSGAARD: Anstieg der Blutphosphatide nach Fettresorption 241[3]. — Phosphatidbildung in der Leber bei alimentärer Lipämie 861[14].
— and J. OTTESEN: Erneuerungsgeschwindigkeit der Phosphatide des Zellkerns 867[7]. — Geschwindigkeit der Neubildung von Desoxypentosenucleinsäure 1190[4].
— and O. REBBE: Verweilzeit von P im Gewebe 647[7]. — Geschwindigkeit des Einbaus von anorg. Phosphat in organische Bindung 647[10].
— R. RUYSSEN and M. L. BEECKMANS: Erneuerungsgeschwindigkeit von Leberfettsäuren 835[1].
— s. AHLSTRÖM, L. 1190[2], 1196[16, 18-20].
— s. ATEN, A. H. W. jr. 615[3], 647[11], 653[3], 867[3].
— s. HAHN, L. (A.) 258[6], 623[12], 858[11, 12], 1194[1].
— s. HAMMARSTEN, E. 1120[1], 1190[1].
HEWER, E. E., s. KEENE, M. F. L. 127[3], 165[13].
HEWITT, L. F.: Darstellung von Serumglobulin 309[1]. — Unterteilung der Serumeiweißstoffe 309[9]. — Verschiebung der Eiweißfraktionen nach Diphtherietoxin 310[3]. — Albuminfraktionen im Pferdeserum 311[4]. — Uneinheitlichkeit von Serumalbumin 311[6]. — Kohlenhydratgehalt von Crystalbumin 311[7]. — Seroglykoid 320[6].
HEWSON, W.: Gesammelte Werke (1846) Engl. 486[13]
HEYDE, W., s. GRASSMANN, W. 381[3].
HEYENGA, H.: Gewinnung von Magensaft beim Schwein 47[13].
HEYL, F. W., s. COLE, V. V. 642[10].
HEYMANN, P.: Zusammenfassung über schwer resorbierbare Salze (1927) 212[4].
HEYMANN, W.: Phosphatasen aus Rattendarm 120[12], 125[4]. — Keine Resorption von Vitamin D und Ergosterin bei Gallemangel 249[4].
— s. HARPUDER, K. 1250[15].
HEYMANS, C.: Hemmung der Cholinesterase durch Fluorophosphate 375[4].
— et J. J. BOUCKAERT: Zusammenfassung über die Chemorezeptoren des Carotissinus (1939) 537[3].
HEYNINGEN, R. VAN, s. WEBB, E. C. 678[20].
HEYNINGEN, W. E. VAN, s. NEEDHAM, D. M. 1235[4].
HEYROTH, F. F., s. LARGENT, E. J. 212[3], 697[5].
HIATT, E. P., s. NICHOLS, J. 1238[19].

HICKMANS, E. M.: Bedeutung von Fett und Phosphat für Ca-Resorption 640[6].
— s. ROTHE-MEYER, A. 337[15].
HIER, S. W.: Aminosäuregehalt im Gewebe 916[6].
— s. SOLOMON, J. D. 568[15].
— s. WOODSON, H. W. 345[8].
HIFT, H., and H. R. MAHLER: Intracelluläre Verteilung der Methanoloxydation 1090[83]. — Intracelluläre Verteilung von Formaldehyd-Pyruvat-Carboligase 1090[110].
— L. OUELLET, J. W. LITTLEFIELD and D. R SANADI: Phosphorylierendes Enzym aus Schweineherz 1139[2].
HIGASHI, A., and L. PETERS: Inulinbestimmung 319[5].
— s. KAZAL, L. A. 483[16].
HIGBY, V., s. HARVEY, S. C. 337[3].
HIGGINBOTTOM, C., s. CHALLENGER, F. 694[6].
HIGGINS, G. M.: Zusammenfassung über die geformten Bestandteile des Blutes (1941) 416[12].
HIGGINS, H., J. A. MILLER, J. M. PRICE and F. M. STRONG: Intracelluläre Verteilung von Pantothensäure und Coenzym A 1096[7].
HIGGINS, J. W., s. MATTIL, K. F. 800[7].
HIGHMAN, W. J. jr., s. HAMILTON, B. 367[14].
HIGINBOTHAM, N. L., s. WOODARD, H. Q. 375[14], 376[15].
HIGLEY, C. S., and R. O. BOWMAN: Kreatininspiegel im Blut bei Nierenerkrankungen 349[1].
HIJMANS VAN DEN BERGH, A. A., u. W. GROTEPASS: Protoporphyringehalt von Reticulocyten 436[9].
HIKMET, P.: Gewinnung von Thrombocyten aus Eselsblut 471[6].
HILAROWICZ, H., s. BROSS, W. 721[5].
HILDEBRANDT, A., s. ABDERHALDEN, R. 362[3].
HILDEBRANDT, F., u. H. MÜGGE: Adenosinartige Stoffe im Blut bei Schock 1236[29].
— s. BUTENANDT, A. 893[1].
HILDESHEIMER, A., s. NEUBERG, C. 754[2].
HILDITCH, T. P., and W. H. PEDELTY: Hydrierung von Ölsäure zu Stearinsäure 819[6].
HILGER, J., s. FISCHER, H. 666[1].
HILGETAG, G., s. SCHOENHEIMER, R. 193[1].
HILL, A. V.: Sauerstoffbedarf des tätigen Nerven 506[4]. — Formulierung der Oxyhämoglobindissociation 512[1,4]. — Nichtlösendes Wasser im Muskel 590[4].
— s. BROWN, W. E. L. 511[12], 513[6].
HILL, B. R., s. LIEBERMAN, S. 894[2], 899[6].
HILL, E. S., s. MCHARGUE, J. S. 666[4].
HILL, F. C., s. WILHELMJ, C. M. 62[8], 63[2], 171[6,7].
HILL, G. R., s. THOMAS, M. D. 652[3].
HILL, J. M., S. HABERMAN and R. GUY: Keine Rh-Antikörper in der Albuminfraktion 389[4].
— s. MARINIS, T. P. 393[10].
HILL, L. D. III, s. KELLEY, R. A. 628[11].
HILL, R., and H. P. WOLVEKAMP: Sauerstoffaffinität von Hämoglobin 514[1].
— s. HALDANE, J. B. S. 643[5].
— s. TRUNNELL, J. B. 681[7].
HILL, R. M., D. E. HOLTKAMP, A. R. BUCHANAN and E. K. RUTLEDGE: Mn-arme Diät bei Mäusen 672[10].
— s. DUBACH, R. 872[9].
— s. HOLTKAMP, D. E. 670[12].
— s. TREVORROW, V. 477[11].
HILL, R. S., s. HUNTER, A. 1208[10].
HILL, W. L., s. HENDRICKS, S. B. 703[3].
HILLEBRECHT, J., s. KREUZIGER, H. 1248[4].
HILLER, A., and D. D. VAN SLYKE „Gebundener Amino-N" im Blut 346[1].
— s. SLYKE, D. D. VAN 264[3], 290[1], 343[12], 432[18], 434[4,17], 539[6].
HILLER, F.: Cholingehalt von Liquor cerebrospinalis 570[3]. — Peroxydase und Katalase im Liquor cerebrospinalis 575[5].
HILLER, J., s. STRAUSS, E. 681[11], 682[1].
HILLS, A. G., P. H. FORSHAM and C. A. FINCH: Eosinophile Leukocyten nach Nebennierenhormonen und ACTH 456[11].
— s. THORN, G. W. 456[11].
HILMER, H., s. FISCHER, H. 1003[3].
HILMOE, R. J., s. HEPPEL, L. A. 1187[15].
HILTON, J. G., s. BERLINER, R. W. 624[16].
HILZ, H., s. JONES, M. E. 1041[2].
HIMES, M., s. POLLISTER, A. W. 1103[2].
HIMMEL, I., s. FLAKS, J. 465[13].
HIMMEL, J. P., and O. LINDBERG: Übergang von energiereichem Phosphat in Flavinnucleotide 789[11].
HIMWICH, H. E.: Zusammenfassung über Blutgastransport und Säurebasengleichgewicht im Blut (1935) 528[8]. — Zusammenfassung über Kohlenhydratstoffwechsel (1938) 725[6].
— J. F. FAZEKAS and S. J. MARTIN: Gleichzeitige Pankreas- und Nebennierenentfernung 773[4].
— Y. D. KOSKOFF and L. H. NAHUM: Erniedrigung des Blut-p_H durch die Leber 537[4].
— and L. H. NAHUM: Erniedrigung des Blut-p_H durch die Leber 537[8].
— s. BARR, D. P. 537[6], 540[2].
— s. BROCKET, S. H. 241[1].
— s. BUEDING, E. 783[1].
— s. HIMWICH, W. A. 783[3].
HIMWICH, W. A., and H. E. HIMWICH: Aufnahme von Milchsäure und Brenztraubensäure durch die Leber 783[3].
— s. OHLSON, M. A. 510[11].
HINCK, C. F. jr., s. SOYENKOFF, B. C. 19[11].
HINE, C. H., s. BURBRIDGE, T. N. 327[10].
HINES, H. M., s. BAUMANN, L. 947[14,26].
HINES, L. R., s. EVANS, J. S. 676[4].
HINGERTY, D., s. CONWAY, E. J. 624[1], 626[3].
HINRICHS, A.: Dauer-Darmsonde 169[7].
HINRICHS, M. A., s. MCLEAN, F. C. 396[4].

Die Seiten 1—840 befinden sich im Bandteil a, die Seiten 841—1257 im Bandteil b.

HINSBERG, K.: Buch über medizinisch-chemische Bestimmung methoden; 2. Teil (1936) 531[6]. — p_H-Wert im Blute von Krebskranken 271[9].
— u. J. GLEISS: Goldsol- und Mastixreaktion im Liquor 568[5].
— u. G. HOLLAND: Jodbindungsvermögen von Blutserum 336[4].
— u. K. LANG: Buch über medizinische Chemie; 2. Aufl. (1951) 255[11].
— u. R. MERTEN: Buch über chemische Bestimmungsmethoden im klinischen Laboratorium (1952) 343[1]. — Diagnostische Bedeutung des Eiweißzuckers 322[8].
— u. A. SCHÜRMEYER: Gefrierpunktsdepression während der Atmung 267[1].
— s. DIBBELT, L. 895[3].
— s. GLEISS, J. 294[6], 295[1], 305[4], 338[11], 565[11], 568[3].
— s. HOLLAND, G. 336[4].
— s. SCHOLTAN, W. 300[4].
HINSELWOOD, C., s. CALDWELL, P. C. 926[3].
HINTNER, H., s. PLATTNER, F. 125[14].
HINTON, J. W., s. BRUGER, M. 21[16], 411[3].
HINTSCHE, E., u. P. ANDEREGG: Physiologische Bedeutung der PANETHschen Zellen 107[4].
HIRAJAMA, S., Fettresorption im Pylorus 245[4].
HIRATA, Y., and T. OKAMOTO: Bedeutung der Thymusdrüse für gebundenes Wasser im Blut 392[1].
— u. K. SUZUKI: Vitamin C-Gehalt im Liquor cerebrospin alis 574[1].
s. TANIGUCHI, T. 364[14], 365[4].
HIRD, F. J. R., and E. V. ROWSELL: Tyrosinabbau 984[1]. — Intracelluläre Verteilung von Transaminasen 1090[56].
— s. HANES, C. S. 920[2].
HIROHATA, S.: Förderung der Magensekretion durch Fleisch 42[2].
HIROKAWA, W.: Orte der Allantoinbildung aus Harnsäure 1208[27].
HIRSCH, E. D., s. LOEWE, L. 489[14].
HIRSCH, E. F., s. BAUER, F. C. jr. 334[4,5].
HIRSCH, G. C.: Buch über Form und Stoffwechsel der Golgi-Körper (1939) 204[1].
— s. JORDAN, H. J. 7[2].
HIRSCH, H. M., s. HENDERSON, L. M. 992[17].
HIRSCH, J., s. NEUBERG, C. 758[1].
HIRSCH, O.: Jodgehalt im Liquor cerebrospinalis 576[13].
HIRSCH, P., s. ABDERHALDEN, E. 915[4].
HIRSCHBERG, E., s. ULTMANN, J. E. 1097[3], 1102[23].
HIRSCHLAFF-LINDGREN, B.: Citronensäuregehalt im Pferdeserum 327[8].
HIRSCHMANN, F. B., s. HIRSCHMANN, H. 888*, 892[11,12,13,15], 894[8].
HIRSCHMANN, H.: Δ^5-Androsten-$3\beta,16\alpha,17\beta$-triol im Harn bei Nebennierentumoren 900[7].
HIRSCHMANN, H., M. A. DAUS and F. B. HIRSCHMANN: 20β-Oxy-Steroide 888*. — Ausscheidung von Δ^5-Pregnen-$3\beta,20\alpha$-diol im Harn 892[15].
— and F. B. HIRSCHMANN: Ausscheidung von Δ^5-Pregnenderivaten im Harn 892[11-13].
— F. B. HIRSCHMANN and M. A. DAUS: allo-Pregnan-$3\beta,16\alpha,20\beta$-triol-Ausscheidung im Harn 894[8].
— and O. WINTERSTEINER: α-Oestradiol im Harn trächtiger Stuten 906[14].
HIRSCHSTEIN, L.: Steigerung der Purinausscheidung durch purinfreies Eiweiß 1240[15]. Steigerung der Harnsäureausscheidung durch Aminosäuren 1241[17]. — Steigerung der Harnsäureausscheidung durch Kohlenhydrat- und Fettkost 1242[3].
HIRSHFELD, A. I., s. ALBAUM, H. G. 1234[13].
HIRST, E. L., s. BEAVEN, G. H. 188[6].
— s. HAWORTH, W. N. 744[8].
HIRSZFELD, L.: Untergruppen der Blutgruppen A und B 386[2].
— s. DUNGERN, E. v. 386[1].
HIS, W.: Harnsäureausscheidung bei Gichtanfall und vegetativ nervöse Krisen 1253[6].
HITCHCOCK, E. H., s. BENEDICT, S. R. 1214[11], 1225[7].
HITCHINGS, G. H., G. B. ELION and E. A. FALCO: Wachstumshemmung von Lactobazillus casei durch 2,6-Diaminopurin 1245[11]. — Chemotherapie mit Hemmstoffen der Nucleinsäuresynthese 1252[2].
— G. B. ELION, E. A. FALCO, P. B. RUSSELL and H. VANDERWERFF: Hemmung des Purinstoffwechsels in malignen lymphoiden Tumoren durch Guanazol 1252[4].
— E. A. FALCO and M. B. SHERWOOD: Wirkungsmechanismus der Cholsäure 1245[8]. Nucleinsäurehypothese der perniciösen Anämie 1257[5].
— s. BROWN, G. B. 1193[9].
— s. BURCHENAL, J. H. 1251[21].
— s. ELION, G. B. 1222[10], 1245[10,12], 1252[1,3].
HITTMAIR, A.: Zusammenfassung über Hämoglobinbestimmung (1933) 432[12].
HIXON, W. S., s. HUNTER, F. E. jr. 789[6].
HIZUME, K.: Aldehydrase im Serum tumortragender Tiere 382[5].
HOAGLAND, D. R., and A. R. DAVIS: p_H-Werte von Zellen 1173[3].
HOAGLAND, R., and G. G. SNIDER: Beeinflussung der Ölsäureresorption durch Stearinsäure 800[10].
HOARE, R., s. TUBA, J. 372[2,10,11,16], 779[12].
HOBBY, G. L., s. MEYER, K. 580[10].
HOBERMAN, H. D.: Glykocyamingehalt von Blut 350[18].
HOCH, H.: Carotinoide des Blutserums 357[5].
— and J. R. MARRACK: Bluteiweißbestimmung 290[3].
HOCHREIN, M.: Zusammenfassung über physikalisch-chemische Gesetzmäßigkeiten des Blutes (1931) 528[8].

Hochrein, M., D. B. Dill u. L. J. Henderson: Gebundene Kohlensäure und p_H im Blut bei angestrengter körperlicher Arbeit 540[3].
Hock, A., s. Schlüssel, H. 652[5].
Hock, R., s. Stodtmeister, R. 464[18], 466[10], 470[1].
Hodes, M. E., s. Chargaff, E. 1107[4].
Hodge, H. C., s. Bale, W. F. 708[16], 709[5].
— s. Falkenheim, M. 716[4], 716[6].
— s. Johansson, E. G. 716[7].
— s. Underwood, E. 714[9], 722[7], 723[3].
Hodges, M., s. Bradley, H. C. 72[18].
Hodkin, A. L., and B. Katz: Permeabilitätssteigerung für Na bei Erregung 622[10].
Hodgkin, D., s. Fantes, K. H. 674[8].
Höber, J., s. Höber, R. 227[13].
Höber, R.: Buch über physikalische Chemie der Zellen und Gewebe; 6. Aufl. (1926) 266[5]; (1947) 200[12]. — Zusammenfassung über Alkali- und Erdalkalimetalle (1927) 618[10]. — Zusammenfassung über Kataphorese, Ladung und Agglutination der Erythrocyten, Senkungsreaktion (1928) 424[3]. — Resorptionsgeschwindigkeit verschiedener Ionen 212[1]. — Resorption von Glycerin 236[15]. — Mechanismus der Salzresorption im Darm 610[1].
— and J. Höber: Aminosäureresorption 227[13].
— u. S. L. Ørskov: Permeabilität von Erythrocyten für organische Substanzen 422[10].
Höckendorf, P.: Glykogenese aus Alanin 948[5].
Höfert, H.-J., s. Oer, A. v. 619[2].
Högberg, B., s. Ahlström, L. 381[5], 383[3].
— s. Euler, H. v. 325[1,13,14], 326[2,3,5,9,10], 381[5], 383[1,2], 452[4], 776[2].
Höhne, K. H., s. Nordmann, M. 1257[8].
Hoerr, N. L., s. Bensley, R. R. 1066[13].
Hoesch, K.: Gewinnung von reinem Magensaft beim Menschen 47[3]. — P-Gehalt des Magensaftes 52[9], 66[10].
Höst, H. F.: Einfluß der Verdauungstätigkeit auf den endogenen Harnsäurewert 1200[3]. — Vorstufen der Purinsynthese 1219[18]. — Steigerung der Purinausscheidung durch purinfreies Eiweiß 1240[14]. — Steigerung der Harnsäureausscheidung durch Aminosäuren 1241[16].
Hoevet, B., s. Bird, O. D. 364[4].
Hofbauer, L.: Resorption gefärbter Fette 239[19].
Hofer, E., s. Hevesy, G. 590[7].
— s. Przyłęcki, S. J. v. 859[4].
Hoff, F.: Zusammenfassung über Blut und vegetative Regulation (1928) 464[14]; (1934) 469[5]. — Zusammenfassung über Säurebasengleichgewicht und gesetzmäßige Reaktionsfolge der Leukocyten (1928) 539[3]. — Zusammenfassung über Blutbildveränderungen bei experimenteller Salmiakacidose (1928) 541[3].
Hoff, F., u. F. May: Bedeutung von Fluor bei Hämophilie 407[1].
Hoff, H. E., s. Winkler, A. W. 626[10], 628[10].
Hoff-Jørgensen, E., O. Andersen, H. Begtrup and G. Nielsen: Phytingehalt des Brotes und Ca-Resorption 638[10].
— O. Andersen and G. Nielsen: Phytingehalt des Brotes und Ca-Resorption 638[11].
— M. Friedkin and H. M. Kalckar: Bildung von Desoxyribose-1-phosphat aus Nucleotiden 1195[11].
— s. Friedkin, M. 1195[7].
— s. Kalckar, H. M. 1196[5].
Hoffman, G. R., s. Ziffren, S. E. 480[7].
Hoffman, M. M., G. Masson and M. L. Desbarats: Resorption von Sexualhormonen 249[5].
— s. Heard, R. D. H. 905[7], 906[23].
— s. Schour, I. 722[8], 723[9].
Hoffman, O., s. Williams, H. H. 858[17].
Hoffman, O. D., s. Karr, W. G. 222[1].
— s. Warren, R. 221[14].
Hoffmann, A., G. Lehmann u. E. Wertheimer: Glykogengehalt des Knorpels 702[4].
Hoffmann, C. E., s. Ochoa, S. 1054[7].
Hoffmann, E., s. Hübner, H. J. 879[18].
Hoffmann, F.: Parathormon im Schwangerenblut 367[13]. — Progesterongehalt im Blut 370[8].
— u. L. v. Làm: Progesterongehalt von Blut 370[6,8].
— s. Anselmino, K. J. 368[11], 516[5].
— s. Mond, R. 423[9].
Hoffmann, F. A.: Eiweißgehalt von Zugblasenflüssigkeit bei Nierenschädigungen 578[7].
Hoffmann, H. A., and P. L. Pavcek: Uridinnucleosidase aus Hefe 1226[11].
Hoffmann, J.: Urangehalt des Blutes 406[13].
Hoffmann, K.: Leukocytose nach Nucleotiden und Nucleosiden 1237[2].
Hoffmann, P., s. Freudenberg, E. 127[18].
Hoffmann-Hansen, S.: Einfluß von Vitaminen auf den Eisenstoffwechsel 662[11].
Hoffmeister, W., s. Thaddea, S. 574[1].
Hofman, L.: Chloridverhältnis Serum: Erythrocyten 407[15].
Hofmann, E.: Carbohydrasen der Dünndarmschleimhaut 127[19].
— H. Scheck u. K. Saffert: Bedeutung von Mangan für Fermente 670[13].
Hofmann, G., s. Kautzsch, E. 307[7].
Hofmann, H., E. Kraushaar u. Hj. Staudinger: Biosynthese der Corticosteroide 885[20], 886[7,9].
— u. Hj. Staudinger: Steroidtrennung durch Papierchromatographie 879[16]. — Hormongehalt der Nebennierenrinde 881[9]. Biosynthese der Corticosteroide 886[8]. — Ausscheidung von 17-Oxycorticosteron und 11-Dehydro-17-oxycorticosteron im Harn 893[27].

Die Seiten 1—840 befinden sich im Bandteil a, die Seiten 841—1257 im Bandteil b.

HOFMANN, M.: Darmlänge 104[9]. — Störungen nach Darmresektion 198[13].
HOFMANN, R., s. STRAUBE, G. 569[3].
HOFMEISTER, F.: Zusammenfassung über Ablagerung und Resorption von Calciumsalzen in den Geweben (1910) 710[2]. — Eiweißkörper aus Eiterkörperchen 584[5].
HOFMEISTER, (F. A.) V.: Nahrungsmittelfermente 9[2].
— s. ELLENBERGER, W. 14[12], 15[16], 17[1], 28[2], 56[7], 95[5], 196[5,7].
HOFSTEIN, J.: Förderung der Magensaftsekretion durch Insulin 42[19].
HOGAN, A. G., W. O. REGAN and W. B. HOUSE: Ca : P-Verhältnis und Mineralstoffwechsel beim Meerschweinchen 714[2].
HOGEBOOM, G. H.: Zusammenfassung über Trennung und Eigenschaften von Zellkomponenten (1951) 1064[11]. — Intracelluläre Verteilung von DPN-Cytochrom c-Reductase 1090[10].
— A. CLAUDE and R. D. HOTCHKISS: Intracelluläre Verteilung von Cytochromoxydase und Succinoxydase 1090[2].
— and W. C. SCHNEIDER: Intracelluläre Verteilung von DPN-Cytochrom c-Reductase 1090[8]. — Intracelluläre Verteilung von TPN-Cytochrom c-Reductase und Isocitronensäuredehydrogenase 1090[11]. — Intracelluläre Verteilung der DPN-Synthese 1090[73]. — Intracelluläre Verteilung von Glutaminsäuredehydrogenase und β-Oxybuttersäuredehydrogenase 1090[101]. DPN-Bildung in Zellkernen 1125[13]. — Fraktionierung von Mitochondrien nach Ultraschallwirkung 1130[1], 1131[5]. — ATP als Phosphatquelle für Desoxypentosenucleinsäuresynthese 1190[6], 1235[3].
— W. C. SCHNEIDER and G. E. PALLADE: Intracelluläre Verteilung von Succinoxydase 1090[14].
— W. C. SCHNEIDER and M. J. STRIEBICH: Verteilung von Stickstoff und RNS-Phosphor in der Zelle 1072[15]. — Intracelluläre Verteilung von Cytochromoxydase 1090[6]. — Vorkommen von Cytochromoxydase und Uricase im Zellkern 1116[2].
— s. SCHNEIDER, W. C. 868[3], 1072[7, 23], 1090[5, 16, 29, 68, 75, 84, 145], 1096[4], 1127[4], 1131[4], 1135[1], 1150[7].
HOGNESS, T. R., s. HAAS, E. 1184[15, 16], 1237[12, 13].
HÔJÔ, G.: Xanthingehalt in Gefäßlymphe 1181[3].
— s. OKAUE, Y. 548[3].
HOKIN, L. E.: Wirkung von Carbamylcholin auf ^{32}P-Aufnahme durch Pankreas 1231[11].
— and W. S. REHM: Potentialdifferenz in der Magenschleimhaut 61[11].
— s. REHM, W. S. 61[12], 62[2].
HOLASEK, A., s. FLASCHKA, H. 397[10].
HOLBØLL, S. A., s. LUNDSGAARD, C. 570[12].
HOLDEN, R., s. HENDERSON, J. L. 861[11].
HOLDEN, W. D., J. W. COLE and J. H. DAVIS Bestimmung der Antithrombinwirkung 487[15].
— s. KRIEGER, H. 547[6].
HOLLÁN, S., s. BEREND, N. 35[11].
HOLLAND, G., u. K. HINSBERG: Jodbindungsvermögen von Blutserum 336[4].
— s. HINSBERG, K. 336[4].
HOLLAND, W. C., s. GREIG, M. E. 423[7].
HOLLANDER, F.: Salzsäure- und Chloridgehalt des Magensaftes 57[6]. — Hormone des Magen-Darm-Kanals 130[9], 142[19]. — Regulierung der Wasser- und Salzabgabe im Duodenum durch Secretin 133[5]. — Pankreozymin 155[12].
— and R. S. FELBERG: Magenschleim des Hundemagensaftes 70[9], 71[9].
— F. U. LAUBER and J. J. STEIN: p_H-Wert im Magensaft vom Hund 50[4]. — p_H-Wert von Magenschleim 71[11].
HOLLANDER, V., s. SOBERMAN, R. 591[4].
HOLLANDER, V. P., s. WEST, C. D. 895[13].
HOLLER, J. W.: Hypokaliämie bei Insulinbehandlung 628[6].
HOLLMANN, S.: Glykolyse in der Uterusmuskulatur 740[2].
HOLLOWAY, B. W., and S. H. RIPLEY: Ribonucleinsäuregehalt und Eiweißsynthese in Reticulocyten 926[5], 1125[7].
HOLMAN, R. T.: Konstitution und Wirkung von Polyensäuren 820[4]. — Wirkung essentieller Fettsäuren bei Hautkrankheiten 820[6].
— s. BERGSTRÖM, S. 822[3].
— s. BERK, L. C. 337[2].
— s. RIECKEHOFF, I. G. 821[7].
— s. THEORELL, H. 822[5].
— s. WIDMER, C. jr. 821[5].
HOLMBERG, C. G.: Aktivierung der Darmphosphatase durch Magnesium 125[10]. — Zinkgehalt von Uricase 403[9]. — Teilchengewicht des Fibrinogens 476[12]. — Transaminierung 936[5]. — Codehydrogenase I bei Glutaminsäuredehydrierung 949[14] — H_2O_2-Bildung bei Uricasewirkung 1210[1]. Eisengehalt der Uricase 1210[6].
— and C.-B. LAURELL: Cu-Bindung im Blut 670[4]. — Transferrin 1009[6].
— s. COLLDAHL, H. 352[14].
HOLMBERGH, O.: α-Amylase aus Schweinepankreas 164[8].
HOLMBERGH, O. J., s. LONDON, E. S. 228[13].
HOLMES, A. D., and H. J. DEUEL jr.: Ausnutzung der Nahrungsfette 800[5].
— and R. H. KERR: Fettsekretion durch die Darmwand 801[6].
HOLMES, B., s. LEA, D. 1187[4].
HOLMES, E.: Hexose-6-phosphatase bei Zuckerresorption im Darm 219[11].
HOLMES, E. G.: Zusammenfassung über Gehirn- und Nervenstoffwechsel (1934) 758[7].
— s. BACH, S. J. 782[3], 942[6].

HOLMES, H. L., s. MANSKE, R. H. F. 191[1].
HOLMGREN, H.: Zottenbewegung bei der Resorption 106[3]. — Füllungszustand des Darmes bei der Ratte 111[3]. — Fettgehalt des Darms hungernder Ratten 116[3]. — Rythmik der Fettresorption im Darm 117[1], 231[1].
— u. O. WILANDER: Heparinfällung mit Toluidinblau 492[3]. — Bildung des Heparins in den Mastzellen 493[2].
— and G. WOHLFART: Vermehrung der Mastzellen in Sarkomen 499[6].
— s. JORPES, E. 493[3].
HOLMSEN, J., s. LANGFELDT, E. 1232[5].
HOLST, G. v.: Hyaluronsäure in Exsudaten 558[7]. — Viskosität der Gelenklymphe 580[3].
HOLST, J. J., s. HEVESY, G. 647[13], 722[9].
HOLST, W. F., and E. R. HALBROOK: Blutungsneigung bei Mangeldiät 493[17].
HOLT, E., s. HOWELL, W. H. 491[11].
HOLT, L. E., A. M. COURTNEY and H. L. FALES: Bedeutung von Fett für Ca-Resorption beim Kleinkind 640[4].
HOLT, L. E. jr., A. A. ALBANESE, J. E. BRUMBACK jr., C. KAJDI and D. M. WANGERIN: Essentielle Aminosäuren für den Menschen 934[3].
— A. A. ALBANESE, L. B. SHETTLES, C. KAJDI and D. M. WANGERIN: Essentielle Aminosäuren für den Menschen 934[3].
— H. C. TIDWELL and C. M. KIRK: Ausnutzung der Nahrungsfette 800[11].
— s. ALBANESE, A. A. 654[10], 934[3].
— s. NAJJAR, V. A. 994[4].
— s. SHIPLEY, P. G. 637[3].
— s. SNYDERMAN, S. E. 991[5].
HOLT, P. F., and H. J. CALLOW: Calciumbestimmung im Blut 397[7].
HOLTER, H.: Zusammenfassung über Lokalisation von Enzymen in Cytoplasma (1952) 1064[12].
— u. B. ANDERSEN: Labferment beim menschlichen Säugling 80[9].
— F. E. LEHMANN-BERN u. K. LINDERSTRØM-LANG: Aktivierung von Leucylpeptidase durch Mg 636[20].
— u. K. LINDERSTRØM-LANG: Zusammenfassung über enzymatische Histochemie (1940) 35[15]. — Zusammenfassung über Pankreassekret (1940) 159[10]. — Dipeptidase in Darmschleimhaut 120[7].
— s. LINDERSTRØM-LANG, K. 36[1], 37[8], 59[3], 105[11], 121[19], 122[12].
HOLTHAUS, B., u. B. WICHMANN: Normale Cholesterinwerte im Liquor cerebrospinalis 573[2].
HOLTKAMP, D. E., and R. M. HILL: Mangan und Vitamin B_1-Wirkung 670[12].
— s. HILL, R. M. 672[10].
HOLTON, F. A., s. SLATER, E. C. 1072[37], 1138[8].
HOLTZ, A. H., and L. SEEKLES: Calciumbestimmung im Blut 397[10].
HOLTZ, F.: Blutzucker 314[5]. — Calciumgehalt von menschlichem Blutserum 396[17]. — Blutcalcium bei Krankheiten 397[1]. — Regulationsmechanismus des Blutzuckers 613[1] — Ca-P-Verhältnis von Nahrungsmitteln 639[7]. — Deckung des Ca-Bedarfes 642[3]. — Vermehrung des Blut-Ca durch Hormonwirkung 645[4]. — Tropfige Entmischung unlöslicher P-Salze 650[1].
— J. GÜRSCHING u. H. KRAUT: Parallelismus von Kieselsäure- und Calciumstoffwechsel 692[3].
— u. F. KRAMER: Verminderung des Blutcalciums bei Krankheiten 397[1]. — Ca-Konzentration im Blut und Erregbarkeitsänderung 645[3].
— F. KRAMER u. W. SCHRÖDER: Ca-Konzentration im Blut und Erregbarkeitsänderung 645[3].
— u. C. ROGGENBAU: Bromgehalt von Liquor cerebrospinalis 576[18].
— u. E. SCHREIBER: Zuckerresorption im Magen 221[13].
— s. BRAND, T. v. 720[10], 721[1,2].
HOLTZ, P.: Gebundenes und freies Vitamin C 365[8]. — Decarboxylierung von Histidin durch tierische Gewebe 931[4]. — Decarboxylierung von Tyrosin durch tierische Gewebe 931[5].
— u. K. CREDNER: Decarboxylierung von Histidin durch tierische Gewebe 931[4]. — Decarboxylierung von Dioxyphenylalanin durch tierische Gewebe 931[6]. — Histaminausscheidung nach Histidinverabreichung 978[3].
— K. CREDNER u. A. REINHOLD: Decarboxylierung von Tyrosin durch tierische Gewebe 931[5].
— K. CREDNER u. C. STRÜBING: Dopaoxydase aus Pankreas 166[9].
— K. CREDNER u. H. WALTER: Decarboxylierung von Dioxyphenylalanin durch tierische Gewebe 931[6].
— u. R. HEISE: Decarboxylierung von Histidin durch tierische Gewebe 931[4].
— R. HEISE u. K. LÜDTKE: Decarboxylierung von Dioxyphenylalanin durch tierische Gewebe 931[6].
— u. H. JANISCH: Decarboxylierung von Tyrosin durch tierische Gewebe 931[5].
— u. C. REICHEL: Gebundenes und freies Vitamin C 365[8].
— A. REINHOLD u. K. CREDNER: Decarboxylierung von Dioxyphenylalanin durch tierische Gewebe 931[6].
— u. H. WALTER: Gebundenes und freies Vitamin C 365[8].
HOLWERDA, K.: Stabilität des Gallensäure-Fettsäurekomplexes 234[12].
— s. VERKADE, P. E. 810[5], 811[4].
HOLZAPFEL, L.: Zusammenfassung über Bildung organischer Kieselsäureverbindungen in Staublungen (1943) 690[6]. — Sili-

cium in organischer Bindung im Körper 691[10].
HOLZAPFEL, L., u. I. KERNER-ESSER: Organisch gebundenes Silicium in Ochsenblut 416[8].
HOLZER, H.: Coenzym A 652[1].
HOLZER, F. J.: Blutgruppennachweis in Herzbeutelflüssigkeit 562[3].
HOLZKNECHT, G.: „Große" Colonbewegung 110[2].
HOLZMAN, G., and C. NIEMANN: Blutgruppenspezifische Substanzen im Magensaft 86[1].
HOMAN, D. M., s. ROBERTS, E. C. 1185[2].
HOMBURG, C. A.: Lipidgehalt von Zellkernen 1100[1].
HOMBURGER, E., s. JOSEPH, N. R. 579[8].
HOMBURGER, F.: Bedeutung der Plasmaeiweißkörper für Immunbiologie 285[9].
— s. FISHMAN, W. H. 558[6], 679[16].
HOMER, A.: Kynurensäureausscheidung 988[1]. Kynurensäureabbau im Tierkörper 988[7].
HONEIJ, J. A., s. UNDERHILL, F. P. 635[5].
HONERT, T. H. VAN DEN: Wasserhaushalt der Pflanzen 605[1].
HONEYWELL, H. E., s. RIDDLE, O. 316[7].
HONGO, Y.: Kreatinvermehrung bei Durchströmung des Magens mit Arginin 947[8].
HOOD, D. B., s. GURIN, S. 301[12].
HOOGENHUYZE, C. J. C. VAN, u. H. VERPLOEGH: Verhalten von zugeführtem Kreatin im Stoffwechsel 945[10], 946[3,5]. — Kreatinausscheidung und Argininгehalt von Nahrungseiweiß 947[4].
— s. PEKELHARING, C. A. 946[3].
HOOKER, C. W., and T. R. FORBES: Progesterongehalt des Blutes 370[9].
— s. TRAPS, R. M. 886[31].
HOOPER, C. W., and C. N. MYERS: Silberaufnahme durch Leukocyten 687[7].
— s. FOSTER, M. G. 877[7], 956[20,21].
HOOPES, S. L., s. HELLEBRANDT, F. A. 45[22].
HOOVER, S. R., s. ALLISON, F. E. 644[1].
HOPKINS, F. G.: Rolle der Phosphatide bei Oxydation in der Zelle 856[1].
— and S. W. COLE: Indolbildung 995[3].
— s. ACKROYD, H. 944[3], 969[5], 974[3], 976[4], 1218[23].
— s. WILLCOCK, E. G. 967[6], 987[10].
HOPKINS, J.: Mercaptursäuren als Zwischenstufe der Esterschwefelsäurebildung 953[5].
HOPKINS, R. H.: Zusammenfassung über Amylasen (1946) 164[6].
HOPPE, F.: Struktur der anorganischen Zahnsubstanz 707[2].
HOPPE-SEYLER, F.: Pericardialflüssigkeit 561[8]. — Zusammensetzung des Eiterserums des Menschen 584[1]. — Nucleoproteid (Pyin) in Eiterkörperchen 584[4], 587[5]. — Trockenrückstand von Eiterkörperchen 585[3]. — Verwandtschaft von Häm und Chlorophyll 1022[1].
HOPPE-SEYLER, F. A.: Guanidin im Blut 353[15]. — Ausscheidung von Aminosäuren im Harn 954[21].
HOPPE-SEYLER, F. A., u. N. SCHÜMMELFEDER: Kein Acetylcholin im Blut 352[6].
— s. LINNEWEH, W. 978[7].
HOPPE-SEYLER, G.: Magengase bei Pylorusstenose 68[14].
HOPPS, H. C., s. STANLEY, A. J. 430[6].
HORÁNYI, M., s. MOLNÁR, I. 362[5].
HORBACZEWSKI, J.: Harnsäureausscheidung nach Aufnahme von Nucleinen 1199[4]. — Xanthindehydrogenase der Rinderleber und -milz 1202[8].
HORECKER, B. L.: Intracelluläre Verteilung von TPN-Cytochrom c-Reductase 1090[88].
— and A. KORNBERG: Nucleotidbestimmung im Serum 348[6].
— and P. Z. SMYRNIOTIS: Reversibler Abbau der Phosphogluconsäure 1062[4,6].
— P. Z. SMYRNIOTIS and H. KLENOW: Transketolase 1062[8]. — Oxydativer Abbau von Glucose-6-phosphat 1063[1]
— P. Z. SMYRNIOTIS and J. E. SEEGMILLER: Abbau der Phosphogluconsäure 1062[4].
— s. HAAS, E. 1184[15], 1237[12].
— s. SEEGMILLER, J. E. 1062[5].
HORIUCHI, M., s. KOZAWA, S. 66[9].
HORIUCHI, Y.: Gebundene Fettsäuren im Kaninchenblut 336[2]. — Lipoidgehalt von Kaninchenerythrocyten 442[2].
HORIYE, Y.: Cholesterinablagerungen nach erhöhter Zufuhr 872[5].
HORN, G.: Anstieg der endogenen Harnsäure nach TB I 1200[10].
HORN, M. J., and D. B. JONES: Organische Selenverbindung aus Pflanzen 695[4].
HORNBERGER, C. S. jr., s. REED, L. J. 1039[1].
HORNBORG, A. F.: Gewinnung von reinem Magensaft beim Menschen 46[12].
HORNE, E. A., E. J. MCDOUGALL and H. E. MAGEE: Beeinflussung der Glucoseresorption durch den Vagus 216[4].
HORNEFFER, L.: Hämoglobingehalt der Erythrocyten 431[22]. — Blutkörperchenzahl und Hb-Gehalt im Blut 432[1].
HORNER, C. K., s. BURK, D. 644[2].
HORNING, M. G., and H. C. ECKSTEIN: Steigerung der Phosphatidbildung durch Methionin 850[11].
HOROWITZ, N. H.: Alkalische Knochenphosphatase in Verknöcherungszonen 711[3].
— and G. W. BEADLE: Methylierung von Colamin durch Methionin 854[1].
— s. SRB, A. M. 973[6].
HORRIGAN, D., T. JARROLD and R. W. VILTER: Einfluß von Vitamin B_{12} auf Nucleinsäuren des Knochenmarks bei perniciöser Anämie 1245[3].
— s. VILTER, R. W. 1227[6], 1245[4], 1251[18], 1257[1].
HORROCKS, R. H., and G. B. MANNING: Chromatographische Zuckerbestimmung 319[15].
HORST, W., u. K. H. SCHÄFER: Eisentransport im Blut 1009[4].
HORSTER, H., s. TÖNNIS, W. 229[9].

HORSTERS, H., u. H. ROTHMANN: Hypoglykämie 318[7].
HORSTMAN, P.: Steigerung der Oxydationen in der Magenschleimhaut durch Histamin 60[14].
HORSTMANN, P. M., s. SCHNEIDER, J. J. 891[7,13].
HORT, W.: Zellkerndurchmesser im Rattenherzen 1098[5]. — Zählung isolierter Zellkerne 1104[3].
HORTENSTINE, J. C., s. CHANUTIN, A. 287[8].
HORTON, J., s. BONNER, P. 638[7].
HORTON, K., J. MARRACK and I. PRICE: Calciumgehalt des menschlichen Speichels 21[11].
HORWITT, M. K., s. DORFMAN, A. 452[9].
HOSODA, T., s. FLASCHENTRÄGER, B. 813[4].
HOSODA, Y., u. H. TAKAOKA: Gehalt der Beinlymphe an ätherlöslichen Verbindungen 554[5].
HOSTER, H. A., s. HOSTER, M. S. 1150[18].
HOSTER, M. S., B. J. MCBEE, H. A. ROLNICK, Q. VAN WINKLE and H. A. HOSTER: Mikrosomenfraktion 1150[18].
HOTCHKISS, R. D., s. HOGEBOOM, G. H. 1090[2].
HOTTA, S., s. CHAIKOFF, I. L. 878[4].
HOTZ, W. H., u. K. ROHR: Störungen der Fettresorption bei Lebererkrankungen 247[1].
HOUBEN, H.: Heilstoffchemie 2. Abt., Bd. 3 (1933) 191[4].
HOUCKE, A. VAN, s. MASSART, L. 1187[5], 1198[1,3].
HOULAHAN, M. B., s. MITCHELL, H. K. 1195[12,13], 1221[12,13], 1227[11].
HOUSE, W. B., s. HOGAN, A. G. 714[2].
HOUSSA, G., s. LA BARRE, J. 142[14].
HOUSSAY, B.-A.: Zusammenfassung über die Wirkung der Schilddrüse auf den Diabetes (1948) 775[8]. — Hypophysen- und Pankreasexstirpation 780[3].
— u. A. BIASOTTI: Wirkung von Hypophysenvorderlappenextrakten auf den Kohlenhydratstoffwechsel 774[2].
— et R. R. BUSSO: Schilddrüsenfunktion und Insulinempfindlichkeit 775[6].
— V. G. FOGLIA and O. FUSTINONI: Zuckerresorption bei Kröten mit Hypophysen- und Nebenniereninsuffizienz 218[7].
— V. G. FOGLIA and C. MARTINEZ: Alloxanresistenz von thyreoidektomierten Ratten 779[10].
— et M. A. MAGENTA: Insulinempfindlichkeit von adrenal- und hypophysektomierten Tieren 780[4].
— P. MAZZOCCO et D. POTICK: Erythrocyten sind indicanfrei 350[26].
HOVE, E., C. A. ELVEHJEM and E. B. HART: Zinkgehalt der Kohlensäureanhydratase 403[8]. — Wachstumsstörungen bei zinkfreier Ernährung 677[17]. — Keine biologische Wirkung von Aluminium 685[19].
— s. WACHTEL, L. W. 403[3], 1210[7].
HOVI, V.: Bestimmung der Blutchloride 409[2].
HOW, A. E.: Arsenbestimmung im Blut 405[21].
HOWARD, F. A., s. PAINE, R. 548[6,13].
HOWARD, H. A. H., s. CAMMIDGE, P. J. 316[8].
HOWARD, J., s. AGGELER, P. M. 470[16].
HOWE, P. E.: Eiweißfraktionierung mit Natriumsulfat 294[5]. — Eiweißfällung durch Natriumsulfat 299[3]. — Fraktionen des Serumglobulins 309[6]. — Fraktionierung von Pseudo- und Euglobulin 309[8].
HOWELL, W. H.: Zusammenfassung über Theorien der Blutgerinnung (1935) 473[14]. Zusammenfassung über neuere Fortschritte des Problems der Blutgerinnung und ihre Anwendung auf die Medizin (1941) 473[15]. — Prothrombindarstellung 478[19]. — Lipoidnatur der Thrombokinase 483[10]. — Thrombindarstellung 486[1]. — Prothrombin-Antiprothrombin-Komplex 487[1]. — Kohlenhydratgehalt von Heparin 491[12]. — Heparin als Antiprothrombin 492[15]. — Gerinnungsfähigkeit des Blutes bei Hämophilie 497[5]. — Antiprothrombinmangel im Hämophilieblut 497[9]. — Gerinnungszeit der Lymphe 552[7].
— and D. D. DONAHUE: Trombocytenbildung durch Lungengewebe 471[13].
— and E. HOLT: Heparin 491[11].
HOWLAND, G., W. R. CAMPBELL, E. MALTBY and W. L. ROBINSON: Adenome der LANGERHANSschen Inseln als Ursache von Diabetes 770[3].
HOWLAND, J.: Experimenteller Beitrag zur Biologie der Rachitis (1926) 710[3].
— and B. KRAMER: Mechanismus der Knochenverkalkung 710[3].
— W. M. MARRIOTT and B. KRAMER: Mechanismus der Knochenverkalkung 710[3]. — Halisterese bei Rachitis 719[3].
— s. SHIPLEY, P. G. 710[4].
HOWLAND, J. W., and W. B. HAWKINS: Umwandlung von Plasmaeiweiß und Körpereiweiß 289[9].
HOYER, G.: Eisenbestimmung 400[8].
HOYLE, L. s. HAPPOLD, F. C. 995[5].
HRDINA, L., s. SCHÖNHEIMER, R. 152[5], 191[9].
HRYNTSCHAK, T., s. FÜRTH, O. v. 978[6].
HSIEH, C. K., s. PEARSON, O. H. 778[10].
HUANG, R. L., s. WÜERSCH, J. 874[1].
HUBAY, C. A., s. KRIEGER, H. 547[6].
HUBBARD, R. S., and G. M. BECK: Beziehungen von Blutchlor zu Liquorchlor 408[6].
— and R. C. PORTER: Keine Glykolyse in zellfreien Gelenkergüssen 582[1].
— and N. M. RUSSELL: Fructoseähnliche Verbindung im Liquor cerebrospinalis 570[18].
HUBBELL, R. B.: Phosphorgehalt des menschlichen Speichels 21[8]. — Zusammensetzung des Mundspeichels und Entstehung der Zahncaries 28[9].

HUBBL, R. B., and L. B. MENDEL: Wachstumswirkung von Zink 678[3].
— L. B. MENDEL and A. J. WAKEMAN: Optimale Calcium- und Phosphatzufuhr 717[6].
HUBER, B.: Zusammenfassung über die Beurteilung des Wasserhaushaltes der Pflanze (1925) 606[1]. — Zusammenfassung über den Wasserumsatz der Pflanze (1932) 606[1]. — Zusammenfassung über Wasserumsatz in Pflanzen und Stoffbewegung (1933) 606[1]. — Zusammenfassung über Wasserumsatz u. Stoffbewegungen (1951) 605[1].
HUDDLESTUN, B., s. LEVINE, R. 782[1].
— s. WOLFSON, W. Q. 347[1,7].
HUDOFFSKY, B., G. MALORNY u. H. NETTER: Adsorption von Natriumionen an die Muskelfaser 619[14]. — p_H der Gehirnoberfläche bei Vergiftungen 1176[2].
HUDSON, P. B., H. BRENDLER and W. W. SCOTT: Subtrate für Phosphatasebestimmung 377[13].
HÜBENER, H. J., E. HOFFMANN u. F. BODE: Steroidtrennung durch Papierchromatographie 879[18].
— s. AMELUNG, D. 886[13], 891[9], 1090[133], 1151[2].
— s. MEYERHEIM, G. 893[23].
HUEBER, E. v., s. BRÜCKE, F. T. v. 140[1], 374[2].
HUEBNER, C. F., and K. P. LINK: Identifizierung des Süßkleefaktors als Dicumarol 495[2]
— s. LINK, K. P. 495[2].
— s. OVERMAN, R. S. 495[3].
— s. STAHMANN, M. A. 495[1].
HÜBNER, K., s. BARRENSCHEEN, H. K. 319[18].
HÜFNER, G.: Form der Sauerstoffbindungskurve von Hämoglobinlösungen 511[10].
HUENNEKENS, F. M.: Äpfelsäuredehydrogenase der Mitochondrien 1131[6].
— and D. E. GREEN: Coenzymgehalt von Cyclophorasepräparaten 1132[4]. — Verschwinden der Coenzyme bei Alterung des Cyclophorasesystems 1132[6].
— H. R. MAHLER and J. NORDMANN: Endabbau der Propionsäure 808[6], 1143[5]. — Intracelluläre Verteilung von α-Oxysäuren-Racemase 1090[85]. — Milchsäureoxydation durch Mitochondrien 1136[27]. Endoxydation der Propionsäure 1143[5]. — Umwandlung von L- in D-Milchsäure im Cytoplasma 1153[9].
— s. MAHLER, H. R. 808[6], 1132[1], 1136[35], 1143[5], 1149[4].
HUERGA, J. DE LA, and H. POPPER: Bestimmung der γ-Globuline 307[10].
— H. POPPER, M. FRANKLIN and J. J. ROUTH: Bestimmung der γ-Globuline 307[9].
— s. KREHL, W. A. 991[4], 992[9].
— s. POPPER, H. 307[9].
— s. SCHAFFNER, F. 853[6], 861[6].
HUFF, J. W., and W. A. PERLZWEIG: Methylierung von Nicotinsäure 961[13]. — Trigonellin- und Nicotinsäureamidausscheidung nach Nicotinsäurezufuhr 991[6].
— W. A. PERLZWEIG, R. FORTH and F. SPILMAN: Trigonellin- und Nicotinsäureamidausscheidung nach Nicotinsäurezufuhr 991[6].
— s. LEVITAS, N. 363[14], 453[6].
— s. ROSEN, F. 991[5], 992[7], 993[7].
— s. WRIGHT, L. D. 1222[12], 1227[5].
HUFF, R. L., T. G. HENNESSY, R. E. AUSTIN, J. F. GARCIA, B. M. ROBERTS and J. H. LAWRENCE: Abbaurate des Plasma-Fe 1009[8].
— s. BERLIN, N. I. 1009[9].
HUFFMAN, M. N., S. A. THAYER and E. A. DOISY: β-Oestradiol und Oestriol in der Placenta 904[4].
— s. SMITH, G. V. 906[11].
HUG, E., s. BERNHARD, K. 795[2].
HUGENTOBLER, F., s. WUHRMANN, F. 307[6].
HUGGETT, A. S. G., and F. M. ROWE: Verhinderung der Blutgerinnung durch Chikago-Blau 491[4].
— s. BARKLAY, H. 319[4], 582[10].
HUGGINS, C.: Zusammenfassung über Zusammensetzung des Knochens und Funktion der Knochenzelle (1937) 700[10].
— and P. S. RUSSELL: Amylasegehalt von Blutplasma 378[8]. — Erniedrigung der Blutdiastase bei Diabetes 379[4].
— and P. TALALAY: Phenolphthaleinphosphorsäure als Phosphatasesubstrat 377[10].
— V. C. VAIL and M. E. DAVIS: Wirkung von fibrinolytischem Enzym auf Menstrualblut 490[4].
— s. TALALAY, P. 380[2].
HUGGINS, C. B.: Bedeutung der alkalischen Phosphatase für Verknöcherung 711[8].
— and A. A. JOHNSON: Fehlen von Phosphat in Spermatoceleflüssigkeit 564[4].
HUGGINS, A. R., R. A. SEIBERT and R. A. BRYAN: Kaliumaustausch der Zelle 624[13].
HUGHES, R. H., and E. J. WIMMER: Resorption kurzkettiger Fettsäuren in Form von Salzen 236[8]. — Verbleib von Fetten mit niederen Fettsäuren nach Resorption bzw. parenteraler Zufuhr 240[10].
HUGHES, W., s. ADLER, E. 1236[4].
HUGHES, W. L. jr., s. COHN, E. J. 294[9], 306[1], 311[13], 476[10].
HUHTALA, A.: Abnahme des Serumbilirubins nach Nahrungsaufnahme 354[7].
HUHTIKANGAS, H.: Eigenschaften des Mageninhaltes von Neugeborenen 50[1].
HUIDOBRO, F., R. VALDÉS and M. DÁVILA: Beeinflussung der Glucoseresorption durch den Vagus 216[5].
HUIS IN'T VELD, L. G., et E. DINGEMANSE: Testosteronmetabolite im Frauenharn 896[10]. — Ausscheidung von Androstanderivaten bei der Frau 901[10].

Huis in't Veld, L. G., s. Dingemanse, E. 879[6], 896[9], 900[6], 901[1,3,4,9], 902[9], 903[10,11].
Huiskamp, W.: Fibringlobulin 298[3].
— s. Pekelharing, C. A. 313[2].
Hullin, R. P., s. Richter, D. 1090[43], 1116[17].
Hultin, T.: Neubildung von Mitochondrien bei Entwicklung von Seeigeleiern 1135[2].
— and R. Herne: Aminosäurezusammensetzung von Zellkernproteinen 1112[12].
Hume, E. M., and H. A. Krebs: Keine Vitamin A-Synthese durch Darmbakterien 197[6].
Hume, H. V., W. Denis, D. N. Silverman and E. L. Irwin: p_H-Wert des Duodenalinhaltes während der Verdauung 170[1].
Hummel, F. C., s. Beach, E. F. 517[2].
— s. Bonner, P. 638[7].
— s. Erickson, B. N. 332[4], 428[8], 442[4], 858[5,8].
— s. Williams, H. H. 858[10].
Hummel, H., s. Rietschel, H. 9[4].
Hummel, O., s. Schlüssel, H. 652[5].
Hummel, R.: Cholesterinablagerungen nach erhöhter Zufuhr 872[3].
— s. Schönheimer, R. 113[1], 192[10], 337[4].
Humnicki, V., s. Bondzyński, S. 181[8], 192[6].
Humphrey, G. F., and M. Robertson: Stoffwechselleistungen von Mitochondrien 1136[40].
Humphrey, J., s. Mehl, J. W. 302[1].
Humphrey, J. H.: Antihyaluronidasen im Serum 383[5]. — Hyaluronidasebestimmung 384[13].
Humphrey, M. J., s. Barker, S. B. 410[7].
Humphreys, S., s. Cartwright, G. E. 993[6].
Humphries, P., s. Lieberman, S. 902[10].
Hundley, J. M.: Tryptophanwirkung bei Pellagra 991[4].
— and H. W. Bond: Trigonellin- und Nicotinsäureamidausscheidung nach Tryptophanzufuhr 991[5]. — Alaninabspaltung aus Kynurenin 992[14].
Hunscher, H. A., s. Bonner, P. 638[7].
Hunt and A. Seidell: Jodgehalt der Schilddrüse von Tieren 680[4].
Hunt, G. E., s. Hamilton, T. S. 669[6].
Hunt, J. N.: Pepsinbestimmung 75[5]. — Wasseraufsaugung im Magen 209[3].
— s. Fisher, R. B. 51[7].
Hunter, A.: Zusammenfassende Darstellung über Kreatinstoffwechsel (1922) 946[3]. — Identifizierung der Urocaninsäure als Imidazylacrylsäure 975[5]. — Urocaninsäurebildung aus Histidin durch Darmbakterien 975[11]. — Allantoingehalt im Blut 1215[4].
— M. H. Givens and C. M. Guion: Allantoinbildung aus Harnsäure 1208[10].
— M. H. Givens, R. S. Hill and A. Oberle: Allantoinbildung aus Harnsäure 1208[10].
— and S. Simpson: Umweltbedingungen und Jodgehalt der Schilddrüse 680[5].
Hunter, A., s. Gornall, A. G. 970[5].
Hunter, F. E.: Phosphatidgehalt von Blutplasma 858[17].
— and L. F. Leloir: Citronensäuresynthese aus Acetessigsäure 1034[3].
— and S. R. Levy: Phosphatidumsatz bei Normal- und Tumortieren 848[10].
Hunter, F. E. jr., and W. S. Hixon: Ausbeute an energiereichem Phosphat bei Oxydation von α-Ketoglutarat 789[6].
— s. Preisler, P. W. 725[21], 775[9], 785[2], 788[11], 1202[21].
Hunter, F. R., and W. G. Banfield: Vorkommen von Aldolase und Atmungsfermenten im Zellkern 1116[6].
Hunter, F. T., A. F. Kip and J. W. Irvine jr.: Arsenspeicherung in der Haut 693[2].
— s. Lowry, D. H. 693[18].
Hunter, G.: Vorkommen von Ergothionein im Blut 344[2]. — Carnosin 978[6]. — Ergothionein in Erythrocyten 979[5].
— and B. A. Eagles: Glutathion nur in Erythrocyten 448[5]. — Ergothioneingehalt von Erythrocyten 449[4].
Huntress, E. H., s. Schuerch, C. jr. 1000[1].
Hunzinger, W., H. Süllmann u. G. Viollier: Hyaluronsäuregehalt der Lymphe nach Ultraschallbehandlung 581[3].
Huppert (H.): Glykogen in Eiterkörperchen 584[8].
Hurka, W.: Elektrometrische Kationenbestimmung 393[2].
Hurlbert, R. B., and V. R. Potter: Umsatzgeschwindigkeit von Nucleotiden 1120[13]. — Ribonucleotidsynthese in Zellfraktionen 1122[3].
— s. Potter, V. R. 1066[11], 1156[4].
Hurn, M., and F. D. Mann: Bestimmung der Antithrombinwirkung 487[14].
— s. Mann, F. D. 479[10], 482[3,4].
Hurst, R. O., J. A. Little and G. C. Butler: Oligonucleotidspaltung durch Schlangengift 1187[11].
— A. M. Marko and G. C. Butler: Zusammensetzung von Desoxyribonucleinsäure 1107[10].
Hurst, W. W., s. Layne, J. A. 561[2].
Hurtley, W. H., s. Garrod, A. E. 954[18].
Hurwitz, J., s. Muntz, J. A. 626[18].
Hurwitz, S. H., s. Kerr, W. J. 287[8].
— s. Whipple, G. H. 287[8], 475[6].
Huseby, R. A., and C. P. Barnum: Verteilung von Restprotein, Rest-N, Ribonucleinsäure und Phosphor in der Zelle 1072[4]. — Intracelluläre Verteilung von Phosphatiden 1077[10].
— s. Barnum, C. P. 1072[6], 1077[1], 1120[2], 1121[5], 1122[2], 1150[16].
— s. Samuels, L. T. 885[24].
Husemann, E., s. Schulz, G. V. 744[7].
Husfeldt, E.: Proteinase- und Peptidasegehalt von Leukocyten 463[10].

HUSZÁK, S., s. ANNAU, E. 694[4].
HUTCHENS, T. T., s. BRUGGEN, J. T. VAN 835[6].
HUTCHINSON, A. O., R. A. MCCANCE and E. M. WIDDOWSON: Cholinesterase im Blut bei Krankheiten 374[7].
HUTCHISON, W. C., s. THOMSON, R. Y. 1102[17] 1103[9].
HUTT, F. B., s. FIELD, R. A. 498[5].
HUTTON, M. K., s. DANIELS, A. L. 685[18].
HYDE, G. M., s. PRENTICE, T. C. 591[3].
HYDÉN, H.: Bedeutung von Ribonucleinsäuren für die Eiweißsynthese 926[3]
HYNES, M.: Größe des Eisenvorrats 660[7].

IANNUCCI, J. F., s. DARROW, D. C. 624[4].
IBERTI, U., e V. FABBRINI: Altersschwankungen des Bromgehaltes im Blut 409[14].
IBRAHIM, J., s. SOETBEER, F. 1208[2].
ICHIBA, F., s. WOLFSON, W. Q. 305[2].
ICHIHARA, K., u. S. GOTO: Kynurensäureausscheidung 988[5].
— u. N. IWAKURA: Tryptophanabbau 988[11].
— S. OTANI u. J. TSUJIMOTO: Tryptophanabbau 988[11].
— s. KOTAKE, Y. 960[8], 988[11].
ICHIMI, T.: N-Gehalt von Erythrocyten 431[10].
IGLAUER, K.: Katalasegehalt polynucleärer Leukocyten 464[5].
IIDA, Y.: Bedeutung der Milz für die Blutbildung 465[17].
IKEBE, K.: Acetonkörper im menschlichen Magensaft 86[10].
IKEDA, G.: Zusammensetzung des Darmsaftes 152[3].
IL'INA, L. I., s. GUBERNIEV, M. A. 1231[10].
ILLINGWORTH, C. F. W.: Fraktionen der Magensalzsäure 51[8].
IMAI, T.: Carboxypolypeptidase im Darmsaft 123[14].
IMAS, R., s. THOMAS, P. 1242[14].
IMBODEN, M., s. COX, W. M. jr. 717[5], 718[1].
IMHÄUSER, K.: Restkohlenstoff im Blut 330[1]. Cholesterinausscheidung 875[9]. — Histologischer Nachweis von Acetalphosphatiden 866[7].
— s. FEULGEN, R. 863[5], 1183[3].
INUKAI, F., and W. NAKAHARA: Cholinphosphorsäure in der Leber 851[15].
INFANTELLINA, F.: Anregung der Parotissekretion durch HCl 14[11].
ING, H. R., s. CODE, C. F. 352[8], 464[9].
INGALLS, E. N., s. WYMAN, J. jr. 433[9], 516[8].
INGELMANN, B.: Höherpolymere Phosphate in Hefe und Bakterien 648[17].
— u. H. MALMGREN: Spaltung von Poly- und Metaphosphaten 649[5].
INGLE, D. J., and J. E. NEZAMIS: Wirkung von Insulin und Hypophysenextrakt auf Blutzucker 781[8].
— R. SHEPPARD, E. A. OBERLE and M. H. KUIZENGA: Glucosurie und Salzausscheidung nach Corticosteron und 17-Oxycorticosteron 773[8]. — Glucosurie nach Corticosteron 778[5].
INGLE, D. J. s. WELT, I. D. 761[4].
INGLE, D. S., s. BAKER, B. L. 1197[9], 1234[5].
INGRAHAM, F. D.: Hämostatischer Effekt von Fibrinschäumen 296[12].
— s. BAILEY, O. T. 296[12], 500[5,6].
INGRAHAM, J. S.: Anreicherung von Antigenen in Mitochondrien 1146[4].
INGRAHAM, R. C., and M. B. VISSCHER: Mineralstoffe in der Magenschleimhaut 40[13]. Resorptionskräfte im Darm 211[7]. — Darmresorption nach Vergiftung 212[7]. — Kaliumgehalt der Verdauungssäfte 625[2].
INGREEN, B. E., s. MEYER, K. 558[7].
INHOFFEN, H. H., s. LETTRÉ, H. 870[12].
INMAN, O. L., s. ROTHEMUND, P. 1025[1].
INOSEMZEW, S. I.: Nichtdialysabler Teil des Serumkaliums 394[9].
INOUYE, J. M.: Mucingehalt des menschlichen Speichels 21[21].
— S. FORER, M. G. REISCHE and E. G. MILLER jr.: Mucingehalt des menschlichen Speichels 21[20].
— s. FLINN, F. B. 667[7], 677[7].
INOUYE, T.: Keine Fettresorption im Magen 245[2]. — Restkohlenstoffgehalt im Blut 330[4], 445[10].
INSKO, W. M. jr., M. LYONS and J. H. MARTIN: Bedeutung von Mangan für Wachstum des Huhnes 671[20].
INTROZZI, P., e A. MARIANI: Aktivität der Amylase im Speichel und im Serum 23[15]. Keine Beziehungen zwischen Amylasegehalt von Speichel und Plasma 24[7].
IOB, (L.) V., and W. W. SWANSON: Natrium- und Kaliumretention beim Säugling 619[8].
— s. SWANSON, W. W. 625[7], 631[6].
IRBY, V., s. ALBANESE, A. A. 654[10], 934[3].
IRISH, O. J., s. VIGNEAUD, V. DU 935[2,3], 936[1].
IRISH, U. D., and L. B. JAQUES: Hemmung der Prothrombin- und Fibrinogenbildung durch Dicumarol 495[8].
IRVIN, J. L., J. KOPALA and C. G. JOHNSTON: Resorption von Carotinen 249[7].
— s. JOHNSTON, C. G. 135[21].
IRVINE, J. W., s. HUNTER, F. T. 693[2].
— s. LOWRY, O. H. 693[18].
IRVING, J. T.: Mg-Gehalt der Nahrung und Wachstum 636[2]. — Beziehungen zwischen Fluorid- und Phosphorstoffwechsel 699[12].
— s. GAUNT, W. E. 723[5].
— s. WALKER, A. R. P. 638[13].
IRVING, L.: Resorptionsgeschwindigkeit verschiedener Ca-Salze 213[1].
IRWIN, E. L., s. HUME, H. V. 170[1].
IRWIN, M. H., H. STEENBOCK and A. R. KEMMERER: Vitaminzulage und Fettresorption bei normalen Ratten 248[7].
— H. STEENBOCK and V. M. TEMPLIN: Keine Beziehung zwischen Darmlänge und -oberfläche und resorbierbarer Fettmenge 246[10].

IRWIN, M. H., J. WEBER and H. STEENBOCK: Keine Verbesserung der Fettresorption durch Glycerinphosphorsäure 237[21].
— s. STEENBOCK, H. 232[2], 245[10].
ISAAC, S., u. W. AMELUNG: Zusammenfassung über Untersuchung des Magensaftes (1926) 53[6].
ISBELL, E. R., H. K. MITCHELL, A. TAYLOR and R. J. WILLIAMS: Intracelluläre Verteilung von Vitaminen der B-Gruppe 1096[2].
ISHERWOOD, F. A., s. HANES, C. S. 920[2].
— s. HAWORTH, W. N. 744[8].
ISHIKAWA, F.: Resorption von Aminosäuren aus dünnen Lösungen 227[12].
ISHIKAWA, H., u. Y. KOMITA: Nucleotid-N-ribosidase 130[2], 166[6], 1188[12].
ISSEKUTZ, B. v., L. LASZT u. F. VERZÁR: Hemmung der Fettresorption durch Vergiftung 238[12].
ISSEKUTZ, B. v. jr.: Methämoglobingehalt von Katzenblut 434[18].
— s. HAVEMANN, R. 435[6].
ITAGAKI, C., u. Y. NAKAYAMA: Tryptophanpyrrolase 988[13]. — Tryptophanabbau 990[4].
ITAGAKI, S., s. UCHIDA, M. 977[11].
ITANO, H. A.: Menschliche Hämoglobintypen 1011[5].
ITIZYO, M.: Wirkung von Cu auf die Hämoglobinbildung 669[9].
ITO, K., and K. KUNITARO: Erhöhung des Blutcholesterins 338[6].
ITO, M., s. UYEI, N. 368[6].
IVANOV, G. F.: Lymphmenge beim Menschen 548[8].
IVANOV, I. I.: Vorkommen von Kreatinphosphat in Spermatozoen 788[6].
IVANOV, V. I., s. SEVERIN, S. E. 979[2,3].
IVERSEN, M.: Zusammenfassung über Alloxandiabetes (1947) 780[1].
IVY, A. C.: Buch über gastrointestinale Wirkstoffe (1935) Engl. 11[5]. — Folgen der Magenresektion 38[6]. — Isolierung von Histamin aus der Pyrolorusregion des Schweines 43[15]. — Histamin und Gastrin sind nicht identisch 44[7]. — Secretin 131[2]. — Zeitlicher Verlauf der Secretinwirkung 133[6]. — Wirkung unreiner Secretinpräparate auf Gallensekretion 133[9]. — Keine cholagogische Wirkung von reinem Secretin 134[7].
— and J. S. GRAY: Zusammenfassung über Verdauungskanal (1939) 6[6]. — Darmschleimhautextrakte und Blutzucker 142[18].
— G. KLOSTER, G. E. DREWYER and H. C. LUETH: Secretingewinnung 131[10].
— and E. OLDBERG: Cholecystokinin 141[12].
— s. ANNEGERS, J. H. 800[12].
— s. BEAZELL, J. M. 215[11].
— s. BERRY, I. M. 239[10], 798[7].
— s. BLICKENSTAFF, D. 146[9].
IVY, A. C., s. BUSSABARGER, R. A. 38[6].
— s. CLARKE, B. G. 107[11], 244[6].
— s. CUTHBERT, F. S. 205[4].
— s. FREEMAN, S. 376[11].
— s. GILLMAN, T. 214[3].
— s. GREENGARD, H. 132[11], 134[8], 142[2].
— s. GREGORY, R. A. 42[33].
— s. GROSSMAN, M. I. 44[11].
— s. KIM, M. S. 42[8,27], 43[15].
— s. LOEW, E. R. 142[18].
— s. ORNDORFF, J. R. 72[12].
— s. ROBACK, R. 44[12].
— s. SACKS, J. 43[14].
— s. WALSH, E. L. 195[16].
— s. WANG, C. C. 133[10].
— s. WERCH, S. C. 188[3-5].
IVY, H. B., s. CRANDALL, L. A. jr. 830[3].
IWABUCHI, T.: Vorkommen von Arginase in Erythrocyten 381[12]. — Keine Arginase im Blutserum 150[17]
IWAKI, Y.: Erythrocytengehalt in Kaninchenlymphe 548[3]. — Physikalische Eigenschaften der Kaninchenlymphe 553[9].
IWAKURA, N., s. ICHIHARA, K. 988[11].
IWANOFF, N.: Synthetisierende Wirkung der Kathepsine 917[5].
IWAO, J., s. KOTAKE, Y. 988[11].
IWATAKE, D., s. FUJITA, A. 315[3].
IWATSURU, R., u. K. NANJO: Phosphatase im Blut 375[10]. — Phosphataseaktivierung bei UV-Bestrahlung 376[8]. — Phosphatasen in Rattenleukocyten 463[2].
IZAR, G.: Harnsäurebildung in der Geflügelleber 1204[10]. — Ammoniak als Intermediärprodukt der Purinsynthese 1219[5].

JAARMA, M., s. AMMON, R. 38[13].
— s. EULER, H. v. 1100[1], 1116[16].
JACCOTTET, M.: Verdauungsleukocytose 107[10].
JACKLIN, J., s. DELORY, G. E. 348[12].
JACKSON, E. M., s. GULLAND, J. M. 1187[18].
JACKSON, H. jr., F. PARKER jr., J. F. RINEHART and F. H. L. TAYLOR: Leukocytose nach Nucleotiden und Nucleosiden 1237[6].
— F. PARKER jr., G. P. ROBB u. H. CURTIS: Leukocytose nach Nucleotiden und Nucleosiden 1237[6].
— F. PARKER jr. and F. H. L. TAYLOR: Leukocytose nach Nucleotiden und Nucleosiden 1237[7].
JACKSON, H. C., s. MENDEL, L. B. 988[6].
JACKSON, I. J., and B. ROSE: Histamingehalt von Liquor cerebrospinalis 570[10].
JACKSON, R. W., and R. J. BLOCK: Methionin als Ersatz für Cystin 654[4].
— and J. P. CHANDLER: Aminierung von Imidazylbrenztraubensäure und -milchsäure zu Histidin 975[2]. — Aminierung von Indolylmilchsäure zu Tryptophan 988[12].
JACKSON, S. H., F. F. TISDALL, T. G. H. DRAKE and D. WIGHTMAN: Fluor-Retention bei Ratten 697[6].

JACOB, M., L. MANDEL et P. MANDEL: Nucleinsäuren der Milz bei Eiweißverarmung 1244[5].
— s. MANDEL, P. 1230[7], 1239[6,8], 1242[15].
JACOB, P.: Harnsäureausscheidung nach Aufnahme von Nucleinen 1199[6].
JACOBER, O., s. DYCKERHOFF, H. 297[7].
JACOBI, H. G., s. LEOPOLD, J. S. 1240[12].
JACOBS, G., s. BROWN, K. D. 1090[76], 1187[2].
JACOBS, W.: Sauerstoff in der Schwimmblase von Fischen 504[10].
JACOBSEN, E.: Apyrase 1188[4].
JACOBSEN, R. P., and G. PINCUS: Art der sezernierten Nebennierensteroide 882[7]. — 17-Ketosteroidausscheidung 902[11].
— s. HECHTER, O. 882[6], 883[4,6,7].
JACOBSOHN, K. P., M. SOARES et J. TAPADINHAS: Aconitase 1050[5], 1051[2].
— u. J. TAPADINHAS: Aconitase 1051[3].
JACOBSON, B. M.: Test auf intrinsic factor 151[6].
— and Y. SUBBAROW: Test auf intrinsic factor 151[6].
JACOBSON, L. O., s. ALLEN, J. G. 499[3].
— s. DUCOFF, H. S. 693[3].
JACOBSON, M. A., s. SCOTT, G. T. 626[13].
JACOBSON, W., and M. WEBB: Ribonucleoproteidgehalt von Chromosomen 1191[12].
JACOBY, M., s. KLEMPERER, G. 955[3].
JACQUES, L. B., s. FIDLAR, E. 470[18].
JAECKLE, H.: Phosphatidgehalt von ausgeschmolzenem Fett 841[4].
JAEGER, K. H., s. HERBRAND, W. 1182[5].
JAEGER, L., s. BARTH, L. G. 651[3].
JAENICKE, L., s. DIMROTH, K. 1192[9], 1220[2].
JAFFÉ, B., s. SEED, L. 682[2].
JAFFE, H., s. GRANICK, S. 1022[9].
JAFFE, H. L., and R. E. OTTOMAN: Pathologische Jodspeicherung in der Schilddrüse 682[3].
— s. BODANSKY, A. 376[1,11], 716[11].
JAFFÉ, M.: Kreatinbildung aus Arginin 947[1,26]. — Mercaptursäurebildung aus Halogenbenzolen 966[15]. — Urocaninsäure 975[4]. — Muconsäurebildung aus Benzol 983[6]. —
JAGANNATHAN, V., and J. M. LUCK: P-Gehalt von Phosphoglucomutase 743[2].
— and R. S. SCHWEET: pyruvic oxidase aus Taubenmuskel 756[6]. — Enzyme der Brenztraubensäureoxydation aus Schweineherz 1040[5]. — Milchsäurehydrogenase aus Mitochondrien 1131[2].
— s. SCHWEET, R. S. 756[6], 1040[5].
JAGER, B. V., and M. NICKERSON: Fibrinogenbestimmung 295[9]. — Bestimmung der γ-Globuline 307[8].
— T. B. SCHWARTZ, E. L. SMITH, M. NIKKERSON and D. M. BROWN: Eiweißbestimmung durch Farbreaktionen 295[1]. Vergleichende Untersuchung von Eiweißfraktionen 300[4]. — Bestimmung von Serumeiweiß 304[2]. — Fraktionierung der Serumeiweißkörper mit Natriumsulfat 308[3].
JAGER, B. V., E. L. SMITH, M. NICKERSON and D. M. BROWN: Bestimmung der γ-Globuline 307[8].
JAHNKE, K., s. SCHOLTAN, W. 300[4].
JAILER, J. W.: Stoffwechsel der C_{18}-Steroide 904[10].
— s. LOUCHART, J. 891[11,12].
JAKOB, A., s. STRAUSS, E. 681[11], 682[1].
JAKOWLEW, N. N.: Verteilung der freien Aminosäuren zwischen Erythrocyten und Blutplasma 445[8].
JAKSCH, R. v.: Amylasegehalt von Ergüssen 560[15].
JALLING, O., s. JORPES, J. E. 43[11].
JAMES, S., s. KIRCH, E. R. 96[3], 657[5].
JAMIESON, G. A., s. BADDILEY, J. 964[10].
JANDA, K., u. O. GÖBELL: Kreatinphosphorsäure im Blut 349[6].
— s. GÖBELL, O. 349[7].
JANDORF, B. J., s. GUTMANN, H. R. 435[3].
— s. LARNER, J. 1066[10].
JANES, J., and J. R. MCDONALD: Vermehrung der basophilen Leukocyten bei chronischen Entzündungen 458[8].
JANICKI, J., u. D. ASSENHAJM: Lipoidgehalt der Serumeiweißfraktionen 301[2]. — Veränderung der Eu- und Pseudoglobuline nach Diphtherietoxin 310[4].
JANIK, F.: Kohlenhydratgehalt von Liquor cerebrospinalis 570[13].
JANISCH, H., s. HOLTZ, P. 931[5].
JANKOWSKI, H., s. MORACZEWSKI, W. v. 346[11], 1240[3,18], 1241[4], 1242[4].
JANOWITZ, H. D., s. GROSSMAN, M. I. 134[5].
JANSEN, B. C. P.: Darmsaft des Menschen 143[13].
JANSEN, K. F., u. K. A. JENSEN: Wirkungsmechanismus von Dicumarol 495[13].
— s. GLAVIND, J. 495[14].
JANSEN, W. H.: Resorption von Ca-Salzen 212[11]. — Blutcalcium nach Calciuminjektion 397[5].
— u. A. M. LOEW: Mineralbestand des menschlichen Serums 430[10].
JANSSEN, S.: Acetylcholin als Vagusstoff 141[7].
JANTZ, H.: Verminderung des Blutkaliums bei Lähmungen 394[12].
JANZ, G. J., s. LOUREIRO, J. A. DE 397[7].
JANZEN, R., u. H. NETTER: Elektrode zur Messung der Gewebsreaktionen 1168[6].
JAQUES, L. B.: Heparinfällung mit Dodecyl- und Octadecylamin 492[4].
— E. FIDLAR, E. T. FELDSTED and A. G. MACDONALD: Verwendung von Silikonen bei Gerinnungsversuchen 483[5], 490[15].
— and R. A. MUSTARD: Keine Thrombinneutralisierung durch kryst. Serumalbumin 487[4].
— and E. T. WATERS: Wirkungsstärke verschiedener Heparine 492[14]. — Aus-

schwemmung von Heparin beim Peptonschock 499[2].
JACQUES, L. B., s. DALE, D. U. 489[15].
— s. IRISH, U. D. 495[8].
— s. WATERS, E. T. 353[3], 499[2].
JAQUET, A.: Abhängigkeit der Kohlensäurebindung im Blut vom Partialdruck 518[4].
JARISCH, A.: Beständigkeit von Alkalisalzen höherer Fettsäuren 233[14]. — Stabilität des Gallensäure-Fettsäurekomplexes 234[13].
JARROLD, T., s. HORRIGAN, D. 1245[3].
— s. VILTER, R. W. 1227[6], 1245[4], 1251[18], 1257[1].
JASCHKE, R. T. v.: Buch über Physiologie, Pflege und Ernährung des Neugeborenen; 2. Aufl. (1927) 456[2].
JASINSKI, B.: Abhängigkeit der Eisenresorption vom Bedarf 214[9].
JASSINOWSKY, M. A.: Herkunft der Speichelkörperchen 18[15]. — Lymphocyten und Epithelzellen im Darmlumen 122[1].
— s. SINELNIKOFF, E. I. 122[1].
JAVID, H.: Pankreasfistel beim Hund 156[9].
JAVILLIER, M.: Zusammenfassung über Magnesiumstoffwechsel (1940) 634[18].
JAY, P.: Fluorgehalt des Trinkwassers und Caries 698[7].
— s. DEAN, H. T. 698[5].
JEANGROS, J.: Fehlen von Glucose im Chordaspeichel 26[14].
JEANLOZ, R. W., s. HECHTER, O. 882[6], 883[4,6,7].
JEDEIKIN, L., s. POLIS, B. D. 789[14].
JEDLICKA, V., u. J. SULA: Harnsäuregehalt von Tumoren 1199[2].
JEENER, R.: Hühnererythrocytenzellkerne 1105[9]. — Verhalten von Mitochondrien in stärkeren Salzlösungen 1150[20].
— and D. SZAFARZ: Einbau ^{32}P in Ribonucleinsäuren des Zellkerns 1121[4].
— s. BRACHET, J. 926[1], 1077[19], 1150[12].
JEFFERSON, R. N., s. SINGER, K. 467[18], 468[4].
JEFFREYS, C. E. P., s. BORSOOK, H. 1202[15].
JEKER, L.: Histologisches Bild der Fettresorption 241[11]. — Fettresorption bei der Ratte 242[4]. — Fettresorption nach Monojodessigsäurevergiftung 243[1]. — Fettsäureresorption 795[4].
— s. VERZÁR, F. 241[12], 242[5], 243[2].
JENDRASSIK, L., u. R. A. CLEGHORN: Bilirubinbestimmung 355[3].
— u. P. GRÓF: Bilirubinbestimmung 355[3].
JENEY, E., s. URI, J. 327[18].
JENKE, M.: Gallensäuregehalt des Blutes 339[6]. — Gallensäurebestimmung 339[13].
— u. U. GRAFF: Gallensäuregehalt des Blutes 339[8].
— R. LASER u. R. LINDE: Harnsäureausscheidung bei Gicht nach Muskelarbeit 1238[20].
JENNEN, R. G., s. WIELAND, H. 1027[1].
JENNER, H. D., and H. D. KAY: Zusammenfassung über Magnesiumstoffwechsel (1931) 634[17]. — Mg als Aktivator von Phosphatasen 636[19].
JENNINGS, D. A., s. FLOREY, H. W. 148[9].
JENNINGS, E., s. BARNUM, C. P. 1100[5].
JENNINGS, M. A., s. FLOREY, H. W. 102[5], 146[6], 147[9], 148[9], 177[2].
— s. WRIGHT, R. D. 120[3], 146[1], 148[5], 151[3], 178[5], 179[8].
JENSEN, B. N., s. HAGEDORN, H. C. 315[2], 727[3].
JENSEN, C. C.: Bestimmung von Dehydroisoandrosteron 903[9].
— and L. E. TÖTTERMAN: Hydrolyse von Steroidkonjugaten 880[6,7].
JENSEN, J. L., a. CODE, C. F. 352[20].
JENSEN, J. M., and D. M. CLARK: Jodanreicherung in der Neurohypophyse 682[8].
JENSEN, K. A., s. JANSEN, K. F. 495[13].
JENSEN, V., s. DAVENPORT, H. W. 60[20].
JENSEN, W. N., s. BINKLEY, F. 966[1].
JEREMEJEW, G. W., s. BLAGOWESTSCHENSKI, A. W. 917[1].
JERSEY, V., s. MORRIS, J. L. 27[15].
JERSIN, M.: Indikator für Magensafttitration 54[6].
JERVIS, G. A.: Phenylbrenztraubensäureausscheidung bei Oligophrenie 980[9,10].
— R. J. BLOCK, D. BOLLING and E. KANZE: Oligophrenia phenylpyruvica 981[1].
JESSER, H., u. E. THOMAE: Jodgehalt der Luft 411[7].
JESSERER, H.: Gemeinsames Regulationssystem für Kalium- und Calciumstoffwechsel 394[16].
JETTER, W. W., and T. S. BUMBALO: Vitamin C im Liquor cerebrospinalis 573[11], 574[5].
JEWESBURY, E. C. O.: Folgen des Salzsäuremangels im Magen 65[1].
JEWSBURY, A., and G. H. OSBORN: Borbestimmung 406[20].
JIMBO, T.: Zuckerresorption im Magen 221[15].
JOACHIM, J.: Zusammenfassung über Chemie der Transsudate und Exsudate (1925) 559[6]. — Eiweißkörper von Transsudaten und Exsudaten 559[3].
JÖCKEL, H., s. SIEBERT, G. 1112[1], 1116[24].
JØRGENSEN, H.: Technik der Messung des Redoxpotentials 276[5].
JØRGENSEN, K. S.: Adrenalingehalt im Kaninchenblut 369[12].
JOEST, E: Handbuch über die pathologische Anatomie der Haustiere (1919) 184[4]. — Zusammenfassung über Darmkonkremente (1919) 184[4].
JOFFE, H., s. REED, C. I. 579[9].
JOHANNESEN, R. E., s. HANKE, M. E. 60[16].
JOHANSEN, G., s. LINDERSTRØM-LANG, K. 917[9].
JOHANSSON, E. G., M. FALKENHEIM and H. C. HODGE: Phosphataufnahme durch Knochenpulver, Dentin und Schmelz 716[7].

JOHN, H. M., s. NACHMANSOHN, D. 1040[7], 1045[3], 1184[4].
JOHN, J. L. S.: Natriumbedarf 621[2].
JOHNS, G. A., s. NAJJAR, V. A. 994[4].
JOHNS, H. E., s. BULGER, H. A. 1198[10].
— s. GREAVES, J. D. 780[11].
JOHNSON, A. A., s. HUGGINS, C. B. 564[4].
JOHNSON, A. C., A. R. MCNABB and R. J. ROSSITER: Phosphatidgehalt des Gehirns 863[3], 864[1,2]. — Phosphatidgehalt des Neuroplasmas 864[3]. — Phospholipoidgehalt in peripheren Nerven 865[16]. — Phosphatide der Nervenfasern bei WALLERscher Degeneration 865[20,21].
— s. HAWKINS, W. B. 435[17].
— s. MCNABB, A. R. 865[19].
JOHNSON, A. P., s. WEST, H. D. 687[9].
JOHNSON, B. C., T. S. HAMILTON and H. H. MITCHELL: Trigonellin- und Nicotinsäureamidausscheidung nach Nicotinsäurezufuhr 991[6].
— s. HENDERSON, L. M. 992[17].
JOHNSON, C. W., s. WEST, H. D. 687[9].
JOHNSON, E. A.: Substituierte Harnsäuren im Blut nach Coffeingenuß 347[9]. — Entmethylierung von Coffein 1224[19]. — Entmethylierung der Methylxanthine 1225[1].
JOHNSON, F. H., and H. EYRING: Luciferase 1184[22].
JOHNSON, G. S., and A. BLALOCK: Bedeutung von Plasma und Erythrocytenverlust 261[5].
JOHNSON, J. E., s. ROSE, W. C. 765[1], 934[4], 951[6].
JOHNSON J. M.: D-Aminosäuren in Tumorgewebe 931[1].
— s. MAVER, M. E. 917[6].
— s. VOEGTLIN, C. 917[6].
JOHNSON, M., s. KREBS, H. A. 1138[7], 1139[5].
JOHNSON, M. J., s. KOEPSELL, H. J. 1041[10].
— s. PARK, J. T. 788[9].
— s. PERLMAN, D. 1060[1].
JOHNSON, P. L., E. O. BUTCHER and G. BEVELANDER: Phosphatase und histologische Differenzierung der Organe 712[10].
— s. BEVELANDER, G. 712[10].
JOHNSON, R. B., and W. W. ACKERMANN: Intracelluläre Verteilung von Adenosintriphosphatase 1090[122]. — Aktivierung von Phosphorylierung und Oxydation in Mitochondrien 1155[4].
— and H. A. LARDY: Atmungskettenphosphorylierung durch Cyclophorasesystem 1137[10].
JOHNSON, R. D., s. CHRISTENSEN, H. N. 445[5], 915[7], 916[7].
JOHNSON, R. E., and H. T. EDWARDS: Brenztraubensäuregehalt des Blutes nach Muskelarbeit 325[6].
JOHNSON, R. H., and W. J. HAINES: 17-Oxycorticosteron und 11-Dehydro-17-oxycorticosteron in der Placenta 886[34].
JOHNSON, R. M., and S. ALBERT: Einbau von ^{32}P in Phosphoproteide 1124[1].
— and C. A. BAUMANN: α- und β-Carotin im Pferdeserum 357[8].
— s. ALBERT, S. 1102[20], 1104[2].
JOHNSON, T. B.: Purinsynthese in der Pflanze 1218[18].
— s. EAGLES, B. A. 979[5].
JOHNSON, W. A., s. KREBS, H. A. 60[2], 756[2], 827[3], 1031[2].
JOHNSTON, C. G.: Methodik der THIRY-VELLA-Fistel 144[12].
— J. L. IRVIN and C. WALTON: Vorkommen von Cholin in Tier- und Pflanzenreich 135[21].
— s. ANDREWS, J. C. 227[4], 913[10].
— s. BEER, E. J. DE 148[6], 149[13], 150[3], 151[7], 152[4], 178[3,13], 179[3].
— s. DALY, B. M. 500[14].
— s. IRVIN, J. L. 249[7].
— s. RAVDIN, I. S. 144[12], 216[8].
JOHNSTON, D. C., s. DEAN, H. T. 698[5].
JOHNSTON, E. S., and W. H. DORE: Giftige Borkonzentration für Pflanzen 689[10].
JOHNSTON, F. A., R. FRENCHMAN and E. D. BOROUGHS: Eisenbedarf von Schwangeren und älteren Kindern 659[7].
— D. SCHLAPHOFF and T. MCMILLAN: Ca-Bilanz-Versuche 642[1].
— s. SCHLAPHOFF, D. 659[6,11].
JOHNSTON, J. M., s. MACKENZIE, C. G. 1190[112], 1148[3], 1153[27].
JOHNSTON, M. W., and H. B. LEWIS: Resorption von Aminosäuren 913[10].
JOHNSTON, R. B., and K. BLOCH: Ferment der Glutathionsynthese 920[3]. — Enzymatische Glutathionsynthese 922[3].
— M. J. MYCEK and J. S. FRUTON: Transpeptidierung 919[3,4].
JOHNSTON, S. M., s. HAYMAN, J. M. jr. 348[10].
JOINER, E. E., s. PRENTICE, T. C. 591[3].
JOKL, E.: Buch über die Zusammenbrüche beim Sport (1936) 776[6]. — Blutzuckerschwankungen bei Sportsleuten 314[14]. — Hypoglykämische Krämpfe bei Sportkrankheit 318[8].
JONAS, L., s. RINGER, A. J. 951[3], 969[10].
JONES, B., s. GUTMAN, A. B. 376[12].
JONES, C. M.: Freie und gebundene Harnsäure im Blut 347[2].
— P. J. CULVER, G. D. DRUMMEY and A. E. RYAN: Verbesserung der Fettresorption durch Emulgatoren 239[18], 800[15].
— and B. V. WHITE: Erregung der Colonsekretion durch Eserin 178[8].
JONES, D. B., s. HORN, M. J. 695[4].
JONES, D. C., and D. H. COPP: Wirkung von Vitamin D auf den Calciumstoffwechsel junger Ratten 714[6].
JONES, E., s. HAHN, P. F. 214[1].
— s. STEPHENS, D. J. 18[15].
JONES, E. S., Salicylate und spreading effect von Gelenklymphe 582[4].

Die Seiten 1—840 befinden sich im Bandteil a, die Seiten 841—1257 im Bandteil b.

Jones, E. S., K. B. McCall, C. A. Elvehjem and P. F. Clark: Abhängigkeit des Blutbildes von der Nahrung 418[9].
Jones, F., s. Marinis, T. P. 393[10].
Jones, H. B., I. L. Chaikoff and J. H. Lawrence: Einbau von P in Knochen 648[8]. — Aufnahme von anorganischem Phosphat durch Gehirn 865[14].
— s. Kelly, L. S. 1156[6], 1193[15], 1197[6], 1234[11], 1247[17].
— s. Payne, A. H. 1120[5].
— s. Sheline, G. E. 663[9], 677[10].
Jones, H. W., s. Ledogar, J. A. 905[2].
Jones, J. H.: Rachitogene Diät 713[12], 717[2].
— s. Steenbock, H. 638[1].
Jones, J. K. N., s. Beaven, G. H. 188[6].
Jones, L. R., s. Roberts, E. C. 1185[2].
Jones, M., s. Gerarde, H. W. 1120[20].
Jones, M. E., S. Black, R. M. Flynn and F. Lipmann: Bildung von Acetyl-Coenzym A 826[6].
— F. Lipmann, H. Hilz and F. Lynen: Beteiligung von ATP an der Bildung von Acetyl-CoA 1041[2].
— s. Lipmann, F. 1041[1].
Jones, M. R.: Ca-Bilanz und Resorptionsbedingungen im Dünndarm 642[7].
— and L. L. Nye: Kein Ca in menschlichen Erythrocyten 428[5].
Jones, M. S., and W. C. Stadie: Cholinesterasegehalt im menschlichen Blut 374[3].
Jones, P., s. Carptwright, G. E. 993[6].
Jones, P. E. H., and R. A. McCance: Enzymgehalt von Nabelschnur- und Erwachsenenblut 374[6].
Jones, R. L., s. Bernstein, S. S. 439[5].
— s. Erickson, B. N. 427[4], 439[6], 441[3,7], 442[1,3].
Jones, R. N.: Zusammenfassung über Ultrarot- und Infrarotspektroskopie der Steroide (1948) 880[3].
— and K. Dobriner: Zusammenfassung über Infrarotspektrometrie und Steroidstruktur und -stoffwechsel (1949) 880[2].
— s. Dobriner, K. 880[1].
Jones, W.: Pankreasnuclease 166[2]. — Ribonucleinase 1186[7]. — Nucleindesaminasen 1188[21].
— u. C. L. Partridge: Guanase 1217[8].
— and M. E. Perkins: Ribonucleinase 1186[8].
— u. M. C. Winternitz: Adenase 1217[7].
— s. Miller, J. R. 1202[5].
— s. Winternitz, M. C. 1202[3], 1211[6].
Jong, W. F. de: Röntgendiagramme von Knochen 707[6].
Jongh, C. L. de: Phosphatase im Blut bei Knochenerkrankungen 376[3].
Jongh, S. E. de, S. Kober u. E. Laqueur: Oestron im Harn trächtiger Stuten 906[19].
Jonxis, J. H. P., s. Brinkman, R. 433[8], 434[1], 516[7].
Jope, H. M., s. King, E. J. 432[20].
Jordan, D. O.: Zusammenfassung über Nucleinsäuren, Purine und Pyrimidine (1952) 1177[25].
— s. Gulland, J. M. 1177[20].
Jordan, H. J., u. G. C. Hirsch: Zusammenfassung über vergleichende Physiologie der Verdauung bei Metazoen (1927) 7[2].
Jordan, W. R., and L. O. Randall: Phosphatidgehalt peripherer Nerven bei Diabetes und Arteriosklerose 866[1].
— L. O. Randall and W. R. Bloor: Phosphatidgehalt peripherer Nerven bei Diabetes und Arteriosklerose 866[1].
Jordan Lloyd, D.: Zusammenfassung über Wasserbewegung im lebenden Organismus (1933) 589[18].
Jordi, A.: Quecksilbervergiftung und Quecksilberausscheidung 687[17].
Jores, A.: Buch über klinische Endocrinologie; 3. Aufl. (1949) 392[2].
Jorpes, (J.) E.: Buch über Heparin; 2. Aufl. (1946) Engl. 492[13]. — Zusammenfassung über Behandlung der Thrombose (1951) 493[10]. — Aminosäuregehalt von Erythrocytenmembran und Fibrin 475[16,17]. — Esterschwefelsäure in Heparin 491[15]. — Ursache der Heparinwirkung 492[5].
— u. S. Bergström: Glucosamingehalt von Heparin 491[16].
— H. Boström and V. Mutt: Bindungsart der Schwefelsäure im Heparin 492[1].
— P. Edman and T. Thaning: Aufhebung der Heparinwirkung 492[6].
— H. Holmgren u. O. Wilander: Bildung des Heparins in den Mastzellen 493[3].
— O. Jalling and V. Mutt: Gastrozymin 43[11].
— and V. Mutt: Secretin 132[7].
— s. Hammarsten, E. 132[4,10].
Joseph, M., W. E. Cohn and D. M. Greenberg: Kaliumaustausch der Zelle 624[10].
— s. Greenberg, D. M. 624[9].
Joseph, N. R.: Dissoziationskonstanten von Knochenbausteinen 708[10].
— C. I. Reed and E. Homburger: p_H-Wert der Gelenklymphe 579[8].
— s. Reed, C. I. 579[9].
— s. Steck, I. E. 579[7].
Josephs, H. W.: Eisenbilanz des Säuglings bei Muttermilchnahrung 662[4].
Josephson, K., s. Euler, H. v. 122[8].
Josepovits, G., s. Hermann, V. S. 1189[10], 1201[11].
Jost, H.: Glycerinsäure-2,3-diphosphorsäure 750[4]. — Acetessigsäureabbau in der Leber 856[6].
Jowett, M., and J. H. Quastel: Acetessigsäureausbeute bei β-Oxydation von Fettsäuren 803[4]. — Oxydation von Crotonsäure zu Acetessigsäure 806[5].
Jucker, E., s. Karrer, P. 356[15].

Jucker, P.: Eiweißgehalt, Reaktion und Quellungszustand von Zellen 1160[1].
— s. Edlbacher, S. 1243[7], 1247[7].
Judah, J. D., and K. R. Rees: Fettsäureoxydation durch Mitochondrien 1142[2].
— and H. G. Williams-Ashman: Atmungskettenphosphorylierung durch Cyclophorasesystem 1137[16].
— s. Christie, G. S. 1137[1].
Judd, E. S., and T. J. Dry: Kupfergehalt der Galle 667[5].
Judy, F. R., s. West, E. S. 198[14].
Judovits, N., u. F. Verzár: Hemmung der Glucoseresorption bei Mangel an Nebennierenrindenhormon 219[22].
Jühling, L., u. E. Wöhlisch: Depolymerisierung von Fibrinogen durch Harnstoff 490[6].
Jünger, E., u. A. Klages: Lithofellinsäure 185[3].
Jürgens, R.: Zusammenfassung über Ursprung der Plasmaeiweißkörper (1938) 287[7a]. — Zusammenfassung über hämorrhagische Diathesen (1949) 497[1]. — Fibrinogenbildung in den blutbildenden Organen 475[9].
— u. F. Gebhardt: Leber und Knochenmark als Bildungsstätten der Plasmaeiweißkörper 287[9].
— u. H. Trautwein: Fibrinogenbildung in den blutbildenden Organen 475[9].
Jukes, T. H.: Zusammenfassung über Cholin (1947) 351[14]. — Cholinbedarf von Küken 854[5]. — Cholin als Methyldonator 854[8]. — Cholinsynthese beim Huhn 961[11].
— A. C. Dornbush and J. J. Oleson: Methylierung von Colamin durch Methionin 854[3].
— and J. J. Oleson: Demethylierung von Dimethylcolamin 854[15].
— J. J. Oleson and A. C. Dornbush: Methylierung von Colamin durch Methionin 854[2]. — Demethylierung von Dimethylcolamin 854[14].
— and E. L. R. Stokstad: Synthese von labilen Methylgruppen 965[1].
— E. L. R. Stokstad and H. P. Broquist: Synthese von labilen Methylgruppen 965[1].
— s. Ochoa, S. 1054[7].
— s. Stokstad, E. L. R. 1246[7].
Julén, C., O. Snellman and B. Sylvén: Verteilung von Heparin in der Zelle 1072[24].
Julius, H. W.: Trennung von viscösem Eiter 583[5].
Julliard, J., s. Maupin, B. 459[8].
Jung, A.: Löslichkeit der Harnsäure 1255[2].
Jung, F.: Bau der Erythrocytenmembran 419[3]. — Zustand des Hämoglobins im Erythrocyten 419[6]. — Ursache der Wärmehämolyse 421[1]. — Veränderungen an den Erythrocyten durch Phenylhydroxylamin und Phenylendiamin 421[4]. — Ultraschallhämolyse 421[5]. — Methämoglobin 434[12]. — Methämoglobingehalt alter Erythrocyten 435[1]. — Sulfhämoglobin und grüne Hämine 437[13]. — Einwirkung von Dinitrobenzol, Phenylhydroxylamin und Chlorat auf Erythrocyten 455[5]. — Hämoglobingehalt von Blutstäubchen 473[4].
Jung, F., u. K. Böhm: Hämolyse durch Saponine 421[2].
— u. H. Remmer: Reaktion zwischen Nitrit und Hämoglobin 434[14].
— s. Havemann, R. 435[6].
— s. Heubner, W. 455[4].
Jung, L.: Speichelamylase bei Mensch und Tier 23[1,3].
— et M. Pierre: Speichelamylasen bei Vögeln 23[6].
Jung, R. W., s. Werch, S. C. 188[4].
Jungmichel, G.: Beschleunigung der Äthanolresorption durch CO_2 249[21].
Junkersdorf, P.: Eiweißspeicherung 927[5].
— s. Pflüger, E. 942[6].
Junkmann, K., u. W. Stross: Wirkungsmechanismus der Methylpurine 1251[9].
— s. Graffi, A. 1116[5].
Junowicz-Kocholaty, R., s. Meyerhof, O. 747[4], 751[2].
Junqueira, L. C. U., s. Rabinovitch, M. 1231[9].
Jurjewa, L. A.: Erhöhung der Blutphosphatase bei Rachitis 376[5].
Jusatz, H. J.: Katalasebestimmung 449[13].
Justin-Besançon, L., s. Villaret, M. 155[25].

Kaae, S., s. Hamburger, C. 897[10].
Kabat, E. A.: Intracelluläre Verteilung von alkalischer Phosphatase 1090[65].
— A. Bendich and A. E. Bezer: Blutgruppenspezifische Substanzen der Magenschleimhaut 40[10].
— and J. Furth: Alkalische Knochenphosphatase in Verknöcherungszonen 711[3].
— D. H. Moore and H. Landow: Verhalten der Globuline im Liquor bei Nervenkrankheiten 567[12].
— s. Beiser, S. M. 86[2].
— s. Bendich, A. 40[10].
— s. Furth, J. 1147[7].
— s. Gutman, A. B. 304[1].
Kachmar, J. F., P. D. Boyer, T. W. Gullickson, E. Liebe and R. M. Porter: Vitamin E-Gehalt im Blut 360[13].
Kaden, E., s. Norpoth, L. 92[7].
Kadota, I.: Störungen des Kohlenhydrathaushaltes durch Zink-Komplexbildner 678[12].
Kaelin, A., s. Thomann, J. 392[8].
Kaelin, M., s. Fleisch, A. 136[6].
Kaether, H.: Katalasebestimmmng im Blut 449[12].

KAFKA, V.: Buch über die Cerebrospinalflüssigkeit (1930) 564[5]. — Taschenbuch der praktischen Untersuchungsmethoden der Körperflüssigkeiten bei Nerven- und Geisteskrankheiten, 5. Aufl. (1948) 564[11].
— Zusammenfassung über Geschichte der Eiweißforschung über die Cerebrospinalflüssigkeit (1946) 568[3]. — Goldsol- und Mastixreaktion im Liquor 568[5].
KAHALI, B. S., s. CHAUDHURI, H. 218[10].
KAHANE, E.: Cholingehalt des menschlichen Serums 351[10].
— et J. LÉVY: Acetylcholinbestimmung 136[17]. — Acetylcholingehalt von Rattendarm 139[7]. — Acetylcholingehalt von Rinderblut 351[26]. — Komplexgebundenes Acetylcholin im Blut 352[3,4]. — Freisetzung von Acetyl aus Acetylcholin bei Aufarbeitung von Blut 352[5]. — Phosphatidspaltung im Darmkanal 842[5].
— s. FABRE, R. 27[6].
— s. LEMATTE, L. 691[4].
KAHLE, H.: Siliciumgehalt von Pankreas 691[9].
KAHLENBERG, L., and J. O. CLOSS: Aluminiumwirkung auf das Wachstum 685[17].
KAHLER, H., s. VOEGTLIN, C. 1168[4].
KAHLSON, G.: Gastrozymin 43[10]. — Biologische Bestimmung von Acetylcholin 136[15].
— Cholingehalt von Meerschweinchenorganen 137[2]. — Keine Auslösung peristaltischer Wellen durch Cholin 139[11].
— s. CARLSTEN, A. 553[6], 555[7].
— s. HAAG, H. B. 138[10], 139[10].
KAHN, R. H., s. FISCHL, E. 23[7].
KAHNT, F. W., C. MEYSTRE, R. NEHER, E. VISCHER u. A. WETTSTEIN: Biosynthese der Corticosteroide 885[22]. — Umwandlung von Progesteron in 11α-Oxy-derivate 886[14].
— u. A. WETTSTEIN: 11-Oxylierung von Corticosteroiden 885[5], 886[6].
KAI, T., s. KASAHARA, M. 570[21].
KAIEDA, J.: Gefrierpunktserniedrigung des Liquor cerebrospinalis vom Haifisch 566[6].
KAISER, H., u. E. WETZEL: Alkoholbestimmung 327[16].
KAJDI, C., s. ALBANESE, A. A. 934[3].
— s. HOLT, L. E. jr. 934[3].
KAKIUCHI, S.: Phosphatidgehalt der Mitochondrien 867[12].
KALBE, K., s. THOMAS, K. 813[9].
KALBERLAH, F., s. EMBDEN, G. 814[4].
KALCKAR, H. (M.): Zusammenfassung über Chemie und Stoffwechsel von P-Verbindungen (1945) 646[6]. — Resorption der Fructoseester 221[10]. — Insulinwirkung auf Hexokinase 781[1]. — Bindung von Adenosintriphosphatase an Myosin 787[3]. — Kontraktion von Actomyosin durch ATP 1185[10]. — Apyrase 1188[8]. — Nucleosidphosphorylase 1195[4]. — Bedeutung von Ribose-1- und Desoxyribose-1-phosphat für Harnsäurebildung 1204[1]. — Guanin- und Hypoxanthinbildung 1217[13]. — Auftreten adenosinartiger Stoffe im Blut bei Schock 1236[32].
KALCKAR, H. (M.), W. S. MACNUTT and E. HOFF-JØRGENSEN: Adenindesoxyribosidsynthese 1196[5].
— and D. RITTENBERG: Verwertung von ^{15}N-Ammoniumcitrat zur Bildung von Muskeladenylsäure 1192[13]. — Reversible Desaminierung von Adenylsäure 1201[5].
— and M. SHAFRAN: Nucleosidphosphorylase 1195[6].
— s. COLOWICK, S. P. 789[1], 1035[2].
— s. FRIEDKIN, M. 1195[7,9].
— s. HOFF-JØRGENSEN, E. 1195[11].
KALEOĞLU, Ö., s. STARY, Z. 314[1], 320[5], 321[12,13], 322[12], 729[3].
KALININA, V., s. KHABAS, I. 257[2].
KALK, H.: Zusammenfassung über pathologische Physiologie der Darmdrüsen (1927) 102[11]. — Hemmung der Magensekretion durch Fett 45[1]. — Herkunft der CO_2 im Magen 68[7].
— u. A. BONIS: Magenschleim 58[5], 72[9]. — Quellen des Blutammoniaks 343[7].
— u. B. KUGELMANN: p_H-Wert-Kurve im fraktionierten Magensaft 49[13], 50[7]. — Fraktionierte Ausheberung des Magens 88[5].
— s. KATSCH, G. 30[6], 42[9], 47[2], 88[2].
KALLIO, R. E., and C. P. BERG: Trigonellin- und Nicotinsäureamidausscheidung nach Tryptophanzufuhr 991[5].
KALMAN, C., s. LI, C. H. 775[3].
KALNITSKY, G., and E. S. G. BARRON: Hemmung von Atmung und Acetatabbau durch Fluoressigsäure 1059[2].
— and C. H. WERKMAN: Brenztraubensäurespaltung durch Bakterien 1041[11].
— s. ELLIOTT, W. B. 1132[7], 1136[26], 1143[4].
— s. KALTENBACH, J. P. 1054[7].
— s. SHEPHERD, J. H. 1090[51].
KALSBEEK, F., J. A. COHEN and B. R. BOVENS: Cholinesterase im Liquor cerebrospinalis 575[1].
KALTENBACH, J. P., and G. KALNITSKY: Biotin als Coferment der CO_2-Fixierung 1054[7].
KALTSCHEWA, D., s. ZLATAROFF, A. 674[19].
KAMEN, M. D.: Buch über radioaktive Indicatoren in der Biologie, 2. Aufl. (1951) Engl. 609[22].
— s. AJL, S. J. 1028[10].
— s. BARKER, H. A. 1211[37], 1223[4].
— s. GRINSTEIN, M. 944[1], 998[2,6].
— s. HAHN, P. F. 659[3].
— s. LANSING, A. I. 640[9].
— s. RUBEN, S. 616[3].
— s. SPIEGELMAN, S. 925[2,3], 926[3], 1183[9].
KAMINER, S., s. LANDAU, A. 407[15].
KAMLET, J.: Venöse Beschaffenheit des Fingerbeerenblutes bei Diabetikern 315[4].

Die Seiten 1—840 befinden sich im Bandteil a, die Seiten 841—1257 im Bandteil b.

Kamm, O., s. Marker, R. E. 893[6,7], 894[9].

Kamminga, C. E., s. Groen, J. 367[4].
— s. Willebrands, A. F. 626[12].

Kane, G. G., F. E. Lovelace and C. M. McCay: Verschlechterung der Ca-Bilanz durch fettreiche Nahrung 213[4]. — Wirkung von Öl auf die Ca-Resorption 639[3].

Kanitz, A.: Zusammenfassung über Leukocyten (1925) 416[10]. — Zusamenfassung über Hämoglobin (1925) 431[13]. — Zusammenfassung über Blutplättchen (1925) 470[8].

Kanitz, H. R.: Rhodangehalt im Magensaft von Hunden 67[4].
— s. Bickel, A. 124[9], 144[2], 145[2], 150[14].

Kanze, E., s. Jervis, G. A. 981[1].

Kapeller-Adler, R.: Histidinausscheidung bei Gravidität 979[7,8].
— u. F. Haas: Histidinausscheidung bei Gravidität 979[7].
— E. Lauda u. K. v. Mégay: Purinsynthese 1218[16].

Kapfhammer, J.: Exogenes Cystin für Mercaptursäurebildung 967[1].
— u. C. Bischoff: Fällung von Cholin und Acetylcholin als Reineckate 136[10]. Cholinbestimmung 351[19]. — Acetylcholin aus Rinderblut 351[23]. — Zuckerbildung aus Prolin und Oxyprolin 987[7].
— s. Bischoff, C. 136[10,14], 137[3], 139[3], 351[25].
— s. Thomas, K. 947[6].

Kaplan, A., s. Chaikoff, I. L. 332[6], 336[3], 725[8].
— s. Weiss, C. 380[13], 381[4], 463[13], 560[14].

Kaplan, A. S., and J. L. Melnick: Intracelluläre Lokalisation des Poliomyelitisvirus 1147[10].

Kaplan, E. H., J. L. Still and H. R. Mahler: Keine Glykolyse in Mitochondrien 1136[20]. — Glucose-Oxydation durch Mitochondrien+Cytoplasma 1155[1].
— s. Still, J. L. 1131[3].

Kaplan, H., s. Schwarz, C. 56[8].

Kaplan, I., D. J. Cohn, A. Levinsón and B. Stern: Amylase und Lipase im Liquor cerebrospinalis 575[2].

Kaplan, L., M. A. Perlstein and E. R. Hess: Prothrombinmangel bei Leberinfarkt des Neugeborenen 478[11].

Kaplan, M. H.: Bildung der Serumproteinase im Pankreas 380[15].
— s. Coons, A. H. 1147[2].

Kaplan, N. O., and F. Lipmann: Phosphatderivate bei Brenztraubensäureoxydation 756[9]. — Mechanismus der biochemischen Fettsäurebildung 767[8]. — Rolle des Acetylphosphats 790[2].
— s. Colowick, S. P. 725[25].
— s. Lipmann, F. 725[23], 838[12], 1036[2,6,14], 1054[4], 1185[4].
— s. Nason, A. 679[10].
— s. Novelli, G. D. 1036[14].

Kaplan, S. F., s. London, E. S. 228[10].

Kaplansky, S.: Entstehung von Carnosin 978[8].

Kapp, H., u. A. Vischer: Blutdiastase bei Krankheiten 379[3].

Karady, S., H. Selye and J. S. L. Browne: Chloridverhältnis Serum : Erythrocyten 407[15]. — Chlorgehalt von Rattenblutkörperchen 431[3].

Karajev, A. I., u. V. M. Efendijewa: Blutzuckergehalt nach Glucoseinjektion 315[14].

Karasawa, R.: Förderung der Xanthindehydrogenase durch Cholsäure 1203[8]. 1243[5].
— u. M. Shoda: Hemmung der ereptischen Fermente durch Gallensäuren 168[2].

Karczag, L.: Carboxylase 754[2].
— u. M. Hanák: UV-Absorption von Liquor cerebrospinalis 566[7].
— s. Neuberg, C. 754[2].

Kareff, N., s. Doyon, M. 475[3].

Karel, L., J. H. Fleischer and J. Lowen: Äthanolresorption bei Ratten 249[22].

Kariher, D. H., s. Pommerenke, W. T. 289[2].

Karlsson, J. L., and H. A. Barker: Herkunft der C-Atome der Harnsäure 944[11]. Harnsäuresynthese aus Glykokoll 1205[12].

Karlström, F.: Beziehungen von Blutchlor zu Liquorchlor 408[6]. — Mineralstoffgehalt im Hundeliquor 576[1].

Karner, O., s. Braunsteiner, H. 1152[2].

Karp, J., u. G. Wolfsohn: Bedeutung des Broms im Organismus 409[6]. — Bromgehalt von Erythrocyten 430[19].

Karr, W. G., W. O. Abbot, O. D. Hoffman and T. G. Miller: Verdünnung von Zuckerlösungen im Magen 222[1].
— s. Abbot, W. O. 216[10], 223[2].
— s. Warren, R. 221[14].

Karrer, P., u. H. Frank: D-Aminosäureoxydasen 930[5].
— u. R. Freuler: Spaltung von Glycerinphosphorsäuren durch unspezifische Phosphatasen 852[2].
— u. E. Jucker: Buch über Carotinoide (1948) 356[15].
— u. H. Koenig: Konstitution und Wirkung von Polyensäuren 820[3].
— H. Koenig u. E. Usteri: Gerinnungshemmende Wirkung von Polysaccharid-Schwefelsäureestern 492[9].
— E. Usteri u. B. Camerino: Gerinnungshemmende Wirkung von Polysaccharid-Schwefelsäureestern 492[9].

Karshan, M., s. Krasnow, F. 21[9].

Karström, H., s. Virtanen, A. I. 618[2].

Karunairatnam, M. C., and G. A. Levvy: Glucuronidase der Rumenflüssigkeit von Schafen 101[1].

Karuzina, N. P., s. Severin, S. E. 979[3].

Kasahara, M., u. Y. Fujisawa: Liquor cerebrospinalis von Tieren 571[10].

Die Seiten 1—840 befinden sich im Bandteil a, die Seiten 841—1257 im Bandteil b.

KASAHARA, M., u. H. GAMMO: Vitamin C-Gehalt im Liquor cerebrospinalis bei Tieren 574[4].
— u. T. KAI: Milchsäuregehalt im Kaninchenliquor 570[21].
— u. F. MORI: Vitamin B_1 im Kaninchenliquor 574[11].
— u. T. SHINGU: Aminosäure-N im Kaninchenliquor 568[13].
KASER, M., s. TREVORROW, V. 477[11].
KASER, M. M., s. DARBY, W. J. 659[8].
KASSELL, B., s. BRAND, E. 303[6].
KASTL, O.: Darstellung von Thrombin 485[4].
KATASA, E. A.: Bildung von tert. Ca-phosphat in Darmwandzellen 641[1].
KATASE, A.: Buch über den Einfluß der Ernährung auf die Konstitution des Organismus (1931) 718[9]. — Metastatische Verkalkungen 720[9].
KATCHMAN, B., J. J. BETHEIL, A. I. SCHEPARTZ and D. R. SANADI: Reaktion DPN ⇄ TPN in Mitochondrien 1136[21].
— s. SCHWEET, R. S. 756[6], 1040[5].
KATER, J.: Glucoseresorption nach Hypophysektomie 218[2].
KATHEN, H., u. K. LANG: Natriumbestimmung 394[4].
KATHERMAN, R. E., s. BISCHOFF, F. 451[13].
KATO, G., u. K. NAGAI: Wasser-, Asche- und Chlorgehalt der Lymphe 553[8].
KATO, Y.: Erhöhte Purinwerte bei mechanischer Asphyxie 1247[10].
KATSCH, G.: Zusammenfassung über Methoden zur Untersuchung der Darmbewegungen in situ (1926) 109[7]. — Zusammenfassung über pathologische Physiologie des Magensaftes und des Magenchemismus (1927) 30[7]. — Zusammenfassung über Pankreasexstirpation und Pankreasdauerfistel (1932) 156[8]. — Zusammenfassung über die Krankheiten des Magens (1938) 30[7]. — Zusammenfassung über Magenverdauung (1938) 32[5]. — Zusammenfassung über Folgen der Magenausrottung (1938) 38[7]. — Zusammenfassung über den Sekretionsmechanismus des Magens (1938) 41[1]. — Anregung der Magensaftsekretion 42[9]. — Fraktionierte Magenausheberung beim Menschen 47[1]. — Salzsäuregehalt des Magensaftes 55[3]. — Beziehungen der Chloride zur Salzsäurebildung im Magen 57[1]. — Chloridgehalt des Magensaftes 57[2]. — Aciditätsregulierung im Magen 63[2]. — Histaminprobe auf Magensaftsekretion 88[8]. — Begriff der Fermententgleisung 378[11].
— F. BALTZER u. J. BRINCK: Anorganische Bestandteile des Magensaftes 51[7]. — Salzsäurefraktionen im Magensaft 54[4]. — Chloride und ihre Beziehungen zu HCl-Bildung 57[1]. — Alkalisches Magensekret 58[1]. — Salzsäuregehalt des Magensaftes 58[3]. — Hemmung der Salzsäurebildung im Magen durch Schwefelsäure 62[8]. — Aciditätsregulierung im Magen 63[2]. — Natrium- und Kaliumgehalt im Magensaft 66[1].
KATSCH, G., u. J. BRINCK: Zusammenfassung über Krankheiten der Bauchspeicheldrüse (1938) 155[4].
— u. H. KALK: Zusammenfassung über Krankheiten des Magens (1938) 30[6]. — Anregung der Magensaftsekretion 42[9]. — Gewinnung von reinem Magensaft 47[2], 88[2].
— u. K. MELLINGHOFF: Magensaftmenge bei Ulcuskranken 48[2]. — Chloridentziehung durch den Magensaft 64[5].
KATSCHIONI-WALTHER, L., s. SØRENSEN, S. P. L. 75[6].
KATZ, B., s. HODGKIN, A. L. 622[10].
KATZ, G., u. M. LEFFKOWITZ: Zusammenfassung über Senkungsreaktion (1928) 264[6].
KATZ, H. L., s. NICE, L. B. 264[5].
KATZ, J. R.: Zusammenfassung über die Röntgenspektrographie als Untersuchungsmethode bei hochmolekularen Substanzen (1939) 707[5].
— u. A. DE ROOY: Röntgenstruktur von Fibrin und Fibrinogen 477[5].
KATZENELBOGEN, S.: Buch über die Cerebrospinalflüssigkeit und ihre Beziehung zum Blut (1935) Engl. 564[20].
KATZIN, E. M., s. LEVINE, P. 388[4].
KATZMAN, P. A., s. BUEHLER, H. J. 880[10, 11].
— s. ROBERTS, E. C. 1185[2].
KAUCHER, M., s. WILLIAMS, H. H. 847[1, 2], 1077[3].
KAUFMAN, S.: Bildung von Succinyl-coenzym-Komplex im Citronensäurecyclus 1002[1]. — Reversible Decarboxylierung von α-Ketoglutarsäure 1052[4].
— C. GILVARG, O. CORI and S. OCHOA: Decarboxylierung von α-Ketoglutarsäure 1052[7].
KAUFMANN, s. CHAUVEAU, A. 315[11].
KAUFMANN, C.: Phosphatidstoffwechsel im Corpus luteum 857[1].
— u. O. MÜHLBOCK: Phosphatidstoffwechsel im Corpus luteum 857[1].
— u. K. RAETH: Phosphaditstoffwechsel im Corpus luteum 857[1].
— U. WESTPHAL u. J. ZANDER: Progesteronstoffwechsel 889[3]. — Metabolite des Progesterons im Harn 895[1]. —
— s. MÜHLBOCK, O. 337[8].
KAUFMANN, H. P., J. BALTES u. B. SIBBEL: Phosphatidgehalt von Milch und Milchprodukten 841[3].
KAUKER, E.: Chloridgehalt von Hundeblut 407[13].
KAULBERSZ, J., T. L. PATTERSON, D. J. SANDWEISS and H. C. SALTZSTEIN: Urogastron 142[9].
— s. PATTERSON, T. L. 142[8].

Die Seiten 1—840 befinden sich im Bandteil a, die Seiten 841—1257 im Bandteil b.

KAULLA, K. N. v.: Buch über moderne Thrombosebekämpfung (1946) 493[9]. — Buch über klinische Fortschritte auf dem Gebiete der Blutgerinnung (1949) 480[1]. Fibrinolyse bei Operationen 489[11]. — Fibrinolytische Wirkung von Euglobulin 489[20]. — Adrenochromwirkung auf Sauerstoffverbrauch 778[2].
KAUNITZ, H., u. A. v. WACEK: Tri- und Dimethylamin im Eiter 586[4].
— s. EPPINGER, H. 506[2].
KAUS, W., s. SCHWARZ, C. 40[1].
KAUTZSCH, A., s. STURM, A. 415[6].
KAUTZSCH, E., A. OSWALD u. G. HOFMANN: Labilitätsreaktion und Elektrophorese 307[7].
KAWAI, T.: Carboxypolypeptidase im Darmsaft 123[15].
KAWASHIMA, H.: Eisenablagerung im Darm 657[14].
KAY, H. D.: Zusammenfassung über Phosphatasen (1932) 125[3]. — Zusammenfassung über Chemie und Stoffwechsel von P-Verbindungen (1932; 1934) 646[6].— Zusammenfassung über Phosphatase bei Wachstum und Erkrankungen des Knochens (1932) 700[10]. — Phosphatasegehalt von Organen 125[2]. — Pankreasphosphatasen 164[2]. — Phosphatase im Blut bei Knochenerkrankungen 376[4]. Vermehrung der Serumphosphatase bei Tumormetastasen 376[14]. — Phosphatasegehalt im Blut bei M. BASEDOW und Hyperparathyreose 377[3]. — Bestimmung der Phosphatase 377[9]. — Alkalische Serumphosphatase bei Rattenrachitis 716[10]. — Spaltung von Glycerinphosphorsäuren durch unspezifische Phosphatasen 852[2].
— and F. B. BYROM: Verteilung der P-Ester im Blut 446[1]. — Phosphorindex der Erythrocyten 447[11].
— and H. S. RAPER: Abbau verzweigtkettiger Fettsäuren 814[6].
— s. BRAIN, R. T. 649[13].
— s. FOLLEY, S. J. 124[18], 700[12].
— s. JENNER, H. D. 634[17], 636[19].
KAY, W. W., s. ELLINGER, P. 994[3].
KAYSER, C.: Verdauung im Darm 102[18].
— et A. ESTABLIER Y COSTA: Kein Regulationszentrum für Purinstoffwechsel 1231[16]. — Allantoinausscheidung durch Piqûre 1231[17].
— s. LE BRETON, E. 1233[10].
KAZAL, L. A., A. HIGASHI, M. DE YOUNG, R. BRAHINSKY and R. H. BARNES: Stabilisierung von Thrombokinase 483[16].
KAZDAN, P., s. WIKOFF, H. L. 568[3].
KAZMEIER, F., s. ESSER, H. 294[8].
— s. SCHOLTAN, W. 300[4].
KAZMIN, V. E., s. VENNING, E. H. 893[19].
KEANE, J. F. jr., s. MELLORS, R. C. 1098[19].
KEATING, F. R. jr., and A. ALBERT: Geschwindigkeit der Jodresorption 681[4]. — Organisch gebundenes Jod im Blut 683[1].
— R. W. RAWSON, W. PEACOCK and R. D EVANS: Wirkung von thyreotropem Hormon auf den Jodstoffwechsel 682[12].
— s. RALL, J. E. 681[6].
KEELER, C. E., s. TRIMBLE, H. C. 1214[4].
KEELER, H. R., s. CULLEN, G. E. 532[5].
KEELEY, J. L., s. GIBSON, J. G. jr. 259[8].
KEENE, M. F. L., and E. E. HEWER: Saccharase im Darm beim Neugeborenen und Foetus 127[3]. — Pankreasmaltase 165[13].
KEENER, H. A., G. P. PERCIVAL, G. H. ELLIS and K. C. BEESON: Kobaltmangelkrankheit 674[2].
KEESER, E.: Zusammenfassung über Arsen und seine Verbindungen (1937) 692[9]. — Deckung des Ca-Bedarfes 642[2]. — Nucleotidasehemmung durch Aneurin 775[11]. Bedeutung der Diät für die Cholesterinresorption 871[14].
— u. J. KEESER: Arsen im Stoffwechsel 692[8]. Arsengehalt im Blut 693[8]. — Keine Gewöhnung an lösliche Arsenverbindungen 694[1]. — Coffeinaufnahme durch Gehirn 1223[16].
— s. GUDZENT, (F.) 1254[2].
— s. HEFFTER, A. 692[10].
KEESER, J., s. KEESER, E. 692[8], 693[8], 694[1], 1223[16].
KEETON, R. W., A. B. LUCKHARDT and F. C. KOCH: Hemmung der Magensaftsekretion durch Atropin 45[24].
— s. KOCH, F. C. 43[13].
KEEVIL, N. B., s. PATTERSON, J. M. 850[15].
KEHL, R., u. W. STICH: Papierchromatographie der Porphyrine 1006[5], 1021[2]. — Papierchromatographie der Gallenfarbstoffe 1018[4].
— s. STICH, W. 1018[4].
KEIDERLING, W.: Kupferbindung an lipoidfreies β_1-Globulin 401[7].
— s. HEILMEYER, L. 400[2].
KEIGHLEY, G.(L.), s. BORSOOK, H. 911[4], 924[1,2,9–11], 925[1,4–6], 926[4], 927[1], 944[5], 970[5], 1145[4], 1146[1], 1218[30].
KEIL, A. W., s. LINNEWEH, W. 978[7].
KEIL, H. L., and V. E. NELSON: Kupfergehalt von Pigmentgallensteinen 667[6]. — Behebung der „Milchanämie" durch Fe und Cu 669[3]. — Wirkung von Cu auf die Hämoglobinbildung 669[9]. — Förderung der Hämoglobinbildung durch Eisen, Kupfer und Mangan 671[21].
KEIL, W.: Abbau substituierter Fettsäuren 814[11].
— s. APPEL, H. 814[12].
— s. WREDE, F. 352[2].
KEILHACK, H.: Lebensdauer der Serumeiweißkörper von Kaninchen 287[5]. — Größe des Umsatzes von Bluteiweiß beim Menschen 289[8].

KEILIN, D.: Oxydation von Cystein zu Cystin durch Cytochromoxydase 955[14].
— and E. F. HARTREE: Unterschiede der Lichtabsorption von Hämoglobin in Blutkörperchen und in Lösung 434[3]. — Mutarotatase 730[2]. — Darstellung von Glucoseoxydase (Notatin) 737[12]. — Oxydation von α- und β-Glucose durch Notatin 737[13]. — Hämolyse durch S-S-Glutathion 1016[8]. — Inaktivierung der Cytochromoxydase im Cyclophorasesystem 1133[5]. — Notatin 1185[1]. — Harnsäureabbau durch Uricase 1209[9].
— and T. MANN: Kohlensäureanhydratase im Serum tumortragender Tiere 382[4]. — Zn-Gehalt der Kohlensäureanhydratase 403[8], 521[8], 678[19]. — Verminderung des Zinkgehaltes im Blut bei Beri-Beri und Pellagra 403[11]. — Kohlensäureanhydratase in Erythrocyten 451[3].
— and Y. L. WANG: Affinität von Leghämoglobin zu O_2 und CO 1014[1].
— s. MANN, T. 401[5], 670[4].
KEITH, C. K., s. TOTTER, J. R. 439[2], 467[9].
KEITH, L. M. jr., R. M. ZOLLINGER and R. S. MCCLEERY: Amylasegehalt der Peritonealflüssigkeit 563[6].
KEITH, N. M.: Zusammenfassung über Wasserstoffwechsel (1953) 589[21].
— s. GREENE, C. H. 560[17].
KEKWICK, R. A., M. E. MACKAY and B. R. RECORD: Fraktionierung von Blutplasma 291[1].
KELEMEN, E., G. BIKICH, J. BORBOLA and B. TANOS: Histamingehalt von Leukocyten 463[11].
KELLER, E. B.: Nucleinsäuregehalt und Eiweißsynthese in der Zelle 926[4]. — Mikrosomenfraktion 1150[17].
— J. R. RACHELE and V. DU VIGNEAUD: Herkunft der labilen Methylgruppen 963[2].
KELLER, H., s. GLANZMANN, E. 475[21].
KELLER, R., and B. V. PISHA: Ort der Salzsäurebildung im Magen 59[7].
KELLER, R(udolf) (Heidelberg), s. FREUDENBERG, K. 141[2].
KELLER, R(udolf) (Prag): Buch über Elektrizität der Zelle (1932) 207[4]. — Resorption von Zucker auf dem Lymphwege 221[4].
KELLER, W.: Mitwirkung von Bakterien bei der Verdauung 9[11].
— s. GYÖRGY, P. 323[9].
KELLEY, B., s. TOTTER, J. R. 924[8], 941[2].
KELLEY, F. C.: Bibliographie über Jod (1950) Engl. 679[28].
KELLEY, K. H., s. SHETLAR, M. R. 314[4].
KELLEY, R. A., and L. D. HILL III: Kaliumverlust durch Darmspülungen 628[11].
KELLEY, V. C., s. GOOD, R. A. 384[12].
— s. KEYES, G. H. 773[5].
KELLIE, A. E., and S. S. ZILVA: Vitamin C-Gehalt des Blutes und C-Gehalt im Organismus 364[10].
KELLNER, H.: Rachitisähnliche Störungen bei Fluorosis 698[1].
KELLOGG, K. E., s. MORTENSEN, R. A. 430[17], 688[16].
KELLY, C. J., and H. H. BEARD: Steigerung der Kreatinausscheidung durch Methylpurine 1238[3].
KELLY, F. B. jr., s. GOULD, G. 875[3].
KELLY, F. C.: Buch über Jod und Pflanzenleben (1950) Engl. 679[28].
KELLY, L. S., and H. B. JONES: DNS-Umsatzsteigerung durch Zellkerne und Cytoplasma 1156[6]. — Einbau von anorganischem ^{32}P in Nucleinsäuren 1193[15]. — Hemmung der Nucleinsäuresynthese durch ^{90}Y 1197[6].
— A. H. PAYNE, M. R. WHITE and H. B. JONES: Desoxyribonucleinsäureumsatz im Gewebe trächtiger Tiere 1234[11]. — Gesteigerter Umsatz von Desoxyribonucleinsäure bei Neoplasmen 1247[17].
— s. PAYNE, A. H. 1120[5].
KELSEY, F. E.: Fraktionierung von Lipase und Cholesterinesterase aus Pankreas 163[7].
KEMMERER, A. R., C. A. ELVEHJEM and E. B. HART: Mn-arme Diät bei Mäusen 672[7]. Bedeutung von Mangan für die Geschlechtsfunktion 672[16].
— s. IRWIN, M. H. 248[7].
KEMMERER, K. S., s. ROSE, W. C. 960[10].
— s. WOMACK, M. 654[5], 960[10].
KEMPA, H., s. VOIT, K. 471[12].
KEMPNER, W.: Na-freie Kostformen 620[12].
KENCH, J. E., C. GARDIKAS and J. F. WILKINSON: Hämatinabbau 1019[3].
— R. E. LANE and H. VARLEY: Papierchromatographie der Porphyrine 1021[2].
KENDALL, A. I., A. A. DAY, A. W. WALKER and R. C. HANER: Bakteriengehalt im Duodenum 172[10].
KENDALL, E. C.: C_{21}-Nebennierenrindensteroide 881[4,5]. — Hormongehalt der Nebennierenrinde 881[12].
— s. SPRAGUE, R. G. 628[4].
KENDALL, F. E., s. ABELL, L. L. 871[20].
— s. MITCHELL, H. H. 911[3].
KENDREW, J. C., s. ROUGHTON, F. J. W. 1010[6].
KENNARD, O.: Porphobilinogen 1006[1].
KENNEDY, B., and R. OKEY: Cholesterin und Entstehung der Atherosklerose 872[8].
KENNEDY, C., s. CALVERLY, C. E. 639[2].
KENNEDY, E. P.: Phosphatidsynthese in Mitochondrien 1136[4], 1144[4].
— and A. L. LEHNINGER: Fettsäureoxydation durch Mitochondrien 830[8], 831[2], 1129[9], 1142[1,4]. — Intracelluläre Verteilung von Succinoxydase 1090[15]. — Intracelluläre Verteilung von Aldolase 1090[38]. Fettsäureoxydation in Mitochondrien 1136[13,23], 1140[11], 1141[2]. — Brenztraubensäureoxydation durch Mitochondrien 1136[23]. — Atmungskettenphosphorylierung durch Cyclophorasesystem 1137[14].

Die Seiten 1—840 befinden sich im Bandteil a, die Seiten 841—1257 im Bandteil b.

KENNEDY, E. P., s. LEHNINGER, A. L. 830[7], 1035[3].
— s. NIEMEYER, H. 1140[8].
KENNEDY, T. J. jr., s. BERLINER, R. W. 624[16].
KENNER, G. W.: Zusammenfassung über die Chemie der Nucleotide (1951) 1177[32].
KENNEY, R. A., and D. H. MILLER: Cl-Ausscheidung in Niere und Schweiß 631[10].
KENSLER, C. J., and H. LANGEMANN: Intracelluläre Verteilung der Cholinoxydase 1090[20]. — Cholinoxydation durch Mitochondrien 1150[3].
— s. SINGHER, H. O. 905[9].
KENT, N. L., and R. A. MCCANCE: Resorption von Metallsalzen 214[19]. — Manganausscheidung mit dem Kot 671[3]. — Lithiumretention aus Schwarzbrot 684[7]. Wiederausscheidung von Natriumtetravanadat 686[4]. — Nickelausscheidung im Harn 686[16]. — Goldausscheidung im Harn 687[6]. — Borausscheidung 689[14].
KENYON, A. T., s. LANDAU, R. L. 900[1].
KENYON, M. B., s. LIGHTBODY, H. D. 980[1].
KEPLER, E. J., s. MASON, H. L. 900[5], 902[7].
KEPPEL, D. M., s. VIGNEAUD, V. DU 855[2], 960[12], 963[4].
KERB, J., s. NEUBERG, C. 754[2].
KERIN, L., s. CHARGAFF, E. 1108[3].
KERKKONEN, H., s. VIRTANEN, A. I. 917[10].
KERLY, M.: Hexokinasegehalt von Ochsenretina 741[6].
— s. AUDY, G. 771[6].
KERMACK, W. O.: Zusammenfassung über Resorption von Fetten (1947) 230[4].
KERN, F. M., s. SMELO, L. S. 316[11], 317[1].
KERN, R., s. BUCHBINDER, W. C. 640[3].
KERNER-ESSER, I., s. HOLZAPFEL, L. 416[6].
KERPEL-FRONIUS, E.: Chlorgehalt der Gewebe von Neugeborenen 431[1]. — Natriumbedarf 621[5]. — Hypochlorämische Azotämie 634[3].
KERR, J., s. PATON, D. N. 582[8].
KERR, R. H., s. HOLMES, A. D. 801[6].
KERR, S. E.: Natriumgehalt von Säugetierblut 393[12]. — Kalium und säurelösliches Phosphat im Blut 414[1]. — Natrium-, Kalium- und Phosphorgehalt von Hundeerythrocyten 428[2].
— and A. ANTAKI: Desaminierung von ATP durch lackfarbenes Blut 1201[4].
— K. SERAIDARIAN and G. B. BROWN: Kein Übergang von ^{14}C-Adenin in Pyrimidine 1193[3]. — Guaninbildung aus Adenin 1222[8].
— K. SERAIDARIAN and M. WARGON: Resistenz von Pankreasribonucleinsäure gegen krystallisierte Ribonucleotidase 1186[23].
KERR, W. J., S. H. HURWITZ and G. H. WHIPPLE: Leber und Knochenmark als Bildungsstätten der Plasmaeiweißkörper 287[8].
KERRIGAN, M., s. POLIS, B. D. 789[14].
KERSLEY, G. D., L. MANDEL and E. BENE: Steigerung der Harnsäureausscheidung durch Novatophan 1249[9]. — Wirkung von Glykokoll auf Harnsäurewerte in Blut und Harn bei Gichtkranken 1250[2].
KERTESS, E., s. KNOOP, F. 929[2], 935[1].
KESEL, R. G., s. KIRCH, E. R. 27[12].
KESKIN, H., s. BREUSCH, F. L. 1032[4].
KESSLER, W., u. W. RUHLAND: Ursachen für Änderungen im Wasserbestand von Pflanzen 607[2].
KESTEREN, M. J. VAN, s. BIBBY, B. G. 699[3].
KESTERMANN, E., s. BECKER, H. 27[1].
KESTNER, O., R. WILLSTÄTTER u. E. BAMANN: Fehlen von Fermenten im Pylorussekret 73[9], 78[3], 94[2].
KESTON, A. S., s. CHARGAFF, E. 849[6].
— s. HEVESY, G. 617[9].
— s. RATNER, S. 912[6], 939[2].
— s. SCHOENHEIMER, R. 617[8], 1219[7].
KESZTYÜS, L., u. J. MARTIN: Submandibularisspeichel vom Hund 17[5,6], 18[1].
— u. K. PIRIBAUER: Mucingehalt des menschlichen Speichels 21[22].
KETRON, K. C., s. SNYDERMAN, S. E. 991[5].
Kettering-Laboratorium: Experimentelle Forschungen über Bleiaufnahme und Bleiausscheidung usw. (1939) 688[13].
KEUER, H., s. LANG, K. 1090[47], 1153[12].
KEUTMANN, E. H., s. BURTON, R. B. 879[9], 882[8], 893[21,22].
KEYES, G. H., and V. C. KELLEY: Wirkung von Nebennierenrindenextrakten auf Blutglucose 773[5].
KEYNES, R. D.: Bedeutung des Kaliumaustausches für die Zelltätigkeit 626[8].
KEYS, A.: Berechnung des kolloidosmotischen Druckes 270[8].
KEYSER, J. W.: Methoden der Bluteiweißbestimmung 295[4].
KHABAS, I., I. KHAUSTOVA, L. BASKINA u. V. KALININA: Blutkonservierung 257[2].
KHAUSTOVA, I., s. KHABAS, I. 257[2].
KHOUVINE, Y.: Nucleinsäuregehalt von Tumoren 1247[16].
— et F. BARON: Aminosäurezusammensetzung von Zellkernprot einen 1112[6].
— et J. GRÉGOIRE: Zusammensetzung von Desoxyribonucleinsäure 1107[11]. — Ribodepolymerase aus nekrotischem Carcinomgewebe 1186[12]. — Nucleinsäuregehalt von Rattenepitheliom 1247[14].
— J. GRÉGOIRE et J. P. ZALTA: Aminosäurezusammensetzung von Zellkernproteinen 1112[13].
KHVOLES, G., u. D. SKOULOV: Hemmung der Magensaftsekretion durch Nikotin 45[27].
KIBRICK, A. C., H. E. ROGERS and S. SKUPP: Amylasebestimmung 379[14].
KICK, C. H., s. BETHKE, R. M. 717[3], 718[2].

KIDDLE, P., R. A. MARSHALL and A. T. PHILLIPSON: Resorption flüchtiger Fettsäuren im Schafspansen 245[5].
KIDMAN, B., M. L. TUTT and J. M. VAUGHAN: Ca-Ausscheidung durch Darm und Niere bei hohen Ca-Gaben 640[15]. — Strontiumretention im Knochen 684[19]. — Strontiumverteilung auf die Organe 685[1].
KIDWAI, A. R., s. RACHELE, J. R. 654[8].
KIELLEY, R. K.: Aktivierung von Tumormitochondrien durch DPN 1137[4]. — Oxydative Phosphorylierung durch Tumormitochondrien 1139[4].
— and W. C. SCHNEIDER: Enzym der Peptidsynthese in Mitochondrien 921[8]. — Stoffwechselleistungen von Mitochondrien 1136[12].
— s. KIELLEY, W. W. 1090[119], 1137[17], 1138[10].
KIELLEY, W. W., and R. K. KIELLEY: Intracelluläre Verteilung von Adenosintriphosphatase 1090[119]. — Atmungskettenphosphorylierung durch Cyclophorasesystem 1137[17]. — ATPase der Mitochondrien 1138[10].
— and O. MEYERHOF: Adenosintriphosphatase 787[4], 1188[2].
KIESE, M.: Bedeutung der Glykolyse für Reduktion von Hämiglobin 423[16], 518[1]. — Hämoglobinbestimmung 432[16]. — Bildung von Verdoglobin beim Hämoglobinabbau 437[9]. — Dissoziationskonstante der Verbindung Kohlensäureanhydratase-Kohlensäure 522[1]. — Bedeutung von DPN für Hämiglobinreduktion 1013[1].
— and A. B. HASTINGS: Hemmung der Kohlensäureanhydratase durch Oxydationsmittel 521[11].
— u. G. KLINGMÜLLER: Veränderung der Sauerstoffaffinität des Hämoglobins bei partieller Oxydation zu Hämin 518[2].
— u. L. SEIPELT: Bildung von Verdoglobin beim Hämoglobinabbau 437[9].
— u. W. SCHWARTZKOPF: Bedeutung von DPN für Hämiglobinreduktion 1013[1].
— s. HEUBNER, W. 434[16].
KIESEWETTER, K., s. ABDERHALDEN, E. 76[1].
KIESSLING, W.: Hefephosphorylase 744[1]. — SynthetischesDioxyacetonphosphat 748[12]. — Darstellung der Glycerinsäurephosphorsäuren 750[8]. — Synthese der Brenztraubensäure-enol-phosphorsäure 752[1].
— u. O. MEYERHOF: Di-(adenosin-5-phosphorsäure)-pyrophosphat aus Hefe 789[19], 1184[6].
— s. MEYERHOF, O. 750[1,9], 751[5,8].
KILBORN, L. G., T. S. OUTERBRIDGE and HAI-PENG LEI: Fluorwirkung auf Knochen 698[2]. — Fluorgehalt des Wassers und Osteosklerose 699[1].
KILBY, B. A., s. ADRIAN, E. D. 375[4].
KILLIAN, J. A., s. MYERS, V. C. 348[17].
KILMER, G. W., s. VIGNEAUD, V. DU 654[7], 965[3].
KIM, K. S., s. GROSSMAN, M. I. 134[5].
KIM, M. S.: Förderung der Magensaftsekretion durch die Leber 42[26]. — Hormonbildung im Pylorus 43[7].
— and A. C. IVY: Anregung der Magensaftsekretion 42[8]. — Förderung der Magensaftsekretion durch die Leber 42[27]. — Histamin aus Pylorusregion 43[15]. — Zerstörung von Gastrin durch Histaminase 43[15].
KIMBEL, K.-H.: Wirkungsmechanismus der Folinsäure 467[11].
KIMMIG, J., u. H. WESELMANN: Transport von Sulfonamiden durch Serumalbumine 310[9].
KINDT, B., s. RIESSER, O. 691[15].
KING, C. G., s. ALLFREY, V. 467[16].
— s. GLICK, D. 161[15], 162[3], 163[1].
— s. MOSBACH, E. H. 735[4].
KING, E. J.: Fette der Dünndarmschleimhaut 113[4]. — Phosphatasen der Darmschleimhaut 120[11]. — Spaltungsgeschwindigkeiten von Phosphatiden 124[16]. — Lecithinase aus Pankreas 160[14].
— and M. ALOISI: Phosphatidspaltung im Darmkanal 842[6]. — Cholinglycerophosphorsäure aus Pankreas 851[13].
— and A. R. ARMSTRONG: Phenolphosphorsäure als Phosphatasesubstrat 377[12].
— and D. S. BAIN: Bestimmung der Blutchloride 409[2].
— and T. H. BELT: Zusammenfassung über Physiologie und Pathologie der Kieselsäure (1938) 416[9]. — Zusammenfassung über physiologische und pathologische Bedeutung von Quarz (1938) 690[9]. — Siliciumgehalt parenchymatöser Organe 691[7].
— and M. DOLAN: Spaltung von Lysolecithin durch Extrakte aus Dünndarmschleimhaut 124[15]. — Silikose 690[17]. — Siliciumgehalt des Blutes bei Silikose 691[2].
— and M. GILCHRIST: Hämoglobinbestimmung 432[20].
— M. GILCHRIST, I. D. P. WOOTTON, J. R. P. O'BRIEN, H. M. JOPE, P. E. QUELCH, J. M. PETERSON, D. H. STRANGEWAYS and W. N. M. RAMSAY: Hämoglobinbestimmung 432[20].
— M. GILCHRIST, I. D. P. WOOTTON, R. DONALDSON, R. B. SISSON, R. G. MACFARLANE, H. M. JOPE, J. R. P. O'BRIEN, J. M. PETERSON and D. H. STRANGEWAYS: Hämoglobinbestimmung 432[20].
— and C. W. SMALL: Sphingosinphosphorsäure-cholinester 853[3].
— H. STANTIAL and M. DOLAN: Siliciumgehalt parenchymatöser Organe 691[7]. — Kieselsäure im Stoffwechsel 691[13].
— E. J. WOOD and G. E. DELORY: Beeinflussung der Erythrocytenphosphatasen durch Mg 450[9].

King, E. J. s. Armstrong, A. R. 376[13]., — s. King, H. 124[14].
King, F. B., and D. Rapport: Aminosäuregehalt des Blutes nach parenteraler Aminosäurezufuhr 915[11].
— R. Simonds and M. Aisner: Aminosäuregehalt des Blutes nach parenteraler Aminosäurezufuhr 915[11].
King, H., E. J. King u. I. H. Page: p_H-Optimum von Lecithinasen 124[14].
King, H. K., s. Morgan, W. T. J. 40[8].
King, J. C., s. Singer, K. 467[18], 468[3,4].
King, J. D., s. Mellanby, M. 700[13].
King, K., s. Barklay, H. 319[4], 582[10].
Kingsley, G. R., and A. A. Behrend: Serumeiweißkörper zur Therapie der Lebercirrhose 307[2].
— and T. E. Machella: Serumeiweißkörper bei Erkrankungen 307[4].
— and R. R. Schaffert: Cholesterinbestimmung im Blut 338[12].
— and L. A. Terzian: Bluteiweißbestimmung 295[4].
Kinney, E. M., s. Shipley, P. G. 684[14].
Kinney, J. M., s. Verly, W. G. 964[2].
Kinney, T. D., D. M. Hegsted and C. A. Finch: Regulation der Eiweißresorption durch Zwischenhirnzentren 214[12]. — Vermehrung des Körpereisens bei Fe-Überangebot 214[12]. — Hämosiderose 665[4].
— s. Finch, C. A. 665[2].
Kinoshita, J. H., and E. G. Ball: Fermentative Synthese von γ-Glutamyl-arginin 920[4].
Kinser, C. A., s. McClure, F. J. 697[2].
Kintner, E. P.: Hemmung der sauren Phosphatase durch Formaldehyd 377[16].
Kintoff, W., s. Haehn, H. 767[4].
Kinzlmeier, H., s. Henning, N. 47[5], 49[11], 56[3], 68[15], 69[2], 86[15], 216[2].
Kiok, F., s. Scheunert, A. 32[6].
Kionka, H.: Experimentelle Hühnergicht 1256[4].
Kip, A. F., s. Hunter, F. T. 693[2].
— s. Lowry, D. H. 693[18].
Kipp, H. A.: Cholesteringehalt von Eiterkörperchen 584[7].
Kirberger, E., u. T. Bücher: p-Oxyphenylbrenztraubensäure als Zwischenprodukt des Tyrosinabbaus 984[3].
— u. G. A. Martini: Serumphosphatase bei hämolytischem Ikterus 376[13]. — Phenolphosphorsäure als Phosphatasesubstrat 377[11].
Kirch, E. R., O. Bergeim, J. Kleinberg and S. James: Reduktion von Eisen(III)- zu Eisen(II)-ion bei der Verdauung 96[3], 657[5].
— R. G. Kesel, J. F. O'Donnell and E. C. Wach: Aminosäuren und Peptide im Speichel 27[12].
— s. Bergeim, O. 96[1], 657[5].
Kirchmair, H.: Steigerung der Resorption von Halogenfettsäuren durch Cholesterinestersole 236[2]. — Resorption von Cholesterinestern 797[2].
Kirimlidis, S., s. Malyoth, G. 183[11].
Kirk, C. M., s. Holt, L. E. jr. 800[11].
Kirk, E.: Cerebrosidgehalt von Blutplasma und Erythrocyten 335[5]. — Lipoidverteilung im menschlichen Blut 442[10], 443[1]. — Phosphatidgehalt von Erythrocyten 858[1,4]. — Phosphatidgehalt von Blutplasma 858[17].
— G. Sørensen, M. Trier u. E. Warburg: Gesamtbasenbestimmung im Blutserum 393[3].
— s. Page, I. H. 442[5].
— s. Slyke, D. D. van 345[11].
Kirk, M. R., s. Kritchevsky, D. 338[5], 878[5].
Kirk, P. L., s. Sisko, R. C. 1168[3].
Kirkham, W. R., and L. E. Thomas: Globulin aus Zellkernen 1109[3].
Kirschner-Kühn, I., s. Heidermanns, C. 85[12].
Kirschner, L. s. Trunnell, J. B. 681[7].
Kirschon, A., s. Allen, J. G. 499[3].
Kirsner, J. B., and J. E. Bryand: Calciumgehalt des menschlichen Magensaftes 66[6].
— s. Levin, E. 42[21], 48[5], 142[5].
— s. Sheffner, A. L. 344[1].
— s. Sterling, K. 307[2].
Kisch, B.: Zusammenfassung über Stromgeschwindigkeit und Kreislaufzeit (1927) 262[4].
Kit, S., and D. M. Greenberg: Proteinsynthese durch isolierte Mitochondrien 1145[6].
Kitagawa, R.: Resorption ungespaltener Fette 239[4].
Kitasato, T.: Spaltung von Poly- und Metaphosphaten 649[1].
Kitasawa, T., s. Uyei, N. 368[6].
Kitiyakara, A., and J. W. Harman: Intracelluläre Verteilung von Adenosintriphosphatase und Adenosindesaminase 1090[123].
Kittel, S., s. Waelsch, H. 397[7], 425[10].
Kittinger, G. W., s. Riegel, B. 891[3], 892[5], 908[1].
Kiyasu, J. Y., B. Bloom and I. L. Chaikoff: Resorptionsweg niedermolekularer Fettsäuren 799[1].
— s. Chaikoff, I. L. 871[4].
Kiyokawa, M.: Urocaninsäureausscheidung nach Histidinzufuhr 975[6].
— s. Kotake, Y. 988[11].
— s. Shichiri, G. 988[11].
Kjellin, T., u. E. Kylin: Kein Prolan im Liquor cerebrospinalis 573[6].
Kjerulf-Jensen, K.: Phosphorylierung der Monosaccharide bei der Resorption 219[7]. — Resorption von Fructose als 1-Phosphorsäureester 221[9].

Kjerulf-Jensen, K., u. E. Lundsgaard: Resorption von Fructose als 1-Phosphorsäureester 221[11].
Klaf, L. L.: Harnsäurestoffwechsel bei Schilddrüsenstörungen 1232[3].
Klages, A., s. Jünger, E. 185[3].
Klassen, K. P., E. L. Riley and G. M. Curtis: Blutjodgehalt bei Tuberkulose 410[8].
Klatskin, G., and D. W. Molander: Vitamin E-Gehalt des Blutes 361[2].
Klecker, E.: Klinische Anwendung von Hyaluronidase 380[7].
Kleczkowski, A.: Unterfraktionen von Serumalbumin 311[11].
Klee, P.: Zusammenfassung über Magenbewegungen und Brechakt (1927) 31[10].
Kleffner, U., s. Merten, R. 78[1], 82[2].
Kleiber, M., M. D. D. Boelter and D. M. Greenberg: Folgen von Ca-Mangel bei Tieren 642[4]. — Calciumgehalt von Ratten bei calciumarmem Futter 713[14].
— H. Goss and H. R. Guilbert: Phosphat und Carbonat im Knochen bei P-armer Ernährung 650[4].
— s. Smith, A. H. 648[1].
Klein, E.: Hemmung der Magensaftsekretion durch Atropin 45[25]. — Jodbestimmung 411[10].
— s. Goldberg, L. 1102[14].
Klein, G., u. A. Limberger: Kreislauf des Schwefels im Boden 651[9].
— s. Goldberg, L. 1102[14].
Klein, H.: Leukocytenzahl der weißen Maus 456[5].
Klein, J. R., W. A. Perlzweig and P. Handler: Nicotinsäureamidgehalt des menschlichen Blutes 363[13].
— s. Handler, P. 941[6].
Klein, S., s. Levine, R. 782[1].
Klein, W.: Zusammenfassung über Nucleotidasen (1941) 120[16]. — Zusammenfassung über Nucleindesaminasen (1941) 120[17]. — Zusammenfassung über Nucleinsäuren und ihre Spaltprodukte (1941) 1177[2]. — Nucleotidasen aus Darmsaft 120[16]. — Thymonucleinase aus Duodenalschleimhaut 128[8], 129[4]. — Darstellung von Nuclease 129[4]. — Vergiftung von Adenosinase durch Silberionen 130[5]. — Purin- und Pyrimidinnucleotidase aus Pankreas 166[7]. — Cholesterinesterspaltendes Ferment in Erythrocyten 451[5]. — Spaltung von Cholesterinestern in der Darmwand 796[9]. — Pyrimidinnucleosidase 1188[18]. — Nucleindesaminasen, Verbreitung 1189[4]. — Reversible Phosphorolyse von Thymidin 1195[15].
— u. A. Rossi: Wirkungsbereich der Nucleotidasen 1187[12].
— u. S. J. Thannhauser: Zerlegung der b-Thymonucleinsäure durch Darmextrakte 128[9]. — Nucleosidasegehalt verschiedener Organe 129[9]. — Wirkung der Nucleindesaminasen 1189[2].
Kleinberg, J., s. Kirch, E. R. 96[3], 657[5].
Kleine, F. K., s. Harnack, E. 953[12].
Kleiner, I. S., and H. Tauber: Maltase im Speichel 25[7]. — Rennin aus Kälbermagen 80[7]. — Verhältnis von Lab- und Pepsinwirkung beim Säugling 81[1].
— s. Tauber, H. 24[14], 25[8], 80[7].
Kleinmann, H., u. H. Bork: Oxyacetylendiureincarbonsäure, Vorstufe von Allantoin 1208[32].
— u. G. Scharr: Trypsin und Kathepsin im Blutserum 380[10].
— s. Rona, P. 380[9].
Kleinzeller, A.: Zusammenfassung über Lipoidsynthese (1948) 835[9]. — Fettbildung durch Torulopsis lipofera aus Kohlenhydraten 767[3]. — Spaltung von Inosintriphosphat durch Muskelextrakte 787[11]. — Biologischer Abbau von Glykol- und Glyoxylsäure 1028[2].
Klement, R.: Fluorgehalt von Tieren 696[7]. — Mineralzusammensetzung von Knochen 703[3]. — Apatitstruktur von Calciumphosphat 707[1]. — Basenüberschuß im Knochengewebe 707[10].
— u. R. Weber: Hydroxylapatit 396[7]. — Basenüberschuß im Knochengewebe 707[11].
Klemm, E., s. Dirr, K. 438[6], 563[2].
Klemperer, F. W.: Oxyacetylen-diureincarbonsäure als Zwischenprodukt der Allantoinsynthese 1209[8].
— H. C. Trimble and A. B. Hastings: Ursache der Harnsäureausscheidung beim Dalmatiner Hund 1214[1].
— s. Solomon, A. K. 1054[2].
Klemperer, G., u. M. Jacoby: Cystinausscheidung nach Eiweißfütterung 955[3].
Klendshoj, N. C., s. Witebsky, E. 85[17], 424[8].
Klenk, E.: Plasmaphosphatidgehalt bei Niemann-Pickscher Krankheit 861[10].
— u. E. Schumann: Acetalphosphatidgehalt von Organen 846[6].
— s. Thierfelder, H. 812[2].
Klenk, L., s. Grassmann, W. 122[11].
Klenow, H., and B. Larsen: Umphosphorylierungen durch Phosphoglucomutase 743[6].
— s. Horecker, B. L. 1062[8], 1063[1].
Kleppel, B., s. Foà, P. P. 865[8].
Klercker, K. O. af: Verhalten von zugeführtem Kreatin im Stoffwechsel 946[3].
Kligler, I. J., and A. Geiger: Natriumbedarf 621[3].
Klima, R., u. F. Bodart: Buch über Blutkörperchensenkung, Koagulationsband und Blutbild (1947) 264[6].
Kline, B. S., s. Oppenheimer, B. S. 982[2].
Kline, D. L., and E. E. Cliffton: Lebensdauer der Leukocyten 470[5].
Kline, L., s. Pace, N. 591[1].

KLINE, R. F., s. BRITTON, S. W. 773[1].
KLING, D. H.: Synoviamucin 580[4].
KLINGE, A.: Bakterienhemmende Wirkung der Magenschleimhaut 67[15].
KLINGELHÖFFER, K.-O.: Oxydables Hämopoietin 466[8].
KLINGEMANN, W., s. ABDERHALDEN, E. 98[2], 101[3], 174[3].
KLINGENBERG, H. G., u. E. PETERS: Eiweißdurchlässigkeit der Kapillaren 602[1].
KLINGHOFFER, K. A.: Verminderung der NaCl-Resorption bei Monojodessigsäurevergiftung 211[14]. — Resorptionsverminderung durch Monojodessigsäure 220[4]. — Schädigung der Darmwandzellen durch Monojodacetat und Phlorrhizin 843[3].
— s. LAVIETES, P. H. 599[4], 600[2].
KLINGMAN, W. O., s. FISK, A. A. 568[1].
KLINGMÜLLER, G., s. KIESE, M. 518[2].
KLINGMÜLLER, V.: D-Aminosäuren in Tumorgewebe 931[1].
KLINKE, E.: Zusammenfassung über die Kolloidchemie der Blutgerinnung (1933) 473[16].
KLINKE, K.: Buch über Mineralstoffwechsel (1931) 213[6]. — Zusammenfassung über Calciumforschung (1928) 213[5]. — Zusammenfassung über Serumeiweiß und serologische Reaktionen (1938) 310[2]. — Zusammenfassung über Mineralstoffwechsel (1936) 609[6], (1939) 618[5]. — Formen des Blutcalciums 395[17], 644[8]. — Ca-Bindung im Blut an „citratähnlichen" Körper 644[11].
— u. B. SCHILLERT: Ca-Citronensäurekomplex bei Ca-Resorption 639[16].
— s. ARON, H. 466[11].
KLISIECKI, A., M. PIKFORD, P. ROTHSCHILD and E. B. VERNEY: Umfang der Wasserresorption im Hundedarm 209[7].
— s. PARNAS, J. K. 343[6].
KLOSE, A. A., E. L. R. STOKSTAD and H. J. ALMQUIST: Argininbedarf wachsender Tiere 969[6].
— s. ALMQUIST, H. J. 494[2].
KLOSTER, G., s. IVY, A. C. 131[10].
KLOTZ, O.: Verkalkung alternden Gewebes 721[7].
KLUGE, H.: Alkoholbestimmung 327[17].
KLYNE, W.: Δ^{10}-allo-Pregnen-3β-ol-20-onausscheidung im Harn 894[7]. — „Uran"-3β, 11-diol-ausscheidung im Harn 894[11].
— B. SCHACHTER and G. F. MARRIAN: Δ^{10}-allo-Pregnen-3β-ol-20-on-ausscheidung im Harn 894[6].
— s. BARTON, D. H. R. 901[5].
— s. HASLAM, R. M. 903[7].
KNAFFL-LENZ, E., u. S. NOGAKI: Keine SO_4-Resorption im Dünndarm 212[6].
KNAPP, A.: Blutzucker beim Rind 314[10]. — Arteriovenöse Blutzuckerdifferenz beim Hund 315[13].
KNAPPEIS, G. G., s. BUCHTHAL, F. 1185[12].
KNAPPWOST, A., u. G. KUPPE: Phosphatgehalt des Speichels 21[4].
KNAUER: Lipoidgehalt von Liquor cerebrospinalis 573[1].
KNEDEL, M., s. GRASSMANN, W. 294[8].
KNIAZUK, M., s. FLEXNER, J. 49[8].
KNIERIEM, W. v.: Harnstoffbildung aus Ammoniumsalzen im Organismus 970[1]. — Ausscheidung von Asparagin-N als Harnsäure durch Hühner 1204[3].
KNIGHT, B. C. J. G., s. MACFARLANE, M. G. 852[11], 862[8].
KNIGHT, H. G., s. BYERS, H. G. 695[2].
KNOBLOCH, H., s. BERNHAUER, K. 738[6].
KNÖLL, E. J.: Bedeutung der CO_2-Spannung für Stoffwechsel und p_H-Wert von Geweben 1169[4].
KNOLL, H., s. SCHÜRCH, O. 468[8].
KNOOP, F: β-Oxydation phenylsubstituierter Fettsäuren 802[1]. — Abbau von Aminosäuren im tierischen Organismus 928[5]. — Abbau von γ-Phenyl-α-aminobuttersäure zu Hippursäure 929[3]. — Mechanismus der Aminosäureoxydation 930[3]. — Aminierung von β-Benzylbrenztraubensäure zu β-Benzylalanin 935[1]. — Mechanismus der Aminierung 936[1]. — Glykokollsynthese aus Aminosäuren 939[9]. — Arginin als Kreatinvorstufe 946[11].
— u. J. G. BLANCO: Aminierung von Ketosäuren 935[1]. — Mechanismus der Aminierung 936[1].
— u. M. GEHRKE: Schema der biologischen Oxydation 1028[9].
— u. E. KERTESS: Abbau von α-Aminosäuren 929[2]. — Aminierung von Ketosäuren 935[1].
— u. C. MARTIUS: Tricarbonsäuren 790[6]. — Octopinsynthese 937[5]. — Oxalcitramalsäurebildung 1030[3].
— u. H. OESTERLIN: Aminierung von Ketosäuren 935[1].
— u. A. WINDAUS: Methylimidazolsynthese 1218[17].
— s. EMBDEN, G. 914[11].
— s. MARTIUS, C. 1031[1].
KNOPF, L.: Zuckerbildung aus Asparaginsäure 949[5].
KNOTT, E. M., s. SCHULTZ, F. W. 362[2].
— s. SHUKERS, C. F. 398[5], 636[15].
KNOWLES, J. L., s. SCHAEFER, A. E. 941[3], 965[1].
KNOWLTON, K., s. LANDAU, R. L. 900[1].
KNOX, W. E., and M. LE MAY-KNOX: Tyrosinabbau 984[2,6].
— and A. H. MEHLER: Tryptophanabbau zu Kynurenin 989[3]. — Oxydation von L-Tryptophan im Cytoplasma 1153[1].
— B. N. NOYCE and V. H. AUERBACH: Brenztraubensäureoxydation durch Cyclophorasesystem 830[11]. — Fumaratwirkung auf Fettsäureoxydation 1141[3].
— s. DALGLIESH, C. E. 989[4], 990[8].

KNOX, W. E., s. MEHLER, A. H. 989[3].
— s. STILL, J. L. 1136[8], 1148[4].
KNÜCHEL, W., s. DIRSCHERL, W. 777[13].
KNUTSON, J. W., s. DEAN, H. T. 698[5].
KOBEL, M., s. NEUBERG, C. 317[6], 725[33], 749[4].
KOBER, P. A., s. LEVENE, P. A. 913[10].
KOBER, S.: Reaktion auf phenolische C_{18}-Steroide 907[4].
— s. JONGH, S. E. DE 906[19].
KOBERT, R.: Siliciumausscheidung durch den Dickdarm 690[22].
— u. W. KOCH: Exkretion von Calcium- und Magnesiumphosphat im Dickdarm 195[11]. — Siliciumausscheidung durch den Dickdarm 690[20].
KOCH, F. C., A. B. LUCKHARDT and R. W. KEETON: Identität von Gastrin und Histamin? 43[13].
— s. BLAUCH, M. B. 347[3], 381[13], 382[16], 451[7], 1201[6,7].
— s. EVANS, J. S. 676[4].
— s. KEETON, R. W. 45[24].
— s. WOMACK, E. B. 370[10].
KOCH, J., s. DIEMAIR, W. 657[6].
KOCH, W., s. KOBERT, R. 195[11], 690[20].
KOCHAKIAN, C. D.: Zusammenfassende Darstellung über Beeinflussung des Eiweißaufbaues durch Steroidhormone (1946) 896[7]. — Funktionelle Bedeutung der „androgenen" Hormone der Nebennierenrinde 896[8].
— and H. V. APOSHIAN: Testosteronstoffwechsel in Schnitten und Homogenaten 897[13].
— J. GONGORA and N. PARENTE: Testosteronstoffwechsel in Schnitten und Homogenaten 897[14].
— P. MCLACHLAN and H. D. MCEWEN: Keine Wirkung androgener Stoffe auf Plasmaphosphatidgehalt 860[14].
— s. CLARK, L. C. jr. 899[2,3].
KOCHMANN, M.: Zusammenfassung über Pharmakologie der Verdauungsdrüsen (1927) 155[16].
KOCH-WESER, D., E. FARBER and H. POPPER: Blutphosphatide nach Tetrachlorkohlenstoffvergiftung 861[8].
KODAMA, S., u. H. TAKAMATSU: Blutphosphatase bei Rachitis 376[6].
KODICEK, E., s. DANIELLI, J. F. 712[8].
KOEBNER, H.: Lipase im menschlichen Speichel 25[18].
KOECHLIN, B. A., s. SURGENOR, D. M. 659[9].
KÖGL, F., u. H. ERXLEBEN: D-Aminosäuren in Tumorgewebe 930[9].
— H. ERXLEBEN u. A. M. AKKERMANN: D-Aminosäuren in Tumorgewebe 930[9].
— H. ERXLEBEN u. H. HERKEN: D-Aminosäuren in Tumorgewebe 930[9].
— H. ERXLEBEN u. G. J. VAN VEERSEN: D-Aminosäuren in Tumorgewebe 930[9].
KÖGL, F., H. HERKEN u. H. ERXLEBEN: D-Aminosäuren im Tumorgewebe 930[9].
KOEHLER, A. E., E. H. BRUNQUIST and A. S. LOEVENHART: Blut-p_H bei Sauerstoffmangel 543[1].
KÖHLER, F.: Serumphosphatase bei JENSEN-Sarkom 377[1].
— s. BALLS, A. K. 122[3,4,14].
— s. KUHN, R. 806[1], 811[9], 812[1], 814[8], 821[8], 822[1].
KÖHLER, K., s. BERNHARD, F. 372[9].
KÖHLER, L., s. KUHN, R. 806[1], 811[9], 812[1], 814[8], 821[8], 822[1].
KÖHLER, W., s. RIPPEL, A. 1050[3].
KOEHNE, M., and R. W. BUNTING: Zusammenfassung über biochemische und Ernährungsuntersuchungen in der Zahnheilkunde (1934) 708[18].
KÖIW, E., s. ANNERSTEN, S. 369[14].
KOELLE, G. B., A. GILMAN and B. D. BINZER: Hemmung der Cholinesterase durch Fluorophosphate 375[4].
KOENIG, H., s. KARRER, P. 492[9], 820[3].
KÖNIG, J.: Strontiumretention im Knochen 684[17].
KÖNIGSDÖRFFER, H. jr., s. BORST, M. 436[7], 1003[3].
KOEPPE, H.: Erythrocytenzusammensetzung bei Diffusion zwei- oder mehrwertiger Anionen 422[17].
KOEPPE, R. E., s. SALLACH, H. J. 969[3].
KOEPSELL, H. J., and M. J. JOHNSON: Brenztraubensäurespaltung durch Bakterien 1041[10].
KOERNER, J. F., s. SINSHEIMER, R. L. 1226[1].
KÖRÖSY, K. v.: Peptidsynthese in der Darmwand nach Aminosäureresorption 915[3].
— s. ABDERHALDEN, E. 913[1].
KÖSTER, H., s. BERSIN, T. 917[8].
KOFLER, M.: Vitamin E-Gehalt des Blutes 360[9].
KOFRÁNYI, E., s. KRAUT, H. 740[3], 1188[25].
KOGA, A.: Phylogenetische Beziehungen zwischen Zink und Eisen 403[10].
KOGAN, A. M.: Bleigehalt in Nahrungsmitteln 404[11].
KOHLBRUGGE, J. H. F.: Autosterilisation im Darmkanal 183[12].
KOHLER, R.: Zusammenfassung über das chemische Gleichgewicht im menschlichen Harn (1919) 1255[1].
KOHMAN, T. P., and H. P. RUSCH: Aufnahme von ^{32}P in Nucleinsäuren bei Zellneubildung 1194[5].
KOHN, H. I.: Monoaminoxydase 932[7].
KOHTE, G.: Wirkung von Vitaminen auf die Leukocytenzahl 457[3].
KOKAS, E. v., u. G. GÁL: Förderung der Zuckerresorption durch Hefeextrakt 217[4].
— u. G. v. LUDÁNY: Zottenbewegung bei der Resorption 106[3]. — Villikininwirkung auf Darmzotten 206[3]. — Bewegungen der Darmzotten 206[5].

Kokura, M.: Thiry-Vella-Fistel 144[17].
Kokuryo, T.: Identität von Maltase und Saccharase mit α-Glucosidase 126[9]. — Pankreasmaltase 165[12]. — Amylase im Blutplasma 378[6]. — Maltase im Blutserum 379[17].
Koldajew, B., u. M. Altschuler: Phosphatase im Blut bei Knochentuberkulose 376[9].
— u. O. Pikul: Parotisspeichel 15[8]. — Lipase im Hundespeichel 25[19].
Koldobskaja, R. M., s. Mednikian, G. A. 25[20].
Kolff, W. J., and J. van Noordwijk: Buch über die künstliche Niere (1946). Engl. 499[17].
Kolkmeijer, N. H., s. Bijvoet, J. M. 707[10].
Kollath, W.: Darmschädigungen nach Verfütterung ungesättigter Fettsäuren 236[12]. — Bedeutung der Spurenelemente in der Biologie 398[14].
Kollen, S., s. Wainio, W. W. 868[4].
Koller, F.: Buch über das Vitamin K und seine klinische Bedeutung (1941) 494[4]. — Zusammenfassung über die Prophylaxe und Therapie der Thrombose mit Antikoagulantien (1949) 493[8]. — Gewinnung von Thrombocyten 471[7]. — Kernbestandteile in Thrombocyten 471[11]. — Puringehalt kernloser Rindererythrocyten 472[4].
— and W. Fritschy: Antithrombinwert des Blutes bei Lebererkrankungen 487[10].
— u. F. Leuthardt: Verkalkung alternden Gewebes 721[6].
— A. Loeliger u. F. Duckert: Faktor VII 481[16].
— u. A. Zuppinger: Phosphatase im Blut bei Knochenerkrankungen 376[3]. — Serumphosphatase bei Tumormetastasen 376[15].
— s. Duckert, F. 482[1].
— s. Forell, M. M. 482[1].
— s. Löffler, W. 1252[11].
— s. Pedrazzini, A. 480[8].
— s. Rohr, K. 472[4].
Kollert, V., u. W. Starlinger: Einfluß von Fibrinogen auf Wasserhaushalt 296[6].
Kollmann, G.: Purinsynthese 1218[14].
Kolomitzewa, M.: Ultramikroskopisches Bild von Blutserum 299[8].
Komarov, S. A.: Eiweißkörper im Hundemagensaft 71[1]. — Mucoproteid aus Magensaft 71[12]. — Anregung der Sekretion von Speicheldrüsen, Magen und Darm durch Cholin 141[4].
— G. O. Langstroth and D. R. McRae: Mineralgehalt des Pankreassaftes 158[6].
— s. Krimberg, R. 155[19].
— s. Siplet, H. 71[16].
— s. Webster, D. R. 71[1,12].
Komissarenko, W. P., s. Geness, S. G. 314[11].
Komita, Y.: Nucleotid-N-ribosidase aus Pankreas 166[6], 1188[13].
— s. Ishikawa, H. 130[2], 166[6], 1188[12].
Kon, S. K., s. Henry, K. M. 638[11], 639[9].
— s. Thompson, S. Y. 197[3].
Kon, Y.: Buch über die Silberreaktion der Zellen (1933) 687[1].
Kondo, K.: Cystinausscheidung nach Eiweißfütterung 955[4].
Kondo, T.: Über innere Sekretion der Speicheldrüsen 12[6].
Kondratjewa, L. G., s. Goldstein, B. I. 1246[2].
Konikova, A. S.: D-Aminosäuren in Tumorgewebe 931[1].
— M. G. Kritzmann and R. V. Teis: Mechanismus der Umaminierung 938[1].
Konishi, M.: Abbau von D-Histidin zu den Endprodukten 975[7]. — Harnstoffbildung aus Urocaninsäure 975[8].
— s. Kotake, Y. 975[6].
Koniuszy, F. R., s. Rickes, E. L. 430[2], 467[1].
Kooyman, D. J.: Phosphatidgehalt der Haut 846[3].
— s. Engman, M. F. 846[3].
Kopaczewski, W.: Zusammensetzung des Speichels 18[12].
Kopala, J., s. Irvin, J. L. 249[7].
Koplowitz, E.: Absinken des Blutkreatins nach Insulin 349[5].
Koppenhoefer, R. M.: Phosphatidgehalt der Haut 846[2].
Koprowski, H., and H. Uniński: Anstieg des Blutammoniaks nach Verfütterung von Ammoniumsalzen 343[9].
Kopsch, F., s. Rauber, A. 8[5].
Kopstein, G. G.: Entleerungszeiten von Magen und Darm beim gesunden Menschen 111[2].
Korányi, A. (v.): Zusammenfassung über Grenzen und Methoden der therapeutischen Beeinflussung des Mineralstoffwechsels (1928) 597[10]. — Gefrierpunkt des Blutes 268[2].
— E. Szablics u. T. Szenes: Blutzuckersteigernde Wirkung des Speichels 28[5].
— T. Szenes u. B. E. Hatz: Kallikrein (Padutin)-Gehalt des Speichels 26[5].
— u. T. Szenies: Zerstörung von Kallikrein durch Magensalzsäure 86[4].
Korchin, B., s. Winsor, A. L. 19[5].
Kordatzki, W.: Taschenbuch für praktische p_H-Messungen (1949) 1168[2].
— u. C. G. Schirren: p_H-Messung auf der Haut 1169[2].
Korenchevsky, V., s. Sampson, M. M. 229[7].
Korey, S. R., B. de Braganza and D. Nachmansohn: Cholinacetylase aus Tintenfischganglien 1045[4].
Korff, R. v., s. Glick, D. 37[5].
Korinth, E., s. Stich, W. 421[9].
Koritz, S. B., s. Grisolla, S. 1136[19].

Korkes, S., A. del Campillo and S. Ochoa: Enzyme der Brenztraubensäureoxydation aus Schweineherz 1040^{4}.
— A. del Campillo, I. C. Gunsalus and S. Ochoa: Enzyme der Pyruvatoxydation 1038^{4}.
— s. Strecker, H. J. 737^{11}.
Korman, I. I., s. Blagowestschenski, A. W. 917^{8}.
Kornberg, A.: Pyrophosphatanhäufung im Cyclophorasesystem 1140^{3}.
— S. Ochoa and A. H. Mehler: Oxalbernsteinsäuredecarboxylierendes Ferment 1052^{1}.
— and W. E. Pricer jr.: Acyl-coenzym A-Bildung beim Fettsäureabbau 808^{2}. — Keine Bindung von C_8—C_{10}-Dicarbonsäuren an Coenzym A 814^{2}. — Acylierungen 839^{4}. — „Aktivierung" von Acylresten durch Coenzym A 1038^{3}. — CoA-Verbindungen höherer Fettsäuren 1041^{5,9}. — Bedeutung von CoA für Fett- und Lipoidsynthese 1045^{6,7}. — Pyrophosphatanhäufung im Cyclophorasesystem 1140^{4}.
— s. Horecker, B. L. 348^{6}.
— s. Ochoa, S. 1054^{6}.
Kornberg, H. L., and R. E. Davies: Urease ohne Bedeutung für Salzsäurebildung im Magen 85^{15}.
— s. Davies, R. E. 37^{4}, 85^{14}.
Kornerup, V.: Lipoidphosphor im Blutplasma 333^{2}. — Atherosklerose bei Xanthelasma 338^{8}. — Lipoidfraktionen im Liquor cerebrospinalis 573^{4}.
Kornmann, J., s. Deribas, D. 382^{14}.
Korrodi, H., s. Bernhard, K. 702^{15}.
Korsten, H., s. Werle, E. 371^{2}.
Korth, J.: Veränderung von Plasmamenge und Erythrocytenvolumen nach Aderlaß 260^{5}.
Kortüm-Seiler, M.: Fluorbestimmung 407^{7}.
Koser, S. A., s. Dorfman, A. 452^{9}, 1036^{7}.
Koskoff, Y. D., s. Himwich, H. E. 537^{4}.
Koskowski, W.: Erregung der Magensaftsekretion durch Histamin 43^{22}, 44^{15}, 52^{15}. — Gewinnung reinen Magensaftes bei Tauben 47^{14}. — p_H-Optimum der Darmsaccharase 127^{7}. — p_H-Wert im Jejunumfistelsaft beim Hund 150^{4}. — Sekretmenge aus Colonfisteln 178^{1}. — Steigerung der Magen- und Dünndarmperistaltik durch Histamin 194^{7}. — Dickdarmausschaltung beim Hund 199^{3}.
— et Z. Steusing: Magensekret nach Histamin bei Hühnern und Gänsen 52^{14}.
— s. Carnot, P. 52^{13}.
Kossel, A.: Zusammenfassung über Protamine und Histone (1929) 974^{2}. — Vorkommen von Nucleoproteid in kernhaltigen Erythrocyten 454^{13}. — Nucleohiston in Thymusleukocyten 460^{7}. — Zusammensetzung von Eiterkörperchen 584^{6}. — Vorkommen von Metaphosphat in Hefe 789^{16}. — Umbau von Körpereiweiß beim Rheinlachs 912^{3}. — Aminosäurezusammensetzung von Zellkernproteinen 1112^{4}. — Nucleoproteidbildung im Hühnerei 1180^{9}, 1218^{5}.
Kossel, A., u. H. D. Dakin: Umbau von Körpereiweiß beim Rheinlachs 912^{3}. — Harnstoffbildung durch Arginin 968^{9}, 970^{3}.
— u. F. R. Freytag: Zusammensetzung von Eiterkörperchen 584^{6}.
Kossel, A. J.: Carboxylaseaktivierung durch Metallionen 754^{10}.
— s. Lohmann, K. 679^{7}.
Kossjakow, P. N.: Chemische Natur der Blutgruppen 424^{8}.
Koster, H., s. Shapiro, A. 196^{2}, 235^{8}, 247^{9}, 795^{1}.
Kosterlitz, H. W.: Eiweiß- und Nucleinsäuregehalt von Rattenleber und Eiweißgehalt der Nahrung 1241^{3}.
— and R. M. Campbell: Nucleinsäuregehalt der Leber bei Schwangerschaft 1190^{11}.
— s. Campbell, R. M. 1102^{8}, 1190^{12,13}, 1234^{10}, 1241^{2,5}, 1242^{18}.
Kostyál, L. v.: Zusammenfassung über Physiologie und Pathologie des Wasserhaushaltes (1936) 589^{16}.
Kotake, Y.: Zusammenfassung über den intermediären Stoffwechsel des Tryptophans (1935) 988^{11}. — Verwertung von p-Oxyphenylbrenztraubensäure im Tierkörper 929^{6}. — Bildung von Isoglutamin aus Urocaninsäure 976^{2}. — Tryptophanabbau 988^{11}. — Xanthin- und Hypoxanthinbildung aus Coffein 1225^{13}.
— u. K. Ichihara: Tryptophanabbau 988^{11}.
— K. Ichihara u. H. Nakata: Ersatz von Cystin durch Methionin in der Nahrung 960^{8}.
— u. J. Iwao: Tryptophanabbau 988^{11}.
— u. M. Kiyokawa: Tryptophanabbau 988^{11}.
— u. M. Konishi: Urocaninsäureausscheidung nach Histidinzufuhr 975^{6}.
— u. M. Mabuti: Tryptophanpyrrolase im Kaninchendünndarm 123^{11}.
— u. T. Masayama: Tryptophanabbau 988^{11}.
— Z. Matsuoka u. M. Okagawa: Bildung von Oxyphenylbrenztraubensäure aus L-Tyrosin 980^{5}. — Vorstufen der Homogentisinsäure 982^{13}.
— u. Y. Nakayama: Tryptophanabbau 990^{4}.
— u. S. Ōtani: Tryptophanabbau 990^{4}.
— u. H. Sakata: Tryptophanabbau 988^{11}.
— u. G. Shichiri: Tryptophanabbau 988^{11}.
— T. Yoritaka u. S. Ōtani: Tryptophanabbau 990^{4}.
Kotschneff, N. (P.): Zuckerspiegel in der Pfortader während Zuckerresorption 221^{1}.

— Glykogengehalt des Pfortaderblutes während der Zuckerresorption 221[6]. — Höhermolekulare Eiweißspaltprodukte im Blut nach Eiweißzufuhr 914[17].
Kotschneff, N. (P.), s. London, E. S. 226[4], 228[9], 914[17], 915[4].
Kovaleva, M. T., s. Sinelnikov, E. I. 107[9].
Kovacs, I., s. Ludány, G. v. 206[4].
— s. a. Kováts, J. v.
Kováts, J. v., s. Goreczky, L. 289[6].
— s. Ludány, G. v. 106[4].
— s. a. Kovacs, I.
Koven, A. L., and H. H. Beard: Steigerung der Kreatinausscheidung durch Purine 1238[2].
Kowalevski, K., u. S. Salaskin: Harnsäurebildung in der Geflügelleber 1204[9]. Ammoniak als Intermediärprodukt der Purinsynthese 1219[4].
— s. a. Kowalevsky, K.
Kowalevsky, K.: Histidinabbau zu den Endprodukten 974[8]. — Keine Purinsynthese aus Arginin und Histidin 976[5].
— s. a. Kowalevski, K.
Kozawa, S.: Glucosepermeabilität von Erythrocyten 422[5], 427[9]. — Glucosegehalt tierischer Erythrocyten 443[11].
— K. Fukushima, M. Umeno, K. Kurihara, C. Takata u. M. Horiuchi: Kalium- und Phosphorgehalt im menschlichen Magensaft 66[9].
Kozloff, L. M., s. Miller, Z. B. 451[2], 1116[25].
Kozuka, K.: Fructosegehalt im Tierblut 319[1].
Krabbenhöft, F., s. Kutscher, W. 766[1].
Kraemer, V. v., B. Landtman and P. E. Simola: Wirkungsmechanismus von Vitamin D 715[1].
Krafka, J. jr.: Normoblastenkerne als Quelle endogener Harnsäure 1200[9].
Kraft, G., s. Embden, G. 749[2], 752[6].
Kraft, K., u. R. May: Fluorgehalt des menschlichen Blutes 406[33]. — Fluorgehalt von Trinkwasser 696[13]. — Fluoridwirkung auf Schilddrüse 699[13].
Kraft-Ström, H., K. Wülfert u. O. Sydnes: Bleibestimmung im Blut 404[14].
Krahl, M. E.: Lokalisation der Oxydation in Seeigeleiern 1130[3].
— and C. F. Cori: Glykogenbildung im Rattenzwerchfell 777[8].
— and C. R. Park: Glucoseverwertung im Zwerchfell 367[5], 781[6]. — Glucoseaufnahme durch Rattendiaphragma nach Hypophysektomie 780[6].
— s. Park, C. R. 775[4].
Krainick, H. G.: Silberbestimmung 406[18].
Krajewski, F.: Thiry-Fistel 144[9].
Krakaur, R. B., s. Taggart, J. V. 987[3], 1136[6], 1148[6].
Kral, V. A., s. Lehmann, H. E. 575[18].
Kramer, B., and M. J. Shear: Verkalkung von Knorpel 709[10]. — Wirkung von AT 10 auf Calciumstoffwechsel 720[11].
Kramer, B., D. H. Shelling and E. R. Orent: Hemmung der Ossifikation von rachitischem Knorpel durch Mg 637[4].
— and F. F. Tisdall: Methode der Natrium- und Kaliumbestimmung 66[1]. — Kein Ca in menschlichen Erythrocyten 428[5].
— s. Howland, J. 710[3], 719[3].
— s. Shear, M. J. 710[4], 720[11].
— s. Shelling, D. H. 637[4].
— s. Shipley, P. G. 710[4].
— s. Sobel, A. E. 710[1, 11].
Kramer, F., s. Holtz, F. 397[1], 645[3].
Kramer, H., s. Bürger, M. 318[2].
Kramer, K., u. H. Sarre: Alveolär-arterielle Differenz der Sauerstoffspannung 505[8], 506[1].
Kramm, F., s. Abderhalden, E. 174[4], 175[2].
Krampitz, L. O.: Hemmung der Nucleinsäurebildung durch Penicillin 1197[16].
— and C. H. Werkman: Ribonucleotidasefällung durch Penicillin 1187[6].
— H. G. Wood and C. H. Werkman: CO_2-Fixierung durch Propionsäurebakterien 1053[5].
Kramsztyk, A., s. Michaelis, L. 1169[3].
Krasnoperov, A. I.: Ausscheidung von Harnstoff im Magen 69[9].
Krasnow, F., M. Karshan and L. E. Krejci: Calciumgehalt des menschlichen Speichels 21[9].
Kratinov, A., u. D. Skulow: Reflektorische Phase der Magensaftsekretion bei Wiederkäuern 46[5].
— s. Kratinova, P. 46[6].
Kratinova, P., u. A. Kratinov: Reflektorische Phase der Magensaftsekretion 46[6].
Kratz, W.: Buch über die Glaselektrode und ihre Anwendung (1950) 1168[2].
Kratzer, F. H.: Resorption von Aminosäuren 913[10].
Kraupp, O.: Cholinesteraseaktivität von Pferdeserum 375[1].
Kraus, F.: Glykogenese durch Alanin bei phlorrhizindiabetischen Tieren 948[5]. — Zuckerbildung aus Valin und Leucin 951[4].
— s. Haurowitz, F. 433[12].
Kraus, J., s. Edlbacher, S. 976[1], 977[3].
Krause, A. C., s. Underhill, F. P. 405[11].
Krause, F., s. Edlbacher, S. 381[11], 450[16].
Krause, G.: Reduzierende Substanzen im Nüchterninhalt des Magens 90[2].
Krause, R. F., and H. B. Pierce: Extrahepatische Vitamin A-Bildung aus Carotin 197[5].
— s. Powell, L. T. 1096[18].
Kraushaar, E., u. H. Staudinger: Förderung der Biosynthese der Corticosteroide 885[21].
— s. Hofmann, H. 885[20], 886[7, 9].
Krauss, E.: Kreatininausscheidung bei kreatinfreier Kost 946[8]. — Harnsäure-

ausscheidung bei Akromegalie 1233[5]. — Abnahme der Blutharnsäure nach Wärmestich 1246[19]. — Harnsäure als Quelle vermehrter Stickstoffausscheidung bei Fieber 1247[1].
Krauss, R. B., s. Lewis, P. A. 680[4].
Kraut, H.: Entdeckung des Pepsins durch Schwann 31[2]. — Zur Geschichte des Pepsins 73[2]. — Siliciumgehalt des Blutes 416[5]. — CO-Gehalt im Blut von Kraftfahrern 434[7]. — Parallelismus von Kieselsäure- und Calciumstoffwechsel 692[3].
— u. E. Kofrányi: Zusammenfassung über Nucleindesaminase (1941) 1188[25]. — Aktivierung der Glykolyse durch Brenztraubensäure 740[3].
— u. W. v. Pantschenko-Jurewicz: Pankreaslipase 160[12].
— u. E. Tria: Brücke-Pepsin 75[13].
— u. M. Weber: Siliciumgehalt des Blutes 416[5]. — Siliciumgehalt des Blutes bei Silikose 691[3].
— u. H. Wecker: Ca-Bedarf des Menschen 641[7].
— s. Böhme, A. 691[5].
— s. Gürsching, J. 692[3].
— s. Holtz, F. 692[3].
Krautwald, A., s. Brand, V. v. 222[11].
Krautzun, K., s. Werle, E. 931[4], 978[2].
Krayer, O., s. Friend, D. G. 555[4].
Kream, J., and E. Chargaff: Desaminierung von Cytosin durch Bakterien 1230[3].
— s. Chargaff, E. 1201[9].
Krebs, H. A.: Zusammenfassung über die Zwischenstufen der biochemischen Kohlenhydratoxydation (1943) 725[10]. — Zusammenfassung über chemische Zusammensetzung von Blutplasma und -serum (1950) 327[2]. — Kreisprozesse in der lebendigen Substanz 60[1]. — Hemmung der Kohlensäureanhydratase 60[21]. — Zusammensetzung des menschlichen Blutes 276[12]. — Kohlendioxydabspaltung durch Urease und Carboxylase 523[1]. — Desaminierende Fähigkeit der Niere 535[6]. — Mechanismus der oxydativen Desaminierung 929[7]. — D-Aminosäureoxydase 949[11], 966[8], 1237[10]. Oxydation von D-Ornithin 968[11]. — Oxydation von D-Prolin 968[11], 986[8]. — Förderung der Harnstoffbildung durch Ornithin 971[1]. — Oxydative Desaminierung von Histidin 975[1]. — Citronensäurebildung 1031[4]. — Gleichgewicht an der Aconitase 1051[1]. — Mechanismus der Malonathemmung der Succinodehydrogenase 1058[4].
— and P. P. Cohen: Aminierung von α-Ketosäuren durch Ammoniumion 935[7].
— and L. V. Eggleston: Steigerung der Muskelatmung durch Insulin 777[1]. — CO_2-Anlagerung an Brenztraubensäure zu Oxalessigsäure 971[9]. — Glutaminsäure als Aminodonator für die Citrullinsynthese 972[7]. — Hemmung der Argininbildung durch Malonsäure 973[3]. — Gleichgewicht an der Aconitase 1051[1]. — CO_2-Fixierung im Tierkörper 1054[1].
Krebs, H. A., L. V. Eggleston and R. Hems: Verteilung von Glutamin und Glutaminsäure im Gewebe 951[1].
— u. K. Henseleit: Aktivierung der Harnstoffbildung durch Ornithin 970[4]. — Aktivierung der Citrullinbildung durch Brenztraubensäure 971[7].
— and W. A. Johnson: Zusammenfassung über Zellstoffwechsel (1948) 60[2]. — Oxydation der Brenztraubensäure 756[2]. — Bildung von Acetessigsäure aus Brenztraubensäure 827[3]. — Citronensäurecyclus 1031[2].
— A. Ruffo, M. Johnson, L. V. Eggleston and R. Hems: Nutzeffekt der oxydativen Phosphorylierung 1139[5]. — Myokinasegehalt des Muskels 1138[7].
— s. Edson, N. L. 1205[3], 1207[10], 1208[34], 1210[2], 1218[31].
— s. Hume, E. M. 197[6].
— s. Örström, Å. 944[7], 1205[4], 1207[11], 1222[2].
— s. Warburg, O. 669[10], 670[1].
— s. Weil-Malherbe, H. 968[12], 987[1].
Krehl, W. A., and D. Bonner: Kynurenin als Ersatz für Nicotinsäure 992[7].
— D. Bonner and C. Yanofsky: Biologische Bedeutung der Chinolinsäure 993[3].
— L. M. Henderson, J. de la Huerga and C. A. Elvehjem: Kein Ersatz von Nicotinsäure durch Anthranilsäure 992[9].
— J. de la Huerga and C. A. Elvehjem: Tryptophan und Pellagra 991[4].
— P. S. Sarma and C. A. Elvehjem: Tryptophan und Pellagra 991[4].
— P. S. Sarma, L. J. Teply and C. A. Elvehjem: Tryptophan und Pellagra 991[4].
— L. J. Teply, P. S. Sarma and C. A. Elvehjem: Tryptophan und Pellagra 991[4].
— s. Teply, L. J. 994[4].
— s. Williams, H. M. 978[8].
Kreipe, H.: Arten der Milchsäurebakterien im Pansen 99[6]. — Aktuelle Reaktion in Pansen und Haube 100[6].
Kreiss, R. E., s. Bennett, L. L. 774[3].
Kreitmair, H.: Wirksamkeit verschiedener Cholinester am Kaninchendarm 140[5].
Kreitner, H., u. M. Pantlitschko: p_H-Messung im Magensaft 49[10, 12].
Krejci, L. E., s. Krasnow, F. 21[9].
Krekels, A., s Felix, K. 1103[12].
Kreps, E. M.: Aktivität der Kohlensäureanhydratase 522[2].
Kretchmer, N., and C. P. Barnum: Diaminophosphatide in Mikrosomen 868[5]. — Intracelluläre Verteilung von Gesamtlipiden, Fettsäuren u. Phosphatiden 1077[2].
— and H. W. Dickerman: Intracelluläre Verteilung von Cytochromoxydase und Succinoxydase 1090[124].

KRETCHMER, N., s. BERK, L. C. 337^{2}.
KREUZER, L., s. FISCHER, H. 1112^{14}.
KREUZIGER, H., H. ASTEROTH, J. HILLEBRECHT u. M. HEISEL: Harnsäureausscheidung bei orthostatischem Kollaps 1248^{4}.
KRIDELBAUGH, W., s. OSBORN, M. 877^{13}.
KRIEGER, C. H., R. BUNKFELDT and H. STEENBOCK: Verwertung von Phytin als P-Quelle durch Ratten 647^{2}.
KRIEGER, C. I., s. RAFSLEY, H. A. 300^{8}.
KRIEGER, H., W. D. HOLDEN, C. A. HUBAY, M. W. SCOTT, J. P. STORAASLI and H. L. FRIEDELL: Bestimmung der Lymphmenge 547^{6}.
KRIEGER, H. T.: Erste Darstellung von krystallisiertem Serumalbumin 311^{5}.
KRIMBERG, R.: Carnosin 978^{6}.
u. S. A. KOMAROW: Anregung der Pankreassekretion durch Methylguanidin 155^{19}.
KRIMSKY, J., s. RACKER, E. 626^{20}.
KRINIZYN, D. J.: Angebliche psychische Steigerung der Magensaftsekretion beim Kalb 46^{7}.
KRINSKY, N. I., and J. GANGULY: Intracelluläre Verteilung von Vitamin A-ester und -alkohol 1096^{19}.
KRISHNAN, P. S.: Apyrase 1188^{9}.
KRITCHEVSKY, D., and M. CALVIN: Steroidtrennung durch Papierchromatographie 879^{13}.
— M. R. KIRK and M. W. BIGGS: Verwertung der Cholesterinseitenkette zum Aufbau anderer Substanzen 338^{5}. — Abbau von markiertem Cholesterin im Organismus 878^{5}.
— s. BIGGS, M. W. 871^{6}.
KRITCHEVSKY, T. H., and A. TISELIUS: Steroidtrennung durch Papierchromatographie 879^{12}.
— s. WEST, C. D. 895^{13}.
KRITZ-HETTWER, R., s. HETTWER, J. P. 224^{9}.
KRITZMANN, M. G.: Vitamin B_6 als Coenzym von Transaminasen $938^{4,5}$. — Alaninbildung aus Brenztraubensäure 950^{4}.
— s. BRAUNSTEIN, A. E. 936^{6-8}, 937^{4}.
— s. KONIKOVA, A. S. 938^{1}.
KROGH, A.: Buch über den Gaswechsel von Tieren und Menschen (1916) Engl. 504^{1}. — Zusammenfassung über die Mikrogasanalyse und ihre Anwendungen (1926) 504^{1}. — Sekretion von Sauerstoff durch Alveolarepithel 504^{4}. — Definition des Diffusionskoeffizienten 506^{3}.
— u. M. KROGH: Sekretion von Sauerstoff durch Alveolarepithel 504^{4}.
— s. BOHR, C. 515^{1}.
— s. HEVESY, G. 647^{13}, 722^{9}.
KROGH, M.: Definition der Diffusionsgröße 504^{2}.
— s. KROGH, A. 504^{4}.
KROMPECHER, S.: Buch über die Knochenbildung (1937) 700^{18}.
KRÜCKEBERG, M.: Kreatiningehalt von Pferdeblut 350^{14}.
KRÜGER, E.: Vermehrung von Magnesium und Phosphor im Blut bei Tetanie 398^{3}.
— s. BOMSKOV, C. 398^{6}.
KRÜGER, F. v.: Retention von zugeführtem Kreatin beim Menschen 946^{7}.
KRUEGER, L., s. BABKIN, B. P. 42^{31}.
KRÜGER, M.: Methylpurine im menschlichen Harn 1223^{10}. — Coffeinausscheidung in Kot und Harn 1223^{18}. — Coffeinausscheidung bei Tieren 1224^{5}. — Entmethylierung von Coffein beim Kaninchen 1224^{17}.
— u. G. SALOMON: Purinbasengehalt von menschlichem Harn 1217^{1}. — Methylpurine im menschlichen Harn 1223^{9}. — Entmethylierung der Methylpurine im Körper 1224^{16}.
— u. J. SCHMID: Harnsäureausscheidung nach Zufuhr von Purinen 1199^{13}. — Harnsäurebildung aus Methylpurinen 1214^{8}. — Entmethylierung von Coffein beim Kaninchen 1224^{18}.
— u. J. SCHMIDT: Ausscheidungsprodukte des Coffeins 1224^{23}.
— u. P. SCHMIDT: Entmethylierung der Methylpurine im Körper 1224^{15}.
KRÜGER, P.: Zusammenfassung über Verdauung und Resorption der wirbellosen Tiere (1934) 6^{10}. — Zusammenfassung über Verdauungsdrüsen niederer Tiere (1934) 6^{12}.
KRUEGER, R.: Glykokollbildung aus Brenztraubensäure 942^{4}. — Serinbildung aus Acetessigsäure und β-Oxybuttersäure 942^{5}.
— u. O. WISS: Art der Ernährung und Aminosäuregehalt im Gewebe 916^{5}. — Glykokollbildung aus Kohlenhydrat 942^{3}. Serinbildung nach Fettfütterung 942^{3}.
— s. WISS, O. 916^{5}, $949^{9,10}$.
KRUHØFFER, P.: Keine Serinbildung aus Glycin und Ameisensäure 941^{8}.
KRUMBIEGEL, I.: Zusammenfassung über Säugetiere (1930) 7^{6}.
KRUPP, H., s. OHLMEYER, P. 1109^{6}.
KRUPSKI, A., A. KUNZ u. F. ALMASY: Coffeinverteilung in Organen 1223^{14}. — Coffeinausscheidung in Kot und Harn 1223^{17}. Coffeinausscheidung beim Meerschweinchen 1224^{4}. — Coffeinausscheidung beim Pferd 1224^{8}.
KRUSE, H. C., s. ORENT, E. R. 636^{5}.
KRUSE, I., s. GLAVIND, J. 26^{13}.
KRUSEN, F., s. TÄUFEL, K. 702^{12}.
KRUSIUS, F.-E.: Citronensäurestoffwechsel im Gewebe 1059^{8}.
— u. A. VESA: Citronensäuregehalt des Blutes 327^{5}.
KRUSPE, H., s. EHRMANN, R. 248^{14}.
KRYM, R. S., s. LONDON, E. S. 228^{10}.

KRZYWANEK, F. W.: Zusammenfassung über Mechanik der Verdauung (1926) 10[5]. — Zusammenfassung über Verdauung beim Schwein (1929) 10[8]. — Zusammenfassung über Wiederkauen (1932, 1933) 10[12], 33[1]. Mechanik der Verdauung 31[13]. — Über das Wiederkauen 98[10].
— u. J. BRÜGGEMANN: Ursache der Lecksucht 668[7].
— u. W. BUSS: Lipasegehalt im Labmageninhalt des Schafes 39[8]. — Aciditäts- und p_H-Werte im Mageninhalt von Schafen 56[10]. — Pepsinwirkung im Labmagen des Schafes 77[4]. — Eiweißverdauung im Labmagen 102[1].
— s. SCHEUNERT, A. 6[1], 7[4], 10[7], 11[1], 12[11], 13[1], 14[3], 100[5], 177[1], 173[10], 184[3], 196[11], 259[4], 341[8].
KUBANYI, E.: Buch über die Bluttransfusion (1928) 468[6].
KUBIK, M., s. REJSEK, K. 477[3].
KUBO, H.: Hämprotein in Wurzelknöllchen der Leguminosen 1013[3].
KUBOWITZ, F.: Phenoloxydase 666[2]. — Krystallisiertes menschliches Hämoglobin 1011[3].
— u. W. LÜTTGENS: Carboxylase 637[2], 754[8].
— u. P. OTT: Reinigung der Brenztraubensäurephosphorylase 752[9].
KUDRJAWTZEW, A. A.: THIRY-Fistel beim Pferd 144[9]. — Sekretmengen aus Darmfisteln beim Pferd 148[3]. — Jejunumfistelsaft vom Pferd 150[13].
— s. POPOW, N. A. 15[17].
KUDSZUS, K., s. BUTENANDT, A. 897[4].
KÜHL, H., s. CHROMETZKA, F. 1211[3].
KÜHLE, E., s. SIEBERT, G. 1100[6], 1116[14], 1125[11].
KÜHN, A.: Buch über die Kieselsäure (1926) 690[4].
KÜHN, A(lfred): Pigmentbildung bei Insekten 994[6].
KÜHN, H. A: Anteil der direkten Reaktion am Gesamtbilirubin 354[5].
KÜHN, K., s. WALDSCHMIDT-LEITZ, E. 918[2].
KÜHN, R.: Zusammenfassung über Schwefel im Stoffwechsel (1935) 651[15].—Zusammenfassung über Schwefel im Stoffwechsel — seine Bedeutung für die Ernährung (1937) 651[15]. — Bedeutung der Pflanzen für S^{--}-Versorgung von Mensch und Tier 652[2].
KÜHNAU, J.: Zusammenfassung über Sterine, Gallensäuren und Inosit (1936) 248[15]. — Zusammenfassung über Biochemie des Nahrungseiweißes (1949) 228[3].
— u. V. MORGENSTERN: Gerinnungshemmung durch Glutathion 669[15].
— u. M. SCHIERING: Harnsäuregehalt von Blutserum 346[9], 347[5]. — Nucleotidasehemmung durch Aneurin 776[1].
KÜHNAU, W.: Vorkommen von intrinsic factor in der Darmschleimhaut 121[9].
KÜHNAU, W. W.: Nicotinsäuregehalt des menschlichen Blutes 453[4].
KÜHNE, W.: Bakterielle Indolbildung aus Eiweiß 995[2].
KÜHNEL, s. BRUGSCH, J. 1024[2], 1025[4].
KÜLZ, C.: Milchsäuregehalt von Pericardialflüssigkeit 562[1].
KÜLZ, E.: Bildung von Maltose bei der amylolytischen Glykogenspaltung 22[5].
KÜLZ, R.: Gasanalysen im menschlichen Parotisspeichel 16[5].
KUEN, F. M.: Carnosin 978[6].
KÜNSTNER, G., s. WALDSCHMITD-LEITZ, E. 121[3].
KÜNZEL, O.: Oberflächenspannung von Serum 275[7]. — Oberflächenspannung von Liquor cerebrospinalis 566[4].
KÜRTEN, H., s. ABDERHALDEN, E. 228[8].
KÜRTEN, H.F., s. DYCKERHOFF, H. 485[13], 496[7].
KÜRTI, L.: Steigerung der Harnsäureausscheidung nach Harnstoffzufuhr 1241[23]. Experimentelle Hemmung der Harnsäureausscheidung 1248[22].
— u. G. GYÖRGYI: Uricämie nach Insulingaben 1232[7]. — Harnsäureretention bei Anacidität 1248[21].
KÜSEL, H., u. H. NETTER: Beteiligung von Cl-Ionen am Ionengleichgewicht der Muskelmembran 1166[4].
KÜSS, G.: Menge des Parotisspeichels beim Menschen 13[14], 14[9].
KUETHER, C. A., and J. H. ROE: Vitamin C-Bestimmung 365[19].
— s. ROE, J. H. 454[7].
KUFF, E. L.: Intracelluläre Verteilung der Fumarase 1090[146].
— and W. C. SCHNEIDER: Große und kleine Mitochondrien 1127[7].
KUGEL, V. H., s. SLYKE, D. D. VAN 343[5, 16].
KUGELMANN, B., s. KALK, H. 49[13], 50[7], 88[5].
KUHLMANN, D., s. AMBARD, L. 409[1].
KUHLMANN, F., s. ABICHT, I. 209[12].
KUHN, R.: α- und β-Amylasen 22[6]. — α-Amylase aus Schweinepankreas 164[8]. — Borbindung durch Flavonole 689[5].
— u. H. BEINERT: Hemmungsstoffe für Carboxylase 754[11].
— F. KÖHLER u. L. KÖHLER: Entstehung von Dihydro-Hildebrandtsäure aus Geraniumsäure 806[1]. — Methyloxydation 811[9]. — Methyloxydation von Campher 812[1]. — Abbau α, β-substituierter Fettsäuren 814[8]. — ω-Oxydation von konjugierten Polyensäuren 821[8]. — Abbau von konjugierten Polyencarbonsäuren 822[1].
— u. K. LIVADA: Abbau von β-Methyl-β-phenylpropionsäure zu β-Methyl-zimtsäure 805[7]. — Abbau von methylsubstituierten Fettsäuren 814[10].
— u. G. QUADBECK: Borsäurewirkung auf Alloxandiabetes 780[1].
— N. A. SÖRENSEN u. L. BIRKOFER: Ferritin 398[20], 658[7].
— s. DOERR, W. 779[15].

Die Seiten 1—840 befinden sich im Bandteil a, die Seiten 841—1257 im Bandteil b.

Kuhns, W. J., C. J. Gubler, G. E. Cartwright and M. M. Wintrobe: Infektanämie 664[2].
Kuiken, K. A., s. Reiser, R. 238[3], 799[5].
— s. Schultze, M. O. 1015[5].
Kuizenga, M. H., s. Ingle, D. J. 773[8], 778[5].
— s. Nielson, E. D. 885[13].
Kulowski, P.: Anregung der Pankreassekretion durch Histamin 155[24].
Kumagawa, M., s. Salkowski, E. L. 51[9].
Kumin, S., s. Shemin, D. 1002[1].
Kun, E.: Hemmung der Glucosephosphorylierung durch Meningokokkentoxin 777[14]. Intracelluläre Verteilung von Succinoxydase 1090[17]. — Intracelluläre Verteilung von Glykolsäureoxydase 1090[28].— Intracelluläre Verteilung von Glyoxalase 1090[32]. — Oxydation von Glykolsäure im Cytoplasma 1153[8]. — Milchsäurebildung aus Methylglyoxal im Cytoplasma 1153[19].
Kunerth, B. L., s. Pittman, M. S. 639[5].
Kunitaro, K., s. Ito, K. 338[6].
Kunitz, M.: Zusammenfassung über krystallisierte Ribonuclease (1941) 166[1]. — Krystallisierte Polynucleotidase aus Hefe 128[3]. — Polynucleotidase aus Pankreas 160[18]. — Ribonuclease 1186[6]. — Desoxyribonucleinsäure polymerisierendes Enzym aus Rinderpankreas 1186[14].
— and M. R. McDonald: Krystallisierte Hefehexokinase 741[11].
— and J. H. Northrop: Trypsinogen, Trypsin und Trypsininhibitor aus Pankreas 160[1]. — Chymotrypsinogen und Chymotrypsin aus Pankreas 160[3].
— s. Northrop, J. H. 160[2].
Kunkel, A.: Neutralschwefel bei verschiedenen Tierarten 953[13].
Kunkel, H. G., s. Ahrens, E. H. jr. 862[6].
— s. Eisenmenger, W. J. 561[2].
— s. Pomeranze, J. 862[3].
Kunkel, H. O.: Hemmung der Bernsteinsäureoxydase durch Zink 679[8].
— and J. N. Williams jr.: Enzymgehalt der Leber bei Fettmangelratten 1145[2].
Kunos, S., s. Erös, G. 121[10].
Kunz, A. F., s. Krupski, A. 1223[14, 17], 1224[4, 8].
Kupke, D. W., s. Griffin, A. C. 1247[18].
Kuppe, G., s. Knappwost, A. 21[4].
Kurahashi, K., s. Utter, M. F. 1054[8].
Kuribayashi, S.: Verteilung der weißen Blutzellen beim Kaninchen 458[3].
Kurihara, K., s. Kozawa, S. 66[9].
Kurland, G. S., and A. S. Freedberg: Jodaufnahme durch die Schilddrüse 681[8].
Kurnick, N. B.: Nucleinsäuregehalt von Zellkernen 1102[22].
Kuroda, K.: Wassergehalt von menschlichem Blut 391[6]. — Wasserbestimmung im Blut 392[5].
— T. Ryô u. R. Ebina: Wassergehalt von menschlichem Blut 391[6].
Kurokawa, H.: Katalasegehalt von Leukocyten 449[8].
Kurtz, L. D., and B. B. Clark: Negativer R. Q. des säuresezernierenden Magens 61[2].
Kurzrok, R., s. Leonard, S. L. 383[5], 384[13].
Kussmaul, A.: Gewinnung von Mageninhalt mit Sonden 86[12].
Kusui, K.: Cholesterinsynthese im Körper 872[28].
Kúthy, A. v.: Amino-N-Gehalt des Blutes nach Verfütterung von Eiweiß 226[10]. — Fettsäureresorption 234[15]. — Eiweißresorption und Rest-N-Anstieg im Blut 914[1].
— s. Verzár, F. 205[2], 234[4], 235[4], 794[1].
Kutscher, F., u. J. Seemann: Eiweißspaltung im Dünndarm 174[3]. — Aminosäuren im Darminhalt bei Eiweißverdauung 224[3].
— s. Ackermann, D. 946[10], 954[21].
— s. Flössner, O. 1232[4].
Kutscher, W.: Keine Verwertung von Pentaerythrit 738[14].
— u. M. Hasenfuss: C_4-Dicarbonsäuren bei Glykolyse 760[5].
— u. F. Krabbenhöft: Zuckerbildung aus C_4-Dicarbonsäuren 766[1].
— u. W. Sarreither: Erweiterung der Coronargefäße durch Adenylsäure 1236[33].
— u. M. Schippers: Zuckerbildung aus C_4-Dicarbonsäuren 766[1].
Kutz, R. L., s. Ferry, J. D. 296[11].
Kutzim, H.: Eiweißfraktionen in Hautblasenflüssigkeit 577[5].
Kuyper, A. C., s. Miller, S. P. 1230[16].
Kuzmenko, L. N.: Sekretion des Magensaftes 41[1].
Kuznezova, V., s. Popov, N. 156[19].
Kwasniewski, S., s. Friedemann, U. 250[10].
Kwit, N. T., s. Hatcher, R. A. 1223[13].
Kydd, D. M., s. Welt, L. G. 624[6].
Kyes, P.: Wirkung der Schlangengiftlecithinase auf Kephalin 851[2].
Kyle, T. I., and G. F. Marrian: allo-Pregnan-3α, 20α-diol als Progesteronmetabolit im Harn 893[5].
Kylin, E.: Zusammenfassung über physiologische Grundbegriffe der Bluteiweißkörper (1938) 286[4]. — Zusammenfassung über die Bedeutung der Plasmaeiweiße für die Klinik (1938) 287[7].
— u. F. Paulsen: Fibrinogen 295[6].
— s. Bennhold, H. 264[6].
— s. Kjellin, T. 573[6].
Kuyper, A. C.: Verknöcherung in Lösungen 710[1].
Kyrning, S., s. Euler, H. v. 755[5].

Laaksonen, T., s. Virtanen, A. I. 917[10].
Laat, B. M. de, s. Dingemanse, E. 879[6], 903[10].

La Barre, J.: Buch über Secretin (1936) Franz. 142[14]. — Förderung der Magensaftsekretion durch Insulin 42[18].
— et G. Houssa: Incretin 142[14]. — Nachweis von Insulin im Blut 367[1].
Labbé, M., R. Boulin et M. Petresco: Verhalten des Blutzuckers nach Kohlenhydratzufuhr 318[1].
— et M. Fabrykant: Zusammenfassung über Phosphor; Physiologie, Pathologie, Therapie (1933) Franz. 646[1].
— H. Roubeau et F. Nepveux: Verstärkung der Insulinwirkung durch Nickel 686[20].
Labhart, H., u. H. Staub: Mikroelektrophorese 294[4].
Labò, G., s. Lenzi, G. 134[6].
Lachiver, F., et J. Leloup: Jodgehalt des Blutes von Salm 410[6]. — Jodbestimmung 411[10].
Lacnica, A. de, s. Cytronenberg, S. S. 86[11].
Lacour, J. J., s. Bonorino, U. C. 44[3], 77[7].
Lacroix, P.: Buch über Knochenstruktur (1949) Franz.; (1951) Engl. Übers. 700[24]. — Gewebshormon bei Knochenbildung 713[2–5,7].
Ladd, M., and L. G. Raisz: Chlortoleranz von Hunden 632[4].
Ladell, W. S. S.: Extrarenale Wasserabgabe 594[1]. — Wasserausscheidung nach Meerwassergenuß 597[4]. — Salzverlust durch die Haut bei Hitzearbeit 631[9]. — Folgen von Cl-Verlust 633[4].
La Du Bert, N. jr.: Tyrosinabbau 984[1].
— and D. M. Greenberg: Tyrosinbabau 984[2].
Lafaye, J. (M.), s. Siegel, I. 941[7].
— s. Sakami, W. 829[4].
Laffont, A., et A. Assus: Unvollständige Ausbildung der Agglutinine beim Neugeborenen 386[6].
Lagergrenn, B. R.: Ersatz von Chlorid- durch Jodidion im Magensaft 68[2].
Lagerkvist, U., P. Reichard and G. Ehrensvärd: Vorstufen der Pyrimidinsynthese 1227[2].
Lagerlöf, H. (O.): Zusammenfassung über Pankreasfunktion (1942) 131[1]. — Secretinstandardisierung 132[8]. — Krystallisation von Secretin 132[13]. — Angriffsort des Secretins 133[4]. — Menge und Zusammensetzung von Pankreassaft nach Secretininjektion 133[7,11]. — Förderung der Darmsaftabgabe durch Secretin 134[3]. — Amylasegehalt von Pankreassaft nach Secretininjektion 134[9]. — Lipasegehalt von menschlichem Blut 371[14]. — Lipasebestimmung 372[18].
— s. Ågren, G. 133[2,8,11], 169[5].
— s. Hammarsten, E. 132[13], 133[4].
Lagrain, A., s. Massart, L. 1198[2].
La Grutta, L.: Einfluß von Alkoholzufuhr auf Purinstoffwechsel 1242[16].
Lahey, F. H., s. Perkin, H. J. 409[22].
Laidlaw, J. C., and L. Young: Beteiligung von Sulfatschwefel an Bildung von Esterschwefelsäuren 953[8].
Laidlaw, P. P., s. Ewins, A. J. 984[15].
Laine, T., u. A. I. Virtanen: Zusammenfassung über Stickstoffassimilation (1941) 617[2].
— s. Virtanen, A. I. 617[1], 1014[8].
Laird, A. K., and E. C. Miller: Einfluß von 2-Acetylaminofluoren auf morphologische Zellelemente 1097[4].
— O. Nygaard, H. Ris and A. D. Barton: Große und kleine Mitochondrien 1127[6].
— s. Price, J. M. 1125[5].
Lajos, S.: Verminderung der Zuckerresorption durch Atropin und Opium 217[14].
Lajtha, A., s. Schou, M. 921[1].
Laki, K.: Krystallisiertes Fibrinogen 295[8], 476[13].
— s. Annau, E. 694[4].
Laland, S. G., W. G. Overend and M. Webb: Desoxyribonucleasewirkung auf DNS 1105[1]. — Zusammensetzung von Desoxyribonucleinsäure 1108[4].
Làm, L. v., s. Hoffmann, F. 370[6,8].
Lamanna, C., and M. F. Mallette: Hemmung der Serum-Ribonuclease durch Mg 637[5].
Lamater, A. de, s. Ragan, C. 582[3].
— s. Turner, K. B. 409[23].
Lambling, E., and F. Dubois: Vorstufen der Purinsynthese 1218[35].
Lambotte, F., s. Bénard, H. 372[21], 443[4].
Lambrechts, A., s. Dejardin, J. 399[10].
Lamerton, L. F., s. Nickson, M. 673[4].
Lamirande, G. de, C. Allard and A. Cantero: Proteinfraktionen in Rattenleberzellkernen 1105[8].
— s. Allard, C. 1096[3], 1098[1], 1127[3].
La Monica, S.: Pathologische Veränderungen im Vitamin C-Gehalt von Liquor cerebrospinalis 574[1].
Lamotte, M., s. Coste, F. 347[8].
Lamp, B. G., s. Reiser, R. 821[6].
Lampé, A. E.: Zusammenfassung über die Technik der Blutentnahme (1924) 257[1].
Lampe, W., s. Seyderhelm, R. 258[5].
Lampen, J. O., s. Manson, L. A. 1188[16], 1195[8,16], 1196[8].
— s. Wang, T. P. 1188[15].
Lampert, H.: Buch über die physikalische Seite des Blutgerinnungsproblems und ihre praktische Bedeutung (1931) 490[14]. — Zusammenfassung über Thrombose und Embolie (1933) 473[17].
— u. A. Ott: Retraktion des Blutkuchens als Synärese 488[2].
— s. Liesegang, R. 488[1].
Lan, T. H.: Vorkommen von D-Aminosäureoxydase im Zellkern 1116[12].
— and R. R. Sealock: Bedeutung von Vitamin C für Tyrosinoxydation 981[4].

Die Seiten 1—840 befinden sich im Bandteil a, die Seiten 841—1257 im Bandteil b.

Landau, A., J. Glass u. S. Kaminer: Chloridverhältnis Serum: Erythrocyten 407[15].
Landau, N., u. L. v. Pap: Speicherfunktion der Leber für Wasser 597[11].
Landau, R. L., K. Knowlton, K. Lugibihl and A. T. Kenyon: Dehydroisoandrosteronausscheidung 900[1].
Landauer, W., C. A. Pfeiffer, W. U. Gardner and E. B. Man: Vermehrung der Plasmaphosphatide bei Vögeln durch oestrogene Stoffe 860[16].
Landefeld, M. O., s. Reid, J. C. 977[1,4].
Lander, F., P. Lee and V. F. McLagan: Magensaftmenge beim Menschen nach Histamin 48[4].
Landgrebe, F. W., s. Waring, H. 573[7].
Landois, L.: Beteiligung der Erythrocytenmembran an der Fibrinogenbildung 475[12].
Landow, H., s. Kabat, E. A. 567[12].
Lands, A. M., R. A. Cutting and P. S. Larson: Bestimmung der interstitiellen Flüssigkeit 547[3].
Landsteiner, K.: Blutgruppenspezifische Substanz im Speichel 26[1]. — Agglutinine im Blutserum 385[2].
— and M. W. Chase: Blutgruppenspezifische Substanz im Speichel 26[1].
— and R. A. Harte: Blutgruppenspezifische Substanzen im Speichel 26[2]. — Blutgruppensubstanzen A, B und O 390[3].
— and P. Levine: Zusätzliche Blutgruppen im menschlichen Blut 386[9].
— and A. S. Wiener: Entdeckung des Rh-Faktors 387[11].
Landström-Hydén, H., s. Caspersson, T. 33[4], 926[3].
Landtman, B., s. Kraemer, V. v. 715[1].
Lane, R. E., s. Kench, J. E. 1021[2].
Lang, A.: Phosphatidgehalt des Gehirns während des Wachstums 864[7].
Lang, C. A., s. Chow, B. F. 674[9].
Lang, D., s. Bensley, E. H. 377[5,15,16], 450[10].
Lang, F. J.: Rachitisähnliche Störungen bei Fluorosis 698[1].
— u. L. Haslhofer: Zusammenfassung über Verfahren zur Untersuchung des Knochens, des Knorpels und der Gelenke (1935) 700[19].
Lang, G.: Eiweißresorption 914[3].
Lang, H. (Karlsbad), s. Láng, S. 1255[4].
Lang, H(ermann), s. Lang, K. 671[6], 1116[21], 1123[1], 1124[3], 1125[12], 1126[1], 1190[5], 1192[11], 1220[4].
— s. Siebert, G. 1096[9], 1124[4].
Lang, K.: Buch über intermediären Stoffwechsel (1952) 468[5]. — Zusammenfassung über Spurenelemente (1949) 683[11]. — Zusammenfassung über Erforschung des Stoffwechsels mit isotopem Kohlenstoff und Stickstoff (1953) 468[5]. — Resorptionsgeschwindigkeit von Fettsäuren 236[7]. — Entstehung ungesättigter Fettsäuren im Chymus 240[13]. — Magnesiumgehalt des Blutes bei Krankheiten 398[8]. — Zinngehalt des Blutes 406[8], 429[15]. — Rhodangehalt des Blutes 415[9]. — Bedeutung von Eisen und Kupfer für die Blutbildung 466[3]. — Rhodangehalt des Liquor cerebrospinalis 576[19]. — Enzymsystem der Stearinsäuredehydrierung 819[2]. — Substrate der β-Oxybuttersäuredehydrogenase 828[3].
Lang, K., u. F. Adickes: Abbau alkylierter Fettsäuren 814[9]. — Enzymsystem der Stearinsäuredehydrierung 819[2].
— u. K. H. Bässler: Abbau der Propionsäure in Torulahefe 808[7]. — Wirkung von Propionsäure auf die Acetessigsäurebildung 809[3], 1143[7]. — Dicarbonsäureoxydation durch Cyclophorasesystem 832[3]. — Stoffwechselleistungen von Mitochondrien 1136[31,37]. — Propionsäureoxydation durch Cyclophorase 1143[7]. — Dicarbonsäureabbau durch Nierencyclophorase 1144[2].
— u. A.-R. Bartsch: Adipinsäureverfütterung 813[3].
— u. A. Eberwein: Phytase 638[12].
— u. H. Keuer: Intracelluläre Verteilung von Chininoxydase 1090[47]. — Oxydation von Chinin im Cytoplasma 1153[12].
— H. Lang, G. Siebert u. S. Lucius: Purinsynthese im Zellkern 1123[1], 1190[5], 1220[4]. — Umsetzung von Aminosäuren in Zellkernen 1125[12]. — Lipoidsynthese in Zellkernen 1126[1]. — Ausgangsstoffe für die Nucleinsäuresynthese 1192[11].
— u. H. Mayer: Enzymsystem der Stearinsäuredehydrierung 819[2]. — Keine Wirkung der Fettsäuredehydrogenase auf Ölsäure 821[4].
— u. U. Mayer: Prolinoxydase im Cyclophorasesystem 1133[9]. — Stoffwechselleistungen von Mitochondrien 1136[38]. — L-Prolinoxydation in Mitochondrien 1148[8].
— u. O. F. Ranke: Buch über Stoffwechsel und Ernährung (1950) 636[12].
— u. G. Schmid: Prolinoxydase im Cyclophorasesystem 1133[8], 1136[38], 1148[7].
— u. G. Siebert: Adenosintriphosphat als Energiequelle des Zellkerns 784[2]. — Zellfraktionierung 1065[1]. — Kernmühle 1066[4]. — Isoelektrischer Punkt von Zellkernen 1098[15]. — Hemmung der Zellkernenzyme durch basische Farbstoffe 1113[2]. — Vorkommen von Uricase im Zellkern 1116[10]. — Vorkommen von Fermenten im Zellkern 1116[11,13,15]. — Energiebedarf der synthetischen Prozesse im Zellkern 1117[1]. — ATP-Spaltung durch Leberzellkerne 1118[5]. — Amylasesynthese in Pankreaszellkernen 1125[2].
— G. Siebert, I. Baldus u. A. Corbet: Vorkommen von Fermenten im Zellkern

1116[19]. — Kathepsinverteilung in Zellfraktionen 1125[8].

Lang, K., G. Siebert u. H. J. Eichhoff: Gehalt an Spurenelementen im Zellkern 1101[4].
— G. Siebert u. W. Estelmann: Hemmung der Adenosintriphosphatase durch Colchicin 1197[8].
— G. Siebert u. F. Fischer: Vorkommen von Trypsin und Arginase im Zellkern 1116[20]. — Trypsinverteilung in Pankreaszellen 1124[6].
— G. Siebert, S. Lucius and H. Lang: Mangangehalt von Leberzellkernen 671[6]. — Vorkommen von Arginin im Zellkern 1116[21]. — Aufnahme von Schwermetallen durch Zellkerne 1124[3].
— G. Siebert u. L. Müller: Vorkommen von Glutathionase im Zellkern 1116[22].
— G. Siebert u. G. Rossmüller: Keine Phosphatabgabe aus ^{32}P-Phosphatiden isolierter Zellkerne 1123[3].
— G. Siebert u. W. D. Weinmann: Proteinfraktionen in Säugetierzellkernen 1105[7].
— u. H. Weiland: Oxydation von Rutin und Quercetin in Mitochondrien 1150[8].
— u. U. Westphal: Verschiedene L-Aminosäureoxydasen 949[12].
— s. Bässler, K. H. 1136[31], 1144[2].
— s. Hinsberg, K. 255[11].
— s. Kathen, H. 394[4].
— s. Siebert, G. 1096[9], 1099[1], 1100[6], 1112[1], 1113[1], 1116[14,23,24,26,27], 1118[6], 1120[15], 1123[2], 1124[2,4], 1125[10,11], 1186[22], 1190[7], 1193[13].
— s. Stuber, B. 407[1], 415[9], 576[19].

Lang, N., s. Schwiegk, H. 672[19].

Láng, S.: Verdaulichkeit verschiedener Stärkearten 28[4].
— u. H. Lang: Hemmung der Harnsäurelöslichkeit durch Kohlensäure 1255[4].
— u. I. Lévay: Aminosäure-N im Liquor von Kindern 568[12].
— s. Barrenscheen, H. K. 1188[5].

Lang, W., s. Marx, R. 558[8].

Lang-Lucius, S., s. Siebert, G. 1112[1], 1116[24].

Langdon, R. G., and K. Bloch: Entstehung des Cholesterins aus Squalen 874[2].

Langecker, H.: Zusammenfassung über Mangan (1934) 406[4]. — Mechanismus der Gallensäurewirkung bei Fettresorption 235[5]. — Calcium lösende Wirkung von Desoxycholsäure 639[20].

Langemann, H.: Anstieg der sauren Phosphatase im Blut bei Prostatacarcinom 377[6].
— s. Kensler, C. J. 1090[20], 1150[3].

Langen, C. D. de: Koproporphyrin III im Blut nach Bleivergiftung 356[11].

Langenberg, H., s. Gohr, H. 299[7].

Langendorff, H., u. E. Tonutti: Einfluß der Nebennierenhormone auf Leukocytenzahl 456[9]. — Lymphopenie nach Nebennierenrindenhormon 469[9].

Langenskiöld, F.: Widerstandsfähigkeit lebender Organe gegen Verdauung 82[6].

Langfeldt, E., and J. Holmsen: Harnsäureoxydation bei diabetischen Hunden 1232[5].

Langham, W. H., s. Nyc, J. F. 995[7].

Langhammer, T., s. Fischer, R. 405[21].

Langley, W. D.: Histidinurie als Schwangerschaftsnachweis 979[10].
— and M. Evans: Kreatiningehalt von menschlichem Blutserum 350[5].

Langstein, (L.): Zusammenfassungen über die Kohlenhydratbildung aus Eiweiß (1902; 1904) 909[10]. — Eiweißspaltprodukte im Blut nach Eiweißzufuhr 914[12].
— u. (F.) Edelstein: Eisenbilanz des Säuglings bei Muttermilchnahrung 662[4].
— s. Bergmann, G. v. 914[13].
— s. Falta, W. 982[6].
— s. Neuberg, C. 948[3].

Langstroth, G. O., s. Komarow, S. A. 158[6].

Lanning, M., s. Bellett, S. 627[16], 628[5].

Lannois, et R. Lépine: Resorption von Salzen im Jejunum und Ileum 215[1].

Lansing, A. I., T. B. Rosenthal and M. D. Kamen: Ca-Speicherung nach intraperitonealer Injektion 640[9].

Lanyar, F., H. Lieb u. A. Verdino: Eisenfreiheit des Harns 661[1].

Lanzing, J. C., s. Veen, A. G. 357[7], 359[4].

Lapicque, L.: Depoteisen der Leber 660[14].

Laquer, F.: Milchsäuregehalt des Blutes im Höhenklima 324[11]. — Selbsthemmung der Milchsäurebildung im Muskel 1163[1].
— s. Moll, T. 358[7].

Laqueur, E., s. Dingemanse, E. 906[15].
— s. Jongh, S. E. de 906[18].

Laqueur, W.: Verhalten des Leberglykogens bei Neugeborenen 766[5]. — Glykogenspaltung in der Leber von Neugeborenen und Glykogenosekranken 782[11].

Larack, A. M., s. Alfin-Slater, R. B. 1072[20].
— s. Petermann, M. L. 1072[17], 1247[19].

Lardy, H. A., and C. A. Elvehjem: Hemmstoffe für die Bildung der energiereichen P-Bindung 788[8].
— and H. Wellman: Intracelluläre Verteilung von ATPase 1090[125]. — Prolin- und Oxyprolinoxydation durch Mitochondrien 1136[29]. — Atmungskettenphosphorylierung durch Cyclophorasesystem 1137[21]. — Abspaltung von anorganischem P in Mitochondrien durch 2,4-Dinitrophenol 1138[3]. — Aktivierung von Phosphorylierung und Oxydation in Mitochondrien 1155[3].
— and J. A. Ziegler: Bedeutung von Kalium für Transphosphorylierungen 626[19]. — Kinetik der Brenztraubensäurephosphorylase-Reaktion 752[8].

LARDY, H. A., s. BOYER, P. D. 626[16].
— s. COPENHAVER, J. H. jr. 1137[19].
— s. DRYSDALE, G. R. 1143[2], 1245[15].
— s. FELDOTT, G. 1140[8].
— s. JOHNSON, R. B. 1137[10].
— s. MALEY, G. F. 1140[9].
— s. PERLMAN, D. 1060[1].
— s. PLAUT, G. W. E. 828[5], 941[2], 951[10].
— s. PRESSMAN, B. C. 1133[2], 1155[6].
— s. WIEBELHAUS, V. D. 626[22].
LARGENT, E. J., and F. F. HEYROTH: Resorption von Fluoriden 212[3], 697[5].
LARIZZA, P.: Zusammenfassung über die Fraktionierung des Reststickstoffes des Blutes unter normalen und pathologischen Verhältnissen (1940) 339[14]. — Verhältnis Zellzucker : Plasmazucker beim Menschen 315[8]. — Normaler Rest-N-Gehalt von menschlichem Blut 340[4]. — Residual-N, Zusammensetzung 341[3]. — Harnstoffgehalt des menschlichen Serums 342[7]. — Gesamtaminosäuregehalt im menschlichen Blut 344[15]. — Vorkommen von Polypeptiden im Blut 345[14]. — Höhe des gebundenen Amino-N im Serum 346[4]. — Harnsäureverteilung zwischen Plasma und Erythrocyten 346[10]. — Kreatin- und Kreatiningehalt von menschlichem Blut 349[13], 350[2]. — Aufteilung des Rest-N im Blute 350[19], 444[8]. — Schwefelverteilung im Blut 415[1], 448[1]. — Calciumgehalt menschlicher Erythrocyten 427[13]. — Sulfatgehalt von Erythrocyten 431[7]. — Blutzucker bei Diabetes 443[9]. — Gewinnung reiner Leukocyten 459[7]. — Chemische Zusammensetzung der Leukocyten 460[11]. — Leukocyten enthalten keinen Zucker 462[1].
LARNER, J., B. J. JANDORF and W. H. SUMMERSON: Aktivität der DPN-Nucleosidase bei Zellkernzerkleinerung 1066[10].
LAROCHE, G., et H. SIMONNET: Antigonadotropes Hormon im Serum 368[7].
LARRALDE, J., s. PONZ, F. 220[5].
LARSEN, B., s. KLENOW, H. 743[6].
LARSON, C. E.: Natriumhexametaphosphat zur Verhinderung der Blutgerinnung 490[16].
— s. WEISS, C. 380[13], 381[4], 463[13], 560[14].
LARSON, E. A., G. T. EVANS and C. J. WATSON: Biliverdin im Serum bei Gelbsucht 355[8].
LARSON, E. E., J. F. WEIR and L. G. ROWNTREE: Wasservergiftung 595[6].
LARSON, E. J., s. ELLIS, G. H. 672[9].
LARSON, L. M., and J. A. BARGEN: Sekretion isolierter Colonsegmente 178[6].
LARSON, P. S., and G. BREWER: Ursache der Purinausscheidung nach Adrenalingaben 1232[11].
— and I. L. CHAIKOFF: Insulinwirkung auf Allantoinausscheidung bei Hunden 1232[9].
LARSON, P. S., s. CHAIKOFF, I. L. 1230[14], 1232[12, 13].
— s. LANDS, A. M. 547[3].
LARTIGUE, O., s. LOURAU, M. 218[13].
LA RUE, H. C., s. DUDLEY, H. C. 685[21].
LASATER, M. B., s. SAMUELS, L. T. 885[23], 896[2].
LASCH, F.: Natur des intrinsic factor 83[6]. — Gegenseitige Beeinflussung von Ionen bei Resorption 211[11].
LASER, R., s. DEUTSCH, W. 1188[17], 1195[14].
— s. JENKE, M. 1238[20].
LASKER, M., s. ENKLEWITZ, M. 729[4].
LASKOWSKI, M.: Beeinflussung der Phosphatresorption durch Parathormon und Vitamin D 212[10]. — Atmungsfermente im Zellkern 1116[7].
— and D. L. RYERSON: I.P. von Hühnererythrocytenkernen 1098[16].
— s. BROWN, K. D. 1090[76], 1187[2].
— s. ENGBRING, V. K. 1099[2], 1105[9].
LASNITZKY, A., s. RONA, P. 163[12].
LASSAR, O.: Unterschied von Transsudaten und Exsudaten 559[1].
LASZLO, D., s. GERÉB, S. 413[9].
— s. LIEBEN, F. 947[2].
LASZT, L.: Phosphorylierung der Monosaccharide bei der Resorption 219[5]. — p_H-Abhängigkeit der Glucoseresorption 220[8]. — Selektive Zuckerresorption im Darm 220[9]. — Aminosäureresorption nach Nebennierenexstirpationen 227[11].
— u. H. SÜLLMANN: Organisch gebundener P in der Darmschleimhaut bei Zuckerresorption 219[6]. — Glycerinresorption unter Phosphorylierung 237[7].
— u. L. D. TORRE: Keine selektive Zuckerresorption im Dickdarm 219[2]. — Phosphorylierung der Monosaccharide bei der Resorption 219[9].
— u. F. VERZÁR: Begünstigung der Fettresorption durch Vitamin B_2 248[5].
— s. FITZGERALD, O. 218[6].
— s. ISSEKUTZ, B. v. 238[12].
— s. VERZÁR, F. 236[14], 237[4, 19], 246[7], 795[3], 842[17], 843[1].
— s. WILBRANDT, W. 218[20].
LATA, G. F., s. VESTLING, C. S. 885[15].
LATARJET, A., s. CADE, A. 46[13].
LATTANZI, A., s. MONASTERIO, G. 399[5].
LAUBER, F. U., s. HOLLANDER, F. 50[4], 71[11].
LAUDA, E., u. E. HAAM: Zusammenfassung über die Beziehungen der Milz zum Eisenstoffwechsel (1931) 655[23].
— s. KAPELLER-ADLER, R. 1218[16].
LAUDAT, M., s. CHABANIER, H. 407[20].
LAUERSEN, F.: Milchsäurebestimmung 324[14]. — β-Oxybuttersäuregehalt im Blut 327[19]. — Acetonkörperbestimmung 328[8].
— u. K. VOIT: Restkohlenstoff im Blut 330[3].
LAUFBERGER, V.: Ferritin 398[20], 658[6].

LAUG, E. P., and T. P. NASH jr.: Unvollkommene Vergärung der Glucose 316[12].
LAUNOY, L.: Anregung der Pankreassekretion durch quartäre Amine 155[26].
LAURELL, C.-B.: Sättigungsgrenze des Serumeisens 400[4]. — Fe-Bindungskapazität des menschlichen Blutserums 659[10].
— s. COLLDAHL, H. 352[14].
— s. HOLMBERG, C. G. 670[4], 1009[6].
LAURESCO, C., s. TERROINE, É. F. 166[11].
LAURITSEN, M., s. CARTWRIGHT, G. E. 993[6].
LAUTSCH, W., W. BROSER, W. BIEDERMANN u. H. GNICHTEL: Beeinflussung von Indikatoren durch Molekel mit Einschlußhohlräumen 1170[5].
LAVES, W.: Hydrolyse von Nucleoproteiden durch Kallikrein 1237[1].
— u. K. THOMA: Ribonucleinsäuren in den basophilen Granula von Leukocyten 462[9].
LAVIETES, P. H., J. BOURDILLON and K. A. KLINGHOFFER: Extracellulärer Raum beim Menschen 599[4]. — Verteilungsgeschwindigkeit von Rhodanid im Körper 600[2].
— s. RIGGS, D. S. 410[3].
— s. ROSENBAUM, J. D. 415[11].
LAVINE, T. F.: Dismutation von Cystinsulfodioxyd 959[3].
LAVOLLAY, J.: Buch über Magnesium in der tierischen Biochemie (1937) Franz. 634[11].
LAW, K. A. O., s. ROBISON, R. 684[21].
LAWACZECK, H.: Hexosephosphorsäuregehalt im Blut 319[19].
LAWES, J. B., and J. H. GILBERT: Umwandlung von Kohlenhydrat in Fett bei Tieren 766[9].
LAWRENCE, E. O., s. HAHN, P. F. 436[13], 659[3], 663[5].
LAWRENCE, J. H.: Keine Anreicherung von Strontium in Tumoren 685[2].
— and K. G. SCOTT: Phosphatidumsatz maligner Gewebe 848[7].
— K. G. SCOTT and L. W. TUTTLE: Einbau von P in Knochen 648[9].
— L. W. TUTTLE, K. G. SCOTT and C. L. CONNOR: P-Stoffwechsel geschwulstkranker Mäuse 648[14].
— s. DOUGHERTY, E. C. 609[20].
— s. HUFF, R. L. 1009[8].
— s. JONES, H. B. 648[8], 865[14].
— s. PRENTICE, T. C. 591[3].
— s. TUTTLE, L. W. 648[13], 1194[4].
LAWRENCE, J. S., and W. N. VALENTINE: Lebensdauer der Thrombocyten 471[14].
LAWRENZ, M., H. H. MITCHELL and W. A. RUTH: Fluorverteilung im Körper 696[10].
LAWRIE, H. R.: Resorption von Aminosäuren 913[10].
LAWRIE, R. A., s. DAVIDSON, J. N. 1112[3].
LAWROWSKY, K., s. BAUER, E. 511[9].
LAWSON, E. J., s. MARKER, R. E. 893[9], 894[3, 9, 12], 907[1].
LAYNE, E. C., s. BESSMAN, S. P. 1090[143].
LAYNE, J. A., F. R. SCHEMM and W. W. HURST: Herkunft der Mineralstoffe seröser Ergüsse 561[2].
LAZÁR, E., s. WENZEL, F. 53[11].
LAZAROW, A.: Zellkerngewinnung 1066[5].
— and S. J. COOPERSTEIN: Mitochondrienfärbung durch Janusgrün B 1128[1].
— s. COOPERSTEIN, S. J. 1128[1].
LAZARUS, M., s. BERLIN, N. I. 1016[5].
LAZZARO, G.: Keine Harnsäurebildung aus Harnstoff 1207[5].
LEA, D., K. M. SMITH, B. HOLMES and R. MARKHAM: Inaktivierung von Ribonucleotidase durch Röntgenstrahlen 1187[4].
LEAKE, C. D., s. STEBBINS, G. G. 263[6].
LEASURE, E. E., R. P. LINK and J. H. WHITLOCK: p_H-Werte im Magen-Darmkanal vom Pferd 149[6].
LEATHEM, J. H., s. LEVIN, L. 289[5].
LEATHES, J. B., s. CATHCART, E. P. 225[1], 913[5].
LEAVENWORTH, C. S., s. MENDEL, L. B. 1218[11].
LEBERMANN, F.: Buch über den Wasserversuch als Nierenfunktionsprüfung (1932) 595[1].
LEBIODA, J.: Kaliumgehalt von Kaninchenblut 395[5]. — Calciumgehalt von Kaninchenblut 396[16]. — Calciumgehalt von Kaninchenerythrocyten 427[14].
LEBLANC, J., s. DES MARAIS, A. 885[17].
LEBLOND, C. P.: Zusammenfassung über Jodstoffwechsel (1948) 679[26]. — Stoffwechsel von ^{131}J-markierten Oestrogenen 906[6].
— s. BÉLANGER, L. F. 723[1].
— s. GROSS, J. 367[7], 682[14].
— s. STEVENS, C. E. 1103[7], 1121[2].
LE BRETON, E., et C. KAYSER: Purinstoffwechsel bei Diabetes insipidus 1233[10].
— et F. MOCOROA: Kein Trypsin im Darmsaft 119[8], 120[2]. — Peptidasen im Darmsaft des Hundes 120[2], 124[1]. — Enterokinase im Duodenalsaft 120[2], 151[2]. — Pankreaspeptidasen 160[20].
— et J. PANTALEON: Phosphatidverdauung 842[11].
— s. CHAUVEAU, J. 1077[8], 1152[7].
LECOMTE, C., et A. DE SMUL: Volumen von Leberzellkernen 1098[7].
LECOMTE, O., s. BLASS, J. 968[6].
LECOMTE DU NOÜY, P.: Buch über die kritische Temperatur des Serums (1936) Franz. 273[5]. — Refraktionswerte und Eiweißgehalt von Serum 273[5]. — Optische Drehung von aufbewahrtem Serum 273[10]. — Viskositätsänderung des Serums bei Erwärmung 274[6].
LECONTE, P.: Hemmung der Magensaftsekretion durch Zucker 45[10].

Lecoq, R., et R. Carel: Acetonkörpergehalt im Blut 328[7].
— P. Chauchard et H. Mazoué: Adenin als Faktor des Vitamin B-Komplexes 1246[10].
Leder, I. G., and P. Handler: Synthese von Pyridinnucleotiden durch Erythrocyten 1195[3].
Lederer, E.: Zusammenfassung über Biochemie natürlicher Farbstoffe (1948) 997[4].
— s. Gendre, T. 968[7].
Lederer, I. C., s. Racker, E. 1062[7].
Lederer, J.: Buch über Physiopathologie des Eisens (1940) Franz. 655[26].
Ledogar, J. A., and H. W. Jones: Stoffwechsel der C_{18}-Steroide in der Leber 905[2].
Leduc, E. H., s. Coons, A. H. 1147[2].
Lee, D. D., s. Addis, T. 911[5], 927[6].
Lee, H. J., s. Marston, H. R. 674[1].
Lee, J. van der, s. Verkade, P. E. 810[5], 811[4], 813[1].
Lee, K.-H., and J. J. Eiler: Konzentrationen an ATP und anorganischem P in Systemen ohne Phosphatacceptor 1139[6].
Lee, N. D., J. T. Anderson, R. Miller and R. H. Williams: Verteilung von ^{35}S-Cystin auf Proteine der Zellstrukturen 1145[8].
— and R. H. Williams: Verteilung von Eiweiß, Stickstoff und Ribonucleinsäure in der Zelle 1072[38]. — Einbau von ^{35}S-Cystin in Proteine der Zellstrukturen 1146[2].
Lee, P., s. Erickson, B. N. 332[4], 442[4], 471[4], 472[1,3].
— s. Lander, F. 48[4].
Lee, W. C., and H. B. Lewis: Labiles und fixes Eiweiß 928[3].
Leers, O.: Buch über gerichtsärztliche Untersuchungen (1913) 434[8].
Lees, K. A., s. Bessell, C. J. 364[6].
Le Fevre, P. G.: Aktive Membrandiffusion 423[6].
Leffkowitz, M.: Buch über Blutkörperchensenkung, 3. Aufl. (1936) 264[6]. — Zusammenfassung über Blutsenkung (1933) 264[6].
— s. Katz, G. 264[6].
Lefmann, G.: Verhalten von zugeführtem Kreatin im Stoffwechsel 946[3].
Legge, J. W., s. Lemberg, R. 431[17], 437[12], 438[1], 1016[7].
Le Heux, J. W.: Zusammenfassung über physiologische Cholinbestimmung (1927/28) 136[13]. — Isolierung von Cholin aus Darm 135[20]. — Cholinwirkung auf den Darm 138[7]. — Bildung von Cholinestern im Darm 141[1].
Lehmacher, K., u. R. Merten: Eiweißspaltung im Säuglingsmagen 97[5]. — Aufspaltung von Kuhmilcheiweiß bei neugeborenen Kindern 225[8].
Lehman, A. J., s. Wax, J. 250[1].
Lehmann, C.: Abhängigkeit des Stoffwechsels von der Reaktion 1175[3].
— F. Mueller, I. Munk, H. Senator u. N. Zuntz: Ca-Ausscheidung im Darm bei Nahrungsentzug 641[4]. — P-Ausscheidung bei Hunger 649[10]. — Unabhängigkeit des Neutralschwefels von der Ernährung 953[12].
— s. Zuntz, N. 503[7].
Lehmann, F., s. Beumer, H. 872[25].
Lehmann, G.: Adrenalingehalt im Blut 451[11].
— u. H. F. Michaelis: Verhalten des Adrenalins bei der Blutgerinnung 369[16].
— u. A. Szakáll: Cl-Verlust durch den Schweiß bei Trainierten 631[11]. — Einfluß von körperlicher Arbeit auf P-Stoffwechsel 651[1].
— s. Atzler, E. 1175[5].
— s. Hoffmann, A. 702[4].
Lehmann, H(ans), u. A. Heller: Zusammenfassung über Luft (1940) 503[1].
Lehmann, H(ermann): Bildung von Kreatinphosphat 788[4]. — ATP-Abbau 1235[5].
— and K. Schlossmann: Inaktivierung von Insulin im Kreislauf 771[1].
— s. Needham, J. 739[2].
— s. McCance, R. A. 213[15], 610[3], 639[4].
Lehmann, H(ermann) (Basel): Erregung der Magensaftsekretion durch Histamin 43[23].
Lehmann, H. E., and V. A. Kral: Verminderung des Eisengehaltes im Liquor cerebrospinalis 575[18].
Lehmann, J.: Milchsäurenüchternwerte im Blut 323[8]. — Milchsäurebestimmung 324[15]. — Wirkungsmechanismus von Dicumarol 495[9,10]. — Glycerin-3-phosphatdehydrogenase aus Hefe 753[4].
Lehmann, J. C.: Schichtung des Mageninhalts 32[4].
Lehmann, K. B.: Spezifisches Gewicht des Jejunalsaftes der Ziege 150[3].
Lehmann-Bern, F. E., s. Holter, H. 636[20].
Lehmann-Echternacht, H.: Mononucleotidasen der Darmschleimhaut 127[9]. — Oligonucleotidasen der Darmschleimhaut 128[10], 129[5], 1187[10].
— s. Fischer, F. G. 160[18], 166[4,5], 1186[5].
Lehnartz, E.: Zusammenfassung über Mineralstoffe (1939) 609[1]. — Milchsäurebestimmung 324[14].
Lehner, J.: Funktion der Mastzellen 493[4].
Lehninger, A. L.: Zusammenfassung über Lipoidstoffwechsel (1949) 872[7]. — Fettsäureoxydation durch Leberhomogenate 830[7]. — Fettsäureoxydation durch Rattenleber-Mitochondrien 831[3]. — Acetatoxydation 1034[1]. — Essigsäurebildung aus Acetessigsäure 1034[2]. — Atmungskettenphosphorylierung durch Cyclophorasesystem 1137[8,13].

LEHNINGER, A. L., and G. D. GREVILLE: CoA-Verbindungen von ungesättigten und Oxyfettsäuren 1041^{6}. — Intracelluläre Verteilung von β-Oxybuttersäuredehydrogenase 1090^{102}. — β-Oxybuttersäureoxydation durch Mitochondrien 1141^{1}.
— and E. P. KENNEDY: Fettsäureoxydation durch Leberhomogenate 830^{7}. — Phosphorylierung bei Essigsäureabbau 1035^{3}.
— and S. W. SMITH: Atmungskettenphosphorylierung durch Cyclophorasesystem 1137^{9}.
— s. BARKULIS, S. S. 1090^{70}, 1137^{12}, 1138^{5}, 1139^{1}.
— s. FRIEDKIN, M. 789^{12}, 1137^{7}.
— s. KENNEDY, E. P. 830^{8}, 831^{2}, $1090^{15,38}$, 1129^{9}, $1136^{13,23}$, 1137^{14}, 1140^{11}, 1141^{2}, $1142^{1,4}$.
— s. RALL, T. W. 1090^{40}, 1153^{13}.
— s. SIBLEY, J. A. 382^{1}, 748^{7}.
LEIBOWITZ, T., and S. HESTRIN: Zusammenfassung über alkoholische Gärung der Oligosaccharide (1945) 187^{1}.
LEICESTER, H. M.: Buch über Biochemie der Zähne (1949) Engl. 700^{25}. — Zusammenfassung über Biochemie der Zähne (1946) 722^{3}.
LEIFER, E., s. COSGRIFF, S. E. 498^{12}.
— s. NYC, J. F. 995^{7}.
LEIGH, H. M., s. PETERSON, D. H. 886^{16}.
LEIGH, O. C. jr., s. FIELD, M. E. 553^{1}.
LEIN, J., and H. W. HAYS: Stabilisierung von Thrombokinase durch Hydrochinon 483^{17}.
— s. MITCHELL, H. K. 995^{8}.
LEINER, G., s. LEINER, M. 403^{5}, $521^{2,9}$, $675^{7,14}$.
LEINER, M.: Buch über die Fischatmung (1938) 504^{9}. — Zusammenfassung über Carboanhydratase (1940) 520^{2}. — Kohlensäureanhydratase 521^{5}. — Zinkgehalt der Chorioidea 679^{6}.
— u. G. LEINER: Zinkvorkommen in Organen 403^{5}. — Aktivität der Kohlensäureanhydratase 521^{2}. — Zinkgehalt der Carboanhydratase 521^{9}. — Zinkbestand von Wirbeltieren 675^{7}. — Zinkgehalt der Chorioidea bei Knochenfischen 675^{14}.
LEINERT, F., s. BERGMANN, M. 123^{9}.
LEIPERT, T.: Bedeutung des Broms im Organismus 409^{5}. — Jodverteilung im Blut 410^{3}. — Jodbestimmung 411^{10}. — Bromgehalt von Erythrocyten 430^{19}. — Jodgehalt des Blutes während Menstruation und Schwangerschaft 682^{18}. — Brombestimmung 699^{21}. — Brom im Stoffwechsel 700^{1}.
— u. O. WATZLAWEK: Bromgehalt von Liquor cerebrospinalis 576^{16}.
LEITER, L.: Histidinabbau zu den Endprodukten 974^{9}. — Abbau von Imidazylmilchsäure 975^{3}.
LEITES, S.: Fettbildung in der Lunge 244^{2}. — Plasmaphosphatidgehalt bei Fettresorption 861^{12}. — Cholesterinablagerung nach erhöhter Zufuhr 872^{4}.
LELOIR, L. F.: Umphosphorylierungen durch Phosphoglucomutase 743^{5}. — Coenzym für Umwandlung Galaktose-1-phosphat in Glucose-1-phosphat 762^{3}.
— and D. E. GREEN: Vitamin B_6 als Coenzym von Transaminasen 938^{4}.
— and J. M. MUÑOZ: Fettsäureoxydation durch zellfreie Organextrakte 830^{6}.
— R. E. TRUCCO, C. E. CARDINI, A. PALADINI and R. CAPUTTO: Glucose-1,6-diphosphat als Co-Ferment der Phosphoglucomutase 742^{6}.
— s. CAPUTTO, R. 319^{10}, 762^{4}.
— s. CARDINI, C. E. 742^{6}.
— s. GREEN, D. E. $938^{2,4}$, 1236^{1}.
— s. HUNTER, F. E. 1034^{3}.
— s. MUÑOZ, J. M. 830^{6}.
— s. PALADINI, A. C. 742^{6}.
— s. TRUCCO, R. E. 741^{8}.
LELOUP, J., s. LACHIVER, F. 410^{6}, 411^{10}.
LEMAIRE, M., s. PERROTIN, J. 290^{3}.
LEMAN, J., and W. T. SALTER: Jodierte Eiweißkörper mit Thyroxinwirkung 986^{4}.
LEMATTE, L., et E. KAHANE: Siliciumgehalt des Blutes bei Silikose 691^{4}.
LE MAY-KNOX, M.: Tyrosinabbau 984^{1}.
— s. KNOX, W. E. $984^{2,6}$.
LEMBERG, R.: Verdohämoglobin 437^{12}.
— B. CORTIS-JONES and M. NORRIE: Mechanismus der Biliverdinreduktion 438^{1}.
— and J. W. LEGGE: Buch über Hämatinverbindungen und Gallenfarbstoffe (1949) Engl. 431^{17}.
— J. W. LEGGE and W. H. LOCKWOOD: Verdohämoglobin 437^{12}. — Mechanismus der Biliverdinreduktion 438^{1}. — Ursache des Erythrocytentodes 1016^{7}.
— W. H. LOCKWOOD and J. W. LEGGE: Mechanismus der Biliverdinreduktion 438^{1}.
LEMISH, S., s. LOZNER, E. L. 286^{1}.
LEMMER, K. E., s. MAISON, G. L. 1168^{3}.
LEMMERMANN, O.: Buch über Agrikulturchemie und ihre Bedeutung für die Volksernährung (1940) 612^{1}.
LENEL, R., s. LEVINE, R. 1198^{18}.
LENGGENHAGER, K.: Buch über weitere Fortschritte in der Blutgerinnungslehre (1949) 387^{6}.
LENGYEL, L., s. WILBRANDT, W. 219^{21}.
LENK, R., u. L. POLLAK: Proteasegehalt von Ergüssen 560^{14}.
LENKEIT, W.: Zusammenfassung über vergleichende Physiologie der Verdauung bei Säugetieren (1933) 7^{2}.
LENNER, A. B.: Phenylalaninabbau 983^{11}.
LENNOX, W. G.: Purinstoffwechsel im Hunger 1239^{10}.
— s. GIBBS, E. L. 531^{5}.
LENZI, G., e G. LABÒ: Änderungen im Duodenalinhalt gesunder Personen durch Secretin 134^{6}.

LEO, E., s. STRAUB, W. 209[6], 210[8].
LEO, H.: Magengase des gesunden Säuglings 68[12].
LEONARD, A., s. DEUEL, H. J. jr. 246[11].
LEONARD, C. S., s. VOEGTLIN, C. 693[15].
LEONARD, S. L., and R. KURZROK: Hyaluronidasebestimmung 384[13].
— and R. KURZROK: Antihyaluronidasen im Serum 383[5], 384[13].
LEONARDS, J. R., and A. H. FREE: Galaktoseresorption bei Vitamin B_1-Mangel 217[22].
— s. FREE, A. H. 226[13].
LEONE, E.: Harnsäureausscheidung nach Purinzufuhr 1199[16]. — Allantoinausscheidung nach purinreicher Nahrung 1199[16], 1215[12].
LEONHARDT, H., s. MARTIUS, C. 1051[1],
LEONI, C., e A. SOSTEGNI: Bestimmung der Säurefraktionen im Magensaft 54[5].
LEOPOLD, J. S., A. BERNHARD and H. G. JACOBI: Steigerung der Purinausscheidung durch purinfreies Eiweiß 1240[12].
LEOPOLD, W., s. BERSIN, T. 863[6].
LE PAGE, G. A., and C. HEIDELBERGER: Umsatzgeschwindigkeit von Ribonucleotiden und Desoxyribonucleotiden 1120[14]. — Ausgangsstoffe für die Nucleinsäuresynthese 1192[6].
— and W. C. SCHNEIDER: Verteilung von Stickstoff und RNS-Phosphor in der Zelle 1072[14].
LÉPINE, R., et R. BOULUD: Glucuronsäure im Blut 322[18]. — Glucuronsäuregehalt von Erythrocyten 444[7].
— s. LANNOIS 215[1].
LEPKOVSKY, S., E. ROBOZ and A. J. HAAGEN-SMIT: Ausscheidung von Kynurenin und Xanthurensäure bei B_6-Mangelratten 993[6].
— s. AXELROD, H. E. 993[6].
— s. EVANS, H. M. 820[2].
— s. HEIDELBERGER, C. 990[1], 991[7], 992[13].
LERICHE, R.: Buch über Physiologie und Pathologie des Knochengewebes (1939) Franz. 700[26].
LERMA, B. DE, e P. SALVI: Fluorescenzuntersuchungen von Liquor cerebrospinalis 570[8].
LERMAN, J., and W. T. SALTER: Jodierte Eiweißkörper mit Thyroxinwirkung 986[4].
LERNER, A. B.: Acetessigsäurebildung aus Phenylanin 983[11].
— T. B. FITZPATRICK, E. CALKINS and W. H. SUMMERSON: Intracelluläre Verteilung von Tyrosinase 1090[26].
LERNER, S. R., s. CHAIKOFF, I. L. 763[1].
LEROY, J.: Mg-Gehalt der Nahrung und Wachstum 636[2].
LESCHKE, E.: Rückfluß von Duodenalinhalt in den Magen 94[6].
LESLIE, A., s. ADAMS, S. W. 660[12].
LESLIE, I., s. DAVIDSON, J. N. 1102[5], 1103[8], 1191[14].
LESMÜLLER, A., s. SCHWAIBOLD, J. 403[5].
LE SOURD, L., et P. PAGNIEZ: Blutplättchen als Quelle der Thrombokinase 483[2].
LESSER, E. J.: Zusammenfassung über Pankreas und sein Sekret (1925) 155[2].
LESURE, A.: Tyramingehalt des Blutes 353[9].
— (M.) LOEPER et I. TONNET: Stoffwechsel von Thiolverbindungen 653[5].
— s. LOEPER, M. 653[5].
LESZLER, A., u. L. PAULICZKY: Reticuloendotheliales System und Bildung der Bluteiweißkörper 288[4].
LETSCHE, E.: Zusammenfassung über Gewinnung von Plasma, Serum und Formelementen (1924) 285[5].
LETTERER, E.: Zusammenfassung über Kohlenhydratstoffwechsel (1948) 725[13].
LETTRÉ, H., u. H. H. INHOFFEN: Buch über Sterine, Gallensäuren und verwandte Naturstoffe (1936) 870[12].
LEUBE, W.: Saccharase im Darmsaft 126[10].
LEUBNER, H.: Trypsinbestimmung 161[8]. — Bestimmung der Pankreaslipase 163[13]. — Trypsinbestimmung im Darminhalt 171[1]. Lipasebestimmung im Darminhalt 171[2].
— s. BERGER, W. 143[3], 156[10], 161[5,7], 162[1], 165[8], 169[3], 171[3].
LEUCHTENBERGER, C., R. LEUCHTENBERGER, C. VENDRELY and R. VENDRELY: Nucleinsäuregehalt von Zellkernen 1102[2].
— R. VENDRELY and C. VENDRELY: Nucleinsäuregehalt von Zellkernen 1102[10].
— s. LEUCHTENBERGER, C. 1102[2].
LEULIER, A., et A. CHARNOT: Vorkommen von Cholesterin in der Weinbergschnecke 870[2].
LEUPOLD, F.: Acetalphosphatide im nervösen Gewebe 866[6].
LEUTHARDT, F.: Zusammenfassung über Mineralstoffwechsel (1941) 401[8]. — Zusammenfassung über Kobalt (1941) 672[17].
— Zusammenfassung über Spurenelemente (1944/45) 655[9]. — Serinbildung aus Glutamin 853[5]. — D-Aminosäuren in Tumorgewebe 931[1]. — Glykokollsynthese aus Glutaminsäure 939[10]. — Glykokollsynthese aus Glutamin 941[12]. — Steigerung der Harnstoffbildung durch Glutamin 972[1]. — Pufferungskurven von Leber und Muskel 1162[1]. — Rolle von Glutaminsäure und Asparaginsäure bei der Harnstoffbildung 1163[5]. — Hitzedenaturierung zur Fermentzerstörung 1169[5].
— et H. BRUTTIN: Intracelluläre Verteilung von Myokinase 1090[71].
— u. B. EXER: Zusammensetzung der Ribonucleinsäuren aus Rattenleber 1077[1]. — Intracelluläre Verteilung von Gesamtlipiden und Phosphatiden 1077[24]. — Beeinflussung des Mitochondrienstoffwechsels durch Farbstoffe 1149[5].
— u. B. GLASSON: Serinbildung aus Glutamin 853[5]. — Glykokollsynthese aus Serin 939[11]. — Aktivierung der Citrullinbildung

durch Oxalessigsäure 971[8]. — Steigerung der Harnstoffbildung durch Glutamin 972[1].

LEUTHARDT, F., et J. MAURON: Brenztraubensäureoxydation in Mitochondrien 1136[3].
— u. A. F. MÜLLER: Citrullinsynthese in Mitochondrien 1136[9].
— et H. NIELSEN: Intracelluläre Verteilung der Aneurinphosphorylierung 1090[72]. — Stoffwechselleistungen von Mitochondrien 1136[10]. — Umwandlung von Aminosäuren in Mitochondrien 1148[1].
— u. M. STAEHELIN: Intracelluläre Verteilung der Argininsynthese 1090[126]. — Argininbildung in Cytoplasma 1149[3], 1153[29].
— s. FAHRLÄNDER, H. 973[2,3].
— s. KOLLER, F. 721[6].
— s. MÜLLER, A. F. 1090[59], 1149[2].
— s. NIELSEN, H. 1153[10].
— s. WUHRMANN, F. 308[1].

LEUTHARDT, F. M., and J. P. GREENSTEIN: Cystindesulfhydrase in tierischen Geweben 959[7].
— s. GREENSTEIN, J. P. 958[8], 959[6].

LEVA, E., and S. RAPOPORT: Phytatphosphorverbindungen in Vogelerythrocyten 447[10].
— s. RAPOPORT, S. 378[1], 788[5].

LEVANDER, G.: Anregung der Verknöcherung durch Epiphysenextrakte 713[1].

LE-VAN-HUNG, s. CHAUVEAU, J. 1090[137], 1153[33].

LÉVAY, I., s. LÁNG, S. 568[12].

LEVEDAHL, B. H., and L. T. SAMUELS: Kreatiningehalt von menschlichem Blutserum 350[17]. — Bildung von Δ^4-Androstendion 897[15].
— s. SAMUELS, L. T. 898[1].

LEVENBOOK, L.: Reduzierende Substanz im Blut der Larve von Gastrophilus intestinalis 314[16]. — Freie Fructose in Larven von Gastrophilus intestinalis 319[3].

LEVENE, P. A., and R. T. DILLON: Schädigung der Darmnucleotidase durch Acetonbehandlung 128[6]. — Dephosphorylierung von Hefeadenylsäure durch Darmfistelsaft 129[3].
— and P. A. KOBER: Resorption von Aminosäuren 913[10].
— and E. S. LONDON: Dephosphorylierung von Hefeadenylsäure durch Darmfistelsaft 129[3].
— and F. MEDIGRECEANU: Ribonucleinase 1186[11].
— and G. M. MEYER: Resorption von Aminosäuren 913[10].
— I. P. ROLF and H. S. SIMMS: Wirkung der Schlangengiftlecithinase auf Kephalin 851[2].
— s. GRATIA, A. 483[12].
— s. MANDEL, J. A. 461[3].
— s. SCHMIDT, G. 166[3], 1186[9].

LEVENS, H.-E.: Einfluß hormonaler Vorgänge auf das Blutbild 418[11].
— s. EWERBECK, H. 300[2].

LEVENSON, S. M., s. TAYLOR, F. H. L. 422[16].

LEVER, W. F., J. R. N. GURD, E. UROMA, R. K. BROWN, B. A. BARNES, K. SCHMID and E. L. SCHULTZ: Eiweißfraktionen des menschlichen Plasmas 291[2], 312[2].

LEVERTON, R. M., and A. G. MARSH: Ca-Bedarf des Menschen 641[11].
— s. OHLSON, M. A. 510[11].

LEVI, H. B., s. HEVESY, G. C. 647[12], 867[2].

LEVIN, E., J. B. KIRSNER and W. L. PALMER: Förderung der Magensaftsekretion durch Insulin 42[21]. — Enterogastronwirkung beim Menschen 142[5].
— J. B. KIRSNER, W. L. PALMER and C. BUTLER: Magensaftabsonderung während der Nacht beim Menschen 48[5].

LEVIN, L.: β-Oestradiol im Hengstharn 906[13].
— and J. H. LEATHEM: Eiweißquotient im Plasma nach Entfernung innersekretorischer Drüsen 289[5].
— s. DOISY, E. A. 906[20].

LEVIN, M. H., s. ADAMS, S. W. 660[12].

LEVINA, L., s. RATHERY, F. 674[6], 686[20].

LEVINE, C., and E. CHARGAFF: Intracelluläre Verteilung von Gesamtlipiden, Cholinphosphatiden, Äthanolamin und Serin 1077[4].

LEVINE, L., s. CLARK, G. W. 20[2], 21[2].

LEVINE, M., and H. TARVER: Einbau von Aminosäuren in verschiedenen Geweben 923[8]. — Einbau von Aminosäuren in Eiweiß 925[8]. — Colaminbildung aus Serin 943[2].

LEVINE, P.: Fetale Erythroblastose 388[5].
— E. M. KATZIN and L. BURNHAM: Fetale Erythroblastose 388[4].
— and R. E. STETSON: Fetale Erythroblastose 388[3].
— M. WIGOD, A. M. BACKER and R. PONDER: Blutfaktoren KELL und CELLANO 389[7].
— s. LANDSTEINER, K. 386[9].
— s. PONDER, E. 434[1].

LEVINE, R., M. GOLDSTEIN, S. KLEIN and B. HUDDLESTUN: Theorie der Insulinwirkung 782[1].
— and S. SOSKIN: Austausch von Lipoiden zwischen Erythrocyten und Plasma bei p_H-Änderung 272[6].
— W. Q. WOLFSON and R. LENEL: Harnsäuregehalt im Geflügelblut 1198[18].
— s. HECHTER, O. 777[10].
— s. SOSKIN, S. 725[40], 761[1], 774[1], 782[9].
— s. WEISSBERG, H. F. 771[3].
— s. WOLFSON, W. Q. 347[1,6,7].

LEVINE, S. A., s. GERTLER, M. M. 1198[11].

LEVINE, S. Z., H. L. BARNETT, C. W. BIERMAN and H. MCNAMARA: Bedeutung von ACTH für den Tyrosinabbau 984[11].

LEVINE, S. Z., M. DANN and E. MARPLES: Bedeutung von Vitamin C für Tyrosinabbau 981[5].
— E. MARPLES and H. H. GORDON: Bedeutung von Vitamin C für Tyrosinabbau 981[5].
— s. DANN, M. 981[6].
LEVINE, V. E., s. SACHS, A. 399[10], 402[3,4,7].
LEVINSON, A. s. KAPLAN, I. 575[2].
LEVISON, L. A., s. FULD, E. 75[10].
LEVITAS, N., J. ROBINSON, F. ROSEN, J. W. HUFF and W. A. PERLZWEIG: Nicotinsäureamidgehalt des menschlichen Blutes 363[14], 453[6].
— s. PERLZWEIG, W. A. 991[5].
LEVITES, S.: Resorptionsort für Glycerin und Fettsäuren 237[2].
LEVITSKY, P., s. NECHELES, H. 82[4].
LEVITT, M. F., s. GAUDINO, M. 598[11].
LEVVY, G. A., s. KARUNAIRATNAM, M. C. 101[1].
LEVY, B. B., s. BRODIE, B. B. 591[6].
— s. SOBERMAN, R. 591[4].
LEVY, H., s. HECHTER, O. 882[6], 883[4,6,7].
— s. SCHADE, A. L. 659[9].
LÉVY, J.: Cholinphosphorsäure im Sperma 851[17].
— s. ACHARD, C. 349[4], 560[16], 561[1].
— s. KAHANE, E. 136[17], 139[7], 351[26], 352[3,4,5], 842[5].
LEVY, L., and M. J. COON: Einbau von Ameisensäure in Histidin durch Hefe 977[14].
LÉVY, M., s. CHABANIER, H. 407[20].
LEVY, S. R., s. HAVEN, F. L. 1077[12].
— s. HUNTER, F. E. 848[10].
LEW, W., s. ADDIS, T. 911[5], 927[6].
LEWIN, A. E., M. L. GORINSTEIN, u. M. S. RUDOY: Förderung der Magensaftsekretion 42[11].
LEWIN, M. M., u. O. WERNKE: Darmsaftabsonderung nach mechanischer Reizung beim Menschen 146[5].
LEWINSKI, J.: Glykokollsynthese für die Hippursäurebildung 938[9].
LEWIS, A. H., s. FERGUSON, W. S. 686[8].
LEWIS, G. K., s. OHLSON, M. A. 510[11].
LEWIS, G. T., s. MCGHEE, E. C. 860[15], 864[10].
LEWIS, H. B.: Zusammenfassung über Chemie und Stoffwechsel von Schwefelverbindungen (1932; 1933; 1935) 651[11]. — Umwandlung von Cystin zu Cystein 956[1].
— and B. H. BROWN: Resorption von Aminosäuren 913[10].
— B. H. BROWN and F. R. WHITE: Mehrausscheidung von Cystin nach Methioninzufuhr 955[11].
— and R. C. CORLEY: Harnsäureausscheidung nach Kohlenhydrat- und Fettkost 1242[5].
— and E. A. DOISY: Histidin als Muttersubstanz der Purinbasen 1218[24].
LEWIS, H. B., M. S. DUNN and E. A. DOISY: Vorstufen der Harnsäure 944[5]. — Vorstufen der Purinsynthese 1218[29]. — Steigerung der Purinausscheidung durch purinfreies Eiweiß 1240[11]. — Steigerung der Harnsäureausscheidung durch Aminosäuren 1241[9].
— H. UPDEGRAFF and D. A. MCGINTY: Umwandlung von Cystin in Cystein 956[1].
— s. ABOTT, L. D. jr. 941[5].
— s. BROWN, B. H. 960[7].
— s. CHANDLER, J. P. 980[6].
— s. CHASE, B. W. 227[3], 913[13].
— s. DARBY, W. J. 975[13].
— s. DZIEWIATKOWSKI, D. D. 815[1].
— s. GORTNER, R. A. 695[10].
— s. GOTTSCHALK, A. 954[14].
— s. GRIFFITH, W. H. 939[9].
— s. JOHNSTON, M. W. 913[10].
— s. LEE, W. C. 928[3].
— s. SCHOFIELD, F. A. 227[2].
— s. SCHULTZ, J. 695[12].
— s. SHAMBAUGH, N. F. 913[10], 980[6].
— s. STEARNS, G. 913[10], 956[11].
— s. UPDEGRAFF, H. 27[8,14].
— s. VIRTUE, R. W. 966[2,4].
— s. WHITE, A. 967[3].
— s. WHITE, F. R. 957[7].
— s. WILSON, R. H. 227[1], 913[11], 942[6], 948[4], 949[7].
LEWIS, H. D., s. VALLEE, B. L. 679[4].
LEWIS, J. H., and J. H. FERGUSON: Intracelluläre Verteilung von Fibrinolysokinase 1090[48].
— H. I. TAGNON, C. S. DAVIDSON, G. R. MINOT and F. H. L. TAYLOR: Antihämophiles Globulin bei Hämophilie 497[16].
— s. FERGUSON, J. H. 482[9].
— s. MINOT, G. R. 497[16].
LEWIS, L., s. FERGUSON, J. K. W. 522[8].
LEWIS, L. A., s. SAVARD, K. 885[3].
LEWIS, M. S.: Antianämische Wirkung von Cu 669[5].
LEWIS, M. W., and C. E. SIMON: Aminosäureausscheidung 954[21].
LEWIS, P. A., and R. B. KRAUSS: Jodgehalt der Schilddrüse von Tieren 680[4].
LEWIS, R. C., s. ORTEN, J. M. 430[6,7].
LEWIS, S. J.: Aluminiumresorption 405[9].
LEWIS, T., and R. T. GRANT: Histamingehalt in Blutserum und Zugblasenflüssigkeit 577[7].
LEWIS, W. H. jr., s. PAGE, I. H. 442[5].
LEWITOW, M. M., s. BRAUNSTEIN, A. E. 693[16].
LEWY, F., s. EISNER, G. 444[5].
LEY, J. DE, s. MASSART, L. 1198[3].
L'HEUREUX, M. V. L., W. R. TWEEDY and E. M. ZORN: Ca-Gehalt verschiedener Dünndarmabschnitte 640[12].
LI, C., and E. ROBERTS: Aminosäurezusammensetzung der Mitochondrienproteine 1130[2].
LI, C. H., I. GESCHWIND and H. M. EVANS: Wirkung von Wachstums- und adreno-

corticotropem Hormon auf Aminosäuregehalt des Blutes 345[5].
Li, C. H., C. Kalman and H. M. Evans: Glykogensynthese im Rattenzwerchfell 775[3].
— s. Baker, B. L. 1197[9], 1234[5].
— s. Bennett, L. L. 774[3], 778[7].
— s. Fraenkel-Conrat, J. 1233[12].
— s. Greenspan, F. S. 368[4].
Li, J. G., s. Osgood, E. E. 1121[1].
Li, Pei-Lin: Herkunft der intramuralen Nerven des Darmes 108[5].
Libby, R. L., s. Fields, M. 1146[6].
Libert, E., s. Carnot, P. 52[13].
Libet, B., s. Samuels, A. J. 865[15].
Liboro, O., s. Rhoads, J. E. 161[11].
Lichstein, H. C., and P. P. Cohen: Umaminierung 937[1].
— I. C. Gunsalus and W. W. Umbreit: Aktivierung von Transaminasen durch Pyridoxal-5-phosphat 938[3].
— s. Cohen, P. P. 937[1].
Lichtenberg, H.: Spaltung verschiedener Ester durch Lipasen 84[4].
Lichtenstein, O.: Eisenbilanz bei Frühgeburten 662[5].
Lichtwitz, L.: Buch über Pathologie der Funktionen und Regulationen (1936) 465[17]. — Buch über klinische Chemie, 2. Aufl. (1930) 558[4]. — Lösung von Harnsäure und Uraten im Harn 1212[12]. — Stabilisierung übersättigter Harnsäurelösungen 1255[6].
— u. E. Steinitz: Zusammenfassung über Gicht (1926) 1252[6].
Lickint, F.: Rhodangehalt des menschlichen Speichels 21[15]. — Aminosäure-N im Liquor cerebrospinalis 568[10, 14]. — Ammoniakgehalt von Liquor cerebrospinalis 569[7].
Lieb, H., u. M. K. Zacherl: Milchsäurebestimmung 324[14].
— s. Lanyar, F. 661[1].
— s. Zacherl, M. K. 348[13].
Liebe, E., s. Kachmar, J. F. 360[13].
Liébecq, C.: Zusammenfassung über Abbau des Hämoglobins (1946) 437[5].
— and R. A. Peters: Fluoressigsäurehemmung des Citronensäureabbaus 1059[5].
Lieben, F.: Buch über Geschichte der physiologischen Chemie (1935) 202[2].
— u. D. Lászlo: Kreatinbildung aus Arginin 947[2].
— s. Fürth, O. 988[6, 8].
Lieberman, S., and K. Dobriner: Symposium über Steroidhormone (1950) Engl. 902[1]. — Zusammenfassung über Steroidausscheidung in Gesundheit und Krankheit (1948) 880[4]. — Androstan-3α, 16α, 17β-triol und Aetiocholan-3α, 16α, 17β-triol im Harn 902[5].
— K. Dobriner, B. R. Hill, L. F. Fieser and C. P. Rhoads: allo-Pregnan-3α, 6α-diol-20-on u. Pregnan-3α, 6α-diol-20-on-ausscheidung im Harn 894[2]. — Produkte des Testosteronabbaus beim Menschen 899[6].
Lieberman, S., D. K. Fukushima and K. Dobriner: Pregnan-3α-ol-11,20-dion als Corticosteronmetabolit im Harn 893[15]. — allo-Pregnan-3α, 6α-diol-20-on- und Pregnan-3α, 6α-diol-20-on-ausscheidung im Harn 894[1]. — Ausscheidung von Androsteron und Aetiocholanolon nach ACTH 901[12].
— L. B. Hariton and K. Dobriner: Pregnan-3α, 17α, 21-triol-11,20-dion als Steroidmetabolit im Harn 893[13]. — Ausscheidung von 11-Keto- und 11-Oxysteroiden nach Cortison 902[12].
— L. B. Hariton, P. Humphries, C. P. Rhoads and K. Dobriner: Steroidartefakte aus Harn 902[10].
— L. B. Hariton, M. B. Stokem, P. E. Studer and K. Dobriner: Pregnanolonderivate als Steroidmetabolite im Harn 893[12].
— H. J. Tagnon and P. Schulman: Stoffwechsel der C_{18}-Steroide in der Leber 905[3]. — Bestimmung der phenolischen C_{18}-Steroide 907[8].
— s. Dobriner, K. 879[7], 880[1, 5], 892[14], 897[6], 899[5, 7], 901[13].
— s. Prelog, V. 886[32].
Liebermann, L.: Protein-Phospholipoidkomplexe 859[4].
Liebermeister, G.: Darstellung von Nucleoproteid aus Blutserum 313[2].
Liebig, G. F., s. Chapman, H. D. 674[20].
Liebig, J.: Kreatinisolierung aus Muskeln 945[4]. — Kynurensäureausscheidung 988[1].
Liebmann, J., s. Wortis, H. 573[13].
Liechti, A., s. Rusch, G. 421[7].
— u. W. Wilbrandt: Strahlenhämolyse 421[7].
Lier, H.: Lipoidgehalt von Liquor cerebrospinalis 573[1].
Liere, E. J. van: Zusammenfassung über den Verdauungskanal (1942) 6[6].
— D. W. Northup and J. C. Stickney: Verbesserung der Resorption nach Blutentzug 210[11].
— and C. K. Sleeth: Bedeutung des Epithels für die Darmresorption 211[8].
— J. C. Stickney and D. W. Northup: Resorption von Wasser und Salzen bei Carotissinus-Reizung 210[10].
— s. Andes, J. E. 353[14].
— s. Northup, D. W. 228[1].
— s. Stickney, J. C. 210[9].
Liesegang, R. (Ed.): Zusammenfassung über Wasserhaushalt (1935) 270[1].
— u. H. Lampert: Retraktion des Blutkuchens als Synärese 488[1].
Lifson, N., V. Lorber, W. Sakami and H. G. Wood: Übergang von markierter

Essigsäure in Glucose 762[7]. — Mechanismus der Fettbildung aus Kohlenhydrat 837[1].

Lifson, N., and J. A. Stolen: Malonsäureabbau 813[8].
— R. L. Varco and M B. Visscher: Na-Gehalt des Magensaftes 52[7].
— s. Visscher, M. B. 211[6].
— s. Wood, H. G. 942[10].

Lightbody, H. D., and M. B. Kenyon: Tyrosinbildung aus Phenylalanin bei der Ratte 980[1].

Liguori, G.: Pilocarpinwirkung auf Darmsaftsekretion 145[5].

Lilienfeld, L.: Nucleohiston in Thymusleukocyten 460[7]. — Aminovaleriansäure und Inosit in Thymusleukocyten 461[4].

Lilja, A. M., s. Euler, H. v. 381[5], 383[2].

Liljestrand, G.: Zusammenfassung über die Physiologie der Blutgase (1928) 500[17].
— E. Lysholm and G. Nylin: Ausnutzung des Sauerstoffs im Blut 528[1].
— s. Beznák, A. B. L. 549[5].

Lillie, R. J., C. A. Denton and H. R. Bird: Extrinsic factor in Rinderkot 467[2].

Lim, R. K. S.: Hemmung der Magensaftsekretion durch Fett 45[9].
— C. T. Loo and A. C. Liu: Reizübertragung an Fundustransplantaten des Magens 42[32].

Limberger, A., s. Klein, G. 651[9].

Limpächer, R., s. Grün, A. 483[13].

Lin, R. C. Y., s. Feldberg, W. 140[2].

Lincke, H., s. Bernhard, K. 817[3].

Lincoln, G. J., s. Fantl, P. 819[3].

Lindahl, O.: Wassergehalt von Knorpel 701[1].

Lindahl, P. E., u. L. O. Öhmann: Wirkung von Lithium auf Seeigeleier 684[3].

Lindberg, K.: Wirkung parasympathischer Endgifte auf Harnsäureausscheidung 1231[2]. — Tagesrhythmus der Harnsäureausscheidung beim Erwachsenen 1238[10].

Lindberg, O., and L. Ernster: Atmungskettenphosphorylierung durch Cyclophorasesystem 1137[22]. — Pyrophosphatanhäufung im Cyclophorasesystem 1140[2].
— M. Ljunggren, L. Ernster and L. Révész: Stoffwechselleistungen von Mitochondrien 1136[34].
— s. Himmel, J. P. 789[11].

Linde, R., s. Jenke, M. 1238[20].

Lindeboom, G. A.: Vergleich verschiedener Methoden der Bluteiweißbestimmung 295[4]. — Fraktionierung der Serumeiweißkörper 305[3].

Lindegren, C. C., s. Ogur, M. 1103[4].

Lindemann, B.: Bau der Erythrocytenmembran 419[4]. — Reversion der Hämolyse 419[14]. — Verhalten der Erythrocytenmembran bei osmotischer Hämolyse 420[4]. — Ultraschallhämolyse 421[6].

Linden, A. C. van der, s. Westenbrink, H. G. K. 361[12].

Linden, (M.) v.: Antianämische Wirkung von Cu 669[5].

Lindenmeyer, E.: Eiweißbestimmung im Liquor 568[3].

Linderstrøm-Lang, K.: Zusammenfassung über Konstitutionsermittlung von Proteinen durch Enzyme (1933) 75[6]. — Zusammenfassung über Peptidasen (1933) 121[17]. — Zwei Darmpeptidasen beim Schwein 122[11].
— u. H. Holter: Vorkommen von Hydrolasen in der Magenschleimhaut 37[8].
— H. Holter u. A. Søeborg Ohlsen: Enzymverteilung in der Schleimhaut des Schweinemagens 36[1], 59[3]. — Topographie der Brunnerschen Drüsen und der Lieberkühnschen Krypten 105[11]. — Bildung der Enzyme in den Darmzellen 121[19]. — Lokalisation der Dipeptidase in den Darmzellen 122[12].
— and G. Johansen: Peptidsynthese durch Proteasen 917[9].
— and M. Ottesen: Verteilung der Radioaktivität in aus markierten Aminosäuren synthetisiertem Peptid 927[3].
— u. A. Søeborg Ohlsen: Vorkommen von Urease im Magen 35[15].
— s. Chantrenne, H. 1186[19].
— s. Hevesy, G. 617[9].
— s. Holter, H. 35[15], 120[7], 159[10], 636[20].
— s. Sørensen, S. P. L. 75[6].
— s. Strain, H. H. 917[9].

Lindner, E., s. Anderson, E. 780[5].

Lindner, F.: Atrophie des argentaffinen Systems bei perniciöser Anämie 121[11].
— u. R. Rigler: Pharmakologische Wirkung von Adeninverbindungen 1236[20].
— s. Fischer, H. 1003[3].

Linneweh, W., A. W. Keil u. F. A. Hoppe-Seyler: Anserin 978[7].

Lindqvist, T.: Studien über das Vitamin A beim Menschen 357[3]. — Korrigierte Lovibond-Einheit 358[8]. — Carotin- und Vitamin A-Gehalt des Blutes bei Infektionskrankheiten 360[1]. — Vitamin A-Bestimmung 360[5].
— s. Willstaedt, H. 357[5].

Lindström, B., s. Engström, A. 1098[13].

Lineweaver, H., s. Burk, D. 644[2].

Ling, C.-T., D. M. Hegstedt and F. J. Stare: Nicotinsäureausscheidung bei B_6-Mangelratten 993[7].

Linhardt, K., u. K. Walter: Phosphatasebestimmung 375[15, 17], 377[9].

Link, K. P.: Prothrombinbestimmung 480[6]. — Prothrombinkomponenten 481[7].
— R. S. Overman, W. R. Sullivan, C. F. Huebner and L. D. Scheel: Identifizierung des Süßkleefaktors als Dicumarol 495[2].
— s. Campbell, H. A. 494[9-11].

LINK, K. P., s. FIELD, J. B. 1251[16].
— s. HUEBNER, C. F. 495[2].
— s. OVERMAN, R. S. 495[3,4].
— s. STAHMANN, M. A. 495[1].
LINK, R. P., s. LEASURE, E. E. 149[6].
LINKOLA, H., s. VIRTANEN, A. I. 1013[4], 1014[7], 1015[2].
LINNEWEH, F.: Ursachen der Säuglingsintoxikation 190[1]. — Isolierung von Kreatinin aus Blut 348[11]. — Formen des Blutcalciums 395[13]. — Nichtdiffusibles kolloidales Blutcalcium 396[5].
— u. S. GEN: Formen des Blutcalciums 395[13].
LINNEWEH, W., A. W. KEIL u. F. A. HOPPE-SEYLER: Anserin 978[7].
LINTZEL, W.: Zusammenfassung über Kupfer (1929/31) 665[13]. — Zusammenfassung über Mangan (1929/31) 670[9]. — Zusammenfassung über Zink (1929/31) 674[14]. — Zusammenfassung über Silicium (1929/31) 690[11]. — Zusammenfassung über Brom (1929/31) 699[18]. — Zusammenfassung über Eisenstoffwechsel (1931) 213[21]. — Zusammenfassung über den Wasserhaushalt (1931) 589[9]. — Zusammenfassung über Mineralstoffwechsel (1931) 609[9]. — Zusammenfassung über Jod (1931) 679[20]. — Zusammenfassung über Spurenelemente (1931) 683[9]. — Zusammenfassung über Aluminium (1931) 685[12]. — Zusammenfassung über Arsen (1931) 692[7]. — Zusammenfassung über Fluor (1931) 695[24]. — Hämoglobinbestimmung 432[19]. — Gehalt an Funktionseisen in der Leber 656[6]. — Reduktion von Eisen im Verdauungskanal 657[5]. — Ausnutzung von Hb-Eisen 657[10]. — Organische Eisenverbindungen als Eisenquelle 658[3]. — Begrenzung der Eisenresorption durch den Darm 658[5]. — Betainverfütterung 855[3].
— u. T. RADEFF: Gehalt an Funktionseisen in der Leber 656[6].
LINZENMEIER, G.: Senkungsgeschwindigkeit in der Schwangerschaft 266[1]. — Bestimmung der Senkungsgeschwindigkeit 266[3].
LIOTTA, A.: Steigerung der Glucoseresorption durch Vitamin D-Mangel 217[25]. — Glucoseresorption bei Hyperglykämie 218[12].
— e L. BELLINI: Fettresorption bei Mangel an Vitamin A, B und D 248[3].
LIOTTA, D.: Harnsäureverteilung auf Plasma und Erythrocyten im Hundeblut 346[14].
LI PEI-LIN: Enteric system 108[5].
LIPMAN, C. B.: Zusammenfassung über den anorganischen Stoffwechsel von Pflanzen (1940) 609[19]. — Bedeutung von Silicium für Pflanzen 690[15].
— and S. A. WAKSMAN: Oxydation von Selen durch Bakterien 695[16].
— s. SOMMER, A. L. 689[8].
LIPMANN, F.: Zusammenfassung über Phosphatbindungsenergie (1941) 785[1]. — Zusammenfassung über Wege des Stoffwechsels (1946) 725[16]. — Zusammenfassung über Acetylphosphat (1946) 1035[5]. — Steigerung der Glykolyse in Muskelextrakten durch Cu 669[12]. — Oxydation von 2-Ketogluconsäure durch Gehirn 738[1]. — Abbau der Brenztraubensäure durch Carboxylase in tierischen Geweben 755[3]. — Oxydation der Brenztraubensäure 755[3], 756[3]. — Pyruvatumsatz durch Bacterium delbrückii 756[7], 1031[7]. — Phosphatderivate bei Brenztraubensäureoxydation 756[8], 1035[1]. — Peptidsynthese und Phosphorylierungsvorgänge 924[13]. — Acetylphosphat 1035[4]. — Coenzym A 1036[1,3,15]. — Acetobacter stimulatory factor 1037[1]. — Enzymatische Umsetzungen von Acetyl-coenzym A 1038[2]. — Gleichgewicht Acetylphosphat ⇌ Adenosindiphosphat 1043*. — Acetylierung körperfremder Amine 1044[1]. — Abbau der Phosphogluconsäure 1062[2]. — Nucleosidphosphorylase 1195[5].
— M. E. JONES, S. BLACK and R. M. FLYNN: Beteiligung von ATP an der Bildung von Acetyl-CoA 1041[1].
— and N. O. KAPLAN: Zusammenfassung über intermediären Phosphorstoffwechsel (1949) 725[23]. — Acetylierung in vitro 838[12]. — Coenzym A 1036[2]. — Bildung von Oxalessigsäure aus Pyruvat und CO_2 1054[4].
— N. O. KAPLAN, G. D. NOVELLI and L. C. TUTTLE: Adenylsäuregehalt von Coenzym A 1185[4].
— N. O. KAPLAN, G. D. NOVELLI, L. C. TUTTLE and B. M. GUIRARD: Acetylierung in vitro 838[12]. — Pantothensäuregehalt vom Coenzym A 1036[6]. — Struktur von Coenzym A 1036[14].
— and G. E. PERLMANN: Abbau der Crotonsäure 806[6].
— and L. C. TUTTLE: Acetylphosphatsynthese 1035[7]. — Acylphosphatbestimmung 1035[9]. — ATP-Bildung aus ADP durch Umsetzung mit Acetylphosphat 1194[10].
— s. BADDILEY, J. 1037[1].
— s. CHANTRENNE, H. 1041[12].
— s. CHOU, T. C. 1035[10], 1043[2], 1044[2].
— s. CORI, O. 1062[1].
— s. CRANE, R. K. 1140[7].
— s. JONES, M. E. 826[6], 1041[2].
— s. KAPLAN, N. O. 756[9], 767[8], 790[2].
— s. LOOMIS, W. F. 788[7], 1138[2].
— s. NIEMEYER, H. 1140[8].
— s. NOVELLI, G. D. 1036[9,14], 1046[2].
— s. PERLMANN, G. E. 382[11].
— s. SOODAK, M. 826[4], 1036[8], 1047[3].
— s. STADTMAN, E. R. 790[8], 827[1], 1036[12], 1042[3], 1043[5], 1047[5].

LIPMANN, F., s. UTTER, M. F. 1042[1].
— s. VRIES, W. H. DE 1036[14].
— s. ZAMECNIK, P. C. 852[13].
LIPNER, H. J., and S. B. BARKER: Intracelluläre Verteilung von Succinoxydase 1090[111].
— S. B. BARKER and T. WINNICK: Intracelluläre Verteilung von ^{131}J-Thyroxin 1096[17].
LIPPMANN, E. O. v.: Titangehalt von Pflanzen 685[22].
LIPSCHITZ, W. L., and E. BUEDING: Glucuronsäurebildung im Körper 735[1], 782[10].
LIPSCOMB, A., and L. A. CRANDALL jr.: Glucoseabgabe der Leber 732[2].
— s. CRANDALL, L. A. jr. 782[7].
LIPSCOMB, E., s. O'CONNELL, P. W. 336[9].
LIPSHITZ, R., s. ALBAUM, H. G. 348[4].
— s. CHARGAFF, E. 1107[3,4].
LIPTON, M. A., and E. S. G. BARRON: Verwendung von Citronensäure zur Acetylcholinbildung 1047[2].
— s. GOLDINGER, J. M. 453[7].
LIQUIER-MILWARD, J., s. HEATH, J. C. 679[12].
LIQUORI, A. M., s. PERUTZ, M. F. 1011[4].
LISA, J. R., s. SHARNOFF, J. G. 376[15], 378[2].
LISANTI, V. F.: Hyaluronidase im Speichel 25[9].
LISBONNE, M.: Gerinnungsfähigkeit von Hydroceleflüssigkeit 564[1].
LISIE, S. G., s. STARY, Z. 314[1], 321[12], 322[12], 729[3].
LISON, L.: Metachromatische Färbung der Schwefelsäureester von Polysacchariden 493[6].
LIST, C. F.: Zusammenfassung über Physiologie des Schwitzens (1948) 594[3].
LITT, M., K. J. MONTY and A. L. DOUNCE: Isolierung tierischer Nucleoli 1097[12].
LITTARDI, A., s. LOMBROSO, U. 225[4].
LITTLE, H. N., and K. BLOCH: Cholesterinsynthese aus kurzkettigen Fettsäuren 873[8].
LITTLE, J. A., and G. C. BUTLER: Spaltprodukte von Desoxyribonucleinsäuren 1183[11].
— s. HURST, R. O. 1187[11].
LITTLE, J. M., s. WALLACE, S. L. 329[7].
LITTLEFIELD, J. W., s. HIFT, H. 1139[2].
— s. SANADI, D. R. 839[3], 1002[1], 1052[5], 1053[1].
LITTLEJOHN, J. M., s. SINGAL, S. A. 991[4,5].
LIU, A. C., s. LIM, R. K. S. 42[32].
LIUM, R.: Erregung der Colonsekretion durch Acetylcholin 178[7].
— and J. E. PORTER: Nervöse Beeinflussung der Colonsekretion 178[9].
— s. WRIGHT, R. D. 120[3], 146[1], 151[3].
LIVADA, K., s. KUHN, R. 805[7], 814[10].
LIVINGOOD, J. J., s. COHN, E. J. 678[10].
LIVINGSTON, S., s. HARTEN, M. 224[8].
LJUBIMOWA, M. N., and W. A. ENGELHARDT: Isolierung der Adenosintriphosphatase 787[2].
— s. ENGELHARDT, W. A. 786[2].
— s. a. LYUBIMOWA, M. N.
LJUBOWZOWA, K., u. E. WALTER: Adsorption von Pepsin und Trypsin an Erythrocyten 380[12]. — Adsorption von Pepsin und Trypsin an Erythrocyten 451[1].
LJUNGGREN, M., s. LINDBERG, O. 1136[34].
— s. ZETTERSTÖM, R. 648[5], 1194[13].
LLOYD, B. B., H. M. SINCLAIR and G. R. WEBSTER: Vitamin C-Bestimmung 365[17].
LLOYD, C. W., and J. LOBOTSKY: Antidiuretische Substanz im Serum 368[16].
LLOYD, R. (W.), s. BURGET, G. E. 218[21], 222[10].
LOBOTSKY, J., s. CLARK, L. C. jr. 899[3].
— s. LLOYD, C. W. 368[16].
LOCHER, F., s. HARTMANN, M. 893[4].
LOCHKEMPER, J.: Atlas der Staublungenkrankheiten (1932) 690[5].
LOCKE, F. S.: LOCKEsche Lösung 267[6].
LOCKEMANN, G., u. W. ULRICH: Rhodanbestimmung 67[2]. — Keimtötende Wirkung der Rhodanwasserstoffsäure 67[6].
LOCKWOOD, W. H., s. LEMBERG, R. 437[12], 438[1], 1016[7].
LOEB, A., s. EMBDEN, G. 822[6], 1033[5].
LOEB, J.: Buch über die chemische Entwicklungserregung des tierischen Eies (1909) 1175[4]. — Buch über die Eiweißkörper und die Theorie der kolloidalen Erscheinungen (1924) 208[1]. — Abhängigkeit des Stoffwechsels von Seeigeleiern vom p_H-Wert 1175[4].
LOEB, L., u. A. J. SMITH: Verhinderung der Blutgerinnung durch Mundteile von Ankylostomum caninum 491[7].
LOEB, R. F., D. W. ATCHLEY, W. W. PALMER and E. BENEDICT: DONNAN-Gleichgewicht zwischen Blut und Zugblasenflüssigkeit 578[6].
LOEFFLER, K.: Cholesterinablagerungen nach erhöhter Zufuhr 872[2].
LÖFFLER, L., u. M. NORDMANN: Eiweißspeicherung in Leberzellen 927[8].
LÖFFLER, W., u. F. KOLLER: Zusammenfassung über die Gicht (1944) 1252[11].
LÖHNER, L.: Fermentgehalt der Galle 167[7]. — Spezifisches Gewicht von Pferdeblut 263[9].
LÖHR, G., s. FLASCHENTRÄGER. B. 327[3].
LOELIGER, A., s. DUCKERT, F. 482[1].
— s. KOLLER, F. 481[16].
LÖNNQVIST, B.: Hemmung der Magensekretion durch Fett 45[5].
LOEPER, M.: Stoffwechsel von Thiolverbindungen 653[5].
— J. DECOURT et A. LESURE: Stoffwechsel von Thiolverbindungen 653[5].
— J. DECOURT et I. TONNET: Stoffwechsel von Thiolverbindungen 653[5].

LOEPER, M., s. ACHARD, C. 631[2].
— s. LESURE, A. 653[5].
LÖRINCZY, E., u. K. NÁDOR: p_H im menschlichen Speichel 19[10].
LOESCHKE, A.: Amylasegehalt der Leukocyten 378[12], 463[6].
— s. BISCHOFF, G. 125[5].
— s. STRACK, E. 136[5], 137[5], 232[3], 233[11], 236[13], 237[3], 246[3].
LOESCHKE, H. H., s. DÖRING, G. K. 466[8], 467[12].
LOESER, A.: Thyreotropes Hormon im Blut 367[15]. — Antithyreotroper Schutzstoff im Tierserum 368[1]. — Jodgehalt des Blutes nach thyreotropem Hormon 410[14].
LOEVENHART, A. S., s. KOEHLER, A. E. 543[1].
LØVTRUP, E., s. MAVER, M. E. 1090[128].
LOEW, A. M., s. JANSEN, W. H. 430[10].
LOEW, E. R., J. S. GRAY and A. C. IVY: Darmschleimhautextrakte und Blutzucker 142[18].
LOEW, O.: Zusammenfassung über die physiologische Funktion des Calciums (1932) 637[10].
LOEWE, L., E. D. HIRSCH and D. M. GRAYZEL: Fibrinolyse 489[14].
LOEWE, S.: Erster Nachweis von Follikelhormonen im Blut 370[2].
— u. E. H. V. VOSS: Erster Nachweis von Follikelhormonen im Blut 370[2].
LÖWENBERG, C., s. FLASCHENTRÄGER, B. 811[1], 814[7].
LÖWENBERG, W.: Mitwirkung von Bakterien bei der Verdauung 9[9]. — Bakterienhemmende Wirkung der Magenschleimhaut 67[14]. — Baktericidine 171[12].
— u. C. GOTTHEIL: Mitwirkung von Bakterien bei der Verdauung 9[9].
— s. MEYER, K. 172[1].
LOEWI, O.: Kreislaufwirkung des Acetylcholins 141[8]. — Steigerung der Harnsäure- und Allantoinausscheidung durch Salicylsäure 1249[21].
LOEWY, A.: Buch über Physiologie des Höhenklimas (1932) 542[3]. — Zusammenfassung über die Gase des Körpers und des Gaswechsels (1926) 500[21].
— u. G. CRONHEIM: Kein Einfluß der Höhe auf Serumeisen 400[6].
— u. C. NEUBERG: Cadaverin- und Putrescinbildung aus Lysin bzw. Arginin 954[20].
LOFTFIELD, R. B., s. FRANTZ, I. D. jr. 920[1], 924[6].
— s. ZAMECNIK, P. C. 924[7].
LOGAN, M., s. RAPOPORT, S. 540[1].
LOGAN, M. A.: Zusammenfassung über Fortschritte in der Chemie der Verkalkung (1940) 700[10].
— s. SCHMIDT, G. C. 974[1].
LOGEMANN, W., s. BERSIN, T. 917[8].
LOHMANN, K.: Zusammenfassung über Muskelstoffwechsel (1934) 759[1]. — Zusammenfassung über Chemie und Stoffwechsel von P-Verbindungen (1938) 646[6]. — Aufteilung des säurelöslichen Phosphats 412[6]. — Mg als Aktivator von Phosphatasen 636[18]. — Bedeutung von Mg für Milchsäurebildung 636[21]. — Phosphohexomutase 745[10]. — Aldolase 747[2]. — Adenosintriphosphatasewirkung 786[1]. — Stufenweise Spaltung der Adenosintriphosphorsäure 787[1]. — Beständigkeit einer Muskel-Adenosintriphosphatase 787[5]. — Elektrotitrationskurven von ATP 1161[1]. — Desaminierung von ATP 1189[13]. — ATP-Bildung durch Umesterung mit Kreatinphosphat 1194[6]. — Vorkommen von Argininphosphorsäure 1194[9]. — Glucosephosphorylierung durch ATP 1235[12]. — Keine Rephosphorylierung von Adenylsäure durch Krebsmuskel 1236[17].
LOHMANN, K., u. A. J. KOSSEL: Wirkung von Zink auf Carboxylase 679[7].
— u. O. MEYERHOF: Enolase 751[7]. — Phosphatacceptor der Brenztraubensäurephosphorylase 752[2].
— u. P. SCHUSTER: Gleichgewichtskonstante der Aldolase-Reaktion 747[9]. — Cocarboxylase 754[4], 1185[6]. — Apyrase 1188[7].
— s. MEYERHOF, O. 412[7,8], 636[21], 747[1], 748[3,13], 1029[5], 1169[1,6], 1194[7].
LOHSCHEIDT, W.: Ileumsaft von Schweinen 150[10], 154[5].
LOLL, W.: Halisterese bei Rachitis 719[3].
LOMAX, R., s. ASTBURY, W. T. 477[6].
LOMBARDO, M. E., s. CERECEDO, L. R. 1244[4].
LOMBROSO, U.: Resorption von Pepton aus Darmschlingen 226[2]. — Resorption höhermolekularer Spaltprodukte von Eiweiß 226[6]. — Bedeutung des Pankreas für Fettresorption 247[14].
— L. BELLINI e S. FILLIPPON: Ausnutzung von Leinöl und Olivenöl 245[13]. — Bedeutung des Pankreas für Fettresorption 247[14].
— U. DACHÀ e A. LITTARDI: Resorption von Peptonen und Polypeptiden aus dem Darm 225[4].
Lo MONACO, D.: Harnsäuretageswerte bei Hunger 1239[12].
LONDON, E. S.: Buch über experimentelle Physiologie und Pathologie der Verdauung (1925) 95[2]. — Zusammenfassung über Polyfistelmethode der Gewinnung von Darminhalt (1932) 169[8].
— A. K. ALEXANDRI u. S. W. NEDSWEDSKI: Harnstoffbildung beim angiostomierten Hund 970[6].
— u. W. F. DAGAEW: Zuckerresorption im Magen 221[12].
— W. F. DAGAEW, B. D. STASSOW u. O. J. HOLMBERG: Eiweißresorption im oberen Dünndarm 228[13].
— u. W. DMITRIEW: Eiweißresorption im Dünndarm 228[14].

Die Seiten 1—840 befinden sich im Bandteil a, die Seiten 841—1257 im Bandteil b.

LONDON, E. S., A. M. DUBINSKY, N. L. WASSILEWSKAJA' u. M. J. PROCHOROWA: Desaminierung von Aminosäuren in der Darmwand 228[6].
— and N. KOTSCHNEFF: Quotient Polypeptid-N/Polypeptid-N + Aminosäure-N bei Eiweißverdauung 226[4]. — Polypeptide im Blutplasma 228[9]. — Höhermolekulare Eiweißspaltprodukte im Blut nach Eiweißzufuhr 914[17]. — Peptidsynthese in der Darmwand nach Aminosäureresorption 915[4].
— and W. POLOWZOWA: Verhalten konzentrierter Zuckerlösungen im Dünndarm 217[1], 222[3]. — Resorptionsfähigkeit der Dünndarmabschnitte für Kohlenhydrat 222[2]. — Resorptionsgeschwindigkeit von Disacchariden 223[9]. — Polysaccharidspaltung als Voraussetzung ihrer Resorption 224[2].
— u. W. W. POLOWZOWA: Eiweißresorption 228[12], 914[5].
— u. A. T. SULIMA: Eiweißresorption 914[5].
— J. S. TSCHEKUNÒW, N. A. DOBROWOLSKAJA, A. D. WOLKOW, S. F. KAPLAN, P. P. BRJUCHANOW, R. S. KRYM, Z. O. MITSCHNIK, M. R. GILLELS, P. T. BRJUCHANOW u. S. F. KAPLAN: Aminosäureresorption im Magen 228[10].
— u. M. A. WERSILOWA: Fettabbau im Magen 95[6].
— s. ABDERHALDEN, E. 228[7], 551[3], 552[1], 913[1-3], 914[9], 915[4].
— s. LEVENE, P. A. 129[3].
LONDON, I. M.: Häminabbau 1019[2].
— D. SHEMIN and D. RITTENBERG: Hämsynthese aus Glykokoll bei Sichelzellenanämie 436[17]. — Einbau von ^{15}N-markiertem Glycin in Häm von Entenblut 998[1]. — In vitro-Hämbildung bei Sichelzellenanämie 998[4]. — Hämoglobinbildung durch Erythrocyten 1011[1].
— D. SHEMIN, R. WEST and D. RITTENBERG: Einbau von markiertem Glycin-N in Protoporphyrin beim Menschen 997[5]. — Lebensdauer von Erythrocyten 1016[2].
— and R. WEST: Isotopenversuche über Hämoglobinabbau 1019[4].
— R. WEST, D. SHEMIN and D. RITTENBERG: Mechanismus der Koproporphyrin I-Bildung 1007[5]. — Isotopenversuche über Hämoglobinabbau 1019[4]. — Synthese von Porphyrinen der Reihe I 1020[4].
— s. SHEMIN, D. 436[16], 943[9], 998[3].
LONG, C.: Brenztraubensäuregehalt des Blutes 324[17].
— and R. A. PETERS: Oxydation der Brenztraubensäure 756[4], 1032[1].
LONG, C. N. H.: Zusammenfassung über Beziehungen von Cholesterin und Ascorbinsäure zur Sekretion der Nebennierenrinde (1947) 884[3].
LONG, J. A., s. ANDERSON, E. 770[1].
LONG, M. L., s. BISCHOFF, F. 541[2].
LONGMUIR, N. M., s. CRANE, E. E. 59[10], 60[7], 61[6,10,15], 62[3].
— s. DAVIES, R. E. 60[6,12], 61[1,3].
LOO, C. T., s. LIM, R. K. S. 42[32].
LOOMIS, E. C., C. GEORGE jr. and A. RYDER: Bakterielles Fibrinolysin als Streptokinase 489[26].
— and W. H. SEEGERS: Prothrombindarstellung 478[22]. — Prothrombinkomponenten 481[8].
— and R. M. SMITH: Fibrinolytische Wirkung von Euglobulin 489[17].
— s. SEEGERS, W. H. 298[1], 478[23,25], 479[2,10].
LOOMIS, W. D., s. DELWICHE, C. C. 920[7].
— s. STUMPF, P. K. 920[7].
LOOMIS, W. F., and F. LIPMANN: Dissoziation der Bildung energiereicher P-Bindungen von den Oxydationen in der Zelle 788[7]. — Dinitrophenolwirkung auf Entkoppelung von Oxydation und Phosphorylierung 1138[2].
— s. GREEN, D. E. 830[9], 1136[14].
LOONEY, J. M., H. BERGLUND and R. C. GRAVES: Methioninausscheidung 954[6]. — Cystinurie 954[16], 955[7]. — Bildung von Sulfat aus Cystin 955[7].
LOOSLI, J. K., s. BLOCK, R. J. 652[6].
— s. MAYNARD, L. A. 609[17].
LOPEZ, J. A., s. BESSEY, O. A. 358[10].
— s. LOWRY, O. H. 365[3,18].
LORANT, J. S.: Purinstoffwechsel bei Diabetes insipidus 1233[7].
LORBER, V., M. COOK and J. MEYER: Glykogenbildung aus Caprylsäure 762[5]. — Glykogenbildung aus markierter Octansäure 827[5]. — Mechanismus der Fettbildung aus Kohlenhydrat 837[2].
— and N. S. OLSEN: Abbau von ^{14}C-Glykokoll zu CO_2 939[1].
— s. LIFSON, N. 762[7], 837[1].
— s. SHREEVE, W. W. 761[8].
— s. SIEGEL, I. 808[4].
— s. WOOD, H. G. 725[22], 942[10].
LORCH, J. I., s. BURGEN, A. S. V. 779[8].
LORD, J. W. jr., s. ANDRUS, W. DE W. 478[8].
LORD, S. S. jr., R. C. O'NEIL and L. B. ROGERS: Silberbestimmung 406[18].
LORENZ, F., s. FRANKE, W. 737[8].
LORENZ, F. W., I. L. CHAIKOFF and C. ENTENMAN: Vermehrung der Plasmaphosphatide bei Vögeln durch oestrogene Stoffe 860[16].
— s. ENTENMAN, C. 860[16], 866[14].
LORENZ, H.: Zusammensetzung des Speichels 20[1].
LORENZ, K., s. EPSTEIN, E. 861[10].
LORENZ, P. B., s. PARPART, A. K. 422[2], 468[10].
LORIMIER, A. A. DE, s. CLARK, G. W. 1214[15].
LORING, H. S.: Zusammenfassung über Biochemie der Nucleinsäuren usw. (1944) 1177[19].

LORING, H. S., and F. H. CARPENTER: Ribonucleinase 1186[10].
— F. H. CARPENTER and P. M. ROLL: Angriffspunkt der Ribonucleotidase 1186[20].
— s. SCHWERDT, C. E. 1226[4].
LOSCH, I.-J.: Verteilung der alkalischen Phosphatase im Knochen 711[5].
LOTSPEICH, W. D.: Proteinsynthese nach Insulin 782[2].
— R. A. PETERS and T. H. WILSON: Aconitasehemmung durch Fluorcitronensäure 1059[6].
— s. PITTS, R. F. 58[7].
LOUCH, W. G., s. BRUGER, M. 411[3].
LOUCHART, J., and J. W. JAILER: Cortisonabbau 891[11,12].
LOUCKS, M. M., and F. H. SCOTT: Thrombin, eine Calciumverbindung 485[10].
LOUGH, S. A., W. L. PERILSTEIN, H. J. HEINEN and L. W. CARTER: Cystinausscheidung nach Methioninzufuhr 955[12].
LOUGH, W. G., s. BRUGER, M. 21[16], 411[3].
LOUIS, J., s. SHERROD, T. R. 1236[27].
LOUIS, L. H., s. CONN, J. W. 883[3], 884[4], 1215[1], 1233[16].
LOURAU, M., et O. LARTIGUE: Verminderung der Glucoseresorption bei Hyperglykämie 218[13].
LOUREIRO, J. A. DE, and G. J. JANZ: Calciumbestimmung im Blut 397[7].
LOUW, J. G., H. H. WILLIAMS and L. A. MAYNARD: Verdauung bei Wiederkäuern 98[10].
LOVELACE, F. E., s. KANE, G. G. 213[4], 639[3].
LOVERN, J. A.: Chemie und Stoffwechsel von Fetten bei Fischen 118[10].
— and R. A. MORTON: Postmortale Fettsäurebildung im Fischdarm 118[8]. — Bedeutung von Cholesterin für Fettsäureresorption bei Fischen 235[10]. — Bedeutung von Vitamin A-estern für Fettresorption 242[1].
LOW, E. M., s. BERGMANN, W. 870[10].
LOWDON, A. G. R., R. A. MCKAIL, S. L. RAE, C. P. STEWARD and W. C. WILSON: Natriumgehalt von Blutserum bei Verbrennungen 394[3].
LOWE, C. U., W. L. WILLIAMS and L. THOMAS: Verhältnis Pentose- : Desoxypentosenucleinsäure in Kaninchenleber nach Cortison 1234[17].
LOWE, R. C., s. HAHN, P. F. 214[1].
LOWEN, J., s. KAREL, L. 249[22].
LOWRY, J. J., s. BAILEY, O. T. 296[12].
LOWRY, O. H., O. A. BESSEY, M. J. BROCK and J. A. LOPEZ: Gehalt an Vitamin C im Gesamtkörper und in den Leukocyten 365[3].
— F. T. HUNTER, A. F. KIP and J. W. IRVINE jr.: ^{74}As im Stoffwechsel 693[18].
— J. A. LOPEZ and O. A. BESSEY: Vitamin C-Bestimmung 365[18].
— s. BESSEY, O. A. 358[10], 377[13], 464[12], 427[10].
LOWRY, O. H., s. BURCH, H. B. 452[6], 464[6,12], 472[11].
— s. QUAIFE, M. L. 361[2].
LOWRY, P., s. GRINSTEIN, M. 1007[2], 1020[3].
LOWRY, P. T., R. SCHMID, V. E. HAWKINSON, S. SCHWARTZ and C. J. WATSON: Porphobilinogen 1005[1].
LOWY, P. H., s. BORSOOK, H. 924[1,2,9–11], 925[1,4–6], 926[4], 927[1], 1145[4], 1146[1].
LOZNER, E. L., S. LEMISH, A. S. CAMPBELL and L. R. NEWHOUSER: Fibrinogen- und γ-Globulingehalt von gelagertem Plasma 286[1].
— Z. E. TAYLOR and F. H. L. TAYLOR: Wirkung von fibrinolytischem Enzym auf Menstrualblut 490[3].
LU, G. D.: Brenztraubensäuregehalt im Blut 325[4,5]. — Brenztraubensäurebestimmung 326[12].
— and B. S. PLATT: Hydrogensulfitbindende Substanzen im Blut bei B_1-Avitaminose 326[8].
— s. PLATT, B. S. 325[3], 326[4], 572[3].
LUBENSTEIN, H.: Vermehrung der Serumphosphatase bei Tumormetastasen 376[15].
LUBIENIECKI, H.: Verminderung der Harnsäure- und Allantoinausscheidung nach Calciumchlorid 1249[2].
LUBINSKI, H.: Wassergehalt und Quellbarkeit von jugendlichen Muskeln 591[12].
LUBJUHN, H., s. CHROMETZKA, F. 1209[11], 1213[2].
LUBLIN, A., u. H. MIELKE: Abhängigkeit des Rest-N-Gehaltes im Magensaft von dem des Blutes 93[3].
LUBRAN, M., and P. M. MCALLEN: K-Mangel-Symptome bei Steatorrhoe 628[3].
LUBSCHEZ, R.: Histamingehalt von menschlichem Blut 352[19]. — Histaminbestimmung 353[8].
LUCA, S. DE, et P. PANCERI: Schneckenspeichel 19[16].
LUCAS, C. C., s. BEST, C. H. 135[17].
LUCAS, J., and J. M. ORTEN: Porphyrintrennung 1021[1].
LUCHERINI, T.: Rest-N-Gehalt seröser Ergüsse 560[5].
LUCIA, S. P., s. AGGELER, P. M. 470[16].
— s. ALLEN, F. W. 445[2], 461[1].
— s. GREENBERG, D. M. 428[10].
LUCIUS, S., s. LANG, K. 671[6], 1116[21], 1123[1], 1124[3], 1125[12], 1126[1], 1190[5], 1192[11], 1220[4].
— s. SIEBERT, G. 1099[1], 1100[6], 1116[14,23], 1118[6], 1120[15], 1123[2], 1124[2], 1125[11], 1190[7], 1193[13].
LUCK, J. M.: Vorkommen von Urease im Magen 35[1,14]. — Resorption von Aminosäuren 913[10]. — Aminosäureaufnahme durch Muskulatur 916[3]. — Eiweißspeicherung 927[6]. — Labiles und fixes Eiweiß 928[3].
— u. T. N. SETH: Vorkommen von Urease im Magen 35[1]. — Bedeutung der Magenurease 37[7].

Luck, J. M., s. Brown, D. M. 947[3].
— s. Brunish, R. 1112[2], 1123[4].
— s. Cunningham, L. 1102[9].
— s. Haldane, J. B. S. 643[5].
— s. Jagannathan, V. 743[2].
— s. Sahyun, M. 772[1].
— s. Seth, T. N. 913[10].
Lucke, H.: Zusammenfassung über das Harnsäureproblem und seine klinische Bedeutung (1932) 1177[11]. — Harnsäuregehalt der Faeces 1208[3]. — Keine Harnsäure in Verdauungssäften 1213[8]. — Abgabe von Harnsäure durch Pankreassaft 1213[12]. — Tagesrhythmus der Harnsäureausscheidung beim Erwachsenen 1238[11]. — Konzentrationsvermögen für Harnsäure bei Niereninsuffizienz 1248[18].
Lucken, B.: Rückresorption von Harnsäure in die Niere 1212[8].
Luckey, F., s. Robinson, C. S. 212[12].
Luckhardt, A. B.: Kochsalzgehalt der Lymphe 547[7].
— s. Keeton, R. W. 45[24].
— s. Koch, F. C. 43[13].
— s. Patt, H. M. 715[6].
Luckner, H.: Geschwindigkeit der Kohlensäureanhydratasewirkung 522[9].
Ludány, G. v.: Beeinflussung der Resorption durch das Nervensystem 216[3].
— u. J. v. Kováts: Physiologische Reize für die Bewegung der Darmzotten 106[4]. — Anregung der Zottentätigkeit 206[4].
— s. Kokas, E. v. 106[3], 206[3,5].
Ludewig, S., and A. Chanutin: Agglutination von Erythrocyten 424[11]. — Phosphatidgehalt im hypertrophischen Herzmuskel 857[6]. — Verteilung von Stickstoff in der Zelle 1072[9]. — Intracelluläre Verteilung von Fermenten 1090[12]. — Rhodanbildung in Mitochondrien 1150[9].
— s. Chanutin, A. 287[8].
Ludford, R. J., s. Chambers, R. 1175[7].
— s. Cramer, W. 241[13].
Ludolph, A.: Glutathiongehalt von Tierblut 448[11].
Ludwig, H.: Glykogenbildung aus Monosacchariden 734[4].
Ludwig, W., u. P. v. Mutzenbecher: Jodierte Eiweißkörper mit Thyroxinwirkung 986[4].
Lübbers, P.: Leukocytäre Abbauformen im strömenden Blut 470[6].
Lücke, A.: Pyocyanin 587[6], 588[1].
Lücking, W.: Vorkommen von Speichelamylase bei Tieren 23[4].
Lüdecke, K., s. Connstein, W. 758[2].
Lüdtke, K. s. Holtz, P. 931[6].
Lueth, H. C., s. Ivy, A. C. 131[10].
Lüthje, H.: Glucoseresorption im menschlichen Dickdarm 222[12].
Lüthy, F.: Zusammenfassung über Liquordiagnostik (1951) 546[8]. — Zusammenfassung über Liquor cerebrospinalis (1951) 564[12].
Luetscher, J. A. jr., s. Cohn, E. J. 300[3].
Lüttgens, W., s. Kubowitz, F. 637[2], 754[8].
Lugg, J. W. H.: Zusammenfassung über Chemie und Stoffwechsel von Schwefelverbindungen (1945) 651[11].
Lugibihl, K., s. Landau, R. L. 900[1].
Lugovoy, J. K., s. Natelson, S. 1060[1].
Lukens, F. D. W.: Muskelglykogenbildung beim pankreaslosen Tier 770[5].
— s. Brady, R. O. 834[3].
Lukowsky, G., u. H. Netter: Kaliumaufnahme durch die Muskulatur 627[4]. — Freie Beweglichkeit der K-Ionen im Muskel und in Erythrocyten 1166[8].
Lumière, A., R. H. Grange et R. Malaval: p_H-Differenzen zwischen arteriellem und venösem Blut 271[11].
Lumry, R., s. Sweat, M. L. 897[16], 1090[37]. 1153[7].
Lund, A.: Adrenalinbestimmung im menschlichen Blut 369[3]. — Kein Adrenalin im venösen Blut 369[15]. — Bestimmung von Adrenalin und Noradrenalin 369[17].
Lundbæk, K., and E. S. Goranson: Phosphorylasegehalt von Hungerratten 743[12].
— and O. Maaløe: Resorbierbarkeit von Paraffinemulsionen 239[9], 798[6].
Lundberg, E., u. S. Thyselius-Lundberg: Blutzuckerwerte beim Frosch 314[17].
Lunde, G.: Buch über Vitamine in frischen und konservierten Nahrungsmitteln (1940); 2. Aufl. (1943) 358[2].
— K. Closs u. O. C. Pedersen: Alkohollöslicher und -unlöslicher Anteil von Blutjod 410[2].
— s. Fellenberg, T. v. 681[9].
Lundegårdh, H.: Buch über die Nährstoffaufnahme der Pflanze (1932) 671[24]. — Zusammenfassung über die Mineralernährung von Pflanzen (1947) 609[18]. — Bedeutung von Mangan für die Pflanze 671[7].
Lundquist, F.: Cholinphosphorsäure im Sperma 851[18].
— s. Bjørneboe, M. 288[4].
Lundsgaard, C.: Sauerstoffkapazität von menschlichem Blut 511[2].
— and S. A. Holbøll: Kohlenhydratgehalt von Liquor cerebrospinalis 570[12].
— s. Hasselbalch, K. A. 510[5].
Lundsgaard, E.: Zusammenfassung über die Glykolyse im Blut (1933) 423[13]. — Zusammensetzung der Darmschleimhaut 112[1]. Phosphorylierung der Monosaccharide bei der Zuckerresorption 219[8]. — Keine selektive Zuckerresorption bei Phlorrhizinvergiftung 219[17]. — Phlorrhizindiabetes 734[3]. — Hemmung von Gärung und Milchsäurebildung durch Monojodacetat 759[2].
— N. A. Nielsen and S. L. Ørskov: Insulinwirkung auf Muskel- und Leberglykogen 782[8].
— s. Hevesy, G. 241[3], 861[14].

LUNDSGAARD, E., s. KJERULF-JENSEN, K. 221[11].
LUNDSTEEN, E., and M. VERMEHREN: Anstieg der sauren Phosphatase im Blut bei Prostatacarcinom 377[6].
— s. HAUGAARD, G. 271[4].
LUNGWITZ, J. M.: Entstehung von Gasen beim Eiweißabbau im Wiederkäuermagen 101[4].
LUNNON, J. B., s. COURCY, C. DE 886[30].
LUSK, G.: Kein rohrzuckerspaltendes Ferment im Magensaft 85[6]. — Zuckerbildung aus Glutaminsäure 949[7].
— s. RINGER, A. J. 942[6], 948[5], 949[5], 983[3].
LUSSIER, J. P., s. D'IORIO, A. 723[2].
LUSTIG, B., u. K. FÜRST: Rest-N in Transsudaten 560[8].
— u. E. MANDLER: Fettstoffe aus Lymphknoten 556[4].
LUTWACK, R., s. SWIFT, E. H. 409[2].
LUTWAK-MANN, C.: Glykolysierende Fermente im Magen 35[8]. — Äthanoldehydrogenase aus Pferdeleber 755[6]. — Polynucleotidgehalt im Knochenmark bei Futterbeschränkung 1239[7]. — Einfluß von B-Vitaminen auf Nucleinsäuregehalt des Knochenmarks 1243[8].
— u. T. MANN: Brenztraubensäurephosphorylase 752[4].
— s. DIXON, M. 756[1].
— s. DRURY, A. N. 1201[3].
LUTZ, R. E.: Zinkgehalt des Pankreas 676[8].
LWOFF, A., s. QUERIDO, A. 363[12], 453[2].
LYALL, A., and B. M. NICOL: Chlorfreiheit des Harns bei chlorarmer Kost 631[13].
LYLE, G. G., s. POTTER, V. R. 1137[15], 1155[2].
LYMAN, J. F., s. BOYD, O. F. 213[7], 639[18].
LYNCH, E. L., s. CHRISTENSEN, H. N. 344[15], 346[3], 445[5], 915[7], 916[7].
LYNCH, V. H., s. BUCHANAN, J. G. 1063[2].
LYNEN, F(edor): Zusammenfassung über Fermente der biologischen Oxydation (1948) 725[11]. — PASTEUR-MEYERHOF-Effekt 760[3]. — Energiebedarf für Peptidsynthese 919[1], 1175[2]. — Essigsäureoxydation durch Hefe 1033[1]. — Citratbildung aus Essigsäure in Hefe 1034[4]. — Phosphorylierung bei Essigsäureabbau 1035[3]. Acetylphosphatsynthese 1035[6]. — Struktur von Acetylcoenzym A 1036[13]. — Umsatz von Trideuteroessigsäure durch Hefe 1057[3]. — Mechanismus der Malonathemmung der Succinodehydrogenase 1059[1].
— u. W. FRANKE: Essigsäureoxydation durch Hefe 1033[1].
— u. F(rieda) LYNEN: Herkunft der Oxalsäure 1028[5].
— u. N. NECIULLAH: Essigsäureoxydation durch Hefe 1033[1].
— and S. OCHOA: Rolle von Coenzym A beim Fettsäureabbau 807[3], 1048[1]. — Gleichgewicht der β-Ketoreduktasereaktion 1049[3].
LYNEN, F(edor), u. E. REICHERT: Acetylcoenzym A 790[9], 1036[13].
— E. REICHERT u. L. RUEFF: Acetylcoenzym A 790[9], 1036[13], 1037[2]. — Bildung von Acetylcoenzym A beim Abbau von β-Ketofettsäuren 807[2]. — Acetessigsäurebildung aus aktiviertem Acetat 826[5]. — Mechanismus der Transacetylierung 838[13]. Bedeutung von CoA für Peptidsynthese 1044[8]. — Bedeutung von CoA für Esterbildung 1045[5].
— u. H. SCHERER: Oxalbernsteinsäuredecarboxylierung 1051[11].
— L. WESSELY, O. WIELAND u. L. RUEFF: Aktive Gruppe von Coenzym A 652[1]. — Mechanismus der biochemischen Fettsäurebildung 767[9]. — Bedeutung von CoA für Fettsäureabbau 807[3], 1048[2]. — β-Ketoreduktase und β-Ketothiolase 1049[2]. Fettsäuresynthese durch Acetyl-CoA (Fettsäurecyclus) 1050[2].
— s. JONES, M. E. 1041[2].
— s. MARTIUS, C. 1034[6].
— s. SEUBERT, W. 1048[3].
— s. STERN, J. 1043[1], 1046[4].
LYNEN, F(rieda), s. LYNEN, F(edor) 1028[5].
LYON, I., M. S. MASRI and I. L. CHAIKOFF: Fettsäuresynthese und Art der Ernährung 835[5].
LYONS, M., s. INSKO, W. M. jr. 671[20].
LYONS, R. N., s. CUMMINE, H. G. 476[14].
LYSHOLM, E., s. LILJESTRAND, G. 528[1].
LYTLE, B., s. CARTER, H. E. 738[17].
LYTTLE, J. D., s. GOETTSCH, E. 303[2].
LYUBIMOWA, M. N., s. ENGELHARDT, V. A. 746[6].
— s. a. LJUBIMOWA, M. N.

MAALØE, O., s. LUNDBÆK, K. 239[9], 798[6].
MAAS, W. K., and G. D. NOVELLI: Struktur von Coenzym A 1036[15].
MAASE, C., s. FRIEDMANN, E. 806[7], 929[5].
MAASS, A. R., s. SPECTOR, H. 662[13].
MABON, H. E., s. WARKANY, J. 360[6].
MABUTI, M., s. KOTAKE, Y. 123[11].
MCALLEN, P. M., s. LUBRAN, M. 628[3].
MACALLUM, A. B., s. FOLIN, O. 1214[9,10], 1225[4,5].
MCANALLY, R. A., and A. T. PHILLIPSON: Resorption flüchtiger Fettsäuren im Pansen vom Schaf 245[5].
MCARDLE, B.: Cholinesterase im Blut bei Krankheiten 374[7].
MCARTHUR, J. W., R. W. RAWSON, R. G. FLUHARTY and J. H. MEANS: Jodausscheidung durch die Niere 681[14].
MCBEE, B. J., s. HOSTER, M. S. 1150[18].
MCCALL, K. B., s. JONES, E. S. 418[9].
MCCANCE, R. A., and E. M. WIDDOWSON: Zusammenfassung über Mineralstoffwechsel (1944) 609[17].
— and E. M. WIDDOWSON: Zusammensetzung von Darmkonkrementen 185[1]. — Regulation des Fe-Stoffwechsels durch

den Darm 214[15]. — Calciumbindung durch Serumproteine 396[1]. — Phytingehalt des Brotes und Ca-Resorption 638[9]. — Jahreszeitliche Einflüsse auf den Ca-Bedarf 641[9]. — Phytinausscheidung beim Menschen 646[16]. — Mikrocytäre hypochrome Anämie bei B_6-Avitaminose des Schweines 662[12]. — Resorption anorganischer Zinksalze 677[4].
— E. M. WIDDOWSON and H. LEHMANN: Ausnutzung von Ca- und Mg-Salzen bei Proteinmangel 213[15]. — Resorption von Salzen in Form von Komplexverbindungen mit Aminosäuren und Peptiden 610[3]. — Eiweißgehalt der Kost und Ca-Resorption 639[4].
— s. HUTCHINSON, A. O. 374[7].
— s. JONES, P. E. H. 374[6].
— s. KENT, N. L. 214[19], 671[3], 684[7], 686[4, 16], 687[6], 689[14].
— s. ROBINSON, J. R. 589[20].
— s. WATCHORN, E. 576[10], 636[6].
— s. WIDDOWSON, E. M. 658[4], 660[15].
MCCANDLESS, E. L., s. COOK, E. T. 769[5], 779[9].
MCCARDLE, R. C.: Spaltung der Protein-Phosphatidkomplexe von Mitochondrien 868[8].
MCCARTHY, E. F.: O_2-Affinität verschiedener Hämoglobinarten 433[6]. — Verschiedene Hämoglobinarten im menschlichen Blut 433[13], 434[1].
MCCARTHY, H. H., s. WILHELMJ, C. M. 62[8], 63[2].
MCCARTHY, M.: Spaltung der Protein-Phosphatidkomplexe von Mitochondrien 868[9].
MCCARTNEY, W., s. HARINGTON, C. R. 986[3].
MCCASLAND, G. E., s. CARTER, H. E. 738[17].
MCCAUGHAN, J. M.: Pankreasfistel beim Hund 156[7].
MCCAY, C. M., and H. PAUL: Ausnutzung verschiedener Fette 245[11].
— s. KANE, G. G. 213[4], 639[3].
MACCHI, I. A., s. HECHTER, O. 891[8].
MACCO, G. DI, s. AVELLONE, L. 1230[6].
MCCLEERY, R. S., s. KEITH, L. M. jr. 563[6].
MCCLEAN, D.: Antihyaluronidasen im Serum 383[5]. — Hyaluronidasebestimmung 384[13].
— and C. W. HALE: Hyaluronidasebestimmung 384[13]. — Antihyaluronidasen im Serum 383[5].
— s. FAVILLI, G. 380[5].
MCCLELLAN, G. S., s. HAHN, P. F. 659[7].
MCCLELLAN, V., s. GUTMAN, A. B. 304[1].
MCCLENDON, J. F.: Buch über Jod und das Vorkommen der BASEDOWschen Krankheit (1939) Engl. 679[21]. — Zusammenfassung über die Verteilung von Jod unter besonderer Berücksichtigung der BASEDOWschen Krankheit (1927) 679[21].
— and A. C. BRATTON: Jodbestimmung 411[10].
— and W. C. FOSTER: Fluorgehalt des Trinkwassers und Caries 698[10].
MCCLURE, F. J.: Buch über Fluoride in Nahrung und Trinkwasser (1939) Engl. 697[4]. — Zusammenfassung über Fluor und seine physiologischen Wirkungen (1933) 695[33]. — Zusammenfassung über den Stoffwechsel von Spurenelementen (1949) 609[17]. — Fluoridwirkung auf die Amylase 24[16]. — Natriumsilicofluoridzusatz zu Trinkwasser 699[4]. — Fluorgehalt von Zähnen 699[6].
— H. H. MITCHELL, T. S. HAMILTON and C. A. KINSER: Fluorausscheidung beim Menschen 697[2].
MCCLURE, G. S.: Erniedrigung des Blut-p_H durch die Leber 537[7].
MCCOLLUM, E. V.: Zur Theorie des Eiweißstoffwechsels 911[3]. — Nucleoproteidbildung bei purinfreier Nahrung 1180[7]. — Purinsynthese 1218[9].
— and E. R. ORENT: Todesursachen bei Mg-freier Kost 636[5].
— O. S. RASK and J. E. BECKER: Keine biologische Wirkung von Aluminium 685[19].
— N. SIMMONDS and H. T. PARSONS: Rachitogene Diät 713[11], 717[2].
— N. SIMMONDS and W. PITZ: Theorie des Eiweißstoffwechsels 911[3].
— and N. SIMMONDS; SHIPLEY, P. G., and E. A. PARK: Rachitogene Diät 713[12], 717[2].
— s. DAY, H. G. 403[6], 677[15], 713[12], 717[2].
— s. MACKENZIE, C. G. 638[3], 639[1].
— s. NEWELL, J. M. 403[7].
— s. ORENT, E. R. 636[5], 671[19], 672[15].
— s. SHARPLESS, G. R. 699[9].
— s. SHIPLEY, P. G. 684[14].
MCCONKEY, H. M., s. SKELTON, F. R. 220[12].
MCCONNELL, K. P.: Organisch gebundenes Selen im Milcheiweiß 695[9]. — Ausscheidung von ^{75}Se 695[11].
— and R. G. SINCLAIR: Kein Einfluß der Ernährung auf Gehirnphosphatide 865[7].
MCCOORD, A. B., s. CLAUSEN, S. W. 357[2].
MCCORD, C. P.: Akute Porphyrie 1020[1].
MCCORD, W. M., s. MAYS, C. R. 318[4].
MACCORQUODALE, D. W., S. A. THAYER and E. A. DOISY: β-Oestradiol im Ovar 904[3].
— s. MCKEE, R. W. 494[1].
— s. SMITH, G. V. 906[11].
— s. WESTERFELD, W. W. 904[6].
MCCOY, R. H., and W. C. ROSE: Serin und Glykokoll als entbehrliche Aminosäuren 941[11].
— s. ROSE, W. C. 960[10].
MCDONALD, A. D., s. CODE, C. F. 352[10], 464[10].
MACDONALD, A. G., s. JAQUES, L. B. 483[5], 490[15].
MCDONALD, E. K., s. BENSLEY, E. H. 360[12].
MCDONALD, J. R., s. JANES, J. 458[8].
MCDONALD, M. R., s. KUNITZ, M. 741[11].
MCDONALD, N. S., s. ALEXANDER, G. V. 689[13].
MCDOUGALL, E. I.: Parotisspeichel vom Schaf 15[3, 18]. — Gemischter Speichel vom

Schaf 20[7]. — Hyperglykämie ohne Einfluß auf Glucoseresorption 218[14].
McDougall, E. J., u. F. Verzár: Veränderungen der Darmzotten bei Wasserresorption 210[6]. — NaCl-Abgabe durch den Darm bei Glucoseresorption 216[16].
— s. Erlenmeyer, H. 208[5].
— s. Horne, E. A. 216[4].
— s. Verzar, F. 200[7].
Macela, I., and A. Seliškar: Temperaturwirkung auf die Dissoziationskurve von Oxyhämoglobin 516[2].
McElroy, W. D., and B. Glass: Buch über den Phosphorstoffwechsel, 2 Bde. (1951/52) Engl. 743[5].
McEvoy-Bowe, E., s. Brady, T. G. 348[6].
McEwen, H. D., s. Kochakian, C. D. 860[14].
McFarland, M. L., s. Hawkins, W. W. 342[12], 348[1], 350[12].
Macfarlane, M. G.: α-Toxin von Cl. welchii, Spezifität 852[12]. — Inaktivierung der Bernsteinsäureoxydase im Cyclophorasesystem 1133[4]. — Wirkung von α-Toxin aus Cl. welchii auf Lebermitochondrien 1144[5].
— and B. C. J. G. Knight: α-Toxin von Cl. welchii 852[11]. — Serumtrübung durch Cl. welchii-Toxin 862[8].
— L. M. B. Patterson and R. Robison: Verteilung der Phosphatase im Darm 124[18]. — Pankreasphosphatasen 160[15], 164[2]. — Wirkungsmechanismus der alkalischen Phosphatase bei Verknöcherung 711[12].
— and A. G. Spencer: Intracelluläre Verteilung von Natrium und Kalium 1077[4]. — Adenylsäure und Aufnahme von Na- und K-Ionen durch Mitochondrien 1129[6].
Macfarlane, R. G.: Fibrinolyse bei Operationen 489[10].
— and B. Barnett: Beschleunigung der Blutgerinnung durch Schlangengifte 491[10].
— J. W. Trevan and A. M. P. Attwood: Gewinnung von Plasmathrombokinase 484[8].
— s. Biggs, R. 480[2,10].
— s. King, E. J. 432[20].
McFarlane, W. D.: Kupferbestimmung 402[16]. — Hemmung der Leberautolyse durch Cu 669[13].
McGee, L. C., and E. S. Emery jr.: Resorptionsgeschwindigkeit von Casein und Caseinhydrolysat beim Menschen 226[14].
McGhee, E. C., E. Papageorge, W. L. Bloom and G. T. Lewis: Keine Wirkung von Insulin auf Plasmaphosphatidgehalt 860[15]. — Phosphatidgehalt des Gehirns nach Insulinbehandlung 864[10].
McGillavry, C. H., s. Bijvoet, J. M. 707[10].
McGilvery, R. W., and P. P. Cohen: Mechanismus der Ornithursäuresynthese 921[7].
McGilvery, R. W., s. Bernstein, S. 1153[11].
— s. Cohen, P. P. 921[4], 1136[11].
— s. Pogell, B. M. 1090[144].
McGinnis, J., s. Stern, J. R. 964[4].
McGinty, D. A.: Erniedrigung des Blut-p_H durch die Leber 537[5].
— G. N. Smith, M. L. Wilson and C. S. Worrel: 11-Oxylierung von Corticosteroiden durch Nebennierenbrei 885[6].
— s. Lewis, H. B. 956[1].
— s. Seegers, W. H. 479[5], 486[10].
McGlohon, V., s. Pfiffner, J. J. 1180[1], 1184[8], 1236[15], 1244[6].
McGlohon, V. M., s. Snell, E. E. 1036[15].
McGrath, H., s. Greenberg, L. D. 993[6].
McGregor, A. R., s. Henderson, J. L. 861[11].
McGrew, R. V., s. Conant, J. B. 509[5].
— s. Marker, R. E. 893[7].
Mach, R. S.: Chloridgehalt des Blutes bei fehlender Salzsäureabsonderung 64[8].
Machado, A. L., s. Nachmansohn, D. 1045[2].
McHargue, J. S.: Chlorose von Pflanzen bei Manganmangel 672[2]. — Manganmangel bei Pflanze und Tier 672[14]. — Resorption anorganischer Zinksalze 677[3]. — Zinkmangelerscheinungen 677[13]. — Wachstumsförderung durch Zink und Mangan 678[4].
— D. J. Healy and E. S. Hill: Notwendigkeit von Kupfer für Hämoglobinbildung 666[4].
Macheboeuf, M. (A.): Buch über den Zustand der Lipoide in der lebenden Substanz (1937) Franz. 113[6]. — Zusammenfassung über Cenapsen (1945) 862[9]. — Cholesterinverteilung auf die Bluteiweißkörper 337[13].
— et L. Dizerbo: Fettbindung durch Albumine und Globuline 331[4]. — Protein-Phospholipoidkomplexe 859[5].
— et J. Duboy: Uneinheitlichkeit von Serumalbumin 311[6]. — Cenapsen 331[3]. — Protein-Phospholipoidkomplexe 859[5].
— et R. Perrimond-Trouchet: Diffusion von Choleinsäuren durch Kollodiummembranen 234[6].
— et F. Tayeau: Ursache der Wasserlöslichkeit von Euglobulin 302[7].
— et H. Vanaud: Darstellung von Serumalbumin 310[10].
— s. Bertrand, G. 671[18], 672[21], 674[6], 686[14,15,20].
— s. Blass, J. 968[6].
— s. Delsal, J. L. 335[3].
Machella, T. E., s. Kingsley, G. R. 307[4].
— s. Rhoads, J. E. 161[11].
Machlin, L. J., C. A. Denton and H. R. Bird: Bedeutung von Vitamin B_{12} für Serinsynthese aus Glycin 964[4].
McHenry, E. W., and G. Gavin: Fettbildung aus Kohlenhydrat bei Aneurinmangel 834[4]. — Histaminase 932[4]. — Histaminabbau durch Histaminase 978[5].

McHenry, E. W., s. Best, C. H. 382[7], 932[4], 978[5].
— s. Gavin, G. 43[5].
— s. Hawkins, W. W. 342[12], 348[1], 350[12].
— s. Patterson, J. M. 850[14,15].
McIlwain, H.: Hemmung der Nucleinsäurebildung durch Acridin 1197[11].
— s. Roper, J. A. 915[8].
McIndoe, W. M., and J. N. Davidson: Trockengewicht von Zellkernen 1098[12]. — Phospholipoidgehalt im Zellkern 1101[1]. — Nucleinsäuregehalt von Zellkernen 1102[16]. — Zusammensetzung von Ribonucleinsäuren aus Zellkernen 1107[2]. — Einbau von ^{32}P in Desoxyribonucleotide 1119[1]. — Einbau von ^{32}P in Ribonucleinsäure des Zellkerns 1121[6].
— s. Davidson, J. N. 1102[7], 1121[7].
— s. Smellie, R. M. S. 1120[17], 1122[5], 1123[6].
McInnes, D. A., and M. Dole: p_H-Wert des Mageninhaltes 74[3]. — Elektrode zur Messung der Gewebsreaktion 1168[5].
McIntire, J. M., s. Schweigert, B. S. 194[5].
McIntyre, A., s. Astrup, T. 489[29].
McIntyre, A. R., s. Dunn, A. L. 409[10].
McIntyre, D. B., s. Bevers, C. A. 708[3].
McIntyre, W. H., G. Palmer and H. L. Marchall: α-Tricalciumphosphat 708[2].
McIver, M. A., A. C. Redfield and E. B. Benedict: Resorptionsgeschwindigkeit von Gasen durch Magenschleimhaut 68[11]. — Resorption von Gasen im Katzendünndarm 215[8].
— s. Gamble, J. L. 625[1].
Mack, H. C., A. R. Robinson, M. E. Wiseman, E. J. Schoeb and I. G. Macy: Physiologie des Plasmaeiweißfraktionen 312[2].
McKail, R. A., s. Lowdon, A. G. R. 394[3].
McKay, E. M., and R. H. Barnes: Kreatinsynthese aus Glutaminsäure und Alanin 947[18].
— and H. C. Bergman: Resorption von Glucoselösungen 216[9].
— and L. L. McKay: Chlorfreiheit des Harns bei chlorarmer Kost 631[13].
— A. N. Wick and H. O. Carne: Zuckerbildung aus Glykokoll 942[6].
— s. Barnes, R. H. 333[13], 842[7].
— s. Bartlett, G. R. 778[4].
— s. Clark, W. G. 220[1].
McKay, J. F. S., s. Harper, A. A. 130[10].
McKay, L. L., s. McKay, E. M. 631[13].
Mackay, M.: Decarboxylierung von Histidin durch tierische Gewebe 931[4].
Mackay, M. E., s. Kekwick, R. A. 291[1].
McKee, H. S.: Giftwirkung von freiem Ammoniak für Pflanzen 617[3].
McKee, R. W., S. B. Binkley, D. W. McCorquodale, S. A. Thayer and E. A. Doisy: Isolierung der Vitamine K_1 und K_2 494[1].
— s. Ball, E. G. 424[1].
— s. Finch, C. A. 435[2].
McKelvie, A. M., and F. C. Mann: Bedeutung der Phosphatase für Bildung der Knochengrundsubstanz 712[7].
McKenney, A. C., s. Barnett, G. D. 558[6].
Mackenzie, C. G.: Oxydation labiler Methylgruppen zu Formiat 840[2]. — Bildung von Formaldehyd aus labilen Methylgruppen 941[10].
— J. M. Johnston and W. R. Frisell: Intracelluläre Verteilung der Methylgruppen- und Methanol-Oxydation 1090[112]. — Sarkosin- und Dimethylglykokoll oxydierendes Enzymsystem in Mitochondrien 1148[3]. — Oxydation von Methanol im Cytoplasma 1153[27].
— and E. V. McCollum: Förderung der Resorption von Ca-oxalat durch Vitamin D 638[3]. — Anticalcifizierende Wirkung von Oxalat 639[1].
— and V. du Vigneaud: Demethylierung von Sarkosin 941[6].
Mackenzie, K.: Keine Aluminiumspeicherung beim Hund 405[8].
McKenzie, D. W. jr., s. Alley, A. 45[3].
Mackey, M. A., s. Greenberg, D. M. 428[10].
McKibbin, J. M., S. Thayer and F. J. Stare: Biologischer Ersatz von Cholin durch Methionin beim Hund 961[9].
— s. Taylor, W. E. 859[1].
McKinley, J. B., s. Stearns, G. 662[2].
Mackor, E. L., s. Caldwell, P. C. 926[3].
Mackworth, J. F., and E. C. Webb: Hemmbarkeit der Cholinesterase 373[5].
McLachlan, E. A., s. Gardner, L. I. 1174[1].
McLachlan, P., s. Kochakian, C. D. 860[14].
McLachlan, P. L., and C. W. Thacker: Aktive Tätigkeit der Darmwand bei der Fettresorption 232[1].
McLagan, V. F., s. Lander, F. 48[4].
McLaren, J. A.: Hemmung der Riboflavinbildung durch Uracil 1244[2].
McLean, F. C.: Zusammenfassung über Physiologie des Knochens (1943) 700[9].
— and A. B. Hastings: Diffusibles Calcium im Blutserum 395[19].
— and M. A. Hinrichs: Nichtdiffusibles Blutcalcium 396[4].
— s. Carttar, M. S. 713[13], 717[2].
— s. Hastings, A. B. 644[9], 713[13], 1061[1].
— s. Slyke, D. D. 530[3], 531[9], 538[4].
McLean, H., and W. J. Griffiths: Hemmung der Salzsäurebildung im Magen durch Schwefelsäure 62[8]. — Aciditätsregulierung im Magen durch Verdünnung 63[2].
McLean, J.: Kephalin Träger der Thrombokinasewirkung 483[11].
McLean, P., s. Glock, G. E. 1063[3], 1090[33,100], 1153[15,24].
McLeod, C. M., s. Christensen, L. R. 380[16].
McLeod, F. L., s. Sherman, H. C. 704[2], 713[14].

McLeod, J., and C. P. Rhoads: Anaerobe Glykolyse durch Leukocyten 458^{11}.
McLeod, J. J. R., H. E. Magee and C. B. Purves: Keine selektive Hexoseresorption bei niederer Temperatur 219^{13}.
s. Auchinachie, D. W. 219^{12}.
McLetchie, N. G. B., s. Dunn, J. S. 779^{2}.
McMahon, A., s. Sheldon, W. 247^{4}.
McMaster, P. D.: Zusammenfassung über das Lymphsystem (1943) 546^{8}.
— and D. R. Drury: Fibrinogenregeneration 475^{11}.
McMillan, J. C., s. Cameron, A. T. 634^{8}.
McMillan, T. s. Johnston, F. A. 642^{1}.
McMillan, T. J., s. Todhunter, E. N. 365^{14}.
McMillen, J. H., s. Scott, G. H. 404^{6}.
McMurtrey, J. E. jr.: Borbedarf von Kulturpflanzen 689^{7}.
McNabb, A. R., A. C. Johnson and R. J. Rossiter: Phosphatide der Nervenfasern bei Wallerscher Degeneration 865^{19}.
— and R. J. Rossiter: Phosphatidgehalt in durch Druck geschädigten Nerven 865^{22}.
— s. Johnson, A. C. 863^{8}, 864^{1-3}, $865^{16,20,21}$.
McNamara, H., s. Levine, S. Z. 984^{11}.
McNary, R. R., s. Rothemund, P. 1025^{1}.
Macnutt, W. S.: Übertragbarkeit der Desoxyribose aus Nucleosiden und Nucleotiden 1196^{4}.
— s. Kalckar, H. M. 1196^{5}.
McPheat, J., s. Tracy, A. 688^{17}.
MacPherson, C. C., s. Young, E. G. 1215^{5}.
MacPherson, D. J., s. Bloor, W. R. 858^{9}.
McPherson, L. B., s. Clowes, G. H. A. jr. 247^{10}.
McQuarrie, I.: Zusammenfassung über Wasserstoffwechsel (1945) 589^{12}.
McRae, D. R., s. Komarow, S. A. 158^{6}.
McShan, W. H., R. Rozich and R. K. Meyer: Verteilung von Eiweiß und Ribonucleinsäure in der Zelle 1072^{36}. — Intracelluläre Verteilung der Glykolyse, der Succinoxydase und der Transaminase 1090^{93}. — Intracelluläre Verteilung von gonadotropem Hormon 1096^{21}.
— s. Meyer, R. K. 887^{4}.
McSwiney, R. R., R. E. H. Nicholas and F. T. G. Prunty: Akute Porphyrie 1020^{1}. — Papierchromatographie der Porphyrine 1021^{2}.
McVicar, R., W. E. Tottingham and G. H. Rieman: Giftige Borkonzentration für Pflanzen 689^{11}.
Macy, I. G.: Buch über Ernährung und chemisches Wachstum im Kindesalter, 2 Bde. (1942/45) Engl. 641^{12}.
— s. Beach, E. F. 440^{3}, 517^{2}.
— s. Bernstein, S. S. 439^{5}.
— s. Bonner, P. 638^{7}.
— s. Erickson, B. N. 332^{4}, 427^{4}, 428^{8}, 439^{6}, $441^{3,7}$, $442^{1,3,4}$, $858^{5,8}$.
— s. Mack, H. C. 312^{2}.
— s. Williams, H. H. 442^{9}, $847^{1,2}$, $858^{10,17}$.
Madden, R. J., s. Elvehjem, C. A. 991^{3}.
Madden, S. C., W. E. George, G. S. Waraich and G. H. Whipple: Absolute Serumeiweißmenge im Hundeblut 288^{8}. — Eiweißreserven des Körpers 928^{4}.
— W. A. Noehren, G. S. Waraich and G. H. Whipple: Absolute Serumeiweißmenge im Hundeblut 288^{8}.
— A. P. Turner, A. P. Rowe and G. H. Whipple: Regenerierung von Plasmaeiweiß durch Nahrungseiweiß 289^{1}.
— and G. H. Whipple: Leber und Knochenmark als Bildungsstätten für die Plasmaeiweißkörper 287^{8}. — Plasmapherese 912^{1}.
— s. Robscheit-Robbins, F. S. 436^{2}.
Maddock, S., and C. W. Heath: Eisenausscheidung durch den Magen-Darm-Kanal 195^{20}.
Maddock, S. J., s. Trimble, H. C. 223^{4}.
Maddock, W. G., s. Nadal, J. W. 620^{10}.
Maddox, G. E., s. Dudley, H. C. 685^{21}.
Madonick, M. J., K. Berke and J. Schiffer: Erhöhte Harnstoffwerte im Liquor cerebrospinalis 569^{4}.
Maestri, s. Ceruti 566^{3}.
Maestri, O., s. Moracchini, R. 1213^{15}.
Maestrini, D.: Fermentgehalt des Colonsekretes 179^{6}.
Maftei, E., s. Thomas, P. 571^{5}.
Magasanik, B., and E. Chargaff: Oxydation von D- und L-Inosit durch Acetobacter suboxydans 738^{16}.
Magath, T. B., s. Bollman, J. L. 1210^{15}.
— s. Mann, F. C. 475^{8}, 482^{3}, 780^{8}.
Magee, D. F., s. Schaffner, F. 853^{6}, 861^{6}.
Magee, H. E., and E. Reid: Resorption von Zuckerlösungen 216^{7}. — Einwirkung von p_H-Verschiebungen auf die Glucoseresorption 220^{7}.
— and K. C. Sen: Bedeutung von Ca-Ionen für Glucoseresorption 217^{13}. — Verminderung der Glucoseresorption durch Parathyreoidektomie 218^{1}.
— s. Auchinachie, D. W. 219^{12}.
— s. Horne, E. A. 216^{4}.
— s. McLeod, J. J. R. 219^{13}.
Magenta, M. A., s. Houssay, B. A. 780^{4}.
Magnan, C., s. Bierry, H. 322^{7}.
Magnant, C., s. Dervichian, D. 867^{5}.
Magnus-Alsleben, E.: Zusammenfassung über Bedeutung der Mikroorganismen für Verdauung beim Menschen (1927) 9^{3}. — Toxizität des Darminhaltes 190^{5}.
Magnus-Levy, A.: Zusammenfassung über gepaarte Schwefelsäuren (1906) 953^{1}. — Zusammenfassung über Cystinurie (1906) 954^{9}. — Zusammenfassung über Kohlenhydrate im Stoffwechsel (1925) 315^{15}. — Zusammenfassung über Glykoneogenie (1925) 763^{3}. — Chemische Zusammensetzung menschlicher Speicheldrüsen 11^{7}. — Bence-Jonessches Eiweiß 303^{4}. —

Chlorgehalt des Erwachsenen 629[1]. — Magnesiumausscheidung durch die Nieren 635[3]. — Entstehung von β-Oxybuttersäure und Acetessigsäure aus Fettsäuren 802[2]. — Glykokollsynthese für die Hippursäurebildung 938[9]. — Glykokollsynthese aus anderen Aminosäuren 939[9]. — Ausscheidung von Putrescin und Cadaverin 954[19]. — Vermehrte Cystinausscheidung nach Eiweißfütterung 955[6]. — Harnsäureausscheidung im Gichtanfall und vegetativ nervöse Krisen 1253[5].

Magrini, A., s. Oliva, G. 363[13].

Magyar, I.: Veränderungen im Gehalt des Blutes an Aneurin und Cocarboxylase 362[6].

Mahler, H. R.: Gleichgewicht der β-Ketothiolasereaktion 1049[4].

— and F. M. Huennekens: Endabbau der Propionsäure 808[6], 1143[5].

— A. Tomisek and F. M. Huennekens: Milchsäuredehydrogenase aus Mitochondrien 1132[1], 1149[4]. — Milchsäureoxydation durch Mitochondrien 1136[35].

— S. J. Wakil and R. M. Bock: Ferment für die Acylcoenzym A-Bildung 808[1]. — Intracelluläre Verteilung von fettsäureaktivierendem Enzym 1090[127].

— s. Hift, H. 1090[83,110].

— s. Huennekens, F. M. 808[6], 1090[85], 1136[27], 1143[5], 1153[9].

— s. Kaplan, E. H. 1136[20], 1155[1].

— s. Wakil, S. 1041[4].

Mahler, P.: Magnesium- und Stickstoffgehalt des Magensaftes 52[12]. — Salzsäurewerte im Magensaft 55[7]. — Grenzkonzentration von HCl im menschlichen Magensaft 62[7]. — Chlor- und Kationenäquivalente im Magensaft 65[2]. — Mineralgehalt im Filtrat von Magensaft 72[11]. — Leersekret des Magens 90[3]. — Zusammensetzung des menschlichen Magensaftes 91[2]. — Mineralgehalt von Speichel und Magensaft 92[1].

Mahlo, A.: Buch über Magenschleim (1938) 69[10]. — Über Magenschleim 69[11], 70[4]. — Schleimbildung im Magen 72[5].

— u. Mulli: Mucintherapie des Duodenalulcus 72[15].

Maier, E., s. Schaefer, H. 375[8].

Maier-Leibnitz, H., s. Meyerhof, O. 740[4].

Main, E. R., s. Neuman, W. F. 696[12].

Mainx, F.: Wachstum von Algen und Pilzen in Ca-freier Lösung 643[8].

Maison, G. L., O. S. Orth and K. E. Lemmer: Elektrode zur Gewebs-p_H-Messung 1168[3].

Maitland, P.: Hypothesen der biologischen Porphyrinbildung 996[1].

Maizels, M., s. Farmer, S. N. 430[15], 431[5], 447[4].

Majnarich, J. J., s. Norris, E. R. 467[13].

Majoor, C. L. H.: Vergleich verschiedener Methoden der Bluteiweißbestimmung 295[4]. — Fibrinogenbestimmung 295[9]. — Fraktionierung der Serumeiweißkörper 308[3].

Majorow, S. N.: Eigenschaften der Gelenklymphe vom Rind 579[6]. — Trockensubstanz der Gelenklymphe 581[9].

Makino, K.: Ribopolynucleotidase aus Kaninchendarmschleimhaut 128[5]. — Spaltung von Hefenucleinsäure durch Nucleindesaminasen aus Kaninchendünndarm 130[4]. — Nucleindesaminasen 1188[23]. — Wirkung der Nucleindesaminasen 1189[1].

Malam, M., s. Barker, S. B. 1028[11].

Malan, A. I.: P-Verteilung im Gesamtblut von Tieren 413[11].

Malaval, R., s. Lumière, A. 271[11].

Malcolm, J., s. Milroy, T. H. 1199[9], 1213[4].

Maley, G. F., and H. A. Lardy: Entkoppelung von Atmung und oxydativer Phosphorylierung durch Thyroxin 1140[9].

Mallette, M. F., s. Lamanna, C. 637[5].

Mallinckrodt-Haupt, A. S. v.: Koproporphyrin I im normalen Serum 356[9].

Malmgren, B., and C.-G. Hedén: Bedeutung der Ribonucleinsäuren für die Eiweißsynthese 926[3].

Malmgren, H., s. Ingelmann, B. 649[5].

Malmros, H., u. G. Blix: Zusammensetzung der Plasmaeiweißkörper und Blutkörperchensenkung 264[8]. — Bence-Jonessches Eiweiß 303[4].

Malmstrom, B., s. Engström, A. 1098[21].

Malorny, G.: p_H der Gehirnoberfläche bei Vergiftungen 1176[2].

— u. H. Netter: Bedeutung des sog. Fasernatrium für die Regulation des Säure-Basen-Haushaltes 620[1].

— s. Hudoffsky, B. 619[14], 1176[2].

Maltby, E., s. Howland, G. 770[3].

Maltzahn, F. v., s. Douglas-Sauermann, A. Graf 339[7].

Maly, R.: Schwefelsäuregehalt des Schneckenspeichels 19[16].

Malyoth, G., u. S. Kirimlidis: Umstimmung der Darmflora durch α- und β-Maltose 183[11].

— K. Scheppe u. H. W. Sten: Chromatographische Zuckertrennung 319[15].

Mamoli, L., s. Butenandt, A. 887[36].

Man, E. B., and E. F. Gildea: Konstanz der Plasmaphosphatidwerte 860[10].

— and J. P. Peters: Phosphatidgehalt von Transsudaten und Exsudaten 860[9].

— s. Brown, W. T. 573[1].

— s. Landauer, W. 860[16].

— s. Peters, J. P. 407[18].

— s. Riggs, D. S. 410[3].

Manca, B.: Cholesteringehalt von Meerschweinchenserum 337[10].

Mandel, E., s. Popper, H. 350[5].

Mandel, H., s. Friedmann, E. 1204[12].
Mandel, J. A., u. P. A. Levene: „Glucothionsäure" in Leukocyten 461[3].
Mandel, L., s. Jacob, M. 1244[5].
— s. Kersley, G. D. 1249[9], 1250[2].
— s. Mandel, P. 1230[7], 1234[9], 1239[6], 1242[15].
Mandel, P., u. M. Jacob: Desoxypentosenucleinsäuregehalt im atrophischen Muskel 1239[8].
— M. Jacob et L. Mandel: Verhalten der Ribo- und Desoxyribonucleotide bei Eiweißmangel 1242[15].
— et L. Mandel: Nucleinsäurevermehrung in der Leber nach Oestradiol 1234[9].
— L. Mandel and M. Jacob: Gehalt atrophischer Muskeln an Nucleinsäuren 1230[7]. — Ribonucleinsäuregehalt von Leberchromosomen 1239[6].
— P. Métais et S. Cuny: Nucleinsäuregehalt von Zellkernen 1102[12].
— s. Jacob, M. 1244[5].
Mandelstam, J., s. Gillman, J. 660[4].
Mandler, E., s. Lustig, B. 556[4].
Manery, J. F.: Extracellulärer Raum bei Ratten 599[1].
— and W. F. Bale: Extracellulärer Raum bei Kaninchen und Ratten 598[12]. — Bestimmung des extracellulären Raumes mit ^{24}Na 620[4]. — Aufnahme von anorganischem Phosphat durch Gehirn 865[13].
Mangieri, C. N., s. Oliver, J. 493[7], 499[7].
Mangold, E.: Buch über Verdauung bei Nutztieren (1950) 6[16]. — Zusammenfassung über Verdauung beim Geflügel (1929) 10[6]. — Zusammenfassung über Verdauung bei Wiederkäuern (1929) 10[12]. — Zusammenfassung über Magenverdauung (1929) 32[9]. — Zusammenfassung über Methodik der Untersuchungen des Wiederkäuermagens (1932) 98[10]. — Zusammenfassung über Bedeutung der Magen- und Darmsymbionten der Wirbeltiere (1943) 100[4]. — Verdauung aus pflanzlichen Zellen 96[8], 181[5]. — Infusorien im Panseninhalt 100[3]. — Darmlänge und Durchgangsgeschwindigkeit 104[6]. — Beeinflussung von Länge und Weite des Dünndarmes durch die Nahrung 105[5]. — Ausnutzung der Nährstoffe beim Hund 174[1].
— K. Haesler: Beeinflussung von Länge und Weite des Dünndarmes durch die Nahrung 105[5].
Maniott, W. N. K., and C. G. L. Wolf: Ausscheidung von Putrescin und Cadaverin 954[19].
Mann, F. C., and J. L. Bollman: Keine Fibrinogenregeneration nach Leberentfernung 475[10].
— and T. B. Magath: Keine Veränderung der Blutgerinnung nach Leberexstirpation 475[8]. — Blutzucker beim leberlosen Hund 780[8].
Mann, F. C., s. Bollman, J. L. 221[7], 1210[15,16,18].
— s. Cain, J. C. 548[14], 549[6].
— s. McKelvie, A. M. 712[7].
— s. Nix, J. T. 553[5].
Mann, F. D., and M. Hurn: Abhängigkeit der Prothrombinwirkung vom hämolytischen Komplement 479[10]. — Aktivierung des Prothrombins durch Blutplättchen 482[4].
— M. Hurn and T. B. Magath: Aktivierung des Prothrombins durch Blutplättchen 482[3].
— s. Hurn, M. 487[14].
Mann, P. F. E., s. Trevelyan, W. E. 743[11].
Mann, P. J. G., and J. H. Quastel: Oxydation von Cholin zu Betainaldehyd 854[16].
— H. E. Woodward and J. H. Quastel: Oxydation von Arsenocholin zu Arsenobetainaldehyd 854[18].
Mann, T.: Spaltung von Poly- und Metaphosphaten 649[4]. — Fructosegehalt der Samenflüssigkeit 729[1]. — P-Quellen für Rephosphorylierung von Adenylsäure 1235[9].
— and D. Keilin: Freisetzung des Blutkupfers 401[5]. — Cu-Bindung im Blut 670[4].
— s. Feldberg, W. 140[3,4], 1036[5].
— s. Keilin, D. 382[4], 403[8,11], 451[3], 521[8], 678[18].
— s. Lutwak-Mann, C. 752[4].
— s. Ostern, P. 1235[13].
— s. Parnas, J. K. 752[3].
Manning, R. H., s. Horrocks, R. H., 319[15].
Manning, T. D., s. Turby, H. 143[7].
Manninger, R., s. Marek, J. 563[3].
Manolesco, H.: Antagonismus Fluor : Calcium 407[3].
Mansfeld, G.: Zusammenfassung über Resorption (1933) 200[10]. — Antidiabetische Wirkung von Speicheldrüsen 12[7]. — Einfluß der Schilddrüse auf Bildung der Erythrocyten 465[11].
— u. J. Sós: Einfluß der Schilddrüse auf Bildung der Erythrocyten 465[11].
Manske, R. H. F., and H. L. Holmes: Buch über Alkaloide; Bd. 2 (1952) Engl. 191[1].
Manson, L. A., and J. O. Lampen: Desoxyribose-1-phosphat, Spaltung 1188[16]. — Nucleosidphosphorylase 1195[8]. — Pyrimidinnucleosidphosphorylase 1195[16]. — Phosphodesoxyribomutase 1196[8].
Mansour-Bek, J. J., s. Vonk, H. J. 6[14].
Manuel, S., s. Chevallier, A. 337[2].
Manzini, C.: Magnesiumverteilung im Blut 397[14]. — Mineralstoffe im Hundeliquor 576[1].
— e P. Caramazza: Reaktion des Liquor cerebrospinalis 566[2]. — Alkalireserve von Liquor cerebrospinalis 567[3].
— e G. Conti: Verteilung der Drüsen in der Magenschleimhaut 32[8].

MARCELET, J., s. ROCHE, J. 679[14].
MARCHALL, H. L., s. MCINTYRE, W. H. 708[2].
MARCHAND, B., s. BERSIN, T. 863[6].
MARCHAND, F., s. COHNHEIM, O. 45[16].
MARCHIONINI, A., u. B. OTTENSTEIN: Amylasebestimmung im Liquor zur Syphilisdiagnose 575[4].
— u. R. SCHMIDT: p_H-Messung auf der Haut 1169[2].
— s. SCHADE, H. 1169[2].
MARCHLEWSKI, L.: Buch über Chemie der Chlorophylle und ihre Beziehung zur Chemie des Blutfarbstoffes (1909) 1022[2].
MARCO, R. DE: Vorkommen von Speichelamylase bei Carnivoren 23[5].
MARCOLONGO, F.: Phenolbestimmung im Blut 329[4]. — Phenolgehalt im Blut 329[8].
MARCOU, I: Histaminolytische Fähigkeit von Blut 382[8]. —Histaminasegehalt von menschlichen Leukocyten 463[19].
MARCUS, S., s. FULTON, J. K. 383[7].
MAREK, J.: Zusammenfassung über vergleichende pathologische Physiologie der Verdauung (1927) 6[12].
— R. MANNINGER u. J. v. MÓCSY: Buch über spezielle Pathologie und Therapie der Haustiere; 9. Aufl. (1945) 563[8].
MARENZI, A. D., and C. E. CARDINI: Cholinbestimmung 351[19]. — Phosphatidgehalt von Blutplasma 858[17].
— et J. J. ROSSIGNOLI: CO_2-Gehalt des Speichels 19[15].
MAREŠ, F.: Einfluß der Verdauungstätigkeit auf den endogenen Harnsäurewert 1200[1]. — Steigerung der Harnsäureausscheidung durch Aminosäuren 1241[18].
MARFURT, E., s. BILLETER, O. 405[17], 693[9].
MARGARIA, R.: p_H-Wert von Muskel 1173[14].
— and A. A. GREEN: Gegenseitige Beeinflussung von Carbhämoglobin und Oxyhämoglobin 524[3].
— e C. TALENTI: Anstieg des Blut-p_H-Wertes nach Arbeit 272[2].
— s. BRINKMAN, R. 519[4], 520[3], 521[3,6].
— s. SLYKE, D. D. VAN 502[1], 505[2].
MARGITAY-BECHT, A.: Natriumgehalt von Blutserum 393[7]. — Blutnatrium bei Myxödem 394[1].
MARGULES, L., and M. GRIFFITHS: Reduktionswirkung der Harnsäure 1210[11].
MARGULIES, E.: Vorkommen von Brom in organischer Bindung 409[12].
MARIA, G. DI: Viscosität von Meerschweinchenplasma 274[4].
MARIANI, A., s. INTROZZI, P. 23[15], 24[7].
MARIANI, R.: Differenzierung der Speichelkörperchen 18[16].
MARIE, R.: „Trockene Retention" von Kochsalz 631[2].
MARINE, D.: Jodausscheidung durch die Niere 681[9].
MARINELLO, A.: Förderung der Magensaftsekretion durch Calciumchlorid 42[13].
MARINESCO, A., G. ALEXIANU-BUTTU u. I OLTÉANU: Pathologische Veränderungen des Vitamin C-Gehaltes im Liquor cerebrospinalis 574[1].
MARINGER, S.: Therapie der Leukämie mit Urethan 457[5].
MARINIS, T. P., E. E. MUIRHEAD, F. JONES and J. M. HILL: Natriumgehalt von Blutserum 393[10].
MARION, L.: Zusammenfassung über Indolalkaloide (1952) 191[1].
MARK, H., s. EIRICH, F. 590[2].
MARK, R. E.: Zusammenfassung über Bildung der Lymphe (1934) 546[8].
MARKEES, S.: Brenztraubensäure im Blut nach Belastung mit Natriumpyruvat 325[12]. — Brenztraubensäurebestimmung 326[15].
— u. F. W. MEYER: Brenztraubensäuregehalt von Kaninchenblut 325[11]. — Brenztraubensäure im Blut nach Belastung mit Natriumpyruvat 325[12].
MARKER, R. E., and O. KAMM: Pregnan-3α-ol-20-on als Progesteronmetabolit im Harn 893[6].
— O. KAMM, H. M. CROOKS, T. S. OAKWOOD, R. L. WITTLE and E. J. LAWSON: „Uran"-3α, 11, 20-triol-Ausscheidung im Harn 894[9].
— O. KAMM and R. V. MCGREW: allo-Pregnan-3β-ol-20-on als Progresteronmetabolit im Harn 893[7].
— and E. J. LAWSON: Pregnan-3α-ol-Ausscheidung im Harn 894[3].
— E. J. LAWSON, E. L. WITTLE and H. M. CROOKS: Pregan-3, 20-dion und allo-Pregnan-3, 20-dion als Progresteronmetabolite im Harn 893[9]. — „Uran"-11-ol-3-on-Ausscheidung im Harn 894[12].
— and E. ROHRMANN: Ausscheidung von Δ^5-Pregnen-3β, 20α-diol im Harn 892[10]. — allo-Pregnan-3β, 20α-diol als Progesteronmetabolit im Harn 893[3].
— E. ROHRMANN, E. J. LAWSON and E. L. WITTLE: Oestrandiol im Harn schwangerer Frauen 907[1].
— E. ROHRMANN and E. L. WITTLE: „Uran"-3β, 11-diol-Ausscheidung im Harn 894[10].
— E. ROHRMANN, E. L. WITTLE and E. J. LAWSON: Oestrandiol im Harn schwangerer Frauen 907[1].
MARKHAM, R., s. LEA, D. 1187[4].
MARKO, A. M., s. HURST, R. O. 1107[10].
MARKOFF, J.: Pufferwirkung des Rinderspeichels 19[13]. — Gas- und Säurebildung bei Cellulosevergärung in Pansen und Haube 100[9]. — Celluloseausnutzung bei Wiederkäuern 187[12].
MARKOVICZ, W., s. THANNHAUSER, S. J. 983[1].
MARKOVITS, F.: Blutmengenbestimmung mit Traubenzuckerlösungen 258[7].
MARKOWITZ, J.: Lehrbuch der experimentellen Chirurgie (1937) Engl. 144[13].

Markowitz, J., s. Waters, E. T. 353[3], 499[2].
Markus, R. L., s. Fishman, W. H. 558[6].
Markwalder, H., s. Vannotti, A. 431[21].
Marloff, H.-J.: Zahl der Erythrocyten bei sporttreibenden Frauen 418[14].
Marlow, H. W.: Ausscheidung von C_{19}-Steroiden in der Galle 901[8].
Maron, D. M., s. Nyc, J. F. 907[10].
Marples, E., s. Dann, M. 981[6].
— s. Levine, S. Z. 981[5].
Marquette, M. M., and B. S. Schweigert: Gewinnung von Mitochondrien und Mikrosomen 1066[9].
— s. Schweigert, B. S. 993[1].
Marquis, H.: Chloridbedarf 632[1].
Marrack, J., s. Horton, K. 21[11].
Marrack, J. R., s. Hoch, H. 290[3].
Marrazzi, R.: Resorption von Xylose 217[11].
Marrian, G. F.: Progesteronstoffwechsel 889[2]. — Pregnan-3α, 20α-diol als Progesteronmetabolit im Harn 893[2]. — Oestriol im Harn schwangerer Frauen 906[21].
— and W. S. Bauld: Hydrolyse von Steroidkonjugaten 880[14].
— s. Cox, R. I. 880[13].
— s. Grant, J. K. 889[11].
— s. Klyne, W. 894[6].
— s. Kyle, T. I. 893[5].
— s. Sommerville, I. F. 892[1].
Marriott, H. L.: Buch über Wasser- und Salzverarmung (1950) Engl. 597[6].
Marriott, W. M., s. Howland, J. 710[3], 719[3].
Mars, G., s. Boselli, A. 300[8].
Marsh, A. G., s. Leverton, R. M. 641[10].
Marsh, F., s. Wortis, S. B. 570[19].
Marsh, M., s. Drinker, K. R. 677[6, 9].
— s. Thompson, P. K. 677[14].
Marshak, A.: Volumen von Leberzellkernen 1098[9]. — Zusammensetzung von Ribonucleinsäuren aus Zellkernen 1107[1]. — Zusammensetzung von Desoxyribonucleinsäure 1108[2]. — Aufnahme von ^{32}P in Nucleinsäuren bei Zellneubildung 1194[3].
— and A. Peck: Verteilung von ^{32}P in der Zelle 648[2].
— and A. C. Walker: Nucleinsäuresynthese mit ^{32}P und ^{15}N-Glykokoll 1191[4].
Marshall, C. W., s. Hechter, O. 883[4].
Marshall, E. K. jr.: Zusammenfassung über Harnsekretion (1926) 535[4].
— E. C. Cutting and K. Emerson jr.: Toxizität acetylierter Verbindungen 838[11].
— s. Bratton, A. C. 1044[3].
Marshall, L. M., J. M. Orten and A. H. Smith: Fumarsäuregehalt des Blutes 327[4].
Marshall, P. G., s. Brain, R. T. 649[13].
Marshall, R. A., s. Kiddle, P. 245[5].
Marston, H. R.: Zusammenfassung über Ernährung von Wiederkäuern (1939) 667[11]. — coast disease 673[13].
— and H. J. Lee: Kobaltmangelkrankheit 674[1].
Martens, M. R.: Höhermolekulare Eiweißspaltprodukte im Blut nach Eiweißzufuhr 915[1].
Martens, R.: Diaminosäuren und Diamine im Blut bei Krankheiten 346[2].
Mårtensson, J.: Vermehrung der Citronensäure im Blut bei Leberkranken 327[7].
— and T. Thunberg: Citronensäurewerte im Liquor bei Epilepsie 571[3].
Martin, A. J. P.: Zusammenfassung über Verteilungschromatographie (1950) 1182[4].
Martin, C. J.: Nachruf auf E. H. Starling 131[8].
— and R. Robison: Eiweißspeicherung 911[5], 927[6]. — Abbaustufen von Körpereiweiß 928[2].
Martin, G. J., s. Beiler, J. M. 1203[12]. 1248[15].
Martin, F. T., s. Gibson, R. B. 947[4, 15].
Martin, H. E., and H. Wertman: Ca-Gehalt der Erythrocyten 428[4]. — Na- und K-Gehalt von Erythrocyten bei Acidose 428[4].
Martin, J., s. Kesztyüs, L. 17[5, 6], 18[1].
Martin, J. B., s. Mattson, F. H. 799[8].
Martin, J. H., s. Insko, W. M. jr. 670[20].
Martin, K. A., s. Stadie, W. C. 538[7].
Martin, L.: Urease im Magen 35[4], 85[9]. — Pufferwirkung des Magenschleims 53[3]. — Gastroglobulin 69[3], 71[2]. — Chemische Zusammensetzung des Magensaftes 92[2]. — Rest-N-Gehalt von Mageninhalt und Blut 93[1].
Martin, M., s. Hahn, P. F. 659[7].
Martin, M. F., and R. C. Corley: Kein Einfluß von Aminosäuren auf Harnsäureausscheidung 1241[13].
Martin, N. H., and D. J. Perkins: Ca-Bindung durch Albumin 644[16].
Martin, R. W.: Fructosebestimmung 318[13]. — Inulinbestimmung 319[7].
Martin, S. J., s. Himwich, H. E. 773[4].
Martin-Poggi, R., s. Roche, J. 711[2, 4].
Martinez, C.: Verhinderung der diabetogenen Alloxanwirkung durch Harnsäure 1248[3].
— s. Houssay, B. A. 779[10].
Martini, G. A., s. Kirberger, E. 376[13], 377[11].
Martini, V.: Verbesserung der Resorption durch Cortin 217[18].
Martinskovski, B. I.: Magensaftsekretion im Alter 46[2].
Martinson, E. E.: Urease in der Magenschleimhaut von Hund und Katze 37[2].
Martius, C.: Quelle der Citronensäure in verschiedenen Organen 1029[3]. — Citratabbau 1031[1]. — Oxalcitramalsäure 1031[6]. — Aktive Form der Essigsäure 1032[2]. — Aconitase 1050[4]. — Reaktionskinetik der Aconitase 1051[7]. — Isocitricodehydrogenase 1051[8]. — Fluoressigsäurehemmung des Citronensäureabbaus 1059[4].

Die Seiten 1—840 befinden sich im Bandteil a, die Seiten 841—1257 im Bandteil b.

MARTIUS, C., and B. HESS: Entkoppelung von Atmung und oxydativer Phosphorylierung durch Thyroxin 1140[8].
— u. F. KNOOP: Citratabbau 1031[1].
— u. H. LEONHARDT: Gleichgewicht an der Aconitase 1051[1].
— u. F. LYNEN: Zusammenfassung über Citronensäurecyclus (1950) 1034[6].
— u. G. SCHORRE: Asymmetrischer Abbau von Citronensäure 1058[3].
— s. KNOOP, F. 790[6], 937[5], 1030[3].
MARTLAND, M., and R. ROBISON: Wirkungsmechanismus der alkalischen Phosphatase bei Verknöcherung 711[12].
MARVIN, H. N., s. WELLS, B. B. 380[19].
MARX, A., s. EMBDEN, G. 802[3], 928[6].
MARX, A. V.: Verdauung pflanzlicher Zellen 96[7]. — Amylatische Wirkung des Dünndarminhalts 175[10].
MARX, H.: Buch über den Wasserhaushalt des gesunden und kranken Menschen (1935) 209[1]. — Blutverdünnung nach Wasserzufuhr 598[2].
MARX, L., s. ZONDEK, B. 860[16].
MARX, R., u. W. LANG: Fibrinolytisches Ferment in Exsudaten 558[8].
MASAYAMA, T., s. KOTAKE, Y. 988[11].
MASCHERPA, P.: Schicksal von radioaktivem Co im Stoffwechsel 673[2]. — Kobalt- und Nickelausscheidung im Harn 686[18].
— u. L. CALLEGARI: Kobaltproteine in Serum und Leber 406[27].
MASCHMANN, E.: Serumpolypeptidase bei Krankheiten 381[3]. — Vorkommen von Peptidasen im Serum 381[5]. — D-Polypeptidasen im Serum bei Carcinom 381[6]. — Aktivierung der Serumpeptidasen durch Schwermetalle 381[9]. — Alleinige Spaltung von L-Peptiden durch Serum 383[1]. — Herkunft des Acites bei der Maus 563[5]. — Aktivierung von Peptidasen durch Mangan 671[12]. — Aktivierung von Serumpeptidasen durch Kobalt 674[3].
MASKE, H.: Zinkverlust der Inselzellen nach Kohlenhydratzufuhr 678[16].
— H. WOLFF, B. STAMPFL u. F. BAUMGARTEN: Zinkausscheidung im Harn nach Zufuhr von Zink-Komplexbildnern 678[14].
— s. STAMPFL, B. 678[15].
— s. WOLFF, H. 678[13].
MASKIN, M. (H.), R. CALLAHAN and H. NECHELES: Widerstandsfähigkeit lebender Organe gegen Verdauung 82[7].
— s. NECHELES, H. 82[4].
MASON, E. E., and H. S. BLOCH: Ausscheidung von Jod durch die Magenschleimhaut 68[1].
MASON, H. L.: Pregnan-3α, 20α-diol-11-on als Corticosteronmetabolit im Harn 893[14]. Ausscheidung von 17-Oxycorticosteron und 11-Dehydro-17-oxycorticosteron im Harn 893[26]. — Dehydroandroisosteronmetabolite im Harn 900[4].
MASON, H. L., and W. W. ENGSTROM: Ausscheidung der C_{19}-Steroide 901[6].
— and E. J. KEPLER: 11β-Oxyandrosteron im Harn 902[7].
— E. J. KEPLER and J. J. SCHNEIDER: Androsteron und Aetiocholanolon als Dehydroisoandrosteronmetabolite 900[5].
— and J. J. SCHNEIDER: Δ^{16}-Androsten-3-ol im Harn 902[3].
— s. DUSTAN, H. P. 880[16].
— s. POLLEY, H. F. 902[13].
— s. SCHNEIDER, J. J. 897[19], 900[2].
— s. SPRAGUE, R. G. 628[4].
— s. WARD, E. 1008[1].
MASON, M., and C. P. BERG: Keine Bildung von α-Oxytryptophan beim Tryptophanabbau 989[4]. — Bildung von Anthranilsäure im Cytoplasma 1153[2].
MASORO, E. J., I. L. CHAIKOFF and W. G. DAUBEN: Umwandlung von Glucose in Fett in der Leber 766[10]. — Fettsäurebildung aus Glucose durch eviscerierte Tiere 835[3].
— s. CHERNICK, S. S. 833[4].
— s. ZILVERSMIT, D. B. 781[7].
MASRI, M. S., s. LYON, I. 835[5].
MASSART, E. L., u. L. VANDENDRIESSCHE: Hemmungsstoffe für Carboxylase 754[12].
MASSART, J., s. PAFFRATH, H. 619[7].
MASSART, L., G. PEETERS and A. VAN HOUCKE: Ribonucleotidasefällung durch Penicillin 1187[5]. — Hemmung der Ribonuclease durch Penicillin 1198[1].
— G. PEETERS et A. LAGRAIN: Hemmung der Ribonuclease durch Acridin 1198[2].
— G. PEETERS, J. DE LEY, R. VERCAUTEREN and A. VAN HOUCKE: Hemmung der Ribonuclease durch Acridin 1198[3].
— s. DUFAIT, R. 695[31].
MASSHOFF, W., u. W. GRANER: Zerstörung von Hämoglobin in Ergüssen 558[3].
— W. GRANER u. H. HELLMANN: Zerstörung von Erythrocyten durch entzündliche Ergüsse 558[2]. — Zerstörung von Hämoglobin durch entzündliche Ergüsse 558[3].
MASSINI, R.: Trennung von viscösem Eiter 583[6].
MASSON, G., s. HOFFMAN, M. M. 249[5].
MASSON, G. M. C., s. GRECO, F. DEL 902[14].
MASSON, M. J., and A. T. PHILLIPSON: Resorption flüchtiger Fettsäuren im Schafspansen 245[5].
MAST, S. O., and D. M. PACE: Bedeutung von Silicium für Pflanzen 690[16].
MASTERS, R. E., s. ALTMAN, K. I. 436[14], 943[11], 998[5].
MASTROPAOLO, A., s. COLANGIULI, A. 547[4].
MATAKAS, F.: Milchsäurenüchternwerte im Blut 323[7].
MATEER, F. M., s. GREENMAN, L. 622[4].
MATHER, K., R. G. BOWLER, A. C. CROOKE and C. J. O. R. MORRIS: Blutmengenbestimmung 258[9].

MATHEWS, M. B., and B. VENNESLAND: Ameisensäureoxydation im Tierkörper 840[4].
MATHIESON, D. R., s. GROSS, J. B. 379[8].
MATHIESON, P. S., s. SPRAGUE, R. G. 628[4].
MATHIEU, R., s. ALLARD, C. 1098[1].
MATHIS, H.: Rhodangehalt des Speichels 20[8]. — Mineralgehalt des gemischten Speichels 21[3]. — Rhodangehalt des menschlichen Speichels 21[15]. — Stickstoff- und Alkoholgehalt des menschlichen Speichels 21[18]. — Mg-Gehalt des Mundspeichels und Zahncaries 28[7].
MATOSSI, R.: Beziehung zwischen Äthylalkoholgehalt in Blut und Liquor cerebrospinalis 571[7].
MATSUBARA, K.: Ungesättigte Fettsäuren in Taubenorganen 845[3].
MATSUDA, T.: Abgabe von Harnsäure durch Pankreassaft 1213[14]. — Adrenalinwirkung auf Harnsäureausscheidung in der Galle 1230[20]. — Wirkung parasympathischer Endgifte auf Harnsäureausscheidung 1231[8].
MATSUMOTO, Y.: Tyrosingehalt von menschlichem Serum 344[9].
MATSUOKA, Z., u. T. NAKAO: Mechanismus des Tryptophanabbaus 988[11].
— and S. TAKEMURA: Tryptophanabbau 988[9].
— S. TAKEMURA u. N. YOSHIMATSU: Kynurensäureausscheidung 988[5].
— u. N. YOSHIMATSU: Kynurensäureausscheidung 988[5]. — Kynurenin als Abbauprodukt von Tryptophan 988[10].
— s. ELLINGER, A. 988[9].
— s. KOTAKE, Y. 980[5], 982[13].
MATSUYAMA, M.: Hemmung der Magensaftsekretion durch Glucose 45[12,13].
MATTAUCH, J., s. HAHN, O. 616[1].
MATTEI, P. DI: Zusammenfassung über die Resorption von Arzneistoffen (1938) 230[1].
MATTENHEIMER, H.: Spaltung von Poly- und Metaphosphaten 649[6]. — Phosphoproteinphosphatase 651[5].
MATTHES, H. U.: Ausnutzung des Sauerstoffs 528[1].
MATTHES, K., u. I. SCHLEICHER: Umlaufszeit des Blutes 262[4].
MATTHEWS, D. M., and D. H. SMYTH: Resorption von L- und D-Alanin bei Katzen 227[6].
MATTHEWS, H., s. ROWE, A. W. 734[2].
MATTHEWS, W. B., s. DRAGSTEDT, L. R. 82[3].
MATTHEY, A., s. BERNHARD, K. 197[8], 198[1].
MATTIL, K. F., and J. W. HIGGINS: Ausnutzung der Nahrungsfette 800[7].
MATTISON, M. D., s. MENKIN, V. 560[3].
MATTSON, F. H., J. H. BENEDICT, J. B. MARTIN and L. W. BECK: Produkte der Fettspaltung im Darm 799[8].
— J. W. MEHL and H. J. DEUEL jr.: Vitamin A-Bildung aus Carotin im Darm 197[1].
MATZELT, D., s. BÜCHER, T. 568[1].
MAUPIN, B., J. JULLIARD, R. ARDRY, P. H. BONNEL, R. CHARY, L. HÉNAFF, H. PERROT et M. P. ROBERT: Gewinnung lebender Leukocyten 459[8].
MAUREL, E.: Vorstufen der Purinsynthese 1218[36].
MAURER, F. W., M. F. WARREN and C. K. DRINKER: Menge der Pericardialflüssigkeit bei Tieren 561[7], 562[5], 563[4].
MAURER, G.: Blutkonservierung 468[9].
MAURER, K., u. E. VINCKE: Gerinnungshemmende Wirkung von Schwefelsäureestern einiger Polysaccharide 492[11].
MAURER, R., s. WEISSBECKER, L. 672[23].
MAURER, W., H. BASTEN, W. BECKER, A. NIKLAS u. H. PUCHTLER: Bestimmung der Acidität des Mageninhalts mit radioaktivem Ca 88[6].
— s. SCHILD, K. T. 446[7], 447[2].
— s. SCHLÜSSEL, H. 652[5].
— s. SCHUBERT, G. 666[11], 668[15].
MAURIN, M., s. DELAUNAY, A. 458[10].
MAURITZEN, C. M., A. B. ROY and E. STEDMAN: Nucleinsäuregehalt isolierter Zellkerne 1104[5].
MAURON, J., s. LEUTHARDT, F. 1136[3].
MAUTNER, H., s. BASCH, F. 205[8].
MAVER, M. E., and A. E. GRECO: Intracelluläre Verteilung von Kathepsin und Amidasen 1090[45]. — Kathepsinverteilung in Zellfraktionen 1125[9]. — Ribonucleotidase aus Pankreas 1187[3].
— A. E. GRECO, E. LØVTRUP and A. J. DALTON: Intracelluläre Verteilung von Kathepsin 1090[128].
— J. M. JOHNSON and C. VOEGTLIN: Synthetisierende Wirkung von Kathepsinen 917[6].
— and C. VOEGTLIN: Synthetisierende Kathepsine 917[6].
— s. VOEGTLIN, C. 917[6].
MAW, G. A., and V. DU VIGNEAUD: Dimethylthetin und Dimethyl-β-propiothetin als Methyldonatoren 961[8].
MAW, W. A., s. PHILLIPS, W. E. J. 1102[19].
MAWSON, C. A.: Prothrombinbestimmung 480[3].
— and M. I. FISCHER: Zinkgehalt der Prostata 675[11].
MAXIM, M.: Carotingehalt des Blutes von Schlachttieren 357[12]. — Vitamin C-Gehalt im Geflügelblut 365[13].
— et C. VASILIU: Cholingehalt von Hundeblut 351[15].
MAXIMOW, N. A.: Buch über Beziehung der Pflanzen zu Wasser (1929) Engl. 606[1]. — Lehrbuch der Pflanzenphysiologie (1929) Engl. Übers. 606[1].
MAXWELL, E., and G. ASHWELL: Verteilung von Stickstoff und RNS-Phosphor in der Zelle 1072[33].
— and G. ASHWELL: Intracelluläre Verteilung von Succinoxydase und Adenosintriphosphatase 1090[129].

MAXWELL, L. C., and F. BISCHOFF: Löslichkeit von Bleisalzen in physiologischen Lösungen 404[13].
MAY, F., s. HOFF, F. 407[1].
MAY, R., s. KRAFT, K. 406[33], 696[13], 699[13].
MAY, R. M.: Phosphatide der Nervenfasern bei WALLERscher Degeneration 865[18].
MAYDELL, R.: Kreatingehalt von menschlichem Blutserum 350[3].
MAYER, A.: Gefrierpunktserniedrigung des Blutserums bei Durst 266[6].
— F. RATHERY et G. SCHAEFFER: Phosphatidgehalt der Mitochondrien 867[9].
— et G. SCHAEFFER: Phosphatidgehalt der Mitochondrien 867[10].
— et É.-F. TERROINE: Protein-Phospholipoidkomplexe 859[4].
MAYER, D. T., and A. GULICK: Saures Protein aus Zellkernen 1109[2].
— s. THOMAS, L. E. 1112[8].
— s. WANG, T. Y. 1109[4].
MAYER, H(elene), s. POPPER, H. 350[5].
MAYER, H(ermann), s. LANG, K. 819[2], 821[4].
MAYER, K(arl): Zusammenfassung über Darmprolinase und -prolidase (1941) 120[9].
— Zusammenfassung über Peptidasen (1941) 121[17].
— s. WALDSCHMIDT-LEITZ, E. 381[5], 382[18].
MAYER, P.: Decarboxylierung von Oxalessigsäure 1053[2].
MAYER, U., s. LANG, K. 1133[9], 1136[38], 1148[8].
MAYER, W. B.: Amylase im Speichel von Frühgeborenen 24[3].
MAYNARD, L. A., and J. K. LOOSLI: Zusammenfassung über Mineralernährung (1943) 609[17].
— and S. E. SMITH: Zusammenfassung über Mineralstoffwechsel (1947) 609[17].
— s. LOUW, J. G. 98[10].
MAYNEORD, W. V., s. NICKSON, M. 673[4].
MAYRHOFER, A.: Vorkommen von Fluor im Organismus 407[6].
— C. R. SCHNEIDER u. A. WASITZKY: Vorkommen von Fluor im Organismus 407[6].
— u. A. WASITZKY: Vorkommen von Fluor im Organismus 407[6].
MAYS, C. R., and W. M. McCORD: Pathologische Blutzuckersteigerung 318[4].
MAZÉ, P.: Zusammenfassung über Bedeutung von Spurenelementen für die Pflanzenernährung (1936) 655[10].
MAZGON, R., s. HAJÓS, K. 1234[12].
MAZIA, D.: Zusammenfassung über Physiologie des Zellkerns (1952) 1064[13].
MAZILLE, M., s. DOLADILHE, M. 302[4,6].
MAZINI, C., e G. CONTI: Regionen der Magenschleimhaut 32[8].
MAZOUÉ, H., s. LECOQ, R. 1246[10].
MAZURKIEWICZ, W.: Aschegehalt des Pankreassaftes vom Hund 157[5].
MAZZA, F. P.: Zusammenfassung über Dehydrierung von Fettsäuren (1943) 805[4].
— Abbau von Phenylbuttersäure zu Phenylcrotonsäure 805[6].
MAZZA, F. P., u. C. MIGLIARDI: Hämopoiase 38[4].
— C. MIGLIARDI e F. PENATI: Hämopoiase 38[3].
MAZZOCCO, P., s. HOUSSAY, B.-A. 350[26].
MAZZOLENI, L.: Beziehung der ungesättigten Fettsäuren zum Blutzucker 336[8].
MEAD, J. F., L. R. BENNETT, A. B. DECKER and M. D. SCHOENBERG: Resorption von Ölsäure-methylestern 246[4]. — Verbesserung der Resorption von Methylestern durch Maisöl 801[1].
MEANS, J. H., A. V. BOCK and M. N. WOODWELL: p_H-Wert im arteriellen Blut 531[1].
— s. MCARTHUR, J. W. 681[14].
MEDAIRY, G. C., s. NAJJAR, V. A. 994[4].
MEDDA, E.: Schleimgehalt des kindlichen Magensaftes 72[4].
MEDES, G.: Zusammenfassung über Chemie und Stoffwechsel von Schwefelverbindungen (1939) 651[11]. — Mg-Speicherung 635[4]. — Oxydation von Cystein zu Cystin 955[14,16]. — Abbau von Cystein zu Sulfat 956[13]. — Cysteinoxydasen 956[25]. — Sulfatabspaltung aus Cysteinsulfinsäure 957[1]. Cysteinsäurebildung aus Cystein 957[1]. — — Keine Sulfatausscheidung nach Cysteinsäureinjektion 957[1,8]. — Cystinabbau 958[6], 959[2]. — Sulfatbildung aus Methionin 966[2]. — Tyrosin- und p-Oxyphenylbrenztraubensäureausscheidung nach Phenylalaninzufuhr 980[7].
— and N. FLOYD: Mechanismus der Cystin/Cystein-Umwandlung 956[3]. — Cysteinabbau zu Sulfat 956[27]. — Sulfatbildung aus Cysteinsulfinsäure 957[2]. — Keine Sulfatausscheidung nach Cysteinsäureinjektion 957[9]. — Fermentative Oxydation von Cystin 958[8]. — Cystinsulfodioxyd-decarboxylase 959[5]. — Cysteinoxydase B 966[13].
— N. F. FLOYD and S. WEINHOUSE: Biologische Acetatoxydation 1033[2]. — Acetatabbau über Acetessigsäure 1033[6].
— A. THOMAS and S. WEINHOUSE: Fettsäurebildung im Hunger 835[7].
— s. BENNETT, M. A. 963[4].
— s. WEINHOUSE, S. 823[3], 1033[6], 1057[1].
Medical Research Council: Hämoglobingehalt des Blutes 510[11].
MEDIGRECEANU, F., s. LEVENE, P. A. 1186[11].
MEDNIKIAN, G. A., and R. M. KOLDOBSKAJA: Speichellysozym 25[20].
MEDVEI, C. V., s. WELTMANN, O. 307[5].
MEERBECK, A., s. GOHR, H. 1018[1].
MÉGAY, K. v., s. KAPELLER-ADLER, R. 1218[16].
MEGGERS, W. F.: Bestimmung der Alkalimetalle 619[2].
MEHL, J. W., F. GOLDEN and R. J. WINZLER: Elektrophorese der Mucoproteide des Serums 302[1].

MEHL, J. W., J. HUMPHREY and R. J. WINZLER: Elektrophorese der Mucoproteide des Serums 302[1].
— s. HARRIS, E. S. 1090[63,121].
— s. MATTSON, F. H. 197[1].
— s. SIMONSEN, D. G. 413[2].
— s. WIESE, C. E. 197[2].
MEHLER, A. (H.), and W. E. KNOX: Tryptophanabbau zu Kynurenin 989[3].
— s. KNOX, W. E. 989[3], 1153[1].
— s. KORNBERG, A. 1052[1].
— s. OCHOA, S. 1054[6,7].
— s. TABOR, H. 977[13].
MEHMKE, L. D., s. OHLMEYER, P. 1109[6].
MEIENBERG, L. J., and C. L. BROWN: Erregung der Magensaftsekretion durch Histamin 43[20].
MEIER, D. J., s. SWIFT, E. H. 409[2].
MEIER, F., s. FLASCHENTRÄGER, B. 738[10].
MEIER, J. R., s. CHAIKOFF, I. L. 878[4].
MEIER, K., s. GLANZMANN, E. 639[11].
MEIER, K(lotilde), s. STRAUB, H. 531[1], 533[5].
MEIER, R., u. E. THOENES: Veränderungen in Serumcalcium und -phosphat bei Diabetikern 413[10].
— s. MEYERHOF, O. 1029[5].
MEIKLEHAM, V., I. C. WELLS, D. A. RICHERT and W. W. WESTERFELD: Xanthinoxydasegehalt der Leber und Eiweißgehalt der Nahrung 1241[6].
MEIKLEJOHN, A. P.: Normalwerte von Vitamin B_1 im Blut 361[9].
MEINKE, M., s. DAUS, L. 809[1].
MEISENHEIMER, M., s. BAMANN, E. 124[17].
MEISSNER, G.: Thiosulfatausscheidung 954[1]. — Ort der Allantoinbildung 1208[23].
MEISTER, A.: β, δ-Diketocapronsäurespaltung in Nierenhomogenaten 804[5]. — Hydrierung von α, γ-Diketosäuren 805[1,2]. — Intracelluläre Verteilung von Lactonase und Diketohexanatabbau 1090[78].
— H. A. SOBER and E. A. PETERSON: Vitamin B_6 als Coenzym von Transaminasen 938[6].
— s. BAKER, C. G. 832[2], 1137[5].
— s. GREENSTEIN, J. P. 1093[1].
— s. PRICE, V. E. 1090[53].
MEISTER, H., s. RUZICKA, L. 415[7].
MEISTER, P., s. PRELOG, V. 886[23].
MEISTER, P. D., s. PETERSON, D. H. 886[16].
MEITUS, M., s. SCHAFFNER, F. 853[6], 861[6].
MELAMPY, R. M.: Verteilung von Aminosäuren in Kükenerythrocyten 441[2]. — Aminosäurezusammensetzung von Zellkernproteinen 1112[10].
MELCHERS, W. J., en H. J. GERRITSEN: Buch über Kupfer als unentbehrliches Element (1944) Holl. 667[11].
MELCHIOR, J. B., and H. TARVER: Einbau von Aminosäuren in Eiweiß 924[6], 925[8].
MELDRUM, N. U., and F. J. W. ROUGHTON: Darstellung der Kohlensäureanhydratase 521[4]. — Kohlendioxydabgabe aus Hämoglobinlösungen 523[8]. — Notwendigkeit von Zink für Kohlensäureanhydratase 678[19].
MELIN, M., s. COHN, E. J. 294[9], 306[1], 476[10].
— s. ONCLEY, J. L. 301[3,5], 305[9], 306[2].
MĚLKA, J.: Ersatz der Bluteiweißkörper durch Gewebseiweiß 288[7]. — Harnsäureausscheidung bei purinarmer Nahrung 1239[2].
MELLANBY, E.: Anticalcifizierende Wirkung von Phosphat bei Vitamin D-Mangel 638[14]. — Verhalten von zugeführtem Kreatin im Stoffwechsel 946[3].
MELLANBY, H.: Störung der Zahnentwicklung bei Vitamin A-Mangel 723[8].
MELLANBY, J.: Resorption ungespaltener Fette 239[2]. — Prothrombindarstellung 478[12]. — Thrombindarstellung 486[8]. — Resorbierbarkeit von Kohlenwasserstoffen 798[3].
— and C. J. THOMAS: Carbhämoglobin 523[6].
— and V. J. WOOLLEY: Stärkespaltung durch Hundepankreassaft 167[1].
MELLANBY, M.: Zusammenfassung über Einfluß der Ernährung auf die Zahnstruktur (1928) 708[20]. — Entstehung der Zahncaries 29[1].
— and J. D. KING: Zusammenfassung über Vitamine und Zahncaries (1939) 700[13].
MELLENTHIN, K. M. v., s. EHRENBERG, R. 213[8].
MELLINGHOFF, K.: Kaliumgehalt des Blutes bei Hungergeschädigten 394[17]. — Blutcalcium bei Hunger 397[2]. —Experimenteller Chlorentzug bei Hunden 408[4]. — Ca-Bindung im Blut bei Hungerkranken 644[17].
— s. KATSCH, G. 48[2], 64[5].
MELLO, R. P. DE, s. GRINSTEIN, M. 1008[3], 1009[2].
— s. WATSON, C. J. 1005[4].
MELLORS, R. C., J. F. KEANE jr. and G. N. PAPANICOLAOU: Zellkernvolumen des Cervixepithels 1098[19].
MELNICK, D., W. D. ROBINSON and H. FIELD jr.: Nicotinsäuregehalt im menschlichen Blut 363[11], 453[5].
— s. DEUEL, H. J. jr. 820[8].
— s. FIELD, H. jr. 363[13].
MELNICK, J. L., s. KAPLAN, A. S. 1147[10].
MELON, J., et M. J. DALLEMAGNE: Feinstruktur des Knochens 708[8]. — Theorie der Verkalkung 710[7].
— s. BEAULIEU, M. 703[2].
— s. BRASSEUR, H. 708[1].
— s. DALLEMAGNE, M. J. 708[1,7,9], 714[1].
MÉLON, L., s. FRÉDERICQ, H. 1251[6].
MELTZER, A., s. HESSEL, G. 68[4].
MELVILLE, J., s. WILLIAMS, H. H. 336[1].
MEMMEN, F., s. WILLSTÄTTER, R. 35[5], 38[14], 163[11].
MENDEL, B.: Hemmung der Glykolyse durch Glycerinaldehyd 758[6].

Die Seiten 1—840 befinden sich im Bandteil a, die Seiten 841—1257 im Bandteil b.

MENDEL, B., M. BAUCH u. F. STRELITZ: Hemmung der Glykolyse durch Glycerinaldehyd 758[6].
— W. ENGEL u. I. GOLDSCHEIDER: Milchsäurevermehrung im Blut bei örtlichem Sauerstoffmangel 324[8].
— D. B. MUNDELL and H. RUDNEY: Cholinesterasen des Blutes 450[1].
— and H. RUDNEY: Cholinesterasen des Blutes 450[1].
— R. RUDNEY and M. C. BOWMAN: Rhodanese 415[12].
MENDEL, L. B.: Maltase im Darmsaft 126[6].
— and E. W. BROWN: Ort der Allantoinbildung 1208[22]. — Allantoinausscheidung nach purinreicher Nahrung 1215[9].
— and H. C. JACKSON: Kynurensäureabbau im Tierkörper 988[6].
— and C. S. LEAVENWORTH: Purinsynthese 1218[11].
— and E. C. SCHNEIDER: Kynurensäureabbau im Tierkörper 988[6].
— and R. L. STEHLE: Vorstufen der Purinsynthese 1218[37]. — Steigerung der Purinausscheidung durch purinfreies Eiweiß 1240[13]. — Steigerung der Harnsäureausscheidung durch Aminosäuren 1241[15]. — Steigerung der Harnsäureausscheidung durch Kohlenhydrat- und Fettkost 1242[2].
— and E. L. WARDELL: Harnsäurebildung aus Methylpurinen 1214[14].
— and B. WHITE: Allantoinausscheidung nach purinreicher Nahrung 1215[10].
— s. ARNOLD, R. M. 550[7].
— s. DEUEL, H. J. jr. 1228[12].
— s. HUBBELL, R. B. 678[3], 717[6].
— s. OSBORNE, T. B. 654[3], 911[3], 967[7], 1218[12].
MENDÉLÉEFF, P.: p_H-Wert im Embryonalblut 271[12].
MENDES DE LEON, C., s. SNAPPER, I. 827[6].
MENEELY, G. R., s. HAHN, P. F. 214[1].
MENGE, H., and G. F. COMBS: Bedeutung von Vitamin B_{12} für Serinsynthese aus Glycin 964[4].
MENKIN, V.: Leukocytose begünstigender Eiweißkörper in Exsudaten 457[2].
— M. D. MATTISON and E. ULLED: Anregung der Leukocytenausschüttung durch Protein aus Transsudaten 560[3].
— s. DILLON, M. L. 560[3].
MENNE, F.: Zusammenfassung über Verdauung und Resorption (1948) 200[13].
MENNICKEN, G., s. WERLE, E. 931[5,7].
MENON, V. K. N.: Zusammensetzung der Restreduktion 317[7].
MENOZZI, A., e A. MORESCHI: Vorkommen von Sterinen in Seidenraupenöl 870[8].
MENSCHEL, H., u. H. SCHADE: Wassergehalt und Quellbarkeit von jugendlichem Bindegewebe 591[13].
MENSCHICK, W., u. I. H. PAGE: Ergosterinresorption 872[20].
— s. PAGE, I. H. 877[3].
MENSOROV, I. G.: Plasteinbildung bei Eiweißverdauung 917[1].
MENTEN, M. L.: p_H-Wert im Magensaft 48[15].
MENTZER, C., s. MEUNIER, P. 495[11, 12].
MENY, R., s. ALTMANN, H. W. 1125[1].
MENZA, J. A. DI, s. SEVILLA, J. 329[5].
MERANZE, D. R., s. MERANZE, T. 376[12].
MERANZE, T., D. R. MERANZE and M. M. ROTHMAN: Phosphatasebestimmung im Blut als Leberfunktionsprüfung 376[12].
MERCIER, P., s. ROSSIER, P. H. 543[2], 544[4].
MEREJKOWSKY, B., s. GUILLAUMIN, C.-O. 409[13].
MERING, (F.) J. v.: Wasseraufsaugung im Magen 209[2]. — Zuckerspiegel in der Pfortader während der Zuckerresorption 221[2]. — Phlorrhizindiabetes 758[5].
— u. O. MINOWSKI: Fettresorption bei pankreaslosen Hunden 247[11]. — Pankreasexstirpation 779[1].
— s. MUSCULUS, F. 22[4].
MERKEL, H. H.: Inhibine im Darm von Kaninchen 172[2].
MERKENS, J.: Erbliche Hämophilie bei Hunden 498[4].
MERKLEN, L. I., et F. FRÖHLICH: Hormonbildung im Pylorus 43[6].
MERKULOW, L. G.: Pilocarpinwirkung auf Darmsaftsekretion 145[4].
MERRELL, M., s. GELLHORN, A. 622[2].
MERRILL, A. J., s. WARREN, J. V. 270[4].
MERRITT, K. K., and F. FREMONT-SMITH: Buch über die Cerebrospinalflüssigkeit (1938) Engl. 564[19].
MERSHEIMER, W. L., s. GLASS, G. B. J. 70[10], 71[3].
MERTEN, M. L. s. ANDERSCH, M. A. 516[9].
MERTEN, R.: Zusammenfassung über Proteinasen des menschlichen und tierischen Organismus (1951) 6[17]. — Zusammenfassung über Bedeutung der Proteinasen für Abwehrleistungen und klinische Diagnostik (1951) 383[4]. — Bestimmung des Eiweißzuckers 322[11]. — Serumpolypeptidase bei Krankheiten 381[2]. — Spezifität der Serumpeptidasen 381[7]. — D- und L-Peptidasen in Erythrocyten 450[15]. — Peptidasengehalt menschlicher Leukocyten 463[12].
— u. H. RATZER: Kathepsin im Magensaft 78[1].
— H. RATZER u. U. KLEFFNER: Kathepsin im Magensaft 78[1]. — Spaltung von Hämoglobin durch Kathepsin 82[2].
— G. SCHRAMM, W. GRASSMANN u. K. HANNIG: Magenkathepsin 81[4]. — Magenprotease 81[4].
— s. HERKEN, H. 381[6].
— s. HINSBERG, K. 322[8], 343[1].
— s. LEHMACHER, K. 97[5], 225[8].
MERTENS, E.: Akute Porphyrie 1020[1].
MERTZ, E. T., W. H. SEEGERS and H. P. SMITH: Wirkungsweise der Thrombokinase 484[11].
— s. ROSE, W. C. 960[10].

MERZ, K. W., s. EDLBACHER, S. 381[11], 450[16].
MESSERLI, H.: Resorption höher molekularer Eiweißspaltstücke aus Darmschlingen 226[1]. — Resorption von Peptonen 914[10].
MESSINA, R.: Störung der Purinoxydation bei Tuberkulose 1247[3].
MESTEČKINA, A. J., s. FERDMAN, D. L. 1230[5].
MÉTAIS, P., s. MANDEL, P. 1102[12].
METCHNIKOFF, É.: Schädlichkeit der Darmflora 186[4]. — Umstimmung der Darmflora 190[8].
MÉTIVET, G.: Darmresektion beim Hund 198[6].
METT, S. G.: Pepsinbestimmung 77[3].
METZGER, E. F., et P. FAVARGER: Cholesterinesterspaltung in der Darmwand 797[3].
METZLER, D. E., and E. E. SNELL: Abbau von D-Serin zu Brenztraubensäure 939[7].
METZNER, R.: Parotissekret bei Carnivoren 15[2].
MEULENGRACHT, E.: Vorkommen von intrinsic factor in der Darmschleimhaut 121[9].
— E. SCHIØDT u. A. ELDAHL: Verteilung der Lipase in der Magenschleimhaut 39[1].
MEUNIER, J., et G. SAINT-LAURENS: Kupfergehalt von Pigmentgallensteinen 667[6].
MEUNIER, P.: Phylogenetische Beziehungen des Aluminiums 405[6].
— et C. MENTZER: Wirkungsmechanismus von Dicumarol 495[11].
— C. MENTZER et A. VINET: Wirkungsmechanismus von Dicumarol 495[12].
— et A. VINET: Tocopherolgehalt im Kaninchenblut 361[3].
— s. VINET, A. 361[3], 454[10].
MEUTÉMÉDIAN, A., s. BERNFELD, P. 745[2].
MEYER, A. H.: Wirkung von Zink auf Fortpflanzungsorgane 678[5].
MEYER, C. E., s. ROSE, W. C. 960[10].
— s. VIGNEAUD, V. DU 935[2], 936[1].
MEYER, E.: Zusamenmfassung über Resorption und Ausscheidung des Eisens (1906) 213[18]. — Bildung von Homogentisinsäure aus Tyrosin 982[9].
MEYER, E. C., s. GOLLWITZER-MEIER, K. 539[4].
MEYER, F. A.: Rhythmus der Blutzuckerwerte 316[2].
MEYER, F. W., s. MARKEES, S. 325[11,12].
MEYER, G., s. HAHN, A. 945[7].
MEYER, G. M., s. LEVENE, P. A. 913[10].
— s. SLYKE, D. D. VAN 226[9], 913[8], 915[10], 916[1,2,4].
MEYER, H.: Ausscheidung von Harnstoff-N als Harnsäure durch Hühner 1204[4].
MEYER, H(ugo), s. ROMINGER, E. 619[6], 625[6], 631[5], 640[4], 717[1].
MEYER, H. H.: Buch über Liquor, Untersuchung und Diagnostik (1949) 564[6].
— u. R. GOTTLIEB: Lehrbuch der experimentellen Pharmakologie 9. Aufl. (1936) 1250[6].
MEYER, J(acob), J. S. GOLDEN, N. STEINER and H. NECHELES: Abhängigkeit des Amylasegehaltes im Speichel vom Alter 24[4].
— L. SCHEMAN and H. NECHELES: Hemmung der Magensaftsekretion durch Pfefferminzöl 45[18].
— s. BECKER, G. H. 240[6].
— s. NECHELES, H. 45[19].
MEYER, J(oe), s. LORBER, V. 762[5], 827[5], 837[2].
MEYER, J(ulius), s. RUZICKA, L. 897[5].
MEYER, J. S.: Biographie von W. BEAUMONT (1939) Engl. 30[14].
MEYER, K(arl): Zusammenfassung über Schleimstoffe (1938) 70[7]. — Zusammenfassung über die biologische Bedeutung der Hyaluronsäure und der Hyaluronidase (1947) 380[5]. — Wirkung verunreinigter Hyaluronidase auf Blut 380[5]. — Glykoproteid aus Knochen 702[9].
— and E. CHAFFEE: Hyaluronsäure in Exsudaten 558[7]. — Bedeutung der Hyaluronsäure für die Viscosiät der Gelenklymphe 580[9].
— E. CHAFFEE, G. L. HOBBY and M. H. DAWSON: Viscosität der Gelenklymphe 580[10].
— and B. E. INGREEN: Zusammenfassung über Hyaluronidase (1946) 558[7].
— and J. W. PALMER: Bedeutung der Hyaluronsäure für die Viscosität der Gelenklymphe 580[9].
— E. M. SMYTH and M. H. DAWSON: Synoviamucin 580[5].
— E. M. SMYTH and J. W. PALMER: Blutgruppenspezifische Substanz aus der Magenschleimhaut vom Schwein 40[7].
— s. RAGAN, C. 581[1,10].
MEYER, K. H.: Zusammenfassung über die Chemie des Glykogens (1943) 744[4]. — Zusammenfassung über Amylasen (1951) 164[5].
— et P. BERNFELD: Beteiligung von Isophosphorylase bei der Glykogensynthese 745[1].
— F. DUCKERT et E. H. FISCHER: Amylolytische Wirkung von Speichel und α-Amylase 22[9].
— E. H. FISCHER et P. BERNFELD: Zerlegung der α-Amylase aus Schweinepankreas 164[11]. — Erste Krystallisation der α-Amylase aus Schweinepankreas 164[12].
— K. H. FISCHER, P. BERNFELD et A. STAUB: Speichelmenge beim Erwachsenen 18[14]. — Isolierung der Speichelamylase 24[9].
— E. H. FISCHER, A. STAUB et P. BERNFELD: Isolierung der Speichelamylase 24[10].
MEYER, Kurt, u. W. LÖWENBERG: Bakteridine 172[1].
MEYER, L. F.: Ursache des „Salzfiebers“ 632[6].

MEYER, L. M., A. SAWITZKY, N. D. RITZ and H. M. FITCH: Cholinesterase im Blut bei Krankheiten 374[7]. — Acetylcholinesteraseaktivität im Blut bei perniciöser Anämie 450[5].
— s. BERLIN, N. I. 1016[5].
— s. SAWITSKY, A. 449[15], 450[4].
MEYER, O. O., G. E. STEWART, E. W. THEWLIS u. H. P. RUSCH: Bedeutung der Hypophyse für die Blutbildung 465[13].
— s. ABRAMS, A. 557[2].
MEYER, P.: Zusammenfassung über kolloidosmotischen Druck biologischer Flüssigkeiten (1932) 269[6]. — Zusammenfassung über kolloidosmotischen Druck (1935) 269[6]. — Kolloidosmotischer Druck von Serum verschiedener Tiere 270[6]. — Messung des kolloidosmotischen Druckes 270[7].
MEYER, R. J., u. W. SCHULZ: Apatitstruktur der Zahnsubstanz 708[12]. — Fluorgehalt von Zahnschmelz 709[1].
MEYER, R. K., S. W. SOUKUP, W. H. MCSHAN and C. BIDDULPH: Succinodehydrogenase im Corpus luteum 887[4].
— s. MCSHAN, W. H. 1072[36], 1090[93], 1096[21].
— s. RIEGEL, I. L. 906[4], 1090[131], 1153[30], 1156[3].
MEYER, W. C.: Umwandlung von Urobilin in Urobilinogen im Darm 193[6].
MEYER zu HÖRSTE, G.: Buch über die Verkalkung der Gewebe (1932) 700[14].
MEYER-BISCH, R.: Zusammenfassung über Mineralstoffwechsel (1931) 609[12]. — Zusammenfassung über Umsatz der Alkalichloride (1931) 618[9].
— u. F. GÜNTHER: Zusammenfassung über Physiologie und Pathologie der Lymphbildung (1926) 546[7].
MEYERHEIM, G., u. H. J. HÜBENER: Ausscheidung von 17-Oxycorticosteron und 11-Dehydro-17-oxycorticosteron 893[23].
— s. AMELUNG, D. 886[13], 891[9], 1090[133], 1151[2].
MEYERHOF, O.: Buch über die chemischen Vorgänge im Muskel und ihren Zusammenhang mit Arbeitsleistung und Wärmebildung (1930) 725[37]. — Zusammenfassung über die Intermediärvorgänge bei der Kohlenhydratspaltung (1935) 725[34]. — Zusammenfassung über die Intermediärvorgänge der enzymatischen Kohlenhydratspaltung (1937) 725[34]. — Zusammenfassung über enzymatische Glykolyse und Phosphorylierung (1948) 725[26]. — Milchsäurebildende Fermentsysteme in Erythrocyten 379[21], 450[13]. — Fermente der Glykolyse 423[13]. — Hexokinase 741[1,3]. — Kinetik der Brenztraubensäurephosphorylasereaktion 752[7]. — Rolle der Phosphatide bei Oxydationen in der Zelle 856[1]. — Vorkommen von Argininphosphorsäure 946[10]. — In vitro-Oxydation von Cystein zu Cystin 955[13]. — Selbsthemmung der Milchsäurebildung im Muskel 1163[1]. — Adenylpyrophosphatase 1188[3].
MEYERHOF, O., and N. GELIAZKOWA: Umsatz von Glucose und Fructose im Gewebe 741[4].
— and H. GREEN: Bindungsenergie von Phosphatesterbindungen 785[3].
— and JUNOWICZ-KOCHOLATY, R. Aldolase 747[4]. — Kein Glycerinaldehyd-1,3-diphosphat bei der Glykolyse 751[2].
— u. W. KIESSLING: Brenztraubensäure als Wasserstoffacceptor für das oxydierende Gärungsferment 750[1]. — Phosphotrioseisomerase 750[9]. — Phosphoglyceromutase 751[5]. — Enolase 751[8].
— u. K. LOHMANN: Triosephosphorsäurehydrolyse 412[7]. — Phosphobrenztraubensäurehydrolyse 412[8]. — Bedeutung von Mg für Milchsäurebildung 636[21]. — Aldolase 747[1]. — Wärmetönung der Aldolasereaktion 748[3]. — Hemmung der Glykolyse durch Chinhydron 1169[1]. — Fermenthemmung durch Fluorid und Chinhydron 1169[6]. — ATP-Bildung durch Umesterung mit Kreatinphosphat 1194[7].
— K. LOHMANN u. R. MEIER: Acetaldehydbildung aus Brenztraubensäure 1029[5].
— K. LOHMANN u. P. SCHUSTER: Enzymatische Bildung von Triosephosphorsäuren 748[13].
— W. MÖHLE u. W. SCHULZ: p_H-Wert von Muskel 1173[13].
— and P. OESPER: Kinetik des oxydierenden Gärungsfermentes 749[11]. — Kein Glycerinaldehyd-1,3-diphosphat bei der Glykolyse 751[3]. — Gleichgewicht an der Brenztraubensäurephosphorylase 752[11].
— P. OHLMEYER, W. GENTNER u. H. MAIER-LEIBNITZ: Phosphatübertragung bei der Glykolyse 740[4].
— P. OHLMEYER u. W. MÖHLE: Bildung energiereicher Phosphatbindungen durch das oxydierende Gärungsferment 749[5].
— and J. R. WILSON: Postmortale Inaktivierung von Fermenten des Glykolysesystems 739[7]. — Umsatz von Glucose und Fructose im Gewebe 741[5]. — Phlorrhizinwirkung auf Brenztraubensäurephosphorylase 752[10].
— s. DRABKIN, D. L. 749[10].
— s. KIELLEY, W. W. 787[4], 1188[2].
— s. KIESSLING, W. 789[19], 1184[6].
— s. LOHMANN, K. 751[7], 752[2].
— s. WARBURG, O. 856[1].
MEYERINGH, H.: Bakterienhemmende Wirkung der Magenschleimhaut 67[13].
MEYSTRE, C., s. KAHNT, F. W. 885[22], 886[14].
MICHAELIS, E.: Erregung des Harnsäurezentrums durch Piqûre 1231[13].
MICHAELIS, F., s. BYERS, S. O. 875[1], 876[1].
— s. FRIEDMAN, M. 875[2].
MICHAELIS, H. F., s. LEHMANN, G. 369[16].

MICHAELIS, L.: Buch über die Wasserstoffionenkonzentration; 2. Aufl. (1922) 1167[2]. — Praktikum der physikalischen Chemie (1932) 23[10]. — Zusammenfassung über die theoretische Grundlage für die Bedeutung der Wasserstoffionenkonzentration des Blutes (1928) 528[10]. — Zusammenfassung über p_H-Wert des Magensaftes (1932) 48[13]. — Zusammenfassung über Titration der Salzsäurefraktion des Magensaftes (1932) 54[2]. — Zusammenfassung über Grundlagen der Oxydation und Reduktion (1946) 725[15]. — Zusammenfassung über Ferritin (1947) 398[20]. — Zusammenfassung über biologische Oxydationen und Reduktionen (1947) 725[17]. — Vorkommen von Ferritin 659[2].
— u. A. KRAMSZTYK: p_H-Messung in wäßrigen Extrakten von Gewebsbrei 1169[3].
— u. H. PECHSTEIN: Amylasebestimmung 23[10].
— u. P. RONA: p_H-Werte des Blutes 271[1].
— s. GRANICK, S. 659[1], 665[5].
— s. HAHN, P. F. 660[3], 1010[1].
MICHAUD, L., s. FLINT, J. M. 142[17].
— s. SPECTOR, H. 662[13].
MICHAUX, L., s. FIESSINGER, N. 568[7].
MICHEL, H. O.: Sulfhämoglobin 435[8].
— s. BERNHEIM, F. 434[12].
MICHELSON, C., s. STUMPF, P. K. 920[7].
MICHLIN, D., u. O. BORODINA: Fehlen von Saccharose, Lactose und Galaktose im Blut 319[8].
— u. A. RYŽOWA: Xanthindehydrogenase in Milchdrüse und Milch 1202[12]. — Verbreitung der Purindesaminasen 1217[9].
MIEHLER, H., s. DYCKERHOFF, H. 496[8].
MIELKE, H., s. LUBLIN, A. 93[3].
MIESCHER, F.: Histochemische und physiologische Arbeiten (1897) 912[2]. — Darstellung von Eiterkörperchen 584[2]. — Nucleoproteid in Eiterkörperchen 584[3]. — Zellkerngewinnung 1065[2]. — Entdeckung der Nucleoproteide als Kernbestandteil 1180[3].
— u. F. W. GLASER jr.: Spermabildung beim Lachs 1180[6], 1218[3].
— u. O. SCHMIEDEBERG: Entdeckung der Nucleoproteide als Kernbestandteil 1180[3].
MIETTINEN, J. K., s. VIRTANEN, A. I. 1015[1].
MIGICOVSKY, B. B., and A. R. G. EMSLIE: Wirkung von Vitamin D auf den Calciumstoffwechsel 714[4]. — Verwertung von radioaktivem Calcium und Strontium unter der Wirkung von Vitamin D 714[10].
— and A. M. NIELSON: Steigerung der Ca-Resorption durch Vitamin D 213[11]. — Wirkung von Vitamin D auf den Calciumstoffwechsel 714[5].
MIGLIARDI, C., s. MAZZA, F. P. 38[3,4].
MIGOSCHI, K.: Zusammensetzung von Darmkonkrementen 185[5].
MIHARA, S.: Arginase 968[10].
MII, S., s. GREEN, D. E. 826[2], 1048[4].
MIKULICZ-RADECKI, F. v.: Phosphatidstoffwechsel im Corpus luteum 857[1].
MILBRADT, W.: Anstieg der Blutphosphatide nach Fettresorption 241[2].
MILHAM, M., s. ALLEN, J. G. 499[3].
MILHAUD, G., M. DEMOLE et J. EPINEY: Zwei p_H-Optima von krystallisiertem Pepsin 78[5], 79[2]. — Magenproteasen 81[3].
MILHORAT, A. T., F. TECHNER and K. THOMAS: Kreatinsynthese aus Glykokoll 947[22].
— s. CHAMBERS, W. H. 911[5], 928[2].
— s. FARBER, M. 361[4].
— s. THOMAS, K. 947[21].
MILITZER, W., and L. C. TUTTLE: Adenosintriphosphatase aus Bakterien 787[9].
MILLER, A., s. FODOR, P. J. 923[1].
MILLER, A. M., and R. I. DORFMAN: Pregnan-3α, 17α, 20α-triol- u. Pregnan-3α, 17α-diol-20-on-ausscheidung im Harn 894[4]. — Ausscheidung von Δ^5-Pregnendiol-20-on und Δ^5-Pregnen-3β, 20α-diol im Harn 892[9]. — Aetiocholan-3α, 17β-diol als Testosteronmetabolit 899[12]. — Aetiocholan-3α, 11β-diol-17-on und Δ^9-Androsten-3α-ol-17-on im Harn 902[8].
— R. I. DORFMAN and M. MILLER: Dehydroisoandrosteronmetabolite im Harn 900[3].
MILLER, A. T. jr.: Wassergehalt von menschlichem Blut 391[6].
— s. NICHOLS, J. 1238[19].
MILLER, B. F., and R. DUBOS: Kreatininabbau durch Bakterien 348[14]. — Pseudokreatine in Erythrocyten 349[11].
— s. DUBOS, R. 348[14], 349[11].
MILLER, C. S., S. GURIN and D. W. WILSON: Purin- und Allantoinbildung aus Aminoimidazolcarboxamid 1221[1].
— s. WRIGHT, L. D. 1222[12], 1227[5].
MILLER, D. H., s. KENNEY, R. A. 631[10].
MILLER, E. C., and C. A. BAUMANN: Ausscheidung von Kynurenin und Xanthurensäure bei B_6-Mangelratten 993[6].
— s. LAIRD A. K. 1097[4].
s. POTTER, V. R. 1096[2].
— s. PRICE, S. M. 1072[2,3], 1096[4−6], 1098[4], 1154[3].
MILLER, E. G. jr., s. GRAYZEL, D. M. 149[5], 180[3].
— s. INOUYE, J. M. 21[20].
MILLER, E. S., s. BARNES, R. H. 117[3], 238[8], 796[4], 801[9], 821[1], 842[7,16].
— s. BURR, G. O. 820[1].
MILLER, J. A., s. HIGGINS, H. 1096[7].
— s. MUELLER, G. C. 1090[32], 1153[14].
— s. POTTER, V. R. 1096[2].
— s. PRICE, J. M. 1072[2,3], 1096[4−6], 1098[4], 1154[3].
MILLER, J. R., u. W. JONES: Xanthindehydrogenase der Leber 1202[5].
MILLER, L. A., s. GREENBERG, D. M. 1072[1].

MILLER, L. L., and P. F. HAHN: Leicht abspaltbares Eisen 399[9]. — Leicht abspaltbares Bluteisen ist ein Kunstprodukt 429[3].
— s. ROTHSTEIN, M. 814[1].
— s. TOPOREK, M. 977[4].
MILLER, L. P.: Optimale NaCl-Konzentration für Amylaseaktivierung 25[1].
MILLER, M., s. MILLER, A. M. 900[3].
— s. SCHILLER, S. 899[11].
MILLER, R., s. LEE, N. D. 1145[8].
MILLER, R. A.: Säurewerte im Mageninhalt von Neugeborenen 50[3].
MILLER, R. I., H. L. FOWLER, O. BERGEIM, M. E. REHFUSS and P. B. HAWK: Stärkespaltung im Magen 96[5].
MILLER, S. P., and A. C. KUYPER: Purinausscheidung nach Adrenalin 1230[16].
MILLER, T. G., s. KARR, W. G. 222[1].
MILLER, W. D., s. GREENBERG, D. M. 642[5].
MILLER, W. W., s. FRANTZ, I. D. jr. 924[6].
MILLER, Z. B., and L. M. KOZLOFF: Ribonuclease in Erythrocyten 451[2]. — Vorkommen von Ribonuclease im Zellkern 1116[25].
MILLERD, A.: Identische Enzymausrüstung der Mitochondrien 1135[6].
— s. BONNER, J. 1135[6].
MILLET, J. A. P., s. HENDERSON, M. 19[6].
MILLICAN, R. C., S. M. ROSENTHAL and H. TABOR: Acetylierung von Histamin durch Acetyl-CoA 1044[4].
MILLINGTON, R. H., s. VOLK, M. E. 809[5].
— s. WEINHOUSE, S. 830[2], 831[4], 1028[10].
MILLS, C. A.: Theorie der Blutgerinnung 488[6]. — Verkürzung der Gerinnungszeit nach Mahlzeiten 490[11].
MILLS, M. B., and J. H. ROE: Vitamin C-Bestimmung 365[19].
MILNES, B., s. BENSLEY, E. H. 377[5].
MILOVIDOV, P. F.: Buch über Physik und Chemie des Zellkerns (1949) 1064[14].
MILROY, T. H., and J. MALCOLM: Harnsäureausscheidung nach Aufnahme von Nucleinen 1199[9]. — Harnsäuregehalt in Faeces 1213[4].
— s. BOOTH, F. J. 853[2].
MILSTONE, (J.) H.: Streptokinase 297[15]. — Plasmathromboplastinaktivierung durch Calciumionen 484[15]. — Thrombindarstellung 486[12]. — Aktivierung von Fibrinolysin der Streptokokken 489[23].
MILTON, R. H., and D. W. WILSON: Herkunft der Harnsäureatome bei der Ratte 944[15].
MINCHILLI, M., s. MUSAJO, L. 990[3].
MINCKLER, S., s. OGUR, M. 1103[4].
MINDER, W., s. GORDONOFF, T. 718[3].
MINKOWSKI, O.: Blutzuckersenkung nach Leberexstirpation 782[4]. — Leber, Ort der Harnsäurebildung 1204[8]. — Harnsäurebildung aus Methylpurinen 1214[6]. — Ausscheidung von zugeführtem Allantoin beim Hund 1215[13]. — Vorstufen der Purinsynthese 1218[34]. — Steigerung der Harnsäure- und Allantoinausscheidung durch Salicylsäure 1249[19]. — Nicht harnfähige Form der Harnsäure 1254[8].
MINKOWSKI, O., s. MERING, J. v. 247[11], 779[1].
MIN(N)IBECK, H.: Ausscheidung von Gallensäuren 193[2]. — Gallensäure- und Bilirubingehalt des Blutes 339[9].
— s. FÜRTH, O. 235[2].
MINNICH, V., s. GOETSCH, A. T. 662[9].
MIÑÓN, J. R., s. DIAZ, C. J. 391[6].
MINOR, A. H., and L. BURNETT: Gewinnung lebender Leukocyten 459[8].
MINOT, A. S.: Zusammenfassung über die biologische Bedeutung von Blei (1938) 688[11].
— H. FRANK and D. DZIEWIATKOWSKI: Ribonucleotide im Harn bei progressiver Muskeldystrophie 1247[12].
— s. REIMAN, C. K. 406[2].
MINOT, G. R., C. S. DAVIDSON, J. H. LEWIS, H. J. TAGNON and F. H. L. TAYLOR: Antihämophiles Globulin 497[16].
— and M. B. STRAUSS: Natur des intrinsic factor 83[8].
— and M. B. STRAUSS: Zusammenfassung über Antiperniciosastoffe (1943) 121[8].
— and F. H. L. TAYLOR: Antihämophile Wirkung von Fibrinogen 296[9]. — Antihämophiles Globulin 497[17].
— s. LEWIS, J. H. 497[16].
MINOVITCH, E., s. SINCLAIR, R. G. 334[12].
MINTZ, S.: Empfindlichkeit der Phloroglucin-Vanillin-Probe 53[10].
MINZ, B.: Biologische Bestimmung von Acetylcholin 136[19].
MIRSKY, A. E.: Chromosomenisolierung (?) 1097[8].
— and H. RIS: Chromosomenisolierung (?) 1097[8]. — DNS-Gehalt heteroploider Zellkerne 1103[3]. — Desoxyribonucleinsäuregehalt verschiedener Organismen 1183[6]. — Desoxyribonucleinsäuregehalt von Leberchromosomen 1239[5].
— s. ALLFREY, V. 1065[10], 1066[3], 1090[135], 1098[3], 1100[4], 1104[4], 1127[2].
— s. DALY, M. M. 1107[7], 1123[5].
— s. RIS, H. 1102[6], 1103[1].
— s. STERN, H. 1101[3], 1116[3], 1126[2], 1127[1].
MIRSKY, I. A., R. H. BROH-KAHN, G. PERISUTTI and J. BRAND: Insulinase 771[4].
— B. SIMKIN and R. H. BROH-KAHN: Insulinasehemmung durch Leber 771[5].
— s. BROH-KAHN, R. H. 742[2], 771[4], 781[2], 782[6].
MISANI, F., s. CHARGAFF, E. 1107[8].
MISK, É: Zinngehalt menschlicher Organe 688[6].
MITCHELL, F. L.: Trennung und Bestimmung oestrogener Hormone durch Papierchromatographie 907[14].

MITCHELL, H. H., and E. G. CURZON: Buch über Nahrungsbedarf an Ca (1939) Engl. 641[10].
— and T. S. HAMILTON: Buch über Biochemie der Aminosäuren (1929) Engl. 934[5]. — Ca-Ausscheidung durch den Schweiß 640[11]. — Eisenabgabe durch die Haut 660[11].
— W. B. NEVENS and F. E. KENDALL: Zur Theorie des Eiweißstoffwechsels 911[3].
— s. BURROUGHS, E. W. 934[5,6], 969[6].
— s. FAIRBANKS, B. W. 639[6].
— s. HAMILTON, T. S. 669[6].
— s. JOHNSON, B. C. 991[6].
— s. LAWRENZ, M. 696[10].
— s. MCCLURE, F. J. 697[2].
MITCHELL, H. K., and M. B. HOULAHAN: Uridinsynthese durch Neurospora 1195[12]. Pyrimidinsynthese aus Oxalessigsäure 1221[12]. — Keine Verwendung freier Pyrimidine zu Nucleosid- und Nucleotidaufbau 1227[11].
— M. B. HOULAHAN and J. F. NYC: Uridinsynthese durch Neurospora 1195[13]. — Pyrimidinsynthese aus Oxalessigsäure 1221[13].
— and J. LEIN: Tryptophanbildung aus Indol und Serin bei Neurospora 995[8].
— and J. F. NYC: 3-Oxyanthranilsäure als Wachstumsfaktor für Neurospora-Mutanten 992[3].
— J. F. NYC and R. D. OWEN: 3-Oxyanthranilsäure als Ersatz für Nicotinsäure 992[6]. —Umwandlung von Tryptophan in Nicotinsäure 994[5].
— s. BEADLE, G. W. 992[2].
— s. ISBELL, E. R. 1096[2].
— s. NYC, J. F. 995[7].
— s. SNELL, E. E. 1246[6].
MITCHELL, H. S., and G. M. COOK: Linsentrübung nach Galaktosefütterung 762[2].
MITCHELL, J. jr.: Wasserbestimmung im Blut 392[8].
— and D. M. SMITH: Buch über Wasserbestimmung (1948) Engl. 392[8].
MITCHELL, J. H. jr., s. SKIPPER, H. E. 1197[2,7], 1220[7], 1221[3], 1234[15], 1245[13], 1248[13].
MITCHELL, J. S.: Hemmung der Nucleinsäuresynthese durch Röntgenstrahlen 1196[21].
MITCHELL, P.: Hemmung der Nucleinsäurebildung durch Penicillin 1197[14].
MITCHELL, S., s. BENSLEY, E. H. 377[5,15], 1198[9].
MITCHISON, J. M., s. PERUTZ, M. F. 1011[4].
MITOMA, C., and D. M. GREENBERG: Serinsynthese aus Glycin und Formaldehyd 941[4]. — Schicksal des Methyl-C von Sarkosin und Glycin 941[4]. — Stoffwechselleistungen von Mitochondrien 1136[17].
MITSCHNIK, Z. O., s. LONDON, E. S. 228[10].
MITTAG, R., s. BREDERECK, H. 357[17].
MITTELMAN, N., s. TRUCCO, R. E. 741[8].
MIYAHARA, T.: Purinausscheidung nach Adrenalin 1230[15]. — Allantoin- und Harnsäureausscheidung nach Zufuhr von Hefenucleinsäure 1240[1].
MIYAKA, S.: Leberfunktionsprüfung mit Galaktose 223[6].
MIYAKE, H.: Darmresektion beim Menschen 198[9]. — Harnsäureausscheidung nach Aufnahme von Nucleinen 1199[10].
MIYAMOTO, K., u. H. TAKAOKA: Wasser-, Asche- und Chlorgehalt der Lymphe 553[7].
— s. TOMIT, M. 554[8].
MIYAO, G., s. YASUZUMI, G. 1097[10].
MIYAZAKI, M.: Glykogenspeicherung in der Leber nach fettreicher Nahrung 334[3].
MIZEN, N. A., and M. L. PETERMANN: Nucleinsäuregehalt von Zellkernen 1102[21].
— s. PETERMANN, M. L. 1096[5].
MOCCHI, V., s. ROSSI, F. 11[4].
MOCOROA, F., s. LE BRETON, E. 119[8], 120[2], 124[1], 151[2], 160[20].
MÓCSY, J. v., s. MAREK, J. 563[3].
MODEL, A., s. EDSON, N. L. 1205[3], 1207[10], 1208[34], 1210[2], 1218[31].
MODRAKOWSKI, G.: Anregung der Pankreassekretion durch Cholin 141[5]. — Anregung der Pankreassekretion durch Physostigmin 155[22].
MÖCKEL, G.: Plasmalreaktion im Fettgewebe 856[7].
MÖHLE, W., s. MEYERHOF, O. 749[5], 1173[13].
MÖLLENDORFF, W. v.: Lehrbuch der Histologie und der mikroskopischen Anatomie des Menschen; 25. Aufl. (1943) 10[16].
MÖLLER, E. F.: Notwendigkeit von Mangan für Milchsäurebakterien 671[14].
MÖLLER, H., u. G. TRÖMEL: Apatitstruktur der Zahnsubstanz 708[13,14]. — Fluorgehalt von Zahnschmelz 709[2,3].
MØLLER, K. O., s. HANSEN, F. 692[15].
MÖLLER, P., s. ABDERHALDEN, E. 406[3].
MØLLER-CHRISTENSEN, E., u. C. THORUP: Ascorbinsäuregehalt des Blutes 364[15]. — Vitamin C-Gehalt im Nabelschnurblut 365[5].
MÖLLERSTRÖM, J.: Buch über das Diabetesproblem (1943) 316[2].
MØLLGAARD, H.: Beeinflussung der Ca-, Mg- und PO_4-Resorption durch Sulfid 213[17]. — Phytingehalt des Brotes und Ca-Resorption 638[11].
MÖLLMANN, F.: Milchsäuregehalt des Speichels 27[2].
MÖRCH, J. R., s. WALBUM, L. E. 671[18].
MÖRNER, C. T.: Darmkonkremente 184[6]. — Protein des Knorpels 702[1].
MÖRNER, K. A. H.: Eiweißkörper in Brandblasenflüssigkeit 577[4]. — Adialysable Nucleinsäure im Harn 1186[1].
MOESCHLIN, S.: Buch über die Milzpunktion (1947) 465[2]. — Kernform der Leukocyten und Reifungszustand 455[10]. — Therapie der Leukämie mit Urethan 457[5].

MOHAMED, M. S., and D. M. GREENBERG: Mangananreicherung in der Leber 672[6].
MOHOS, E., u. A. SCHOLTZ: Blutmilchsäuregehalt nach Lactatinfusion 324[5]. — Blutmilchsäuregehalt bei M. BASEDOW 324[9].
MOHR, H., s. DIECKMANN, H. 543[3].
— s. EGGERS, H. 276[3].
MOHR, R., s. FELIX, K. 1103[12].
MOHR, W., u. J. MOOS: Phosphatidgehalt von Milch und Milchprodukten 841[2].
MOLANDER, D. W.: Resorption von Paraffin 239[8]. — Resorptionsweg des Carotins 240[1]. —
— s. KLATSKIN, G. 361[2].
MOLDTMANN, H. G., s. BERSIN, T. 863[6].
MOLENAAR, H., u. D. ROLLER: Extracellulärer Raum beim Menschen 599[3]. — Verteilungsgeschwindigkeit von Rhodanid im Körper 600[3].
MOLFINO, F.: Bedeutung der Milz für die Spaltung der Cholesterinester im Blutserum 338[1].
MOLISCH, H.: Wachstum von Algen und Pilzen in Ca-freier Lösung 643[9]. — Ca-Mangel und Wachstum von Pflanzenzellen 644[6].
MOLITOR, H., u. E. P. PICK: Bedeutung der Leber für die Diuresewirkung des Wassers 596[5].
MOLL, H., s. WERLE, E. 380[5], 383[11].
MOLL, T., O. DALMER, P. v. DOBENECK, G. DOMAGK u. F. LAQUER: LOVIBOND-Einheit 358[7].
MOLLISON, P. L., A. E. MOURANT and R. R. RACE: Genotypen und Auswertung von Rh-Seren 388[1].
MOLLOMO, M. C., s. SELIGMAN, A. M. 372[1].
MOLNÁR, I., u. M. HORÁNYI: Bestimmung des Aneurindefizits 362[5].
MOMIGLIANO, E.: Phosphatidstoffwechsel im Corpus luteum 857[1].
MOMMAERTS, W. F. H. M., s. SZENT-GYÖRGYI, A. 1185[11].
MONARI, U.: Darmresektion beim Hund 198[8].
MONASTERIO, G., e A. LATTANZI: Verminderung des Bluteisens 399[5].
MONCEAUX, R., s. RICHET, C. jr. 342[9].
MOND, R.: Zusammenfassung über Resorption aus serösen Höhlen (1929) 250[9]. — Ionendurchlässigkeit der Erythrocytenmembran 423[9], 425[10].
— u. F. HOFFMANN: Umladung der Erythrocytenmembran 423[9].
— u. H. NETTER: Pufferkapazität des Serums 271[13]. — Bedingte Na-Permeabilität bei Erregung 602[6]. — Adsorption von Natriumionen an die Muskelfaser 619[11]. — Erregung von Muskel und Nerv steigert Na-Permeation 622[9]. — Chloridfreiheit der Muskelfaser 629[4].
MOND, W.: Mineralstoffgehalt im Hundeliquor 576[1].
MONDEN, M.: Cystin- und Cysteingehalt von Kaninchenerythrocyten 448[7].
MONGUIÓ, J., s. BAUER, J. 222[8].
MONNÉ, L.: Zusammenfassung über Leistungen des Cytoplasmas (1948) 1152[3].
MONTAGUE, J. R., s. WEST, E. S. 198[14].
MONTGOMERY, H., s. BUTLER, A. M. 308[1].
MONTGOMERY, M. F.: Sekretionsrhythmus der Schleimdrüsen der Mundhöhe 13[10].
— and J. S. STUART: Sekretionsrhythmus der Schleimdrüsen der Mundhöhle 13[11].
MONTGOMERY, M. L., G. E. SHELINE and I. L. CHAIKOFF: Ausscheidung von radioaktivem Natrium im Pankreassaft 158[10]. — Retention von ^{65}Zn 677[11].
— s. CHAIKOFF, I. L. 961[9].
— s. FISHLER, M. C. 848[2], 859[11], 860[1].
— s. SHELINE, G. E. 663[9], 677[10].
MONTINI, T., s. ARRIGO, L. 871[18], 875[8].
MONTY, K. J., s. LITT, M. 1097[12].
MOOK, H. W., s. DIRKEN, M. N. J. 522[9].
MOORE, B.: Ätherlösliche Substanz der Mucosa des Hundedünndarms 114[2].
— and W. H. PARKER: Hydrotope Wirkung gallensaurer Salze 234[1].
— and D. P. ROCKWOOD: Lösung von Ölsäure in frischer Rindergalle 234[9].
— s. STRONG, F. M. 452[5].
MOORE, B. A., s. BENSLEY, E. H. 360[12].
MOORE, C. V., s. GOETSCH, A. T. 662[9].
— s. GRINSTEIN, M. 944[1], 998[2,6].
MOORE, D. H., and T. N. HARRIS: Thermolabile Antihyaluronidasen im Serum 383[7].
— s. CHARGAFF, E. 1151[4].
— s. HARRIS, T. N. 553[3].
— s. GLICK, D. 383[7,9].
— s. GREEN, D. E. 966[11].
— s. GUTMAN, A. B. 304[1].
— s. KABAT, E. A. 567[12].
MOORE, E., and D. W. WILSON: Octopin 937[6].
MOORE, F. D., and M. R. BALL: Klinische Bedeutung von Kaliummangel 627[11].
— s. COPE, O. 601[6].
— s. CORSA, L. jr. 623[6].
— s. SCHLOERB, P. R. 591[2].
MOORE, J. A., s. SNELL, E. E. 1036[15].
MOORE, P. (H.), s. BURGET, G. E. 218[21], 220[14], 222[10].
MOORE, P. T., s. CONWAY, E. J. 1166[1,11].
MOORE, R. O., and W. L. NELSON: Intracelluläre Verteilung von Cytochromoxydase und Succinoxydase 1090[91]. — Inaktivität von Cytochromoxydase und Bernsteinsäureoxydase in Mitochondrien der lactierenden Milchdrüse 1134[2]. — Fettsäureoxydation durch Mitochondrien 1136[22].
MOORE, S., s. STEIN, W. H. 303[7].
MOOS, J., s. MOHR, W. 841[2].
MOR, M. A.: Intracelluläre Verteilung von Adenosintriphosphatase 1090[103].

MORACCHINI, R., e O. MAESTRI: Abgabe von Harnsäure durch Pankreassaft 1213[15].
— s. CIPRIANI, C. 1233[11].
MORACZEWSKI, W. v.: Keine Eisenausscheidung im Dickdarm 195[17]. — Cl-Retention bei gesteigertem Eiweißzerfall 634[8]. — Ochronose und Alkaptonurie 982[3].
— S. GRZYCKI, H. JANKOWSKI u. R. SLIWINSKI: Bluttharnsäure nach purinreicher Kost 346[11]. — Verminderung der Harnsäureausscheidung nach Nucleinsäurezufuhr 1240[3]. — Steigerung der Purinausscheidung durch purinfreies Eiweiß 1240[18]. — Anstieg der Blutharnsäure nach Eiweißzufuhr 1241[4]. — Steigerung der Harnsäureausscheidung nach Kohlenhydrat- und Fettkost 1242[4].
— S. GRZYCKI, T. SADOWSKI u. W. GUCWA: Harnsäureanstieg in Blut und Harn bei alkalischer Nahrung 1242[21].
— u. T. SADOWSKI: Ionendurchlässigkeit der Erythrocytenmembran 425[10].
MORAVEK, V., s. CASHIN, M. F. 877[12].
MORAWITZ, P.: Zusammenfassung über die Chemie der Blutgerinnung (1905) 473[18]. Zusammenfassung über den Blutzucker und die reduzierenden Substanzen des Blutplasmas (1925) 313[3]. — Zusammenfassung über pathologische Physiologie der hämorrhagischen Diathesen (1928) 497[3].— Gewinnung von Thrombocyten 471[5]. — Gerinnungstheorie 474[5]. — Blutplättchen als Quelle des Prothrombins 477[16].
— u. R. DIETSCHY: Höhermolekulare Eiweißspaltprodukte im Blut nach Eiweißzufuhr 914[16].
— u. W. NONNENBRUCH: Zusammenfassung über Pathologie des Wasser- und Mineralstoffwechsels (1925) 609[11].
— u. E. REHN: Leber und Knochenmark als Bildungsstätten der Plasmaeiweißkörper 287[9].
MORDHORST, G., s. SIEBURG, E. 377[20].
MOREHOUSE, M. G.: Abbau deuterierter Buttersäure 805[5].
— A. L.-S. CHENG and H. J. DEUEL jr.: Beeinflussung der Fettresorption durch Ca- und Mg-Salze 248[3].
— s. CHENG, A. L.-S. 801[4].
— s. DEUEL, H. J. jr. 245[12]
MOREIGNE, H.: Ausscheidung von Aminosäuren im Harn 954[21].
MORELL, D. B.: Reduktion der prosthetischen Gruppe der Xanthindehydrogenasen 1202[22].
MORESCHI, A., s. MENOZZI, A. 870[8].
MORGAN, A. F., s. AXELROD, H. E. 993[6].
— s. HEIDELBERGER, C. 990[1], 991[7], 992[13].
— s. SHIMOTORI, N. 646[14].
MORGAN, E. J.: Xanthindehydrogenase in Milchdrüse und Milch 1202[13].
MORGAN, J. L. R., and H. E. WOODWARD: Oberflächenspannung von Serum 275[5].
MORGAN, W. O. P., s. HENDERSON, L. J. 539[2].
MORGAN, W. T. J.: Zusammenfassung über die menschlichen AB0-Blutgruppensubstanzen (1947) 385[1].
— and H. K. KING: Blutgruppenspezifische Substanz aus Magenmucin vom Schwein 40[8].
— s. AMINOFF, D. 40[9], 424[8].
— s. GRUBB, R. 389[6].
MORGANO, G.: Einfluß von β-Oxybuttersäure auf Harnsäureausscheidung 1242[20].
— e G. ALCOZER: Einfluß von Aceton auf Harnsäureausscheidung 1242[19].
MORGENSTERN, V., s. KÜHNAU, J. 669[15].
MORGULIS, S.: Assimilation von S im Tierkörper 653[1]. — Hemmung der Blutglykolyse durch Arsenat 694[2]. — Basenüberschuß im Knochengewebe 707[10].
— and V. L. BOLLMAN: Natriumgehalt von Hundeblut 393[13]. — Kaliumgehalt von Hundeblut 395[4]. — Calciumgehalt von Hundeblut 396[15].
— V. M. WILDER, H. C. SPENCER and S. H. EPPSTEIN: Phosphatidgehalt des Muskels bei Vitamin E-Mangel 863[3].
MORI, C.: Harnsäureabbau nach Thyroxinzufuhr an Kaninchen 1232[1].
MORI, F., s. KASAHARA, M. 574[11].
MORIKAWA, K.: Einfluß des vegetativen Nervensystems auf die Blutbildung 465[10].
MORIKI, H.: Resorptionsweg der Fette 552[5].
MORINAKA, K., s. FELIX, K. 968[10].
MORING-CLAESSON, I., s. WINNICK, T. 853[10], 940[4].
MORITA, S., s. YASUZUMI, G. 1097[11].
MORIZAWA, K.: Octopin 937[6].
MORLEY, E. H., s. WELT, I. D. 761[4].
MORLOCK, C. G., s. FERAYORNI, R. R. 42[23].
MORISI, G.: Abhängigkeit der Pepsinwirkung vom Säuregehalt 77[9].
MORO, M., e A. TORRINI: Methode der Mucinbestimmung 71[13].
MORPURGO, M., s. BOSELLI, A. 300[8].
MORRIS, C. J. O. R., s. MATHER, K. 258[9].
MORRIS, H. J., s. ALLISON, F. E. 644[1].
MORRIS, H. P., s. WEISBURGER, E. K. 1154[4].
MORRIS, J. L., and V. JERSEY: Harnsäuregehalt des Speichels 27[15].
MORRIS. M. D., s. HARPER, H. A. 1112[16].
MORRIS, M. L., J. B. ALLISON and D. F. GREEN: Hämoglobingehalt von Hundeblut 432[4]. — Verteilung der weißen Blutzellen beim Hund 458[2].
MORRISON, D. B., s. MULL, J. W. 405[10].
— s. MYERS, V. C. 685[8,16].
MORRISON, J. L., H. SHAY, I. S. RAVDIN and R. CAHOON: Zuckerresorption im Hundemagen 221[20].
MORRISON, L.M., W.T.GONZALES and L.HALL: Atherosklerose bei Xanthelasma 338[8].
MORRISON, P. J., s. RAVDIN, I. S. 144[12], 216[8].
MORRISON, P. R., s. FERRY, J. D. 296[10,11], 477[1], 500[4].

MORSE, A., s. GREEP, R. O. 711[3].
MORSE, M., s. OLDHAM, H. 662[6].
— s. SCHLUTZ, F. W. 540[5,6], 662[3].
MORSE, W. I., s. CONLEY, C. L. 484[3], 498[2].
MORTENSEN, R. A., and K. E. KELLOGG: Bleigehalt von Hundeerythrocyten 430[17]. — Bleibindung durch Erythrocyten 688[16].
MORTON, M. E., and I. L. CHAIKOFF: Einbau von radioaktivem Jod in Thyroxin 986[6].
— I. L. CHAIKOFF, W. O. REINHARDT and E. ANDERSON: Ort der Thyroxinbildung 986[7].
— s. CHAIKOFF, I. L. 682[6].
— s. PERLMAN, I. 986[6].
MORTON, R. A., s. BOWNESS, J. M. 679[5].
— s. GLOVER, M. 249[15], 879[1].
— s. LOVERN, J. A. 118[8], 235[10], 242[1].
MORUZZI, G.: Bedeutung des Broms im Organismus 409[8].
— s. FERRATA, A. 118[5].
MOSBACH, E. H., and C. G. KING: Glucuronsäurebildung im Körper 735[4].
MOSCATELLI, R.: Allantoin in Ergüssen 560[12].
MOSCHINI, S.: Alkalireserve von Liquor cerebrospinalis bei Kindern 567[5].
MOSELEY, V., and F. W. CHORNOCK: Umfang der Galaktoseresorption im menschlichen Dünndarm 223[1].
MOSENTHAL, H. O.: Sekretmengen aus Darmfisteln beim Hund 148[7].
MOSER, H.: Pufferungskapazität im Serum 271[13].
MOSES, F. E., s. THOMPSON, R. T. 383[5,6], 384[13].
MOSHEIM, D.: Manganvergiftung 671[23].
MOSIER, E. C., s. CHRISTMAN, A. A. 944[5], 1241[8].
MOSS, A. R., and R. SCHOENHEIMER: Desaminierung von Tyrosin und Phenylalanin 980[4].
MOSSE, K., s. SCHIFF, E. 170[4].
MOTHES, K.: Funktion des Allantoins in Pflanzen 1216[1].
MOTOMURA, S.: Chemische Zusammensetzung der Zahnpulpa 708[21].
MOTTRAM, J. C., W. CRAMER and A. H. DREW: Fettverteilung in Epithelzellen nach Vitaminzufuhr 241[13], 243[3].
MOTTRAM, V. H., s. CLIFFORD, W. M. 978[6].
MOTZOK, I.: Erhöhung der Blutphosphatase bei Rachitis 376[5].
— and A. M. WYNNE: Erhöhung der Blutphosphatase bei Rachitis 376[5].
MOUBASHER, R.: Aminosäurebestimmung 345[12].
— and A. SINA: Aminosäurebestimmung 345[12].
MOULTON, F. R.: Buch über Zahncaries und Fluor (1946) Engl. 695[34].
MOUNTER, L. A., and V. P. WHITTAKER: Spezifität der Cholesterinesterase im Pferdeblut 373[3].
MOURANT, A. E., s. MOLLISON, P. L. 388[1].
MOURANT, A. F.: Dominante und rezessive Eigenschaften menschlicher Blutgruppen 385[1].
MOURGUE, M., s. ROCHE, J. 684[21], 710[9,10], 711[2].
MOURIQUAND, G. s. ABDERHALDEN, E. 716[8].
MOUROT, G.: Allantoinabbau beim Kaninchen 1216[8].
— s. TERROINE, É.-F. 1199[22], 1200[12], 1240[10].
MOUTTE, M., s. ROCHE, J. 299[4].
MOXON, A. L.: Selenausscheidung in die Milch 695[8].
— s. FRANKE, K. W. 695[13].
MOYER, A. W., and V. DU VIGNEAUD: Dimethylcolamin kein Methyldonator 854[9]. — Keine Methyllieferung durch Sarkosin und Dimethylglykokoll 855[9], 961[2]. — Glycinbildung aus Betain 961[2]. — Homocholin kein Methyldonator 961[7].
— s. VIGNEAUD, V. DU 854[7], 855[2], 960[12], 961[1,8], 963[4].
MOYER, E. Z., s. WILLIAMS, H. H. 847[2], 1077[3].
MOYLE, D., and J. NEEDHAM: Transaminierung 936[4].
MOYLE, J. M.: Intracelluläre Verteilung von Rhodanese 1090[104].
MOYSON, F., s. GAVOSTO, F. 1097[5].
MOZOŁOWSKI, W.: Ammoniakbildung im Blut 1201[1].
— u. B. SOBCZUK: Keine primäre Desaminierung von ATP 1189[14].
MUDD, R. P., s. BURDON, K. L. 380[19].
MUDD, S., and W. THALHEIMER: Buch über Blutersatzmittel und Bluttransfusion (1942) Engl. 385[1].
MUDGE, G. H., J. FOULKS and A. GILMAN: Tubuläre Kaliumsekretion 624[17].
MÜGGE, H., s. HILDEBRANDT, F. 1236[29].
MÜHLBOCK, O.: Jodbindungsvermögen von Blutserum 336[5]. — Gesamtcholesterin im Blut in den ersten Lebenstagen 337[7].
— u. C. KAUFMANN: Gesamtcholesterin im Blut während der Schwangerschaft 337[8].
— s. BOKELMANN, O. 337[9].
— s. DINGEMANSE, E. 906[15].
— s. KAUFMANN, C. 857[1].
MÜHLETHALER, K., A. F. MÜLLER u. H. U. ZOLLINGER: Dicke der Mitochondrienmembranen 1128[2].
MÜLLER, A. F., u. F. LEUTHARDT: Intracelluläre Verteilung von Glutaminsäure-Oxalessigsäure-Transaminase 1090[59]. — Citrullinbildung in Mitochondrien 1149[2].
— s. LEUTHARDT, F. 1136[9].
— s. MÜHLETHALER, K. 1128[2].
MÜLLER, A. H.: Zusammenfassung über die Rolle des Kupfers im Organismus (1935) 401[8].
MÜLLER, D.: Glucoseoxydase aus Penicillium glaucum 737[5].
MÜLLER, E., s. SIEBERT, G. 1100[6], 1116[14], 1125[11].

MÜLLER E(rich), H. STEUDEL u. J. ELLINGHAUS: Purinsynthese 1218[13].
MÜLLER, E(rnst), s. HEINZ, E. 639[10].
MÜLLER, E. F. W.: Vorkommen von Cholin in Tier- und Pflanzenreich 135[21].
MÜLLER F(ranz): Zusammenfassung über die Bestimmung des Blutfarbstoffgehaltes (1924) 432[5].
— u. W. BIEHLER: Zusammenfassung über respiratorische Farbstoffe (1924) 432[9].
MÜLLER, F(riedrich) v.: Wirkung von Indol auf Zentralnervensystem 191[2]. — Giftwirkung von Indol 191[3]. — Fettgehalt des Kotes bei fettfreier Ernährung 801[5]. — Esterschwefelsäureausscheidung bei gesteigerter Eiweißfäulnis 953[1]. — Unabhängigkeit des Neutralschwefels von der Ernährung 953[12].
— s. LEHMANN, C. 641[4], 649[10], 953[12].
MUELLER, F(riedrich), s. MÜLLER, F(riedrich) v.
MÜLLER, Fritz: p_H-Wert im Duodenalinhalt des Säuglings 170[4].
MÜLLER, G., s. BREDERECK, H. 128[7].
MUELLER, G. C., and J. A. MILLER: Intracelluläre Verteilung von Glucose-6-phosphat-dehydrogenase und Buttergelbspaltung 1090[32]. — Dehydrierung von Glucose-6-phosphat im Cytoplasma 1153[14].
— s. CHARALAMPOUS, F. C. 1093[136], 1153[32].
MÜLLER, H.: Eisenausscheidung im Harn 661[4].
MÜLLER, H(ans): Methode der Natrium- und Kaliumbestimmung 66[1].
MÜLLER, H. F.: Haemoconien 473[1].
MÜLLER, H. H., s. SCHULZE, E. 457[5].
MÜLLER, H. J.: Bedeutung der Nucleoproteide als Energieüberträger 1183[10].
MÜLLER, H. R., s. BRENNER, M. 920[5].
MUELLER, J. F., s. VILTER, R. W. 1227[6], 1245[4], 1251[18], 1257[1].
MUELLER, J. H.: Sulfatbildung aus Methionin 966[2].
MÜLLER, J. K.: Cholesterinsynthese im Körper 872[30].
MÜLLER, L., s. LANG, K. 1116[22].
— s. SIEBERT, G. 1100[6], 1116[14,27], 1125[10,11].
MÜLLER, L. R.: Buch über Lebensnerven und Lebenstriebe (1931) 109[1].
MÜLLER, M., s. WISS, O. 991[4], 992[8], 994[5].
MÜLLER, P.: Lutein im Blutserum 357[6].
MÜLLER, P. B.: Oxalsäuregehalt des Blutes 326[21,22]. — Vorstufen der Oxalsäure im Stoffwechsel 813[7].
— s. FLASCHENTRÄGER, B. 326[20], 738[8], 1027[3].
MÜLLER, P. T.: Leber und Knochenmark als Bildungsstätten der Plasmaeiweißkörper 287[9].
MÜLLER, R.: Lehrbuch der Hygiene, II. Teil: Medizinische Mikrobiologie, Parasiten, Bakterien, Immunität; 2. Aufl. (1944) 181[8].
MÜLLER, R. F., s. GOLDSCHEIDER, A. 1199[8].
MÜLLER, W.: Buch über Transfusion und Plethora (1875) 260[2]. — Ersatz von Blutverlusten 260[2]. — Verträglicher Umfang der Plethora vera 261[6].
MÜLLERTZ, S., s. ASTRUP, T. 480[13].
MÜNCHINGER, R., s. HEGGLIN, R. 787[10].
MUGRAGE, E. R., s. ORTEN, J. M. 430[6,7].
MUIR, H., s. POPJÁK, G. 849[5].
MUIR, H. M., and A. NEUBERGER: Verwendung von isotopem Glycin zur Protoporphyrinsynthese 999[2]. — Pyrrolsynthese aus Oxyasparaginsäure und Glycin 1001[3].
— A. NEUBERGER and J. G. PERRONE: Einbau von Glycin in Globin 1010[7].
— s. NEUBERGER, A. 1007[1], 1020[2].
MUIR, R. D., s. ROBERTS, E. C. 1185[2].
MUIRHEAD, E. E., s. MARINIS, T. P. 393[10].
MULDER, E. G.: Bedeutung von Kupfer für Conidien 668[3].
MULDOON, J. A., C. J. SHIPLE and C. P. SHERWIN: Exogenes Cystin für Mercaptursäurebildung 967[1].
MULFORD, D. J.: Zusammenfassung über Derivate des Blutplasmas (1947) 546[8]. — Verschwinden von Fibrinogen und γ-Globulin beim Lagern von Plasma 286[2].
— s. COHN, E. J. 294[9], 306[1], 476[10].
— s. GRIFFITH, W. H. 943[6], 961[4].
MULL, J. W., D. B. MORRISON and V. C. MYERS: Aluminiumgehalt des Blutes 405[10].
— s. MYERS, V. C. 685[15].
— s. NICE, M. 542[7].
MULLER, G. L.: Phosphatidgehalt von Erythrocyten bei perniciöser Anämie 858[9].
MULLER, J. H.: Verwendung von ^{65}Zn zur Tumortherapie 678[13].
MULLI s. MAHLO, (A.) 72[15].
MULLI, K., s. SEYDERHELM, R. 275[11].
MULLINS, C. R., and C. A. FLOOD: Abhängigkeit der Pepsinwirkung vom Säuregehalt 77[8].
MULRYAN, B. J., s. NEUMAN, W. F. 716[5].
MUNCH-PETERSEN, A., s. SMITH, E. E. B. 1116[28].
MUNDELL, D. B., s. MENDEL, B. 450[1].
MUNDING, H., s. EGLE, K. 1014[5].
MUNK, I.: Zusammenfassung über Resorption (1902) 200[5]. — Verträglichkeit fester Fettsäuren 236[10]. — Resynthese von Fettsäuren zu Neutralfett in der Darmwand 237[8]. — Neutralfett in der Darmwand nach Fettzufuhr 241[7]. — Lipoidgehalt der menschlichen Darmlymphe 551[4]. — Fettresorption bei Gallenfistelhunden 794[7].
— u. A. ROSENSTEIN: Zusammensetzung von Chylusfett 244[9]. — Lymphmenge beim Menschen 548[11]. — Zusammensetzung der menschlichen Darmlymphe 550[4], 551[1]. — Zusammensetzung der Hunger- und der Verdauungslymphe 552[2]. — Transport resorbierter Fettsäuren auf dem Lymphwege 793[2].

MUNK, I., s. LEHMANN, C. 641[4], 649[10], 953[12].
MUÑOZ, J. M., and L. F. LELOIR: Fettsäureoxydation durch zellfreie Organextrakte 830[6].
— s. LELOIR, L. F. 830[6].
MUNRO, F. L., s. SHAY, H. 216[13].
MUNRO, H. N., s. WIRKAMANAYAKE, T. W. 1122[7].
MUNTWYLER, E., S. SEIFTER and D. M. HARKNESS: Verteilung von Restprotein, Ribonucleinsäure und Phosphor in der Zelle 1072[31]. — Intracelluläre Verteilung von Lactoflavin 1096[15].
— s. MYERS, V. C. 276[9].
— s. NICE, M. 542[7].
— s. SEIFTER, S. 1072[13].
MUNTZ, J. A.: Bedeutung von Kalium für Transphosphorylierungen 626[18]. — Keine Demethylierung von Cholin zu Colamin 854[11]. — Entmethylierung von Cholin 855[6]. — Mechanismus der Methylübertragung durch Cholin 961[6]. — Cholin und Betain als Methyldonatoren 964[13].
— and J. HURWITZ: Bedeutung von Kalium für Transphosphorylierungen 626[18].
MURALT, A. v.: Buch über die Signalübermittlung im Nerven (1946) 626[7]. — Höhenlage und Hämoglobingehalt der Erythrocyten 431[21].
— s. HARTMANN, H. 542[6].
MURATA, T.: Phosphorgehalt der Beinlymphe 554[7].
MURAYAMA, M. (M.): Calciumbestimmung im Blut 397[8].
— s. GREENBERG, D. M. 620[6,8], 624[8].
MURLIN, J. R., s. EATON, A. G. 225[14].
— s. NASSET, E. S. 145[8], 147[6].
— s. PIERCE, H. B. 126[5], 154[1].
MURPHY, E. A., s. EVANS, H. M. 820[2].
MURPHY, J. B., and E. STURM: Bedeutung der Nebenniere für die Blutbildung 465[15].
MURPHY, P., s. FITZGERALD, O. 85[13].
MURPHY, R. C., and W. H. SEEGERS: Plasma-Ac-globulingehalt von Tierblut 481[13].
— A. G. WARE and W. H. SEEGERS: Ac-globulingehalt von Rinderserum 301[7].
MURRAY, A. R., s. GARDNER, J. A. 192[3].
MURRAY, C. D., s. HASTINGS, A. B. 510[9].
— s. SLYKE, D. D. VAN 532[6].
MURRAY, H. C., s. PETERSON, D. H. 886[15,16].
MURRAY, M. M.: Übertragung von Fluor auf den Embryo 407[2].
— s. EDKINS, N. 221[17], 249[20].
— s. GLOCK, G. E. 25[12].
MURRAY, P. D. F.: Zusammenfassung über Physiologie des Stützgewebes (1947) 700[9].
MURRAY, R. B., s. BOYD, E. M. 442[6].
MURRAY, S., s. DEUEL, H. J. jr. 218[15].
MURRILL, W. A., s. BLOCK, W. D. 298[6], 344[13].
MUSAJO, L.: Xanthurensäurebildung aus Tryptophan 990[3].
— e F. M. CHIANCONE: Xanthurensäurebildung aus Tryptophan 990[3].
MUSAJO, L., u. M. MINCHILLI: Xanthurensäurebildung aus Tryptophan 990[3].
MUSCULUS, F., u. F. J. v. MERING: Bildung von Maltose bei Stärkespaltung 22[4].
MUSGER, A., K. L. ZIRM u. E. SCHAUENSTEIN: Konjugiert ungesättigte Fettsäuren im Blutserum 337[1].
MUSTARD, R. A., s. JAQUES, L. B. 487[4].
MUTIUS, I. v., s. HEILMEYER, L. 213[19], 657[7].
MUTT, V., s. JORPES, J. E. 43[11], 132[7], 492[1].
MUTZENBECHER, P. v., s. LUDWIG, W. 986[4].
MYANT, N. B., E. E. POCHIN and E. A. G. GOLDIE: Jodclearance 681[10].
MYCEK, M. J., s. JOHNSTON, R. B. 919[3,4].
MYERS, C., and M. S. FINE: Phosphatausscheidung im Dickdarm 195[12].
— s. ANDERSON, A. F. 225[7].
MYERS, C. N., s. HOOPER, C. W. 687[7].
MYERS, G. B., s. ZAK, B. 409[22].
MYERS, V. C., and H. H. BEARD: Wachstumswirkung von Zink 678[2].
— and L. E. BOOHER: p_H-Wert im arteriellen Blut 531[1].
— and M. S. FINE: Verhalten von zugeführtem Kreatin im Stoffwechsel 946[3]. — Retention von zugeführtem Kreatin im Muskel 946[5]. — Argininggehalt von Nahrungseiweiß und Kreatingehalt des Muskels 947[5].
— and R. F. HANZAL: Bildung von Methylharnsäuren aus Theobromin 1199[20]. — Harnsäureausscheidung nach Zufuhr von Theobromin 1214[18]. — Keine Störung der Harnsäurebestimmung durch Theobromin 1225[11]. — Wirkung der Methylpurine auf Harnsäure- und Allantoinausscheidung 1250[13].
— and J. A. KILLIAN: Kreatininvermehrung im Blut bei akuter Nephritis 348[17].
— and D. B. MORRISON: Resorbierbarkeit von Aluminiumsalzen 685[8]. — Aluminiumgehalt von Organen 685[16].
— and J. W. MULL: Aluminiumgehalt von Organen 685[15].
— and E. MUNTWYLER: Zusammenfassung über chemische Blutveränderungen und ihre klinische Bedeutung (1940) 276[9].
— and E. L. WARDELL: Harnsäurebildung aus Methylpurinen 1214[17]. — Wirkung der Methylpurine auf Harnsäure- und Allantoinausscheidung 1250[12].
— s. ANDES, J. E. 353[10].
— s. HANZAL, R. F. 1214[19], 1224[21], 1250[14].
— s. MULL, J. W. 405[10].
— s. NICE, M. 542[7].
— s. PFIFFNER, J. J. 353[10].
— s. WARDELL, E. L. 1214[16].
MYLON, E., M. C. WINTERNITZ and G. J. DE SÜTÖ-NAGY: Krystallisiertes Fibrinogen 295[8].
MYRBÄCK, K.: Zusammenfassung über Untersuchung von Pepsin, Trypsin und ähnlichen Enzymen (1941) 73[8]. — Zusammen-

fassung über Amylase (1949) 24^{12}. — Reinigung und Isolierung der Speichelamylase 24^{8}. — Aktivatoren und Paralysatoren der Speichelamylase 25^{3}. — Eigenschaften der Amylase 164^{15}.
— u. K. AHLBORG: Grenzdextrine nach Einwirkung von Pankreasamylase 165^{1}.
— u. G. NEUMÜLLER: Zusammenfassung über Amylasen (1950) 22^{8}. — Organische Substanzen und Kochsalz im menschlichen Speichel 21^{27}.
— B. OERTENBLAD u. K. AHLBORG: Grenzdextrine nach Einwirkung von Pankreasamylase 165^{1}.
— and L. G. SILLÉN: Gleichgewicht der Phosphoglucomutasereaktion 744^{3}.
— s. EULER, H. v. 1235^{18}.
MYSTKOWSKI, E., s. PRZYLECKI, S. J. v. 1216^{10}.

NABEH, I., s. FLASCHENTRÄGER, B. 982^{8}.
NABEL, K., s. RIPPEL, A. 1050^{3}.
NABHOLZ, A.: Bilirubingehalt von Kälberserum 354^{9}.
NACHLAS, M. M., s. SELIGMAN, A. M. $372^{1,17}$.
NACHMANSOHN, D., and M. BERMAN: Coenzym A bei Cholinacetylierung 1036^{4}.
— and H. M. JOHN: Acetataktivierung durch energiereiche Phosphatbindungen 1040^{7}, 1045^{3}. — Energielieferung für Acetylcholinbildung 1184^{4}.
— and A. L. MACHADO: Essigsäureaktivierung durch ATP 1040^{8}. — Acetataktivierung durch energiereiche Phosphatbindungen 1045^{2}.
— s. COUTEAUX, R. 375^{4}.
— s. KOREY, S. R. 1045^{4}.
NACHTSHEIM, H.: Gen der Harnsäureausscheidung beim Dalmatiner Hund 1214^{5}.
NADAL, J. W., S. PEDERSEN and W. G. MADDOCK: Na-freier Harn nach Na-freier Kost 620^{10}.
NADLER, C. S., s. BELLET, S. 627^{16}, 628^{5}.
NÁDOR, K., s. LÖRINCZY, E. 19^{10}.
— s. SALLAY, K. 26^{5}.
NÄGELI, C.: Grundriß der organischen Chemie; 15. Aufl. (1938) 509^{11}.
NAEGELI, O.: Buch über Blutkrankheiten und Blutdiagnostik; 5. Aufl. (1931) 255^{17}.
NAFZIGER, H., s. BERSIN, T. 863^{6}.
NAGAI, K., s. KATO, G. 553^{8}.
NAGANNA, B., V. K. NARAYANA MENON: Pyrophosphatase des Blutes 377^{8}. — Erythrocytenpyrophosphatase 450^{12}.
NAGANO, J.: Darmsaft des Menschen 143^{8}. — Menge des Darmfistelsaftes beim Menschen 147^{7}. — Alkalinität von menschlichem Jejunalsaft 150^{6}. — Resorptionsgeschwindigkeit verschiedener Monosaccharide 218^{17}.
— s. RÖHMANN, F. 126^{6}, 143^{9}, 147^{7}, 223^{10}.
NAGEL, G., s. SCHWAIBOLD, J. 406^{9}.
NAGEOTTE, J.: Buch über Morphologie der lipoiden Gele (1937) Franz. 867^{4}.
NAGER, U., s. CAGIANUT, B. 69^{8}.
NAGLER, F. P. O.: Serumtrübung durch Cl. welchii-Toxin 862^{7}.
NAGLER, M. E., s. TIDWELL, H. C. 830^{5}.
NAHUM, L. H., s. HIMWICH, H. E. $537^{4,8}$.
NAJJAR, V. A.: Krystallisierte Phosphoglucomutase 743^{1}.
— L. E. HOLT jr., G. A. JOHNS, G. C. MEDAIRY and G. FLEISCHMANN: Ausnutzung im Darm gebildeter Nicotinsäure 994^{4}.
NAKA, S., s. FELIX, K. 535^{6}.
NAKADA, H. I., and S. WEINHOUSE: Intracelluläre Verteilung von Transaminasen 1090^{58}. — L-Asparaginsäureoxydation durch Mitochondrien 1136^{28}, 1148^{5}.
NAKAHARA, W., s. INUKAI, F. 851^{15}.
NAKAMURA, A.: Gefrierpunktserniedrigung der Lymphgefäßlymphe des Kaninchens 547^{11}. — Eigenschaften der Hundelymphe 548^{1}.
NAKAMURA, H., s. BERTRAND, G. 671^{18}, 672^{12}, 677^{12}.
NAKAMURA, M.: Förderung der Zuckerresorption durch Gewürze 217^{3}. — Beeinflussung der Aminosäureresorption durch Drogen 229^{5}.
NAKAO, T., s. MATSUOKA, Z. 988^{11}.
NAKATA, H., s. KOTAKE, Y. 960^{8}.
NAKATSUGAWA, N.: Hormonelle Beeinflussung des Blut-p_H bei Kaninchen 272^{7}.
NAKAYAMA, J., s. ITAGAKI, C. 988^{13}, 990^{4}.
— s. KOTAKE, Y. 990^{4}.
NAKAZAWA, F.: Wasserresorption im Dickdarm 209^{10}. — Kohlenhydratresorption im Dickdarm 222^{9}.
NAKAZAWA, K.: Chloridgehalt der Kaninchenlymphe 554^{9}.
NANCE, M., s. FANTL, P. 478^{18}, 481^{3}.
NANJO, K., s. IWATSURU, R. 375^{10}, 376^{8}, 463^{2}.
NARAYANA MENON, V. K., s. NAGANNA, B. 377^{8}, 450^{12}.
NASCIMBENE, A., s. GALLINA, E. 371^{13}, 378^{14}.
NASH, C. W., s. BARNUM, C. P. 1100^{5}.
NASH, T. P. jr., and S. R. BENEDICT: Bedeutung der Ammoniakausscheidung für das Säure-Basen-Gleichgewicht 535^{5}.
— s. LAUG, E. P. 316^{12}.
NASON, A., N. O. KAPLAN and S. P. COLOWICK: Wirkung von Zinkmangel auf Neurospora crassa 679^{10}.
NASSE, H.: Zusammenfassung über das Blut (1836) 424^{2}.
NASSET, E. S.: Zusammenfassung über Verdauung (1951) 6^{6}. — Enterocrinin 135^{3}.
— and H. B. PIERCE: Förderung der Magensaftsekretion 42^{5}. — Aufsaugung und Sekretion von Flüssigkeit bei der Resorption im Darm 206^{10}.
— H. B. PIERCE and J. R. MURLIN: Bedeutung der humoralen Steuerung der

Die Seiten 1—840 befinden sich im Bandteil a, die Seiten 841—1257 im Bandteil b.

Darmsekretion 145[8]. — Menge des Darmfistelsaftes bei Hunden 147[6].
NASSET, E. S., s. PIERCE, H. B. 126[5], 154[1].
— s. SCHIFFRIN, M. J. 150[1].
NASSI, L.: Phenolbestimmung im Blut 329[2].
Nat. Res. Council, Washington: Ca-Bedarf des Menschen 641[13].
NATELSON, S., J. K. LUGOVOY and J. B. PINCUS: Citronensäurebestimmung 1060[1].
— J. B. PINCUS and J. K. LUGOVOY: Citronensäurebestimmung 1060[1].
— s. ZUCKERMAN, J. L. 338[11].
NATH, M. C., and V. G. HATWALNE: Hemmung der Succinooxydase durch Acetessigsäure 830[4].
— s. CHAKRABORTY, M. K. 328[6].
NATH, N., s. BARKI, V. H. 820[5].
NATHANSON, I. T., s. ENGEL, L. L. 907[3,12].
— s. SLAUNWHITE, W. R. jr. 907[13].
NAUCK, E. G., s. BRAND, T. v. 721[4].
NAUDET, M., s. DESNUELLE, P. 233[5], 799[9,10].
NAVA, G.: Plasmaphosphatidgehalt bei Schilddrüsenstörungen 861[2]. — Vermehrung der Plasmaphosphatide bei Lebercirrhose und Hepatitis 861[7].
NAWRATH, K., s. HESSE, E. 1250[10].
NAWRATZKI, E.: Gesamt-N im Liquor cerebrospinalis 568[9].
NAYER, P. P. DE, s. FIERENS, B. 45[6].
NAYLOR, N. M., s. SHERMAN, H. C. 164[18].
NEAL, W. B., s. DUCOFF, H. S. 693[3].
— s. WOODWARD, E. R. 45[29].
NEAL, W. M., R. B. BECKER and A. L. SHEALY: „salt sick" als Cu-Mangelkrankheit 668[9].
NEALE, R. C.: Wirkung von Xanthin und Guanin auf Leberveränderungen durch Tetrachlorkohlenstoff 1248[1].
NEARY, E. R.: Verstärkung der blutbildenden Wirkung von Eisen durch Molybdän 686[13].
NEBELTHAU, E.: Zuckerbildung aus Asparaginsäure 949[5].
NEBER, M.: Aktivierung der Harnstoffbildung durch Ornithin 970[5].
— s. EDLBACHER, S. 977[6].
NECHELES, H., and A. COYNE: Schleimgehalt des Magensaftes 72[7].
— P. LEVITSKY and M. MASKIN: Auflösung lebender Gewebe durch Trypsin nach Magenverdauung 82[4].
— and J. MEYER: Aufhebung der Histaminwirkung am Magen durch Pfefferminzöl 45[19].
— s. BECKER, G. H. 240[6].
— s. MASKIN, M. H. 82[7].
— s. MEYER, J. 24[4], 45[18].
— s. NEUWELT, F. 47[6].
— s. POPPER, H. L. 379[2].
NECIULLAH, N., s. LYNEN, F. 1033[1].
NEDSWEDSKI, S. W.: Aktivierung der Cholesterinesterase durch Gallensäuren 235[12]. — Resorptionsweg von Cholesterin 248[18].
NEDSWEDSKI, S. W., s. LONDON, E. S. 970[6].
NEEDHAM, C. D., s. AULD, W. H. R. 240[2].
NEEDHAM, D. M.: Adenosintriphosphatasen des Muskels 787[6]. — Transaminierung 936[4].
— and W. E. VAN HEYNINGEN: ATP-Abbau 1235[4].
— and R. K. PILLAI: Abbau von Glucose im Embryonalmuskel 739[2]. — Glycerinsäure-3-phosphorsaures Barium 749[3].
— s. CHIU, C.-Y. 761[3].
— s. COHEN, J. A. 778[1].
— s. GREEN, D. E. 1236[2].
— s. NEEDHAM, J. 946[10], 1173[9].
NEEDHAM, J.: Vorkommen von Harnsäure 1198[5].
— J. BRACHET and R. K. BROWN: Keine Harnsäuresynthese aus Harnstoff im Hühnerembryo 1207[4].
— and H. LEHMANN: Abbau von Glucose im Embryonalmuskel 739[2].
— and D. M. NEEDHAM: p_H-Wert von Seestern- und Ascidieneiern 1173[9].
— D. M. NEEDHAM, J. YUDKIN and E. BALDWIN: Vorkommen von Argininphosphorsäure 946[10].
— and W. W. NOWIŃSKI: Abbau von Glucose im Embryonalmuskel 739[2].
— W. W. NOWIŃSKI, K. C. DIXON and R. P. COOK: Abbau von Glucose im Embryonalmuskel 739[2].
— s. MOYLE, D. 936[4].
NEES, F.: Esterase in Leukocyten 463[1].
NEGELEIN, E., u. H. BRÖMEL: Glycerinsäure-1,3-diphosphorsäure 750[3]. — D-Aminosäureoxydase 930[2].
— u. W. GERISCHER: Oxydation von Glucose- und Ribosephosphat durch Hefe 737[2].
— u. H.-J. WULFF: Krystallisierte Äthanoldehydrogenase 755[7].
— s. WARBURG, O. 437[10].
NEHER, G. M., s. NOALL, M. W. 886[33].
NEHER, R., u. A. WETTSTEIN: Steroidtrennung durch Papierchromatographie 879[14,15].
— s. KAHNT, F. W. 885[22], 886[14].
NEIGUS, I., s. WILHELMJ, C. M. 171[6,7].
NEILANDS, J. B., F. M. STRONG and C. A. ELVEHJEM: Beeinflussung der Molybdänvergiftung durch Kupfer 686[11].
NEILL, J. M., s. HASTINGS, A. B. 510[2], 538[2], 539[1].
— s. SLYKE, D. D. VAN 510[10], 538[5], 1165[2].
NEISSER, M.: Adsorption von Silberionen an Bakterien 687[5].
NELSON, D. H., L. T. SAMUELS and H. REICH: Sekretion von 17-Oxycorticosteron durch die menschliche Nebenniere 883[2].
— s. GASSNER, F. X. 896[6].
— s. REICH, H. 883[1].
NELSON, J. F., s. BORNSTEIN, J. 780[12].
— s. CORKILL, A. B. 777[4].

NELSON, V. E., s. KEIL, H. L. 667[6], 669[3, 9], 671[21].

NELSON, W. L., s. MOORE, R. O. 1090[91], 1134[2], 1136[22].

NEMČINSKAJA, V. L.: Desoxyribonucleoproteidspaltung durch Desoxyribodepolymerase 1186[18].

NEMSER, M. H.: Alkoholresorption im Magen-Darm-Kanal 249[18].

NENCKI, M.: Rhodangehalt im tierischen Speichel 20[10]. — Rhodangehalt des Magensaftes 52[10]. — Keimtötende Wirkung der Rhodanide 67[5]. — Rhodanidausscheidung 954[4].

NEPPLE, H. M., s. SKEGGS, H. R. 1244[8].

NEPVEUX, F., s. LABBÉ, M. 686[20].

NERLE, L., s. ESCHWEILER, P. C. 49[9].

NESBETT, F. B., s. BUCHANAN, J. M. 761[6], 808[8].

NESBITT, S., s. AMATUZIO, D. S. 572[4].

NETTER, H.: Buch über biologische Physikochemie (1951) 590[3]. — Zusammenfassung über Physikalische Chemie in Biochemie und Physiologie (1949) 602[5]. — Elektrokinetisches Potential der Erythrocyten 423[8]. — Eiweißgehalt, Reaktion und Quellungszustand von Zellen 1160[1]. — Vorkommen von Carbaminoverbindungen im Muskel 1165[4]. — Ionenverteilung an der Muskelmembran 1166[2]. — Verteilung von NH_3 auf Muskel und Perfusionslösung 1166[9]. — p_H-Wert in Lysaten von stoffwechselträgen Zellen 1170[1].

— u. W. NÜRNBERG: Anteil dissoziierter Gruppen von polyvalentem Eiweiß an Coulomb-Kräften 1159[2].

— s. BRUCH, H. 1171[2], 1172[1].

— s. HEINZ, E. 270[5].

— s. HUDOFFSKY, B. 619[14], 1176[2].

— s. JANZEN, R. 1168[6].

— s. KÜSEL, H. 1166[4].

— s. LUKOWSKY, G. 627[4], 1166[8].

— s. MALORNY, G. 620[1].

— s. MOND, R. 271[13], 602[6], 619[11], 622[9], 629[4].

NETTLESHIP, A.: Anregung der Leukocytenbildung durch Zerfallsprodukte der Leukocyten 469[14].

NEUBAUER, O.: Zusammenfassung über den intermediären Eiweißstoffwechsel (1928) 909[11]. — Zusammenfassung über Harnstoffbildung (1928) 970[2]. — Abbau von Phenylaminoessigsäure zu Phenylglyoxylsäure 929[5]. — Tryptophan nicht Vorstufe der Homogentisinsäure 982[7]. — Oxydative Desaminierung von Phenylalanin und Tyrosin 982[12]. — Alkaptonurie 982[14].

— u. W. FALTA: Vorstufen der Homogentisinsäure 982[11].

— u. H. FISCHER: Abbau von Phenylaminoessigsäure zu Phenylglyoxylsäure 929[5].

NEUBAUER, O., u. K. FROMHERZ: Carboxylase 754[1].

— u. W. GROSS: Acetonbildung aus Phenylalanin, Tyrosin und Homogentisinsäure 983[1].

NEUBAUR, E., s. STRACK, E. 136[8], 137[4], 853[1].

NEUBERG, C.: Zusammenfassung über Störungen des Eiweißstoffwechsels (1907) 909[12]. — Zusammenfassung über Cystinurie (1910) 954[11]. — Hydrotropie 205[1]. — Fructose-6-phosphat 746[3]. — Carboxylase 754[2]. — Acetonbildung aus Homogentisinsäure 983[8]. — Beteiligung von Tyrosinase an Melaninbildung 986[1].

— u. R. COHN: Glucose als Zwischenstufe des bakteriellen Celluloseabbaus 188[2].

— u. A. H. FISCHER: Spaltung von Poly- und Metaphosphaten 649[2].

— u. A. GOTTSCHALK: Acetaldehydbildung aus Brenztraubensäure im Tierkörper 1029[5].

— u. A. HILDESHEIMER: Carboxylase 754[2].

— u. J. HIRSCH: Glycerinbildung bei Hefegärung 758[1].

— u. L. KARCZAG: Carboxylase 754[2].

— u. J. KERB: Carboxylase 754[2].

— u. M. KOBEL: Zusammenfassung über Gärungen (1933) 725[33]. — Anteil der Hexosephosphorsäuren an der Restreduktion 317[6]. — Bildung von Brenztraubensäure aus Glycerinsäure-3-phosphat 749[4].

— u. L. LANGSTEIN: Glykogenese durch Alanin 948[3].

— u. E. REINFURTH: Acetaldehydbildung bei Glycerinvergärung des Zuckers 758[3].

— W. SCHUCHARDT u. A. VERCELLONE: Brenztraubensäure aus Glycerinsäure-1,3-diphosphorsäure in Hefe 750[5].

— u. L. TIR: Carboxylase 754[2].

— u. R. ZIFFER: Acetalspaltende Fermente 853[4].

— s. ALBU, A. 609[15].

— s. DURIG, A. 594[4].

— s. LOEWY, A. 954[20].

— s. SALOMON, G. 1224[24].

NEUBERG, J., s. BENDIEN, W. M. 265[1].

NEUBERGER, A.: Zusammenfassung über Eiweiß- und Aminosäurestoffwechsel (1949) 909[3].

— H. M. MUIR and C. H. GRAY: Porphyrine der Reihe III bei der biologischen Protoporphyrinsynthese 1007[1]. — Synthese von Porphyrinen der Reihe I 1020[2].

— C. RIMINGTON and J. M. G. WILSON: Bildung von 2,5-Dioxyphenylalanin aus Phenylalanin 982[10].

— and F. SANGER: Kein Lysinumsatz durch Gewebe 968[2].

— and J. J. SCOTT: δ-Aminolävulinsäure als Pyrrolvorstufe 1002[2].

Neuberger, A., s. Arnstein, H. R.V. 964[1].
— s. Dalgliesh, C. E. 989[4], 990[8].
— s. Elliott, D. F. 923[4].
— s. Gray, C. H. 1007[5], 1019[4], 1020[2].
— s. Muir, H. M. 999[2], 1001[3], 1010[7].
— s. Niven, J. S. F. 1016[3].
Neuenschwander-Lemmer, N., s. Stock, A. 405[2].
Neukirch, P., s. Schade, H. 583[8], 1168[9].
Neukomm, S.: Eisenbindung an Albumin 399[7].
Neuman, W. F., s. Falkenheim, M. 716[4].
Neuman, M. W., s. Neuman, W. F. 696[12].
Neuman, W. F., V. DiStefano and B. J. Mulryan: Bedeutung der Phosphatase für die Verknöcherung 712[5].
— and B. J. Mulryan: Bedeutung der Phosphatase für die Verknöcherung 712[5]. — Leicht und schwer austauschbares Phosphat im Knochen 716[5].
— M. W. Neuman, E. R. Main, J. O'Leary and F. A. Smith: Fluorbindung im Apatit des Knochens 696[12].
— s. Boyd, E. S. 712[4].
Neumann, H.: Kaliumgehalt des Pferdeblutes 395[3].
Neumann, K., u. H. Schultz: Magensondierung beim Pferd 86[16].
Neumann, P., s. Emmrich, R. 817[2].
— s. Thomas, K. 817[4].
Neumayr, A.: Beeinflussung der Oberflächenspannung von Serum durch vegetative Gifte 275[9].
Neumüller, G., s. Myrbäck, K. 21[27], 164[17].
Neurath, H., J. E. Dees and H. Fox: Fibringerinnsel zur Entfernung von Nierensteinen 500[9].
— J. P. Greenstein, F. W. Putnam and J. O. Erickson: Röntgenstruktur von Fibrin und Fibrinogen 477[7].
— and G. W. Schwert: Zusammenfassung über krystallisierte proteolytische Enzyme aus Pankreas (1950) 159[5].
Neurath, O.: Umlaufszeit des Blutes 262[3].
Neuschlosz, S. M.: Zusammenfassung über Viscosität des Blutes (1928) 273[11].
Neuweiler, W.: Buch über die Vitamine der Milch (1936) 671[9]. — Vitamine des Dünndarms 143[1]. — Förderung der Fe-Resorption durch Vitamin C 214[3]. — Vitamin B_1-Gehalt im mütterlichen Blut 361[11]. — Vitamin C-Gehalt des Blutes 364[8]. — Bluteisengehalt während der Schwangerschaft 399[4]. — Kupfergehalt im Blut von Schwangeren 402[5]. — Kupferspeicherung in der fetalen Leber 666[7].
— u. A. Stucki: Serumpolypeptide während der Schwangerschaft 346[5].
Neuwelt, F., W. H. Olson and H. Necheles: Operative Methodik beim Pawlow-Magen 47[6].
Nevens, W. B., s. Mitchell, H. H. 911[3].
Never, H. E.: Aminosäureresorption bei Vitamin B-Mangel 229[6].
— u. E. Vincke: Milchsäurenachweis im Magensaft 92[4].
— s. Vincke, E. 267[2], 496[12, 14].
Nevermann, H.: Salzsäurewerte im Magensaft 55[5], 91[1]. — Pepsinbestimmung 75[8] — Nüchterninhalt des menschlichen Magens 89[1].
Newburgh, L. H., s. Wiley, F. H. 596[8].
Newcomb, E. H., s. Witter, R. F. 823[2], 1090[117, 118], 1136[25], 1138[4], 1143[1], 1156[2].
Newell, J. M., and E. V. McCollum: Folgen von Zinkmangel 403[7].
Newhouser, L. R., s. Lozner, E. L. 286[1].
Newman, B., s. Rafsley, H. A. 300[8].
Newman, E. A., and M. I. Grossman: Kein Einfluß von Uracil auf Bildung von Kernmaterial 1240[2].
Newton, E. B., S. R. Benedict and H. D. Dakin: Ergothionein in Erythrocyten 979[5].
— and A. R. Davis: Harnsäureribosid im Blut 1198[21], 1211[14].
— s. Benedict, S. R. 317[4], 449[4].
— s. Davis, A. R. 451[8], 1185[16], 1198[20], 1211[13].
Newton, M. A., s. Skipper, H. E. 1197[7], 1234[15], 1248[13].
Neymark, M., o. E. M. P. Widmark: Verhältnis Speichelalkohol: Blutalkohol 27[7].
Nezamis, J. E., s. Ingle, D. J. 781[8].
Nguyen-Van Thoai, J. Roche et P. Saltman: Hexokinasereaktion 1188[11].
— s. Roche, J. 679[14].
Nhavi, N. G., s. Patwardhan, V. N. 647[4].
Niccolini, P.: Hemmung der Blutgerinnung durch Praseodymchlorid 496[4]. — Hemmung der Blutgerinnung durch Samariumchlorid 496[5].
Nice, L. B., and H. L. Katz: Spezifisches Gewicht von Blut bei Erregung 264[5].
Nice, M., J. W. Mull, E. Muntwyler and V. C. Myers: p_H-Wert im Blut von Frauen 542[7].
Nichol, C. A., s. Welch, A. D. 964[7].
— s. Williams, J. N. jr. 467[10].
Nicholas, R. E. H., and A. Comfort: Papierchromatographie der Porphyrine 1006[4], 1021[2].
— and C. Rimington: Porphobilinogen 1005[4]. — Papierchromatographie zur Porphyrintrennung 1006[4], 1021[2]. — Uroporphyrin-III aus Turacusfedern 1007[4].
— s. McSwiney, R. R. 1020[1], 1021[2].
Nichols, A. C., and P. M. Glenn: Bakterienflora im Dünndarm 172[13]. — Gramnegative Bakterien im Dünndarminhalt 173[1].
Nichols, J., A. T. Miller jr. and E. P. Hiatt: Harnsäureausscheidung nach schwerer Muskelarbeit 1238[19].
Nicholson, T. F., s. Harding, V. J. 318[12].

NICKEL, R.: Dünndarmlänge bei Carnivoren 104[5]. — Darmlänge nach dem Tode 104[8]. — Länge der Darmabschnitte beim Hund 105[2].
NICKERSON, M., s. JAGER, B. V. 295[1,9], 300[4], 304[2], 307[8], 308[3].
NICKISCH, K.: Regulation des Ca: P-Verhältnisses im Darminhalt 639[8].
NICKSON, M., L. F. LAMERTON and W. V. MAYNEORD: Subcutane Resorption von metallischem Co 673[4].
NICLOUX, M.: Freies Glycerin im Blutserum 320[2].
— s. HACKSPILL, L. 505[5].
NICOL, B. M., s. LYALL, A. 631[13].
NICOL, K.: Zusammenfassung über die Staublungenerkrankungen (1935) 691[12].
NICOLA, M. DE: Hemmung der Nucleinsäuresynthese durch Röntgenstrahlen 1196[22].
NICOLAI, H.: Indicanbildung in der Darmwand 191[5]. — Indolresorption und -ausscheidung im Darm 229[10].
NICOLAIER, A.: Bildung von 6-Amino-2,8-dioxypurin aus Adenin 1202[1].
— u. M. DOHRN: Steigerung der Harnsäureausscheidung durch Novatophan 1249[8].
NICOLAYSEN, R.: Ca-Resorption bei Vitamin D-Mangel 213[9]. — Resorption verschiedener Kalkseifen 213[12]. — Wirkung von Vitamin D auf den Calciumstoffwechsel junger Ratten 714[8].
— and R. NORDBØ: Resorption verschiedener Kalkseifen 213[12].
NICOLET, B. H.: Bildungsmechanismus von Cystein 965[5].
NICOLLE, P., et H. SIMONS: Senkungsgeschwindigkeit beim Meerschweinchen 265[11].
NIEDERLAND, T. R., s. BARANOWSKI, T. 748[9].
NIEFT, M. L.: Cholinesterasen in Dünndarmextrakten 125[12].
— and H. J. DEUEL jr.: Steigerung der Cholesterinestersynthese durch Cholesterinverfütterung 236[1]. — Veresterung von Cholesterin in der Darmwand 248[19].
— s. SEEGERS, W. H. 477[9].
NIELSEN, A. K., s. PETRI, S. 38[5].
NIELSEN, E., s. PETRI, S. 38[5].
NIELSEN, E. K., and R. C. CORLEY: Mangel an essentiellen Aminosäuren 934[1].
NIELSEN, G., s. HOFF-JØRGENSEN, E. 638[10,11].
NIELSEN, H., et F. LEUTHARDT: Phosphorylierung von Aneurin im Cytoplasma 1153[10].
— s. FAHRLÄNDER, H. 973[2].
— s. LEUTHARDT, F. 1090[72], 1136[10], 1148[1].
NIELSEN, N., u. V. HARTELIUS: Vitamin H-Gehalt von Schweineserum 366[8]. — Vorkommen von Biotin im Blut 454[2]. — Alloxazinadenindinucleotid als Coferment der D-Aminosäureoxydase 1237[9].
NIELSEN, N. A., s. LUNDSGAARD, E. 782[8].
NIELSEN, O. J., s. GRAM, C. N. J. 570[12].
NIELSON, A. M., s. MIGICOVSKY, B. B. 213[11], 714[5].
NIELSON, E. D., N. A. DRAKE, W. J. HAINES and M. H. KUIZENGA: Biosynthese der Corticosteroide in Nebennierenbrei 885[13].
— s. HAINES, W. J. 884[8], 885[12].
NIEMANN, C.: Molekulargewicht von Secretin 132[14].
— s. HOLZMAN, G. 86[1].
NIEMANN, G., s. FISCHER, H. 355[11], 438[9].
NIEMEYER, H., R. K. CRANE, E. P. KENNEDY and F. LIPMANN: Entkoppelung von Atmung und oxydativer Phosphorylierung durch Thyroxin 1140[8].
NIENBURG, H., s. ABDERHALDEN, E. 123[5].
NIER, A. O., s. OLSEN, N. S. 939[1], 942[8].
— s. SWENSEID, M. E. 823[1].
— s. WOOD, H. G. 616[2,5], 1056[2].
NIEUWENHOVEN, L. M. VAN, D. P. NOORDMANS and H. J. VONK: p_H-Optimum der Darmmaltase 126[7]. — p_H-Optimum der Saccharase im Schweinedarm 127[8].
NIEUWENHUIZEN, C. L. C. VAN: Verminderung der Glucoseresorption durch Hypophysektomie 218[4].
NIGHTINGALE, G. T.: Zusammenfassung über die Biochemie N-haltiger Verbindungen in grünen Pflanzen (1936) 616[11].
NIIKUNI, T.: Gehalt der Beinlymphe an ätherlöslichen Verbindungen 554[6].
NIKLAS, A., s. MAURER, W. 88[6].
NIKLAS, F.: Beteiligung von Tyrosinase an Melaninbildung 986[1].
NIKOLAJEW, K.: Peroxydasen in Leukocyten der myeloischen Reihe 462[14]. — Peroxydasegehalt von Pferdeleukocyten 463[18].
NIKUNI, Z.: Phosphatidverdauung 842[8].
NILSSON, I.: Glykosamingehalt von menschlichem Serum 322[16]. — Glykosaminbestimmung im Blutserum 322[17]. — Nachweis von Glucuronsäure 323[2].
NIMMO-SMITH, R.: Aminoimidazolcarboxamid als Vorstufe der Purinsynthese durch E. coli 1221[5].
NIMS, L. F., s. GIBBS, E. L. 531[5].
NINOMIYA, H.: Verhalten der Speichelamylase gegen Proteasen 24[13]. — Kohlenhydratgehalt der Speichelamylase 25[5].
NIRENSTEIN, E.: Zusammenfassung über Verdauung bei Protozoen (1927) 7[2].
NISSEN, H.: P-Gehalt im menschlichen Serum 430[16].
— s. BOMSKOV, C. 413[3].
NISSIM, J. A.: 11-Oxylierung von Corticosteroiden durch Nebennierenbrei 885[8]. — Bedeutung der Ascorbinsäure für Biosynthese der Corticosteroide 886[11].
— and J. M. ROBSON: Hydrierung von Pregnenolon zu Progesteron 887[3].
NISSLE, A.: Intestinale Autointoxikation 229[8].

Die Seiten 1—840 befinden sich im Bandteil a, die Seiten 841—1257 im Bandteil b.

Nitzberg, T., s. Goodhart, R. S. 362[7].
Nitzescu, I.-I., et I. Gontzea: Retention von zugeführtem Kreatin beim Menschen 946[7].
Nitzulescu, J., s. Ballif, L. 573[13], 574[2].
Niven, J. S. F., and A. Neuberger: Lebensdauer von Kaninchenerythrocyten 1016[3].
— and R. Robison: Bildung des enchondralen Knochens 704[3].
Nix, J. T., E. V. Flock and J. L. Bollman: Gewinnung von Lymphe bei Ratten 548[7]. Eiweißkörper der Lymphe aus der Cysterna chyli 553[4].
— F. C. Mann, J. L. Bollman, J. H. Grindlay and E. V. Flock: Steigerung der Lymphmenge nach Leberschädigung 553[5].
Noack, K.: Chlorophyllabbau in der Pflanze 1024[1].
— A. Pirson u. G. Stegmann: Zinkaufnahme durch Chlorella 675[2].
Noall, M. W., H. A. Salhanick, G. M. Neher and M. X. Zarrow: Vorkommen von Progesteron in der Placenta 886[33].
— s. Salhanick, H. A. 886[25].
Noble, R. P., and M. I. Gregersen: Blutmengenbestimmung mit Farbstoffen 258[10].
Noceto, L., s. Abba, G. C. 356[19], 376[7].
Nochimowski, C.: Acetylcholingehalt von Liquor cerebrospinalis bei Krankheiten 570[2].
Nocito, V., s. Blanchard, M. 966[11].
— s. Green, D. E. 930[8], 938[2,4], 949[12], 966[11].
— s. Ratner, S. 939[4], 1028[4], 1184[21].
Nöcker, J.: Störung der Resorption bei Darmresektionen 245[7].
Noda, L., s. Weinhouse, S. 1033[6].
Noehren, W. A., s. Madden, S. C. 288[8].
Noël, R.: Eiweißspeicherung in Leberzellen 927[8].
Noelle, E.: Ausnutzung der Nährstoffe 174[1].
Nogaki, S., s. Knaffl-Lenz, E. 212[6].
Nolen, W., s. Graaff, W. C. de 172[3], 181[3].
Nolf, P.: Leber und Knochenmark als Bildungsstätten der Plasmaeiweißkörper 287[8]. — Fibrinogenmangel nach Leberexstirpation 475[4]. — Theorie der Blutgerinnung 488[7]. — Fibrinolyse 489[5]. — Aktivierung von Thromboplastinogen 498[3]. — Resorption von Eiweißabbauprodukten aus isolierten Darmstücken 914[8].
Noll, A.: Fettgehalt des Kaninchendarms 118[4].
Noma, A.: Glucosepermeabilität der Erythrocyten 427[11]. — Glucosegehalt von tierischen Erythrocyten 443[12].
Nomura, T., s. Yamakawa, S. 239[3].
Nonnenbruch, W.: Zusammenfassung über Pathologie und Pharmakologie des Wasserhaushaltes einschließlich Ödem und Entzündung (1926) 589[5]. — Zusammenfassung über das Dursten (1926) 596[11]. — Zusammenfassung über Resorption (1933) 200[10].
Nonnenbruch, W., s. Morawitz, P. 609[11].
Noonan, T. R., s. Altman, K. I. 436[14], 943[11], 998[5].
— s. Dean, R. B. 423[2].
Noorden, C. v.: Lehrbuch der Pathologie des Stoffwechsels (1893) 1247[22]. — Esterschwefelsäureausscheidung bei gesteigerter Eiweißfäulnis 953[1]. — Wirkung von Alkalien bei Gicht 1250[7].
Noordmans, D. P., s. Nieuwenhoven, L. M. van 126[7], 127[8].
Noordwijk, J. van, s. Kolff, W. J. 499[17].
Noponen, P.: Pepsin- und HCl-Gehalt des Magensaftes nach Histamin 44[1].
Norberg, B.: Sulfatester im Eiter 586[5].
— s. Bergstrand, A. 1120[9], 1192[10], 1222[11], 1228[6].
Nord, F. F.: Zusammenfassung über enzymatische Umsetzungen durch Fusarien (1939) 725[36].
— and J. C. Vitucci: Zusammenfassung über mikrobiologischen Abbau der Cellulose (1948) 187[4]. — Zuckeroxydation durch Schwämme 738[12].
— s. Goepfert, G. J. 738[13].
Nordahl, J.: Vitamin C in Hautblasenflüssigkeit 578[2].
Nordbø, R.: Ionisierte Form des Magnesiums im Blute 398[1].
— s. Nicolaysen, R. 213[12].
Nordmann, J., et R. Nordmann: Mitochondrienzahl in Geschwulstzellen 1096[1].
— s. Bertrand, I. 1096[1].
— s. Green, D. E. 1137[24].
— s. Huennekens, F. M. 808[6], 1090[85], 1136[27], 1143[5], 1153[9].
Nordmann, M., u. K. H. Höhne: Juvenile Poikilocytenanämie mit Arthritis urica 1257[8].
— s. Löffler, L. 927[8].
Nordmann, R., s. Bertrand, I. 1096[1].
— s. Nordmann, J. 1096[1].
Noordmans, D. P., s. Nieuwenhoven, L. M. van 126[7], 127[8].
Norgaard, A., u. T. E. H. Thaysen: p_H-Wert des Duodenalinhaltes während der Verdauung 170[1].
Norman, A. G., and W. H. Fuller: Zusammenfassung über Cellulosezersetzung durch Mikroorganismen (1942) 187[3].
Norn, M. S.: Beeinflussung der Harnsäurebildung durch ACTH 1234[4].
Norpoth, L., u. E. Kaden: Milchsäuregehalt des Magensaftes bei Kranken 92[7].
— s. Henning, N. 48[11].
Norrie, M., s. Lemberg, R. 438[1].
Norris, E. R., and J. J. Majnarich: Wirkung von Pterinen und Pyrimidinen auf die Blutbildung 467[13].
Norris, J. H., and W. E. Chamberlin: Harnsäuregehalt im Blut von Wiederkäuern 346[15].
Norris, L. C., s. Daniel, L. J. 467[13].

NORRIS, L. C., s. GALLUP, W. D. 672[4].
— s. GILLIS, M. B. 965[1].
— s. WILGUS, H. S. jr. 672[3].
NORRIS, L. T., s. BUCHANAN, J. G. 1063[2].
NORTH, H. E., s. CHALLENGER, F. 695[17].
NORTHROP, J. H.: Zusammenfassung über Chemie der krystallisierten Enzyme (1940) 73[5]. — Zusammenfassung über die proteolytischen Enzyme des Pankreas (1940) 159[6]. — Krystallisation von Pepsin 31[4], 73[5]. — Synthetisches Produkt aus Pepsin- und Trypsinhydrolysat 917[3].
— and M. KUNITZ: Trypsin aus Pankreas 160[2].
— s. KUNITZ, M. 160[1,3].
NORTHUP, D. W., and E. J. VAN LIERE: Kuppelung der Glykokollresorption mit oxydativen Vorgängen 228[1].
— s. LIERE, E. J. VAN 210[10], 211[11].
— s. STICKNEY, J. C. 210[9].
NOSSAL, P. M.: Bedeutung von Kalium für Brenztraubensäuredecarboxylierung 626[15].
NOTHMANN, M., u. H. WENDT: Fettverdauung nach Pankreasausschaltung 167[3]. — Verträglichkeit von Ölsäure 236[11]. — Kein innersekretorischer Einfluß des Pankreas auf Fettresorption 247[13].
NOTHWANG, F.: Tödlicher Wasserverlust 596[9].
NOVELLI, G. D.: Zusammenfassung über Struktur von Coenzym A (1951) 1036[15]. — Struktur von Coenzym A 1036[15].
— N. O. KAPLAN and F. LIPMANN: Struktur von Coenzym A 1036[14].
— and F. LIPMANN: Coenzym A bei Citronensäuresynthese 1036[9], 1046[2].
— s. BADDILEY, J. 1037[1].
— s. CHOU, T. C. 1043[2], 1044[2].
— s. LIPMANN, F. 838[12], 1036[6,14], 1185[4].
— s. MAAS, W. K. 1036[15].
— s. STADTMAN, E. R. 790[8], 1036[12], 1042[3], 1043[5].
— s. VRIES, W. H. DE 1036[14].
NOVELLIE, L.: Chromatographische Zuckertrennung 319[16].
NOVERRAZ, M., et P. SCHNEIDER: Amylasebestimmung 379[14].
— s. GIGON, A. 339[11].
NOVIKOFF, A. B., L. HECHT, E. PODBER and J. RYAN: Verteilung von Ribonucleinsäure und Stickstoff in der Zelle 1072[30]. — Intracelluläre Verteilung von Phosphatasen 1090[64]. — Atmungskettenphosphorylierung durch Cyclophorasesystem 1137[18]. — Kein Vorkommen von Apyrase in Mitochondrien 1138[12]. — ATPase- und Adenylsäurekinaseaktivität von Cytoplasma 1154[1].
— E. PODBER and J. RYAN: Intracelluläre Verteilung von Phosphatasen 1090[64]. — Intracelluläre Verteilung von Adenosintriphosphatase 1090[130].
NOVIKOFF, A. B., and V. R. POTTER: Pentosenucleinsäurebildung nach partieller Hepatektomie 1191[1].
— s. SCHEIN, A. H. 1090[30], 1150[6].
NOWACZYŃSKI, J., s. FALTA, W. 1233[1].
NOWIŃSKI, W. W., s. NEEDHAM, J. 739[2].
NOYCE, B. N., s. KNOX, W. E. 830[11], 1141[3].
NOYES, F. B., I. SCHOUR and H. J. NOYES: Buch über Zahnhistologie und Embryologie; 5. Aufl. (1938) Engl. 722[4].
NOYES, H. J., s. NOYES, F. B. 722[4].
NUBEL, R. C., s. SHULL, G. M. 879[10].
NÜRNBERG, W., s. NETTER, H. 1159[2].
NUERNBERGK, H., u. E. WIDMANN: Anorganisches und organisches Jod im Blut 410[12].
NUMATA, I.: Cysteingehalt von Pferdeplasma 344[10]. — Vitamin C-Gehalt im Pferdeblut 365[7]. — Verteilung von Glutathion und Cystein im Pferdeblut 448[14]. — Vitamin C in Pferdethrombocyten 472[12].
NUSBAUM, R. E., s. ALEXANDER, G. V. 689[13].
NYBERG, A., J. SCHUBERTH u. L. ÅNGÅRD: Intracelluläre Verteilung von Katalase und Alkoholdehydrogenase 1090[140].
NYC, J. F., D. M. MARON, J. B. GARST and H. B. FRIEDGOOD: Säulenchromatographie der phenolischen C_{18}-Steroide an Kautschuk 907[10].
— H. K. MITCHELL, E. LEIFER and W. H. LANGHAM: Tryptophansynthese aus Anthranilsäure bei Neurospora 995[7].
— s. BEADLE, G. W. 992[2].
— s. MITCHELL, H. K. 992[3,6], 994[5], 1195[13], 1221[13].
NYE, L. L., s. JONES, M. R. 428[5].
NYGAARD, A. P.: Bernsteinsäureoxydation durch Lebermitochondrien 1131[1].
— and J. B. SUMNER: Bernsteinsäureoxydation durch Lebermitochondrien 1131[1].
NYGAARD, O., s. BARNUM, C. P. 1100[5].
— s. LAIRD, A. K. 1127[6].
NYLIN, G., s. LILJESTRAND, G. 528[1].
NYLUND, C. E., u. T. K. WITH: Vitamin A-Gehalt des Blutes 358[1].

OAKLEY, C. L., s. WARRACK, G. H. 1186[16].
OAKWOOD, T. S., s. MARKER, R. F. 894[9].
OBERDISSE, K.: Brenztraubensäure im Blut nach Aminosäurezufuhr 325[10].
OBERHELMAN, H. A. jr., and L. R. DRAGSTEDT: Anregung der Magensekretion durch Histamin nach Vagotomie 45[28].
— s. DRAGSTEDT, L. R. 43[1].
— s. WOODWARD, E. R. 45[29].
OBERHOFFER, G.: Acidität von Nüchternsekret und -inhalt des Magens 89[4].
OBERLE, A., s. HUNTER, A. 1208[10].
OBERLE, E. A., s. INGLE, D. J. 773[8], 778[5].
OBERMAYER, F., u. H. POPPER: Indicangehalt von pathologischen Seren 350[25].
— s. FREUND, E. 587[4].
OBERMER, E.: Calciumgehalt des Blutes während Schwangerschaft 397[3].

Die Seiten 1—840 befinden sich im Bandteil a, die Seiten 841—1257 im Bandteil b.

OBERNDORFER, S.: Tyrosinasewirkung bei Pigmentbildung 986[1].
O'BRIEN, H., s. STADIE, W. C. 519[5], 521[7].
O'BRIEN, J. R. P., s. KING, E. J. 432[20].
OCHOA, S.: Cocarboxylasesynthese 754[5]. — Umgekehrter Tricarbonsäurecyclus 761[5]. — Ausbeute an energiereichem Phosphat bei der biologischen Oxydation 789[3]. — Acetyl-coenzym A 790[7]. — Bildung von energiereichem Phosphat bei Milchsäurebildung und -oxydation 1026[1]. — Anorganisches Phosphat bei Brenztraubensäuredehydrierung 1035[2]. — Protein A bei Brenztraubensäureoxydation 1040[1]. — Existenz eines Citroyl-CoA? 1046[1]. — Crotonase u. β-Ketothiolase 1049[1]. — Gleichgewicht Oxalbernsteinsäure ⇌α-Ketoglutarsäure 1052[3]. — Decarboxylierung von α-Ketoglutarsäure 1052[7].
— A. (H.) MEHLER, M. L. BLANCHARD, T. H. JUKES, C. E. HOFFMANN and M. REGAN: Biotin als Coferment der CO_2-Fixierung 1054[7].
— A. (H.) MEHLER and A. KORNBERG: Bildung von Oxalessigsäure aus Pyruvat und CO_2 1054[6].
— and J. R. STERN: Zusammenfassung über Kohlenhydratstoffwechsel (1952) 725[28].
— J. R. STERN and M. C. SCHNEIDER: Citronensäurekondensierendes Enzym 790[10].
— and E. WEISZ-TABORI: Oxalbernsteinsäuredecarboxylierendes Ferment 1051[12].
— s. BANGA, I. 451[9], 755[1], 1032[1], 1035[2].
— s. KAUFMAN, S. 1052[7].
— s. KORNBERG, A. 1052[1].
— s. KORKES, S. 1038[4], 1040[4].
— s. LYNEN, F. 807[3], 1048[1], 1049[3].
— s. OHLMEYER, P. 626[17].
— s. STERN, J. R. 790[3,11], 1036[10,11], 1043[1,4], 1046[2-4], 1047[1].
OCHS, S., s. ABOOD, L. G. 1135[3].
O'CONNELL, P. W., E. LIPSCOMB and B. F. DAUBERT: Unterscheidung mehrfach ungesättigter Fettsäuren durch UV-Absorption 336[9].
— and E. STOTZ: Stoffwechselleistungen von Mitochondrien 1136[24].
O'CONNOR, D., s. GORDON, A. H. 367[9].
O'CONNOR, R. C., s. FLOREY, H. W. 148[9].
ODA, S., u. T. OSUKA: Antianämische Wirkung von Cu 669[6].
ODAIRA, T.: Viscositätssteigerung bei CO_2-Anreicherung des Blutes 274[3].
O'DONNELL, J. F., s. GOLDBERG, H. J. W. 27[11].
ÖBRINK, K. J.: Chemische Eigenschaften von Enterogastron 142[3]. — Bedeutung der Kohlensäureanhydratase für HCl-Bildung im Magen 522[5].
— s. ELLIOT, A. 214[24].
OEBIKE, B.: Buch über Wesen und Herkunft endogener Pigmente und ihre besondere Bedeutung für die Pigmentwechselstörung der Haemochromatose (1950) 665[3].
OECHSNER DE CONINCK, W.: Produkte der Cellulosevergärung im Dickdarm 187[10].
OEHLECKER, F.: Buch über die Bluttransfusion; 2. Aufl. (1940) 387[6].
ÖHMANN, L. O., s. LINDAHL, P. E. 684[3].
OEHME, C.: Zusammenfassung über das Lymphsystem (1928) 546[5]. — Zusammenfassung über Säure-Basen-Haushalt (1949) 603[6]. — Diurese und Kochsalzzufuhr 595[4]. — Abgabe von Natrium und Wasser aus dem extracellulären Raum 603[5]. — Ca-Bilanz und Zusammensetzung der Nahrung 643[3].
— M. OEHME u. H. WASSERMEYER: Ca-Bilanz und Zusammensetzung der Nahrung 643[4].
— u. P. TÖRÖK: Ca-Bilanz und Zusammensetzung der Nahrung 643[3].
OEHME, M., s. OEHME, C. 643[4].
OELKERS, H.-A.: Hemmung der Zellatmung durch Arsenit 694[4].
— s. RONA, P. 917[1].
— s. VINCKE, E. 496[9].
OELLER, H.: Zusammenfassung über Lymphdrüsen und lymphatisches System (1928) 546[6].
OER, A. v., u. H.-J. HÖFERT: Bestimmung der Alkalimetalle 619[2].
ØRSKOV, S. L.: Bestimmung des Lösungswassers in Erythrocyten 425[3].
— u. E. RATJEN: Elektrometrische Kationenbestimmung 393[2].
— s. HÖBER, R. 422[10].
— s. LUNDSGAARD, E. 782[8].
ÖRSTRÖM, Å., and M. ÖRSTRÖM: Verwendung von Glykokoll und Alanin zur Harnsäuresynthese 1207[1]. — Hypoxanthinsynthese aus Glutamin 1220[3], 1222[1].
— M. ÖRSTRÖM and H. A. KREBS: Vorstufen der Hypoxanthinbildung in Taubenleberschnitten 944[7]. — Harnsäurebildung in Geflügelleber 1205[4]. — Harnsäurebildung in der Niere 1207[11]. — Hypoxanthinsynthese aus Glutamin 1222[2].
ÖRSTRÖM, M., s. ÖRSTRÖM, Å. 944[7], 1205[4], 1207[1,11], 1220[3], 1222[1,2].
OERTENBLAD, B., s. MYRBÄCK, K. 165[1].
OESPER, P., s. MEYERHOF, O. 749[11], 751[3], 752[11].
ÖSTBERG, O.: Citronensäurestoffwechsel im Gewebe 1059[7].
ÖSTERBERG, E., s. WOLF, C. G. L. 956[4].
OESTERLIN, H., s. KNOOP, F. 935[1].
OESTERLING, M. J., s. BORMAN, A. 969[7].
OESTREICH, C., s. SEYDERHELM, R. 476[3].
OETER, H. D., s. BÜRGER, M. 177[5].
OETTEL, H.: Nachweis von CO-Hämoglobin 434[11].
OETTINGEN, W. F. v.: Zusammenfassung über Verteilung und Pharmakologie des Mangan (1935) 670[10].

ÖZER, F., s. WINTERSTEIN, H. 26[9].
OFELE, s. GROSS, M. 170[7].
OGATA, T.: Amino-N-Gehalt der Beinlymphe 554[4].
— u. I. WATANABE: Alkalireserve des Blutes und p_H des Speichels 19[3].
OGAWA, K.: Phospholipase aus Schlangengift 851[3].
OGAWA, T.: Purinausscheidung nach Adrenalin 1230[13]. — Purinausscheidung nach Thyreoidektomie 1231[18]. — Insulinwirkung auf Allantoinausscheidung bei Hunden 1232[8]. — Wirkung der Sexualhormone auf den Purinstoffwechsel 1234[8]. — Herabsetzung der Purinausscheidung durch Nebennierenrinde 1234[14].
OGDEN, H. V.: Homogentisinsäureausscheidung bei eiweißreicher Kost 982[4].
OGINSKY, E. L.: Bedeutung von Vitamin B_{12} für Methylierung 963[6].
— and R. F. GEHRIG: Argininabbau bei Clostridien und Chlorella 974[1].
OGSTON, A. G.: Abbauprodukte von deuterierter Citronensäure 1057[4].
— and O. SMITHIES: Zusammenfassung über Phosphatstoffwechsel (1948) 1030[1]. — Ausbeute an energiereichem Phosphat bei der biologischen Oxydation 788[12]. — Bildung von energiereichem Phosphat bei Milchsäurebildung und -oxydation 1026[1].
— and J. E. STANIER: Funktion der Hyaluronsäure 581[4]. — Hyaluronidasewirkung auf Gelenklymphe 582[3].
— s. BELL, D. J. 744[5].
— s. DAVIES, R. E. 60[10], 61[4], 62[5], 630[1].
OGUR, M., S. MINCKLER, G. LINDEGREN and C. C. LINDEGREN: Polyploidie und DNS-Gehalt von Zellkernen 1103[4].
— s. ALBAUM, H. G. 789[20], 1184[7].
OGURA, Y.: Glucosedehydrogenase in Aspergillus oryzae 737[7].
OHLIG, W., s. HEILMEYER, L. 356[1].
OHLMEYER, P., H. BRILMAYER, H. KRUPP, U. OLPP u. L. D. MEHMKE: Bindung von Prostata-phosphatase an Zellkerne 1109[6].
— u. S. OCHOA: Bedeutung von Kalium für Transphosphorylierungen 626[17].
— u. U. OLPP: Silicium in organischer Bindung im Körper 691[11].
— s. MEYERHOF, O. 749[5].
OHLSON, M. A., D. CEDERQUIST, E. G. DONELSON, R. M. LEVERTON, G. K. LEWIS, W. A. HIMWICH and M. S. REYNOLDS: Hämoglobingehalt von menschlichem Blut 510[11].
OHLSSON, E.: Tryptophangehalt von Pferdeserum 344[7].
OHNESORGE, G., s. TILLMANNS, J. 457[9].
OHNO, M.: Sauerstoffkapazität von menschlichem Blut 511[4].
OIDTMANN, H.: Buch über die anorganischen Bestandteile der Leber und Milz und der meisten anderen tierischen Drüsen (1858) 557[1].
OIVIN, I. A.: Redoxpotential im strömenden Hundeblut 276[1].
OKADA, S., S. AOYAMA u. A. SUGITA: Förderung der Magensaftsekretion durch Insulin 42[20]. — Verringerung der Magensaftsekretion durch Hyperglykämie 45[11].
— and T. HAYASHI: Anstieg des Aminosäure-N im Blut bei myeloischer Leukämie 461[2].
OKAGAWA, M., s. KOTAKE, Y. 980[5], 982[13].
OKAGAWA, Y., u. M. TATSUI: Mechanismus des Tryptophanabbaus 988[11].
OKAMOTO, K.: Zinknachweis in den LANGERHANSschen Inseln 678[11].
— s. FUJITA, A. 315[3].
OKAMOTO, T., s. HIRATA, Y. 392[1].
OKAMURA, H.: Fructosegehalt des Blutes 318[10], 319[2].
OKAMURA, N.: Erythrocyten als Adrenalinspeicher 369[10], 451[12].
O'KANE, D. J. O., and I. C. GUNSALUS: α-lipoic acid 1039[1].
OKAUE, S.: Vermehrung der Harnsäure in Blut und Harn bei künstlichem Fieber 1246[18]. — Harnsäureausscheidung nach Röntgen- und Radiumbestrahlung 1248[10,11].
OKAUE, Y., u. G. HÔJÔ: Erythrocytengehalt der Lymphe bei Kaninchen 548[3].
OKESON, D., s. BINKLEY, F. 965[8].
OKEY, R., s. BLOOR, W. R. 857[1].
— s. KENNEDY, B. 872[8].
OKUDA, S., s. TANAKA, T. 567[4].
OKUHN, M., s. FERDMAN, D. 1194[8].
OKUNTSOV, M. M.: Cu verlängert Lebensdauer von grünen Kartoffelblättern 668[2].
OKUSHIMA, K.: Dauer der Coffeinausscheidung 1224[1].
OLDBERG, E., s. IVY, A. C. 141[12].
OLDHAM, H., F. W. SCHLUTZ and M. MORSE: Eisenvorrat des Säuglings 662[6].
— s. SCHLUTZ, F. W. 662[3].
O'LEARY, J., s. NEUMAN, W. F. 696[12].
OLESON, J. J., s. JUKES, T. H. 854[2,3,14,15].
OLIVA, G., e D. FURBETTA: Eisengehalt des Blutes 399[10].
— e A. MAGRINI: Nicotinsäureamidgehalt des menschlichen Blutes 363[13].
OLIVER, I. T., and W. A. RAWLINSON: Porphyrintrennung 1021[1].
OLIVER, J., F. BLOOM and C. N. MANGIERI: Heparin- und Mastzellengehalt von Bindegewebsgeschwülsten 493[7]. — Mastzellen- und Heparingehalt von Bindegewebsmastozymen 499[7].
OLIVET, J.: Bakteriengehalt im Duodenalinhalt 172[10].
OLKEN, H. G., s. STELLAR, L. I. 367[8].
OLMSTED, P. C., s. ENGEL, L. L. 907[3].
OLNEY, J. M.: Austauschgeschwindigkeit von Kalium 628[1].

OLNEY, J. M. jr., s. CORSA, L. jr. 623[6].
OLPP, U., s. OHLMEYER, P. 691[11], 1109[6].
OLSEN, C., s. HEVESY, G. 617[9].
OLSEN, N. S., A. HEMINGWAY and A. O. NIER: Abbau von ^{14}C-Glykokoll zu CO_2 939[1]. — Zuckerbildung aus markiertem Glykokoll 942[8].
— s. LORBER, V. 939[1].
— s. SUTHERLAND, E. W. 783[8].
OLSON, K. B., s. CHARGAFF, E. 118[2,7], 492[2,7], 848[11].
— s. GUTMAN, A. B. 376[12].
OLSON, W. H., s. NEUWELT, F. 47[6].
OLTÉANU, I., s. MARINESCO, A. 574[1].
OLTMAN, J. E., s. WELT, L. G. 624[6].
OLWIN, J. H., s. FAHEY, J. L. 482[10].
OMACHI, A., C. P. BARNUM and D. GLICK: Intracelluläre Verteilung von Esterasen 1090[41].
OMI, K.: Kochsalzresorption im Dünndarm 211[1]. — Resorption von Zuckerlösungen 216[6].
ÔNAKA, H.: Eiweißgehalt der Kaninchenlymphe 553[2].
ONCLEY, J. L., F. R. N. GURD and M. MELIN: Charakterisierung der Serumeiweißkörper 301[3].
— M. MELIN, J. W. CAMERON, D. A. RICHERT and L. K. DIAMOND: Eigenschaften der Plasmaproteinfraktionen 305[9].
— M. MELIN, D. A. RICHERT, J. W. CAMERON and P. M. GROSS jr.: Aufteilung der Plasmaproteine 301[5], 306[2].
— G. SCATCHARD and A. BROWN: Form und Größe der Plasmaeiweißkörper 293[1]. — Reindarstellung von Proteinen 294[1]. — Eigenschaften der Plasmaeiweißfraktionen 305[9]. — Teilchengewicht des Fibrinogens 476[11].
— s. COHN, E. J. 300[3].
O'NEILL, R. C., s. LORD, S. S. jr. 406[18].
ONESON, I. B., and S. L. COHEN: Harnausscheidung von C_{18}-Steroidkonjugaten 906[10].
ONGARO, D.: Vorkommen von Sterinen in Seidenraupeneiern 870[7].
ONOZAKI, T.: Resorption ungespaltener Fette 239[5].
OPITZ, E.: Zusammenfassung über Hypoxie (1941) 262[8]. — Elektrode zur Messung der Gewebsreaktion 1168[8]. — p_H der Gehirnoberfläche bei O_2-Mangel 1176[1].
OPITZ, G., s. VERAGUTH, O. 566[7].
OPPENHEIMER, B. S., and B. S. KLINE: Alkaptonurie und Ochronose 982[2].
OPPENHEIMER, C., s. ABDERHALDEN, E. 914[15].
OPPENHEIMER, M., s. EMBDEN, G. 827[2].
OPPERMANN, A.: Bluteiweißbestimmung aus dem spezifischen Gewicht 290[3].
OPSAHL, R.: Vermehrung endogener Harnsäure während der Reticulocytenkrise 1200[11], 1247[8].
ORENT, E. R., H. C. KRUSE and E. V. MCCOLLUM: Tod nach Mg-armer Kost 636[5].
— and E. V. MCCOLLUM: Notwendigkeit von Mangan für Rattenwachstum 671[19]. — Bedeutung von Mangan für Milchbildung 672[15].
— s. KRAMER, B. 637[4].
— s. MCCOLLUM, E. V. 636[5].
— s. SHELLING, D. H. 637[4].
ORENT-KEILES, E.: Borbedarf von Tieren 690[1].
ORGLER, A., s. ROSENFELD, G. 1211[28], 1242[8].
ORLOFF, J., s. WELT, L. G. 624[6].
ORNDORFF, J. R., G. B. FAULEY and A. C. IVY: Behandlung und Verhinderung von Duodenalgeschwüren beim Hund durch Mucin 72[12].
ORNSTEIN, I., s. BALLIF, L. 573[13], 574[2].
ORNSTEIN, L.: Erhöhung des Blutcholesterins bei chronischem Alkoholismus 338[7].
— s. POLLISTER, A. W. 1103[2].
ORR, A. P.: Fructose im Blut neugeborener Ziegen 318[15].
ORR, H. W., s. DINNING, J. S. 342[11].
ORR, T. G., s. HADEN, R. L. 634[6].
ORRÙ, A., e E. PIPPARELLI: Anstieg der Leitfähigkeit des Blutserums mit der Temperatur 268[8].
ORTEN, J. M.: Wirkung von Mangan auf die Polycytämie nach Kobalt 673[12].
— and M. C. BUCCIERO: Polycytämie nach Kobalt 430[4], 466[5].
— F. A. UNDERHILL, E. R. MUGRAGE and R. C. LEWIS: Polycytämie nach Kobalt 430[6]. — Keine Beeinflussung der Leukocytenzahl durch Kobalt 430[7].
— s. BUCCIERO, M. C. 430[8], 466[5].
— s. LUCAS, J. 1021[1].
— s. MARSHALL, L. M. 327[4].
ORTH, G.-W.: Chemische Natur der Blutgruppen 424[8].
ORTH, O. S., s. MAISON, G. L. 1168[3].
ORZECHOWSKI, G.: Zusammenfassung über Acetylcholin (1936) 135[13].
OSBORN, G. H. s. JEWSBURY, A. 406[20].
OSBORN, M., N. WOMACK, K. DAUM and W. KRIDELBAUGH: Cholesterinabscheidung in der Lunge 877[13].
OSBORN, M. J., I. L. CHAIKOFF and J. M. FELTS: Wirkung von Insulin auf Brenztraubensäurestoffwechsel 834[2].
— s. FELTS, J. M. 834[1].
OSBORNE, D. E., and O. F. DENSTEDT: Lebensdauer der Erythrocyten 467[18].
OSBORNE, E. D.: Jodgehalt im Liquor cerebrospinalis 576[13].
OSBORNE, T. B., and L. B. MENDEL: Zur Theorie des Eiweißstoffwechsels 911[3]. — Lysin als unentbehrliche Aminosäure 967[7].
— L. B. MENDEL u. E. L. FERRY: Purinsynthese 1218[12].
— L. B. MENDEL, E. L. FERRY and A. J. WAKEMAN: Wachstumsförderung durch organische S-Verbindungen 654[3].

Die Seiten 1—840 befinden sich im Bandteil a, die Seiten 841—1257 im Bandteil b.

OSER, B. L., s. HAWK, P. B. 87[5].
OSERKOWSKY, J., and H. E. THOMAS: Wirkung des Cu-Mangels auf Pflanzen 667[14].
OSGOOD, E. E.: Zusammenfassung über Blutcytologie (1948) 416[12]. — Lebensdauer der Leukocyten 470[4].
— R. L. BAKER, I. E. BROWNLEE, M. W. OSGOOD, D. M. ELLIS and W. COHEN: Leukocytenzahlen beim Kind 457[10].
— J. G. LI, H. TIVEY, M. L. DUERST and A. J. SEAMAN: Desoxyribonucleotidumsatz in mitosefreien Geweben 1121[1].
OSGOOD, H. S., s. PIERCE, H. B. 217[20].
OSGOOD, M. W., s. OSGOOD, E. E. 457[10].
OSHIMA, F., s. SCHÖNHEIMER, R. 666[9,10], 670[3].
OSKERSE, T.: Fluorgehalt von Zähnen 699[7].
OSLER, W.: Ochronose 981[9].
OSTERBERG, A. E., F. R. VANZANT and W. C. ALVAREZ: Hemmungsstoffe für die Pepsinwirkung 77[15].
— F. R. VANZANT, W. C. ALVAREZ and A. B. RIVERS: Abhängigkeit der Pepsinwirkung vom Säuregehalt 77[6].
— s. ALVAREZ, W. C. 56[1].
— s. COMFORT, M. W. 133[11].
— s. RIVERS, A. B. 43[26].
OSTERBERG, E., s. BENEDICT, S. R. 946[4].
OSTERN, P.: Aminierung von Inosinsäure 1194[17].
— T. BARANOWSKI u. J. REIS: P-Quellen für Rephosphorylierung von Adenylsäure 1235[10].
— T. BARANOWSKI u. J. TERSZAKOWEĆ: Bedingungen der Glucosephosphorylierung durch ATP 1235[15].
— J. A. GUTHKE u. J. TERSZAKOWEĆ: Phosphorylase 743[9]. — Phosphohexokinase 746[5].
— u. T. MANN: Bedingungen der Glucosephosphorylierung durch ATP 1235[13].
— u. J. K. PARNAS: Adeninnucleotidgehalt von Liquor cerebrospinalis 570[5]. — Harnstoff als N-Quelle für Harnsäure 1204[15].
— u. J. TERSZAKOWEĆ: Umwandlung von Hefeadenylsäure in Muskeladenylsäure 1194[15].
— s. PARNAS, J. K. 752[3], 1194[18], 1235[8,11].
OSTROUCH, M.: Bildung einer Vorstufe der Magensalzsäure 59[11].
OSUKA, T., s. ODA, S. 669[6].
OSWALD, A., s. KAUTZSCH, E. 307[7].
ŌTANI, S., s. ICHIHARA, K. 988[11].
— s. KOTAKE, Y. 990[4].
ÔTSUKA, S.: Bedingungen der Lymphbildung 556[1].
OTT, A., s. LAMPERT, H. 488[2].
OTT, H., s. BENNHOLD, H. 308[5].
OTT, M. L., s. DORFMAN, A. 383[10].
OTT, P., s. KUBOWITZ, F. 752[9].
OTT, W. H., E. L. RICKES and T. R. WOOD: Bedeutung von Vitamin B_{12} für Kükenwachstum 467[3].
OTTAVIANI, G.: Innervation von Colon und Rectum 109[4].
OTTENSTEIN, B.: Amylasebestimmung 379[13].
— s. MARCHIONINI, A. 575[4].
OTTER, K., s. SKRKANEK, G. 341[6].
OTTESEN, J.: Lebensdauer von Hühnererythrocyten 1016[6].
— s. ANDREASEN, E. 1190[3].
— s. HEVESY, G. 867[7], 1190[4].
OTTESEN, M., s. LINDERSTRØM-LANG, K. 927[3].
OTTO, G.: Rest-N-Gehalt von Schafblut 341[5].
OTTO, W., u. L. HEILMEYER: Entstehung von Harnfarbstoffen beim Blutfarbstoffabbau 438[17].
OTTOMAN, R. E., s. JAFFE, H. L. 682[3].
OUELLET, L., s. HIFT, H. 1139[2].
OUTERBRIDGE, T. S., s. KILBORN, L. G. 698[2], 699[1].
OUTHOUSE, E. L.: Colaminphosphorsäure in malignen Tumoren 852[3].
OVEREND, W. G., s. LALAND, S. G. 1105[1], 1108[4].
OVERKAMP, H.: Eisenresorption bei Infektanämie 664[3].
OVERMAN, R. R.: Kalium- und Natriumaustausch der Erythrocyten bei Malaria 624[3]. — Bedeutung der Nebennierenrinde für Kaliumregulation 627[9].
— s. FLANAGAN, J. B. 627[7].
— s. STERN, T. N. 627[8].
— s. ZILVERSMIT, D. B. 861[1].
OVERMAN, R. S., M. A. STAHMANN and K. P. LINK: Identität des Süßkleefaktors mit Dicumarol 495[4].
— M. A. STAHMANN, W. R. SULLIVAN, C. F. HUEBNER, H. A. CAMPBELL and K. P. LINK: Identität des Süßkleefaktors mit Dicumarol 495[3].
— s. LINK, K. P. 495[2].
OVERTON, E.: Verteilung von Chlorid im Körper 629[3].
OVIEDO BUSTOS, J.: Erregung der Magensaftsekretion durch Histamin 43[18].
OWADES, P., s. WAELSCH, H. 920[6].
OWEN, C. A., s. ZIFFREN, S. E. 480[7].
OWEN, R. D., s. MITCHELL, H. K. 992[6], 994[5].
OWLES, W. H.: Gewinnung von reinem Dünndarmsaft 144[3]. — Fermentgehalt des Darmsaftes vom Menschen 154[6].
OWREN, P. A.: Buch über die Blutgerinnung (1947) Engl. 473[20]. — Gewinnung von prothrombinfreiem Fibrinogen 476[8]. — Bestimmung der Gerinnungszeit 480[11]. — Faktor V (Proaccelerin) 481[2], 482[6,11]. Cofaktor V 481[14]. — Proconvertin 481[15].
— and K. AAS: Bestimmung der Gerinnungszeit 480[12]. — Verbrauch von Proconvertin nach Dicumarol 482[2].
OYAMADA, Y.: Glutaminsäurebildung beim Histidinabbau 977[7].
OZAKI, G.: Mucoitinschwefelsäure in der Magenschleimhaut 40[2]. — Kohlenhydratkomplex aus Rinderserum 322[6].

Paal, H.: Buch über Nebenniere, B-Vitaminkomplex und Zuckerstoffwechsel (1948) 219[24].
— u. G. Ruby: Erhöhung der selektiven Zuckerresorption durch Cystin 219[26].
Pace, D. M., s. Mast, S. O. 690[16].
Pace, N., L. Kline, H. K. Schachman and M. Harfenist: Gesamtkörperwasser 591[1].
Pacu, M., s. Achard, C. 560[16], 561[1].
Padtberg, J. H.: Chlorgehalt der Haut bei chlorreicher Ernährung 630[6].
Paff, G. H., F. Bloom and C. Reilly: Mastzellen- und Heparingehalt von Bindegewebsmastozymen 499[8].
Paffrath, H.: Durchlässigkeit der Darmwand nach der Geburt 225[6].
— u. J. Massart: Natrium- und Kaliumretention beim Säugling 619[7].
— s. Abderhalden, E. 125[13], 136[12].
Page, I. H., E. Kirk, W. H. Lewis jr., W. R. Thompson and D. D. van Slyke: Verteilung der Fettstoffe im menschlichen Blutplasma 442[5].
— and W. Menschick: Cholesterinabbau im Organismus 877[3].
— L. Pasternak u. M. L. Burt: Phosphatidgehalt des Gehirns nach Insulinschock 864[8].
— u. M. Reside: Vermehrung der Blutphosphatase durch Nebenschilddrüsenauszüge 376[10].
— u. E. Schmidt: Cholingehalt des menschlichen Serums 351[11]. — Cholingehalt von Liquor cerebrospinalis 570[1, 3].
— s. Corcoran, A. C. 880[16].
— s. Helmer, O. M. 353[12].
— s. King, H. 124[14].
— s. Menschick, W. 872[20].
Page, J. E., s. Fantes, K. H. 406[28], 674[8].
Page, O. C., s. Fishman, W. H. 558[6].
Pagès, C., s. Arthus, M. 484[19].
Pages, J., s. Delaunay, A. 458[10].
Paget, M., s. Chabanier, H. 407[20].
Pagniez, P., s. Le Sourd, L. 483[2].
Païc, M.: UV-Absorption von Liquor cerebrospinalis 566[7].
— et V. Deutsch: Konzentration von Serumeiweißkörpern bei Mensch und Tier 286[7]. — Serumglobulinkonzentration beim Kaninchen 305[8].
Paigen, K.: Große und kleine Mitochondrien 1127[8].
Paijkull, L.: Nucleoproteid in Transsudaten 559[4]. — Verteilung der Eiweißstoffe in serösen Flüssigkeiten 559[4].
Paine, R., H. R. Butcher, F. A. Howard and J. R. Smith: Zellgehalt der Lymphe 548[6]. — Lymphmenge beim Hund 548[13].
Painter, E. P., and K. W. Franke: Selenbindung in Pflanzeneiweiß 694[15].
— s. Franke, K. W. 695[3].
Pakesch, F., s. Braunsteiner, H. 456[11], 664[4].
Palade, G. E.: Verteilung von Stickstoff in der Zelle 1072[12]. — Intracelluläre Verteilung von saurer Phosphatase 1090[67].
— s. Hogeboom, G. H. 1090[14].
— s. Tagnon, H. J. 1090[49].
Paladini, A. C., R. Caputto, L. F. Leloir, R. E. Trucco and C. E. Cardini: Glucose-1,6-diphosphat als Co-Ferment der Phosphoglucomutase 742[6].
— s. Caputto, R. 319[10], 762[4].
— s. Cardini, C. E. 742[6].
— s. Leloir, L. F. 742[6].
Paléus, S.: Acetylcholinesterase in der Erythrocytenmembran 373[6], 450[2].
Palios s. Delbet, P. 636[22].
Palladin, A., et Wallenburger: Kreatinbildung aus Guanidinoessigsäure 947[26].
Palmer, A. E., s. Stieglitz, E. J. 416[1].
Palmer, G., s. McIntyre, W. H. 708[2].
Palmer, H., and A. Hellem: Bestimmung der Gerinnungszeit 480[14].
Palmer, J. W., s. Meyer, K. 40[7], 580[9].
Palmer, K. J., s. Schmitt, F. O. 804[6].
Palmer, L. E., s. D'Elseaux, F. C. 531[5].
Palmer, L. S., s. Haag, J. R. 636[4].
Palmer, W. L., s. Levin, E. 42[21], 48[5], 142[5].
— s. Sheffner, A. L. 344[1].
— s. Sterling, K. 307[2].
Palmer, W. W., s. Loeb, R. F. 578[6].
Palmieri, V. M.: Freies Glycerin im Blutserum 320[1].
Palugyay, J.: Zusammenfassung über den Schluckakt (1927) 10[3], 31[9].
Panceri, P., s. Luca, S. de 19[16].
Pangborn, M. C.: Cardiolipin 846[8].
Pantaleon, J., s. Le Breton, E. 842[11].
Pantlitschko, M., u. J. Schmid: p_H-Messung im Magensaft 49[11].
— s. Kreitner, H. 49[10, 12].
Pantschenko-Jurewicz, W. v., s. Kraut, H. 160[12].
Panum, P. L.: Blutmenge bei Kräfteverfall 259[11]. — Polycytämie nach Plethora 261[8].
Panzer, T.: Vorkommen von Cholesterin in Protozoen 870[6].
Pap, L. v., s. Landau, N. 597[11].
Papadato, L., u. B. Sapkowa: Kein Thyroxin und Adrenalin im Liquor cerebrospinalis 573[10].
Papageorge, E., s. McGhee, E. C. 860[15], 864[10].
Papanicolaou, G. N., s. Mellors, R. C. 1098[19].
Papasoff, B.: Keine Fettresorption im Dickdarm 195[5]. — Resorption von ungespaltenem Fett 239[21].
— s. Hadjioloff, A. 245[3].
Papayanopulos, G.: Amylasebestimmung 379[11].
— u. S. Thaddea: Blutdiastase bei Krankheiten 379[3].
Pappas, A., s. Ratner, S. 972[6].

PAPPENHEIMER, A. M., s. SHERMAN, H. C. 646[13], 713[10], 717[2].

PAPPENHEIMER, A. M. jr., and E. SHASKAN: Hydrogenasebildung in Cl. welchii bei Eisenmangel 1015[7].

PAPPENHUSEN, T., s. ABDERHALDEN, E. 98[2], 101[3], 174[3,4].

PAPPS, J. P., s. COVEY, J. A. 498[9].

PARADACHWILLI, A. I., s. GAWRILOW, N. I. 917[1].

PARADE, G. W., s. GUTZEIT, K. 409[22], 410[1,11], 411[5,9].

PARDEE, A. B., s. SCHWERDT, C. E. 1147[11].

PARENTE, N., s. KOCHAKIAN, C. D. 897[14].

PARK, C. R., D. H. BROWN, M. CORNBLATH, W. H. DOUGHADAY and M. E. KRAHL: Wachstumshormon und Glucosestoffwechsel im Rattenzwerchfell 775[4].

— s. KRAHL, M. E. 367[5], 780[6], 781[6].

PARK, E. A., s. MCCOLLUM, E. V. 713[12], 717[2].

— s. SHIPLEY, P. G. 684[14].

PARK, J. T., and M. J. JOHNSON: Penicillinwirkung auf Bildung von energiereichem Phosphat in Staphylococcus aureus 788[9].

PARKER, F., s. STEWART, F. W. 687[8].

PARKER, F. jr., s. JACKSON, H. jr. 1237[5-7].

PARKER, L. F. J., s. FANTES, K. H. 406[28], 674[8].

— s. SMITH, E. L. 430[3].

PARKER, W. H., s. MOORE, B. 234[1].

PARNAS, I. K., s. PARNAS, J. (K).

PARNAS, J. (K.): Zusammenfassung über Wasserhaushalt (1926) 589[3]. — Zusammenfassung über den Mechanismus der Glykogenolyse im Muskel (1937) 725[38]. — Ammoniakgehalt des Blutes 343[5]. — Ammoniakbestimmung 343[16]. — Verweildauer von P im Gewebe 647[7]. — Brenztraubensäurephosphorylase 752[5]. — Aldehydmutase 755[11]. — Keine primäre Desaminierung von ATP 1189[16]. — Beteiligung von energiereichen Phosphorsäureverbindungen bei Nucleotidsynthese 1194[11]. — Aminierung von Inosinsäure 1194[16,17].

— u. J. BAER: Zuckerbildung aus Serin 942[7].

— u. J. HELLER: Ammoniakgehalt des Blutes 343[5]. — Ammoniakbestimmung 343[16].

— u. A. KLISIECKI: Sekundäre Ammoniakbildung im Blut 343[6].

u. P. OSTERN: Aminierung von Inosinsäure 1194[18]. — P-Quellen für Rephosphorylierung von Adenylsäure 1235[8,11].

— P. OSTERN u. T. MANN: Brenztraubensäurephosphorylase 752[3].

— et B. UMSCHWEIF: P-Quellen für Rephosphorylierung von Adenylsäure 1235[7].

— s. OSTERN, P. 570[5], 1204[15].

PARPART, A. K., and A. J. DZIEMIAN: Fettgehalt von Säugetiererythrocyten 441[6].

— J. R. GREGG, P. B. LORENZ, E. R. PARPART and A. M. CHASE: Lebensdauer der Erythrocyten in Blutkonserven 468[10].

PARPART, A. K., P. B. LORENZ, E. R. PARPART, J. R. GREGG and A. M. CHASE: Resistenzbestimmung an Erythrocyten 422[2].

— and J. C. SCULL: Freies und gebundenes Wasser in Erythrocyten 425[2].

PARPART, E. R., s. PARPART, A. K. 422[2], 468[10].

PARROT, J. L.: Resorption von Histamin im Darm 229[12].

— s. TINEL, J. 353[4].

PARRY, T. W., and J. A. B. SMITH: Verteilung der gebundenen Fettsäuren im Ochsenblut 335[11].

PARSCHIN, A. N., u. L. N. RUBEL: Amino-N im Pfortaderblut bei Eiweißverdauung 226[5].

PARSONS, H. T., s. MCCOLLUM, E. V. 713[11], 717[2].

— s. STRONG, F. M. 452[5].

PARSONS, L. D., J. M. GULLAND and G. R. BARKER: Wirkung von Mononucleotiden auf Tumorwachstum 1251[2].

— s. BARKER, G. R. 1251[1].

PARSONS, L. G.: Ca-Bilanz und Resorptionsbedingungen im Dünndarm 642[7].

PARSONS, R. J., s. PRENTICE, T. C. 591[3].

PARSONS, T. R.: Isoelektrischer Punkt von Oxyhämoglobin 510[8]. — Protein-Phospholipoidkomplexe 859[4].

PARTINGTON, P. F., s. CHARGAFF, E. 118[2,7], 848[11].

PARTOS, A.: Milchsäurenüchternwert im Blut 323[6].

PARTRIDGE, C. L., s. JONES, W. 1217[8].

PARTRIDGE, C. W. H., D. M. BONNER and C. YANOFSKY: Tryptophansynthese aus Anthranilsäure bei Neurospora 995[7].

PARVÉ, E. P. S., s. WESTENBRINK, H. G. K. 361[12].

PASARGIKLIAN, E., s. PASARGIKLIAN, M. 850[7].

PASARGIKLIAN, M., M. BALDINI e E. PASARGIKLIAN: Steigerung der Phosphatidbildung durch Cholin 850[7].

PASCHKIS, K., s. WÖHLISCH, E. 485[3].

PASCHKIS, K. E., and A. E. RAKOFF: Zusammenfassung über Physiologie oestrogener Hormone (1950) 901[7].

— s. DEMEIO, R. H. 905[12].

— s. PEARLMAN, W. H. 906[5].

PASKHINA, T. S., s. BRAUNSTEIN, A. E. 990[6], 992[10], 994[1].

PASQUIER, M.-A.: Natriumgehalt von Säugetierblut 393[12].

PASTERNAK, L., s. PAGE, I. H. 864[8].

PATEK, A. J. jr., and R. P. STETSON: Therapeutische Aktivität einer Globulinfraktion bei Hämophilie 497[14]. — Bluttransfusionen bei Hämophilie 499[11].

— and F. H. L. TAYLOR: Faktor V 482[13]. — Therapeutische Aktivität einer Globulinfraktion bei Hämophilie 497[14]. — Bluttransfusion bei Hämophilie 499[11].

PATERSEN, D., s. WILLS, L. 642[10].
PATERSON, E., A. HADDOW, I. ap THOMAS and J. M. WATKINSON: Urethananwendung bei Leukämie 457[5].
PATON, D. N.: Lymphmenge beim Menschen 548[10]. — Phosphatidgehalt der Darmlymphe 843[10].
— J. C. DUNLOP and R. S. AITCHISON: P-Ausscheidung 649[11].
— B. P. WATSON and J. KERR: Fructosegehalt der Amnionflüssigkeit 582[8].
PATRZEK, F., s. ROSENTHAL, F. 872[12].
PATT, H. M., E. WALLERSTEIN and A. B. LUCKHARDT: Steuerung der Nebenschilddrüse durch Blutcalcium 715[6].
PATTERSON, H. R., s. ENGEL, L. L. 895[5].
PATTERSON, J. M., N. B. KEEVIL and E. W. MCHENRY: Phosphatidumsatz in Leber und Niere bei alipotroper Ernährung 850[15].
— and E. W. MCHENRY: Leber- und Nierenphosphatide bei alipotroper Ernährung 850[14].
PATTERSON, J. P., s. TREVORROW, V. 477[11].
PATTERSON, J. W. jr., s. COOPERSTEIN, S. J. 1128[1].
PATTERSON, L. M. B., s. MACFARLANE, M. G. 124[18], 160[15], 164[2], 711[12].
PATTERSON, T. L., J. KAULBERSZ, D. J. SANDWEISS and H. C. SALTZSTEIN: Urogastron 142[8].
— s. FRIEDMAN, M. H. F. 45[20].
— s. KAULBERSZ, J. 142[9].
PATTERSON, W. B., and D. STETTEN jr.: Steigerung der Oxydation in der Magenschleimhaut durch Histamin 60[15].
PATTON, A. R.: Manganmangelkrankheit „Perosis“ (slipped tendon) 672[5].
PATTON, T. B., A. G. WARE and W. H. SEEGERS: Aktivierung von Prothrombin 484[14].
PATWARDHAN, V. N., and N. G. NHAVI: Verwertung von Phytin als P-Quelle 647[4].
— s. TULPULE, P. G. 1145[1].
PATZELT, V.: Zusammenfassung über Histologie des Darmes (1936) 103[2].
PATZSCHKE, K., s. GRAUL, E. H. 1251[20].
PAUL, H., s. MCCAY, C. M. 245[11].
PAUL, K.-G., s. THEORELL, H. 1013[2].
PAUL, M. H., M. FULD and E. SPERLING: Stoffwechselleistungen von Mitochondrien 1136[18].
— and E. SPERLING: Aktivität des Cyclophorasesystems im Muskel 1134[3]. — Korrelation von Mitochondriengehalt und Stoffwechselbeanspruchung von Geweben 1135[4].
— s. FULD, M. 1133[10].
— s. GREEN, D. E. 1134[1].
PAULI, W., u. M. SAMEC: Formen des Blutcalciums 395[13]. — Nichtdiffusibles kolloidales Blutcalcium 396[6].
PAULICZKY, L., s. LESZLER, A. 288[4].
PAULING, L.: Affinität von Sauerstoff und Hämoglobin 512[6].
— and C. D. CORYELL: Art der Sauerstoffbindung an Hämoglobin 509[10].
PAULSEN, F., s. KYLIN, E. 295[6].
PAULSON, M.: Bakterienflora im Dünndarm 172[12].
— s. SOFFER, L. J. 355[1].
PAUTZ, W., u. J. VOGEL: Maltase im Darmsaft 126[6].
PAVCEK, P. L., s. HOFFMANN, H. A. 1226[11].
PAVIA, M.: Altersabhängigkeit der Magnesiumwerte im Blut 398[5].
PAVLOV, M., u. A. GOLDOBINA: Vermehrung der Blutharnsäure bei Bleivergiftung 1248[23].
PAVLOVIČ, R., s. RONA, P. 371[9].
PAWLOW, J. (P.): Buch über die Arbeit der Verdauungsdrüsen (1898) 30[18]. — Zusammenfassung über physiologische Chirurgie des Verdauungskanals (1902) 14[14]. — Zusammenfassung über psychische Erregung der Speicheldrüsen (1904) 12[9]. — Zusammenfassung über ein neues Laboratorium zur Erforschung der bedingten Reflexe (1911) 12[9].
— u. E. SCHUMOWA-SIMANOWSKAJA: Scheinfütterung 47[6].
PAYNE, A. H., L. S. KELLY and H. B. JONES: Umsatzgeschwindigkeit von Ribonucleotiden und Desoxyribonucleotiden 1120[5].
— s. KELLY, L. S. 1234[11], 1247[17].
PAYNE, L. D., s. DINNING, J. S. 470[2].
PAYNE, R. W.: Ketogen wirkende Substanz aus Hypophyse 830[1].
PAYNE, S., s. CALCUTT, G. 1154[6].
PEABODY, R. B., s. ROPES, M. W. 579[3, 10], 581[5].
PEACOCK, W., s. HAHN, P. F. 214[1].
— s. KEATING, F. R. jr. 682[12].
— s. TRUNELL, J. B. 681[7].
PEACOCK, W. C., s. GIBSON, J. G. 469[2].
— s. SHARPE, L. M. 657[9].
PEARLMAN, W. H.: Zusammenfassungen über Chemie und Stoffwechsel von Progesteron (1949; 1952) 887[1]. — Zusammenfassung über Chemie und Stoffwechsel der Oestrogene (1949) 904[2]. — Ausscheidung von Steroidmetaboliten durch die Galle 892[2]. — Pregnan-3α,20α-diol u. allo-Pregnan-3β, 20β-diol in Galle und Faeces 892[6]. — Pregnan-3α-ol-20-on als Desoxycorticosteronmetabolit im Harn 893[18].
— and E. CERCEO: Vorkommen von Progesteron in der Placenta 886[27]. — Vorkommen von Pregnanderivaten in der Placenta 886[28, 29]. — Pregnan-3β, 20β-diol in Galle und Faeces 892[7].
— K. E. PASCHKIS, A. E. RAKOFF, A. CANTAROW, A. A. WALKLING and L. E. HANSEN: Stoffwechsel von ^{131}J-markierten Oestrogenen 906[5].

PEARLMAN, W. H., G. PINCUS and N. T. WERTHESSEN: allo Pregnan-3α-ol-20-on als Progesteronmetabolit im Harn 893[8].
PEARSON, O. H., A. B. HASTINGS and H. BUNTING: Brenztraubensäureverbrennung in Zwerchfell und Herzmuskel 778[10].
— C. K. HSIEH, C. H. DUTOIT and A. B. HASTINGS: Brenztraubensäureverbrennung in Zwerchfell und Herzmuskel 778[10].
— s. ELIEL, L. P. 628[7].
— s. SALTER, W. T. 225[11].
PEARSON, P. B.: Aneurin-, Riboflavin- und Pantothensäuregehalt des Blutes 363[4], 452[8]. — Nicotinsäureamidgehalt von Erythrocyten 363[15], 452[9], 453[1].
— s. BARRON, G. P. 636[9,10].
— s. SCHWEIGERT, B. S. 467[15], 991[4,5], 993[7].
PEARSON, R. M., and J. A. B. SMITH: Verwertung von Harnstoff durch Rumen-Urease 101[5].
PEAT, S., P. J. P. ROBERTS and W. J. WHELAN: Fructosegehalt von Leberglykogen bei Kaninchen 729[2].
PECHER, C.: Verteilung der Ca-Ausscheidung auf Kot und Harn 640[14].
PECHSTEIN, H.: Hitzedenaturierung zur Fermentzerstörung 1169[5].
— s. MICHAELIS, L. 23[10].
PECILE, D.: Guaninausscheidung im Schweineharn 1256[8].
PECK, A., s. MARSHAK, A. 648[2].
PEDELTY, W. H., s. HILDITCH, T. P. 819[6].
PEDERSEN, K. O., u. J. WALDENSTRÖM: Bindung des Bilirubins an Serumalbumine 438[4].
— s. HEIDELBERGER, M. 225[12].
— s. SVEDBERG, T. 303[4].
PEDERSEN, O. C., s. LUNDE, G. 410[2].
PEDERSEN, S., s. NADAL, J. W. 620[10].
PEDRAZZINI, A., E. SALVIDIO u. F. KOLLER: Prothrombinbestimmung 480[8].
PEETERS, G., s. MASSART, L. 1187[5], 1198[1-3].
PEGREFFI, G., e C. DORIA: Spez. Gewicht und Gefrierpunktserniedrigung des Liquor cerebrospinalis vom Hund 566[1]. — Eiweißgehalt von Hundeliquor 567[8]. — Zuckergehalt von Hundeliquor 570[16].
PEHAM, A., s. BARRENSCHEEN, H. K. 347[11], 348[2], 445[1], 461[5], 1185[18], 1217[2].
PEKELHARING, C. A.: Buch über das Fibrinferment (1892) 485[1].
— u. C. J. C. VAN HOOGENHUYZE: Verhalten von zugeführtem Kreatin im Stoffwechsel 946[3].
— u. W. HUISKAMP: Darstellung von Nucleoproteid aus Blutserum 313[2].
PEKELIS, E., s. HESSEL, G. 68[4].
PELCHRZIM, H. v., s. SCHEUNERT, A. 341[7], 350[13].
PELCZAR, M. J. jr., and J. R. PORTER: Pantothensäuregehalt des Blutes bei Pellagra und Beri-Beri 363[2].
PELLETIER, J.: Ambra 185[9].
PELTOLA, E.: Spaltung von Butter durch Pankreaslipase 162[5].
PEMBERTON, R., s. CAJORI, F. A. 580[15].
PENATI, F., e M. RAPELLINI: Glykolyse und Atmung der Leukocyten bei Leukocytose und Leukämie 458[12].
— s. MAZZA, F. P. 38[3].
PENBERTHY, G. C., s. DALY, B. M. 500[14].
PENDERGAST, J., s. GEYER, R. P. 809[4], 824[1].
PENET, G., s. DUMAZERT, C. 313[5], 322[4].
PENG, D. H., s. WATTS, B. M. 433[3].
PENNINGTON, D., E. E. SNELL and R. J. WILLIAMS: Pantothensäuregehalt des Blutes bei Pellagra und Beri-Beri 363[2].
PENROSE, L. S.: Phenylbrenztraubensäureausscheidung bei Oligophrenie 980[9].
PEPKOWITZ, L. P., and E. L. SHIRLEY: Schwefelbestimmung 415[5].
PERCIVAL, G. P., s. KEENER, H. A. 674[2].
PERERA, G. A., and D. W. BLOOD: Hochdruck durch Desoxycorticosteronacetat 622[7].
PERETTI, G., s. ARTOM, C. 118[6], 842[15].
PEREVOŠČIKOVA, K. A., s. ZBARSKIJ, I. B. 1112[1].
PERGER, H.: Blutmilchsäure nach Lactatinfusion 324[4].
PERILSTEIN, W. L., s. LOUGH, S. A. 955[12].
PERIN, A.: Aktivität der Amylase in Speichel und Harn 23[13].
PERISUTTI, G., s. BROH-KAHN, R. H. 742[2], 771[4], 782[6].
— s. MIRSKY, I. A. 771[4].
PERKIN, H. J., and F. H. LAHEY: Jodgehalt des Blutes 409[22].
PERKINS, D. J., s. MARTIN, N. H. 644[16].
PERKINS, M. E., s. BUELL, M. V. 348[3], 445[1].
— s. JONES, W. 1186[8].
PERKINSON, J. D. jr., s. SEALOCK, R. R. 981[2].
PERLA, D., and M. SANDBERG: Beeinflussung der Wirkung von Vitamin B_1 durch Mangan 670[12].
PERLMAN, D., H. A. LARDY and M. J. JOHNSON: Citronensäurebestimmung 1060[1].
— E. TITUS and J. FRIED: Oxylierung von Corticosteroiden durch Mikroorganismen 886[18].
— s. FRIED, J. 886[19].
PERLMAN, I., and I. L. CHAIKOFF: Steigerung der Phosphatidbildung 850[4,9,16].
— M. E. MORTON and I. L. CHAIKOFF: Einbau von radioaktivem Jod in Thyroxin 986[6].
— S. RUBEN and I. L. CHAIKOFF: Phosphatbildung in der Darmschleimhaut bei Fettresorption 795[7]. — Phosphatidsynthese in der Leber 847[3]. — Phosphatidabbau in Organen 850[17].

PERLMAN, I., N. STILLMAN and I. L. CHAIKOFF: Steigerung der Phosphatidbildung durch Methionin 850[10].
— s. CHAIKOFF, I. L. 682[6].
— s. FISHLER, M. C. 847[8], 850[18], 865[6].
— s. FRIES, B. A. 117[9], 843[6], 847[4], 864[17].
— s. ROBINSON, A. 117[9].
— s. TAUROG, A. 847[7], 848[4], 849[3].
PERLMANN, G. E., and F. LIPMANN: Katalase im Blut 382[11].
— s. LIPMANN, F. 806[6].
PERLMUTTER, M., and R. O. GREEP: Glykogensynthese im Muskel durch Insulin 777[5], 781[5].
— s. STADIE, W. C. 778[9].
PERLSTEIN, M. A., s. KAPLAN, L. 478[11].
PERLZWEIG, W. A., M. L. C. BERNHEIM and F. BERNHEIM: Methylierung von Nicotinsäure zu Trigonellin durch Methionin 961[13].
— F. ROSEN, N. LEVITAS and J. ROBINSON: Trigonellin- und Nicotinsäureamidausscheidung nach Tryptophanzufuhr 991[5].
— s. HUFF, J. W. 961[13], 991[6].
— s. KLEIN, J. R. 363[13].
— s. LEVITAS, N. 363[14], 453[6].
— s. ROSEN, F. 991[5], 992[7], 993[7], 994[5].
PERONI, G., s. SCHIAPARELLI, C. 684[6].
PEROSA, L., and G. RACCUGLIA: Bau der Erythrocytenmembran 419[8].
PERRIER, C., C. ARTOM, M. SANTANGELO, G. SARZANA and E. SEGRÈ: Verwendung von Glycerinphosphorsäure zum Phosphatidaufbau in der Darmwand 238[1].
— s. ARTOM, C. 117[9], 238[1], 795[6], 847[5].
PERRIMOND-TROUCHET, R., s. MACHEBOEUF, M. 234[6].
PERRINI, F.: Histidin als Muttersubstanz der Purinbasen 1218[25]. — Harnsäureausscheidung nach purinfreiem Eiweiß 1240[20].
PERRONE, J. C., s. MUIR, H. M. 1010[7].
PERROT, H., s. MAUPIN, B. 459[8].
PERROTIN, J., M. LEMAIRE et R. STOECKLIN: Bluteiweißbestimmung aus dem spezifischen Gewicht 290[3].
PERRY, S. V.: Verteilung von Stickstoff und Phosphor in der Zelle 1072[32]. — Intracelluläre Verteilung von Gesamtlipiden 1077[23]. — Intracelluläre Verteilung von Adenosintriphosphatase 1090[139].
— s. CHAPPELL, J. B. 1136[39], 1140[6].
PERRY, W. F., and G. R. CUMMING: ACTH und Succinodehydrogenaseaktivität in der Nebennierenrinde 884[12].
PERUTZ, M. F.: Dimensionen des Hämoglobinmoleküls 435[10]. — Strukturanalyse von Hämoglobin 1011[4]. — Löslichkeit von Hämoglobin im Plasma 1012[2].
— A. M. LIQUORI and F. EIRICH: Strukturanalyse von Hämoglobin 1011[4].
— and J. M. MITCHISON: Strukturanalyse von Hämoglobin 1011[4].
— s. BOYES-WATSON, J. 435[11].
PERUTZ, M. F., s. BRAGG, W. L. 1011[4].
PESCARMONA, M., e F. QUAGLIA: Einfluß von Vitamin C auf Harnsäurestoffwechsel 1246[1].
— s. BELLOMO, A. 90[1].
PESCHEN, K. E.: Guaninsynthese im Gewebe 1220[9].
PETER, J., s. VERZÁR, F. 355[2].
PETERING, H. G., and J. A. SCHMITT: Hemmung der Xanthindehydrogenase durch Pteridine 1203[14].
PETERMAN, F. I., s. UNDERHILL, F. P. 405[11].
PETERMANN, M. L., R. B. ALFIN-SLATER and A. M. LARACK: Verteilung von Stickstoff und Ribonucleinsäure in der Zelle 1072[17]. — Nucleinsäuregehalt der leukämischen Milz 1247[19].
— and M. G. HAMILTON: Mikrosomenfraktion 1150[19].
— N. A. MIZEN and M. G. HAMILTON: Kleinste Cytoplasmapartikel 1096[5].
— and R. M. SCHNEIDER: Stickstoffgehalt in Zellkernen aus Mäusemilz 1100[3]. — Nucleinsäuregehalt von Zellkernen 1102[11].
— s. ALFIN-SLATER, R. B. 1072[20].
— s. BROWN, G. B. 1190[9].
— s. MIZEN, N. A. 1102[21].
— s. SCHNEIDER, R. M. 1100[3], 1102[11].
PETERS, B. A., s. CUNNINGHAM, R. N. 473[5].
PETERS, E., s. KLINGENBERG, H. G. 602[1].
PETERS, F.: Abbau der Benzolsulfo-methylamino-derivate von Fettsäuren 802[5], 803[1].
— u. K. WATANABE: Abbau der Benzolsulfo-methylaminoderivate von Fettsäuren 802[5], 803[1].
— s. BRÜNIG, H. 1209[12].
PETERS, G., s. BREUSCH, F. L. 739[3], 748[5].
PETERS, H. C.: Theorie des Flüssigkeitsumlaufes durch die Darmwand 211[13].
PETERS, J. H.: Kreatingehalt von menschlichem Blutserum 350[15].
— s. DANOWSKI, T. S. 622[11].
— s. GREENMAN, L. 622[4].
PETERS, J. P., A. J. EISENMAN and P. M. HALD: Ionendurchlässigkeit der Erythrocytenmembran 425[10].
— and E. B. MAN: Chloridkomplex aus menschlichem Fett 407[18].
— and D. D. VAN SLYKE: Zusammenfassung über Analyse von Gasgemischen (1938) 1165[1]. — Zusammenfassung über Kohlensäure und Säurebasengleichgewicht (1946) 528[11].
— s. DANOWSKI, T. S. 428[4].
— s. ELKINTON, J. R. 622[12].
— s. HALD, P. M. 422[14].
— s. MAN, E. B. 860[9].
— s. TIERNEY, N. A. 350[15].
— s. WAKEMAN, A. M. 425[10].
— s. WINKLER, A. W. 620[11].
PETERS, J. P. jr., D. P. BARR and F. D. RULE: p_H-Wert im arteriellen Blut 531[1].

PETERS, L., s. HIGASHI, A. 319[5].

PETERS, R. A.: Verhältnis von Eisen und Sauerstoff im Oxyhämoglobin 509[1]. — Brenztraubensäure bei B_1-Avitaminose 755[2], 775[10]. — Fluoressigsäurehemmung des Citronensäureabbaus 1059[5].
— and T. H. WILSON: Aconitasehemmung durch Fluorcitronensäure 1059[6].
— s. BANGA, I. 451[9], 755[1], 1032[1], 1035[2].
— s. BARCROFT, J. 540[4].
— s. BUFFA, P. 1059[5].
— s. LIEBÉCQ, C. 1059[5].
— s. LONG, C. 756[4], 1032[1].
— s. LOTSPEICH, W. D. 1059[6].

PETERS, T. jr.: Eiweißsynthese durch Eileiterschnitte 927[2].
— and C. B. ANFINSEN: Einbau von isotopem Kohlenstoff in Asparagin- und Glutaminsäure 924[5]. — Einbau von Aminosäuren in Lebereiweiß 924[8].

PETERS, V. J., s. SNELL, E. E. 1036[15].

PETERSEN, C.: Calciumsalze lösende Wirkung von Desoxycholsäure 639[20].

PETERSEN, V. P.: Geschlechtsbedingte Unterschiede im Lipoid-P des Blutplasmas 333[4]. — Bestimmung ungesättigter Fettsäuren im Blut 337[2]. — Phosphatidgehalt von Blutplasma 858[19].

PETERSON, D. H., and H. C. MURRAY: Umwandlung von Progesteron durch Rhizopus in 11α-Oxyderivate 886[15].
— H. C. MURRAY, S. H. EPPSTEIN, L. M. REINEKE, A. WEINTRAUB, P. D. MEISTER and H. M. LEIGH: Umwandlung von Progesteron durch Rhizopus in 11α-Oxyderivate 886[16].

PETERSON, E. A., W. S. FONES and J. WHITE: Zuckerbildung aus Valin 951[6].
— and D. M. GREENBERG: Proteinsynthese durch isolierte Mitochondrien 1145[5].
— s. MEISTER, A. 938[6].
— s. WINNICK, T. 924[8], 925[7,8].

PETERSON, J. C., s. HAHN, P. F. 659[7].

PETERSON, J. M., s. KING, E. J. 432[20].

PETERSON, R. C., s. PFIFFNER, J. J. 1180[1], 1184[9], 1236[15], 1244[6].

PETEY, s. POLICARD, A. 405[26].

PETRACK, B., s. RATNER, S. 973[4,5].

PETRAU, V., s. ZADINA, R. 570[11].

PETRÉN, K.: Harnsäuregehalt in Faeces 1213[5].

PETRESCO, M., s. LABBÉ, M. 318[1].

PETRI, S., J. BING, E. NIELSEN u. A. K. NIELSEN: Bildung des intrinsic factor im Magenfundus 38[5].

PETRIDES, P.: Hämoglobingehalt der Erythrocyten bei perniciöser Anämie 431[24]. — Behandlung der perniciösen Anämie 467[14].

PETRIE, A. H. K.: Zusammenfassung über Mineralstoffwechsel von Pflanzen (1942) 609[18].

PETROU, W., s. HAUROWITZ, F. 35[5], 39[3,5], 83[17].

PETROWA, W. W., u. N. R. SCHASTIN: Zusammensetzung des Parotisspeichels bei Kindern 15[4,20]. — Submandibularisspeichel vom Menschen 16[9]. — N-Gehalt des menschlichen Speichels 17[4].
— s. FRYDMANN, A. J. 576[2].

PETTE, D., s. BÜCHER, T. 568[1].

PETTENKOFER, M. (v.): Entdeckung des Kreatinins 945[6].
— u. C. VOIT: Resorbierbare Fettmenge 246[5].

PETTERSSON, I., s. EULER, H. v. 325[14].

PETTIBONE, C. J. V., s. ABDERHALDEN, E. 175[4].

PETZING, V. E., s. BENHAM, G. H. 319[12].

PFAUNDLER, M.: p_H-Wert im Embryonalblut 271[12]. — Gesamt-N im Liquor cerebrospinalis 568[9]. — Affinität von Knorpelbestandteilen zu Calcium 709[8].

PFEFFER, K. H., and Hj. STAUDINGER: Trennung der Corticoide 894[13].

PFEIFFER, C. A., s. LANDAUER, W. 860[16].

PFEIFFER, E.: Harnsäureausscheidung im Gichtanfall bei vegetativ nervösen Krisen 1253[4]. — Nicht harnfähige Form der Harnsäure 1254[7].

PFEIFFER, P.: Buch über organische Molekülverbindungen (1922) 610[2].

PFEIFFER, P. H., s. FISHMAN, W. H. 558[6].

PFEIFFER, T.: Wasserabgabe in den Magen an hypertonische Salzlösungen 211[5].
— s. HENNEBERG, W. 503[8].

PFEIL, P.: Harnsäureausscheidung nach schwerer Muskelarbeit 1238[14].

PFIFFNER, J. J., D. G. CALKINS, R. C. PETERSON, O. D. BIRD, V. MCGLOHON and R. W. STIPEK: Pseudovitamine B_{12} 1180[1]. — Adeninnucleotidgehalt von Fermenten 1184[8]. — Adenylsäure in Pseudovitaminen B_{12} 1236[15]. — Umwandlung von Pseudovitaminen B_{12} in Vitamine B_{12} 1244[6].
— and V. C. MYERS: Guanidingehalt des Blutes 353[10].
— s. DION, H. W. 1180[2], 1184[10], 1236[16], 1244[7].
— s. WINTERSTEINER, J. 881[3].

PFISTER, R. W., s. BRENNER, M. 920[5].

PFLÜGER, E.: Resorption von Fetten 230[6]. — Entspannung von Kohlensäure aus Blut im Vakuum 518[3]. — Glykogenbestimmung 727[4]. — Lösung von Fettsäuren durch Galle 793[3].
— u. P. JUNKERSDORF: Zuckerbildung aus Glykokoll 942[6].

PHILIPI, K., s. TILLMANS, J. 322[13].

PHILIPP, K., s. HALSE, T. 241[4].

PHILIPS, F. S., J. B. THIERSCH and A. BENDICH: Ablagerung von 2,8-Dioxyadenin in der Niere 1256[2].
— s. BENDICH, A. 1202[2], 1222[5], 1223[5], 1256[1].

PHILLIPS, P. H., J. G. HALPIN and E. B. HART: Zusammenfassung über Fluorstoffwechsel (1935) 695[26]. — Fluoranreicherung in Lipoiden des Eidotters 697[7].
— s. BOYER, P. D. 626[16], 671[19].
— s. EVANS, R. J. 699[10].
— s. HALE, W. H. 674[7].
— s. RAY, S. N. 363[9], 454[4], 673[17].
— s. SPITZER, R. R. 646[18], 647[1].
PHILLIPS, R. A., and P. D. ROBB: Verminderung der Glucoseresorption durch Hypophysektomie 218[3].
— D. D. VAN SLYKE, P. B. HAMILTON, V. P. DOLE, K. EMERSON jr. and R. M. ARCHIBALD: Bestimmung des spezifischen Gewichtes von Blut 264[3]. — Bluteiweißbestimmung aus dem spezifischen Gewicht 290[1].
— s. SLYKE, D. D. VAN 264[3], 290[1].
PHILLIPS, R. W., and M. L. SCHWARTZ: Härte von Zahnschmelz 708[24].
PHILLIPS, W. E. J., W. A. MAW and R. H. COMMON: Nucleinsäuregehalt von Zellkernen 1102[19].
PHILLIPSON, A. T., s. KIDDLE, P. 245[5].
— s. MCANALLY, R. A. 245[5].
— s. MASSON, M. J. 245[5].
PHILPOT, F. J.: Monoaminoxydase 932[7].
PICCHINI, A., e H. CONTI: Ausscheidung von Aminosäuren im Harn 954[21].
PICHA, G. M., F. J. SAUNDERS and D. M. GREEN: Bildung von Δ^4-3-Keto-ätiocholensäure aus Desoxycorticosteron in der Leber 891[15].
PICINELLI, G.: Harnsäureabbau durch Placenta 1211[11]. — Konstanz des Purinstoffwechsels 1238[6].
PICK, E. P., s. MOLITOR, H. 596[5].
PICK, H., s. AUERBACH, F. 156[17], 157[6].
PICK, L.: Einteilung der Knochenerkrankungen 718[4].
— s. BRAHN, B. 861[10].
PICKARDT, M.: Vorkommen von Kohlenhydraten im Blut 313[4].
PICKFORD, G. E.: Elektrode zur Gewebs-p_H-Messung 1168[3].
PIERCE, H. B., L. F. HAEGE and P. F. FENTON: Resorptionsgeschwindigkeit von Kohlenhydraten 216[14]. — Verdünnung konzentrierter Zuckerlösung im Rattenmagen 221[22].
— E. S. NASSET and J. R. MURLIN: Fermentgehalt des Dünndarmsaftes 126[5]. — Enzyme des Jejunalsaftes 154[1].
— H. S. OSGOOD and J. B. POLANSKY: Zuckerresorption bei Mangel an B-Vitaminen 217[20].
— s. BIRCHALL, E. F. 216[12].
— s. KRAUSE, R. F. 197[5].
— s. NASSET, E. S. 42[5], 145[8], 147[6], 206[10].
PIERRE, M., s. JUNG, L. 23[6].
PIÉRY, Y., s. CORDIER, D. 216[15], 246[14].
PIETRUSKY, F.: Buch über Technik der Blutgruppenbestimmung mit Einführung in die Blutgruppenpraxis (1940) 387[4].
PIETSCH, G., s. VOLLMER, H. 627[5].
PIETTRE, M.: Myxoproteid 302[2].
PIGUET, F., s. HELD, A. J. 699[8].
PIHL, A., and K. BLOCH: Phosphatide als Zwischenprodukte bei der Fettsynthese 834[11]. — Einbau von markiertem Acetat in Fettsäuren 856[4].
— K. BLOCH and H. S. ANKER: Halbwertszeit der Fettsäuren im Depotfett 835[2]. — Cholesterinsynthese aus kurzkettigen Fettsäuren 873[9].
PIJOAN, M., and E. EDDY: Vitamin C-Gehalt im Plasma 365[6].
— s. GIBSON, J. G. jr. 259[8].
PIKFORD, M., s. KLISIECKI, A. 209[7].
PIKUL, O., s. KOLDAJEW, B. 15[8], 25[19].
PILCHER, J. D., s. SOLLMANN, T. 1251[8].
PILGRIM, A. F., s. GRAY, F. V. 100[11].
PILLAI, R. K., s. NEEDHAM, D. M. 739[2], 749[3].
PINCUS, G., O. HECHTER and A. ZAFFARONI: Sekretionsleistung der Nebennierenrinde nach ACTH 882[10].
— and P. A. ZAHL: Umwandlung oestrogener Hormone durch Uterusschleimhaut 905[6].
— s. ELMADJIAM, F. 456[8], 469[10].
— s. FISH, C. A. 891[10], 1090[98], 1151[2], 1153[23].
— s. HECHTER, O. 882[6], 883[4,6,7].
— s. JACOBSEN, R. P. 882[7], 902[11].
— s. PEARLMAN, W. H. 893[8].
— s. SLAUNWHITE, W. R. jr. 907[13].
— s. ZAFFARONI, A. 884[5].
PINCUS, J. B., s. NATELSON, S. 1060[1].
PINCUS, P.: Brenztraubensäuredehydrogenase im Speichel 25[24]. — Milchsäuregehalt des Speichels 27[4].
— s. GLOCK, G. E. 25[12].
PINCUSSEN, L.: Zusammenfassung über die Ausnutzung der Nährstoffe (1925; 1934) 174[2]. — Zusammenfassung über Resorption (1925; 1934) 200[2]. — Zusammenfassung über parenterale Resorption (1934) 250[11]. — Zusammenfassung über physikalische Chemie des Blutes und der Lymphe (1925, 1934) 268[7]. — Zusammenfassung über Nucleine (1925) 1177[4]. — Zusammenfassung über Purinkörper (1925) 1177[6]. — Ausnutzung von Olivenöl im Darm 246[9]. — Quotient K/Ca im Blut 394[15].
— s. SCHITTENHELM, A. 1225[14].
PINELLI, L.: Indicangehalt des Blutes 350[21].
PINES, B., s. RABINOVITCH, J. 489[13].
PINÖSCH, H., s. BLOCH, W. 931[4], 978[4].
— s. EDLBACHER, S. 686[2].
PINSENT, J., s. HERBERT, D. 449[9].
PIOTROWSKI, G. (L.): Änderung der Refraktion beim Aufbewahren von Serum 273[3]. — Verstärkung der Insulinwirkung

durch Kobalt 674[6]. — Verstärkung von Arginase- und Insulinwirkung durch Nickel 686[20].
PIPER, J.: Gerinnungshemmende Wirkung von Schwefelsäureestern einiger Polysaccharide 492[10].
— s. ASTRUP, T. 492[10].
PIPPARELLI, E., s. ORRÙ, A. 268[8].
PIRIBAUER, K., s. KESZTYÜS, L. 21[22].
PIRIE, N. W.: Ergothioneingehalt von Erythrocyten 449[4]. — Mechanismus der Cystin/Cysteinumwandlung 956[3]. — Oxydation von Cystein zu Sulfat 956[24]. — Zwischenstufen der Sulfatbildung aus Cysteinsulfinsäure 957[3]. — Sulfatbildung aus Methionin 966[2].
— s. HADIDIAN, Z. 383[11].
— s. HELE, T. S. 956[12].
PIROTTE, M., et V. DESREUX: Intracelluläre Verteilung von Ribonuclease 1000[77]. — Inaktivität der Ribonuclease von Mitochondrien aus Meerschweinchenleber 1129[12].
PIRSCHLE, K.: Zusammenfassung über die Bedeutung der Spurenelemente für Ernährung, Wachstum und Stoffwechsel der Pflanze (1938/39) 655[7]. — Rubidiumwirkung auf Pflanzen 684[10]. — Wachstumshemmung von Pilzen durch Zinn 688[7].
PIRSON, A., s. NOACK, K. 675[2].
PISCHEDDA, M.: Viscosität von Neugeborenenblut 274[8].
PISEK, A.: Wasserhaushalt und Stoffwechsel der Pflanzen 607[3].
PISHA, B. V., s. KELLER, R. 59[7].
PITTMAN, M. S., and B. L. KUNERTH: Eiweißgehalt der Kost und Ca-Resorption 639[5].
PITT-RIVERS, R., s. GORDON, A. H. 367[9].
— s. GROSS, J. 367[10].
PITTS, R. F.: Anreicherung von Ionen bei der Harnbildung 58[7].
— J. L. AYER and W. A. SCHIESS: Anreicherung von Ionen bei der Harnbildung 58[7].
— and W. D. LOTSPEICH: Anreicherung von Ionen bei der Harnbildung 58[7].
PITZ, W., s. MCCOLLUM, E. V. 911[3].
PIZZOLATO, P., s. BEARD, H. H. 1238[1].
PLAGER, J. E., and L. T. SAMUELS: 17- u. 21-Oxylierung des Progesterons in der Nebenniere 885[9, 10]. — Biologische Einführung der 17- u. 21-OH-Gruppe in Corticosteroide 886[2–4]. — Intracelluläre Verteilung der Progesteronoxydation 1090[105]. — Oxydation von Progesteron im Cytoplasma 1153[25].
PLANTIN, L. O., s. GEMZELL, C. A. 903[2].
PLASS, M., s. ADLER, E. 1051[9].
PLATT, A. P., and R. R. PORTER: Steigerung der Phosphatidbildung 850[3].
PLATT, B. S., and G. D. LU: Brenztraubensäuregehalt des Blutes 325[3]. — Brenztraubensäure im Blut bei Beri-Beri und Vitamin A-Mangel 326[4]. — Brenztraubensäuregehalt von Liquor cerebrospinalis 572[3].
— s. LU, G. D. 326[8].
PLATTNER, F., u. H. HINTNER: Vorkommen von Cholinesterase 125[14].
— u. H. TSUDZIMURA: Bestimmung von Acetylcholin 136[18].
PLAUT, F.: Zusammenfassung über Liquor cerebrospinalis (1927) 564[7].
— u. K. BOSSERT: Flavinfarbstoff im Liquor cerebrospinalis 570[6].
— K. BOSSERT u. M. BÜLOW: Flavinfarbstoff im Liquor cerebrospinalis bei tuberkulöser Meningitis 570[7].
— u. M. BÜLOW: Form des Vitamin C im Blut 364[14]. — Vitamin C-Gehalt im Blut von Schwangeren 365[4]. — Vitamin C im Liquor cerebrospinalis 573[11, 13, 14], 574[3, 5]. — Vitamin C-Gehalt des Körpers 574[3].
— u. H. RUDY: Cholesterinwerte im Liquor cerebrospinalis 573[3].
PLAUT, G. W. E., J. J. BETHEIL and H. A. LARDY: Bedeutung von Folsäure für Glykokollbildung aus Serin 941[2].
— and H. A. LARDY: Acetessigsäurebildung aus Aceton 828[5], 951[10].
— and K. A. PLAUT: Stoffwechselleistungen von Mitochondrien 1136[32].
— and S.-C. SUNG: DPN-spezifische Isocitronensäuredehydrogenase 1051[10].
— s. DRYSDALE, G. R. 1245[15].
PLAUT, K. A., s. PLAUT, G. W. E. 1136[32].
PLAZIN, J., s. SLYKE, D. D. VAN 264[3], 290[1].
PLENGE, H.: Gewinnung von Vogelerythrocyten 454[10].
PLENTL, A. A., and R. SCHOENHEIMER: Verwendung von Purinen und Pyrimidinen zur Nucleinsäuresynthese 1192[16]. — Keine Purinbildung aus Guanidinoessigsäure 1219[10]. — Keine Pyrimidinbildung aus Guanidinoessigsäure 1227[8]. — Abbau von Uracil und Thymin bei der Ratte 1230[1].
— s. BROWN, G. B. 1192[17], 1194[14], 1209[1], 1222[13], 1227[9].
PLESCH, J.: Blutmengenbestimmung mit Kohlenoxyd 259[2].
— s. ZUNTZ, N. 259[2].
PLESCHTIZER, A., u. A. A PREOBAJENZKY: Trimethylarsinbildung durch Penicillium brevicaule 694[6].
PLIMPTON, C. H., s. CHRISTENSEN, W. R. 741[7].
PLÖTNER, K.: Refraktionswert von Serumbestandteilen 273[4].
— s. BÜRGER, M. 931[1].
— s. HEILMEYER, L. 399[10], 576[5], 655[19].
PLOSZ, P.: Vorkommen von Nuclein in kernhaltigen Erythrocyten 454[12].

PLUM, C. M.: Phosphatasegehalt von Leukocyten 463[2]. — Orte der Blutbildung 465[3]. — Abgabe von Reticulocyten an das Blut 465[4]. — Förderung der Erythropoese durch Erythrocytenhämolysat 466[7].

PLUM, R.: Reifungsstoff der Reticulocyten 466[6].

PLUMIER, M.: Erhöhung des Bluteisens bei Ikterus 399[3].

PLUMLEE, M. P., s. HANSARD, S. L. 716[2].

POCHIN, E. E.: Umsatzgeschwindigkeit des Jods 682[11].

— s. MYANT, N. B. 681[10].

POCHON, J.: Abbauweg der Cellulose beim Wiederkäuer 100[14].

PODBER, E., s. NOVIKOFF, A. B. 1072[30], 1090[64, 130], 1137[18], 1138[12], 1154[1].

— s. SCHEIN, A. H. 1090[30], 1150[6].

PODKOPAEW, N. A., s. ACHRAP, L. K. 13[9].

PODUSCHKA, R.: Allantoinbildung bei Tieren 1215[15]. — Methylpurine im menschlichen Harn 1223[7].

PÖLNITZ, W. v., s. SIEDEL, W. 180[5], 355[9].

POGELL, B. M., and R. W. MCGILVERY: Intracelluläre Verteilung der Protease für Fructose-1,6-diphosphorsäureaktivierung 1090[144].

POHL, I., s. ALBERS, H. 75[15].

POHL, J.: Zusammenfassung über Selen und Tellur (1927) 694[12]. — Abbau von Uraten bei Leberautolyse 1208[14]. — Purinausscheidung nach Adrenalin 1230[11].

POHLE, F. J., and F. H. L. TAYLOR: Therapeutische Aktivität einer Globulinfraktion bei Hämophilie 497[15]. — Bluttransfusion bei Hämophilie 499[12].

POIRIER, P., et A. SHARPY: Lehrbuch der menschlichen Anatomie; Bd. 4/1 (1912) Franz. 104[1].

POLANSKY, J. B., s. PIERCE, H. B. 217[20].

POLI, E.: Vergleich des Eiweißgehaltes im Serum aus Sternalpunktat und Venenblut 288[3].

POLICARD, A.: LIEBERKÜHNsche Krypten 107[2].

— A. DUFOURT, P. ANSTETT et PETEY: Goldspeicherung im Organismus 405[26].

POLIS, B. D., E. POLIS, M. KERRIGAN and L. JEDEIKIN: Erhöhung der Ausbeute an energiereichem Phosphat durch Insulin 789[14].

POLIS, E., s. POLIS, B. D. 789[14].

POLLACK, H., s. CHAMBERS, R. 1173[2].

POLLAK, L., s. LENK, R. 560[14].

POLLAND, W. S.: Erregung der Magensaftsekretion durch Histamin 43[19].

POLLER, K., s. ACKERMANN, D. 978[7].

POLLEY, H. F., and H. L. MASON: 17-Ketosteroidausscheidung beim Menschen 902[13].

— s. SPRAGUE, R. G. 628[4].

POLLEY, J. R., s. FRIEDMAN, S. M. 622[8].

POLLI, E., u. G. RATTI: Intracelluläre Verteilung von Fettsäuren, Cholesterin und Lipoidphosphor 1077[17].

POLLI, E. E.: Chromosomenisolierung (?) 1097[9].

POLLISTER, A. W., M. HIMES and L. ORNSTEIN: Nucleinsäuregehalt von Zellkernen 1103[2].

POLONOVSKI, M.: Buch über medizinische Biochemie; 5. Aufl. (1951) 560[1]. — Buch über pathologische Chemie (1952) Franz. 297[4].

— et S. BRISKAS: Keine hämatopoetische Wirkung von Nickel 406[23].

— et P. CARTIER: Proteolytische Enzyme in der Metaphyse des Knochens 712[11].

— et P. VALDIGUÉ: Abbau von Aceton im Stoffwechsel 829[2].

— s. BÉNARD, H. 372[21], 443[4], 466[2].

— s. DELAUNAY, H. 616[8].

POLOWE, D.: Blutdiastase bei Pankreaserkrankungen 379[1].

POLOWZOWA, W. W., s. LONDON, E. S. 217[1], 222[2, 3], 223[9], 224[2], 228[12], 914[5].

POLSON, A.: BENCE-JONESsches Eiweiß 303[4].

POLTYREFF, S. S., W. N. TSCHEREDKOFF, D. J. GUREWITSCH u. S. W. EGOROFF: Keine psychische Magensaftsekretion beim Pferd 46[8].

POMERANZE, J., and H. G. KUNKEL: Plasmaphosphatide bei Lipämien 862[3].

POMMERENKE, W. T., H. B. SLAVIN, D. H. KARIHER and G. H. WHIPPLE: Regenerierung von Plasmaeiweiß durch Nahrungseiweiß 289[2].

POND, M. H.: Steroidstoffwechsel 903[13].

PONDER, E.: Buch über Hämolyse und verwandte Phänomene (1948) Engl. 419[2].

— and P. LEVINE: Hämoglobin von Fetus, Kind und Erwachsenen 434[1].

— and G. SASLOW: Ionendurchlässigkeit der Erythrocytenmembran 425[10].

— s. DAVSON, H. 420[2].

PONDER, R., s. LEVINE, P. 389[7].

PONOMAREW, S. J.: Gewinnung von Duodenalsaft beim Hund 144[5]. — Sekretmenge aus Darmfistel beim Hund 148[2].

PONTICORVO, L., D. RITTENBERG and K. BLOCH: Einbau von Deuterium in Hämin 997[1]. — Lebensdauer von Rattenerythrocyten 1016[4].

PONTONI, L.: Chloridgehalt des Blutes bei fehlender Salzsäureabsonderung 64[7].

PONZ, F., and J. LARRALDE: Keine Beschleunigung der Glucoseresorption durch Glycerophosphat 220[5].

POO, L. J., s. ADDIS, T. 911[5], 927[6].

POPE, A. L., s. HALE, W. H. 674[7].

— s. RAY, S. N. 363[9], 454[4], 673[17].

POPEK, K.: Magnesiumwerte im Liquor cerebrospinalis 575[16].

POPEL, L. V.: Allantoinbildung aus Histidin 1216[6].

POPIELSKI, L.: Identität von Gastrin und Histamin 43[12]. — Magensekret nach Histamin beim Hund 52[16]. — Histaminprobe auf Magensaftsekretion 88[8]. — Vasodilatin 142[11].
POPJÁK, G.: Halbe Lebensdauer der Fettsäuren im Ziegeneuter 832[7]. — Fettsäuresynthese aus Acetat in der Milchdrüse 833[3]. — Phosphatidstoffwechsel im bebrüteten Hühnerei 867[1].
— and M.-L. BEECKMANS: Fettsynthese in der Lunge 835[4]. — Einbau von markiertem Acetat in Fettsäuren 856[5]. — Phosphatidumbau in der Placenta 866[10, 11]. — Cholesterinsynthese 874[6, 7].
— S. J. FOLLEY and T. H. FRENCH: Fettsäuresynthese in der lactierenden Milchdrüse 832[6].
— and H. MUIR: Glycerophosphate als Vorstufen der Phosphatide 849[5].
POPOV, N., E. ŠMAKOVA u. V. KUZNEZOVA: p_H-Wert des Pankreassaftes beim Rind 156[19].
POPOW, N. A., A. A. KUDRJAWZEW, ANUROW u. a.: Buch über die Physiologie des Schafes (1931) Russ. 15[17]. — Zusammensetzung des Parotisspeichels vom Schaf 15[17].
POPPER, H., J. DE LA HUERGA, F. STEIGMANN and M. SLODKI: Bestimmung der γ-Globuline 307[9].
— E. MANDEL u. H. MAYER: Kreatiningehalt von menschlichem Blutserum 350[5].
— F. STEIGMANN and H. A. DYNIEWICZ: Ausnutzung von Vitamin A 249[17].
— s. DISCHE, Z. 322[14].
— s. EPPINGER, H. 506[2].
— s. HUERGA, J. DE LA 307[9, 10].
— s. KOCH-WESER, D. 861[8].
— s. OBERMAYER, F. 350[25].
— s. SCHAFFNER, F. 853[6], 861[6].
— s. VOLK, B. W. 247[17].
POPPER, H. L., and H. NECHELES: Erhöhung der Blutdiastase bei Krankheiten 379[2].
POPPER, L., s. BARRENSCHEEN, H. K. 315[10], 319[18].
PORAT, B. T. D. v.: Eisenbestimmung 400[8].
POROSOWSKA, Y., s. BERGER, E. Y. 591[5].
PORSCHE, J. D., s. FERRY, J. D. 296[11].
PORTER, C. C., I. CLARK and R. H. SILBER: Ausscheidung von Kynurenin und Xanthurensäure bei B_6-Mangelratten 993[6].
PORTER, J. E., s. LIUM, R. 178[9].
PORTER, J. R., s. PELCZAR, M. J. jr. 363[2].
PORTER, J. W., s. DENKO, C. W. 363[5], 366[6].
PORTER, K. R., and HAWN, C. v. Z.: Veränderungen des Fibrinogens beim Übergang in Fibrin 477[2].
PORTER, M. W., s. FANTES, K. H. 674[8].
PORTER, R. C., s. HUBBARD, R. S. 582[1].
PORTER, R. M., s. KACHMAR, J. F. 360[13].
PORTER, R. R., and F. SANGER: Chemische Unterschiede verschiedener Globine 517[2].
— s. PLATT, A. P. 850[3].
PORTHEINE, F.: Bleigehalt des Blutes 404[5].
PORTZEHL, H., s. WEBER, H. H. 626[1].
POSTERNAK, S.: Identität von organisch gebundenem P mit Phosphatid-P im Blut 334[11], 347[12].
POSTERNAK, T.: Oxydation von epi-Inosit durch Acetobacter suboxydans 738[15]. — Synthese von Glucose-1,6-diphosphorsäure 743[4].
— s. SUTHERLAND, E. W. 742[7], 751[6].
POTH, E. J.: Gewinnung von Speichel 18[13].
POTHMANN, A., s. STURM, A. 414[7], 415[3].
POTICK, D., s. HOUSSAY, B.-A. 350[26].
POTOP, I., s. ACHARD, C. 349[4].
POTTER, E. L.: Buch über Rh und seine Bedeutung für die kongenitale hämolytische Krankheit (1947) Engl. 387[7].
POTTER, J. S., s. CLAUDE, A. 1097[7].
POTTER, V. R.: Ausbeute an energiereichem Phosphat bei Bernsteinsäuredehydrogenierung 789[9].
— and C. HEIDELBERGER: Asymmetrischer Abbau von Citronensäure 1058[2].
— G. G. LYLE and W. C. SCHNEIDER: Atmungskettenphosphorylierung durch Cyclophorasesystem 1137[15]. — Aktivierung von Phosphorylierung und Oxydation in Mitochondrien 1155[2].
— J. M. PRICE, E. C. MILLER and J. A. MILLER: Kein Zusammenhang zwischen Zellteilung und Mitochondrien-„Vermehrung" 1096[2].
— R. O. RECKNAGEL and R. B. HURLBERT: Gewinnung von Mitochondrien und Mikrosomen 1066[11]. — Potentielle Enzymaktivität isolierter Zellbestandteile 1156[4].
— P. SIEKEVITZ and H. C. SIMONSON: Kein Vorkommen von Apyrase in Mitochondrien 1138[11].
— s. BOYDEN, R. 401[4].
— s. HURLBERT, R. B. 1120[13], 1122[3].
— s. NOVIKOFF, A. B. 1191[1].
— s. RECKNAGEL, R. O. 828[1], 1163[4].
— s. SCHNEIDER, W. C. 1090[19].
— s. SIEKEVITZ, P. 1090[113], 1138[9], 1155[5].
POTTNER, M. M., s. SAMUELS, L. T. 898[1].
POULSEN, V.: Alkaptonurie und Ochronose 982[1].
POUTASSE, E., s. SAVARD, K. 895[12].
POWELL, E. O., s. CALLENDER, S. T. 468[2].
POWELL, J. F., s. BLACK, D. A. K. 213[20].
POWELL, L. T., and R. F. KRAUSE: Intracelluläre Verteilung von Vitamin A 1096[18].
POWER, M. H., s. GROSS, J. B. 379[8].
— s. RALL, J. E. 681[6].
— s. SPRAGUE, R. G. 628[4].
POZZI, L., s. RONDONI, P. 917[7].
PRÆTORIUS, E.: Unterschiede im Harnsäuregehalt des Blutplasmas von Män-

nern und Frauen 346[12]. — Wirkung von BAL auf Uricase 1210[9].

Pratt, J. H., s. Golden, L. A. 165[2].

Pratt, R., and J. Dufrenoy: Hemmung der Nucleinsäurebildung durch Penicillin 1197[15].

Pré-Denning, A. du, and J. H. Watson: Anteil des Plasmas an der Viscosität des Blutes 274[1].

Pregl, F.: Physikalische Eigenschaften von Jejunumfistelsaft vom Schaf 150[9]. — Bestimmung des spezifischen Gewichtes von Blut 264[4].

Preisler, P. W., and F. E. Hunter jr.: Zusammenfassung über biologische Oxydationen (1949) 725[21]. — Bindungsenergie von Adenosintriphosphat und Kreatinphosphat 785[2]. — Ausbeute an energiereichem Phosphat bei der biologischen Oxydation 788[11]. — Enzyme der Pteridinspaltung 1202[21].

Prelog, V., u. J. Führer: 3-Desoxyequilenin im Harn trächtiger Stuten 906[24].

— u. P. Meister: Vorkommen von Progesteron und von allo-Pregnan-3β-ol-20-on im Corpus luteum 886[23].

— u. L. Ruzicka: Δ^{16}-Androsten-3α-ol und Δ^{16}-Androsten-3β-ol aus Schweinetestes 896[1].

— E. Tagmann, S. Lieberman u. L. Ruzicka: Vorkommen von Pregnan- und Pregnenderivaten in Testes 886[32].

Prentice, T. C., W. Siri, N. I. Berlin, G. M. Hyde, R. J. Parsons, E. E. Joiner and J. H. Lawrence: Bestimmung des Gesamtkörperwassers 591[3].

Preobajenzky, A. A., s. Pleschtizer, A. 694[6].

Presch, W.: Thiosulfatausscheidung 954[2].

Prescott, B. A., and H. Waelsch: Glutamin- und Glutaminsäuregehalt im Blut 915[8]. — Verteilung von Glutamin und Glutaminsäure im Gewebe 951[1].

Prescott, F., s. Bicknell, F. 574[19].

Present, C. H., s. Ralli, E. P. 233[1].

Press, R., and W. R. Fearon: Spurenelemente in Drüsen 398[16].

Pressman, B. C., and H. A. Lardy: Steigerung der O_2-Aufnahme von Mitochondrien durch K-Ionen 1133[2]. — Atmungsförderung der Mitochondrien durch K-Ionen + Mikrosomen 1155[6].

Preusse, C., s. Baumann, E. 953[1], 966[15].

Prévot, A. R.: Anaerobe Bakterien im menschlichen Dickdarm 173[2].

— et R. Veillon: Anaerobe Bakterien im menschlichen Dickdarm 173[2].

Prianischnikow, D.: Ammoniak als Anfangs- und Endprodukt des Stickstoffumsatzes in der Pflanze 618[1]. — Wirkung von $CaCO_3$-Gehalt des Bodens auf P-Düngung 646[9].

Pribyl, E.: Verbesserung der Ca-Resorption durch Mg-Salze 640[8].

Price, I., s. Horton, K. 21[11].

Price, J. M., and A. K. Laird: Ribonucleotidsynthese und Eiweißneubildung bei Leberregeneration 1125[5].

— E. C. Miller and J. A. Miller: Intracelluläre Verteilung von Pyridoxin 1096[6].

— E. C. Miller, J. A. Miller and G. M. Weber: Zellkernzahl in der Rattenleber 1098[4]. — Buttergelbspeicherung in Zellfraktionen der Rattenleber 1154[3].

— J. A. Miller and E. C. Miller: Verteilung von Eiweiß und Ribonucleinsäure in der Zelle 1072[2]. — Intracelluläre Verteilung von Lactoflavin 1096[4].

— J. A. Miller, E. C. Miller and G. M. Weber: Verteilung von Eiweiß und Ribonucleinsäure in der Zelle 1072[3]. — Intracelluläre Verteilung von Lactoflavin 1096[5].

— s. Higgins, H. 1096[7].

— s. Potter, V. R. 1096[2].

Price, J. W., s. Robinson, H. W. 532[8,9].

Price, T. D., and D. Rittenberg: Abbau von Aceton im Stoffwechsel 829[3].

Price, V. E., A. Meister, J. B. Gilbert and J. P. Greenstein: Intracelluläre Verteilung von Peptidasen 1090[53].

Price, W. (H.), C. F. Cori and S. P. Colowick: Hexokinasewirkung 780[9].

— s. Colowick, S. P. 746[7], 1196[1], 1204[2], 1217[14].

Pricer, W. E. jr., s. Kornberg, A. 808[2], 814[2], 839[4], 1038[3], 1041[5,9], 1045[6,7], 1140[4].

Prickett, C. O., s. Schrader, G. A. 636[8].

Priestley, J. G., s. Haldane, J. S. 500[19], 503[2].

Pringsheim, H.: Cellubiose als Zwischenstufe des bakteriellen Celluloseabbaus 188[1].

— u. H. Gorodiski: Amylasebestimmung 23[12].

— s. Thomas, K. 187[5].

Primnig, A., u. M. Turkus: Umstimmung der Darmflora durch Lactose bei Säuglingen 183[10].

Prins, D. A., s. Hayano, M. 885[1].

Probst, O., s. Wieland, H. 754[3], 1034[5].

Prochorowa, M. J., s. London, E. S. 228[6].

Proehl, E. C., and H. G. Day: Resistenz 1,6-α-glucosidischer Bindungen im Glykogen gegen Kartoffelphosphorylase 745[8].

Prokupek, J., s. Taussig, L. 576[4].

Pronin, S. I.: Grenzdextrine nach Einwirkung von Pankreasamylase 165[1].

Prout, W.: Entdeckung der freien Salzsäure im Magensaft 30[13], 58[8].

Province, W. D., s. Turner, K. B. 409[23].

Prudhomme, R.-O.: Absorptionsspektrum des normalen Blutserums 299[9].

Prunell, A.: Peptide im Liquor cerebrospinalis bei toxischer Meningitis 569[8].

PRUNTY, F. T. G.: Porphobilinogen 1005[2].
— s. McSWINEY, R. R. 1020[1], 1021[2].
— s. THORN, G. W. 456[11], 1234[16].
PRYM, O., s. ABDERHALDEN, E. 913[2].
PRZYLĘCKI, S. J. (v.): Bindung der Polyosen an Histidinreste von Serumproteinen 322[2]. — Harnsäurebildung bei Tintenfischen und Schnecken 1204[18]. — Irreversibilität der Reaktion Harnsäure → Allantoin 1209[10]. — Allantoinabbau bei Amphibien und Fischen 1216[9].
— u. E. HOFER: Protein-Phospholipoidkomplexe 859[4].
— u. E. MYSTKOWSKI: Allantoinabbau bei Amphibien und Fischen 1216[10].
PTSCHELINA, A.: Hemmung der Pankreassekretion durch Arbeit 156[3].
PUCH, B. L., s. GLASS, G. B. J. 75[7].
PUCHER, G. W., C. C. SHERMAN and H. B. VICKERY: Citronensäurebestimmung 1060[1].
PUCHTLER, H., s. MAURER, W. 88[6].
PUECH, A.: Vorkommen von Polypeptiden in Exsudaten 560[6].
PÜSCHEL, (E.), s. BLUME, (V.) 574[8].
PÜTTER, A.: Zusammenfassung über allgemeine Lebensbedingungen: Das Wasser (1927) 589[2].
PÜTZER, B., s. FISCHER, H. 1003[3].
PUGH, C. E. M., and J. H. QUASTEL: Abbaumechanismus durch Aminoxydasen 932[8].
PULASKI, E. J., s. VOORHEES, A. B. jr. 476[15].
PULEWKA, P.: Zusammenfassung über Molybdän und Wolfram (1935) 686[9].
PUPILLI, G.: Harnsäurebildung aus Harnstoff bei Hühnern 1204[5].
PURR, A.: Zusammenfassung über Amylasen (1941) 23[9].
— s. WALDSCHMIDT-LEITZ, E. 121[16], 160[6].
PURVES, C. B., s. McLEOD, J. J. R. 219[13].
PUSTORINO, D., s. CACIOPPO, F. 429[6].
PUTKONEN, T.: Keine bakterienhemmende Wirkung der Magenschleimhaut 67[16].
PUTNAM, F. W., s. NEURATH, H. 477[7].
PUTSCHAR, W., s. BRAND, T. v. 720[10].
PUTTER, E.: Zusammenfassung über Antikörper gegen Biokolloide (1925) 77[19]. — Zusammenfassung über Blutgruppen (1933) 385[1].
PUZZUOLI, D., s. BARBIERI, A. DE 142[16].

QUADBECK, G., s. DOERR, W. 779[15].
— s. KUHN, R. 780[1].
QUAGLIA, F., s. ALLODI, A. 42[28].
— s. BATTISTINI, S. 1198[6].
— s. PESCHAMONA, M. 1246[1].
QUAIFE, M. L., and R. BIEHLER: Vitamin E-Gehalt des Blutes 360[8].
— and M. J. DJU: Vitamin E-Gehalt des Blutes 360[11].
— and P. L. HARRIS: Vitamin E-Gehalt des Blutes 360[8].
QUAIFE, M. L., N. S. SCRIMSHAW and O. H. LOWRY: Vitamin E-Gehalt des Blutes 361[2].
— s. STRAUMFJORD, J. V. 360[8].
QUASHNOCK, J. M., s. DANOWSKI, T. S. 622[11].
QUASTEL, J. H., and A. H. M. WHEATLEY: Acetessigsäurebildung aus Fettsäuren mit gerader C-Atomzahl 802[4]. — Malonathemmung des Acetessigsäureabbaus 827[12]. — Fermentative Dehydrierung von Glutaminsäure 949[13].
— and R. WITTY: Vitamin B_6 als Coenzym von Transaminasen 938[6].
— s. COLTER, J. S. 1014[4].
— s. GROSS, J. 367[7], 682[14].
— s. JOWETT, M. 803[4], 806[5].
— s. MANN, P. J. G. 854[16, 18].
— s. PUGH, C. E. M. 932[8].
QUATTRIN, N.: Entstehung der Thrombocyten aus Megakaryocyten 471[9].
QUELCH, P. E., s. KING E. J. 432[20].
QUENSEL, U.: Funktion der Mastzellen 493[5].
QUERIDO, A., M. ALBEAUX-FERNET et A. LWOFF: Nicotinsäureamidgehalt im menschlichen Blut 363[12]. — Nicotinsäuregehalt des Blutes 453[2].
QUERVAIN, F. DE: Zusammenfassung über einige Fragen aus der Schilddrüsenphysiologie vom Standpunkt der Schilddrüsenpathologie beurteilt (1925) 683[5]. — Wirkung von Jod auf endemische Kröpfe 683[5].
— s. BRANDENBERGER, E. 1252[12].
QUEVAUVILLER, A.: Zusammenhang von Atophanwirkung und Calciumgehalt im Blut 1249[12].
QUÉVENNE s. GUBLER 552[3].
QUICK, A. J.: Buch über hämorrhagische Erkrankungen und die Physiologie der Blutstillung (1942) Engl. 496[18]. — Zusammenfassung über Blut (1944) 473[2]. — Artspezifität der Thrombokinase 474[6]. — Gewinnung von prothrombinfreiem Fibrinogen 476[7]. — Prothrombin und Mittelstück des hämolytischen Komplements 479[7]. — Prothrombinzeit beim Aufbewahren von Plasma 481[5, 6]. — Wirkungsweise der Thrombokinase 484[10, 12]. — Aktivierung von Prothrombin durch Calcium 485[7, 8]. — Thrombindarstellung 486[4]. — Inaktive Komponente des Prothrombins 486[15]. — Thrombin neutralisierendes Agenz 487[3]. — Entfernung von Calcium mit Amberliten 491[2]. — Harnsäurevorstufen 944[5]. — Harnsäureausscheidung nach schwerer Muskelarbeit 1238[16]. — Verminderung der Harnsäureausscheidung nach Alkaligaben 1243[1]. — Steigerung der Harnsäure- und Allantoinausscheidung durch Salicylsäure 1249[22].
— J. N. SHANBERGE and M. STEFANINI: Heparininjektion und Thrombocytenzahl 470[19].

QUICK, A. J., M. STANLEY-BROWN and F. W. BANCROFT: Prothrombinbestimmung 479[12].
— and M. STEFANINI: Prothrombinkomponenten 481[10]. — Aktivierung von Plasma-Thromboplastinogen 484[13]. — Mechanismus der Prothrombinaktivierung 484[16]. — Inaktive Komponente des Prothrombins 486[16]. — Ursache der Hämophilie 498[1].
— s. STEFANINI, M. 397[11].
QUIGLEY, J. P.: Zusammenfassung über Verdauungskanal (1940; 1946) 6[6].
QUIMBY, E. H.: Zusammenfassung über radioaktive Isotope in der klinischen Diagnostik (1951) 609[21].
— s. WERNER, S. C. 682[2].
QUINLAN-WATSON, T. A. F., and D. W. DEWEY: Gewinnung von Mitochondrien und Mikrosomen 1066[7].
QUINN, R. W.: Thermostabile Antihyaluronidase im Serum 383[6]. — Antihyaluronidasen im Blut bei rheumatischem Fieber 384[5].
QUINQUAUD, E., s. GRÉHANT, N. 259[2].

RAAB, W.: Adrenalinbestimmung im menschlichen Blut 369[2].
RAAFLAUB, J.: Calciumbestimmung 397[10]. — Stoffwechselleistung und Quellung in Mitochondrien 1128[3]. — Kein Einfluß von ATP auf Schwellung der Mitochondrien 1129[1].
— u. I. ABELIN: Kreatininbestimmung 349[8].
RABEN, M. S.: Jodspeicherung und Jodbedarf 681[16].
RABINOVITCH, J.: Schädigung des Darmepithels durch hypertonische Kochsalzlösungen 211[2].
— and P. PINES: Fibrinolyse 489[13].
RABINOVITCH, M., V. VALERI, H. A. ROTHSCHILD, S. CAMARA, A. SESSO and L. C. U. JUNQUEIRA: Pilocarpinwirkung auf Pentosenucleinsäuregehalt von Pankreas 1231[9].
RABINOWITCH, I. M.: Kupfergehalt des Harns 667[1].
— s. ROSS, A. 667[2].
RABINOWITSCH, S. J.: Allantoinbildung in der Leber 1216[2].
RABL, R., s. BRÜNIG, H. 1209[12].
RACCUGLIA, G., s. PEROSA, L. 419[8].
RACE, R. R.: Übersicht über Blutgruppen 389[9], 390[1].
— s. CALLENDER, S. T. 387[1,2].
— s. MOLLISON, P. L. 388[1].
RACHELE, J. R., L. J. REED, A. R. KIDWAI, M. F. FERGER and V. DU VIGNEAUD: Serin als Vorstufe von Cystin im Stoffwechsel 654[8].
— s. KELLER, E. B. 963[2].
— s. VERLY, W. G. 964[2].
— s. VIGNEAUD, V. DU 654[7], 963[6], 965[3].
RACHFORD, B. K.: Unterstützung der Trypsinwirkung durch Galle 167[10].
— and SOUTHGATE: Unterstützung der Trypsinwirkung durch Galle 167[10].
RACKER, E.: Messung der Phosphohexokinasereaktion 746[8]. — Aldolase in Escherichia coli 748[1]. — Trennung der Aldehydmutase 755[13]. — Einheitlichkeit der Aconitase 1051[4]. — Umwandlung von Ribose aus Adenosin in Triose- und Hexosephosphat 1196[12].
— G. DE LA HABA and I. C. LEDERER: Transketolase 1062[7].
— and J. KRIMSKY: Kalium-Natrium-Antagonismus bei der Glykolyse 626[20].
— s. RATNER, S. 725[24].
RACZKOWSKI, H. A., s. THORN, W. 740[1].
RADEFF, T., s. LINTZEL, W. 656[6].
RADELET, A., s. FRÉDERICQ, H. 1251[7].
RADEMACHER, B.: Kupfer, lebensnotwendig für Pflanzen 667[15]. — Wirkung von Cu auf junge Pflanzen 668[1].
RADEMAEKERS, A., et T. SOLLMANN: Beeinflussung der Permeabilität durch Mg^{++}-Lösungen 212[8].
— s. SOLLMANN, T. 212[8].
RADICI, M.: Rückfluß von Duodenallipase in den Magen 84[2].
RADIN, N. S., D. RITTENBERG and D. SHEMIN: Verwendung von Essigsäure zur Synthese von Pyrrolfarbstoffen 838[6]. — Beteiligung von Glykokoll-α-C an der Häminsynthese 943[11]. — Kein Einbau des Carboxyl-C von Glycin in Häm 944[2]. — Ausnutzung von Brenztraubensäure für Häminsynthese 997[7]. — Verwendung der Essigsäure-C-Atome zur Porphyrinsynthese 998[7]. — Biologische Porphyrinsynthese 998[8].
RAE, S. L., s. LOWDON, A. G. R. 394[3].
RAETH, K., s. KAUFMANN, C. 857[1].
RAFFERTY, J. A., s. WYMAN, J. jr. 433[9], 516[8].
RAFSLEY, H. A., B. NEWMAN and C. I. KRIEGER: Altersveränderungen von Bluteiweiß 300[8].
RAGAN, C.: Bedeutung der Hyaluronsäure für Viscosität der Gelenklymphe 580[8].
— C. P. DONLAN, J. A. COSS jr. and A. F. GRUBIN: Beeinflussung der Viscosität der Gelenklymphe durch Röntgenstrahlen 580[11].
— and A. DE LAMATER: Hyaluronidasewirkung auf Gelenklymphe 582[3].
— and K. MEYER: Hyaluronsäuregehalt der Gelenklymphe 581[1]. — N-haltige Bestandteile der Gelenklymphe 581[10].
RAGINSKY, B. B., s. SCHROEDER, H. 1213[9].
RAINE, D. M.: Koproporphyrinvorstufe im menschlichen Harn 1006[3].
RAISTRICK, H.: Urocaninsäurebildung aus Histidin bei Bac. paratyphosus 975[10]. — Imidazylacrylsäurebildung aus Histidin bei Bacillus paratyphosus 975[12].

Raistrick, H., s. Birkinshaw, J. H. 1185[3].
Raisz, L. G., s. Ladd, M. 632[4].
Rakoff, A. E., s. DeMeio, R. H. 905[12].
— s. Paschkis, K. E. 901[7].
— s. Pearlman, W. H. 906[5].
Raleigh, G. J.: Bedeutung von Silicium für Pflanzen 690[14].
Rall, J. E., F. R. Keating jr., M. H. Power and W. A. Benett: Übergang von Jod aus dem extracellulären Raum in die Organe 681[6].
Rall, T. W., and A. L. Lehninger: Intracelluläre Verteilung von Glutathionreductase 1090[40]. — Reduktion von Glutathion im Cytoplasma 1153[13].
Ralli, E. P., S. H. Rubin and C. H. Present: Abhängigkeit der Fettausnutzung von Begleitstoffen 233[1].
— s. Rubin, S. H. 332[2].
— s. Stueck, G. H. 357[4].
Ralston, H., s. Grossman, M. I. 134[5].
Ralston, R., s. Eddy, W. H. 21[13].
Ramage, H.: Heilung der Milchanämie 669[7].
Ramakrishnan, C. V., s. Gergely, J. 839[1].
Ramasarma, G. B., s. Henderson, L. M. 992[17], 993[1].
Rambert, P., s. Bénard, H. 466[2].
Ramond, F., et F. Flandrin: Vorkommen von Glycerin im Blut und Chylus während Fettresorption 237[10].
Ramsay, W. N. M.: Bilirubingehalt im Pferdeplasma 354[8]. — Am Sauerstofftransport nicht beteiligter Anteil des Hämoglobins 511[6].
— s. King, E. J. 432[20].
Randall, L. O.: Phosphatidgehalt der weißen Substanz des Gehirns 863[10]. Jodzahl der Gehirnphosphatide 864[4]. — Phosphatidgehalt des Gehirns nach Insulinbehandlung 864[9]. — Phosphatidgehalt peripherer Nerven bei Diabetes und Arteriosklerose 866[1].
— s. Jordan, W. R. 866[1].
Randoin, L., H. Susbielle et P. Fournier: Verminderung der Ca-Resorption bei Vitamin D-Mangel 213[9].
Rangier, M.: Adrenalingehalt im Kaninchenblut 369[12]. — Molekülverbindung von Harnsäure mit Urochrom 1212[13,14].
Ranke, J.: Buch über Blutverteilung und Tätigkeitsstoffwechsel der Organe (1871) 263[1].
Ranke, O. F., s. Lang, K. 636[12].
Rankin, R. M., s. Gellhorn, A. 622[2].
Ranney, R. E., C. Entenman and I. L. Chaikoff: Kephalingehalt von Hühnerblut 335[1]. — Phosphatidgehalt von Blutplasma 858[17].
Rao, M. V. L., s. Sahasrabudhe, M. R. 1245[2].
Raoul, Y., et O. Crepy: Nicotinsäureamidbestimmung 364[1].
Raoul, Y., H. Gounelle, A. Vinet et A. Vallette: Jahreszeitliche Schwankungen im Vitamin C-Gehalt von Blut 365[15].
— s. Gounelle, H. 357[21].
Rapala, R. T., s. Gassner, F. X. 896[6].
Rapellini, M., s. Penati, F. 458[12].
Raper, H. S.: Zusammenfassung über Tyrosinase (1932) 909[13]. — Gallensäuren in Darmkonkrementen 184[8]. — Spaltung von Fetten in Sojabohnen 238[16]. — Mechanismus der Tyrosinasewirkung 985[3].
— and H. B. Speakman: Mechanismus der Tyrosinasewirkung 985[3].
— and A. Wormall: Entstehung von Dioxyphenylalanin aus Tyrosin 984[18]. — Mechanismus der Tyrosinasewirkung 985[3].
— s. Cavanagh, B. 864[13].
— s. Crick, J. 130[10], 132[3].
— s. Happold, F. C. 985[3].
— s. Kay, H. D. 814[6].
Rapoport, S.: Hydrolysekurve der Glycerinphosphorsäure 412[9]. — Lebensdauer der Erythrocyten in Blutkonserven 468[10]. — Bedeutung der Adenosintriphosphorsäure für Verwertbarkeit von Blutkonserven 469[1].
— and G. M. Guest: Spezifisches Gewicht von Hundeserum 263[7]. — p_H-Wert im Blut von Hunden 271[7]. — Verteilung des säurelöslichen P in Säugetiererythrocyten 446[3]. — Bedeutung der Diphosphoglycerinsäure für Ionenverteilung im Blut 446[4]. — Chlorgehalt der roten Blutkörperchen 427[12], 431[2]. — Bedeutung der Diphosphoglycerinsäure für Adenosintriphosphatsynthese im Blut 446[5]. — Vorkommen von Kreatinphosphat 788[5].
— E. Leva and G. M. Guest: Phytase im Blutplasma 378[1]. — Vorkommen von Kreatinphosphat 788[5].
— C. D. Stevens, G. L. Engel, E. B. Ferris and M. Logan: Veränderung von arterieller Kohlensäurespannung und Blut-p_H bei willkürlicher Hyperventilation 540[1].
— u. R. H. Wagner: α-Phospho-trioxyglutarsäure aus Hundeleber 738[2].
— s. Guest, G. M. 412[2], 413[13], 428[4], 431[5,6], 445[11], 446[2], 447[5].
— s. Leva, E. 447[10].
— s. West, C. D. 319[11].
Rapoport, S. J., u. A. F. Scharikowa: Abgabe von Esterasen durch die Lunge an Blut 371[11].
Rappaport, F.: Buch über Mikrochemie des Blutes (1935) 255[12]. — Buch über mikrochemische Methoden (1949) Engl. 255[13].
— u. H. Engelberg: Verteilung der gebundenen Fettsäuren auf die Blutlipoide 335[8].
Rappoport, A. E., s. Gräff, S. 1163[2], 1172[6].

Die Seiten 1—840 befinden sich im Bandteil a, die Seiten 841—1257 im Bandteil b.

RAPPOPORT, D. A., H. A. BARKER and W. Z. HASSID: L-Arabinosespaltung durch Lactobacillus pentoaceticus 748^{2}.
RAPPORT, D.: Zusammenfassung über die gegenseitige Umwandlung der Hauptnährstoffe (1930) 942^{7}.
— s. KING, F. B. 915^{11}.
RASCH, L. H.: HIRSZFELDsche Plejadentheorie 386^{4}.
— s. BLUMENTHAL, G. 368^{3}.
RASI, F., e M. BOLLETTI: Methoden der Thrombocytenzählung 471^{2}.
RASK, O. S., s. MCCOLLUM, E. V. 685^{19}.
RASKA, S. B.: Pellagraauslösung durch Adeninfütterung 1246^{11}.
RATH, C. E., s. FINCH, C. A. 665^{2}.
RATH, C. R., and C. A. FINCH: Fe-Bindungskapazität des menschlichen Blutserums 659^{10}.
RATHBUN, J. C., s. DANOWSKI, T. S. 622^{11}.
RATHERY, F., M. DÉROT et BATAILLE: Kreatininvermehrung im Blut bei Krankheiten 348^{16}.
— et L. LEVINA: Verstärkung der Insulinwirkung durch Kobalt 674^{6}. — Verstärkung der Arginase- und Insulinwirkung durch Nickel 686^{20}.
— et M. RUDOLF: Hypochlorämische Azotämie 634^{5}.
— s. MAYER, A. 867^{9}.
RATJEN, E., s. ØRSKOV, S. L. 393^{2}.
RATNER, B., and H. L. GRUEHL: Keine Resorption von unlöslichem und denaturiertem Eiweiß 225^{10}.
RATNER, S.: Mechanismus der Argininbildung aus Citrullin 972^{6}.
— W. P. ANSLOW jr. and B. PETRACK: Argininbernsteinsäure spaltendes Ferment aus Rattenleber 973^{5}.
— V. NOCITO and D. E. GREEN: Glykokoll und Sarkosin abbauendes Ferment in Leber und Niere 939^{4}. — Herkunft der Oxalsäure im Tierkörper 1028^{4}. — Glycinoxydase 1184^{21}.
— and A. PAPPAS: Mechanismus der Argininbildung aus Citrullin 972^{6}.
— and B. PETRACK: Argininbernsteinsäure 973^{4}.
— B. PETRACK and O. ROCHOVANSKY: Argininbernsteinsäure 973^{4}.
— and E. RACKER: Zusammenfassung über Kohlenhydratstoffwechsel (1950) 725^{24}.
— D. RITTENBERG, A. S. KESTON and R. SCHOENHEIMER: Verfütterung von isotopenhaltigen Aminosäuren 912^{6}. — Schicksal des Glykokoll-N 939^{2}.
— N. WEISSMAN and R. SCHOENHEIMER: Aminogruppenaustausch bei Aminosäuren 935^{5}.
— s. BLANCHARD, M. 966^{11}.
— s. GREEN, D. E. 930^{8}, 949^{12}, 966^{11}.
— s. ROLOFF, M. 969^{1}.
— s. SCHOENHEIMER, R. 617^{8}, $912^{5,6}$, $923^{2,5,8}$, 935^{5}, 967^{8}, 971^{3}.
RATSCHEWSKI, F. A., s. CHENTOW, J. S. 359^{8}.
RATTI, G., s. POLLI, E. 1077^{17}.
RATZER, H., s. MERTEN, R. 78^{1}, 82^{2}.
RAUBER, A., u. F. KOPSCH: Lehrbuch über Anatomie; Bd. 2; 17. Aufl. (1948) 8^{6}.
RAUCH, K., s. FISCHER, F. G. 1184^{18}.
— s. WIELAND, H. 754^{3}.
RAUSCH, L., s. GRAUL, E. H. 395^{8}.
RAUTHER, M.: Zusammenfassung über Fische (1934) 504^{11}.
RAVDIN, I. S., C. G. JOHNSTON and P. J. MORRISON: Methodik der THIRY-VELLA-Fistel 144^{12}. — Resorption von Glucoselösungen 216^{8}.
— BERNDT, A. L. 147^{2}.
— s. MORRISON, J. L. 221^{20}.
RAVDIN, R. G.: Intracelluläre Verteilung des Homogentisinsäureabbaus 1090^{79}.
— and D. I. CRANDALL: Enzym der Homogentisinsäurespaltung 984^{4}. — Oxydation von Homogentisinsäure im Cytoplasma 1153^{5}.
RAVIKOVICH, H. M., s. RUBINSTEIN, D. L. 258^{1}.
RAVIN, H. A., K. C. TSOU and A. M. SELIGMAN: Cholinesterasebestimmung 375^{9}.
RAWLINGS, A. A., s. CHALLENGER, F. 694^{6}.
RAWLINSON, W. A.: Begleitstoffe des Hämoglobins 433^{5}.
— s. a. OLIVER, I. T. 1021^{1}.
RAWSON, R. W., s. ELIEL, L. P. 628^{7}.
— s. KEATING, F. R. jr. 682^{12}.
— s. MCARTHUR, J. W. 681^{14}.
RAY, S. N., W. C. WEIR, A. L. POPE and P. H. PHILLIPS: Nicotinsäuregehalt im Schafsblut nach cobaltarmer Fütterung 363^{9}. — Pyridoxingehalt von Schafsblut 454^{4}. — B-Vitamingehalt im Blut bei Kobaltmangel 673^{17}.
RAYMOND, W., s. DAVIDSON, J. N. 1190^{8}, 1191^{7}, 1192^{5}, 1226^{3}.
RAZUMOV, N. P., and K. P. VASLEVA: Regulierung der Magenentleerung durch den Pylorus 94^{3}.
READ, L. S., s. CHAIKOFF, I. L. 1230^{14}, 1232^{13}.
READING, E. H., s. ZITTLE, C. A. 1187^{7}.
REALE, L.: Vorkommen der Darmlipase als Desmoenzym 124^{7}. — Fermentgehalt im Darmsaft des Menschen 154^{7}.
REARDON, H. S., s. TSAO, M. U. 434^{2}.
REBBE, O. (H)., s. HAHN, L. A. 623^{12}.
— s. HEVESY, G. $647^{7,8,10,12}$, 649^{9}, 867^{2}.
REBER, H., s. SCHWEITZER, W. 458^{9}.
REBUCK, J. W.: Physiologische Aufgaben der Leukocyten 458^{7}.
RECHENBERGER, J.: Resorption von Eisen im Duodenum 112^{2}. Fe-Resorption im Alter 214^{16}. — Reduktion von Eisen im Verdauungskanal 657^{5}.
RECHMANN, H., s. HACKER, W. 400^{8}.
RECKNAGEL, R. O.: Intracelluläre Verteilung von Cytochromoxydase 1090^{3}.

RECKNAGEL, R. O., and V. R. POTTER: Einfluß von Ammoniumionen auf Umsatz von α-Ketoglutarsäure 828[1]. — Ablenkung von Ketoglutarsäure und Äpfelsäure aus dem Citronensäurecyclus 1163[4].
— s. FRIEDMAN, M. H. F. 45[20].
— s. POTTER, V. R. 1066[11], 1156[4].
RECORD, B. R., s. KEKWICK, R. A. 291[1].
REDDY, D. V. N., s. CERECEDO, L. R. 1244[4].
REDFIELD, A. C., s. MCIVER, M. A. 68[11], 215[8].
REDING, R.: Nucleotidasen und Nucleosidasen in Lymphocyten 1187[13].
REED, C. I., H. JOFFE and N. R. JOSEPH: Autonome Kontrolle des p_H-Wertes der Gelenklymphe 579[9].
— s. JOSEPH, N. R. 579[8].
— s. STECK, I. E. 579[7].
REED, H. S.: Zink notwendig für Phosphatstoffwechsel 674[22]. — Zwergwuchs von Tomaten bei Zinkmangel 674[23]. — Bedeutung von Zink für Samenkeimung 675[3].
REED, L., s. DENIS, W. 959[8].
REED, L. J., and M. J. CORMIER: Intracelluläre Verteilung von α-Lipoinsäure 1096[12].
— and B. G. DEBUSK: lipoid acid-Conjugat 1039[2].— Oxydative Brenztraubensäuredecarboxylierung 1039[4].
— B. G. DEBUSK, I. C. GUNSALUS and C. S. HORNBERGER jr.: α-lipoic acid 1039[1].
— B. G. DEBUSK, I. C. GUNSALUS and G. H. F. SCHNAKENBERG: α-lipoic acid 1039[1].
— s. RACHELE, J. R. 654[8].
REENKOLA, M.: Blutzuckerschwankungen bei Hund und Kaninchen 314[13].
REES, K. R.: Verteilung von Stickstoff in der Zelle 1072[34]. — Intracelluläre Verteilung von Cytochromoxydase und Succinoxydase 1090[106].
— s. CHRISTIE, G. S. 1137[1].
— s. JUDAH, J. D. 1142[2].
REES, L., s. RICHTER, D. 569[8].
REES, M. W., s. CHIBNALL, A. C. 931[1].
REGAN, M., s. OCHOA, S. 1054[7].
— s. STOKSTAD, E. L. R. 1246[7].
REGAN, W. O., s. HOGAN, A. G. 714[2].
REGE, D. V., and A. SREENIVASAN: Vitamin B_{12} als Wuchsstoff für Lactobazillen 1244[10]. — Steigerung der Desoxyribonucleinsäuresynthese in L. casei durch Folsäure 1245[14].
REGINSTER, A.: Verminderung des Bluteisens 399[5].
RÉGNIER, M.-T., s. FABRE, R. 1224[10].
REHFUSS, M. E.: Fraktionierte Magenausheberung 88[1].
— s. MILLER, R. I. 96[5].
REHM, O.: Zusammensetzung des Liquor cerebrospinalis von Tieren 571[10].
— s. ROEDER, F. 564[17].
REHM, W. S.: Elektrische Kräfte bei der Salzsäurebildung im Magen 61[8], 62[1]. — Potentialdifferenz in der Magenschleimhaut 61[9,13]. — Beeinflussung der Salzsäurebildung im Magen durch elektrischen Strom 61[14].
— and L. E. HOKIN: Herkunft der Stoffwechselenergie in der Magenschleimhaut 61[12]. — Verwendung von elektrischer Energie zur Salzsäurebildung in der Magenschleimhaut 62[2].
— s. HOKIN, L. E. 61[11].
REHN, E., s. MORAWITZ, P. 287[9].
REICH, H., D. H. NELSON and A. ZAFFARONI: Corticosteron und 17-Oxycorticosteron in der Nebennierenrinde 883[1].
— s. GASSNER, F. X. 896[6].
— s. NELSON, D. H. 883[2].
— s. SAMUELS, L. T. 885[23], 896[2].
— s. WEST, C. D. 896[13], 897[1], 899[9].
REICHARD, P.: Umsatzgeschwindigkeit von Ribonucleotiden und Desoxyribonucleotiden 1120[10]. — Ribonucleotidsynthese in Zellfraktionen 1122[6]. — Identität der Ribonucleinsäuren der einzelnen Zellfraktionen 1182[9]. — Umwandlung von ^{15}N-Orotsäure in Cytosin und Uracil 1193[8]. — Guaninbildung aus Adenin 1222[4]. — Einbau von ^{15}N-Glykokoll in Cytidin und Uridin 1227[4].
— and S. BERGSTRÖM: Keine Pyrimidinsynthese aus N-Glykokoll 1227[3].
— and B. ESTBORN: Kein Einbau von ^{15}N in Purin- und Pyrimidinbasen der Pentosenucleotide 1193[10]. — Kein Übergang von ^{15}N-Pyrimidinnucleosiden in Pyrimidinbasen der Ribonucleotide 1227[10].
— s. BERGSTRAND, A. 1120[9], 1192[10], 1222[11], 1228[6].
— s. BERGSTRÖM, S. 1193[7].
— s. ELIASSON, N. A. 1125[6], 1191[3], 1192[12].
— s. HAMMARSTEN, E. 1192[15,19], 1193[10], 1227[7], 1228[4].
— s. LAGERKVIST, U. 1227[2].
REICHE, F.: Aminosäuregehalt von Ergüssen 560[7].
REICHEL, C., s. HOLTZ, P. 365[8].
REICHEL, H.: Buch über Blutkörperchensenkung (1936) 264[6].
REICHEL, M., s. THANNHAUSER, S. J. 852[14].
— s. WALDSCHMIDT-LEITZ, E. 164[10].
REICHERT, E., s. LYNEN, F. 790[9], 807[2], 826[5], 838[13], 1036[18], 1037[2], 1044[8], 1045[5].
REICHSTEIN, T.: Zusammenfassung über Chemie des Cortins und seiner Begleitstoffe (1938) 881[6]. — C_{21}-Nebennierensteroide 881[8]. — Adrenosteron aus Nebennierenrinde 896[4].
— and C. W. SHOPPEE: Zusammenfassung über Hormone der Nebennierenrinde (1943) 881[7].
— s. EUW, J. v. 896[5].
REID, C.: Zuckerbildung aus Glykokoll 942[6].

REID, C., s. BONE, A.H. 345[6].
REID, E., and R. G. CHENG: Übertragung von Fluor auf den Embryo 407[2].
— R. H. SMITH and F. G. YOUNG: Hexokinasewirkung 781[4].
— s. MAGEE, H. E. 216[7], 220[7].
REID, E. W.: Beiderseitige Permeabilität der toten Darmwand 208[2]. — Herabsetzung der Zuckerresorption im entzündeten Darm 222[1].
REID, J. C., and M. O. LANDEFELD: Verwendung von Histidin-C zur Purinsynthese 977[1].
— M. O. LANDEFELD and J. L. SIMPSON: Einbau von Histidin-C in Cholin 977[4].
REID, J. T., G. M. WARD and R. L. SALSBURY: Glutathiongehalt von Tierblut 448[12].
REID, S. E.: Nekrotisierende Wirkung von Pankreassaft 167[4].
REIFENSTEIN, E. C., s. ALBRIGHT, F. 715[5].
REIFMAN, A., s. DEUEL, H. J. jr. 236[5].
REILLY, C., s. PAFF, G. H. 499[8].
REIMAN, C. K., and A. S. MINOT: Mangangehalt des Blutes 406[2].
REIMANN, F.: Eisenstoffwechsel 655[27].
— F. FRITSCH u. K. SCHICK: Eisenstoffwechsel 655[27]. — Eisenspeicherung 1010[3].
— F. HEMMRICH u. H. STEINER: Hämogenase 466[12].
— s. FRITSCH, F. 659[4].
REIMERS, C., s. TÖNNIS, W. 229[9].
REIN, H.: Lehrbuch der Physiologie; 8. Aufl. (1947) 12[8].
REINDEL, W.: Fehlen einer Beziehung zwischen p_H von Speichel und Magensaft 19[1].
— u. W. SCHULER: Xanthindehydrogenasegehalt der Niere 1202[16]. — Dehydrierung des Hypoxanthins 1203[3]. — Harnsäuresynthese durch Vogelorgane 1204[20]. — Xanthin als harnsäurebildende Substanz 1205[2]. — Xanthinbildung aus Guanin 1205[5]. — Zweistufige Oxydation von Hypoxanthin zu Harnsäure 1205[8]. — Purinsynthese als „Ausscheidungssynthese" 1208[9], 1235[1]. — Harnsäureanhäufung nach Ausschaltung der Leber 1210[14]. — Vorstufen der Purinsynthese 1218[32]. — Xanthinbildung im Gewebe 1220[8].
— s. SCHULER, W. 931[5], 1204[19], 1205[1], 1207[3,9], 1208[5,6,35], 1227[1], 1235[1].
REINEKE, E. P.: Zusammenfassung über schilddrüsenaktive jodierte Eiweißstoffe (1946) 679[25].
REINEKE, L. M., s. PETERSON, D. H. 886[16].
REINER, J. M., s. DAVSON, H. 423[5].
REINER, M., s. SOBOTKA, H. 220[15], 861[10].
— s. STERN, K. G. 440[4], 1199[19], 1225[9].
REINERT, M., s. DEMOLE, V. 491[3].
REINFURTH, E., s. NEUBERG, C. 758[3].
REINHARDT, K.: Nichtausnutzung von Citrat durch Bakterien 1050[3].
REINHARDT, W. O., and B. BLOOM: Lymphmenge nach Zufuhr von Kochsalzlösung 549[4].
— M. C. FISHLER and I. L. CHAIKOFF: Bedeutung der Leber für Phosphatidsynthese 333[12]. — Phosphatidumsatz verschiedener Organe 860[4].
— s. BLOOM, B. 237[18], 238[11], 798[10], 799[1], 843[16].
— s. CHAIKOFF, I. L. 236[9], 798[11], 871[4].
— s. GOLDMAN, D. S. 848[1].
— s. MORTON, M. E. 986[7].
— s. SIPERSTEIN, M. D. 794[5].
— s. TARVER, H. 923[8].
REINHART, F. E., s. WOODWARD, G. E. 931[1].
REINHART, R. W., s. SCHADE, A. L. 659[9].
REINHOLD, A., s. HOLTZ, P. 931[5,6].
REINSTEIN, H., s. THANNHAUSER, S. J. 332[8], 334[9], 845[1], 858[18].
REIO, L., s. EHRENSVÄRD, G. C. H. 940[3].
REIS, J.: 5-Nucleotidase im Jejunum 129[2]. — Vorkommen von 5-Nucleotidase 1187[14]. — 5-Nucleotidasewirkung auf Desoxymononucleotide 1187[19].
— s. OSTERN, P. 1235[10].
REIS, J. B. DOS, s. WOISKI, J. R. 567[11].
REIS, P.: Synthetisierende Wirkung von Kathepsinen 917[8].
REIS, V. VAN DER: Zusammenfassung über die Darmbakterien der Erwachsenen und ihre klinische Bedeutung (1925) 170[2]. — Zusammenfassung über Methodik der Untersuchung des Dünndarminhaltes (1926) 169[6]. — Darmbakterien 172[7], 173[3]. Eignung der Darmpatrone zur Dickdarmuntersuchung 181[10,11]. — Caecumflora des Menschen 182[7].
— u. W. GOSMANN: Celluloseverdauung durch Bakterien 187[7].
— u. F. W. SCHEMBRA: Zusammenfassung über Darmlänge in vivo (1927) 105[1].
— s. GANTER, G. 9[7], 170[2].
REISCHE, M. G., s. INOUYE, J. M. 21[20].
REISER, M.: Bluteiweißbestimmung aus dem spezifischen Gewicht 290[3].
REISER, R.: P-Verbindungen in Organen vom Schwein vor und bei der Resorption 111[5]. — Fettstoffe in der Dünndarmmucosa vom Schwein 113[3]. — Lipoidfraktionen der Dünndarmmucosa vom Schwein bei Fettverdauung 113[5]. — Verhältnis von Phosphatid und Neutralfett in Ductus thoracicus-Lymphe 115[6]. — Fettgehalt des Darmes hungernder Ratten 117[2]. — Phosphat in der Darmschleimhaut bei Fettresorption 124[11]. — Neutralfett in Darmwandzellen bei fettarmer Nahrung 242[6]. — Fettgehalt der Lymphe 552[6]. — Resorptionsgeschwindigkeit von Glyceriden und Fettsäuren 799[4]. — Bildung von Polyensäuren beim Huhn 821[6]. — Phosphatidgehalt der Darmlymphe 843[10].

REISER, R., and M. J. BRYSON: Transportweg resorbierter Fettsäuren 237[16], 798[12]. — Hyperlipämie nach Verfütterung von Glyceriden und Fettsäuren 240[9].
— M. J. BRYSON, M. J. CARR and K. A. KUIKEN: Fehlen von ^{14}C-markiertem Glycerin in den Lymphphosphatiden 238[3]. — Monoglyceridbildung bei der Fettresorption 799[5].
— B. GIBSON, M. J. CARR and B. G. LAMP: Bildung von Polyensäuren beim Huhn 821[6].
— and M. C. WILLIAMS: Veresterung der Fettsäuren mit Dioxyaceton im Darm 800[4].
REISS, E.: Zusammenfassung über refraktometrische Blutuntersuchung (1924) 273[2].
REISS, M., and R. E. HEMPHILL: Cholinesterase im Liquor cerebrospinalis 575[1].
— L. SCHWARZ u. F. FLEISCHMANN: Aminosäuregehalt von Kaninchenserum 344[6].
REISS, P.: p_H-Wert von Seeigeleiern 1173[7].
REISSIG, J. L.: Desaminase für L-Serin und L-Threonin in Neurospora 939[8].
REISSMANN, K. R., s. CRAWEN, C. W. 1021[3].
REITHEL, F. J., s. ROBERTS, E. C. 1185[2].
— s. ZINKER, E. P. 379[15].
REJSEK, K., and M. KUBIK: Veränderungen des Fibrinogens beim Übergang in Fibrin 477[3].
RELLER, H. H., s. HAUROWITZ, F. 1146[5].
REMESOW, I., u. N. TAVASTSTYERNA: Cholesterinabscheidung in der Lunge 877[14].
REMINGTON, J. W., s. SWINGLE, W. W. 627[6].
REMMEL, N., s. TEHVER, J. 109[3].
REMMER, H., s. JUNG, F. 434[14].
REMMERT, L. F., and J. S. BUTTS: Zuckerbildung aus Histidin 974[7].
REMY, C., and W. W. WESTERFELD: Hemmung von Xanthindehydrogenase durch Folsäure 1245[16].
RENATI, F., et R. RUATA: Resorption und Ausscheidung von Co 673[3].
RENAULT, J., s. GROSNIER, R. 639[19].
RENK, F., s. SCHLIEPHAKE, E. 42[24].
RENNER, W. F.: Idiopathische Hypoprothrombinämie 498[10].
RENNKAMP, F.: Resorption gesättigter C_{20}- und C_{22}-Säuren 236[6], 246[1]. — Ausnutzung der Nahrungsfette 800[6].
— u. B. SCHULER: Amylasebestimmung 379[14].
RENOLD, A., s. BERNHARD, K. 779[6].
RENVALL, S., s. SPERBER, E. 754[6].
RENWART, H., s. FLORKIN, M. 343[13].
REPLOH, H., s. WERLE, E. 190[6].
ŘEŘÁBEK, J.: Sulfanilamidnachweis in Lymphknoten 557[4]. — Verteilung von Ribonucleinsäure in der Zelle 1072[22]. — Intracelluläre Verteilung von Dijodtyrosin und Thyroxin 1096[11].
RESIDE, M., s. PAGE, I. H. 376[10].
RESSLER, C., s. VIGNEAUD, V. DU 963[6].
RETEZEANU, A., s. URECHIA, C. I. 576[17].
RETTELBACH, R.: Kein uricolytisches Ferment beim Menschen 1211[10].
RETZLAFF, K.: Purinmobilisierung im Gewebe durch Atophan 1249[11].
REUTER, A., s. HANGLEITER, H. 372[7].
RÉVÈSZ, L., s. LINDBERG, O. 1136[34].
REX-KISS, B.: Herkunft der blutgruppenspezifischen Substanzen des Speichels 26[3].
— s. WENT, F. 352[13].
REYE, W.: Darstellung von Serumglobulin 309[1].
REYMANN, G. C.: Beteiligung der Erythrocytenmembran an der Fibrinogenbildung 475[13].
REYNAUD, J., s. GRÉGOIRE, J(ean) 1109[1].
REYNOLDS, M. S., s. OHLSON, M. A. 510[11].
RHEINBOLDT, H.: Struktur der Choleinsäureverbindungen 234[3].
RHEINGOLD, J. J., s. WISLOCKI, G. B. 462[5], 472[6].
RHOADS, C. P., s. BURCHENAL, J. H. 1251[21].
— s. DOBRINER, K. 879[7], 880[1], 892[14], 901[13].
— s. LIEBERMAN, S. 894[2], 899[6], 902[10].
— s. MCLEOD, J. 458[11].
— s. SINGHER, H. O. 905[9].
RHOADS, J. E., O. LIBORO, S. FOX, P. GYÖRGY and T. E. MACHELLA: Lipotrope Wirkung von Pankreasextrakt 161[11].
— A. STEGEL jr., C. RIEGEL, F. A. CAJORI and W. D. FRAZIER: Resorption von Eiweißspaltprodukten im Colon 195[3].
RHODE, E.: Verminderung der Harnsäurebildung durch Chinin 1249[5]. — Verminderung der Harnsäurebildung durch Atophan 1249[6].
RHODE, H.: Beschleunigung der Phenolentgiftung durch Cystinzufuhr 953[3]. — Mechanismus der Esterschwefelsäurebildung 953[3]. — Exogenes Cystin für Mercaptursäurebildung 967[1].
RHODES, G., s. GREENMAN, L. 622[4].
RI, K.: N-haltige Stoffe im Hundeduodenum 119[2]. — N-haltige Stoffe im Jejunum und Ileum 119[3].
RIBÈRE, M., s. HERMANN, H. 144[2], 154[4].
RICARD, R., s. GAUTIER, C. 671[4], 685[9].
RICE, E. E., s. ROSE, W. C. 934[1], 960[12].
RICE, H. A., and A. H. STEINHAUS: Wirkung anstrengender Arbeit auf p_H-Wert, Hydrogencarbonat- und Milchsäuregehalt im Blut von Hunden 540[5].
RICE, L. I., s. SCHOTZ, M. C. 1077[25].
RICE, M. E., s. SCOTT, G. T. 626[13].
RICH, G. J.: p_H im menschlichen Speichel 19[8].
RICHARD, C. G., s. FIELD, R. A. 498[5].
RICHARDS, A. J., s. WILLIAMS, H. H. 847[2], 1077[3].
RICHARDS, F. J.: Zusammenfassung über den Mineralstoffwechsel von Pflanzen (1944) 609[18].

RICHARDS, M. B.: Mangangehalt von Tieren 670[15].
RICHER, R., s. STERN, K. 380[13], 381[4].
RICHERT, D. A., and W. W. WESTERFELD: Inaktivierung der Xanthindehydrogenase 1203[1].
— s. MEIKLEHAM, V. 1241[6].
— s. ONCLEY, J. L. 301[5], 305[9], 306[2].
— s. WESTERFELD, W. W. 1202[18].
RICHET, C.: Buch über den menschlichen Magensaft (1878) Franz. 30[17]. — Sekretionsreize für die Magendrüsen 30[20].
RICHET, C. jr., et R. MONCEAUX: Harnstoffgehalt von Hundeblut 342[9].
RICHEY, C. H., s. WINTER, J. E. 398[7].
RICHMOND, J. E., s. SALOMON, K. 1003[2].
RICHTER, C.: Siliciumgehalt des Blutes 416[7].
RICHTER, D., and P. G. CROFT: Vitamin C-Gehalt des Blutes 364[7].
— R. M. C. DAWSON and L. REES: Ammoniakgehalt im Liquor bei Elektroschock 569[8].
— and R. P. HULLIN: Intracelluläre Verteilung von Acetylcholinesterase, Kohlensäureanhydratase und Phosphatasen 1090[43]. — Vorkommen von Fermenten im Zellkern 1116[17].
— s. BLASCHKO, H. 932[7].
— s. DAWSON, R. M. C. 648[4].
— s. TYRRELL, L. W. 1077[9].
RICHTER, R., s. STERN, K. 381[4].
RICHTER, U., s. GOLDECK, H. 470[15].
RICHTER-QUITTNER, M.: Vermehrung des ultrafiltrablen Calciums 397[4].
RICKES, E. L., N. J. BRINK, F. R. KONIUSZY, T. R. WOOD and K. FOLKERS: Vitamin B_{12} 430[2]. — Isolierung von extrinsic factor 467[1].
— s. OTT, W. H. 467[3].
RICKARDS, J. C., s. BOXER, G. E. 364[6].
RICKETTS, W. E., s. STERLING, K. 307[2].
RIDDLE, O., and H. E. HONEYWELL: Blutzucker bei Tauben 316[7].
RIDER, T. H.: Antianämische Wirkung von Cu 669[6].
RIDOUT, J. H., s. BEST, C. H. 141[9].
RIEBELING, C.: Vermehrung des Blutammoniaks bei schizophrenen Psychosen 343[11]. — Eiweißgehalt von Liquor cerebrospinalis bei verschiedenem Lebensalter 567[7]. — Euglobulin und Fibrinogen im Liquor von Neugeborenen 567[11].
RIEBEN, W. K.: Buch über Beiträge zur Kenntnis der Blutgerinnung (1947) 473[22].
RIECHERS, W.: Cholingehalt von Tierblut 351[17].
RIECKE, E.: Rhodangehalt im Magensaft bei Kindern 67[3].
RIECKEHOFF, I. G., R. T. HOLMAN and G. O. BURR: Polyensäuregehalt von Rattenorganen nach fettfreier Ernährung 821[7].
RIEDEL, H.: Bildung von Methämoglobin durch Harn 434[15].
RIEDEL, P. A., s. SHARNOFF, J. G. 376[15], 378[2].
RIEGEL, B.: Zusammenfassung über K-Vitamine (1940) 494[3].
— W. L. HARTOP jr. and G. W. KITTINGER: Progesteronstoffwechselprodukte im Harn nach Gallengangsligatur 891[3]. — Ausscheidung von Steroidmetaboliten durch die Galle 892[5]. — Stoffwechsel von markiertem Progesteron 908[1].
RIEGEL, C., s. RHOADS, J. E. 195[3].
RIEGEL, F.: Buch über Magenerkrankungen; 2 Bde. (1897) 87[2].
RIEGEL, I. L., and R. K. MEYER: Abbau oestrogener Hormone durch Leberhomogenat 906[4]. — Intracelluläre Verteilung des Oestrogen- und Diäthylstilböstrolabbaus 1090[131]. — Abbau von oestrogenen Hormonen im Cytoplasma 1153[30]. — Oestrogeninaktivierung durch Mikrosomen + Cytoplasma 1156[3].
RIEGLER, R.: Ausscheidung von Cadaverin und Putrescin 954[19].
RIEHL, J.: Mittlere Viscosität des Plasmas 274[10].
RIEMAN, G. H., s. MCVICAR, R. 689[11].
RIENITS, K. G.: Bedeutung von Vitamin C für Tyrosinoxydation 981[4]. — Intracelluläre Verteilung der Thyrosinoxydation 1090[46].
RIES, E.: Buch über Histophysiologie (1938) 159[9].
RIESSER, O.: Über Cholin 135[10]. — Histamingehalt von menschlichem Blut 352[15]. — Veränderung des Bluthistamins bei Krankheiten 353[7]. — P-Gehalt von träge arbeitenden Muskeln 651[2]. — Glykogensynthese im Muskel durch Insulin 777[6].
— Vorkommen von Argininphosphorsäure 946[10]. — Arginase 968[10].
— u. B. KINDT: Stoffwechselversuche mit Silicium 691[15].
— H. WEEKE u. L. THER: Wirkung von Adrenalin auf die Glykogensynthese 777[7].
— s. ELLINGER, A. 954[21].
— s. HENSEL, M. 983[7].
RIETSCHEL, H.: Intestinale Autointoxikation 229[8]. — Ursache des „Salzfiebers" 632[8].
— u. H. HUMMEL: Zusammenfassung über Bedeutung der Mikroorganismen für Verdauung beim Säugling (1927) 9[4].
RIEUX, N., s. VARANGOT, J. 360[13].
RIEZLER, W., s. SCHUBERT, G. 666[11], 668[15].
RIFFART, W., P. DECKER u. H. WAGNER: Chromatographische Zuckertrennung 319[15].
RIGGS, D. S., P. H. LAVIETES and E. B. MAN: Jodverteilung im Blut 410[3].
— s. SKANSE, B. N. 681[12].
RIGGS, T. R., and D. M. HEGSTED: Acetylierungen bei Pantothensäuremangel 839[2].
RIGLER, R.: Zusammenfassung über körpereigene Wirkstoffe (1934) 1236[23]. — Zusammenfassung über kreislaufwirksame Gewebsprodukte (1938) 1236[22]. — Auf-

treten adenosinartiger Stoffe im Blut bei Schock 1236[30].
Rigler, R., s. Lindner, F. 1236[20].
Rigoni, M.: Vorkommen von Urease in der menschlichen Magenschleimhaut 35[11].
Riising, B. M., s. Hart, E. B. 666[3], 669[1].
Riley, E. L., s. Klassen, K. P. 410[8].
Riley, R. F.: Abbau von Cholinphosphat 852[5].
Riley, V. T., M. L. Hesselbach, S. Fiala, M. W. Woods and D. Burk: Mitochondriengewinnung 1067[1].
Rimington, C.: Zusammenfassung über Fortschritte in der Chemie gewisser Blutbestandteile (1933) 320[4]. — Serumeiweißfraktionen 301[4]. — Kohlenhydratkomplex aus Serumproteinen 322[5]. — Glucosaminbestimmung im Blutserum 322[17]. — Nachweis von Glucuronsäure 323[2]. — Uroporphyrin im Knochenmark bei Rindern 1004[1]. — Uroporphyrin aus Turacusfedern 1004[2].
— s. Cookson, G. H. 1006[2].
— s. Neuberger, A. 982[10].
— s. Nicholas, R. E. H. 1005[4], 1006[4], 1007[4], 1021[2].
— s. Rocha e Silva, M. 489[19, 25].
— s. Staub, A. M. 301[13].
Rinehart, J. F., s. Greenberg, L. D. 364[3], 454[5], 993[6].
— s. Jakson, H. jr. 1237[6].
Ringer, A. J.: Glykokollsynthese für die Hippursäurebildung 938[9]. — Zuckerbildung aus Glykokoll 942[6].
— E. M. Fränkel and L. Jonas: Acetonbildung aus Leucin und Isovaleriansäure, 951[3]. — Zuckerbildung aus Arginin 969[10].
— u. G. Lusk: Zuckerbildung aus Glykokoll 942[6]. — Glykogenese durch Alanin bei phlorrhizindiabetischen Tieren 948[5]. — Zuckerbildung aus Asparaginsäure 949[5]. — Acetonbildung aus Tyrosin und Phenylalanin 983[3].
Ringer, E. W.: Darstellung von Pepsin aus Hundemagensaft 73[4].
Ringer, S.: Ringer-Lösung 267[4].
Ripley, S. H., s. Holloway, B. W. 925[5], 1125[7].
Rippel, A., K. Nabel u. W. Köhler: Nichtausnutzung von Citrat durch Bakterien 1050[3].
— u. U. Stoess: Bedarf von Azotobakter an Ca und Sr 644[3].
Ris, H., and A. E. Mirsky: Nucleinsäuregehalt von Zellkernen 1102[6], 1103[1].
— s. Laird, A. K. 1127[6].
— s. Mirsky, A. E. 1097[8], 1103[3], 1183[6], 1239[5].
Risak, E.: Pseudohämophilie 475[18].
Risholm, L., s. Elliot, A. 214[24].
Ritchey, M. G., L. F. Wicks and E. L. Tatum: Vorkommen von p-Aminobenzoesäure und Vitamin B_6 im Mäuseblut 454[3].
Ritsert, K.: Vitamin B_1-Bestimmung 361[7], 362[9]. — Verteilung von Vitamin B_1 im Blut 451[19].
Rittenberg, D., and K. Bloch: Übergang von 2 C-Körpern in Fett 767[5]. — Fettsäuresynthese aus Acetat 833[2].
— and G. L. Forster: D-Aminosäuren in Tumorgewebe 931[1].
— and R. Schoenheimer: Einbau von Deuterium in Fettsäuren 615[1]. — Einbau von Deuterium in Cholesterin 615[1], 873[2].
— and D. Shemin: Zusammenfassung über Eiweiß- und Aminosäurestoffwechsel (1946) 909[3].
— and H. Waelsch: Einbau von radioaktivem CO_2 in Harnstoff 971[5].
— s. Bloch, K. 436[15], 617[6], 838[1, 2, 9], 873[4–6], 874[4, 13, 14], 875[6], 877[4], 936[2], 997[1], 1033[3].
— s. Chargaff, E. 617[7].
— s. Clutton, R. F. 971[4].
— s. Foster, G. L. 967[8], 971[2], 1219[8].
— s. Graff, S. 931[1].
— s. Herbst, R. M. 937[3].
— s. Kalckar, H. M. 1192[13], 1201[5].
— s. London, I. M. 436[17], 997[5], 998[1, 4], 1007[5], 1011[1], 1016[2], 1019[4], 1020[4].
— s. Ponticorvo, L. 997[1], 1016[4].
— s. Price, T. D. 829[3].
— s. Radin, N. S. 838[6], 943[11], 944[2], 997[7], 998[7, 8].
— s. Ratner, S. 912[6], 939[2].
— s. Schoenheimer, R. 617[8], 803[2], 819[1], 875[20], 876[4], 912[5, 6], 923[2, 5, 8], 967[8], 971[3], 1219[7].
— s. Shapiro, A. 196[2], 235[8], 247[9], 795[1].
— s. Shemin, D. 261[7], 399[1], 436[14, 16], 468[1], 912[6], 923[6], 935[5], 943[7, 9], 944[9, 12], 997[3, 6], 998[3], 1206[1].
— s. Sprinson, D. B. 912[7], 923[7], 977[2].
— s. Vigneaud, V. du 935[3], 936[1].
— s. Wu, H. 997[9].
Ritter, C.: Gefrierpunktserniedrigung von Eiter 583[7].
Ritter, E. de, and S. H. Rubin: Pantothensäurebestimmung 363[6].
Ritter, U.: Histologische Veränderung der Darmwandzellen bei Fettresorption 241[10].
Ritz, N. D., s. Meyer, L. M. 374[7], 450[5].
Ritzel, G., s. Bernhard, K. 233[7], 237[6], 247[9], 795[2], 799[6].
Ritzmann, J. R., s. Wintersteiner, O. 339[5].
Riva, G., s. Hadorn, W. 627[12].
— s. Haenel, U. 455[1].
Rivalta, F.: Rivaltasche Probe 559[2].
Rivers, A. B., A. E. Osterberg and F. R. Vanzant: Erregung der Magensaftsekretion durch Histamin 43[26].
— s. Osterberg, A. E. 77[6].
Rivers, R. V. P., s. Harington, C. R. 986[5].
Ro, K.: Harnsäureabbau durch Uricase 1209[7].
Roback, R., M. I. Grossman and A. C. Ivy: Salzsäuresekretion im Magen bei Druck 44[12].
Robb, G. P., s. Jackson, H. jr. 1237[5].
Robb, P. D., s. Phillips, R. A. 218[3].

ROBBINS, M., s. CARTER, H. E. 738[17].
ROBERT, M. P., s. MAUPIN, B. 459[8].
ROBERTS, B. M., s. HUFF, R. L. 1009[8].
ROBERTS, E., and H. M. BREGOFF: Intracelluläre Verteilung von Transaminasen 1090[142].
— and A. A. CHRISTMAN: Kein Einfluß von Kohlenhydraten auf Ca-Resorption 213[16].
— and S. FRANKEL: Glutaminsäuredecarboxylase im Rattenhirn 932[2].
— F. YOUNGER and S. FRANKEL: Glutaminsäuredecarboxylase im Rattenhirn 932[2].
— s. LEPKOVSKY, S. 993[6].
— s. LI, C. 1130[2].
ROBERTS, E. C., C. K. CAIN, R. D. MUIR, F. J. REITHEL, W. L. GABY, J. T. VAN BROGGEN, D. M. HOMAN, P. A. KATZMAN, L. R. JONES and E. A. DOISY: Notatin 1185[2].
— s. SHIVE, W. 1246[5].
ROBERTS, F., s. BARCROFT, J. 511[11], 540[4].
ROBERTS, H. E., s. COMLINE, R. S. 225[5].
ROBERTS, I. S., s. GOLDZIEHER, J. W. 904[5].
ROBERTS, L. M., s. BENNETT, L. L. 780[7].
ROBERTS, P. J. P., s. PEAT, S. 729[2].
ROBERTS, S., and A. WHITE: Leber und Knochenmark als Bildungsstätten der Plasmaeiweißkörper 287[8]. — Wachstumsfördernde cytoplasmatische Substanz aus Thymus 1156[5].
ROBERTS, W. L.: Isolierung des wirksamen Faktors aus Melilotusheu 494[8].
— s. CAMPBELL, H. A. 494[9, 11].
ROBERTS, W. M.: Phosphatasebestimmung im Blut als Leberfunktionsprüfung 376[12].
ROBERTSON, C. R., s. GROSSMAN, M. I. 44[11].
ROBERTSON, J. D.: Calciumgehalt von Blutserum 395[11]. — P-Ausscheidung bei saurer Ernährung 650[5].
ROBERTSON, M., s. HUMPHREY, G. F. 1136[40].
ROBERTSON, W. v. B., M. W. ROPES and W. BAUER: Mucinase in Gelenkergüssen 582[2].
— s. ROPES, M. W. 579[3, 10], 581[5].
ROBIN, S., s. SINGER, K. 467[18], 468[3, 4].
ROBINEAUX, R., et S. BAZIN: Keine Aggregation der Leukocyten bei Leukämie 459[1].
ROBINSON, A., I. PERLMAN, S. RUBEN and I. L. CHAIKOFF: Einbau von ^{32}P in Darmphosphatide 117[9].
ROBINSON, A. M.: Saure Phosphatase 377[7].
ROBINSON, A. R., s. MACK, H. C. 312[2].
ROBINSON, C. S., and C. W. DUNCAN: Abhängigkeit der Ca-Resorption von der Darmreaktion 640[7].
— D. E. STEWART and F. LUCKEY: Abhängigkeit der Ca-Resorption von der Darmreaktion 212[12].
ROBINSON, D. S.: Nucleoproteidgehalt von embryonalen Muskelzellkernen 1100[7].
— S. M. BIRNBAUM and J. P. GREENSTEIN: Intracelluläre Verteilung von Aminopeptidase 1090[120].
ROBINSON, H. W., J. W. PRICE and G. E. CULLEN: p_K' der Kohlensäure im Blut 532[8, 9].
— s. CULLEN, G. E. 271[2], 531[1], 532[5].
ROBINSON, J., s. LEVITAS, N. 363[14], 453[6].
— s. PERLZWEIG, W. A. 991[5].
ROBINSON, J. R., and R. A. MCCANCE: Zusammenfassung über Wasserstoffwechsel (1952) 598[20].
ROBINSON, R. R., s. SMITH, A. H. 648[1].
ROBINSON, W. D., s. FIELD, H. jr. 363[13].
— s. FULTON, J. K. 383[7].
— s. MELNICK, D. 363[11], 453[5].
ROBINSON, W. L., s. HOWLAND, G. 770[3].
ROBISON, J. N., s. GUTMAN, A. B. 376[14], 377[3].
ROBISON, R.: Buch über die Bedeutung von Phosphorestern im Stoffwechsel (1932) Engl. 707[8]. — Zusammenfassung über die Knochenphosphatase (1932; 1941) 700[11]. — Zusammenfassung über Chemie und Stoffwechsel von P-Verbindungen (1936) 646[6]. — Knochenphosphatase 711[1]. — Glucose-6-phosphorsäure 743[3].
— K. A. O. LAW and A. H. ROSENHEIM: Rachitis nach Strontiumzufuhr 684[21].
— and K. M. SOAMES: Wirkungsmechanismus der alkalischen Phosphatase bei der Verknöcherung 711[12].
— s. EICHHOLTZ, F. 647[6, 13].
— s. FELL, H. B. 704[3], 711[12].
— s. MACFARLANE, M. G. 124[18], 160[15], 164[2], 711[12].
— s. MARTIN, C. J. 911[5], 927[6], 928[2].
— s. MARTLAND, M. 711[12].
— s. NIVEN, J. S. F. 704[3].
ROBOZ, E., s. LEPKOVSKY, S. 993[6].
ROBSCHEIT-ROBBINS, F. S., S. C. MADDEN, A. P. ROWE, A. P. TURNER and G. H. WHIPPLE: Porphyrinsynthese 436[2].
— and G. H. WHIPPLE: Keine Beeinflussung der Blutbildung durch Zink 678[7].
— s. GYÖRGY, P. 436[4].
— s. WHIPPLE, G. H. 466[1], 669[4].
ROBSON, G. B., s. CUTTING, W. C. 225[16].
ROBSON, J. M., s. NISSIM, J. A. 887[3].
ROBUSCHI, L.: Viscositätsverminderung bei Plasmaerwärmung 274[5].
ROCHA E SILVA, M., and C. RIMINGTON: Fibrinolytische Wirkung von Euglobulin 489[19]. — Bakterielles Fibrinolysin als Streptokinase 489[25].
ROCHE, J.: Zusammenfassung über Phosphatasen (1946; 1951) 711[13]. — Restreduktion des Blutes 317[5]. — Hexosephosphorsäure im Blut 319[20]. — Synthesen durch Blutphosphatasen 375[12], 450[8]. — Phosphatasen im Blut 375[10, 13], 450[7]. — Methämoglobin 434[12]. — Zwei Erythrocytenphosphatasen bei Pferd und Rind 450[11]. — Phosphatasen in Leukocyten 463[2]. — Bedeutung von Hexosephosphat für Verknöcherung 711[13]. — Bedeutung des Glykogens bei der Verknöcherung 712[2]. —

Stadien der Verknöcherung 712[6]. — Bedeutung der Phosphatase für Bildung der Knochengrundsubstanz 712[7].
ROCHE, J., et E. BULLINGER: Zwei Erythrocytenphosphatasen 450[11]. — Alkalische Phosphatase in den Zähnen von Selachiern 711[7].
— et G. H. DELTOUR: Calcium: Phosphor-Verhältnis im Knochen 710[9]. — Alkalische Knochenphosphatase bei Knochenbildung 711[2]. — Bedeutung von Hexosephosphat für Verknöcherung 711[13]. — Stadien der Verknöcherung 712[6].
— Y. DERRIEN et M. MOUTTE: Ausfällung der Eiweißstoffe durch Natriumsulfit 299[4].
— et R. MARTIN-POGGI: Alkalische Knochenphosphatase bei Knochenbildung 711[2]. — Alkalische Knochenphosphatase im Callus 711[4].
— et M. MOURGUE: Rachitis nach Strontiumzufuhr 684[21]. — Calcium: Phosphor-Verhältnis im Knochen 710[9]. — Calcium: Phosphor-Verhältnis im Callus 710[10]. — Alkalische Knochenphosphatase bei Knochenbildung 711[2].
— NGUYEN-VAN THOAI, J. MARCELET et G. DESRUISSEAUX: Wirkung von Zink auf alkalische Serumphosphatase 679[14].
— s. EGE, R. 317[3], 444[2].
— s. NGUYEN-VAN THOAI 1188[11].
ROCHE, M., s. BENEDICT, J. D. 1234[1], 1249[14], 1250[1].
ROCHOVANSKY, O., s. RATNER, S. 973[4].
ROCKENBACH, J., s. SENECCA, H. 886[12].
ROCKENMACHER, M., s. SOBEL, A. E. 710[1, 11].
ROCKLAND, L. B., s. DUNN, M. S. 915[7].
ROCKWOOD, D. P., s. MOORE, B. 234[9].
RODEN, P. v., s. WERLE, E. 12[4], 26[4].
RODENKIRCHEN, J., s. SCHIEBLICH, M. 194[5].
RODERICK, L. M.: Thrombinmangel bei Süßkleekrankheit 494[7].
RODNEY, G., M. E. SWENDSEID and A. L. SWANSON: Bedeutung der Folinsäure für den Tyrosinstoffwechsel 467[8].
RODRIGUEZ, P. M., s. TALBOT, N. B. 682[15].
ROE, J. H., C. A. KUEHTER and R. G. ZIMLER: Vitamin C-Gehalt des Blutes 454[7].
— s. GOLDSTEIN, N. P. 372[3], 379[10].
— s. KUETHER, C. A. 365[19].
— s. MILLS, M. B. 365[19].
ROE, J. W., s. HARTLEY, G. S. 1167[4].
ROEDER, F.: Goldsol- und Mastixreaktion im Liquor 568[5].
— u. O. REHM: Buch über die Cerebrospinalflüssigkeit (1942) 564[17].
ROEDIG, A., s. FISCHER, F. G. 1184[18].
RÖHMANN, F., u. M. BIAL: Kohlenhydrat- und fettspaltende Fermente in Hundelymphe 555[5].
— u. J. NAGANO: Maltase im Darmsaft 126[6]. — Darmsaft des Menschen 143[9], 147[7]. — Resorption von ungespaltenen Disacchariden 223[10].
ROELOFSEN, P. A., s. VONK, H. J. 168[1].
RÖNNESTAM-SÄBERG, J., s. EULER, H. v. 325[14].
ROEPKE, R. R., s. VISSCHER, M. B. 210[3], 211[6].
ROESGEN, L., s. HELD, A. J. 699[8].
RÖSIÖ, B.: Carotingehalt von roten Blutkörperchen bei Tieren 357[13]. — Vorkommen von Carotin im Blut 451[17].
RÖSLER, K., s. DEUTSCH, W. 463[4].
ROESTER, U., s. WEITZEL, G. 676[2, 11], 678[17].
RÖTHLER, H., s. GYÖRGY, P. 975[16], 1189[9].
RÖTTGER, H.: Kreatin- und Kreatiningehalt von menschlichem Blutserum 350[9].
— s. GLEISS, J. 286[8], 300[1].
ROFFO, A. H.: Bedeutung der Diät für die Cholesterinresorption 871[11, 12, 15].
ROGEON, J., s. BAISSET, A. 323[11].
ROGERS, H. E., s. KIBRICK, A. C. 379[14].
ROGERS, L. B., s. LORD, S. S. jr. 406[18].
ROGERS, L. L., and W. SHIVE: Förderung der Thyminsynthese durch Folsäure 1221[15], 1228[9]. — Wirkungsmechanismus der Folsäure 1245[5]. — Nucleinsäurehypothese der perniciösen Anämie 1257[2].
ROGERS, M. P., s. CARLSON, A. J. 21[19], 48[9], 49[4], 51[3], 52[11], 55[4], 69[4—6].
ROGERS, T. M.: Thrombinpräparate zur Behandlung von Magenblutung 500[13].
ROGGENBAU, C., s. HOLTZ, F. 576[18].
ROGOFF, J. M.: Adrenalin kommt nur im Serum vor 369[11].
ROHDEWALD, M., s. WILLSTÄTTER, R. 12[2], 34[12], 127[9], 164[7], 321[10], 379[20], 380[13], 381[4], 423[12], 459[6], 462[7, 12], 463[5, 8].
ROHMER, P., N. BEZSSONOFF u. R. SACREZ: Vitamin C-Gehalt des Körpers und des Liquor cerebrospinalis 574[3].
ROHOLM, K.: Zusammenfassung über Fluor und Fluorverbindungen (1936; 1938) 407[5], 695[22]. — Zusammenfassung über Fluorvergiftung (1937; 1938; 1939) 697[14].
— s. BRUN, G. C. 407[4].
ROHR, K.: Buch über das menschliche Knochenmark; 2. Aufl. (1949) 464[20]. — Leukocytose bei Infektionen und bei Leukämie 457[4].
— u. F. KOLLER: Puringehalt kernloser Rindererythrocyten 472[4].
— s. HOTZ, W. H. 247[1].
ROHRMANN, E., s. MARKER, R. E. 892[10], 893[3], 894[10], 907[1].
ROITH, O.: Kotbildung beim Menschen 179[9]. — Verteilung der Kot- und Gasmengen im Dickdarm des Menschen 180[1]. — Störungen nach Ausschaltung des Enddarmes beim Hund 199[2].
ROKA, L.: p-Oxyphenylbrenztraubensäure als Zwischenprodukt des Tyrosinabbaus 984[3].
— s. AMELUNG, D. 886[13], 891[9], 1090[133], 1151[2].
— s. FELIX, K. 1090[132], 1153[31].
ROLF, D., s. WHITE, H. L. 411[10].
ROLF, I. P., s. LEVENE, P. A. 851[2].

ROLL, P. M., G. B. BROWN, F. J. DI CARLO and A. S. SCHULTZ: Nucleinsäuresynthese aus Nucleosiden und Oligonucleotiden 1192[14].
— s. BROWN, G. B. 1192[17], 1194[14], 1209[1,2], 1227[9], 1222[13].
— s. FURST, S. S. 1120[3,18], 1121[3].
— s. LORING, H. S. 1186[20].
ROLLER, D.: Bestimmung der interstitiellen Flüssigkeit 547[2].
— s. MOLENAAR, H. 599[3], 600[3].
ROLLET, A.-P., s. HACKSPILL, L. 505[5].
ROLLMAN, H. S., s. AUGUR, V. 232[7], 800[14].
ROLNICK, H. A., s. HOSTER, M. S. 1150[18].
ROLOFF, M., S. RATNER and R. SCHOENHEIMER: Bildung von Prolin und Glutaminsäure aus Ornithin 969[1].
ROMA, M., s. EICHELBERGER, L. 701[3].
ROMBERG, E. H.: Resistenz vital-granulierter Erythrocyten 421[14].
ROMEIS, B.: Taschenbuch der mikroskopischen Technik; 15. Aufl. (1948) 257[1].
ROMIJN, C.: Wirksamkeit der Amylase aus Schweinepankreas 165[10].
— s. VONK, H. J. 168[1].
ROMINGER, E.: Verbesserung der Ca-Resorption durch Citronensäure 639[10].
— u. H. MEYER: Natrium- und Kaliumretention beim Säugling 619[6]. — Kaliumretention bei Flaschenkindern 625[6]. — Alkaliausscheidung durch die Haut 631[5]. — Bedeutung von Fett für Ca-Resorption beim Kleinkind 640[4]. — Mineralgehalt der Kuhmilch und Vitamin D-Bedarf 717[1].
— s. HEINZ, E. 639[10].
ROMINGER, H.: Bedeutung von Citronensäure für Knochenverkalkung 1061[5].
RONA, P.: Buch über Praktikum der Physiologischen Chemie; II. Teil (1929) 432[14]. — Zusammenfassung über Cholin (1911) 135[6]. — Peptidsynthese in der Darmwand nach Aminosäureresorption 915[4].
— u. H. KLEINMANN: Trypsin und Kathepsin im Blutserum 380[9].
— u. A. LASNITZKY: Bestimmung der Pankreaslipase 163[12].
— u. H. A. OELKERS: Plasteinbildung bei Eiweißverdauung 917[1].
— u. R. PAVLOVIĆ: Atoxyl- und chininempfindliche Lipasen im Blutserum 371[9].
— u. D. TAKAHASHI: Kein Ca in menschlichen Erythrocyten 428[5].
— u. M. TAKATA: Gewinnung reiner Lipase aus Hundemagensaft 84[1].
— s. HEUBNER, W. 427[8], 428[5,6].
— s. MICHAELIS, L. 271[1].
RONDONI, P.: Zusammenfassung über den Aufbau der Eiweißkörper im tierischen Organismus (1949) 909[14].
— u. L. POZZI: Synthetisierende Wirkung von Kathepsinen 917[7].
RONZONI, E., s. VELICK, S. F. 749[12].
ROOS, C. J.: Bestimmung von Urobilin usw. 356[3].
ROOS, E.: Jodgehalt der Schilddrüse von Tieren 680[4].
ROOS, J.: Sauerstoffbindungsfähigkeit des Blutes von Mutter und Neugeborenem 516[10].
ROOT, W. S., s. ROUGHTON, F. J. W. 508[1].
ROOY, A. DE, s. KATZ, J. R. 477[5].
ROPER, J. A., and H. MCILWAIN: Glutamin- und Glutaminsäuregehalt im Blut 915[8].
ROPES, M. W., W. VAN B. ROBERTSON, E. C. ROSSMEISL, R. B. PEABODY and W. BAUER: Mucingehalt von Synovialflüssigkeit 579[3]. — Menge der Gelenklymphe beim Hund 579[10]. — Spinnbarkeit der Synovialflüssigkeit 581[5].
— s. ROBERTSON, W. VAN B. 582[2].
ROSA, R. J. DELLA, K. I. ALTMANN and K. SALOMON: Chlorophyllsynthese 1022[8].
ROSDAHL, K. G., s. EISLER, B. 401[4].
ROSE, B.: Histamingehalt von Meerschweinchenblut 353[2]. — Histaminbestimmung 353[8].
— s. JACKSON, I. J. 570[10].
ROSE, G. A., s. DENT, C. E. 954[21].
ROSE, I. A., and B. S. SCHWEIGERT: Verminderung der Nucleinsäuren der Leber durch Vitamin B_{12}-Mangel 1245[1].
— s. DOWNING, M. 1244[9].
ROSE, M. S.: Rolle der Spurenelemente in der Ernährung 405[13]. — Aluminiumaufnahme und -ausscheidung beim Menschen 685[7].
ROSE, W. C.: Zusammenfassung über den Nährwert der Aminosäuren (1938) 969[5]. — Entbehrliche und unentbehrliche Aminosäuren 933[3]. — Desaminierung von Tyrosin und Phenylalanin 980[4]. — Vorstufen der Purinsynthese 1218[39].
— and M. BODANSKY: Zinkgehalt von Meerestieren 675[13].
— and K. G. COOK: Kreatinausscheidung und Argininggehalt von Nahrungseiweiß 947[4]. — Histidin als Muttersubstanz der Purinbasen 1218[20].
— and G. J. COX: Arginin als entbehrliche Aminosäure 969[5]. — Histidin als unentbehrliche Aminosäure 974[4].
— F. W. DIMMITT and P. N. CHEATHAM: Verhalten von zugeführtem Kreatin im Stoffwechsel 946[3].
— W. J. HAINES and J. E. JOHNSON: Essentielle Aminosäuren für den Menschen 934[4].
— W. J. HAINES, J. E. JOHNSON and D. T. WARNER: Essentielle Aminosäuren für den Menschen 934[4].
— J. E. JOHNSON and W. J. HAINES: Zuckerbildung aus Valin 765[1], 951[6].
— K. S. KEMMERER, M. WOMACK, E. T. MERTZ, J. K. GUNTHER, R. H. MCCOY and C. E. MEYER: Keine Wachstumswirkung von Cystin bei Methioninmangel 960[10].

ROSE, W. C., and E. E. RICE: Mangel an essentiellen Aminosäuren 934[1]. — Methioninbildung aus Homocystein 960[12].
— and T. R. WOOD: Ersatz von Cystin durch Methionin in der Nahrung 960[6]. — Argininbedarf wachsender Tiere 969[6].
— s. BORMAN, A. 969[7].
— s. BUNNEY, W. E. 969[5].
— s. McCOY, R. H. 941[11].
— s. SALLACH, H. J. 969[3].
— s. SCULL, C. W. 969[5].
— s. ST. JULIAN, R. R. 987[9].
— s. TAYLOR, A. E. 1240[16].
— s. WOMACK, M. 654[5,9], 960[10], 969[6,7], 979[11].
ROSE, W. G.: p_H-Optimum der Phosphatidspaltung in Pflanzen 852[8].
ROSEMANN, R.: Zusammenfassung über Speichel (1927) 10[15]. — Zusammenfassung über Magensaft (1927) 30[5].— Magensaft nach Scheinfütterung beim Hund 48[8]. — Spezifisches Gewicht des Magensaftes vom Hund 48[10]. — Physikalische Eigenschaften des Magensaftes 48[14], 49[3]. — Spezifische Drehung von Magensaft 49[4]. — Zusammensetzung des Magensaftes 51[2], 52[3,4]. — Chloridgehalt der Magenschleimhaut 63[3]. — Chloridgehalt des Körpers und Salzsäurebildung 64[1], 634[1]. — Geschwindigkeit der Chloridausscheidung im Magen 64[4]. — Kationen und Anionen im Magensaft 65[4]. — Chlorgehalt des Hundes 629[2], 630[4]. — Chlorgehalt der Haut 629[5]. — Chlortoleranz von Hunden 632[5].
ROSEN, F., J. W. HUFF and W. A. PERLZWEIG: Trigonellin- und Nicotinsäureamidausscheidung nach Tryptophanzufuhr 991[5]. — Kynurenin als Ersatz für Nicotinsäure 992[7]. — Nicotinsäureausscheidung bei B_6-Mangelratten 993[7].
— and W. A. PERLZWEIG: Trigonellin- und Nicotinsäureamidausscheidung nach Tryptophanzufuhr 991[5]. — Umwandlung von Tryptophan in Nicotinsäure 994[5].
— s. LEVITAS, N. 363[14], 453[6].
— s. PERLZWEIG, W. A. 991[5].
ROSENBAUM, J. D., and P. H. LAVIETES: Gleichgewicht zwischen Rhodanionen und Lipoid im Blut 415[11].
ROSENBERG, I. N., s. GOULD, R. G. 761[7].
— s. HASTINGS, A. B. 761[7].
ROSENBERG, M., s. GROSS, M. 170[7].
ROSENBLATT, M., s. BERTRAND, G. 671[8].
ROSENBLOOM, L., s. BERNHARD, A. 376[15].
ROSENBLUM, C., s. CHOW, B. F. 674[9].
ROSENBOHM, A.: Tryptophangehalt des Serumalbumins bei Krebskranken 311[10].
ROSENFELD, E., s. SCHEUNERT, A. 98[8].
ROSENFELD, G.: Cystinurie 954[13].
— u. A. ORGLER: Harnsäureschwund 1211[28]. — Einfluß von Kohlenhydrat- und Fettkost auf Harnsäureausscheidung 1242[8].
ROSENFELD, I., and C. A. TOBIAS: Aufnahme von Schwermetallen durch Zellkerne 1124[5].
ROSENFELD, L., s. COPE, O. 546[8].
ROSENFELD, P., s. FELDBERG, W. 373[7].
ROSENFELD, R. R., s. HELLMAN, L. 887[6].
ROSENHEIM, A. H., s. ROBISON, R. 684[21].
ROSENHEIM, O.: Gehalt an Aminosäuredecarboxylasen in Bakterien 931[3].
— and T. A. WEBSTER: Cholestenonbildung 876[5]. — Cholestenonausscheidung in den Faeces 876[7].
ROSENKRANTZ, H., s. FARBER, M. 361[4].
ROSENMANN, M.: Thromboligin 297[10].
ROSENSTEIN, A., s. MUNK, I. 244[9], 548[11], 550[4], 551[1], 552[2], 793[2].
ROSENSTOCK, S., s. EDDY, W. H. 21[13].
ROSENTHAL, C., s. WIELAND, H. 790[5], 827[13], 1032[3].
ROSENTHAL, F.: Vorkommen von Harnsäure im Blut 1108[8]. — Affinität von Knorpel für Harnsäure 1255[13].
— u. F. PATRZEK: Cholesteringehalt des Organismus bei lipoidarmer Kost 872[12].
ROSENTHAL, G. G., u. H. TRAUTWEIN: Wasserlöslichkeit von Monoglycerid 237[13]. — Resorption von Mono- und Triglyceriden bei pankreaslosen Tieren 247[15].
ROSENTHAL, S. M.: Abnahme der Acetessigsäure beim Stehen von Blut 327[20].
— and H. TABOR: Histamingehalt des Blutes 353[1].
— s. MILLICAN, R. C. 1044[4].
ROSENTHAL, T. B.: p_H-Temperaturkoeffizient für Serum 272[9].
— s. LANSING, A. I. 640[9].
ROSS, A., and I. M. RABINOWITCH: Kupfergehalt des Harns 667[2].
ROSS, E., s. DORFMAN, R. I. 889[7].
ROSS, G. S., s. GAMBLE, J. L. 641[5], 642[10], 643[6].
ROSS, H. E., s. SCHNEIDER, W. C. 1072[23], 1090[68].
ROSS, J. F.: Eisenvorrat 660[6].
— s. HAHN, P. F. 657[3], 663[8].
ROSSEN, J., s. BESSMAN, S. P. 1090[143].
ROSSI, A.: Abnahme der Acetessigsäure beim Stehen von Blut 327[20]. — Acetessigsäureabbau in Leber, Niere und Muskel 827[8].
— s. KLEIN, W. 1187[12].
ROSSI, F., e V. MOCCHI: Innervation der Speicheldrüsen 11[4].
ROSSI, G.: Keine Resorption von Fettsäuren als Seifen 233[10]. — Mechanismus der Fettsäureresorption 235[9]. — Gallefreie Resorption von Fettsäuren 247[7].
ROSSI, P.: Harnstoffgehalt im Liquor saugender Kälber 569[5].
— et DAUBARD: Harnstoffgehalt im Pferdespeichel 27[10].
ROSSIER, P. H., et P. MERCIER: p_H-Verschiebung im Blut bei Diabetes mellitus 543[2]. — Ursachen der Tetanie bei Alkalosis 544[4].

ROSSIER, P. H., u. K. WIESINGER: Bedeutung der Atmungsregulation für Erhaltung des Blut-p_H 536[2].
ROSSIGNOLI, J. J., s. MARENZI, A. D. 19[15].
ROSSITER, R. J., and G. E. HALL: Phosphatasegehalt von Leukocyten 463[2].
— and E. WONG: Phosphatasegehalt von Leukocyten 463[2].
— E. WONG and G. E. HALL: Esterspaltendes Ferment in Leukocyten 371[12], 464[7].
— s. BURT, N. S. 858[15].
— s. COLLING, K. G. 575[1].
— s. HAIGHT, W. F. 463[2].
— s. JOHNSON, A. C. 863[8], 864[1-3], 865[16,20,21].
— s. MCNABB, A. R. 865[19—22].
ROSSMEISL, E. C., s. ROPES, M. W. 579[3,10], 581[5].
ROSSMÜLLER, G., s. LANG, K. 1123[3].
— s. SIEBERT, G. 1099[1], 1112[1], 1116[23,24], 1118[6], 1120[15], 1123[2], 1124[2], 1190[7], 1193[13].
ROST, E.: Zusammenfassung über Borsäure (1927) 688[21]. — Schlechte Ausnutzung von Fettsäureäthylestern 246[2]. — Zinkvorkommen in Organen 403[5]. — Zinkgehalt von Rinderblut 403[16]. — Zinkbestand des Menschen 675[4]. — Borausscheidung 689[15]. — Rachitisähnliche Störungen bei Fluorosis 698[1]. — Resorption der Methylpurine 1223[12]. — Coffeinausscheidung bei Kaninchen 1224[6].
— G. SONNTAG u. A. WEITZEL: Ausnutzung schwer resorbierbarer Säuren 245[8].
— u. A. WEITZEL: Zinkverteilung in den Organen 675[10]. — Zinkgehalt der Milch 676[9]. — Zinkausscheidung beim Menschen 677[5].
ROST, G., s. HEUPKE, W. 176[5], 238[15], 794[6].
ROSTKOWSKI, C., s. FILINSKI, W. 155[23].
ROTH, W., u. H. STRAUSS: „Verdünnungssekret" des Magens 58[4].
ROTHBERGER, J. C., s. GOLDENBERG, M. 141[7].
ROTHE-MEYER, A., and E. M. HICKMANS: Cholesterinquotient im Blut 337[15].
ROTHEMUND, P., and O. L. INMAN: Porphyrine im Wiederkäuermagen 1025[1].
— R. R. MCNARY and O. L. INMAN: Porphyrine im Wiederkäuermagen 1025[1].
ROTHEN, A., s. CLAUDE, A. 868[7].
ROTHENBERG, M. A., s. COUTEAUX, R. 375[4].
ROTHER, J., s. BOKELMANN, O. 1248[5].
— s. BRUGSCH, T. 1213[11].
ROTHERA, C. H.: Thiosulfatbildung aus Cystin 956[17].
ROTHERMEL, E.: Aminosäuregehalt im Blut von Wiederkäuern 344[17].
ROTHLIN, E., u. H. v. BIDDER: Calciumbestimmung 397[7].
— et R. GUNDLACH: Magensekret nach Histamin beim Hund 52[17].
— u. E. UNDRITZ: Hb-Gehalt des Blutes und Fe-Gehalt der Organe 664[5].
ROTHMAN, F., s. SNOKE, J. E. 922[4].
ROTHMAN, M. M., s. MERANZE, T. 376[12].
ROTHMAN, S.: Tyrosingehalt von Blut bei Lichteinwirkung 986[2].
ROTHMANN, H.: Zusammenfassung über Resorption durch die Haut (1929; 1932) 250[7]. — Eiweißspeicherung 927[5]. — Adenylsäuregehalt der Galle 1184[1].
— s. HORSTERS, H. 318[7].
ROTHSCHILD, H. A., s. RABINOVITCH, M. 1231[9].
ROTHSCHILD, P., s. KLISIECKI, A. 209[7].
ROTHSCHUH, K. E.: Geschichte der Physiologie des Blutes 255[4].
ROTHSTEIN, M.: Abbauwege der Glutarsäure 814[1].
— and L. L. MILLER: Abbauwege der Glutarsäure 814[1].
ROTTENBERG, M., s. BERGSTRÖM, S. 115[7], 237[17], 796[6,7].
ROUBEAU, H., s. LABBÉ, M. 686[20].
ROUGHTON, F. J. W.: Zusammenfassung über Kohlensäureanhydratase (1934; 1935; 1940; 1941) 520[1]. — Stufenweise Sättigung von Hämoglobin mit Sauerstoff 509[6]. — Geschwindigkeit der Sauerstoffaufnahme durch Hämoglobin 513[4]. — Carbaminoverbindungen von Eiweißkörpern mit Aminosäuren 524[1].
— and A. M. CLARK: Zusammenfassung über Kohlensäureanhydratase (1951) 38[9].
— and J. C. KENDREW: Buch über Hämoglobin (1949) Engl. 1010[6].
— and W. S. ROOT: Bestimmung der Blutgase 508[1].
— and P. F. SCHOLANDER: Bestimmung der Blutgase 508[1].
— s. BRINKMAN, R. 519[4], 520[3], 521[6].
— s. DAVIES, R. E. 60[5].
— s. EDWARDS, G. A. 508[1].
— s. FERGUSON, J. K. W. 524[2].
— s. HARTRIDGE, H. 451[3], 513[4,7], 516[3].
— s. MELDRUM, N. U. 521[4], 523[8], 678[19].
— s. SCHOLANDER, P. F. 508[1,2].
ROUGICHITSCH, O. S.: Harnsäureausscheidung beim Kind 1238[13].
ROUILLARD, J., s. CHEVALLIER, A. 337[2].
ROUS, P.: p_H des ruhenden Muskels 1166[5]. — p_H-Wert von Niere 1173[12].
ROUSSEL, G., s. BROCQ-ROUSSEU, D. 263[3].
ROUSSELL, J. A., s. FISHER, R. E. 774[5].
ROUTH, J. I., s. HUERGA, J. DE LA 307[9].
ROUVIÈRE, H., et G. VALETTE: Buch über die Physiologie des Lymphsystems (1937) Franz. 549[10].
ROUZAUD, J.-J., s. BOUISSET, L. 1210[17].
ROUZIER, J., s. DESNUELLE, P. 799[9].
ROWE, A. P., s. MADDEN, S. C. 289[1].
— s. ROBSCHEIT-ROBBINS, F. S. 436[2].
ROWE, A. W., D. E. GALLIVAN and H. MATTHEWS: Lactosurie 734[2].
ROWE, F. M., s. HUGGETT, A. S. G. 491[4].
ROWEN, M., s. SAWITSKY, A. 450[4].
ROWLANDS, E. N., and J. F. WILKINSON: Normalwerte von Vitamin B_1 im Blut 361[9].

Rowley, D., s. Barklay, H. 319[4], 582[10].
Rowley, E. M., s. Selye, H. 622[6].
Rowntree, L. G., s. Abel, J. J. 913[9].
— s. Greene, C. H. 598[6].
— s. Larson, E. 595[6].
Rowsell, E. V.: Verteilung von Transaminasen in Leberzellen 938[8]. — Brenztraubensäure als Acceptor bei der Umaminierung 938[8].— Intracelluläre Verteilung von Transaminasen 1090[57].
— s. Hird, F. J. R. 984[1], 1090[56].
Roy, A.: Phosphatase in heilenden Hautwunden 712[9].
Roy, A. B.: Intracelluläre Verteilung von Sulfatase 1090[62]. — Arylsulfataseverteilung in der Zelle 1090[9].
— s. Mauritzen, C. M. 1104[5].
Royane, M. A., s. Fromageot, C. 957[4].
Royer, M.: Buch über Urobilin bei normalem und pathologischem Zustand (1929) 355[13].
Rozich, R., s. McShan, W. H. 1072[36], 1090[93], 1096[21].
Ruata, R., s. Renati, F. 673[3].
Rubel, L. N., s. Parschin, A. N. 226[5].
Ruben, S., and M. D. Kamen: Assimilation von CO_2 im Tierkörper 616[3].
— s. Barker, H. A. 1211[35,37], 1223[2,4].
— s. Changus, G. W. 848[3], 864[15], 865[1].
— s. Fries, B. A. 117[9], 843[6], 847[4], 864[17].
— s. Perlman, I. 795[7], 847[3], 850[17].
— s. Robinson, A. 117[9].
Rubin, S. H.: Stromalipoide als Strukturbestandteile 441[4]. — Phosphatidgehalt von Blutplasma 858[17].
— and E. P. Ralli: Fettgehalt von Blut und Leber nach Pankreasausschaltung 332[2].
— s. Ralli, E. P. 233[1].
— s. Ritter, E. de 363[6].
Rubinstein, D. L.: p_H-Bereich für Existenz von Chydorus 1174[6].
— and H. M. Ravikovich: Absorptionsspektren von roten Blutkörperchen 258[1].
Rubinstein, M. A., s. Glass, G. B. J. 70[10], 71[3].
Rubner, M.: Ausnutzung von Eiweiß 174[2]. — Abnahme des Körperwassers mit dem Alter 591[8].
Rubowitz, M.: Anpassung von Hämoglobin an niederen Sauerstoffdruck 516[4].
Ruby, G., s. Paal, H. 219[26].
Rucci, E.: Biologischer Ersatz von Eisen und Zink 403[2].
Ruckensteiner, E.: Buch über die normale Entwicklung des Knochensystems im Röntgenbild (1931) 700[17].
Rud, E., s. Gram, C. N. J. 570[12].
Rudall, K. M., s. Bailey, K. 477[8].
Rudder, B. de: Jahreszeitliche Veränderungen des anorganischen P im Blut beim Kind 413[5].
Rudney, H.: Hexokinasehemmung durch Glycerinaldehyd 741[13].
— s. Mendel, B. 415[12], 450[1].
Rudolf, M., s. Rathery, F. 634[5].
Rudoy, M. S., s. Lewin, A. E. 42[11].
Rudy, H., s. Plaut, F. 573[3].
Rübsamen, W.: Vermehrung des Blutindicans bei Krankheiten 350[27].
Rüdel, C., s. Tönnis, W. 229[9].
Rüfenacht, K., s. Brenner, M. 920[5].
Rueff, L., s. Lynen, F. 652[1], 767[9], 790[9], 807[2,3], 826[5], 838[13], 1036[13], 1037[2], 1044[8], 1045[5], 1048[2], 1049[2], 1050[2].
Ruf, F., s. Bomskov, C. 249[8].
— s. Halse, T. 241[4].
Ruff, S., u. H. Strughold: Grundriß der Luftfahrtmedizin; 2. Aufl. (1944) 536[3].
Ruffo, A., s. Krebs, H. A. 1139[5].
Ruhenstroth-Bauer, G., u. G. Hermann: Phosphatidgehalt von Reticulocyten 858[7].
Ruhland, W., s. Kessler, W. 607[2].
Rule, F. D., s. Peters, J. P. jr. 531[1].
Rummel, W.: Bedeutung von Stoffwechselvorgängen für den Zustand der Erythrocyten 423[1].
Rumpf, F.: Blutzucker bei Neugeborenen und Jugendlichen 314[9].
Rumpf, K.: Verminderung der Harnsäure- und Allantoinausscheidung durch Calciumchlorid 1249[3].
Runnström, J.: Zusammenfassung über Cytoplasma (Struktur, Rolle bei Stoffwechsel, Wachstum und Differenzierung) (1952) 1064[15]. — Fermenthemmung durch Fluorid 697[11].
Rupp, F., s. Strehler, E. 343[4].
Ruppel, W., and L. Weissbecker: Testosteronabbau in der Leber 897[8].
Ruppert, F.: Beständigkeit der Blutphosphatase 375[18]. — Pregnan-3α, 17α-diol-20-on-ausscheidung im Harn 894[5].
Ruppert, V.: Bestimmung von Fettkohlenstoff 330[6].
Rusch, G., A. Liechti u. W. Wilbrandt: Strahlenhämolyse 421[7].
Rusch, H. P., s. Kohman, T. P. 1194[5].
— s. Meyer, O. O. 465[13].
Ruschig, H., s. Slotta, K. H. 886[21].
Rusczynski, P.: Unvollkommene Trennung der Eiweißkörper durch Aussalzen 289[16].
Ruska, H., s. Wolpers, C. 471[10].
Russel, C. S., s. Shemin, D. 1002[2].
Russel, E. J.: Molybdänspeicherung in den Pflanzen 686[7].
Russel, G. R.: Mitwirkung von Bakterien bei der Verdauung 9[10]. — Baktericidine 171[12].
Russel, J. A.: Verminderung der Glucoseresorption durch Hypophysektomie 218[5].
Russel, N. M., s. Hubbard, R. S. 570[18].
Russell, M. A., s. Weil, L. 380[18], 858[6].
Russell, P. B., s. Hitchings, G. H. 1252[4].
Russell, P. S., s. Huggins, C. 378[8], 379[4].
Russo, G.: Harnsäurebildung in der Geflügelleber 1204[11]. — Harnstoff als N-Quelle für Harnsäurebildung 1204[16]. — Histidin als Muttersubstanz der Purinbasen 1218[26].

Die Seiten 1—840 befinden sich im Bandteil a, die Seiten 841—1257 im Bandteil b.

Rust, H. H., u. W. Feindt: Strahlenhämolyse 421[5].
Rusznyák, S., s. Bennhold, H. 264[6].
Rutgers, J. J., s. Girard, A. 906[22].
Ruth, E. B.: Bedeutung der Fibrillen für Struktur der anorganischen Knochensubstanz 708[6].
Ruth, W. A., s. Lawrenz, M. 696[10].
Rutishauser, E.: Osteoporotische Fettsucht 718[11].
— s. Askanazy, M. 718[10], 721[5].
Rutledge, E. K., s. Hill, R. M. 672[10].
Ruyssen, R., s. Hevesy, G. 835[1].
Ruzicka, L., M. W. Goldberg u. H. Meister: Dimethylsulfon aus Rindertrockenblut 415[7].
— M. W. Goldberg, J. Meyer, H. Brungger u. E. Eichenberger: Androstan-3α-ol-17-on als Abbauprodukt von Testosteron 897[5].
— s. Prelog, V. 886[32], 896[1].
Ryan, A. E., s. Jones, C. M. 239[18], 800[15].
Ryan, J., s. Novikoff, A. B. 1072[30], 1090[64,130], 1137[18], 1138[12], 1154[1].
Ryder, A., s. Loomis, E. C. 489[26].
Ryder, W. B., s. Becks, H. 723[10].
Ryerson, D. L., s. Laskowski, M. 1098[16].
Ryffel, J. H., s. Barcroft, J. 540[4].
Ryô, T.: Wassergehalt von menschlichem Blut 391[7].
— s. Kuroda, K. 391[6].
Ryss, S.: Hemmung der Magensaftsekretion durch Margarine 45[8].
Ryzowa, A., s. Michlin, D. 1202[2], 1217[9].

Saal, R. N. S.: Formen der Kohlensäure im Blut 519[3].
Sabalitschka, T., u. R. Crzellitzer: Sublimatwirkung auf Speichelamylase 25[2].
Sabbatani, L.: Verhinderung der Blutgerinnung durch Mundteile von Ixodes ricinus 491[8].
Sabin, F. R.: Zusammenfassung über Knochenmark (1928) 700[10]. — Reticuloendotheliales System und Bildung der Bluteiweißkörper 288[4].
Sable, H. Z., and A. J. Guarino: Bildung von Phosphogluconsäure in Hefe 741[9].
Sabry, M. M.: Eiweißstoffe aus Lymphknoten von Rindern 556[3].
Sachs, A., V. E. Levine and A. A. Fabian: Kupfergehalt des Blutes 402[3,7].
— V. E. Levine and W. O. Griffith: Eisengehalt des Blutes 399[10]. — Kupfergehalt im Blut Jugendlicher 402[4].
Sack, T., s. Gibson, J. G. 469[2].
Sacks, J.: ^{32}P-Umsatz bei der anaeroben Muskelkontraktion 647[9]. — Phosphorylierungen im Leber- und Muskelstoffwechsel 648[6].
— A. C. Ivy, J. P. Burgess and J. E. Vandolah: Isolierung von Histamin aus Pylorusregion des Schweines 43[14]. — Zerstörung von Gastrin durch Histaminase 43[14].
Sacktor, B.: Enzymausstattung der Mitochondrien aus Insektenmuskeln 1137[2].
Sacrez, R., s. Rohmer, P. 574[3].
Sadolin, E.: Ätherlösliche organische Arsenverbindungen im Tierkörper 693[14].
Sadowski, T., s. Moraczewski, W. v. 425[10], 1242[21].
Säberg, I., s. Euler, H. v. 325[1,13], 326[2,3].
Saegesser, M.: Buch über Schilddrüse, Jod und Kropf (1939) 683[6].
Säker, G.: Kein Lactoflavin im Liquor cerebrospinalis 574[12].
Saemundsson, J.: Na-Gehalt des Magensaftes 52[2]. — Kaliumgehalt des Magensaftes 66[4].
Saetren, H., s. Allfrey, V. 1065[10], 1066[3], 1098[3], 1100[4], 1104[4].
— s. Stern, H. 1101[3], 1116[3], 1126[2], 1127[1].
Safarov, A.: Natriumgehalt von Kaninchenblut 393[14]. — Kaliumgehalt von Taubenblut 395[6].
Saffert, K., s. Hofmann, E. 670[13].
Saffran, J. C., s. Heard, R. D. H. 904[2].
Saffran, (N.) M., and M. J. Bayliss: Biosynthese der Corticosteroide in Nebennierenbrei und -homogenaten 885[18].
— and O. F. Denstedt: Einwirkung von Citratinjektionen auf Ca-Gehalt des Blutes 644[15].
— B. Grad and M. J. Bayliss: Förderung der Corticosteroidsynthese durch ACTH 885[18].
Sagall, E., s. Zetzel, L. 229[4].
Sagara, J.: Purinbildung im Hühnerei 1218[6].
Sager, C.-A.: Bedeutung der Pankreaslipase für die Fettverdauung 233[4].
Sahasrabudhe, M. R., and M. V. L. Rao: Einfluß von Vitamin B_{12} auf Nucleinsäuregehalt der Leber 1245[2].
Sahli, H.: Buch über klinische Untersuchungsmethoden; 3 Bde. 7. Aufl. (1928—1932) 75[8]. — Mangelnde Kinasebildung bei Hämophilie 497[6].
Sahyun, M., and F. Feldkamp: Beziehungen zwischen Zink, Pankreas und Kohlenhydrathaushalt 678[10].
— and J. M. Luck: Antagonismus Adrenalin-Insulin 772[1].
Sai, E.: Veränderung von Blutkalium und -calcium bei Bestrahlungen 394[18].
Saidel, L. J., s. Brand, E. 303[6].
Sailer, E., s. Brenner, M. 920[5].
Saint-Laurens, G., s. Meunier, J. 667[6].
Saito, N.: Lymphdruck im Ductus thoracicus 108[1].
Saito, S.: Harnstoffgehalt der Lymphe 554[10].
Saka, M. O.: Wirkung von Aneurin auf alimentäre Hyperglykämie 783[4].
Saka, O.: Insulinzerstörung durch Alloxan 783[9].

SAKAI, K.: Freies und gebundenes Phenol im Blut 329[9].
SAKAI, T.: Zellgehalt der Lymphe 548[5].
SAKAMI, W.: Serinbildung 853[7-9], 940[5]. — Zuckerbildung aus Serin 942[9]. — Herkunft der labilen Methylgruppen 963[7].
— and J. M. LAFAYE: Übergang von Aceton in Zucker 829[4].
— and A. D. WELCH: Herkunft der labilen Methylgruppen 963[7].
— s. BUCHANAN, J. M. 823[4], 1033[4,7], 1056[3].
— s. LIFSON, N. 762[7], 837[1].
— s. WELCH, A. D. 963[6,7].
SAKAN, T., and O. HAYAISHI: α-Oxytryptophan keine Zwischenstufe des Tryptophanabbaus 989[5].
SAKATA, H., s. KOTAKE, Y. 988[11].
SAKUMA, S., s. WARBURG, O. 955[13].
SALADINO, A., s. FERRO-LUZZI, G. 349[12].
SALANT, W., and H. CONNET: Wirkung von Zink auf die Herztätigkeit 678[6].
SALASKIN, A. A.: Ammoniakgehalt des menschlichen Speichels 21[19].
SALASKIN, S.: Eiweißresorption 914[3].
— s. KOWALEWSKI, K. 1204[9], 1219[4].
SALCEDO, J. jr., and D. STETTEN jr.: Fettsäurebildung aus Brenztraubensäure 1029[2].
SALECKER s. FLEISCHMANN 1230[10].
SALGE, B.: pH-Wert im Mageninhalt von Kindern 50[3]. — Methodik der Gefrierpunktsbestimmung 268[6].
SALGUES, R.: P-Verteilung im Tierblut 413[1,11].
SALHANICK, H. A., M. W. NOALL, M. X. ZARROW and L. T. SAMUELS: Vorkommen von Progesteron in Placenta 886[25].
— s. NOALL, M. W. 886[33].
SALKOWSKI, E. (L.): Synovin 581[6]. — Esterschwefelsäureausscheidung bei gesteigerter Eiweißfäulnis 953[1]. — Begriff „Neutralschwefel" 953[11]. — Neutralschwefel bei verschiedenen Tierarten 953[13]. — Thiosulfatausscheidung 954[1]. — Taurinausscheidung 954[7]. — Cystein/Cystinabbau zu Sulfat 956[10]. — Harnstoffbildung aus Ammoniumsalzen im Organismus 970[1]. — Siliciumausscheidung durch die Niere 690[18]. — Arsenstoffwechsel 693[19]. — Orte der Allantoinbildung aus Harnsäure 1208[21,24]. — Allantoinausscheidung nach purinreicher Nahrung 1215[8].
— u. M. KUMAGAWA: Freie und gebundene Salzsäure 51[9].
SALLACH, H. J., R. E. KOEPPE and W. C. ROSE: Bildung von Prolin und Arginin aus Glutaminsäure 969[3].
SALLAY, K., u. K. NÁDOR: Kallikrein-(Padutin-)gehalt des Speichels 26[5].
SALMINEN, Y. V.: Eiweißquotient im Liquor 568[2].
SALMON, U. J., s. FRANK, R. T. 368[5].
SALMON, W. D.: Tryptophan und Pellagra 991[4].
— s. SCHAEFER, A. E. 963[6], 965[1].
— s. SCHRADER, G. A. 636[8].
— s. STRENGTH, D. R. 965[1].
SALOMON, A., s. SCHEER, K. 413[4].
SALOMON, G.: Methylpurine im menschlichen Harn 1223[8]. — Guaningicht bei Schweinen 1256[7].
— u. C. NEUBERG: Ausscheidungsprodukte des Theophyllins 1224[24].
— s. KRÜGER, M. 1217[1], 1223[9], 1224[16].
SALOMON, H., s. EMBDEN, G. 929[1], 942[6], 948[6], 949[5], 983[1].
SALOMON, K., J. E. RICHMOND and K. I. ALTMAN: Uroporphyrin im Kaninchenknochenmark 1003[2].
— s. ALTMAN, K. I. 436[14], 943[11], 998[5].
— s. GABRIO, B. W. 214[6].
— s. ROSA, R. J. DELLA 1022[8].
SALSBURY, R. L., s. REID, J. T. 448[12].
SALT, H. B.: Ergothioneingehalt von Erythrocyten 344[3]. — Ergothioneinbestimmung 449[5].
SALTER, W. T.: Buch über die endokrine Funktion des Jods (1940) Engl. 679[23]. — Zusammenfassung über Fluktuationen des Jods im Körper (1940) 679[23]. — — Schwankungen des Jodgehaltes im Körper 411[6]. — Jodgehalt der Muskulatur 680[2]. — Leberamylase nach Thyreoideaverfütterung 775[7].
— and O. H. PEARSON: Resorption von teilweise gespaltenem Thyreoglobulin 225[11].
— s. BASSETT, M. A. 411[4].
— s. LERMAN, J. 986[4].
SALTMAN, P., s. AXELROD, B. 746[9].
— s. NGUYEN-VAN THOAI 1188[11].
SALTZMAN, A. H., s. TALBOT, N. B. 682[15].
SALTZSTEIN, H. C., s. KAULBERSZ, J. 142[9].
— s. PATTERSON, T. L. 142[8].
— s. SANDWEISS, D. J. 142[7].
SALUSTE, E., s. EHRENSVÄRD, G. C. H. 940[3].
— s. HAMMARSTEN, E. 1192[15], 1193[10], 1227[7], 1228[4].
SALVI, P., s. LERMA, B. DE 570[8].
SALVIDIO, E., s. PEDRAZZINI, A. 480[8].
SALVIETTI, A. I.: Stärkespaltung im Labmagen des Schafes 85[4].
SALVIETTI, M.: Vorkommen von Amylase im Pansen, Blätter- und Labmagen vom Rind 35[7]. — Lipasegehalt des Labmagens vom Rind 39[7].
SALZBERG-FAIFEL: Darmsaft des Menschen 143[12].
ŠAMARINA, N., s. ANOCHIN, P. 11[5].
SAMEC, M.: Zusammenfassung über Struktur und enzymatische Spaltung der Stärke (1943) 22[1].
— s. PAULI, W. 395[13], 396[6].
SAMICHKINA, K. S.: Milchsäure im Magensaft 85[5].

Die Seiten 1—840 befinden sich im Bandteil a, die Seiten 841—1257 im Bandteil b.

SAMMONS, H. G., s. FRAZER, A. C. 162[7, 10], 233[4], 246[17].
SAMPSON, H. H., s. HAWKINS, C. F. 627[13].
SAMPSON, M. M., M. DENNISON and V. KORENCHEVSKY: Aminosäureresorption bei Vitamin A-Mangel 229[7].
SAMUELS, A. J., L. L. BOYARSKY, R. W. GERARD, B. LIBET and M. BRUST: Aufnahme von anorganischem Phosphat durch Gehirn 865[15].
SAMUELS, L. T.: Zusammenfassung über den Stoffwechsel von Androgenen im Gewebe (1949) 891[4]. — Umwandlung der β-ständigen OH-Gruppe durch Nebenniere zur Δ^4-3-Ketogruppe 883[9]. — Hydrierung von Pregnenolon zu Progesteron 887[2]. — Dehydrierung von Dehydroisoandrosteron durch Testes 896[3]. — Testosteronstoffwechsel in Schnitten und Homogenaten 897[11, 12]. — 3α-Konfiguration der Testosteronabbauprodukte 899[8].
— M. L. HELMREICH, M. B. LASATER and H. REICH: Fermentsystem der Dehydrierung der 3-Oxy- zur 3-Ketogruppe von Corticosteroiden 885[23]. — Steroide dehydrierende Fermente in Nebennieren und Corpus luteum 896[2].
— R. A. HUSEBY and M. L. HELMREICH: Fermentsysteme der Dehydrierung der 3-Oxy- zur 3-Ketogruppe von Corticosteroiden 885[24].
— M. L. SWEAT, B. H. LEVEDAHL, M. M. POTTNER and M. L. HELMREICH: Inaktivierung von Testosteron durch Fisch- und Leberamphibienbrei 898[1].
— s. DEUEL, H. J. jr. 218[15].
— s. GASSNER, F. X. 896[6].
— s. LEVEDAHL, B. H. 350[17], 897[15].
— s. NELSON, D. H. 883[2].
— s. PLAGER, J. E. 885[9, 10], 886[2-4], 1090[105], 1153[25].
— s. SALHANICK, H. A. 886[25].
— s. SWEAT, M. L. 897[16, 18], 1090[37], 1153[4].
— s. WEST, C. D. 896[13], 897[1, 7, 17], 899[9].
— s. WISWELL, J. G. 891[6].
SAMUELY, F.: Zusammenfassung über Fibrinoglobulin (1911) 298[4].
— s. ABDERHALDEN, E. 956[8].
SANADI, D. R., and D. M. GREENBERG: Einbau von Aminosäuren in verschiedene Gewebe 923[8]. — Übergang von Tyrosin-C in Glucose 983[12]. — Abbauprodukte des Tryptophans 992[15].
— and J. W. LITTLEFIELD: Decarboxylierung von α-Ketoglutarsäure 839[3], 1052[5]. —Bildung von Succinyl-coenzymkomplex im Citronensäurecyclus 1002[1]. — Darstellung von Succinylsulfanilamid 1053[1].
— M. P. SCHULMAN and D. M. GREENBERG: Acetylierung von Aminosäuren 1044[7].
— s. HIFT, H. 1139[2].
SANADI, D. R., s. KATCHMAN, B. 1136[21].
SAND, H.: Kohlensäureanhydratase im Speichel 522[6].
SANDBERG, M., s. PERLA, D. 670[12].
SANDE, D. VAN DER, s. VERKADE, P. E. 810[5].
SANDERSON, M., s. ALLEN, J. G. 499[3].
SANDERSON, P., s. WILLS, L. 642[10].
SANDIFORD, I., s. DEUEL, H. J. jr. 911[5], 928[2].
SANDIFORD, K., s. DEUEL, H. J. jr. 911[5], 928[2].
SANDMEYER, W.: Pankreassekretion und Eiweißausnutzung 229[3].
SANDULESCO, G., s. GIRARD, A. 879[5], 906[22].
SANDWEISS, D. J., M. H. SUGARMAN, M. H. F. FRIEDMAN, H. C. SALTZSTEIN and A. A. FARBMAN: Urogastron 142[7].
— s. FRIEDMAN, M. H. F. 45[20].
— s. KAULBERSZ, J. 142[9].
— s. PATTERSON, T. L. 142[8].
SANEYOSHI, S.: Eisengehalt von Leukocyten 460[4].
SANFILIPPO, G.: Gesteigerte Bildung gepaarter Schwefelsäuren bei Zinkzufuhr 403[4].
SANFOURCHE, A., et B. FOCET: Titration von Phosphorsäure und Calciumhydroxyd 706[3].
SANGER, F., s. NEUBERGER, A. 968[2].
— s. PORTER, R. R. 517[2].
SANÒ, M., s. VIGLIANI, E. C. 356[7].
SANSUM, W. D., and R. T. WOODYATT: Zuckerbildung aus Serin 942[7].
— s. BISCHOFF, F. 541[2].
SANTAMAURA, S., s. FERRO-LUZZI, G. 349[12].
SANTANGELO, M., s. ARTOM, C. 117[9], 238[1], 795[6], 847[5].
— s. PERRIER, C. 238[1].
ŠANTAVÝ, F.: Glutathiongehalt des Blutes im Training 448[16].
SAPEGNO, E., s. CHIATELLINO, A. 1250[4].
SAPKOWA, B., s. PAPADATO, L. 573[10].
SAPROCHIN, M. I.: Hemmung der chemischen Phase der Magensaftsekretion durch Arbeit 45[23]. — Hemmung der Pankreassekretion durch Arbeit 156[2].
SARATA, U.: Kupfergehalt im Rinderblut 402[6].
SARDINAS, J. L., s. SHULL, G. M. 879[10].
SARETT, H. P.: Nicotinsäureausscheidung nach Tryptophanbelastung beim Menschen 993[8].
— and G. A. GOLDSMITH: Nicotinsäureausscheidung nach Tryptophanbelastung beim Menschen 993[8].
— s. COPPEDGE, R. L. 906[2].
SARGENT, F.: Vitamin C-Verteilung zwischen Plasma und Erythrocyten 365[1].
SARGENT, F. 2 ND: Ascorbinsäureverteilung zwischen Plasma und Erythrocyten 454[8].
SARKANDER, H., s. BRÜCKE, F. T. v. 140[1], 374[2].
SARKAR, N. (K.), M. FULD and D. E. GREEN: Hemmung der Peptidsynthese durch Dinitrophenol 921[9].

Sakar, N. (K.), H. Beinert, M. Fuld and D. E. Green: Stoffwechselleistungen von Mitochondrien 1136[2]. — Aminosäureumwandlung in Mitochondrien 1148[2].
— s. Green, D. E. 1134[1].
Sarma, P. S., s. Krehl, W. A. 991[4].
Sarre, H.: Alveolär-arterielle Differenz der Sauerstoffspannung 505[8], 506[1]. — Sauerstoffdruck im Gewebe 507[2]. — Sauerstoffspannung im Harn 507[3]. — „Kochsalzarme Schonkost" durch Kationenaustauscher 620[14].
s. Kramer, K. 505[8], 506[1].
Sarreither, W., u. W. Gebhard: Zuckerbildung aus C_4-Dicarbonsäuren 766[2].
— s. Kutscher, W. 1236[33].
Sarzana, G.: Resorption von Glutinpepton aus Darmschlingen 226[3]. — Resorption von Aminosäuren 913[10].
— s. Artom, C. 117[9], 238[1], 646[12], 795[6], 847[5].
— s. Perrier, C. 238[1].
Sarzeau: Kupfer im Blut 401[2].
Sasaki, H.: Blutgruppenspezifische Substanz im Speichel 26[1].
Sasaki, K.: Adialysable Nucleinsäure im Harn 1186[2].
Saslow, G., s. Ponder, E. 425[10].
Sass, G.: Größe der Darmzotten 106[2].
Satô, T.: Refraktionswerte und Eiweißgehalt des Serums 273[5]. — Viscositätsbestimmung 275[3]. — Esterschwefelsäurebildung 953[4].
Satriano, T., s. Winocur, P. 271[3].
Saunders, B. C.: Hemmung von Atmung und Acetatabbau durch Fluoressigsäure 1059[2].
— s. Booth, H. 812[3].
Saunders, F., s. Dorfman, A. 452[9].
Saunders, F. J., s. Picha, G. M. 891[15].
Saunders, R. L. de C. H., and E. G. Young: Injektion von Trypanblau in das Kniegelenk 579[5].
Savard, K., R. I. Dorfman and E. Poutasse: Bildung von Testosteron und Δ^4-Androsten-3,17-dion aus Acetat im Hoden 895[12].
— A. A. Green and L. A. Lewis: 11-Oxylierung von Corticosteroiden durch Nebennierenbrei 885[3].
— s. Haynes, R. 885[16].
Savino, E.: Blutphosphat bei Hyperglykämie und unter Insulin 651[6].
Sawitsch, W. W.: Erregung der Darmsaftabgabe durch Pankreassekret 146[7]. — Tryptisches Ferment als Erreger der Darmsaftsekretion 146[8].
— et N. A. Soshestwensky: Atropinwirkung auf Darmsaftsekretion 145[6].
— s. Babkin, B. P. 157[4].
Sawitsky, A., H. M. Fitch and L. M. Meyer: Aktivität der Cholinesterase aus Erythrocyten und Blutplasma 449[15].
Sawitsky, A., M. Rowen and L. M. Meyer: Aktivität der Blutcholinesterase bei Störungen der Hämatopoese 450[4].
— s. Meyer, L. M. 374[7], 450[5].
Sawyer, C. H., and J. W. Everett: Cholesterinesteraseaktivität von Rattenserum 373[4].
— s. Everett, J. W. 374[9].
Sayers, G., and M. A. Sayers: Ascorbinsäure und ACTH-Wirkung 884[11].
Sayers, M. A., s. Sayers, G. 884[11].
Sbarski, I. B.: Aminosäuretransport durch Erythrocyten 445[6].
Scaglioni, C.: Bleigehalt des Hundeblutes 404[8].
Scarisbrick, R., and T. K. Ewer: Phosphatresorption im Pansen vom Schaf 214[25].
Scapini, A.: Synovialflüssigkeit 580[2]. — Knorpelstoffwechsel 581[7].
Scatchard, G.: Einfluß des p_H auf kolloidosmotischen Druck 270[10].
— A. C. Batchelder and A. Brown: Einfluß des p_H auf kolloidosmotischen Druck 270[10].
— s. Oncley, J. L. 293[1], 294[1], 305[9], 476[11].
Schaaf, E.: Arsengehalt von Meerschweinchenorganen 693[5].
Schaaf, H., u. A. Beumer: Siliciumausscheidung durch den Dickdarm 690[23].
Schaber, H., s. Thannhauser, S. J. 872[26], 1211[22].
Schachman, H. K., s. Pace, N. 591[1].
Schachner, H., B. A. Fries and I. L. Chaikoff: Koppelung der Phosphatidbildung an Oxydationsvorgänge 849[2].
— s. Fries, B. A. 846[4], 848[5], 849[1], 865[5,10].
Schachter, B., s. Klyne, W. 894[6].
Schack, J. A., R. W. Whitney and M. E. Freeman: Antihyalúronidase im Blut bei C-Avitaminose 384[11].
Schade, A. L., and L. Caroline: Siderophilin 1009[5].
— R. W. Reinhart and H. Levy: Eisentransport im Blut 659[9].
Schade, H.: Buch über physikalische Chemie in der inneren Medizin; 3. Aufl. (1923) 602[3]. — Zusammenfassung über Wasserstoffwechsel (1925) 208[4]. — Bedeutung der CO_2-Spannung für Stoffwechsel und p_H-Wert von Geweben 1169[4]. — Ursache der Gicht 1254[6]. — Stabilisierung übersättigter Harnsäurelösungen 1255[10].
— u. E. Boden: Ursache der Gicht 1254[4]. — Stabilisierung übersättigter Harnsäurelösungen 1255[9].
— u. F. Claussen: Gesetzmäßigkeiten für Wasseraustausch zwischen Blut und Gewebsraum 602[3].
— u. A. Marchionini: p_H-Messung auf der Haut 1169[2].

SCHADE, H., P. NEUKIRCH u. A. HALPERT: Gefrierpunktserniedrigung von Eiter 583[8]. — Subcutanelektrode 1168[9].
— s. MENSCHEL, H. 591[13].
SCHAEDEL, M. L., M. J. WALDVOGEL and F. SCHLENK: Wirkungsbereich von Adenosindesaminase 1189[12]. — Adenosindesaminase unwirksam gegen Isoguanosin 1201[10].
SCHAEFER, A. E., D. H. COPELAND and W. D. SALMON: Synthese von labilen Methylgruppen 965[1].
— and J. L. KNOWLES: Bedeutung von Vitamin B_{12} und Folsäure für Umsatz der Methylgruppe 941[3], 965[1].
— W. D. SALMON and D. R. STRENGTH: Bedeutung von Vitamin B_{12} und Folsäure für Methylierung 963[6]. — Synthese von labilen Methylgruppen 965[1].
— s. HALE, O. M. 965[1].
— s. STRENGTH, D. R. 965[1].
SCHAEFER, H.: Acetylcholinesterase im Blut 373[8].
— u. E. MAIER: Cholinesterasebestimmung 375[8].
SCHÄFER, K.-H.: Verminderung des Bluteisens 399[5].
— s. HORST, W. 1009[4].
SCHÄFER, L., s. HAHN, A. 945[12], 946[3].
SCHAEFER, L. E., s. ADLERSBERG, D. 875[7].
SCHAEFERS, E., s. DÖRING, G. K. 300[6].
SCHAEFFER, G., s. MAYER, A. 867[9,10].
SCHÄFFNER, A., u. H. BERL: Glucosephosphorylierungen durch ATP 1235[14].
— s. WALDSCHMIDT-LEITZ, E. 25[15], 38[12], 120[5], 121[5], 124[4].
SCHÄR, B., s. ZELLER, E. A. 189[7].
SCHAFFERT, R. R., s. KINGSLEY, G. R. 338[12].
SCHAFFNER, F., M. MEITUS, J. DE LA HUERGA, D. F. MAGEE, F. STEIGMANN and H. POPPER: Serinbildung aus Glykokoll 853[6]. — Plasmaphosphatidgehalt bei Leber- und Gallenerkrankungen 861[6].
SCHALES, O.: Zusammenfassung über Bakteriendecarboxylasen (1951) 932[3].
— s. BARKAN, G. 306[3], 433[4], 437[8], 660[2].
SCHALL, H.: Nahrungsmitteltabellen; 14. Aufl. (1942) 621[6].
SCHALTENBRAND, G.: Bildung der Cerebrospinalflüssigkeit 565[4].
SCHARIKOWA, A. F., s. RAPOPORT, S. J. 371[11].
SCHAROWATOWA, O. F.: Keine Hormonbildung im Pylorus 43[4].
SCHARR, G., s. KLEINMANN, H. 380[10].
SCHARRER, K.: Buch über Biochemie der Spurenelemente (1941) 401[8].
— u. W. SCHROPP: Bedeutung von Ca für Pflanzen 643[7]. — Lithium im Pflanzenstoffwechsel 684[1]. — Bedeutung von Bor für Stärkebildung in Pflanzen 689[9].
SCHASTIN, N. R., s. PETROWA, W. W. 15[4,20], 16[9], 17[4].
SCHATTKE, A., s. SCHEUNERT, A. 98[4], 195[13].
SCHAUB, F., u. A. ALDER: Eiweißkörper in Transsudaten 560[2].
SCHAUENSTEIN, E., s. MUSGER, A. 337[1].
— s. ZIRM, K. L. 337[1], 822[2].
SCHAYER, R. W.: Tryptophanabbau 990[2].
— G. L. FOSTER and D. SHEMIN: Tryptophan kein Hämbaustein 997[8].
— and L. M. HENDERSON: Chinolinsäureausscheidung nach Tryptophanzufuhr 992[17].
SCHECHTLÓWNA, Z., s. CHRZĄSZCZ, T. 13[12], 19[4], 23[4].
SCHECK, H., s. HOFMANN, E. 670[13].
SCHEEL, F., s. FELIX, K. 1209[5], 1210[3].
SCHEEL, L. D., s. LINK, K. P. 495[2].
SCHEER, B. T., s. BELL, G. H. 993[7].
SCHEER, C.: Vorkommen von Coenzym I und II im Liquor cerebrospinalis 575[6].
SCHEER, K.: Lipase im menschlichen Speichel 25[17]. — Resorption von Salzen im Dickdarm 215[4].
— u. A. SALOMON: Steigerung des anorganischen Phosphats im Serum nach UV-Bestrahlung 413[4].
SCHEFFER, F.: Buch über Agrikulturchemie (Teil b, Pflanzenernährung) (1939) 646[7].
SCHEFFER, L.: Jodresorption 680[8], 681[1].
— s. BRAUN, L. 402[1].
SCHEIDERER, G., s. FLEISCHHACKER, H. 575[15].
SCHEIN, A. H., E. PODBER and A. B. NOVIKOFF: Intracelluläre Verteilung von Uricase 1090[30]. — Allantoinbildung in Mitochondrien 1150[6].
— and E. YOUNG: Intracelluläre Verteilung von Arginase 1090[50].
SCHEITLIN, E., s. BERNHARD, K. 798[8,9].
SCHELLER, R.: Milchsäurebildung in Ergüssen 558[6]. — Zucker- und Milchsäuregehalt von Ergüssen 560[9]. — Milchsäuregehalt von Liquor cerebrospinalis 570[20].
SCHELLING, V., s. HARTMANN, F. W. 188[7].
SCHEMAN, L., s. MEYER, J. 45[18].
SCHEMBRA, F. W., s. REIS, V. VAN DER 105[1].
SCHEMM, F. R.: Na-freie Kostformen 620[13].
— s. LAYNE, J. H. 561[2].
SCHENCK, J. R., S. SIMMONDS, M. COHN, C. M. STEVENS and V. DU VIGNEAUD: Methylierung von Carnosin zu Anserin 961[12].
— s. VIGNEAUD, V. DU 853[14], 960[13], 963[1].
SCHENDEL, A. M., s. CHENTOW, J. S. 359[6].
SCHENKER, V., s. HECHTER, O. 882[6], 883[4,6,7].
SCHEPARTZ, A. I., s. KATCHMAN, B. 1136[21].
SCHEPARTZ, B.: Desaminierung beim Tyrosinabbau 984[1].
— and S. GURIN: Acetessigsäurebildung aus Phenylalanin 983[5].
SCHEPOWALNIKOW, N. P.: Säurebindungsvermögen des Darmsaftes 149[11], 150[5].

SCHEPPE, K., s. MALYOTH, G. 319[15].
SCHEPS, M., s. ELMER, A. W. 317[15].
SCHERER, H., s. LYNEN, F. 1051[11].
SCHERER, J. v.: Zusammensetzung der Samenstranglymphe 552[4].
SCHERFF, I., s. THIELE, W. 356[16].
SCHERMER, S.: Zusammenfassung über Vererbung der Blutgruppen bei Säugetieren (1940) 386[7]. — Cu-Mangel nicht Ursache der Lecksucht 668[6].
SCHETTLER, G.: Verbesserte Resorption pflanzlicher Öle bei Zusatz von Cholesterin 232[5]. — Kein Einfluß von Phytosterin auf Resorption pflanzlicher Öle 232[6]. — Verbesserung der Cholesterinresorption durch Gallensäuren und Fette 248[16]. — Schema des Cholesterinstoffwechsels 871[1]. — Cholesteringehalt des Organismus bei lipoidarmer Kost 872[13-16].
— s. SCHMIDT-THOMÉ, J. 338[9], 872[17].
SCHEUNERT, A.: Zusammenfassung über Verdauung der Wirbeltieren (1925; 1934) 6[1]. — Zusammenfassung über Amylase (1925; 1934) 22[1]. — Zusammenfassung über Magenverdauung (1925; 1934) 30[1]. — Zusammenfassung über Verdauung beim Wiederkäuer (1925; 1927; 1934) 98[10]. — Zusammenfassung über Speichel und Inhalt des Verdauungskanals (1926) 18[13]. — Zusammenfassung über Wiederkauen (1927) 10[12]. — Zusammenfassung über Lipasen (1934) 25[15]. — Zusammenfassung über Mundverdauung (1934) 29[2]. — Zusammenfassung über Dünndarmverdauung (1934) 173[10]. — Einseitige Speichelsekretion 13[1]. — Stärkeverdauung im Pferdemagen 98[5]. — Eiweißverdauung in Pansen und Haube 101[2]. — Physiologische Bedeutung der Rohkost 175[5]. — Cellulosespaltung im Schweinedickdarm 196[6]. — Darmresektion 198[4].
— u. W. GRIMMER: Celluloseverdauung durch Bakterien im Dickdarm 187[6]. — Eiweißresorption im Pferdemagen 914[6].
— u. F. KIOK: Schichtung des Mageninhaltes bei dünnbreiiger Nahrung 32[6].
— u. F. W. KRZYWANEK: Zusammenfassung über Verdauung der Wirbeltiere (1925) 6[1]. — Zusammenfassung über Darmkonkremente (1925) 184[3]. — Zusammenfassung über Dünndarmverdauung (1925) 173[10]. — Zusammenfassung über Verdauung beim Pferd (1929) 10[7]. — Zusammenfassung über Verdauung im Enddarm (1934) 177[1]. — Histologie der Gl. submandibularis 11[1]. — Pufferungsvermögen des Speichels aus Parotis und Backendrüsen der Wiederkäuer 100[5].
— F. W. KRZYWANEK u. K. ZIMMERMANN: Auslösung der Speichelsekretion bei Tieren 12[11]. — Einseitige Speichelsekretion 13[1]. — Speichelsekretion beim Schaf 14[3].
SCHEUNERT, A., u. H. v. PELCHRZIM: Rest-N-Gehalt von Hundeblut 341[7]. — Kreatiningehalt von Hundeblut 350[13].
— u. E. ROSENFELD: Eiweißverdauung im Pferdemagen 98[8].
— u. A. SCHATTKE: Buch über Magenverdauung beim Pferd (1913) 98[4].
— A. SCHATTKE u. M. WEISE: Verteilung der Mineralausscheidung auf Kot und Harn 195[13].
— u. M. SCHIEBLICH: Zusammenfassung über Bedeutung der Mikroorganismen für Verdauung bei Herbivoren (1927) 9[5]. — Bakterien im Darmkanal der Taube 182[12]. — Magengase 68[5].
— u. A. TRAUTMANN: Fehlen der psychischen Speichelsekretion bei großen Wiederkäuern und beim Pferd 12[13]. — Einseitige Speichelsekretion 13[1]. — Speichelsekretion während des Wiederkäuens 14[5]. — Parotisspeichel 15[1, 15]. — Pufferkapazität des Speichels 19[12]. — Pferdespeichel 20[3].
— A. TRAUTMANN u. F. W. KRZYWANEK: Lehrbuch der Veterinär-Physiologie (1939) 7[4].
— s. ELLENBERGER, W. 7[3].
SCHEURING, H.: Thrombin, eine Calciumverbindung 485[12]. — Antiprothrombin 486[14].
SCHIAPARELLI, C., e G. PERONI: Lithiumausscheidung im Harn 684[6].
SCHICK, A. F., s. BURBRIDGE, T. N. 327[10].
SCHICK, K., s. REIMANN, F. 655[27], 1010[3].
SCHIEBLICH, M.: Zusammenfassung über Mitwirkung der Bakterien bei der Verdauung (1929) 9[6]. — Zusammenfassung über Zusammensetzung und Wirkung der Magendarmflora (1932) 182[10]. — Dickdarmflora beim Pflanzenfresser 186[5].
— u. J. RODENKIRCHEN: Aneurinbildung im Darm 194[5].
— s. SCHEUNERT, A. 9[5], 68[5], 182[12].
SCHIERBECK, N. P.: CO_2-Ausscheidung durch Magenschleimhaut 68[8].
SCHIERING, M., s. KÜHNAU, J. 346[9], 347[5], 776[1].
SCHIESS, W. A., s. PITTS, R. F. 58[7].
SCHIFF, E.: Antianämische Wirkung von Cu 669[5].
— E. ELIASBERG u. K. MOSSE: p_H-Wert im Duodenalinhalt des Säuglings 170[4].
SCHIFF, F.: Zusammenfassung über Blutgruppen (1925) 385[1].
— and W. C. BOYD: Buch über Blutgruppentechnik (1942) Engl. 385[1].
SCHIFFER, J., s. MADONICK, M. J. 569[4].
SCHIFFRIN, M. J., and E. S. NASSET: p_H-Wert im Fistelsaft aus Jejunum und Ileum vom Hund 150[1].
SCHIFRIN, A., s. ANTOPOL, W. 374[8], 450[3].
SCHILD, K. T., u. W. MAURER: Kreatinphosphorsäure in Erythrocyten 446[7]. — Phosphataufnahme durch Erythrocyten 447[2].

SCHILF, E., u. R. WOHINZ: Übergang von Coffein in die Frauenmilch 1224[12].
— s. FELDBERG, W. 577[1].
SCHILLER, G., s. APPEL, H. 814[12].
SCHILLER, S., R. I. DORFMAN and M. MILLER: Androstan-3α-17β-diol als Testosteronmetabolit 899[11].
SCHILLERT, B., s. KLINKE, K. 639[16].
SCHILLING, J. A., s. DENT, C. E. 225[3], 226[12].
SCHILLING, K., s. GLAVIND, J. 26[13].
SCHILLING, V.: Buch über das Blutbild und seine klinische Verwertung; 9. u. 10. Aufl. (1933) 457[8]. — Zusammenfassung über direkte, indirekte und Konserven-Bluttransfusion (1940) 468[7].
SCHIMKE, O., s. BAMANN, E. 381[6, 9], 575[7], 671[12], 674[3].
SCHINDEL, L., s. SCHÖNHEIMER, R. 192[10].
SCHINDLER, J.: Vorkommen von Harnsäure bei Insekten 1199[3]. — Guaningehalt von Milben 1217[4].
SCHINKEL, M., s. ENGEL, L. L. 895[5].
SCHINZ, H. R.: Aragonit und Calcit in Muschel- und Schneckenschalen 719[5].
— W. BAENSCH u. E. FRIEDL: Lehrbuch der Röntgendiagnostik; 4. Aufl. (1939) 719[1].
— s. BRANDENBERGER, E. 707[12], 719[6], 1252[12].
SCHIØDT, E., s. MEULENGRACHT, E. 39[1].
SCHIPPERS, M., s. KUTSCHER, W. 766[1].
SCHIRREN, C. G., s. KORDATZKI, W. 1169[2].
SCHITTENHELM, A.: Handbuch der Krankheiten des Blutes und der blutbildenden Organe; 2. Bde. (1925) 255[18]. — Buch über die Gicht (1936) 1252[10]. — Xanthindehydrogenase der Leber 1202[4]. — Orte der Allantoinbildung aus Harnsäure 1208[17, 26]. — Harnsäureschwund 1211[23, 24]. — Verbreitung der Purindesaminasen 1217[10].
— u. J. BAUER: Jodgehalt von menschlichem Blut 409[21]. — Einfluß der Hypophyse auf den Jodgehalt 411[8].
— u. E. BENDIX: Leukocyten und Transport der Purinkörper 1181[5]. — Harnsäureausscheidung nach Aufnahme von Nucleinen 1199[5]. — Harnsäureausscheidung nach Zufuhr von Purinen 1199[15].
— T. BRUGSCH u. L. PINCUSSEN: Keine Harnsäurebildung aus Coffein 1225[14].
— u. F. CHROMETZKA: Allantoinbildung aus Harnsäure 1210[13].
— u. B. EISLER: Resorption von Thyroxin 225[13]. — Thyreotropes Hormon im Liquor cerebrospinalis 573[5]. — Jodanreicherung in der Neurohypophyse 682[7].
— u. K. HARPUDER: Zusammenfassung über den Nucleinstoffwechsel (1925) 1177[5]. — Zusammenfassung über Bestimmung des Purinstoffwechsels (1925) 1182[1]. — Resorption von Mononucleotiden und Nucleosiden im Dünndarm 1181[1]. — Harnsäureschwund 1211[20, 23]. — Harnsäureausscheidung bei Akromegalie 1233[2]. — Steigerung der Purinausscheidung durch purinfreies Eiweiß 1240[8]. — Steigerung der Harnsäureausscheidung durch Aminosäuren 1241[7]. — Ursache der Gicht 1254[9].
— u. J. SCHMID: Verbreitung der Purindesaminasen 1217[11].
— u. R. ULLMANN: Purinmobilisierung im Gewebe durch Atophan 1249[10].
— u. K. WIENER: Xanthindehydrogenase der Rinderleber und -milz 1202[9]. — Allantoin im Blut 1211[17].
— s. ABDERHALDEN, E. 229[2], 954[21], 1189[5].
— s. BRUGSCH, T. 1199[14], 1213[7], 1252[5].
— s. FRANK, F. 1211[25].
SCHLÄPFER, E., s. BERNHARD, K. 247[6], 794[9].
— s. FLASCHENTRÄGER, B. 811[1], 814[7].
SCHLAGINTWEIT, E., s. STRAUB, H. 531[1].
SCHLAPHOFF, D., and F. A. JOHNSTON: Eisenbedarf des Erwachsenen 659[6].
— F. A. JOHNSTON and E. D. BOROUGHS: Eisengehalt des Blutes 659[11].
— s. JOHNSTON, F. A. 642[1].
SCHLECHTER, P., s. CAMPANI, M. 558[7].
SCHLEGEL, B., s. BÖTTNER, H. 594[3], 631[8].
SCHLEGEL, J. U.: Cholingehalt im Blut 351[12].
SCHLEICHER, I., s. MATTHES, K. 262[4].
SCHLEIP, K., u. A. ALDER: Atlas der Blutkrankheiten und des normalen und pathologischen Knochenmarkes, 4. Aufl. (1949) 416[15].
SCHLENK, F.: Zusammenfassung über Chemie und Enzymologie der Nucleinsäuren (1949) 128[2].
— u. H. v. EULER: Codehydrogenase I, Struktur 1184[11].
— and A. FISHER: Vitamin B_6 als Coenzym von Transaminasen 938[5].
— and E. E. SNELL: Vitamin B_6 als Coenzym von Transaminasen 938[5].
— and M. J. WALDVOGEL: Umwandlung von Adenosin in Triose- und Hexosephosphat 1196[13].
— s. EULER, H. v. 326[5], 452[4], 453[9].
— s. SCHAEDEL, M. L. 1189[12], 1201[10].
— s. SUTTON, W. B. 1220[1].
— s. WALDVOGEL, M. J. 730[1], 1196[14].
SCHLEICH, H., s. BERGMANN, M. 123[9].
SCHLENK, F., s. EULER, H. v. 452[4], 453[9].
SCHLIEPHAKE, E., u. F. RENK: Regulierung der Salzsäuresekretion im Magen durch Milzextrakt 42[24].
SCHLOERB, P. R., B. J. FRIIS-HANSEN, I. S. EDELMAN, A. K. SOLOMON and F. D. MOORE: Gesamtkörperwasser 591[2].
SCHLOSS, O. M., s. ANDERSON, A. F. 225[7].
SCHLOSSBERGER, B., s. TEWES, G. 80[8].
SCHLOSSBERGER, H., s. BUTENANDT, A. 992[11], 994[8].

Schlossmann, H.: Zusammenfassung über Stoffaustausch zwischen Mutter und Kind (1932) 250^{12}. — Zusammenfassung über Gold (1934) 687^{3}.
— u. M. Grüter: Spezifisches Gewicht der Leukocyten 455^{13}.
— s. Blaschko, H. 932^{7}.
Schlossmann, K.: Harnsäuresynthese durch Bakterien 1208^{4}.
— s. Lehmann, H. 771^{1}.
Schlüns, O.: Bilirubinwerte während der Schwangerschaft und in den ersten Lebenstagen 354^{11}.
Schlüssel, H., W. Maurer, A. Hock u. O. Hummel: Einbau von SO_4 in Methionin durch Bakterien 652^{5}.
Schlutz, F. W., A. B. Hastings and M. Morse: Wirkung anstrengender Arbeit auf Hydrogencarbonat-, Milchsäuregehalt und p_H im Hundeblut 540^{5}.
— and E. M. Knott: Vitamin B_1-Gehalt des Blutes bei Krankheiten 362^{2}.
— M. Morse and A. B. Hastings: Beeinflussung der Leistungsfähigkeit durch künstliche Veränderung des Säure-Basen-Gleichgewicht 540^{6}.
— M. Morse and H. Oldham: Eisenbilanz des Säuglings bei Kuhmilchnahrung 662^{3}.
— and M. R. Ziegler: Harnstoff- und Harnsäuregehalt des menschlichen Speichels 21^{23}.
— s. Oldham, H. 662^{6}.
— s. Shukers, C. F. 398^{5}, 636^{15}.
Schmahl, N. G., s. Hennig, W. 639^{14}.
Schmall, M., s. Wollish, E. G. 363^{6}.
Schmaltz, R.: Bestimmung des spezifischen Gewichtes von Blut 264^{4}.
Schmengler, F. E., s. Scholtan, W. 300^{4}.
Schmid, G., s. Lang, K. 1133^{8}, 1136^{38}, 1148^{7}.
Schmid, J., s. Abderhalden, E. 974^{8}.
— s. Biberfeld, J. 1181^{4}.
— s. Krüger, M. 1199^{13}, 1214^{8}, 1224^{18}.
— s. Schittenhelm, A. 1217^{11}.
Schmid, J. (Wien), s. Fellinger, K. 457^{6}.
— s. Pantlitschko, M. 49^{11}.
Schmid, K., s. Lever, W. F. 291^{2}, 312^{2}.
Schmid, R., S. Schwartz and C. J. Watson: Protoporphyringehalt von Erythrocyten bei Intoxikationen 1008^{3}. — Vorkommen von Koproporphyrin III in Erythrocyten 1009^{2}.
— s. Lowry, P. T. 1005^{1}.
Schmidt, A.: Kynurensäureausscheidung 988^{3}.
Schmidt, A(dolf): Buch über Funktionsprüfung des Darmes mittels der Probekost (1904) 175^{6}.
— u. J. Strasburger: Die Faeces der Menschen; 4. Aufl. (1915) 175^{7}.
Schmidt, (Alexander): Buch über Blutlehre (1892) 460^{9}. — Buch über weitere Beiträge zur Blutlehre (1895) 474^{3}. — Entdeckung des Chymosins 80^{3}. — Fermentative Natur der Blutgerinnung 474^{3}.
Schmidt, A. A., s. Entin, D. A. 27^{4}.
Schmidt, C.: Magensaftmenge 47^{16}, 48^{3}.
— s. Bidder, F. 18^{7}.
— s. Werner, S. C. 682^{2}.
Schmidt, C. F.: Bedeutung der Säurebildung im Atemzentrum für dessen Funktion 537^{1}.
Schmidt, C. L. A.: Buch über Chemie der Aminosäuren und Eiweißstoffe; 2. Aufl. (1944) Engl. 909^{15}.
— and G. W. Clark: Cystein/Cystinabbau zu Sulfat 956^{7}. — Keine Sulfatausscheidung nach Cysteinsäureinjektion 957^{6}. — Bildung von Sulfobrenztraubensäure aus Cysteinsäure 957^{6}.
— and D. M. Greenberg: Nichtdiffusibles Blutcalcium 396^{4}.
— s. Greaves, J. D. 249^{6}.
— s. Tarver, H. 198^{2}, 653^{9}, $654^{1,6}$, 923^{8}, 965^{2}, 966^{4}.
— s. Walker, A. C. 976^{3}.
Schmidt, D., s. Brugsch, J. 1024^{2}, 1025^{4}.
Schmidt, E., s. Page, I. H. 351^{11}, $570^{1,3}$
— s. Vincke, E. 496^{10}.
Schmidt, E. G., M. J. Schmulovitz, A. Szczpinski and H. B. Wylie: Phenolbestimmung im Blut 329^{2}.
Schmidt, F., s. Embden, G. 929^{1}, 983^{1}.
Schmidt, G.: Zusammenfassung über Nucleinsäuren, Purine und Pyrimidine (1950) 1177^{23}. — Nucleindesaminasen 1188^{22}, 1189^{6}.
— J. Benotti, B. Hershman and S. J. Thannhauser: Lipoidfraktionen im menschlichen Serum 332^{9}. — Lipoidphosphorgehalt verschiedener Organe 844^{1}. — Phosphatidgehalt von Blutplasma 858^{17}. — Phospholipoidgehalt in peripheren Nerven 865^{17}.
— R. Cubiles, L. Hecht and S. J. Thannhauser: Ribonucleotidase aus Pankreas 1187^{1}.
— R. Cubiles, B. H. Swartz and S. J. Thannhauser: Angriffspunkt der Ribonucleotidase 1186^{21}.
— L. Hecht and S. J. Thannhauser: Metaphosphatbildung in Hefe 789^{15}. — Pentosenucleinsäuregehalt des Seeigeleies 1191^{11}.
— B. Hershman and S. J. Thannhauser: Phosphatidspaltung im Darmkanal 842^{4}. Dicholinglycerophosphorsäure 851^{14}.
— and P. A. Levene: Ribonucleodepolymerase aus Pankreas 166^{3}. — Ribonucleotidase 1186^{9}.
— and S. J. Thannhauser: Phosphatase aus Darmmucosa vom Kalb 129^{6}.
— s. Euler, H. v. 1243^{6}.
— s. Thannhauser, S. J. 846^{7}, 866^{5}.
Schmidt, G. C., M. A. Logan and A. A. Tytell: Argininabbau bei Clostridien und Chlorella 974^{1}.

SCHMIDT, H., u. Hj. STAUDINGER: Steroidtrennung durch Papierchromatographie 879[17]. — Hormongehalt der Nebennierenrinde 881[10].

SCHMIDT, H(ans): Buch über Fortschritte der Serologie (1952) 385[1]. — Chemische Natur der Blutgruppensubstanzen M und N 390[4]. — Steigerung der Antikörperbildung durch Mangan 671[22].

SCHMIDT, H. A., s. FASOLD, H. 570[14].

SCHMIDT, H.-G.: Kupfergehalt im Blutserum 402[2].

SCHMIDT, H. J.: Buch über Kariesprophylaxe durch Fluortherapie? (1951) 695[30].

SCHMIDT, H. R.: Fibrinogengehalt im Blut von Neugeborenen 296[3].

SCHMIDT, H. W.: Brenztraubensäuregehalt in Kapillar- und Venenblut 325[8]. — Brenztraubensäuregehalt im Blut bei Ascitestumor 325[15]. — Brenztraubensäuregehalt im Blut bei Krebs- und Pellagrakranken 326[1]. — Brenztraubensäuregehalt des Blutes nach Nebennierenexstirpation 326[6]. — Cholinesterase im Blut bei Krankheiten 374[7].

SCHMIDT, J., s. KRÜGER, M. 1224[23].

SCHMIDT, M. B.: Buch über den Einfluß Fe-armer und Fe-reicher Nahrung auf Blut und Körper (1928) 664[7]. — Zusammenfassung über Verkalkung (1921) 720[1]. — Zusammenfassung über Rachitis und Osteomalacie (1929) 719[4]. — Zusammenfassung über Mineralstoffwechsel (1931) 609[12]. — Zusammenfassung über Eisenstoffwechsel (1931) 655[15]. — Zusammenfassung über Störungen des Eisenstoffwechsels und ihre Folgen (1940) 664[7]. — Experimentelle Eisenmangelkrankheit 664[6].

SCHMIDT, O.: CO-Gehalt im Blut von Rauchern und von Kraftfahrern 434[6].

SCHMIDT, P., s. KRÜGER, M. 1224[15].

SCHMIDT, P. W.: p_H-Messung auf der Haut durch Chinhydron 1169[2].

SCHMIDT, R.: Zusammenfassung über Darstellung und Nachweis kreislaufwirksamer Stoffe (1934) 1236[24].

— s. MARCHIONINI, A. 1169[2].

SCHMIDT, T., u. K.-H. BÜSING: Vitamin K-Bildung im Darm von Vögeln 194[3].

SCHMIDT, W.: Regeneration des Blutchlorgehalts 408[5].

— s. DIEMAIR, W. 842[1].

SCHMIDT, W. J.: Zusammenfassung über polarisationsoptische Erforschung des Zahnbeins (1940) 708[17]. — Apatitstruktur der Zahnsubstanz 708[17].

SCHMIDTMANN, M.: p_H-Wert des ruhenden Muskels 1166[6]. — p_H-Wert von Zellen 1172[3].

SCHMIDT-MÜHLHEIM, A.: Peptonschock und Gerinnungsfähigkeit des Blutes 498[13].

SCHMIDT-NIELSEN, K.: Phosphatidbildung in der Darmschleimhaut bei Fettresorption 795[8]. — Phosphatidumsatz in der postresorptiven Phase 843[5].

SCHMIDT-OTT, A., u. K. H. STAUDER: Nüchternsaft des Duodenums 124[8]. — Lipase im menschlichen Duodenalinhalt 171[11].

SCHMIDT-THOMÉ, J.: Cholesterinbestimmung im Blut 421[3].

— u. H. AUGUSTIN: Cholesterinbestimmung im Blut 338[10], 421[3].

— G. SCHETTLER u. H. GOEBEL: Blutcholesterin bei Unterernährung 338[9], 872[17].

SCHMIEDEBERG, O.: Thiosulfatausscheidung 954[1].

— s. MIESCHER, F. 1180[3].

SCHMITH, K., and V. FABER: Antihyaluronidasen im Serum 383[5]. — Hyaluronidasebestimmung 384[13].

— s. FABER, V. 383[5], 384[13].

SCHMITT, F.: Zusammenfassung über Stellung der Erythrocyten im Mineralhaushalt (1939) 425[9]. — „Trockene Retention" von Kochsalz 631[3].

— u. W. BASSE: Bleigehalt im Liquor cerebrospinalis bei Vergiftung 575[23].

SCHMITT, F. O., and R. S. BAER: Bau der Markscheiden 864[5].

— R. S. BAER and K. J. PALMER: Bau der Markscheiden 864[6].

SCHMITT, J., s. TRAUTMANN, A. 29[3], 101[6].

SCHMITT, J. A., s. PETERING, H. G. 1203[14].

SCHMITT, K.: Übertritt von Pankreaslipase ins Blut bei Pankreaserkrankungen 163[4]. — Atoxylresistente Serumlipase bei Pankreaserkrankungen 372[4].

SCHMITT, W.: Buch über Kolloidreaktionen der Rückenmarksflüssigkeit (1932) 568[4].

SCHMITZ, A.: Fibrinogen 295[6]. — Fibrinolyse 297[7]. — Blockierung des tryptischen Fermentes im Blut 380[11]. — D-Polypeptidasen im Serum bei Carcinom 381[6].

— u. A. FISCHER: Gereinigtes Heparin 491[13].

— s. HERKEN, H. 381[6].

SCHMITZ, E.: Freies Glycerin im Schweineserum 320[3]. — Acetonbildung aus Phenylalanin, Tyrosin und Homogentisinsäure 983[1].

— s. EMBDEN, G. 935[4], 949[2], 950[3].

SCHMITZ, P., s. BAUMANN, E. 966[15].

SCHMITZ, R. L., s. BRUNSCHWIG, A. 64[3].

SCHMOLL, E., s. HESS, N. 1211[29], 1240[19].

SCHMUCKER, T.: Borwirkung auf Keimung tropischer Seerosen 689[2].

SCHMULOVITZ, M. J., s. SCHMIDT, E. G. 329[2].

SCHMUZIGER, P.: Antipepsin 77[17].

SCHNAKENBERG, G. H. F., s. REED, L. J. 1039[1].

SCHNEIDER, A., s. ALBERS, H. 75[15].

SCHNEIDER, C. R., s. MAYRHOFER, A. 407[6].

SCHNEIDER, E., u. E. WIDMANN: Buch über Eiter (1936) 583[3]. — Carotin- und Vit-

amin A-Gehalt von Blut im Alter 359[2]. — Kein Glykogen in Eiterkörperchen 584[9]. — Milchsäuregehalt von Eiter 586[3]. — Calciumgehalt von Eiter 587[3]. — Jodgehalt des Blutes bei Schilddrüsenüberfunktion 682[17].

SCHNEIDER, E. C., s. MENDEL, L. B. 988[6].

SCHNEIDER, F., s. GRASSMANN, W. 160[19], 462[11], 463[11].

SCHNEIDER, H., and H. STEENBOCK: Rachitogene Diät 717[2].

SCHNEIDER, H. A., s. FOLCH, J. 858[24].

SCHNEIDER, J. J.: Reduktion von 11-Desoxycorticosteron durch Rattenleber 891[14]. — Δ^{5}-Pregnen-3β, 21-diol-20-on-Ausscheidung im Harn 892[8]. — Pregnan-ol-onderivate als Steroidmetabolite im Harn 893[10, 11]. — Ausscheidung von 17-Oxycorticosteron und 11-Dehydro-17-oxycorticosteron im Harn 893[24, 25].

— and P. M. HORSTMANN: Reduktion der Δ^{4}-3-Ketogruppe von Cortison durch Leber 891[7]. — Abbau von Cortison in verschiedenen Geweben 891[13].

— and H. L. MASON: Ferment der Reduktion der 17-Ketogruppe von Δ^{4}-Androstendion 897[19]. — Bildung von Δ^{5}-Androsten-3β, 17β-diol aus Dehydroandrosteron 900[2].

— s. MASON, H. L. 900[5], 902[3].

SCHNEIDER, M. C., s. OCHOA, S. 790[10].

SCHNEIDER, P., s. NOVERRAZ, M. 379[14].

SCHNEIDER, R.: Fe im Zellkern bei Avertebraten 663[2].

SCHNEIDER, R. M., and M. L. PETERMANN: Stickstoffgehalt von Zellkernen 1100[3]. — Nucleinsäuregehalt von Zellkernen 1102[11].

— s. PETERMANN, M. L. 1100[3], 1102[11].

SCHNEIDER, W. C.: Bedeutung der Ribonucleinsäuren für die Eiweißsynthese 926[3, 4]. — Verteilung von Stickstoff und RNS-Phosphor in der Zelle 1072[10]. — Intracelluläre Verteilung von Cytochromoxydase 1090[1, 4]. — Intracelluläre Verteilung von Succinoxydase 1090[1]. — Intracelluläre Verteilung von Fettsäureoxydase 1090[18]. — Zellzahlen in der Rattenleber 1098[2].

— A. CLAUDE and G. H. HOGEBOOM: Fermente in Mitochondrien, Bindung an Phosphatide 868[3].

— and G. H. HOGEBOOM: Verteilung von Stickstoff in der Zelle 1072[7]. — Intracelluläre Verteilung von Cytochromoxydase 1090[5]. — Intracelluläre Verteilung von Succinoxydase 1090[5, 16]. — Intracelluläre Verteilung von Uricase, Adenosindesaminase und Nucleosidphosphorylase 1090[29]. — Intracelluläre Verteilung von Desoxyribonuclease und Ribonuclease 1090[75]. — Intracelluläre Verteilung von Cytochrom c 1090[84]. — Abtrennung von Ribonuclease und Desoxyribonuclease aus Mitochondrien 1131[4]. — Allantoinbildung durch Mitochondrien 1150[7].

— G. H. HOGEBOOM and H. E. ROSS: Verteilung von RNS-Phosphor in der Zelle 1072[23]. — Intracelluläre Verteilung von Adenosintriphosphatase 1090[68].

— G. H. HOGEBOOM, E. SHELTON and M. J. STRIEBICH: Intracelluläre Verteilung von Fermenten 1090[145]. — Experimentelle Veränderungen der Mitochondrien in Leberzellen 1096[4]. — Einwirkung von 2-Methyl-4-dimethylaminoazobenzol auf Lebermitochondrien 1127[4], 1135[1].

— and V. R. POTTER: Intracelluläre Verteilung von Oxalessigsäureoxydase 1090[19].

— s. HOGEBOOM, G. H. 1072[15], 1090[6, 8, 11, 14, 73, 101], 1116[2], 1125[13], 1130[1], 1131[5], 1190[6], 1235[3].

— s. KIELLEY, R. K. 921[8], 1136[12].

— s. KUFF, E. L. 1127[7].

— s. LE PAGE, G. A. 1072[14].

— s. POTTER, V. R. 1137[15], 1155[2].

— s. SHELTON, E. 1096[4].

— s. STRIEBICH, M. J. 1096[4].

SCHNEITER, P.: Fakultative Anaerobier im Dickdarm 182[6].

SCHNELLER, H.: Zusammenfassung über physiologische Bedeutung des Ammoniaks im Organismus der Wirbeltiere (1935) 616[7].

SCHNETZ, H.: Insulinsparende Wirkung von Cu 669[17].

SCHOEB, E. J., s. MACK, H. C. 312[2].

SCHÖBERL, A.: Schwefelbestimmung 415[6]. — Biotin 653[5]. — Bedeutung der Thiole in Eiweißstoffen 654[11].

SCHOEDEL, W.: Zusammenfassung über Alveolarluft (1937) 503[3].

SCHOEN, R.: Resorption von Gasen im Hundedünndarm 215[7]. — Wassergehalt von Tierblut 391[8]. — N-Gehalt von Erythrocyten 431[9].

SCHOENBERG, M. D., s. MEAD, J. F. 246[4], 801[1].

SCHOENEBECK, O. v., s. GRASSMANN, W. 120[8], 123[3, 4], 160[10], 654[12].

SCHÖNDORFF, B.: Harnstoffgehalt der menschlichen Darmlymphe 551[2].

SCHÖNEFELD, A., s. FRIEDEMANN, U. 455[15].

SCHÖNFELD, H.: Ursache des „Salzfiebers“ 632[7].

SCHOENHEIMER, R.: Buch über den dynamischen Zustand der Körperbausteine (1942) Engl. 726[1]. — Dihydrocholesteringehalt des Kotes 192[9]. — Keine Resorption von Pflanzensterinen 192[13], 872[18]. — Sterinfraktionen des Kotes 192[14]. — Resorption körperfremder Sterine 249[3]. — Leberglykogen bei Glykogenose 766[4]. — Cholesteringehalt des Blutes nach Cholesterinzufuhr 871[22]. — Cholesterin-

ablagerungen nach erhöhter Zufuhr 872[1]. — Cholesterinsynthese im Körper 872[31].
SCHOENHEIMER, R., u. H. v. BEHRING: Steringehalt von Darmsäften 152[6]. — Dihydrocholesterinausscheidung im Dickdarm 192[8].
— H. v. BEHRING u. K. v. GOTTBERG: Ergosterinresorption 872[19].
— H. v. BEHRING u. R. HUMMEL: Steringehalt der menschlichen Dünndarmschleimhaut 113[1]. — Dihydrocholesterin im Blut 337[4].
— H. v. BEHRING, R. HUMMEL u. L. SCHINDEL: Dihydrocholesteringehalt des Kotes 192[10].
— and F. BREUSCH: Cholesterinabbau im Organismus 877[2].
— u. H. DAM: Ergosterinresorption 872[19].
— u. W. HERKEL: Kupfergehalt der Leber bei Cirrhose 666[10].
— and G. HILGETAG: Ausscheidung von Cetylalkohol durch die Dickdarmschleimhaut 193[1].
— u. L. HRDINA: Resorption von Wasser, Salzen und Lipoiden im Dünndarm 152[5]. — Ausscheidung von Dihydrocholesterin im Darm 152[5]. — Schicksal des Cholesterins im Darm 191[9].
— u. F. OSHIMA: Kupferaufnahme durch Hirn und Haut 666[9]. — Kupfergehalt der Leber bei Cirrhose 666[10]. — Kupfergehalt im Blut 670[3].
— and S. RATNER: Zusammenfassung über Eiweiß- und Aminosäurestoffwechsel (1941) 935[5].
— S. RATNER and D. RITTENBERG: „metabolic pool" 912[5]. — Umsatz markierter Aminosäuren 912[5,6], 923[2,5]. — Einbau von Aminosäuren in verschiedene Gewebe 923[8]. — Kein Stickstoffaustausch mit Lysin 967[8]. — Einbau von ^{15}N aus L-Leucin in Arginin 971[3].
— S. RATNER, D. RITTENBERG and M. HEIDELBERGER: Verfütterung von isotopenhaltigen Aminosäuren 912[6].
— and D. RITTENBERG: β-Oxydation von deuterierter Stearinsäure 803[2], 819[1].
— D. RITTENBERG, G. L. FOSTER, A. S. KESTON and S. RATNER: Fütterungsversuche an Ratten mit Ammoniumnitrat 617[8].
— D. RITTENBERG and M. GRAFF: Cholesterinausscheidung 875[20]. — Abhängigkeit der Koprosterinausscheidung und der Cholesterinzufuhr 876[4].
— D. RITTENBERG and A. S. KESTON: Kein Übergang des Guanidin-N aus Arginin in Purinbasen 1219[7].
— and W. M. SPERRY: Ausscheidung von Dihydrocholesterin 192[1].
— s. ANCHEL, M. 876[8].
— s. BARNES, F. W. jr. 944[4], 976[7], 1192[7], 1207[6], 1216[4], 1219[1], 1226[13], 1227[12].
SCHOENHEIMER, R., s. BEHRING, H. v. 192[11], 550[6].
— s. BERNHARD, K. 821[2], 832[4].
— s. BLOCH, K. 348[15], 617[6], 941[5], 946[1], 947[27], 948[1], 1219[9].
— s. CLUTTON, R. F. 971[4].
— s. FOSTER, G. L. 967[8], 971[2], 1219[8].
— s. MOSS, A. R. 980[4].
— s. PLENTL, A. A. 1192[16], 1219[10], 1227[8], 1230[1].
— s. RATNER, S. 912[6], 935[5], 939[2].
— s. RITTENBERG, D. 615[1], 873[2].
— s. ROLOFF, M. 969[1].
— s. SHAPIRO, A. 196[2], 235[8], 247[9], 795[1].
— s. STETTEN, M. R. 935[6], 969[2], 987[2].
— s. VIGNEAUD, V. DU 935[3], 936[1].
— s. WEISSMAN, N. 923[3], 967[9], 1219[6].
SCHÖNHEIMER, R. s. SCHOENHEIMER, R.
SCHØNHEYDER, F., u. K. VOLQVARTZ: Beständigkeit der menschlichen Magenlipase 83[18].
— s. DAM, H. 493[14,18].
SCHÖNHEYDER, F., s. SCHØNHEYDER, F.
SCHÖNHOLZER, G.: Zusammenfassung über Kaliumstoffwechsel (1942) 623[1]. — Serumkalium bei Nebennierenrindeninsuffizienz 394[19]. — Bedeutung der Diät für die Cholesterinresorption 871[16].
SCHÖRCHER, F.: Todesursache nach plötzlichen Blutverlusten 261[2]. — Serum und Plasma als Blutersatzflüssigkeiten 267[3].
SCHOFFENIELS, E.: Ultrafiltrabler Anteil des Blut-Ca bei Anodonten 644[18].
SCHOFIELD, B., and F. WATSON: Anlegung des kleinen Magens 47[9].
SCHOFIELD, F. A., and H. B. LEWIS: Resorptionsgröße verschiedener Aminosäuren 227[2].
SCHOFIELD, F. W.: Dicumarol, Ursache der Süßkleekrankheit 494[6].
SCHOLANDER, P. F., and G. A. EDWARDS: Löslichkeit von Stickstoff im Blut 505[4].
— and F. J. W. ROUGHTON: Bestimmung der Blutgase 508[1]. — Kohlendioxydbestimmung im Blut 508[2].
— s. EDWARDS, G. A. 508[1].
— s. ROUGHTON, F. J. W. 508[1].
SCHOLDERER, H., s. VERZÁR, F. 355[2].
SCHOLL, R., s. FÜRTH, O. 234[7,11], 576[21].
SCHOLTAN, W., F. E. SCHMENGLER, H. ESSER, F. HEINZLER, F. KAZMEIER, K. HINSBERG u. K. JAHNKE: Vergleichende Untersuchung von Eiweißfraktionen 300[4].
— s. ESSER, H. 294[8].
SCHOLTZ, A., s. MOHOS, E. 324[5,9].
SCHOO, A. G., u. J. BOER: Kreatinsynthese aus Glykokoll 947[23].
SCHOPFER, W. H.: Nucleinsäuren und Nucleoside als Antagonisten von Sulfonamiden 1197[13].
— et M. GUILLOUD: Nucleinsäuren und Nucleoside als Antagonisten von Sulfonamiden 1197[12].

SCHORRE, G., s. MARTIUS, C. 1058[3].
SCHOTT, H. F., s. DUNN, M. S. 915[7].
SCHOTTEN, C.: Abbau von Phenylaminoessigsäure zu Mandelsäure 929[4].
SCHOTTMAYER, A., s. THALER, H. 810[4].
SCHOTZ, M. C., L. I. RICE and R. B. ALFIN-SLATER: Intracelluläre Verteilung von Cholesterin 1077[25].
SCHOU, M., N. GROSSOWICZ, A. LAJTHA and H. WAELSCH: Glutamin-Asparagin-Transferase 921[1].
— N. GROSSOWICZ and H. WAELSCH: Bildung von γ-Glutamyl-β-asparagyl-peptiden 921[2].
— s. WAELSCH, H. 920[6].
SCHOUR, I.: Calciumstoffwechsel und Zähne 722[5].
— M. C. SMITH and M. M. HOFFMAN: Zahnentwicklung bei Vitamin A-Mangel 723[9].
— and M. M. HOFFMAN: Phosphatase beim Zahnaufbau 722[8].
— s. NOYES, F. B. 722[4].
SCHRADE, W.: Zusammenfassung über Regulation des Fett- und Lipoidstoffwechsels (1942) 332[1].
SCHRADER, G. A., C. O. PRICKETT and W. D. SALMON: Verminderung des Mg-Bestandes bei Mg-armer Kost 636[8].
SCHRAMM, G.: Zusammenfassung über Darstellung von Proteinen (1941) 294[1]. — Form und Größe der Plasmaeiweißkörper 293[1].
— u. A. WOLFF: Cholesterinesterasen 163[8], 372[20], 373[2], 796[8]. — Aktivierung der Cholesterinesterasen durch Gallensäuren 235[13]. — Cholesterinesterspaltende Enzyme in Organzellen 443[5]. — Cholesterinesterspaltendes Ferment in Erythrocyten 451[5].
— s. MERTEN, R. 81[4].
SCHREIBER u. WALDVOGEL: Harnsäuretageswerte bei Hunger 1239[11].
SCHREIBER, E., s. HOLTZ, F. 221[13].
SCHREIBER, H.: Zusammenfassung über die Bedeutung von Schwefel in Form von SH- bzw. SS-Gruppen enthaltenden Stoffen für den Organismus (1933) 651[13]. — Veränderungen im Blutschwefel bei Krankheiten 415[4].
SCHREIER, K: Phosphatasebestimmung im Blut 375[16].
— s. STELGENS, P. 349[9].
SCHREINEMAKERS, F. A. H.: Buch über Osmose (1938) Engl. 207[3].
SCHREUER, M.: Zusammenfassung über Eiweißsubstanzen und ihre Abbauprodukte (1925) 1213[3].
SCHROEDER, E. F., s. ELLIOTT, K. A. C. 1033[2].
SCHROEDER, H., u. B. B. RAGINSKY: Abgabe von Harnsäure durch die Darmdrüsen 1213[9].
— s. STEPP, W. 776[4].
SCHROEDER, H. O.: Steigerung der Harnsäure- und Allantoinausscheidung durch Salicylsäure 1249[18]. — Wirkung der Methylpurine auf Harnsäure- und Allantoinausscheidung 1250[11].
SCHROEDER, I.: Hypoglykämischer Schock nach fettreicher Kost 334[2].
SCHRÖDER, V.: Entladung des elektrokinetischen Potentials bei Erythrocytenagglutination 424[9].
SCHRÖDER, W.: Hypercalcämische Kalkmetastasen 721[3].
— s. HOLTZ, F. 645[3].
SCHROEDER, W. (v.): Harnstoffgehalt von Selachierblut 342[14]. — Ausscheidung von Ammonium-N als Harnsäure durch Hühner 1204[6]. — Vorstufen der Purinsynthese 1218[33]. — Ammoniak als Intermediärprodukt der Purinsynthese 1219[2].
SCHROPP, W., u. B. ARENZ: Borspeicherung in Pflanzen 689[1].
— s. SCHARRER, K. 643[7], 684[1], 689[9].
SCHUBE, P. G.: Schwankungen der Cholesterinwerte im Blut 337[5].
SCHUBERT, G., W. MAURER u. W. RIEZLER: Kupferausscheidung durch Darm und Niere 666[11]. — Kupfergehalt bei anämischen Tieren 668[15].
— u. W. RIEZLER: Kupferausscheidung durch Darm und Niere 666[11].
SCHUBERT, R., s. BENNHOLD, H. 308[4].
SCHUBERTH, J., s. NYBERG, A. 1090[120].
SCHUBOTHE, H., u. H. W. ALTMANN: Kälteagglutinine 424[10].
— s. HEILMEYER, L. 424[10].
SCHUCHARDT, W., s. NEUBERG, C. 750[5].
SCHUCKMANN, G. (v.), s. WALDSCHMIDT-LEITZ, E. 122[9], 160[9].
SCHÜBEL, K.: Physiologische und pharmakologische Stellung des Cholins 135[16].
SCHÜLEIN, F., s. HEUPKE, W. 172[5].
SCHÜMMELFEDER, N.: Kein Acetylcholin im Blut 352[6]. — Cholinesterase im Blut 375[3]. — Cholinesterasebestimmung 375[9].
— u. W. SCHÜMMELFEDER: Natur der Blutstäubchen 473[3].
— s. HOPPE-SEYLER, F. A. 352[6].
SCHÜMMELFEDER, W., s. SCHÜMMELFEDER, N. 473[3].
SCHUERCH, C. jr., and E. H. HUNTRESS: Modifizierte CURTIUS-SCHMIDT-Reaktion 1000[1].
SCHÜRCH, O.: Haltbarkeit von Blutkonserven 468[13].
— G. VIOLLIER u. H. SÜLLMANN: Globulinfraktionen in der Gelenklymphe 580[14].
— H. WILLENEGGER u. H. KNOLL: Buch über Blutkonservierung und Transfusion von konserviertem Blut (1942) 468[8].
— s. FISCHER, H. 469[3].
SCHÜRER, W.: Umstimmung der Darmflora durch α- und β-Maltose 183[11].
SCHÜRMEYER, A., s. HINSBERG, K. 267[1].

SCHÜTTE, E.: Abnahme des extracellulären Wassers beim Dursten 599[11].
— s. VOLHARD, F. 596[12], 597[6], 631[12].
SCHÜTZ, R.: Funktionsproben der Darmverdauung 175[8].
SCHUHKNECHT, W.: Bestimmung der Alkalimetalle 619[1].
SCHULER, B., s. RENNKAMP, F. 379[14].
SCHULER, W.: Purinsynthese als „Ausscheidungssynthese" 1208[7]. — Oxyacetylendiureincarbonsäure, Vorstufe von Allantoin 1208[31]. — Harnsäureabbau durch Uricase 1209[6].
— H. BERNHARDT u. W. REINDEL: Decarboxylierung von Tyrosin durch tierische Gewebe 931[5].
— u. W. REINDEL: Harnsäuresynthese durch Vogelorgane 1204[19]. — Synthese einer harnsäurebildenden Substanz in Taubenleber 1205[1]. — Mechanismus der Harnsäurebildung bei Reptilien und Vögeln 1207[3]. — Harnsäurebildung in der Niere 1207[9]. — Purinsynthese als „Ausscheidungssynthese" 1208[5,6], 1235[1]. — Oxyacetylen-diureincarbonsäure, Vorstufe von Allantoin 1208[35]. — Vorstufen der Pyrimidinsynthese 1227[1].
— u. A. WIEDEMANN: Decarboxylierung von Tyrosin durch tierische Gewebe 931[5].
— s. FELIX, K. 1209[5], 1210[3].
— s. REINDEL, W. 1202[16], 1203[3], 1204[20], 1205[2,5,8], 1208[9], 1210[14], 1218[32], 1220[8], 1235[1].
— s. WEBER, J. 1240[6], 1247[6].
SCHULMAN, J. H., s. FRAZER, A. C. 239[16].
SCHULMAN, M. P., and J. M. BUCHANAN: Synthese von Purinen im Cytoplasma 1153[21].
— J. C. SONNE and J. M. BUCHANAN: Synthese von Purinen im Cytoplasma 1153[20]. — Hypoxanthin- und Harnsäurebildung im Cytoplasma 1154[2].
— s. SANADI, D. R. 1044[7].
SCHULMAN, P., s. LIEBERMAN, S. 905[3], 907[8].
SCHULTE, P., s. BALZER, E. 354[4].
SCHULTEN, H.: Lehrbuch der klinischen Hämatologie; 4. Aufl. (1948) 416[17]. — Nucleinsäurehypothese der perniciösen Anämie 1257[7].
SCHULTZ, A. S., s. ROLL, P. M. 1192[14].
SCHULTZ, E. L., s. LEVER, W. F. 291[2], 312[2].
SCHULTZ, G.: Farbstofftabellen, 7. Aufl. (1931) 288[5].
SCHULTZ, H., s. NEUMANN, K. 86[16].
SCHULTZ, J(ack), u. T. CASPERSSON: Lokalisation von Nucleinsäuren und Eiweißstoffen in Chromosomen 925[9].
— s. CASPERSSON, T. 925[9].
SCHULTZ, J(ulius), and H. B. LEWIS: Selenitausscheidung durch die Lunge 695[12].
SCHULTZ, W.: Zusammenfassung zur Frage des Fe-Stoffwechsels und der Fe-Therapie vom Standpunkt der inneren Medizin (1942) 655[28].
SCHULTZE, M. O.: Zusammenfassung über metallische Elemente und Blutbildung (1940) 437[2]. — Bedeutung von Eisen und Kupfer für die Blutbildung 466[3]. — Mechanismus der Cu-Wirkung auf die Erythropoese 669[11]. — Bedeutung von Kupfer für Cytochromsynthese 1015[8].
— C. A. ELVEHJEM and E. B. HART: Hämocuprein 401[6]. — Bedeutung des Kupfers für die Hämatopoese 429[9].
— and K. A. KUIKEN: Katalasegehalt von Säugetierorganen bei Fe-Mangel 1015[5].
— s. BIERI, J. G. 360[4].
— s. ELVEHJEM, C. A. 669[3].
SCHULZ, A.: Förderung der Xanthinhydrogenase durch Radiumemanation 1203[9].
SCHULZ, F. N.: Zusammenfassung über Verdauung und Resorption der wirbellosen Tiere (1925) 6[9]. — Zusammenfassung über Verdauungsdrüsen niederer Tiere (1925) 6[11]. — Zusammenfassung über Speicheldrüsen und Speichel (1925) 10[15]. — Zusammenfassung über Gesamtspeichel (1925) 18[8]. — Zusammenfassung über Amylase (1925) 22[1]. — Zusammenfassung über Stoffwechsel der Phosphatide (1925) 248[10]. — Zusammenfassung über die Körpersäfte der Crustaceen (1925) 475[2]. — Zusammenfassung über Bildung der Lymphe (1925) 546[2]. — Zusammenfassung über Speichel und verwandte Sekrete (1925) 600[5]. — Zusammenfassung über die Tätigkeit der Niere (1925) 1212[9]. Zusammenfassung über Schweiß 1213[19]. — Chemische Zusammensetzung der Speicheldrüsen 11[6].
SCHULZ, G. V., u. E. HUSEMANN: 2,3,6-Trimethylglucose aus methylierter Amylose 744[7].
SCHULZ, H.: Siliciumausscheidung durch die Niere 690[18].
SCHULZ, J. A., and B. H. THOMAS: Beeinflussung der Fettausnutzung durch Zusammensetzung der Nahrung 248[2].
SCHULZ, W., s. MEYER, R. J. 709[1].
— s. MEYERHOF, O. 1173[13].
— s. TISCHENDORF, W. 424[10].
SCHULZE, E., E. FRITZE u. H. H. MÜLLER: Therapie der Leukämie mit Urethan 457[5].
SCHULZE, L., s. WAGNER, K.-H. 249[9].
SCHULZE, P. (Hrsg.): Buch über Biologie der Tiere Deutschlands (1930) 7[6].
SCHUMACHER, H.: Milchsäurevermehrung im Blut bei Leberschädigung 324[7].
SCHUHMACHER, H. M.: Übergang von Coffein in die Frauenmilch 1224[11].
SCHUMANN, E., s. KLENK, E. 846[6].
SCHUMANN, F., s. FRANKE, W. 813[6].

Schumm, O.: Zusammenfassung über spektrographische Methoden zur Bestimmung des Hämoglobins und verwandter Farbstoffe (1924) 432[6]. — Zusammensetzung des Pankreassaftes 157[1]. — Mineralstoffe des Pankreassaftes 158[1]. — Porphyrine in Erythrocyten 356[6]. — Protoporphyringehalt von Gesamtblut 436[10].
Schumowa-Simanowskaja, E., s. Pawlow, J. (P.) 47[6].
Schuntermann, C. E.: Resorption durch Mundhöhle und Zunge 29[6].
Schur, H., s. Burian, R. 1199[21], 1200[5], 1212[11], 1214[7], 1218[10].
Schuster, K., s. Balzer, E. 165[6].
Schuster, P., s. Lohmann, K. 747[9], 754[4], 1185[6], 1188[7].
— s. Meyerhof, O. 748[13].
Schwab, E., s. Abderhalden, E. 122[14].
Schwahn, F.: Zuckerresorption bei Coliinfektion 222[6].
Schwaibold, J., W. Borchers u. G. Nagel: Zinnbestimmung 406[9].
— u. A. Lesmüller: Zinkvorkommen in Organen 403[5].
Schwalm, H.: Methode der Viscositätsbestimmung 275[4]. — Blutverdünnung nach Wasserzufuhr 598[3].
— u. M. Güllekes: Blutkörperchensenkung in künstlichen Solen 265[6].
Schwan, H.: Bestimmung der Erythrocytenzahl 418[19].
Schwaneberg, H., s. Strack, E. 136[4,11].
Schwann, T.: Entdeckung des Pepsins 31[1].
Schwartz, C., s. Hamilton, B. 367[14].
Schwartz, L., s. Dimitriu, C. C. 408[1].
Schwartz, M. L., s. Phillips, R. W. 708[24].
Schwartz, M. S., M. M. Fisher, I. S. Wright and A. W. Duryee: Toxische Wirkung von Pankreasextrakt 190[7].
Schwartz, R., s. Darrow, D. C. 624[4].
Schwartz, S., and H. M. Wikoff: Vorkommen von Koproporphyrin III in Erythrocyten 1009[1].
— s. Lowry, P. T. 1005[1].
— s. Schmid, R. 1008[3], 1009[2].
— s. Watson, C. J. 1005[4], 1020[1].
Schwartz, T. B., s. Jager, B. V. 295[1], 300[4], 304[2], 308[3].
Schwartzkopf, W., s. Kiese, M. 1013[1].
Schwartzkopff-Jung, S., s. Heubner, W. 434[16].
Schwarz, C.: Vorkommen von Amylase im tierischen Speichel 23[2].
— u. G. Bienert: Bakterienmenge im Pferdeblinddarm 194[8].
— u. A. Erben: Bakterienmenge im Pferdeblinddarm 194[8].
— u. B. Herrmann: p_H-Wert von Speichel 19[4].
— u. H. Kaplan: p_H-Wert im Mageninhalt von Rindern 56[8].
Schwarz, C., u. W. Kaus: Amylase im Hundemagensaft aus regurgitiertem Pankreassaft 40[1].
— u. J. Tanzer: Bakterienmenge im Pferdeblinddarm 194[8].
Schwarz, E.: Entstehung der Thrombocyten aus Megakaryocyten 471[9].
Schwarz, L., s. Reiss, M. 344[6].
Schwarz, F.: CO-Gehalt im Blut von Kraftfahrern 434[8].
Schwarz, R.: Zusammenfassung über die biologische und therapeutische Bedeutung der Kieselsäure (1940) 690[12].
— R. Eden u. E. Herrmann: Calcium- und Phosphorverteilung im verkalkenden Knochen 706[1].
Schwarze, W., s. Wieland, H. 754[3].
Schwarzenbach, G., u. H. Gysling: Calciumbestimmung 397[9].
Schwarzhoff, E.: Bedeutung der Keimdrüsenhormone für die Blutbildung 465[12].
Schweet, R. S., B. Katchman, R. M. Bock and V. Jagannathan: pruvic oxidase aus Taubenmuskel 756[6]. — Enzyme der Brenztraubensäureoxydation aus Schweineherz 1040[5].
— s. Jagannathan, V. 756[6], 1040[5], 1131[2].
Schweigert, B. S., J. M. McIntire, L. M. Henderson and C. A. Elvehjem: Aneurinbildung im Darm 194[5].
— and M. M. Marquette: Chinolinsäurebildung aus 3-Oxyanthranilsäure 993[1].
— and P. B. Pearson: Folinsäuregehalt im Blut 467[15]. — Tryptophan and Pellagra 991[4]. — Trigonellin- und Nicotinsäureamidausscheidung nach Tryptophanzufuhr 991[5]. — Nicotinsäureausscheidung bei B_6-Mangelratten 993[7].
— P. B. Pearson and W. C. Wilkening: Trigonellin- und Nicotinsäureamidausscheidung nach Tryptophanzufuhr 991[5].
— s. Bokman, A. H. 993[1].
— s. Downing, M. 1244[9].
— s. Marquette, M. M. 1066[9].
— s. Rose, I. A. 1245[1].
Schweizer, W., u. H. Reber: Lymphocyten bilden keine Antikörper 458[9].
Schwendener, J., s. Fonio, A. 470[11].
Schwenk, E., s. Werthessen, N. T. 904**.
— s. Wintersteiner, O. 906[12].
Schwerdt, C. E., and H. S. Loring: Vorkommen von Uracil 1226[4].
— and A. B. Pardee: Intracelluläre Verteilung des Lansing-Virus 1147[11].
Schwert, G. W., s. Neurath, H. 159[5].
Schwiegk, H. (Hrsg.): Buch über künstliche radioaktive Isotope in Physiologie, Diagnostik und Therapie (1953) 609[25].
— u. N. Lang: Zusammenfassung über biologische Bedeutung von Kobalt (1953) 672[19].
Schwietzer, H.: Hämosiderin 660[5]. — Fe-Haushalt und Eiweißstoffwechsel 664[4].

Die Seiten 1—840 befinden sich im Bandteil a, die Seiten 841—1257 im Bandteil b.

Schwimmer, S., and A. K. Balls: Molekulargewicht der Malzamylase 165***.
Schwob, C. R., and L. R. Cerecedo: Abbauweg des Uracils 1229[1].
Scott, D. A.: Zinkgehalt von Insulin 676[5], 678[8].
— and A. F. Charles: Heparin 491[14].
— and A. M. Fisher: Zinkgehalt des Pankreas 676[6].
— s. Charles, A. F. 483[15], 491[14].
Scott, D. B. M., and S. S. Cohen: Abbau der Phosphogluconsäure 1062[3].
— s. Cohen, S. S. 1062[3].
Scott, F. H., and C. Chamberlain: Thrombin, eine Calciumverbindung 485[11].
— s. Loucks, M. M. 485[10].
Scott, G. H., and J. H. McMillen: Bleigehalt des Blutes 404[6].
Scott, G. T., M. A. Jacobson and M. E. Rice: Kaliumverlust von Hefezellen bei Glykolysehemmung 626[13].
Scott, J. C., s. Bazett, H. C. 259[12].
Scott, J. J., s. Neuberger, A. 1002[2].
Scott, K. G., s. Lawrence, J. H. 648[9,14], 848[7].
Scott, M. L., s. Daniel, L. J. 467[13].
Scott, M. W., s. Krieger, H. 547[6].
Scott, N. D., s. Conant, J. B. 505[1].
Scott, O. B., and H. N. Harkins: Amylasegehalt der Peritonealflüssigkeit 563[6].
Scott, R. B.: Eisenverlust mit dem Menstrualblut 660[13].
Scott, V. B.: Pankreasfistel beim Hund 156[7].
— and E. U. Still: Art der Bindung von Secretin im Gewebe 131[11]. — Extraktion von Secretin aus Darmschleimhaut 132[1].
Scott, W. W., s. Hudson, P. B. 377[13].
Scoz, G.: Phosphorgehalt des menschlichen Speichels 21[14].
— s. Cattaneo, C. 562[4].
Scozzari, G., s. Zummo, C. 272[4].
Scrimshaw, N. S., s. Quaife, M. L. 361[2].
Scudder, J., s. Drew, C. R. 468[10].
Scull, C. W., and W. C. Rose: Arginin als entbehrliche Aminosäure 969[5].
Scull, J. C., s. Parpart, A. K. 425[2].
Seale, B., s. Awapara, J. 938[7].
Sealock, R. R., and R. L. Goodland: Oxydation von Tyrosin im Cytoplasma 1153[4].
— R. L. Goodland, W. N. Sumerwell and J. M. Brierly: Bedeutung der Ascorbinsäure für den Tyrosinabbau 984[7].
— J. D. Perkinson jr. and D. H. Basinski: Phenylalanin- und Tyrosinabbau bei C-Avitaminose 981[2].
— and H. E. Silberstein: Phenylalanin- und Tyrosinabbau bei C-Avitaminose 981[2,3].
— s. Lan, T. H. 981[4].
— s. Vigneaud, V. du 935[2], 936[1].
Seaman, A., s. Vilter, R. W. 1227[6], 1245[4], 1251[18], 1257[1].
Seaman, A. J., s. Osgood, E. E. 1121[1].
Searle, G. W., and J. H. Annegers: Bedeutung der Galle für Fettsäureresorption 235[7].
Seastone, C. V., and R. M. Herriott: Antigenwirkung von denaturiertem Pepsin 73[6].
Seckfort, H.: Tagesmaxima und -minima der Plasmaphosphatidwerte 860[13].
Sedgwick, J. P.: Lipase im Säuglingsmagensaft 83[14]. — Fettverdauung im Säuglingsmagen 97[10].
Seed, L., B. Jaffé and C. Baumeister: Jodspeicherung in der Schilddrüse 682[2].
Seegers, W. H.: Kohlenhydratgehalt von Prothrombin und Thrombin 301[1]. — Prothrombindarstellung 478[21,26]. — Thrombindarstellung 486[9]. — Keine fibrinolytische Wirkung von gereinigtem Thrombin 489[22].
— K. M. Brinkhous, H. P. Smith and E. D. Warner: Prothrombindarstellung 478[20].
— E. C. Loomis and J. M. Vandenbelt: Prothrombindarstellung 478[23,25]. — Chemische Natur von Prothrombin 479[2]. — Prothrombingehalt des Blutes 479[11].
— and E. C. Loomis: Wirkungsmechanismus von Plasmin 298[1].
— and D. A. McGinty: Prothombinbestimmung 479[5]. — Thrombindarstellung 486[10].
— M. L. Nieft and J. M. Vandenbelt: Enzymatische Spaltung von Fibrin und Fibrinogen 477[9].
— and H. P. Smith: Chemische Natur von Prothrombin 479[3]. — Bestimmung der Antithrombinwirkung 487[12].
— and A. G. Ware: Thrombindarstellung 486[11].
— E. D. Warner, K. M. Brinkhous and H. P. Smith: Bestimmung der Antithrombinwirkung 487[11].
— s. Brinkhous, K. M. 492[16].
— s. Fahey, J. L. 482[12].
— s. Guest, M. M. 489[8], 490[1].
— s. Loomis, E. C. 478[22], 481[8].
— s. Mertz, E. T. 484[11].
— s. Murphy, R. C. 301[7], 481[13].
— s. Patton, T. B. 484[14].
— s. Sykes, E. M. jr. 482[14].
— s. Tidrick, R. T. 500[11].
— s. Ware, A. G. 301[6,8], 476[9], 478[24], 479[1], 480[16], 481[4,11,12], 482[5,7,8].
Seegmiller, J. E., and B. L. Horecker: Abbau der Phosphogluconsäure 1062[5].
— s. Horecker, B. L. 1062[4].
Seekles, L., s. Holtz, A. H. 397[10].
Seelig, S.: Antidiabetische Wirkung von Speicheldrüsen 12[7].
Seemann, J., s. Kutscher, F. 174[3], 224[3].
Segaloff, .A: Zusammenfassung über Stoffwechsel der Oestrogene (1949) 904[12].
— s. Coppedge, R. L. 906[2].

Seggel, K.-A.: Zusammenfassung über Fluorescenzphänomen und Porphyringehalt der Erythrocyten (1940) 436[6]. — Protoporphyringehalt der Reticulocyten 436[8].
Segrè, E., s. Artom, C. 117[9], 238[1], 646[12], 795[6], 847[5].
— s. Perrier, C. 238[1].
Seibert, F. B., and J. Atno: Polysaccharide im menschlichen Serum 314[2].
— M. V. Seibert, A. J. Atno and H. W. Campbell: Kohlenhydratkomponente von Globulinen 320[7]. — Kohlenhydratgehalt von α-Globulin 321[11]. — Diagnostische Bedeutung des Eiweißzuckers 322[9].
Seibert, M. V., s. Seibert, F. B. 320[7], 321[11], 322[9].
Seibert, R. A., s. Huggins, R. A. 624[13].
Seidell, A., and F. Fenger: Jahreszeitliche Schwankungen im Jodgehalt der Atmosphäre 680[6].
— s. Hunt 680[4].
Seidler, L.: P-Aufnahme durch jugendliche Pflanzen 646[8].
Seifert, P., u. R. Brossmer: Arsenbestimmung 405[21].
Seifter, J., and A. J. Begany: Gerinnungshemmende Wirkung von Schwefelsäureestern einiger Polysaccharide 492[12].
Seifter, S., E. Muntwyler and D. M. Harkness: Verteilung von Stickstoff und Ribonucleinsäure in der Zelle 1072[13].
— s. Muntwyler, E. 1072[31], 1096[15].
Seinsch, R.: Abhängigkeit der Pepsinwirkung vom Säuregehalt 77[5].
Seipelt, L., s. Kiese, M. 437[9].
Seitz, W.: Eiweißspeicherung 927[5,6].
Sekitoo, T.: Hypocalcämie bei Gallenmangel 640[3].
Seldin, D. W., and R. Tarail: Stoffaustausch zwischen extra- und intracellulärem Raum 603[1]. — Glucose und Kaliumeinwanderung in die Zelle 626[11]. — Regulation des Blutkaliums durch den Muskel 627[1].
Seligman, A. M., and M. N. Nachlas: Lipasebestimmung 372[17].
— M. M. Nachlas and M. C. Mollomo: Förderung der Serumlipase durch Taurocholat 372[1].
— s. Ravin, H. A. 375[9].
Seliškar, A., s. Macela, I. 516[2].
Seljeskog, S. R., and J. W. Cavett: Harnstoffbestimmung im Blut 343[2].
Sell, M. T., s. Steenbock, H. 638[1].
Sellers; K. C., s. Eden, E. 197[4], 247[16].
Sellman, S.: Pufferwirkung des Speichels 19[11].
Selvaggi, G.: Veränderungen des Blut p_H bei Krebskranken 543[3].
Selye, H., C. E. Hall and E. M. Rowley: Hochdruck durch Desoxycorticosteronacetat abhängig von Na-Zufuhr 622[6].
Selye, H., s. Karady, S. 407[15], 431[3].
Semenov, N. V., s. Ferdman, D. L. 1230[5].
Sen, K. C., s. Magee, H. E. 217[13], 218[1].
Senator, H., s. Lehmann, C. 641[4], 649[10], 953[12].
Sendroy, J. jr.: Zusammenfassung über Säurebasenstoffwechsel (1938) 529[2]. — Zusammenfassung über Mineralstoffwechsel (1945) 609[17]. — Sauerstoffkapazität von menschlichem Blut 511[1].
— R. T. Dillon and D. D. van Slyke: Löslichkeitkoeffizienten von Gasen 502[2].
— s. Hastings, A. B. 510[9], 532[7].
— s. Slyke, D. D. van 507[4], 532[6], 539[6], 1165[2].
Senecca, H., E. Ellenbogen, E. Henderson, A. Collins and J. Rockenbach: 11-Oxylierung von Desoxycorticosteron 886[12].
Sennhenn, H.: Vorkommen von Peptidasen im Serum 381[5].
Šepeleva, V.: Zusammensetzung des Hundespeichels 20[6].
Seppä, K.: Bedeutung des Kauens für Ausnutzung der Nahrung 29[8].
Sera, K., u. D. Aihara: Glutaminsäurebildung beim Histidinabbau 977[7].
— u. S. Yada: Urocaninase 975[14]. — Glutaminsäurebildung beim Histidinabbau 977[7].
Sera, Y.: Spaltprodukte beim enzymatischen Histidinabbau 977[11].
Seraidarian, K., s. Kerr, S. E. 1186[23], 1193[3], 1222[8].
Serantes, M. E., s. Cardini, C. E. 858[17].
Serebescu, P., et G. Alexianu-Buttu: Bromgehalt der Schilddrüse 699[24].
— s. Bertrand, G. 685[10].
Serejski, M. J.: Redoxpotential im Blut von Kranken 276[2].
— et S. B. Shneerson: Redoxpotential im Blut von Kranken 276[2].
Servier, J., s. Urbain, A. 266[8].
Sesso, A., s. Rabinovitch, M. 1231[9].
Seth, T. N., and J. M. Luck: Resorption von Aminosäuren 913[10].
— s. Luck, J. M. 35[1], 37[6].
Setz, P., s. Thannhauser, S. J. 442[7], 858[17].
Seuberling, O., s. Tropp, C. 576[8].
Seubert, W., and F. Lynen: Äthylenreduktase 1048[3].
Sevag, M. G., s. Stewart, R. C. 1221[11].
Severin, S. E., E. F. Georgievskaya u. V. I. Ivanov: Phosphocarnosinspaltung 979[2].
— V. I. Ivanov, N. P. Karuzina and R. Y. Yudelovich: Carnosin- und Anseringehalt männlicher und weiblicher Tiere 979[3].
— V. H. Tyunin u. O. Shishova: Carnosinbindung an Eiweiß 978[10].

Die Seiten 1—840 befinden sich im Bandteil a, die Seiten 841—1257 im Bandteil b.

SEVERY, H. W.: Zinkgehalt von Meerestieren 675[12].
SEVILLA, J., u. J. A. DI MENZA: Phenolbestimmung im Blut 329[5].
SEVRINGHAUS, E. L., s. CAPE, J. 541[2].
SEYDERHELM, R.: Buch über die Hypovitaminosen (1938) 454[9]. — Zusammenfassung über Leukocyten (1928) 455[7]. — Zusammenfassung über Störungen der Darmresorption (1929) 200[11].
— u. W. LAMPE: Zusammenfassung über Blutmengenbestimmung (1925) 258[5].
— K. MULLI u. J. THYSSEN: Redoxpotential von Blut 275[11].
— u. C. OESTREICH: Untergangsort der Leukocyten 470[3].
— u. J. THYSSEN: Technik der Messung des Redoxpotentials 276[3].
SFORZINI, P.: Schutzwirkung von Theobromin auf die Leber 1248[2].
SHACK, J.: Intracelluläre Verteilung von Dehydropeptidasen 1090[55]. — Spaltung von Dehydropeptiden im Cytoplasma 1153[18]. — Harnsäuregehalt von Tumoren 1199[1].
SHAFFER, P. A., s. FRIEDEMANN, T. E. 324[14].
— s. WOLF, C. G. L. 946[3], 955[2].
SHAFFRAN, J. P., s. HESS, W. C. 227[7].
SHAFRAN, M., s. KALCKAR, H. M. 1195[6].
SHAKIR, M. H., s. BOWNESS, J. M. 679[5].
SHAMBAUCH, N. F., H. B. LEWIS and D. TOURTELLOTTE: Resorption von Aminosäuren 913[10]. — Keine Ausscheidung von Oxyphenylbrenztraubensäure nach L-Tyrosinzufuhr 980[6].
SHANBERGER, J. N., s. QUICK, A. J. 470[19].
SHAPIRO, A., H. KOSTER, D. RITTENBERG and R. SCHOENHEIMER: Fettausscheidung durch den Dickdarm 196[2]. — Bedeutung von Gallensäuren für Fettsäureresorption 235[8]. — Herkunft der Fette in den Faeces 247[9]. — Resorption von deuteriertem Fett bei Gallenfistel 795[1].
SHAPIRO, B., and E. WERTHEIMER: Acetylphosphatase, Vorkommen 788[2].
— s. HERZ, N. 319[6].
— s. STERN, J. R. 790[11], 1036[11], 1043[3,4], 1046[4], 1047[1].
SHAPIRO, B. G., and H. ZWARENSTEIN: Kreatinsynthese 946[12], 947[13].
SHAPIRO, S., s. UNGER, P. N. 361[6].
— s. WEINER, M. 490[8].
SHARLIT, H.: Indicangehalt des Blutes 350[23]. — Indicangehalt im Blut nach Belastung mit Indolderivaten 351[4].
SHARNOFF, J. G., J. R. LISA and P. A. RIEDEL: Vermehrung der Serumphosphatase bei Tumormetastasen 376[15]. — Nucleosidasen im Blut 378[2].
SHARPE, L. M., W. C. PEACOCK, R. COOKE and R. S. HARRIS: Behinderung der Eisenresorption durch Phytinsäure 657[9].
SHARPLESS, G. R., and E. V. MCCOLLUM: Keine Fluormangelerscheinungen 699[9].
— s. WILLIAMS, H. H. 1077[3].
SHASKAN, E., s. PAPPENHEIMER, A. M. jr. 1015[7].
SHAW, F. H.: Acetylcholin in Hunde- und Katzendarm 139[5]. — Adrenalingehalt von Kaninchenblut 369[13].
SHAW, J. H., s. BOYER, P. D. 671[19].
— s. DEANE, H. W. 620[15].
— s. SOGNNAES, R. F. 722[10].
SHAY, H., J. GERSHON-COHEN and S. S. FELS: Zuckerresorption im Magen 221[16].
— J. GERSHON-COHEN, S. S. FELS and F. L. MUNRO: Resorptionsgeschwindigkeit von Kohlenhydraten 216[13].
— s. MORRISON, J. L. 221[20].
— s. SIPLET, H. 71[16].
SHEAHAN, M. M.: Vitamin-C-Gehalt im Blut von Schlachttieren 365[12].
SHEALY, A. L., s. NEAL, W. M. 668[9].
SHEAR, M. J., and B. KRAMER: Beeinflussung der Bildung von Calciumphosphat durch Eiweiß 710[4]. — Wirkung von AT 10 auf Calciumstoffwechsel 720[11].
— s. KRAMER, B. 709[10], 720[11].
SHEEHAN, H. L., s. DUNN, J. S. 779[2].
SHEEHY, E. J.: Kobaltmangelkrankheiten 673[15].
SHEEL, P., s. DAY, J. N. E. 615[2].
SHEFFNER, A. L., J. B. KIRSNER and W. L. PALMER: Aminosäuren im Blut 344[1].
SHELDON, W., and A. MCMAHON: Störung der Fettresorption bei Coeliakie 247[4].
SHELINE, G. E., I. L. CHAIKOFF, H. B. JONES and M. L. MONTGOMERY: Eisenresorption nach Blutverlusten 663[9]. — Verteilung von i. v. zugeführtem Zink 677[10].
— s. MONTGOMERY, M. L. 158[10], 677[11].
SHELLING, D. H., B. KRAMER and E. R. ORENT: Hemmung der Ossifikation von rachitischen Knochen durch Mg 637[4].
— s. KRAMER, B. 637[4].
SHELTON, E., W. C. SCHNEIDER and M. J. STRIEBICH: Experimentelle Veränderung der Mitochondrien in Leberzellen 1096[4].
— s. SCHNEIDER, W. C. 1090[145], 1096[4], 1127[4], 1135[1], 1137[1].
— s. STRIEBICH, M. J. 1096[4].
SHEMIN, D.: Bausteinanalysen von Plasmaproteinen 303[6]. — Glykokollsynthese 939[12,13], 940[1,2]. — Abbau von Serin zu Glykokoll 942[1]. — Übergang von Glykokoll-N in Protoporphyrinderivate 943[7]. — Lebensdauer von Hühnererythrocyten 1016[6]. — Decarboxylierung von Aminomalonsäure 1058[1].
— and S. KUMIN: Bildung von Succinylcoenzymkomplex im Citronensäurecyclus 1002[1].
— I. M. LONDON and D. RITTENBERG: Hämaufbau aus Glykokoll in kernhaltigen Erythrocyten 436[16]. — Beteiligung von

Glycin und Serin an der Häminsynthese 943[9]. — Einbau von ^{15}N-markiertem Glycin in Häm von Entenblut 998[3].
SHEMIN, D., and D. RITTENBERG: Lebensdauer der Erythrocyten 261[7], 399[1], 468[1]. — Beteiligung von Glykokoll am Aufbau von Porphyrin 436[14], 943[7], 997[3]. — Verfütterung von isotopenhaltigen Aminosäuren 912[6]. — Halbwertszeit von Rattenlebereiweiß 923[6]. — Aminogruppenaustausch bei Aminosäuren 935[5]. — Verwendung von Glykokoll zur Harnsäuresynthese 944[9], 1206[1]. — Herkunft der N-Atome der Harnsäure 944[12]. — Einbau von isotopem N in Hämin 997[6].
— S. TANENBAUM and W. FRIEDMANN: Beteiligung von Glutaminsäure an Synthese von Glykokoll und Serin 941[13].
— and C. S. RUSSELL: δ-Aminolävulinsäure als Pyrrolvorstufe 1002[2].
— and J. WITTENBERG: Zusammenfassung über Isotope in der Biochemie; Teil II (1951) 1004[6]. — Verwendung von Essigsäure zur Synthese von Pyrrolfarbstoffen 838[7]. — Aufklärung der biologischen Porphyrinsynthese 998[9]. — Identifizierung der Herkunft der C- und N-Atome des Protoporphyrins 999[1]. — Succinyl-coenzymkomplex als Pyrrolbaustein 1001[4].
— s. HERBST, R. M. 937[3].
— s. LONDON, I. M. 436[17], 997[5], 998[1,4], 1007[5], 1011[1], 1016[2], 1019[4], 1020[4].
— s. RADIN, N. S. 836[6], 943[11], 944[2], 997[7], 998[7,8].
— s. RITTENBERG, D. 909[3].
— s. SCHAYER, R. W. 997[8].
— s. TANENBAUM, S. W. 937[2].
— s. WITTENBERG, J. 943[10], 1002[3].
SHEPHERD, J. H., and G. KALNITSKY: Intracelluläre Verteilung von Glutaminase 1090[51].
SHEPHERD, M., s. WILLIAMS, H. H. 858[17].
SHEPPARD, C. W., E. B. WELLS, P. F. HAHN and J. P. B. GOODELL: Verteilung von radioaktivem Gold im Körper 687[10].
— s. HAHN, P. F. 659[7].
SHEPPARD, L., s. WALKER, F. 24[6].
SHEPPARD, R., s. INGLE, D. J. 773[8], 778[5].
SHERIDAN, E., s. FENN, W. O. 1166[10].
SHERMAN, C. C., s. PUCHER, G. W. 1060[1].
SHERMAN, H. C.: Buch über Calcium und Phosphor in Nahrungsmitteln und in der Nahrung (1947) Engl. 637[18].
— and L. E. BOOHER: Calciumgehalt von Ratten bei calciumarmem Futter 713[14]. — Calcium- und Phosphatgehalt der Nahrung und Rattenrachitis 717[3]. — Optimales Calcium: Phosphat-Verhältnis für Knochenmineralisierung 718[2].
— M. L. CALDWELL and M. N. NAYLOR: Aktivierung von Amylasen durch Aminosäuren 164[18].
SHERMAN, H. C., and F. L. MCLEOD: Calciumkonzentration im Rattenkörper 704[2]. — Calciumgehalt von Ratten bei kalkarmem Futter 713[14].
— and A. M. PAPPENHEIMER: Rattenrachitis durch Ca-Überschuß 646[13]. — Rachitogene Diät 713[10], 717[2].
— s. CAMPBELL, H. L. 642[6], 713[15].
SHERROD, T. R., and J. LOUIS: Gefäßerweiterung durch Cozymase 1236[27].
SHERRY, S., and J. P. GOELLER: Desoxyribonucleotidase in Streptokokkenkulturen 1186[15].
SHERWIN, C. P.: Mercaptursäuren als Zwischenstufe der Esterschwefelsäurebildung 953[5].
— s. CROWDLE, J. H. 946[12].
— s. HARROW, B. 528[8], 975[9].
— s. MULDOON, J. A. 967[1].
— s. SHIPLE, G. J. 938[9].
SHERWOOD, M. B., s. HITCHINGS, G. H. 1245[8], 1257[5].
SHETLAR, C. L., s. SHETLAR, M. R. 319[4].
SHETLAR, M. R.: Kohlenhydratgehalt von α-Globulin 321[11].
— K. H. KELLEY, J. V. FOSTER, C. L. SHETLAR and M. R. EVERETT: Polysaccharide im Blut bei Schwangerschaft 314[4].
SHETTLES, L. B., s. HOLT, L. E. jr. 934[3].
SHIBATANI, A., s. FUKUDA, M. 1097[2].
SHICHIRI, G., u. M. KIYOKAWA: Mechanismus des Tryptophanabbaus 988[11].
— s. KOKTAKE, Y. 988[11].
SHIM, H. S.: Leukocytose und Harnsäureausscheidung 1199[12].
SHIMA, K.: Eiweißresorption im oberen Dünndarm 228[13].
SHIMIZU, T.: Vergärung von Inulin, Lichenin und Hemicellulosen im Dickdarm 188[9].
SHIMOTORI, N., and A. F. MORGAN: P-Resorption bei normalen und rachitischen Ratten 646[14].
SHINGU, T., s. KASAHARA, M. 568[13].
SHINODA, O., s. WALDSCHMIDT-LEITZ, E. 121[4].
SHINOWARA, G. Y.: Fibrinolytische Wirkung von Euglobulin 489[18]. — Bakterielles Fibrinolysin als Streptokinase 489[24]. — Thrombokinasegehalt von Mikrosomen 1152[1].
SHIPLE, G. J., and C. P. SHERWIN: Glykokollsynthese für die Hippursäurebildung 938[9].
— s. MULDOON, J. A. 967[1].
SHIPLEY, P. G., and L. E. HOLT jr.: Hemmung der Ossifikation von rachitischem Knorpel durch Mg 637[3].
— B. KRAMER and J. HOWLAND: Beeinflussung der Bildung von Calciumphosphat durch Eiweiß 710[4].
— E. A. PARK, E. V. MCCOLLUM, N. SIMMONDS and E. M. KINNEY: Strontium und Rubidium im Stoffwechsel 684[14].
— s. MCCOLLUM, E. V. 713[12], 717[2].

Shipley, R. A., s. Dorfman, R. I. 889[7], 897[2].
Shirley, E. L., s. Pepkowitz, L. P. 415[5].
Shirley, R. L., s. Wallace, H. D. 640[13].
Shishova, O. A., s. Severin, S. E. 978[10].
Shive, W.: Purinsynthese aus Aminoimidazolcarboxamid in Colikulturen 1221[14]. — Förderung der Thyminsynthese durch p-Aminobenzoesäure 1228[8]. —Wirkungsmechanismus der Folsäure 1245[7]. — Bedeutung von p-Aminobenzoesäure für Purin- und Pyrimidinsynthese 1246[9]. — Nucleinsäurehypothese der perniciösen Anämie 1257[4].
— W. W. Ackermann, M. Gordon, M. E. Getzendaner and R. E. Eakin: Aminoimidazolcarboxamid als Vorstufe der Purinsynthese durch E. coli 1221[4].
— and E. C. Roberts: Bedeutung von p-Aminobenzoesäure für Purin- und Pyrimidinsynthese 1246[5].
— s. Rogers, L. L. 1221[15], 1228[9], 1245[5], 1257[2].
Shneerson, S. B., s. Serejski, M. J. 276[2].
Shock, N. W., and A. B. Hastings: Regulation des Säure-Basen-Gleichgewichtes 541[4]. — p_H-Wert im Blut von Frauen 542[7].
Shoda, M., s. Karasawa, R. 168[2].
Shohl, A. T.: Buch über Mineralstoffwechsel (1939) Engl. 609[2]. — Zusammenfassung über Calcium- und Magnesiumstoffwechsel (1933) 634[19]. — Zusammenfassung über Mineralstoffwechsel (1933) 637[21]. — Zusammenfassung über Stoffwechsel von Natrium, Kalium und Chlorid (1934) 618[7].
— and S. B. Wolbach: Rattenrachitis bei niedrigen Calcium : Phosphat-Werten in der Nahrung 717[4].
— s. Cannon, W. B. 769[1].
Shoppee, C. W., s. Reichstein, T. 881[7].
Shorland, F. B.: Ungesättigte Fettsäuren in Taubenorganen 845[4].
— s. Bruce, L. W. 845[4].
Shorr, E., s. Barker, S. B. 1028[11].
— s. Furchgott, R. F. 789[8].
— s. Taussky, H. H. 1060[1].
Short, E. M., s. Dean, H. T. 698[5].
Shoshkes, M., R. P. Geyer and F. J. Stare: Resorption von Fettemulsionen 232[9], 801[2]. — Phosphatide und Geschwindigkeit der Fettresorption 843[9].
Shreeve, W. W.: Acetylbildung aus Propionsäure 809[2].
— G. H. Feil, V. Lorber and H. G. Wood: Einbau von ^{13}C aus Hydrogencarbonat in Glucose 761[8].
Shukers, C. F., E. M. Knott and F. W. Schlutz: Altersveränderungen der Magnesiumwerte im Blut 398[5]. — Magnesiumausscheidung im Kot 636[15].
Shull, G. M., J. L. Sardinas and R. C. Nubel: Steroidtrennung durch Papierchromatographie 879[10].
Shulman, N. R., and H. J. Tagnon: Bestimmung der Serumproteasen 380[19].
Sibbel, B., s. Kaufmann, H. P. 841[3].
Sibley, J. A., and A. L. Lehninger: Aldolase im Blut tumortragender Tiere 382[1]. —Aldolasegehalt von Leber und Niere 748[7].
Sibul, I., s. Fleisch, A. 136[6].
Sibuta, H., s. Yosikawa, H. 401[4].
Sicher, H., s. Weinmann, J. P. 700[23].
Sickel, H.: Zusammenfassung über Cholin (1930) 135[6].
Siebeck, R.: Zusammenfassung über Physiologie des Wasserhaushaltes (1926; 1932) 210[4].
Siebert, G.: DNS-Gehalt des Zellkerns als Bezugsbasis 1103[10]. — Vorkommen von Fermenten im Zellkern 1116[18].
— u. K. Lang: Vorkommen von Esterase im Zellkern 1116[26].
— K. Lang u. A. Corbet: p_H-Optima von Polynucleotidasen 1186[22].
— K. Lang u. F. Fischer: Protease aus Schweinenieren-Zellkernen 1113[1].
— K. Lang u. H. Lang: Intracelluläre Verteilung von Vitamin B_{12} 1096[9]. — Aufnahme von Schwermetallen durch Zellkern 1124[4].
— K. Lang, S. Lang-Lucius, L. Herkert, G. Stark, G. Rossmüller u. H. Jöckel: Aktivierung der Zellkern-Desoxyribonuclease durch Mg-Ionen 1112[1]. — Vorkommen von Desoxyribonuclease im Zellkern 1116[24].
— K. Lang, S. Lucius u. G. Rossmüller: Analysen von Schweinenieren-Zellkernen 1099[1]. — Vorkommen von Phosphorylase im Zellkern 1116[23]. — Bildung von Glucose-1-phosphat aus Rohrzucker in Zellkernen 1118[6]. — Umsatzgeschwindigkeit von Ribonucleotiden und Desoxyribonucleotiden 1120[15]. — Einbau von ^{32}P in Zellkernphosphatide 1123[2]. — Einbau von ^{32}P in Phosphoproteide 1124[2].— Einbau von ^{32}P in Nucleinsäuren 1190[7], 1193[13].
— K. Lang u. L. Müller: Vorkommen von D-Peptidase im Zellkern 1116[27]. — D-Peptidspaltung durch Zellkerne 1125[10].
— K. Lang, L. Müller, S. Lucius, E. Müller u. E. Kühle: Carboxyl-, Peptid- und Rest-N-Gehalt von Zellkernen 1100[6]. — Vorkommen von Fermenten im Zellkern 1116[14]. — Glutathionase- und Glutaminsäuredehydrogenase in Zellkernen 1125[11]. — Transpeptidierung bei der Proteinsynthese im Zellkern 1125[11].
— u. G. Stark: Intracelluläre Verteilung von Stickstoff und Phosphor in der Placenta 1072[39]. — Intracelluläre Verteilung von Choriongonadotropin 1096[24].

SIEBERT, G., s. LANG, K. 671[6], 784[2], 1065[1], 1066[4], 1098[15], 1101[4], 1105[7], 1113[2], 1116[10, 11, 13, 15, 19—22], 1117[1], 1118[5], 1123[1,3], 1124[3,6], 1125[2,8,12], 1126[1], 1190[5], 1192[11], 1197[8], 1220[4].
SIEBURG, E.: Feste Bestandteile des Liquor cerebrospinalis 567[2].
— u. G. MORDHORST: Tannase im Blut 377[20].
SIEDEL, W.: Zusammenfassung über Gallenfarbstoffe (1939) 437[5].
— W. v. PÖLNITZ u. F. EISENREICH: Bilifuscingehalt des Kotes 180[5]. — Bilifuscin und Mesobilifuscin 355[9].
— u. F. WINKLER: Porphyrinsynthese aus Pyrrolen 1003[1].
SIEGEL, I., and J. LAFAYE: Bildung von Formaldehyd aus der Methylgruppe von Sarkosin 941[7].
— and V. LORBER: Glykogenbildung aus Valeriansäure 808[4].
SIEGMUND, H.: Fragliche Bedeutung des reticuloendothelialen Systems für die Bildung der Bluteiweißkörper 288[4].
SIEKEVITZ, P.: Einbaumechanismus der Aminosäuren in Eiweiß 925[6]. — Keine Reduktion von Ameisensäure zu Formaldehyd durch Rattenleber 941[9]. — Proteinsynthese durch isolierte Mitochondrien 1145[7].
— and D. M. GREENBERG: Oxydation labiler Methylgruppen zu Formiat 840[1]. — Mechanismus der Serinsynthese aus Glykokoll 940[6]. — Bildung von Formaldehyd aus labilen Methylgruppen 941[10].
— and V. R. POTTER: Intracelluläre Verteilung von Myokinase 1090[113]. — Adenylsäureumsatz in Lebermitochondrien 1138[9]. — Aktivierung von Phosphorylierung und Oxydation in Mitochondrien bei Citrullinsynthese 1155[5].
— and P. C. ZAMECNIK: Bedingungen des Einbaus von Aminosäuren in Lebereiweiß 924[12].
— s. POTTER, V. R. 1138[11].
SIENICKI, F., s. STANKIEWICZ, R. 568[7].
SIENZ, M., s. EISENBRAND, J. 403[15], 675[5], 676[7], 678[9].
SIERACKI, A. L., s. GOLDEN, L. A. 165[2].
SIGNER, R., T. CASPERSSON and E. HAMMARSTEN: Lokalisation von Nucleinsäuren und Eiweißstoffen in Chromosomen 925[9].
SIGOT, A., s. GUILLEMET, R. 402[11].
SIKUMA, K.: Verschlechterung der Resorption von Glucose und Fructose durch Fett-Eiweiß-Diät 217[8]. — Einfluß der Vorernährung auf Resorption von Glykokoll und Glucose 228[2].
SILBER, R. H., s. STERN, K. G. 440[4].
— s. CHOW, B. F. 674[9].
— s. PORTER, C. C. 993[6].
SILBER, W.: Mineralstoffgehalt von Knorpel 701[2], 702[6].
SILBERSTEIN, F., u. L. HAUSWIRTH: Duodenum, kein lebensnotwendiges Organ 198[5].
SILBERSTEIN, H. E., s. SEALOCK, R. R. 981[2,3].
SILLÉN, L. G., s. MYRBÄCK, K. 744[3].
SILLS, R. A., s. GREENBERG, D. M. 1072[1].
SILVER, S., and M. H. FIEBER: Organisch gebundenes Jod im Blut 683[2].
SILVERMAN, D. N., s. HUME, H. V. 170[1].
SILVESTRI, A.: Schwefelgehalt von menschlichem Serum und Liquor 576[10].
SILVETTE, H., s. BRITTON, S. W. 394[2], 773[1].
SIMKIN, B., s. MIRSKY, I. A. 771[5].
SIMKINS, S., s. BERNSTEIN, M. 262[3].
SIMMEL, H.: Zusammenfassung über osmotische Resistenz der Erythrocyten (1925; 1933) 421[12].
SIMMONDS, N., s. McCOLLUM, E. V. 713[11,12], 717[2], 911[3].
— s. SHIPLEY, P. G. 684[14].
SIMMONDS, S., M. COHN, J. P. CHANDLER and V. DU VIGNEAUD: Methylgruppenaustausch zwischen Methionin und Cholin bzw. Kreatin 960[13]. — Methylaufnahme und -abgabe durch Dimethylaminoäthanol 961[1].
— and V. DU VIGNEAUD: Methylgruppenaustausch zwischen Methionin und Cholin bzw. Kreatin 960[13]. — Biologischer Ersatz von Cholin durch Methionin 961[10].
— s. SCHENCK, J. R. 961[12].
— s. VIGNEAUD, V. DU 853[14], 854[4,7], 855[8], 943[6], 961[1-3,5], 960[13], 963[1,3].
SIMMS, H. S., s. LEVENE, P. A. 851[2].
SIMOLA, P. E., s. KRAEMER, V. v. 715[1].
SIMON, A.: Verteilung der Aminosäuren im Blut 345[7].
— u. B. ZEMPLÉN: Verteilung der Aminosäuren im Blut 345[7].
SIMON, C. E.: Ausscheidung von Cadaverin und Putrescin 954[17].
— and D. G. CAMPBELL: Cystein/Cystinabbau zu Sulfat 956[9].
— s. LEWIS, M. W. 954[17,21].
SIMON, H.: Übertritt von Pankreaslipase ins Blut bei Pankreaserkrankungen 163[3]. — Vorkommen von Lipase in Erythrocyten 451[6].
SIMON, M., s. EDLBACHER, S. 931[4].
SIMON, N.: Salzsäurebildung im Magen nach Bestrahlung mit α-Teilchen 46[1].
SIMON, O.: Prüfung der Zuckerbildung aus Valin und Leucin 951[4].
SIMONDS, R., s. KING, F. B. 915[11].
SIMONETTI, G. B. E.: Blutbildungsherde 465[1].
SIMONNET, H., et J. STERNBERG: Übergang von anorganischem P in Phosphoproteide der Milchdrüse 647[14].
— s. CARNOT, P. 43[21].
— s. COLAS, J. 226[15], 646[15].
— s. LAROCHE, G. 368[7].
SIMONOVITS, S.: Glykogenbestimmung 321[9].
SIMONS, H., s. NICOLLE, P. 265[11].

SIMONSEN, D. G., M. WERTMAN, L. M. WESTOVER and J. W. MEHL: Anorganisches Phosphat im Blut 413[2].
SIMONSON, H. C., s. POTTER, V. R. 1138[11].
SIMPSON, J. L., s. REID, J. C. 977[4].
SIMPSON, L., s. SKIPPER, H. E. 1197[7], 1234[15], 1248[13].
SIMPSON, S., s. HUNTER, A. 680[5].
SIMPSON, S. A., s. GRUNDY, H. M. 881[13].
SINA, A., s. MOUBASHER, R. 345[12].
SINCLAIR, H. M.: Vitamin B_1-Gehalt im Plasma 361[13]. — Verteilung der Cocarboxylase und des Aneurins im Blut 451[20]. — Cocarboxylasegehalt von Blutzellen 452[1]. — Aneuringehalt von Liquor cerebrospinalis 574[6].
— s. GOODHART, R. S. 362[8], 451[20], 452[1].
— s. LLOYD, B. B. 365[17].
SINCLAIR, R. G.: Trennung der Mucosa des Darmes von der Muscularis 114[5]. — Phosphatide der Darmmucosa von Katzen 115[1]. — Veränderung der Phosphatidfettsäuren der Darmmucosa durch Fettfütterung 115[2]. — Austausch der Phosphatidfettsäuren von Darmmucosa und Leber durch Nahrungsfettsäuren 115[3]. — Wege der Fettresorption im Darm 117[4]. — Keine Veränderung der Darmfette durch Jodessigsäure 117[5]. — Einbau von Elaidinsäure in Organfette 117[8]. — Mechanismus der Resorption ungesättigter Fettsäuren 118[11]. — Jodzahl von Phosphatidfettsäuren in der Darmwand und von verfütterten Fettsäuren 238[4]. — Einbau von Elaidinsäure in Phosphatide der Darmwand 238[6]. — Kephalingehalt des Blutes 335[2]. — Umsatzgeschwindigkeit der einzelnen Phosphatide 848[9]. — Einbau ungesättigter Fettsäuren in Organphosphatide 849[7-10]. — Phosphatidgehalt von Blutplasma 858[17,22,25]. — Kephalingehalt von Vogelblut 859[2]. — Kein Einfluß der Ernährung auf Gehirnphosphatide 865[7].
— and W. R. BLOOR: Austausch der Phosphatidfettsäuren von Darmmucosa und Leber durch Nahrungsfettsäuren 115[4].
— and R. J. FASSIMA: Verschlechterung der Zuckerresorption bei Fetternährung 217[7].
— and C. SMITH: Phosphatide im Katzendarm 114[7]. — Veränderung der Phosphatidfettsäuren der Darmmucosa durch Fettfütterung 115[2], 116[1]. — Phosphatidfettsäuren von Darmmuscularis, Skeletmuskel und Gehirn werden nicht gegen Nahrungsfettsäuren ausgetauscht 115[5]. — Jodzahl von Phosphatidfettsäuren in der Darmwand und von verfütterten Fettsäuren 238[5]. — Einbau von Elaidinsäure in Phosphatide 842[14].
— H. TSUYUKI and E. MINOVITCH: Zusammensetzung der Phosphatidfraktion des Blutes 334[12].
SINCLAIR, R. G., s. McCONNELL, K. P. 865[7].
SINELNIKOFF, E. I., u. M. A. JASSINOWSKY: Lymphocyten und Epithelzellen im Darmlumen 122[1].
— M. T. KOVALEVA et A. E. GUERCHOWITCH: Funktion der Lymphknötchen der Darmschleimhaut 107[9].
SINGAL, S. A., A. P. BRIGGS, V. P. SYDENSTRICKER and J. M. LITTLEJOHN: Trigonellin- und Nicotinsäureamidausscheidung nach Tryptophanzufuhr 991[5].
— V. P. SYDENSTRICKER and J. M. LITTLEJOHN: Tryptophan und Pellagra 991[4].
SINGER, K.: Zusammenfassung über Antiperniciosaprinzip (1935) 83[5]. — Lecithingehalt des Gehirns bei Paralyse und Kachexie 864[11].
— J. C. KING and S. ROBIN: Lebensdauer der Erythrocyten bei perniciöser Anämie 468[3].
— S. ROBIN, J. C. KING and R. N. JEFFERSON: Lebensdauer der Erythrocyten 467[18]. — Lebensdauer der Erythrocyten bei Sichelzellenanämie 468[4].
SINGER, L., and W. D. ARMSTRONG: Leicht und schwer austauschbares Calcium im Knochen 716[3].
— s. COMAR, C. L. 401[10], 429[8], 666[13], 686[11].
SINGER, M.: Fibrin als Stützsubstanz bei Nervennaht 500[7].
— s. FERRY, J. D. 296[11].
SINGHER, H. O., C. J. KENSLER, H. C. TAYLOR jr., C. P. RHOADS and K. UNNA: Stoffwechsel der C_{18}-Ketosteroide in der Leber 905[9].
SINNHUBER, R. O., s. BUTTS, J. S. 951[6], 968[1].
SINSHEIMER, R. L., and J. F. KOEPNER: Bildung von Di-desoxycytidylsäure aus Desoxyribonucleinsäure 1226[1].
SIPERSTEIN, M. D., I. L. CHAIKOFF and S. S. CHERNICK: Cholesterinsynthese 874[8].
— I. L. CHAIKOFF and W. O. REINHARDT: Bedeutung von Galle für Cholesterinresorption 794[5].
— s. CHAIKOFF, I. L. 871[4], 878[4].
SIPLET, H., S. A. KOMAROV and H. SHAY: Schleimbestimmung im Magensaft 71[16].
SIRI, W., s. PRENTICE, T. C. 591[3].
— s. BERLIN, N. I. 673[8].
SISCO, R. C., B. CUNNINGHAM and P. L. KIRK: Elektrode zur Gewebs-p_H-Messung 1168[3].
SISSON, R. B., s. KING, E. J. 432[20].
SIVÉN, V. O.: Spaltung des Purinringes durch Colibakterien 1213[17]. — Harnsäureausscheidung nach purinfreiem Eiweiß 1240[21].
SIVÓ, R., s. FORRAI, E. 560[10].
SJÖBERG, K.: Pyrophosphatase des Blutes 377[8].
SJÖHOLM, O., s. VESTERBERG, R. 404[15].
SJÖQVIST, J.: Darmkonkremente 184[7].

SJÖQVIST, O.: Täglich neugebildete Liquormenge 566[10].
SJÖSTRAND, T.: Kohlenmonoxydbildung bei Aufspaltung des Porphinringes 1018[8].
SJÖSTRÖM, P.: Citronensäuregehalt von Geweben und Körperflüssigkeiten 1061[2].
SJOLLEMA, B.: Celluloseausnutzung bei Wiederkäuern 187[11]. — Kupfergehalt im Rinderblut 402[6]. — Cu-Mangel Ursache der Lecksucht 668[4]. — Cu-Mangel als Ursache von Tierkrankheiten 668[8].
SKANSE, B. N.: Jodausscheidung durch die Niere 681[13].
— and D. S. RIGGS: Jodausscheidung durch die Niere 681[12].
SKARŹYŃSKI, B., s. EULER, H. v. 325[14], 1187[16] 1222[14].
SKEGGS, H. R., H. M. NEPPLE, J. SPIZIZEN and L. D. WRIGHT: Vitamin B_{12} als Wuchsstoff für Lactobacillen 1244[8].
— s. WRIGHT, L. D. 1222[12], 1227[5].
SKELTON, F. R., H. M. MCCONKEY, J. K. SOUCH and G. A. GRANT: Resorption von Glucose- und Fructosederivaten 220[12].
SKIDMORE, B. E., s. DAY, H. G. 677[16].
SKIPPER, H. E., and J. H. BURCHENAL: Hemmung der Nucleinsäuresynthese durch A-Methopterin 1197[10].
— and J. H. MITCHELL jr.: Einbau von ^{14}C-Formiat in den Purinring 1197[2].
— J. H. MITCHELL jr. and L. L. BENNETT jr.: Beteiligung von Formylfolsäure an der Purinsynthese 1220[7], 1245[13]. — Hemmung der Purinsynthese durch Folsäureantagonisten 1221[3].
— J. H. MITCHELL jr., L. L. BENNETT jr., M. A. NEWTON, L. SIMPSON and M. EIDSON: Hemmung der Nucleinsäuresynthese 1197[7], 1234[15], 1248[13].
SKÖLD, E.: Verbreitung der Hämophilie in Schweden 498[8]. — Bluttransfusionen bei Hämophilie 499[13].
SKOOG, F.: Zink notwendig für Chlorophyll- und Wuchsstoffbildung 674[21]. — Bedingungen für Zinkaufnahme aus dem Boden 675[1].
SKOTNICKÝ, J.: Temperaturabhängigkeit des p_H 272[8].
SKOULOV, D., s. KHVOLES, G. 45[27].
— s. a. SKULOW, D.
SKRKANEK, G., u. K. OTTER: Rest-N-Gehalt von Rinderplasma 341[6].
SKUJIN, E., s. BAUER, E. 511[9].
SKULOW, D., s. KRATINOW, A. 46[5].
— s. a. SKOULOV, D.
SKUPP, S., s. KIBRICK, A. C. 379[14].
SKURNIK, L., u. H. GROTH: Vitamin C-Gehalt im Kaninchenblut 365[11].
— u. M. HELLÉN: Carotin- und Vitamin A-Gehalt im Blutserum und in der Milch von Kühen 359[5].
SLADE, H. D., and W. C. SLAMP: Argininabbau bei Clostridien und Chlorella 974[1].
SLÁDEK, J., s. HAUROWITZ, F. 424[12], 440[6], 471[3], 472[2], 858[3].
SLAMP, W. C., s. SLADE, H. D. 974[1].
SLATER, E. C.: Intracelluläre Verteilung von Adenosintriphosphatase 1090[107]. — Inaktivierung der Cytochromoxydase im Cyclophorasesystem 1133[6]. — Atmungskettenphosphorylierung durch Cyclophorasesystem 1137[11].
— and K. W. CLELAND: Osmotischer Druck und Aktivität der α-Ketoglutarsäureoxydase von Herzsarkosomen 1129[4]. — Hemmung der oxydativen Phosphorylierung durch Ca-ionen 1140[5].
— and F. A. HOLTON: Verteilung von Adenosin, energiereichem Phosphat und Hexosephosphat in der Zelle 1072[37]. — Phosphorylierung der Adenylsäure im Muskel 1138[8].
— s. CLELAND, K. W. 1072[35], 1090[95], 1136[36].
SLAUNWHITE, W. R. jr., G. EKMAN, L. L. ENGEL, I. T. NATHANSON, G. PINCUS and J. CARLO: Trennung oestrogener Hormone durch Gegenstromverteilung 907[13].
— s. ENGEL, L. L. 907[3, 12].
SLAVIN, H. B., s. POMMERENKE, W. T. 289[2].
SLEEPER, F. H., s. WALKER, B. S. 569[1].
SLEETH, C. K., s. LIEBE, E. J. VAN 211[8].
SLEIN, M. W., s. BERGER, L. 741[10].
— s. COLOWICK, S. P. 780[10].
— s. CORI, G. T. 749[8].
— s. TAYLOR, J. F. 749[9].
SLESSON, A., and G. M. WYBURN: Bedeutung der alkalischen Phosphatase für Verknöcherung 711[11].
ŠLEZIC, M.: Vitamin B_1-Gehalt im Blut von Tieren 362[4].
SLIJPER, E. J., s. VONK, H. J. 6[14].
SLIWINSKY, R., s. MORACZEWSKI, W. v. 346[11], 1240[3, 18], 1241[4], 1242[4].
SLOCUMB, C. H., s. SPRAGUE, G. R. 628[4].
SLODKI, M., s. POPPER, H. 307[9].
SLOMAN, K. G., s. D'ELSEAUX, F. C. 531[5].
SLOTIN, L., s. EVANS, E. A. jr. 971[5], 1054[3], 1056[1].
SLOTTA, K. H., u. H. L. FRAENKEL-CONRAT: Krystallisierte Phospholipase 851[4].
— H. RUSCHIG u. E. FELS: Vorkommen von Progesteron im Corpus luteum 886[21].
SLOWTZOFF, B.: Lecithinresorption in oberen Darmabschnitten 248[13]. — Phosphatidgehalt der Darmlymphe 843[11].
SLUTZKY, B., and A. C. ANDERSEN: Zusammenfassung über Verdauungskanal (1944) 6[6].
SLYKE, D. D. VAN: Buch über Verteilung von Elektrolyten, Wasser und Gasen im Tierkörper (1927) Engl. 602[4]. — Zusammenfassung über Bestimmung der Alkalireserve des Blutes (1927) 507[4]. — Basenbindung durch Hämoglobin und Oxyhämoglobin 530[2]. — p_H-Wert im arteriellen Blut 531[1]. — Isohydren und Kohlen-

säurebindungskurven 533[5]. — Kapazität der Hydrogencarbonatpufferung im Blut 539[7]. — CO_2-Absorptionskoeffizient von Hb-Lösungen und Erythrocyten 1165[2].
SLYKE, D. D. VAN, R. T. DILLON and R. MARGARIA: Löslichkeitskoeffizienten von Gasen 502[1]. — Löslichkeit von Stickstoff im Blut 505[2].
— A. B. HASTINGS, M. HEIDELBERGER and J. M. NEILL: Bedeutung des Puffersystems Hämoglobin / Oxyhämoglobin 510[10]. — Bindung der Kohlensäure im Blut ohne p_H-Verschiebung 538[5].
— A. B. HASTINGS, A. HILLER and J. SENDROY jr.: Kapazität der Hydrogencarbonatpufferung im Blut 539[6].
— A. B. HASTINGS, C. D. MURRAY and J. SENDROY jr.: $p_{K'}$ der Kohlensäure im Blut 532[6].
— A. B. HASTINGS and J. M. NEILL: Bedeutung des Puffersystems Hämoglobin/ Oxyhämoglobin 510[10].
— and J. A. HAWKINS: Katalytische Freisetzung von CO_2 im Blut 521[2].
— and A. HILLER: Ammoniakgehalt in verschiedenen Gefäßgebieten 343[12].
— A. HILLER, R. A. PHILLIPS, P. B. HAMILTON, V. D. DOLE, R. M. ARCHIBALD and H. A. EDER: Bestimmung des spezifischen Gewichtes von Blut 264[3]. — Bluteiweißbestimmung aus dem spezifischen Gewicht 290[1].
— A. HILLER, J. R. WEISIGER and W. O. CRUZ: Hämoglobinbestimmung 432[18]. — Aktives und inaktives Hämoglobin 434[4]. — Methämoglobingehalt von menschlichem Blut 434[17].
— and E. KIRK: Aminosäurebestimmung 345[11].
— and V. H. KUGEL: Ammoniakgehalt des Blutes 343[5]. — Ammoniakbestimmung im Blut 343[16].
— and G. M. MEYER: Amino-N im Pfortaderblut bei Eiweißfütterung 226[9]. — Amino-N-Gehalt des Blutes nach Eiweißaufnahme 913[8]. — Aminosäuregehalt des Blutes nach intravenöser Aminosäuregabe 915[10]. — Anreicherung freier Aminosäuren im Gewebe 916[1,2]. — Aminosäuregehalt des Gewebes nach Eiweißzufuhr 916[4].
— R. A. PHILLIPS, V. P. DOLE, P. B. HAMILTON, R. M. ARCHIBALD and J. PLAZIN: Bestimmung des spezifischen Gewichtes von Blut 264[3]. — Bluteiweißbestimmung aus dem spezifischen Gewicht 290[1].
— and J. SENDROY jr.: Bestimmung der Blutgase 507[4]. — Kapazität der Hydrogencarbonatpufferung im Blut 539[6].
— J. SENDROY jr., A. B. HASTINGS and J. M. NEILL: CO_2-Absorptionskoeffizient für Hb-Lösungen und Erythrocyten 1165[2].
— H. WU and F. C. MCLEAN: Basenbindung durch Hämoglobin und Oxyhämoglobin 530[3], 538[4]. — Wasserstoffionenkonzentration von Kohlensäuren-Hydrogencarbonatlösungen 531[9].
SLYKE, D. D VAN, s. FOLCH, J. 858[24].
— s. HAMILTON, P. B. 340 Tab., 915[5].
— s. HASTINGS, A. B. 510[2], 532[7], 538[2], 539[1].
— s. HILLER, A. 346[1].
— s. PAGE, I. H. 442[5].
— s. PETERS, J. P. 528[11], 1165[1].
— s. PHILLIPS, R. A. 264[3], 290[1].
— s. SENDROY, J. jr. 502[2].
SMAHEL, O.: Histamin im menschlichen Magensaft 86[6].
ŠMAKOVA, E., s. POPOV, N. 156[19].
SMALL, C. W., s. KING, E. J., 853[3].
SMALL, J.: Buch über Wasserstoffionenkonzentration in pflanzlichen Zellen und Geweben (1929) Engl. 1172[7].
SMART, G. A., and R. DALEY: Schleimige Verklumpungen im Duodenalchymus bei Sprue 247[3].
— s. ASHFORD, C. A. 44[4].
SMEDLEY-MCLEAN, I.: Zusammenfassung über biochemische Synthese von Fett aus Kohlenhydrat (1936) 1029[4].
SMELLIE, R. M. S., W. M. MCINDOE and J. N. DAVIDSON: Umsatzgeschwindigkeit von Ribonucleotiden und Desoxyribonucleotiden 1120[17]. — Ribonucleotidsynthese in Zellfraktionen 1122[5]. — Einbaugeschwindigkeit von ^{15}N-Glykokoll in Zellkernproteine 1123[6].
— s. CROSSBIE, G. W. 1108[1].
— s. DAVIDSON, J. N. 1121[7].
SMELO, L. S., F. M. KERN and D. L. DRABKIN: Bestimmung der Restreduktion 316[11]. — Restreduktion des Blutes 317[1].
SMETÀNKA, F.: Einfluß der Verdauungstätigkeit auf den endogenen Harnsäurewert 1200[2]. — Steigerung der Purinausscheidung durch purinfreies Eiweiß 1240[9], 1241[14]. — Steigerung der Harnsäureausscheidung durch Kohlenhydrat- und Fettkost 1242[1].
SMILLIE, W. G.: Cystinausscheidung 955[10]. — Umwandlung von Cystin in Sulfat 955[10].
SMIRK, F. H.: Wasserresorption im menschlichen Darm 209[8].
SMIRNOVA, L. G., and V. N. TYUNINA: Fermentprozesse im Eiter 585[1].
SMITH, A. H., M. KLEIBER, A. L. BLACK, M. EDICK, R. R. ROBINSON and H. HEITMAN jr.: Verteilung von ^{32}P in den Geweben 648[1].
— s. ARMIM, S. S. 723[7].
— s. CLARKE, M. F. 723[4].
— s. MARSHALL, L. M. 327[4].
SMITH, A. J., s. LOEB, L. 491[7].
SMITH, A. M., s. CORNER, H. H. 673[16].
SMITH, B. W., s. GOLDSTEIN, N. P. 379[10].
SMITH, C., s. SINCLAIR, R. G. 114[7], 115[2,5], 116[1], 238[5], 842[14].

SMITH, C. A., s. DRAGSTEDT, L. R. 43[1].
SMITH, D. I., s. VIRTUE, R. W. 233[13].
SMITH, D. M., s. MITCHELL, J. jr. 392[8].
SMITH, E. E. B., and A. MUNCH-PETERSEN: Vorkommen von Uridyltransferase im Zellkern 1116[28].
SMITH, E. L.: Zusammenfassung über Pepsin und Pepsinogen (1951) 73[3]. — Zusammenfassung über Enterokinase (1951) 119[10]. — Vitamin B_{12} 406[28].
— G. E. CARTWRIGHT, F. H. TYLER and M. M. WINTROBE: Herkunft der Polypeptidasen des Serums 381[1].
— and W. F. J. CUTHBERTSON: Vitamin B_{12}-Bestimmung 364[6].
— and H. T. HANSON: Krystallisierte Carboxypeptidase aus Rinderpankreas 159[7].
— and L. F. J. PARKER: Vitamin B_{12} 430[3].
— s. FANTES, K. H. 406[28], 674[8].
— s. HANSON, H. T. 979[1].
— s. JAGER, B. V. 295[1], 300[4], 304[2], 307[8], 308[3].
SMITH, E. R. B., and G. R. COWGILL: Abhängigkeit der Pepsinabsonderung von der Art des Eiweißes 77[11].
— s. COWGILL, G. R. 42[4].
SMITH, F. A., s. NEUMAN, W. F. 696[12].
SMITH, G. N., s. MCGINTY, D. A. 885[6].
SMITH, G. V., and O. W. SMITH; HUFFMAN, M. N., and S. A. THAYER, D. W. MACCORQUODALE and E. A. DOISY: β-Oestradiol im Harn schwangerer Frauen 906[11].
SMITH, G. V. S., s. SMITH, O. W. 490[5].
SMITH, H. P.: Zusammenfassung über Blut (1942) 473[23].
— H. R. ARNOLD and G. H. WHIPPLE: Blutmenge bei Hunden 262[2].
— A. E. BELT, H. R. ARNOLD and E. B. CARRIER: Blutmenge bei Erwachsenen 259[5].
— and J. E. FLYNN: Zusammenfassung über Blutgerinnung (1948) 473[24].
— E. D. WARNER and K. M. BRINKHOUS: Wirkung von Chloroformvergiftung auf Prothrombinbildung 478[7]. — „prothrombin convertibility factor" 481[1].
— and G. H. WHIPPLE: Gallensekretion bei erhöhter Cholesterinzufuhr 877[9].
— s. BRINKHOUS, K. M. 492[16].
— s. MERTZ, E. T. 484[11].
— s. SEEGERS, W. H. 478[20], 479[3], 487[11, 12].
— s. WARNER, E. D. 479[4], 480[15], 481[1].
— s. ZIFFREN, S. E. 480[7].
SMITH, J., s. FERGUSON, J. K. W. 522[8].
SMITH, J. A., s. FOÀ, P. P. 452[3].
SMITH, J. A. B., s. PARRY, T. W. 335[11].
— s. PEARSON, R. M. 101[5].
SMITH, J. D.: Leghämoglobin 1014[2].
— and G. R. WYATT: Zusammensetzung von Desoxyribonucleinsäure 1107[6].
SMITH, J. L., s. HALDANE, J. S. 259[2].
SMITH, J. R., s. PAINE, R. 548[6, 13].
SMITH, K. M., s. LEA, D. 1187[4].
SMITH, M. C., s. SCHOUR, I. 723[9].
SMITH, M. D., s. HAM, M. P. 696[15].
SMITH, M. I., B. B. WESTFALL and E. F. STOHLMANN: Selenausscheidung in die Milch 695[7].
— s. WESTFALL, B. B. 694[14].
SMITH, O. W., and G. V. S. SMITH: Wirkung des fibrinolytischen Enzyms auf Menstrualblut 490[5].
— s. SMITH, G. V. 906[11].
SMITH, P. K., A. J. EISENMAN and A. W. WINKLER: Verteilung von Halogenionen zwischen Serum und Erythrocyten 422[13].
— s. EISENMAN, A. J. 214[20].
— s. WINKLER, A.W. 626[10], 628[10].
SMITH, R. G., and H. R. STERNBERGER: Ca-Fraktionen im Blut nach Ca-Injektion 645[1].
— s. BROWN, C. L. 43[16], 86[8].
SMITH, R. H.: Hexokinasewirkung 781[4].
— s. REID, E. 781[4].
SMITH, R. M., s. ALBERTY, R. A. 1175[1].
— s. LOOMIS, E. C. 489[17].
SMITH, S. E., s. ELLIS, G. H. 672[9].
— MAYNARD, L. A. 609[17], 637[19].
SMITH, S. G.: Antagonismus K/Mg 636[1].
SMITH, S. W., s. LEHNINGER, A. L. 1137[9].
SMITH, W. K., and R. A. BRINK: Entstehung von Dicumarol aus Cumarin 494[5].
— s. CAMPBELL, H. A. 494[9, 11]
SMITHIES, O., s. OGSTON, A. G. 788[12], 1026[1], 1030[1].
SMITS, G., and E. FLORIJN: Intracelluläre Verteilung von Cocarboxylase 1096[3].
SMORODINZEW, I. A.: Carnosin 978[6].
— et T. P. FEDIAI: Wärmehämolyse 420[6].
SMUL, A. DE, s. LECOMTE, C. 1098[7].
SMYRNIOTIS, P. Z., s. HORECKER, B. L. 1062[4, 6, 8], 1063[1].
SMYTH, D. H.: Cholinvorstufen in Placenta und Niere 136[3]. — Cholinphosphorsäure 851[16].
— s. BACON, E. E. 154[2].
— s. DAVIES, R. E. 43[27].
— s. MATTHEWS, D. M. 227[6].
SMYTH, E. M., s. MEYER, K. 40[7], 580[5].
SMYTHE, C. V.: Zusammenfassung über Enzymreaktionen an Schwefelverbindungen (1945) 651[16]. — Wasserstoffdonator für Cystin/Cysteinumwandlung 956[2]. — Schwefelwasserstoffbildung aus Cystein 958[1, 4]. — Bildung von Brenztraubensäure aus Cystin und Cystein 960[5].
— and D. HALLIDAY: Einbau von Schwefelwasserstoff durch Desulfhydrase in Cystin 960[1].
SNAPE, W. J., M. H. F. FRIEDMAN and J. E. THOMAS: Cholecystokininwirkung bei Vagotomie 141[13].
SNAPPER, I.: Buch über Klinik der Knochenerkrankungen (1943) Engl. 720[2]. — Ca-Verlust im Kot und seine Folgen 641[3].

SNAPPER, I., u. W. M. BENDIEN: Ort der Bilirubinbildung 354[2].
— u. W. J. VAN BOMMEL VAN VLOTEN: Bestimmung des Blutindicans 351[6].
— u. A. GRÜNBAUM: Erniedrigung des Blut-p_H durch die Leber 537[9]. — Zimtsäurebildung aus β-Phenyl-β-oxypropionsäure 807[1]. — Acetessigsäureabbau in Leber, Niere und Muskel 827[6].
— A. GRÜNBAUM u. C. MENDES DE LEON: Acetessigsäureabbau in Leber, Niere und Muskel 827[6].
— s. BENDIEN, W. M. 265[1].
SNEATH, P. H. A., s. GRAY, C. H. 1019[4], 1020[2].
SNELL, E. E., G. M. BROWN, V. J. PETERS, J. A. CRAIG, E. L. WITTLE, J. A. MOORE, V. M. MCGLOHON and O. D. BIRD: Struktur von Coenzym A 1036[15].
— and H. K. MITCHELL: Bedeutung von p-Aminobenzoesäure für Purin- und Pyrimidinsynthese 1246[6].
— s. BROWN, G. M. 1036[15].
— s. METZLER, D. E. 939[7].
— s. PENNINGTON, D. 363[2].
— s. SCHLENK, F. 938[5].
— s. STANBERY, S. R. 363[3].
SNELLMAN, O., s. JULÉN, C. 1072[24].
SNIDER, G. G., s. HOAGLAND, R. 800[10].
SNIDER, R. H., s. BLOOR, W. R. 857[2], 862[13].
SNIVELY, G. G., and D. GLICK: Antihyaluronidasen im Blut bei Leberkrankheiten 384[3].
SNOKE, J. (E.), and K. BLOCH: Enzymatische Glutathionsynthese 922[4].
— and F. ROTHMAN: Enzymatische Glutathionsynthese 922[4].
— S. YANARI and K. BLOCH: Enzymatische Synthese von γ-Glutamyl-cystein 922[5].
— s. YANARI, S. 922[4,6].
SNYDERMAN, S. E., K. C. KETRON, R. CARRETERO and L. E. HOLT jr.: Trigonellin- und Nicotinsäureamidausscheidung nach Tryptophanzufuhr 991[5].
SOAMES, K. M., s. ROBISON, R. 711[12].
SOARES, M., s. JACOBSOHN, K. P. 1050[5], 1051[2].
SOBCZUK, B., s. MOZOŁOWSKI, W. 1189[14].
SOBEL, A. E., M. ROCKENMACHER and B. KRAMER: Mechanismus der Bildung von Knochensubstanz 710[1]. — Calcium: Phosphor-Verhältnis im Knochen bei calciumarmer Diät 710[11].
SOBER, E. K., s. COHEN, P. P. 937[1].
SOBER, H. A., s. MEISTER, A. 938[6].
SOBERMAN, R., B. B. BRODIE, B. B. LEVY, J. AXELROD, V. HOLLANDER and J. M. STEELE: Bestimmung des Gesamtkörperwassers 591[4].
— s. BRODIE, B. B. 591[6].
SOBOTKA, H., D. GLICK, M. REINER and L. TUCHMAN: Plasmaphosphatidgehalt bei NIEMANN-PICKscher Krankheit 861[10].
SOBOTKA, H., and M. REINER: Resorptionsgeschwindigkeit von Zuckern aus Zuckergemischen 220[15].
— s. ADLERSBERG, D. 249[14].
— s. SONNE, S. 323[4], 364[2].
SOCONDAT, M., et D. DIAZ: Milchsäuregehalt im Blut von Fischen 324[10].
SODRÉ, F., et G. STODEL: Anregung der Pankreassaft-Sekretion durch WITTE-Pepton 155[21].
SØEBORG OHLSEN, A.: Dipeptidase in der Magenschleimhaut vom Schwein 37[9], 38[1]. — Magenschleimhaut bei perniciöser Anämie 38[8].
— s. LINDERSTROM-LANG, K. 35[15], 36[1], 59[3], 105[11], 121[19], 122[12].
SÖLDNER, (F), u. (W.) CAMERER: Aluminiumgehalt von Organen 685[13].
— s. CAMERER, W. jr. 591[7].
SÖHNGEN, N. L.: Fettspaltung durch Darmbakterien 191[7].
SØNDERGAARD, E., s. DAM, H. 481[9].
SÖRBO, B. H.: Intracelluläre Verteilung von Rhodanese 1090[81].
SØRENSEN, G., s. KIRK, E. 393[3].
SÖRENSEN, N. A., s. KUHN, R. 398[20], 658[7].
SØRENSEN, S. P. L.: Euglobulin und Pseudoglobulin 309[7].
— L. KATSCHIONI-WALTHER u. K. LINDERSTRØM-LANG: Pepsinbestimmung 75[6].
SOETBEER, F., u. J. IBRAHIM: Harnsäuregehalt der Faeces 1208[2].
SOFFER, L. J., and M. PAULSON: Ursachen des Bilirubinanstiegs im Blut 355[1].
SOGNNAES, R. F., and J. H. SHAW: Phosphataufnahme aus dem Speichel durch Zahnschmelz 722[10].
SOKOLOFF, A.: Hemmung der Magensekretion durch Fett 45[4]. — Hemmung der Magensaftsekretion durch Salzsäure 45[15].
SOLANDT, O. M., s. DRURY, A. N. 1201[3].
— s. FLETCHER, J. P. 136[20], 137[1], 351[16].
SOLEY, M. H., s. BARKER, S. B. 410[7].
— s. HAMILTON, J. G. 681[3].
SOLLMANN, T., and J. D. PILCHER: Wirkungsmechanismus der Methylxanthine 1251[8].
— et A. RADEMAEKERS: Einwirkung von Mg-Lösungen auf Zellpermeabilität 212[8].
— s. RADEMAEKERS, A. 212[8].
SOLOMIANNY, W.: Abgabe von polynucleären Leukocyten durch Colonschleimhaut 178[11].
SOLOMIN, P.: Kynurensäureabbau im Tierkörper 988[7].
SOLOMON, A. K., B. VENNESLAND, F. W. KLEMPERER, J. M. BUCHANAN and A. B. HASTINGS: CO_2-Fixierung im Tierkörper 1054[2].
— s. ANFINSEN, C. B. 924[4].
— s. BALL, E. G. 158[8].
— s. GOULD, R. G. 761[7].
— s. HASTINGS, A. B. 761[7].
— s. SCHLOERB, P. R. 591[2].

Solomon, J. D., S. W. Hier and O. Bergeim: Freie Aminosäuren im Liquor cerebrospinalis 568[15].
— s. Woodson, H. W. 345[8].
Solomon, M. M., s. Hechter, O. 891[8].
Soloway, S., s. Benedict, J. D. 1234[1], 1249[14], 1250[1].
Solowiewa, M.: Isoelektrischer Punkt von Zellkernen 1098[14].
Sols, A., s. Crane, R. K. 1090[138].
Sommer, A. L.: Zusammenfassung über Mineralstoffwechsel von Pflanzen (1941) 609[18].
— and C. B. Lipman: Bedeutung von Bor für Zellteilungsfähigkeit von Pflanzen 689[8].
— s. Sorokin, H. 644[4].
Sommerfeld, P.: Gefrierpunktserniedrigung des Magensaftes 49[7].
Sommerville, I. F., and G. F. Marrian: Bilanz des Steroidstoffwechsels 892[1].
— s. Dobriner, K. 901[13].
Somogyi, J. C.: Blutmengen bei Ratten 259[9]. — Einfluß des vegetativen Nervensystems auf die Blutbildung 465[10].
— and F. Verzár: Kaliumaustausch von quergestreiften Muskeln 626[6].
Somogyi, M.: Arteriovenöse Blutzuckerdifferenz 315[9], 316[1]. — Restreduktion im Vollblut 317[2]. — Enteiweißung von Blut 317[8]. — Bestimmung des wahren Blutzuckers 317[10]. — Amylasebestimmung 379[11]. — Arteriovenöse Blutzuckerdifferenz bei Hypoglykämie 732[1].
Sonderhoff, R., u. H. Thomas: Cholesterinsynthese in der Hefe aus D-Natriumacetat 873[1]. — Citronensäurebildung 1031[5]. — Umsatz von Trideuteroessigsäure durch Hefe 1057[2].
Sonn, E. B., s. Wiener, A. S. 389[1].
Sonne, J. C., J. M. Buchanan and A. M. Delluva: Einbau von Carboxyl-C der Essigsäure in Harnsäure 838[4]. — Verwertung von Glycin-C für die Harnsäuresynthese 944[8]. — Herkunft von C-Atomen der Harnsäure 944[14]. — Beteiligung von Essigsäure an der Purinsynthese 945[1]. — Harnsäuresynthese aus ^{13}C-markierten Verbindungen 1206[5]. — Vorstufen der Harnsäure bei Ratten und Tauben 1206[7]
— s. Buchanan, J. M. 838[4], 944[8, 10], 1205[11], 1206[4, 6].
— s. Schulman, M. P. 1153[20], 1154[2].
Sonne, S., and H. Sobotka: Inositgehalt von Blutplasma 323[4], 364[2].
Sonntag, G., s. Rost, E. 245[8].
Soodak, M., and F. Lipmann: Rolle von Coenzym A bei der Acetessigsäurebildung 826[4], 1036[8]. — Reaktion Acetessigsäure ⇌ Acetyl-CoA 1047[3].
— s. Chou, T. C. 1044[5].
— s. Vries, W. H. de 1036[14].
Soper, W. B., u. S. Granat: Harnsäure im Liquor cerebrospinalis 1198[15].
Sopp, J. W.: Zusammenfassung über den Reststickstoff, seine Bestimmung und seine Bedeutung (1934) 339[14].
Sorge, H., s. Wieland, H. 234[2], 793[4].
Sorof, S.: Schutz der Cytoplasmaproteine durch SH-Verbindungen 1152[7].
— and P. P. Cohen: Proteinfraktionen im Cytoplasma 1152[5].
Sorokin, H., and A. L. Sommer: Störung der Mitose in Pflanzenzellen bei Ca-Mangel 644[4].
Sós, J., s. Mansfeld, G. 465[11].
Soshestwensky, N. A., s. Sawitsch, W. W. 145[6].
Soskin, S.: Zusammenfassung über den Blutzucker (1941) 314[5]. — Blutzuckersenkung nach Leberexstirpation 782[5].
— and R. Levine: Buch über Kohlenhydratstoffwechsel; 2. Aufl. (1952) Engl. 725[40]. — Glucoseverbrennung im Muskel 761[1].
— R. Levine and M. Taubenhaus: Insulin und Glykogen-Glucose-Umwandlung 782[9].
— s. Hechter, O. 777[10].
— s. Levine, R. 272[6].
Sostegni, A., s. Leoni, C. 54[5].
Sotgiu, G.: Milchsäuregehalt im Hundeliquor 570[22].
— s. D'Ignazio, C. 1230[23], 1232[6], 1242[13].
Soubkowa, S., s. Gozman, R. 382[15].
Souch, J. K., s. Skelton, F. R. 220[12].
Souci, S. W.: Bedeutung der Spurenelemente in der Biologie 398[13].
Souders, H., s. Williams, H. H. 858[17].
Soukup, S. W., s. Meyer, R. K. 887[4].
Soula, C., s. Bouisset, L. 1210[17].
Southgate s. Rachford, B. K. 167[10].
Sowden, J. C., and H. O. L. Fischer: Zusammenfassung über Chemie und Stoffwechsel von P-Verbindungen (1942) 646[6].
Soyenkoff, B. C., and C. F. Hinck jr.: Pufferwirkung des Speichels 19[11].
Späth, H., s. Cremer, H.-D. 638[2].
Speakman, H. B., s. Raper, H. S. 985[3].
Speck, J. F.: Glutaminsynthese 922[1]. — Energielieferung durch ATP-Spaltung 1184[3].
Spector, H.: Trigonellin- und Nicotinsäureamidausscheidung nach Tryptophanzufuhr 991[5].
— A. R. Maass, L. Michaud, C. A. Elvehjem and E. B. Hart: Mikrocytäre hypochrome Anämie des Hundes bei B_2-Avitaminose 662[13].
Speda, G., s. Eichler, O. 352[9].
Speer, J. H., s. Cole, V. V. 642[10].
Speirs, M.: Oxalsäuregehalt der Nahrung und Ca-Resorption 638[6].
Spek, J.: Zusammenfassung über das p_H in der lebenden Zelle (1937) 1171[1].
— u. R. Chambers: Farbstoffinjektion in Protoplasma 1171[3].

Spencer, A. G., s. Macfarlane, M. G. 1077[4], 1129[6].
Spencer, A. J. jr., and L. N. Ellis: Fluorgehalt der Nahrung und Caries 698[9].
Spencer, B., s. Dodgson, K. S. 1090[97].
Spencer, H. C., s. Morgulis, S. 863[3].
Spengler, F.: Keimtötende Wirkung der Rhodanwasserstoffsäure 67[7].
Sperber, E.: Energielieferung für Cocarboxylasebildung 754[6].
— u. S. Renvall: Energielieferung für Cocarboxylasebildung 754[6].
— s. Ehrensvärd, G. C. H. 940[3].
Sperling, E., s. Paul, M.H. 1134[3], 1135[4], 1136[18].
Sperry, W. M.: Ätherlösliche Substanzen in der Darmschleimhaut 114[3]. — Cholesterinausscheidung 191[11], 875[10, 17]. — Cholesteringehalt im Blut 337[6]. — Gesamtcholesterin im Blute in den ersten Lebenstagen 337[7]. — Cholesterinesterase im Blut 372[20], 373[2]. — Cholesterinesterspaltendes Ferment in Erythrocyten 451[5]. — Kennzahlen des Kotfettes 801[7].
— and R. W. Angevine: Ätherlösliche Substanzen in der Darmschleimhaut 114[4]. — Cholesterinausscheidung im Dünndarm 875[16].
— and W. R. Bloor: Cholesterinausscheidung im Dickdarm 191[11]. — Kennzahlen des Kotfettes 801[7].
— F. C. Brand and W. M. Copenhaver: Abbau der Leberphosphatide bei Autolyse 850[19]. — Phosphatidgehalt des Gehirns bei Autolyse 864[12].
— and V. A. Stoyanoff: Spaltung der Cholesterinester im Serum 373[1].
— s. Schoenheimer, R. 192[1].
— s. Waelsch, H. 117[6].
— s. Whipple, G. H. 669[4].
Spicer, S. S., C. H. Hanna and A. M. Clark: Reduktion von Methämoglobin durch Hexosen 435[4].
Spiegel, E. A., s. Spiegel-Adolf, M. 566[8].
Spiegel, L.: Thiosulfatbildung aus Cystin 956[18].
Spiegel-Adolf, M.: UV-Absorption von Liquor cerbrospinalis bei Schizophrenie 566[8].
— H. T. Wycis and E. A. Spiegel: UV-Absorption von Liquor cerebrospinalis bei Schizophrenie 566[8].
— s. Henny, G. C. 708[4].
Spiegelhoff, W., u. G. Gnann: Bilirubingehalt im Duodenalsaft 171[5].
Spiegelman, S.: Bedeutung der Nucleoproteide als Energieüberträger 1183[8].
— and M. D. Kamen: Begünstigung der Eiweißsynthese durch Nucleinsäuren 925[2, 3]. — Bedeutung der Ribonucleinsäuren für die Eiweißsynthese 926[3]. — Bedeutung der Nucleoproteide als Energieüberträger 1183[9].
Spielmann, W.: Chemische Natur des Rh-Faktors 388[2].
Spiers, M. A., s. Brockett, S. H. 241[1].
Spies, T. D.: Behandlung der perniciösen Anämie mit Folinsäure 467[7]. — Wirkung von Guanin, Adenin und Uracil auf Blutbildung bei perniciöser Anämie 1251[19].
— s. Axelrod, A. E. 362[12], 454[1].
— s. Berry, L. J. 467[7].
— s. Frommeyer, W. B. jr. 1251[17].
— s. Stanbery, S. R. 363[3].
— s. Vilter, R. W. 1246[12].
Spiller, R. C., s. Fantes, K. H. 674[8].
Spilman, F., s. Huff, J. W. 991[6].
Spiro, K.: Zusammenfassung über Quecksilber (1925) 687[14]. — Zusammenfassung über Bor (1925) 688[18].
— s. Fuld, E. 298[7], 474[4].
— s. Henderson, L. J. 535[2].
Spitzer, R. R., and P. H. Phillips: Deckung des P-Bedarfs der Ratte durch Sojamehl 646[18]. — Phytase im Tierdarm 647[1].
Spitzer, W.: Xanthindehydrogenase der Rinderleber und -milz 1202[10].
Spizizen, J., s. Skeggs, H. R. 1244[8].
Spörri, H., u. T. Asher: Antiperistaltik im Colon der Ziege 111[1].
Sporzyński, A., s. Gryszkiewicz-Trochimowski, E. 1059[3].
Sprague, R. G., M. H. Power, H. L. Mason, A. Albert, D. R. Mathieson, P. S. Hench, E. C. Kendall, C. H. Slocumb and H. F. Polley: Senkung des Plasmakaliums durch ACTH 628[4].
Sprechler, M.: Ausscheidung von 17-Oxycorticosteron und 11-Dehydro-17-oxycorticosteron im Harn 893[20]. — Trennung der Corticoide 894[14].
Springer, B., s. Fishman, W. H. 379[23].
Springer, G. F.: Bedeutung der Magenbewegungen für die Verdauung im Magen 31[12]. — Fermentgehalt des psychischen Magensekrets 41[6]. — Abhängigkeit der Pepsinwirkung von Dissoziationskonstante der Säuren 77[10]. — Verdauung fester Substrate durch Pepsin und Kathepsin 82[1]. — Beeinflussung von Proteasen durch Proteine 97[4].
Sprinson, D. B., and D. Rittenberg: Umwandlungsgeschwindigkeit der Organe und des Plasmas beim Menschen 912[7]. — Eiweißneubildung 923[7]. — Verwendung von Histidin-C zur Purinsynthese 977[2]. — Einbau von Histidin-C in Cholin und Serin 977[2].
— s. Chargaff, E. 939[5], 941[15].
— s. Elwyn, D. 941[1], 942[2], 944[13], 945[2], 964[6], 1206[2].
Spühler, O., s. Bernhard, K. 779[6].
Srb, A. M., and N. H. Horowitz: Harnstoffbildung bei Neurospora 973[6].

SREENIVASAN, A., s. FATTERPAKER, P. 1203[13]. — s. REGE, D. V. 1244[10], 1245[14]. — s. WILLIAMS, J. N. jr. 1090[116], 1096[22], 1132[5], 1153[28].

SRERE, P. A., I. L. CHAIKOFF and W. G. DAUBEN: Cholesterinsynthese 874[9]. — Bildung von Cholesterin aus Acetat in der Nebenniere 884[7]. — I. L. CHAIKOFF, S. S. TREITMAN and L. S. BURSTEIN: Cholesterinsynthese 874[10]. — s. CHAIKOFF, I. L. 878[4].

STAA, H. v., s. HANSEN, K. 247[1].

STACEY, M., s. BRAY, H. G. 85[17].

STACY, G. W., s. CARROLL, W. R. 965[8].

STADIE, W. C.: Sauerstoffsättigung des arteriellen Blutes 511[7]. — and H. O'BRIEN: Formen des Vorkommens der Kohlensäure im Blut 519[5]. — Darstellung der Kohlensäureanhydratase 521[7]. — and N. HAUGAARD: Hexokinasewirkung 781[3]. — N. HAUGAARD and M. PERLMUTTER: Steigerung der Brenztraubensäureverbrennung durch Insulin 778[9]. — and K. A. MARTIN: Pufferwert von Oxyhämoglobin und Hämoglobin 538[7]. — and J. A. ZAPP jr.: Glucoseverwertung im Zwerchfell unter Insulinwirkung 367[5]. — Glykogensynthese im Muskel durch Insulin 777[3]. — s. HAUGAARD, E. S. 835[8]. — s. JONES, M. S. 374[3].

STADTHAGEN, M., u. L. BRIEGER: Ausscheidung von Cadaverin und Putrescin 954[17].

STADTMAN, E. R.: CoA-Transferasen 1041[8]. — Phosphataustausch durch Phosphotransacetylase 1042[4], 1043[6]. — and H. A. BARKER: Phosphoroklastische Spaltung von Acetessigsäure durch Cl. cluyveri 826[7]. — Fettsäuresynthese aus Äthanol in Cl. kluyveri 835[11]. — Acetylcoenzym A 1036[12]. — Acetyl-CoA-Bildung aus Acetaldehyd 1040[2]. — M. DOUDOROFF and F. LIPMANN: Phosphotransacetylase 827[1]. — Reaktion Acetessigsäure ⇌ Acetyl-CoA 1047[5]. — G. D. NOVELLI and F. LIPMANN: Phosphotransacetylase 790[8]. — Acetyl-coenzym A 1036[12]. — Phosphataustausch durch Phosphotransacetylase 1042[3], 1043[5]. — T. C. STADTMAN and H. A. BARKER: Valeriansäuresynthese aus Propionsäure und Äthanol in Cl. kluyveri 835[12]. — s. CHOU, T. C. 1043[2], 1044[2]. — s. STERN, J. R. 790[11], 1043[4], 1046[4].

STADTMAN, T. C., s. STADTMAN, E. R. 835[12].

STÄHELIN, D.: Xylose- und Glucoseresorption bei Vitamin B_1-Mangel und Adrenalektomie 218[16]. — u. W. VÖGTLI: Leberglykogenspaltung bei nebennierenlosen Katzen 778[6].

STAEHELIN, M., s. LEUTHARDT, F. 1090[126], 1149[3], 1153[29].

STÄHLIN, I., s. THALER, H. 810[4].

STAEHLIN, S., s. ZELLER, E. A. 189[7].

STÄRKLE, N.: Bildung von Methylketonen aus Fettsäuren durch Schimmelpilze 810[1].

STAFFE, A., u. V. DARGUZAS: Katalasewirkung von Leukocyten und Hämoglobin 382[13].

STAHL, J., s. AMBARD, L. 409[1].

STAHMANN, M. A., C. F. HUEBNER and K. P. LINK: Identifizierung des Süßkleefaktors als Dicumarol 495[1]. — s. OVERMAN, R. S. 495[3,4].

STAMPFL, B., H. WOLFF, H. MASKE u. F. BAUMGARTEN: Zinkabgabe aus Pankreas und Prostata nach Zufuhr von Zink-Komplexbildnern 678[15]. — s. MASKE, H. 678[14]. — s. WOLFF, H. 678[13].

STANBERY, S. R., E. E. SNELL and T. D. SPIES: Pantothensäuregehalt des Blutes bei Pellagra und Beri-Beri 363[3].

STANGE, P.: Homogentisinsäureausscheidung bei eiweißreicher Kost 982[4].

STANIER, J. E., s. OGSTON, A. G. 581[4], 582[3].

STANIER, R. Y., and O. HAYAISHI: Tryptophanabbau bei Pseudomonas 991[2].

STANKIEWICZ, R., et F. SIENICKI: Peptidgehalt von Liquor cerebrospinalis 568[7].

STANLEY, A. J., H. C. HOPPS and A. A. HELLBAUM: Polycytämie nach Kobalt 430[6].

STANLEY-BROWN, M., s. CHARGAFF, E. 483[14], 858[16]. — s. QUICK, A. J. 479[12].

STANOJEVIĆ, L.: Buch über die physiologische und klinische Bedeutung des Blutammoniaks (1938) 343[3].

STANSLY, P. G., s. BEINERT, H. 826[2], 1050[1].

STANTIAL, H., s. KING, E. J. 691[7,13].

STARE, F. J., s. BAUMANN, C. A. 1184[8]. — s. LING, C.-T. 993[7]. — s. MCKIBBIN, J. M. 961[9]. — s. SHOSHKES, M. 232[9], 801[2], 843[9].

STARK, B. M., s. ENTIN, D. A. 19[2].

STARK, G., s. SIEBERT, G. 1072[39], 1096[24], 1112[1], 1116[24].

STARKENSTEIN, E.: Lehrbuch der Pharmakologie, Toxikologie und Arzneiverordnung (1938) 1177[17]. — Zusammenfassung über Eisen (1934) 214[14]. — Wasserausscheidung bei salzarmer und salzreicher Kost 595[3]. — Eisenresorption im Dickdarm 658[2]. — Fe in der Therapie 663[3]. — Rolle von Strontium und Barium im Stoffwechsel 684[12]. — Harnsäureausscheidung beim Dalmatiner Hund als Degenerationserscheinung 1214[3]. — Fehlen der Harnsäureausscheidung beim Neugeborenen 1238[7]. — Hemmung von Purinbildung und -oxydation durch Calciumsalze 1249[4]. —

Vermehrung der Harnsäurebildung durch Oxalsäure 1250[3].

STARKENSTEIN, E., u. G. HAHNEL: Chloridkomplex aus menschlichem Fett 407[19].
— u. Z. HARVALIK: Ferriglobulinverbindung 399[8].

STARLING, E. (H.): Buch über die Flüssigkeiten des Körpers (1909) Engl. 602[2]. — Zusammenfassung über die Resorption vom Verdauungskanal aus (1925) 200[1]. — Triebkraft der Wasserresorption 210[7]. — Osmotischer Druck der Blutkolloide 269[4]. — Mechanismus der Wirkung der Lymphagoga 549[11]. — Gehalt der Lymphe an organischen Stoffen 550[1].
— s. BAYLISS, W. M. 131[7], 155[11].
— s. EICHHOLTZ, F. 647[6], 649[13].

STARLINGER, W.: Reversion der Hämolyse 419[13].
— u. E. WINANDS: Plasmaeiweißwerte für Erwachsene 286[5]. — Fibrinogengehalt von menschlichem Blut 296[2].
— s. KOLLERT, V. 296[6].

STARY, Z.: Nickelbestimmung 406[24].
— H. BODUR u. F. BATIYOK: Blutsenkungsreaktion und Polysaccharidgehalt von Serum 424[5]. — Polysaccharidgehalt von Serum 729[3].
— H. BODUR, S. G. LISIE u. F. BATIYOK: Kohlenhydratkomponente der Bluteiweißkörper 314[1]. — Polysaccharidgehalt der Bluteiweißkörper bei Tuberkulose 321[12]. — Bestimmung der gebundenen Kohlenhydrate im Blut 322[12]. — Polysaccharidgehalt von Serum 729[3].
— E. BURSA u. S. C. ANHEGGER-LISIE: Gebundene Polysaccharide im Blutserum 729[3].
— F. BURSA, Ö. KALEOĞLU u. M. BILEN: Kohlenhydratkomponente der Bluteiweißkörper 314[1]. — Kohlenhydratgehalt der Serumalbumine 320[5]. — Polysaccharidgehalt der Serumproteine bei Tuberkulose 321[12]. — Bestimmung der gebundenen Kohlenhydrate im Blut 322[12].
— F. BURSA, O. TEZOK u. R. CINDI: Polysaccharidgehalt der Serumalbumine in der Schwangerschaft 321[14]. — Polysaccharidgehalt von Serum 729[3].
— Ö. KALEOĞLU u. F. BURSA: Vermehrung der Serumproteine bei schwerem Diabetes 321[13]. — Polysaccharidgehalt von Serum 729[3].
— u. R. WINTERNITZ: Magnesiumgehalt von Liquor cerebrospinalis 575[14].
— u. M. YUVANIDIS: Hexuronsäuregehalt von Serumproteinen 314[3], 323[1].

STASSOW, B. D., s. LONDON, E. S. 228[13].

STATE, D.: Hämostatischer Effekt von Fibrinschäumen 296[12].

STAUB, A., s. BERNFELD, P. 24[11].
— s. MEYER, K. H. 18[14], 24[9,10].

STAUB, A. M., and C. RIMINGTON: Serummucoidgehalt von Hundeserum 301[13].

STAUB, H.: Zusammenfassung über Pankreas (1930) 313[6].
— u. G. GOLANDAS: Blutglykogen bei Hunger 321[7].
— s. BAUR, H. 457[1].
— s. LABHART, H. 294[4].

STAUB, H. v.: Resorption von Ca-gluconat 213[2].

STAUDER, K. H., s. SCHMIDT-OTT, A. 124[8], 171[11].

STAUDINGER, H., u. K. FEUERSTEIN: 2,3,6-Trimethylglucose aus methylierter Amylose 744[6].

STAUDINGER, Hj.: Zusammenfassung über Biochemie der Nebennierenrindensteroide und des ACTH (1953) 881[2]. — Glykogenbestimmung 321[8]. — Bestimmung der Corticoide 895[9].
— u. W. WEISS: Bildung von 17-Ketosteroiden und 11-Oxy-17-ketosteroiden aus Cortison 903[3].
— s. HOFMANN, H. 879[16], 881[9], 885[20], 886[7—9], 893[27].
— s. KRAUSHAAR, E. 885[21].
— s. PFEFFER, K. H. 894[13].
— s. SCHMIDT, H. 879[17], 881[10]

STAVRAKY, G. W., s. HEBB, C. O. 18[2], 26[15].

STEAD, E. A. jr., s. EBERT, R. V. 260[3].
— s. WARREN, J. V. 270[4].

STEARNS, G.: Zusammenfassung über den Mineralstoffwechsel von Kindern (1939) 609[7]. — Calciumgehalt von Säuglingsblut 396[11].
— and H. B. LEWIS: Resorption von Aminosäuren 913[10]. — Cystein/Cystinabbau zu Sulfat 956[11].
— and J. B. MCKINLEY: Eisenbilanz des Säuglings bei Kuhmilchnahrung 662[2].
— and D. STINGER: Eisenbilanz des Säuglings bei Kuhmilchnahrung 662[3].
— and E. WARWEG: Verteilung der Phosphorfraktionen im menschlichen Blut 412[4], 445[12]. — Gehalt der Erythrocyten an anorganischem P 431[5]. — Phosphorgehalt von menschlichem Serum 576[9].
— s. WHIPPLE, G. H. 634[6].

STEBBINS, G. G., and C. D. LEAKE: Spezifisches Gewicht des Hundeblutes 263[6].

STECHER, R. M., s. UNGAR, F. 889[6].

STECK, I. E., N. R. JOSEPH and C. I. REED: p_H-Wert in der Gelenklymphe bei experimentellen Krämpfen 579[7].

STEDMAN, E(dgar), and E(llen) STEDMAN: Histonfraktionen aus Zellkernen 1109[5]. — Aminosäurezusammensetzung von Zellkernproteinen 1112[5].
— E(llen) STEDMAN and L. H. EASSON: Cholinesterasegehalt von Pferdeserum 375[7].
— s. MAURITZEN, C. M. 1104[5].

STEDMAN, E(llen), s. STEDMAN, E(dgar) 375[7], 1109[5], 1112[5].

Steeg, H., s. Ender, F. 364[6].
Steel, S. L., s. Underhill, F. P. 405[11].
Steele, J. M.: Intracelluläres Vorkommen von Natrium und Chlorid 620[5].
— s. Berger, E. Y. 591[5], 598[9].
— s. Soberman, R. 591[4].
Steenbock, H., E. B. Hart, M. T. Sell and J. H. Jones: Resorbierbarkeit von Ca-salzen 638[1].
— M. H. Irwin and J. Weber: Ausnutzung von Lipoiden in Gemischen 232[2]. — Ausnutzung verschiedener Fette 245[10].
— s. Elmslie, W. P. 636[4].
— s. Gross, E. G. 946[12], 947[19].
— s. Hart, E. B. 666[3], 669[1].
— s. Irwin, M. H. 237[21], 246[10], 248[7].
— s. Krieger, C. H. 647[2].
— s. Schneider, H. 717[2].
Steenburg, R. W., s. Corsa, L. jr. 623[6].
Steenhoff Eriksen, T., s. Euler, H. v. 949[15].
Steensma, F. A.: Phloroglucin-Vanillin-Probe 53[12].
Stefanini, M., and A. J. Quick: Alkalische Erden im Blut 397[11].
— s. Quick, A. J. 470[19], 481[10], 484[13, 16], 486[16], 498[1].
Stefanini, S.: Harnsäureausscheidung im Kindesalter 1238[9]. — Harnsäurevermehrung in Blut und Harn bei Krankheit 1246[15]. — Erhöhte Purinwerte bei Akrodynie 1247[9].
Stefano, G. di, s. Zagami, V. 14[13].
Steffan, P.: Handbuch der Blutgruppenkunde (1932) 385[1].
Steffenburg, S., s. Euler, H. v. 357[20].
Steffensen, K. A.: Berechnung des Körperwassers 547[5].
Stegel, A. jr., s. Rhoads, J. E. 195[3].
Stegmann, G., s. Noack, K. 675[2].
Stehle, R. L., s. Mendel, L. B. 1219[37], 1240[13], 1241[15], 1242[2].
Steidle, H.: Zusammenfassung über seltene Erdmetalle (1935) 496[11].
Steigmann, F., s. Popper, H. 249[17], 307[9].
— s. Schaffner, F. 853[6], 861[6].
Stein, H. W., s. Malyoth, G. 319[15].
Stein, I. F. jr., s. Greengard, H. 134[8].
Stein, J. J., s. Hollander, F. 50[4], 71[11].
Stein, M. H., s. Bueding, E. 325[7], 783[2].
Stein, W. H.: Ausscheidung von Aminosäuren im Harn 954[21].
— and S. Moore: Chromatographische Untersuchung von Rinderserumalbumin 303[7].
Steinberg, A.: Entfernung von Calcium mit Amberlite 491[1].
Steinberg, D., and C. B. Anfinsen: Eiweißsynthese durch Eileiterschnitte 927[2].
— s. Anfinsen, C. B. 925[7], 927[2].
Steinberg, R. A.: Wirkung von Gallium auf Aspergillus niger 685[20].
Steiner, H., s. Glanzmann, E. 475[21].
— s. Reimann, F. 466[12].
Steiner, N., s. Meyer, J. 24[4].
Steinert, M.: Guanin und Hypoxanthin in Oocyten 1217[3].
Steinhardt, P., s. Freund, I. 221[19].
Steinhaus, A. H., s. Rice, H. A. 540[5].
Steinhauser, H., s. Bernhard, K. 197[8], 198[1], 821[3], 833[1], 936[2].
Steinitz, E., s. Lichtwitz, L. 1252[6].
Steinitz, H.: Ammoniakgehalt des Magensaftes 68[4]. — Gesamt-N-Gehalt des Magensaftes 92[9].
Steinkamp, R. C., s. Darby, W. J. 659[8].
Steinmann, B.: Bestimmung der Blutmenge 258[4]. — Blutmengenbestimmung mit Kohlenoxyd 259[1].
Stekol, J. A.: Herkunft des Cystins für die Mercaptursäurebildung 967[4].
— M. A. Bennett, K. Weiss, P. Halpern and S. Weiss: Bedeutung von Vitamin B_{12} für Methylierung 963[6].
— and L. R. Cerecedo: Abbauweg des Uracils 1229[3]. — Harnstoffbildung aus Isobarbitursäure 1229[5].
— and K. Weiss: Bedeutung von Vitamin B_{12} für Umsatz der Methylgruppe 941[3]. — Bedeutung von Vitamin B_{12} für Methylierung 963[6].
— and S. Weiss: Bedeutung von Vitamin B_{12} für Methylierung 963[8]. — Bedeutung von Vitamin B_{12} für Serinsynthese aus Glycin 964[3].
— S. Weiss and K. Weiss: Bedeutung von Vitamin B_{12} für Methylierung 963[8]. — Bedeutung von Vitamin B_{12} für Serinsynthese aus Glycin 964[3].
— s. Block, R. J. 652[6].
Stelgens, P., H. Wolf u. K. Schreier: Kreatininbestimmung 349[9].
Stellar, L. I., and H. G. Olken: Kein Thyreoglobulin im Hundeblut 367[8].
Stelter, H., s. Brock, J. 576[22].
Stemmer, K., s. Ehrenberg, R. 213[8].
Stengel, F.: Keine Beziehung zwischen p_H-Wert von Speichel und Magensaft 19[1].
Stephens, D. J., and E. E. Hawley: Vitamin C-Gehalt im Blut bei Leukämie 365[2].
— and E. Jones: Herkunft der Speichelkörperchen 18[15].
— s. Boyd, E. M. 461[12].
Stephenson, M. L., s. Zamecnik, P. C. 924[7].
Stepp, W.: Zusammenfassung über den Restkohlenstoff des Blutes und seine Bedeutung für Physiologie und Pathologie (1921) 329[12]. — Ameisensäuregehalt im Blut 326[19].
— H. Schroeder u. E. Altenburger: Brenztraubensäure bei Vitamin A-Mangel 776[4].
— u. H. Wendt: Vitamin A-Gehalt des Blutes im Sommer und im Winter 359[1].

Sterling, K.: Serumeiweißkörper bei infektiöser Mononucleosis 307[3].
— W. E. Ricketts, J. B. Kirsner and W. L. Palmer: Serumeiweißkörper bei Therapie der Lebercirrhose 307[2].
Stern, B., s. Kaplan, I. 575[2].
Stern, H., V. Allfrey, A. E. Mirsky and H. Saetren: Eisengehalt im Zellkern 1101[3]. — Vorkommen von Fermenten im Zellkern 1116[3]. — Intracelluläre Verteilung von Enzymen bei Hunger und im Alter 1126[2]. — Fehlen von Amylase und Lipase im fetalen Pankreas 1127[1].
— s. Allfrey, V. 1065[10], 1066[3], 1098[3], 1100[4], 1104[4], 1127[2].
Stern, J. R., and A. del Campillo: CoA-Verbindungen von ungesättigten und Oxyfettsäuren 1041[7]. — Gleichgewicht der β-Ketothiolasereaktion 1049[4].
— M. J. Coon and A. del Campillo: Reaktion Acetessigsäure$\rightleftharpoons$Acetyl-CoA 1047[4].
— and J. McGinnis: Bedeutung von Vitamin B_{12} für Serinsynthese aus Glycin 964[4].
— and S. Ochoa: Rolle des Acetylphosphats 790[3]. — Coenzym A bei Citronensäuresynthese 1036[10], 1046[2]. — condensing enzyme 1046[3].
— S. Ochoa and F. Lynen: Energiebilanz der Citronensäurebildung 1043[1]. — Reversible Bildung der Citronensäure 1046[4].
— B. Shapiro and S. Ochoa: Coenzym A bei Citronensäuresynthese 1036[11]. — Umsatz von Acetylphosphat in tierischem Material bei Zusatz von Bakterien-Phosphotransacetylasen 1043[3]. — Reversibilität der Citronensäuresynthese 1047[1].
— B. Shapiro, E. R. Stadtman and S. Ochoa: Mechanismus der Citronensäurekondensation 790[11]. — Umsatz von Acetylphosphat in tierischem Gewebe bei Zusatz von Bakterien-Phosphotransacetylasen 1043[4]. — Reversibilität der Citronensäuresynthese 1046[4].
— s. Ochoa, S. 725[28], 790[10].
Stern, K., M. K. Birmingham, A. Cullen and R. Richer: Proteinasen in Leukocyten 380[13]. — Peptidasegehalt von Leukocyten 381[4].
Stern, K. G.: Katalasegehalt von Leukocyten 449[8], 463[16], 464[3]. — Katalasebestimmung 449[14]. — Trypsin- und Kathepsingehalt von Leukocyten 463[9]. — Aktivierung von Proteinasen durch Mangan 671[11].
— and M. Reiner: Bildung von Methylharnsäure aus Coffein und Theophyllin 1199[19]. — Harnsäurebestimmung 1225[9].
— M. Reiner and R. H. Silber: Stromatin 440[4].
Stern, L., s. Battelli, F. 755[10], 1208[20].
Stern, R., and L. H. Bird: Gewinnung von Mitochondrien und Mikrosomen 1066[8].
Stern, T. N., V. V. Cole, A. C. Bass and R. R. Overman: Bedeutung der Nebennierenrinde für Kaliumregulation 627[8].
— s. Zilversmit, D. B. 861[1].
Sternberg, J., s. Colas, J. 226[15], 646[15].
— s. Simonnet, H. 647[14].
Sternberger, H. R., s. Smith, R. G. 645[1].
Sternberger, L. A.: Thrombinpräparate zur Blutstillung 500[12].
Stetson, R. E., s. Levine, P. 388[3].
Stetson, R. P., s. Patek, A. J. jr. 497[14], 499[11].
Stetten, D. jr.: Zusammenfassung über Kohlenhydratstoffwechsel (1947) 725[18]. — Oxydation von Hexadecan in der Leber 239[14]. — Resorbierbarkeit von Kohlenwasserstoffen 798[5]. — Einbau von Serin, Colamin und Cholin in Phosphatide 850[1]. — Cholin- und Colaminbildung aus Glykokoll 853[11]. — Colamin, Umwandlung in Cholin 853[12]. — Keine Reduktion von Betain zu Cholin 854[6]. — Keine Demethylierung von Cholin zu Colamin 854[10]. — Colamin, Umwandlung in Glykokoll 855[1]. — Übergang von ^{15}N-Betain in ^{15}N-Glykokoll 855[7]. — Colaminbildung aus Serin 943[1,4]. — Glycinbildung aus Betain 961[5]. — Entstehung von Cystin aus Serin 965[6].
— and G. E. Boxer: Umwandlung von Kohlenhydraten in Fettsäuren 833[5].
— and M. R. Stetten: Keine Enolisierung der Glucose im Tierkörper 317[12].
— s. Benedict, J. D. 1200[8], 1208[29], 1211[32], 1212[2], 1234[1], 1249[14], 1250[1], 1253[1].
— s. Bloom, B. 1029[1], 1063[4].
— s. Boxer, G. E. 850[6], 1029[2].
— s. Patterson, W. B. 60[15].
— s. Salcedo, J. jr. 1029[2].
— s. Welt, I. D. 761[4].
Stetten, M. R., and R. Schoenheimer: Aminogruppenaustausch bei Aminosäuren 935[5]. — Bildung von Ornithin aus Prolin 969[2]. — Bildung von Glutaminsäure aus Prolin 987[2]. — Bildung von Oxyprolin aus Prolin 987[2].
— s. Bloom, B. 1029[1], 1063[4].
— s. Stetten, D. jr. 317[12].
Steudel, H.: Entstehung der Zahncaries 29[1]. — Eiweißkörper aus Thymusleukocyten 460[10]. — Ursache der Gicht 1254[10].
— u. J. Ellinghaus: Ursache der Gicht 1254[11].
— u. O. Flössner: Zusammenfassung über Abbau der Nucleinsäuren (1933) 1177[13].
— u. R. Freise: Kreatinsynthese aus Histidin 947[16]. — Zuckerbildung aus Histidin 974[7].
— u. K. Suzuki: Umbau von Körpereiweiß beim Rheinlachs 912[4].
— s. Müller, E. 1218[13].
Steusing, Z., s. Koskowski, W. 52[14].

Die Seiten 1—840 befinden sich im Bandteil a, die Seiten 841—1257 im Bandteil b.

STEVENS, B. P., and I. L. CHAIKOFF: Verlängerung von Fettsäuren mit mittlerer C-Atomzahl 809[8]. — Einbau kurzkettiger Fettsäuren in Phosphatide 849[11]. — Übergang von ^{14}C aus Laurin- und Myristinsäure in Stearin- und Palmitinsäure 856[2].
— s. CHAIKOFF, I. L. 236[9], 798[11].
STEVENS, C. D., s. RAPOPORT, S. 540[1].
STEVENS, C. E., R. DAOUST and C. P. LEBLOND: DNS-Synthese während der Interphase 1103[7]. — DNS-Bedarf der Mitose 1121[2].
STEVENS, C. M., s. SCHENCK, J. R. 961[12].
STEVENS, K. M.: Umsatzgeschwindigkeit von Ribonucleotiden und Desoxyribonucleotiden 1120[21].
STEVENSON, E. S., and A. WHITE: Entgiftung durch S-haltige Aminosäuren 967[5].
STEVENSON, J. W., s. BOYD, E. M. 461[11].
STEWARD, C. P., s. LOWDON, A. G. R. 394[3].
STEWARD, F. C.: Zusammenfassung über den Mineralstoffwechsel von Pflanzen (1935) 609[18].
STEWART, C. F., and W. N. BOLDYREFF: Fehlen der Lipase im Hundemagensaft 84[5].
STEWART, C. P.: Keine Allantoinbildung aus Arginin und Histidin 976[6]. — Histidin als Muttersubstanz der Purinbasen 1218[21,28].
— and J. B. S. HALDANE: Ca- und P-Ausscheidung bei Säuerung des Körpers 642[9].
STEWART, D. E., s. ROBINSON, C. S. 212[12].
STEWART, E. D.: Gefäßerweiterung durch Cozymase 1236[26].
STEWART, F. W., and F. PARKER: Silberspeicherung in Leukocyten 687[8].
STEWART, G. E., s. MEYER, O. O. 465[13].
STEWART, H. C.: Lipämie nach wiederholtem Blutverlust 334[1].
— s. ELKES, J. J. 473[6].
— s. FRAZER, A. C. 239[16], 240[3,4,8].
STEWART, R. C., and M. G. SEVAG: Carboxyamidstoffwechsel 1221[11].
STEWART, W. B., s. YUILE, C. L. 663[7].
STEYN-PARVÉ, E. P., s. WESTENBRINK, H. G. K. 452[2].
STICH, W.: Bildungsweg von Urobilinogen 355[14]. — Förderung der Porphyrinsynthese durch Lactoflavin 436[3], 439[1]. — Urobilinogenbildung im RES 438[13]. — Struktur von Porphobilinogen 439[4]. — Lactoflavin- und Hämoglobinsynthese 1010[8].
— R. KEHL u. H. R. WALTER: Papierchromatographie der Gallenfarbstoffe 1018[4].
— u. E. KORINTH: Hämolyse durch Hämolysine 421[9].
— s. BINGOLD, K. 356[2], 419[7].
— s. KEHL, R. 1006[5], 1018[4], 1021[2].
STICKLAND, L. H., s. DMOCHOWSKI, L. 1090[96].
STICKNEY, J. C., D. W. NORTHUP and E. J. VAN LIERE: Resorption von Wasser und Salzen bei erhöhtem arteriellen Blutdruck 210[9].
— s. LIERE, E. J. VAN 210[10], 211[11].
STIEGLITZ, E. J., and A. E. PALMER: Nitritgehalt im Blut 416[1].
STIFF, H. A., s. FASHENA, G. J. 317[5].
STILES, W.: Buch über Spurenelemente in Tier und Pflanze (1946) Engl. 655[12]. — Zusammenfassung über Mn, B, Zn, Cu, Mo, Co bei Pflanzen (1947) 683[13].
STILL, E. U.: Zusammenfassung über Sekretin (1931) 131[3].
— and O. W. BARLOW: Zusammensetzung des Pankreassaftes vom Hund 157[4].
— s. SCOTT, V. B. 131[11], 132[1].
STILL, J. L., M. V. BUELL and D. E. GREEN: Stoffwechselleistungen von Mitochondrien 1136[7].
— M. V. BUELL, W. E. KNOX and D. E. GREEN: Stoffwechselleistungen von Mitochondrien 1136[8]. — D-Asparaginsäurebildung durch Nierencyclophorase 1148[4].
— and E. H. KAPLAN: Abtrennung von Glycerophosphatdehydrogenase aus Mitochondrien 1131[3].
— s. KAPLAN, E. H. 1136[20], 1155[1].
STILLMAN, N., C. ENTENMAN, E. ANDERSON and I. L. CHAIKOFF: Phosphatidresorption bei adrenektomierten Ratten 843[4].
— s. PERLMAN, I. 850[10].
STIMMEL, B. F.: Ausscheidung von C_{18}-Steroiden in der Galle 906[8].
STINGER, D., s. STEARNS, G. 662[3].
STIPEK, R. W., s. PFIFFNER, J. J. 1180[1] 1184[9], 1236[15], 1244[6].
STIRN, F. E., C. A. ELVEHJEM and E. B. HART: Wachstumswirkung von Zink 678[3].
STJERNHOLM, R., s. EHRENSVÄRD, G. C. H. 940[3].
St. JULIAN, R. R., and W. C. ROSE: Prolin und Oxyprolin als entbehrliche Aminosäuren 987[9].
STOCK, A.: Quecksilbergehalt des Blutes 405[2]. — Giftigkeit von Quecksilberdampf 688[3]. —Giftigkeit von Kupferamalgamplomben 688[4].
— u. F. CUCUEL: Quecksilbergehalt des Blutes 405[2], 688[1,2]. —Quecksilberaufnahme des Körpers 687[11-13].
— u. N. NEUENSCHWANDER-LEMMER: Quecksilbergehalt des Blutes 405[2].
— u. W. ZIMMERMANN: Quecksilbergehalt von Mehl und Brot 687[16].
STOCK, C. C., s. BURCHENAL, J. H. 1251[21].
STOCK, R., and J. CURRENCE: Harnsäuregehalt des Blutes bei Diabetes 1198[13].
STOCKELL, A. K., s. WOODRUFF, C. W. 467[8], 984[9].
STOCKHOLM, M., s. ALTHAUSEN, T. L. 217[23], 218[9], 219[25].

Die Seiten 1—840 befinden sich im Bandteil a, die Seiten 841—1257 im Bandteil b.

STOCKES, F. N., and J. J. R. CAMPBELL: Oxydation von Gluconsäure durch Pseudomonas 738[7].
STOCKING, C. R., s. CRAFTS, A. S. 605[1].
STOKVIS, B. J.: Abbau von Uraten durch Leberbrei 1208[13].
STODEL, G., s. SODRÉ, F. 155[21].
STODTMEISTER, R., u. P. BÜCHMANN: Buch über moderne Eisentherapie (1943) 655[31]. — Mechanismus der therapeutischen Wirkung von Fe 663[4].
— u. R. HOCK: Zusammenfassung über Blutbildung und Vitamine (1942) 463[18]. — Einfluß der Vitamine auf die Leukocytenbildung 470[1].
— s. BÜCHMANN, P. 214[10].
STÖCKL, W., s. ZACHERL, M. K. 411[10].
STOECKLIN, R., s. PERROTIN, J. 290[3].
STÖHR, P. jr.: Lehrbuch der Histologie (1951) 203[2].
STÖHR, R.: Regulative Leistung der Niere bei Cl-Mangel 633[3].
STOESS, U., s. RIPPEL, A. 644[3].
STOHLMANN, E. F., s. SMITH, M. I. 695[7].
STOKEM, M. B., s. LIEBERMAN, S. 893[12].
STOKSTAD, E. L. R., M. REGAN, A. L. FRANKLIN and T. H. JUKES: Bedeutung von p-Aminobenzoesäure für Purin- und Pyrimidinsynthese 1246[7].
— s. ALMQUIST, H. J. 493[15].
— s. JUKES, T. H. 965[1].
— s. KLOSE, A. A. 969[6].
STOLEN, J. A., s. LIFSON, N. 813[8].
STONEBURG, C. A.: Citronensäure zur Zellkernisolierung 1065[5]. — Lipide in Zellkernen 1100[1].
STONER, H. B.: Hemmung des ATP-Abbaus durch Mg 637[6].
STORAASLI, J. P., s. KRIEGER, H. 547[6].
STORER, E. H., s. DRAGSTEDT, L. R. 43[1].
STORTI, R.: Kreislaufzeit bei Schilddrüsenstörung und Herzinsuffizienz 262[5]. — Harnsäuregehalt des Blutes bei Myocardinfarkt 1198[14].
STOTZ, E.: Zusammenfassung über Brenztraubensäurestoffwechsel (1945) 324[16].
— s. CONNORS, W. M. 804[4], 1143[3], 1156[1].
— s. O'CONNELL, P. W. 1136[24].
— s. WITTER, R. F. 804[3], 823[2], 1090[117, 118], 1136[25], 1138[4], 1143[1], 1156[2].
STOUT, P. R., s. ARNON, D. I. 667[16].
STOWELL, R. E. Hemmung der Nucleinsäuresynthese durch Röntgenstrahlen 1197[4].
— s. GIBB, R. P. 444[4], 462[4], 472[7].
STOYANOFF, V. A., s. SPERRY, W. M. 373[1].
— s. WAELSCH, H. 117[6].
STRAATEN, T.: Abhängigkeit der reflektorischen Magensaftsekretion vom Pylorus 43[8].
STRACK, E., u. K. BLUM: Resorption von Glycerin 237[1].
STRACK, E., u. G. FRIEDRICH: Fettausnutzung im Darm 230[9], 800[13]. — Resorbierbare Fettmenge 246[6].
— u. H. GEISSENDÖRFER: Acetylcholingehalt im Uterus 137[6].
— H. GEISSENDÖRFER, u. E. NEUBAUR: Sphingosinphosphorsäure-cholinester in Leber und Pankreas 853[1].
— u. A. LOESCHKE: Abhängigkeit der Cholin- und Acetylcholinwerte von Tierart und Organaufarbeitung 136[5]. — Acetylcholingehalt in Uterus und Placenta 137[5]. — Resorption von Olivenöl und Triolein 232[3]. — Durchfälle nach Einführung von Seifen ins Duodenum 233[11]. — Darmschädigungen nach Verfütterung ungesättigter Fettsäuren 236[13]. — Kein Einfluß von Glycerin auf Fettsäureresorption 237[3]. — Ausnutzung einfacher Fettsäureester 246[3].
— E. NEUBAUR u. H. GEISSENDÖRFER: Cholinbestimmung 136[8]. — Sphingosinphosphorsäure-cholinester in Leber und Pankreas 853[1].
— u. H. SCHWANEBERG: Fällung von Cholin und Acetylcholin als Reineckat 136[11].
— P. WÖRDEHOFF, E. NEUBAUR u. H. GEISSENDÖRFER: Acetylcholingehalt von Placenta 137[4].
— P. WÖRDEHOFF u. H. SCHWANEBERG: Cholinbildung aus Carnitin 136[4]. — Vortäuschung von Cholin durch andere Stoffe 136[4].
— s. WREDE, F. 587[7].
STRAIN, H. H.: Pepsidsynthese durch Proteasen 917[9].
— and K. LINDERSTRØM-LANG: Pepsidsynthese durch Proteasen 917[9].
STRANDSKOV, F., and O. WYSS: Wirkungsmechanismus der Cholsäure 1245[9]. — Nucleinsäurehypothese der perniciösen Anämie 1257[6].
STRANGEWAYS, D. H., s. KING, E. J. 432[20].
STRANSKY, E.: Purinausscheidung nach Adrenalin 1230[9]. — Wirkung parasympathischer Endgifte auf Harnsäureausscheidung 1231[6]. — Purinbasenausscheidungen bei Erkrankungen mit vermindertem Muskeltonus 1248[17]. — Verminderung der Harnsäureausscheidung bei Nephritis 1248[19]. — Wirkung von Karlsbader Wasser auf den Purinstoffwechsel 1250[9].
STRASBURGER, J.: Verdauung pflanzlicher Zellen 96[6].
— s. SCHMIDT, A. 175[7].
STRASHESKO, N. D.: Zusammensetzung des Colonsekretes 178[14]. — Fermentgehalt von Dickdarmfistelsekret 179[4].
STRASSBURG, G.: Kohlensäurespannung in Lymphe und Blut 551[7].
STRAUB, B., s. ANNAU, E. 694[4].

STRAUB, F. B.: Brenztraubensäurebestimmung 326[13]. — Lacticodehydrogenase aus Herzmuskel 753[1]. — D-Prolinabbau 986[8].
— H. S. CORRAN and D. E. GREEN: L- und D-Aminosäureoxydase 1184[14].
— and G. FEUER: ATP als prothetische Gruppe von Actin 1184[5].
— s. SZENT-GYÖRGYI, A. 1185[11].
STRAUB, H.: Bedeutung von Niere und Atmung für das Säure-Basen-Gleichgewicht im Blut 534[1]. — Regulation der chemischen Zusammensetzung des Blutes bei der Verdauung 541[6]. — Einfluß der Jahreszeiten auf das Säure-Basen-Gleichgewicht des Blutes 542[1].
— K. GOLLWITZER-MEIER u. E. SCHLAGINTWEIT: p_H-Wert im arteriellen Blut 531[1].
— u. K. MEIER: p_H-Wert im arteriellen Blut 531[1]. — Isohydren und Kohlensäurebindungskurven 533[5].
STRAUB, J.: Antagonismus Fluor/ Calcium 407[3]. — Bedeutung von Brom im Organismus 409[7]. — Bromgehalt von Erythrocyten 430[19].
STRAUB, W.: Acetylcholinwirkung 138[9], 139[9]. — Tödlicher Wasserverlust 596[10]. — Kein Durst bei hungernden Tieren 597[2]. — Verringerter Eiweißzerfall bei gesteigerter Cl-Zufuhr 634[7].
— u. E. LEO: Umfang der Wasserresorption im Dickdarm 209[6]. — Steigerung der Resorption im Darm durch CO_2 210[8].
— u. E. TRIENDL: Wasserresorption im Dickdarm der Katze 209[11].
STRAUBE, G.: Kreatin und Kreatinin im Liquor cerebrospinalis 569[10].
— u. H. BECK: Bleigehalt des Blutes 404[5]. — Bleigehalt im Liquor cerebrospinalis 575[21].
— u. R. HOFMANN: Harnstoffgehalt im Liquor cerebrospinalis 569[3].
— s. BECK, H. 404[14].
STRAUBE, R. L., s. DUCOFF, H. S. 693[3].
STRAUMFJORD, J. V., and M. L. QUAIFE: Vitamin E-Gehalt des Blutes 360[8].
— s. BRUGGEN, J. T. VAN 360[8].
STRAUSS, E., A. JAKOB u. J. HILLER: Jodausscheidung durch die Niere 681[11]. — Jodspeicherung in der Schilddrüse 682[1].
— s. ABDERHALDEN, E. 938[9].
STRAUSS, H.: Lymphgefäßlymphe des Menschen 547[9]. — Hypochlorämische Azotämie 634[5].
— s. ABDERHALDEN, E. 939[9].
— s. ROTH, W. 58[4].
STRAUSS, L.: Verdauung pflanzlicher Zellen 96[7].
STRAUSS, M. B., and W. B. CASTLE: Reifungsstoff für Reticulocyten 466[11].
— s. MINOT, G. R. 121[8].
STREBEL, H.: Eingetrockneter Magensaft 48[12].
STRECKER, A.: Isolierung von Cholin aus Schweinegalle 135[21].
STRECKER, F.-J., s. WEITZEL, G. 676[2, 11], 678[17].
STRECKER, H. J., and S. KORKES: Wasserstoffacceptoren bei der Glucosedehydrogenasewirkung 737[11].
STREEF, G. M.: Natriumgehalt im Blutplasma 393[8]. — Kaliumgehalt des Blutes 394[7]. — Kaliumgehalt der Erythrocyten 395[2]. — Calciumgehalt von menschlichen Erythrocyten 396[10]. — Ionendurchlässigkeit der Erythrocytenmembran 425[10]. Na- und Ca-Gehalt von Erythrocyten 427[5], 428[7]. — Ca-Gehalt tierischer Erythrocyten 428[6]. — Na-, K- und Mg-Gehalt menschlicher Erythrocyten 430[11].
STREHLE, J., s. DIRR, K. 344[5].
STREHLER, E.: Vorkommen von Urease in menschlicher Magenschleimhaut 35[11]. — Ammoniakbildung nach Blutentnahme 343[4]. — Blutammoniakgehalt bei Leber- und Nierenerkrankungen 343[15].
— J. HAAS u. F. RUPP: Ammoniakbildung nach Blutentnahme 343[4].
STREICHER, J. A., s. CHRISTENSEN, H. N. 916[9].
STRELITZ, F., s. MENDEL, B. 758[6].
STRENGTH, D. R., E. A. SCHAEFER and W. D. SALMON: Umfang der Synthese von labilen Methylgruppen 965[1].
— s. SCHAEFER, A. E. 963[6], 965[1].
STRIEBICH, M. J., E. SHELTON and W. C. SCHNEIDER: Experimentelle Veränderungen der Mitochondrien in Leberzellen 1096[4].
— s. HOGEBOOM, G. H. 1072[15], 1090[6], 1116[2].
— s. SCHNEIDER, W. C. 1090[145], 1096[4], 1127[4], 1135[1].
— s. SHELTON, E. 1096[4].
STRISOWER, E. H., I. L. CHAIKOFF and E. O. WEINMAN: Umfang der Fettsynthese aus Glucose 837[5].
STROEBE, F., s. BERGMANN, G. v. 355[1].
STRÖM, G., and B. UVNÄS: Reflexbogen der Magensaftsekretion 41[9].
STROHECKER, R.: Zusammenfassung über Kochsalz (1934) 618[3].
STRONG, F. M., R. E. FEENEY, B. MOORE and H. T. PARSONS: Riboflavingehalt des Blutes 452[5].
— s. ELVEHJEM, C. A. 991[3].
— s. HIGGINS, H. 1096[7].
— s. NEILANDS, J. B. 686[11].
STRONG, L. E., s. COHN, E. J. 294[9], 306[1], 476[10].
— s. SURGENOR, D. M. 659[9].
STROOKMAN, T. A., s. HASLEWOOD, G. A. D. 317[10].
STROSS, W., s. JUNKMANN, K. 1251[9].
STRUBELL, A.: Refraktometrische Eiweißbestimmung 273[1].
STRÜBING, C., s. HOLTZ, P. 166[9].
STRÜMPELL, A.: Thiosulfatausscheidung 954[2].

Die Seiten 1—840 befinden sich im Bandteil a, die Seiten 841—1257 im Bandteil b.

Strugger, S.: p_H-Wert von Pflanzenzellen 1174[3].
Strughold, H., s. Ruff, S. 536[3].
Strumia, M. M., A. D. Blake jr. and W. A. Wicks: Konservierungsmittel für Blut 257[3]. — Lebensdauer der Erythrocyten in Blutkonserven 468[10].
Stuart, J. S., s. Montgomery, M. F. 13[11].
Stubbs, A. L., s. Bowness, J. 679[5].
Stuber, B., u. K. Lang: Bedeutung von Fluor bei Hämophilie 407[1]. — Rhodangehalt des Blutes 415[9]. — Rhodangehalt im Liquor cerebrospinalis 576[19].
Stucki, A., s. Neuweiler, W. 346[5].
Studer, A., A. Fleisch u. M. Croisier: Adenosintriphosphorsäure in Erythrocyten 451[10].
Studer, P. E., s. Lieberman, S. 893[12].
Stübel, H.: Eiweißspeicherung in Leberzellen 927[8].
Stueck, G. H., G. Flaum and E. P. Ralli: Serumlipochrom nach erhöhter Carotinzufuhr 357[4].
Stüttgen, G., s. Werle, E. 375[7].
Stüwe, G., s. Heilmeyer, L. 399[10], 400[2], 429[5], 576[5].
Stuhlmann, M., s. Heubner, W. 434[16].
Stumpf, P., s. Weltz, G. H. 110[1].
Stumpf, P. K.: Aldolase aus Erbsen 747[7].
— and W. D. Loomis: Glutamin-Asparagin-Transferase 920[7].
— W. D. Loomis and C. Michelson: Glutamin-Asparagin-Transferase 920[7].
— s. Delwiche, C. C. 920[7].
— s. Green, D. E. 744[2].
Sturge, L. M., and V. P. Whittaker: Spezifität der Cholesterinesterase im Pferdeblut 373[3].
Sturm, A.: Zusammenfassung über Nucleinstoffwechsel (1945) 1178[15]. — Wirkung von Jod auf endemische Kröpfe 683[7].
— u. A. Kautzsch: Schwefelbestimmung 415[6].
— u. A. Pothmann: Schwefelfraktionen im Blut 414[7]. — Veränderungen im Blutschwefel bei Krankheiten 415[3].
— s. Veil, W. H. 410[2].
Sturm, E., s. Murphy, J. B. 465[15].
Sturm, R.: Vermehrung der organischen Säuren bei Blutsäuerung 272[3].
Sturtevant, J. M., s. Dorby, A. 919[5].
Stutz, V., and F. Verzár: Thymektomie ohne Einfluß auf Nucleinsäuregehalt der Leber 1234[19].
Subrahmanyan, V., s. Green, D. E. 754[9].
— s. Herbert, D. 747[3].
Subbarow, Y., s. Jacobson, B. M. 151[6].
Sucker, E., s. Vincke, E. 496[16, 17].
Suda, M., and Y. Takeda: Tyrosinspaltendes Ferment 984[5].
— Y. Takeda, K. Sujishi and T. Tanaka: Tyrosinspaltendes Ferment 984[5]. — Bedeutung der Ascorbinsäure für den Tyrosinabbau 984[8].
Sudzuki, M.: Kreatingehalt von Pericardialflüssigkeit 562[2]. — Pericardialflüssigkeit des Wals 562[2].
Süllmann, H., u. F. Verzár: Diffusibilität von Fett durch Membranen 244[3].
— u. W. Wilbrandt: Phosphatidgehalt der Darmlymphe 240[15], 843[13].
— s. Fröhlicher, E. 248[20].
— s. Hunzinger, W. 581[3].
— s. Laszt, L. 219[6], 237[7].
— s. Schürch, O. 580[14].
— s. Verzár, F. 220[2].
Suessenguth, K.: Zusammenfassung über tierverdauende Pflanzen (1927) 7[2].
Sütö-Nagy, G. J. de, s. Mylon, E. 295[8].
Sugarman, M. H., s. Sandweiss, D. J. 142[7].
Sugita, A., s. Okada, S. 42[20], 45[11].
Suiffet, T.: Umweltbedingungen und Jodgehalt der Schilddrüse 680[5].
Sujishi, K., s. Suda, M. 984[5, 8].
Sula, J., s. Jedlicka, V. 1199[2].
Sulger, E., s. György, P. 413[8].
Sulima, A. T., s. London, E. S. 914[5].
Sulkowitch, H. W., s. Albright, F. 715[7].
Sullivan, M. X., and W. C. Hess: Kreatinsynthese aus Glykokoll 947[24].
— s. Hess, W. C. 955[11, 12].
Sullivan, W. R., s. Link, K. P. 495[2].
— s. Overman, R. S. 495[3].
Sulze, W.: Fettresorption nach Unterbindung der Lymphgefäße des Darmes 244[7].
— u. Mitarb.: Resorption von Salzlösungen 211[3].
Sumerwell, W. N., s. Sealock, R. R. 984[7].
Sumida, S., s. Yoshida, Y. 42[14].
Sumiya, S.: Lymphgefäßlymphe von Kaninchen 547[10]. — p_H-Wert der Leberlymphe 553[10].
— s. Funaoka, S. 550[3], 551[6].
Summerson, W. H., s. Barker, S. B. 324[13].
— s. Hawk, P. B. 87[5].
— s. Larner, J. 1066[10].
— s. Lerner, A. B. 1090[26].
Sumner, J. B.: Zusammenfassung über Urease (1932; 1941) 30[13]; (1951) 35[10].
— s. Nygaard, A. P. 1131[1].
Sunde, M. L., s. Couch, J. R. 197[7].
Sunderman, F. W.: Elektrometrische Kationenbestimmung 392[2]. — Cl-Retention bei gesteigertem Eiweißzerfall 634[8].
— and F. Boerner: Buch über Normalwerte in der klinischen Medizin (1950) Engl. 276[11].
— s. Bazett, H. C. 259[12].
Sung, C., s. Chu Fu-T'ang 364[14], 365[4].
Sung, S.-C., and J. N. Williams jr.: Intracelluläre Verteilung von DPN-Nucleosidase 1090[74].
— s. Plaut, G. W. 1051[10].
— s. Williams, J. N. jr. 1096[22], 1132[5].

SUOMALAINEN, H., and E. ARHIMO: Fructose-1,6-diphosphorsäure aus Hefe 746[10].
SUOMALAINEN, P., s. VIRTANEN, A. I. 164[3].
SURGENOR, D. M., B. A. KOECHLIN and L. E. STRONG: Transport des Eisens im Blut in Bindung an α, β_1-Globulin 659[9].
SURKES, A. W.: Enterogastronwirkung bei Ulcuskranken 142[4].
SUSBIELLE, H., s. RANDOIN, L. 213[9].
SUTER, E.: Glykogenbestimmung 321[9].
SUTHERLAND, E. W.: Aktivierung der Phosphoglucomutase 742[5].
— M. COHN, T. POSTERNAK and C. F. CORI: Glucose-1,6-diphosphat als Coferment der Phosphoglucomutase 742[7].
— S. P. COLOWICK and C. F. CORI: Phosphoglucomutase-Reaktion 742[4].
— and C. F. CORI: Hyperglykämischer Pankreasfaktor 783[6].
— C. F. CORI, R. HAYNES and N. S. OLSEN: Gehalt von Handelsinsulin an hyperglykämischem Pankreasfaktor 783[8].
— and C. DE DUVE: Trennung des hyperglykämischen Pankreasfaktors vom Insulin 783[7].
— T. (Z.) POSTERNAK and C. F. CORI: Phosphoglyceromutase 751[6].
SUTTON, V., s. ANDERSON, E. 780[5].
SUTTON, W. B., F. SCHLENK and C. H. WERKMAN: Purinsynthese aus Glykokoll 1220[1].
SUTU, Z., s. FLEURY, P. 650[2], 852[2].
SUZUKI, K., s. HIRATA, Y. 574[1].
— s. STEUDEL, H. 912[4].
— s. TANIGUCHI, T. 364[14], 365[4].
SUZUKI, U., s. FISCHER, E. 954[21].
SVANBERG, O., s. EULER, H. v. 127[5,11].
SVEDBERG, A., s. FOLIN, O. 340[1], 443[10].
SVEDBERG, T.: Molekulargewicht von menschlichem Hämoglobin 509[3]. — Molekulargewicht von Pferdehämoglobin 509[4].
— and R. FÅHRAEUS: Molekulargewicht von menschlichem Hämoglobin 509[2]. — Molekulargewicht von Hämoglobin 512[3].
— u. K. O. PEDERSEN: Buch über die Ultrazentrifuge (1940) 303[4].
SVEINBJORNSSON, A., s. FIELD, J. B. 1251[16].
SVIGALS, C. S., s. GLASS, G. B. J. 70[10,12], 71[3,4].
SWANSON, A. L., s. RODNEY, G. 467[8].
SWANSON, M. A.: Jodreaktion und Kettenlänge bei Polysacchariden 743[13]. — Intracelluläre Verteilung von Pyrophosphatase 1090[69]. — Intracelluläre Verteilung von Glucose-6-phosphat-phosphatase 1090[90].
— and C. ARTOM: Phosphatidgehalt der Mitochondrien 867[13]. — Verteilung von Stickstoff und Phosphor in der Zelle 1072[26]. — Intracelluläre Verteilung von Gesamtlipiden usw. 1077[15].
— and C. F. CORI: Zusatz von Stärke usw. bei Reaktion mit Kartoffelphosphorylase 745[5].
— s. ARTOM, C. 248[12], 648[7], 796[3], 842[12].
SWANSON, P. P., and H. E. CLARK: Zusammenfassung über Eiweiß- und Aminosäurestoffwechsel (1950) 909[3].
SWANSON, W. W.: Cl-Ausscheidung durch die Haut 631[6].
— and L. V. IOB: Kaliumretention bei Flaschenkindern 625[7]. — Cl-Ausscheidung durch die Haut 631[6].
— s. IOB, (L.) V. 619[8].
SWARTZ, B. H., s. SCHMIDT, G. 1186[21].
SWEAT, M. L.: 11-Oxylierung von Corticosteroiden durch Nebennierenbrei 885[7]. — Bedeutung von DPN und ATP für Oxylierung von Corticosteroiden 886[5]. — Intracelluläre Verteilung von 11β-Hydroxylase 1090[114].
— and L. T. SAMUELS: Ferment der Reduktion der Δ^4-3-Ketogruppe von Testosteron 897[18].
— L. T. SAMUELS and R. LUMRY: Notwendigkeit von DPN für Testosteronoxydation 897[16]. — Intracelluläre Verteilung der Testosterondehydrierung 1090[37]. — Testosteronumwandlung im Cytoplasma 1153[7].
— s. SAMUELS, L. T. 898[1].
SWENDSEID, M. E., R. H. BARNES. A. HEMINGWAY and A. O. NIER: Acetessigsäurebildung aus Essigsäure 823[1].
— F. H. BETHELL and W. W. ACKERMANN: Intracelluläre Verteilung von Folininsäure und Vitamin B_{12} 1096[8].
— s. RODNEY, G. 467[8].
SWENSON, O., s. BAILEY, O. T. 296[12].
— s. CLAFF, C. L. 1168[3].
SWENSON, R. E., and G. M. CURTIS: Pathognomonische Bedeutung des Blutjodgehaltes 410[7].
— s. CONNOR, A. C. 410[7].
SWIFT, E. H., G. M. ARCAND, R. LUTWACK and D. J. MEIER: Bestimmung der Blutchloride 409[2].
SWINGLE, W. W., and J. W. REMINGTON: Bedeutung der Nebennierenrinde für Kaliumregulation 627[6].
— and W. F. WENNER: Biotin 653[5].
SYDENSTRICKER, V. P., s. SINGAL, S. A. 991[4,5].
SYDNES, O., s. KRAFT-STRÖM, H. 404[14].
SYKES, E. M. jr., W. H. SEEGERS and A. G. WARE: Verschwinden des Faktor V bei Chloroformvergiftung 482[14].
SYKES, J. F., s. BITMAN, J. 907[16].
SYLVÉN, B., s. JULÉN, C. 1072[24].
SYMANSKI, (H.): CO-Gehalt im Blut von Kraftfahrern 434[8].
SZABLICS, E., s. KORÁNYI, A. 28[5].
SZABÓ, G., s. FÖLDI, M. 318[5].
SZAFARZ, D.: Eiweißbindung von Ribonucleotid im Cytoplasma 1152[4].
— s. JEENER, R. 1121[4].
SZAKÁLL, A.: Extracellulärer Raum des Muskels 599[6]. — Verteilungsgeschwindigkeit von Bromid im Körper 600[4].

SZAKÁLL, A., s. LEHMANN, G. 631[11], 651[1].
SZÁNTÓ, G., s. VÁRADY, J. 21[17].
SZCZEPANSKI, C., s. BIENKA, E. J. 12[14].
SZCZPINSKI, A., s. SCHMIDT, E. G. 329[2].
SZCZYPINSKI, A. J., s. ANDERSCH, M. A. 377[6, 13].
SZENES, T., s. KORÁNYI, A. 26[5], 28[5].
SZENIES, T., s. KORÁNYI, A. 86[4].
SZENT-GYÖRGYI, A.; I. BANGA; W. F. H. M. MOMMAERTS; F. B. STRAUB; M. GERENDÁS; T. ERDÖS: Kontraktion von Actomyosin durch ATP 1185[11].
— s. ANNAU, E. 694[4].
— s. BRINKMAN, R. 419[13].
— s. DRURY, A. N. 1236[18].
SZÉP, Ö.: Quecksilbergehalt des Blutes 405[3].
— s. BODNÁR, J. 405[3, 20].
SZILÁRD, P.: Gewinnung reiner Leukocyten 459[5].

TABOR, H., and O. HAYAISHI: Histidinabbau bei Pseudomonas fluorescens 977[13].
— A. H. MEHLER, O. HAYAISHI and J. WHITE: Histidinabbau bei Pseudomonas fluorescens 977[13].
— s. MILLICAN, R. C. 1044[4].
— s. ROSENTHAL, S. M. 353[1].
TACHIBANA, T.: Saccharase im Darm beim Neugeborenen und Foetus 127[4].
— Pankreasmaltase bei menschlichen Feten 165[13].
TACKE, B.: Wasserstoff und Methan in der Atemluft von Kaninchen 503[6].
TAEGER, H.: Zusammenfassung über die Bewertung des Pb-Gehaltes von Blut, Stuhl und Urin bei der Diagnostik der Pb-Vergiftung und bei der Begutachtung Bleikranker (1938) 688[12].
TÄUFEL, K., u. F. KRUSEN: Citronensäuregehalt des Knochens 702[12].
TAFFEL, M., s. ELKINTON, J. R. 600[1].
TAGE-HANSEN, E., s. DAM, H. 493[18].
TAGGART, J. V., and R. B. KRAKAUR: Zwischenstufen des Prolinabbaus 987[3]. — Stoffwechselleistungen von Mitochondrien 1136[6]. — Oxydation von L-Prolin und L-Oxyprolin durch Mitochondrien 1148[6].
— s. CROSS, R. J. 789[4], 831[1], 1035[3], 1137[6], 1140[1].
TAGMANN, E., s. PRELOG, V. 886[32].
TAGNON, H. J.: Prothrombinaktivierung ohne Calciumionen 484[4]. — Theorie der Blutgerinnung 489[2]. — Fibrinolyse bei Schock 489[9].
— C. S. DAVIDSON and F. H. L. TAYLOR: Aktivierung des Prothrombins durch Plasmaprotease 484[5]. — Theorie der Blutgerinnung 489[3]. — Fibrinolyse 489[16].
— and G. E. PALADE: Intracelluläre Verteilung von Fibrinolysokinase 1090[49].
— s. LEWIS, J. H. 497[16].
— s. LIEBERMAN, S. 905[3], 907[8].
TAGNON, H. J., s. MINOT, G. R. 497[16].
— s. SHULMAN, N. R. 380[19].
TAIT, J. F., s. GRUNDY, H. M. 881[13].
TAKAHASHI, D., s. RONA, P. 428[5].
TAKAHASHI, M.: Purinbildung im Hühnerei 1218[7].
— s. TOMITA, M. 1218[8].
TAKAHASHI, R.: Fermentgehalt von Eiterkörperchen 584[10]. — Zusammensetzung von menschlichem Eiter 586[1]. — Mineralstoffe im Eiter 587[1].
TAKAHASI, T.: Zusammensetzung des Submandibularisspeichels vom Kaninchen 18[3].
TAKAMATSU, H.: Glycerophosphatase-Gehalt von Organen und Geweben 125[6].
— s. KODAMA, S. 376[6].
TAKAOKA, H., s. HOSODA, Y. 554[5].
— s. MIYAMOTO, K. 553[7].
TAKATA, C., s. KOZAWA, S. 66[9].
TAKATA, M.: Kein rohrzuckerspaltendes Ferment im Magensaft 85[7]. — Fructosegehalt der Amnionflüssigkeit 582[9].
— s. RONA, P. 84[1].
TAKEDA, Y., s. SUDA, M. 984[5, 8].
TANAKA, T., s. SUDA, M. 984[5, 8].
TAKEHARA, H.: Aminosäuren- und Cholingehalt im Caecum 119[4]. — Cholin im Kaninchenblinddarm 177[4].
TAKEMURA, S., s. MATSUOKA, Z. 988[5, 9].
TAKENO, J.: Verteilung der Mineralausscheidung in Kot und Harn 195[14].
TAKEUCHI, M.: Glutaminsäurebildung beim Histidinabbau 977[7].
TAKEUTI, N.: Keine Xanthindehydrogenase in Niere und Muskulatur 1202[14]. — Förderung der Xanthindehydrogenase durch Cholsäure 1203[7]. — Aktivierung der Xanthinoxydase durch Gallensäure 1243[4].
TALAAT, M., s. ANREP, G. V. 352[11], 451[14].
TALALAY, P., W. H. FISHMAN and C. HUGGINS: Bestimmung der β-Glucuronidase 380[2].
— s. HUGGINS, C. 377[10].
TALBOT, N. B., A. M. BUTLER, A. H. SALTZMAN and P. M. RODRIGUEZ: Jodgehalt von Blutplasma 682[15].
— and I. V. EITINGTON: Alkoholische Steroide als Corticosteroidmetabolite im Harn 895[8].
— s. ZYGMUNTOWICZ, A. S. 903[12].
TALBOTT, J. H., C. BISHOP and W. GARNER: Beeinflussung der Harnsäurebildung durch ACTH 1234[2]. — Wirkungsmechanismus von Colchicin 1249[15]. — Wirkung von Harnsäureinjektionen bei Gichtkranken 1252[13].
TALENTI, C., s. MARGARIA, R. 272[2].
TAMANN, H.: Osteoporose bei Gallenmangel 640[2].
TANABE, Y.: Mucin und Mucoid aus Speicheldrüsen 12[1]. — Mucingehalt des Submandibularisspeichels 16[10]. — Mucingehalt des Sublingualisspeichels vom Menschen 18[5].

TANAKA, M.: Metastatische Verkalkungen 720[8].
TANAKA, T., and S. OKUDA: Alkalireserve von Liquor cerebrospinalis bei Säuglingen 567[4].
TANENBAUM, S. W., and D. SHEMIN: Umaminierung 937[2].
— s. SHEMIN, D. 941[13].
TANGL, F., s. BUGARSZKY, S. 268[4].
TANGL, H., u. N. BEREND: Entstehung ungesättigter Fettsäuren im Chymus 240[12]. — Dehydrierung gesättigter Fettsäuren im Darm 794[3].
TANIGUCHI, T., E. HAMAMOTO, Y. HIRATA and K. SUZUKI: Form des Vitamin C im Blut 364[14]. — Vitamin C-Gehalt im Blut von Schwangeren 365[4].
TANIGUTI, N.: Innervation der Darmdrüsen 107[6].
TANOS, B., s. KELEMEN, E. 463[11].
TANTURI, C. A., and R. F. BANFI: Gewinnung von prothrombinfreiem Fibrinogen 476[5].
TANZER, J., s. SCHWARZ, C. 194[8].
TAPADINHAS, J., s. JACOBSOHN, K. P. 1050[5], 1051[2,3].
TAPPEINER, H. (v.): Produkte der Bakterientätigkeit im Pferdemagen 98[6]. — Cellulosevergärung im Dickdarm 187[9]. — Resorption von Jod im Magen 214[22].
TARAIL, R.: Erhöhter Kaliumgehalt der Nahrung und EKG 626[9].
— s. ELKINTON, J. R. 622[12].
— s. GREENMAN, L. 622[4].
— s. SELDIN, D. W. 603[1], 626[11], 627[1].
TARLOV, I. M.: Fibrin als Stützsubstanz bei Nervennaht 500[8].
TARR, R. R., s. HAMILTON, P. B. 915[8], 916[3], 951[1], 972[2].
TARUSOV, B. N., et E. V. BURLAKOVA: Formen des Blutkaliums 394[10]. — Kaliumsalze in Erythrocyten 428[1].
TARVER, H.: Zusammenfassung über Eiweiß- und Aminosäurestoffwechsel (1952) 909[3].
— and W. O. REINHARDT: Einbau von Aminosäuren in verschiedenen Geweben 923[8].
— and C. L. A. SCHMIDT: Einbau von Methionin in Darmeiweiß 198[2]. — Kein Einbau von Sulfat in S-haltige Aminosäuren im Tierkörper 653[9]. — Verwertung von kolloidalem Schwefel durch Ratten 654[1]. — Lebensnotwendigkeit von Methionin 654[6]. — Einbau von Aminosäuren in verschiedene Gewebe 923[8]. — Cysteinbildung aus Homocystein und Serin 965[2]. — Bildung von Taurin aus Methionin 966[4].
— s. CANELLAKIS, E. S. 1149[1].
— s. FRIEDBERG, F. 923[8].
— s. LEVINE, M. 923[8], 925[8], 943[2].
— s. MELCHIOR, J. B. 924[6], 925[8].
TASHIRO, K.: Adrenalinwirkung auf Harnsäuregehalt des Blutes 1230[18]. — Förderung der Harnsäurebildung durch Sympathicuserregung 1231[15]. — Blutharnsäuregehalt bei der Gans nach Insulin 1232[14].
TASHIRO, N.: Austrocknung des Muskels nach Dursten 599[8].
TASIRO, K.: Blutgruppenspezifische Substanzen in Speicheldrüsen 12[5].
TASKER, R. R., and W. S. HARTROFT: Kein Einfluß von Cholin auf Fettverteilung in der Darmwand 242[3].
TATSUI, M., s. OKAGAWA, Y. 988[11].
TATUM, A. L.: Jodgehalt der Schilddrüse von Tieren 680[3].
TATUM, E. L.: Auslösung von Pigmentbildung durch Tryptophanabbauprodukte 994[9].
— and G. W. BEADLE: Auslösung von Pigmentbildung durch Tryptophanabbauprodukte 994[9].
— and D. M. BONNER: Tryptophanbildung aus Indol und Serin bei Neurospora 995[8].
— and A. J. HAAGEN-SMIT: Auslösung von Pigmentbildung durch Tryptophanabbauprodukte 994[9].
— s. BEADLE, G. W. 992[1].
— s. RITCHEY, M. G. 454[3].
TAUBENHAUS, M., s. SOSKIN, S. 782[9].
TAUBER, H.: Rennin aus Kälbermagen 80[7]. — Plasteinsynthese durch Chymotrypsin 917[11].
— and I. S. KLEINER: Verhalten der Speichelamylase gegen Proteasen 24[14]. — α-Glucosidase im Speichel 25[8]. — Rennin aus Kälbermagen 80[7]. — Konstantes Verhältnis von Lab- und Pepsinwirkung beim Säugling 81[1].
— s. KLEINER, I. S. 25[7], 80[7], 81[1].
TAUBER, S.: Mechanismus der Esterschwefelsäurebildung 953[2].
TAUBES, S.: Verhalten des Rest-N nach Uretherenunterbindung beim Hund 342[2].
TAUBMANN, G.: Purinausscheidung nach Adrenalin 1230[12]. — Insulinwirkung auf Allantoinausscheidung bei Hunden 1232[10].
TAUBÖCK, K.: Borbedarf von Kulturpflanzen 689[6].
TAURINS, A., s. BIRKOFER, L. 517[2].
TAUROG, A., and I. L. CHAIKOFF: Thyroxingehalt von Venenblut 367[7]. — Blutjodgehalt von Tieren 410[9]. — Verwertung von radioaktivem Jod 410[10]. — Einbau von Jod in organische Verbindungen 682[6].
— I. L. CHAIKOFF and L. L. BENNETT: Einfluß der Hypophyse auf den Jodgehalt 411[8].
— I. L. CHAIKOFF and C. ENTENMAN: Verwertung von radioaktivem Jod 410[10]. — Umsatzgeschwindigkeit von Jod 682[10].
— I. L. CHAIKOFF and I. PERLMAN: Phosphatidbildung und -abbau in Leberschnitten 847[7]. — Phosphatidbildung in Nierenschnitten 848[4]. — Abhängigkeit

der Phosphatidbildung von der Zellatmung 849[3].
Taurog, A., C. Entenman and I. L. Chaikoff: Phosphatidgehalt von Blutplasma 858[21].
— W. Tong and I. L. Chaikoff: Arten des Vorkommens von Jod im Blut 682[13].
— s. Chaikoff, I. L. 682[5].
— s. Fishler, M. C. 847[8], 850[18], 865[6].
Taussig, L., et J. Prokupek: Eisengehalt im Liquor cerebrospinalis 576[4].
Taussky, H. H., and E. Shorr: Citronensäurebestimmung 1060[1].
Tavaststyerna, N., s. Remesow, I. 877[14].
Tayeau, F.: Wirkung von Gallensäuren auf Eiweißbindung des Cholesterins 337[14].
— s. Blanquet, P. 275[8].
— s. Macheboeuf, M. A. 302[7].
Taylor, A., s. Isbell, E. R. 1096[2].
Taylor, A. E., and W. C. Rose: Steigerung der Purinausscheidung durch purinfreies Eiweiß 1240[16].
Taylor, C. B., s. Gould, G. 875[3].
Taylor, C. N., and D. M. Whitaker: pH-Wert von Elodea 1173[5].
Taylor, F. H. L., S. M. Levenson and M. A. Adams: Diffusion von Phosphationen durch die Erythrocytenmembran 422[16].
— s. Castle, W. B. 466[11].
— s. Gessler, C. J. 78[2].
— s. Jackson, H. jr. 1237[6, 7].
— s. Lewis, J. H. 497[16].
— s. Lozner, E. L. 490[3].
— s. Minot, G. R. 296[9], 497[16, 17].
— s. Patek, A. J. jr. 482[13], 497[14], 499[11].
— s. Pohle, F. J. 497[15], 499[12].
— s. Tagnon, H. J. 484[5], 489[3, 16].
Taylor, H.: pH-Wert von Serum und Blutkörperchen 271[5].
Taylor, H. C. jr., s. Singher, H. O. 905[9].
— s. Twombly, G. H. 905[10].
Taylor, H. L., s. Cohn, E. J. 294[9], 306[1], 476[10].
Taylor, I. M., s. Weller, J. M. 394[14].
Taylor, J. F., .A A. Green and G. T. Cori: Aldolase 747[5]. — Aldolasegehalt des Muskels 748[6].
— and A. B. Hastings: Affinität von Sauerstoff und Hämoglobin 513[2].
— S. F. Velick, G. T. Cori, C. F. Cori and M. W. Slein: Krystallisation des oxydierenden Gärungsfermentes 749[9].
Taylor, N. B., and A. Fine: Calciumausscheidung durch den Darm nach Entfernung der Nebenschilddrüse 195[18].
— s. Best, C. H. 502[4].
— s. Fine, A. 397[5].
Taylor, W. E., and J. M. McKibbin: Menge und Zusammensetzung der Plasmaphosphatide 859[1].
Taylor, W. F., and J. E. Winter: Narkotische Wirkung von Mg 635[7].
Taylor, Z. E., s. Lozner, E. L. 490[3].
Teague, D. M., s. Erickson, B. N. 442[9], 858[17].
— s. Williams, H. H. 858[17].
Techner, F., s. Milhorat, A. T. 947[22].
— s. Thomas, K. 947[21].
Tehver, J., u. N. Remmel: Zahl der Dickdarmdrüsen 109[3].
Teis, R. V., s. Konikova, A. S. 938[1].
Telfer, S. V.: Verteilung der Mineralausscheidung in Kot und Harn 195[15]. — Art der Ca-Bindung im Kot 641[2]. — P-Ausscheidung durch Darm und Niere 649[8].
Teller, H.: Penicillin in Hautblasenflüssigkeit 578[3].
Templin, V. M., s. Irwin, M. H. 246[10].
Teorell, T.: Steigerung der Salzsäurebildung im Magen durch Histamin 60[11].
— Resorptionsgeschwindigkeit von Säuren im Magen 214[23].
— and R. Wersäll: Ort der Salzsäurebildung im Magen 59[8].
Teply, L. J.: Gel- P-Spaltung durch 2,4-Dinitrophenol 1138[1].
— W. A. Krehl and C. A. Elvehjem: Ausnutzung im Darm gebildeter Nicotinsäure 994[4].
— s. Allfrey, V. 467[16].
— s. Green, D. E. 1137[24].
— s. Krehl, W. A. 991[4].
Tepper, R. H., s. Hellebrandt, F. 41[3].
Terakado, M.: Förderung der Magensaftsekretion 42[7].
Ternberg, J. L., and R. E. Eakin: Apoerythein 467[6].
Terner, C.: Stoffwechsel der Magenschleimhaut 60[8].
— s. Davies, R. E. 60[9].
Terp, P.: Eiweißbindung von Vitamin H 366[7].
Terroine, É. F.: Buch über den Stoffwechsel des Stickstoffs (1933) Franz. 541[1]; 2. Teil (1936) Franz. 200[9]. — Bedeutung der Pankreaslipase für Fettverdauung 233[3].
— et C. Lauersco: Eiweißspaltung durch Pankreassaft 166[11].
— et G. Mourot: Abnutzungsumsatz der Harnsäure 1199[22]. — Synthese endogener Harnsäure beim Menschen 1200[12]. — Steigerung der Purinausscheidung durch purinfreies Eiweiß 1240[10].
— s. Mayer, A. 859[4].
Terroine, T.: Steigerung der Purinausscheidung durch Pyridoxin 1244[3].
Terszakowec, J., s. Ostern, P. 743[9], 746[5], 1194[15], 1235[15].
Terzian, L. A., s. Kingsley, G. R. 295[4].
Tesauro, G.: Lactationshormon im Blut stillender Frauen 368[14].
Teschendorf, W.: Parenterale Resorption 250[17].
Tesluk, H., s. Yuile, C. L. 663[7].
Testolin, M.: Förderung der Magensaftsekretion durch die Leber 42[25].

Die Seiten 1—840 befinden sich im Bandteil a, die Seiten 841—1257 im Bandteil b.

TESTUT, L.: Lehrbuch der Anatomie; Bd. 4 (1923) Franz. 104[2].
TEUCQ, E.: Gewebshormon für Knochenbildung im wachsenden Knochen 713[6].
TEWES, G.: Labwirkung 80[8].
— u. B. SCHLOSSBERGER: Labwirkung 80[8].
— s. DYCKERHOFF, H. 76[1].
TEZOK, O. s. STARY, Z. 321[14], 729[3].
THACKER, C. R. A., s. DALE, D. 1175[5].
THACKER, C. W., s. MCLACHLAN, P. L. 232[1].
THADDEA, S., u. W. HOFFMEISTER: Pathologische Veränderungen des Vitamin C-Gehaltes im Liquor cerebrospinalis 574[1].
— s. PAPAYANOPULOS, G. 379[3].
THAIN, E. M., s. BADDILEY, J. 1037[1], 1185[5].
THALER, H., u. W. EISENLOHR: Bildung von Methylketonen aus α,β-ungesättigten Fettsäuren 810[3].
— u. G. GEIST: Bildung von Methylketonen aus β-Oxysäuren durch Penicillien 810[2].
— A. SCHOTTMAYER, I. STÄHLIN u. H. BECK: Bildung von Methylketonen aus α-methylsubstituierten Fettsäuren 810[4].
THALHEIMER, W., s. MUDD, S. 385[1].
THANING, T., s. JORPES, E. 492[6].
THANNHAUSER, S. J.: Lehrbuch des Stoffwechsels und der Stoffwechselkrankheiten (1929) 271[14]. — Buch über Stoffwechselprobleme (1934) 1177[14]. — Zusammenfassung über die Nucleine und den Nucleinstoffwechsel (1928) 1177[8]. — Nucleinsäurespaltung im Duodenalinhalt 171[10]. — Bedeutung des Blutcholesterins 338[4]. — Phosphatidgehalt von Blutplasma 858[20]. — Cholesterinsynthese im Körper 872[23]. — Wirkung parasympathischer Endgifte auf Harnsäureausscheidung 1231[1]. — Ursache der Gicht 1254[5].
— u. M. ANGERMANN: Nucleindesaminasen 1188[26].
— J. BENOTTI and N. F. BONCODDO: Lecithin aus Lunge 846[9].
— J. BENOTTI and H. REINSTEIN: Lipoidfraktionen im menschlichen Blut 332[8]. — Phosphatidgehalt des Blutserums 334[9]. — Phosphatidgehalt von Blutplasma 858[18].
— J. BENOTTI, A. WALCOTT and H. REINSTEIN: Kephalin- und Lecithingehalt menschlicher Organe 845[1].
— u. G. BLANCO: Nucleinsäurespaltung im Duodenalinhalt 171[10].
— u. A. BOMMES: Harnsäureschwund 1211[21]. — Einwände gegen Fermenttheorie der Gicht 1254[14].
— N. F. BONCODDO and G. SCHMIDT: Acetalphosphatidgehalt von Organen 846[7]. — Acetalphosphatide im nervösen Gewebe 866[5].
— u. F. CURTIUS: Harnsäureausscheidung bei Akromegalie nach Röntgenbestrahlung 1233[4].
THANNHAUSER, S. J., u. G. CZONICZER: Nucleotid-N- und Purinbasen-N-Gehalt im Blut 347[13]. — Einwände gegen Fermenttheorie der Gicht 1254[15].
— u. G. DORFMÜLLER: Nucleinsäurespaltung im Duodenalinhalt 171[10].
— u. W. HEMKE: Gicht als renale Ausscheidungshemmung der Harnsäure 1254[16].
— u. W. MARKOWICZ: Acetonbildung aus Tyrosin, Phenylalanin und Homogentisinsäure 983[1].
— and M. REICHEL: Sphingomyelinspaltung durch Leberfermente 852[14].
— u. H. SCHABER: Cholesterinsynthese im Körper 872[26]. — Harnsäureschwund 1211[22].
— and P. SETZ: Phosphatidgehalt von Blutplasma 858[17].
— P. SETZ and J. BENOTTI: Gehalt an Lignocerinsäure im Sphingomyelin aus Erythrocytenstroma 442[7].
— s. GYÖRGY, P. 1218[22].
— s. HENDERSON, J. L. 861[11].
— s. KLEIN, W. 128[9], 129[9], 1189[2].
— s. SCHMIDT, G. 129[6], 332[9], 789[15], 842[4], 844[1], 851[14], 858[17], 865[17], 1186[21], 1187[1], 1191[11].
THAUER, R., s. WEZLER, K. 528[1,2].
THAULOW, C. J.: Cystinurie 954[8].
THAYER, S., s. MCKIBBIN, J. M. 961[9].
THAYER, S. A., s. DOISY, E. A. 906[17,20].
— s. HUFFMAN, M. N. 904[4].
— s. MCCORQUODALE, D. W. 904[3].
— s. MCKEE, R. W. 494[1].
— s. SMITH, G. V. 906[11].
— s. WESTERFELD, W. W. 904[6].
THAYSEN, T. E. H.: Buch über nichttropische Sprue (1932) Engl. 247[1].
— s. NORGAARD, A. 170[1].
THEDERING, F. jr.: Förderung der Fe-Resorption durch Vitamin C 214[2].
— u. R. GROSS: Veränderung des Serumeisens durch Eisentherapie 400[1].
THEILER, A.: Buch über Untersuchungen des Baues normaler und durch Ca- und P-arme Nahrung veränderter Rinderknochen (1932) 720[6].
THELEN, A.: Erhöhung der Blutdiastase in der Narkose 379[7].
THELEN, H.: Mineral- und Wassergehalt von Blut 391[2], 395[7]. — Calciumgehalt von menschlichem Blut 396[17]. — Chloridgehalt von menschlichem Blut 407[11]. — Ionendurchlässigkeit der Erythrocytenmembran 425[10]. — Kein Ca in menschlichen Erythrocyten 428[5]. — Chlorgehalt menschlicher Erythrocyten 430[14].
THEOPOLD, W., u. W. HENNIG: Ca-Citronensäure-Komplexe bei Ca-Resorption 639[12].
— s. HENNIG, W. 639[13,14].
THIESEN, J., s. GOHR, H. 1025[5].

Die Seiten 1—840 befinden sich im Bandteil a, die Seiten 841—1257 im Bandteil b.

Theorell, H.: Trennung der Eiweißkörper durch Elektrophorese 290[4]. — Art der Bindung zwischen Häm und Globin 435[13].
— M. Béznak, R. Bonnichsen, K.-G. Paul and Å. Åkeson: Lebensdauer von Myoglobin 1013[2].
— R. T. Holman and Å. Åkeson: Krystallisierte Lipoxydase 822[5].
— s. Eisler, B. 401[4].
— s. Westergren, A. 477[13].
Ther, L., s. Riesser, O. 777[7].
Thever, J., u. N. Remmel: Zahl der Dickdarmdrüsen 109[3].
Thewlis, E. W., s. Meyer, O. O. 465[13].
Thewlis, J.: Apatitstruktur der Zahnsubstanz 708[15]. — Fluorgehalt von Zahnschmelz 709[4].
Thibaud, Y., s. Fromageot, C. 958[2].
Thiekötter, B., s. Gohr, H. 363[1], 364[8].
Thiel, A.: Formen des Vorkommens der Kohlensäure im Blut 519[1].
Thiele, F. H.: Cystinausscheidung 955[8]. — Bildung von Sulfat aus Cystin 955[8].
Thiele, W.: Vitamin A-Gehalt des Blutes 357[22].
— u. P. Guzinski: Entleerung von Vitamin A aus Leber und anderen Organen bei Reizung des sympathico-adrenalen Systems 360[2].
— u. I. Scherff: Gesamtcarotinoide im Serum 356[16].
Thierfelder, H., u. E. Klenk: Methyloxydation von Alkylbenzolen 812[2].
Thiersch, J. B., s. Bendich, A. 1202[2], 1222[5], 1223[5], 1256[1].
— s. Philips, F. S. 1256[2].
Thiesen, J., s. Gohr, H. 1025[5].
Thiry, L.: Methodik der Thiry-Fistel 144[9].
Thivolle, L., s. Fontès, G. 315[7], 316[9], 437[2].
Thoelen, H., s. Wiss, O. 994[1].
Thoenes, E., s. Meier, R. 413[10].
Thoenes, F., u. R. Aschaffenburg: Buch über den Eisenstoffwechsel des wachsenden Organismus (1934) 655[22].
Thoenies, H.: Form von Vitamin C im Blut 364[14]. — Vitamin C-Gehalt im Blut von Schwangeren 365[4].
Thoma, K.: Ribonucleinsäure in Erythrocyten 447[9]. — Identität von basophil punktierten Erythrocyten und Reticulocyten 455[2]. — Ribonucleinsäuren in den basophilen Granula von Leukocyten 462[9].
— s. Laves, W. 462[9].
Thoma, R. W., s. Fried, J. 886[19].
Thomae, E., s. Jesser, H. 411[7].
Thomann, J., u. A. Kaelin: Wasserbestimmung im Blut 392[8].
Thomas, A., s. Medes, G. 835[7].
Thomas, B. H., s. Schulz, J. A. 248[2].
Thomas, C. J., s. Mellanby, J. 523[6].
Thomas, E. D., s. Finch, C. A. 665[2].
Thomas, F., s. Sonderhoff, R. 1031[5].
Thomas, G., s. Frazer, A. C. 246[17].
Thomas, G. W., s. Fremont-Smith, F. 566[5].
Thomas, H., s. Sonderhoff, R. 873[1], 1031[5], 1057[2].
Thomas, H. E., s. Oserkowsky, J. 667[14].
Thomas, I. ap, s. Paterson, E. 457[5].
Thomas, I. M.: Unangreifbarkeit ungekochter Stärke durch Amylase 23[17].
Thomas, J.: Keine Porphyrinbildung aus Tryptophan 437[1]. — Übergang von Hämatin in Porphyrin 438[19].
— s. Bigwood, E. J. 1203[5,6], 1205[9].
— s. Dodgson, K. S. 1090[97].
Thomas, J. E.: Zusammenfassung über Verdauungskanal (1941) 6[6]. — Neuere Ergebnisse der Physiologie des Magen-Darmkanals (1949) 6[20]. — Verschiedenheit von Gastrin und Histamin 44[8]. — p_H-Wert des Darminhaltes beim Hund 149[2]. — Pankreassaft 155[7].
— and J. O. Crider: Veränderung des pH im Duodenum durch Nahrungsaufnahme 233[9].
— and M. H. F. Friedman: Zusammenfassung über Pankreas (1949) 155[8]. — Zusammenfassung über Verdauungskanal (1949) 6[6].
— s. Friedman, M. H. F. 132[6].
— s. Snape, W. J. 141[13].
Thomas, K.: Zusammenfassung über Eiweißminimum und Herkunft des Kreatins (1920) 947[6]. — Liebigsches Minimumgesetz 612[2]. — Exogenes Cystin für Mercaptursäurebildung 967[1].
— u. B. Flaschenträger: Ausnutzung von Cetylalkohol bei Hunden 250[2].
— u. M. G. H. Goerne: Kreatinausscheidung nach Zufuhr von γ-Guanidinobuttersäure 947[6]. — Keine Kreatinbildung aus Methylguanidino-buttersäure 947[7].
— u. K. Kalbe: Malonsäureausscheidung beim Hund 813[9].
— J. Kapfhammer u. B. Flaschenträger: Kreatinausscheidung nach Zufuhr von γ-Guanidino-buttersäure 947[6].
— A. T. Milhorat u. F. Techner: Kreatinsynthese aus Glykokoll 947[21].
— u. H. Pringsheim: Celluloseverdauung im Dickdarm 187[5].
— G. Weitzel u. P. Neumann: Verhalten von substituierten Bernsteinsäuren im Stoffwechsel 817[4].
— s. Milhorat, A. T. 947[22].
Thomas, L., s. Lowe, C. U. 1234[17].
— and D. T. Mayer: Aminosäurezusammensetzung von Zellkernproteinen 1112[8].
— s. Carver, M. J. 1105[10], 1109[4].
— s. Kirkham, W. R. 1109[3].
— s. Wang, T. Y. 1109[4]
Thomas, M. D., R. H. Hendricks, L. C. Bryner and G. R. Hill: Schwefelstoffwechsel der Pflanze 652[3].

THOMAS, P., u. R. IMAS: Vermehrung der Purinausscheidung durch Xylose und Arabinose 1242[14].
— et E. MAFTEI: Acetaldehydgehalt von Liquor cerebrospinalis 571[5].
THOMAS, R.G.: Ca-Gehalt tierischer Erythrocyten 427[7], 428[6].
THOMPSON, F. L., s. COHEN, P. P. 295[4].
THOMPSON, J. C.: Vorkommen von intrinsic factor in der Darmschleimhaut 121[9].
THOMPSON, M. D., s. FRAZER, A. C. 246[17].
THOMPSON, O. E., s. BOLDYREFF, W. N. 156[7].
THOMPSON, P. K., M. MARSH and K. R. DRINKER: Zinkmangelerscheinungen 677[14].
— s. DRINKER, K. R. 677[6, 9].
THOMPSON, R. T.: Thermostabile Antihyaluronidasen im Serum 383[6].
— and M. A. BLANKENHORN: Antihyaluronidase im Blut bei Infektionskrankheiten 384[7].
— and F. E. MOSES: Antihyaluronidasen im Serum 383[5, 6]. — Hyaluronidasebestimmung 384[13].
THOMPSON, S. Y., J. GANGULY and S. K. KON: Umwandlung von Carotin in Vitamin A in der Darmwand 197[3].
THOMPSON, W., s. DUNN, A. D. 68[9].
THOMPSON, W. H.: Kreatinbildung aus Arginin 946[12]. — Kreatinbildung aus Guanidinoessigsäure 947[26].
THOMPSON, W. R., s. PAGE, I. H. 442[5].
THOMSEN, O.: Zusammenfassung über Vererbung der Blutgruppen beim Menschen (1940) 385[1].
THOMSON, D. L., and J. B. COLLIP: Wirkungsmechanismus von Parathormon 715[4].
THOMSON, R. O., s. COOK, R. P. 871[5].
THOMSON, R. Y., F. C. HEAGY, W. C. HUTCHISON and J. N. DAVIDSON: Nucleinsäuregehalt von Zellkernen 1102[17]. — DNS-Gehalt des Zellkerns als Bezugsbasis 1103[9].
THORBECK, K., s. VARA-LOPEZ, R. 585[4].
THORELL, B.: Hämoglobinsynthese in den Erythrocyten 436[11]. — Ribosepolynucleotidgehalt von Erythrocyten 447[8]. — Bedeutung von Thymonucleinsäure für die Erythropoese 467[4]. — Bedeutung der Ribonucleinsäuren für die Eiweißsynthese 926[3].
— s. CASPERSSON, T. 1185[7].
— s. ELIASSON, N. A. 1125[6], 1191[3], 1192[12].
THORN, G. W., P. H. FORSHAM, F. T. G. PRUNTY and A. G. HILLS: Eosinophile Leukocyten nach Nebennierenhormonen und ACTH 456[11].
— F. T. G. PRUNTY and P. H. FORSHAM: Steigerung der Purinausscheidung durch Cortison 1234[16].
THORN, W.: p_H der Gehirnoberfläche bei O_2-Mangel 1175[8].
THORN, W., u. H. A. RACZKOWSKI: Glykolyse im Gehirn 740[1].
THORUP, C., s. MØLLER-CHRISTENSEN, E. 364[15], 365[5].
THUDICHUM, L. L. W.: Methylpurine im menschlichen Harn 1223[6].
THÜRAUF: Letale Alkoholkonzentration im Blut 327[14].
THUNBERG, T.: Zusammenfassung über die biologische Bedeutung der Sulfhydrylgruppe (1911) 651[12]. — Bernsteinsäuregehalt des Blutes 327[1]. — Bernsteinsäuregehalt von Liquor cerebrospinalis 571[4]. — Citronensäuregehalt des Knochens 702[11]. — Rolle der Phosphatide bei Oxydationen in der Zelle 856[1]. — Fermentative Dehydrierung von Glutaminsäure 949[13]. — Citronensäurebestimmung 1059[10].
— s. MÅRTENSSON, J. 571[3].
THYGESEN, J. E.: Bindung von Bor an Hydroxylgruppen 689[3].
THYSELIUS-LUNDBERG, S., s. LUNDBERG, E. 314[17].
THYSSEN, J., s. SEYDERHELM, R. 275[11], 276[3].
TIBBETTS, D. M., and J. C. AUB: Magnesiumbedarf 636[13].
TICHMENEFF, N.: Eiweißspeicherung 927[5].
TICHOMIROFF, A.: Nucleoproteidbildung im Seidenspinner- und Hühnerei 1180[8]. — Purinbildung im Seidenraupenei 1218[4].
TIDRICK, R. T., W. H. SEEGERS and E. D. WARNER: Thrombinpräparate zur Blutstillung 500[11].
TIDWELL, H. C.: Chylomikronen 240[5, 9]. — Chylomikronenbildung bei Resorption von freien Fettsäuren und Triglyceriden 799[3].
— and M. E. NAGLER: Verwertung von Acetessigsäure im Stoffwechsel 830[5].
— s. HOLT, L. E. jr. 800[11].
TIEDE, E., u. H. CHOMSE: Zusammensetzung von Zahnbein 708[22]. — Kupfergehalt von Rinderzähnen 709[6].
TIERNEY, N. A., and J. P. PETERS: Kreatingehalt von menschlichem Blut 350[15].
TILLETT, W. S., and R. L. GARNER: Streptokinase 297[14].
— s. GARNER, R. L. 297[14].
TILLING, T., s. VONKENNEL, J. 575[17].
TILLMANS, J.: Redoxpotentialmessung mit Redoxindikatoren 276[4].
— u. G. OHNESORGE: Buch über klinische Untersuchungsmethoden; 13. Aufl. (1940) 457[9].
— u. K. PHILIPI: Bestimmung der gebundenen Kohlenhydrate im Blut 322[13].
TIMM, H.: Harnsäureanstieg in Blut und Harn bei alkalischer Nahrung 1242[22].
TIMOFÉEFF-RESSOWSKY, H. A., s. BORN, H. J. 406[5], 647[7], 671[2], 693[1].
TIMPE, O., s. ACKERMANN, D. 978[7].

TINEL, J., G. UNGAR et J. L. PARROT: Herkunft des Bluthistamins aus der Leber 353[4].
TING, K. S., J. M. COHN and A. C. CONWAY: p-Aminobenzoesäure-Bestimmung im Blut 366[2].
TINSLEY, M., s. WOLFSON, W. Q. 347[1,6].
TIPREZ, G., s. GAJDOS, A. 455[3].
TIR, L., s. NEUBERG, C. 754[2].
TISCHENDORF, W., u. E. FRITZE: Keine Aggregation der Leukocyten bei Anämie 459[2].
— E. FRITZE u. W. SCHULZ: Kälteagglutinine 424[10].
TISDALL, F. F., s. GAMBLE, J. L. 641[5], 642[10], 643[6].
— s. JACKSON, S. H. 697[6].
— s. KRAMER, B. 66[1], 428[5].
TISELIUS, A.: Trennung der Eiweißkörper durch Elektrophorese 290[4].
— s. CREMER, H.-D. 294[8].
— s. KRITCHEVSKY, T. H. 879[12].
TISHKOFF, G. H., s. DOUNCE, A. L. 1065[8].
— s. GOLDBERG, H. J. V. 27[11].
TISLOW, R., and A. CHESLER: BAL-Wirkung auf Alloxandiabetes 779[14].
TISSIER, M., s. BÉNARD, H. 382[11], 1020[1].
— s. CARNOT, P. 43[21].
TITCHEN, D. A., s. COMLINE, R. S. 225[5].
TITUS, E., s. PERLMAN, D. 886[18].
TIVEY, H., s. OSGOOD, E. E. 1121[1].
TOBIAS, C. A., s. ROSENFELD, I. 1124[5].
TOBLER, L.: Wasserretention bei Eiweißmangel 603[2]. — Eiweißresorption 914[2].
— u. G. BESSAU: Buch über Ernährung und Stoffwechsel im Kindesalter (1941) 97[7].
TOCANTINS, L. M: Schwankungen der Thrombocytenzahl 470[15]. — Blutviskosität und Thrombocytenzahl 471[8].
TODD, A. R., s. DEKKER, C. A. 1185[15], 1226[5].
TODD, W. R., and C. A. ELVEHJEM: Zinkvorkommen in Organen 403[5].
— C. A. ELVEHJEM and E. B. HART: Folgen von Zinkmangel 403[7]. — Notwendigkeit von Zink für Pilzwachstum 674[16]. — Bedeutung von Zink bei den Fortpflanzungsvorgängen 676[4].
— s. BURGET, G. E. 250[3].
TODHUNTER, E. N., and T. J. MCMILLAN: Vitamin C-Gehalt im Rattenblut 365[14].
TOENNIES, G.: Zusammenfassung über Chemie und Stoffwechsel von Schwefelverbindungen (1940) 651[11].
— s. BENNETT, M. A. 963[4].
TOENNIESSEN, E., u. E. BRINKMANN: Oxalsäure als Stoffwechselendstufe 326[22]. — α,α'-Diketoadipinsäure als Stoffwechselprodukt 1029[6].
TÖNNIS, W., H. HORSTER, C. REIMERS u. C. RÜDEL: Intestinale Autointoxikation 229[9].
TOEPFER, G.: Bestimmung von freier und gebundener Salzsäure 51[10], 53[1]. — TOEPFERS Reagenz 53[8].
TÖRÖK, P., s. OEHME, C. 643[4].
TÖRÖK, T., s. BODNÁR, J. 416[5].
TÖTTERMAN, L. E., s. JENSEN, C. C. 880[6,7].
TOKUYAMA, S.: Phenolgehalt von arteriellem und venösem Blut 329[10].
TOMARELLI, R. M., J. CHARNEY and M. L. HARDING: Bestimmung der Serumproteasen 380[19].
— s. CHARNEY, J. 380[19].
TOMII, M., u. K. MIYAMOTO: Kaliumgehalt der Kaninchenlymphe 554[8].
TOMISEK, A., s. MAHLER, H. R. 1132[1], 1136[35], 1149[4].
TOMITA, M., u. M. TAKAHASHI: Purinbildung im Hühnerei 1218[8].
TOMKINS, G. M., and I. L. CHAIKOFF: Cholesterinsynthese 874[11].
— s. CHAIKOFF, I. L. 878[4].
TOMPSETT, S. L.: Umwandlung der Eisen (III)- in Eisen (II)-salze im Magen 96[2]. — Einfluß der Nahrung auf Fe-Resorption 214[5]. — Formen des Eisens im Blut 400[3]. — Behinderung der Eisenresorption durch Ca 657[8]. — Kupferausscheidung durch Darm und Niere 667[8]. — Alkoholische Steroide als Corticosteroidmetabolite im Harn 895[7].
— and A. B. ANDERSON: Bleigehalt im Gesamtblut 404[10]. — Bleibindung durch Erythrocyten 688[15].
— s. CUTHBERTSON, D. P. 917[1].
TONDO, M.: Arteriendarstellung am menschlichen Magen 34[7].
TONG, W., s. TAUROG, A. 682[13].
TONHAZY, N. E., s. ALBAUM, H. G. 1234[13].
TONNET, I., s. LESURE, A. 653[5].
— s. LOEPER, M. 653[5].
TONUTTI, E., s. LANGENDORFF, H. 456[9], 469[9].
TONZETICH, J., s. GUNSALUS, C. F. 1201[12], 1217[12], 1226[8], 1230[4].
TONZIG, S.: Purine als Abfallstoffe der Pflanzen 1217[6]. — Herkunft der Pyrimidinverbindungen in Pflanzen 1226[10].
TOPOREK, M.: Einbau von Histidin-C in Cholin 977[4].
— L. L. MILLER and W. F. BALE: Einbau von Histidin-C in Cholin 977[4].
TOPPER, Y. J., and A. B. HASTINGS: Übergang von markierter Caprylsäure in Glucose 763[2].
— s. GOULD, R. G. 761[7].
TORRE, L. D., s. LASZT, L. 219[2,9].
TORRINI, A., s. MORO, M. 71[13].
TORTORA, M.: Rhodangehalt im menschlichen Speichel 20[9].
TOSCHI, G., s. CAVALLINI, D. 324[21], 328[9].
TOTANI, G.: Tyrosinbildung aus Phenylalanin bei der Ratte 980[1].
TOTIRE, I. P.: p_H-Werte im Magen und Darm von Wiederkäuern 50[6].

TOTTER, J. R., E. S. AMOS and C. K. KEITH: Vermehrte Porphyrinausscheidung nach Pteroylglutaminsäure 439[2]. — Bedeutung der Folinsäure für den Porphyrinstoffwechsel 467[9].
— B. KELLEY, P. L. DAY and R. R. EDWARDS: Einbau von Aminosäuren in Lebereiweiß 924[8]. — Bedeutung von Folsäure für Glykokollbildung aus Serin 941[2].
— E. VOLKIN and C. E. CARTER: Umsatzgeschwindigkeit von Nucleotiden 1120[12]. — Ausgangsstoffe für die Nucleinsäuresynthese 1192[8]. — Einbau von ^{14}C-Formiat in Nucleinsäuren 1195[9]. — Ribosebildung aus ^{14}C-Formiat 1196[10]. — Einbau von ^{14}C-Formiat in Pyrimidinnucleotide 1228[2].
TOTTINGHAM, W. E., s. MCVICAR, R. 689[11].
TOURTELLOTTE, D., s. SHAMBAUGH, N. F. 913[10], 980[6].
TOVEE, E. B., s. WOODWARD, E. R. 45[29].
TOWLES, C., and C. VOEGTLIN: Ausscheidung von zugeführtem Kreatinin 945[12].
TOWNSEND, W. C., s. CASTLE, W. B. 38[2].
TOYOKI, O.: Glyceridspaltung durch Pankreaslipase 162[6].
TRACY, A., and J. MCPHEAT: Bleigehalt von Mutter und Kind 688[17].
TRACY, M. M., s. BRUES, A. M. 1120[4], 1191[5], 1194[2].
TRANCOU-RAINER, M., et O. VLADUTIU: Vorkommen von gonadotropen Hormonen und von Histamin im Speichel 26[6].
TRAPPE, K.: Zusammensetzung des Restunverseifbaren im Blut 339[4].
TRAPS, R. M., C. W. HOOKER and T. R. FORBES: Vorkommen von Progesteron in Testes 886[31].
TRAUT, H., s. DIRSCHERL, W. 903[8].
TRAUTMANN, A.: Einseitige Speichelsekretion 13[2]. — Speichelmenge und Dauer der Nahrungsaufnahme 13[16]. — Zusammensetzung des Parotisspeichels vom Schwein 15[13]. — Zusammensetzung des Schweinespeichels 20[5]. — Resorptionsfähigkeit der Pansenschleimhaut 99[1].
— u. H. ALBRECHT: Psychische Speichelsekretion 12[10]. — Wirkung der Milch auf Speichelsekretion 13[6]. — Ziegenspeichel 14[4], 15[19], 19[14], 20[4].
— u. T. ASHER: Über den Verdauungstraktus der Wiederkäuer 8[10]. — Bewegungsformen im Dickdarm vom Schwein 110[3]. — Begrenzte Zuckerresorption bei Wiederkäuern 222[7].
— u. J. FIEBIGER: Lehrbuch der Histologie und vgl. mikroskop. Anatomie der Haustiere; 7. Aufl. (1941) 34[5].
— u. J. SCHMITT: Bedeutung der Mundverdauung für Wiederkäuer 29[3]. — Zerkleinerung des Inhaltes im Psalter 101[6].
— s. SCHEUNERT, A. 7[4], 12[13], 13[1], 14[5], 15[1, 15], 19[12], 20[3], 259[4], 341[8].
TRAUTWEIN, H., s. JÜRGENS, T. R. 475[9].
— s. ROSENTHAL, G. G. 237[13], 247[15].
TRAVERS, J. J., s. CERECEDO, L. R. 1244[4].
TRAVERSO, L. G.: Blutmengen bei Frauen 259[6].
TREADWELL, C. R., s. ECKSTEIN, H. C. 236[3].
TREFFERS, H. P.: Zusammenfassung über Beiträge der Immunologie zur Eiweißuntersuchung (1944) 285[10].
TREITMAN, S. S., s. SRERE, P. A. 874[10].
TRELEASE, S. F.: Selenanreicherung in Pflanzen 694[13].
TRENDELENBURG, P.: Buch über die Hormone; Bd. 2 (1934) 683[3]. —Zusammenfassung über quaternäre Ammoniumverbindungen (1923) 135[7]. — Zusammenfassung über Ammoniak, Ammoniumsalze, Ammoniakderivate usw. (1923) 617[4]. — Zusammenfassung über Pharmakologie der Magen- und Darmbewegung (1927) 31[10]. — Zusammenfassung über Bewegungen des Darmes (1927) 109[6].
TRÉNEL, M., u. F. ALTEN: Aluminium hat keine biologische Funktion 685[11].
TREVAN, J. W., s. MACFARLANE, R. G. 484[8].
TREVELYAN, W. E., P. F. E. MANN and J. S. HARRISON: Gleichgewichtskonstanten an der Phosphorylase 743[11].
TREVORROW, V.: Thyroxingehalt von Venenblut 367[7].
— M. KASER, J. P. PATTERSON and R. M. HILL: Fibrinogengehalt des menschlichen Blutplasmas 477[11].
TRIA, E., e G. FABRIANI: Pankreassaft vom Menschen 156[14], 158[2].
— s. KRAUT, H. 75[13].
TRIENDL, E., s. STRAUB, W. 209[11].
TRIEPEL, H.: Buch über anatomische Namen; 24. Aufl. Hrsgb. STIEVE, H. (1948) 103[3].
TRIER, E.: Jahreszeitliche Schwankungen des Vitamin C-Gehaltes im Blut 364[12].
TRIER, M., s. KIRK, E. 393[3].
TRIKOJUS, V. M., s. WINIKOFF, D. 367[11].
TRIMBLE, H. C., and C. E. KEELER: Gen der Harnsäureausscheidung beim Dalmatiner Hund 1214[4].
— and S. J. MADDOCK: Resorptionsgröße von Glucose beim Hund 223[4].
— s. KLEMPERER, F. W. 1214[1].
TRINCAO, C., s. FONSECA, F. 105[7], 155[13].
TRISTRAM, G. R., s. CHIBNALL, A. C. 931[1].
TRÖMEL, G., s. MÖLLER, H. 708[13, 14], 709[2, 3].
TROITZKI, J. A.: Einseitige Speichelsekretion 13[2].
TROMMER, C.: Reduktion alkalischer Kupferlösungen durch Zucker 727[1].
TRONCHON, A., s. CAHEN, R. 676[4].
TROPP, C.: Zusammensetzung des menschlichen Chylus 241[6].
— O. SEUBERLING u. B. ECKARDT: Phosphorgehalt von menschlichem Liquor 576[8].
TROSCHEL: Schneckenspeichel 19[16].

TROSIANZ, G.: Gesteigerter Eiweißzerfall bei Cl-Mangel 634[6].
TROWELL, O. A.: Aktivierung der Harnstoffbildung durch Ornithin 970[5].
TRUCCO, R. E., R. CAPUTTO, L. F. LELOIR and N. MITTELMAN: Galaktohexokinase 741[8].
— s. CAPUTTO, R. 319[10].
— s. CARDINI, C. E. 742[6].
— s. LELOIR, L. F. 742[6].
— s. PALADINI, A. C. 742[6].
TRUKA, J.: Jahreszeitliche Schwankungen der Blutmilchsäure 324[12].
TRUMP, R., s. GILBERT, N. C. 1251[15].
TRUNNELL, J. B., B. J. DUFFY jr., J. T. GODWIN, W. PEACOCK, L. KIRSCHNER and R. HILL: Übergang von Jod aus dem extracellulären Raum in die Organe 681[7].
TRUSZKOWSKI, R.: Xanthindehydrogenase der Leber 1202[6]. — Kein uricolytisches Ferment beim Menschen 1211[7].
TSAO, M. U., and H. S. REARDON: Keine verschiedenen Hämoglobine bei Fetus, Kind und Erwachsenen 434[2].
TSATSAKOS, D.: Brenztraubensäuregehalt von Fingerbeerenblut 325[9].
TSCHEKUNÒW, J. S., s. LONDON, E. S. 228[10].
TSCHEREDKOFF, W. N., s. POLTYREFF, S. S. 46[8].
TSCHERKES, H. A.: Glykogen im Kaninchen- und Meerschweinchenblut 321[6].
TSCHERMAK, A. v.: Adaptive Fermentbildung gegen Inulin und Lichenin im Kaninchendünndarm 176[1].
TSCHERNING, K., s. BUTENANDT, A. 897[3].
TSCHERNORUZKI, M.: Oxydasen und Peroxydasen in Leukocyten der myeloischen Reihe 462[13]. — Fermentgehalt von Leukocyten 463[3]. — Katalase in Leukocyten der myeloischen Reihe 464[2].
TSCHESCHE, R.: Aktivierung der Hämogenase 466[13].
TSCHIRGI, R. D., s. ABOOD, L. G. 1072[25], 1077[14], 1090[7], 1136[30].
TSCHIEREW, S.: Polycytämie nach Plethora 261[8].
TSCHOPP, H., s. TSCHOPP, W. 979[9].
TSCHOPP, W., u. H. TSCHOPP: Histidinurie 979[9].
TSIBAKOWA, E. T., s. BELITZER, V. A. 789[2].
TSIBAKOVA, E. T., s. a. ZYBAKOWA, E. T.
TSOU, K. C., s. RAVIN, H. A. 375[9].
TSUBOI, K. K.: Intracelluläre Verteilung von Phosphatasen 1090[66].
TSUCHIYA, I.: Glykokollsynthese für die Hippursäurebildung 938[9].
TSUDZIMURA, H., s. PLATTNER, F. 136[18].
TSUJIMOTO, J., s. ICHIHARA, K. 988[11].
TSURU, N.: Acetongehalt des Speichels 27[5].
TSUTSUI, T.: Uricolyse beim hungernden Hund 1239[15]. — Uricolyse beim Hund durch Eiweiß-Fett-Kost 1242[12].
TSUYUKI, H., s. SINCLAIR, R. G. 334[12].
TUBA, J., and R. HOARE: Lipasegehalt von menschlichem Blut 372[2]. — Einfluß von Ovarektomie auf Serumlipase 372[10]. — Abnahme der Serumlipase im Alter 372[11]. — Lipasebestimmung 372[16]. — Serumlipase bei Alloxandiabetes 779[12].
— s. CANTOR, M. M. 779[11].
TUCHMAN, L., s. ANTOPOL, W. 374[8], 450[3].
— s. SOBOTKA, H. 861[10].
TUCKER, H. F., and E. G. BALL: Hydrogencarbonatgehalt von Pankreassaft 158[7]. — Kohlensäureanhydratase im Pankreas 166[8].
— s. BALL, E. G. 158[8].
TUCZEK, F.: Speichelmenge bei Menschen 13[13].
TÜRKHEIM, H.: p_H im menschlichen Speichel 19[7]. — Kochsalzgehalt von gemischtem menschlichen Speichel 21[6].
TUERKISCHER, E., and E. WERTHEIMER: Hemmung der Glykogensynthese durch Kaliumionen 778[8].
TUFTS, E. V., and D. M. GREENBERG: Wirkung Mg-armer Kost bei Tieren 636[3]. — Mg-Bedarf der Ratte 636[17].
— s. GREENBERG, D. M. 428[10], 624[9].
TULPULE, P. G., and V. N. PATWARDHAN: Mangel an essentiellen Fettsäuren und Enzymgehalt der Lebermitochondrien 1145[1].
TULUS, R., s. BREUSCH, F. L. 828[4].
TUMASS, A. I.: Amylase und glykolysierende Fermente im Magensaft 85[3].
TUOMIKOSKI, V.: p_H-Wert des Duodenalinhaltes während der Verdauung 170[1]. — Darmresektion beim Menschen 198[10].
TUPPER, R., R. W. E. WATTS and A. WORMALL: Zinkgehalt und Kohlensäureanhydrataseaktivität von Organen 679[1].
TUPPER, R. L. F., s. BANKS, T. E. 679[2].
TURBA, F., u. H. J. ENEKEL: Papierelektrophorese der Serumeiweißkörper 294[8].
TURBY, H., u. T. D. MANNING: Darmsaft des Menschen 143[7].
TURKUS, M., s. PRIMNIG, A. 183[10].
TURNER, A. P., s. MADDEN, S. C. 289[1].
— s. ROBSCHEIT-ROBBINS, F. S. 436[2].
TURNER, B. B., s. ABEL, J. J. 913[9].
TURNER, K. B., A. DE LAMATER and W. D. PROVINCE: Jodgehalt im Blut neugeborener Kinder 409[23].
TURNER, R., s. BAKWIN, H. 716[9].
TURNER, R. H.: Glutathiongehalt von menschlichem Blut 448[9].
TURNER, W. J.: Pyrrol als Baustein der Protoprophyrinsynthese 1001[1].
TURPEINER, O.: Natriumbedarf 621[4].
TUTT, M. L., s. KIDMAN, B. 640[15], 684[19], 685[1].
TUTTLE, L. C., s. LIPMANN, F. 838[12], 1035[7, 9], 1036[6, 14], 1185[4], 1194[10].
— s. MILITZER, W. 787[9].

TUTTLE, L. W., L. A. ERF and J. H. LAWRENCE: P-Stoffwechsel geschwulstkranker Mäuse 648[13]. — Aufnahme von ^{32}P in Nucleinsäuren bei Zellneubildung 1194[4].
— s. LAWRENCE, J. H. 648[9, 14].
TWEDDELL, H. J., s. BOYD, E. M. 332[3].
TWEEDY, W. R., and W. W. CAMPBELL: Wirkung von Parathormon auf die Phosphorsäureausscheidung im Harn 715[3].
— s. L'HEUREUX, M. V. L. 640[12].
TWOMBLY, G. H., and H. C. TAYLOR jr.: Stoffwechsel der C_{18}-Ketosteroide in der Leber 905[10].
TYDMAN-CHETVERIKOVA, E. K.: Carnosin- und Anseringehalt des Muskels bei Hunger 979[4].
TYLER, D. B.: Hämolysin-Inhibitor in Lebermitochondrien 1147[9].
TYLER, F. H., s. SMITH, E. L. 381[1].
— s. WEST, C. D. 897[7].
TYRODE, M. V.: Tyrodelösung 267[7].
TYRRELL, L. W., and D. RICHTER: Intracelluläre Verteilung von Cholesterin und Phosphatiden 1077[9].
TYTELL, A. A., s. SCHMIDT, G. C. 974[1].
TYUNIN, V. H., s. SEVERIN, S. E. 978[10].
TYUNINA, V. N., s. SMITNOVA, L. G. 585[1].

UBISCH, H. v., s. BERGSTRAND, A. 1120[9], 1192[10], 1222[11], 1228[6].
— s. BERGSTRÖM, S. 1193[7].
UCHIDA, M., S. ITAGAKI and T. WACHI: Spaltprodukte des enzymatischen Histidinabbaues 977[11].
UCHIDA, S.: Oxydase und Dopaoxydase in Eiterkörperchen 584[11].
UCKO, H.: Zusammenfassung über Kropf und Jodmangeltheorie (1932) 683[4]. — Brombestimmung 699[22].
— s. BERNHARDT, H. 409[4].
UDENFRIEND, S., C. T. CLARK, J. AXELROD and B. B. BRODIE: Bedeutung der Ascorbinsäure für den Tyrosinabbau 984[8].
— and J. R. COOPER: Tyrosinbildung aus Phenylalanin durch Leberschnitte 980[3]. — Intracelluläre Verteilung der Phenylalaninoxydation 1090[27]. — Bildung von Tyrosin im Cytoplasma 1153[3].
— s. AXELROD, J. 984[8].
UDLUFT, H., s. HELLMERS, J. H. 690[6].
UDRÁNSZKY, L. v., u. E. BAUMANN: Ausscheidung von Cadaverin und Putrescin 954[17].
UFFELMANN, J.: Milchsäureprobe 92[4].
UFFENORDE, H., s. CHROMETZKA, F. 1211[1].
UHLMANN, F.: Zusammenfassung über Gewinnung von reinem Magensaft (1926) 47[4]. — Zusammenfassung über die Methode nach THIRY-VELLA (1926) 144[15]. — Zusammenfassung über Funktionen des Magendarmkanals (1926) 169[1].
UHNOO, B.: Lipoide der Magenschleimhaut 40[12].
UJSÁGHY, P.: Ausfällung von Fibrin in pathologischem Liquor 567[10]. — Euglobulin und Fibrinogen im Liquor von Neugeborenen 567[11].
ULLED, E., s. MENKIN, V. 560[3].
ULLMANN, H., s. DRESEL, K. 1230[24], 1231[14].
ULLMANN, R., s. SCHITTENHELM, A. 1249[10].
ULRICH, A.: Zusammenfassung über Bromtherapie (1913) 700[4]. — Bromismus 700[5].
ULRICH, W., s. LOCKEMANN, G. 67[2, 6].
ULRICI, H.: Steigerung der Harnsäure- und Allantoinausscheidung durch Salicylsäure 1249[20].
ULTMANN, J. E., E. HIRSCHBERG and A. GELLHORN: Einfluß von Stickstofflost auf Leberzellen 1097[3]. — Nucleinsäuregehalt von Zellkernen 1102[23].
ULUSOY, E., s. BREUSCH, F. L. 767[10], 804[2].
UMBER, F.: Buch über die Gicht. Ernährung und Stoffwechselkrankheiten; 2 Aufl. (1914) 1250[8]. — Buch über die Stoffwechselkrankheiten in der Praxis; 3. Aufl. (1939) 314[6]. — Harnsäureschwund 1211[30].
— u. T. BRUGSCH: Lipase in der Darmschleimhaut 124[6].
— u. M. BÜRGER: Vermehrte Cystinausscheidung nach Eiweißfütterung 955[5]. — Ochronose und Alkaptonurie 982[3].
UMBREIT, W. W., and I. C. GUNSALUS: Pyridoxal-5-phosphat als Coferment von Bakteriendecarboxylasen 932[1].
— W. A. WOOD and I. C. GUNSALUS: Tryptophanbildung aus Indol und Serin bei Neurospora 995[8].
— s. ALBAUM, H. G. 1234[13].
— s. BELLAMY, W. D. 932[1].
— s. GUNSALUS, I. C. 932[1].
— s. LICHSTEIN, H. C. 938[3].
— s. WOOD, W. A. 995[6].
UMEDA, N.: Einfluß von Kohlenhydrat- und Fettkost auf Harnsäureausscheidung 1242[10].
UMENO, M.: Magenphosphatasen 35[6]. — Darmphosphatasen 120[13]. — Pankreasphosphatasen 160[16].
— s. KOZAWA, S. 66[9].
UMSCHWEIF, B., s. PARNAS, J. K. 1235[7].
UNDERHILL, F. A., s. ORTEN, J. M. 430[6, 7].
UNDERHILL, F. P., J. A. HONEIJ and L. J. BOGERT: Beziehung zwischen Mg-Zufuhr und Ca-Ausscheidung 635[5].
— and F. I. PETERMAN: Aluminiumgehalt des Blutes 405[11].
— F. I. PETERMAN, E. G. GROSS and A. C. KRAUSE: Aluminiumgehalt von Blut 405[11].
— F. I. PETERMAN and S. L. STEEL: Aluminiumgehalt von Blut 405[11].
UNDERWOOD, E., S. FISCH and H. C. HODGE: Wirkung von Vitamin D auf den Calciumstoffwechsel junger Ratten 714[9].
— and H. C. HODGE: Hydroxylapatit im Zahnschmelz 722[7]. — Aufnahme von ^{45}Ca durch Dentin und Schmelz 723[3].

UNDERWOOD, E. E., s. FALKENHEIM, M. 716[6].
UNDERWOOD, E. J.: coast disease 673[14].
— and C. A. ELVEHJEM: Kobaltgehalt von Kuhmilch 672[25]. — Wirkung von Mangan auf die Polycytämie nach Kobalt 673[11].
— s. FILMER, J. F. 673[14].
UNDRITZ, E.: Zusammenfassung über Leukocytenforschung (1944) 455[9].
— s. ROTHLIN, E. 664[5].
UNGAR, F., R. I. DORFMAN, R. M. STECHER and P. J. VIGNOS jr.: Stoffwechselprodukte des Progesterons 889[6].
UNGAR, G.: Fibrinolyse 489[6].
— s. TINEL, J. 353[4].
UNGER, H.: Diäthylaminoäthanol als Reiz für Magensekretion 88[7]. — Physikalische Eigenschaften des Jejunumfistelsaftes vom Schwein 150[12]. — Zusammensetzung des Jejunalsaftes von Schweinen 154[3].
UNGER, P. N., M. WEINER and S. SHAPIRO: Vitamin K-Bestimmung 361[6].
UNGLEY, C. C.: Normalwerte für Vitamin B_1 im Blut 361[9]. — Gehalt des Blutes an Vitamin B_{12} 364[5].
UNIŃSKI, H., s. KOPROWSKI, H. 343[9].
UNNA, K., s. SINGHER, H. O. 905[9].
UNSHELM, E.: Glykogen im Blut 321[1].
UPDEGRAFF, H., and H. B. LEWIS: Aminosäure-, Harnstoff- und Harnsäuregehalt des Speichels 27[8, 14].
— s. LEWIS, H. B. 956[1].
URBACH, E.: Bestandteile von Blasenflüssigkeiten, Serum und Haut 577[6]. — Aminosäuren in Zugblasenflüssigkeit 577[9].
URBAIN, A., R. CAHEN et J. SERVIER: Gefrierpunktsdepression im Blut von Säugetieren 266[8].
URBAN, F. F., s. APPRICH, K. 586[2].
URBAN, N.: K- und Na-Gehalt von Liquor cerebrospinalis bei Meningitis tuberculosa 575[10].
URECH, P.: Fluorbestimmung 407[7].
URECHIA, C. I., et A. RETEZEANU: Bromgehalt von Liquor cerebrospinalis 576[17].
URI, J. u. E. JENEY: Methylalkohol im Blut 327[18].
URIST, M. R., s. CARTTAR, M. S. 713[13], 717[2].
UROMA, E., s. LEVER, W. F. 291[2], 312[2].
URONE, P. F., and H. K. ANDERS: Chrombestimmung im Blut 405[22].
URSPRUNG, A.: Zusammenfassung über Osmose (1932) 606[1].
USSING, H. H.: Aminosäurepermeabilität von Erythrocyten 422[7]. — Glutathiongehalt von Plasma und Erythrocyten 915[7].
USTERI, E., s. KARRER, P. 492[9].
USTJANZEW, W.: Störung der Celluloseausnutzung bei Kaninchen nach Caecumentfernung 199[6].
UTTER, M. F.: Kalium-Natrium-Anatagonismus bei der Glykolyse 626[21].
— and K. KURAHASHI: Oxalacetatspaltung 1054[8].
— F. LIPMANN and C. H. WERKMAN: Austausch der Carboxylgruppe zwischen Brenztrauben- und Ameisensäure 1042[1].
— and C. H. WERKMAN: Enolase aus Escherichia coli 751[11].
— and H. G. WOOD: Bildung von Oxalessigsäure aus Pyruvat und CO_2 1054[5].
UTZINO, S.: Carboxypolypeptidase im Darmsaft 123[16].
UVNÄS, B.: Bedeutung des Pylorus für psychische Phase der Magensekretion 41[8]. — Eigenschaften von Gastrin 43[9]. — Enterogastronwirkung bei Katzen und Hunden 142[6]. — Hypoprothrombinämie nach Leberausschaltung 478[10].
— s. STRÖM, G. 41[9].
UYEI, N., M. ITO, T. KITASAWA and H. CHIBA: Gehalt an gonadotropem Hormon im Serum trächtiger Stuten 368[6].
VAHLQUIST, B. C.: Eisenbindung an α- und β-Globulin 399[6]. — Eisengehalt des Blutes 399[10]. — Eisenstoffwechsel 400[7].
VAIL, V. C., s. HUGGINS, C. 490[4].
VAILLE, C., s. CHABANIER, H. 407[20].
VALDÉS, R., s. HUIDOBRO, F. 216[5].
VALDIGUÉ, P., s. POLONOVSKI, M. 829[2].
VALDONI, P.: Förderung der Magensaftsekretion durch Wein 42[12].
VALENTINE, W. N.: Zusammenfassung über Fermentgehalt von Leukocyten (1951) 464[8]. — Glykogengehalt menschlicher Leukocyten 462[3]. — Glutathiongehalt von Leukocyten 462[10]. — Histamingehalt von Leukocyten 464[8].
— s. LAWRENCE, J. S. 471[14].
VALERI, V. s. RABINOVITCH, M. 1231[9].
VALETIN, S., et R. CAVIER: Parenterale Resorption 250[8].
VALETTE, G., s. ROUVIÈRE, H. 549[10].
VALLEE, B. L., and M. D. ALTSCHULE: Zusammenfassung über Zink und Kohlensäureanhydratase (1949) 679[1]. — Inaktivierung der Kohlensäureanhydratase 429[13]. — Zinkbestand von Wirbeltieren 675[6].
— and J. G. GIBSON II: Schwankungen des Zinkgehaltes im Blut 404[1]. — Zinkgehalt von Erythrocyten und Leukocyten 429[10]. — Zinkbestimmung im Blut 429[14]. — Zinkgehalt von Leukocyten 460[3].
— H. D. LEWIS, M. D. ALTSCHULE and J. G. GIBSON: Zinkgehalt und Kohlensäureanhydrataseaktivität von Erythrocyten 679[4].
VALLETTE, A., s. RAOUL, Y. 365[15].
VARYI-NAGY, T. v., s. BARRENSCHEEN, H. K. 964[11].
VANAUD, H., s. MACHEBOEUF, M. 310[10].

VANDENBELT, J. M., s. SEEGERS, W. H. 477[9], 478[23,25], 479[2,10].
VANDENDRIESSCHE, L., s. CHANTRENNE, H. 1186[19].
— s. MASSART, E. L. 754[12].
VANDERWERFF, H., s. ELION, G. B. 1245[12], 1252[3].
— s. HITCHINGS, G. H. 1252[4].
VANDOLA , J. E., s. SACKS, J. 43[14].
VANE, J. R., s. BORN, G. V. R. 86[9].
VANNOTTI, A.: Buch über Porphyrine und Porphyrinkrankheiten (1937) 356[10]. — Zusammenfassung über Stoffwechseluntersuchungen mit radioaktivem Eisen (1953) 657[16]. — Extraktion von Porphyrinen aus Blut 356[13]. — Eisenausscheidung durch die Niere 660[10]. — Ausscheidung von parenteral zugeführtem Fe im Harn 661[2]. — Geschwindigkeit der Eiseneinlagerung in Protoporphyrin 1010[5].
— u. A. DELACHAUX: Buch über Eisenstoffwechsel und seine klinische Bedeutung (1942) 655[30]; (1949) Engl. 431[20]. — Eisenstoffwechsel 400[7]. — Fraktionierung des Bluteisens 660[1].
— u. H. MARKWALDER: Höhenlage und Hämoglobingehalt der Erythrocyten 431[21].
VANNUCCI, F., e G. CORCHIA: Methode der Mucinbestimmung 71[13].
VANSELOW, A. P., s. CHAPMAN, H. D. 674[20].
VANZANT, F. R., s. ALVAREZ, W. C. 56[1].
— s. OSTERBERG, A. E. 77[6,15].
— s. RIVERS, A. B. 43[26].
VÁRADY, J., u. G. SZÁNTÓ: Nitritgehalt des menschlichen Speichels 21[17].
VARA-LOPEZ, R., u. K. THORBECK: Zusammensetzung von menschlichem Eiter 585[4].
VARANGOT, J.: Carotin- und Vitamin A-Gehalt des Blutes von Schwangeren 358[11]. — Vitamin E-Gehalt des Blutes 360[8].
— H. CHAILLEY et N. RIEUX: Vitamin E-Gehalt des Blutes 360[13].
VARCO, R. L., s. LIFSON, N. 52[7].
VARGA, A.: Steigerung der Blutindicanwerte als Zeichen einer Schädigung des Leberparenchyms 351[3].
VARLEY, H., s. KENCH, J. E. 1021[2].
VARS, H. M., s. EAGLES, B. A. 979[6].
VASILEVA, K. P., s. RAZUMOW, N. P. 94[3].
VASILIU, C., s. MAXIM, M. 341[15].
VASS, C. C. N.: Zusammenfassung über Verdauungskanal (1948) 6[6].
VAUGHAN, J. M., s. KIDMAN, B. 640[15], 684[19], 685[1].
VAUGHN, P., s. ANDES, J. E. 353[14].
VÁVRA, R.: Nichtionisierter Teil des Blutchlorids 407[16].
VEEN, A. G. VAN, and J. C. LANZING: Fraktionierung der Carotinoide des Blutserums 357[7]. — Carotin- und Vitamin A-Gehalt des Blutes bei Xanthosis 359[4].
VEENEKLAAS, G. M. H.: Masse des Knochenmarks 465[6].
VEERSEN, G. J. VAN, s. KÖGL, F. 930[9].
VÉGHELYI, P.: Erhöhung der Magenlipase bei akuten Krankheiten 83[19].
VEIBEL, S.: Zusammenfassung über Lactase (1941) 127[16].
VEIL, W. H.: Zusammenfassung über Physiologie und Pathologie des Wasserhaushaltes (1923) 589[15]. — Kochsalzplethora 633[1].
— u. A. STURM: Blutjod 410[2].
VEILLON, R., s. PRÉVOT, A. R. 173[2].
VELDEN, R. VON DEN: Esterschwefelsäureausscheidung bei gesteigerter Eiweißfäulnis 953[1].
VELDMAN, H., s. GROEN, J. 214[4].
VELER, C. D., s. DOISY, E. A. 906[17].
VELICK, S. (F.), and E. RONZONI: Aminosäureanalyse des oxydierenden Gärungsfermentes 749[12].
— s. HARTING, J. 1040[6].
— s. TAYLOR, J. F. 749[9].
VELLA, L.: Methodik der Darmfistelbildung 144[10].
VENDRELY, C.: Nucleinsäuregehalt von Zellkernen 1102[18]. — DNS-Gehalt von Zellkernen 1103[11], 1104[1].
— et R. VENDRELY: Verteilung von Ribonucleinsäure in der Zelle 1072[21].
— s. BOIVIN, A. 1102[1].
— s. LEUCHTENBERGER, C. 1102[2,10].
— s. VENDRELY, R. 1102[3,4,13], 1103[13].
VENDRELY, R., et C. VENDRELY: Nucleinsäuregehalt von Zellkernen 1102[3,4,13]. — DNS : Arginin-Verhältnis in Fischerythrocyten 1103[13].
— s. BOIVIN, A. 1102[1].
— s. LEUCHTENBERGER, C. 1102[2,10].
— s. VENDRELY, C. 1072[21].
VENKATARAMAN, A., s. DZIEWIATKOWSKI, D. D. 815[1].
VENNESLAND, B.: Zusammenfassung über Anwendung von Stickstoff- und Kohlenstoffisotopen zur Untersuchung des Tierkörpers (1948) 616[13]. — Zusammenfassung über Kohlenhydratstoffwechsel (1948) 725[20].
— E. A. EVANS, jr. and K. I. ALTMAN: Bildung von Oxalessigsäure aus Pyruvat und CO_2 1054[5].
— s. BALL, E. G. 158[8].
— s. CEITHAML, J. 1052[3], 1055[1].
— s. EVANS, E. A. jr. 1054[3].
— s. GRISIOLA, S. 1052[3], 1055[1].
— s. MATHEWS, M. B. 840[4].
— s. SOLOMON, A. K. 1054[2].
— s. WOOD, H. G. 1054[3].
VENNING, E. H.: Hydrolyse von Steroidkonjugaten 880[15]. — Progesteronstoffwechsel 889[5].

Die Seiten 1—840 befinden sich im Bandteil a, die Seiten 841—1257 im Bandteil b.

Venning, E. H., V. E. Kazmin and J. C. Bell: Ausscheidung von 17-Oxycorticosteron und 11-Dehydro-17-oxycorticosteron im Harn 893[19].
Veraguth, O., u. G. Opitz: UV-Absorption von Liquor cerebrospinalis 566[7].
Veraguth, P., s. Favarger, P. 796[2], 842[13].
Vercauteren, R., s. Massart, L. 1198[3].
Vercellone, A., s. Neuberg, C. 750[5].
Verdino, A., s. Lanyar, F. 661[1].
Verheugt, A. P. M.: Glykogen im Serum 321[2].
Verkade, P. E., M. Elzas, J. van der Lee, H. H. de Wolff, A. Verkade-Sandbergen u. D. van der Sande: Dicarbonsäureausscheidung 810[5].
— u. J. van der Lee: Dicarbonsäureausscheidung 810[5].
— J. van der Lee u. A. J. S. van Alphen: Dicarbonsäureausscheidung 810[5], 813[1]. — Oxydation von Dicarbonsäuren 811[4].
— J. van der Lee u. K. Holwerda: Dicarbonsäureausscheidung 810[5]. — Oxydation von Dicarbonsäuren 811[4].
Verkade-Sandbergen, A., s. Verkade, P. E. 810[5].
Verly, W. G., J. E. Wilson, J. M. Kinney and J. R. Rachele: Bedeutung von Vitamin B_{12} für Methylierung 964[2].
Vermehren, E.: Keine jahreszeitlichen Schwankungen der Serumphosphatase 376[2].
Vermehren, M., s. Lundsteen, E. 377[6].
Vermund, H., s. Barnum, C. P. 1100[5].
Verneuil: Erste Anlegung einer Magenfistel beim Menschen 30[17].
Verney, E. B.: Auslösung der Adiuretinabgabe 604[1].
— s. Klisiecki, A. 209[7].
Verploegh, H., s. Hoogenhuyze, C. J. C. van 945[10], 946[3,5], 947[4].
Verrotti, I.: Nicotinsäuregehalt des Blutes von Kindern und Neugeborenen 453[3].
Verzár, F.: Buch über die Funktion der Nebennierenrinde (1939) 219[23]. — Zusammenfassung über Resorption aus dem Darm (1929) 29[4]. — Zusammenfassung über Resorption aus dem Darm (1929; 1932) 200[3,4]. — Zusammenfassung über Probleme und Ergebnisse auf dem Gebiet der Darmresorption (1931) 200[6]. — Resorptionsgeschwindigkeit verschiedener Monosaccharide 218[20]. — Bedeutung der Nebennieren für die Lymphocytenzahl 469[7]. — Kaliumaustausch am quergestreiften Muskel 626[6].
— A. v. Arvay, J. Peter u. H. Scholderer: Steigerung des Serumbilirubins im Hochgebirge 355[2].
— u. L. Jeker: Histologisches Bild der Fettresorption 241[12]. — Fettresorption bei der Ratte 242[5]. — Fettresorption nach Nebennierenentfernung 243[2].
Verzár, F., u. A. (v.) Kúthy: Hydrotrope Wirkung des Darmsaftes 205[2]. — Lösungsvermögen von Glyko- und Taurocholsäure für Ölsäure 234[4]. — Adsorption von Gallensäuren an die Darmschleimhaut 235[4]. — Choleinsäurebildung 794[1].
— u. L. Laszt: Störungen nach Verfütterung von Ölsäure bei nebennierenlosen Ratten 236[14]. — Kein Einfluß von Glycerin auf Fettsäureresorption bei Ratten 237[4]. — Steigerung der Ölsäureresorption durch Glycerinphosphorsäure 237[19]. — Umfang der Ölresorption bei der Ratte 246[7]. — Bedeutung von Glycerin und Phosphat für Fettresorption 795[3]. — Hemmung der Phosphatidbildung in der Darmwand 842[17]. — Steigerung der Fettresorption durch Phosphat oder Glycerophosphat 843[1].
— and E. J. McDougall: Buch über Absorption aus dem Darm (1936) Engl. 200[7].
— u. H. Süllmann: Ursachen der selektiven Zuckerresorption 220[2].
— and V. Wenner: Hemmung der Glykogensynthese durch Desoxycorticosteron 778[3].
— u. H. Wirz: Keine selektive Hexoseresorption bei niederer Temperatur 219[14].
— s. Erlenmeyer, H. 208[5].
— s. Fitzgerald, O. 218[6].
— s. Issekutz, B. v. 238[12].
— s. Judovits, N. 219[22].
— s. Laszt, L. 248[5].
— s. McDougall, E. J. 210[6], 216[16].
— s. Somogyi, J. 626[6].
— s. Stutz, V. 1234[19].
— s. Süllmann, H. 244[3].
— s. Wang, F. C. 773[6].
Vesa, A., s. Krusius, F.-E. 327[5].
Vest, S. A., s. Boyce, W. H. 215[6].
Vesterberg, R.: Quecksilberbestimmung 405[4].
— and O. Sjöholm: Bleibestimmung 404[15].
Vestling, C. S., and G. F. Lata: Biosynthese der Corticosteroide aus Cholesterin im Nebennierenbrei 885[15].
Vetter, H., s. Braunsteiner, H. 456[11].
Vialli, M., e V. Erspamer: Enteramin 107[7].
Vickery, H. B.: Fetales und adultes Hämoglobin 433[10].
— s. Pucher, G. W. 1060[1].
Viehl, K., s. Brünig, H. 1209[12].
Vigliani, E. C., e M. Sanò: Porphyringehalt von Plasma bei Krankheiten 356[7].
Vigneaud, V. du: Zusammenfassung über Methioninstoffwechsel (1944) 909[17]. — Aminierung von Ketosäuren 935[1]. — Methylaufnahme und -abgabe durch Dimethylaminoäthanol 961[1]. — Dimethylthetin und Dimethyl-β-propiothetin als Methyldonatoren 961[8].

Die Seiten 1—840 befinden sich im Bandteil a, die Seiten 841—1257 im Bandteil b.

VIGNEAUD, V. DU, G. B. BROWN and J. P. CHANDLER: Ersatz von Cystin durch Cystathionin in der Nahrung 965[7].
— J. P. CHANDLER, M. COHN and G. B. BROWN: Methylierung von Colamin zu Methionin 853[13]. — Keine Demethylierung von Cholin zu Colamin 854[13]. — Methylgruppenaustausch zwischen Methionin und Cholin bzw. Kreatin 960[13].
— J. P. CHANDLER, A. W. MOYER and D. M. KEPPEL: Betain als Wachstumsfaktor 855[2]. — Herkunft der labilen Methylgruppen 963[4]. — Methioninbildung aus Homocystein 960[12].
— J. P. CHANDLER, S. SIMMONDS, A. W. MOYER and M. COHN: Cholinbildung aus Colamin 854[7].—Methylaufnahme und -abgabe durch Dimethylaminoäthanol 961[1].
— M. COHN, G. B. BROWN, O. J. IRISH, R. SCHOENHEIMER and D. RITTENBERG: Aminierung von Ketosäuren 935[3], 936[1].
— M. COHN, J. P. CHANDLER, J. R. SCHENCK and S. SIMMONDS: Methylierung von Colamin zu Methionin 853[14]. — Methylgruppenaustausch zwischen Methionin und Cholin bzw. Kreatin 960[13]. — Herkunft der labilen Methylgruppen 963[1].
— and H. M. DYER: Zusammenfassung über Chemie und Stoffwechsel von Schwefelverbindungen (1937) 346[7], (1936; 1937) 651[11].
— and O. J. IRISH: Aminierung von Ketosäuren 935[1], 936[1].
— G. W. KILMER, J. R. RACHELE and M. COHN: Serin als Vorstufe von Cystein im Stoffwechsel 654[7], 965[3].
— and C. E. MEYER: Aminierung von Ketosäuren 935[1], 936[1].
— A. W. MOYER and J. P. CHANDLER: Dimethylthetin und Dimethyl-β-propiothetin als Methyldonatoren 961[8].
— C. RESSLER and J. R. RACHELE: Bedeutung von Vitamin B_{12} für Methylierung 963[6].
— R. R. SEALOCK and C. VAN ETTEN: Aminierung von Ketosäuren 935[2], 936[1].
— S. SIMMONDS, J. P. CHANDLER and M. COHN: Herkunft der labilen Methylgruppen 963[3]. — Betain als Methyldonator 854[4]. — Übergang von ^{15}N,D-Betain in ^{15}N-Glykokoll und D-Cholin 855[8]. — Glycinbildung aus Betain 943[6], 961[2]. — Keine Methylabgabe durch Dimethylglycin 961[2]. — Glycinbildung aus Betain 961[5].
— S. SIMMONDS and M. COHN: Keine Methylabgabe durch Sarkosin 961[3].
— J. L. WOOD and O. J. IRISH: Aminierung von Ketosäuren 935[3], 936[1].
— s. BINKLEY, F. 935[2], 965[4,7].
— s. BUTZ, L. W. 960[11].
— s. CARROLL, W. R. 965[8].
— s. KELLER, E. B. 963[2].
VIGNEAUD, V. DU, s. MACKENZIE, C. G. 941[6].
— s. MAW, G. A. 961[8].
— s. MOYER, A. W. 854[9], 855[9], 961[2,7].
— s. RACHELE, J. R. 654[8].
— s. SCHENCK, J. R. 961[12].
— s. SIMMONDS, S. 960[13], 961[1,10].
VIGNOS, P. J. jr., s. UNGAR, F. 889[6].
VILLARET, M., L. JUSTIN-BESANÇON et R. EVEN: Anregung der Pankreassekretion durch Acetylcholin 155[25].
VILLEE, C. A., and A. B. HASTINGS: Glykogensynthese im Rattenzwerchfell 777[12]. — Hemmung und Förderung der Glucoseverwertung durch endokrine Drüsen 778[11].
VILLELA, G. G.: Aneuringehalt von Liquor cerebrospinalis 574[7,9].
VILTER, C. F., s. FROMMEYER, W. B. jr. 1251[17].
— s. VILTER, R. W. 1227[6], 1245[4], 1251[18], 1257[1].
VILTER, R. W., W. B. BEAN and T. D. SPIES: Schutzwirkung von Hefenucleinsäure bei Ernährungsstörungen 1245[12].
— D. HORRIGAN, J. F. MUELLER, T. JARROLD, C. F. VILTER, V. HAWKINS and A. SEAMAN: Thyminsynthese aus Uracil 1227[6]. — Wirkungsmechanismus der Folsäure 1245[4]. — Anregung der Blutbildung bei perniciöser Anämie durch Thymin und Uracil 1251[18]. — Nucleinsäurehypothese der perniciösen Anämie 1257[1].
— s. HORRIGAN, D. 1245[3].
VINCI, G.: Lymphbildung nach Hunger beim Hund 549[1].
VINCKE, E.: Anforderungen an Blutersatzflüssigkeiten 267[2]. — Kreislaufwirkung von organischen Salzen der seltenen Erden 496[13,15].
— u. H. E. NEVER: Anforderungen an Blutersatzflüssigkeiten 267[2]. — Kreislaufwirkung der seltenen Erden 496[12,14].
— u. H.-A. OELKERS: Zeitlicher Verlauf der Neodymwirkung auf die Blutgerinnung 496[9].
— u. E. SCHMIDT: Aufhebung der Neodymwirkung durch vitamin K-wirksame Stoffe 496[10].
— u. E. SUCKER: Neodymsulfoisonicotinat als Antikoagulans 496[16,17].
— s. MAURER, K. 492[11].
— s. NEVER, H. E. 92[4].
VINEBERG, A. N., s. BOWIE, D. J. 44[5].
VINES, H. W. C.: Thrombin, eine Calciumverbindung 485[9].
VINET, A., et P. MEUNIER: Vitamin E-Gehalt von Kaninchenblut 361[3]. — Vitamin E-Gehalt von Blutserum 454[10].
— s. MEUNIER, P. 361[3], 495[12].
— s. RAOUL, Y. 365[15].
VIOLLIER, G.: Verbesserung der Resorption hochschmelzender Fette durch höher ungesättigte Fettsäuren 232[8].
— u. W. GEISSBERGER: Aminosäuregehalt des Blutes nach Aminosäurezufuhr 915[9].

Die Seiten 1—840 befinden sich im Bandteil a, die Seiten 841—1257 im Bandteil b.

VIOLLIER, G., s. GSCHAEDLER, L. 801[10], 821[1].
— s. HUNZINGER, W. 581[3].
— s. SCHÜRCH, O. 580[14].
— s. WISS, O. 990[5], 991[4], 992[8,10], 994[5].
VIRCHOW, R.: Ochronose 981[10]. — Guaningicht bei Schweinen 1256[6].
VIRTANEN, A. I.: Aufnahme von N-Verbindungen aus dem Boden durch Pflanzen 618[2]. — Leghämoglobin 1013[4]. — Bedeutung von Leghämoglobin für Stickstoffbindung 1014[3]. — Umwandlung von Leghämoglobin in grünen Farbstoff 1014[6].
— J. ERKAMA and H. LINKOLA: Leghämoglobin 1013[4]. — Umwandlung von Leghämoglobin in grünen Farbstoff 1014[7]. — Bedeutung von Kupfer für Leghämoglobinbildung 1015[2].
— S. v. HAUSEN u. H. KARSTRÖM: Aufnahme von N-Verbindungen aus dem Boden durch Pflanzen 618[2].
— and H. KERKKONEN: Molekulargewicht durch Proteasen synthetisierter Proteine 917[10].
— H. KERKKONEN, M. HAKALA u. T. LAAKSONEN: Molekulargewicht durch Proteasen synthetisierter Proteine 917[10].
— H. KERKKONEN, T. LAAKSONEN and M. HAKALA: Molekulargewicht durch Proteasen synthetisierter Proteine 917[10].
— u. T. LAINE: Einbau von Ammoniak in Ketosäuren 617[1]. — Umwandlung von Leghämoglobin in grünen Farbstoff 1014[8].
— and J. K. MIETTINEN: Verdoglobinbildung aus Leghämoglobin 1015[1].
— u. P. SUOMALAINEN: Identität von Pankreas- und Leberlipasen 164[3].
— s. ELLFOLK, N. 1013[5,6].
— s. LAINE, T. 617[2].
VIRTUE, R. W., and M. E. DOSTER-VIRTUE: Taurocholsäurebildung nach Cystinfütterung 956[21]. — Abbau von Cystinsulfodioxyd zu Taurin 959[4]. — Bildung von Taurin aus Methionin 966[4]. — Methioninsulfoxyd als Taurinvorstufe 966[5].
— M. E. DOSTER-VIRTUE, D. I. SMITH and J. GREENBLATT: Schlechte Resorption von Natriumoleat in Jejunumschlingen 233[13].
— and H. B. LEWIS: Sulfatbildung aus Methionin 966[2]. — Bildung von Taurin aus Methionin 966[4].
VISCHER, A., s. KAPP, H. 379[3].
VISCHER, E., s. BERNHARD, K. 803[3].
— s. CHARGAFF, E. 1107[8], 1177[21], 1186[13].
— s. KAHNT, F. W. 885[22], 886[14].
VISCO, S.: Spezifisches Gewicht des Pankreassaftes vom Hund 156[20].
VISSCHER, M. B., E. S. FETCHER jr., C. W. CARR, H. P. GREGOR, M. S. BUSHEY and D. E. BARKER: Wasseraustausch durch die Darmwand bei Resorption 210[2].
— and R. R. ROEPKE: Osmotischer Druck des Ileuminhaltes 210[3].
VISCHER, M. B., R. R. ROEPKE and N. LIFSON: Diffusionsaustausch durch die Ileumwand 211[6].
— s. DENNIS, C. 210[1].
— s. INGRAHAM, R. C. 40[13], 211[7], 212[7], 625[2].
- s. LIFSON, N. 52[7].
VISWANATHAN, R.: Bestimmung der Blutchloride 409[2].
VITUCCI, J. C., s. NORD, F. F. 187[4], 738[12].
VLADESCO, R.: Cl-Gehalt des menschlichen Speichels 21[7]. — Milchsäuregehalt im menschlichen Speichel 21[29].
— et L. BELLEA: Kaliumgehalt des menschlichen Speichels 21[5].
— s. BERTRAND, G. 671[18], 675[8], 676[3], 677[1].
VLADIMIROV, G. E., u. J. A. EPSTEIN: Organische Säuren im Serum von Kleinkindern 326[16].
VLADUTIO, O., s. TRANCOU-RAINER, M. 26[6].
VLÈS, F.: p_H-Wert von Seeigeleiern 1173[6].
VÖGTLI, W., s. STÄHELIN, D. 778[6].
VOEGTLIN, C., H. A. DYER and C. S. LEONARD: Affinität von Arsen zu Sulfhydrylgruppen 693[15].
— H. KAHLER u. R. H. FITCH: Zusammenfassung über Glaselektroden (1935) 1168[4].
— M. E. MAVER and J. M. JOHNSON: Synthetisierende Wirkung von Kathepsinen 917[6].
— s. ABDERHALDEN, E. 913[3].
— s. MAVER, M. E. 917[6].
— s. TOWLES, C. 945[12].
VOELCKER, W., s. CREMER, H.-D. 696[11].
VÖLKER, R.: Blutzucker bei Tieren 314[12].
VOET, R.: Fettverdauung durch menschlichen Pankreassaft 167[2]. — Umfang der Fettverdauung beim Menschen 246[8].
VOGE, C. I. B.: Histidinausscheidung bei Gravidität 979[7].
VOGEL, H.: Buch über Chemie und Technik der Vitamine; 3. Aufl. (1950) 357[18].
— s. BRAND, T. v. 721[2].
VOGEL, H. J., and B. D. DAVIS: Zwischenstufen der Prolinbildung aus Glutaminsäure bei E. coli 987[4].
VOGEL, J., s. PAUTZ, W. 126[6].
VOGEL, W. C., s. CONN, J. W. 884[4].
VOGELAAR, J. P. M., and E. EHRLICHMAN: Förderung des Wachstums von Fibroblasten durch Cu 669[16].
VOGELFANGER, I.: Isolierung von Acetylcholin aus Rinderblut 351[24].
VOGT, H.: Buch über Grundzüge der pathologischen Physiologie (1953) 1254[20].
VOGT, M.: Darstellung der Glycerinsäurephosphorsäuren 750[7]. — Sekretionsleistung der Nebennierenrinde 882[2-5].
VOGT, W.: Darmbewegungsstoff 141[11].
VOHNOUT, C.: Kohlensäuregehalt der Gelenklymphe 582[6].
VOIGT, E. L.: Höherpolymere Phosphate in Hefe und Bakterien 648[19].

Voit, C.: Handbuch über Physiologie des Gesamtstoffwechsels und der Ernährung (1881) 911[1]. — Disaccharidausscheidung im Harn 223[11].
— u. J. Bauer: Resorption von genuinem Eiweiß aus dem Darm 224[5].
— s. Bischoff, T. L. W. 927[4], 953[11].
— s. Pettenkofer, M. v. 246[5].
Voit, K.: Restkohlenstoff im Blut 330[2].
— u. H. Kempa: Nachweis von Kernbestandteilen in Thrombocyten 471[12].
— s. Lauersen, F. 330[3].
Volcani, B. E., s. Ben-Ishai, R. 1221[7].
— s. Bergmann, E. D. 1221[8], 1244[11, 12].
Volhard, F.: Zusammenfassung über Ödempathogenese (1931) 578[4]. — Magenlipase 83[13].
— u. E. Schütte: Tödlicher Wasserverlust 596[12]. — Gesteigerte Wasserausscheidung nach Meerwassergenuß 597[6]. — Kochsalzkonzentrierung durch die Niere 631[12].
Volinets, I. T.: Verhalten des Fibrinogens nach Aderlaß 260[6].
Volk, B. W., and H. Popper: Ausnutzung von Vitamin A 247[17].
Volk, M. E., R. H. Millington and S. Weinhouse: Fettsäureabbau 809[5].
— s. Weinhouse, S. 831[4].
Volker, E., s. Totter, J. R. 1228[2].
Volkert, M.: Natur des zweiten Antithrombins 487[9]. — Bestimmung der Antithrombinwirkung 487[9].
Volkin, E., and C. E. Carter: Untersuchung des Stoffwechsels des Nucleinsäure-P. 648[3]. — Einbau von anorganischem ^{32}P in Nucleinsäure 1193[14].
— s. Totter, J. R. 1120[12], 1192[8], 1195[2], 1196[10], 1228[2].
Volkmann, A. W.: Wasserbestand des erwachsenen Menschen 590[6].
Voller, H. F., s. Ehrhardt, K. 368[15].
Vollmer, H., u. G. Pietsch: Bedeutung der Leber für die Regulation des Kaliums im Blut 627[5].
Volqvartz, K., s. Schønheyder, F. 83[18].
Vonk, H. J.: Zusammenfassung über Aciditätsverhältnisse im Säuglingsmagen (1939) 50[2]. — Zusammenfassung über Verdauung bei niederen Vertebraten (1941) 6[15]. — Identität der Pepsine verschiedener Tierarten 73[7].
— Chr. Engel u. C. Engel: Bedeutung von Galle für die Fettsäureresorption 234[10].
— J. J. Mansour-Bek and E. J. Slijper: Zusammenfassung über Verdauung bei Wirbeltieren (1946) 6[14].
— P. A. Roelofsen u. C. Romijn: Beeinflussung der Trypsinwirkung durch Galle 168[1].
— s. Nieuwenhoven, L. M. van 126[7], 127[8].
Vonkennel, J., u. T. Tilling: Eisengehalt von Liquor cerebrospinalis bei Meningitis 575[17].
Voorhees, A. B. jr., and E. J. Pulaski: Fibrinogen A und B 476[15].
Voronca-Spirt, (C.), s. Bertrand, G. 685[23].
Voss, E. H. V., s. Loewe, S. 370[2].
Voss, G., s. Ammon, R. 374[1].
Voss, H. E.: Zusammenfassung über Prolactin, das Laktationshormon des Hypophysenvorderlappens (1941) 368[13].
Voss, O.: Proteasegehalt des menschlichen Parotisspeichels 15[9], 16[4].
Vosskühler, P.: Eisenablagerung im Darm 657[14].
Voth, H. W., s. Hellwig, C. A. 567[12].
Voynar, A., s. Chuyko, V. 406[11].
— s. a. Woinar, A.
Vránová, B.: Eiweißgehalt von Liquor cerebrospinalis auf verschiedenen Altersstufen 567[7]. — Chlorgehalt im Liquor von Säuglingen 576[12].
Vries, J. A. de, s. Herbert, P. H. 456[7], 469[11].
Vries, W. H. de, W. M. Govier, J. S. Evans J. D. Gregory, G. D. Novelli, M. Soodak and F. Lipmann: Struktur von Coenzym A 1036[14].
Vyshepan, E. D.: Umaminierung in verschiedenen Geweben 936[7].

Wacek, A. v., s. Kaunitz, H. 586[4].
Wach, E. C., s. Kirch, E. R. 27[12].
Wachholder, K.: Verzögerung der Ascorbinsäureoxydation durch Verdauungsspeichel 26[12]. — Schutzstoffe in den Verdauungssäften gegen Vitamin C-Verlust 86[3].
— A. Beckmann u. H. Walter: Änderungen der Leukocytenverteilung nach Nahrungsaufnahme 456[3].
Wachi, T., s. Uchida, M. 977[11].
Wachstein, M.: Glykogengehalt von Leukocyten 462[4]. — Glykogengehalt von Megakaryocyten 472[5].
Wachtel, L. W., E. Hove, C. A. Elvehjem and E. B. Hart: Erhöhung der Blutharnsäure durch zinkarme Kost 403[3]. — Zinkgehalt der Uricase 1210[7].
Wacker, A., s. Weygand, F. 1193[1].
Wacker, L.: Anreicherung von Mg und Ca im arbeitenden Muskel 637[1].
— u. K. F. Beck: Cholesterinsynthese im Körper 872[22].
Waddell, J., s. Hart, E. B. 666[3], 669[1].
Waddell, M. B. R., s. Bell, G. H. 432[17].
Waddell, W. R., s. Geyer, R. P. 809[4].
Wadleigh, C. H.: Zusammenfassung über den Mineralstoffwechsel von Pflanzen (1949) 609[18].
Waelsch, H.: Austausch der Amidgruppe von Glutamin und Asparagin 920[6].
— E. Borek, N. Grossowicz and M. Schou: Austausch der Amidgruppe von Glutamin und Asparagin 920[6].

WAELSCH, H., u. S. KITTEL: Calciumbestimmung 397^{7}. – Ionendurchlässigkeit der Erythrocytenmembran 425^{10}.
— S. KITTEL u. A. BUSZTIN: Ionendurchlässigkeit der Erythrocytenmembran 425^{10}.
— P. OWADES, E. BOREK, N. GROSSOWICZ and M. SCHOU: Austausch der Amidgruppe von Glutamin und Asparagin 920^{6}.
— W. M. SPERRY and V. A. STOYANOFF: Anreicherung von Deuterium in den Darmlipoiden 117^{6}.
— s. FODOR, P. J. 923^{1}.
— s. GROSSOWICZ, N. 920^{6}.
— s. HAUROWITZ, F. 870^{5}.
— s. PRESCOTT, B. A. 915^{8}, 951^{1}.
— s. RITTENBERG, D. 971^{5}.
— s. SCHOU, M. $921^{1,2}$.
WAENTIG, P.: Celluloseverdauung durch Bakterien im Dickdarm 187^{5}. — Verdaulichkeit der Cellulose beim Pflanzenfresser 189^{1}. — Unverdaulichkeit von Holz beim Pferd 189^{3}.
WAGNER, H., s. BERNHARD, K. 233^{7},237^{6}, 799^{6}.
— s. RIFFARTH, W. 319^{15}.
WAGNER, H. J., s. BICKEL, A. 145^{3}.
WAGNER, J., s. GORR, G. 1029^{5}.
WAGNER, K.-H.: Resorption von Vitamin A 358^{3}. — Carotin- und Vitamin A-Gehalt des menschlichen Blutes 358^{12}.
— L. GÜNTHER u. L. SCHULZE: Resorption von β-Carotin 249^{9}.
WAGNER, R.: Glykogenbestimmung 321^{9}. — Kein Glykogen in Erythrocyten 444^{4}. — Glykogengehalt von Leukocyten $462^{3,6}$. — Glykogengehalt von Thrombocyten 472^{7}.
WAGNER, R. H., s. RAPOPORT, S. 738^{2}.
WAGSHAL, R. R., s. ALBERT, S. 1102^{20},1104^{2}.
WAHLGREN, V.: Chlorgehalt der Haut bei chlorreicher Ernährung 630^{5}.
WAHREN, H.: Gasresorption bei Meteorismus und Ileus 215^{10}.
WAINFAN, E., s. GROSSOWICZ, N. 920^{6}.
WAINIO, W. W.: D-Arabinosedehydrogenase 738^{5}.
— S. J. COOPERSTEIN, S. KOLLEN and B. EICHEL: Fermente in Mitochondrien, Bindung an Phosphatide 868^{4}.
— s. EICHEL, B. 737^{10}.
WAISMANN, N. M.: Jodgehalt im Blut neugeborener Kinder 409^{23}.
WAJZER, J.: Aminierung von Inosinsäure zu ATP 1195^{1}.
— et F. BARON: Bildung von Nucleosid-3-phosphat aus Ribose-3-phosphat 1193^{12}. — Umwandlung von Ribose-1- in Ribose-5-phosphat 1196^{9}.
WAKABAYASHI, R.: Purinausscheidung nach Thyreoidektomie 1231^{19}. — Harnsäurestoffwechsel bei Schilddrüsenstörungen 1232^{2}.
WAKABAYASHI, T., u. J. WOHLGEMUTH: Fermentgehalt des Colonsekretes 179^{5}.
WAKABAYASI, Y.: Nucleindesaminase, Verbreitung 1189^{8}. — Hefeadenylsäuredesaminase 1189^{11}.
WAKEFIELD, E. G., s. GREENE, H. C. 560^{17}.
WAKEMAN, A. J., s. DAKIN, H. D. 974^{5}.
— s. HUBBELL, R. B. 717^{6}.
— s. OSBORNE, T. B. 654^{3}.
WAKEMAN, A. M., A. J. EISENMAN and J. P. PETERS: Ionendurchlässigkeit der Erythrocytenmembran 425^{10}.
WAKERLIN, G. E.: Klinische Bedeutung der Physiologie des Magen-Darmkanals 6^{19}.
WAKIL, S. (J.), and H. R. MAHLER: Enzym für die CoA-Bindung an Fettsäuren 1041^{4}.
— s. MAHLER, H. R. 808^{1}, 1090^{127}.
WAKSMAN, S. A., s. LIPMAN, C. B. 695^{16}.
WALAAS, E., u. O. WALAAS: Kationengehalt im Blutserum 393^{1}. — Elektrometrische Kationenbestimmung 393^{2}.
WALAAS, O., s. WALAAS, E. $393^{1,2}$.
WALBUM, L. E., et J. R. MÖRCH: Notwendigkeit von Mangan für Rattenwachstum 671^{18}.
WALCH, H., s, WIELAND, H. 754^{3}.
WALCHER, K.: Buch über gerichtlich-medizinische und kriminalistische Blutuntersuchung (1939) 255^{15}.
WALCOTT, A., s. THANNHAUSER, S. J. 845^{1}.
WALD, G., s. YOUNG, G. 359^{7}, 360^{2}.
WALDENSTRÖM, J.: Hochmolekulares Serumglobulin bei Myelomatose 303^{3}. — Eisengehalt des Blutes 399^{10}. — Eisengehalt von Erythrocyten 429^{1}.
— s. PEDERSEN, K. O 438^{4}.
WALDRON, I. M., and M. H. F. FRIEDMAN: Verstärkung der Hyperlipämie durch Heparin 240^{7}.
WALDSCHMIDT-GRASER, J., s. WALDSCHMIDT-LEITZ, E. 119^{7}, 121^{14}, 122^{10}, $123^{12,13}$, 159^{2}.
WALDSCHMIDT-LEITZ, E.: Zusammenfassung über Zoolipasen (1929) 161^{13}. — Darstellung von Trypsin und Enterokinase 120^{1}. — Enterokinasedarstellung 121^{2}.
— u. A. K. BALLS: Aminopolypeptidase im Darmsaft 122^{2}. — Iminopeptidase in Darmschleimhaut und Leber 122^{14}.
— A. K. BALLS u. J. WALDSCHMIDT-GRASER: Zerlegung des Erepsins 121^{14}. — Aminopolypeptidase und Dipeptidase im Darmsaft 123^{13}.
— u. A. HARTENECK: Aminopolypeptidase aus Pankreas 160^{7}.
— R. HATSCHEK u. R. HAUSMANN: Vorkommen von D-Peptidasen im Serum 381^{5}, 382^{18}.
— u. K. KÜHN: Peptidbildungen mit Hippursäure 918^{2}.
— u. G. KÜNSTNER: Enterokinasedarstellung 121^{3}.

Die Seiten 1—840 befinden sich im Bandteil a, die Seiten 841—1257 im Bandteil b.

WALDSCHMIDT-LEITZ, E., u. K. MAYER: D-Peptidasen im Serum 382[18].
— K. MAYER u. R. HATSCHEK: Vorkommen von D-Peptidasen im Serum 381[5], 382[18].
— u. A. PURR: Carboxypolypeptidase aus Pankreas 121[16], 160[6].
— u. M. REICHEL: Erste Darstellung der Pankreasamylase 164[10].
— u. A. SCHÄFFNER: Zusammenfassung über Lipasen (1941) 25[15]. – Erepsin und Dipeptidase in Darmschleimhaut 120[5]. – Nachweis von Enterokinase im menschlichen Darm 121[5].
— u. G. v. SCHUCKMANN: p_H-Optimum der Darmpeptidasen 122[9]. – Dipeptidase aus Pankreas 160[9].
— u. O. SHINODA: Darstellung von Enterokinase 121[4].
— u. J. WALDSCHMIDT-GRASER: Trypsin und Enterokinase in der Darmschleimhaut 119[7]. — Identität von Darm- und Pankreasdipeptidase 122[10]. — Vergleich von Pankreas- und Darmproteasen 123[12]. — Enzyme in Pankreassaft und -extrakt 159[2].
— s. WILLSTÄTTER, R. 160[17], 164[9].
WALDVOGEL s. SCHREIBER 1239[11].
WALDVOGEL, M. J., and F. SCHLENK: Umwandlung von Ribosen in Hexosen im Körper 730[1]. — Umwandlung von Adenosin in Triose- und Hexosephosphat 1196[14].
— s. SCHAEDEL, M. L. 1189[12], 1201[10].
— s. SCHLENK, F. 1196[13].
— s. WELLS, B. B. 380[19].
WALKENSTEIN, S. S., and S. WEINHOUSE: Aldehydoxydation durch Mitochondrien 1150[2].
WALKER, A., s. GROWE, M. O. L. 1021[1].
WALKER, A. C., and C. L. A. SCHMIDT: Histidinspaltung 976[3].
— s. MARSHAK, A. 1191[4].
WALKER, A. R. P.: Bedeutung der Darmmotorik für die Cholesterinresorption 871[21].
— F. W. FOX and J. T. IRVING: Gewöhnung an hohe Phytinzufuhr 638[13].
WALKER, A. W., s. KENDALL, A. I. 172[10].
WALKER, B. S.: Eisengehalt des Blutes 399[10].
— and F. H. SLEEPER: Tryptophangehalt von Liquor cerebrospinalis 569[1].
WALKER, F., and L. SHEPPARD: Amylasegehalt von Nüchtern- und Verdauungsspeichel 24[6].
WALKER, G.: Therapeutische Anwendung von Brom 700[4].
WALKER, J., and W. CORMACK: Erste Dissoziationskonstante der Kohlensäure 532[2].
WALKER, J. B.: Argininabbau bei Clostridien und Chlorella 974[1].
WALKER, J. T., s. FISHER, R. S. 1224[3].
WALKER, P. A.: pH-Wert in Embryonalflüssigkeiten 1172[5].
WALKER, P. G.: Intracelluläre Verteilung von β-Glucuronidase 1090[60].
WALKER, P. M. B., and H. B. YATES: DNS-Synthese während der Interphase 1103[5].
WALKER, S. A., s. BRINKHOUS, K. M. 478[9].
WALKLING, A. A., s. PEARLMAN, W. H. 906[5].
WALLACE, G. B., and B. B. BRODIE: Gleichgewicht zwischen extracellulärer Flüssigkeit und Rückenmarksflüssigkeit 547[1]. — Jodgehalt von menschlichem Liquor 576[7]. — „Jodverteilungsräume" 681[5].
— u. A. R. CUSHNY: Bildung schwer resorbierbarer Ca-Salze anorganischer und organischer Ionen 212[2]. — Mechanismus der Salzaufnahme im Darm 610[1].
WALLACE, H. D., R. L. SHIRLEY and G. K. DAVIS: Ca-Ausscheidung im Darm 640[13].
WALLACE, S. L., J. M. LITTLE and J. R. R. BOBB: Phenolgehalt im Blut 329[7].
WALLACE, W. M., and A. B. HASTINGS: pH-Wert des ruhenden Muskels 1166[7].
WALLENBURGER, s. PALLADIN, A. 947[26].
WALLENFELS, K.: Fructosegehalt des Blutes 444[6]. — Chromatographische Zuckertrennung 319[13].
WALLERSTEIN, E., s. PATT, H. M. 715[6].
WALLGREN, A.: Eisengehalt der Milch 661[7].
WALLRAFF, J.: Vitamin C-Gehalt der Magenschleimhaut 40[11]. — Histologischer Nachweis von Acetalphosphatiden 866[8].
WALPOLE, G. S., s. BARGER, G. 931[3].
— s. DALE, H. H. 478[13].
WALSEM, G. C. VAN, u. Ä. WOLFF: Spezifisches Gewicht des menschlichen Blutes 263[4].
WALSH, E. L., and A. C. IVY: Calciumausscheidung durch den Dickdarm 195[16].
WALTER, E., s. LJUBOWZOWA, K. 380[12], 451[1].
WALTER, F. K.: Buch über die Blut-Liquorschranke, eine physiologische und klinische Studie (1929) 564[15].
WALTER, H(edwig), s. HOLTZ, P. 365[8], 931[6].
— s. WACHHOLDER, K. 456[3].
WALTER, H(einrich): Buch über Hydratur der Pflanze (1931) 605[1]. — Buch über Grundlagen der Pflanzenverbreitung (1949) 605[1].
— s. FIESSINGER, N. 223[6].
WALTER, H. R., s. STICH, W. 1018[4].
WATLER, K., s. LINHARDT, K. 375[15, 17], 377[9].
WALTER, R. N.: Schwefelbestimmung 415[5].
WALTERS, W.: Buch über Verschlußikterus (1931) Engl. 499[9].
WALTHARD, B., s. GLANZMANN, E. 639[11].
WALTHER, A. A.: Zusammensetzung des Pankreassaftes vom Hund 157[4].
WALTHER, G., u. L. GÜNTHER: Ursachen des Absinkens von Blutchlorid 408[2].
— u. K.-A. WINTER: Fibrinolytisches Ferment in Exsudaten 558[8].
WALTHER, W. W., s. WELCH, G. K. 432[13].
WALTNER, Karl, s. WALTNER, Klara 673[9].

Waltner, Klara, u. Karl Waltner: Polycytämie nach Kobaltzufuhr 673[9].
Walton, C., s. Johnston, C. G. 135[21].
Walzer, A.: Eiweiß- und Peptonresorption im Dickdarm 229[1].
— and M. Walzer: Resorption von Eier-, Fisch- und Nußeiweiß aus dem Darm 225[9].
Walzer, M.: Resorption von genuinem Eiweiß aus dem Darm 224[6].
— s. Harten, M. 224[8].
— s. Walzer, A. 225[9].
Wang, C. C., M. I. Grossman and A. C. Ivy: Wirkung von Secretin und Pankreozymin 133[10].
Wang, F. C.: Thymusexstirpation und Glykogenstoffwechsel 773[9].
— and F. Verzár: Wirkung von 11-Dehydro-17-oxycorticosteron auf Leberglykogen 773[6].
Wang, J.-C.: Natriumaustausch im Liquor cerebrospinalis 620[9].
Wang, R. I. H., s. Brody, T. M. 1090[86].
Wang, T. Y., D. T. Mayer and L. E. Thomas: Lipoproteid aus Zellkernen 1109[4].
Wang, T. P., and J. O. Lampen: Verbreitung von Nucleosidase 1188[15].
Wang, Y. L., s. Keilin, D. 1014[1].
Wangerin, D. M., s. Albanese, A. A. 934[3].
— s. Holt, L. E. jr. 934[3].
Waraich, G. S., s. Madden, S. C. 288[8], 928[4].
Warburg, E. (J.): Zusammenfassung über Methoden zur Bestimmung der Reaktion des Blutes. III. Berechnung mit Hilfe der ersten Dissoziationsgleichung der Kohlensäure (1927) 528[12]. — Dissoziationskonstanten der Kohlensäure im Blut 532[1].
— s. Kirk, E. 393[3].
Warburg, O.: Buch über den Stoffwechsel der Tumoren (1926) 423[17]. — Buch über die katalytischen Wirkungen der lebenden Substanz (1928) 656[1]. — Buch über Schwermetalle als Wirkungsgruppen von Fermenten (1946) 656[1]. — Zusammenfassung über Beiträge zur Physiologie der Zelle, insbesondere über die Oxydationsgeschwindigkeit in Zellen (1914) 1175[4]. — Zusammenfassung über die Krystallisation von Gärungsfermenten und ihre optischen Teste (1948) 725[12]. — Atmungsferment 663[1]. — Aldolasehemmung durch Sauerstoff 760[6]. — Zellkernisolierung 1065[11]. — Vorkommen von Atmungsfermenten im Zellkern 1116[8]. — H-Ionenaufnahme und -abgabe durch Zellen 1164[1].
— u. W. Christian: Gärungsfermente im Serum tumortragender Tiere 382[3]. — Wirkung von Fluor auf Fermente 697[9]. — Oxydation von Glucose- und Ribosephosphat durch Hefe 737[1]. — Aldolasegehalt verschiedener Organe 739[5]. — Krystallisierte Aldolase 747[8]. — Aldolasegehalt von Organen 748[4]. — Krystallisation des oxydierenden Gärungsfermentes aus Hefe 749[6]. — Glycerinaldehyd-1,3-diphosphat bei der Glykolyse 751[1]. — Krystallisiertes Hg-Salz der Enolase 751[9]. — Hemmung der Enolase durch Fluorid 758[4]. — D-Aminosäureoxydase 930[1], 966[9]. — Robison-Esterdehydrogenase 1061[6]. — Abbau der Phosphogluconsäure 1062[2]. — Codehydrogenase II, Struktur 1184[12]. — Alloxazinadenindinucleotid 1184[13]. — Struktur der Cozymase 1235[16]. — Funktion von Codehydrogenase II 1236[6]. — Adeninnucleotide als Cofermente 1236[12]. — Alloxazinadenindinucleotid als Coferment der D-Aminosäureoxydase 1237[9]. — Alloxazinadenindinucleotid 1237[11].
Warburg, O., W. Christian u. A. Griese: Glutaminsäuredehydrierung mit Codehydrogenase I und II 949[15]. — Robison-Esterdehydrogenase 1061[6]. — Struktur der Cozymase 1235[17]. — Adeninnucleotide als Cofermente 1236[13].
— u. H. A. Krebs: Cu-Anstieg im Blut nach Blutverlust 669[10]. — Kupfergehalt im Serum 670[1].
— u. O. Meyerhof: Rolle der Phosphatide bei Oxydationen in der Zelle 856[1].
— u. E. Negelein: Grünes Hämin 437[10].
— u. S. Sakuma: In vitro-Oxydation von Cystein zu Cystin 955[13].
Ward, E., and H. L. Mason: Protoporphyringehalt von Erythrocyten 1008[1].
Ward, G. M., s. Reid, J. T. 448[12].
Wardell, E. L., and V. C. Myers: Harnsäurebildung aus Methylpurinen 1214[16].
— s. Mendel, L. B. 1214[14].
— s. Myers, V. C. 1214[17], 1250[12].
Wardley, J. R., s. Gordon, C. M. 264[9].
Ware, A. G., J. L. Fahey and W. H. Seegers: Aktivierung des Prothrombins durch Substanz aus Blutplättchen 482[5].
— M. M. Guest and W. H. Seegers: Fibrinogendarstellung 476[9]. — Stabilisierung von gereinigtem Prothrombin in Rinderplasma 479[1]. — Ac-globulin 481[4].
— and W. H. Seegers: Wirkungsmechanismus von Serum-Ac-globulin 301[6]. — Ac-globulingehalt von Rinderserum 301[8]. — Prothrombindarstellung 478[24]. — Prothrombinbestimmung 480[16]. — Serum-Ac-globulin 481[11,12], 482[7,8].
— s. Fahey, J. L. 482[10,12].
— s. Guest, M. M. 489[8], 490[1].
— s. Murphy, R. C. 301[7].
— s. Patton, T. B. 484[14].
— s. Seegers, W. H. 486[11].
— s. Sykes, E. M. jr. 482[14].
Warén, H.: Ca-Mangel und Wachstum von Pflanzenzellen 644[5].
Wargon, M., s. Kerr, S. E. 1186[23].

WARING, H., and F. W. LANDGREBE: Zusammenfassung über Hormone des Hypophysenhinterlappens (1950) 573[7].
WARINGTON, K.: Molybdändüngung 686[6].
— s. BRENCHLEY, W. E. 689[8].
WARKANY, J.: Vitamin D-Gehalt des Blutserums 360[6].
— and H. E. MABON: Vitamin D-Gehalt des Blutserums 360[6].
WARNECKE, K.: Wirkung von Milch auf Speichelsekretion 13[8]. — Zusammensetzung des Submandibularisspeichels der Ziege 17[3].
WARNER, D. T., s. ROSE, W. C. 934[4].
WARNER, E. D., K. M. BRINKHOUS and H. P. SMITH: Prothrombin- bzw. Thrombineinheit (Iowa-Einheit) 479[4]. — Prothrombinbestimmung 479[4], 480[15]. — „prothrombin convertibility factor" 481[1].
— s. BRINKHOUS, K. M. 492[16].
— s. SEEGERS, W. H. 478[20], 487[11].
— s. SMITH, H. P. 478[7], 481[1].
— s. TIDRICK, R. T. 500[11].
WARNER, I., s. GOULD, G. 875[3].
WARRACK, G. H., E. BIDWELL and C. L. OAKLEY: Desoxyribonucleotidase in Kulturen von Cl. welchii und Cl. septicum 1186[16].
WARREN, C. F., s. COGGESHALL, H. C. 583[1].
WARREN, J. V., E. A. STEAD jr., A. J. MERRILL and E. S. BRANNON: Kolloidosmotischer Druck des Serumalbumins 270[4].
WARREN, M. F.: Zusammenfassung über das Lymphsystem (1940) 546[4].
— s. MAURER, F. W. 561[7], 562[5], 563[4].
WARREN, R., W. G. KARR, O. D. HOFFMAN and W. O. ABBOT: Zuckerresorption im Magen 221[14].
— s. ABBOT, W. O. 216[10], 223[2].
WARREN, S., s. DOAN, C. A. 1237[3].
WARREN, S. L., s. DU PONT, O. 693[4].
WARWEG, E., s. STEARNS, G. 412[4], 431[5], 445[12], 576[9].
WASITZKY, A., s. MAYRHOFER, A. 407[6].
WASSÉN, A. M., s. BONNICHSEN, R. K. 755[8].
WASSERMEYER, H., s. OEHME, C. 643[4].
WASSILEWSKAJA, N. L., s. LONDON, E. S. 228[6].
WASSMANN, O.: Wirkung von Milch auf Speichelsekretion 13[7]. — Zusammensetzung des Submandibularisspeichels vom Pferd 17[2].
WASTENEYS, H., and H. BORSOOK: Plasteinbildung bei Eiweißverdauung 917[1].
WATANABE, I.: Alkalireserve des Blutes und p_H des Speichels 19[3].
— s. OGATA, T. 19[3].
WATANABE, K., s. PETERS, F. 802[5], 803[1].
WATANABE, M.: Gewinnung von Brunnenlymphe 553[11].
WATANABE, R.: Verhältnis Lecithin: Gesamtfettsäuren in Blutserum und Erythrocyten 442[12].
WATCHORN, E., and R. A. MCCANCE: Schwefelgehalt von menschlichem Serum und Liquor 576[10]. — Tod nach Mg-armer Kost 636[6].
WATERHOUSE, C., s. BURTON, R. B. 893[22].
WATERS, E. T., J. MARKOWITZ and L. B. JAQUES: Histamingehalt des Blutes bei anaphylaktischem Schock 353[3]. — Ausschwemmung von Heparin beim anaphylaktischen und Peptonschock 499[2].
— s. JAQUES, L. B. 492[14], 499[2].
WATKINS, C. H., s. DILLE, R. S. 384[14], 449[7].
WATKINS, W. M., s. AMINOFF, D. 40[9], 424[8].
WATKINSON, J. M., s. PATERSON, E. 457[5].
WATSON, B. P., s. PATON, D. N. 592[8].
WATSON, C. J.: Höhe der Urobilin- bzw. Urobilinogenausscheidung 435[16]. — Ort des Hämoglobinabbaus 437[6]. — Protoporphyringehalt von Erythrocyten 1008[1]. — Akute Porphyrie 1020[1].
— and W. O. CLARKE: Protoporphyringehalt der Reticulocyten 436[8].
— M. GRINSTEIN and V. HAWKINSON: Protoporphyrinbildung durch Erythrocyten 1008[4].
— R. P. DE MELLO, S. SCHWARTZ, V. E. HAWKINSON and I. BOSSENMEIER: Porphobilinogen 1005[4].
— S. SCHWARTZ and V. HAWKINSON: Akute Porphyrie 1020[1].
— s. CHU, E. J.-H. 1007[3].
— s. GRINSTEIN, M. 1007[2], 1008[3], 1009[2], 1020[3].
— s. HAWKINSON, V. (E.) 1005[1].
— s. LARSON, E. A. 355[8].
— s. LOWRY, P. T. 1005[1].
— s. SCHMID, R. 1008[3], 1009[2].
WATSON, F., s. SCHOFIELD, B. 47[9].
WATSON, J. H., s. PRÈ-DENNING, A. DU 274[1].
WATSON S. J., s. FERGUSON, W. S. 686[8].
WATTS, B. M., and D. H. PENG: Bedeutung des Hämoglobins für Peroxydation ungesättigter Fettsäuren 433[3].
WATTS, R. W. E., s. TUPPER, R. 679[1]
WATZLAWEK, O., s. LEIPERT, T. 576[16].
WAUGH, J. M.: Beeinflussung der Magensaftsekretion durch Öl 45[7].
WAX, J., F. W. ELLIS and A. J. LEHMAN: Resorption von Isopropylalkohol 250[1].
WAYMOUTH, C., s. DAVIDSON, J. N. 1185[17], 1191[14], 1239[4], 1247[15].
WAYNE, A., s. FISHMAN, W. H. 679[16].
WEARE, J. H., s. COHN, E. J. 311[13].
WEATHERALL, M., s. COMFORT, A. 1021[1].
WEBB, E. C., and R. VAN HEYNINGEN: Notwendigkeit von Zink für Kohlensäureanhydratase 678[20].
— s. BAILEY, K. 741[12], 789[18].
— s. MACKWORTH, J. F. 373[5].
WEBB, M.: Wachstumshemmung von Bakterien auf Mg-reichem Nährboden 637[7]. — Intracelluläre Verteilung von Desoxyribonuclease 1090[115].

WEBB, M., s. JACOBSON, W. 1191[12].
— s. LALAND, S. G. 1105[1], 1108[4].
WEBER, C. J.: Zusammensetzung der Guanidinfraktion des Blutes 353[13].
WEBER, G., s. DÖRING, G. K. 300[6].
WEBER, G. M., s. PRICE, J. M. 1072[3], 1096[5], 1098[4], 1154[3].
WEBER, H.: Viscosität des Serums 274[9].
WEBER, H. H., u. H. PORTZEHL: Zusammenfassung über Kontraktion, ATP-Cyclus und fibrilläre Proteine des Muskels (1952) 626[1].
— s. ARDENNE, M. v. 1185[9].
WEBER, J., u. W. SCHULER: Abbaugeschwindigkeit von Nucleoproteiden 1240[6]. — Vermehrte Purinausscheidung bei gesteigertem Kern- und Zellzerfall 1247[6].
— s. IRWIN, M. H. 237[21].
— s. STEENBOCK, H. 232[2], 245[10].
WEBER, M., s. KRAUT, H. 416[5], 691[3].
WEBER, R.: Phosphorgehalt des menschlichen Speichels 21[12].
— s. KLEMENT, R. 396[7], 707[11].
WEBSTER, D. R., and J. C. ARMOUR: Notwendigkeit der B-Vitamine für die Magensaftsekretion 44[9].
— and S. A. KOMAROV: Eiweißkörper im Magensaft 71[1]. — Mucoproteid aus Magensaft 71[12].
— s. ALLEY, A. 45[3].
— s. DAY, J. J. 45[17].
WEBSTER, G. R., s. LLOYD, B. B. 365[17].
WEBSTER, T. A., s. ROSENHEIM, O. 876[5,7].
WECKER, H., s. KRAUT, H. 641[7].
WEDEN, H., s. HENDRYCH, F. 406[22].
WEECH, A. A., and E. GOETTSCH: Geringer biologischer Wert von Rinderserum 288[9].
WEED, L. L., s. WRIGHT, L. D. 1222[12], 1227[5].
WEEKE, H., s. RIESSER, O. 777[7].
WEEL, P. B. VAN: Fettresorption in den Darmzotten 106[5]. — Maltasebildung in den LIEBERKÜHNschen Krypten 107[6]. — Epithelzellen der Darmschleimhaut 204[2].
— u. C. ENGEL: Histochemie der Pankreaszellen 159[8]. — Carboxypolypeptidasebildung im Pankreas 159[11]. — Carboxypeptidase- und Enzymgranulagehalt von Pankreassaft 161[16].
WEGEL, F., s. EISENBRAND, J. 676[7].
WEGER, P., s. FLEISCH, A. 451[10], 1236[11].
WEGNER, J., s. BRUGSCH, J. 1024[2], 1025[4].
WEICHERT, R., s. BUTENANDT, A. 989[1], 994[7].
WEICHSELBAUM, T. E.: Bluteiweißbestimmung 294[7], 295[4]. — Fibrinogenbestimmung 295[9]. — Fraktionierung der Serumeiweißkörper 305[1].
WEIDEL, W., s. BUTENANDT, A. 989[1], 992[11], 994[7,8].
WEIDENHAGEN, R.: Zusammenfassung über Carbohydrasen (1932; 1940) 126[8]; (1933) 164[4]. — Glucosidasen der Leukocyten 127[9]. — Vorkommen von Saccharase im Pferdeblut 379[22].
WEIDENREICH, F.: Zusammenfassung über Knochengewebe (1930) 700[32].
WEIGAND, F. A., s. GREENMAN, L. 622[4].
WEIL, H.: Siliciumgehalt des Blutes 416[6].
WEIL, L.: Serumphosphatase im Wochenbett 376[16]. — Phosphatasegehalt im Blut 377[2].
— and M. A. RUSSELL: Serumproteasen bei Carcinom 380[18]. — Proteinaseaktivität im Blut bei Tumorwachstum und Schwangerschaft 381[8]. — Phosphatidgehalt von Erythrocyten 858[6].
WEIL, M.-P., et C. O. GUILLAUMIN: Harnsäureribosid im Blut 1211[15].
WEILAND, H., s. LANG, K. 1150[8].
WEILAND, W.: Erste Beobachtung der Cholinwirkung am Darm 135[19].
WEILER, E.: Tumorantigen der Leber nach Buttergelbfütterung 1147[8].
WEIL-MALHERBE, H.: Zusammenfassung über biologische Oxydationen und Reduktionen (1948) 725[19]. — Zusammenfassung über Energiekoppelung durch Phosphorylierung (1948) 788[10]. — Hexokinaseinhibitor bei Diabetes 367[6]. — Adrenalingehalt im Venenblut 369[4]. — Oxydation der Brenztraubensäure 756[5]. — Hexokinasehemmung durch Diabetikerserum 780[13]. — NH_3-Schicksal und Glutaminsäuredecarboxylierung im Gehirn 1163[3].
— and H. A. KREBS: Bildung von α-Ketoglutarsäure aus Prolin 968[12]. — D-Prolinabbau 987[1].
— s. DICKENS, F. 106[1], 1210[10].
WEILMAN, H., s. LARDY, H. A. 1136[29].
WEINER, M., and S. SHAPIRO: Verlängerung der Gerinnungszeit bei Temperaturerniedrigung 490[8].
— s. UNGER, P. N. 361[6].
WEINER, P.: Histologisches Bild der Fettresorption 241[9].
WEINHOUSE, S.: Bildung von Acetyl-coenzym A-verbindungen beim Abbau von β-Ketofettsäuren 807[2].
— and B. FRIEDMANN: Formiatbildung aus Aceton und Acetessigsäure 840[3]. — Biologischer Abbau von Glykol- und Glyoxylsäure 1028[3].
— G. MEDES and N. F. FLOYD: Acetessigsäurebildung aus markiertem Octanat 823[3]. — Mechanismus der α-Ketoglutarsäurebildung 1057[1].
— G. MEDES, N. F. FLOYD, M. CAMMAROTI, L. NODA and R. WILSON: Acetatabbau über Acetessigsäure 1033[6].
— and R. H. MILLINGTON: Acetessigsäurebildung und -oxydation in Leberschnitten 830[2]. — Bernsteinsäurebildung aus Essigsäure 1028[10].
— R. H. MILLINGTON and M. E. VOLK: Fettsäureoxydation durch Leberschnitte 831[4].
— s. MEDES, G. 835[7], 1033[2,6].

WEINHOUSE, S., s. NAKADA, H. I. 1090[58], 1136[28], 1148[5].
— s. VOLK, M. E. 809[5].
— s. WALKENSTEIN, S. S. 1150[2].
— s. WENNER, C. E. 1137[3].
WEINIG, E.: Alkoholbestimmung 327[17].
WEINLAND, E.: Widerstandsfähigkeit lebender Organe gegen Verdauung 82[5]. — Lactase in Dünndarm und Pankreas junger Säugetiere 127[16].
WEINMAN, E. O., I. L. CHAIKOFF, W. G. DAUBEN, M. GEE and C. ENTENMAN: Oxydation von Palmitinsäure 805[3]. — Aufspaltung langer Fettsäureketten 856[3].
— I. L. CHAIKOFF, C. ENTENMAN and W. G. DAUBEN: Phosphatidaufnahme durch Gewebe 860[6].
— s. STRISOWER, E. H. 837[5].
WEINMANN, J.: Bedeutung proteolytischer Vorgänge für Entstehung der Zahncaries 28[8].
WEINMANN, J. P., and H. SICHER: Buch über Knochenbiologie (1947) Engl. 700[23].
WEINMANN, W. D., s. LANG, K. 1105[7].
WEINSTEIN, H. R., s. FOÀ, P. P. 452[3], 865[8].
WEINTRAUB, A., s. PETERSON, D. H. 886[16].
WEINTRAUD, W.: Harnsäureausscheidung nach Genuß von Kalbsthymus 1199[11]. — Harnsäureschwund 1211[27]. — Harnsäuregehalt im Mekonium 1213[6].
WEIR, E. G., and A. B. HASTINGS: Bromgehalt von Tierblut 409[17]. — Bromgehalt von Erythrocyten 430[19].
WEIR, J. F., s. LARSON, E. E. 595[6].
WEIR, W. C., s. RAY, S. N. 363[9], 454[4], 673[17].
WEISBURGER, E. K., J. H. WEISBURGER and H. P. MORRIS: Speicherung von 2-Acetylaminofluoren im Cytoplasma 1154[4].
WEISBURGER, J. H., s. WEISBURGER, E. K. 1154[4].
WEISE, H.: Tagesschwankungen im Zuckergehalt des Liquor 570[15].
WEISE, M., s. SCHEUNERT, A. 195[13].
WEISE, P.: Wasserabgabe in den Darm bei Resorption hypertonischer Salzlösungen 211[4].
WEISE, W., s. FEIGL, J. 432[8].
WEISENBERGER, K., s. FELIX, K. 1090[132], 1153[31].
WEISIGER, J. R., s. SLYKE, D. D. VAN 432[18], 434[4, 17].
WEISKE, H.: Strontiumretention im Knochen 684[18].
WEISMAN, A. I., and C. C. YERBURY: Vorkommen von gonadotropen Hormonen im Speichel 26[7].
WEISS, B.: Intracelluläre Verteilung von jodierendem Enzym 1090[141]. — Thyreoglobulinjodierung durch Schilddrüsenmitochondrien 1150[1].
WEISS, C., and E. J. CZARNETZKY: Proteinasengehalt von tierischen Leukocyten 463[7].
— A. KAPLAN and C. E. LARSON: Proteinasen in Leukocyten 380[13]. — Peptidasegehalt von Leukocyten 381[4]. — Dipeptidasegehalt von Kaninchenleukocyten 463[13]. — Proteinasegehalt von Ergüssen 560[14].
WEISS, F.: Umbau von Körpereiweiß beim Rheinlachs 912[3].
WEISS, J.: Hemmung der Nucleinsäuresynthese durch Röntgenstrahlen 1197[1].
WEISS, K., s. STEKOL, J. A. 941[3], 963[6, 8], 964[3].
WEISS, S., s. STEKOL, J. A. 963[6, 8], 964[3].
WEISS, W., s. STAUDINGER, HJ. 903[3].
WEISSBACH, A., s. ELWYN, D. 964[6].
WEISSBECKER, L.: Buch über Kobalt als Spurenelement und Pharmakon (1950) 430[5]. — Kobaltgehalt des Blutes 406[26]. — Abhängigkeit der Leukocytengröße vom Ionenmilieu des Blutes 455[14].
— u. R. MAURER: Kobaltgehalt von Blutserum 672[23].
— s. RUPPEL, W. 897[8].
WEISSBERG, H. F., A. FRIEDMANN and R. LEVINE: Inaktivierung von Insulin in Hundeleber 771[3].
WEISSBERGER, L. H., and P. L. HARRIS: Beförderung des Strontiumansatzes durch Vitamine A und D 684[20].
WEISSMAN, N., and R. SCHOENHEIMER: Irreversible Desaminierung von Lysin 923[3]. — Kein Austausch der Aminogruppe des Lysins 967[9]. — Aminosäuren als Vorstufen der Purinsynthese 1219[6].
— s. RATNER, S. 935[5].
WEISZ-TABORI, E., s. OCHOA, S. 1051[12].
WEITNAUER, H., u. E. WÖHLISCH: Thrombin, keine Calciumverbindung 485[14].
WEITZEL, A., s. ROST, E. 245[8], 675[10], 676[9], 677[5].
WEITZEL, G.: Glukagonähnliche Wirkungen der Zinkkomplexverbindungen von Aminosäuren 678[17]. — Bernsteinsäureausscheidung beim Menschen 813[5]. — Abbau von α-substituierten Fettsäuren 816[1]. — Dimethylbernsteinsäuren, Verhalten im Stoffwechsel 817[5]. — Zweifach substituierte Malonsäuren, Verhalten im Stoffwechsel 817[8].
— u. A.-M. FRETZDORFF: Zinkbestimmung in biologischem Material 675[9].
— A.-M. FRETZDORFF u. A. EBERHAGEN: Zinkgehalt der Chorioidea bei Säugetieren 675[16], 676[1].
— A.-M. FRETZDORFF, F.-J. STRECKER u. U. ROESTER: Blutzuckersteigerung durch Zn-Komplexverbindungen von Aminosäuren 678[17].
— A. FRETZDORFF u. J. WOJAHN: Abbau methylsubstituierter Fettsäuren 815[2].

Die Seiten 1—840 befinden sich im Bandteil a, die Seiten 841—1257 im Bandteil b.

WEITZEL, G., F.-J. STRECKER u. U. ROESTER: Glukagonähnliche Wirkungen der Zink-Komplexverbindungen von Aminosäuren 678[17].
— F.-J. STRECKER, U. ROESTER, E. BUDDECKE u. A.-M. FRETZDORFF: Zinkgehalt der Aderhaut 676[2].
— F.-J. STRECKER, U. ROESTER, A.-M. FRETZDORFF u. E. BUDDECKE: Zinkgehalt der Inselzellen des Pankreas 676[10].
— s. THOMAS, K. 817[4].
WELANDER s. ALMQUIST 693[20].
WELCH, A. D., and C. A. NICHOL: Beteiligung von Serin an Methylierungsvorgängen 964[7].
— and W. SAKAMI: Bedeutung von Vitamin B_{12} für Methylierung 963[6]. — Herkunft der labilen Methylgruppen bei der Ratte 963[7].
— s. BLASCHKO, H. 1096[20].
— s. SAKAMI, W. 963[7].
WELCH, G. K., and W. W. WALTHER: Hämoglobinbestimmung 432[13].
WELCH, M. S., s. COLOWICK, S. P. 789[5].
WELCKER, H.: Direkte Blutmengenbestimmung 259[3].
WELKER, H. D., and O. BERGEIM: Eiweißverdauung im Magen 97[2].
WELLER, G., s. BINET, L. 448[13].
WELLER, J. M., and I. M. TAYLOR: Probleme des Kaliumstoffwechsels 394[14].
WELLMAN, H., s. LARDY, H. A. 1090[125], 1137[21], 1138[3], 1155[3].
WELLS, B. B., H. N. MARVIN and M. J. WALDVOGEL: Bestimmung der Serumproteasen 380[19].
WELLS, E. B., s. SHEPPARD, C. W. 687[10].
WELLS, G. (H.): Allantoinbildung aus Harnsäure 1208[11].
— and H. J. CORPER: Kein uricolytisches Ferment beim Menschen 1211[9]. — Harnsäureausscheidung durch Dalmatiner Hund 1213[21].
WELLS, H. E., s. DUNLOP, G. 668[11].
WELLS, H. S.: Innendruck im Dünndarm bei der Resorption 206[7].
WELLS, I. C., s. MEIKLEHAM, V. 1241[6].
WELSH, J. H., s. ZACKS, S. I. 1090[44].
WELT, I. D., D. STETTEN jr., D. J. INGLE and E. H. MORLEY: Förderung der Gluconeogenese durch Cortison 761[4].
WELT, L. G., J. ORLOFF, D. M. KYDD and J. E. OLTMAN: Osmotische Inaktivierung von Basen im intracellulären Raum 624[6].
WELTI, J. J., s. FIESSINGER, N. 223[6].
WELTMANN, O.: Haemoconien 473[1].
— u. C. V. MEDVEI: WELTMANN-Reaktion 307[5].
WELTZ, G. H., u. P. STUMPF: Bewegungsformen des Dickdarmes 110[1].
WENDEL, H.: Lösung von metallischem Eisen im Magen-Darmkanal 657[12].
WENDT, G. v.: Zusammenfassung über Mineralstoffwechsel (1925) 609[10].
WENDT, G. L., and A. H. CLARKE: Titration von Phosphorsäure und Calciumhydroxyd 706[2].
WENDT, H.: Zusammenfassung über Fettresorption aus dem Darm und ihre Störungen (1932) 168[3]. — Fettspaltung im Dünndarm von Hunden 176[4]. — Carotinoidgehalt im Nabelschnurblut 357[10].
— u. M. EINHAUSER: Vitamin A-Zerstörung in der Lunge 359[6].
— s. NOTHMANN, M. 167[3], 236[11], 247[13].
— s. STEPP, W. 359[1].
WENNER, C. E., and S. WEINHOUSE: Aktivierung von Tumormitochondrien durch DPN 1137[3].
WENNER, H. A., s. FRIOU, G. J. 384[7].
WENNER, V., s. VERZÁR, F. 778[3].
WENNER, W. F., s. SWINGLE, W. W. 653[5].
WENT, F., u. B. REX-KISS: Bindung von Histamin an Plasmaeiweiß 352[13].
WENTWORTH, H. P., s. YOUNG, E. G. 1215[5, 14].
WENZEL, F., L. FINKELSTEIN u. E. LAZÁR: Konstitution des roten Farbstoffes der Phloroglucin-Vanillin-Probe 53[11].
WERCH, S. C., A. A. DAY, R. W. JUNG and A. C. IVY: Verdauung von Pektin 188[4].
— and A. C. IVY: Verdauung von Pektin 188[3-5].
WERKMAN, C. H., s. KALNITSKY, G. 1041[11].
— s. KRAMPITZ, L. O. 1053[5], 1187[6].
— s. SUTTON, W. B. 1220[1].
— s. UTTER, M. F. 751[11], 1042[1].
— s. WHITE, A. G. C. 767[6], 835[10].
— s. WOOD, H. G. 616[2, 4, 5], 1053[4], 1056[2].
WERLE, E.: Zusammenfassung über Lyo- und Desmohormone (1943) 132[2]. — Vorkommen von Diaminoxydase in der Darmwand 189[7]. — Diaminoxydase in nichtpathogenen Bakterien 189[8]. — Beeinflussung der Cholinesterase durch Prostigmin 373[9]. — Decarboxylierung von Histidin durch tierische Gewebe 931[4].
— u. R. BAUEREIS: Antihyaluronidase in Tierseren 383[9].
— u. S. BRÜNINGHAUS: Cysteinsäuredecarboxylase 932[3].
— u. G. EFFKEMANN: Histamingehalt im Blut von Rauchern 352[18]. — Schwangerschaftstest mit Histaminase 382[9].
— u. K. HEITZER: Decarboxylierung von Histidin durch tierische Gewebe 931[4]. — Histaminbildung durch tierische Gewebe 978[2].
— u. H. HERRMANN: Decarboxylierung von Histidin durch tierische Gewebe 931[4]. — Histaminbildung durch tierische Gewebe 978[2].
— u. H. KORSTEN: Kallikreingehalt von Serum 371[2].

Die Seiten 1—840 befinden sich im Bandteil a, die Seiten 841—1257 im Bandteil b.

WERLE, E., u. KRAUTZUN: Decarboxylierung von Histidin durch tierische Gewebe 931[4]. — Histaminbildung durch tierische Gewebe 978[2].
— u. G. MENNICKEN: Decarboxylierung von Tyrosin durch tierische Gewebe 931[5]. — Decarboxylierung von Tryptophan durch tierische Gewebe 931[7].
— u. H. MOLL: Wirkung verunreinigter Hyaluronidase auf Blut 380[5]. — Wirkung von Antihyaluronidasen 383[11].
— u. H. REPLOH: Giftigkeit des Darminhalts 190[6].
— u. P. v. RODEN: Kallikrein (Padutin) im Mundspeichel 12[4], 26[4].
— u. G. STÜTTGEN: Cholinesterasegehalt von Pferdeserum 375[7].
— u. H. ZEISBERGER: Histamingehalt von Magensaft 86[17].
WERNER, S. C., E. H. QUIMBY and C. SCHMIDT: Jodspeicherung in der Schilddrüse 682[2].
WERNKE, O., s. LEWIN, M. M. 146[5].
WERSÄLL, R., s. TEORELL, T. 59[8].
WERSILOWA, M. A., s. LONDON, E. S. 95[6].
WERTHEIMER, E.: Zusammenfassung über Immunfermente und ABDERHALDENsche Reaktion (1934) 382[17]. — Keine selektive Hexoseresorption bei Vergiftungen 219[19]. — Glykogenbildung in Fettgewerbe nach Insulinzufuhr 767[7]. — Glykogenstoffwechsel im entnervten Muskel 768[2]. — Glykogenbildung in Fettgewerbe 777[11].
— s. BRÜCKMANN, G. 779[7].
— s. HOFFMANN, A. 702[4].
— s. TUERKISCHER, E. 778[8].
— s. SHAPIRO, B. 788[2].
WERTHER, M.: Trockensubstanzgehalt des Parotisspeichels vom Hund 15[10].
WERTHESSEN, N. T., C. F. BAKER and N. S. FIELD: Oestronabbau durch Blut in vitro 370[5]. — Bildung von Oestron und β-Oestradiol aus Acetat im Schweineovar 904**. — Stoffwechsel der C_{18}-Steroide in der Leber 905[1].
— s. PEARLMAN, W. H. 893[8].
WERTMAN, M., s. MARTIN, H. E. 428[4].
— s. SIMONSEN, D. G. 413[2].
WESELMANN, H., s. KIMMIG, J. 310[9].
WESPI, H. J.: Natriumfluoridzusatz zu Kochsalz 699[5].
WESSEL, K.: Palmitin- und Ölsäuregehalt von kindlichem Blut 335[10]. — Fettsäuren der Cholesterinester des Blutes 338[3].
WESSELY, L., s. LYNEN, F. 652[1], 767[9], 807[3], 1048[2], 1049[2], 1050[2].
WESSON, L. G.: Fettbildung bei Ratten während Kohlenhydratmast 767[2].
WEST, C. D.: Testosteronabbau 896[12].
— V. P. HOLLANDER, T. H. KRITCHEVSKY and K. DOBRINER: Testosteron und Δ^4-Androsten-3,17-dion in der V. spermatica 895[13].
WEST, C. D., and S. RAPOPORT: Saccharosebestimmung im Blut 319[11].
— H. REICH and L. T. SAMUELS: Testosteronabbau 896[13], 897[1]. — 3α-Konfiguration der Testosteronabbauprodukte 899[9].
— and L. T. SAMUELS: Testosteronoxydierendes Ferment in Leber und Niere 897[17].
— F. H. TYLER, H. BROWN and L. T. SAMUELS: Testosteronabbau in der Leber 897[7].
WEST, E. S., J. R. MONTAGUE and F. R. JUDY: Störungen nach Darmresektion beim Menschen 198[14].
— s. BEATTY, C. H. 828[2].
— s. BRUGGEN, J. T. VAN 835[6].
WEST, G. B.: Adrenalingehalt von Kaninchenblut 369[12].
WEST, H. D., R. R. ELLIOTT, A. P. JOHNSON and C. W. JOHNSON: Silberanreicherung in Abszeßhöhlen und Entzündungsherden 687[9].
WEST, R., and D. H. CLARKE: Glucosamingehalt von menschlichem Serum 322[15].
— s. LONDON, I. M. 997[5], 1007[5], 1016[2], 1019[4], 1020[4].
WESTALL, R. G.: Porphobilinogen 1005[3].
WESTENBRINK, H. G. K.: Verteilung der Phosphatase im Darm 124[18]. — Förderung der Zuckerresorption durch Gewöhnung 217[6]. — Resorptionsgeschwindigkeit verschiedener Monosaccharide 218[19]. — Einwirkung von Phosphat auf Glucoseresorption 220[6]. — Resorptionsgröße und Körpergewicht bei Ratten 223[5].
— and J. GOUDSMIT: Cocarboxylase im Gewebe 754[7].
— u. K. GRATAMA: Resorptionsgeschwindigkeit verschiedener Monosaccharide 218[22].
— E. P. S. PARVÉ, A. C. VAN DER LINDEN u. W. A. VAN DEN BROEK: Vitamin B_1-Gehalt im Blut 361[12].
— and E. P. STEYN-PARVÉ: Entstehung von Aneurinpyrosphosphat im Blut 452[2].
WESTERFELD, W. W., D. W. MACCORQUODALE, S. A. THAYER and E. A. DOISY: Oestron in Ovar und Placenta 904[6].
— and D. A. RICHERT: Xanthinoxydasebildung in der Leber 1202[18].
— S. A. THAYER, D. W. MACCORQUODALE and E. A. DOISY: Oestron in Ovar und Placenta 904[6].
— s. MEIKLEHAM, V. 1241[6].
— s. REMY, C. 1245[16].
— s. RICHERT, D. A. 1203[1].
WESTERGREN, A.: Zusammenfassung über Senkungsreaktion (1924) 264[6]. — Bestimmung der Senkungsgeschwindigkeit 266[2,4].
— H. THEORELL u. G. WIDSTRÖM: Plasmafibrinogen und Erythrocytensenkung 477[13].

WESTERLUND, A.: Bedeutung von Fett und Phosphat für Ca-Resorption 640[5].
WESTERLUND, E.: Calcinosis universalis 722[2].
WESTFALL, B. B., and M. I. SMITH: Selenbindung in Pflanzeneiweiß 694[14].
— s. SMITH, M. I. 695[7].
WESTOVER, L. M., s. SIMONSEN, D. G. 413[2].
WESTPHAL, K.: Zusammenfassung über die Pathologie der Bewegungsvorgänge des Darmes und der extrahepatischen Gallenwege (1927) 109[8].
WESTPHAL, U.: Zusammenfassung über Wirkstoffe der Blutbildung (1944) 464[19]. — Ort der Bilirubinbildung 354[2]. — Bildung von Pregnan-3α, 20α-diol aus Desoxycorticosteron 889[9], 893[17].
— u. P. GEDIGK: Mechanismus der direkten Bilirubinreaktion 354[6]. — Diazotierung von direktem Bilirubin im Eiweißverband 438[5].
— s. KAUFMANN, C. 889[3], 895[1].
— s. LANG, K. 949[12].
WESZPRÉMY, B., s. BODNÁR, J. 405[3].
WETTERDAL, P.: Harnsäure in Blut und Harn bei Eklampsie 1248[7].
WETTSTEIN, A.: Biosynthese der Corticosteroide 884[10].
— s. HARTMANN, M. 886[24].
— s. KAHNT, F. W. 885[5,22], 886[6,14].
— s. NEHER, R. 879[14,15].
WETZEL, E., s. KAISER, H. 327[16].
WETZEL, G.: Zusammenfassung über Blut (1938) 255[6]. — Beeinflussung von Länge und Weite des Darmes durch die Nahrung 105[6].
WETZEL, U.: Verminderung des Bluteisens 399[5].
WEYERS, H.: Pufferwirkung des Speichels von Pferd und Schaf 19[12]. — Gemischter Speichel vom Pferd 20[3].
WEYERTS, W. W., s. FRANK, R. T. 370[2].
WEYGAND, F., A. WACKER u. H. DELLWEG: Umwandlung von Guanin in Adenin durch Lactobacillus leishmannii 1193[1].
WEYMAR, H.: Fäulnisprodukte im Dickdarminhalt des Schweines 181[1].
WEZLER, K., R. THAUER u. K. GREVEN: Ausnützung des Sauerstoffs im Blut 528[1,2].
WHEATLEY, A. H. M., s. QUASTEL, J. H. 802[4], 827[12], 949[13].
WHEELER, C. E., s. CONN, J. W. 1215[1], 1233[16].
WHELAN, W. J., s. PEAT, S. 729[2].
WHIDBORNE, J., and C. H. GRAY: Bilirubinbestimmung 355[5].
WHIPPLE, G. H.: Leber und Knochenmark als Bildungsstätten der Plasmaeiweißkörper 287[8]. — Regenerierung von Plasmaalbumin und -globulin durch pflanzliches bzw. tierisches Eiweiß 289[3]. — Erniedrigung des Fibrinogens im Blut nach Vergiftungen 475[5]. — Cholesterinzufuhr und Gallensekretion 877[10].
WHIPPLE, G. H., and J. V. COOKE: Eiweißzerfall bei Cl-Mangel 634[6].
— J. V. COOKE and O. STEARNS: Eiweißzerfall bei Cl-Mangel 634[6].
— and S. H. HURWITZ: Leber und Knochenmark als Bildungsstätten der Plasmaeiweißkörper 287[8]. — Fibrinogengehalt im Blut nach Vergiftungen 475[6].
— and F. S. ROBSCHEIT-ROBBINS: Bedeutung von Aminosäuren für die Blutbildung 466[1].
— F. S. ROBSCHEIT-ROBBINS, C. A. ELDEN and W. M. SPERRY: Cu notwendig für Einbau von Fe in Hämoglobin 669[4].
— s. BOGNIARD, R. P. 656[4].
— s. FOSTER, D. P. 287[8], 475[5].
— s. FOSTER, M. G. 877[7], 956[20,21].
— s. GYÖRGY, P. 436[4].
— s. HAHN, P. F. 436[13], 656[5], 657[3], 659[3], 663[5,8].
— s. KERR, W. J. 287[8].
— s. MADDEN, S. C. 287[8], 288[8], 289[1], 912[1], 928[4].
— s. POMMERENKE, W. T. 289[2].
— s. ROBSCHEIT-ROBBINS, F. S. 436[2], 678[7].
— s. SMITH, H. P. 262[2], 877[9].
WHISTLER, R. L., and D. F. DURSO: Chromatographische Zuckertrennung 319[17].
WHITAKER, D. M., s. TAYLOR, C. N. 1173[5].
WHITE, A.: Zusammenfassung über Chemie und Stoffwechsel von Schwefelverbindungen (1941) 651[11].
— and T. F. DOUGHERTY: Bedeutung von Hypophyse und Nebenniere für die Blutbildung 465[14]. — Lymphocytose nach Adrenalektomie 469[8].
— and J. B. FISHMAN: Taurinbildung aus Cystin 956[23].
— and H. B. LEWIS: Herkunft des Cystins für die Mercaptursäurebildung 967[3].
— s. BEACH, E. F. 960[6].
— s. DOUGHERTY, T. F. 288[4], 465[14], 927[7].
— s. ROBERTS, S. 287[8], 1156[5].
— s. STEVENSON, E. S. 967[5].
— s. WHITE, J. 967[5].
WHITE, A. G. C., and C. H. WERKMAN: Übergang von 2 C-Körpern in Fett 767[6]. — Fettsynthese aus Essigsäure in der Hefe 835[10].
WHITE, B., s. MENDEL, L. B. 1215[10].
WHITE, B. V., s. JONES, C. M. 178[8].
WHITE, F. D., and J. M. BOWMAN: Bestimmung der Serumproteasen 380[19].
WHITE, F. R., H. B. LEWIS and J. WHITE: Keine Sulfatausscheidung nach Cysteinsäureinjektion 957[7].
— s. LEWIS, H. B. 955[11].
WHITE, H. L., and D. ROLF: Jodbestimmung 411[10].
WHITE, J., and A. WHITE: Entgiftung durch S-haltige Aminosäuren 967[5].

Die Seite 1—840 befinden sich im Bandteil an die Seiten 841—1257 im Bandteil b.

WHITE, J., s. FONES, W. S. 951[6].
— s. PETERSON, E. A. 951[6].
— s. TABOR, H. 977[13].
— s. WHITE, F. R. 957[7].
WHITE, J. C., s. ARMSTRONG, J. B. 558[9].
— s. DAVIDSON, J. N. 1102[5].
WHITELEY, H. R.: Purinvorstufen für Pyrimidinbildung 1228[7]. — Uracil- und Thyminabbau bei der Ratte 1230[2].
WHITE, M. R., s. KELLY, L. S. 1234[11], 1247[17].
WHITLOCK, J. H., s. LEASURE, E. E. 149[6].
WHITMAN, B., s. WINTERSTEINER, O. 906[12].
WHITMAN, N. E., s. BORCHERS, R. 987[13].
WHITNEY, R., s. DORFMAN, A. 383[10].
— s. FREEMAN, M. E. 383[8].
WHITNEY, R. W., s. SCHACK, J. A. 384[11].
WHITTAKER, V. P., s. MOUNTER, L. A. 373[3].
— s. STURGE, L. M. 373[3].
WIAME, J. M.: Höherpolymere Phosphate in Hefe und Bakterien 648[18]. — Übergang von Metaphosphat in Orthophosphat in der Hefe 789[17].
WICHELS, P.: Förderung der Magensaftsekretion durch Coffein 42[15]. — Bakterienhemmende Wirkung der Magenschleimhaut 67[12].
WICHKO-FILATOWA, K. D.: Melanophorenhormon im Blut 368[12].
WICHMANN, B., s. HOLTHAUS, B. 573[2].
WICK, A. N., s. BARNES, R. H. 328[8], 842[7].
— s. BARNET, H. N. 942[11].
— s. BARTLETT, G. R. 778[4].
— s. CLARK, W. G. 248[1].
— s. MCKAY, E. M. 942[6].
WICKE, G.: Spaltung von Fetten in Sojabohnen 238[16].
WICKS, L. F., s. RITCHEY, M. G. 454[3].
WICKS, W. A., s. STRUMIA, M. M. 257[3], 468[10].
WICKSELL, F., s. CARLSTEN, A. 553[6], 555[7].
WIDDOWSON, E. M., and R. A. MCCANCE: Steuerung der Eisenversorgung des Körpers 658[4]. — Depoteisen der Leber 660[15].
— s. HUTCHINSON, A. O. 374[7].
— s. MCCANCE, R. A. 185[1], 213[15], 214[15], 396[1], 609[17], 610[3], 638[9], 639[4], 641[9], 646[16], 662[12], 677[4].
WIDDOWSON, T. W.: Buch über spezielle Zahnanatomie und -physiologie; 6. Aufl. (1939) Engl. 722[6].
WIDENBAUER, F.: Calciumbindung an die Euglobulinfraktion 396[3].
WIDMANN, E., s. NUERNBERGK, H. 410[12].
— s. SCHNEIDER, E. 359[2], 583[3], 584[9], 586[3], 587[3], 682[17].
WIDMARK, E. M. P.: Letale Alkoholkonzentration im Blut 327[14]. — Alkoholbestimmung 327[15].
— s. NEYMARK, M. 27[7].
WIDMER, C. jr., and R. T. HOLMAN: Stoffwechsel der essentiellen Fettsäuren 821[5].
WIDSTRÖM, G., s. WESTERGREN, A. 477[13].
WIEBELHAUS, V. D., and H. A. LARDY: Kalium-Natrium-Antagonismus bei der Glykolyse 626[22].
WIECH, M., s. BENNHOLD, H. 308[5].
WIECHMANN, E.: Zusammenfassung über Senkungsreaktion (1923) 264[6].
WIECHOWSKI, W.: Glykokollsynthese im Organismus 938[9]. — Orte der Allantoinbildung aus Harnsäure 1208[19,25]. — Kein uricolytisches Ferment beim Menschen 1211[8]. — Allantoin im Blut 1211[16]. — Allantoinausscheidung im menschlichen Harn 1215[2].
— u. H. WIENER: Orte der Allantoinbildung aus Harnsäure 1208[18]. — Uricase, ein Fermentgemisch 1210[4].
WIEDEMANN, A., s. SCHULER, W. 931[5].
WIELAND, H.: Zusammenfassung über biologische Oxydation (1925) 1028[8]. — Zerstörung der Äthanoldehydrogenase durch Kälte 755[9].
— u. R. G. JENNEN: Essigsäureabbau durch tierische Organe 1027[1].
— O. PROBST u. M. CRAWFORD: Energielieferung für Citratbildung in Hefe 1034[5].
— O. PROBST, H. WALCH, W. SCHWARZE u. K. RAUCH: Carboxylase 754[3].
— u. C. ROSENTHAL: Acetessigsäureabbau über den Citronensäurecyclus 790[5], 827[13]. — Citronensäurebildung 1032[3].
— u. H. SORGE: Hydrotrope Wirkung der Desoxycholsäure 234[2]. — Choleinsäuren 793[4].
— u. A. WINGLER: Acetaldehydbildung aus Brenztraubensäure im Tierkörper 1029[5]. — Decarboxylierung von Oxalessigsäure 1053[2].
— u. B. WITKOP: α-Oxytryptophan 989[2].
WIELAND, O., s. LYNEN, F. 652[1], 767[9], 807[3], 1048[2], 1049[2], 1050[2].
WIELAND, T.: D-Aminosäuren in Tumorgewebe 931[1].
WIEMER, W.: Kaliumgehalt im Magensaft 66[3].
WIENER, A. S.: Buch über Blutgruppen und Transfusion; 3. Aufl. (1943) Engl. 385[1]. — Rh-Syllabus (1949) Engl. 387[12]. — Genotypen der Vererbung des Rh-Faktors 387[12]. — Fetale Erythroblastose 388[6]. — Bedeutung von Protein X für Rh-Agglutinine 389[2].
— E. B. SONN and R. B. BELKIN: Antikörper im Blut von Rh-Menschen gegen rh-Erythrocyten 389[1].
— s. LANDSTEINER, K. 387[11].
WIENER, H.: Zusammenfassung über Harnsäure (1902/03) 1177[1]. — Synthese von Glykokoll aus anderen Aminosäuren 939[9]. — Xanthindehydrogenase der Rinderleber und -milz 1202[11]. — Orte der Allantoinbildung aus Harnsäure 1208[15].
— s. WIECHOWSKI, W. 1208[18], 1210[4].

WIENER, K.: Proteasegehalt von Ergüssen 560[14].
— s. SCHITTENHELM, A. 1202[9], 1211[17].
WIENINGER, E., s. ANREP, G. V. 352[11], 451[14].
WIERCINSKI, F. J.: pH-Wert von Seeigeleiern 1173[8].
WIESE, C. E., J. W. MEHL and H. J. DEUEL jr.: Vitamin A-Bildung aus Carotin bei verschiedenen Tierarten 197[2].
WIESE, H. F., s. GAMBLE, A. H. 627[15].
WIESINGER, K., s. ROSSIER, P.-H. 536[2].
WIEST, W. G., and C. HEIDELBERGER: Bindung cancerogener Kohlenwasserstoffe an Mitochondriennucleoproteide 1154[5].
WIGGERS, R. F., s. GELENGER, S. M. 558[5].
WIGHTMAN, D., s. JACKSON, S. H. 697[6].
WIGOD, M., s. LEVINE, P. 389[7].
WIGODSKY, H. S., s. BUSSABARGER, R. A. 38[6].
WIKOFF, H. L., R. A. BRUNNER and H. W. ALLISON: Bromgehalt des Blutes 409[9].
— and P. KAZDAN: Bestimmung von Eiweiß im Liquor 568[3].
WIKOFF, H. M., s. GRINSTEIN, M. 1008[3], 1009[2].
— s. SCHWARTZ, S. 1009[1].
WIKRAMANAYAKE, T. W., F. C. HEAGY and H. N. MUNRO: Abhängigkeit der Nucleotidsynthese von Ernährungsbedingungen 1122[7].
WILANDER, O.: Prothrombin und Mittelstück des hämolytischen Komplements 479[9]. — Ausschwemmung von Heparin beim Peptonschock 499[1].
— u. G. ÅGREN: Secretinstandardisierung 132[9].
— s. HAMMARSTEN, E. 132[4, 10, 12].
— s. HOLMGREN, H. 492[3], 493[2].
— s. JORPES, E. 493[3].
WILBRAND, U.: Carotinresorption aus rohen Karotten 249[11].
WILBRANDT, W.: Zusammenfassung über Permeabilität der Zelle (1938) 207[6]; (1941) 602[6]. — Kolloidosmotische Hämolyse 420[5]. — Aktive Membrandiffusion 423[4]. — Bedeutung der Glykolyse für die physiologische Permeabilität der Erythrocyten 423[15]. — Aufhebung der Kationenimpermeabilität der Erythrocyten durch Natriumfluorid 626[14].
— u. L. LASZT: Resorptionsgeschwindigkeit verschiedener Monosaccharide 218[20].
— u. L. LENGYEL: Hemmung der Glucoseresorption bei Mangel an Nebennierenrindenhormon 219[21].
— s. LIECHTI, A. 421[7].
— s. RUSCH, G. 421[7].
— s. SÜLLMANN, H. 240[15], 843[13].
WILBUR, K. M., and N. G. ANDERSON: Bestimmung der Kohlensäureanhydratase 451[4]. — Zellkerngewinnung 1066[6].
— s. ANDERSON, N. G. 1067[3].
WILD, H., s. ESSER, H. 568[1].
WILDE, W. S.: Kaliumaustausch der Zelle 624[11].
WILDER, R. M., s. WOLTMAN, H. W. 866[1].
WILDER, V. M., s. MORGULIS, S. 863[3].
WILDER, W., s. BETHKE, R. M. 717[3], 718[2].
WILEY, F. H., and L. H. NEWBURGH: Perspiratio insensibilis 596[8].
— and L. L. WILEY: Natrium- und Kaliumausscheidung beim Dursten 599[9].
WILEY, H. W.: Borausscheidung 689[15].
WILEY, L. L., s. WILEY, F. H. 599[9].
WILGUS, H. S. jr., L. C. NORRIS and G. F. HEUSER: Manganmangelkrankheit „Perosis“ (slipped tendon) 672[3].
WILHELMI, A. E., s. FISHER, R. B. 947[9].
WILHELMJ, C. M.: Zusammenfassung über den Verdauungskanal (1952) 6[6].
— L. C. HENRICHS, I. NEIGUS u. F. C. HILL: Chlorgehalt und Alkalinität von Duodenalinhalt 171[6, 7].
— H. H. MCCARTHY and F. C. HILL: Hemmung der Salzsäurebildung im Magen durch Schwefelsäure 62[8]. — Aciditätsregulierung im Magen 63[2].
WILK, S., s. BERNHARD, K. 247[6], 794[9].
WILKE, C. F., s. HARRIS, L. E. 713[13], 717[2].
WILKENING, W. C., s. SCHWEIGERT, B. S. 991[5].
WILKERSON, V. A.: Kupfergehalt von Embryonen 666[8].
WILKINS, D., s. GREENMAN, L. 622[4].
WILKINS, E. S. jr., s. WILLOUGHBY, C. E. 404[4].
WILKINSON, C. F. jr., s. FIELD, H. jr. 363[13].
WILKINSON, J. F., s. BLAKELY, A. P. L. 44[1].
— s. KENCH, J. E. 1019[3].
— s. ROWLANDS, E. N. 361[9].
WILL, A.: Fettsäureverwertung bei Glycerinverfütterung 237[5].
WILLANEN, K.: Rhodanidausscheidung 954[4].
WILLARD, H. H., s. ZAK, B. 409[22].
WILLCOCK, E. G., and F. G. HOPKINS: Zein als Eiweißquelle für Mäuse 967[6]. — Tryptophan als essentielle Aminosäure 987[10].
WILLE s. GUDZENT, (F.) 1254[2].
WILLE, F.: α, α'-Diketoadipinsäure als Stoffwechselprodukt 1029[7].
WILLE, H.: Kohlensäureanhydratase 521[1, 10].
WILLEBRANDS, A. F., J. GROEN, C. E. KAMMINGA and J. R. BLICKMAN: Insulin und Kaliumeinwanderung in die Zelle 626[12].
— s. GROEN, J. 367[4].
WILLENEGGER, H., u. R. BOITEL: Buch über Blutspender (1947) 385[1].
— s. SCHÜRCH, O. 468[8].
WILLIAMS, E. F., s. CHIBNALL, A. C. 931[1].
WILLIAMS, H. H., B. N. ERICKSON, I. ARVIN, S. S. BERNSTEIN and I. G. MACY: Verteilung von Lecithin und Kephalin zwischen Erythrocyten und Blutplasma 442[9]. — Phosphatidgehalt von Blutplasma 858[17].
— B. N. ERICKSON, E. F. BEACH, I. G. MACY, I. AVRIN, M. SHEPHERD, H. SOUDERS,

Die Seiten 1—840 befinden sich im Bandteil a, die Seiten 841—1257 im Bandteil b.

D. M. TEAGUE and O. HOFFMAN: Phosphatidgehalt von Blutplasma 858[17].
WILLIAMS, H. H., B. N. ERICKSON, S. BERNSTEIN, F. C. HUMMEL and I. G. MACY: Phosphatidgehalt von Erythrocyten und Serum bei perniciöser Anämie 858[10].
— H. GALBRAITH, M. KAUCHER and I. G. MACY: Phosphatidgehalt des Organismus während des Wachstums 847[1].
— H. GALBRAITH, M. KAUCHER, E. Z. MOYER, A. J. RICHARDS and I. G. MACY: Phosphatidgehalt des Organismus während des Wachstums 847[2].
— M. KAUCHER, A. J. RICHARDS, E. Z. MOYER and G. R. SHARPLESS: Intracelluläre Verteilung von Lipiden 1077[3].
— J. MELVILLE and W. E. ANDERSON: Gebundene Fettsäuren im Rattenblut 336[1].
— s. BEACH, E. F. 440[3], 517[2].
— s. BERNSTEIN, S. S. 439[5].
— s. ERICKSON, B. N. 332[4], 427[4], 428[8], 439[6], 441[3,7], 442[1,3,4,9], 471[4], 472[1,3], 858[5,8,17].
— s. LOUW, J. G. 98[10].
WILLIAMS, H. M., and W. A. KREHL: Carnosinsynthese 978[9].
WILLIAMS, J. N. jr.: Bedeutung der Folsäure für Transmethylierung 964[12]. — Cholin und Betain als Methyldonatoren 964[13]. — Intracelluläre Verteilung von Cholinoxydase 1090[21]. — Intracelluläre Verteilung von Betainaldehydoxydase 1090[22]. — Aktivierende Wirkung von ATP und Magnesiumionen auf geschädigte Mitochondrien 1145[3]. — Cholinoxydation durch Mitochondrien 1150[4].
— P. FEIGELSON and C. A. ELVEHJEM: Harnsäureausscheidung nach Xanthininjektion 1199[17]. — Xanthinoxydaseaktivität in Leber und Niere bei eiweißarmer Kost 1202[19]. — Allantoinbildung und Uricaseaktivität 1216[7].
— C. A. NICHOL and C. A. ELVEHJEM: Hemmung von Flavinfermenten durch Folinsäure 467[10].
— and A. SREENIVASAN: Intracelluläre Verteilung der Tyrosinoxydation 1090[116]. — Oxydation von Tyrosin im Cytoplasma 1153[28].
— A. SREENIVASAN, S.-C. SUNG and C. A. ELVEHJEM: Intracelluläre Verteilung von Folsäure und Folininsäure 1096[22]. — Folsäuregehalt der Mitochondrien bei Folsäuremangel 1132[5].
— s. KUNKEL, H. O. 1145[2].
— s. SUNG, S.-C. 1090[74].
WILLIAMS, M. C., s. REISER, R. 800[4].
WILLIAMS, R. H., s. LEE, N. D. 1072[38], 1145[8], 1146[2].
WILLIAMS, R. J., s. ISBELL, E. R. 1096[2].
— s. PENNINGTON, D. 363[2].
WILLIAMS, R. T. (Hrsgb.): Zusammenfassung über Biochemie der Fische (1951) 118[9].
WILLIAMS, V. Z., s. DOBRINER, K. 880[1].
WILLIAMS, W. L., s. LOWE, G. U. 1234[17].
WILLIAMS-ASHMAN, H. G., s. JUDAH, J. D. 1137[16].
WILLIAMSON, M. B., and A. GULICK: Calcium- und Magnesiumgehalt im Zellkern 1101[2].
WILLIS, J. B., s. FALK, J. E. 1021[3].
WILLOUGHBY, C. E., and E. S. WILKINS jr.: Bleigehalt des Blutes 404[4].
WILLS, L., P. SANDERSON and D. PATERSEN: Positive Ca-Bilanz bei Alkalisierung des Körpers 642[10].
WILLSTAEDT, H., u. T. LINDQVIST: Fraktionierung der Carotinoide des Blutserums 357[5].
WILLSTÄTTER, R., u. E. BAMANN: Isolierung von Kathepsin aus Magenschleimhaut vom Schwein 34[9]. — Aktivität von Magen- und Pankreaslipase 39[2]. — Keine Protease im zellfreien Pylorussekret 78[3]. — Herkunft des Darmerepsins aus Leukocyten 121[18]. — Herkunft von Darm-Carboxypolypeptidase aus Leukocyten 123[18].
— E. BAMANN u. M. ROHDEWALD: Proteolytische Enzyme der Speicheldrüsen 12[2]. — Proteinasen in Leukocyten 380[13]. — Peptidasegehalt von Leukocyten 381[4]. — Gewinnung reiner Leukocyten 459[6]. — Unterschiede im Fermentgehalt von Eiter- und Blutleukocyten 462[12]. — Proteinasen- und Peptidasengehalt tierischer Leukocyten 463[8].
— F. HAUROWITZ u. F. MEMMEN: Isolierung der Lipase aus Magenschleimhaut 38[14].
— u. F. MEMMEN: Lipase aus Magenschleimhaut 35[5], 38[14]. — Bestimmung der Pankreaslipase 163[11].
— u. M. ROHDEWALD: Desmopepsin und Desmokathepsin 34[12]. — Fermentgehalt der Leukocyten 127[9]. — Pankreasamylase 164[7]. — Glykogengehalt von Leukocyten 321[10], 462[7]. — Amylase- und Maltasegehalt von Leukocyten 379[20]. — Glykogenolyse im Blut 423[12]. — Unterschiede im Fermentgehalt von Blut- und Eiterleukocyten 462[12]. — Carbohydrasengehalt von Pferdeleukocyten 463[5]. — Proteinasen- und Peptidasengehalt tierischer Leukocyten 463[8].
— E. WALDSCHMIDT-LEITZ u. A. R. F. HESSE: α-Amylase aus Pankreas 160[17]. — Erste Darstellung von Pankreasamylase 164[9].
— s. KESTNER, O. 73[9], 78[3], 94[2].
WILMANNS, H.: Jodgehalt des Blutes 409[22]. — Jodverteilung im Blut 410[4]. — Vorkommen von anorganischem Jod in der Schilddrüse beim Kind 411[2]. — Jodgehalt der Schilddrüse 680[1].
WILSON, A. T., s. BUCHANAN, J. G. 1063[2].
WILSON, D. A., s. ANDERSCH, M. A. 516[9].
WILSON, D. W., s. BALL, E. G. 158[5].

Die Seiten I—840 befinden sich im Bandteil a, die Seiten 841—1257 im Bandteil b.

Wilson, D.W., s. Beer, E. J. de 148^{6}, 149^{13}, 150^{3}, 151^{7}, 152^{4}, $178^{3,13}$.
— s. Buchanan, J. M. 1033^{4}, 1056^{3}.
— s. Gurin, S. 834^{6}, 837^{3}.
— s. Heinrich, M. R. 1228^{1}.
— s. Miller, C. S. 1221^{1}.
— s. Milton, R. H. 944^{15}.
— s. Moore, E. 937^{6}.
— s. Wright, L. D. 1222^{12}, 1227^{5}.
Wilson, H., s. Dobriner, K. 892^{14}, 901^{13}.
— s. Engel, L. L. 895^{5}.
Wilson, H. E. C., S. M. das Gupta and B. Ahmad: Ausnutzung von α- und β-Carotin 249^{10}.
Wilson, I. B.: Darstellung von Acetylcoenzym A 1038^{1}.
Wilson, J. E., s. Verley, W. G. 964^{2}.
Wilson, J. M. G., s. Neuberger, A. 982^{10}.
Wilson, J. R., s. Meyerhof, O. 739^{7}, 741^{5}, 752^{10}.
Wilson, K. M., s. Boyd, E. M. 866^{9}.
Wilson, L. P.: Purine als Vorstufen von Kreatin 1237^{15}.
Wilson, M. J., s. Gavin, G. 43^{5}.
Wilson, M. L., s. McGinty, D. A. 885^{6}.
Wilson, R., s. Weinhouse, S. 1033^{6}.
Wilson, R. H.: Keine selektive Zuckerresorption bei Phlorrhizinvergiftung 219^{16}. — Alanin- und Glykokollresorption bei Phlorrhizinvergiftung 227^{10}. — Resorption von Aminosäuren 913^{11}.
— and H. B. Lewis: Resorptionsgröße verschiedener Aminosäuren bei Ratten 227^{1}, 913^{11}. — Zuckerbildung aus Glykokoll 942^{6}. – Glykogenese durch Alanin 948^{4}. – Zuckerbildung aus Glutaminsäure 949^{7}.
Wilson, T. H., s. Lotspeich, W. D. 1059^{6}.
– s. Peters, R. A. 1059^{6}.
Wilson, W. C., s. Lowdon, A. G. R. 394^{3}.
Wilson, W. R., and A. E. Hansen: Lipoidfraktionen im menschlichen Blut 332^{8}.
Wimmer, E. J., s. Hughes, R. H. 236^{8}, 240^{10}.
Winands, E., s. Starlinger, W. 286^{5}, 296^{2}.
Windaus, A., s. Knoop, F. 1218^{17}.
Windsor, E.: α-Aminoadipinsäure als Lysinvorstufe bei Neurospora 968^{4}.
Winfield, B. J. O., s. Calnan, W. L. 558^{5}.
Wingler, A., s. Wieland, H. 1029^{5}, 1053^{2}.
Wingo, W. J., and J. Awapara: Glutaminsäuredecarboxylase im Rattenhirn 932^{2}.
Winikoff, D., and V. M. Trikojus: Thyroxinbestimmung 367^{11}.
Winkle, Q. van, s. Hoster, M. S. 1150^{18}.
Winkler, A., s. Haurowitz, F. 433^{12}.
Winkler, A. W., T. S. Danowski, J. R. Elkinton and J. P. Peters: Na-freier Harn nach Na-freier Kost 620^{11}.
– H. E. Hoff and P. K. Smith: Kaliumgehalt der Nahrung und EKG 626^{10}. – Symptome der Kaliumvergiftung 628^{10}.
– s. Danowski, T. S. 628^{8}.
Winkler, A. W., s. Eisenman, A. J. 214^{20}.
– s. Elkinton, J. R. 598^{8}, 622^{1}, $624^{2,5}$.
– s. Smith, P. K. 422^{13}.
Winkler, F.: Oxydasegehalt polymorphkerniger Leukocyten 458^{4}.
— s. Siedel, W. 1003^{1}.
Winkler, H., u. F. Hebeler: Acetonkörper- und Milchsäuregehalt im Blut bei Arbeit 328^{2}.
Winkler, R. s. Bluntschli, H. 10^{2}.
Winklhofer, F.: Abbau von Aceton im Stoffwechsel 829^{2}.
Winnick, T.: Acetonkörpergehalt des Blutes im Coma 328^{5}. — Einbau von Aminosäuren in Lebereiweiß 924^{8}. — Einbau von Aminosäuren in Eiweiß 925^{8}.
— F. Friedberg and D. M. Greenberg: Lysophospholipase aus Penicillium notatum 851^{10}. — Einbau von Aminosäuren in verschiedenen Geweben 923^{8}. — Einbau von Aminosäuren in Eiweiß 925^{8}. — Durchmesser von Leberzellen 1098^{6}.
— I. Moring-Claesson and D. M. Greenberg: Serinbildung 853^{10}, 940^{4}.
— E. A. Peterson and D. M. Greenberg: Einbau von Aminosäuren in Lebereiweiß 924^{8}. — Einbau von Aminosäuren in Eiweiß $925^{7,8}$.
— s. Cramer, F. B. jr. 915^{6}.
— s. Gerarde, H. W. 1120^{20}.
— s. Goldsworthy, P. D. 940^{4}.
— s. Greenberg, D. M. 923^{8}.
— s. Lipner, H. J. 1096^{17}.
Winocur, P., e T. Satriano: p_H-Werte im Blut von Kindern 271^{3}.
Winogradow, M. P.: Giftwirkung von molekularem Sauerstoff 615^{4}.
Winsor, A. L., u. B. Korchin: p_H-Wert im menschlichen Speichel 19^{5}.
Winter, I. C., and L. A. Crandall jr.: Resorptionsweg der freien Fettsäuren 237^{15}.
Winter, J. E., and C. H. Richey: Vermehrung des Magnesiums nach Aspirin 398^{7}.
— s. Taylor, W. F. 635^{7}.
Winter, K.-A.: Herkunft des Chlorids für die Salzsäurebildung im Magen 64^{2}. — Arsengehalt in Organen 692^{14}.
— s. Walther, G. 558^{8}.
Winter, L. B.: Darstellung von α-Glucopyranose aus Kaninchenblut 317^{11}.
Winternitz, M. C., u. W. Jones: Xanthindehydrogenase der Leber 1202^{3}. — Kein uricolytisches Ferment beim Menschen 1211^{6}.
— s. Jones, W. 1217^{7}.
— s. Mylon, E. 295^{8}.
Winternitz, R., s. Stary, Z. 575^{14}.
Winterseel, W., s. Bürger, M. 177^{6}, $191^{10,12}$, $192^{2,15}$, 249^{2}, 875^{19}.
Winterstein, H.: Einfluß von Ammoniak auf Muskelkonzentration und Nervener-

regung 617[5]. — p_H-Empfindlichkeit des Atemzentrums 1177[2].
WINTERSTEIN, H., et F. ÖZER: Kein Acetylcholin im Speichel 26[9].
WINTERSTEINER, J., and J. J. PFIFFNER: C_{21}-Nebennierensteroide 881[3].
WINTERSTEINER, O., and W. M. ALLEN: Vorkommen von Progesteron im Corpus luteum 886[22].
— and J. R. RITZMANN: 7β-Oxycholesterin im Blutserum von Stuten 339[5].
— E. SCHWENK and B. WHITMAN: β-Oestradiol im Harn trächtiger Stuten 906[12].
— s. HIRSCHMANN, H. 906[14].
WINTROBE, M. M.: Buch über klinische Hämatologie (1943) Engl. 258[5].
— s. CARTWRIGHT, G. E. 436[12], 664[1], 993[6].
— s. GREENBERG, G. R. 660[6], 1010[4].
— s. GRINSTEIN, M. 356[14].
— s. GUBLER, C. J. 214[13], 664[2].
— s. HAMILTON, L. D. 659[12].
— s. KUHNS, W. J. 664[2].
— s. SMITH, E. L. 381[1].
WINZLER, R. J., s. MEHL, J. W. 302[1].
WIRTH, J.: Pathologische Veränderungen im Vitamin C-Gehalt von Liquor cerebrospinalis 576[1].
WIRTH, J(oseph): Abbau verzweigtkettiger Fettsäuren 814[5]. — Acetessigsäurebildung aus Isoleucin 952[1].
WIRTH, L., s. BIELIG, H.-J. 1173[15].
WIRTZ, H., s. HEUPKE, W. 181[4].
— s. VERZÁR, F. 219[14].
WISE, J. E., s. DORFMAN, R. I. 897[2], 907[2].
WISEMAN, M. E., s. MACK, H. C. 312[2].
WISING, P. J.: Prothrombin und Mittelstück des hämolytischen Komplements 479[8].
WISLOCKI, G. B., and E. W. DEMPSEY: Bedeutung der Phosphatase für Bildung der Knochengrundsubstanz 712[7].
— J. J. RHEINGOLD and E. W. DEMPSEY: Glykogengehalt von Myelocyten 462[5]. — Glykogengehalt von Megakaryocyten und Thrombocyten 472[6].
WISS, O.: Alaningehalt von Rattenserum 344[14]. — Art der Ernährung und Aminosäuregehalt im Gewebe 916[5]. — Alaninbildung aus Kohlenhydrat 949[8]. — Bedingungen der Alaninbildung aus Brenztraubensäure 950[5]. — Alaninbildung aus Brenztraubensäure und Histidin 950[6]. — Bildung von Oxyprolin aus Prolin 987[5]. — Kynurensäurebildung aus Kynurenin 989[6]. — Kynureninspaltendes Ferment 990[7]. — Xanthurensäurebildung 990[9]. — Alaninabspaltung aus Kynurenin 991[1]. — Pyridoxalphosphat als Coferment der Kynureninase 989[7], 994[2]. — Intracelluläre Verteilung von Arginase und Kynurenintransaminase 1090[94]. — Kynurenin ⇌ α-Ketoglutarsäure-Transaminierung in Mitochondrien 1150[10]. — Spaltung von Kynurenin im Cytoplasma 1153[34].
WISS, O., u. H. FUCHS: Spaltung von 3-Oxykynurenin 992[12].
— u. F. HATZ: Kynureninabbau 990[5], 992[10].
— F. HATZ u. G. VIOLLIER: Kynureninabbau 990[5], 992[10].
— u. R. KRUEGER: Art der Ernährung und Aminosäuregehalt im Gewebe 916[5]. — Alaninbildung aus Glucose 949[9]. — Kohlenhydratzufuhr und Asparaginsäure- bzw. Glutaminsäuregehalt im Blut 949[10].
— u. H. THOELEN: Aktivierung des kynureninspaltenden Fermentes durch Pyridoxalphosphat 994[1].
— G. VIOLLIER u. M. MÜLLER: Tryptophan und Pellagra 991[4]. — Kynurenin als Ersatz für Nicotinsäure 992[8]. — Umwandlung von Tryptophan in Nicotinsäure 994[5].
— s. EDLBACHER, S. 930[4,6], 931[2], 949[11].
— s. KRUEGER, R. 916[5], 942[3].
WISSLER, A.: Berechnung der Eiweißfraktionen aus dem Refraktometerwert 273[8].
WISWELL, J. G.: Reduktion der Δ^4-3-Ketogruppe von Steroiden zur 3α-Oxygruppe 891[5].
— and L. T. SAMUELS: Reduktion der Δ^4-3-Ketogruppe von Steroiden zur 3α-Oxygruppe 891[6].
WITEBSKY, E., and L. M. ENGASSER: Entwicklung der Blutgruppe A beim Neugeborenen 386[5].
— and N. C. KLENDSHOJ: Blutgruppenspezifische Substanzen aus Magensaft 85[17]. — Chemische Natur der Blutgruppen 424[8].
WITH, T. K.: Direktes und indirektes Bilirubin 354[3]. — Gelbe Substanzen im Serum 355[6]. — Carotingehalt des Serums 356[17]. — Carotingehalt von Erythrocyten 451[16].
— s. NYLUND, C. E. 358[1].
WITKOP, B., s. WIELAND, H. 989[2].
WITTENBERG, J., and D. SHEMIN: Herkunft der N-Atome des Porphinringes aus Glykokoll 943[10]. — Biologischer Aufbau des Porphyringerüstes 1002[3].
— s. SHEMIN, D. 838[7], 998[9], 999[1], 1001[4], 1004[6].
WITTER, R. F., E. H. NEWCOMB and E. STOTZ: Acetessigsäureausbeute aus C_6-Säuren 823[2]. — Intracelluläre Verteilung der Sorbinsäureoxydation 1090[117]. — Intracelluläre Verteilung von Adenosintriphosphatase und Pyrophosphatase 1090[118]. — Stoffwechselleistungen von Mitochondrien 1136[25]. — Abspaltung von anorganischem P in Mitochondrien durch 2,4-Dinitrophenol 1138[4]. — Hemmung des Citronensäurecyclus durch höhere Fettsäuren 1143[1]. — Triessigsäurespaltung durch Cytoplasma 1156[2].

WITTER, R. F., and E. STOTZ: Ferment der Triessigsäurespaltung 804[3].
WITTGENSTEIN, A., u. A. GAEDERTZ: Milchsäuregehalt von Liquor cerebrospinalis 570[20].
WITTICH, H., s. FREUDENBERG, E. 149[4], 169[1], 170[3].
WITTLE, E. L., s. MARKER, R. E. 893[9], 894[9,10,12], 907[1].
— s. SNELL, E. E. 1036[15].
WITTNEBEN, W., s. FLÖSSNER, O. 1232[4].
WITTS, L. J., s. CALLENDER, S. T. 468[2].
WITTY, R., s. QUASTEL, J. H. 938[6].
WIZERKANIUK, M., s. DEMEIO, R. H. 1153[22].
WLADASCH, A.: Konzentration von Serumeiweißkörpern beim Pferd 286[10]. — Elektrophorese von Blutserum 299[10]. — Durchschnittliche Serumglobulinkonzentration 305[6]. — Albumingehalt von Blutseren 311[2].
WNUK, J., s. GRYSZKIEWICZ-TROCHIMOWSKI, E. 1059[3].
WÖHLISCH, E.: Zusammenfassung über Blutgerinnung (1925) 497[4]. — Zusammenfassung über die Physiologie und Pathologie der Blutgerinnung (1929) 473[25]. — Zusammenfassung über die klassische Theorie der Blutgerinnung und ihre neuere Entwicklung (1936) 473[26]. — Zusammenfassung über die Fortschritte in der Physiologie der Blutgerinnung (1940) 473[27]. — Zusammenfassung über Thrombose und Blutgerinnung (1941) 473[28]. — Zusammenfassung über die Bestimmung der Gerinnungszeit des Blutes (1941) 490[7]. — Gerinnungshemmung durch Albumin 287[3]. — Verschiedenheit von Fibrin und Fibrinogen 297[2]. — Gerinnung calciumfreier Fibrinogenlösungen durch calciumfreies Thrombin 485[5]. — Thrombin-Antiprothrombin-Verbindung 487[2]. — Hämophilie 497[4].
— u. K. PASCHKIS: Bedeutung von Calcium für die Blutgerinnung 485[3].
— s. JÜHLING, L. 490[6].
— s. WEITNAUER, H. 485[14].
WÖRDEHOFF, P.: Restreduktion und Ascorbinsäurebestimmung 364[13].
— s. STRACK, E. 136[4], 137[4].
WÖRINGER, P.: Disaccharidausscheidung im Harn 223[12].
WOHINZ, R., s. SCHILF, E. 1224[12].
WOHLFART, G., s. HOLMGREN, H. 499[6].
WOHLGEMUTH, J.: Zusammenfassung über Leber und Galle (1934) 167[5]. — Zusammenfassung über Pankreas und Pankreassekret (1934) 155[2]. — Zusammenfassung über Blutfermente (1934) 371[7]. — Amylasebestimmung 23[11], 165[7]. — Enterokinase im menschlichen Darm 121[5]. — Menge des Pankreassekrets beim Menschen 156[12]. — Aktivierung von Pankreassaft durch Darmsaft 161[3]. — Amylasebestimmung 379[12]. — Thiosulfatbildung aus Cystin 956[16]. — Taurocholsäurebildung nach Cystinfütterung 956[16].
WOHLGEMUTH, J., s. WAKABAYASHI, T. 179[5].
WOINAR, A., u. M. BABKIN: Keine freien Phenole im normalen Menschenblut 329[1,6].
— s. a. VOYNAR, A.
WOISKI, J. R., J. B. DOS REIS u. H. E. V. DE BARROS: Euglobulin und Fibrinogen im Liquor von Neugeborenen 567[11].
WOJAHN, J., s. WEITZEL, G. 815[2].
WOLBACH, S. B., s. SHOHL, A. T. 717[4].
WOLCOTT, G. H., and P. D. BOYER: Citronensäuregehalt des Blutes 327[6].
WOLF, C. G. L., u. E. ÖSTERBERG: Cystein/Cystinabbau zu Sulfat 956[4].
— and P. A. SHAFFER: Verhalten von zugeführtem Kreatin im Stoffwechsel 946[3]. — Vermehrte Cystinausscheidung nach Eiweißfütterung 955[2]. — Bildung von Sulfat aus Cystin 955[2].
— s. MANIOTT, W. N. K. 954[20].
WOLF, H., s. STELGENS, P. 349[9].
WOLF, H. J., u. H. A. HEINSEN: Decarboxylierung von Tyrosin durch tierische Gewebe 931[5].
WOLF, M., s. HERKEN, H. 622[5], 628[12].
WOLF, P. A., and R. C. CORLEY: Mangel an essentiellen Aminosäuren 934[1].
WOLF, P. M., s. BORN, H. J. 406[5], 671[2].
WOLF, S. (G.), and H. G. WOLFF: Buch über Funktion des menschlichen Magens; 2. Aufl. (1947) Engl. 30[10]. — Mucinbestimmung im Magensaft 71[14].
— s. GLASS, G. B. J. 75[7].
WOLFF, A., s. SCHRAMM, G. 163[8], 235[13], 372[20], 373[2], 443[5], 451[5], 796[8].
WOLFF, Ä., s. WALSEM, G. C. VAN 263[4].
WOLFF, H.: Zinkbestimmung 404[2]. — Zinkgehalt von Erythrocyten 429[11]. — Bedeutung von Vitamin B_{12} für Synthese von Thymonucleinsäure 467[5]. — Fe-Bindungskapazität des menschlichen Blutserums 659[10]. — Mangangehalt des Blutes 670[18]. — Kobaltgehalt von Blutserum 672[24]. — Eisentransport im Blut 1009[4].
— u. R. AMANN: Zinkgehalt und Kohlensäureanhydrataseaktivität von Erythrocyten 679[3].
— H. MASKE, B. STAMPFL u. F. BAUMGARTEN: Störungen des Kohlenhydrathaushaltes durch Zink-Komplexbildner 678[13].
— s. MASKE, H. 678[14].
— s. STAMPFL, B. 678[15].
WOLFF, H. G., s. WOLF, S. (G.) 30[10], 71[14].
WOLFF, H. H. DE, s. VERKADE, P. E. 810[5].
WOLFF, H. P.: Zusammenfassung über radioaktives Kupfer (1953) 666[6]. — Zusammenfassung über radioaktives Arsen (1953) 692[16]. — Zusammenfassung über radioaktives Selen (1953) 694[10].

WOLFF, J.: Calciumgehalt von Säuglingsblut 396[11]. — Rest-N in Blutkonserven 469[4].
— and I. L. CHAIKOFF: Jodspeicherung und Jodbedarf 681[15].
WOLFF, L. K.: LOVIBOND-Einheit 358[4].
— s. EEKELEN, M. VAN 358[5,6].
WOLFSOHN, G., s. KARP, J. 409[6], 430[19].
WOLFSON, W. Q., C. COHN, E. CALVARY and F. ICHIBA: Fraktionierung der Serumeiweißkörper 305[2].
— B. HUDDLESTUN and R. LEVINE: Harnsäurewerte im Blut unter Berücksichtigung von Chromogen 347[1]. — Keine chromogene Substanz im Gichttophi 347[7].
— R. LEVINE and M. TINSLEY: Harnsäurewerte im Blut unter Berücksichtigung von Chromogen 347[1]. — Keine chromogene Substanz im Gichttophi 347[6].
— s. COHN, C. 305[3].
— s. LEVINE, R. 1198[18].
WOLKOW, A. D., s. LONDON, E. S. 228[10].
WOLKOW, M., u. E. BAUMANN: Homogentisinsäureausscheidung 981[8], 982[5].
WOLLISH, E. G., and M. SCHMALL: Panthotensäurebestimmung im Blut 363[6].
WOLODIN, A. N.: Duodenalinhalt des Menschen 169[9].
WOLPERS, C.: Bau der Erythrocytenmembran 419[1].
— u. H. RUSKA: Elektronenoptische Untersuchung von Thrombocyten 471[10].
WOLTMAN, H. W., and R. M. WILDER: Phosphatidgehalt peripherer Nerven bei Diabetes und Arteriosklerose 866[1].
WOLVEKAMP, H. P., s. HILL, R. 514[1].
WOMACK, E. B., and F. C. KOCH: Männliche Sexualhormone im Blut des Bullen 370[10].
WOMACK, M., K. S. KEMMERER and W. C. ROSE: Lebensnotwendigkeit von Methionin 654[5]. — Keine Wachstumswirkung von Cystin bei Methioninmangel 960[10].
— and W. C. ROSE: Begrenzter Übergang von Methionin in Cystin 654[9]. — Argininbedarf wachsender Tiere 969[6,7]. — Phenylalanin als essentielle Aminosäure 979[11].
— s. BORMAN, A. 969[7].
— s. ROSE, W. C. 960[10].
WOMACK, N., s. OSBORN, M. 877[13].
WONG, E., s. ROSSITER, R. J. 371[12], 463[2], 464[7].
WOO, T., s. CHU FU-T'ANG 364[14], 365[4].
WOOD, E. H.: Zusammenfassung über Blutgastransport (1952) 500[23].
WOOD, E. J., s. KING, E. J. 450[9].
WOOD, H. G.: Zusammenfassung über CO_2-Assimilation durch das Tier (1946) 616[5].
— N. LIFSON and V. LORBER: Zuckerbildung aus Serin 942[10].
— and V. LORBER: Zusammenfassung über Kohlenhydratstoffwechsel (1949) 725[22].
WOOD, H. G., B. VENNESLAND and E. A. EVANS jr.: CO_2-Fixierung durch tierische Enzyme 1054[3].
— and C. H. WERKMAN: Assimilation von CO_2 im Tierkörper 616[4]. — CO_2-Fixierung durch Propionsäurebakterien 1053[4].
— C. H. WERKMAN, A. HEMINGWAY and A. O. NIER: Assimilation von CO_2 durch Bakterien 616[2]. — Assimilation von CO_2 im Tierkörper 616[5]. — Mechanismus der α-Ketoglutarsäurebildung 1056[2].
— s. KRAMPITZ, L. O. 1053[5].
— s. LIFSON, N. 762[7], 837[1].
— s. SHREEVE, W. W. 761[8].
— s. UTTER, M. F. 1054[5].
WOOD, J. L., s. BINKLEY, F. 935[2].
— s. GUTMANN, H. R. 953[10], 967[1].
— s. VIGNEAUD, V. DU 935[3], 936[1].
WOOD, M., s. ZYGMUNTOWICZ, A. S. 903[12].
WOOD, P., s. BENSLEY, E. H. 377[5,15,16], 450[10], 1198[9].
WOOD, T. R., s. BORMAN, A. 969[7].
— s. OTT, W. H. 467[3].
— s. RICKES, E. L. 430[2], 467[1].
— s. ROSE, W. C. 960[6], 969[6].
WOOD, W. A., and I. C. GUNSALUS: Umaminierung 937[2].
— I. C. GUNSALUS and W. W. UMBREIT: Indolbildung aus Tryptophan 995[6].
— s. UMBREIT, W. W. 995[8].
WOODARD, H. Q.: Phosphatasebestimmung im hämolytischen Serum 377[18].
— and N. L. HIGINBOTHAM: BODANSKY-Phosphataseeinheit 375[14]. — Vermehrung der Serumphosphatase bei Tumormetastasen 376[15].
WOODBURY, D. T., s. CHOW, B. F. 674[9].
WOODFORD, M., s. GRUNDY, H. M. 881[13].
WOODHALL, B.: Hämostatischer Effekt von Fibrinschäumen 296[12].
WOODMAN, H. E.: Abbauweg der Cellulose beim Wiederkäuer 100[13]. — Celluloseverdauung durch Bakterien im Dickdarm 187[5].
WOODRUFF, A. W.: Fettresorption bei Sprue 247[2].
WOODRUFF, C. W., M. E. CHERRINGTON, A. K. STOCKELL and W. J. DARBY: Bedeutung der Folsäure für den Tyrosinstoffwechsel 467[8], 984[9].
WOODS, D. D.: Indolbildung durch E. coli 995[4].
WOODS, M. W., s. RILEY, V. T. 1067[1].
WOODS, O. R., s. HAINES, W. J. 884[8], 885[12].
WOODSON, H. W., S. W. HIER, J. D. SOLOMON and O. BERGEIM: Nierenclearence der Aminosäuren 345[8].
WOODWARD, E. R., L. R. DRAGSTEDT, E. B. TOVEE, H. A. OBERHELMAN jr. and W. B. NEAL: Herabsetzung von Magensaftsekretion und Acidität nach Vagotomie 45[29].
— s. DRAGSTEDT, L. R. 43[1].

WOODWARD, G. E.: Glutathion hydrolysierendes Ferment im Blutserum 448[15]. — Einbau von Aminosäuren in verschiedenen Geweben 923[8].
— F. E. REINHART and J. S. DOHAN: D-Aminosäuren in Tumorgewebe 931[1].
WOODWARD, H. E., s. MANN, P. J. G. 854[18].
— s. MORGAN, J. L. R. 275[5].
WOODWELL, M. N., s. MEANS, J. H. 531[1].
WOODYATT, R. T., s. SANSUM, W. D. 942[7].
WOOKEY, E., s. FROMAGEOT, C. 958[3].
WOOLDRIDGE, L. C.: Buch über die Gerinnung des Blutes (1891) 460[8]. — Buch über die Chemie des Blutes (1893) Engl. 483[6]. — Theorie der Blutgerinnung 488[3].
WOOLLEY, D. W.: Notwendigkeit von Mangan für Milchsäurebakterien 671[14]. — Vorkommen von Uracil 1226[2].
— s. ELVEHJEM, C. A. 991[3].
WOOLLEY, J. R., s. GREENGARD, H. 960[2].
WOOLLEY, V. J., s. MELLANBY, J. 167[1].
WOOTTON, I. D. P., s. KING, E. J. 432[20].
WORK, E., s. DEWEY, D. L. 968[8].
WORMALL, A., s. BANKS, T. E. 679[2].
— s. RAPER, H. S. 984[13], 985[3].
— s. TUPPER, R. 679[1].
WORREL, C. S., s. MCGINTY, D. A. 885[6].
WORTH, G.: Verhalten von Siliciumverbindungen im Stoffwechsel 691[14].
— u. G. CAMPEN: Siliciumgehalt des Blutes 690[24]. — Silicumgehalt des Blutes bei Silicose 691[1].
WORTIS, H., R. S. GOODHART and E. BUEDING: Vitamin B_1-Gehalt im Blut von Kindern 361[15].
— J. LIEBMANN and S. B. WORTIS: Vitamin C im Liquor cerebrospinalis 573[13].
— s. BUEDING, E. 324[19], 325[2,7], 572[2], 783[2].
WORTIS, S. B., and F. MARSH: Milchsäuregehalt von Liquor cerebrospinalis 570[19].
— s. WORTIS, H. 573[13].
WOTTON, R. M., and R. L. ZWEMER: Resorption gefärbter Fette 239[20].
WREDE, F.: Zink notwendig für Prodigiosinbildung 674[18].
— u. W. KEIL: Acetylcholin im Blut 352[2].
— u. E. STRACK: Pyocyanin 587[7].
WRENSHALL, C. L., s. DYER, W. J. 646[10].
WRIGHT, I. S., s. SCHWARTZ, M. S. 190[7].
WRIGHT, L. D., C. S. MILLER, H. R. SKEGGS, J. W. HUFF, L. L. WEED and D. W. WILSON: Orotsäure nicht Vorstufe der Purinsynthese 1222[12]. — Orotsäurebildung aus Ureidobernsteinsäure 1227[5].
— s. SKEGGS, H. R. 1244[8].
WRIGHT, O. E., s. DANIELS, A. L. 667[10].
WRIGHT, R. D., H. W. FLOREY and M. A. JENNINGS: Sekretmengen aus Darmfisteln beim Hund 148[5]. — Colonsekretion nach Reizung des N. pelvicus 178[5]. — Nervöse Beeinflussung der Zusammensetzung des Dickdarmsaftes 179[8].
WRIGHT, R. D., M. A. JENNINGS, H. W. FLOREY and R. LIUM: Nachweis von Fermenten im Darmsaft 120[3]. — Wirkung von Eserin, Acetylcholin, Histamin und Histidin auf Darmsekretion 146[1]. —Vorkommen von Invertase und Lipase im Duodenalsaft 151[3].
— s. FLOREY, H. W. 102[5], 146[6], 147[9], 177[2].
WRIGHT, W. S., s. CANNON, W. B. 769[1].
WRIGLEY, F.: Wirkung von Harnsäureinjektionen bei Gichtkranken 1252[14].
WU, H., and D. RITTENBERG: Asparaginsäure kein Hämbaustein 997[9].
— s. SLYKE, D. D. VAN 530[3], 531[9], 538[4].
WÜERSCH, J., R. L. HUANG and K. BLOCH: Herkunft der Kohlenstoffatome des Cholesterins 874[1].
WÜHRER, J.: Keine Aluminiumresorption 405[7]. — Aluminiumausscheidung im Kot 685[9].
WÜLFERT, K., s. KRAFT-STRÖM, H. 404[14].
WUHRMANN, F.: Normalwerte der Senkungsgeschwindigkeit 265[10]. — Eiweißfraktionen in Hautblasenflüssigkeit 577[5].
— u. F. LEUTHARDT: Bestimmung der Serumeiweißfraktionen durch Aussalzung 308[1].
— u. C. WUNDERLY: Buch über die Bluteiweißkörper des Menschen; 2. Aufl. (1952) 264[6].
— C. WUNDERLY u. F. HUGENTOBLER: Auswertung der WELTMANN-Reaktion 307[6].
— s. WUNDERLY, C. 265[4], 270[3].
WULFF, H.-J., s. NEGELEIN, E. 755[7].
WULLE, H.: Fluorgehalt des menschlichen Blutes 406[33].
WUNDERLY, C.: Einfluß von Fibrinogen auf die Blutkörperchensenkung 265[3]. — Charakterisierung der Serumeiweißkörper 301[3].
— u. F. WUHRMANN: Blutkörperchensenkung in künstlichen Solen 265[4]. — Kolloidosmotischer Druck des Serumalbumins 270[3].
— s. WUHRMANN, F. 264[6], 307[6].
WYATT, G. R.: 5-Methylcytosin als DNS-Baustein 1105[4]. — Zusammensetzung von Desoxyribonucleinsäure 1107[1,5,12]. — Vorkommen von 5-Methylcytosin 1226[6].
— and S. S. COHEN: 5-Oxymethylcytosin in Coli-Bakteriophagen 1105[5].
— s. SMITH, J. D. 1107[6].
WYBURN, G. M., s. SLESSON, A. 711[11].
WYCIS, H. T., s. SPIEGEL-ADOLF, M. 566[8].
WYCK, H. B. VAN, s. HARDING, V. J. 1242[6], 1243[3].
WYLIE, H. B., s. SCHMIDT, E. G. 329[2].
WYMAN, J. jr.: Zusammenfassung über Hämproteine (1948) 1010[6]. — Art der Bindung zwischen Häm und Globin 435[12]. — Affinität von Sauerstoff und Hämoglobin 512[7]. — Verhältnis der Säure-

Die Seiten 1—840 befinden sich im Bandteil a, die Seiten 841—1257 im Bandteil b.

stärke von Oxyhämoglobin und Hämoglobin 538^{3}.
Wyman, J. jr., J. A. Rafferty and E. N. Ingalls: Fetales und adultes Hämoglobin 433^{9}. — Vorkommen von zwei Hämoglobinarten im menschlichen Blut 516^{8}.
Wynne, A. M., s. Motzok, I. 376^{5}.
Wyss, F., s. Gukelberger, M. 350^{4}.
Wyss, H. v.: Therapeutische Anwendung von Brom 700^{4}.
Wyss, O., s. Strandskov, F. 1245^{9}, 1257^{6}.

Yada, S., s. Sera, K. 975^{14}, 977^{7}.
Yakusizi, N.: Phylogenetische Beziehungen zwischen Zink und Eisen 403^{10}. — Zinkgehalt von Eiterkörperchen 585^{2}. — Mineralstoffgehalt von Eiterkörperchen 585^{2}.
Yamada, E. Y., s. Hayano, M. 885^{4}.
Yamada, K.: Fructosegehalt der Amnionflüssigkeit 582^{9}.
Yamada, Y.: Chloridgehalt in Blut 407^{10}.
Yamadori, M., s. Fujita, A. 452^{7}.
Yamagami, M.: Harnsäureinjektion bei splanchnicotomierten Tieren 1230^{17}. — Harnsäuregehalt in Blut und Harn nach Vagatomie 1231^{7}.
Yamagata, S.: Blutdiastase nach Injektion von Glykogen und Pilocarpin 379^{9}.
Yamaguchi, I.: Erhöhung der Harnsäurelöslichkeit durch Salicylate 1249^{24}.
Yamakawa, S., T. Nomura u. I. Fujinaga: Resorption ungespaltener Fette 239^{3}.
Yamamoto, R., s. Chow, B. F. 674^{9}.
Yamamoto, Y., s. Yasuzumi, O. 1097^{11}.
Yamanaka, T., s. Yasuzumi, G. 1097^{11}.
Yanari, S., J. (E.) Snoke and K. Bloch: Enzymatische Glutathionsynthese 922^{4}. — ATP als Energielieferant für Glutathionsynthese 922^{6}.
— s. Snoke, J. E. 922^{5}.
Yanett, H., s. Harrison, H. E. 599^{2}.
Yanofsky, C., and D. Bonner: Abbauprodukte von Tryptophan 992^{5}. — Chinolinsäureverwertung bei Neurospora 993^{5}.
— s. Bonner, D. M. 993^{4}.
— s. Krehl, W. A. 993^{3}.
— s. Partridge, C. W. H. 995^{7}.
Yasuda, M.: Phosphatidgehalt der weißen Substanz des Gehirns 863^{11}.
— and W. R. Bloor: Phosphatidgehalt von Tumoren 857^{3}.
Yasuzumi, G., and G. Miyao: Chromosomenisolierung (?) 1097^{10}.
— T. Yamanaka, S. Morita, Y. Yamamoto u. J. Yokoyama: Chromosomenisolierung (?) 1097^{11}.
Yates, H. B., s. Walker, P. M. B. 1103^{5}.
Yee, G. S., s. Geyer, R. P. 809^{4}.
Yerbury, C. C., s. Weisman, A. I. 26^{7}.
Ylppö, A.: Resorption von Kohlendioxyd und Sauerstoff durch die Magenschleimhaut 68^{10}.
Yoffey, J. M., and C. K. Drinker: Gehalt der Lymphe an weißen Blutzellen 548^{4}.
— s. Drinker, C. K. 601^{6}.
Yokoyama, E.: Wirkung der Hypophysektomie auf Harnsäure- und Allantoinausscheidung 1234^{6}.
Yokoyama, J., s. Yasuzumi, G. 1097^{11}.
Yoritaka, T., s. Kotake, Y. 990^{4}.
Yoshida, H.: Glykogengehalt der Darmschleimhaut während der Zuckerresorption 221^{5}.
Yoshida, Y.: Gewinnung von Lymphe aus den Lymphknoten 550^{2}.
— u. S. Sumida: Förderung der Magensaftsekretion durch Harnstoff 42^{14}.
Yoshikawa, H.: Katalasebildung in Hefe bei Fe-Mangel 1015^{6}. — Kupferbindung an Blutalbumine 401^{4}. — Vorkommen von Kupfer im Liquor 575^{19}, 576^{6}.
— P. F. Hahn and W. F. Bale: Kupferausscheidung durch Darm und Niere 666^{12}. — Kupfergehalt bei anämischen Tieren 668^{15}.
— u. H. Sibuta: Kupferbindung an Blutalbumine 401^{4}.
Yoshimatsu, N., s. Matsuoka, Z. 988^{5,10}.
Young, E., s. Schein, A. H. 1090^{50}.
Young, E. G., C. F. Conway and W. A. Crandall: Uricolytischer Index bei jungen Dalmatiner Hunden 1213^{23}. — Ursache der Harnsäureausscheidung beim Dalmatiner Hund 1214^{2}. — Histidin als Muttersubstanz der Purinbasen 1218^{27}. — Steigerung der Harnsäureausscheidung durch Aminosäuren 1241^{21}.
— and W. W. Hawkins: Allantoinabbau durch Darmbakterien 1216^{12}.
— C. C. MacPherson, H. P. Wentworth and W. W. Hawkins: Allantoingehalt im Blut 1215^{5}.
— H. P. Wentworth and W. W. Hawkins: Ausscheidung von zugeführtem Allantoin beim Hund 1215^{14}.
— s. Crandall, W. A. 1241^{22}.
— s. Harding, V. J. 947^{4,19}.
— s. Saunders, R. L. de C. H. 579^{5}.
Young, F., and B. V. Favata: Fibrin zur Ausfüllung von Operationswunden 500^{2}.
Young, F. G.: Zusammenfassung über den Mechanismus der Insulinwirkung (1948) 725^{39}. — Verwertung der Nahrungsbestandteile durch den wachsenden Menschen 728^{1}. — Contrainsulinäres Prinzip 775^{2}.
— s. Reid, E. 781^{4}.
Young, G., and G. Wald: Vitamin A-Gehalt des Blutes und sympathisches Nervensystem 359^{7}. — Entleerung des Vitamin A aus der Leber und anderen Or-

ganen bei Reizung des sympathico-adrenalen Systems 360[2].
Young, J. M., and J. S. Dinning: Vermehrung der Nucleinsäuren im Muskel bei Vitamin E-Mangel 1246[4].
Young, L., s. Laidlaw, J. C. 953[8].
Young, L. E.: Erregung der Magensaftsekretion durch Extrakte der Pylorusschleimhaut 43[3].
Young, M. de, s. Kazal, L. A. 483[16].
Young, W. J., s. Harden, A. 739[1].
Younger, F., s. Roberts, E. 932[2].
Yudelovich, R. Y., s. Severin, S. E. 979[3].
Yudin, S. S.: Fibrinolyse 489[12].
Yudkin, J., s. Needham, J. 946[10].
Yudkin, W. H., and J. S. Fruton: Aktivierung der Dehydropeptidase durch Zink 679[9].
Yü, T. F., s. Gutman, A. B. 1234[3].
Yuile, C. L., J. W. Hayden, J. A. Bush, H. Tesluk and W. B. Stewart: Bedeutung des Ferritins für die Eisenresorption 663[7].
Yuuki, H.: Förderung der Zuckerresorption durch Cholsäure 217[5].
Yuvanidis, M., s. Stary, Z. 314[3], 323[1].

Zabin, I.: Verlängerung von Fettsäureketten durch Acetat 834[9].
— and K. Bloch: Abbau von Isovaleriansäure 816[3]. — Acetessigsäurebildung aus doppelt markierter Buttersäure 826[3]. — Cholesterinsynthese aus kurzkettigen Fettsäuren 873[10].
Zacharias, R., s. Diemair, W. 657[6].
Zacherl, M. K.: Vorkommen von Kreatin im Blut 348[12].
— u. H. Lieb: Vorkommen von Kreatin im Blut 348[13].
— u. W. Stöckl: Jodbestimmung im Blut 411[10].
— s. Lieb, H. 324[14].
Zacks, S. I., and J. H. Welsh: Intracelluläre Verteilung von Acetylcholinesterase und Cholinesterase 1090[44].
Zadina, R., u. V. Petráu: Histamingehalt von Liquor cerebrospinalis unter pathologischen Bedingungen 570[11].
Zaffaroni, A.: Zusammenfassung über Mikromethoden zur Untersuchung von Nebennierenrindensteroiden (1953) 882[9].
— and R. B. Burton: Hormongehalt der Nebennierenrinde 881[11].
— O. Hechter and G. Pincus: Bildung von Corticosteroiden aus Cholesterin 884[5].
— s. Burton, R. B. 879[9], 882[8], 893[21].
— s. Hechter, O. 882[6].
— s. Pincus, G. 882[10].
— s. Reich, H. 883[1].
Zagami, V.: Aktivität der Darmamylase 126[1].
— e G. di Stefano: Menschlicher Parotisspeichel 14[13].
Zahl, P. A., and F. S. Cooper: Anreicherung von radioaktivem Lithium in Tumoren 684[4].
— s. Pincus, G. 905[6].
Zahn, D., s. Baumgärtel, T. 193[5], 1016[9, 10].
Zak, B., H. H. Willard, G. B. Myers and A. J. Boyle: Jodgehalt des Blutes 409[22].
Zak, E.: Lipoidlöslichkeit der Thrombokinase 483[8].
— s. Glick, D. 37[5].
Zakrzewska, J.: Menge und H-Ionenkonzentration des Parotisspeichels 14[8].
Zalta, J. P., s. Khouvine, Y. 1112[13].
Zamecnik, P. C., L. E. Brewster and F. Lipmann: Spezifität des α-Toxin von Cl. welchii 852[13].
— and I. D. Frantz jr.: Austauschreaktionen mit Dipeptidasen und Carboxypeptidasen 920[1].
— I. D. Frantz jr., R. B. Loftfield and M. L. Stephenson: Einbau von Aminosäuren in Lebereiweiß 924[7].
— s. Siekevitz, P. 924[12].
Zamenhof, S., G. Brawerman and E. Chargaff: Zusammensetzung von Desoxyribonucleinsäure 1108[3].
— and E. Chargaff: Enzymatische Aufspaltbarkeit von Desoxyribonucleinsäure 1119[3]. — Desoxyribonucleotidase in Hefe 1186[17].
— s. Chargaff, E. 1107[9], 1108[3].
— s. Gandelman, B. 1107[13].
Zander, J.: Tägl. Progesteronproduktion des Corpus luteum grav. 887[7]. — Pregnandiolähnliche Metabolite des Progesterons im Harn 895[2].
— s. Kaufmann, C. 889[3], 895[1].
Zandt Hawn, C. v., s. Hawn, C. v. Z.
Zanetti, C. U.: Serummucoid 301[10].
Zangger, H.: Zusammenfassung über Kupferstoffwechsel (1927) 665[10]. — Zusammenfassung über Bleivergiftungen (1927) 688[12].
Zanoli, R.: Mineralstoffe in tuberkulösem Eiter 587[2].
Zapp, J. A. jr., s. Stadie, W. C. 367[5], 777[3].
Zárday, I. v., u. G. v. Farkas: Abhängigkeit der Senkungsgeschwindigkeit von der Eiweißrelation im Plasma 265[2].
Zarrow, M. X., s. Noall, M. W. 886[33].
— s. Salhanick, H. A. 886[25].
Zawilski, A.: Fettgehalt des Chylus 244[8].
Zbarskij, I. B., u. S. S. Debov: Aminosäurezusammensetzung von Zellkernproteinen 1112[7].
— I. E. El'Piner u. V. N. Charlamova: Ultraschallwirkung auf Desoxyribonucleinsäure 1187[9].
— u. K. A. Perevoščikova: Aminosäurezusammensetzung von Zellkernproteinen 1112[1].
— s. Byčkov, S. M. 1100[8].
Zbinden, C., s. Dutoit, P. 398[15].

Zdarek, E.: Fluorgehalt des menschlichen Blutes 406[32]. — Mineralstoffgehalt von Liquor cerebrospinalis 575[8].
— s. Albrecht, H. 981[9].
Zebrowski, E. v.: Sekretion der Gl. parotis beim Menschen 13[3]. — Trockensubstanzgehalt des menschlichen Parotisspeichels 15[7].
Zechmeister, L.: Buch über Carotinoide (1934) 357[1]. — Zusammenfassung über die Carotinoide im tierischen Stoffwechsel (1937) 357[1].
Zeglio, P., s. Giordano, C. 369[1,5].
Zehnder, K., s. Cagianut, B. 69[8].
Zeisberger, H., s. Werle, E. 86[17].
Zeller, A., s. Edlbacher, S. 671[13], 674[5], 686[10], 687[15], 1207[2].
Zeller, E. A.: Zusammenfassung über Diaminoxydase (1942) 909[18]. — Vorkommen von Diaminoxydase in der Darmwand 189[7]. — Hemmung der Cholinesterase durch Pharmaca 375[5]. — Theorie der Cholinesterasehemmung 375[6]. — Histaminasewirkung auf Diamine 932[5].
— B. Schär u. S. Staehlin: Vorkommen von Diaminoxydase in der Darmwand 189[7].
Zeller, J. W., E. G. L. Bywaters and W. Bauer: Diffusion von Thiocyanat und Glucose in Synovialflüssigkeit 579[4].
Zemplén, B., s. Simon, A. 345[7].
Zemplén, G.: Zusammenfassung über Cholin (1924) 135[6].
— u. D. Fuchs: Zusammenfassung über Cholin (1915) 135[6].
Zeppmeisel, L., s. Hesse, E. 669[18].
Zerahn, K., s. Ahlström, L. 1190[2], 1196[19].
Zerfas, L. G., and M. Dixon: Methodik der Messung des Redoxpotentials 276[3].
— s. Bach, S. J. 753[2].
— s. Doan, C. A. 1237[3].
— s. Fouts, P. J. 46[3].
Zervas, L., s. Bergmann, M. 123[9], 947[25].
Zetterström, R., and M. Ljunggren: Untersuchung des Stoffwechsels von Adenylsäureverbindungen und DNP mit ^{32}P 648[5]. — Phosphataustausch von Desoxypentosenucleinsäure 1194[13].
Zetzel, L., and B. M. Banks: Abhängigkeit der Eiweißresorption von Anfangskonzentration 226[16].
— B. M. Banks and E. Sagall: Verminderung der Eiweißresorption bei Enterocolitis 229[4].
Zeynek: Reversibler Übergang von Hämoglobin in Hämochromogen 510[1].
Zickelbein, U.: Retention von zugeführtem Kreatin beim Menschen 946[7].
Ziebarth, R.: Purinsynthese als „Ausscheidungssynthese" 1208[8].
Ziegler, J., s. Bechhold, H. 1254[3].
Ziegler, J. A., s. Lardy, H. A. 626[19], 752[8].
Ziegler, M. R., s. Schlutz, F. W. 21[23].
Zielstorff, W.: Zusammenfassung über Mineralstoffwechsel (1931) 609[12].
Ziff, M., and E. Chargaff: Keine Thrombinneutralisierung durch kryst. Serumalbumin 487[5].
— s. Chargaff, E. 617[7].
Ziffer, R., s. Neuberg, C. 853[4].
Ziffren, S. E., C. A. Owen, G. R. Hoffman and H. P. Smith: Prothrombinbestimmung 480[7].
Zilliacus, H., s. Helin, B. 409[25].
Zilliken, F., s. Dirscherl, W. 770[2].
Zilva, S. S., s. Kellie, A. E. 364[10].
Zilversmit, D. B., I. L. Chaikoff and C. Entenman: Einbau von Fettsäuren in Phosphatide in der Darmwand 238[2]. — Phosphatidbildung im Dünndarm 843[7].
— I. L. Chaikoff, D. D. Feller and E. J. Masoro: Glucoseverbrennung bei Alloxandiabetes 781[7].
— and A. K. Davis: Lipoidphosphor im Blutplasma 333[1].
— and N. R. DiLuzio: Phosphatidumsatz bei diabetischen Hunden 862[4].
— C. Entenman and I. L. Chaikoff: Phosphatidgehalt von Blutplasma 858[17].
— C. Entenman and M. C. Fishler: Umsatzgeschwindigkeit des Jods 682[9]. — Phosphatidumsatz in Leber und Lebertumoren 848[8]. — Verschwinden radioaktiver Phosphatide aus dem Blut 860[2].
— C. Entenman, M. C. Fishler and I. L. Chaikoff: Phosphatidumsatz verschiedener Organe 860[5].
— T. N. Stern and R. R. Overman: Plasmaphosphatidgehalt adrenektomierter Hunde 861[1].
— s. Chaikoff, I. L. 648[11], 795[5], 796[5].
— s. Entenman, C. 333[12], 860[3], 861[4].
Zimler, R. G., s. Roe, J. H. 454[7].
Zimmermann, A., s. Hacker, W. 400[8].
Zimmermann, B.: Buch über endokrine Funktionen des Pankreas (1952) Engl. 155[9].
Zimmermann, K., s. Scheunert, A. 12[11], 13[1], 14[3].
Zimmermann, K. W.: Zusammenfassung über Bau und Funktion der Fundusdrüsen des menschlichen Magens (1925) 32[8].
Zimmermann, M., s. Embden, G. 746[1].
Zimmermann, W.: Neutrale männliche Sexualhormone im Blut 370[11]. — Bestimmung der C_{19}-Steroide im Harn 903[4-6].
— s. Stock, A. 687[16].
Zimmet, D., et H. Dubois-Ferrière: Vitamin C-Gehalt des Speichels 26[10,11].
Zinker, E. P., and F. J. Reithel: Amylasebestimmung 379[15].
Zipf, K.: Kreislaufwirksame Adenosinverbindungen in Organextrakten und Blut 1179[3]. — Pharmakologische Wirkung von Adeninverbindungen 1236[19].

Die Seiten 1—840 befinden sich im Bandteil a, die Seiten 841—1257 im Bandteil b.

ZIPKIN, I.: Citronensäuregehalt des menschlichen Speichels 21[26].
ZIRM, K. L., H. AXENFELD u. E. SCHAUENSTEIN: Konjugiert ungesättigte Fettsäuren im Blutserum 337[1], 822[2].
— u. E. SCHAUENSTEIN: Konjugiert ungesättigte Fettsäuren im Blutserum 337[1], 822[2].
— s. MUSGER, A. 337[1].
ZITIN, B., s. ZITTLE, C. A. 1066[1].
ZITTLE, C. A.: Phosphatase aus Darmmucosa vom Kalb 129[6]. — Desaminierung von Adenosin durch Dünndarmmucosaextrakt 130[6].
— and E. H. READING: Spaltung von Cu-haltigen Nucleinsäuren durch Ribonucleotidase 1187[7].
— and B. ZITIN: Isolierung von Spermatozoenkernen 1066[1].
ZLATAROFF, A., M. ANDREÏTSCHEWA u. D. KALTSCHEWA: Zinkbedarf von Hefe 674[19].
ZLOTNIK, A., s. FLAKS, J. 465[13].
ZÖLLNER, N.: Zusammenfassung über Theorie und Klinik des Rh-Faktors (1946/47) 387[9]. — Zusammenfassung über Physik, Physiologie und Klinik der Plasmaproteine (1950) 294[2].
— u. J. FELLIG: Hemmstoffe der Ribonucleotidase 1187[8].
ZOLLINGER, H. U., s. MÜHLETHALER, K. 1128[2].
ZOLLINGER, R. M., s. KEITH, L. M. jr. 563[6].
ZON, L., E. T. CEDER and C. W. CRIGLER: Blutplättchen als Träger von Histamin 352[12]. — Histamingehalt von Kaninchenthrombocyten 472[8].
ZONDEK, B., and L. MARX: Vermehrung der Plasmaphosphatide bei Vögeln durch oestrogene Stoffe 860[16].
ZONDEK, H., u. A. BIER: Bromgehalt von Liquor cerebrospinalis 576[15]. — Bromhaltiges Hormon der Hypophyse 699[23].
ZONDEK, S. G.: Buch über die Elektrolyte (1927) 609[13]. — Nierenstörungen bei Cl-Mangel 634[10].
— u. M. BANDMANN: Zusammenfassung über Hormone und Vitamine in ihren Beziehungen zum Mineralstoffwechsel (1930) 609[14].
ZORN, B.: Seröse Exsudate bei Psoriasis 560[4].
ZORN, E. M., s. L'HEUREUX, M. V. L. 640[12].
ZORN, K.: Acetessigsäurebildung aus L-Tyrosin 983[9].
ZORN, K., s. FELIX, K. 932[5], 983[9, 10].
ZSOLDOS, S., s. FÖLDI, M. 318[5].
ZUCKER, L. M., s. ZUCKER, T. F. 83[7], 121[6].
ZUCKER, M. B., s. BING, R. J. 931[6].
ZUCKER, T. F.: Ca- und P-Ausscheidung bei Säuerung des Körpers 642[8].
— and L. M. ZUCKER: Zusammenfassung über Vitamin B_{12} (1950) 121[6]. — Natur des intrinsic factor 83[7].
ZUCKERMAN, J. L., u. S. NATELSON: Cholesterinbestimmung im Blut 338[11].
ZUCKMAYER, F.: Siliciumausscheidung durch Niere und Dickdarm 690[19]. — Lösung von Quarzstaub im Organismus 692[2].
ZUMMO, C., e G. SCOZZARI: Keine Veränderung des Blut-p_H durch Acetate 272[4].
ZUMSTEIN, O., s. ABDERHALDEN, E. 122[14].
ZUNINO, H., s. BONORINO, U. C. 44[3], 77[7].
ZUNTZ, L.: Zusammenfassung über Stoffaustausch zwischen Mutter und Kind (1936) 250[13].
ZUNTZ, N.: Störung der Celluloseausnutzung bei Kaninchen nach Caecumentfernung 199[5].
— u. C. LEHMANN: Wasserstoff und Methan in der Atemluft von Pferden 503[7].
— u. J. PLESCH: Blutmengenbestimmung mit Kohlenoxyd 259[2].
— s. DURIG, A. 594[1].
— s. LEHMANN, C. 641[4], 649[10], 953[12].
ZUNZ, E.: Zusammenfassung über Blutgerinnung (1934) 473[29]. — Resorption von Eiweißabbauprodukten aus isolierten Darmstücken 914[4]. — Peptidsynthese in der Darmwand nach Aminosäureresorption 915[2].
ZUPPINGER, A., s. KOLLER, F. 376[3, 15].
ZWAARDEMAKER, H.: Bedeutung von radioaktivem Kalium für Herztätigkeit 625[9].
ZWARENSTEIN, H.: Kreatinvorstufen 1237[18]. — Harnsäureausscheidung nach purinfreiem Eiweiß 1240[22]. — Kein Einfluß von Aminosäuren auf Harnsäureausscheidung 1241[11].
— s. SHAPIRO, B. G. 946[12], 947[13].
ZWEMER, R. L., s. WOTTON, R. M. 239[20].
ZYBAKOWA, E. T., s. BELITZER, V. A. 1035[2].
— s. a. TSIBOKOVA, E. T.
ZYGMUNTOWICZ, A. S., M. WOOD, E. CHRISTO and N. B. TALBOT: Steroidstoffwechsel 903[12].
ZZUNKIEWICZ, J. M.: Geschwindigkeit der Harnsäurebildung 1203[2].

Sachverzeichnis.

Erklärung: **Fettdruck** = Hauptzitat; fetter Punkt über der Zeile = Formel im Text; Schema, Tab., Abb., Gleichung = Schema usw. im Text.

Aalserum, Hämolyse durch 421.
Abführmittel, salinische 653.
Absorptionskoeffizient 501, 502 Tab., 1165.
Abwehrfermente, Vorkommen im Blut 382.
Acarbie 544.
accelerator globulin 481.
Accelerin 480ff.
S-Acetacetyl-N-acetylcysteamin, Reduktion durch β-Ketohydrase 807•.
Acetaldehyd:
⇌ Äthanol, Koppelung mit anderen Redox-Systemen 828.
Bildung aus Brenztraubensäure 1029.
— bei Gärung 753, 757 Tab.
— durch Carboxylasewirkung 754•.
— von Acetyl-CoA aus 1040.
— — Desoxyribose-5-phosphat aus 748.
— keine, von Zucker aus 764 Tab.
Dehydrierung durch Triosephosphatdehydrogenase 1040.
Gehalt im Blut 327, 444.
— — Blutserum 572 Tab.
— in Erythrocyten 444.
als H-Acceptor 758.
Hemmung der Oxydoreduktion von 759.
Kondensation zu Fettsäuren 836.
Reaktion an Acetaldehyddehydrogenase 756•.
— — Äthanoldehydrogenase 755•.
— mit Triosephosphorsäuren 747f.
Zwischenprodukt der Kohlenhydrat/Fett-Umwandlung 767.
Acetaldehyd-dehydrogenase 756.
Acetaldehyd-hydrogensulfit 756, 758.
Acetalphosphatide, Gehalt an Cholin 136.
—, — in Ganglien, sympathischen 866.
—, — im Hühnerei 846.
—, — in Nerven, peripheren 866.
—, — — Organen 846.
—, — — Pflanzensamen 846.
—, — — Zellelementen 1076 Tab.
—, — im Zentralnervensystem 866.
—, Nachweis, histologischer 866.
Acetanilid, Methämoglobinbildung durch 435.
Acetanilido-thiosemicarbazon, Einfluß auf Harnsäurebildung 1200.
Acetat, Bildung von Cholesterin aus 833, 838, 884.
—, — — Corticosteroiden aus 884f.
Acetat, Bildung von Fettsäuren aus 834.
—, — — Harnsäure aus 838, 1205f.
—, — — Testosteron aus 895.
—, Oxydation durch Mitochondrien 1142.
— s. a. Essigsäure.
—, aktiviertes 826, 835, 837, 839.
—, — s. a. Acetyl-coenzym.
—, — s. a. Essigsäure, aktivierte.
^{14}C-Acetat, Einbau in Hämin 998, 1001•.
1-^{13}C-, 2-^{14}C-Acetat, Bildung von Cholesterin aus 873.
Acetessigsäure:
Abbau durch Mitochondrien 1142.
Acetyldonator 839.
Ausscheidung 535.
— bei Zuckerkrankheit 769, 803.
Bedeutung für CO_2-Gehalt des Blutes 545.
— Essigsäureabbau 1033.
Beziehung zum Tricarbonsäurecyclus 790.
Bildung, Hemmung durch Propionsäure 1143.
— aus Aceton 828, 951.
— — Acetyl-coenzym A 1047.
— — Acetylphosphat 826f., 1047.
— — Brenztraubensäure 827.
— — Buttersäure 803.
— — Crotonsäure 806.
— — Essigsäure 822.
— — Glutarsäure 814.
— — Hexansäure 823.
— — Homogentisinsäure 984.
— — Isoleucin 952•.
— — Isovaleriansäure 929.
— — Leucin 929, 951.
— — β-Oxybuttersäure 1141.
— — Phenylalanin 983.
— — Polyketofettsäuren 767.
— — Tyrosin 983.
— bei Diabetes mellitus 543, 769, 802.
— — Fettsäureoxydation 1142f.
— — Kohlenhydratverbrennung 756.
— — β-Oxydation 804 Schema, 805•, 831f.
— im Cytoplasma 1153 Tab.
— in der Leber 802 Tab.
—, keine, aus Fettsäuren, ungeradzahligen 809.
—, —, von Zucker aus 764 Tab., 765.

Die Seiten 1—840 befinden sich im Bandteil a, die Seiten 841—1257 im Bandteil b.

Acetessigsäure, Bildung, keine, von Aceton aus 828, 928.
— — Citronensäure aus 1032—1034, 1056f.
— — Formiat aus 840*.
— — Serin aus 942.
—, Bedeutung von Coenzym A für 1036.
Gehalt im Blutplasma 280 Tab., 327.
— — Blutserum 280 Tab.
— — Magensaft 86.
Isotopenverteilung 1050.
Markierung, asymmetrische 826.
Neutralisation durch NH_3 bei Acidose 537.
⇌ β-Oxybuttersäure, Koppelung mit anderen Redox-Systemen 828.
Oxydation in Leber 830.
Reaktion, keine, mit β-Ketohydrase 807.
Spaltung 1047.
Stellung im Fettsäurestoffwechsel 822 bis 830.
kein Zwischenprodukt der Fettsäuresynthese durch Cl. kluyveri 835.
Acetoacetyl-coenzym A 826, 1049*.
Acetobacter stimulatory factor ASF 1037.
— suboxydans, Dehydrierung von epi-Inosit durch 738.
— —, Pantothensäurebestimmung mit 363.
Acetoin 1032.
Acetokinasen 839, 1038.
Acetol, Endprodukt des Pyrimidinabbaus 1228.
Acer, Allantoinsynthese in 1215.
Aceton:
Ausscheidung im Harn 769, 829.
Bildung aus Fettsäuren 928.
— — Homogentisinsäure 982f.
— — Isobuttersäure 816.
— — Isovaleriansäure 929, 951.
— — Leucin 929, 951.
— — Phenylalanin 982ff.
— — Tyrosin 982ff.
— bei Diabetes mellitus 769.
— von Acetessigsäure aus 828, 537, 951.
— — Formiat aus 840*.
— — Methylgruppen aus 963.
— — Serin aus 963.
Gehalt im Blut 280 Tab., 327, 328 Tab.
— — Blutserum 280 Tab.
— — Magensaft 86.
— — Speichel 27.
Vorkommen im Eiter 583.
— in der Lungenluft 503, 829.
Wirkung auf Blutharnsäure 1242.
— Mitochondrien 1131.
Acetondicarbonsäure, Bildung aus Glutarsäure 814.
Acetonkörper, Auftreten bei Ammonchloridacidose 1163.
— Bildung aus Aminosäuren 932.
—, — — Fettsäuren, ungesättigten 831.
—, — — Histidin 974.
—, — — ^{14}C-Milchsäure 837.
Acetonkörper, Bildung bei Oxyprolin 987.
—, — — Hunger 829.
—, — — β-Oxydation 804.
—, — — Zuckerkrankheit 803.
—, Gehalt im Blut 327, 328 Tab.
Acetonprobe, LEGALsche 351.
Acetonurie 774.
Acetyl-Acceptorsysteme 1044ff.
2-Acetylaminofluoren, Speicherung im Cytoplasma 1154.
—, Wirkung auf Zellelemente, morphologische 1097.
Acetylaneurinpyrophosphorsäure, Bedeutung für Acetylcholinsynthese 1243f.
Acetylarsenat, Austauschreaktion 1043.
Acetylcarnitin, Verwechslung mit Cholin 136.
N-Acetyl-chitosamin 729.
Acetylcholin:
Anregung der Colonsekretion durch 178.
— Pankreassekretion durch 155.
Beeinflussung der Lymphmenge durch 549.
Bestimmung 136.
Bildung 1045, 1244.
—, Energielieferung für 1184.
Darmhormon 130, 131 Tab., **135—141.**
Fibrinogenverminderung durch 296.
Gehalt im Blutserum 350ff, 371.
— — Darm 138 Tab. Abb., 139 Tab.
— — Magen 40, 138 Tab. Abb., 139 Tab.
— in Organen 137, 138 Tab., 139 Tab.
— im Plasma an Phosphatiden nach 861.
Spaltung durch Blut 374 Tab.
— im Darm 230.
fehlt im Speichel 26.
Vorkommen in Hautblasen 577.
Acetylcholinesterase, Gehalt in Zellelementen 1084 Tab.
—, Vorkommen in Blut 373.
—, — — Zellkernen 1114 Tab.
Acetyl-coenzym A (= Acetyl-CoA):
s. a. Acetat, aktiviertes.
s. a. Essigsäure, aktivierte.
Bedeutung für Acetylierungen 839.
— — Citronensäuresynthese 790, 1046*.
— — Fettsäuresynthese 767, 790.
— — Fett-Kohlenhydrat-Umwandlung 836.
— von Adenosintriphosphorsäure für Bildung von — 1041, 1044f.
Bildung 1038—1041.
— aus Acetaldehyd 1040.
— — Acetessigsäure 827.
— — Citronensäure 1047.
— bei Glykolyse und Gärung 756, 757 Tab.
— von Acetessigsäure aus 826, 1047*.
— — Buttersäure aus 1050.
— — Citronensäure aus 1045, 1141.
— — Fettsäuren, höheren, aus 1050.
Darstellung 1037.
Kondensation mit Oxalessigsäure **1045,** 1141.
Stellung im Fettsäurestoffwechsel 828.
Struktur 1036, 1037*.

Acetylen, Bindung an Hämoglobin 434.
— Resorption 215 Tab.
N-Acetylglucosamin, Vorkommen in Blutgruppensubstanz A 390.
—, — im Eiweißzucker 322.
Acetylglycin-^{15}N, Einbau in Hämin 997 Tab.
Acetylhexosamin, Vorkommen im Seroglykoid 311.
Acetylkreatinin, Spaltung, bakterielle 348.
Acetylierungen 826, 838, 1044*, 1090 Tab., 1153 Tab.
Acetylmethylcarbinol, Bildung, bakterielle 187.
Acetylphosphat 1034—1037, 1040.
— als Acetyl, aktives 835.
— als Acetyldonator 839.
—, Austauschreaktion mit Arsenat 1043*.
—, Bildung aus Acetessigsäure durch Cl. kluyveri 826.
—, — — Acetyl-Coenzym A 1042f.
—, — — Brenztraubensäure 755f., 757 Schema, 790, 1041.
—, — von Acetessigsäure aus 826f., 1047.
—, — — Brenztraubensäure aus 761f.
—, —, keine, bei Fettsäureoxydation 831.
—, Bindungsenergie 785 Tab.
— Spaltung, Gleichgewichtskonstante 1042f.
—, Synthese, chemische 1035.
—, Umsetzung mit Adenosindiphosphat 1194.
Acetylphosphatase 788.
Acetylpyruvase 804.
Acetylsalicylsäure, Wirkung auf Harnsäurestoffwechsel 1250.
Acetyl-Spendersysteme 1038ff..
Acetyltranspherasen 839.
Ac-Globulin 481f.
Achlorhydrie, Magensaft 56 Tab.
Achsellymphknoten, Fettgehalt 556.
Achylie 43, 56 Tab., 66f., 74, 76, 93.
Acidose 544.
— durch Ammonchlorid 541.
—, Bildung von Ammoniak aus Glutamin bei 1163.
— bei Chloridmangel 633.
— — Diabetes mellitus 769, 1163.
— — Fleischkost 272.
—, Gehalt an Natrium und Kalium in Erythrocyten bei 428.
—, Säureneutralisation durch Ammoniak bei 617.
— bei Sauerstoffmangel 543.
—, Wasserhaushalt bei 603.
—, diabetische, p_H-Änderung bei 1177.
—, entzündliche 1176.
—, physiologische 1176.
Acidosis s. Acidose.
Aconitase 1050f., 1059, 1134.
Aconitsäure, Bildung aus Alkylbernsteinsäuren 817.
cis-Aconitsäure, Gleichgewicht mit Citronensäure und iso-Citronensäure 1051*.
—, Stellung im Citronensäurecyclus 1031, 1055f.
Acridin, Wirkung, antibakterielle 1197f.
Acriflavin, Wirkung auf Bact. coli und Streptococcus haemolyticus 1197.
Acrylsäure, Bildung aus Propionsäure 808 Schema, 1143.
—, — von Zucker aus 764 Tab.*
ACTH, Bedeutung für Tyrosinabbau 984.
—, Verminderung der Leukocyten, eosinophilen, nach 456.
—, Verschwinden aus dem Blut 368.
—, Wirkung auf Cholesteringehalt der Nebenniere 884.
—, — — Corticosteroidsynthese 885, 892, 893 Anm., 896, 901f.
—, — — Harnsäureausscheidung 1233.
—, — — Harnsäurebildung durch 1234.
—, — — Nebennierenrindenhormongehalt im Blut 881f.
—, — — Plasma-K 628.
Acyl-coenzym A-Verbindungen, Bildung bei Fettsäureabbau 807f., 1142.
Acylierungen 839.
Actomyosin, Reaktion mit Adenosintriphosphorsäure 1185, 1235.
—, Vorkommen im Muskel 1185.
Addisin (= intrinsic factor) 121.
ADDISONsche Krankheit, Blutzuckersenkung bei 318.
—, Gehalt im Blut an Fett bei 333.
—, — — — Hormonen 368.
—, — — — Katalase bei 449.
—, — Blutserum an Kalium 394.
—, Hypochlorämie bei 408.
— s. a. Krankheit, ADDISONsche.
— — M(orbus), ADDISON.
Adenase 1201, 1217.
Adenin:
Abbau beim Hund 1217.
Ausscheidung von Harnsäure nach 1199.
B-Avitaminose durch 1246.
Bedeutung für Lactobacillus casei 1222, 1252.
— für Lactobazillen 1244.
Beeinflussung des Blutfibrinogens durch 1251.
Bildung aus Adenosin 1217.
— — ^{15}N-Ammoniumcitrat 1219.
— im Organismus 1219.
— von Adenosintriphosphorsäure aus 1194.
— — 6-Amino-2,8-dioxypurin aus 1202.
— — Guanin aus 1192f., 1222.
— — Hypoxanthin aus 1217.
— — Oxyadeninen aus 1223.
— — Uracil aus 1228.
— — Thymin aus 1228.
—, keine, von Nucleosid aus 1195.
Desaminierung 1201.
Faktor des Vitamin B-Komplexes 1246.
Förderung der Riboflavinbildung durch 1244.
Gehalt im Harn 1217.
— in Lebernucleotiden 1121 Tab., 1122 Tab.

Umaminierung mit α-Ketoglutarsäure 1201.
Vorkommen 1217, 1225.
^{14}C-(8)-Adenin, Verwendung zur Nucleinsäuresynthese 1192.
^{15}N-Adenin, Einbau in Nucleotide 1121 Tab., 1190, 1192.
Adenindesoxyribosid, Bildung und Spaltung im Darm 129f.
^{14}C-Adenindesoxyribosid, Bildung aus ^{14}C-Adenin und Hypoxanthindesoxyribosid 1196.
Adeninnucleotide, Bildung 1194.
— als Cofermente 1236.
—, Gehalt in Fermenten und Vitaminen 1184.
Adenin-pentose-pyrophosphat, Vorkommen in Haferkeimlingen 1184.
Adenin-9-ribosid, Ausscheidung im Harn 1185.
Adeninverbindungen, Wirkung, pharmakologische 1236.
Adenosin:
Abbau beim Hund 1217.
Ausscheidung im Harn 1185.
Bedeutung, physiologische 1179.
Bildung von Adenin aus 1217.
— — Ammoniak aus 343, 1201.
— — Inosin aus 1188f., 1201.
Desaminierung 130, 341, 343, 1201.
Gehalt in Mitochondrien 1071 Tab.
Verwendung zur Nucleinsäuresynthese 1193.
Vorkommen in Coenzym A 1037.
— — Muskel 1185.
— — Rest-N des Blutes 341.
Adenosindesaminase 1189.
—, Ammoniakbildung durch 1201.
—, Einfluß des Alters auf Verteilung, intracelluläre 1126 Tab.
—, Gehalt in Zellelementen 1090 Tab.
—, Spezifität 1201.
—, Vorkommen im Darm 130.
—, — in Zellkernen 1090 Tab., 1116 Tab., 1127.
Adenosindiphosphat s. Adenosindiphosphorsäure.
Adenosindiphosphorsäure (ADP):
Bedeutung, physiologische 1179, 1184.
Beteiligung an Brenztraubensäurephosphorylase-Reaktion 752*.
— — Cocarboxylase-Reaktion 754*.
— — Glutamin-Asparagin-Transferase-Reaktion 921.
— — Gärung und Glykolyse 757 Schema.
— — Hexokinase-Reaktion 740*, 1188.
— — Kreatinphosphatbildung 788.
— — Myokinase-Reaktion 787*.
Bildung aus Adenosintriphosphorsäure 787*.
— von Ammoniak aus 1201.
Phosphataustausch 1194.
Reaktion mit Succinyl-coenzym A 1053.
Stoffwechsel 648.
Umesterung mit Kreatinphosphorsäure 1194.
Umsetzung mit Acetylphosphat 1194.
Vorkommen in Erythrocyten 446.
— von freier 1183.
Adenosinkinase 1194.
Adenosin-Methionin-Verbindung 964.
Adenosinphosphatase, Vorkommen im Zellkern 1127.
Adenosin-3-phosphorsäure, Bildung 1194.
—, Spaltung durch Nucleotidasen 1187.
Adenosin-5-phosphorsäure, Bildung 1194.
—, Spaltung durch Nucleotidasen 1187.
—, Stoffwechsel 648.
—, Vorkommen von freier 1183.
— s. a. Adenylsäure.
Adenosinthiomethylpentosid 1189.
Adenosintriphosphat s. Adenosintriphosphorsäure.
Adenosintriphosphatase (=Adenylpyrophosphatase = ATPase) 746, **786f.**
—, Aktivität im Cytoplasma 1154.
—, Bindung an Zellstruktur 741.
—, Gehalt in der Zelle bei Zellteilung 1118.
—, — — Zellelementen 1088 Tab., 1116 Tab.
—, Vorkommen in Zellkernen 1127.
—, Wirkungsbereich 1188.
Adenosintriphosphorsäure (ATP):
Abbau 1235.
—, Hemmung durch Magnesium 637.
⇌ Adenosindiphosphorsäure in Mitochondrien 1136 Tab.
Aktivierung des Ameisensäure oxydierenden Enzyms durch 840.
— der Cholinoxydase durch 1145.
Bedeutung, physiologische 1179, 1184.
— für Abbau von Essigsäure 1035, 1040f.
— — — β-Ketofettsäure 1035.
— — Bildung von p-Aminohippursäure 921.
— — — Citronensäure 1034.
— — — Citrullin 971f.
— — — Cystein 965.
— — — Diphosphopyridinnucleotid 453, 1125.
— — — Glutamin 922.
— — — Glutathion 922.
— — — Hippursäure 921.
— — — Protein 1145.
— — Energieübertragung 650.
— — Enzym, Fettsäure aktivierendes 808*.
— — Fettsäuredehydrogenase 1144.
— — Fettsäureoxydation 830.
— — Gärung und Glykolyse 757 Schema.
— — Glutamin-Asparagin-Transferase 921.
— — Lebensdauer der Erythrocyten 468f.
— — Methylierungen 964.
— — Mitochondrienfunktion 1128.
— — Nebennierenrindenfunktion 881.

Adenosintriphosphorsäure (ATP):
Bedeutung für β-Oxybuttersäureoxydation 1141.
— — Proteinphosphorylierung 651.
— — Spaltung von Argininphosphorsäure 1236.
— — Oxalessigsäurespaltung 1054.
Bestandteil des Cyclophorasesystems 831.
Beteiligung an Bildung von Acetyl-CoA 1041, 1044f.
— — — — Cocarboxylase 754*.
— — — — Kreatinphosphat 788*.
— — — — Brenztraubensäurephosphorylase-Reaktion 752.
— — Hexokinase-Reaktion 740*.
— — Myokinase-Reaktion 787*.
— — Phosphohexokinase-Reaktion 746.
Bildung 1194.
— aus Adenosindiphosphorsäure und „Gel-P" 1137.
— bei Äpfelsäureoxydation 789.
— — Glycerinaldehyd-3-phosphat-Oxydation 749.
— durch Succinyl-coenzym A-Spaltung 1053.
— im Citronensäurecyclus 790.
— in Mitochondrien 1155.
— von Ammoniak aus 343, 1201.
Bindungsenergie 785 Tab.
Desaminierung von 1189.
Energielieferung für Acetyl-coenzym A-Bildung 826f.
— — Acetylierung 838.
— durch Spaltung von 1184.
Energiequelle des Zellkerns 784f, 1118.
Energieüberträger 1235.
Form, inaktive, im Muskel 1185.
Gehalt im Cyclophorasesystem 1132.
— in Erythrocyten 347, 446 Tab., 447 Tab. 451.
— im Froschblut 348 Tab.
— — Kükenblut 348 Tab.
— — Muskel, atrophischen 1230.
Gruppe, prosthetische, von Actin 1184.
Lokalisation 1185.
Permeabilität durch Kernmembran 1118.
Phosphataustausch 1194.
Phosphatquelle für Desoxypentosenucleinsäuresynthese 1235.
Phosphatüberträger 1184.
Reaktion mit Adenosintriphosphatase 741, 786f.*.
— Diphosphopyridin-nucleotid 1136 Tab.
— Flavinmononucleotid 1140.
— Nicotinsäureamidmononucleotid 1140.
Reaktionsänderung bei Spaltung der 1161.
Spaltung bei Autolyse 1163.
— Muskelkontraktion 1235.
Stoffwechsel 648, 789.
Vorkommen im Blutplasma 317,411.
— in Hefe 789.
— von freier 1183.
Wirkung auf Actomyosin 1185.
Adenosinverbindungen, Bedeutung 1235.
—, Wirkung, pharmakologische 1236.
Adenylphosphate, Energiegewinn aus -spaltung im Muskel 786.
Adenylpolyphosphate, Vorkommen in Hefe 789.
Adenylpyrophosphatase s. Adenosintriphosphatase.
Adenylpyrophosphorsäure s. Adenosintriphosphorsäure.
Adenylsäure (Adenosinmonophosphorsäure, Adenosinphosphorsäure, AMP):
Baustein von Coenzym A 1185.
Bedeutung, physiologische 1179, 1184.
— für Bildung von Acetyl-CoA 826*.
— — Citrullin 971.
— — Hämoglobin 1010.
— — Enzym, Fettsäure, aktivierendem 808*.
— — Permeabilität der Mitochondrien 1129.
— — Spaltung von Argininphosphorsäure 1236.
Beteiligung an Transphosphorylierungen 626.
Bildung aus Adenosintriphosphorsäure 786f*.
— — Hefenucleinsäure 128.
— bei Myokinase-Reaktion 787*.
— im Herzmuskel 1236.
— von Ammoniak aus 535, 1201.
Coenzym der Muskelphosphorylase 743.
Desaminierung 1201.
Einbau von ^{14}C-Formiat in 1195.
Gehalt in Erythrocyten 447 Tab.
— Pseudovitaminen B_{12} 1180, 1236.
— Zellelementen 1121 Tab.
Hemmung der Vitamin B_{12}-Wirkung durch 1244.
Phosphatacceptor 788.
Phosphataustausch 1194.
Phosphorylierung 1138, 1194, 1235.
Prinzip, coronarerweiterndes 1236.
Stoffwechsel 648.
—, Beeinflussung durch Aneurin 1243.
Umesterung mit Kreatinphosphorsäure 1194.
Verwendung zur Nucleinsäuresynthese 1193.
Vorkommen im Blut 317, 341, 347, 411.
— in Galle 1183.
— — Hefe 789.
— — Hefenucleinsäure 1225.
— — Pankreasnucleinsäure 1225.
Wirkung auf Milz 1251.
— Tumorwachstum 1251.
5-Adenylsäuredesaminase, Bindung an Myosin 1189, 1201.
Adenylsäurekinase, Vorkommen im Cytoplasma 1154.
—, — in Mitochondrien 1138.
—, Gehalt in Zellelementen 1088 Tab.

Adenylsäuresystem, Bedeutung für Stoffwechselregulation 1155.
Adenylsäureverbindungen, Stoffwechsel 647.
Aderhaut, Gehalt an Zink 675, 676 Tab.
—, Vorkommen von 5-Nucleotidase in 1187.
Aderlaß, Serumeiweißgehalt nach 260.
Adermin, Bedeutung für Hämoglobinsynthese 1010.
Adipinsäure, Abbau durch Nierencyclophorase 1144 Tab.
—, Ausscheidung im Harn 815 Tab.
—, Bildung bei Abbau von Fettsäuren, alkylierten 815.
—, Verhalten im Stoffwechsel 815 Tab.
—, alkylierte, Stoffwechselverhalten 818 Tab.
Adiuretin, Einfluß auf Diuretin 604.
ADP s. Adenosindiphosphorsäure.
Adrenalin:
985*.
Antagonismus gegen Insulin 732.
Ausschüttung 769, 772.
Beeinflussung der Blutgerinnung, durch 490.
— des Purinstoffwechsels durch 1230, 1232.
Bildung 984 f.
Entdeckung 727.
Gehalt im Blut 369, 451.
— — Blutserum 369.
— — — an Kalium nach 395.
— in Erythrocyten 369.
— — Mitochondrien 1096 Tab.
Hemmung der Magensaftsekretion durch 45.
Hyperglykämie durch 733.
fehlt in der Lymphe 573.
Resorption 229.
Resorptionshemmung durch 253.
Vermehrung des Fibrinogens durch 296.
Verminderung der Leukocyten, eosinophilen, nach 456.
Vorkommen im Rest-N des Blutes 341.
Wirkung 771f., 772 Tab.
— auf Allantoinausscheidung 1230.
— — Blutzucker 772 Tab.
— — Entzündungsacidose 1176.
— — Gehalt im Blut an Acetonkörpern 328.
— — — — Kohlenhydraten, gebundenen 729.
— — Kohlenhydratstoffwechsel 768, 770f., 773, 777.
— — Leberglykogen 772 Tab.
— — Muskelglykogen 772 Tab.
— — Purinausscheidung 1230.
— — Speichelzusammensetzung 17f., 27.
— bei Glykogenose 766.
— — Hypophysektomie 774.
Adrenalektomie 772f., 780.
Adrenochrom 778.
adrenocorticotrophic hormone s. ACTH.
Adrenosteron 896, 902.
— s. a. Δ^5-Androsten-3,11,17-trion.
Adsorbat, komplexes, Bedeutung für Substratspaltung 82.
Adynamie 773.
Aegagropilae 185.
Äpfelsäure, Beteiligung an Harnstoffbildung 1163.
—, — Fettsäureoxydation 830.
—, Bildung aus Brenztraubensäure 809.
—, — — Serin 942.
—, — bei Bernsteinsäureabbau 1028.
—, Dehydrierung durch Cozymase 1235.
—, Entstehung bei Argininbildung 972*.
—, Stellung im Citronensäurecyclus 791*Abb. 950, 1055 Schema, 1058.
— ⇌ Oxalessigsäure, Koppelung mit anderen Redox-Systemen 828.
L-Äpfelsäure, Dehydrogenierung zu Oxalessigsäure-enolphosphat 789.
Äpfelsäuredehydrogenase 1054, 1132.
— im Cyclopherasesystem 1134.
— Gehalt in Zellelementen 1082 Tab.
— aus Mitochondrien, Verhalten 1131 Tab.
— Vorkommen in Zellkernen 1114 Tab.
Aerobacter s. Bacterium lactis aerogenes.
Aerobacter aerogenes, Purinsynthese bei 1220.
Äthan, Resorption aus Bauch- und Brusthöhle 253 Tab.
Äthanol, ⇌ Acetaldehyd, Koppelung mit anderen Redox-Systemen 828.
—, Bildung, bakterielle 187.
—, — aus Acetaldehyd 775*.
—, — bei Gärung 735, 739*, 753, 757 Schema
—, — — Kohlenhydrat/Fett - Umwandlung (?) 767.
—, — von Fettsäuren aus 835*.
—, —, keine, von Zucker aus 764 Tab.
—, Gehalt im Blut 327.
—, — — Blutserum 280 Tab., 572 Tab.
—, Lösungswärme 736 Tab.
—, Resorption 249.
—, Verbrennung, biologische 737.
—, Verbrennungswärme 736 Tab.
—, Verhinderung der Bildung durch Bisulfit 758.
— s. a. Alkohol.
Äthanolamin 1045.
—, Gehalt in Zellelementen 1076 Tab.
Äthanoldehydrogenase 755, 757 Tab.
Äther, Hämolyse durch 421.
—, Pankreassekretion, Förderung durch 155.
—, Resorption aus Bauch- und Brusthöhle 253 Tab.
Äthernarkose, Wirkung auf Gehalt im Blut an Acetonkörpern 328.
—, — Milchsäure 324.
Ätherschwefelsäure im Blut 414f.
α-Äthyladipinsäure, Bildung aus Äthylmyristin- und Äthylstearinsäure 816 Tab.
β-—, Verhalten im Stoffwechsel 818 Tab.
Äthylalkohol s. Äthanol.
Äthylalloxan, Alloxandiabetes nach 779.
α-Äthylbuttersäure, Bindung an Glucuronsäure 815.

α-Äthylcapronsäure, Bindung an Glucuronsäure 815.
6-Äthyl-decansäure, Bildung von 4-Äthylkorksäure aus 815 Tab.
Äthylendiamintetraessigsäure, Wirkung auf Phosphorylierung, oxydative 1140.
Äthylenreduktase 1048.
3-Äthylheptansäure, Verhalten im Stoffwechsel 815 Tab.
4-Äthylkorksäure, Bildung aus 6-Äthyldecansäure 815 Tab.
α-Äthylmyristinsäure, Bildung von α-Äthyladipinsäure aus 816 Tab.
5-Äthyl-nonansäure, Bildung von 3-Äthylheptansäure aus 815 Tab.
4-Äthyl-octansäure, Bildung von 4-Äthylkorksäure aus 815 Tab.
α-Äthylstearinsäure, Bildung von α-Äthyladipinsäure aus 816 Tab.
Äthylen, Vorkommen im Magen bei Pylorusstenose 68.
3-Äthyl-glucose, Resorption und Ausscheidung 220.
Aetiocholandion 898*.
Aetiocholan-3α,17β-diol 897, 898*, 901.
— -3α,11β-diol-17-on 902.
— -3,17-dion 901.
— -3α-ol-11,17-dion 902.
— -3α-ol-17-on 897, 898*, 899 ff.
— -— s. a. Aetiocholanolon.
— -3β-ol-17-on 898*, 899, 901.
— -3α,16α,17β-triol 902.
Δ^9-Aetiocholan-3-ol-17-on 902.
Aetiocholanolon, markiertes 903.
— s. a. Aetiocholan-3α-ol-17-on.
Ätioporphyrin, R_F-Wert 1006.
— I, Bildung 1002*.
Ätioporphyrinogen I, Bildung 1002*.
Affe, Anämien, hypochrome 38.
—, Liquor cerebrospinalis 571 Tab., 574.
—, Pericardialflüssigkeit 562.
—, Speichelamylase 23.
—, anthropoider, Ausscheidung von Allantoin 1215.
—, —, — Harnsäure 1208, 1213.
—, —, Bildung von Harnsäure bei 1198.
—, —, kein Ferment, uricolytisches 1181.
Agglutination 385.
Agglutinine 306, 385, 424.
Agglutinogene 385.
Agkistrodon piscivorus L., Phospholipase aus 851.
Agmatin, Bildung aus Arginin 931.
—, Oxydation durch Histaminase 932.
Agranulocytose, Behandlung mit Nucleotiden 1237.
Akapnie 536.
Akrodynie, Purinstoffwechsel bei 1247.
Akromegalie, Ausscheidung von Harnsäure bei 1233.
—, Hyperglykämie und Glucosurie bei 318, 774.
Alacurites fordi (Tungolbäume), Zinkmangel 675.
Alanin:
948*.
Abbau 949f.
Acetylderivate 918.
Aminosäure, entbehrliche 933, 950.
—, glucoplastische 763.
Bedeutung für Umaminierung 936.
Benzoylderivate 918.
Bildung, biologische 934.
— aus Brenztraubensäure 950.
— — Cystein 958*.
— — Kohlenhydrat 949.
— — Kynurenin 990f.
— — Tryptophan 992.
— — Tyrosin 983.
— durch Umaminierung 950.
— von Brenztraubensäure aus 929, 950.
— — Glykokoll aus 940f.
— — Harnsäure aus 944, 1205, 1207.
— — Kreatin aus 947.
— — Purin aus 1218.
— — Rhodanid aus 954.
— — Serin aus 941.
— — Zucker aus 765 Tab., 766 Tab., 933, 948f.
Carbobenzoxyderivat 918.
Carbobenzoylglycinderivat 918.
Desaminierung 930.
Einbau in Eiweiß 924.
Eindringen in Erythrocyten 422.
Gehalt im Blut 445 Tab., 917.
— — — bei Ernährung, kohlenhydratreicher 916.
— — Blutplasma 344, 445 Tab.
— — Darmchymus 175 Tab.
— in Erythrocyten 445 Tab.
— — Leber 917.
— — Rattenleber 1072 Tab.
— — Zellkernproteinen 1110 Tab.
Oxydation in Mitochondrien 1148.
Resorption 227.
Resorptionsgeschwindigkeit 913.
Stoffwechsel 948—951.
Umaminierung 949.
Verweildauer im Blut 915.
Vorkommen in Dünndarmmucosa 119.
— im Magensaft 69.
Wirkung, glucoplastische 948f.
^{15}N-Alanin, Einbau in Seeigeleier 1135.
L-Alanin, Oxydation durch Mitochondrien 1136 Tab.
—, —, keine, durch Gehirnmitochondrien 1135.
β-Alanin, Bildung von Carnosin aus 978.
—, —, keine, von Zucker aus 765 Tab.*, 766 Tab.
D-Alanindehydrogenase, Struktur 1237.
Alanylglycin, Spaltung durch Darmpeptidase 122.
β-Alanylhistidin 978*.
β-Alanyl-methylhistidin 978*.
Albumine:
s. a. Serumalbumin
Bindung von Calcium an 644.
— Eisen an 399.

Albumine:
Bindung von Jod an 411.
— Kupfer an 401.
Druck, kolloidosmotischer 270.
Eigenschaften, physikalische 306 Tab.
Fällung durch Neutralsalze 298, 299 Tab.
Form und Größe 293 Tab.
Funktionen 312 Tab.
Gehalt an Kohlenhydrat 320.
— — Lipoiden 301 Tab.
— — Stickstoff 294 Tab.
— im Blutplasma 290, 291 Tab., 293 Tab., 299 — 305.
— — Blutserum 278 Tab., 304 Tab., 311 Tab., 572 Tab., 577 Tab., 582 Tab.
— in Cantharidenblasen 577 Tab.
— — Gelenklymphe 580 Tab.
— im Ileumsaft 154.
— in Lymphe 553, 554 Tab.
Löslichkeit in Wasser 302.
Pufferungsvermögen 539.
Vorkommen in Leukocyten 460.
Wirksamkeit, osmotische 601.
radioaktive, Synthese durch Eileiterschnitte 927.
Albumin-Globulin-Quotient 278 Tab., 300, 310, 553, 580, 582.
—, Lymphe 553.
Albumosen, Bildung bei Eiweißverdauung 76, 95, 98, 102.
—, Vorkommen im Eiterserum 583.
alcali disease 695.
Aldehyd-dehydrogenase 755f.
Aldehyde, Oxydation in Mitochondrien 1150 Tab.
Aldehydmutase 755.
Aldehydrase, Vorkommen in Leukocyten 382.
Aldolase 746—749.
—, Bildung von Pentosephosphat durch 1196.
—, — Sedoheptulose-7-phosphat durch 1063.
—, Gehalt im Cytoplasma 1082 Tab.
—, — in Erythrocyten 748.
—, Gleichgewichtskonstante 747 Tab.
—, Hemmung durch Sauerstoff 760.
—, Spaltung von Ribose durch 730.
—, Vorkommen im Blutplasma 381.
—, — in Zellkernen 1114 Tab.
Aldolkondensation 1029, 1032.
Alginsäure 1187.
Alkaliflut 630.
Alkaliquotient 394.
Alkalireserve 539, 543, 769.
Alkalose 544.
— bei Chloridmangel 633.
— durch Natriumhydrogencarbonat 541.
— bei Pflanzenkost 272.
— bei Sauerstoffmangel 543.
— und Wasserhaushalt 603.
—, hypokaliämische 628.
Alkalosis s. Alkalose.
Alkaptonurie 981f.
Alkohol:
s. a. Äthanol.
Beeinflussung der Pepsinwirkung 74, 77.
Bildung, bakterielle, im Darm 216.
— aus Kohlenhydraten 727.
Dehydrierung durch Cozymase 1235.
Förderung der Magensaftsekretion, durch 42, 70, 73, 79, 88, 90.
Gehalt im Blut 280 Tab., 327.
— — Blutserum 280 Tab., 572 Tab.
— in Erythrocyten 280 Tab.
— im Speichel 21, 27.
Hämolyse durch 421.
Resorption 249.
Wirkung auf Purinstoffwechsel 1242.
Alkoholdehydrogenase 654, 679.
—, Vorkommen in Zellkernen 1114 Tab.
Alkoholismus, chronischer, Blutcholesterin bei 338.
β-Alkyl-adipinsäuren, Schmelzpunkte und Verhalten im Stoffwechsel 818 Abb.
Alkylbenzole, Stoffwechsel 812.
Alkylbernsteinsäuren, Verhalten im Stoffwechsel 817f.
Allantoicase 1216.
Allantoin:
Abbau 1216.
Ausscheidung 1199.
—, Beeinflussung 1211, 1249.
—, — durch Hypophysektomie 1234.
—, — — Insulin 1232.
—, — — Xanthin 1216.
— bei Vitamin B_6-Mangel 1244.
— im Harn 1212.
— — Hunger 1239.
— nach Arginin- und Histidinzufuhr 976.
Bildung 1216.
— aus Alloxan 1229*.
— — ^{15}N-Ammoniumcitrat 1219.
— — 3,7-Dimethyl-4-oxy-4,5-dihydroharnsäure 1209.
— — Guanosin beim Hund 1217.
— — Harnsäure 1181, 1208—1211, 1216.
— — Harnsäureglykol 1209*.
— — Nucleinsäuren beim Menschen 1215.
— in Mitochondrien 1150 Tab.
—, endogene, beim Menschen 1215.
—, keine, aus Histidin 1218.
Endprodukt des Purinstoffwechsels 1180f,
Gehalt in Allantoisflüssigkeit 1215.
— im Blut 347, 1211, 1215.
Hemmung der Bildung aus Harnsäure 1211.
als Stoffwechselendprodukt 728.
Stoffwechsel, Beeinflussung durch Salicylsäure 1249.
Verhalten gegen Nucleosidphosphorylase 1195.
Vorkommen 1215.
— in Ergüssen 560.
Wirkung von Adrenalin auf Ausscheidung von 1230.
Allantoinase 1216.
Allantoinoteliker 1181.

Allantoinpflanzen, Allantoinsynthese in 1215.
Allantoinsäure 1216.
Allantoisflüssigkeit, Gehalt an Fructose 582.
—, Vorkommen von Harnsäure in 1198.
Allergie, Kupfer im Blut bei 402.
allo-Verbindungen s. unter den betr. Verbindungen.
Alloxan, Bildung aus Harnsäureglykol 1229*.
—, — Harnsäure 779*.
—, Einfluß von Harnsäure auf Wirkung, diabetogene, von 1248.
—, Hemmung der Muskelhexokinase durch 741.
—, — Phosphoglucomutase durch 742.
—, Wirkung auf Pankreaszellen 775, 783.
Alloxazin-adenin-dinucleotid, Gehalt an Adeninnucleotid 1184.
—, Gruppe, prosthetische, der D-Aminosäureoxydase 930, 1237.
—, Vorkommen in Fermenten, gelben 1180.
Alloxazinadeninnucleotid als Coferment der Xanthindehydrogenase 1202.
Alloxandiabetes 769, 778f., 781, 783.
—, Brenztraubensäureverwertung bei 325.
—, Fettsäuresynthese bei 833.
—, Glucosebildung aus Fett bei 837.
—, Hyperuricämie bei 1232.
—, R. Q. bei 776.
Alloxantin, Alloxandiabetes nach 779.
Alloxurbasen, Ausscheidung 1217.
—, Vorkommen in Echinococcusblasenflüssigkeit 579.
Alterskalkinfiltration 721.
Aluminium, Förderung des Pflanzenwachstums durch 679.
—, Gehalt in Erythrocyten 430.
—, Schrifttum 685.
—, Verhalten im Organismus 685.
—, Vorkommen im Blut 405, 430.
Alse, Desoxyribonucleinsäuren, Zusammensetzung aus Basen 1106 Tab.
Alveolarepithelien, Resorption durch 251f.
Alveolarluft 503—505.
—, Gasspannungen 504 Tab.
Alveolen 502, 505.
Amberlite 491.
Ambra 185.
Ambrain 185f.
Ameisensäure:
Austausch der Carboxylgruppe mit Brenztraubensäure 1042*.
Bedeutung für Serinabbau und -aufbau 940, 942, 945.
Beteiligung an Purinsynthese 1220.
Beziehung zu Serin 855 Abb.
Bildung, bakterielle, im Darm 187f.
— aus Glycin 940f.
— — Histidin 977.
— bei Brenztraubensäureabbau 1029.
— von Glykogen aus 942.
— — Harnsäure aus 944.
Ameisensäure:
Bildung von Methylgruppen aus 963.
—, keine, von Zucker aus 764 Tab., 765.
Enzyme des Abbaus von 930.
Gehalt im Blutserum 326.
— Eiter 583.
Stoffwechsel 839f., 855 Abb.
^{14}C-Ameisensäure, Verwertung zur Pyrimidinsynthese 1228.
Ameisensäuredehydrogenase, pflanzliche 840.
Ameloblast 722.
Amidasen, Vorkommen im Speichel 25.
—, — Blut 381.
Amidinphosphat, P-Bindung, energiereiche, im 785.
Amine, Abbau, oxydativer 932.
—, Bildung aus Aminosäuren 931.
—, — von Ammoniak in der Niere aus 535.
—, aromatische, Acetylierung 838.
—, biogene, Entstehung im Darm 229.
—, körperfremde, Acetylierung 1044*.
—, quartäre, Förderung der Pankreassekretion durch 155.
Aminierung, reduktive 935.
Aminoacrylsäure, Bildung aus Cystein 958*.
—, — bei Peptidabbau 959.
—, — von Cystein aus 965.
α-Aminoadipinsäure, Bildung von Lysin aus 968.
Aminoäthanol, Bildung von Cholin aus 961*.
— s. a. Colamin.
p-Aminobenzoesäure, Acetylierung 838, 1044.
—, Antagonismus zu p-Aminobenzol-sulfonamid 454.
—, Bedeutung für Hämoglobinsynthese 1010.
—, Bildung von p-Aminohippursäure aus 921*.
—, Einfluß auf Purinstoffwechsel 1221, 1246.
—, Förderung der Thyminsynthese durch 1228.
—, Gehalt im Blut 366, 454.
—, Hemmung der Cholinesterase durch 375.
p-Aminobenzol-sulfonamid 495.
o-Aminobenzoyl-brenztraubensäure, Bildung aus Tryptophan 988, 989*, 990.
Aminobuttersäure als Aminosäure, glucoplastische 763, 765* Tab.
α-Aminobuttersäure, Bildung aus α-Ketobuttersäure 929.
α-Amino-n-buttersäure, Bedeutung für Umaminierung 937.
4-Amino-(5-carbonsäureamid)-imidazol als Purinvorstufe 1220, 1221*.
Aminodicarbonsäuren, Bildung aus Tryptophan 992.
6-Amino-2,8-dioxypurin, Bildung aus Adenin 1202.
p-Aminohippursäure, Bildung 921*.
—, — durch Mitochondrien 1136 Tab.
4-Aminoimidazol-carbonsäureamid-5, Bildung von Purin aus 840.
—, Hemmung der Bildung von — durch Vitamin B_{12} 1244.

Aminomalonsäure, Bildung aus Serin 1058.
Amino-N, gebundener, im Blut 346.
4-Amino-N^{10}-methylpteroylglutaminsäure. s. A-Methopterin.
1-Aminonaphthalin-4-sulfonsäure im Kongopapier 54.
Aminoornithursäure, Synthese, biologische 921, 922*.
o-Amino-m-oxybenzoylbrenztraubensäure, Bildung aus Oxykynurenin 992.
o-Amino-m-oxybenzoylessigsäure, Bildung aus Oxykynurenin 992.
Aminooxydasen, Gehalt an Adeninnucleotid 1184.
2-Amino-4-oxy-6-formyl-pteridin, Hemmung der Xanthindehydrogenase durch 1203.
2-Amino-4-oxy-6-oxymethylpteridin, Hemmung der Xanthindehydrogenase durch 1203.
2-Amino-4-oxypteridin, Abbau, fermentativer 1202.
—, Hemmung der Xanthindehydrogenase durch 1203.
2-Amino-6-oxy-pteridinaldehyd-8, Abbau, fermentativer 1202.
5-Amino-7-oxy-1-γ-triazolo-(δ)-pyrimidin (= Guanazol), Wirkung auf Purinstoffwechsel 1252.
Aminopterin, Hemmung der Purinsynthese durch 1220f.
Aminopeptidasen, Gehalt in Mitochondrien 1084 Tab.
—, Hemmung durch Silberionen 687.
— s. a. Aminopolypeptidasen.
Aminophenole, Kondensation mit Hippursäure 918.
o-Amino-phenylacylaminoessigsäure, Bildung aus Tryptophan 988.
Aminopolypeptidasen, Vorkommen im Blut 381f.
—, — im Darm 120 Tab., 121, 123f., 133f.
—, — in Leukocyten 464 Tab.
—, — — Magenschleimhaut 35 Tab., 37.
—, — — Pankreassaft 159, 160 Tab.
— s. a. Aminopeptidasen.
Aminopterin, Hemmung der Purinsynthese durch 1245.
2-Aminopurin, Hemmung der Thyminsynthese in Lactobacillus casei 1245.
—, — des Wachstums von Lactobacillus casei 1252.
Aminopurine 1217—1223.
—, Abbau zu Harnsäure 1203 Schema.
— im Stoffwechsel, tierischen 1181.
—, Transaminierung mit α-Ketoglutarsäure 1217.
—, Vorkommen 1217.
Aminosäureamidbildung, Energiebedarf 918.
Aminosäuredecarboxylasen in Bakterien 931.
Aminosäureester, Peptidsynthesen durch 920.
Aminosäuren:
Abbau in der Darmwand 228.
Acetylierung 838, 1044.
Aminosäuren:
Austausch von Aminogruppen 935.
Bestimmung 345.
Bildung 933—938.
— aus Essigsäure 838.
— von Acetonkörpern aus 932f.
— — Ammoniak in der Niere aus 535.
— — Glucose aus 932f.
Decarboxylierung, primäre 931f.
Desaminierung 782.
—, Geschwindigkeit 929.
Einbau in Eiweiß 924f.
— — Mikrosomen 924.
— — Zellfraktionen 1146 Tab.
Gehalt im Blut 916.
— im Blutplasma 341, 344 Tab., 445.
— — Blutserum 341 Tab., 343—345, 444 Tab., 572 Tab.
— in Erythrocyten 344, 445.
— im Harn 344 Tab.
Nierenclearance 345.
Resorption 174f., 226—230, 912—915.
— Weg 228.
Stickstoffaustausch 617.
Stoffwechsel 909, 928, **938—995.**
Synthese 933—938.
Umsetzung in Mitochondrien 1147.
Verteilung in Geweben 915.
Verwertung für Purinsynthese 1219f.
Vorkommen im Darmsaft 152.
— Magensaft 58.
— Speichel 27.
Zn-Komplexverbindungen 678.
„aktivierte" 1145.
basische, im Magensaft 69.
entbehrliche und unentbehrliche 194, 933f.
essentielle, Mangel an 934.
freie, Gehalt im Blut 915.
—, Speicherung in Geweben 916.
glucoplastische 761, 763, 776.
isotopenhaltige, Fütterungsversuche mit 923.
ketoplastische 983.
lebensnotwendige 194, 933f.
markierte, Verfütterung von 935.
phenylsubstituierte, Abbau 980.
Aminosäure-N, Gehalt in Leukocyten 460.
D-Aminosäuren, Vorkommen in Tumorgewebe 930.
D-Aminosäureoxydase 949, 966, 1129, 1148, 1237.
—, Aktivitätssteigerung durch L-Aminosäuren 930.
—, Alloxazinadenindinucleotid, Coferment der 930.
—, Bedeutung, physiologische 931.
—, Bestimmung von D-Peptiden mit 381.
—, Bildung von α-Keto-δ-aminovaleriansäure durch 968, 986.
—, — — Thiolbrenztraubensäure aus Cystein durch 958.
—, als Ferment, gelbes 930.

D-Aminosäureoxydase, Vorkommen in Zellkernen 1114 Tab.
L-Aminosäureoxydase 966.
—, Formen, verschiedene 949.
—, Vorkommen in Zellkernen 1114 Tab.
Aminoxydase, Gehalt in Mitochondrien 1080 Tab.
Aminozucker, Vorkommen im Blut 313.
Ammonchlorid-Acidose 541, 1163.
Ammoniak:
Bildung 1201.
— aus Adenosintriphosphorsäure im Blut 343.
— — D-Asparaginsäure 1148.
— — Adenylsäure in der Niere 535.
— — Glutamin bei Acidose 1163.
— — ^{15}N-Uracil 1230.
— — ^{15}N-Thymin 1230.
— bei Autolyse 1201.
— — Darmfäulnis 189f.
— im Darm 228.
— in der Niere 1164.
— im Pansen 101.
— von Purin aus 1218.
Endprodukt des N-Stoffwechsels beim Kaltblüter 1181.
— — Pyrimidinabbaus 1228.
Entgiftung 617.
Gehalt im Blutserum 341 Tab., 343.
— — Darmsaft 153 Tab.
— — Liquor cerebrospinalis 569.
— — Magensaft 37, 68, 85.
— in Zellkernproteinen 1110 Tab.
als Harnsäurevorstufe bei Vögeln 1204.
Intermediärprodukt der Purinsynthese 1219.
Stoffwechsel 617.
Verteilung zwischen Muskel und Außenlösung 1166.
Ammoniakstickstoff, Einbau in organische Verbindungen 617.
Ammoniumcarbonat als Harnsäurevorstufe bei Vögeln 1204.
Ammoniumchlorid, Wirkung, ketogene 828.
^{15}N-Ammoniumcitrat, Bildung von Cytosin und Thymin aus 1226.
—, — Purinen aus 1219, 1227.
—, — Pyrimidinen aus 1227.
—, Einbau in Hämin 997 Tab.
—, — Nucleotide 1190.
Ammoniumion, Beseitigung durch Harnstoffbildung 1163.
Ammoniumlactat, Ausscheidung bei Vögeln 1204.
Ammoniummagnesiumphosphat in Darmkonkrementen 184f.
^{15}-N-Ammoniumnitrat, Einbau des N in Aminosäuren 617.
Ammoniumsalze, markierte, Verfütterung von 935.
^{15}N-Ammoniumsalze, Verwendung zur Nucleinsäurebildung 1192.
Amnionflüssigkeit, Gehalt an Fructose 582.
Amöben, p_H-Wert 1173 Tab.
AMP s. Adenylsäure.
Amphibien, Bildung von Allantoin bei 1215.
—, Homoiosmie 600.
Amylase:
Bestimmung 165, 171, 379.
Gehalt in Eiterkörperchen 584.
— — Erythrocyten 450.
— — Kaninchenlymphe 555.
— — Leukocyten 379, 464 Tab.
— im Liquor cerebrospinalis 575.
— in Peritonealflüssigkeit 563.
— — Pleuraergüssen 560.
— — Synovia 582.
Übertritt ins Blut 163.
Vorkommen im Blutserum 293 Tab., 378f.
— — Darm 120 Tab., 126, 175.
— — Darmsaft 146, 151, 154, 162 Tab.
— — Dickdarm 179ff.
— — Jejunumsaft 154.
— in Magenschleimhaut 35 Tab.
— im Pankreas, fetalen 1127.
— — Pankreassaft 158f., 161, 164—167, 175, 730.
— — Speichel 12, 18, 22—25, 98, 175, 730.
— — Zellkern 1116 Tab., 1127.
α-Amylase, Eigenschaften 165 Tab.
—, Spaltung von Grenzdextrin durch 745.
—, Vorkommen im Pankreas 160 Tab., 164.
—, krystallisierte 164.
β-Amylase 164.
Amylasesekretion, Förderung durch Carbamylcholin 1231.
n-Amylmalonsäure, Verhalten im Stoffwechsel 817.
Amylopektin, Bildung von Glucose aus 745.
Amylose 744f.
Amyltrimethylamin, Förderung der Pankreassekretion durch 155.
Anacidität, Harnsäureretention bei 1248.
— s. a. Magensaft, Anacidität.
Anämie:
Ausscheidung von Harnsäure bei 1247.
Beeinflussung des Säure-Basen-Gleichgewichtes im Blut durch 543.
Blut, spez. Gewicht bei 264.
bei Cystin- und Methioninmangel 654.
Definition 260, 668.
durch Eisenmangel 663.
Gehalt im Blut an Eisen bei 399f.
Hyperchlorämie bei 408.
bei Kupfermangel 668.
Sauerstoffkapazität des Blutes bei 511.
aplastische 1008.
—, Kupfer im Blut bei 402.
essentielle, hypochrome 664.
hämolytische, Bilirubingehalt im Blutserum bei 354.
—, Katalasegehalt im Blut bei 449.
hyperchrome, nach Magenresektion 38.
hypochrome 38, 664.

Anämie:
hypochrome, Phosphatidgehalt der Erythrocyten 858.
infektiöse, keine Wirkung von Kupfer bei 669.
larvierte ferriprive 664.
mikrocytäre, hyperchrome, bei Kobaltmangel 673.
—, —, — Avitaminosen 662.
Anämie, perniciöse:
38, 151.
Acetylcholinesteraseaktivität im Blut bei 450.
Atrophie der argentaffinen Zellen bei 121.
Ausscheidung von Harnsäure bei 1248.
Behandlung mit Folinsäure 467.
Einfluß von Vitaminen auf 466.
Eisenausscheidung 661.
Eisenumsatz bei 1009.
Erythrocytenresistenz bei 421.
Färbeindex bei 433.
Gehalt im Blut an Bilirubin bei 354.
— — — Cholesterin bei 338.
— — — Cholesterinesterase bei 374.
— — — Darmfäulnisprodukten bei 329.
— — — Eisen bei 399.
— — — Katalase bei 449.
— — — Kupfer bei 402.
— — — Vitamin A bei 360.
— in Erythrocyten an Phosphatiden 858.
— — — Protoporphyrin bei 1008.
— — Reticulocyten an Protoporphyrin 436.
— im Serum an Hämatin 356, 438.
Lebensdauer der Erythrocyten bei 468.
Magendrüsen, Atrophie, bei 71.
Magensaft, P-Gehalt bei 66.
Nucleinsäurestoffwechsel bei 1256.
Porphyrinurie bei 1019.
Thrombocytenzahl bei 470.
Wirkung von Methionin bei 466.
— Vitamin B_{12} bei 1245.
Anämie, sekundäre, Thrombocytenzahl bei 470.
—, Färbeindex bei 433.
Anaerobier, Vorkommen im Dickdarm 182.
Anahämin 466.
Anasarca 557.
Anasarcaflüssigkeit 578.
Androstan-3α,17β-diol 897, 898*, 901.
— -3α,11β-diol-17-on 902.
— -3β,11β-diol-17-on 896.
Androstandion 898*.
$\Delta^{3,5}$-Androstandien-17-on 900.
Androstan-3,17-dion 901.
— -3α-ol-11,17-dion 902.
— -3α-ol-17-on 897, 899, 901.
— — Veresterung mit Schwefelsäure 880.
— — s. a. Androsteron.
— -3β-ol-17-on 898*, 901.
— -3-on 902.
Androstan-3α,16α,17β-triol 902.
iso-Androstan-6-ol-17-on 910*.
Δ^5-Androsten-3β,17β-diol 900.
Androstendion 899.
—, Bildung im Cytoplasma 1153 Tab.
Δ^1-Androsten-3,17-dion 902.
Δ^4-Androstendion 897, 898*, 901.
Δ^4-Androsten-3,17-dion 883, 895f., 899.
Δ^{16}-Androsten-3α-ol 896, 902.
— -3β-ol 896.
Δ^4-Androsten-11β-ol-3,17-dion 883.
Δ^5-Androsten-3β-ol-17-on 899.
Δ^9-Androsten-3α-ol-17-on 902.
Δ^{11}-Androsten-3α-ol-17-on 902.
Δ^{16}-Androsten-3-on-ol 902.
Δ^5-Androsten-3β,16α,17β-triol 900.
— -3β,16β,17α-triol 900.
Δ^4-Androsten-3,11-17-trion 896.
— s. a. Adrenosteron.
Androsteron 898*.
—, Ausscheidung im Harn 897, 900.
—, 11-Oxylierung 883.
—, markiertes 903.
— s. a. Androstan-3α-ol-17-on.
Aneurin:
s. a. Thiamin.
s. a. Vitamin B_1.
Ausscheidung im Harn 954.
Bedeutung für Hämoglobinsynthese 1010.
— Kohlenhydrat-Fett-Umwandlung 834.
Beeinflussung des R. Q. bei Alloxandiabetes 776.
Bestimmung 362.
Einfluß auf Purinstoffwechsel 1243.
Gehalt im Blut 278 Tab., 361f., 452 Tab.
— in Erythrocyten 452 Tab.
— — Zellelementen 1094 Tab.
— im Liquor cerebrospinalis 574.
Senkung der Nahrungshyperglykämie durch 783.
Vorkommen in Vitamin B_1 1180.
Aneurindiphosphat s. Aneurinpyrophosphat.
Aneurinphosphorsäure, Synthese, biologische 1243.
Aneurinpyrophosphat, Bedeutung für Abbau von α-Ketoglutarsäure 1052.
—, — — — α-Ketosäuren 1039.
—, — — Acetylcholinsynthese 1243f.
—, — — Kohlenhydratstoffwechsel 775.
—, Bildung, Energielieferung für 1235.
— als Cocarboxylase 637, 650, 754*.
—, Coferment der Pyruvodehydrogenase 1031.
—, — Transketolase 1063.
—, Gehalt im Blutplasma 361.
— s. a. Cocarboxylase.
— s. a. Diphosphothiamin.
Anfälle, epileptische, Glucoseausscheidung im Harn 700.
— Bromwirkung bei 735.
Angiocholitis, Harnsäurebildung bei 1247.
Anhydrämie 392.
Anilin, Hippursäureanilidbildung aus 917, 918*, 919.
—, Methämoglobinbildung durch 435.

Anionenpermeabilität der Erythrocyten 422.
— von Membranen 629.
Ankylostomum caninum, Gerinnungshemmung durch Mundsekret von 491.
Anorexie 628.
Anserin 978*, 979.
—, Bildung aus Carnosin 961, 962*.
—, Methylgruppen, labile, in 963.
Antabus, Hemmung der Xanthindehydrogenase 1203*.
Anthozoen, Gehalt an Cholesterin 870.
Anthranilsäure, Bildung aus Kynurenin 990*.
—, — im Cytoplasma 1153 Tab.
— kein Ersatz für Nicotinsäure 995.
—, Zwischenstufe der Tryptophansynthese bei Neurospora 995.
Anti-B-Agglutinine 385.
Anticoagulantien 256, 490—493.
Antigene, Anreicherung in Mitochondrien 1146.
—, — Zellkernen 1147.
Antigene, agglutinable 385.
Antiheparin 483.
Antihyaluronidasen 383f.
Antiinsulin-Faktor 783.
Antiinvasin 384.
Antikörper gegen Blutgruppen 292 Tab.
—, Vorkommen in Plasmaeiweißfraktionen 290, 292 Tab., 301, 306, 312 Tab.
Antipepsin 77, 83.
Antiperistaltik 110, 179f.
Antiperniciosafaktor, Bedeutung für Hämoglobinsynthese 1010.
Antiperniciosastoff 38.
— s. a. Vitamin B_{12}.
— s. a. Ferment, Castlesches.
Antiprothrombin 485ff., 489, 492, 497.
Antipyrin, Hemmung der Cholinesterase durch 375.
Anti-Rhesusfaktor 287.
Anti-Rh-Seren 388 Tab.
Antithrombin 497.
Antitoxine in Bluteiweißfraktionen 290, 310.
Apatit 696, 707, 710.
Aplysia, Harnsäuresynthese bei 1204.
Apoerythein 467.
Apofermente 727.
Apoferritin 658, 1009.
Appetitsaft, Magen 55, 69, 87.
Apterygoten, Vorkommen von Guanin in 1217.
Apyrase 1188.
Aquädukt 565.
Arabane in Pektinen 188.
Arabinose, Bildung von Essigsäure aus 748.
—, Resorption 218 Tab.
—, Wirkung auf Harnsäureausscheidung 1242.
L-Arabinose, Spaltung durch Lactobacillus pentoaceticus 748.
—, keine Spaltung durch D-Arabinosedehydrogenase 738, 748.
D-Arabinosedehydrogenase 738.
Arabinosephosphat, Bildung aus 6-Phosphogluconsäure 1062.
Arabinose-5-phosphorsäure, Vorkommen in Adenin-pentose-pyrophosphat 1184.
Arachidonsäure als Fettsäure, essentielle 820.
—, Gehalt im Blutserum 335.
—, — in Neutralfetten 845 Tab.
—, — — Phosphatiden 845 Tab.
—, Oxydation durch Cyclophorasesystem 1141.
Aragonit 719.
Arbacia lixula, Zusammensetzung der Kernproteine aus Aminosäuren 1112—1113 Tab.
Arbeit, Beeinflussung des Säure-Basen-Gleichgewichtes durch 539—541.
—, Brenztraubensäure und Milchsäure im Blut nach 328.
— und Phosphathaushalt 651.
Arginase, Aktivierung durch Kobalt und Nickel 674.
—, — Mangan 671.
—, — Vanadium 686.
—, Gehalt in Zellelementen 1084 Tab., 1126 Tab.
—, — Leberzellkernen 1124.
—, Vorkommen im Blut 381.
—, — in Darmschleimhaut 120 Tab., 123.
—, — — Erythrocyten 450.
—, — — Zellkernen 671, 1114 Tab., 1127.
Arginin:
295, 968*, 970*.
Aminosäure, unentbehrliche 933f.
—, glucoplastische 763, 765 Tab.
Bedeutung für Purinsynthese 976.
— Spermatozoenbildung 934.
Bildung 969.
—, Hemmung 973.
— aus Citrullin 972, 1149, 1164, 1235.
— — Glutaminsäure 969.
— im Cytoplasma 1153 Tab.
— in Zellelementen 1090 Tab.
— von Agmatin aus 931.
— — Guanidinoessigsäure aus 947, 948*.
— — Harnsäure aus 944, 1204.
— — Kreatin aus 348, 946f., 969.
— — Purin aus 1218, 1241.
— — Putrescin aus 954.
— — Zucker aus 969.
Einbau von ^{14}C in 829.
Gehalt im Blutplasma 344 Tab., 569 Tab.
— — Dünndarmchymus 174.
— — Harn 344 Tab.
— in Jejunumschleimhaut 119.
— im Liquor cerebrospinalis 568 Tab., 569 Tab.
— in Magenschleimhaut 40.
— — Rattenleber 1072 Tab.
— im Stromaeiweiß 440 Tab.
— in Zellkernen 1100 Tab.
— — Zellkernproteinen 1110 Tab.
Nierenclearance 344 Tab.
Stoffwechsel 968—974.
Verwertung für Purinsynthese 1219f.

Argininbernsteinsäure, Bildung aus Citrullin 973*.
Argininphosphorsäure, Phosphatbindung, energiereiche, in 785.
—, Spaltung durch Krebsmuskel 1236.
—, Transphosphorylierung mit Adenylsäure 788.
—, Vorkommen 946, 1194.
Argon, Gehalt im Blut 505.
Argyrie 687.
Arsen, Affinität zu Hautanhangsgebilden 610.
—, Bedeutung, biologische (?) 655.
—, Gehalt im Blut 405, 430, 693.
—, — Erythrocyten 430.
—, — Organen 692f.
—, Hemmung der Phosphorylierung, oxydativen 1140.
—, Schrifttum 692.
—, Verhalten im Organismus 692ff.
—, Wirkung auf Fermente 694.
—, radioaktives 693.
Arsenate, Austauschreaktion mit Acetylphosphat 1043*.
—, Giftigkeit 694.
—, Hemmung der Blutglykolyse durch 694.
—, Notwendigkeit für Glutamin-Asparagin-Transferase 921.
—, Wirkung auf Fermente 694.
—, Wirkung auf Glucoseabbau 693.
—, —, biologische 694.
Arsenige Säure, Hemmung der Citronensäuresynthese durch 1059.
—, — — Secretinwirkung durch 134.
Arsenik, Genuß von 693.
Arsenit, Aktivierung der Blutglykolyse durch 694.
—, Wirkung, biologische 694.
Arsenobenzolderivate, Wirkung auf Fermente 694.
Arsenobetainaldehyd 854.
Arsenocholin 854.
Arsenolyse 1043.
Arsenoxyd, Hemmung von Thiolase durch 1049.
Arsenverbindungen, Gewöhnung an 693.
—, organische, Giftigkeit 694.
Arsinoxyde, Wirkung auf Fermente 694.
Arteriosklerose 721.
—, Beziehung zum Cholesterin 872.
—, Phosphatidgehalt der Nerven bei 865.
Arthritis bei Fluorosis 698.
—, Gelenklymphe, spez. Gewicht bei 580.
—, chronische, Gehalt des Blutes an Kalium bei 394.
—, rheumatische 581.
Arthropathien, chronische 580.
Arthropoden, Gehalt an Cholesterin 870.
Arylsulfatase, Gehalt in Zellelementen 1086 Tab.
—, Vorkommen in Zellkernen 1086 Tab., 1116 Tab.
Ascendensstagnation, physiologische 110.
Ascidien, Reaktion der Blutzellen von 1172, 1173 Tab.
Ascidieneier, p_H-Wert 1173 Tab.
Ascites 408, 557f., 560 Tab., 561f.
Ascitesflüssigkeit 105.
Ascorbinsäure, Abnahme in Nebennierenrinde nach ACTH 884 Anm.
—, Bedeutung für Tyrosinabbau 981, 984.
—, Beteiligung an Biliverdinreduktion 437.
—, Gehalt im Blut 317, 364f., 365 Tab.
—, Hämiglobinreduktion durch 1013.
—, Redoxpotential 274.
— und Resorption von Eisensalzen 657.
—, Vorkommen in Leukocyten und Thrombocyten 472.
—, — im Nebennierencytoplasma 1154.
—, — in Nebennierenrinde 886.
— s. a. Vitamin C.
Ascorbinsäureoxydase 654, 666.
Asellus aquaticus, Desoxyribonucleinsäuresynthese in 1197.
ASF s. Acetobacter stimulatory factor.
Asparagin, Austausch der Amidogruppe 920.
—, Bildung 950*.
—, — von Harnsäure aus 944.
—, Resorption 227.
—, Vorkommen im Blutplasma 344.
Asparaginase 687.
Asparaginsäure:
948*.
Abbau 936, 949f.
Aminosäure, entbehrliche 933, 950.
—, glucoplastische 763, 765 Tab., 766 Tab.
Bedeutung für Bildung von Arginin 972*.
— — — Harnstoff 972, 1163.
— — Umaminierung 937.
Bildung 934.
— aus Essigsäure 838.
— — Kohlenhydrat 949.
— — Oxalessigsäure 972.
— von Glutamin aus 950*.
— — Harnsäure aus 944.
— — Oxalessigsäure aus 929.
— — Purin aus 1218.
— — Uracil aus 1227.
— — Zucker aus 933, 948f.
Einbau von ^{14}C in 829.
Einfluß auf Hämoglobinbildung 466.
— Dünndarmschleimhaut 119.
— Rattenleber 1072 Tab.
— Zellkernproteine 1110 Tab.
Impermeabilität von Erythrocyten für 422.
Oxydation in Mitochondrien 1148.
Umaminierung 949, 957.
Vorkommen im Darmchymus 175 Tab.
Wirkung, glucoplastische 948f.
Asparaginsäure-Ketoglutarsäure-Transaminase 1148.
D-Asparaginsäure, Bildung von Oxalessigsäure aus 1148.
—, Oxydation durch Mitochondrien 1136 Tab.

L-Asparaginsäure, Oxydation durch Cyclophorasesystem 1148.
—, Oxydation durch Mitochondrien 1136 Tab.
D-Asparaginsäureoxydase, Vorkommen im Cyclophorasesystem 1148.
Asparaginyl-histidin, Vorstufe von Carnosin 978.
Asparaginyl-methylhistidin, Vorstufe von Anserin 978.
Aspergillus niger, Notwendigkeit von Zink für 674.
— oryzae, Glucosedehydrogenase in 773.
— — Lysophospholipase in 851.
Asphyxie, Blutzuckersteigerung bei 318.
—, Purinstoffwechsel bei 1247.
Assimilation 728.
Asthma 502.
—, Histamin im Blut bei 353.
Astragalus, Selenanreicherung durch 694.
A. T. 10 645, 692, 715, 720f.
Atebrin, Hemmung der Allantoinbildung 1211.
Atemgase, Transport 507.
Atemzentrum, Bedeutung für Reaktionsregulierung 1164.
—, Empfindlichkeit gegen p_H-Änderungen 271.
—, Erregung durch Kohlensäure 536f.
„Atlas Tween 20" 162.
Atmung, CHEYNE-STOKESsche 536.
—, Hemmung durch Fluorid 759.
—, KUSSMAULsche 543.
— und Säure-Basen-Gleichgewicht 534—537.
—, elementare, Fermente der 381f.
Atmungsferment, Gehalt in Erythrocyten 1114 Tab.
—, WARBURGsches 656, 633.
—, altes gelbes 1237.
Atmungsfermente, Vorkommen in Zellkernen 1114 Tab.
—, gelbe, Gehalt an Lactoflavin 650, 1180.
Atmungsfunktion des Blutes 500—528.
Atmungsgifte 663.
Atmungskettenphosphorylierung 1118, 1137, 1144.
Atophan, Hemmung der Harnsäurebildung durch 1249.
ATP s. Adenosintriphosphorsäure.
ATPase s. Adenosintriphosphatase
Atrophie, marantische 719.
—, osteoklastische 719.
—, senile 719.
—, trophoneurotische 719.
Atropin, Hemmung der Dickdarmsekretion 178.
—, Hemmung der Magensaftsekretion 45.
—, Verminderung der Zuckerresorption 217.
—, Wirkung auf Darmsaftsekretion 145.
—, — Harnsäureausscheidung 1230f.
AUERBACHscher Plexus s. Plexus myentericus (AUERBACH).
Auripigment 693.
Ausatmungsluft, Wasserabgabe mit der 593, 596.
Autointoxikation, intestinale 189, 229.
Autolyse 1163, 1169.
—, Abbau der Leberphosphatide bei 850, 864.
—, Bildung von Ammoniak bei 1201.
—, p_H-Verschiebung bei 1175.
8-Azaguanin, Hemmung der Nucleinsäuresynthese durch 1197, 1248.
Azelainsäure, Abbau durch Nierencyclophorase 1144 Tab.
—, Ausscheidung 810.
—, keine Oxydation von 809.
Azotämie 408, 633f.
Azotobakter, Calcium- und Strontiumbedarf 644.

Bacillus acidi lactici, Vorkommen im Dickdarm 182.
— acidi urici Ulpiani, Abbau von Harnsäure durch 1211.
— aerogenes, Abbau von Harnsäure durch 1211.
— amylobacter, Vorkommen im Dickdarm 182.
— bulgaricus, Vorkommen im Dickdarm 190.
— mesentericus, Vorkommen im Dickdarm 182.
— parathyphosus, Bildung von Urocaninsäure durch 975.
— prodigiosus, Zinkbedarf 674.
— putrificus, Vorkommen im Dickdarm 182, 187, 189, 191.
— pyocyaneus, Farbstoffbildung 587.
— saccharobutyricus, Vorkommen im Dickdarm 182.
— Schatz, Desoxyribonucleinsäuren, Zusammensetzung aus Basen 1108 Tab.
— sporogenes, Vorkommen im Dickdarm 182, 187.
— subtilis, Vorkommen im Dickdarm 182.
— verrucosus, Vorkommen im Dickdarm 182.
— der Vogeltuberkulose, Desoxyribonucleinsäuren, Zusammensetzung aus Basen 1108 Tab.
Bacterium acidophilum Moro, Vorkommen im Dickdarm 183.
— bifidum, Vorkommen im Dickdarm 183.
— coli, Abbau von Serin durch 939.
— —, Glykolyse, Aktivierung durch Thiole 654.
— —, Hemmung der Nucleinsäurebildung in — durch Acriflavin 1197.
— —, Vorkommen im Dickdarm 183, 189.
— —, — von Transaminase in 1201.
— — aerogenes, Vorkommen im Darm 172, 187.
— — commune, Vorkommen im Darm 173, 182.
— — communius, Vorkommen im Darm 173.
— delbrückii, Pyruvatumsatz 1031.

Bacterium faecalis alcaligenes, Vorkommen im Dickdarm 182.
— fluorescens, Vorkommen im Dickdarm 189.
— lactis aerogenes, Vorkommen im Darm 172, 182, 187.
— propionicum pentosaceum, Glykolysehemmung in 759.
— proteus, Vorkommen im Dickdarm 182, 187.
— pyocyaneum, Vorkommen im Dickdarm 189.
Bactericidine 171f.
Bakterien:
Bedeutung für Ernährung des Wirtsorganismus 101.
— Magenverdauung 98—101.
Bildung von Fettsäuren durch 835.
— Harnsäure durch 1208.
Dehydrierung von Brenztraubensäuren durch 1035.
Eiweißzersetzung im Darm durch 229.
Gehalt an Fermenten, phosphatidspaltenden 852.
— Nucleoproteiden 1180.
— Phosphaten 648f.
— Urease 35, 37.
Oxydation von Selen durch 695.
p_H-Wert 1173 Tab.
Vorkommen im Dickdarm 173, 182, 186.
— im Dünndarminhalt 172.
— von Aminosäuredecarboxylasen in 931.
— — Enzymen, respiratorischen, in 1015.
Widerstandsfähigkeit gegen Pepsin 67.
anaerobe, Vorkommen im Dickdarm 173.
milchsäurebildende 172.
thermophile, Vorkommen von Adenosintriphosphatase in 787.
Bakterienfermente, Bedeutung für Pflanzenfresser 9.
Bakterienstoffwechselprodukte, Hämolyse durch 421.
Bakterientransaminasen 938.
Bakterienwachstum, Bedeutung von Magnesium für 637.
Bakteriophagen, Desoxyribonucleinsäuren, Zusammensetzung aus Basen 1106 Tab.
—, Gehalt an Nucleoproteiden 1180.
BAL (British Anti Lewisit) 429, 779.
—, Wirkung auf Uricase 1210.
Bariumsalze, Giftigkeit 685.
BASEDOWsche Krankheit, Blutzuckersteigerung bei 318.
—, Gehalt im Blut an Milchsäure bei 324.
—, — — Phosphatase bei 377.
—, — — Vitamin A bei 359.
—, Purinausscheidung bei 1247.
—, Purinstoffwechsel bei 1232.
Bauchfellsaft 105.
Bauchhöhle, Resorption aus der 252f.
—, — von Gasen aus der 253 Tab.
Bauchhöhlenflüssigkeit 559 Tab., 563.
Bauchlymphe 555.
B_1-Avitaminose, Störung des Adenylsäurestoffwechsels bei 1243.
—, Wasserretention bei 603.
B_2-Avitaminose und Eisenstoffwechsel 662.
B_6-Avitaminose und Eisenstoffwechsel 662.
Becherzellen, Darmschleimhaut 107, 143, 178.
—, Magenschleimhaut 36.
Behensäure, Abbau von deuterierter 803.
—, Beeinflussung der Fettsäureresorption durch 800.
Behenolsäure, Spaltung 809.
Beinlymphe 550f, 553 Tab.
Belegzellen s. Magen, Belegzellen.
BENCE-JONESscher Eiweißkörper, Vorkommen 303.
Benzamidase 654.
p-Benzochinon, Hemmung der Carboxylase durch 754.
Benzo-echtrosa, Gerinnungsverhinderung durch 491.
Benzoesäure, Abbau von Fettsäuren, phenylsubstituierten, zu 928*.
—, Ausscheidung nach Zufuhr von Säuren, ungeradzahligen, aromatischen 802.
—, Bildung aus α-Methyl-β-phenylpropionsäure 814*.
—, — von Hippursäure aus 921*, 938*f.
—, Hemmung der Fettsäureoxydation durch 1143.
Benzolring, Sprengung, oxydative 983.
Benzolsulfo-α-methylamino-adipinsäure, Bildung aus Benzolsulfo-α-methylamino-laurinsäure 811*.
Benzolsulfo-α-methylamino-laurinsäure, Bildung von Benzolsulfo-α-methylamino-adipinsäure aus 811*.
Benzolvergiftung, Fibrinolyse bei 297.
Benzoylargininamid-amidase, Gehalt in Zellelementen 1084 Tab.
Benzoyl-coenzym A 921.
Benzoyl-leucin 918*.
Benzoyl-leucyl-leucin-anilid 918*.
Benzoylornithin 921*.
Benzoyl-phenylalanin 918.
Benzoyl-phenylalanyl-leucin-anilid 918.
Benzoylphosphat 921.
Benzoyl-L-tyrosin 918.
Benzoyl-tyrosyl-glycinamid 919*.
Benzoyl-L-tyrosyl-glycinanilid 918.
Benzpyren, Entgiftung 967.
α-Benzylalanin, Bildung aus β-Benzyl-brenztraubensäure 935.
β-Benzyl-brenztraubensäure, Bildung von β-Benzylalanin aus 935.
Beri-Beri, Gehalt im Blut an Adenylsäure bei 1244.
—, — — Brenztraubensäure 326.
—, — — Kupfer 402.
—, — — Pantothensäure 363.
—, — — Zink 403.
Berliner Blau-Reaktion 657f.

Bernsteinsäure:
Abbau 813, 1142.
Anhäufung bei Hemmung der Succinodehydrogenase 1058f.
Ausscheidung im Harn 813, 817.
Bildung aus Succinyl-coenzym A 1053.
— — Essigsäure 1028, 1057.
— — α-Ketoglutarsäure 839 Schema.
— — Serin 942.
— bei Gärung, bakterieller 187, 189.
— im Citronensäurecyclus 813.
— von Brenztraubensäure aus 942.
— — Glucose aus 763, 764*, 766 Tab.
— — Succinyl-CoA aus 814.
Dehydrogenierung 789, 806.
Gehalt im Blut 327.
— — Blutserum 572 Tab.
Oxydation in Mitochondrien 1130.
Stellung im Citronensäurecyclus 950, 1055 Schema, 1056 Schema.
Vorkommen in Echinococcusblasen 579.
— — Hydroceleflüssigkeit 564.
„aktivierte" 839.
— s. a. Succinyl-coenyzm A.
alkylierte, Bernsteinsäureausscheidung nach Verfütterung von 817.
Bernsteinsäuredehydrogenase 817.
—, Gehalt in Mitochondrien 1131.
„Bernsteinsäurecyclustheorie" 1028f.
Bernsteinsäuren, substituierte, Verhalten im Tierkörper 817.
Bernsteinsäureoxydase, Aktivität im Cyclophorasesystem 1133.
—, Gehalt in Lebermitochondrien 1145.
—, — — Milchdrüse 1134.
—, Hemmung durch Zink 679.
—, Verankerung in der Zelle 1131, 1134.
Bestrahlungsschutzstoff in der Zellkernfraktion 1156.
Betain, Bildung aus Dimethylglycin 962*.
—, — — Glycin 943.
—, — von Formiat aus 840*.
—, — — Glycin aus 961.
— fehlt im Blut 352.
—, Einbau in Phosphatide 850.
—, Entmethylierung 855.
— als Methyldonator 853f., 855 Abb., 961, 963.
—, Methylgruppen, labile, im 963.
—, Vorkommen in Echinococcusblasen 579.
—, — im Reststickstoff des Blutes 341.
— als Wachtumsfaktor 855.
Betainaldehyd, Beziehungen zu Cholin 854, 855 Abb.
Betainaldehyddehydrogenase, Vorkommen in Mitochondrien 1145.
Betainaldehydoxydase, Gehalt in Zellelementen 1080 Tab.
—, Vorkommen in Zellkernen 1080 Tab., 1114 Tab.
Bewegung, peristaltische, Darm 109ff.
— s. a. Peristaltik.
Bezoarsteine 185.
Bicarbonate, Bedeutung für Pufferung des Blutes 539.
— s. a. Hydrogencarbonate.
Bienen, Blutzuckerwert 314.
Bienenstoffwechselprodukte, Hämolyse durch 421.
Bilifuscin 193, 1017*.
— Hauptfarbstoff des Kotes 180.
Bilihumin 439.
Bilileukan 193, 1017*.
Bilinegrin 439.
Biliprasin 439.
Bilirubin:
Abbau 1017*.
Bestimmung 355.
Bildung 437f, 1016, 1017*.
Bindung an β-Globulin 302.
— — Serumalbumin 310, 438.
-Eiweißverbindungen 438.
Gehalt im Blut 279 Tab., 339, 563 Tab.
— — Blutserum 279 Tab., 353ff.
— — Duodenalinhalt 171.
— — Duodenalsaft 133.
— in Echinococcusblasen 579.
— — Gelenkergüssen 582.
— im Ileuminhalt 172.
— in Transsudaten 560.
Reduktion im Darm 193.
direktes und indirektes 354, 438.
Bilirubinindex 354.
Bilirubinoide im Darminhalt 180, 193.
Biliverdin, Bildung beim Hämoglobinabbau 437, 1017*, 1018 Schema.
—, Vorkommen im Serum 355.
Biliverdinhäm, Bildung beim Hämabbau 1018 Schema.
Bindegewebe, Phosphatidgehalt 846.
—, p_H-Wert 1173 Tab.
—, Verdauung durch Magensaft 76.
Bindegewebsknochen, Bildung 705.
Bindegewebsmastozyme 499.
Biotin, Ausscheidung im Harn 954.
—, Bedeutung für CO_2-Fixierung 1054.
—, — — Hämoglobinsynthese 1010.
—, Bildung im Darm 197.
—, Einfluß auf Purinstoffwechsel 1246.
—, Gehalt im Blut 366, 454.
—, — — Cyclophorasesystem 1132 Tab.
—, — — Speichel 26 Tab.
—, — in Zellkernen 1094 Tab.
Bissenbildung 27.
Bittersalz 653.
Blättermagen 32, 99.
Blasenmole, Hormon, gonadotropes, im Liquor bei 573.
Blaualgen, Calciumbedarf 644.
Blausäure, Bindung an Hämoglobin 434.
—, Hemmung der Xanthinoxydation durch 1203.
—, — von Fermenten durch 758, 759 Tab.
Blausäurevergiftung 543, 669.
Blei, Gehalt im Blut 404, 430.
—, — Erythrocyten 430.

Die Seiten 1—840 befinden sich im Bandteil a, die Seiten 841—1257 im Bandteil b.

Blei als Spurenelement 655.
—, Vergiftung 404, 437, 688, 1008, 1019, 1248.
—, Verhalten im Organismus 658.
—, radioaktives, Stoffwechselversuche mit 688.
Bleichsucht, Färbeindex bei 433.
blind staggers 695.
Blut:
254—545.
s. a. Blutplasma; Blutserum; Erythrocyten; Gesamtblut.
Schrifttum 255.
Abbau von Harnsäure im 1208, 1210.
Albumin-Globulin-Quotient 278 Tab., 310.
Alkalireserve 277 Tab.
Anionenrest 529.
Atmungsfunktion 500—528.
—, Schrifttum 500.
Aussehen 257.
Basenmenge, gebundene 1163.
Bestandteile, geformte 416—473.
—, Menge 255.
Beziehungen von Kalium- und Phosphorgehalt 413f.
Bildung von Citronensäure im 1060 Tab.
— Harnsäure in 1202.
Bisulfitbindungsfähigkeit 326.
Blutkörperchenzahl 432 Tab.
Blutungszeit 277 Tab.
Brechungsindex 277 Tab.
Chloriddefizit 64.
Druck, kolloidosmotischer 260, 269f., 310, 578.
—, osmotischer 266ff.
Eigenschaften, physikalische 257—276.
Eisenaufnahme 661.
Eiweißspeicherung im 927.
Erythrocytenzahl 563 Tab.
Färbeindex 432f.
Farbe 257f.
Fettsäuren, Jodbindungsvermögen 336 Tab.
—, gebundene, Verteilung 335 Tab.
Gasspannungen 504 Tab.
Gastransport 501, 507—520.
Gehalt an Acetaldehyd 327, 444.
— Acetessigsäure 280 Tab.
— Aceton 280 Tab., 327, 328 Tab.
— Acetonkörpern 327, 328 Tab.
— Adrenalin 369, 451.
— Alanin 445 Tab., 916f.
— Albumin 278 Tab., 286.
— Albumin-N 563 Tab.
— Alkohol 280 Tab., 327, 572 Tab.
— Allantoin 347, 1216.
— p-Aminobenzoesäure 366, 454.
— Aminosäuren, essentiellen 916.
— —, freien 915.
— Aneurin 281 Tab., 361f., 452 Tab.
— Arsen 405, 430, 693.
— Ascorbinsäure 317, 364f., 365 Tab.
— Basen 529f.
— Bernsteinsäure 327.

Blut:
Gehalt an Bilirubin 279 Tab., 339, 563 Tab.
— Biotin 366, 454.
— Blei 404, 430.
— Bor 406, 689.
— Brenztraubensäure **324ff.**, 783.
— Brom 409, 430.
— Calcium 281 Tab., 395, 426 Tab., 529 Tab. 530, 544, 563 Tab., 613 Tab., 642, 644f., 651.
— Carbaminosäureverbindungen 523f.
— Carotin 357, 451.
— Carotinoiden 312 Tab., 353, 356f.
— Cerebrosiden 334f.
— Chloriden 282 Tab., 407ff, 426 Tab., 529 Tab., 530.
— Cholesterin 280 Tab., 311, 312 Tab., 333 Tab., 337f., 426 Tab., 872.
— Cholin 137 Tab., 341, 371, 430.
— Chrom 405.
— Citronensäure 327, 644.
— Cocarboxylase 281 Tab., 452 Tab.
— Cozymase 363, 453f.
— Cystin 275, 289, 295, 347, 440 Tab. 448.
— Eisen 282 Tab., 426 Tab.
— Eiweiß 278 Tab., 286, 426 Tab., 529 Tab. 530.
— Eiweißfraktionen nach Diphtherietoxin 310 Tab.
— Fermenten 371—385.
— Fett 280 Tab., 330—339, 359, 426 Tab.
— Fettsäuren 426 Tab.
— —, gebundenen 331, 335ff.
— —, ungesättigten 336, 822.
— Fibrinogen 278 Tab., 289, 296, 477, 497.
— Fluor 406f., 430, 696.
— Fructose 313, 318, 444.
— Gesamteiweiß-N 563 Tab.
— Globulinen 278 Tab., 286.
— β-Globulin 299.
— Globulin-N 563 Tab.
— Glucosamin 322, 323 Tab.
— Glucose 279 Tab., 314—318, 426 Tab. 563 Tab., 730.
— — s. a. Blutzucker.
— β-Glucuronidase 379.
— Glykocyamin 350.
— Glucuronsäure 322, 444.
— Glutamin 341, 915.
— Glutaminsäure 915.
— Glutathion 414f., 448 Tab., 779.
— Glykogen 320 Tab., 321 Tab., 444.
— Glykokoll 445 Tab.
— Gold 405.
— Hämoglobin 277 Tab., 426 Tab., 432 Tab., 563 Tab.
— Harnsäure 279 Tab., 340, 346—348, 403, 563 Tab. 1198, 1239f.
— Harnsäure-N 444 Tab., 563 Tab.
— Harnstoff 37, 339f., 341 Tab., **342**, 916.

Blut:
Gehalt an Harnstoff-N 278 Tab., 444 Tab., 563 Tab.
— Histamin 352f., 371, 577 Tab.
— Histidin 917.
— Hormonen 366—371.
— Hydrogencarbonat 529 Tab., 530, 533, 544.
— Hypoxanthin 347.
— Indican 279 Tab., 340, 341 Tab., 350f.
— Jod 409ff., 682.
— Kalium 281 Tab., 426 Tab., 529 Tab., 530, 627.
— Katalase 449.
— α-Ketoglutarsäure 324, 328.
— Ketonkörpern 328 Tab.
— Kieselsäure 690ff.
— Kobalt 406.
— Kochsalz 282 Tab., 407, 563 Tab.
— Kohlendioxyd 277 Tab.
— Kohlenhydraten 279 Tab., 314—318, 426 Tab., 563 Tab., 730.
— Kohlenoxyd 434.
— Kohlensäure 518, 533, 544.
— Kreatin 279 Tab., 313 Tab., 320 Tab., 341, 349 Tab.
— Kreatinin 279 Tab., 313 Tab., 317, 320 Tab., 341.
— Kreatinphosphorsäure 349, 412.
— Kupfer 282 Tab., 401, 429.
— Lactoflavin 281 Tab., 362, 674.
— Lactose 313, 319, 320 Tab.
— Lecithin 332 Tab., 334, 426 Tab.
— Lipoiden 330—339.
— Lipoidphosphor 411.
— Magnesium 281 Tab., 426 Tab.
— Maltose (?) 320 Tab.
— Mangan 403, 430, 670.
— Methionin 414, 445 Tab., 654.
— Milchsäure 279 Tab., 323f., 328 Tab., 773.
— Natrium 281 Tab., 426 Tab., 529 Tab., 530.
— Neutralfetten 280 Tab., 332 Tab., 333 Tab., 334, 426 Tab.
— Nicotinsäure 363, 452, 453 Tab.
— Nicotinsäureamid 280 Tab., 363 Tab., 364, 452, 453 Tab.
— Nitrite 415f.
— Nucleosidasen 378.
— Nucleotide 411.
— Oxalsäure 813.
— β-Oxybuttersäure 327, 328 Tab.
— Oxysäuren, aromatischen 328f.
— Palmitinsäure 335, 338.
— Pantothensäure 281 Tab., 452 Tab., 674.
— Phenolen 328f.
— Phosphat 426 Tab., 651.
— Phosphatiden 241, 280 Tab., 332 Tab., 333 Tab., 334f., 857—862.
— Phosphor 282 Tab., 411—414, 426 Tab.
— Phosphorverbindungen 411—414, 445.

Blut:
Gehalt an Plasmal 335.
— Polypeptiden 343, 345f.
— Polysacchariden 321.
— Porphyrinen 439.
— Progesteron 370 Tab.
— Prolactin 368.
— Prothrombin 479, 497.
— Puffersubstanzen 538, 545.
— Purinbasen-N 347.
— Pyridoxin 364.
— Restkohlenstoff 329f., 445.
— Rest-N 93, 278 Tab., 339—342, 563 Tab., 687.
— s. a. unter Blutserum, Blutplasma sowie Erythrocyten.
— Rhodanid 415, 954.
— Riboflavin 281 Tab., 362, 452 Tab.
— Säuren, organischen 529f.
— Schwefel 282 Tab., 414f, 426 Tab.
— Serumalbuminen 278 Tab., 286, 299, 311 Tab.
— Serumglobulin 278 Tab., 286, 299, 305.
— Silber 406.
— Silicium 416.
— Sphingomyelinen 332 Tab., 334 Tab., 335.
— Stickstoff 505.
— Sulfaten 414, 529 Tab.
— Thyroxin 367.
— Tocopherol 360f.
— Urobilinogen 279 Tab.
— Verbindungen, N-haltigen 339—353.
— Vitamin A 280 Tab.
— — B_1 281 Tab.
— — B_2 281 Tab.
— — C 281 Tab., 454.
— — D 280 Tab.
— — E 280 Tab.
— — H 281 Tab.
— — H′ 281 Tab.
— — K 281 Tab.
— Wasser 277 Tab., 391f., 426 Tab., 592 Tab.
— Xanthin 347.
— Zink 282 Tab., 403f., 429.
— Zinn 406.
— Zucker 279 Tab., 315, 426 Tab., 563 Tab., 730.
Gerinnung 473—500.
— s. a. Blutgerinnung.
Gerinnungszeit 277 Tab., 490.
Gesamtfette, Verteilung 332 Tab.
Gewicht, spezifisches 263, 272.
Isohydren 533 Abb.
Isotonie 268, 600.
Jodverteilung 410 Tab.
Kohlensäurebindung und -abgabe 519f.
Kohlensäurebindungskurven 533 Abb., 534.
Konservierung 257, 468f.
Leitfähigkeit 268f.
Mineralbestandteile 281 Tab., 430 Tab.
Nativplasma 285.
Phosphatfraktionen 411 Tab.

Blut:
Phosphatidaustausch 858.
p_H-Wert 271f., 277 Tab., 531—534, 544 Tab.
—, reduzierter 533.
— s. a. Blut, Reaktion.
— s. a. Blut, Wasserstoffionenkonzentration.
Plasmaeiweißstoffe 285—298.
Prothrombinzeit 277 Tab.
Pufferungskurven 1162 Abb.
Reaktion 530—534.
— s. a. Blut, p_H-Wert.
— s. a. Blut, Wasserstoffionenkonzentration
Redoxpotential 275.
Refraktion 272f.
Refraktometerwerte 274 Tab.
Reduktion, Gesamt- 314.
Restreduktion 313 Tab., 316f, 320 Tab.
Säure-Basengleichgewicht 528—545.
— Schrifttum 528.
Sauerstoffbindung 511—518.
Sauerstoffbindungskurve 512 Abb.
Sauerstoffkapazität 277 Tab., 510f.
Sauerstoffspannung 504 Tab., 506.
Schwefelverteilung 415 Tab.
Speckhautbildung 424.
Suspensionsstabilität 264—266.
als Transportmittel 501.
Umlaufzeit 262.
Viscosität 273—275.
Vorkommen von
— Adenylsäure 317, 341, 347, 411.
— Allantoin 1211, 1215.
— Aluminium 405, 430.
— Aminopolypeptidasen 381f.
— Carbohydrasen 378ff.
— Carnosin 341.
— Cholinesterase 373ff.
— Codehydrogenase 382.
— Coenzym I 363.
— Colamin 341.
— Cytochromoxydase 401.
— Diaminoxydase 932.
— Dimethylguanidin 353.
— Dimethylsulfon 415.
— Dipeptidase 381.
— Diphosphopyridinnucleotid 411.
— Eiweißzucker im 313, 320ff.
— Folsäure 366.
— Gallensäure im 339.
— Glykocyamidin 353.
— Guanase 381.
— Guanidin 341, 353.
— Harnsäurebosid im 1185.
— Hormonen 366—371.
— Indolessigsäure 329, 351.
— Kathepsin 380.
— — Koproporphyrin im 439.
— Kresol 328f.
— Kryptoxanthin im 357.
— Lipoproteiden im 331.

Blut:
Vorkommen von Maltose im 313.
— Methämoglobin 507.
— Methan 507.
— Mononatriumurat in 1255.
— Neutralschwefel 414f.
— Nucleosid-N 348.
— Nucleosidasen 378.
— Nucleotiden 411.
— Nucleotid-N 347f.
— Pentosen im 313.
— Phenylalanin 344.
— Phosphatasen 375—377.
— Phosphorsäureestern 411.
— Protoporphyrin 439.
— Pyrophosphatasen 377.
— Redoxasen 381f.
— Saccharose im 313, 319.
— Schwefelsäure 414.
— Sulfosäuren (?) 414.
— Uroporphyrin 439.
— Xanthindehydrogenase 382.
Wasserstoffionenkonzentration 271, 510.
— Bestimmung 531.
— s. a. Blut, p_H-Wert.
— s. a. Blut, Reaktion.
Zusammensetzung 277—282 Tab., 426 Tab.
defibriniertes 256.
embryonales, p_H-Wert 271.
menschliches, Lipoidverteilung in 442 Tab.
Blutbildung, Beeinflussung 465ff.
—, Ort 463.
—, embryonale 463.
Blutdruck bei Blutverlust 261.
Blutegelmuskel, Acetylcholinbestimmung am 136.
Bluterguß, Entstehung aus Transsudaten u. Exsudaten 557.
Bluteisen, leicht abspaltbares 399.
— s. a. Eisen, leicht abspaltbares.
Bluteiweiß, Umsatz, täglicher 289.
Bluteiweißkörper 285—313.
—, Bausteinanalyse 303 Tab.
—, Hydratationsgrad 256.
—, Kohlenhydratgehalt 300f.
—, Konstanten, physikalische 305, 306 Tab.
—, Labilitätsreaktionen 302.
—, Refraktionswerte 273.
—, Regeneration 288.
—, Stickstoffgehalt der Fraktionen 294 Tab.
Blutentnahme 257.
Blutergüsse, Verkalkung 721.
—, Verknöcherung 721.
Blutersatz 286.
Blutersatzflüssigkeiten 261, 267.
Blutfarbstoff, Bereitstellung von Alkali durch 1162.
—, Biosynthese 996—1015.
—, Denaturierung im Magen 76.
—, okkulter 76.
— s. a. Hämoglobin.
Blutfett, Bildungsstätte 333.

Blutgasbestimmung nach VAN SLYKE 507.
Blutgase 503—506.
Blutgerinnung 255f., 473—500, 697.
—, Beeinflussung 490—496.
—, Calcium, Bedeutung für die 484.
—, Hemmung durch Erden, seltene 496.
—, Pathologie 496.
—, Schema 487, 488 Abb.
—, Schrifttum 473.
— Theorien 487ff.
Blutgewinnung 257.
Blutgruppen 385—390.
— nach RACE 390 Tab.
—, Verteilung in Deutschland 387 Tab.
Blutgruppenantigen JOBBINS 389.
Blutgruppen A-Substanz 385, 390, 424.
Blutgruppensubstanzen 730.
Blutkörperchen:
s. a. Erythrocyten.
s. a. Leukocyten.
Gefrierpunktserniedrigung 266.
Gehalt an Alkohol 280 Tab.
— Basen 426 Tab.
— Calcium 281 Tab., 426 Tab., 427 Tab., 428, 430.
— Chloriden 282 Tab., 426 Tab., 427 Tab.
— Cholesterin 280 Tab., 427 Tab.
— Eisen 427 Tab.
— Eiweiß 427 Tab.
— Fetten 280 Tab., 427 Tab., 441 ff.
— Fettsäuren 427 Tab.
— Glucuronsäure 444.
— Hämoglobin 427 Tab.
— Harnsäure 279 Tab., 1198.
— Harnstoff-N 278.
— Hydrogencarbonat 426 Tab.
— Indican 279 Tab.
— Kalium 281 Tab., 426 Tab., 427 Tab.
— Kohlenhydraten 279 Tab.
— Kreatin 279 Tab.
— Kreatinin 279 Tab.
— Lecithin 427 Tab.
— Lipoid-P 282.
— Magnesium 281 Tab., 426 Tab., 427 Tab.
— Milchsäure 279 Tab., 323 Tab., 444.
— Natrium 281 Tab., 426 Tab., 427 Tab.
— Neutralfetten 280 Tab.
— Phosphaten 426 Tab.
— Phosphatiden 280 Tab., 857.
— Phosphor 282 Tab.
— Reststickstoff 278 Tab.
— Säuren 426 Tab.
— Serumglobulin 306.
— Schwefel 282 Tab.
— Wasser 277 Tab., 426 Tab., 427 Tab.
— Zink 282 Tab., 403 Tab.
— Zucker 427 Tab.
Gewicht, spezifisches 263 Tab., 277.
Ionenaustausch 525, 526 Abb., 527 Abb.
Mineralbestandteile 430 Tab.
Sedimentation 266.
Senkungsgeschwindigkeit 264—266.
— und Fibrinogengehalt 296, 459, 477.
Blutkörperchen:
Senkungsreaktion 477.
pH-Wert 277 Tab.
Volumen 258.
Vorkommen von Glucuronsäure in 444.
kernhaltige, Phosphorylierung von Aneurin 452.
rote s. Erythrocyten.
weiße s. Leukocyten.
— s. Lymphocyten.
Blutkörperchenantigen 385 Tab.
Blutkörperchenantiköper 385 Tab.
Blutkörpercheneigenschaften A u. B. 385, 424.
Blutkrankheiten, Eisenausscheidung bei 661.
Blutkuchen 256, 297.
Blutlipase, Eigenschaften 163 Tab.
Blut-Liquorschranke, Beeinflussung durch Harnsäure 1255.
Blutlymphe 546, 549.
Blutmauserung 662.
Blutmenge 258—263.
—, Beeinflussung durch Temperaturänderung 259.
—, Bestimmung 258f., 262.
—, Kind 259 Tab.
— bei Luftverdünnung 262.
—, Neugeborene 258, 259 Tab.
— in den Organen 262, 263.
—, Schwankungen 259.
Blutplättchen:
255f., 470ff, 490, 497ff.
s. a. Thrombocyten.
Aktivierung von Thromboplastinogen 484.
Bildung von Thrombokinase in 483, 487.
Gehalt an Aneurin 452 Tab.
— Calcium 430 Tab.
— Chlor 430 Tab.
— Dipeptidase 472.
— Glutathion 448 Tab.
— Glykogen (?) 472.
— Histamin 352, 442.
— Kalium 430 Tab.
— Magnesium 430 Tab.
— Natrium 430 Tab.
— Phosphatiden 858.
— Phosphor, anorganischem 430 Tab.
— Riboflavin 452 Tab., 463, 472.
— Vitamin C 365 Tab., 472.
Gewicht, spezifisches 263 Tab.
Mineralbestandteile 430 Tab.
Vorkommen von Histamin in 352.
Zahl nach Quarzlichtbestrahlung 470.
Zusammensetzung, chemische 472 Tab.
Blutplasma:
283—416.
s. a. Blutserum.
s. a. Plasma.
Alkalireserve 277 Tab.
Bestandteile 286.
Gefrierpunktserniedrigung 266.
Gehalt an Acetessigsäure 280 Tab., 327.
— Aceton 280 Tab.

Blutplasma:
Gehalt an Alanin 344, 445 Tab.
— Albumin 278 Tab.
— Alkohol 280 Tab.
— α-Amino-N 915.
— Aminosäuren 341, 344 Tab., 445.
— Aneurin 452 Tab.
— Aneurinpyrophosphat 361.
— Arginin 344 Tab., 569 Tab.
— Bilirubin 279 Tab., 354.
— Calcium 281 Tab., 635.
— Carotin 280 Tab.
— Chloriden 282 Tab., 407 ff.
— Cholesterin 280 Tab., 442 Tab.
— Cholin 279 Tab.
— Cholinesterase 449f.
— Cholinphosphatiden 333, 845 Tab.
— Colaminphosphatiden 845 Tab.
— Cocarboxylase 281 Tab.
— Diastase 281 Tab.
— Eisen 282 Tab.
— Eiweiß 278 Tab., 286.
— —, Bausteinanalyse 303 Tab.
— — s. a. Plasmaeiweiß.
— Eiweißzucker 313, 320 Tab.
— Ergothionein 313 Tab., 317, 341, 344 Tab.
— Fett 280 Tab.
— Fibrinogen 278 Tab., 292 Tab., 296, 300, 477.
— Fructose 318.
— Globulinen 278 Tab., 291 Tab., 293 Tab., 299f.
— Glutathion 313 Tab., 341, 344, 448 Tab., 915.
— Glykogen 320 Tab.
— Glykokoll 344, 445 Tab.
— Harnsäure 279 Tab.
— Harnstoff-N 278 Tab.
— Histamin 86, 279 Tab.
— Histidin 344 Tab., 569 Tab.
— Ionen 529 Tab.
— Isoleucin 344 Tab., 569 Tab.
— Jod 410, 682.
— Kalium 281 Tab., 623.
— Kephalin 443 Tab., 858f.
— Kohlenhydraten 279 Tab., 313—330.
— Kreatin 279 Tab.
— Kreatinin 279 Tab.
— Kupfer 282 Tab., 436.
— Lactat 529 Tab.
— — s. a. Milchsäure.
— Lecithin 332 Tab., 334, 443 Tab., 846, 858.
— Leucin 344 Tab., 569 Tab.
— Lipoiden 332 Tab., 333 Tab.
— Lipoid-P 282 Tab.
— Lysin 344 Tab., 569 Tab.
— Magnesium 281 Tab., 635.
— Methionin 344 Tab., 569 Tab.
— Milchsäure 279 Tab., 323 Tab.
— — s. a. Lactat.
— Natrium 65f., 281 Tab., 620, 623.

Blutplasma:
Gehalt an Neutralfett 280 Tab., 442 Tab.
— Nucleoproteiden 313.
— Phenylalanin 569 Tab.
— Phosphatase 281 Tab., 450.
— Phosphaten 529 Tab.
— Phosphatiden 280 Tab., 334 Tab., 442 Tab., 443 Tab., 858, 860f., 866.
— Phospholipoiden s. Blutplasma, Gehalt an Phosphatiden.
— Phosphor 282 Tab.
— Prothrombin 479, 497.
— Reststickstoff 278 Tab., 339—342, 913.
— Riboflavin 281 Tab., 452 Tab.
— Schwefel 282 Tab.
— Sphingomyelinen 334 Tab., 844 Tab.
— Threonin 344 Tab., 569 Tab., 858.
— Tyrosin 569 Tab.
— Urobilinogen 279 Tab.
— Valin 344 Tab., 569 Tab.
— Vitamin A 280 Tab.
— — B_1 281 Tab.
— — C 281 Tab., 365 Tab., 454.
— — D 280 Tab.
— — K 281 Tab., 361.
— Wasser 277 Tab., 391f.
— Zink 282 Tab., 404 Tab., 429.
— Zinn 429.
Gesamtreduktion nach Säurehydrolyse 320 Tab.
Gewicht, spezifisches 277 Tab.
Gewinnung 285f.
Menge 255, 258.
Natrium/Chlor-Verhältnis 619.
Phosphate, Beteiligung am Gasaustausch 527.
p_H-Wert 277 Tab.
Proteinäquivalente 530.
Refraktometerwert 274 Tab.
Schwefelverteilung 415 Tab.
Viskosität 274, 274 Tab.
Vorkommen von Adenosintriphosphorsäure 317, 411.
— Aldolase 381.
— Aminosäuren 344.
— α_2-, β_2-u. γ-Globulinen 290.
— Glucuronsäure 313 Tab., 317, 320 Tab., 322, 329.
— Lactase 379.
— Saccharase 379.
Zucker, gebundener 320.
Blutserum:
283—416.
s. a. Blutplasma.
s. a. Plasma.
s. a. Serum.
Absorptionsspektrum 299.
Albumine, Kohlenhydratgehalt 320.
Alkalireserve 277.
als Blutersatzflüssigkeit 260.
Dielektrizitätskonstante 269.
Drehung, optische 273.
Druck, kolloidosmotischer 269f.

Die Seiten 1—840 befinden sich im Bandteil a, die Seiten 841—1257 im Bandteil b.

Blutserum:
Eigenschaften, physikalische 548 Tab.
Eisen, Sättigungsgrenze 400 Tab., 659.
Eiweiß, Ausfällung durch Neutralsalze 298.
—, Darstellung 308.
—, Einteilung 298.
—, Gehalt an Kohlenhydraten 320 Tab.
—, — Lipoiden 301 Tab.
—, Menge nach Blutverlust 260.
—, Regeneration 288.
—, Zusammensetzung 286.
Eiweißfraktionen 305 Tab., 577 Tab.
—, Charakterisierung 300.
—, Gehalt an Lipoiden 331 Tab.
—, — Phosphatid-P 331 Tab.
Eiweißkörper, Trennung 298—303.
—, Vehikelfunktion 308.
—, atypische 303.
Eiweißverteilung im 304 Tab.
Farbstoffe 353—357.
Gefrierpunktserniedrigung 266.
Gehalt an Acetaldehyd 572 Tab.
— Acetessigsäure 280 Tab.
— Aceton 280 Tab.
— Acetylcholin 350ff.
— Adrenalin 369.
— Albumin 278 Tab., 304 Tab., 311 Tab., 572 Tab., 577 Tab., 582 Tab.
— — s. a. Serumalbumin.
— Alkohol 280 Tab., 572 Tab.
— Ameisensäure 326.
— Amidasen 381.
— Amino-N 341 Tab.
— Aminosäuren 341 Tab., 343—345, 444 Tab., 572 Tab.
— Aminosäure-N 577 Tab., 582 Tab.
— Ammoniak 341 Tab., 343.
— Amylase 378f.
— Anionen 406—416.
— Arachidonsäure 335.
— Asche 572 Tab.
— Basen 426 Tab., 427 Tab.
— Bernsteinsäure 572 Tab.
— Bestandteilen, anorganischen 390 bis 416.
— Bilirubin 279 Tab., 353ff.
— Blei 404.
— Calcium 281 Tab., 395, 426 Tab., 427 Tab., 430 Tab., 560 Tab., 576 Tab.
— Carbohydrasen 380ff.
— Carotin 280 Tab., 356f., 359.
— Chloriden 282 Tab., 407ff., 426 Tab., 427 Tab., 430 Tab., 560 Tab., 576 Tab., 623 Tab.
— Cholesterin 280 Tab., 337, 427 Tab., 572 Tab.
— Cholesterinesterase 372.
— Cholin 279 Tab., 350f.
— Cholinesterasen 373—375.
— Citronensäure 281 Tab., 572 Tab., 1061.
— Cocarboxylase 281 Tab.
— Diastase 281 Tab.

Blutserum:
Gehalt an Dihydrocholesterin 337.
— Eisen 282 Tab., 398ff., 427 Abb., 429 Tab., 576 Tab., 659f., 664f.
— Eiweiß 260, 273, 278 Tab., 300, 301 Tab., 304 Tab., 426 Tab., 427 Tab., 572 Tab., 582 Tab.
— — Bausteinanalyse 303 Tab.
— Elektrolyten 268 Tab.
— Esterasen 371—378.
— Euglobulinen 304 Tab.
— Fermenten 293 Tab., 371—385.
— Fetten 280 Tab., 332 Tab., 427 Tab.
— Fettsäuren 427 Tab., 572 Tab.
— Fluor 406f.
— Fructosidase 379.
— Fumarsäure 327.
— Gallenfarbstoffen 353—356.
— Gesamtbasen 426 Tab.
— Gesamt-N 572 Tab.
— Gesamtsäuren 426 Tab.
— Globulin 278 Tab., 299, 304 Tab., 572 Tab., 582 Tab.
— — s. a. Serumglobuline.
— α-Globulin 278 Tab.
— α_1- und α_2-Globulin 299, 577 Tab.
— β-Globulin 278 Tab., 299, 577 Tab.
— γ-Globulin 278 Tab., 299, 577 Tab.
— Glucosamin 323 Tab.
— Glucose 279 Tab., 426 Tab., 427 Tab., 572 Tab., 577 Tab.
— β-Glucuronidase 379.
— Glycerin 320.
— Glykoproteid 313, 320 Tab., 729.
— Guanase 381.
— Harnsäure 279 Tab., 341 Tab., 444 Tab., 572 Tab., 577 Tab., 1198.
— Harnstoff 426 Tab., 572 Tab.
— Harnstoff-N 278 Tab., 444 Tab., 582 Tab.
— Hexosephosphorsäure 319.
— Histamin 279 Tab., 350, 352, 577 Tab.
— Hormonen 360—371.
— Hydrogencarbonat 426 Tab.
— Hyaluronidasen 380.
— Indican 350f.
— Jod 576 Tab.
— Kalium 281 Tab., 394f., 426 Tab., 427 Tab., 430 Tab., 560 Tab., 576 Tab., 623 Tab.
— Kallikrein 371.
— Kephalin 332 Tab., 333ff.
— Kobalt 406, 672.
— Kochsalz 282 Tab., 577 Tab.
— Kohlendioxyd 560 Tab.
— Kohlenhydraten 279 Tab., 313—330.
— Kreatin 279 Tab., 341 Tab., 348ff., 444 Tab., 572 Tab.
— Kreatinin 279 Tab., 341 Tab., 348 Tab., 572 Tab.
— Kupfer 282 Tab., 401f., 429, 576 Tab., 670.
— Lactase 379.
— Lactoflavin 281 Tab., 362f.
— Lecithin 427 Tab.

Blutserum:
Gehalt an Lecithinase 372.
— Lipasen 371f.
— Lipoid-P 282 Tab., 576 Tab.
— Magnesium 281 Tab., 397f., 426 Tab., 427 Tab., 430 Tab., 560 Tab., 576 Tab.
— Maltase 560 Tab.
— Milchsäure 279 Tab., 572 Tab.
— Mineralstoffen 392 Tab., 430 Tab., 572 Tab.
— Mucin 582 Tab.
— Mucoproteiden 301f.
— Natrium 281 Tab., 393f., 426 Tab., 427 Tab., 430 Tab., 560 Tab., 576 Tab., 623 Tab.
— Neutralfetten 280 Tab., 427 Tab.
— Nichtelektrolyten 268 Tab..
— Nicotinsäureamid 281 Tab., 363f.
— Nucleosidasen 378.
— Nucleoproteid 313.
— Oxalsäure 326, 572 Tab.
— Pantothensäure 281 Tab., 363.
— Pellagraschutzstoff 363.
— Peptidasen 381.
— Phosphat 426 Tab., 427 Tab., 560 Tab., 647.
— Phosphatasen 281 Tab., 375—377.
— Phosphatiden 280 Tab., 334 Tab., 572 Tab.
— Phosphor 282 Tab., 427 Tab., 430 Tab., 576 Tab..
— Phosphorverbindungen 445.
— Phytase 378.
— Polypeptid-N 444 Tab.
— Polysacchariden 314, 424, 729.
— Proteasen 346ff., 380f.
— Pseudoglobulinen 304 Tab.
— Purinen 346ff.
— Quecksilber 405.
— Reststickstoff 278 Tab., 339—342, 444 Tab., 572 Tab., 577 Tab., 582 Tab., 653.
— Rhodan 576 Tab., 653.
— Säuren 426 Tab.
— Schwefel 282 Tab., 427 Tab.
— —, org. gebundenem, im Serumeiweiß 414.
— Spurenelementen 398—406.
— Stercobilinogen 355.
— Stoffen, organischen 426 Tab., 572 Tab.
— Sulfatase 377.
— Sulfaten 426 Tab., 576 Tab.
— Tannase 377.
— Tetraensäure 336.
— Thyroxin 367.
— Trockenrückstand 427 Tab., 572 Tab.
— Urobilinogen 279 Tab., 355f.
— Vitamin A 280 Tab., 357—360.
— — B_1 281 Tab., 361f.
— — B_2 362.
— — B_6 364.
— — B_{12} 364.
— — C 281 Tab., 364ff.

Blutserum:
Gehalt an Vitamin D 280 Tab., 360.
— — E 360f., 454.
— — K 281 Tab., 361.
— Vitaminen 357—366.
— Wasser 277 Tab., 391f., 426 Tab., 427 Tab., 572 Tab.
— Zink 282 Tab., 403f.
— Zucker 279 Tab., 427 Tab., 550 Tab., 577 Tab.
Gewicht, spezifisches 263 Tab., 277.
Gewinnung 308.
Globulin/Albumin-Quotient 572 Tab.
Kohlensäure, p_K-Wert 532.
N-haltige Verbindungen 339—353.
Oberflächenspannung 275.
Phosphatfraktionen 414 Tab..
p_H-Wert 277.
Protein, viscöses, im 302.
Pufferungskapazität 271.
Refraktion 272—275.
Residual-N 341.
Reststickstoff, Bestimmung 342.
—, Verteilung 444 Tab.
—, Zusammensetzung 341.
Restunverseifbares 339.
Schwefelverteilung 414 Tab.
Untersuchung, ultramikroskopische 299.
Viskosität 274, 274 Tab.
Vorkommen von
— Amylase im 293 Tab.
— Biliverdin im 355.
— Desaminasen im 381.
— Esterasen im 293 Tab., 371—381.
— α-Glucosidase im 379.
— Glutaminsäure im 344.
— Hyaluronsäure im 323.
— Hydroxylapatit im 396.
— Kathepsin im 380.
— Koproporphyrin im 356.
— Methylguanidin im 353.
— Peptidasen in 293 Tab., 381ff., 450.
— Trypsin in 380.
— Uroporphyrinen im 356.
— Urobilin im 355.
Zusammensetzung 277—282 Tab., 426 Tab., 427 Tab., 550 Tab.
menschliches, Fraktionierung der Eiweißkörper 304 Tab.
Blutspeicher 262f.
Blutspender 260.
Blutstäubchen 473.
Bluttransfusion 261, 386, 497.
Blutungsanämien, Färbeindex bei 433.
Blutungsdruck 606.
Blutverdünnung nach Diuresereiz 598.
— — Flüssigkeitszufuhr 597.
Blutverlust 260f., 663.
Blutverteilung 262f.
Blutzellen s. Blutkörperchen.
Blutzucker:
279 Tab., **313—318**, 731, 769, 770 Tab., 772 Tab., 773, 775f., 781.

Blutzucker:
s. a. Blutserum, Gehalt an Glucose.
bei Arbeit, körperlicher 316.
Beeinflussung durch Adrenalin 772.
Bestimmung 315.
Differenz, arteriovenöse 315f., 732.
nach Glucosebelastung 733.
Nüchternwerte 314 Tab.
Quellen 318.
Regulation 317f., 768—775.
Schwankungen bei Sportsleuten 314.
—, jahreszeitliche 315f.
—, physiologische 315.
Schwelle der Niere 318.
Senkung 318.
Steigerung 318.
Tagesschwankungen 316.
Verteilung 315.
Vorrat beim Menschen 729.
wahrer 316f.
BODANSKY-Einheit 375.
Boden, Saugkraft 606.
Bohrwürmer, Fermente, cellulosespaltende 730.
Bombyx mori, Gehalt am Sterinen 870.
Bor, Bedeutung für Pflanzen 679, 689.
—, — biologische 655, 679.
—, Gehalt im Blut 406, 689.
—, — in Organen 689.
—, Schrifttum 688.
—, Verhalten im Organismus 688ff.
Borax, Resorption und Ausscheidung 689.
Borsäure, Resorption und Ausscheidung 689.
Bothriocephalusanämie, Erythrocytenresistenz bei 421.
BRACHET-Test 1183.
Brandblasen 577.
Brassylsäure, Ausscheidung 813 Tab.
Brenztraubensäure:
s. a. Pyruvat.
Abbau durch Cyclophorasesystem 830.
— im Blut 450.
— über α,α'-Diketoadipinsäure 1029.
als Acetyldonator 839.
Austausch der Carboxylgruppe mit Aminosäure 1042*.
Bedeutung für Fettsäuresynthese 875.
— — Kohlenhydrat-Fett-Umwandlung 834.
— — Kohlenhydratbildung aus Fettsäuren 836f.
— — Umaminierung 936ff.
— von Carboxylase für Verbrennung von 775.
Bildung aus Acetaldehyd 754*.
— — Acetessigsäure 827.
— — Alanin 929, 949.
— — Aminoacrylsäure 959.
— — Asparaginsäure 950.
— — Brenztraubensäure-enol-phosphat 752*.
— — Cystein 958*, 960.
— — α,γ-Diketofettsäuren 804.
Brenztraubensäure:
Bildung aus Glycerinsäure-3-phosphat 749.
— — Glykokoll 942.
— — Propionsäure 809.
— — Serin 939, 942.
— bei Gärung 757 Schema.
— — Glykolyse 757 Schema, 759 Tab.
— im Cytoplasma 1155.
— von Acetaldehyd aus 1029.
— — Alanin aus 950.
— — Cholesterin aus 873.
— — Citronensäure aus 1030—1034.
— — Essigsäure aus 755f., 762, 763*, 1133.
— — Fettsäure aus 834.
— — Glucuronsäure aus 735.
— — Glycin aus 942.
— — Oxalessigsäure aus 950, 1054.
— — Harnsäure aus 944.
— — Serin aus 941f.
— — Zucker aus 764 Tab.*, 765, 766 Tab.
Carboxylierung 762, 1054.
Decarboxylierung, oxydative 1039*.
Dismutation 1031*.
Endprodukt der Glykolyse 753, 767.
— des Pyrimidinabbaus 1228.
Förderung der Harnsäurebildung durch 1242.
Gehalt im Blut 324ff., 783.
— in Erythrocyten 444.
— — Leber 824.
Mangel bei Diabetes mellitus 769.
⇌ Milchsäure, Koppelung mit anderen Redox-Systemen 828.
Oxydation 756, 767, 778, 785, 790, 808 Schema, 1031f.
— durch Mitochondrien 1136 Tab., 1154f.
Oxydoreduktion, Hemmung durch Sulfit 759.
Spaltung, thioklastische 1040, 1041*, 1042*.
Stellung im Stoffwechsel 941, 949f., 1027.
Vermehrung bei B_1-Avitaminose 776.
Verwendung für Protoporhyrinsynthese 997.
Vorkommen im Cyclophorasesystem 1141.
als Wasserstoffacceptor 750, 755.
Zwischenglied der Kohlenhydrat ⇌ Fett-Umwandlung 834, 836.
Brenztraubensäuredehydrogenase, Hilfsstoffe der 1031f.
— Stellung im Schema der Gärung und Glykolyse 757 Tab.
— Vorkommen im Speichel 25.
enol-Brenztraubensäurephosphat, Bildung bei Glykolyse und Gärung 757 Tab.
—, — durch Enolase 739, 751*.
—, — von Brenztraubensäure aus 752*.
—, Bindungsenergie 785.
—, Hemmung der Dephosphorylierung 758, 759 Tab.

enol-Brenztraubensäurephosphat, Reaktion an Brenztraubensäurephosphorylase 752.
— s. a. Phosphoenolbrenztraubensäure.
Brenztraubensäureenolphosphat s. enol-Brenztraubensäurephosphat; s. Phosphoenolbrenztraubensäure.
Brenztraubensäurephosphorylase 739, 752, 757 Tab.
Brissopsis lyrifera, Zusammensetzung der Kernproteine aus Aminosäuren 1112 f. Tab.
British Anti-Lewisite s. BAL.
Brom, Bedeutung, biologische 655.
— Gehalt im Blut 409, 430.
—, — in Erythrocyten 430.
—, Schrifttum 699.
—, Verhalten im Organismus 699.
Brombenzol, Bildung von Mercaptursäure aus 953.
Bromid, Bestimmung des extracellulären Raumes mit 598.
— Verdrängung von Chlorid im Magensaft durch 68.
—, radioaktives, Resorption 211.
Bromismus 700.
2-Brom-naphthazarin, Hemmung der Carboxylase durch 754.
Bromphenylmercaptursäure 953*.
Bronchien, Anatomie 502.
Bronchioli respiratorii 502.
Bronzediabetes 665.
bronzing 675.
Brot, Na-silikathaltiges 691.
—, Phytingehalt 638.
BRÜCKE-Pepsin 75.
Brunnenlymphe 553 Tab.
BRUNNERsche Drüsen, s. Drüsen, BRUNNERsche.
Brunnerzellen, Duodenum 36.
Brusthöhle, Resorption von Gasen 253 Tab.
Brustgang s. Ductus thoracicus.
Brusthöhlenflüssigkeit 559 Tab.
buds 675.
BÜTSCHLI, Wabentheorie 1158.
bush sickness 673.
2,3-Butandiol, Bildung, bakterielle 187.
Butanol, keine Zuckerbildung aus 764 Tab.
Butter, Phosphatidgehalt 841.
—, Sekretionshemmung des Magens durch 45.
Butterfett, Phosphatidgehalt 841.
Buttergelb, Antigenbildung nach 1147.
—, Hepatombildung durch 832.
—, Spaltung in Zellelementen 1090 Tab.
—, Speicherung in Zellfraktionen 1154 Tab.
—, Wirkung auf Leberzellkerne 1105.
—, — Mitochondrien 1127, 1137, 1146.
Buttersäure:
Abbau 1048*.
Acetonkörperausscheidung nach Verfütterung von 804.
Bildung, bakterielle 68, 98—101, 162, 187ff., 730.
— aus Acetyl-CoA 1050.
— — Fettsäuren, α-alkylierten 816.
Buttersäure:
Bildung aus Glutarsäure 814.
— durch β-Oxydation 803.
— von Acetessigsäure aus 802 Tab., 826.
— — Aceton aus 810 Tab.
— — Cholesterin aus 873.
— — Fettsäuren, höheren, aus 834.
— — β-Oxybuttersäure aus 805.
Bildung, keine, von Zucker aus 764 Tab., 765, 766 Tab..
Hemmung des Citronensäurecyclus durch 1143.
im Stoffwechsel von Cl. kluyveri 835.
Vorkommen in Eiterserum 583.
— Magensaft 93.
α-Butyladipinsäure, Bildung aus α-n-Butylmyristin- und α-n-Butylstearinsäure 816 Tab.
γ-n-Butyladipinsäure, Verhalten im Stoffwechsel 818 Tab.
3-Butyl-glucose, Resorption 220.
α-n-Butylmyristinsäure, Bildung von α-Butyladipinsäure aus 816 Tab..
α-n-Butylstearinsäure, Bildung von α-Butyladipinsäure aus 816 Tab.
Butyraldehyd, Abbau 756.

C-Avitaminose 723.
— s. a. Vitamin C-Avitaminose.
^{14}C, Halbwertszeit 611 Tab.
C_2-Bruchstücke, Bedeutung im Stoffwechsel 835—838.
C_2-Pool 825.
Cadaverin, Ausscheidung im Harn 954.
—, Bildung aus Lysin 931, 954.
—, — bei Darmfäulnis 189.
—, Oxydation durch Histaminase 932.
Cadmiumsulfatreaktion 302, 307.
Caecum, Acetylcholingehalt 138 Tab.
—, Anatomie 103.
—, Bedeutung für Verdauung 179ff.
—, Fistel 178.
—, p_H-Wert 50, 149 Tab..
Cäsium 684.
Caissonkrankheit 505.
Calcinosefaktor 645, 721.
— s. a. A T 10.
Calcinosis universalis 722.
Calcit 719.
Calcium:
Schrifttum 637.
Ansatz 611 Tab.
Ausscheidung 612, 635, 640, 645.
Austausch, Knochen 715f.
Bedarf 641ff.
Bedeutung, biologische 643.
— für Blutgerinnung 484.
— — Resorption von Eisensalzen 657.
— — Stickstoffbindung durch Algen und Pilze 644.
Bestimmung 397.
Bilanz 642f.

Calcium:
-Eiweiß-Verbindung bei der Verkalkung 709.
Gehalt im Blut 281 Tab., 395, 426 Tab., 529 Tab., 530, 544, 563 Tab., 613 Tab. 642, 644f., 651.
— — — bei Alkalosis 544.
— — — bei Hämophilie 497.
— in Blutplättchen 430 Tab.
— im Blutserum 281 Tab., 395, 426 Tab., 427 Tab., 430 Tab., 560 Tab., 576 Tab.
— — Darmsaft 151 Tab., 153 Tab.
— in Ergüssen, serösen 560 Tab.
— — Erythrocyten 281 Tab., 426 Tab., 427 Tab., 428, 430 Tab.
— — Gelenklymphe 582.
— — Leukocyten 430 Tab., 460.
— — Lymphe 550 Tab., 551 Tab., 555 Tab.
— im Magensaft 52 Tab., 65f., 72, 92 Tab.
— — Pankreassaft 158.
— — Speichel 17 Tab., 21 Tab., 92 Tab.
— in Spermatoceleflüssigkeit 564.
— — Zellkernen 1101 Tab.
Hemmung der Phosphoglucomutase durch 743.
— Phosphorylierung, oxydativen 1140.
Herabsetzung der Zellatmung 645.
Konzentration und Erregbarkeitsänderung 645.
und Magnesiumstoffwechsel, Zusammenhänge 635f.
und Nebenschilddrüse 715.
und Phosphat, Antagonismus 650.
und Phosphathaushalt, Beziehungen 641, 647, 650.
und Phosphatmangel, Verkalkungsstörungen bei 713.
und Phosphatstoffwechsel, Zusammenhänge 637.
-Phosphat-Verhältnis in der Nahrung und Calciumresorption 639.
-Phosphor-Verhältnis in der Nahrung 646.
— — und Verknöcherung 713.
— bei Rachitis 717f.
Regulation durch Nebenschilddrüse 613.
Resorption 212f., 638ff, 642, 645, 714f.
— Bedeutung von Vitamin C für 714f.
Retention von 625 Tab.
Steigerung, alimentäre 644.
Stoffwechsel 637—645, 692, 715—718.
—, Regulation 643.
im Stoffwechsel, tierischen 644.
und Teilung von Zellen, pflanzlichen 644.
Wirkung im Gewebe 645.
Zustandsformen im Blut 395, 644.
aktives und passives 645.
eiweißgebundenes 644.
komplexgebundenes 310, 644.
radioaktives (^{45}Ca), Untersuchung des Ca-Stoffwechsels mit 640, 714.
—, Versuche über Verknöcherung mit 714ff.
ultrafiltrables 644.
Calciumcarbonat 705, 707, 710, 719, 722.
Calciumchlorid, Wirkung auf Allantoinausscheidung 1249.
—, — Harnsäureausscheidung 1249.
Calcium-Citrat-Komplex 639.
Calciumhydroxyd, Komplexbildung mit Phosphorsäure 706.
Calciumionen, Bedeutung für Cholesterinsynthese 875.
—, — Fettsäuresynthese 875.
— und Fettresorption 801.
—, Hemmung der Adenosintriphosphatase durch 787.
—, — Citronensäurebildung durch 1059.
Calciummangel 642.
—, Skeletumbau bei 713.
Calciumorthophosphat, tertiäres 706.
Calciumphosphat 706, 709, 722.
— in Darmkonkrementen 184.
Calciumsalze, Bedeutung für Fettresorption 248.
—, Wirkung auf Purinstoffwechsel 1249.
Calciumspeicher 637.
Callus 706 Tab., 711.
Callusbildung 710.
Callusgewebe 705.
Campher, Methyloxydation 812*.
π-Camphercarbonsäure, Bildung aus Campher 812*.
Cantharidenblasen 577.
Capillarmembran, Permeabilität 598, 601.
Caprinsäure, Ausscheidung von Acetonkörpern nach 804.
—, Bildung von Acetessigsäure aus 802 Tab.
—, — Methylheptylketon aus 810 Tab.
Capronsäure, Acetonkörperausscheidung nach 804.
—, Bildung bei Darmfäulnis 189.
—, — von Acetessigsäure aus 802 Tab.
—, — — Cholesterin aus 873.
—, — — Methylpropylketon aus 810 Tab.
—, —, keine, von Zucker aus 764 Tab.*
—, Energielieferung aus — für Cl. kluyveri 835.
—, Freisetzung bei Fettverdauung 162.
—, Oxydation, Verknüpfung mit Citronensäureoxydation 1141.
—, Resorption von 799 Tab.
Caprylalkohol, Wirkung auf Mitochondrien 1131.
Caprylsäure, Acetonkörperausscheidung nach 804.
—, Bildung von Acetessigsäure aus 802 Tab.
—, — Cholesterin aus 873.
—, — Methylamylketon aus 810 Tab.
—, markierte (^{14}C), Bildung aus Essigsäure, markierter, in der Milchdrüse 833.
—, — (^{13}C, ^{14}C), Bildung von Glykogen aus 762, 763*.
1,7^{iso}C-Caprylsäure 763*.
Caragana arborescens, Leghämoglobin in 1015.

Carbaminsäure, Vorkommen im Reststickstoff des Blutes 341.
Carbaminosäureverbindungen, Gehalt im Blut 523f.
Carbamylcholin, Förderung der Amylasesekretion durch 1231.
Carbamylglutaminsäure, Wirkung, katalytische, auf Citrullinbildung 971.
Carbazolreagenz nach DISCHE 71.
Carbhämoglobin 515, 523, 525, 540.
Carboanhydrase s. Kohlensäureanhydratase.
Carbobenzoxy-phenylalanylglycin 918.
Carbobenzoxy-phenylalanyl-glycyl-tyrosinamid 918.
Carbohydrasen, Gehalt im Blutserum 380ff.
—, Vorkommen im Blut 378ff.
—, — in Leukocyten 464 Tab.
—, — — Magenschleimhaut 35 Tab.
carbonic anhydrase s. Kohlensäureanhydratase.
Carboxylase, Reaktion mit Brenztraubensäure 753ff.
—, Stellung im Schema der Gärung und Glykolyse 757 Schema.
—, Vorkommen in Magenschleimhaut 37.
—, Zinkgehalt (?) 679.
—, Zusammensetzung 637.
Carboxyl-N, Gehalt in Zellkernen 1100 Tab.
Carboxypeptidasen, Austauschreaktionen durch 920.
—, Glutathionspaltung durch 922.
—, krystallisierte, aus Pankreas 159.
— s. a. Carboxypolypeptidase.
Carboxypolypeptidase, Vorkommen im Darmsaft 121, 123.
—, — in Darmschleimhaut 120 Tab.
—, — im Dünndarminhalt 168.
—, — in Leukocyten 464 Tab.
—, — im Pankreas 134, 159, 160 Tab., 161.
— s. a. Carboxypeptidasen.
α-Carboxy-sebacinsäure, Bildung aus n-Octylmalonsäure 811*.
Carcinom, Blut-pH bei 543.
—, Gehalt an Purinbasen in Polynucleotiden 1217.
—, — im Blut an Antihyaluronidasen bei 384.
—, — — — Brenztraubensäure 325.
—, — — — Gärungsfermenten 382.
—, — — — Katalase 449.
—, — — — Lipase 372.
—, — — — D-Peptidasen 381.
—, — — — Phosphatase 376.
—, — in Blutproteinen an Polysacchariden bei 321.
Carcinomzellen, pH-Wert 1173 Tab.
Cardiadrüsen 32.
Cardiolipin 846.
Carnin 130.
Carnitin, Bildung von Cholin aus 136.
—, Vorkommen im Reststickstoff des Blutes 341.
—, Wirkung auf Darmsaftsekretion 147.
Carnivoren, Bissenbildung 10.
Carnivoren, Darm, Länge und Fassungsvermögen 104 Tab.
—, Dickdarmverdauung 196.
—, Magenverdauung 94.
—, Phosphatausscheidung 649.
—, Speichel 15.
—, Speichelamylase 23.
—, Verdauungsdrüsen 108.
—, Speichelsteine 22.
— s. a. Fleischfresser.
Carnosin, Bildung von Anserin aus 962*, 978*.
—, Verteilung bei männlichen u. weiblichen Tieren 979.
—, Vorkommen im Blut 341.
—, Wirkung auf Darmsaftsekretion 147.
Carnosinase 979.
Carotin, Ausnutzung im Darm 249.
—, Gehalt im Blut 357, 451.
—, — Blutserum 280 Tab., 356f.
—, — — nach Carotinzufuhr 359.
—, Resorption 239f.
—, Transport durch die Serumglobuline 306.
—, Vitamin A-Bildung aus 197.
β-Carotin, Äquivalent der Vitamin A-Einheit 357.
Carotinikterus 359.
Carotinoide, Bestimmung 357.
—, Gehalt im Blut 312 Tab., 353, 356f.
—, Resorption 249.
CARR-PRICE-Reaktion 358.
Cascavella, Phospholipase aus 851.
Casein 650.
—, Bildung von Glucose aus 763.
—, Spaltung durch Pepsin 76, 81.
Caseinogen, Ausflockung im Magen 81.
Caseinsynthese 647.
CASTLE-Ferment s. Ferment, CASTLEsches.
— s. Magenstoff, CASTLEscher.
CASTLEsches Prinzip s. Magenstoff, CASTLEscher.
— s. Ferment, CASTLEsches.
CELLANO-Faktor 389.
Cellobiase, Vorkommen in pflanzlicher Nahrung 100.
Cellobiose, Entstehung bei Cellulosespaltung 100, 188.
Cellulasen 100, 730.
Cellulose, Abbau im Magen-Darmkanal 100, 173, 175, 182, 216.
—, Struktur 744.
—, Unangreifbarkeit durch Verdauungsfermente 730.
—, Vorkommen bei Tunicaten 729.
Cenapsen 331, 862.
Cephalin s. Kephalin.
Ceramid, Bildung aus Sphingosinen 852.
Cercopithecus mona, Enterokinase bei 121.
Cercopithecus sabaeus, Enterokinase bei 121.
Cerebrin 584.
Cerebrosidase, Aktivierung durch Thiole 654.
Cerebroside, Gehalt im Blut 334f.
—, — in Erythrocyten 335, 442, 443 Tab.
—, — — Zellkernen 1076 Tab.

Cerebroside, keine Spaltung durch Phospholipase 851.
—, Vorkommen im Gehirn 863.
Cerebrospinalflüssigkeit s. Liquor cerebrospinalis.
Cersalze, Hemmung der Blutgerinnung durch 496.
Cervicallymphe 555.
Cetylalkohol, Ausscheidung im Dickdarm 193, 196.
—, Resorption 250.
n-Cetylmalonsäure, Oxydation 817.
Chalinasterin 870.
Chara, p_H-Messung in 1170, 1173 Tab.
Characeen, Kalkeinlagerungen in 719.
CHASE-SHERMAN-Einheit 362.
Chemoreceptoren, Steuerung des Atemzentrums durch 537.
CHEYNE-STOKESsche Atmung 536.
Chicago-Blau, Verhinderung der Blutgerinnung durch 491.
CHICK-ROSCOE-Einheit 362.
Chinhydron, Hemmung der Glykolyse durch 1169.
—, — von Fermenten durch 1169.
Chinin, Hemmung der Harnsäurebildung durch 1249.
—, Oxydation durch Chininoxydase im Cytoplasma 1153 Tab.
—, Wirkung auf Pepsin 77.
Chininoxydase im Cytoplasma 1153.
— in Zellhomogenaten 1082 Tab.
Chinolincarbonsäuren, Wirkung auf Harnsäurestoffwechsel 1249.
Chinolinsäure, Bildung von N^1-Methylnicotinsäure aus 992, 993*.
Chinonimin, Hemmung der Xanthindehydrogenase durch 1203.
Chitin, Aufbau aus N-Acetylchitosamin 729.
Chlor, s. Chloride.
Chloramin-T, Koagulation von Fibrinogen durch 477.
3β-Chlor-Δ^5-androsten-17-on 900.
chlorazol fast pink, Verhinderung der Blutgerinnung durch 491.
Chlorella-Mutanten, Chlorophyllsynthese in 1022.
Chloriddiurese 627, 631.
Chloride:
Schrifttum 628.
Abgabe durch Perspiratio insensiblis 631.
Aufgaben 630.
Ausscheidung 631f.
Austausch im Blut 518, 522f., 525f.
Bedarf 632.
Bestand im Körper 629f.
Bestimmung des extracellulären Raumes mit 598.
Blut- u. Gewebs-, Beziehungen 408.
und Eiweißstoffwechsel, Beziehungen 634.
Ersatz durch Bromid 700.
Gehalt im Blut 282 Tab., 407ff, 426 Tab., 529 Tab., 530.
Chloride:
Gehalt in Blutplättchen 430 Tab.
— im Blutserum 282 Tab., 407ff, 426 Tab., 427 Tab., 430 Tab., 560 Tab., 576 Tab., 623 Tab..
— — Darmsaft 133, 151 Tab., 152, 153 Tab., 154.
— in Ergüssen, serösen 560 Tab.
— — Erythrocyten 282 Tab., 407, 430 Tab. 623.
— — Gelenklymphe 582.
— in Leukocyten 430 Tab.
— — Lymphe 550 Tab., 551 Tab., 553 Tab. 554 Tab., 555 Tab.
— im Magensaft 48, 51, 54f., 57—64, 65 Tab., 92 Tab.
— in Magenschleimhaut 40 Tab., 629.
— — Nahrungsmitteln 630.
— im Pankreas 40 Tab.
— — Pankreassaft 158.
— — Speichel 15 Tab., 16 Tab., 17 Tab., 21 Tab., 92 Tab.
— in Spermatoceleflüssigkeit 564.
— — Zellen 1161.
Mangel, Azotämie bei 633f.
Mangelerscheinungen 633.
Permeabilität durch Zellmembran 602, 1164.
Physiologie, pathologische 632—634.
Resorption 211, 630.
Retention von 625 Tab.
Speicherung 630.
— in der Magenschleimhaut 63.
Stoffwechsel 628—634.
Verteilung 629, 1166.
— im Blut 623 Tab.
Chloridhaushalt, Regulation 634.
— und Stickstoffumsatz 634.
Chlorionen s. Chloride.
Chlorocruorin 663.
Chloroform, Blutgerinnung, Beeinflussung durch 485, 488f.
—, Hämolyse durch 421.
Chloroformvergiftung, Aminosäuren im Blut bei 345.
—, Fibrinolyse bei 297.
—, Harnsäurebildung bei 1247.
Chlorophyll, Abbau im Intestinaltrakt 1024f.
—, Bedeutung von Zink für — bildung 674.
—, Biosynthese 1022ff.
—, Veränderungen im menschlichen Darm 1025.
Chlorophyll a 1022, 1023*.
Chlorophyllabbauprodukte 1025.
Chlorophylldefekte bei Zinkmangel 674.
Chloroplasten 1067.
Chlororubin 1025.
Chlororubinogen 1025.
Chlorose 664.
— grüner Blätter bei Manganmangel 672.
—, Färbeindex bei 433.
—, Harnsäureausscheidung bei 1248.
—, Thrombocytenzahl bei 470.

Chlorose, Wirkung von Zink bei 403.
m-Chlorphenylalanin, Oxydation 929.
p-Chlorphenylalanin, Oxydation 929.
Cholecystokinin 130, 131 Tab., 141.
Choleglobin 1016, 1018 Schema.
Choleinsäuren, Bedeutung für Fettresorption 793ff.
—, Vorkommen in Darmkonkrementen 184f.
—, Wirkung, hydrotrope 234f.
Choleprasin 439.
Cholera, Wasserresorption bei 209.
—, Blut, Gewicht, spezifisches, bei 264.
Cholestanol, Bildung aus Cholestenon 876*.
—, keine Resorption von 872.
—, Stoffwechselprodukt des Cholesterins 870.
Cholestenon, Übergang in Cholestanol 876*.
—, markiertes, Resorption von 876.
Cholesterin:
Abbau 877ff.
Ausscheidung im Darm 191, 196, 875ff.
Bedeutung für Fettresorption 163, 232, 235f., 238.
Bestimmung 338.
Bilanzversuche 872.
Bildung, Geschwindigkeit 873.
— aus Acetat 833, 838, 884.
— — C_2-Bausteinen 873.
— — Essigsäure 873.
— — Fettsäuren 873.
— von Cholestenon aus 876*.
— — Koprosterin aus 876.
Biosynthese 872—875.
D-haltiges aus D-Natriumacetat 873.
Einbau von Deuterium in 615.
— ^{14}C aus Aceton in 829.
Estersturz 337.
Gehalt im Blut 280 Tab., 311, 312 Tab., 333 Tab., 337f., 426 Tab., 872.
— in Bluteiweißkörpern 331 Tab.
— im Blutserum 280 Tab., 337, 427 Tab., 572 Tab.
— — Cytoplasma 1074 Tab.
— in Darmcysten 193.
— — Darmschleimhaut 177.
— — Echinococcusblasen 579.
— — Eiterzellen 584, 585 Tab.
— — Erythrocyten 337, 427 Tab., 442 Tab., 443 Tab.
— im Gehirn 863.
— in Hydroceleflüssigkeit 564.
— im Ileumsaft 154.
— in Lymphe 552, 554.
— — Mikrosomen 1074 Tab.
— — Mitochondrien 1074 Tab.
— — der Nahrung 871.
— im Organismus bei Kost, lipoidarmer 872.
— in Zellkernen 1074 Tab., 1100 Tab.
Hemmung der Phosphatidbildung durch 850.
Markierung durch Deuterium 615, 873, 878.
— Tritium 878.
Cholesterin:
Muttersubstanz der Steroidhormone 884.
Resorption 248.
und Resorption der Fettsäuren 796.
Stellung im Steroidstoffwechsel 884 Schema
Stoffwechsel 869.
Stoffwechselprodukte 877.
Umwandlung im Darm 191.
Vorkommen in Darmkonkrementen 185.
gebundenes im Blut 335, 337f.
markiertes (D), Abbauprodukte von 877.
markiertes (D), Bildung aus Acetat, markiertem, durch Hodengewebe 895.
—, — von Corticosteroiden aus 884, 887.
^{14}C-Cholesterin, Abbau 878.
—, Entstehung aus ^{14}C-Squalen 874.
^{3}H-Cholesterin, Abbau 878.
Cholesterinester, Fettsäuren der 338.
Cholesterinesterase, Vorkommen im Blutserum 372f.
—, — Darm 125, 168.
—, — Pankreas 162f., 796.
Cholesterin-Esterquote 280.
Cholesterinquotient 332 Tab., 337f.
Cholin:
Acetylierung von 838, 1036.
Bedeutung für Hämoglobinsynthese 1010.
— — Fettresorption 118, 238.
— — Fettstoffwechsel 161.
— von Histidin für -bildung 977.
Bestimmung 136.
Bildung 853ff, 961.
— aus Aminoäthanol 961*.
— — Methanol 964.
— — Serin 964.
— von Formiat aus 840*.
Demethylierung 854.
Drüsensekretion, Anregung durch 141.
Einbau in Phosphatide 850.
Gehalt im Blut 137 Tab., 341, 371, 430.
— — Blutserum 279 Tab., 350f.
— in Darmschleimhaut 119, 130, 131 Tab. **135—141**, 177.
— — Lymphe 554 Tab.
— — Organen 137 Tab.
Kreislauf im Stoffwechsel 855 Abb.
als Methyldonator 854, 960f., 963, 1227.
Methylgruppenaustausch 960.
Oxydation 854, 1150 Tab.
Resorption 230.
Stoffwechsel 855 Abb.
Vorkommen, Formen 136.
Wirkung auf Darmsaftsekretion 147.
— Harnsäureausscheidung 1230.
— Lipoproteidbildung 648.
— Polycytämie 466.
„Cholin-acetokinase" 1045.
Cholinacetylase 140, 1045, 1184.
Cholinester, Darmwirkung 140f.
Cholinesterase, Aktivierung durch Thiole 654.
—, Bestimmung 375.
—, Gehalt in Erythrocyten 374 Tab., 449ff.
—, — Mitochondrien 1084 Tab.

Cholinesterase, Hemmung durch Fluorid 697.
—, Vorkommen im Blut 373ff.
—, — — Blutplasma 449f.
—, — in Darmschleimhaut 120 Tab., 125, 136f.
—, — im Liquor cerebrospinalis 575.
—, — in Lymphe 555.
—, — im Pankreas 164.
Cholinglycerophosphat 851f.
Cholinoxydase, Gehalt in Leber 1145.
—, — Zellelementen 1080 Tab.
—, Vorkommen in Zellkernen 1080 Tab., 1114 Tab.
Cholinphosphat, Rolle bei Fettresorption 843.
Cholinphosphatase 164.
Cholinphosphatide, Gehalt im Blutplasma 333, 845 Tab.
—, — in Organen 845 Tab.
—, — im Plasma 845 Tab.
—, — in Zellelementen 1076 Tab.
—, Vorkommen im Gehirn 863.
Cholinphosphorsäure, Rolle bei der Fettresorption 843.
—, Vorkommen 851.
Cholsäure, Bindung an Taurin 956.
—, Förderung der Xanthindehydrogenase durch 1203.
— fehlt im Hundeblut 339.
—, Stoffwechselprodukt von Cholesterin 877f.
—, Wirkung auf Purinstoffwechsel 1243.
Chondrin, Spaltung durch Pepsin 76.
Chondrodystrophie 377.
Chondroitinsäure 1187.
Chondroitinschwefelsäure, Vorkommen im Reststickstoff des Blutes 341.
—, — — Knochen 708.
—, — — Knorpel 701, 712.
—, — in Leukocyten 461.
Chondroitinsulfat-proteid im Knochen 702.
^{35}S-Chondroitinsulfat, Bildung aus ^{35}S-Sulfat 653.
Chondroproteide, Kohlenhydratgehalt 729.
Chorda tympani, Speichelsekretion 16.
Chordaspeichel 16ff, 26.
Chorioidea, Gehalt an Zink 610, 675, 676 Tab.
Chorionepitheliom, Gehalt an Hormon, gonadotropem, in der Lymphe bei 573.
Choriongonadotropin, Förderung der Testosteronbildung durch 895.
—, Vorkommen in Zellelementen 1096 Tab.
Chrom, Gehalt im Blut 405.
—, — in Zellkernen 1101 Tab..
Chromatin, Gehalt in Nucleoproteiden 1180.
Chromatinnucleinsäure, Identität mit Desoxyribonucleinsäure 1182.
Chromnephritis, Harnsäureausscheidung bei 1248.
Chromogen bei Harnsäurebestimmung 346f.
Chromosomen 1097.
—, Aufbau, periodischer 926.
—, Gehalt an Nucleoproteiden 1180, 1191.
—, — Desoxyribonucleinsäuren 1183.
Chromosomin 1105.
—, Aminosäurezusammensetzung 1110 Tab.
Chylomikronen 240, 244, 473.
Chylopericard 561.
Chylothorax 241.
Chylus 546, 550, 552.
—, Fettgehalt 240, 244.
—, Zusammensetzung der Lipoide im 240f.
— s. a. Verdauungslymphe.
Chylusgefäß, zentrales, der Darmzotten 105.
Chymase s. Magensaft, Labenzym.
Chymosin s. Magensaft, Labenzym.
Chymotrypsin 168.
—, Peptidsynthese durch 918, 920.
—, Plasteinsynthese durch 917.
Chymotrypsinogen 158f., 160 Tab., 168.
Chymus, Reaktion 233.
—, Wasserresorption aus 209.
cis-Verbindungen s. unter den betr. Verbindungen.
Citral, Methyloxydation 811, 812*.
Citrase 1051.
Citrate, Gerinnungsverhinderung durch 485, 490f.
—, Wirkung, antirachitische 718.
— s. a. Citronensäure.
Citronensäure:
s. a. Citrate.
Abbau 1050—1058, 1060 Tab.
—, asymmetrischer 1057f.
Aktivierung der Reduktion von Steroiden durch 891, 897f.
Bedeutung für Capronsäureoxydation 1141.
Bestimmung 1059f.
Beteiligung an Knochenverkalkung 1061.
Bildung 1030—1050, 1060 Tab.
—, Hemmung durch Acetaldehyd 1032.
—, — arsenige Säure 1059.
—, — α-Ketobuttersäure 1032.
— aus Acetessigsäure 1032—1034, 1056f.
— — Acetyl-coenzym A und Oxalessigsäure 827f., 839, 1045, 1050.
— — Brenztraubensäure 1032—1034.
— — Essigsäure 1031.
— — β-Ketofettsäuren 1032ff, 1035.
— — α-Ketoglutarsäure 762.
— — Oxalessigsäure 809, 828, 839, 1032, 1050, 1143.
— — Trideuteroessigsäure 1057.
Bindung an Fermentoberfläche 1057 Tab.
Einfluß auf Calciumresorption 639.
Gehalt im Blut 327, 644.
— — Blutserum 281 Tab., 572 Tab., 1061.
— in Organen der Maus 1061 Tab.
— im Speichel 21 Tab.
Gleichgewicht mit cis-Aconitsäure und iso-Citronensäure 1051*.
Stellung im Tricarbonsäurecyclus 1055f.
Stoffwechsel im Gewebe 1059ff.
Umsatz 1060.
— in Knochensubstanz 708.

Citronensäure:
Umsatz im Magensaft 54.
Wirkung auf Brenztraubensäuregehalt des Blutes 326.
zur Zellkerndarstellung 1109.
Citronensäurecyclus:
828, 831, 837f., 950, 1028, **1030—1050**, 1055 Schema, 1132f., 1135, 1155.
s. a. Tricarbonsäurecyclus.
Abbau von Acetessigsäure über den 827.
— Propionsäure über den 808 Schema.
Bedeutung für Proteinsynthese 1145.
— Pyrrolsynthese 1001, 1002 Schema.
Bildung von Bernsteinsäure im 813, 817.
— Oxalessigsäure aus α-Ketoglutarsäure 972.
Endoxydation der Fette über den 829f., 832.
Hemmung durch Fettsäuren 1143.
Inhibitoren 1058f.
Redoxpotential der Dehydrogenasen des 786, 790ff.
Vorkommen in Mitochondrien 1130.
Weg isotoper Atome durch den 1057.
Wirkung von Gramicidin und Dinitrophenol auf 1142.
Citronensäuredehydrogenase, Vorkommen in Zellkernen 1114 Tab.
Citronensäuregärung 1030.
Citrovorum-Faktor 840.
— Bedeutung für Nucleinsäuresynthese 1257
—, Einfluß auf Purinsynthese 1245.
Citroyl-coenzym A 1046.
Citrullin als Aminosäure, entbehrliche 933.
— Bedeutung für Umaminierung 937.
—, Bildung aus Ornithin 970*, 971.
—, — in Mitochondrien 1136 Tab., 1155.
—, — und Sauerstoffverbrauch 1155.
—, — von Arginin aus 972, 1149.
Citruspektin, Verhalten im Organismus 188.
Clearence-Bestimmung 319.
Clionasterin 870.
Clostridium acidi urici, Abbau von Harnsäure durch 1211.
— butylicum, Brenztraubensäurespaltung, thioklastische, durch 1041*.
— histolyticum, Aktivierung durch Thiole 654.
— kluyveri, Acetyl-CoA-Bildung aus Acetaldehyd 1040.
— —, Fettsäuresynthese durch 835.
— —, Phosphotransacetylase 790, 1042f.
— —, Spaltung von Acetessigsäure durch 826.
— perfringens, Vorkommen im Dickdarm 182.
— septicum, Vorkommen von Desoxyribonucleotidase in 1186.
— welchii, Desoxyribonucleotidase in 1186.
— —, Hyaluronidase in 462.
— —, Hydrogenase in 1015.
— —, α-Toxin in 852, 862.
cn⁺-Ferment 995.
cn⁺-Stoff 994f.
CO-Vergiftungen 735.
CO_2 s. Kohlendioxyd.
CoA s. Coenzym A.
coast disease 673.
Cocarboxylase, Bedeutung für Kohlenhydratabbau 775.
—, keine Beteiligung an Peptidsynthese 921.
—, Gehalt im Blut 281 Tab., 326, 361f. 382, 452 Tab.
—, — — Cyclophorasesystem 1132.
—, — in Erythrocyten 451f.
—, — im Liquor cerebrospinalis 574.
—, — in Zellelementen 1094 Tab.
— ein Pyrimidinderivat 1185.
—, Reaktion mit Aldehyddehydrogenase 756.
—, Struktur 1237.
— s. a. Diphosphothiamin.
— s. a. Aneurinpyrophosphat.
Codehydrogenase, Vorkommen im Blut 382.
—, — in Erythrocyten 451.
Codehydrogenase I 1179, 1184.
—, Koppelung mit anderen Redoxsystemen 828.
—, Reduktion von Hämiglobin in Erythrocyten durch 1013.
— s. a. Coenzym I.
— s. a. Cozymase.
Codehydrogenase II 1179, 1184, 1236.
—, Bedeutung für „malic enzyme" 1054.
—, Funktion 1235.
—, Reaktion mit iso-Citricodehydrogenase 1051f.
—, Reaktion mit 6-Phosphogluconsäuredehydrogenase 1062.
— s. a. Coenzym II.
Codehydrogenasen als Wasserstoffacceptoren für Glutaminsäuredehydrierung 949.
— I und II, Bedeutung für Kohlenhydratabbau 776.
Coecum s. Caecum.
Coeliakie 247.
Coenzym A:
Acetylverbindung 1034.
— s. a. Acetyl-coenzym A.
Bedeutung für α-Ketosäureabbau 1039.
— Acetatoxydation in Mitochondrien 1143.
— Acetessigsäurebildung und -spaltung 826ff., 1047*.
— Acetessigsäuresynthese 1036.
— Acetylcholinsynthese 1045.
— Acetylierungen 838f.
— p-Amino-hippursäuresynthese 921.
— Citronensäuresynthese 1046.
— Fettsäureauf- und -abbau 1048ff.
— Fettsynthese 1045.
— Hippursäuresynthese 1044.
— β-Oxydation der Fettsäuren 807f.
— Peptidsynthese 1044*.
— Phosphatidsynthese 1045.
Bildung von Succinyl-coenzym A 1053.
Gehalt an Phosphorsäure 650.
— — Schwefel 652.

Coenzym A:
Gehalt im Cyclophorasesystem 1132.
— in Zellelementen 1094 Tab.
Rolle im intermediären Stoffwechsel 1036 bis 1050.
Struktur 1036, 1037*.
Umsetzung, enzymatische 1038.
Verbindungen mit Fettsäuren 1041.
acyliertes 839.
succinyliertes 839.
— s. a. Succinyl-coenzym A.
Coenzym A-Transpherasen 1041.
Coenzym I, keine Beteiligung an Peptidsynthese 921.
—, Vorkommen im Blut 363.
—, — — Liquor cerebrospinalis 575.
— s. a. Codehydrogenase I.
— s. a. Cozymase.
Coenzym II, keine Beteiligung an Peptidsynthese 921.
—, Vorkommen im Liquor cerebrospinalis 575.
— s. a. Codehydrogenase II.
Coenzyme, Bindung in Mitochondrien 1131.
Coeruloplasmin 670.
Cofaktor V 481.
Coffein 1180.
Anregung der Magensaftsekretion durch 55, 66, 74, 79, 87 Tab., 90.
Ausscheidung 1223.
Ausscheidungsprodukte von 1224.
Bildung von Harnsäuren, substituierten, aus 347.
— — Methylharnsäure aus 1224.
— — Methylpurinen aus 1223.
— — Xanthin und Hypoxanthin aus 1225.
—, keine, von Harnsäure aus 1199.
Durchtritt durch die Placenta 1224.
Entmethylierung 1224.
Erregung des Harnsäurezentrums durch 1231.
Kaliumsensibilisierung durch 1251.
Resorption 1223.
Übergang in die Milch 1224.
Verteilung in Organen 1223.
Wirkung auf Allantoinausscheidung 1230, 1250.
— — Harnsäureausscheidung 1214, 1225, 1250.
—, pharmakologische 1251.
CO-Hämoglobin s. Kohlenoxydhämoglobin.
Colamin, Bildung 853.
—, — aus Glycin 943*.
—, — von Cholin aus 853.
—, — — Glykokoll aus 855.
—, Einbau in Phosphatide 850.
—, Methylierung 854.
—, Vorkommen im Blut 341.
—, s. a. Aminoäthanol.
Colaminphosphat 849.
Colaminphosphatide, Gehalt im Gehirn 845 Tab., 863.
Colaminphosphadite, Gehalt in Organen 845 Tab.
—, — im Plasma 845 Tab.
—, Spaltung durch α-Toxin aus Cl. welchii 852.
—, Verhalten beim Wachstum 847.
Colchicin, Hemmung der Adenosintriphosphatase durch 1197.
—, — Mitose 1249.
—, — Nucleinsäuresynthese durch 1197, 1248.
—, Wirkung bei Gicht 1249.
Coli-Bakteriophagen, Gehalt an 5-Oxymethylcytosin 1105.
Colitis, Hypochlorämie bei 408.
—, Schleimgehalt der Stühle bei 184.
Collembola, Vorkommen von Guanin in 1217.
Colon, Anatomie 103.
—, Bewegungen 110.
—, Entnervung 138.
—, Gehalt an Acetylcholin 138 Tab., Abb., 139 Tab.
—, — Phosphatase 125 Tab.
—, — Urease 35.
—, p_H-Wert 149 Tab.
— ascendens 179f., 184.
— descendens 179f.
— sigmoides 179f.
— transversum 179f.
— s. a. Dickdarm.
Colonektomie 199.
Colonfistel 178.
Colonschleimhaut, Phosphatasegehalt 125 Tab.
Coma, Gehalt im Blut an Acetonkörpern im 328.
—, diabetisches 628.
— uraemicum, Indican im Blut bei 350.
condensing enzyme 1036, 1040, 1046f.
Convertin 480f.
Coprostase 184.
„Corhormon" 787.
CORI-Ester, Reaktion mit Phosphoglucomutase 742*.
—, — Phosphorylase 743.
Corium, Phosphatidgehalt 846.
Coronargefäße, Erweiterung durch Adenylsäure 1236.
Coronarsklerose, Viskosität der Synovialflüssigkeit bei 580.
Corpus luteum, Fermentsystem der Corticosteroidhormone im 885 Anm.
—, Gehalt an Phosphatiden 856f.
—, — Progesteron 886 Tab.
—, — Succinodehydrogenase 887.
— graviditatis, Progesteronmenge, sezernierte 887.
— -Hormon, Beeinflussung des Blut-p_H durch 272.
— — s. a. Progesteron.
Corticoide 894.
Corticosteroide 881.
—, Abbauschema 891*.
—, Biosynthese 883.

Die Seiten 1—840 befinden sich im Bandteil a, die Seiten 841—1257 im Bandteil b.

Corticosteroide, Fermentsysteme der 885.
—, Entstehung der 11-Oxygruppe 885.
—, Δ^4-3-Ketogruppe, Reduktion 891.
—, Papierchromatographie 882.
—, Reaktionsmöglichkeiten 888*, 889*.
—, markierte 884.
Corticosteron 775, 882 Tab., 884* Schema, 903.
—, Abbauprodukte im Harn 893 Tab.
—, Antagonismus gegen Insulin 773.
—, Bildung aus Desoxycorticosteron 883.
—, Gehalt in Nebennieren 881.
—, Glucosurie nach 778.
—, Vorkommen im Nebennierenblut 883.
— s. a. Δ^4-Pregnen-11β,21-diol-3,20-dion.
Cortison 882 Tab., 893 Anm., 903.
—, Abbau 891, 1082 Tab., 1153 Tab.
—, kein Einfluß auf ATP-Gehalt im Muskel 1234.
—, Hemmung der Bildung von 17-Ketosteroiden durch 902.
—, — — — Nucleinsäuren durch 1197, 1234, 1248.
—, Oxydation in Mikrosomen 1151.
—, Reduktion durch Leberschnitte 891.
—, Steigerung der Purinausscheidung durch 1234.
—, Verminderung der Leukocyten, eosinophilen, nach 456.
— s. a. Δ^4-Pregnen-17α,21-diol-3,11,20-trion.
— s. a. 17-Oxy-11-dehydrocorticosteron.
Co-Transacetylase 1185.
courtnoue 674.
Cozymase:
s. a. Codehydrogenase I.
s. a. Coenzym I.
Aufnahme von Phosphat, radioaktivem, bei Reduktion von 2H 789.
Bedeutung für Aldehyddehydrogenase 756.
— Aldolase 750.
— Ameisensäuredehydrogenase 840.
— Glucosedehydrogenase 737.
— Glucosephosphorylierung 1235.
— Lacticodehydrogenase 753.
Beteiligung an Äthanolbildung 758.
— an Glycerinsäure-1,3-phosphatbildung 749, 757 Schema.
— am Zuckerabbau anaeroben 738, 755.
Coferment, phosphatübertragendes 746.
Gefäßerweiterung durch 1236.
Gehalt im Blut 453f.
— in Erythrocyten 453.
Koppelung mit anderen Redox-Systemen 828.
Reduktion von Hämiglobin in Erythrocyten durch 1013.
Struktur 1235.
hydrierte 1137, 1142.
Crotalus terrificus, Phospholipase aus 851.
Crotonase 1049.
Crotonsäure, Bildung von Acetessigsäure aus 806, 831.
—, Oxydation 831.
Crotonyl-coenzym A 1049.
Cruor 256.
Crusta phlogistica 266, 477.
Crustaceen, Blut, Kupfergehalt 401.
— Muskel, Phosphorgehalt 651.
Crystalbumin 310 Tab., 311.
Cumarin, Bildung von Dicumarol aus 494.
Curare, Wirkung auf Speichelsekretion 16.
Cyanocobalamin, Vorkommen im Blut 364.
— s. a. Vitamin B_{12}.
Cyclophoraseprotein, Einbau von ^{15}N-Glykokoll in 1123 Tab.
Cyclophorasesystem:
830.
Abbau von Valeriansäure durch 808.
Aktivität in der Muskulatur 1134.
— und Zahl der Mitochondrien 1134.
Alterung 1132, 1138.
Anhäufung von Pyrophosphat, anorganischem, im 1140.
Empfindlichkeit gegen Schädigungen 1133.
Gehalt an ADP und ATP 1139.
— B-Vitaminen 1132 Tab.
Komponenten 831.
Oxydation von L-Asparaginsäure durch 1148.
— Dicarbonsäuren durch 832.
— Fettsäuren durch 1140—1144.
— D-Milchsäure durch 1149.
Phosphorylierung 1137.
Quotient P : O bei Phosphorylierung, oxydativer 1134.
aus Tumoren 1139.
Vorkommen von D-Asparaginsäureoxydase in 1148.
„künstliches" 1134.
4-Cymol-2-indolignon 351.
Cysteamin, Vorkommen im Coenzym A 1037.
Cystathionin 654, 965*.
Cystein:
952*.
Abbau 956, 958f.
Abspaltung von Schwefelwasserstoff aus 958*.
Aktivierung von Glycerinaldehyd-3-phosphatdehydrogenase durch 749.
— Phosphoglucomutase durch 742.
Aminosäure, glucoplastische 763, 765 Tab.
—, unentbehrliche, beim Menschen 934.
Aufhebung der Alloxanhemmung von Phosphohexokinase durch 741.
Ausscheidung beim Cystinuriker nach 958.
Bedeutung als Wasserstoffüberträger 652.
— für Acetylierungen 838.
— — Blutbildung 466.
— — Umaminierung 937.
Bildung aus Cystinsulfodioxyd 959*.
— — Homocystein 965.
— — Serin 654, 965.
— von Brenztraubensäure aus 958*, 960.

Die Seiten 1—840 befinden sich im Bandteil a, die Seiten 841—1257 im Bandteil b.

Cystein:
Bildung von Cystin aus 955.
— — Glutathion aus 922.
— — β-Thiolbrenztraubensäure aus 958.
— — Thiosulfat aus 956.
— — Zucker aus 960.
Desaminierung 930.
Desulfurierung durch Bakterienenzym 958.
Entgiftung durch 966f.
Gleichgewicht mit Cystin 955*.
Muskelaldolase, Inaktivierung durch 747.
Oxydation zu Cysteinsäure 957*.
— Sulfat, anorganischem 956f.
Umwandlung, reversible, zu Cystin 955f.
Vorkommen im Blut 275f, 344, 414, 437, 448.
L-Cystein, Steigerung der Phosphatidbildung durch 850.
Cysteindesulfhydrase 959.
Cysteinglycinase 922.
Cysteinoxydasen 956, 966.
Cysteinsäure, Bildung und Abbau 957*.
Cysteinsäuredecarboxylase 932, 959.
Cysteinsulfensäure 959*.
Cysteinsulfinsäure 957, 959*.
Cysteylglykokoll, Bildung aus Glutathion 920*, 922.
Cysterna chyli 553.
Cysternen, basale 565.
Cysternenpunktion 565, 566 Tab.
Cystin:
952*.
Abbau 956.
Acetylierung 838.
Aktivierung von Trypsin durch 654.
Aminosäure, entbehrliche 933.
Ausscheidung im Harn 954, 966.
— nach Methioninzufuhr 955.
Bedeutung für Entgiftung 953.
— Zuckerresorption 219f.
Bildung 934.
— aus Cystein 958*.
— von Brenztraubensäure aus 960.
— — Cystein aus 955.
— — Kreatin aus 947.
— — Methionin aus 960.
— — Schwefelwasserstoff aus 959.
— — Thiosulfat aus 956.
— — Zucker aus 960.
Einbau von Sulfid-^{35}S in 654.
Gehalt im Darmchymus 175 Tab.
— in Zellkernproteinen 1110 Tab.
Gleichgewicht mit Cystein 955*.
Hemmung von Nierenphosphatase 654.
Reduktion durch Darmbakterien 173.
Resorption 227 Tab., 653.
Rolle bei Wasserstoffübertragung 652.
Umwandlung, reversible, zu Cystein 955f.
Vorkommen im Blut 275, 289, 295, 347, 440 Tab., 448.
— Liquor cerebrospinalis 569.
Wachstumsförderung durch 654.
L-Cystin, Steigerung der Phosphatidbildung durch 850.
^{35}S-Cystin, Verteilung auf Proteine der Zellstrukturen 1145 Tab., 1146 Tab.
Cystindesulfhydrase 959.
Cystinsulfodioxyd, Bildung beim Cystinabbau 959*.
Cystinurie 954f., 960, 966.
Cytidin, kein Abbau durch Uridinnucleosidase 1188.
—, Desaminierung 1189.
—, Einbau von ^{15}N-Glykokoll in 1227.
— Uridinbildung aus 130.
^{15}N-Cytidin, Verwertung zur Nucleinsäuresynthese 1193.
Cytidindesaminase 1189.
Cytidin-5-phosphat, Spaltung durch 5-Nucleotidase 1187.
Cytidylsäure, Biosynthese in Zellelementen 1121 Tab.
— Vorkommen in Nucleinsäuren 1225.
Vorkommen in Ribonucleotiden 1183.
— Wirkung auf die Milz 1251.
—, — Tumorwachstum 1251.
Cytochrom-Cytochromoxydase-System 1137, 1142.
Cytochrom c, Gehalt in Zellelementen 1078 Tab.
—, Notwendigkeit für Abbau der C_{18}-Steroide 906.
—, Umbau zu Stercobilin 1015.
—, Vorkommen im Cyclophorasesystem 830f.
—, — in Zellkernen 1114 Tab.
— -Reductase, Gehalt an Adeninnucleotid 1184.
—, Synthese 1015.
Cytochrome, Beteiligung an 11-Oxylierung der Steroide 885.
—, Dauer der Bildung 1010.
—, Eisengehalt 656, 663, 1009 Tab.
—, Funktion 792 Abb., 1024.
—, Vorkommen in Bakterien 1015.
— a und b, Abtrennung von Zellpartikeln 1131.
Cytochromoxydase:
955, 1024.
Abtrennung von Zellpartikeln 1131.
Aktivität im Cyclophorasesystem 1133.
Bedeutung für Synthese der Hämoproteide 1015.
— von Kupfer für Bildung von 669.
fehlt in Erythrocyten 1012.
Gehalt im Cytoplasma 1078 Tab.
— in Leber bei Fettmangelratten 1145.
— — Mikrosomen 1078 Tab.
— — Milchdrüse 1134.
— — Mitochondrien 1078 Tab.
— — Säugetierorganen 1015.
— — Zellkernen 1078 Tab.
Vorkommen in Bakterien 1015.
— im Blut 401.
— in Zellkernen 1114 Tab.
Cytochromsystem 1029.

Die Seiten 1—840 befinden sich im Bandteil a, die Seiten 841—1257 im Bandteil b.

Cytoglobin 486.
Cytoglobulin 460.
Cytolyse 257, 419ff.
—, p_H-Verschiebung bei 1175.
Cytoplasma:
1152ff.
s. a. Zellfraktionen.
Acetylierungen im 1090 Tab., 1135 Tab.
Bildung von Arginin aus Citrullin im 1149.
— Brenztraubensäure im 1155.
Einbau von ^{15}N-Glykokoll in Ribonucleotide 1122 Tab.
— ^{32}P in Ribonucleotide 1121 Tab.
Gehalt an Acetalphosphatiden 1076 Tab.
— Acetylcholinesterase 1084 Tab.
— Adenosindesaminase 1090 Tab., 1126 Tab.
— Adenosintriphosphatase 1088 Tab.
— Adenylsäurephosphatase 1088 Tab.
— Äthanolamin 1076 Tab.
— Aldolase 1082 Tab.
— Aneurin 1094 Tab.
— Arginase 1084 Tab., 1126 Tab.
— Arylsulfatase 1086 Tab.
— Benzoylargininamid-amidase 1084 Tab.
— Cholesterin 1074 Tab.
— Cholinoxydase 1080 Tab.
— Cholinphosphatiden 1076 Tab.
— Choriongonadotropin 1096 Tab.
— Cocarboxylase 1094 Tab.
— Coenzym A 1094 Tab.
— Cytochromoxydase 1078 Tab.
— Dijodtyrosin 1096 Tab.
— DPN-Cytochrom c-Reductase 1078 Tab.
— DPN-Nucleosidase 1090 Tab.
— Eisen 1077 Tab.
— Eiweiß 1068 Tab.
— Enzym, Fettsäuren aktivierendes 1080 Tab.
— — für Triessigsäurespaltung 1156.
— Esterase 1082f. Tab., 1126 Tab.
— Fettsäuren 1073f. Tab.
— Fibrinolysokinase 1084 Tab.
— Folininsäure 1094 Tab.
— Fumarase 1084 Tab.
— Glucosehydrogenase 1082 Tab.
— Glucose-6-phosphat-dehydrogenase 1082 Tab.
— Glucose-6-phosphat-phosphatase 1086f. Tab.
— β-Glucuronidase 1086 Tab., 1126 Tab.
— Glutaminase 1084 Tab.
— Glutaminsäuredehydrogenase 1080 Tab.
— α-Glycerophosphatdehydrogenase 1082 Tab.
— Glyoxalase 1090 Tab.
— Heparin 1071 Tab.
— Hexosediphosphatase 1088 Tab.
— Hormon, antidiuretischem 1094 Tab.
— —, gonadotropem 1096 Tab.
— Hyaluronidase 1086 Tab..
Cytoplasma:
Gehalt an Isocitronensäuredehydrogenase 1082 Tab.
— Jod 1077 Tab.
— Kalium 1077 Tab.
— Katalase 1078 Tab., 1126 Tab.
— Kathepsin 1084 Tab., 1125.
— Kupfer 1077 Tab.
— Kynureninase 1084 Tab.
— Lactoflavin 1094 Tab.
— Lactonase 1090 Tab.
— L-Leucinamidase 1084 Tab.
— Lipoiden 1073 Tab.
— Lipoidphosphor 1075 Tab.
— α-Lipoinsäure 1094 Tab.
— Milchsäuredehydrogenase 1082 Tab.
— Natrium 1077 Tab.
— Nicotinsäureamid-methylkinase 1090 Tab.
— Nucleoproteiden 1180.
— Nucleosidphosphorylase 1126 Tab.
— Oxalessigsäureoxydase 1080 Tab.
— α-Oxysäuren-racemase 1090 Tab.
— Pantothensäure 1094 Tab.
— Pentosenucleinsäure bei Hunger 1239.
— — nach ACTH 1234.
— Phosphatase, alkalischer 1126 Tab.
— —, saurer 1086 Tab.
— Phosphatiden 1075 Tab.
— Phosphatid-Fettsäuren 1075 Tab.
— Phosphoglucomutase 1082 Tab.
— 6-Phosphogluconsäure-dehydrogenase 1082 Tab.
— Phospholipoiden 1075 Tab.
— Phosphor 1070 Tab.
— Phosphorylase 1088 Tab.
— Pyridoxin 1094 Tab.
— Reststickstoff 1069 Tab.
— Rhodanese 1090 Tab.
— Ribonuclease 1090 Tab.
— Ribonucleinsäure 1069f. Tab.
— Serin 1076 Tab.
— Stickstoff 1068 Tab.
— Succinodehydrogenase 1080 Tab.
— Succinoxydase 1078f. Tab.
— Thyroxin 1096 Tab.
— TPN-Cytochrom c-Reductase 1078 Tab.
— Tyrosinase 1080 Tab.
— Unverseifbarem 1075 Tab.
— Uricase 1082 Tab., 1126 Tab.
— Vitamin A 1094 Tab.
— — B_{12} 1094 Tab.
Proteinasewirkung 1124 Abb.
Ribonucleinsäuren, Zusammensetzung aus Basen 1108 Tab.
Tyrosin-Oxydation im 1080 Tab.
Umsatzgeschwindigkeit der Phosphatide in 1144.
Vorkommen von Milchsäureracemase im 1149.
Cytoplasmapartikel, kleinste, bei Leberregeneration 1096.
Cytosin, Abbau 1229*.

Cytosin, Abbau durch Micrococcus aerogenes 1230.
—, Bildung aus ^{15}N-Desoxycytidin 1227.
—, — von ^{15}N-Ammoniumcitrat aus 1226.
—, Desaminierung durch Hefe 1226.
—, Transaminierung mit α-Ketoglutarsäure durch E. coli 1226, 1230.
—, Vorkommen in Hefenucleinsäure 1225.
— nicht Vorstufe von Purinbasen 1228.
—, Wirkung auf Paratyphus B-Agglutination 1251.
Cytosindesoxyribosid, Bildung im Dünndarm 130.
Cytosin-(3)-desoxyribosid, Einbau in Desoxypentosenucleinsäuren 1193.
Cytostatica, Hemmung der Nucleinsäuresynthese durch 1197.
Cytosylsäure, Freisetzung im Darm 128.

Dalmatiner Hund, Ausscheidung von Harnsäure 1208, 1212ff.
—, Bildung von Harnsäure bei 1198.
—, Entmethylierung von Coffein bei 1224.
—, Gehalt im Blut an Allantoin 1215.
—, — in Leber an Uricase 1213.
—, Index, uricolytischer 1213.
—, Wirkung von Adrenalin auf Purinstoffwechsel bei 1232.
Darm:
Anatomie 103—109.
Anreicherung freier Aminosäuren 916.
Ausscheidung von Aluminium 685.
— Blei 688.
— Calcium 640.
— Cholesterin 875.
— Kupfer 666f.
— Phosphat 649.
— C_{18}-Steroiden 906.
— C_{19}-Steroiden 901.
— C_{21}-Steroiden 892.
— Strontium 640.
— Wasser 593.
Bedeutung für Reaktionsregulierung 1164.
Beteiligung am Eiweißstoffwechsel 912.
Bewegungsformen 109ff.
Bildung von Vitamin A 197.
Eiweißzersetzung, bakterielle 229.
Entleerungszeit 111.
Entnervung 138.
Fäulnisprodukte 189.
Fassungsvermögen 104 Tab.
Fettsekretion 795.
Gasbildung 215.
Gehalt an Acetylcholin 138 Tab., Abb., 139 Tab.
— Arginase 123.
— Fermenten 8, 25, 50, 119-130, 150ff., 154, 165.
— Fettstoffen 112—119.
— Hormonen 130—143, 169.
— intrisic factor 121.
— Stickstoffverbindungen 119.
— Wasser 592 Tab.
Darm:
Länge 103, 104 Tab., 105.
Mucin, Pufferungsvermögen 119.
Oberfläche 104 Tab.
Resorption im 103, 143, 202—250.
—, selektive 208.
— von Fett 106, 113, 230—249.
— — Quecksilber 687.
— — Wasser 209f.
Totenstarre 103.
Verdauung im 102—199.
—, Mechanik 109ff.
Vorkommen von Adenosindesaminase 130.
— Aminopolypeptidasen 120 Tab., 121, 123f., 133f.
— Amylase im 120 Tab., 126, 175.
— Histamin im 119.
— Lipasen 120 Tab., 124, 130, 145f., 176, 809.
— Nucleotidasen im 129, 1186.
— Phosphatasen im 129.
Wirkung von Cholin auf 138.
Zusammensetzung, chemische 111—143.
Darmbakterien 172f., 177, 180, 182f., 186f., 189—191.
Darmbewegungen 109ff.
Darmchymus, Bebrütung in vitro 174.
—, Gehalt an Aminosäuren 175 Tab.
Darmcysten, künstliche, Inhalt 193.
Darmdrüsen, Sekretionsreize für 131—135, 145f.
Darmerkrankungen, Indican im Blut bei 350.
Darmfäulnis, Bildung von Esterschwefelsäuren bei 953.
Darmfistel 144, 146.
—, Sekretmenge aus 148 Tab.
Darmflora 172f., 177, 182f., 186f., 189—191.
—, Inaktivierung durch Succinylsulfothiazol 994.
—, Nicotinsäurebildung durch 994.
Darmgifte, Resorption 184.
—, physiologische 190.
Darmgries 184.
Darminhalt, Definition 143.
—, Gehalt an Peptiden 913.
—, Gewinnung 169.
—, p_H-Wert 149, 170.
—, Reduktionen, bakterielle 193.
—, Regurgitation 46, 94f.
—, Toxizität 190.
Darmkonkremente 184ff.
Darmkrypten 107.
Darmlipase s. Lipase, Darm.
Darmlymphe, Abgabe in den Ductus thoracicus 204.
—, Gehalt an Eiweiß 551, 553.
—, — Kalium 554.
—, — Phosphatiden 843f.
—, Zusammensetzung 550f., 553.
Darmmaltase, s. Maltase, Darm.
Darmphosphatase 375.
Darmsaft 143—154:
s. a. Dünndarmsaft.

Darmsaft:
Bestandteile, organische 151 Tab., 152.
Definition 143.
Eigenschaften, physikalische 147.
Gefrierpunkterniedrigung 149, 154.
Gehalt an Ammoniak 153 Tab.
— Amylase 146, 151, 154.
— Calcium 151 Tab., 152, 153 Tab., 154.
— Carbohydrasen 120 Tab., 125—128.
— Carbonat 154.
— Chloriden 151 Tab., 152, 153 Tab., 154.
— Enzymen 119—130, 150ff, 154.
— Esterasen 120 Tab., 124—128.
— Fetten 152.
— Hydrogencarbonat 148, 151 Tab., 152.
— Hormonen 130—143, 154.
— Kochsalz 152, 154.
— Lipasen 120 Tab., 176.
— Mineralstoffen 151 Tab.
— Nucleasen 128ff.
— Proteasen 119—124.
— an Sterinen 152.
— Vitaminen 154.
Gewicht, spezifisches 148ff, 154.
Gewinnung 144.
Menge 147, 153 Tab.
Mensch 143f.
pH-Wert 148 Tab., 149.
Rückresorption 147.
Sekretion 145ff.
Viskosität 154.
Vorkommen von Aminosäuren im 152.
— Carboxypolypeptidase 121, 123.
— Esterasen 124.
— Glycerophosphatase 125, 129.
— Kathepsin 82, 119, 120 Tab.
— Kreatin und Kreatinin 152.
— Mucin 134, 150, 152.
Wasserabgabe mit 600 Tab.
Zusammensetzung, chemische 150—152.
Darmsaftlocker 146.
Darmsand 184.
Darmschleimhaut:
Abgabe von Eisen durch 660.
Anatomie 105—107.
Ausscheidung von Jod 681.
Bedeutung für Eisenstoffwechsel 658.
Bildung von Fettsäuren in 801, 835.
— Harnsäure in 1202.
Epithelzellen 204 Abb.
Gehalt an Carbohydrasen 125—128.
— Cholin 119, 130, 131 Tab., **135—141**, 177.
— Cholinesterase 120 Tab., 125, 136f.
— Esterasen 124f.
— Fermenten 119-130, 150ff., 154
— — in Zellkernen 1114 Tab., 1116 Tab.
— Glykogen 221.
— Nucleasen 120 Tab., 128—130.
— Proteasen 119—124.
Maltasewirkung 730.
Stoffwechsel 106.
Vorkommen von Arginase in 120 Tab., 123.
— Desoxyribonucleotidasen 128.

Darmschleimhaut:
Vorkommen von Enterokinase 119ff.
— Nucleindesaminasen in 1189.
— Oligonucleotidasen in 1187.
— Trypsin 119.
Zellen, Erneuerungsgeschwindigkeit, 1121.
Darmsekrete, Menge 208.
Darmsonden 169.
Darmtumoren 379.
Darmverschluß, Kreatin und Kreatinin im Blut bei 348.
Darmwand, Bildung von Fettsäuren in 832.
—, — Phosphatiden in 842.
—, Fermente, glutathionspaltende, in 922.
—, Fettsekretion 801.
—, Gehalt an Diaminoxydase 189.
—, Permeabilität, gerichtete 208.
—, pH-Wert 149.
—, Schichten 140.
—, Stoffwechselvorgänge in der 196ff.
Darmwandzellen, Fettverteilung 241ff.
Darmzotten, Anatomie 106, 204f.
—, Bewegungen 206 Abb., 210.
—, Fettresorption durch 241, 242 Abb. 243 Abb., 797.
Dauerinfusion, intravenöse 254.
D-Avitaminose 723.
DEBYE-HÜCKEL-Theorie 1159.
Decansäure, Bildung von Acetessigsäure aus 832.
—, Hemmung des Citronensäurecyclus durch 1143.
—, Oxydation durch Mitochondrien 831 Tab., 1142 Tab.
Decarboxylase für Cystinsulfodioxyd 959.
Decatetraensäureamid, ω-Oxydation von 821 Tab.
Decidua, Vorkommen von 5-Nucleotidase in 1187.
Deckzellen, Magenschleimhaut 36.
—, — Salzsäurebildung in 34.
β-n-Decyladipinsäure, Verhalten im Stoffwechsel 818 Tab.
n-Decylbernsteinsäure, ω-Oxydation 817.
Degeneration, WALLERsche 865.
Dehydasal (Diäthylaminoäthanol) 88.
Dehydroandrosteron, Veresterung durch Pankreasesterase 163.
11-Dehydrocorticosteron 882, 884 Schema.
—, Abbauprodukte im Harn 893 Tab.
— s. a. Δ^4-Pregnen-21-ol-3,11,20-trion.
Dehydrogenasen, Vorkommen in Leukocyten 464 Tab.
Dehydroisoandrosteron 896, 899f., 903.
—, Stoffwechsel 899.
—, Veresterung mit Schwefelsäure 880.
11-Dehydro-17-oxycorticosteron 773.
—, Abbauprodukte im Harn 893 Tab.
— s. a. Cortison.
Dehydropeptidase, Abbau von Peptiden, cysteinhaltigen, durch 959.
—, Aktivierung durch Zink 679.

Dehydropeptide, Spaltung im Cytoplasma 1153 Tab.
11-Dehydrosteroide 889*.
Dekapodenmuskel, Phosphorgehalt 651.
Dekompensation, kardiale, Hyperchlorämie bei 408.
Dentin 704, 708f., 716, 722f.
—, Calciumaufnahme 723.
—, Phosphataufnahme aus dem Blut 722.
Desaminasen für Aminopurine 1201.
—, Vorkommen im Blutserum 381.
Desaminierung, oxydative 929ff., 1150 Tab.
Desmoglykogen 321.
Desulfhydrase 966.
Depoteisen 656 Tab., 660, 663.
Depotfett 797, 809.
—, Erneuerung der Fettsäuren 835.
Depotinsuline 254.
Desmoenzyme, Magenschleimhaut 34.
Desmosecretin 132.
Desoxyadenosin, Bildung im Darm 130.
Desoxyadenylsäure, Bildung durch Thymonucleinase 128.
—, Spaltung durch 5-Nucleosidase 1187.
Desoxycholsäure, Bedeutung für Calciumresorption 639.
—, — Lipoidresorption 234, 249, 793f.
—, Bildung von Choleinsäuren aus 793f.
—, fehlt im Hundeblut 339.
—, Wirkung auf Purinstoffwechsel 1243.
Desoxycorticosteron 882 Tab., 884* Schema, 889.
—, Abbauprodukte im Harn 893 Tab.
—, Bildung von Pregnan-3α, 20α-diol aus 889.
—, Förderung der Glykogensynthese in der Leber durch 761.
—, Hemmung der Glykogensynthese im Zwerchfell durch 778.
—, Oxydation in Mitochondrien 1150 Tab.
—, 11-Oxylierung 883, 885f.
— s. a. Δ^4-Pregnen-21-ol-3,20-dion.
11-Desoxycorticosteron 883.
—, Abbau 891.
Desoxycorticosteronacetat 622, 861.
Desoxycytidin, Verwertung zur Nucleinsäuresynthese 1193.
^{15}N-Desoxycytidin, Bildung von Cytosin und Thymin 1227.
Desoxycytidylsäure, Bildung aus ^{14}C-Formiat (?) 1228.
—, Spaltung durch 5-Nucleotidase 1187.
3-Desoxyequilenin 906 Tab.
Desoxyguanylsäure, Bildung durch Thymonucleinase 128.
—, Spaltung durch 5-Nucleosidase 1187.
Desoxyhypoxanthin, Verwertung zur Nucleinsäuresynthese 1193.
Desoxy-ketopentosephosphorsäure, Bildung durch Aldolase 747.
11-Desoxy-17-oxycorticosteron 882 Tab.
Desoxypentosenucleinsäure, Bildung, ATP als Phosphatquelle 1235.
—, —, Einfluß von Vitamin C auf 1246.
—, Bildung aus Pentosenucleinsäure 1191.
Desoxypentosenucleinsäure, Bildungsgeschwindigkeit 1190.
—, Phosphataufnahme durch 1191.
Desoxypentosenucleinsäuren.
— s. a. Desoxyribonucleinsäuren.
— s. a. Nucleotide.
Desoxypyridoxin, Wirkung auf Desoxypentosenucleinsäuregehalt der Milz 1244.
Desoxyribonuclease, Abtrennung aus Mitochondrien 1131.
—, Aktivität im Zellkern 1109.
—, Gehalt in Mitochondrien 1090 Tab.
—, Vorkommen in Zellkernen 1116 Tab.
Desoxyribonucleinsäuren:
1182.
s. a. Desoxypentosenucleinsäuren.
s. a. Nucleotide.
Aufnahme von ^{15}N-Glykokoll in 1123 Tab.
Aufspaltbarkeit, enzymatische 1119.
Bildung bei Zellteilung 1103.
— von Ammoniak aus 1201.
Gehalt in Eizellen 1183.
— Invertebraten 1183.
— Spermatozoen 1183.
— Zellkernen 1100 Tab., 1101f. Tab., 1102, 1104 Tab.
Nachweis 1183.
Neubildung, tägliche 1121.
Umsatz im Gewebe trächtiger Tiere 1234.
Umsatz bei Neoplasmen 1247.
Vorkommen im Zellkern 1097.
Wuchsstoff für Lactobazillen 1244.
Zusammensetzung aus den einzelnen Basen 1106 Tab.
Desoxyribonucleoproteide 1097.
Desoxyribonucleoside, Bildung 1196.
—, Vorkommen 1185.
—, Wuchsstoff für Lactobazillen 1244.
Desoxyribonucleotidase, Spezifität 1186.
—, Bildung im Zellkern 1119—1123.
—, — während der Mitose 1119f.
—, Einbau von ^{15}N-Adenin in 1121 Tab.
—, — ^{32}P in — im Zusammenhang mit Mitosen 1121.
—, Spaltung durch Nucleotidasen 1187.
—, Umsatzgeschwindigkeit 1119, 1120 Tab., 1121 Tab.
—, keine Zinkanreicherung in 679.
— s. a. Nucleotide.
Desoxyribo-oligo-nucleotidase, Vorkommen in Darmschleimhaut 128.
Desoxyribo-poly-nucleotidase, Vorkommen in Darmschleimhaut 128.
—, — Pankreas 129, 166.
D-2-Desoxyribose, Gehalt in Desoxyribonucleinsäure 1182.
Desoxyribose-1-phosphat, Bildung aus Hypoxanthin-desoxyribosid 1188.
—, — Purindesoxyribosiden 1195.
—, Umwandlung in Desoxyribose-5-phosphat 1196.
Desoxyribose-5-phosphat, Bildung aus Desoxyribose-1-phosphat 1188, 1196.

Desoxyribose-5-phosphat, Bildung durch Aldolase 748.
Desoxyribo-tetranucleotide, Dephosphorylierung im Darm 129.
Desoxyribothymidylsäure, Bildung aus b-Thymonucleinsäure im Darm 128.
11-Desoxysteroide 889*.
C_{19}-11-Desoxysteroide 902.
Desoxythymidin, Bildung von Thymidin aus 1193.
^{15}N-Desoxythymidin, Bildung von Thymin aus 1227.
Desoxythymidylsäure, Spaltung durch 5-Nucleosidase 1187.
Desulfhydrase 958, 960.
Detoxin, Förderung der Rhodanbildung aus 653.
Deuterium, Markierung von Cholesterin mit 615, 873, 878.
—, — Fettsäure mit 615, 803, 832.
—, Nachweis der Transmethylierung durch 963.
—, Untersuchung des Aminosäurestoffwechsels mit 967f.
—, — Citronensäurecyclus mit 1057*.
—, s. a. Wasserstoff, schwerer.
Deuteriumoxyd zur Untersuchung der Cholesterinsynthese 873.
— s. a. Wasser, schweres.
Deuterohämin, Entstehung bei Hämoglobinverdauung 76.
Deuteroporphyrin, Bildung aus Hämatin durch Darmbakterien 438.
—, — bei Hämoglobinverdauung 76.
Dextrine, Ausnutzung im Dickdarm 222.
—, Bildung im Schweinemagen 98.
—, Diffusion 224.
—, Vergärung im Dickdarm 182.
—, Vorkommen im Zucker, gebundenen, des Blutes 313.
Dextrose s. Glucose.
Diabetes insipidus, Ausscheidung von Harnsäure bei 1233.
— —, — Purinbasen bei 1233.
— —, Gehalt im Blut an Natrium bei 394.
— —, — — Liquor cerebrospinalis an Mineralstoffen 575.
— —, Hyperchlorämie bei 408.
— —, Oxydation der Purinbasen bei 1233.
— —, Wasserumsatz bei 604.
Diabetes mellitus:
bei Akromegalie 735.
Ausscheidung von Eisen bei 661.
Bildung von Aceton aus Eiweiß bei 932.
— Acetonkörpern bei 802.
— Zucker aus Eiweiß bei 932.
nach Entfernung von Pankreas und Hypophyse 774.
Chloridretention im Gewebe bei 408.
Erzeugung durch Harnsäure bei Wildkaninchen 1232.
— Zn-Komplexbilder 678.
Diabetes mellitus:
Gehalt im Blut an Acetonkörpern 328.
— — Brenztraubensäure 326.
— — Chlor 408.
— — Cholesterin 338.
— — Cholinesterase 374.
— — Citronensäure 1061.
— — Fett 333.
— — Harnsäure 1198, 1233.
— — Kupfer 402.
— — Lipase 372.
— — Phosphat, anorganischem 413.
— — Rest-C 330.
— — Schwefel 415.
— — Zucker 733.
— — Magensaft an Ammoniak 68.
— — Nerven an Phosphatiden 865.
Glucoseverteilung im Blut bei 443.
Insulinwirkung bei 769.
Lipämie bei 862.
Mangel an Oxalessigsäure bei 828.
Purinstoffwechsel bei 1232.
Säure-Basen-Gleichgewicht im Blut bei 543.
Vergleich mit Pankreasdiabetes 726.
Vermehrung der γ-Globuline bei 321.
Diabetes, renaler 734, 758.
Diacidurie 813.
Di-(adenosin-5-phosphorsäure), Vorkommen in Hefe 1184.
Di-(adenosin-5-phosphorsäure)-pyrophosphat, Vorkommen in Hefe 1184.
Diadenyl-dipentose-tetraphosphat, Vorkommen in Hefe 789.
Diät, chloridarme 632.
—, kochsalzfreie 621.
—, rachitogene 717.
Diäthyläthanolamin, keine Acetylierung von 1045.
Diäthylaminoäthanol (Dehydasal), Erregung der Magensaftsekretion durch 88.
Diäthylsafranin 1128*.
—, Abbau durch Zellfraktionen 1156.
Diäthylstilboestrol im Cytoplasma 1090 Tab., 1153 Tab.
N-Diäthylsulfanilamid, Nachweis von Schilddrüsenhormon mit 367.
Dialursäure, Wirkung, diabetogene 779.
Diaminophosphatide, Gehalt im Protoplasma 868.
Diaminopimelinsäure, Bildung von Lysin aus 968.
2,6-Diaminopurin, Hemmung der Nucleinsäuresynthese durch 1197, 1248.
—, — — Thyminsynthese in Lactobacillus casei 1245.
—,— des Wachstums von Lactobacillus casei 1252.
—, Vorstufe von Guanin 1193, 1222.
—, Wirkung auf Leukämie, infektiöse lymphatische 1251.
Diaminoxydase 932.
—, Vorkommen im Blut 382.

Diaminoxydase, Vorkommen in der Darmwand 189.
Diaphorase 737, 1184.
Diarrhöe 183.
—, Eintritt von Natrium in Zellen bei 622.
— bei Kaliumvergiftung 628.
—, Kaliumverlust durch 627.
—, Wasserausscheidung bei 620.
Diastase, Bestimmung nach WOHLGEMUTH 23.
—, Gehalt im Blutserum 281 Tab.
—, Hemmung durch Fluorid 697.
—, Vorkommen im Liquor cerebrospinalis 575.
— s. a. Amylase.
Diastaseeinheit 23.
Diathese, exsudative, Blutsenkung bei 266.
—, —, Gehalt im Blut an Kalium bei 394.
—, —, Purinstoffwechsel bei 1247.
—, hämorrhagische 497.
—, harnsaure 1234.
Diatomeen, Gehalt an Silicium 690.
Diazoreaktion 355.
9,10-^{14}C-1,2,5,6-Dibenzanthracen, Bindung durch Mitochondrien 1154.
Dibutylmalonsäure, Ausscheidung 817.
Dicarbonsäuren, Abbau 813.
—, Ausscheidung 813 Tab.
—, α, β-Dehydrierung 806.
—, Entstehung durch β-Oxydation 810.
—, Oxydation durch Mitochondrien 1136 Tab.
—, — Nierencyclophorase 1144.
C_4-Dicarbonsäuren 792, 1029f., 1032, 1056.
Dichlorphenolindophenol 1143.
Dicholinglycerophosphat 851.
Dickdarm:
s. a. Colon.
Anatomie 109.
Ausscheidung von Kieselsäure 690ff.
— Sterinen 177.
Bakterien im 181—183, 187, 193.
Bewegungsformen 110.
Eisenresorption 658.
Eiweißfäulnis 189.
Exkretion im 195.
Fettabbau, bakterieller 191, 247.
Gasbildung 187.
Gehalt an Cholin 137 Tab.
Kohlenhydratvergärung 187.
Inhalt 179—186.
—, Enzyme 181.
— bei Krankheiten 183f.
—, Zusammensetzung 180.
Länge 103.
Mensch, Gasmengen 180 Tab.
Mikroorganismen 181—183, 187, 193.
Reduktionsvorgänge im 179.
Resorption im 195, 209, 215, 219, 222.
— von Aminosäuren 229.
— — Fett 104.
— — Kohlenhydraten 222.
— — Salzen 215.
— — Wasser 179.
— — Zucker 731.
Dickdarm:
Verdauung im 177—196.
—, vergleichende 196.
Zersetzungen, bakterielle 193, 229.
Zusammensetzung, chemische 177.
Dickdarmflora, Bedeutung für die Verdauung 186—194.
—, Hydrierungen durch 193.
—, Synthesen durch 194.
— s. a. Dickdarm, Bakterien im.
Dickdarmsaft 178f.
Dicumarol 482, 494ff, 499.
Di-desoxycytidylsäure, Vorkommen in Kälberthymus 1226.
Di-deuterocitronensäure 1058*.
Diensäuren, Bildung aus Linolsäure bei Hühnern 821.
—, Vorkommen im Blut 336.
Differenz-N 342, 345, 444 Tab.
Diffusion 207, 210.
Diffusionsgefälle 506.
Diffusionsgesetz, FICKsches 207.
Diffusionskoeffizienten 506.
Diffusionskonstante 506f.
Digitonin, zur Abtrennung der 3β-Oxysteroide 879, 895, 903.
—, Hämolyse durch 421.
Diglyceride, Bildung bei Fettverdauung 799.
—, Resorption 232, 239, 797.
Dihydrobilirubin, Bildung in der Leber 193.
Dihydrocholesterin, Ausscheidung 192, 196.
—, Bildung aus Cholesterin 191, 193, 870.
—, Resorption 249.
—, Veresterung durch Pankreasesterase 163.
—, Vorkommen im Blutserum 337.
—, — Darmsaft 152.
—, — in Dünndarmschleimhaut 113.
Dihydro-Hildebrandt-Säure 806*.
Dihydromesobilirubin, Bildung in der Leber 193.
Dijodtyrosin 683.
—, Bedeutung für Umaminierung 937.
—, Gehalt in Zellelementen 1096 Tab.
α,α'-Diketoadipinsäure, Bildung aus Brenztraubensäure 1029.
β,δ-Diketocapronsäure, Acetessigsäurebildung aus 804*.
3,5-Diketohexanatspaltung im Cytoplasma 1090 Tab.
β,δ-Diketohexansäure, Abbau 804*, 1143, 1155.
α,γ-Diketosäuren, Abbau 804f*.
9,10-Diketostearinsäure, Oxydation zu Azelainsäure 809.
2,3-Di-mercapto-propanol-1, Verhinderung des Alloxandiabetes durch 779.
α, β-Dimethyladipinsäure, Verhalten im Stoffwechsel 818 Tab.
Dimethylamin bei Darmfäulnis 189.
Dimethylaminoäthanol, Acetylierung 1045.
—, Cholinbildung aus 961.
—, Methylierung durch Methionin 960.
Dimethylaminoazobenzol 53f.

p-Dimethylaminoazobenzol, Speicherung im Cytoplasma 1154.
2,5-Dimethyl-6-amino-pyrimidin, Baustein der Cocarboxylase 1185.
5,6-Dimethylbenzimidazol in Pseudovitaminen B_{12} 1180.
Dimethylbernsteinsäure, Verhalten im Stoffwechsel 817.
Dimethylcolamin, Bedeutung für Cholinstoffwechsel 854, 855 Abb.
—, Einbau in Phosphatide 850.
2,3-Dimethylglucose 744.
Dimethylglycin, Betainbildung aus 962*.
— als Methyldonator 961.
— s. a. Dimethylglykokoll.
Dimethylglykokoll, kein Methyldonator 855.
—, Oxydation zu Formaldehyd 1148.
as-Dimethylguanidin, Vorkommen im Blut 353.
1,3-Dimethylharnsäure, Bildung aus Theophyllin 1225.
— Störung der Harnsäurebestimmung durch 347.
3,7-Dimethylharnsäure, Bildung aus Theobromin 1214.
1,5-Dimethylhexadien-1,6-dicarbonsäure, Bildung aus Citral 812*.
Dimethylmalonsäure, Ausscheidung 817.
3,7-Dimethyl-4-oxy-4,5-dihydroharnsäure, Bildung von Allantoin aus 1209.
Dimethyl-β-propiothetin als Methyldonator 961.
Dimethylselenid, Bildung aus Selenit im Stoffwechsel 695.
Dimethylsulfon, Vorkommen im Blut 415.
Dimethyltellur, Bildung aus Tellurit im Stoffwechsel 695.
Dimethylthetin als Methyldonator 961.
1,3-Dimethylxanthin als Quelle der Methylpurine im Harn 1223.
1,7-Dimethylxanthin, Vorkommen im Harn 1223.
3,7-Dimethylxanthin als Quelle der Methylpurine im Harn 1223.
3,5-Dinitrobenzoesäure zur Kreatininbestimmung 349.
Dinitrophenol, Entkoppelung der Phosphorylierung, oxydativen, durch 789, 921, 1176.
—, Hemmung der Äpfelsäuredehydrogenase durch 1131 Tab.
—, — Carboxylase durch 754.
—, — Phosphatidsynthese durch 1144.
—, keine Mitochondrienschwellung durch 1129.
2,4-Dinitrophenol, Hemmung des Aminosäureeinbaus durch 925.
—, Wirkungsmechanismus 1138f., 1141f.
Dioxyaceton, Bildung aus Methylglyoxal 770.
—, — von Dioxyaceton-phosphat aus 748.
—, — — Glucuronsäure aus 735.
—, — — Glucose aus 761ff. 764* Tab.
—, — — Glykogen aus 761.
Dioxyacetonphosphat, Bedeutung für Fettresorption 800.
—, Bildung aus Dioxyaceton 748.
—, — bei Gärung und Glykolyse 757 Schema.
—, — — Glykolyse 759 Schema.
—, — von Desoxy-ketopentosephosphorsäure aus 747.
—, — — Heptulose-7-phosphat aus 1063.
—, Reaktion an Aldolase 746*.
—, Reduktion zu Glycerin-3-phosphat 749*.
— als Wasserstoffacceptor 750.
2,8-Dioxyadenin, Ablagerung in der Niere 1256.
—, Bildung aus Adenin 1202.
Dioxybenzol, Vorkommen im Blut 328f.
Di-4-oxycumarinylessigsäure 496.
5,6-Dioxy-dihydro-indolcarbonsäure, Bildung bei Tryosinoxydation 985*.
α,β-Dioxyhexansäure, keine Oxydation durch Mitochondrien 1143.
4,5-Dioxyhydrothymin, Bildung beim Thyminabbau 1228.
Dioxyindol, Bildung bei Typrosinoxydation 985*.
5,6-Dioxyindolcarbonsäure, Melaninbildung aus 985.
2,6-Dioxy-5-methylpyrimidin, Vorkommen in Thymonucleinsäure 1226.
Dioxyphenylalanin, Bedeutung für Umaminierung 937.
—, Bildung aus Tyrosin 984.
—, Decarboxylierung von 931.
—, Oxytyraminbildung aus 166.
2,5-Dioxyphenylalanin, Zwischenprodukt der Homogentisinsäurebildung 982.
3,4-Dioxyphenylalanin, Zwischenstufe der Adrenalinbildung 984, 985*.
2,5-Dioxyphenylbrenztraubensäure, Vorstufe der Homogentisinsäure 982.
2,5-Dioxyphenylessigsäure, Ursache der Alkaptonurie 981.
2,6-Dioxypyrimidin, Vorkommen in Nucleinsäuren 1226.
9,10-Dioxystearinsäure, Bildung von Azelainsäure aus 809.
Dipeptidasen, Austauschreaktion durch 920.
—, Hemmung durch Silberionen 687.
—, Vorkommen im Blut 381.
—, — in Blutplättchen 472.
—, — im Darm 107, 120 Tab., 122ff. 151.
—, — in Kaninchenlymphe 555.
—, — — Leukocyten 464 Tab.
—, — im Liquor cerebrospinalis 575.
—, — in Magenschleimhaut 35 Tab., 37.
—, — im Pankreas 159, 160 Tab.
—, — in Transsudaten 560.
Dipeptidbildung, Energiebedarf 918.
Diphenylthiocarbazon, Aktivierung der Phosphoglucomutase durch 742.
Diphosphoadenosintriphosphatase 1188.
Diphosphoglycerinsäure, Vorkommen in Erythrocyten 446, 447* Tab.

Diphosphoglycerinsäuredephosphorylase, Bedeutung von Adenosintriphosphorsäure für 1235.
Diphosphopyridinnucleotid:
Aktivierung von Mitochondrien durch 1137.
Bedeutung für Abbau von α-Ketoglutarsäure 1053.
— Abbau von α-Ketosäuren 1039.
— β-Ketoreduktasereaktion 1049.
— Reduktion von Hämiglobin 1013.
— Steroidoxydation 885f., 889, 897f., 906.
— Steroidreduktion 891.
Bildung in Zellelementen 1090 Tab.
— Zellkernen 1090 Tab., 1116 Tab., 1125.
Gehalt im Cyclophorasesystem 1132.
Gleichgewicht mit Triphosphopyridinnucleotid in Mitochondrien 1136 Tab.
Reaktion mit β-Oxybuttersäurodehydrogenase 828.
Vorkommen im Blut 411.
— in Erythrocyten 453.
Diphosphopyridin-Cytochrom c-Reduktase im Cyclophorasesystem 1134f.
—, Gehalt in Mitochondrien 1078 Tab., 1131.
—, — Zellelementen 1078 Tab., 1114 Tab.
—, Vorkommen in Mikrosomen 1151.
Diphosphopyridin-dehydrogenasen 1128.
Diphosphopyridin-nucleosidase, Aktivitätssteigerung durch Zellzerkleinerung 1066.
—, Vorkommen in Zellkernen 1090 Tab., 1116 Tab.
Diphosphopyridin-nucleotidase, Gehalt in Neurospora bei Zinkmangel 679.
Diphosphothiamin, Bedeutung für Abbau von α-Ketoglutarsäure 1052.
—, Coferment der Carboxylase 754.
— s. a. Aneurinpyrophosphat.
— s. a. Cocarboxylase.
Diplegie, spastische 668.
Diplura, Vorkommen von Guanin in 1217.
Diptera, Vorkommen von Guanin in 1217.
Disaccharide, Assimilationsgeschwindigkeit 734.
—, Resorption 223f.
—, Wirkung auf Darmbewegung 140.
DISCHE, Carbazolreagenz 71.
— -Reaktion 1183.
Dismutase für Brenztraubensäure 756.
Distearylkephalin, synthetisches, keine Thrombokinasewirkung 483.
Disulfoxylsäure, Bildung beim Cysteinabbau 957.
Dithizon, Wirkung diabetogene 678.
2,3-Dithiopropanol s. BAL.
Diurese 595, 600f., 603f.
Diuretin, Erregung des Harnsäurezentrums durch 1231.
—, Hyperglykämie durch 733.
—, Wirkung auf Allantoinausscheidung 1230.
DNS s. Desoxypentosenucleinsäure.
— s. Desoxyribonucleinsäure.
D/N-Verhältnis 763.
Δ^2-Dodecendisäure 806.
n-Dodecylmalonsäure, Oxydation 817.
Dörrfleckenkrankheit 671.
Δ^{13}-Dokosensäure, Bildung aus Ölsäure 819.
Dolium galea, Verdauungssekrete 19, 49.
DONNAN-Gleichgewicht 529, 578, 598, 601f., 1158f., 1166ff., 1170f.
Dopaoxydase, Vorkommen in Eiterzellen 584.
—, — im Pankreas 166.
DPN s. Diphosphopyridinnucleotid.
„Dreipunktbindung" von Citronensäure an Fermentoberfläche 1057 Abb., 1058.
Drosophila melanogaster, Pigmentbildung bei 994.
Druck, kolloidosmotischer, Bedeutung für Ödembildung 604.
—, —, der Serumproteine 601.
—, osmotischer, im Blut und Kohlensäuretransport 520.
—, —, Natrium, Bedeutung für 619.
—, —, im Raum, extracellulären 630, 633.
—, —, Regulation durch die Niere 535.
Drüsen, BRUNNERsche 105, 107ff., 122, 126, 134, 143f., 171.
—, endocrine, Glucoseverwertung durch 778.
—, mucöse, seröse und gemischte 11.
Drüsenmucoprotein 71.
Drüsenzellen, mucoide, in Magenschleimhaut 33.
Drüsenzellmembran, Anionenimpermeabilität 629.
Ductus alveolares 502.
— thoracicus 238.
— —, Fetttransport im 244, 798.
— — -Lymphe 550—553, 555.
— — -—, Gehalt an Phosphatiden 115.
— —, Lymphdruck 108.
— —, Lymphfluß 548.
— —, Lymphmenge im 210.
— —, keine Purinbasen im 1181.
— —, Sammlung der Darmlymphe im 204.
Dünndarm:
103—154.
s. a. Duodenum.
Anatomie 105—108.
Ausschaltung, Folgen für Verdauung 198.
Bewegungsformen 109f.
Bildung von Phosphatiden 842f., 848, 866.
— Provitamin D_3 im 879.
Drüsen 106f.
Eigenschaften, bactericide 172.
Eiweißabbau 174f.
Exkretion von Cholesterin 875.
Fettabbau 176.
Gefäßversorgung 108.
Gehalt an Cholin 137 Tab.
— Cysteinsäuredecarboxylase 932.
— Fettstoffen 112—119.
— N-Verbindungen 119.
— Phosphaten 111f Tab.

Dünndarm:
Gehalt an Trockensubstanz 111 Tab., 112 Tab., 114 Tab.
Histologie 104.
Inhalt 88, 168—173.
—, s. a. Duodenalinhalt.
Innervation 108.
Kohlenhydratabbau 175.
Muskulatur 105.
Nüchternsaft 149.
Phosphatidumsatz 862.
Resorption von Aminosäuren 228.
— Eiweiß 225.
— Fetten 230—233.
— Fettsäuren 233—236.
— Gasen 215 Tab.
— Glycerin 236f.
— Kohlenhydraten 216—222.
— Polypeptiden 225.
— Salzen 211—215.
— Wasser 209f., 597.
Sekrete 111—154.
Sekretion 146f.
Vorkommen von Vitaminen im 143.
Zusammensetzung, chemische 111—143.
Dünndarmflora 172.
Dünndarmpatrone (VAN DER REIS) 169, 172.
Dünndarmsaft 119— 30, 143—154.
—, Eigenschaften, physikalische 149, 150 Tab.
—, Hydrogencarbonatgehalt 149.
—, Säurebindungsvermögen 149.
—, Zusammensetzung, chemische 151—154.
— s. a. Darmsaft.
— s. a. Duodenalsaft.
Dünndarmschleimhaut, Enzyme 119—130.
—, Gehalt an Phosphatase 125 Tab.
—, — Sterinen 113.
Dünndarmverdauung, Ablauf 173—176.
Dulcit, Resorption von 250.
Duocrin 142.
Duocrina 142.
Duocrinin 142.
Duodenaldrüsen 108.
Duodenalextrakt, MACALLUM-LAUGHTON 142.
Duodenalgeschwüre 49, 72f., 83.
—, s. a. Ulcus duodeni.
Duodenalinhalt 149, 169.
—, Fermentbestimmung 171.
—, Menge beim Hund 147 Tab.
—, Reaktion 148 Tab., 170.
—, Rückfluß 73, 88, 90.
—, Schutzstoffe gegen Bakterien 171.
—, Zellgehalt 144.
— s. a. Dünndarminhalt.
Duodenalsaft:
89, 143.
s. a. Dünndarmsaft.
Gehalt an Amylase 151, 162 Tab.
— Chlor 133.
— Fermenten 151.
— Hydrogencarbonat 133.
— Kathepsin 82.
— Lipase 84.
Duodenalsaft:
Gehalt an Trypin 162.
Gewicht, spezifisches 148 Tab.
Gewinnung 144.
Mechanismus der Bildung 58.
Menge 133.
Rückfluß 73, 88, 90.
Zellgehalt 149.
Zusammensetzung 148 Tab., 150—154.
Duodenalschleimhaut, Gehalt an Eisen 112.
— P-Verbindungen bei Resorption 111 Tab.
—, Secretin, Wirkung auf 133.
—, Vorkommen von intrinsic factor 121.
Duodenalschleimhautextrakte, Diuresewirkung 596.
Duodenalsonde (EINHORN) 86, 144, 156, 169.
Duodenalulcus s. Duodenalgeschwüre.
Duodenektomie 198.
Duodenin 142.
Duodenum, Anatomie 105ff.
—, Entnervung 138.
—, Fortsetzung der Magenverdauung im 82.
—, Gehalt an Acetylcholin 138 Tab., Abb., 139 Tab.
—, —Phosphatase 125 Tab.
—, pH-Wert 50, 149 Tab.
—, Resorption von Zuckern 222.
—, Secretin im 132.
— s. a. Dünndarm.
Durchblutungsstörungen, CO_2-Abgabe bei 1160.
Durchfälle, Beeinflussung des Säure-Basen-Gleichgewichtes im Blut durch 541.
—, Dickdarminhalt bei 183.
—, Hypochlorämie bei 408.
—, Wasserausscheidung bei 593, 604.
Dursten 597, 599ff.
—, Blut, spez. Gewicht bei 264.
—, Blutmenge bei 259.
Dysenterie, Blut, spez. Gewicht bei 264.
—, Wasserresorption bei 209.
Dyspepsie 188f.

EBNERsche Zungendrüsen 11.
Echinococcusblasen, Inhalt 578.
Echinocardium cordatum, Zusammensetzung der Kernproteine aus Aminosäuren 1112 bis 1113 Tab.
Edelgase, Vorkommen im Blut 507.
Echinodermen, Calciumcarbonatgehalt 719.
Edestin, Substrat für Pepsinbestimmung 36, 78f.
EHRLICHsche Reaktion 355.
$\Delta^{5,8,11,14}$-Eicosantetraensäure als Fettsäure, essentielle 820.
Eidotter, Gehalt an Acetalphosphatiden 846.
—, — Arsen 693.
—, — Phosphatiden 866.
—, Verhältnis Lecithin/Kephalin 866f.
Eiereiweiß, rohes, Resorption 225.
Eingeweide, Abbau von Harnsäure zu Allantoin in 1210.

Eingeweide, Austausch von Aminosäuren 923.
—, Bildung von Nucleinsäuren in 1190.
Einheiten nach CHASE-SHERMAN 362.
— CHICK-ROSCOE 362.
— HAMMERSTEN 132.
Eisen:
Schrifttum 655.
Ausnutzung 657.
Ausscheidung 195, 660f.
Bedarf 659.
Bedeutung für Blutbildung 466.
Bestand des Körpers 656.
Bestimmung 400, 660.
Depots 660, 664.
Einbau in Protoporphyrin 1009f.
Funktion im Körper 663.
Gehalt im Blut 282 Tab., 426 Tab.
— — Blutserum 282 Tab., 398ff., 427 Tab., 429 Tab., 576 Tab., 659f., 664f.
— in Duodenalschleimhaut 112.
— — Erythrocyten 282 Tab., 429.
— — Organen 656 Tab.
— im Pankreassaft 158.
— in Zellkernen 1101 Tab.
Kreislauf 662.
Oxydation von Cystein durch 955.
Resorption 213f., 657—660, 663f.
Stoffwechsel 655—665, 1009f.
Transport 659.
Transportform 399.
Umsatzgeschwindigkeit 662.
Verlust mit Menstruationsblut 660.
Verteilung 656 Tab.
Vorkommen in Leukocyten 460.
Vorrat 660, 664, 1010.
leicht abspaltbares 429, 434.
metallisches, Löslichkeit 657.
radioaktives, Stoffwechselversuche mit 657, 660f. 663.
säurelösliches 306.
(II), Aktivierung der Aldolase durch 747.
—, — Carboxylase durch 754.
Eisen (II)-ammonsulfat, Verfütterung von 659.
Eisen (III)-citrat, enterale und parenterale Zufuhr 658.
Eisen (III)-hydroxyd, kolloidales, Verwertung von 658.
Eisen (III)-ionen, Bedeutung für Aconitasewirkung 1051.
— —, Hemmung von Fermenten durch 1169.
Eisen (III)-lactat, Verwertung von 658.
Eisenmangelanämie 400.
—, Gehalt im Blut an Kupfer bei 402.
Eisenmangelkrankheit 664.
Eisenoxydsaccharate, Anwendung, therapeutische 658.
Eisen(III)-phosphat als Eisenquelle 657.
Eisenspeicherkrankheiten 665.
Eisen(II)-sulfat als Eisenquelle 657.
Eisentherapie 658.
Eisenverbindungen, Reduktion im Magen 96.
Eiter 583—588.
Eiter, Eigenschaften, physikalische 583.
—, Farbstoffe 587.
—, Fermente 584f.
—, Gehalt an Mineralstoffen 587 Tab.
—, Schrifttum 583.
—, Zusammensetzung 583, 585 Tab., 586 Tab.
Eiterkörperchen 584f., 587 Tab.
Eiterleukocyten 459, 462.
Eiterserum 583, 584 Tab.
Eiterzellen 583.
Eiweiß:
s. a. Eiweißkörper.
s. a. Eiweißstoffe.
s. a. Proteine.
Abbaugröße 911.
Abbauprodukte, hochmolekulare, Resorption von 914.
Abnützungsquote 911.
Ausnutzung im Darmkanal 229.
Berechnung aus N-Gehalt 294.
Bestimmung im Blut 273, 294.
Bildung 916—927.
—, Bedeutung von Ribonucleotiden für 925f., 1125.
— durch Darmbakterien 194.
— in Leber, regenerierender 1125.
— — Zellelementen 1145.
Chloridstoffwechsel, Beziehungen zu 634.
Durchlässigkeit der Capillarmembran für 601f.
Einbau von Aminosäuren in vitro 924f.
— in vivo 923f.
Erneuerung im Körper 912.
Gehalt im Blut 278 Tab., 286, 426 Tab.
— — Blutserum 260, 273, 278 Tab., 300, 301 Abb., 304 Tab., 426 Tab., 427 Tab. 572 Tab., 582 Tab.
— — Cytoplasma 1068 Tab.
— in Darmlymphe 550 Tab., 551.
— in Erythrocyten 426 Tab., 427 Tab.
— im Liquor cerebrospinalis 567 Tab., 569 Tab., 571 Tab., 572 Tab.
— in Lymphe 552 Tab., 553, 554 Tab., 601.
— — Mikrosomen 1068 Tab.
— — Mitochondrien 1068 Tab.
— im Speichel 14, 16, 21 Tab.
— in Transsudaten und Exsudaten 559, 560 Tab.
— — Zellkernen 1068 Tab., 1100 Tab.
Halbwertszeit 923.
Labilitätsreaktionen 302, 306ff.
Neubildung „in vivo" 923f.
als Pufferungssystem der Zelle 1160.
Resorption 224—230, 912—915.
— im Gewebe, subcutanen 253.
Sensibilisierung gegen 224.
Stoffwechsel 909.
—, endogener und exogener 911.
—, kontinuierlicher 911.
Verdauung 75—83, 97, 174f.
Zerfall, toxischer, Phosphat, anorganisches, im Blut bei 413.

Eiweiß:
Zufuhr und Calciumresorption 639.
genuines, Resorption 224f.
zirkulierendes 911.
Eiweißdrüsen, Mundhöhle 11.
Eiweißfäulnis im Dickdarm 189.
— Dünndarm 173.
Eiweißhydrolysate als Eiweißquellen 933.
Eiweißjod, Gehalt im Blut 410 Tab.
Eiweißkörper, Ausfällung durch Neutralsalze 298, 299 Tab.
—, Bedeutung für Blutbildung 465.
—, Desaggregation 513.
—, Verdauung im Magen 82.
—, schwer verdauliche 175.
— s. a. Eiweiß.
— s. a. Eiweißstoffe.
— s. a. Proteine.
Eiweißmangel, Inanitionsödem bei 603.
Eiweißphosphor, Vorkommen im Blut 411.
Eiweißreserve 928.
Eiweißschwefel, Vorkommen im Blut 414f.
Eiweißspeicherung 927f.
Eiweißstoffe, Aufbau 925.
— der Gewebe, IP 1162.
—, Stoffwechsel 909.
— Vervielfältigkeitsmechanismus 926.
— s. a. Eiweiß.
— s. a. Eiweißkörper.
— s. a. Proteine.
Eiweißzucker, Vorkommen im Blut 313, 320 Tab.
Eklampsie, Bedeutung von Natrium für 622.
—, Harnsäurestoffwechsel bei 1248.
—, Gehalt im Blut an Aminosäuren 345.
—, — — — Indican 350.
—, — — — Zucker 318.
—, — — Blutplasma an Cholesterin 862.
—, — — — Phosphatiden 862.
Ekzembereitschaft, Gehalt im Blut an Calcium bei 397.
Elaidinsäure, Einbau in Phosphatide 116f., 796, 842.
—, Oxydation durch Cyclophorasesystem 1140.
—, — Mitochondrien 832.
—, Resorption von Glyceriden der 800.
Elastin, Spaltung durch Pepsin 76.
Elektrokardiogramm, Bedeutung von Kalium für 626.
Elektronentransport 1135.
Elektrophorese 294.
Elektroschock, Ammoniakgehalt im Liquor cerebrospinalis nach 569.
Elemente, radioaktive, Halbwertszeit 611 Tab.
—, —, für Untersuchungen, biologische 611.
Elinin 389, 440.
Ellagsäure, Vorkommen in Bezoarsteinen 185*.
Elodea, p_H-Wert 1173 Tab.
Email (Zahnschmelz) 708.
EMBDEN-Ester 746.
Embolie 296.
Embryo, Kupfergehalt 666.
—, Lipoidversorgung 866.
—, Phosphatidsynthese 867.
Embryonalgewebe, Glykolyse 760.
Embryonalmuskel, Glykolyse 739.
Embryosin 1180.
empty juice, Magen 88.
Emulsin, Verhalten im Darm 181.
Endabbau, oxydativer 1025—1063.
Enddarm, Ausschaltung, Folgen 190.
Endoenzym 37.
Endost 711.
enol- s. bei den betr. Verbindungen.
Enolase, Hemmung durch Fluorid 697.
—, Stellung im Schema der Gärung und Glykolyse 757 Tab.
—, Vorkommen in Zellkernen 1114 Tab.
Enteiweißungsmittel 340 Tab.
Enten, Pericardialflüssigkeit 562.
—, Harnsäure im Blut bei 1198.
Entenblut, Häminbildung im 998.
Enteramin 40, 107.
enteric system (LANGLEY) 108f.
Enterocrinin 130, 131 Tab., **135**, 142.
Enterococcus im Dickdarm 183.
— s. a. Streptococcus ovalis.
Enterogastron 130, 131 Tab., **142**.
Enterokinase **119ff.**, 124, 130, 145f., 151, 154, 161, 166, 168, 179, 1124.
Enterolithe 184.
Entgiftung durch Acetylierung 838.
— — Paarung mit Cystin 966.
— — — Ornithin 969.
— — — Schwefelsäure 953.
— von Aminen 1044.
— — Fäulnisprodukten 189.
Entmischung, tropfige, von Phosphatverbindungen im Harn 650.
Entwässerung, chronische, Kaliumverlust bei 627.
Entzündung, Beanspruchung der Pufferung durch 1162.
—, örtliche, Oedeme bei 605.
Entzündungsacidose 1176.
enzootic ataxia 668.
— marasmus 673.
Enzym, bakteriolytisches, im Duodenalsaft 151.
—, jodierendes, Gehalt in Zellkernen 1090 Tab.
—, kynureninspaltendes 994.
—, pepsinähnliches, im Duodenalsaft 151.
—, phosphorylierendes, bei oxydativer Phosphorylierung 1139.
Enzyme, Bildung in den Strukturelementen der Zelle 1125.
—, — — Zellkernen 1124f.
—, Hemmung durch Malachitgrün 1113.
—, Lokalisation in Mikrosomen 1151.
—, Magenschleimhaut 34—40.
—, Verteilung in Zellkernen 1127.
—, —, intracelluläre, Abhängigkeit vom Alter 1126 Tab.
—, glutathionspaltende 922.

Enzyme, proteolytische 712.
—, respiratorische, Synthese 1015.
— s. a. Fermente.
Ephistia kühniella, Pigmentbildung bei 994.
Epididymis, Gehalt an Zink 675.
Epiguanin, Vorkommen im Harn 1217, 1223.
Epilepsie, Acetylcholin im Liquor cerebrospinalis bei 570.
Epitheliom, Desoxyribonucleinsäuren, Zusammensetzung aus Basen 1106 Tab.
—, Zusammensetzung der Kernproteine aus Aminosäuren 1110 Tab.
Epithelkörperchenüberfunktion 718.
Epithelzellen, Magenschleimhaut 36.
—, Reaktion 1172.
Equilenin 906 Tab.
Equilin 906 Tab.
Erbrechen, Alkalosis nach 544.
—, Beeinflussung des Säure-Basen-Gleichgewichtes im Blut durch 541.
—, Hypochlorämie bei 408.
—, Natriumeintritt in Zellen bei 622.
—, Symptom der Kaliumvergiftung 628.
—, Wasserverlust bei 604.
Erbsenaldolase 747.
Erbsenstrauch, großer, Leghämoglobin im 1015.
Erdalkalichloride im Magensaft 51.
Erdalkaliphosphate in Darmkonkrementen 184f.
—, Exkretion 195.
Erden, seltene, Hemmung der Blutgerinnung durch 496.
Eremothecium ashbyii, Riboflavinbildung bei 1244.
Erepsin 73, 120 Tab., 121f., 145, 159, 179.
Ergotamin, Wirkung auf Purinstoffwechsel 1230.
Ergosterin, Bestrahlungsprodukte, Resorption 249.
—, Resorption 872.
—, Veresterung durch Pankreas 163.
—, bestrahltes 249, 720.
Ergothionein, Bestandteil des Rest-N 341.
—, Gehalt im Blutplasma 313 Tab., 317, 341, 344 Tab.
—, — in Erythrocyten 344 Tab., 415, 449, 979*.
—, — im Harn 344 Tab.
—, Nierenclearance 344 Tab.
—, Störung der Harnsäurebestimmung durch 347.
— s. a. Thionein.
Ergüsse 557—564.
—, Zellgehalt 558.
—, Zusammensetzung 559—561.
—, chylöse 561.
Erkrankung, NIEMANN-PICKsche 861.
Erkrankungen, achalikotische 718.
—, hypophysäre, Störungen des Purinstoffwechsels bei 1233f.
Ernährung, Einfluß auf Zusammensetzung der Organphosphatide 849.
Ernährung, calciumarme, Folgen 713, 716.
—, kochsalzarme 619.
—, phosphatreiche, und Verknöcherung 713f.
—, rachitogene 717.
Erucasäure, Bildung aus Ölsäure 819.
—, Resorption 245.
Erysipel, Gehalt des Blutes an Harnsäure bei 347.
Erythema toxica bullosa 577 Tab.
Erythroblastose 388, 389 Abb.
Erythrocyten:
255f., 418—469.
Absorptionskoeffizienten für CO_2 1165.
Agglutination 424.
Anzahl 418 Tab.
Ballungsbereitschaft 265.
Ballungsfaktor 265.
Bau 419.
Bildung von Hämoglobin in 1011.
Bildungsstätten 405.
Bleibindung durch 688.
Cytolyse 419f.
Desoxyribonucleinsäure, Zusammensetzung aus Basen 1106 Tab.
Einwanderung von Phosphat 648.
Entstehung 465.
Form und Größe 418.
Gehalt an Acetaldehyd 444.
— Adenosintriphosphorsäure 347, 446 Tab., 447 Tab., 451.
— Adenylsäure 447 Tab.
— Adrenalin 369.
— Alanin 445 Tab.
— Aldolase 748.
— Alkohol 280 Tab., 572 Tab.
— Aluminium 430.
— α-Amino-N 915.
— Aminosäuren 341 Tab., 344, 445.
— Amylase 450.
— Aneurin 452 Tab.
— Arsen 430.
— Atmungsferment in Zellkernen 1114 Tab.
— Blei 430.
— Brenztraubensäure 444.
— Brom 430.
— Calcium 281 Tab., 426 Tab., 427 Tab., 428, 430 Tab.
— Carboanhydratase 374 Tab., 451, 521f.
— Carotinoiden 451.
— Cerebrosiden 335, 442, 443 Tab.
— Chlor 430 Tab., 623.
— Chloriden 282 Tab., 407, 430 Tab., 623.
— Cholesterin 337, 427 Tab., 442 Tab., 443 Tab.
— Cholesterinesterase 451.
— Cholinesterasen 374 Tab., 449ff.
— Cocarboxylase 452.
— Codehydrogenasen 451.
— Cozymase 453.
— Diphosphopyridinnucleotid 453.
— Eisen 282 Tab., 429.

Erythrocyten:
Gehalt an Eiweiß 426 Tab., 427 Tab.
— Enolase in Zellkernen 1114 Tab.
— Ergothionein 344 Tab., 415, 449, 979*.
— Fermenten 449ff.
— Fetten 280 Tab., 427 Tab., 441ff.
— Fluor 430.
— Gesamtstickstoff 431.
— Glucose 279 Tab., 427 Tab., 443.
— Glucose-1- u. -6-phosphat 447 Tab.
— Glucose-6-phosphat-phosphatase in Zellkernen 1116 Tab.
— Glutathion 415, 448 Tab., 915.
— Glykokoll 445 Tab.
— Glyoxalase 374 Tab.
— Hämoglobin 427 Tab., 431—439, 529Tab., 1012f.
— Harnsäure 279 Tab., 1198.
— Harnstoff 342.
— Histamin 451.
— Histidin 440 Tab.
— Hormonen 451.
— Hydrogencarbonat 431.
— Indican 279 Tab.
— Ionen 281f. Tab., 426 Tab., 427 Tab., 529 Tab.
— Jod 430, 682.
— Kalium 281 Tab., 426 Tab., 427 Tab., 428, 430 Tab., 623.
— Katalase 382, 449, 463, 1012.
— Kephalin 443 Tab., 857.
— Kieselsäure 431.
— Kobalt 430.
— Kohlenhydraten 279Tab., 427Tab., 443f.
— Kohlensäureanhydratase 374 Tab., 451, 521f.
— Kreatin und Kreatinin 279 Tab., 349, 444 Tab.
— Kupfer 401, 429.
— Lecithin 427 Tab., 857.
— Lipase 451.
— Lipoiden 280 Tab., 441ff.
— Magnesium 281 Tab., 426 Tab., 427 Tab., 428, 430 Tab.
— Mangan 430.
— Methionin 344, 440 Tab., 445 Tab.
— Milchsäure 279 Tab., 323 Tab., 444.
— Mineralstoffen 425, 426 Tab., 427 Tab.
— Natrium 281 Tab., 425, 426 Tab., 427 Tab., 428 Tab., 430 Tab., 623.
— Neutralfett 280 Tab., 442 Tab.
— Nicotinsäureamid 363, 452.
— Nucleotid-N 445.
— Oestradiol 451.
— Pepsin 451.
— D- und L-Peptidasen 450.
— Phosphat, anorganischem 426 Tab., 431, 529 Tab.
— Phosphatase, saurer 374 Tab.
— Phosphatasen 375, 450.
— Phosphatiden 280 Tab., 442 Tab., 443 Tab., 857f.
— Phosphor 282Tab., 427Tab., 428, 430Tab.

Erythrocyten:
Gehalt an Phosphorverbindungen 426 Tab., 445, 446 Tab., 447 Tab.
— Protoporphyrin 436, 1004, 1008.
— Reststickstoff 278 Tab., 340.
— Riboflavin 281 Tab., 452 Tab.
— Ribonuclease 451.
— — in Zellkernen 1116 Tab.
— Ribonucleinsäuren 447.
— Ribosepolynucleotiden 447.
— Schutzstoff, antithyreotropem 451.
— Schwefel 282 Tab., 447ff.
— Serumglobulin 306.
— Sphingomyelinen 858.
— Spurenelementen 430.
— Stromaeiweiß 439f.
— Sulfaten 426 Tab.
— Trockensubstanz 425, 427 Tab.
— Trypsin 451.
— Vitamin C 365 Tab., 454.
— Vitaminen 451—454.
— Wasser 277 Tab., 391f., 425, 426 Tab., 427 Tab.
— Xanthinoxydase 451.
— Zink 282 Tab., 403 Tab., 404 Tab., 429.
— Zinn 429.
Gewicht, spezifisches 263 Tab., 277 Tab.,
Gewinnung 424.
Größe 1157.
Hämolyse 419ff.
Impermeabilität für Fructose 444.
Ionenaustausch 518, 522f., 525f., 530.
Kalium-Natrium-Austausch 623.
Kationenimpermeabilität 626.
Lebensdauer 399, 467f., 648, 1016.
Lipoidverteilung in 442 Tab.
Oberfläche 418.
Permeabilität 422f.
— für Aminosäuren 422.
pH, Berechnung 1165.
— Messung in Lysaten von 1170.
Phosphatfraktionen 414 Tab.
Potential, elektrokinetisches 423.
Pufferwert 539.
Resistenz, osmotische 421f.
Rest-N-Verteilung 444 Tab.
Restreduktion 444.
Schwefelverteilung 415 Tab.
Sedimentierung 459.
Senkungsgeschwindigkeit 424, 477.
Stroma 439f.
Stromatolyse 420.
Untergang 467f.
Vermehrung bei Kreislaufstörungen 543.
Verteilung von Farbstoff auf — und Lösung 1172 Abb.
Volumen 418.
— Änderung nach Blutverlust 260.
— des Zellkern 1098 Tab.
Vorkommen von Adenosindiphosphorsäure in 446.
— Arginase in 450.
— Codehydrogenase in 451.

Erythrocyten:
Vorkommen von Diphosphopyridinnucleotid in 453.
— Glycerinsäure-1,3-diphosphat in 750.
— Glykogen in (?) 444.
— Harnsäureribosid in 1198.
— Hexosemonophosphorsäure in 446.
— Histamin in 352, 451.
— Koproporphyrin in 1004, 1009.
— Kreatinphosphorsäure in 446.
— Lipasen in 451.
— Nicotinsäure in 363.
— Phosphoglycerinsäure in 319.
— Porphyrinen in 1008f.
— Pyrophosphatasen in 450.
— Ribonucleinsäuren in 447.
— Stercobilin in 438.
— Vitamin A in 451.
— — D in 454.
— Xanthinoxydase an 451.
Wirkung von Arsen auf Bildung von 694.
Zusammensetzung der Kernproteine aus Aminosäuren 1110—1113 Tab.
—, chemische 424—463.
basophil punktierte, Identität mit Reticulocyten 454.
kernhaltige 418, **454**.
—, Aneurinphosphorylierung in 452.
Erythrocytenkerne, Huhn, Phosphorfraktionen 1099 Tab.
Erythrocytenmembran, Acetylcholin-Cholinesterasesystem 423.
—, Ionendurchlässigkeit 422f., 425, 518, 522f., 525f., **530**, 623, 626.
Erythrocytosis, Eisenausscheidung bei 661.
Erythrodextrin, Bildung im Magen 95.
Erythropoese 466f., 669, 673, 1010f.
Erythrosen, Bildung von Sedoheptulose-7-phosphat aus 1063.
D-Erythrose, Dehydrierung durch Leberextrakte 738.
Erythrulose-phosphat, Bildung im Cytoplasma 1090 Tab., 1153 Tab.
Escherichia coli:
Aldolase in 748.
Bildung von Acetessigsäure in 1036.
— Arabinosephosphat durch 1062.
— Indol durch 995.
— Lysin durch 968.
— Purin durch 1246.
— Thymin durch 1228.
— keine, von Zucker aus 764 Tab., 765, 766 Tab.
Brenztraubensäure-decarboxylierung, oxydative, durch 1040.
Brenztraubensäurespaltung, thioklastische, durch 1041*.
Desaminasen in 1201.
Desoxyribonucleinsäuren, Zusammensetzung aus Basen 1106 Tab., 1108 Tab.
Transaminase für Cytosin 1226.
B, Bildung von Eiweiß in 1191.
—, — Nucleinsäuren in 1191.
Eserin, Förderung der Duodenalsaftsekretion 146.
—, Hemmung der Acetylcholinesterase 136.
—, — Dickdarmsekretion 178.
—, — Lipase 373, 375.
Essigsäure:
s. a. Acetat.
Abbau, Bedeutung von Phosphorylierungen für 1035.
—, Hemmung durch Fluoressigsäure 1059.
— in der Leber 1033.
— — Niere 1027f., 1033.
—, oxydativer 1027, 1033.
Bedeutung für Cholesterinsynthese 873f.
Beteiligung an Purinsynthese 1220.
—, keine, an Purinsynthese 945.
Bildung, bakterielle im Dickdarm 187f., 189, 216.
—, —, im Magen 98—101.
— aus Arabinose 748.
— — Brenztraubensäure 755f., 762, 763*, 1031, 1133.
— — Glucose 737, 767.
— — Harnsäure 1211.
— — Isovaleriansäure 951.
— — Leucin 951.
— — Triessigsäure 804*.
— bei Purinabbau 1222f.
— von Acetessigsäure aus 822.
— — Asparaginsäure aus 838.
— — Bernsteinsäure aus 1028.
— — Glutaminsäure aus 838.
— — Pyrrolfarbstoffen aus 838.
Fehlen im Blutserum 326.
Oxydation durch Cyclophorasesystem 831.
Reaktion mit Acetaldehyddehydrogenase 756*.
— Coenzym A 826.
Spaltung, thioklastische 1041, 1042*.
Stellung im Stoffwechsel, intermediären 1027.
Übergang in Aminosäuren 838.
Vorkommen in Echinococcusblasen 579.
— im Magensaft 93.
aktivierte 1034.
— s. a. Acetyl-Coenzym A.
— — Acetat, aktiviertes.
Essigsäure, Coenzym A-Bindung, Energiegehalt 1043.
^{14}C-Essigsäure-Einbau in Hämin 998, 1001*.
—, Glykogensynthese aus 777.
—, Verwertung zur Pyrimidinsynthese 1228.
Esterasen, Einfluß des Alters auf Verteilung, intracelluläre 1126 Tab.
—, Fehlen im Liquor cerebrospinalis 575.
—, Gehalt in Zellelementen 1082f. Tab., 1126 Tab.
—, — Zellkernen 1082f. Tab., 1114 Tab.
— Vorkommen im Blutserum 293 Tab., 371 bis 381.
—, — — Darmsaft 124.
—, — in Kaninchenlymphe 555.

Die Seiten 1—840 befinden sich im Bandteil a, die Seiten 841—1257 im Bandteil b.

Esterasen, Vorkommen in Leukocyten 464 Tab.
—, — — Magenschleimhaut 35 Tab., 37.
—, — im Pankreas 161.
—, — in Pleuraflüssigkeit 562.
—, — im Speichel 25.
—, — — Zellkern 1127.
Esterschwefelsäure, Ausscheidung im Harn 952.
—, Bildung von 953.
—, Gehalt im Blut 414f.
Estersturz 337.
Euchromatin, Eiweißbildung durch 926.
Euglobuline, Aussalzung durch Ammonsulfat 298, 309.
—, Darstellung 309.
—, Fällung durch Neutralsalze 299 Tab.
—, Gehalt an Kohlenhydraten 300, 320 Tab.
—, — im Blutserum 304 Tab.
—, — — Liquor cerebrospinalis des Neugeborenen 567.
—, Verhalten bei Dialyse gegen Wasser 302.
EWALD-BOASsches Probefrühstück 87 Tab.
Exerzierknochen 721.
Exostosen 698.
Exsiccose 594, 599, 633f.
Exsudate 557—561.
—, Gehalt an Glucose 730.
—, eitrige 558.
Extraglucose 836.
Extremitätenlymphe 550.
extrinsic factor 38, 430, 466.
—, Einfluß auf Purinstoffwechsel 1244.

Faeces, Gehalt an Cholestenon 876.
—, — Cholesterin 875.
—, — Fett 247.
—, — Koprosterin 876.
—, — epi-Koprosterin 876.
—, — Phosphat 649.
—, — C_{18}-Steroiden 906.
—, Vorkommen von Harnsäure in 1208.
Faecesbakterien 182.
Färbeindex 432f.
Fäulnisprodukte, Entgiftung 189.
Fäulnisvorgänge, intestinale 76.
Faktor V 481f., 497f.
Faktor VI 481.
Faktor VII 481.
Falten, KERKRINGsche 106, 109.
Farbstoffe, Resorption 250.
„Faser-Natrium" 619f.
fasting juice, Magen 88.
Ferment, Acetyl-CoA desacylierendes 1134.
—, CASTLEsches 51, 71, 73, 78, 466.
—, — s. a. Magenstoff, CASTLEscher.
—, — intrinsic factor.
—, SCHARDINGERsches 1202.
—, carnosinspaltendes in der Darmschleimhaut 120 Tab., 122.
—, dephosphorylierendes (WARBURG) 750.
—, tyrosinspaltendes 984.
Ferment, uricolytisches 1181, 1202, 1211, 1216.
cn+-Ferment 995.
v+-Ferment 995.
Fermentbildung, adaptive 382.
Ferment-Blut-Schranke 378.
Fermente, Hemmung 1169.
—, Verteilung, intracelluläre 1078—1091 Tab.
—, Wirkung von Schwefelverbindungen auf 654.
—, acetalspaltende 853.
—, gelbe, Gehalt an Adeninnucleotid 1236.
—, glykolysierende 35 Tab.
—, glykolytische 761.
—, s. a. Enzyme.
Fermenteisen 656 Tab.
Fermententgleisung 378.
Ferment-Lymph-Schranke 378.
Fermentsystem, cholinoxydierendes 854.
—, milchsäurebildendes 450.
Ferriglobulinverbindung im Blutserum 399.
Ferriphosphat in Versuchsdiäten 657.
Ferritin 398, 1009.
—, Bedeutung für Eisenresorption 214, 658, 663, 665.
—, Eisengehalt 1009 Tab.
—, Eisenspeicherung im 660, 664.
—, Speicherung in der Leber 1010.
Ferrosulfat für Versuchsdiäten 657.
Fesselungshyperglykämie 733.
Feten, abgestorbene, Verkalkung 721.
Fette:
Abbau, bakterieller, Dickdarm 191.
— im Darm 176f., 793.
Ausnutzung 245f., 800.
Autoxydation 822.
Bedeutung für Calciumresorption 639f.
Bildung aus Zucker 1029.
— von Serin bei Fütterung von 942.
Emulgierung im Darm 162, 167, 232.
— Magen 95.
Gehalt im Blut 280 Tab., 330—339, 359, 426 Tab.
— — Blutplasma 280 Tab.
— — Blutserum 280 Tab., 332 Tab., 427 Tab.
— in Darmlymphe 550 Tab., 551, 552 Tab.
— im Darmsaft 152.
— in Erythrocyten 280 Tab., 427 Tab., 441ff.
Magensekretion, Verzögerung durch 45, 95.
Menge, resorbierbare 246.
Pankreassekretion, Anregung 155.
Resorption 230—249, 793—801.
—, Beeinflussung durch Begleitstoffe 248.
—, Ca- u. P-Ausscheidung bei 649.
— bei Darmstörungen 246.
— in Darmzotten 106.
— im Dickdarm 114.
— und Gallensäuren 167, 793—795, 797.
—, Geschwindigkeit 176.
— im Gewebe, subcutanen 253.
—, Histologie 241, 242 Abb., 243 Abb.

Fette:
—, Hypothese von FRAZER 797—800.
— bei Krankheiten 176.
— — Lebererkrankungen 246.
— im Magen 245.
—, Mechanismus 230—233.
— nach Nebennierenentfernung 243 Abb.
—, Ort 245.
—, Phosphatide, Rolle bei der 115, 118, 237f., 795.
Resorption, Steigerung durch Glycerophosphat 843.
—, — Phosphat 843.
—, Weg 244.
—, Zunahme an Fettsäuren, freien, bei 113.
— von ungespaltenen 238ff.
Resynthese bei Fettresorption 115, 237ff., 795.
Sekretion in den Darm 114.
Spaltung, unvollständige, im Darm 799.
Stoffwechsel 792—840.
Stoffwechselprodukte von Cholesterin 877.
Umwandlung in Glucose 762.
— Kohlenhydrate 766f.
Verdauung 176f., 793.
Verteilung, intracelluläre 1073—1076 Tab.
gefärbte, Resorption 239.
jodierte, Verfütterung von 118.
resorbierte, Zusammensetzung 240f.
synthetische 801, 819.
—, Resorption 232.
Fettgewebe, Gehalt an Cholin 137 Tab.
—, — Wasser 592 Tab.
—, Glykogeneinlagerung 777.
Fettmangel und Gehalt der Leber an Enzymen 1145.
Fettresorption s. Fette, Resorption.
„Fettsäurecyclus" 1050.
Fettsäuredehydrogenase 805, 819, 821.
—, Gehalt in Mikrosomen 1080 Tab., 1144.
—, — Mitochondrien 1080 Tab.
Fettsäureester, Ausnutzung 246.
Fettsäure-Gallensäure-Komplexe, wasserlösliche 794.
Fettsäurehydroperoxyd, Bildung durch Lipoxydase 822*.
Fettsäuren:
Abbau, Bedeutung von Phosphat, energiereichem, für 1048.
— zu Methylketonen 810.
—, oxydativer 801—809.
Abtransport aus dem Darm 793.
als Acetyldonatoren 839.
Bedeutung der C-Atomzahl für Oxydation von 1142 Tab.
Benzolsulfo-methylamino-derivate 802.
—, β-Oxydation 803 Tab.
Bildung 832.
—, Hemmung durch Hormone 834.
— aus Acetat 833f.
— — Bausteinen, kleinen 833.
Fettsäuren:
Bildung aus Brenztraubensäure 834.
— — Kohlenhydraten 833, 835.
— — — bei Alloxandiabetes 833.
— — — Hunger 835.
— — — Pankreasdiabetes 833.
— im Magen 100.
— von Citronensäure aus 1032ff.
— — Glucose aus 762, 837.
— — Glykogen aus 836 Tab., 837.
Biosynthese 807.
Coenzym A-Verbindungen 1041, 1048.
Dehydrierung bei Resorption 794.
— in 9,10-Stellung 819.
Einbau, in Phosphatide 842.
Enzym, aktivierendes, Gehalt in Zellelementen 1080 Tab.
Gehalt im Blut 331, 335ff., 426 Tab., 822.
— — Blutserum 427 Tab., 572 Tab.
— in Zellelementen 1073f. Tab.
Hemmung des Citronensäurecyclus durch 1143.
Jodbindungsvermögen 336.
Markierung durch Deuterium 803.
Oxydation 1142.
— durch Cyclophorasesystem der Niere 1141.
—, Enzyme der - von 1135.
— durch Mitochondrien 830ff., 831 Tab., 1136 Tab.
— und Phosphorylierungen 830.
—, multiple alternierende 804.
β-Oxydation 801—809.
δ- und ζ-Oxydation 804.
ω-Oxydation 804, 810.
Resorption 233—236.
—, Bedeutung von Cholesterin für die 796.
—, Weg 237f., 797ff.,
Resynthese zu Fetten in der Darmwand 236.
Stoffwechsel, Störung bei Diabetes mellitus 769.
Spaltung 176.
Verdauung 107, 124, 167, 176.
— durch Pankreassaft 167.
alkylierte, Stoffwechsel 815 Tab.
alkylsubstituierte, Abbau 815f.
essentielle 801, 820ff., 845.
—, Bedeutung für Enzymgehalt der Zelle 1145.
höher ungesättigte, Bedeutung für Fettresorption 232.
höhere, Bildung aus Acetyl-CoA 1050.
—, Deuteriumeinbau in 615.
—, Methylester, Resorption 800.
—, Rolle von Coenzym A bei Auf- und Abbau von 1048ff.*
jodierte, Einbau in Phosphatide 842.
mehrfach ungesättigte 819.
phenylierte, Dehydrierung 805.
substituierte, β-Oxydation 802 Tab.
ungeradzahlige, Abbau 809.

Die Seiten 1—840 befinden sich im Bandteil a, die Seiten 841—1257 im Bandteil b.

Fettsäuren:
ungesättigte, Entstehung im Chymus 240.
—, Jodbindungsvermögen 336.
verzweigte, Abbau 814—819.
—, Paarung mit Glucuronsäure 815.
^{14}C-Fettsäuren 796, 809.
Fettsäureoxydase, Gehalt in Mitochondrien 1080 Tab.
—, — Zellkernen 1080 Tab.
Fettsucht, hypophysäre, Harnsäure- und Purinbasenausscheidung bei 1233.
—, osteoporotische 718.
FEULGEN-Reaktion 1183.
Fibrin, Bildung 488.
—, — bei Blutgerinnung 255f., 474, 476f., 488 Abb., 492.
—, — im Blut 255f., 474, 476f.
—, — in Lymphe 562.
—, Eigenschaften 297.
—, Gehalt in Spermatocele- und Hydrocele-flüssigkeit 564 Tab.
—, — — Lymphe 552 Tab., 554 Tab.
—, Verwendung, therapeutische 499f.
—, Vorkommen im Eiter 583.
Fibrinferment 309.
Fibrinfilme 296.
Fibringerinnsel, Gehalt an Thrombin 485.
Fibringlobulin 298, 308.
Fibrinogen:
475.
Abtrennung aus Blutplasma 292 Tab.
Antikörpereigenschaften, keine 310.
Ausfällung durch Hitze 479.
Aussalzung 298, 299 Tab., 307f.
Bedeutung, biologische 296.
— für Höhe des Blutdrucks 296.
— — Senkungsgeschwindigkeit des Blutes 296, 459, 477.
Bestimmung 295f.
Darstellung 295, 476.
Depolymerisation 489.
Druck, kolloidosmotischer 270.
Eigenschaften, physikalische 306 Tab., 476.
Form und Größe 293 Tab.
Gehalt an Kohlenhydraten 300.
— — Stickstoff 294 Tab.
Gehalt im Blut 289, 296, 477, 497.
— — —, Beeinflussung durch Adenin und Xanthin 1251.
— — Blutplasma 278 Tab., 286, 292 Tab., 296, 300, 477.
— in Pericardialflüssigkeit 562.
— — Transsudaten und Exsudaten 559.
Mechanismus der Umwandlung in Fibrin 476f.
Teilchengewicht 476.
Schwund bei Leberkrankheiten 288.
Umwandlung in Fibrin 255, 474, 476f., 481, 485, 492.
Ursprung, hepatogener 475.
Verhalten bei Elektrophorese 290, 291 Tab.
Vermehrung 296.

Fibrinogen:
Verwendung, therapeutische 296, 312 Tab.
Vorkommen 475.
— im Liquor cerebrospinalis 567.
— in Peritonealflüssigkeit 563.
— — Pleuraflüssigkeit 562.
Fibrinokinase 489.
Fibrinolyse 297, 380, 489.
Fibrinolysin 298.
Fibrinolysokinase, Gehalt in Zellelementen 1084 Tab.
Fibrinschäume 296.
Fibroblasten, Bildung von Nucleinsäuren in 1191.
—, Förderung des Wachstums durch Kupfersalze 669.
—, Gehalt an Phosphatase, alkalischer 711.
—, Teilung 1118.
FICKsches Diffusionsgesetz 207.
Fieber, Blutzuckersteigerung bei 318.
—, Harnsäureausscheidung bei 1246.
—, alimentäres 632.
Filtration 207, 210.
Fisch, Darm, Fettgehalt 118.
—, Erythrocyten, DNS : Arginin-Verhältnis 1103.
—, Gase in der Schwimmblase 504.
—, Gehalt an Arsen 405, 692f.
—, Knochensubstanz, anorganische 703 Tab.
—, Nervenzellen, p_H-Wert 1173 Tab.
—, Spermien, DNS: Arginin-Verhältnis 1103.
Fischeier, p_H-Wert 1173 Tab.
Flavin-adenindinucleotid 789, 939.
—, Gehalt in Äthylenreduktase 1048.
—, — im Cyclophorasesystem 1132.
Flavinenzyme 467, 654, 687, 906.
— s.a. Flavoproteine.
Flavinfermente s. Flavinenzyme.
— s. Flavoproteine.
Flavinmononucleotid, Reaktion mit ATP 1140.
Flavinnucleotide 789.
Flavonoide, Hemmung der Xanthindehydrogenase durch 1203, 1248.
Flavoproteine 737, 753, 790.
— s. a. Flavinenzyme.
Flavonole 689.
Flechten, Einfluß von Lufttrocknung 606.
Fleisch, Vorkommen von Kreatin in 945.
Fleischfresser, Ausscheidung von Allantoin im Harn 1212f., 1215.
—, Harnsäureabbau beim 1208.
—, Magensaft, Eiweißspaltung durch 77.
—, Magensaftsekretion 46.
— s. a. Carnivoren.
Fleischmilchsäure, Vorkommen im Blut 323.
Flexura duodenojejunalis 103.
Flüssigkeit, interstitielle, Bestimmung 547.
Flüssigkeiten, seröse, Zusammensetzung 559 Tab., 560 Tab.
Fluor, Bestimmung 696.
—, Gehalt im Blut 406f., 430, 696.

Fluor, Gehalt im Blutserum 406f.
—, — in Erythrocyten 430.
—, — im Zahnschmelz 709.
—, Giftwirkungen 697.
—, Schrifttum 695.
— als Spurenelement 655.
—, Stoffwechsel 695—699.
—, Wirkung auf Fermente 697.
— und Zahnkaries 698f.
— s. a. Fluoride.
— s. a. Natriumfluorid.
Fluorapatit 699, 707, 709.
Fluorcitronensäure, Bildung aus Fluoressigsäure 1059.
Fluoressigsäure als Enzymgift 1058f.
Fluoride, Hemmung der Cholinesterase 697.
—, — — Enolase 751, 758f.
—, — — Gerinnung durch 485, 490f.
—, — — Glykolyse 758, 759 Tab., 1118.
—, — von Fermenten durch 1169.
—, Knochensklerosierung durch 719.
Fluorophosphat, Lipasehemmung durch 373, 375.
Fluorsalze, Resorption 697.
Flüssigkeitsaufnahme 13.
Flüssigkeitsaustausch im Gewebe 253.
FOLIN-CIOCALTEU, Phenolreagenz 71f.
Folininsäure, Bedeutung für Methylierungen 840.
—, — — Nucleinsäuresynthese 1257.
—, Einfluß auf Purinsynthese 1245.
Folinsäure s. Folsäure.
Follikel, Gehalt an allo-Pregnan-3β-ol-20-on 886 Tab.
—, — Progesteron 886 Tab.
—, GRAAFscher 904.
Follikelhormone, Vorkommen im Blutplasma 287, 370.
Follikelreifungshormon, Vorkommen im Blut 368.
Folsäure:
Bedeutung für Hämoglobinsynthese 1010.
— Lactobacillus casei 1222.
— Methylierung 963ff.
— Nucleinsäuresynthese 1257.
— Purinsynthese 1221.
— Thyminsynthese 1227f., 1245.
— Tyrosinabbau 984.
Einfluß auf Purinstoffwechsel 1245.
Förderung der Xanthindehydrogenase durch 1203.
Gehalt im Blut bei Kobaltmangel 674.
— — Cyclophorasesystem 1132 Tab.
— — Speichel 26 Tab.
— in Zellelementen 1094 Tab.
keine Verwertung durch Nucleosidphosphorylase 1195.
Vorkommen im Blut 366.
Wirkung auf Serinbildung 941.
— — Wachstum von Lactobacillus casei 1252.
— bei Anämie, perniciöser 467.
Folsäureconjugase, Vorkommen in Zellkernen 1116 Tab.
Foramen MAGENDII 565.
Foramina interventricularia (MONROI) 565.
— LUSCHKAE 565.
Forelle, Desoxyribonucleinsäuren, Zusammensetzung aus Basen 1106 Tab.
Formaldehyd, Bildung aus Glykokoll und Serin 941.
—, — — Methylgruppen, labilen 941.
—, — — Sarkosin und Dimethylsarkosin 1148.
—, — von Purin aus 1218.
—, —, keine, von Zucker aus 764 Tab.
—, Reaktion mit Acetaldehyd-dehydrogenase 756.
Formaldehyd-Pyruvat-Carboligase, Gehalt in Mitochondrien 1090 Tab.
Formiat, Bildung von Harnsäure aus 1205.
—, — Serin aus — und Glykokoll 1148.
—, Übergang des C-Atoms in Harnsäure 1206.
^{14}C-Formiat, Bildung von Hypoxanthin aus 1205, 1220.
—, — Pyrimidinen aus 1228.
—, Einbau in Nucleinsäuren 1195.
—, Untersuchung des Desoxyribonucleotidumsatzes mit 1119.
—, Verwendung zur Nucleinsäurebildung 1192.
Formylfolsäure, Bedeutung für Purinsynthese 1220f., 1245.
Formylglutamin, Bildung beim Histidinabbau 976*.
Formylglycin, Bildung aus Serin 940.
Formylisoglutamin, Bildung beim Histidinabbau 976*, 977.
enol-Formylisoglutamin, Bildung aus Urocaninsäure 977.
Formylkynurenin, Bildung beim Tryptophanabbau 989, 993*.
Formyloxalursäure, Bildung beim Abbau der Pyrimidinbasen 1229*.
—, Bildung von Harnstoff aus 1229.
Fortpflanzung, Rolle der Phosphatide bei 866f.
Frauenmilch, Gehalt an Blei 688.
—, — Ca und PO_4 717.
—, — Eisen 661.
—, — Lipase 84, 97.
—, — Prolipase 39.
—, Labgerinnung 97.
frenching 674.
FRIEDRICHsche Histaminprobe 88.
Frosch, Blut, Gehalt an Nucleotiden 348 Tab.
—, Blutzucker 314f.
—, Gehalt an Guanin und Hypoxanthin in Oocyten 1217.
—, Knochensubstanz, anorganische 703 Tab.
—, Magen, Salzsäurebildung 59f.
—, Magenepithelzellen, pH-Wert 1173 Tab.
—, Magenschleimhaut, Potentialdifferenz 61.

Froschei, Punkt, isoelektrischer, des Zellkerns 1099 Tab.
—, p_H-Wert 1173 Tab.
—, Transphosphorylierungssystem 651.
Fructose:
Assimilationsgrenze 734 Tab.
Bildung von Glucose aus 761f.
Erythrocyten, Impermeabilität für 444.
Gehalt im Blut 444.
— — Blutplasma 318.
Nierenschwelle 733.
Phosphorylierung 741.
Resorption 112, 217f., 220f., 731.
Resorptionsgeschwindigkeit 734.
Umsatz durch Hefehexokinase 741.
Vorkommen in der Nahrung 730.
— — Samenflüssigkeit 729.
Wirkung auf Darmbewegung 140.
Fructose-diphosphat, Bildung bei Glucoseoxydation 788.
Fructose-1,6-diphosphat 742, 746*, 757 Tab.
Fructose-1,6-diphosphorsäure als Resorptionszwischenstufe von Kohlenhydraten 220.
Fructose-6-phosphat 745f., 746*, 757 Tab.
Fructosidase, Vorkommen im Pferdeplasma 379.
β-h-Fructosidase fehlt im Darm 127.
Fructosurie 734.
Frühgeburten, Eisenbildung 662.
—, Plasmaeiweißkörper 300f.
FUCHS-ROSENTHALsche Zählkammer 566.
L-Fucose in Blutgruppensubstanz A 390.
Fumarase 973, 1049.
—, Vorkommen in Zellelementen 1084 Tab.
Fumarat, Bedeutung für Fettsäureoxydation 832, 1141 Tab.
Fumarathydrase, Gehalt an Adeninnucleotid 1184.
Fumarsäure 950, 1028.
—, Aufhebung der Malonsäurehemmung der Atmung durch 1058.
—, Bildung, aus Argininbernsteinsäure 973*.
—, — — Bernsteinsäure 806.
—, — — Homogentisinsäure 984.
—, — von Zucker aus 763, 764 Tab.*.
—, Gehalt im Blutserum 327.
4-Fumarylacetessigsäure, Bildung aus Homogentisinsäure 984.
Fundusdrüsen s. Magen, Fundusdrüsen.
Funktionseisen 656.
Furan-2,5-dicarbonsäure 738.
Fusarien 738.

Gänse, Beeinflussung des Purinstoffwechsel 1230f.
—, Magensekret nach Histamin 52 Tab.
—, Vorkommen von Harnsäure im Blut bei 1198.
Gärung 738—758.
—, Enzyme der 740—758.
—, Schema 757 Tab.
—, Wärmetönung 736 Tab.
Gärung, alkoholische 651, 727, 736, 739, 759.
Gärungen, Beschleunigung durch Arsenit und Arsenat 694.
— in Dickdarm 181—183, 186—191, 193f.
— — Dünndarm 172f.
— — Magen 68.
Gärungserreger 179.
Gärungsferment, phosphatübertragendes 750, 757 Tab.
Gärungsprodukte, Entgiftung 189.
—, Entstehung bei Magenverdauung 101.
Gärungssäuren 101.
Galaktane, Verdauung 188.
Galaktohexokinase 741.
Galaktose, Assimilationsgrenze 223, 734 Tab.
—, Bildung von Galaktose-1-phosphat aus 741.
—, — Glucose aus 762.
—, — Glykogen aus 745.
—, Insulinwirkung auf -verwertung 782.
—, Nierenschwelle 733.
—, Resorption 216ff., 220f., 731.
—, Vorkommen in Euglobulinen 301.
—, — Kohlenhydraten der Nahrung 730.
—, — Serumalbumin 311.
—, Wirkung auf Darmbewegung 140.
D-Galaktose, Vorkommen in Blutgruppensubstanz A 390.
—, — im Eiweißzucker 322.
Galaktose-1-phosphorsäure 319, 741, 762.
Galaktose-1-pyrophosphat-uridin-5 762.
Galakturonsäure fehlt in Faeces 188.
D-Galakturonsäure, Bildung von Furan-2,5-dicarbonsäure aus 738.
Galle:
166—169.
Aktivierung von Lipase durch 168, 233.
— Trypsin durch 168.
Ausscheidung von Aluminium 685.
— Eisen 660.
— C_{18}-Steroiden 906.
— C_{19}-Steroiden 901.
— Steroidmetaboliten 892.
Bedeutung für Calciumresorption 639f.
— Fettresorption 176, 247.
— Fettverdauung 176.
— Resorption von Salzen 610.
— Verdauung 167f.
Bestandteil des Darminhaltes 143, 169.
Erregung der Pankreassekretion durch 155.
Gehalt an Cholesterin 875.
— Kobalt 673.
— Nucleoproteiden 1180.
— Wasser 592 Tab.
Löslichkeit von Fettsäuren in 176, 234.
Mechanismus der Bildung 58.
Regurgitation in den Magen 46, 94.
Vorkommen von Adenylsäure 1183.
Wasserabgabe mit 600 Tab.
Gallenblase, Resorption in der 252.
Gallenfarbstoffe, Bestandteil des Rest-N 341.
— Bildung aus Hämatin 1019.

Gallenfarbstoffe, Bildung aus Hämoglobin 662, 1016ff.
—, Gehalt im Blutserum 353—356.
—, — Duodenalinhalt 134.
—, — Ileumsaft 154.
—, Hydrierung im Dickdarm 179, 193.
—, Nachweisreaktionen 1018.
—, Papierchromatographie 1018.
—, Reduktionsprodukte, Resorption 250.
—, Vorkommen im Eiter 583.
Gallenfarbstoff-Globinverbindungen, eisenhaltige 437.
Gallensäure-Fettsäurekomplex 234.
Gallensäuren:
Aktivierung der Magenlipase durch 97.
Bedeutung für Cholesterinveresterung im Darm 796f.
— Fettemulgierung 162.
— Fettresorption 239, 793—705, 797.
— Fettverdauung 167.
Blutzuckersenkung nach Zufuhr von 318.
Förderung von Xanthinoxydase durch 1243.
Gehalt im Dünndarminhalt 171.
Hämolyse durch 421.
Kreislauf, entero-hepatischer 234f.
Lösung von Kalkseifen durch 213.
Verhalten im Dickdarm 193.
Vorkommen im Blut 339.
— Eiter 583.
Wirkung, emulgierende 794.
—, hydrotrope 205.
— auf Cholesterinbindung an Bluteiweißkörper 337.
— — Fermente 168.
— — Mitochondrien 1131.
— — Purinstoffwechsel 1243.
gepaarte 794.
Gallensalze, Bedeutung für Cholesterinresorption 871.
Gallensekretion, Beeinflussung durch Cholesterin 877.
Gallin, Aminosäurezusammensetzung 1112 Tab.
Gallium, Wirkung im Stoffwechsel 685.
Gallussäure 185*.
Gasbildung im Dickdarm 187.
Gase, Resorption im Darm 215, 253 Tab.
Gasstoffwechsel, Bestimmung 727.
gastric mucoprotein, dissolved 70.
gastric mucoproteose, dissolved 70.
Gastrin 43ff., 169.
Gastritis 63, 69f. 379.
—, chronische 92 Abb.
Gastroenteritis, Hypochlorämie bei 408.
Gastroglobulin 69f.
Gastromechanogramm 86.
Gastrophilus intestinalis-Larve, Blutzuckergehalt 314.
— —, Fructosegehalt 319.
Gastrozym 43.
Gaumendrüsen 11.
Gefäßlymphe, Gehalt an Xanthin 1181.
Geflügeltumor, Gehalt an Nucleinsäuren 1247.
Gefrierpunktsbestimmung, Blut 268.
Gefrierpunktserniedrigung, Blut 266.
—, molare 266.
Gehirn:
Abbau von Citronensäure 1060 Tab.
— Cortison 891.
— α-Ketobuttersäure 1032.
Bildung von Citronensäure 1060 Tab.
— Milchsäure 740.
— Phosphatiden 848.
Eisenaufnahme 661.
Gehalt an Acetalphosphatiden 846.
— Arsen 692.
— Calcium 635.
— Chlor 629.
— Cholesterin 863.
— Colaminphosphatiden 845 Tab., 863.
— Fermenten in Zellkernen 1114 Tab., 1116 Tab.
— Glutaminsäuredecarboxylase 932.
— Kupfer 401, 666.
— Magnesium 635.
— Phosphatiden 841, 844 Tab., 846 Tab., 863.
— Purinen 1185.
— Sphingomyelinen 864.
— Sphingosinphosphorsäurecholinester 853.
— Wasser 591.
Glykolyse 740.
Lokalisation von Viren im 1147.
Oxydation der Brenztraubensäure im 1032.
Phosphatide, Zusammensetzung 865.
Phosphatidumsatz 862—865.
Phosphorfraktionen, Stoffwechsel 648.
Stellung im Cholesterinstoffwechsel 874.
Stoffwechselleistungen der Mitochondrien in 1136 Tab.
Spaltung von Glutathion 923.
Umaminierung durch 936.
Vorkommen von Cerebrosiden 863.
— Cholinphosphatiden 863.
— Glutaminsäuredecarboxylase 932.
— Inositphosphatiden 863.
— Lecithinase 845.
— Nucleindesaminasen 1189.
— Sphingomyelinen 863f.
Gehirnerschütterung, Glucosurie bei 735.
Geisteskrankheiten, Kupfer im Blut bei 402.
Gelatinase, Gehalt in rohem Pepsin 75.
Gelatine, Spaltung durch Pepsin 78.
Gelbkörperhormon, Vorkommen im Schwangerenblut 370.
Gelenkentzündung, chronische, N-Verteilung in Gelenkergüssen bei 582 Tab.
Gelenklymphe 579—583.
—, Eigenschaften, physikalische 579f.
—, Gehalt an Bestandteilen, anorganischen 582.
—, — Eiweißkörpern 580 Tab.

Gelenklymphe, Gehalt an Hyaluronsäure 580f.
—, Viscosität 580.
—, Zusammensetzung 581 Tab.
— s. a. Synovialflüssigkeit.
Gelenkrheumatismus, Blutsenkung bei 266.
„Gel-P“ 1137ff.
Gemüse, oxalsäurereiches 638.
—, Phosphatidgehalt 842.
Gene 1097.
—, Anzahl beim Menschen 1105.
—, Gehalt an Nucleoproteiden 1180.
Geraniol, Bildung von Hildebrandt-Säure aus 811.
Geraniumsäure, ω-Oxydation 806*.
Gerinnungsenzyme 474, 485.
Gerinnungsfaktoren, Verwendbarkeit, klinische 499.
Gerinnungshemmung, Bedeutung von Serumalbumin für 287.
Gerinnungstheorien 474, 487ff.
Gerinnungszeit 480.
Germanin, Verhinderung der Blutgerinnung durch 256, 286, 491.
Gerste, Phosphatidgehalt 842.
Gerstenamylase 654.
Gesamtacidität s. Magensaft, Gesamtacidität.
Gesamtbasen, Bestimmung 393.
Gesamtblut:
254—282.
s. a. Blut.
Aufgaben, physiologische 256.
Blutungszeit nach DUKE 277 Tab.
Eigenschaften, physikalische 257.
Gehalt an Acetessigsäure 280 Tab.
— Aceton 280 Tab.
— Alkohol 280 Tab.
— Calcium 281 Tab.
— Carotin 280 Tab.
— Chlorid 282 Tab.
— Cholesterin 280 Tab.
— Cocarboxylase 281 Tab.
— Eisen 282 Tab., 429 Tab.
— Gesamtfetten 280 Tab.
— Hämoglobin 277 Tab.
— Harnsäure 279 Tab.
— Harnstoff-N 278 Tab.
— Indican 279 Tab.
— Kalium 281 Tab.
— Kohlenhydraten 279 Tab.
— Kreatin 279 Tab.
— Kreatinin 279 Tab.
— Kupfer 282 Tab., 402 Tab.
— Lipoid-P 282 Tab.
— Magesium 281 Tab.
— Milchsäure 279 Tab., 323 Tab.
— Natrium 281 Tab..
— Neutralfetten 280 Tab.
— Nicotinsäureamid 281 Tab.
— Pantothensäure 281 Tab.
— Phosphatiden 280 Tab.
— Phosphor 282 Tab.
— Reststickstoff 278 Tab.
Gesamtblut:
Gehalt an Schwefel 282 Tab.
— Urobilinogen 279 Tab.
— Vitamin A 280 Tab.
— — B_1 281 Tab.
— — B_2 281 Tab.
— — C 281 Tab.
— — E 280 Tab.
— — H 281 Tab.
— — H' 281 Tab.
— Wasser 277 Tab.
— Zink 282 Tab., 403 Tab., 404 Tab.
Gerinnungszeit nach BÜRKER 277 Tab.
Gewicht, spezifisches 277 Tab.
O_2-Kapazität 277 Tab.
Phosphatfraktionen 414 Tab.
Phosphatverteilung 412 Tab., 413 Tab.
p_H-Wert 277 Tab.
Schwefelverteilung 415 Tab.
Zusammensetzung 255, 426 Tab.
Geschlechtsdrüsen, Gehalt an Citronensäure 1061.
Geschlechtshormone, männliche 370.
Geschwülste, bösartige, Fibrinogengehalt des Blutes bei 477.
—, Veränderungen in den Zellelementen 1092.
—, Vermehrung der Serumglobuline bei 306.
Gewebe:
Aufsaugung durch 253f.
Chloridretention 408.
CO_2 und Säurebindungskurve 1161*.
Flüssigkeitsaustausch 253.
Gasaustausch 526f., 527 Tab.
Hemmung der Atmung durch Gifte 760 Tab.
Kohlensäurebindung und -abgabe 519.
Phosphatidsynthese im 847—850.
p_H-Bestimmung 1165.
p_H-Verschiebungen im 1175.
Pufferungssysteme 1160.
Reaktion 1156—1177.
Vorgänge, physikalische im 506f.
Vorkommen von Mononatriumurat in 1255.
Wasserbindungsvermögen 253.
malignes, Phosphatidsynthese 848.
normale, Punkt, isoelektrischer, des Zellkerns 1099 Tab.
osteoides 705, 713, 716.
pflanzliches, Pufferungsfähigkeit 1162.
subcutanes, Resorption im 253.
Gewebsfaktoren, Ödembildung und 605.
Gewebsfibrinogen 460.
Gewebsflüssigkeit 546.
Gewebsflüssigkeiten, interstitielle, Pufferung in 1162.
„Gewebshormon“ der Verknöcherung 713.
Gewebshormone, Vorkommen im Blut 371.
Gewebslymphe 546, 549.
Gewebsproteasen, Fähigkeit, synthetische 917.
Gewebssaft 547.
Gewebszucker, Vorrat beim Menschen 729.

Gicht 1252—1256.
—, Ablagerung von Mononatriumurat bei 1255.
—, Gehalt im Blut an Adenylsäure bei 1244.
—, — — Harnsäure bei 347.
—, — Harn an Harnsäure bei 1252.
—, Harnsäureausscheidung bei 1253.
—, Harnsäurebestand des Körpers bei 1252.
—, Hypothesen der Entstehung 1254.
—, Schrifttum 1252.
—, Vitamin B_1-Mangel bei 1244.
—, Wirkung von Alkalien bei 1250.
—, — Medikamenten auf 1250f.
—, primäre 1252.
—, sekundäre 1256.
Gichttophi 1252f.
„Gipsy-moth"-Polyeder-Virus, Desoxyribonucleinsäure, Zusammensetzung aus Basen 1107 Tab.
GIRARDS Reagens 879, 895, 904.
Glandula parotis 11, 13f., 22f.
— sublingualis 11, 22, 25.
— — s. a. Unterzungendrüse.
— submandibularis, Anatomie 11f.
— —, Gehalt an Kohlensäureanhydratase 25.
— —, Mucin und Mucoide aus 12.
— —, Speichel der 14, 18.
— —, Steinbildung 22.
— —, s. a. Unterkieferdrüse.
— submaxillaris s. Glandula submandibularis.
Glandulae buccales 11.
— duodenales 107, 143.
— gastricae 33.
— intestinales 143.
— pyloricae 33.
— retromolares 11.
Glaselektrode 272, 1168.
Glaubersalz als Abführmittel 653.
Gleichgewicht, DONNANsches s. DONNANsches Gleichgewicht.
—, osmotisches 602.
Gleichung, HASSELBALCH-HENDERSONsche 531f., 1165*.
Globin 516f.
—, Aufbau 435.
—, Gehalt an Histidin 974.
—, Spaltung durch Pepsin 76.
Globoglykoid 309, 310 Tab., 311.
Globulin aus Zellkernen 1109.
—, antihämolytisches 292 Tab.
—, antihämophiles 296, 312 Tab., 497.
Globuline:
Bestimmung 309.
Druck, kolloidosmotischer 270.
Fällung durch Neutralsalze 299 Tab., 308.
Gehalt an Antikörpern 389.
— — Kohlenhydraten 320.
— im Blut 286.
— — Blutplasma 278 Tab., 291 Tab., 293 Tab., 299f.
— — Blutserum 278 Tab., 299, 304 Tab., 572 Tab., 582 Tab.
Globuline:
Gehalt in Hydrocele- und Spermatocele-flüssigkeit 564 Tab.
— — Lymphe 553, 554 Tab.
Pufferungsvermögen 539.
Vorkommen in Leukocyten 460.
α-Globuline, Eisenbindung an 399.
—, Gehalt an Cholesterin 301 Tab., 331 Tab.
—, — — Kohlenhydraten 320.
—, — — Lipoidphosphor 301 Tab., 331 Tab.
—, — — Stickstoff 294 Tab., 295.
—, — im Blutplasma 291 Tab., 293 Tab., 299f.
—, — — Blutserum 278 Tab.
—, Vorkommen im Plasmaeiweiß 312 Tab.
—, Wanderungsgeschwindigkeit 302, 367.
α_1-Globuline, Eigenschaften, physikalische 306 Tab.
—, Gehalt im Blutserum 290, 299, 577 Tab.
—, — in Cantharidenblasen 577 Tab.
—, — im Plasmaeiweiß 293 Tab.
—, Vorkommen in Gelenkflüssigkeit 580.
—, Wanderungsgeschwindigkeit 302.
α_2-Globuline, Eigenschaften, physikalische 306 Tab.
—, Gehalt an Polysacchariden 321.
—, —im Blutserum 299, 577 Tab.
—, Vorkommen im Blutplasma 290.
—, — in Gelenklymphe 580.
β-Globuline, Eisenbindung an 399.
—, Gehalt an Antikörpern 389.
—, — — Lipoidphosphor 301 Tab., 331 Tab.
—, — — Stickstoff 294 Tab.
—, — im Blutplasma 291 Tab.
—, — — Blutserum 278 Tab., 299, 577 Tab.
—, — in Cantharidenblasen 577 Tab.
—, — — Frühgeburten 300.
—, Vorkommen in Gelenklymphe 580.
—, — im Plasmaeiweiß 312 Tab.
β_1-Globuline, Eigenschaften, physikalische 306 Tab.
—, Form und Größe 293 Tab.
—, Kupferbindung an 401.
β_2-Globuline, Eigenschaften, physikalische 306 Tab.
—, Gehalt im Blutserum 278 Tab., 299.
—, — in Frühgeburten 300.
—, Vorkommen im Blutplasma 290.
γ-Globuline, Abtrennung 292 Tab.
—, Bestimmung 307.
—, Eigenschaften, physikalische 306 Tab.
—, Gehalt an Agglutininen 389.
—, — — Antikörpern 312 Tab.
—, — — Lipoiden 301 Tab., 312 Tab., 331 Tab.
—, — — Phosphatase 312 Tab.
—, — — Stickstoff 294 Tab.
—, — im Blutplasma 278 Tab., 291 Tab.
—, — — Blutserum 278 Tab., 299, 577 Tab.
—, — in Cantharidenblasen 577 Tab.
—, — — Frühgeburten 300.
—, Form und Größe 293 Tab.
—, Vermehrung bei Krankheiten 321.
—, Vorkommen im Blutplasma 290.

γ-Globuline, Vorkommen in Gelenkflüssigkeit 580.
—, — — Lymphe 553.
Glomerulonephritis, Harnsäureausscheidung bei 1248.
—, akute, Bedeutung von Natrium für 622.
—, —, diffuse, Oedeme bei 605.
Glomerulusfiltrat 601.
Glomus caroticum, Chemoreceptoren im 537.
Gluconeogenese 761.
— s. a. Glykoneogenie.
Gluconsäure, Abbau durch 6-Phosphogluconsäuredehydrogenase 1062.
—, Entstehung aus Glucose 737.
—, Oxydation zu 2-Keto-gluconsäure 738.
—, Phosphorylierung 741.
Glucoproteide, Vorkommen im Blut 293 Tab., 300.
— s. a. Glykoproteide.
α_2-Glucopseudoglobulin, Vorkommen im Plasmaeiweiß 293 Tab.
α-Glucopyranose als Blutzucker 317.
Glucosamin, Acetylierung 1044.
—, Gehalt im Blut 322, 323 Tab.
—, — in Bluteiweißkörpern 322, 323 Tab.
—, — im Blutserum 323 Tab.
—, Vorkommen in Euglobulinen 301.
—, — im Heparin 491.
—, — — Magensaft 69.
—, — — Zucker, gebundenen, des Blutes 300, 729.
—, keine Zuckerbildung aus 765* Tab.
D-Glucosamin, Vorkommen im Eiweißzucker 322.
Glucosamino-digalaktose als Eiweißbaustein 320, 729.
Glucosamino-dimannose als Eiweißbaustein 320, 729.
Glucose:
s. a. Traubenzucker.
Assimilationsgrenze 734 Tab.
Bestimmung durch Glucoseoxydase 737.
Bildung aus Aminosäuren 776, 932.
— — Casein 763.
— — Fetten 762.
— — Fettsäuren 837.
— — Galaktose 762.
— — Glycerin 776.
— — Glykogen 745.
— — Prolin 987.
— — Tryptophan 992.
— — Tyrosin 983.
— — anderen Zuckern 761.
— in der Leber 782.
— von Äthanol aus 739*.
— — Essigsäure aus 737, 767.
— — Fettsäuren aus 767, 833.
— — Milchsäure aus 423, 450, 739*, 783, 785.
— — Phosphat energiereichem, bei Abbau von 790, 792.
— — Sorbit aus 738.
— — Tyrosin aus 983.
Glucose:
Darmbewegung, Förderung durch 140.
Dehydrierung durch Cozymase 1235.
— Codehydrogenase II 1236.
Formen, aktive 730.
Gehalt im Blut 279 Tab., 314–318, 426 Tab., 563 Tab., 730.
— — Blutserum 279 Tab., 426 Tab., 427 Tab., 572 Tab., 577 Tab.
— in Erythrocyten 443.
— im Speichel 21, 26.
Hexokinasereaktion 740*.
Insulin und Entfernung von — aus dem Blut 780.
Lösungswärme 736 Tab.
Magensaftsekretion, Hemmung durch 45.
Nierenschwelle 733.
Oxydation zu Gluconsäure 737.
Phosphorylierung 741, 1235.
Resorption 112, 216ff., 220f., 731, 734.
Rückresorption, Energielieferung für 1235.
Schema der Gärung und Glykolyse 757 Schema.
Spaltung, anaerobe 735.
Toleranz, Verminderung nach ACTH 1233.
Übergang von ^{14}C aus Glutarsäure in 814.
— — — Milchsäure in 837.
— — — Propionat in 808.
Umsatzstörung bei Diabetes mellitus 769.
Verbrennung 786.
Verbrennungswärme 736, 736 Tab.
Vorkommen im Tierkörper 729.
— — Blut 313.
— — — s. a. Blutzucker.
Wirkung, antiketogene 762.
— auf Entzündungsacidose 1176.
— — Gehalt im Blut an Acetonkörpern 328.
— — Harnsäureausscheidung 1242.
— bei Hypoglykämie 761.
^{14}C-Glucose 777, 781.
3,4iso-Glucose 763*.
α- und β-Glucose, Oxydationsgeschwindigkeit 737.
Glucosebelastung, Blutzuckerdifferenz, arterio-venöse bei 316.
Glucosedehydrogenase, Bedeutung für Mitochondrienfärbung 1128.
—, Gehalt im Cytoplasma 1082 Tab.
—, Vorkommen 737.
Glucose-1,6-diphosphat s. Glucose-1,6-diphosphorsäure.
Glucose-1,6-diphosphorsäure, Coferment der Phosphoglucomutase 742.
—, Alloxazinadenin-dinucleotid als Gruppe, wirksame, von 1185.
—, Synthese, chemische 743.
Glucoseoxydase, Vorkommen in Penicillium glaucum 737.
— s. a. Glucosedehydrogenase.
Glucosephosphat, Bindungsenergie 785.

Glucose-1-phosphat, Bedeutung für Phosphatablagerung im Knochen 712.
—, Bildung durch Zellkerne 1118.
—, — von Polysacchariden aus 745.
—, Gehalt in Erythrocyten 447 Tab.
—, Gleichgewicht mit Galaktose-1-phosphat 762.
—, — Glucose-6-phosphat 742*.
—, Stellung im Schema der Glykolyse und Gärung 757 Schema
—, Umsatzgeschwindigkeit an Phosphoglucomutase 743.
Glucose-6-phosphat, Bildung aus Galaktose-1-phosphat 319.
—, — — Glucose 740*, 741, 1029.
—, — durch Phosphorylase 743.
—, Dehydrierung 1152, 1153 Tab.
—, Entdeckung 743.
—, Gehalt in Erythrocyten 447 Tab.
—, Gleichgewicht mit Fructose-6-phosphat 745*.
—, — Glucose-1-phosphat 742*.
—, Oxydation, direkte 737, 1029, 1061f.
—, Spaltung durch Glucose-6-phosphatase 782.
—, Stellung im Schema der Glykolyse und Gärung 757 Schema.
—, — — Muskelstoffwechsel 781 Abb.
—, ^{32}P-haltiges 743.
Glucose-6-phosphatase 732, 782f.
—, Vorkommen in Mikrosomen 1151.
Glucose-6-phosphat-dehydrogenase, Gehalt im Cytoplasma 1082 Tab., 1086f. Tab.
—, Gehalt in Mikrosomen 1086f. Tab.
—, — Mitochondrien 1086f. Tab.
—, — Zellkernen 1086f. Tab., 1116 Tab.
—, Umsatzgeschwindigkeit 1063.
Glucose-6-phosphorsäure s. Glucose-6-phosphat.
Glucose-6-phosphorylase 742, 772.
Glucose-1-pyrophosphat-uridin-5 762.
α-Glucosidase, Vorkommen im Darm 126f.
—, — in Leukocyten 464 Tab.
—, — im Serum 379.
—, — — Speichel 25.
β-Glucosidase, Aktivierung durch Thiole 654.
—, Vorkommen im Dünndarm 127, 130.
Glucoside, Spaltung durch Darmschleimhaut 127.
Glucosulfatase 697.
Glucosurie 733, 768.
— nach Adrenalin 771.
— bei Alloxandiabetes 779.
— — BASEDOW-Kranken 775.
— nach Corticosteron 773, 778.
— bei Erregung, psychischer 769.
— nach Hypophysenvorderlappenextrakten 774.
—, alimentäre 733f.
Glucothionsäure in Eiterkörperchen 461.
Glucuronidase, Vorkommen in Rumenflüssigkeit vom Schaf 101.
—, — im Zellkern 1127.
β-Glucuronidase, Bestimmung 380.
—, Einfluß des Alters auf Verteilung, intracelluläre 1126 Tab.
—, Gehalt im Blut 379.
—, — in Zellelementen 1086 Tab., 1116 Tab., 1126 Tab.
Glucuronsäure, Bedeutung für Entgiftung 735.
—, Bildung aus Glycerin 735.
—, — in der Leber 782.
—, — von L-Xyloketose aus 729.
—, Gehalt im Blut 322, 444.
—, Nachweis 323.
—, Paarung mit Fettsäuren, verzweigten 815.
—, Vorkommen in Blutkörperchen 444.
—, — im Heparin 491.
—, — — Plasma 313 Tab., 317, 320 Tab., 322.
—, gepaarte, Vorkommen im Blut 313, 320 Tab., 329.
D-Glucuronsäure, Bildung von Furan-2,5-dicarbonsäure aus 738.
Glutamin:
Austausch der Amidgruppe 920.
Bedeutung für Harnstoffbildung 972.
Bildung aus Glutaminsäure 922*, 950*.
— — Histidin 976*.
— — Prolin 987.
— von Ammoniak aus — bei Acidose 1163.
— — — — in Niere 535.
— — Harnsäure aus 944, 1207.
— — Serin aus 853.
Gehalt im Blut 341, 915.
Spaltung im Cytoplasma 1153 Tab.
Verteilung in Gewebe und Blut 951.
Glutaminase, Gehalt in Zellelementen 1084 Tab.
—, Unterscheidung von Glutamin-Asparagin-Transferase 921.
—, Vorkommen in Zellkernen 1114 Tab.
Glutamin-Asparagin-Transferase 920f.
Glutaminhydantoin, Oxypurinsynthese aus 1220.
Glutaminsäure:
948*.
Abbau 936, 949f.
— zu α-Ketoglutarsäure 949f.
Aminosäure, entbehrliche 933, 950.
—, glucoplastische 763, 765* Tab., 766 Tab.
Bedeutung für Harnstoffbildung 972, 1163.
— Umaminierung 936ff.
Beziehung zu Oxalessigsäure 950.
Bildung 922, 934.
—, Energielieferung für 1184.
— aus Essigsäure 838.
— — Histidin 976*, 977.
— — α-Ketoglutarsäure 828, 1217.
— — Kohlenhydrat 949.
— — Ornithin 968.
— — Prolin 987.
— durch Umaminierung 935.

Glutaminsäure:
Bildung von Arginin aus 969.
— — Citrullin aus 971.
— — Glutamin aus 922*, 950*.
— — Glykokoll aus 939, 941.
— — Harnsäure aus 944.
— — α-Ketoglutarsäure aus 929.
— — Kreatin aus 947.
— — Purin aus 1218.
— — Serin aus 855 Abb., 856, 941.
— — Zucker aus 933, 948f.
Dehydrierung durch Cozymase 1235.
Einbau von ^{14}C aus Aceton in 829.
Erythrocyten, impermeabel für 422.
Gehalt im Blut 915.
— — Darmchymus 175 Tab.
— in Rattenleber 1072 Tab.
— — Zellkernproteinen 1110 Tab.
— von Aldolase an 748.
⇌ α-Ketoglutarsäure, Koppelung mit anderen Redox-Systemen 828.
-^{15}N, Einbau in Hämin 997 Tab.
Oxydation in Mitochondrien 1148.
Resorption 226f.
Umaminierung 949, 957.
Verteilung in Blut und Gewebe 951.
Vorkommen im Blutserum 344.
— in Darmwand 110.
Wirkung auf Hämoglobinbildung 466.
Wirkung, glucoplastische 948f.
L-Glutaminsäure 1129.
—, Oxydation durch Mitochondrien 1136 Tab.
Glutaminsäuredecarboxylase, Vorkommen im Gehirn 932.
Glutaminsäuredehydrogenase im Cyclophorasesystem 1132, 1148.
—, Gehalt im Cytoplasma 1080 Tab.
—, — in Leber bei Mangel an Fettsäuren, essentiellen 1145.
—, — — Mitochondrien 1080 Tab.
—, — — Zellkernen 1080 Tab., 1114 Tab., 1125.
Glutaminsäurehalbaldehyd, Bildung aus L-Glutaminsäure-Oxalessigsäure-Transaminase, Gehalt in Mitochondrien 1086 Tab.
Prolin 1133, 1148.
γ-Glutamyl-arginin, Bildung aus Glutathion und Arginin 920.
Glutamyl-cystein 922.
γ-Glutamyl-cystein, Bildung von Glutathion aus 922.
Glutarsäure, Abbau 814, 1144 Tab.
—, Bildung von Acetondicarbonsäure aus 814.
—, keine Zuckerbildung aus 764*, Tab.
^{14}C-Glutarsäure, Stoffwechsel 814.
Glutathion:
Aktivierung von Gärungsferment, oxydierendem, durch 749.
Anteil an der Restreduktion 317, 320 Tab.
Bedeutung für Redoxpotential 275.
Bildung, enzymatische 922.
kein Einfluß auf Purinsynthese 1197.
Glutathion:
Gehalt im Blut 414f., 448 Tab., 779.
— in Blutplättchen 448 Tab.
— im Blutplasma 313 Tab., 341, 414, 448 Tab., 915.
— in Erythrocyten 415, 448 Tab., 915.
— — Leukocyten 448 Tab., 462.
Hämolyse durch 1016.
als Metallkomplexbildner 747.
Reaktion mit Leucin, Phenylalanin und Valin 920*.
Reduktion im Cytoplasma 1153 Tab.
— von Hämoglobin durch 1013.
Schutz gegen Glyoxal 780.
Spaltung, enzymatische 923.
— durch Carboxypeptidasen 922.
Verhalten bei Blutenteiweißung 340 Tab.
als Wasserstoffdonator 652.
Wirkung, gerinnungshemmende 669.
Glutathionase, Gehalt in Zellkernen 1116 Tab. 1125.
Glutathion-Quotient 449.
Glutathionreductase, Gehalt in Mitochondrien 1082 Tab.
—, — Zellkernen 1082 Tab., 1114 Tab.
Gluten, selenhaltiger 694.
Glutin, Bildung aus Knorpeleiweiß 702.
—, Verdauung durch Pepsin 76.
Glycerin, Bedeutung für Fettresorption 795.
—, — Fettsäureresorption 797.
—, Beeinflussung der Insulinhypoglykämie 761.
—, Bestimmung 337.
—, Bildung 756.
—, — bei Gärung 758.
—, — von Glucose aus 763.
—, — — Glucuronsäure aus 735.
—, — — Zucker aus 764*, Tab.
—, —, keine, von Phosphatiden aus 796.
—, Gehalt im Blutserum 320.
—, Resorption 236f.
^{14}C-Glycerin zur Untersuchung der Fettresorption 799.
Glycerinaldehyd, Bildung von Glucose aus 762f., 764*, Tab.
—, — Glycerinaldehyd-3-phosphat aus 748.
—, — Glykogen aus 761.
—, Hemmung der Glykolyse durch 758.
—, — von Muskelhexokinase 741.
—, Oxalessigsäurereduktion durch 737.
D-Glycerinaldehyddehydrogenase 738.
Glycerinaldehydphosphat, Energie der P-Bindung in 785.
— s. a. Glycerinaldehyd-3-phosphat.
— s. a. Glycerinaldehydphosphorsäure.
— s. a. Phosphoglycerinaldehyd.
Glycerinaldehyd-3-phosphat, Bildung aus Fructose-1,6-diphosphat 746*.
—, Dehydrogenierung 755.
—, Gleichgewicht mit Ribulose-5-phosphat 1063*.
—, Reaktion mit Gärungsferment, oxydierendem 749*.

Glycerinaldehyd-3-phosphat, Reaktion mit Gärungsferment, phosphatübertragendem 750*.
—, — Glycerin-3-phosphat-dehydrogenase 753*.
—, Stellung im Schema der Gärung und Glykolyse 757 Schema, 759 Tab.
—, Synthese aus Glycerinaldehyd 748.
—, Umsetzung im Muskel 751.
— s. a. Glycerinaldehydphosphat.
— s. a. Glycerinaldehydphosphorsäure.
— s. a. Phosphoglycerinaldehyd.
Glycerinaldehyd-3-phosphatdehydrogenase 748ff., 757 Tab.
Glycerinaldehydphosphorsäure 412, 447 Tab., 759.
— s. a. Glycerinaldehydphosphat.
— s. a. Glycerinaldehyd-3-phosphat.
— s. a. Phosphoglycerinaldehyd.
Glycerinesterphosphatide 851.
Glycerinphosphat, Impermeabilität in Mitochondrien 1129.
—, Steigerung der Ölsäureresorption durch 795f.
—, Vorkommen in Gärungsansätzen 758.
α-Glycerinphosphat 750.
Glycerin-3-phosphat, Bildung aus Dioxyacetonphosphat 748, 749*.
—, Gleichgewicht mit Glycerinaldehyd-3-phosphat 753*.
—, Stellung im Schema der Gärung und Glykolyse 757 Schema, 759 Tab.
—, Vorkommen in Gärungsansätzen 758.
— s. a. Glycerinphosphorsäure.
Glycerin-3-phosphat-dehydrogenase 753, 757 Tab.
Glycerinphosphatide, Vorkommen im Gehirn 863f.
Glycerinphosphorsäure, Dehydrierung durch Cozymase 1235.
—, Energiegehalt der P-Bindung 785.
— s. a. Glycerin-3-phosphat.
Glycerinphosphorsäureester, Vorkommen im Blut 411.
β-Glycerinphosphorsäure, Spaltung 129.
Glycerinsäure, Zuckerbildung aus 764* Tab.
Glycerinsäure-1,3-diphosphat, Reaktion mit Gärungsferment, oxydierendem 749*.
—, Stellung im Schema der Gärung und Glykolyse 757 Tab.
—, Vorkommen in Erythrocyten 750.
D-Glycerinsäure-1,3-diphosphat, Reaktion mit Gärungsferment, phosphatübertragendem 750*.
Glycerinsäure-1,3-diphosphorsäure 750.
Glycerinsäure-2,3-diphosphorsäure 750.
Glycerinsäurephosphat in Gäransätzen 758.
—, Hemmung der Spaltung durch Sauerstoff 760.
Glycerinsäure-2-phosphat, Bildung von enol-Brenztraubensäure-phosphat aus 739.
—, Gleichgewicht mit Glycerinsäure-3-phosphat 751*.
Glycerinsäure-2-phosphat, Stellung im Schema der Gärung und Glykolyse 757 Schema, 759 Tab.
Glycerinsäure-3-phosphat, Gleichgewicht mit Glycerinsäure-2-phosphat 751*.
—, Isolierung aus Muskel 749.
—, Reaktion mit Gärungsferment, phosphatübertragendem 750*.
—, Stellung im Schema der Gärung und Glykolyse 757 Schema, 759 Tab.
Glycerophosphat s. Glycerinphosphat.
Glycerophosphatase, Vorkommen im Darmsaft 125, 129.
—, — Liquor cerebrospinalis 574f.
—, — Serum 375.
Glycerophosphat-dehydrogenase 1131.
α-Glycerophosphat-dehydrogenase, Gehalt in Zellelementen 1082 Tab., 1114 Tab.
Glycin:
s. a. Glykokoll.
Abbau 939.
Aminosäure, entbehrliche 933.
Beeinflussung des Alaningehaltes im Blut durch 916.
Bildung 934.
— aus Brenztraubensäure 942.
— — Kohlenhydratabbauprodukten 942.
— — Serin 942, 961, 964.
— von Betain aus 943.
— — Colamin aus 943.
— — Glutathion aus 922.
— — Glykocyamin aus 948*.
— — Häm aus 998.
— — Harnsäure aus 944.
— — Oxalsäure aus 1028.
— — Porphyrin aus 1020.
— — Protoporphyrinderivaten aus 943f.
— — Purinderivaten aus 944f.
— — Serin aus 945.
— — Zucker aus 933, 942.
—, keine, aus Essigsäure 945.
Stoffwechsel 938*.
markiertes 912.
^{14}C, Einbau in Hämin 998.
^{15}N, Einbau in Hämin 997 Tab.
Glycinamid, Peptidsynthese mit 919.
Glycinoxydase, Gehalt an Adeninnucleotid 1184.
Glycylanilid, Peptidsynthese mit 918.
Glycylglycin, Austausch von Glycin gegen ^{14}N-Glycin 920.
—, Spaltung 122.
Glycyl-phenylalanin, Isolierung aus Darminhalt 174.
Glycylprolin, Spaltung durch Darmprolinase 123.
Glykämie, alimentäre, Phosphat, anorganisches, im Blut bei 413.
Glykocholsäure, Komplexbildung mit Fettsäuren 794.
—, Lösung von Ölsäure 234.

Glykocyamidin, Spaltung durch Bakterien 348.
—, Vorkommen im Blut 353.
Glykocyamin, Bildung von Kreatin aus 948*, 967*.
—, Gehalt im Blut 350.
— s. a. Guanidinoessigsäure.
Glykogen:
Abbauweg 757 Schema, 759 Tab.
Ablagerung in Leber und Muskel 770, 776.
Beeinflussung der Verwertung durch Drüsen, endokrine 778 Tab.
Bestimmung 321.
Bildung 760—766.
—, enzymatische 745, 757 Schema.
— aus Ameisensäure 942.
— — Blutglucose im Muskel 780.
— — Caprylsäure 762.
— — Cholesterin 877f.
— — Fettsäuren 836 Tab.
— — Glucose in Erythrocyten 423.
— — Glykokoll 942.
— — Propionsäure 808.
— — Serin 942.
— — Zuckern, verschiedenen 734.
— in Leber 782f.
Einlagerung in Fettgewebe 777.
Entdeckung 726.
Gehalt im Blut 320 Tab., 321 Tab., 444.
— — Blutplasma 313 Tab., 320 Tab.
— in Darmschleimhaut 221.
— — Leber 729f., 773f., 776, 782.
— — Leukocyten 321, 444, 462.
— — Megakaryocyten 472.
— im Muskel 729f., 773f., 777.
Gleichgewicht mit Glucose-1-phosphat 743.
H-Donator für Oxalessigsäurereduktion 739.
Mobilisierung 771.
Molekulargewicht 744.
Spaltung, anaerobe 735.
— durch Speichelamylase 22.
Speicherung in der Leber 768.
Struktur 744.
Verbrennungswärme 736.
Vorkommen in Echinococcusblasen 579.
— — Eiterkörperchen (?) 584.
— — Erythrocyten (?) 444.
— — Thrombocyten (?) 472.
Wasserbindung durch 602.
Glykogenolyse 423, 651, 786.
Glykogenose 766, 783.
Glykogenproteide 321.
Glykogenspeicherkrankheit 318, 766.
Glykokoll:
s. a. Glycin:
Abbau 939.
fehlt im Albumin 311.
Aminosäure, glucoplastische 763.
Beeinflussung der Hämoglobinbildung durch 465f.
Beziehung zu Serin 939—942.
Glykokoll:
Bildung aus Aminosäuren 939.
— — Betain 855 Abb.
— — Glutaminsäure 939, 941.
— — Harnsäure 1211.
— — Sarkosin 1148.
— — Serin 855 Abb., 939ff., 1148.
— von Ameisensäure aus 840*.
— — p-Aminohippursäure aus 921*.
— — Brenztraubensäure aus 942.
— — Glykogen aus 942.
— — Guanidinoessigsäure aus 947.
— — Hippursäure aus 921*, 938f.
— — Kreatin aus 348, 939, 947.
— — Protoporphyrin 436.
— — Purinen aus 1218ff.
— — Rhodanid aus 954.
— — Serin aus 840, 853, 939ff., 1148.
— — Zucker aus 765*, Tab., 766 Tab.
Einbau in Zellfraktionen 1146 Tab.
Gehalt im Blut 445 Tab.
— — Blutplasma 445 Tab.
— — Darmchymus 175 Tab.
— in Erythrocyten 445 Tab.
— — Rattenleber 1072 Tab.
— im Stromatin 441 Tab.
— in Zellkernproteinen 1110 Tab.
Resorption 227.
Resorptionsgeschwindigkeit 913.
Stoffwechsel 938—948.
Übergang der C- und N-Atome in Harnsäure 1205f.
Vorkommen in Darmwand 119.
Wirkung auf Harnsäurestoffwechsel 1250.
— Harnsäureausscheidung bei Gicht 1252.
N-acetyliertes 921.
markiertes (^{14}N), Bestimmung der Erythrocytenlebensdauer mit 467.
phosphoryliertes 921.
^{14}C-Glykokoll, Einbau in Nucleotide 1123, 1190.
—, — Zellkernphosphatide 1126.
—, Verwendung zur Nucleinsäurebildung 1192.
^{15}N-Glykokoll, Einbau in Cytidin und Uridin 1227.
—, — Cytoplasmaprotein 1123 Tab.
—, — Desoxyribonucleinsäure 1123 Tab.
—, — Histon 1123 Tab.
—, — Ribonucleotide 1122 Tab., 1123 Tab.
—, — Zellkernbestandteile 1121, 1123 Tab.
—, Verwendung zur Nucleinsäurebildung 1192.
Glykol, Oxydation durch Fusarien 738.
—, keine Zuckerbildung aus 764*, Tab.
Glykolaldehyd, Bildung aus Glykol durch Fusarien 738.
—, — — Ribose-5-phosphat 1196.
—, — bei Oxydation von Zuckerphosphaten 1061.
—, — von Ribose aus 747.
—, — — Zucker aus 764*, Tab.

Glykolaldehyd, Reaktion mit Acetaldehyd-dehydrogenase 756.
—, aktiver 1063*.
Glykolaldehyddehydrogenase 738.
Glykolipoide, Zucker, gebundener, in 313.
Glykolsäure, Bildung aus Glyoxylsäure 1028.
—, —, keine, von Harnsäure aus 944.
— —, —, von Zucker aus 766 Tab.
—, Essigsäureabbau über (?) 1027.
—, Oxydation im Cytoplasma 1153 Tab.
—, Vorstufe der Oxalsäure 813.
Glykolsäureoxydase in Zellhomogenaten 1080 Tab.
Glykolyse:
738—792.
Beeinflussung durch Sexualhormone 777.
Bildung von Phosphatbindungen, energiereichen, bei 785, 792.
im Cytoplasma 1153 Tab., 1154.
Einzelenzyme 740—758.
Energiegewinn bei 728, 791 Abb., 1026.
und Erythrocytenpermeabilität 422.
in Geweben, verschiedenen 760.
Grundgleichung 736.
Hemmung 759f.
— durch Chinhydron 1169.
— — Fluorid 697, 1118.
— — Jodacetat 1118.
— — Sauerstoff 760.
— von Enzymen der 758f.
Hemmungsorte 759 Tab.
in Mitochondrien 1082 Tab., 1136 Tab.
Schema 757 Tab.
Steigerung durch Kupfer 669.
Wärmetönung 736 Tab.
in Zellkernen 1082 Tab., 1114 Tab., 1118.
Glykoneogenie 318, 763—766.
— s. a. Gluconeogenie.
Glykoproteide, Gehalt im Blutserum 320 Tab. 729.
—, Vorkommen im Knochen 702.
—, Zucker, gebundener, in 313.
Glyoxal, Pankreasschädigung durch 779f.
Glyoxalase, Aktivierung durch Thiole 654.
—, Gehalt im Cytoplasma 1090 Tab.
—, — in Erythrocyten 374 Tab.
Glyoxylsäure, Abbau von Essigsäure über (?) 1027.
—, Bildung aus Allantoinsäure 1216.
—, — — Glykokoll und Sarkosin 939.
—, — im Cytoplasma 1153 Tab.
—, Dismutation 1028.
—, Vorstufe von Oxalsäure 813.
Gold, Gehalt im Blut 405.
—, Stoffwechsel 687.
Goldsolreaktion 568.
Gonadotropin 895.
Gosio-Gas 694.
GRAAFscher Follikel 904.
Gramicidin, Wirkungsmechanismus 1141f.
„Granula, große" 1127.
Granulationen, PACHIONIsche 565.
Gravidität, Ausscheidung von Histidin bei 979.
—, Gehalt im Blut an Jod 410, 682.
—, — — — Kupfer 402.
GRAWITZ-Tumor, Glucoseausscheidung bei 735.
Grimmdarm 103.
GRÜTZNER, Pepsinnachweis 74.
Grundsubstanz, organische, Knochen 711.
Grundumsatz 771, 775.
— und Wasserabgabe, extrarenale 593.
Guanase 1201.
—, Vorkommen im Blut 381.
—, — in Zellkernen 1116 Tab., 1127.
Guanazol, Wirkung auf Stoffwechsel von Tumoren 1252.
Guanidin, Resorption 229.
—, Vorkommen im Blut 341, 353.
γ-Guanidinobuttersäure, keine Umwandlung in Kreatin 947.
Guanidinoessigsäure, Beziehungen zum Purinstoffwechsel 1219.
—, Bildung aus Arginin 946f.
—, — — Glykokoll 947.
—, — von Kreatin aus 947.
—, Methylierung 962.
— s. a. Glykocyamin.
Guanin:
Bedeutung für Lactobacillus casei 1222.
Bildung 1218ff.
— aus Adenin 1192f.
— — ^{15}N-Ammoniumcitrat 1219.
— — Guanosin 1196, 1217.
— — Ribonucleinsäure 1217.
— von Uracil aus 1228.
— — Xanthin aus 1217.
Desaminierung 1201.
Einbau in Nucleotide 1190.
Förderung der Riboflavinbildung durch 1244.
Gehalt in Froschoocyten 1217.
— Nucleotiden 1121 Tab., 1122 Tab.
Harnsäureausscheidung nach 1199.
keine Reaktion mit Nucleosidphosphorylase 1195.
Schutzwirkung bei Tetrachlorkohlenstoffvergiftung 1248.
Umaminierung mit α-Ketoglutarsäure 1201.
Vorkommen 1217.
— in Thymonucleinsäure 1225.
Wirkung auf Wachstum von Lactobacillus casei 1252.
als Wuchsstoff für Lactobazillen 1244.
^{14}C-Guanin, Einbau in Ribonucleotidpurine durch Lactobazillus casei 1193.
^{15}N-Guanin, Verwendung zur Nucleinsäuresynthese 1192.
Guanindesoxyribosid, Bildung im Darm 130.
Guaningicht 1181, 1256.
Guaninribosid, Spaltung durch Nucleosidphosphorylase 1195.
Guanin-(9)-ribosid, Vorkommen 1185.

Guanosin:
Abbau beim Hund 1217.
Bildung aus Inosin 1217.
— im Darm 130.
— von Guanin aus 1217.
— — Oxalursäure aus 1217.
Desaminierung 1201.
keine Phosphorylierung durch Hefe 1194.
keine Reaktion mit Uridinnucleosidase 1188.
Spaltung durch Guanosindesaminase 1189.
— Muskelphosphorylase 1195.
— Nucleosidphosphorylase 1195.
Verwendung zur Nucleinsäuresynthese 1193.
Vorkommen 1185.
— im Reststickstoff des Blutes 341.
^{15}N-Guanosin, Verwendung zur Nucleinsäuresynthese 1192.
Guanosindesaminase 1189.
Guanosinoxydase 1201.
Guanylsäure, Bestandteil des Rest-N des Blutes 341.
—, Bildung im Darm 128.
—, — in Zellelementen 1121 Tab.
—, Desaminierung 1189, 1201.
—, Einbau von ^{14}C-Formiat in 1195.
—, Verwendung zur Nucleinsäuresynthese 1193.
—, Vorkommen in Hefenucleinsäure 1225.
—, — — Pankreasnucleinsäure 1225.
—, — — Ribonucleotiden 1183.
—, — von freier 1183.
—, Wirkung auf die Milz 1251.
—, — — Tumorwachstum 1251.
Guanylsäuredesaminase 1189.
L-Gulose 730.
Gurkensamen, Citronensäurebestimmung mit 1059.
Guttation 606.

Halbwertszeit von Elementen, radioaktiven 611 Tab.
Haarballen im Colon 185.
Haare, Ablagerung von Fluor in 697f.
Haarkeratin, keine Spaltung durch Pepsin 76.
Häm, Abbau, chemischer 1018 Schema.
—, Aufbau 436.
—, Bildung aus Glycin 998.
—, Einbau von ^{14}C in 829.
— s. a. Hämin.
Hämamin 466.
Hämatin, Abbau zu Gallenfarbstoffen 1019.
—, Vorkommen im Blut 356, 438.
Hämatinsäure 998, 999*, 1000*.
Hämatoblasten 470.
Hämatoidin s. Bilirubin.
Hämatokritwert 265, 392, 599.
Hämatokrystallin 433.
Hämatopoese, Aktivität der Blutcholinesterase bei 450.
—, Bedeutung von Kupfer für die 401, 429.
Hämatoporphyrin 1022.
Hämiglobin, Entstehung aus $Hb\text{-}O_2$ im Blut 423, 1013, 1016.
Hämin, Abbau, biologischer 1019.
—, —, chemischer 998, 999*, 1000*.
—, Einbau von Deuterium in 997.
—, — von ^{15}N in 997 Tab..
—, Identität in verschiedenen Hämoglobinen 517.
—, grünes 437, 1018 Schema.
Häminproteide, Vorkommen in Mitochondrien 1134.
—, Wirkung, lipoxydaseartige 822.
Häminproteose, Bildung aus Hämoglobin 76.
Hämochromatose 665.
Hämochromogen, Spektrum 510, 517.
Hämocuprein 401, 670.
Hämocyanin 401, 429, 665, 669.
Hämogen 466.
Hämogenase 121, 466.
Hämoglobin:
401, 423, 429, **431—439**, 508—524, **1010** bis **1015**.
s. a. Blutfarbstoff.
s. a. Oxyhämoglobin.
Abbau 437f., **1016—1019**.
Abbauprodukte 438.
Absorptionskoeffizient für —lösungen 1165.
Absorptionsspektren in Erythrocyten 254, 434.
Alkalibindung 510.
Arten, verschiedene 433, 516.
Aufbau 435.
Aufgaben 433.
Bedeutung für Kohlensäuretransport 519f.
Bildung, Beeinflussung durch Aminosäuren 466.
—, Eisenvorrat für 1010.
—, Voraussetzungen 1010.
— in Erythrocyten 1011.
Bestimmung 432.
Bindung von H-Ionen 1160.
Biosynthese 996—1015.
Carbaminosäureverbindungen 523f.
Charakter, elektrochemischer 510.
Dauer der Bildung 1010.
Dissoziationskonstante 510.
Dissoziationskurve 511—518.
Eisen, Ausnutzung im Darm 657.
Eisenkreislauf über das 662.
Eisenumsatz bei —umsatz 1009.
Gehalt an Eisen 429, 655, 656 Tab., 1009 Tab.
— im Blut 277 Tab., 426 Tab., 432 Tab., 563 Tab.
— in Erythrocyten 431—439, 529 Tab., 1012f.
Ionenbindung 530.
Molekulargewicht 435, 509.
„Oxydation", Geschwindigkeit der 513.
Pufferwirkung 519f., 538, 540.
Punkt, isoelektrischer 510, 538.
Sauerstoffbindung 508—518.

Hämoglobin:
Sauerstoffbindungskurve 512 Abb., 514 Abb., 515 Abb., 517 Abb.
Sauerstoffsättigung 509.
Spaltung durch Exsudate 558.
Strukturanalyse 1011.
Vermehrung bei Kreislaufstörungen 543.
aktives und inaktives 434.
embryonales 516.
fetales 1011.
—, Sauerstoffaffinität 516.
krystallisiertes, Darstellung 1011.
menschliches 1011f.
„reduziertes“ 508.
Hämoglobinurie 1012.
Hämokonien 240, 244, 473.
Hämolyse 257, 385, 419ff., 422.
Hämolysine 302, 385, 654.
Hämon 466.
Hämophilie 407, 481f., 497 499, 697.
Hämophiliefaktor 287.
Haemophilus influenzae, Desoxyribonucleinsäuren, Zusammensetzung aus Basen 1108 Tab.
Hämopoetin 121, 466.
Hämopoiase 38, 121.
Hämopoietin 121, 466.
Hämosiderin 398, 660.
Hämosiderosen 665.
Hämothorax 562, 563 Tab.
Hafer, Phosphatidgehalt 842.
Haferdiät, Wirkung, rachitiserzeugende 638.
Hafersteine 184.
HAGEDORN-JENSEN, Blutzuckerbestimmung nach 315.
Hahn, Ribonucleinsäure, Zusammensetzung aus Basen 1107 Tab.
Halisterese 719.
HAMMARSTEN-Katzen-Einheit, Secretin 132.
HAMMERSCHLAGsches Schwebeverfahren 264.
Hamster, Magenschleimhaut, Aufbau 32.
Haptoglobulin 301.
HARDEN-YOUNG-Effekt 1155.
HARDEN-YOUNG-Ester 746*.
— s. a. Glucosediphosphat.
— s. a. Hexosediphosphat.
Harn:
Ausscheidung von Aluminium im 685.
— Ammoniak im 617.
— Aneurin im 954.
— Arginin im 344 Tab.
— Arsen im 693.
— Biotin im 954.
— Cadaverin im 954.
— Calcium im 643 Tab., 649f.
— Citrat im 644.
— Coffein im 1223f.
— Cystin im 954.
— Fluor im 696f.
— Harnsäure im 1253 Tab.
— Hypoxanthin 1217.
— 17-Ketosteroiden im 899, 902f.
— Kobalt im 673.
Harn:
Ausscheidung von Kreatinin im 945.
— Lithium im 684.
— Methionin im 954.
— Natrium im 620.
— Phosphat im 643 Tab., 649f., 651.
— Putrescin im 954.
— Quecksilber im 687.
— Rhodanid im 954.
— Schwefel im 653, 954.
— Selen im 695.
— C_{18}-Steroiden im 906 Tab.
— C_{19}-Steroiden im 901ff.
— C_{21}-Steroiden im 894.
— C_{21}-Steroidmetaboliten im 893 Tab.
— Strontium im 684.
— Verbindungen, schwefelhaltigen, im 952 Tab.
— Zink im 677.
Bestimmung der C_{18}-Steroide, phenolischen 907.
Chloridfreiheit 631f.
Gefrierpunktserniedrigung 266.
Gehalt an Adenin 1217.
— Aminosäuren 344 Tab..
— Calcium 640, 644,
— Eisen 661.
— Glucose 733.
— Harnsäure 1212, 1239f., 1246, 1252.
— Hypoxanthin 1217.
— 17-Ketosteroiden 899.
— Kieselsäure 690ff.
— Kupfer 666f.
— Methylxanthin 1217, 1223f.
— Phosphat 776.
— Purinbasen 1217.
— Schwefelsäureestern 653.
— C_{19}-Steroiden 896.
— C_{21}-Steroiden 887.
— Vitamin H 366.
— Xanthin 1217.
Menge 593, 596.
Reaktion 534f.
—, alkalische, bei Magensaftbildung 59f., 64.
Vorkommen von Dimethylxanthin 1223.
— 7-Methylguanin 1233.
— Methylharnsäuren 1224.
— Nucleinsäuren 1186.
— Pyrimidinbasen 1226.
— Schwefelsäureestern 653.
Harnblase, Resorption in der 252.
Harnfarbstoffe 438.
Harnindican, Vorkommen im Blut 414.
Harnporphyrine, Bestimmung 1021.
Harnretention, Hyperchlorämie bei 408.
Harnsäure:
775, 779*, **1198—1215.**
Abbau beim Kaltblüter 1181.
— durch Bakterien 1211.
— — Cl. acidi urici 1211.
— — Leber 1208.
— im Blut 1208.

Die Seiten 1—840 befinden sich im Bandteil a, die Seiten 841—1257 im Bandteil b.

Harnsäure:
Abbau in Hepatomen 1210.
Ablagerung, Lokalisation 1255.
Aufnahme durch Knorpel 1255.
Ausscheidung 1199, 1212—1215, 1242 bis 1248.
—, Beeinflussung durch Calciumchlorid 1249.
—, — — Coffein und Theobromin 1250.
— bei Alloxandiabetes 1232.
— — Diabetes insipidus 1233.
— — Fettsucht, hypophysärer 1233.
— — Gicht 1253.
— — Glucosezufuhr 1242.
— — Muskelarbeit 1238.
— — Neugeborenen 1238.
— — Vitamin B_6-Mangel 1244.
— im Harn 1212f., 1239, 1253 Tab.
— — Kot 1213.
— nach Novasurol 1250.
—, Einfluß des Alters auf 1238.
—, — von Vitamin C auf 1245.
—, Steigerung durch ACTH 1233.
—, — Hypophysenhinterlappenextrakt 1233.
—, Tagesschwankungen 1239.
—, Wirkung von Giften, parasympathischen, auf 1231.
—, — Hypophysektomie auf 1234.
Beeinflussung der Blut-Liquorschranke durch 1255.
Bestimmung 347, 1225.
Bildung 944, 1204—1208.
—, Beeinflussung durch ACTH 1234.
—, Förderung 1242.
—, Hemmung 1242, 1249.
—, Ort der 1207.
—, Steigerung durch Oxalsäure 1250.
— als Ausscheidungssynthese 1235.
— aus Acetat 838.
— — Alanin 1207.
— — Aminopurinen 1203 Schema.
— — ^{15}N-Ammoniumcitrat 1219.
— — Glutamin 1207, 1220.
— — Oxypurinen 1201.
— — Purinbasen 1200—1204.
— — Xanthin 1202, 1217.
— bei Lebererkrankungen und -schädigungen 1247.
— beim Menschen 1200.
— durch Bakterien 1208.
— im Cytoplasma 1154.
— von Allantoin aus 1208—1211.
— — Essigsäure aus 1211.
— — Kreatin aus 1237.
— — Uroxamsäure aus 1209.
-Clearance bei Muskelarbeit 1238.
-— bei Gicht 1253.
Endprodukt des N-Umsatzes bei Vögeln und Reptilien 1181.
— — Purinstoffwechsels 1180f.
— — Stoffwechsels 728.

Harnsäure:
Erzeugung von Diabetes mellitus bei Wildkaninchen durch 1232.
Förderung der Riboflavinbildung durch 1244.
Form, hydrolisierbare 1212f.
Formen, tautomere 1255.
Gehalt im Blut 279 Tab., 340, 346ff., 403, 563 Tab., 1198, 1239f.
— —, Beeinflussung durch Ketonkörper 1242.
— —, — Nahrung, alkalische 1242f.
— — bei Hunger 1239.
— — bei Infektionskrankheiten 1246.
— im Blutplasma 279 Tab.
— im Blutserum 279 Tab., 341 Tab., 444 Tab., 572 Tab., 577 Tab., 1198.
— in Erythrocyten 279 Tab., 1198.
— im Harn 1212, 1239 f., 1246, 1252.
— —, Beeinflussung durch Nahrung, alkalische 1242f.
— in Hautblasen 577.
— im Magensaft 52 Tab., 69.
— — Speichel 21 Tab.
— in Transsudaten 560.
Herkunft der C- und N-Atome 1205f.
Löslichkeit, Beeinflussung 1255.
—, Steigerung durch Lithiumsalze und Piperazin 1250.
Lösungen, übersättigte 1255.
Menge im Stoffwechsel 1200.
Molekülverbindung mit Urochrom 1212.
Oxydation 1209*.
Restreduktion, Anteil an der 313 Tab., 317, 320 Tab.
Retention 1181, 1240, 1248.
Rückresorption aus dem Darminhalt 1213.
Stoffwechsel, Beeinflussung, pharmakologische 1249.
—, — durch Glykokoll 1250.
—, Wirkung von Röntgenbestrahlung auf 1233.
Transport durch Serumalbumin 310.
keine Umsetzung mit Nucleosidphosphorylase 1195.
Verhalten bei Blutenteiweißung 340 Tab.
Verteilung auf Plasma und Erythrocyten 346.
Vorkommen 1198f.
— im Reststickstoff des Blutes 340f., 460.
— — Schweiß 1213.
— in Verdauungssäften 1213.
— von an D-Ribose gebundener 1211.
„Vorstufe“ 1204f., 1207.
Wirkung auf Xanthindehydrogenase 1203.
— von Adrenalin auf —ausscheidung 1230.
— — Methylxanthinen auf —ausscheidung 1214.
„X-Fraktion“ 1213.
austauschbare 1249f., 1253.
enterotropische 1213.
exogene, Beeinflussung durch Insulin 1232.

Harnsäure:
exogene und endogene 1199f.
„hydrolysierbare" 1243.
Harnsäuregicht 1181.
Harnsäureglykol, Bildung von Allantoin aus 1209, 1229*.
Harnsäureglykoläther, keine Bildung von Allantoin aus 1209.
Harnsäurekonkremente 1256.
Harnsäuren, substituierte, im Blut nach Coffeingenuß 347.
Harnsäureribosid, Vorkommen 1185, 1198.
Harnsäure-9-ribosid, Störung der Harnsäurebestimmung durch 347.
Harnsäureschwund 1211.
Harnsäurezentrum 1231.
Harnsteine, purinhaltige 1181.
Harnsteroide 892.
Harnstoff:
Bildung 968, **970—974**, 1163.
— aus Allantoinsäure 1216.
— — Formyloxalursäure 1229.
— — Guanosin beim Hund 1217.
— — Harnsäure beim Kaltblüter 1181.
— — Isobarbitursäure 1229.
— — Isodialursäure 1229.
— — Oxalursäure 1229.
— — ^{15}N-Thymin 1230.
— — ^{15}N-Uracil 1230.
— in Lebermitochondrien 1124.
— — Taubenorganen 1207.
—, keine, von Harnsäure aus 1207.
Einbau von ^{14}C in 829.
Endprodukt des N-Stoffwechsels beim Kaltblüter 1181.
— des Pyrimidinabbaus 1228.
— des Stoffwechsels 728, 911.
Gehalt in Anasarcaflüssigkeit 578.
— im Blut 37, 339f., 341 Tab., **342**, 563 Tab., 916.
— — Blutserum 426 Tab., 572 Tab.
— in Erythrocyten 342.
— im Darmsaft 152.
— in Ergüssen, serösen 560.
— im Ileumsaft 154.
— in Lymphe 554.
— im Magensaft 52 Tab., 69.
— — Speichel 15, 21 Tab., 27.
Harnsäurevorstufe bei Vögeln 1204.
Herabsetzung der Magensaftsekretion durch 45.
kein Intermediärprodukt für Purinsynthese 1219.
als Lymphagogon 549.
Verhalten bei Blutenteiweißung 340 Tab.
Vorkommen im Eiterserum 583.
— in Hydrocele- und Spermatocelefüssigkeit 564.
— im Reststickstoff des Blutes 339, 341 Tab.
HASSELBALCH-HENDERSONsche Gleichung 531f., 1165*.
Haube 9, 32, 40, 99ff.
Haubenbakterien 99f.
Hauptzellen s. Magenschleimhaut, Hauptzellen.
Haustiere, Magensäurewerte 56.
Haustra coli 109.
Haustren 103, 109.
Haustrenfließen 110.
Haut:
Ablagerung von Fluor in 697f.
Aufnahme von Arsen durch 693.
Ausscheidung von Chlorid durch 631.
— Cholesterin durch 875.
— Jod durch 681.
— Natrium durch 621.
— Stickstoff durch 594.
Einbauaktivität für Aminosäuren 923.
Eisenverlust durch 660.
Gehalt an Aminosäure-N 577 Tab.
— Chlor 629f.
— Glucose 730.
— Harnsäure 577 Tab.
— Histamin 577 Tab.
— Kochsalz 577 Tab.
— Phosphatid 846.
— Reststickstoff 577 Tab.
— Wasser 591, 592 Tab.
— Zucker 577 Tab.
Säure-Basen-Gleichgewicht, Regulation 534.
Wasserabgabe bei Wasserbedarf 599.
Hautblasenflüssigkeit 577.
Hautwunden, Heilung 712.
HAVERSsche Kanälchen 702.
Hefe:
Abbau von Brenztraubensäure 1031.
Bildung von Acetessigsäure in 1036.
— Cytochrom in 1015.
— Fettsäure in 835.
— Purin in 1220.
Desaminasen in 1201.
Desoxyribonucleinsäuren, Zusammensetzung aus Basen 1108 Tab.
Enzym, Essigsäure aktivierendes 1041.
Ferment, gelbes, aus 1237.
Gehalt an Cholesterin 870.
— Phosphaten 648f.
p_H-Wert 1173 Tab.
Verteilung von Glycerinsäure in 1167.
Vorkommen von Adenosinverbindungen in 789.
— Desoxyribonucleotidase in 1186.
— Polyphosphaten in 789, 1184.
— Uridinnucleosidase in 1226.
Hefeadenylsäure, Bildung 1194.
—, keine Spaltung durch 5-Nucleotidase 1187.
—, Vorkommen in Ribonucleotiden 1183.
—, — von freier 1183.
Hefeadenylsäuredesaminase 1189.
Hefealdolase, keine Hemmung durch Komplexbildner 747.
Hefeextrakte, zellfreie, Gärung 727.
Hefegärung, Magen 68.

Hefegärung, Selbsthemmung 1163.
Hefehexokinase 741, 780.
—, Bausteine 1225.
—, Beeinflussung der Purinausscheidung durch 1240.
—, Dehydrierung 1189.
—, Identität mit Ribonucleinsäure 1182.
—, Spaltung 128ff., 166.
— s. a. Ribonucleinsäure.
Hefephosphatase, Hemmung durch Fluorid 697.
Hefephosphorylase 743.
Hefezellen, p_H-Messungen in 1167.
HEIDENHAIN-Fistel 85.
Helix pomatia, Hämocyanin in 665.
Helminthiasis, Blutdiastase bei 379.
Hemicellulasen 730.
Hemicellulose 730.
—, Vergärung im Dickdarm 182, 187.
—, — Wiederkäuermagen 100.
Hemipyocyanin 588.
HENDERSON-HASSELBALCHsche Gleichung 531f., 1165*.
Hengst, Bildung von Hormonen, oestrogenen, im Hoden 904, 906.
—, Vorkommen von Hormonen, gonadotropen, im Speichel 26.
Henne, legende, Phosphatidstoffwechsel 866.
Heparin **491**ff., 492*, 496.
—, als Antiprothrombin 487.
—, Beeinflussung der Thrombocytenzahl 470.
—, Gehalt in Hämophilieblut 497.
—, — Zellelementen 1071 Tab.
—, Hemmung der Pankreasribonucleotidase durch 1187.
—, Hyperlipämie nach 240.
—, Struktur 730.
—, Verhinderung der Blutgerinnung durch 256, 286, 499.
Heparin-Cofaktor 492.
Heparinfaktor 487.
Heparinocyten 493.
Heparinplasma 286.
Hepatektomie, Leberregeneration nach 1240f.
Hepatitis, Gehalt im Blut an Cholinesterase bei 374.
—, — — Eisen bei 399f.
—, — — Plasmaphosphatiden bei 861.
— epidemica, Aminosäuren im Blut bei 345.
Hepatom, Abbau von Harnsäure im 1210.
—, Eigenschaften der Mitochondrien 1137, 1147.
—, Gehalt an Fermenten in Zellkernen 1114 Tab., 1116 Tab.
—, Nucleotidumsatz bei 1247.
—, Plasma-Kern-Relation 1098 Tab.
—, Zellzahl 1098 Tab.
Hepen 339.
Heptansäure, keine Acetessigsäurebildung aus 802 Tab.
2,4,6,2',4',6',4''-Heptaoxy-3''-methoxy-triphenylmethan, Bildung bei Vanillin-Phloroglucin-Probe 53.
n-Heptylbernsteinsäure, Abbau 817.
n-Heptylmalonsäure, Ausscheidung 817.
Heptylsäure, Bildung von Zucker aus 763, 764 Tab.
Herbivoren, Ausscheidung von Phosphaten durch 649.
—, Bissenbildung 10.
—, Darm, Länge und Fassungsvermögen 104 Tab.
—, Dickdarmverdauung 196.
—, Speichel 23.
—, s. a. Pflanzenfresser.
Hering, Desoxyribonucleinsäuren, Zusammensetzung aus Basen 1106 Tab., 1108 Tab.
Herpesvirus, Lokalisation 1147.
Herz, Abbau von Cortison durch 891.
—, Desoxyribonucleinsäuren, Zusammensetzung aus Basen 1108 Tab.
—, Eisenaufnahme 661.
—, Eiweißspeicherung 927.
—, Gehalt an Colamin-Phosphatiden 845.
—, — Fermenten in Zellkernen 1114 Tab., 1116 Tab.
—, — Phosphatiden 844 Tab., 846 Tab.
—, — Wasser 591, 592 Tab.
—, Phosphatidsynthese 848.
—, Ribonucleinsäure, Zusammensetzung aus Basen 1107 Tab.
—, Stoffwechselleistungen der Mitochondrien 1136 Tab.
Herzbeutelflüssigkeit 561f.
Herzfehler, dekompensierter, Gehalt des Blutes an Kalium bei 394.
Herzfunktion, Bedeutung von Kalium für 626.
Herzinsuffizienz, Kreislaufzeit bei 262.
—, Milchsäurevermehrung im Blut bei 324.
Herzmuskel, Adenosintriphosphatase 787.
—, Bernsteinsäureoxydation 1135 Tab.
—, Citronensäureabbau 1060 Tab.
—, Citronensäurebildung 1060 Tab.
—, Enzym, Essigsäure aktivierendes 1041.
—, Gehalt an Calcium 635.
—, — Eisen 656 Tab.
—, — Glucose 730.
—, — Magnesium 635.
—, Stoffwechseltypus 1029.
—, Umaminierung durch 936.
—, Vorkommen von 5-Nucleotidase in 1187.
—, — Nucleindesaminasen in 1189.
Heterochromatin 926.
Heteroxanthin, Gehalt im Harn 1217, 1223f.
—, Vorkommen 1217.
Heuschrecke, Desoxyribonucleinsäuren, Zusammensetzung aus Basen 1106 Tab.
Hexadecan, Resorption 239.
Hexadecandisäure, Ausscheidung von 813 Tab.
Δ^9-Hexadecensäure, Bildung aus Palmitinsäure 819.
Hexaensäuren, Bildung aus Linolsäure 821.
—, Vorkommen im Blut 336.
Hexansäure, Acetessigsäureausbeute aus 823.
—, Bildung höherer Fettsäuren aus 834.

Hexansäure, Oxydation durch Mitochondrien 831 Tab., 1142 Tab.
Hexatrien-1-6-dicarbonamidsäure, Bildung aus Octatriensäureamid 821 Tab.
Δ^2-Hexensäure 806.
—, Bildung von Acetessigsäure aus 823.
—, Oxydation 831, 1140.
Hexite, Resorption 250.
Hexokinase 732, **740** ff., 757 Tab., 783.
—, Bedeutung von Adenosintriphosphorsäure für 1188, 1235.
—, Beeinflussung, hormonale 780.
—, Gehalt in Mitochondrien 1082 Tab.
—, Hemmung durch Meningokokken-Endotoxin 777.
—, Inhibitor 780.
—, Stellung im Schema der Gärung und Glykolyse 757 Tab.
—, Vorkommen in Fettgewebe 745.
—, — Mitochondrien, pflanzlichen 1137.
Hexokinasereaktion 740.
Hexonbasen 974.
Hexosamin, Gehalt in Zellkernen 1100 Tab.
Hexosane 730.
Hexosediphosphat, Anhäufung bei der Gärung 1155.
—, Bildung von Triosephosphaten aus 748.
—, Gehalt in Mitochondrien 1071 Tab.
—, Stellung im Schema der Glykolyse 759 Tab.
—, Vorkommen in Erythrocyten 446.
— s. a. Fructosediphosphat.
— s. a. Glucosediphosphat.
Hexosediphosphatase, Gehalt in Zellelementen 1088 Tab., 1116 Tab.
Hexosemonophosphorsäure, Dehydrierung durch Codehydrogenase II 1236.
—, Gehalt in Mitochondrien 1071 Tab.
—, Vorkommen in Erythrocyten 446.
Hexosen, Nierenschwelle 733.
Hexose-6-phosphat, Bildung beim Abbau von Purinnucleosiden 1196.
Hexosephosphorsäure, Anteil an der Restreduktion des Blutes 313 Tab., 317, 320 Tab.
—, Gehalt im Blutserum 319.
Hexuronsäure, Gehalt in Serumproteinen 314.
β-n-Hexyladipinsäure, Stoffwechsel 818 Tab.
Hexylmalonsäure, Ausscheidung 817.
H-Ionen, Bedeutung für Speichelsekretion 14.
Hildebrandt-Säure 811, 812*.
Hippursäure:
Bildung, Energielieferung für 1235.
— aus Aminosäuren 938*.
— — Fettsäuren, phenylsubstituierten 928.
— — Glykokoll 938ff.
— — γ-Phenyl-α-aminobuttersäure 929.
— in Mitochondrien 1136 Tab., 1145.
— von Hippursäureanilid aus 917, 918*, 919.
Einbau in Zellfraktionen 1146 Tab.
Hippursäure:
Energiebedarf für die Bildung von 921.
Kondensation mit Aminophenol 918.
— Phenylendiamin 918.
— Sulfanilamid 918.
— Toluidin 918.
Vorkommen im Reststickstoff des Blutes 341.
Wirkung, hydrotrope 650.
Hippursäureanilid, Bildung 917, 918*, 919.
Hirnabszeß, Gehalt an Cocarboxylase im Liquor bei 574f.
Hirnhautentzündung, Verhalten des Liquors bei 566.
Hirnhexokinase 781.
Hirnödem bei Kochsalzmangel 633.
Hirnrinde, Glutamin-Transferase-Wirkung 921.
Hirntumor, Blutzuckersteigerung bei 318.
—, Gehalt an Cocarboxylase im Liquor bei 574f.
HIRSZFELDsche Plejadentheorie 386.
Hirudin, Verhinderung der Blutgerinnung 256, 286, **491**.
—, Vorkommen 28.
Hirudinplasma 286.
Histamin:
Acetylierung 1044.
Anregung der Colonsekretion 178.
— Pankreassekretion 155.
— Pepsinsekretion 73.
— Salzsäurebildung 60, 74.
Bestimmung 353.
Bildung aus Histidin 931, 978*.
— bei Darmfäulnis 189f.
— in der Lunge 978.
Gehalt im Blut 352f., 371, 577 Tab.
— — Blutplasma 86, 279 Tab.
— — Blutserum 279 Tab., 350, 352, 577 Tab.
— in Hautblasen 577 Tab.
— im Speichel 26.
Magensaftsekretion nach 42, 44f., 48, 51, 52 Tab., 66, 74, 79, 86, 88.
Peristaltik, Auslösung 194.
Resorption 229.
Vorkommen im Dünndarm 119.
— in Erythrocyten 352, 451.
— im Magensaft 69, 86.
— in Magenschleimhaut 40, 43.
— im Reststickstoff des Blutes 341.
— in Thrombocyten 352, 472.
Wirkung auf Darmsaftsekretion 146f.
Histaminase, Abbau von Gastrin 43.
—, Gehalt in Zellenelementen 1080 Tab.
—, Vorkommen in Leukocyten 382, 464 Tab.
—, — — Lymphe 555.
—, Wirkung 932.
Histaminprobe, Magensekretion 43, 88.
Histidase, Vorkommen in Zellkernen 1114 Tab.
—, Wirkung 975, 976*.
Histidin:
Abbau 974—978.

Histidin:
Aminosäure, unentbehrliche 933f.
Ausscheidung bei Schwangerschaft 979.
Bedeutung für Cholinbildung 977.
— Purinsynthese 976.
Beeinflussung der Hb-Bildung durch 466.
Beteiligung an Bildung von Alanin 950.
Bildung von Aceton aus 974.
— Ameisensäure aus 977.
— Glutaminsäure aus 977.
— Harnsäure aus 944.
— Histamin aus 930, 975, 978*.
— Kreatin aus 947.
— Purinen aus 976f., 1218, 1241.
— Zucker aus 763, 765 Tab., 974.
Biosynthese 977.
Decarboxylierung in Gewebe, tierischem 931.
Desaminierung 930, 975, 978*.
Gehalt im Blut 917.
— — Blutplasma 344 Tab., 569 Tab.
— — Erythrocytenstroma 440 Tab.
— — Harn 344 Tab.
— in Leber 917.
— im Liquor cerebrospinalis 568 Tab., 569 Tab.
— in Zellkernproteinen 1110 Tab.
Nierenclearance 344 Tab.
Stoffwechsel 974—979, 974*.
Verwertung für Purinsynthese 1219f.
Vorkommen in der Darmwand 119.
— im Dünndarmchymus 174.
— in der Magenschleimhaut 40.
Vorstufe von Allantoin 1219.
L-Histidin, Aktivitätssteigerung der D-Aminosäureoxydase durch 930.
Histidin-α-desaminase 977.
Histidinurie 979.
Histohämatin 656.
Histon, nucleinsaures 460.
Histone 974.
—, Aminosäurezusammensetzung 1110 Tab.
—, Einbau von ^{15}N-Glykokoll in 1123 Tab.
—, Spaltung durch Pepsin 76.
—, Umsatzgeschwindigkeit in Zellkernen 1123.
—, Vorkommen in Zellkernen 1097, 1105, 1123.
Hitzearbeit, Chloridabgabe bei 631f.
Hitzearbeiter, Mineralstoffverlust 612.
Hitzedenaturierung, Hemmung von Fermenten durch 1169.
Hitzekrämpfe 633.
Hochdruck, cardiovasculärer 580.
Hoden, Bedeutung für den Purinstoffwechsel 1234.
—, Bildung von Testosteron im 895.
—, Desoxyribonucleinsäuren, Zusammensetzung aus Basen 1106 Tab.
—, Gehalt an Lecithin 846.
—, — β-Oestradiol 904.
—, — Oestron 904.
—, — Wasser 592 Tab.
Hoden, Gehalt an Zink 675.
—, Hengst, Gehalt an Hormonen, oestrogenen 904, 906.
Hodenhyaluronidase 383.
Höhenklima, Anpassung an das 517.
—, Beeinflussung des Säure-Basen-Gleichgewichtes im Blut durch 542.
—, Erythrocytenvermehrung 259, 431.
—, Hämoglobingehalt des Blutes 431.
—, Kohlensäurebindung im Blut 542.
—, Milchsäurevermehrung im Blut 324.
—, O_2-Affinität des Hämoglobins im 516.
—, Thrombocytenzahl im 470.
Höhensonnenblasen, Kochsalzgehalt der Flüssigkeit aus 577 Tab.
Homocholin, keine Methylabgabe durch 961.
β-Homocholin, Vortäuschung von Cholin durch 136*.
Homocystein, Bildung aus Methionin 854, 948*, 960, 961*, 962*.
—, — von Cystein aus 965*.
—, Oxydation 966.
Homocysteinsäure, Bildung aus Homocystein 966.
Homocystin, Bildung aus Homocystein 966.
Homogenisator nach POTTER und ELVEHJEM 1066.
Homogentisinsäure 980*.
—, Abbau im Cytoplasma 1090 Tab.
—, —, Beeinflussung durch Vitamin B_{12} 983.
—, Bildung aus Tyrosin 981—984.
—, — von Acetessigsäure aus 984.
—, — — Aceton aus 982f.
—, Oxydation im Cytoplasma 1153 Tab.
Homoiosmie 600.
Homoiothermie 600.
Hormon, adenocorticotropes, Beeinflussung der Aminosäuren im Blut 345.
—, —, Wirkung 881.
—, —, — auf Harnsäureausscheidung 1215.
—, antidiuretisches, Gehalt in Zellelementen 1094 Tab.
—, antigonadotropes, Vorkommen im Blut 368.
—, corticotropes, Vorkommen im Liquor 573.
Hormon, gonadotropes 775.
—, —, Gehalt in Zellelementen 1096 Tab.
—, —, Vorkommen im Liquor 573.
—, —, Wirkung auf Testosteronbildung in Hodenschnitten 895.
—, oxytocisches 775.
—, parathyreotropes, Vorkommen im Blut 367.
—, thyreotropes 775.
—, —, Gehalt an Jod im Blut nach 410.
—, —, Vorkommen im Blut 367.
—, —, — — Liquor 573.
—, —, — Plasmaeiweiß 287, 293 Tab.
—, —, Wirkung auf Schilddrüse 682.
Hormone, androgene, bisexuelle, Vorkommen im Harn 896.
—, gonadotrope, Gehalt im Blut bei Schwangerschaft 368, 573.

Hormon, gonadotrope, Vorkommem im Speichel 26.
—, oestrogene, Ausscheidung 906.
—, —, Stoffwechsel 904ff.
—, —, Vorkommen im Blut 370.
Hornhaut, Gehalt an Kohlensäureanhydratase 522.
Hühnerei, Acetalphosphatidgehalt 846.
—, Purinsynthese im 1218.
—, bebrütetes, Phosphatidumsatz 866f.
Hühnereiweiß als Lymphagogon 549.
Hühnererythrocyten, Gehalt an Zellkernen 1098 Tab.
—, Zellkern, Trockengewicht 1098 Tab.
—, —, Phosphorfraktionen 1099 Tab.
—, —, Punkt, isoelektrischer 1099 Tab.
—, —, Untersuchung, elektrophoretische 1105.
Hühnergicht 1181, 1256.
Hühnerleber, Trockengewicht des Zellkerns 1098 Tab.
Hühnerniere, Gehalt an Zellkernen 109 8 Tab.
—, p_H-Wert 1173 Tab.
Hühnertumor GRCH 15, Ribonucleinsäuren, Zusammensetzung aus Basen 1107 Tab.
—, Trockengewicht des Zellkerns 1098 Tab.
Huhn, Bildung von Harnsäure bei 1204.
—, Desoxyribonucleinsäuren, Zusammensetzung aus Basen 1106 Tab., 1108 Tab.
—, Gehalt im Blut an Serumalbumin 311 Tab.
—, — Serumeiweiß 286 Tab.
—, — Serumglobulin 305 Tab.
—, — an Zucker 314.
—, Magensekret nach Histamin 52 Tab.
—, Pericardialflüssigkeit 562.
—, Speichelamylase 23.
—, Vorkommen von Harnsäure im Blut bei 1198.
—, — 5-Nucleotidase in Geweben 1187.
Humin in der Duodenalschleimhaut 119.
Hund:
Abbau von Aminopurinen beim 1217.
Ausscheidung von Malonsäure 813.
Blutmenge 259, 262 Tab.
Blutserum, Eigenschaften, physikalische 548 Tab.
—, Zusammensetzung 550 Tab.
Cardiadrüsen 32.
Chloridgehalt 629.
Chloridspeicherung 631.
Chordaspeichel 18.
Darmlänge 104 Tab.
Darmsaft, Zusammensetzung 151 Tab.
Dickdarm, Zuckerresorption 222.
Eisenverteilung 656 Tab.
Gehalt im Blut an Allantoin 1215.
— — Brenztraubensäure 325 Tab.
— — — Harnstoff 342.
— — — Lipoiden 332.
— — — Serumalbumin 311 Tab.
— — — Serumeiweiß 286 Tab.
— — — Serumglobulin 305 Tab.
— — — Zucker 314 Tab.
Hund;
Gehalt im Blutplasma an Reststickstoff 341.
— im Darm an Fett 114.
— in Organen an Acetylcholin 138 Tab., Abb., 139 Tab.
— im Speichel an Kohlensäureanhydratase 25.
— an Rhodan 20.
— in Transsudaten an Mineralstoffen 560 Tab.
Hämophilie 498.
Leber, Eisendepot 662.
Leukocytenzahl 456 Tab.
Lipase der Magenschleimhaut, p_H-Bereich 39 Tab.
Liquor cerebrospinalis 567, 570, 571 Tab., 574, 576 Tab.
Lymphe 548 Tab., 550 Tab., 553.
Magen, Hormonbildung 43.
—, Kohlenhydratverdauung 95.
—, Salzsäurebildung 60.
— Säurewerte 55.
Magensaft 46—50, 52 Tab., 57, 65.
Magenschleim 71.
Magenschleimhaut, Potentialdifferenz 61.
—, Stoff, sekretionsanregender 41.
—, Trockensubstanz der Zellen 1099 Tab.
Magensekret nach Histamin 52 Tab.
Mundschleim 18.
Pankreassaft, Zusammensetzung 157 Tab.
Parotisspeichel 14, 15 Tab., 16, 16 Tab.
Pankreas, Mineralgehalt 40 Tab.
Peptonschock 498.
Pericardialflüssigkeit 561, 563.
P-Verteilung im Blut 413 Tab.
Scheinfütterung 48.
Speichel, gemischter 16 Tab.
Speichelamylase 23.
Speichelsekretion 13.
Submandibularisspeichel 17, 17 Tab.
Hunger, Ausscheidung von Allantoin 1239.
—, Beeinflussung des Säure-Basen-Gleichgewichtes im Blut durch 543.
—, Blutzuckersteigerung bei 318.
— und Chlorgehalt des Körpers 634.
—, Einfluß auf die intracelluläre Verteilung von Enzymen 1126 Tab.
—, Fettsäuresynthese bei 835.
—, Gehalt im Blut an Cholesterin bei 338.
—, — — — Fett bei 333.
—, — — Harnstoff bei 342.
—, — — Kalium bei 394.
—, — im Cytoplasma an Pentosenucleinsäure 1239.
—, — in Leberchromosomen an Desoxyribonucleinsäure 1239.
—, Zuckerresorption 220.
hunger juice, Magen 88.
Hungerkranke, Calcium, ultrafiltrierbares, im Serum von 644.
Hungerlipämie 862.
Hungerlymphe 550ff.

Hyaloplasma 1152.
Hyaluronidase, Gehalt in Zellelementen 1086 Tab.
—, Vorkommen in Speichel 25.
—, — in Zellkernen 1116 Tab.
—, Wirkung auf Hyaluronsäure 581f.
Hyaluronsäure 1187.
—, Abbau und Bildung von Mastzellen 579.
—, Vorkommen im Blutserum 323.
—, — in Exsudaten 558.
—, — Gelenklymphe 580f.
—, — Leukocytengranula 462.
Hydantoin, Bildung von Kreatin aus 1237.
Hydrämie 261, 392, 605.
Hydratationswasser 590, 606.
Hydrocele 557.
Hydroceleflüssigkeit 563f.
Hydrocephalus 557.
Hydrogenase, Vorkommen in Bakterien 1015.
Hydrogencarbonat, Bedeutung für Pufferung des Blutes 539.
—, Gehalt im Blut 529 Tab., 530, 533, 544.
—, — — Blutserum 426 Tab.
—, — — Darmsaft 133.
—, — in Erythrocyten 431.
—, — der Zelle 1174.
—, Konzentration in Körpersäften und Geweben 1160.
— s. a. Natriumhydrogencarbonat.
Hydrogencarbonationen, Austausch im Blut 518, 522f., 525f.
Hydrogenlyase, Zerstörung durch Fluor 697.
Hydrolasen, in der Magenschleimhaut 37.
—, Vorkommen im Blutserum 371—381.
Hydrolecithin, Vorkommen in der Lunge 846.
Hydropericard 557.
Hydrops 557.
Hydrothorax 557, 559 Tab., 561f.
Hydrotropie 204.
Hydroxamsäuren 808, 1143.
Hydroxylamin 808*, 1014.
—, Bildung bei Stickstoffassimilation 616*.
—, — von Hydroxamsäure aus 1143.
—, Übertragung auf Glutamin und Asparagin 920.
Hydroxylapatit, Bildung im Knochen 705, 707*, 720.
—, Löslichkeit 699.
—, Vorkommen im Blutserum 396.
—, — in Konkrementen 721.
—, — — Kotsteinen 186.
—, — im Zahnbein 708.
—, — — Zahnschmelz 722.
11-β-Hydroxylase in Mitochondrien 1082 Tab.
Hyperacidität s. Magensaft, Hyperacidität.
Hyperämie, Bedeutung von Adenosinverbindungen für 1236.
Hypercalcämie 715, 718.
Hyperchlorämie 408.
Hyperchlorhydrie 408.
Hypercitricämie 1061.
Hyperfibrinogenämie 296.
Hyperglykämie 318.
Hyperglykämie
bei Alloxandiabetes 779.
— Hyperthyreoidismus 775.
durch Zn-Komplexbildner 678.
nach ACTH 1233.
— Adrenalin 771f.
— Entfernung von Pankreas und Hypophyse 727.
— Hypophysenvorderlappenextrakten 774.
— Piqûre 768.
Bedeutung bei Hyperinsulinismus 770.
Glucosurie bei 733.
Magensaftsekretion, Hemmung durch 45.
Zuckerresorption, bei 218.
alimentäre 318, 732, 734.
primäre, nach Insulininjektion 783.
psychisch bedingte 769.
Hyperglykorrhachie 570.
Hyperinosis 296.
Hyperinsulinismus 770.
—, Blutzuckersenkung bei 318.
Hyperkaliämie 627.
Hyperlactacidämie nach Adrenalin 771.
Hyperlipämie 240, 333.
Hyperparathyreoidismus, Phosphat, anorganisches, im Blut bei 413.
Hyperparathyreose, Phosphatasegehalt im Blut bei 377.
Hyperphosphatämie bei Unterfunktion der Nebenschilddrüsen 715.
Hyperphosphatidämie 862.
Hypertensinogen 287, 312 Tab.
Hypertension, Viscosität der Gelenklymphe bei 580.
Hyperthyreoidismus, Cholinesterasegehalt im Blut bei 374.
Hyperthyreose, Blutzuckersteigerung bei 318, 775.
—, Gehalt im Blut an Jod bei 410, 682.
—, Ostitis fibrosa bei 718.
—, Purinstoffwechsel bei 1232.
—, Thyroxin bei 367, 718.
Hypertonie, essentielle, Hyperchlorämie bei 408.
Hyperventilation, Hyperchlorämie bei 408.
Hyperventilationsalkalosis 544.
Hypervitaminose D, Gehalt im Blut an Calcium bei 397.
—, — — Phosphat, anorganischem, bei 413.
Hypinosis 296.
Hypoacidität s. Magensaft, Hypoacidität.
Hypocalcämie 640f., 645, 715.
Hypochlorämie 594, 622, 627f., 633f.
Hypochlorhydrie s. Magensaft, Hypochlorhydrie.
Hypocitricämie 1061.
Hypofibrinogenämie 296.
Hypoglykämie 318.
— nach Adrenalektomie 772.
—, alimentäre 734.

Hypoglykämie, Beeinflussung durch Zucker und Zuckerbildner 761f.
—, Blutzuckerdifferenz, arterio-venöse, bei 732.
—, Dithizon 678.
— bei Glykogenose 766.
— nach Insulin 769.
— — Thyreoidektomie 775.
Hypoglykorrhachie 570.
Hypokaliämie 627f.
Hypokapnie 536.
Hyponatriämie 622, 627, 633.
β-Hypophamin, Beeinflussung des Purinstoffwechsels durch 1233.
Hypophyse:
Bedeutung für Blutbildung 465, 469.
— Fettsäuresynthese 834.
— Zuckerregulation 727.
— Zuckerresorption 218.
Einfluß auf Blutjod 411.
Gehalt an Kohlensäureanhydratase 522.
— Wasser 592 Tab.
Hormon, bromhaltiges 699.
— corticotropes 775.
Prinzip, vasopressorisches 775.
Regulation des Purinstoffwechsels durch 1233.
Wachstumshormon, Wirkung auf Kohlenhydratstoffwechsel 775.
Wirkung auf Blutketone 829.
— Kohlenhydratstoffwechsel 774.
Zinkaufnahme durch 677.
Hypophysenhormone, Bedeutung für Fettresorption 247.
Hypophysenvorderlappenexstirpation, Wirkung auf Zuckerumsatz 780.
Hypophysenvorderlappenextrakt, Steigerung des Purinumsatzes durch 1233.
—, Wirkung auf Zuckerumsatz 774, 780.
Hypophysenvorderlappenhormon, Beeinflussung der Aminosäuren im Blut durch 345.
—, diabetogenes 781 Abb.
Hypophysenvorderlappenhormone, Regelung des Kohlenhydratstoffwechsels durch 768.
—, Vorkommen im Blut 367f.
Hypophysentransplantation, Steigerung der Harnsäureausscheidung 1233.
Hypophysektomie, keine Ausscheidung von P im Harn nach 651.
—, Insulinempfindlichkeit nach 774, 780.
—, Wirkung auf Harnsäure- und Allantoinausscheidung 1234.
—, — Leukocytenzahl 456.
—, Glykogenabbau im Muskel nach 773.
—, — Purinausscheidung 1234.
Hypothyreoidismus, Blutzuckerwerte bei 318.
— bei Jodmangel 683.
Hypothyreose, Kreislaufzeit bei 262.
Hypophysenhinterlappen, Wirkung auf Eiweißgehalt von Blut 289.
Hypophysenhinterlappenextrakt, Steigerung der Harnsäureausscheidung durch 1233.
Hypophysin, Steigerung der Harnsäureausscheidung 1233.
Hypoproteinämie bei Cystin- und Methioninmangel 654.
—, Oedeme bei 604.
Hypoprothrombinämie, angeborene 498.
Hypoxanthin:
Bildung 1218.
— aus Adenin 1201, 1217.
— — Adenosin 1189.
— — Coffein 1225.
— — ^{14}C-Formiat 1205, 1220.
— — Glutamin 1220.
— — Organismus 1219.
— im Cytoplasma 1154.
— von Guanosin aus 1217.
— — Harnsäure aus 1202.
— — Hypoxanthin-desoxyribosid 1188.
— — Inosin 1195, 1217.
— — Thymin aus 1228.
— — Uracil aus 1228.
Bedeutung für Lactobacillus casei 1222.
Dehydrierung, fermentative 1203.
Förderung der Riboflavinbildung durch 1244.
Gehalt im Blut 347.
— in Froschoocyten 1217.
— im Harn 1217.
Harnsäureausscheidung nach 1199.
Substanz, harnsäurebildende 1205.
Vorkommen 1217.
Wirkung auf Wachstum von Lactobacillus casei 1252.
Hypoxanthindesoxyribosid, Bildung im Darm 130.
—, Spaltung 1188.
—, Umsetzung mit ^{14}C-Adenin 1196.
Hypoxanthinribosid, Hypoxanthinbildung aus 1195.
Hypoxanthosin, Bildung aus Adenosin 1201.

Icterus catarrhalis, Harnsäurebildung bei 1247.
— haemolyticus, Eisenauscheidung bei 661.
— neonatorum 354.
Igel, Acetylcholingehalt, Darm 139 Tab.
Ikterus, Blutsenkung bei 266.
—, Gehalt im Blut an Eisen bei 399.
—, — — Serumalbumin bei 310.
—, — — Serumglobulin bei 306.
—, hämolytischer 354.
—, —, Ausscheidung von Porphyrinen bei 1019.
—, —, Erythrocytenresistenz bei 421.
—, —, Gehalt im Blut an Cholesterin bei 338.
—, —, — — — Phosphatase bei 376.
—, —, — — Blutserum an Hämatin bei 438.
—, —, — in Erythrocyten an Phosphatiden 858.
—, —, — — Reticulocyten an Protoporphyrin 436.
—, hepatischer 354.
—, hepatocellulärer 339.

Ikterus, mechanischer, Harnsäurebildung bei 1247.
Ileum, Anatomie 103—106.
—, Entnervung 138.
—, Gehalt an Acetylcholin 138 Tab., Abb., 139 Tab.
—, — Cholin 137 Tab.
—, — Maltase 126.
—, — Phosphatase 125 Tab.
—, — Saccharase 126.
—, pH-Wert 50, 149 Tab.
Ileumfistelsaft, Eigenschaften, physikalische 150 Tab.
Ileuminhalt 172.
—, Menge beim Hund 147 Tab.
Ileumsaft 149, 151—154.
—, Alkalibindung 150 Tab.
—, Gewicht, spezifisches 150 Tab.
—, pH-Wert 150 Tab.
Ileus, Gehalt im Blut an Darmfäulnisprodukten bei 329.
—, — — — Diastase bei 379.
—, Hyperchlorämie bei 633.
Iltis, Magen, Salzsäurebildung 59.
Imbecillitas phenylpyruvica 344, 981.
— s. a. Oligophrenie.
Imidazylacrylsäure s. Urocaninsäure.
Imidazylbrenztraubensäure, Histidinbildung aus 975.
Imidazylmilchsäure, Bildung von Histidin aus 975.
Iminoglutarsäure bei der Transiminierung 972.
α-Iminoglutarsäure, Bildung aus Glutaminsäure 949, 972.
—, — von α-Ketoglutarsäure aus 949, 972.
Iminopropionsäure, Bildung von Alanin aus 958.
Iminosäuren, Zwischenprodukte des Aminosäureabbaus 930.
Immidiatsekret, Magen 88.
Immunitätsreaktionen, Beteiligung von Mitochondrien bei 1146.
Immunkörper in Bluteiweißfraktionen 290.
Immuno-Antipepsin 77.
Immunoglobuline, Vorkommen in Plasmaeiweißfraktionen 287.
Inaktivitätsatrophie, Skeletveränderungen bei 719.
Inanitionsödem 603.
Incretin 142.
Indican, Bildung aus Indol 191.
—, Gehalt im Blut 279 Tab., 328f., 340, 341 Tab., 350f.
—, — im Blutserum 350f.
—, — in Erythrocyten 279 Tab.
—, Vorkommen im Reststickstoff des Blutes 340, 341 Tab., 350.
Indicanreaktion 190, 342.
Indicanurie bei spastischer Obstipation 184.
Indikatoren, Einschlußverbindungen 1170f.
—, Eiweißfehler 1170.
Indikatoren, pH-Messung mit 1169.
—, Salzfehler 1170.
Indol, Ausscheidung im Darm 229.
—, Bildung aus Tryptophan 995.
—, — bei Darmfäulnis 189f.
— als Darmgift 191.
— fehlt im Ileuminhalt 172.
—, keine Spaltung von 990.
—, Vorkommen im Dickdarminhalt 180f.
Indolylacetursäure, Vorkommen im Blut 329, 341.
Indolylbrenztraubensäure, Kynurensäurebildung aus 988.
Indolylessigsäure, Vorkommen im Blut 329, 351.
Indolylmilchsäure, Bildung von Tryptophan aus 988.
Indophenoloxydase, Vorkommen in Leukocyten 457.
Indoxyl, Bildung aus Tryptophan im Darm 191.
—, Resorption von 229, 953.
Infarkte, Verkalkung 721.
Infektanämie 663f.
Infekte, rheumatische, Gehalt im Blut an Eisen bei 400.
Infektionen, Gehalt im Blut an Cholesterin bei 338.
—, — — — Fibrinogen bei 477.
—, — — — Kupfer bei 402.
—, — — — Schwefel bei 415.
—, — — — Serumglobulinen bei 306.
—, — — Blutserum an Polysacchariden 729.
—, Leukocytose bei 457.
Infektionskrankheiten s. Infektionen.
Infiltrate, pneumonische, Purinvermehrung bei Lysis 1181.
Influenzabacillen, Prinzip, „transformierendes" 1183.
Infusorien, Bedeutung für Verdauung 9.
—, Vorkommen im Magen 100.
Inhibine, Vorkommen im Darm 172.
Insekten, Harnsäure, Vorkommen in 1199.
—, Pigmentbildung aus Tryptophan bei 994, 995*.
—, Sauerstoffversorgung 508.
Inosin, Bildung aus Adenosin 1188, 1201.
—, — — Ribose-1-phosphat 1217.
—, — im Darm 130.
—, — von Guanosin aus 1217.
—, — — Hypoxanthin aus 1195.
—, — — Inosin-5-phosphorsäure aus 1193.
—, Vorkommen 1185.
Inosindiphosphat 787.
Inosinmonophosphat, Aminierung von 1195.
Inosin-5-phosphat, Spaltung durch 5-Nucleotidase 1187.
Inosin-5-phosphorsäure, Bildung aus Inosin 1193.
Inosinsäure, Bildung aus Adenylsäure 1201.
—, — — Inosintriphosphorsäure 1188.

Inosinsäure, Bildung von Adenylsäure aus 1194.
—, Spaltung durch Jejunum 129.
—, — — Phosphatasen 1187.
Inosintriphosphat, Bedeutung für Oxalsäurespaltung 1054.
—, Spaltung durch Muskelextrakte 787.
Inosintriphosphorsäure, Spaltung 1188.
Inosit, Bedeutung für Hämoglobinsynthese 1010.
—, Gehalt im Blutplasma 323, 364.
—, — in Zellkernen 1094 Tab.
—, Resorption 250.
—, Vorkommen in Ergüssen 560.
—, — — Hydrocele- und Spermatoceleflüssigkeit 564.
D- u. L-Inosit, Dehydrogenierung durch Acetobacter suboxydans 738.
epi-Inosit, Dehydrogenierung durch Acetobacter suboxydans 738*.
Inosit-diketon, Bildung aus epi-Inosit 738.
Inosithexaphosphorsäureester (Phytin), Vorkommen in Cerealien 638.
Inosit-monoketon, Bildung aus D- u. L-Inosit 738.
Inositphosphatide, Gehalt in Mikrosomen 868.
—, Vorkommen im Gehirn 863.
—, — — Reststickstoff des Blutes 341.
—, — von freien 1183.
Insektenmuskeln, Enzyme der Mitochondrien 1137.
Inseln, LANGERHANSsche 770.
—, —, Zerstörung durch Alloxan 779.
—, Zinkgehalt 678.
Insulin:
727, 729, 734, 766, 768, 770.
Antagonismus gegen Adrenalin 732, 772f.
— Corticosteron 773.
Ausschüttung, kompensatorische 772.
Bedeutung für Fettsäuresynthese aus Kohlenhydraten 833f.
— Kreatinphosphatbildung im Muskel 789.
— Zuckerresorption 218.
Beeinflussung der Aminosäuren im Blut 345.
— des Leberstoffwechsels durch 782f.
— des Purinstoffwechsels durch 1232.
Gehalt an Sulfhydrylgruppen 654.
Förderung der Magensaftsekretion durch 45, 71, 142.
— Pankreassekretion durch 155.
Gehalt an Zink 678.
— im Blut an Diphosphothiamin nach 452.
— — an Phosphat, anorganischem nach 413.
Hypoglykämie nach 761.
Leukocytose nach 456.
Resorption 225.
Wirkung 769ff.
—, Lokalisation der 780ff.
Insulin:
Wirkung, Schema der 781 Abb.
—, Verstärkung durch Kobalt 674.
—, — — Nickel 686.
— auf Brenztraubensäuregehalt des Blutes 783.
— — Entzündungsacidose 1176.
— — Glykogensynthese 769, 775, 777f.
— — Hexokinase 741.
— — Phosphatausscheidung im Harn 776.
Zerstörung im Stoffwechsel 771.
Insulinhypoglykämie 761.
Insulinase 771.
Insulinschock 864.
Intestinal lavage 628.
Intestinum colon 103.
— crassum 103.
— duodenum 103.
— ileum 103.
— rectum 103.
— tenue 103.
intracellular canaliculi, Belegzellen, Magenschleimhaut 59.
intrinsic factor 38, 83, 120 Tab., 121, 151, 466f.
— s. a. Ferment, CASTLEsches.
— s. a. Magenstoff, CASTLEscher.
Inulin, Abbau im Dünndarm 175.
—, Bestimmung 319.
—, — des extracellulären Raumes mit 598.
—, Unverdaulichkeit 730.
Invertebraten, Gehalt an Desoxyribonucleinsäure 1183.
Invertin s. Saccharase.
Ionen, Resorption, enterale 212—214.
Ionenstärke, Bedeutung für CO_2-Absorption 1165.
Ionensynergismus 613.
Iontophorese 251.
Iowa-Einheit 479.
Iris, Gehalt an Zink 675.
Irresein, manisch-depressives, Bromgehalt im Blut bei 699.
Isoagglutinine 291f., 292 Tab., 301, 312 Tab.
Isoamylmalonsäure, Ausscheidung 817.
Isobarbitursäure, Bildung aus Uracil 1229*.
—, — von Harnstoff aus 1229.
—, Oxydation von 1229*.
Isobuttersäure, Bildung aus Fettsäuren, α-alkylierten 816.
—, — bei Gärung im Dickdarm 187.
—, — von Zucker aus 764*, Tab., 765.
^{14}C-Isobuttersäure, Abbau 816*.
Isocapronsäure, Bildung von Zucker aus 764*, Tab., 766 Tab.
Isocitrase 1051.
Isocitrat, Bildung aus α-Ketoglutarat und CO_2 1054.
Isocitrocodehydrogenase 1051, 1132, 1134.
Isocitronensäure, Gleichgewicht mit cis-Aconitsäure 1051*.
—, — — Oxalbernsteinsäure 1052.

Die Seiten 1—840 befinden sich im Bandteil a, die Seiten 841—1257 im Bandteil b.

Isocitronensäuredehydrogenase 1051f, 1132, 1134.
—, Gehalt in Zellelementen 1082 Tab.
Isodialursäure, Bildung von Harnstoff aus 1229.
Isofettsäuren in Fetten, synthetischen 819.
Isoglutamin, Stoffwechsel von 976*.
Isoguanin, Ablagerung von 2,8-Dioxyadenin in der Niere nach 1256.
—, Zwischenprodukt der Guaninbildung aus Adenin 1222.
Isoguanosin, keine Desaminierung von 1189, 1201.
Isohämagglutinine 287.
Isohydrie 257, 271, 530.
Isoionie 257, 530.
Isoleucin 951*.
—, Abbau 952.
—, Aminosäure, unentbehrliche 933f.
—, Bildung von Zucker aus 952*.
—, Desaminierung 930.
—, Gehalt im Blutplasma 344 Tab., 569 Tab.
—, — — Harn 344 Tab.
—, — — Liquor cerebrospinalis 568 Tab., 569 Tab.
—, — in Rattenleber 1072 Tab.
—, — — Zellkernproteinen 1110 Tab.
—, Nierenclearance 344 Tab.
—, Vorkommen im Darmchymus 175 Tab.
—, — in Duodenalschleimhaut 119.
Isophosphorylase 744f., 757 Tab.
Isopropylalkohol, Resorption 249.
ω-Isopropylfettsäuren, Abbau 814.
DL-Isopropyl-methioninester, Bildung von L-Methionyl-L-methionin aus 920*.
Isoserin, Resorption 227.
Isotonie 257, 408, 419.
Isovaleriansäure, Abbau 816f., 829.
—, Bildung von Acetessigsäure aus 829, 929.
—, — — Aceton aus 929, 951.
—, — — Cholesterin aus 873.
—, keine, von Zucker aus 764 Tab., 765, 766 Tab., 951.
Isovalin, Resorption 227 Tab.
Ixodes ricinus, Hirudinwirkung 491.

JACOBSONscher Test 151.
Janusgrün, Beeinflussung des Mitochondrienstoffwechsels 1149.
Janusgrün B 1128*.
Jejunalsaft 149, 151ff.
—, Alkalibindung 150 Tab.
—, Gewicht, spezifisches 150 Tab.
—, pH-Wert 150 Tab.
Jejunalschleimhaut, Stoffwechel 106.
Jejunum, Anatomie 103—107.
—, Entnervung 138.
—, Gehalt an Acetylcholin 137, 138 Tab., Abb., 139 Tab.
—, — Cholin 137 Tab.
—, — Maltase 126.
—, — Phosphatase 125 Tab.
—, — Saccharase 126.
Jejunum, Inhalt, Menge beim Hund 147 Tab.
— pH-Wert 50, 149 Tab.
Jejunumfistelsaft, Eigenschaften, physikalische 150 Tab.
JENSEN-Sarkom, Gehalt an Aldolase 748.
—, Gehalt an Plasmaphosphatase bei 377.
JOBBINS Blutgruppenantigen 389.
Jod:
Schrifttum 679.
Ausscheidung 681.
Bedarf 680.
Bestand 680.
in Bindung, organischer, im Blut 410 Tab.
Förderung der Magensaftsekretion durch 70.
Funktion 683.
Gehalt im Blut 409ff., 682.
— — Blutplasma 410, 682.
— — Blutserum 576 Tab.
— in Erythrocyten 430, 682.
— im Speichel 21 Tab.
Resorption 681.
Stoffwechsel 655, 679—683.
Verteilung 681.
Vorkommen im Blut 430.
Wirkung im Kaulquappentest 683 Tab.
eiweißgebundenes, im Blut 410.
proteingebundenes, in Plasmaeiweißkörpern 287.
radioaktives 67, 682.
— (^{128}J), Stoffwechselversuche mit 681.
— (^{131}J) Einbau in Thyroxin 410.
— —, Stoffwechselversuche mit 681.
Jodacetat, Entgiftung durch S-haltige Aminosäuren 967.
—, Hemmung der Fettsäureresorption durch 795, 798, 843.
—, — — Glykolyse durch 758, 1118.
—, — — P-Aufnahme in Erythrocyten durch 447.
—, — — Phosphatidsynthese durch 842.
—, — — Thiolase durch 1049.
—, — von Dehydrierungen durch 1013.
—, Wirkung auf Muskelatmung 1028.
—, keine Wirkung auf Gluconsäureoxydation 738.
Jodbilanz, Mensch 680.
Jodbindungsvermögen, Fettsäuren 336.
Jodclearance 681.
Jodeiweiß, Gehalt im Blutserum 293 Tab.
Jodessigsäure s. Jodacetat.
Jodid, radioaktives, Resorption 211.
Jodgorgosäure, Wirkung im Kaulquappentest 683 Tab.
Jodmangelschäden 683.
Jodquotient 411.
Jodregulation durch Schilddrüse 613.
JOHNSTON-Fistel 150 Tab.

Kachexie, Gehalt im Blut an Lipase bei 372.
—, — — Gehirn an Lecithin bei 864.
—, Oedeme bei 604.
Kälte, Einwirkung auf Magensaftsekretion 44.

Kälteagglutinine 424.
Kalb:
Alloxandiabetes 779.
Desoxyribonucleinsäure, Zusammensetzung aus Basen 1106 Tab., 1108 Tab.
Gewebe, Vorkommen von 5-Nucleotidase in 1187.
Organe, Gehalt an Zellkernen 1098 Tab.
Liquor cerebrospinalis 569f., 571 Tab., 575.
Magen, kleiner 47.
Magensaftsekretion 46.
Rennin 35.
Ribonucleinsäuren, Zusammensetzung aus Basen 1107 Tab.
Thymus, Trockengewicht des Zellkerns 1098 Tab.
—, Vorkommen von Desoxyribonucleotidase in 1187.
Vorkommen von Allantoin im Blut 1215.
Kalium:
Schrifttum 623.
Ausscheidung 599, 624f.
Bedarf 625.
Bedeutung für Brenztraubensäuredecarboxylierung 626.
— Kohlenhydratstoffwechsel 626, 628.
— Transphosphorylierungen 626.
— Zellfunktion 625f.
Bestand des Körpers 623.
Bestimmung 395.
Gehalt an ^{40}K 625.
— im Blut 281 Tab., 426 Tab., 529 Tab., 530, 627.
— in Blutplättchen 430 Tab.
— im Blutplasma 281 Tab., 623.
— — Blutserum 281 Tab., 394f, 426 Tab., 427 Tab., 430 Tab., 560 Tab., 576 Tab., 623 Tab.
— — Darmsaft 151 Tab., 152, 154.
— in Ergüssen, serösen 560 Tab.
— — Erythrocyten 281 Tab., 426 Tab., 427 Tab., 428, 430 Tab., 623.
— — Gelenklymphe 582.
— — Leukocyten 430 Tab., 460.
— — Lymphe 551 Tab., 554 Tab., 555 Tab.
— im Magensaft 52 Tab., 65f., 72, 92 Tab.
— in Magenschleimhaut 40 Tab.
— — Mitochondrien 1133.
— — Pankreasdrüse 40 Tab.
— im Pankreassaft 158.
— — Speichel 16 Tab., 17 Tab., 21 Tab., 92 Tab.
Hemmung der Phosphoglucomutase durch 743.
Physiologie u. Pathologie 627.
Regulation 626f.
Resorption 624.
Retention von 625 Tab., 627.
Sensibilisierung gegen — durch Methylxanthin 1251.
Stoffwechsel 623.
Kalium:
Vergiftung 624, 628.
Verteilung 623.
— im Blut verschiedener Tiere 623 Tab.
— zwischen Zelle und Außenlösung 1166.
Verweildauer im Organismus 624.
radioaktives, Resorption 211.
—, ^{42}K 623f.
—, — Halbwertszeit 611 Tab.
Kaliumarsenit, Hemmung der Nucleinsäuresynthese durch 1197, 1248.
Kaliumchlorat, Methämoglobinbildung durch 435.
Kaliumchlorid, Resorption im Darm 211.
—, Wirkung, säuernde 643.
Kaliumcyanid, Hemmung des L-Aminosäureabbaus durch 930.
Kaliumhydrogencarbonat im Blut 518.
Kaliumionen, Hemmung der Glykogensynthese 778.
—, Permeabilität der Zellwand für 1164.
Kaliummangelzustände 627.
Kalium/Natrium-Austausch, Bedeutung, energetische 626.
Kaliumoxalat, Verhinderung der Blutgerinnung 256, 286.
Kaliumphosphat, Fraktionierung der Serumproteine mit 307.
Kalkablagerungen in Muskelfasern 722.
Kalkdrüsen 637.
Kalk-Eiweiß-Verbindung bei der Verkalkung 709.
Kalkgicht 722.
Kalkmetastasen 720f.
Kalksalze, Wirkung auf Purinstoffwechsel 1249.
Kalkseifen, Resorption 213.
—, Vorkommen im Kot 641.
Kalkseifenstuhl 639.
Kallikrein, Gehalt im Blutserum 371.
—, Hydrolyse von Nucleoproteiden durch 1237.
—, Vorkommen im Magensaft 86.
—, — — Speichel 12, 26.
Kaltblüter, Magen, Salzsäurebildung 60.
Kammerwasser 601.
Kanälchen, Haverssche 702, 711.
Kaninchen:
Beeinflussung des Purinstoffwechsels 1230f.
Blut, Vorkommen von Allantoin 1215.
Blutmenge 259.
Blutzuckerwert 314 Tab.
Cardiadrüsen 32.
Dickdarm, Zuckerresorption 222.
Erythrocyten, Lebensdauer 1016.
Gehalt im Blut an Brenztraubensäure 325 Tab.
— — — Harnstoff 342.
— — — Serumeiweiß 286 Tab.
— — — Serumglobulin 305 Tab.
— — Darm an Fett 118.
— in Leber an Stickstoff 1098 Tab.

Kaninchen:
Gehalt in Magenschleimhaut an Lipase 39 Tab.
— — Organen an Acetylcholin 138 Tab., 139 Tab.
— — Vorderhornzellen an Ribonucleinsäure 1098 Tab.
Gewebe, Vorkommen von 5-Nucleotidase 1187.
Leber, Eisendepot 662.
—, Zellkern, Trockengewicht 1098 Tab.
—, —, Volumen 1098 Tab.
Liquor cerebrospinalis 568, 570, 571 Tab., 574.
Lymphe 547 Tab., 551, 553 Tab., 555 Tab.
Pericardialflüssigkeit 561.
Peritonealflüssigkeit 563.
Ribonucleinsäure, Zusammensetzung aus Basen 1107 Tab., 1108 Tab.
Speichelamylase 23.
Submandibularisspeichel 18.
Vorderhornzelle, Zellvolumen 1098 Tab.
Kardiospasmus, Bedeutung für Nahrungstransport 29.
Kariesprophylaxe 698f.
Kartoffelhexokinase 741.
Kartoffelmyokinase 787.
Kartoffeloxydase 654, 669.
Kartoffelpyrophosphatase 1184.
Kartoffelphosphorylase 744f.
Kartoffelstärke, Verdauung 28.
KASCHIN-BECKsche Krankheit 665.
Katalase:
Bedeutung für Erythrocytenlebensdauer 1016.
Funktion 1024.
Gehalt an Eisen 656, 1009 Tab.
— im Blut 449.
— — Cytoplasma 1078 Tab.
— in Erythrocyten 382, 449, 463, 1012.
— — Mikrosomen 1078 Tab.
— — Mitochondrien 1078 Tab., 1148.
— — Zellelementen bei Hunger 1126 Tab.
— — Zellkernen 1078 Tab.
— — Säugetierorganen 1015.
fehlt in der Synovia 582.
Verteilung im Blut 449.
Vorkommen in Bakterien 1015.
— im Dickdarminhalt 181.
— — Jejunalsaft 154.
— in Leber 1127.
— — Leukocyten 449, 463,464 Tab.
— im Liquor 575.
— in Lymphe 555.
Zerstörung durch Thiole 654.
Kataphorese 290.
Katarakt, tetanischer, bei Calciumverlust 645.
Katatonie, Vitamin B_1-Gehalt im Liquor bei 574.
Kathepsin:
Aktivierung durch O_2-Mangel 1163.
Gehalt an Sulfhydrylgruppen (?) 654.
Kathepsin:
Gehalt im Cytoplasma 1084 Tab., 1125.
— in Mikrosomen 1084 Tab..
— — Mitochondrien 1084 Tab.
— — Zellkernen 1084 Tab., 1114 Tab., 1125.
Pepsin-Verhältnis im Magensaft 74.
Synthesen durch 917.
Vorkommen im Blutserum 380.
— — Darmsaft 82, 119, 120 Tab.
— — Duodenum 170f.
— in Ergüssen 560.
— — Leukocyten 34, 464 Tab.
— im Magensaft 31, 33, 35 Tab., 73, 75, 97, 171.
— in der Magenschleimhaut 34,35 Tab., 77.
Kationenaustausch 620, 622, 628.
Kationenimpermeabilität der Erythrocyten 422f.
Katze:
Blutmenge 259.
Chordaspeichel 26.
Darmlänge 104 Tab.
Dickdarm, Zuckerresorption 222.
Gehalt im Blut an Harnstoff 342.
— — Darm an Acetylcholin 139 Tab.
— — — — Fett 114.
— in Magenschleimhaut an Lipase 39 Tab.
Leukocytenzahl 456 Tab.
Liquor cerebrospinalis 571 Tab.
Magen, Salzsäurebildung 59f.
Magenschleimhaut, sekretanregender Stoff 41.
Organe, Atmungshemmung durch Gifte 760 Tab.
Pericardialflüssigkeit 562.
P-Verteilung im Blut 413 Tab.
Speichelamylase 23.
Kauen 9f., 29.
—, Erregung der Parotissekretion durch 14.
Kaulquappentest 683 Tab.
Kehlkopfcarcinom, Viscosität der Synovialflüssigkeit bei 580.
Keimdrüsen, Bedeutung für Blutbildung 465, 469.
Keimdrüsenhormone 895—908.
—, Bindung an Glucuronsäure 735.
—, Vorkommen im Blut 370.
KELL-Faktor 389.
Kephalin-Cholesterin-Flockungsreaktion 302.
Kephaline, Bildung 849.
—, — im Darm 118f.
—, Gehalt im Blutplasma 443 Tab., 858f.
—, — — Blutserum 332 Tab., 333ff.
—, — in Erythrocyten 443 Tab., 857.
—, — — Organen 844 Tab., 846 Tab.
—, — — Zellkernen 1076 Tab.
—, Spaltung im Darm 124.
—, —, fermentative 851.
—, Thrombokinasewirkung 483.
—, Umsatzgeschwindigkeit 848.
—, Verhalten bei WALLERscher Degeneration 865.

Kephalinfraktion 845, 847.
Keratin, Spaltung durch Pepsin 76.
KERKRINGsche Falten 106, 109.
Kernholz, Kalkablagerungen im 719.
Kernkörperchen, Gehalt an Ribonucleinsäure 1104f.
Kernmembran, Gehalt an Phosphatiden 867.
—, Permeabilität 1118.
—, Spaltung durch Zellkerne 1118.
„Kernmühle“ 1066.
11-Ketoaetiocholanolon 902.
Δ^4-3-Keto-aetiocholensäure 891.
α-Keto-δ-aminovaleriansäure, Bildung aus D-Prolin 986*, 1148.
α-Ketobuttersäure, Abbau im Gehirn 1032.
—, Bildung aus α-Aminobuttersäure 929.
—, — — Cystathionin 965.
—, — beim Abbau, chemischen, von Hämin 998f., 1000*.
α-Keto-n-capronsäure, Bildung aus Isoleucin 929.
β-Ketofettsäuren, Spaltung, thioklastische 1048.
2-Keto-gluconsäure, Bildung aus Gluconsäure 738.
Ketoglutarat, Oxydation 789.
α-Ketoglutarat, Bildung von Isocitrat aus 1054.
Ketoglutarsäure, Abbau, oxydativer 1052.
—, Ablenkung aus dem Citronensäurecyclus 1163.
α-Ketoglutarsäure:
785, 941.
s. a. Ketoglutarsäure.
s. a. Ketoglutarat.
s. a. α-Ketoglutarat.
Abbau, oxydativer, Coferment 1039.
Bedeutung für Kynurensäurebildung 989.
— Umaminierung 936ff.
Bildung aus Glutaminsäure 929, 972.
— — Oxalbernsteinsäure 1051.
— — Prolin 968, 987.
— von Citronensäure aus 1052.
— — α-Keto-tricarballylsäure aus 761f.
— von Phosphat, energiereichem, bei Umsatz von 789f.
— — Pyrrol aus 1001.
— — Zucker aus 764*,Tab., 766 Tab.
Gehalt im Blut 324, 328.
— in Mitochondrien 1080 Tab.
Gleichgewicht mit Oxalbernsteinsäure 1052.
⇌ Glutaminsäure, Koppelung mit anderen Redox-Systemen 828.
Oxydation 839.
— durch Mitochondrien 1139.
Stellung im Citronensäurecyclus 1055 Schema, 1056.
— — Stoffwechsel, intermediären 1027.
Transaminierung mit Aminopurinen 1217.
— Cysteinsäure 957.
— Cytosin durch E. coli 1226, 1230.
— Tyrosin 984.
α-Ketoglutarsäureoxydase 1129, 1134.
β-Ketohydrase 807.
α-Ketoisocapronsäure, Bildung aus Leucin 929.
α-Keto-γ-methylthiobuttersäure, Bildung aus Methionin 966*.
Ketonämie 328, 776.
Ketonkörper 762.
—, Bildung 856.
—, — in Leber 830.
—, Gehalt im Blut 328 Tab.
—, — in Lymphe 554 Tab.
—, Hemmung der Harnsäurebildung durch 1242.
Ketonurie bei Alloxandiabetes 779.
— — Diabetes mellitus 769.
— — Glykogenose 766.
— — Hunger und Arbeit 773.
— — Nebennieren- und Pankreasinsuffizienz 776.
Ketosäuren, Aminierung von 935.
—, Bildung durch Umaminierung 949.
α-Ketosäuren, arylsubstitutierte, Ausscheidung als Acetylaminosäuren 935.
β-Ketosäureester, Austauschreaktion mit Acetyl-CoA 826.
β-Ketosäuren, Bildung von Citronensäure aus 1032f.
—, Wirkung von β-Oxybuttersäuredehydrogenase auf 828.
—, Zersetzung 1053.
3-Keto-6-phospho-gluconat, Bildung aus 6-Phosphogluconat 1062*.
β-Ketoreduktase 1049.
Δ^4-3-Ketosteroide unbekannter Konstitution 882 Tab.
C_{17}-Ketosteroide, Bestimmung 903.
—, Bildung aus Corticosteroiden 888*.
—, — Testosteron 897.
—, Fraktionierung 903.
Δ^9-17-Ketosteroide 903.
Δ^{11}-17-Ketosteroide 903.
β-Ketothiolase 807, 1049.
α-Keto-tricarballylsäure, Bildung aus α-Ketoglutarsäure 761f.
Kieselsäure 416.
—, Ablagerung im Teakholz 719.
—, Gehalt im Blut 690ff.
—, — in Erythrocyten 431.
—, Stoffwechsel 690—692.
—, Zufuhr, intrabronchiale 692.
Kinase s. Thrombokinase.
Kind, Parotisspeichel 15.
—, Phosphatidverbrauch 866.
Kleinkind, Calciumresorption 640.
Knallgasbakterien 614.
Knoblauch, Vorkommen von Mercaptanen in 652.
Knochen:
702—723.
s. a. Skelet.
Schrifttum 700.
Ablagerung von Blei in 688.

Knochen:
Ablagerung von Fluor in 697f.
Anatomie 702.
Asche, Zusammensetzung 703 Tab.
Aufnahme von Eisen durch 661.
— Jod durch 682.
— Phosphat durch 647, 712.
— Phosphor durch 648.
— Zink durch 677.
Austausch von Calcium 715f.
— Phosphat 647, 716.
Bildung 704.
— von Phosphatiden 848.
Ca : P-Verhältnis 710.
Demineralisation 718.
Gehalt an Aluminium 685.
— Arsen 692.
— Calcium 635.
— Fluor 696.
— Magnesium 635.
— Mangan 670.
— Phosphatase 125 Tab.
— Strontium 684.
— Sulfat 653.
— Wasser 592 Tab.
— Zink 675.
Veraschung 703.
Vorkommen von Glykogen 712.
— Phosphorylase 712.
Zusammensetzung und Alter 704.
—, chemische 702ff.
enchondraler 704f.
periostaler 704f.
verkalkender, Ca- und P-Verteilung 706 Tab.
Knochenasche, Gehalt an Bor 689.
—, Zusammensetzung 703 Tab.
Knochenbildung, enchondrale 713.
—, periostale 713.
Knochenbrüche, Phosphat, anorganisches, im Blut bei Heilung von 413.
—, Verkalkung 705.
Knochencarcinom, Phosphatasegehalt des Blutes bei 376.
Knochenerkrankungen 718f.
—, Phosphatasegehalt des Blutes bei 376.
Knochenfische, Homoiosmie 600.
—, Knochensubstanz, anorganische 703 Tab.
Knochengewebe s. Knochen.
Knochengrundsubstanz, organische 705.
Knochenmark:
702.
Aufnahme von Arsen durch 693.
— Eisen durch 661, 663.
— ^{55}Fe durch 663, 702.
— Kobalt durch 673.
Bedeutung für Blutbildung 465.
Bildung von Cytochrom im 1015.
— Hämoglobin im 1010.
— Plasmaeiweißstoffen im 287f.
Desoxyribonucleinsäuren, Zusammensetzung aus Basen 1106 Tab.
Einbau von Aminosäuren in Eiweiß 924.
Knochenmark:
Einbauaktivität für Aminosäuren 923.
Eisendepot 662, 664.
Gehalt an Eisen 656, 656 Tab.
— Kupfer 666.
— Phosphatiden 841.
Vorkommen von Porphyrinen im 1009.
— Uroporphyrin im 1003f.
Knochenmarksextrakte, Förderung der Hämoglobinbildung durch 436.
Knochenmarksriesenzellen 471.
Knochenmürbe 668.
Knochenorganisator 713.
Knochenphosphatase 375.
—, alkalische 711f.
Knochensubstanz, Apatitstruktur 707f.
—, Aufbau 705.
—, Bildung, ektopische 713.
—, anorganische 703 Tab., 706—709.
Knochentuberkulose, Serumphosphatase bei 376.
Knollenblätterschwammgift, Vorkommen von α-Oxytryptophan in 989.
Knorpel 701f.
—, Affinität zu Calcium 709.
—, Aufnahme von Harnsäure durch 1255.
—, Chondroproteide im 729.
—, Gehalt an Calcium 635.
—, — Magnesium 635.
—, — Phosphatase 647.
—, — Wasser 592 Tab.
—, Umwandlung in Knochen 704.
—, hyaliner 701f.
—, rachitischer 637.
Knorpelfisch, Knochensubstanz, anorganische 703 Tab.
Knorpelgrundsubstanz, basophile 704f.
Koagulationsband, WELTMANNsches 302.
Kobalt:
Schrifttum 672.
Aktivierung von Carboxylase durch 754.
— Serumpeptidasen durch 674.
Aufnahme durch Zellkerne 1124.
Bedarf von Rattenhirnmitochondrien an 1137.
Bedeutung für Brenztraubensäureoxydation 756.
— Hämoglobinsynthese 1010.
Gehalt im Blut 406.
— — Blutserum 406, 672.
— in Erythrocyten 430.
— — Zellkernen 1101 Tab.
Resorption 673.
als Spurenelement 655.
Stoffwechsel 672.
radioaktives 673f.
Kobaltmangelkrankheiten 673.
Kobaltproteine 406.
KOBERsche Reaktion 907.
Kochsalz, Gehalt im Blut 282 Tab., 407, 563 Tab.
—, — — Blutserum 282 Tab., 577 Tab.

Kochsalz Gehalt im Darmsaft 152, 154.
—, — in Gelenklymphe 582.
—, — im Speichel 21 Tab.
— als Lymphagogon 549.
—, Resorption 211.
—, Retention, trockene 630.
—, Speicherung 633.
—, Stoffwechsel 619, 628f., 773.
—, Zusatz zur Nahrung 630.
Kochsalzentzug 408.
Kochsalzhunger 64.
Kochsalzlösung, isotonische 267.
—, physiologische 267.
Kochsalzmangelerscheinungen 633.
Kochsalzplethora 603, 619, 633.
K. O. D. s. Blut, Druck, kolloidosmotischer
— s. Druck, kolloidosmotischer.
Körper, Wasserbestand 590ff., 599.
—, citratähnlicher 644.
Körpereiweiß, Abnützung 911.
Körpergewicht 728 Tab.
Körpersubstanz, Zustand, dynamischer 911f.
Körpertemperatur, Senkung durch Magnesium 635.
Körperwasser, Bestimmung 547.
Kohlendioxyd:
s. a. Kohlensäure.
Abgabe in der Lunge 525.
Austausch in der Lunge 525f.
Bedeutung für Salzsäurebildung im Magen 60.
Beteiligung an Purinsynthese 1220.
Bildung aus Brenztraubensäure 754*, 1031, 1041f.
— bei der Gärung, alkoholischen 739, 757 Tab.
— beim Abbau, oxydativen 727, 829 bis 832.
— im Citronensäurecyclus 828, 830, 832, 1041, 1051—1057.
— — Dickdarm 187.
— von Harnsäure aus 944, 1205f.
Bindung im Blut 518—524.
Bindungskurve im Gewebe 1161.
Fixierung 827, 829, 1052—1057.
— durch Phosphogluconsäure 1062.
Gehalt im Blut 277 Tab.
— — Darmsaft 153 Tab.
— in Ergüssen, serösen 560 Tab.
— im Serum 560 Tab.
$p_{K'}$ 532, 1165.
Resorption in Bauch- und Brusthöhle 253 Tab.
— im Darm 215 Tab.
Spannung, Bedeutung für p_H-Messung im Gewebe 1169.
— in Blut und Alveolarluft 504 Tab., 506.
Stauung 1160.
Stoffwechselprodukt des Cholesterins 877f.
Verlust bei p_H-Messung im Gewebe 1169.
radioaktives, aus Cholesterin, radioaktivem 878.
Kohlendioxyd:
isotopes (^{14}C), Einbau in Asparaginsäure 924.
—, — — Glutaminsäure 924.
— ($C^{18}O_2$), Entstehung im Stoffwechsel 615.
^{14}C-Kohlendioxyd, Verwertung zur Pyrimidinsynthese 1228.
Kohlenhydrate:
s. a. Zucker.
Schrifttum 725.
Abbau im Muskel, Energiegewinn 786.
Aufnahme 730.
Bedeutung für Fettresorption 248.
Bestimmungsmethoden 727.
Bilanz 770 Tab., 771 Tab.
Bildung aus Fett 836f.
— von Citronensäure aus 1030ff.
— — Fett aus 766f.
— — Fettsäuren aus 833, 835.
Gärung, bakterielle, im Dickdarm 187.
Gehalt im Blutplasma 279 Tab., 313—330.
— — Blutserum 279 Tab., 313—330.
— in Erythrocyten 279 Tab., 443f.
— — Darmlymphe 550 Tab., 551.
Phosphorsäureester der 727.
Resorption 216—224, 731.
Resorptionsgeschwindigkeit 733.
Resorptionsmenge 222f.
Stoffwechsel 724—792, 1026—1063.
—, Bedeutung von Kalium für 626, 628.
—, Beeinflussung 775f.
—, Regulation 768, 776.
—, Schrifttum 725.
im Tierkörper vorkommende 729.
Trennung, chromatographische 319.
Umbau in der Darmwand 221.
Verbrennung 1026—1063.
— im Organismus, tierischen 784 Abb.
Verbrennungswärme 736.
Verdauung 175f., 730.
Vergärung im Darm 182.
— Magen 98.
freie, Vorrat beim Menschen 729.
Kohlenhydraternährung 603.
Kohlenhydratmangel, Beeinflussung des Säure-Basen-Gleichgewichtes im Blut durch 543.
Kohlenhydratmangelacidose 1163.
Kohlenhydratmast 767, 776.
Kohlenhydratphosphorsäure, Oxydation, direkte 1061ff.
Kohlenhydratstoffwechselhormon 131 Tab., 368.
Kohlenoxyd, Beziehung zu Hämoglobin 517f.
—, Bildung beim Hämoglobinabbau 1018.
—, Bindung an Hämoglobin 434.
—, Gehalt im Blut 434.
—, — in der Lungenluft 503.
—, Resorption aus Bauch- und Brusthöhle 253 Tab.
Kohlenoxydhämoglobin 434.

Die Seiten 1—840 befinden sich im Bandteil a, die Seiten 841—1257 im Bandteil b.

Kohlenoxydverfahren zur Blutmengenbestimmung 259.
Kohlenoxydvergiftung, Beeinflussung des Säure-Basen-Gleichgewichtes im Blut durch 543.
Kohlensäure:
s. a. Kohlendioxyd.
Aktivität 532.
Assimilation 1062.
— im Tierkörper 1053f.
Austausch in der Lunge 535f.
Bedeutung für Blutreaktion 532—534.
Beeinflussung der Oxyhämoglobindissoziation 515.
Bindung im Blut 518, 523—525.
Formen der — im Blut 519.
Gehalt im Blut 518, 533, 544.
— in Gelenklymphe 582.
— — Lymphe 551, 555 Tab.
— — Transsudaten 561.
Neutralisation im Blut 539f.
$p_{K'}$ Wert im Blutserum 532.
als Pufferungssystem der Zellen 1160.
Transport im Blut 256, 518—525.
Kohlensäureanhydrase s. Kohlensäureanhydratase.
Kohlensäureanhydratase:
520—523, 525.
Schrifttum 520.
Bedeutung für Salzsäurebildung im Magen 38, 60.
Gehalt an Zink 403, 429, 678.
— in Erythrocyten 374 Tab., 451, 521f.
— — Zellkernen 1090 Tab.
Vorkommen 522.
— in Leukocyten 382, 464 Tab.
— im Magen 35 Tab., 38, 61, 522.
— — Pankreas 158, 166.
— — Speichel 25.
— in Zellkernen 1116 Tab.
Kohlensäuremangel, Bedeutung für Entstehung von Magengeschwüren 61.
Kohlenstoff, Gehalt in Zellelementen 1071 Tab.
—, Kreislauf 616.
—, Stoffwechsel 616.
—, isotoper (^{13}C), Gehalt in Kohlenstoffverbindungen, natürlichen 616.
Kohlenwasserstoffe, Resorption 798.
—, cancerogene, Bindung durch Mitochondrien 1154.
Kollagen, Spaltung durch Pepsin 76.
—, Vorkommen im Knorpel 701.
Kollagenfibrillen 711.
Kollaps, orthostatischer, Harnsäurestoffwechsel bei 1248.
Kolloide, Quellungsdruck 210.
—, Wasserbindungsvermögen 210.
Koma, diabetisches 624.
—, hepatisches 572.
Komplement, Bindung an Plasmaeiweiß 287.
Komplementanteile, Vorkommen im Plasmaeiweiß 293 Tab.
Kongopapier 54.
Konstriktion, schlauchförmige, Dickdarm 110.
Koproporphyrin, Ausscheidung nach Blutaufnahme 76.
—, Bildung 1006f., 1008*.
—, — bei Darmfäulnis 190—193.
—, Vorkommen im Blut 439.
—, — in Erythrocyten 1004.
—, Vorstufe von — im Harn 1006.
— I, Ausscheidung von 1020.
— —, Bildung bei Lactoflavinmangel 439, 1010f.
— —, Transport mit Serumalbumin 310.
— —, Vorkommen im Blutserum 356.
— III, Bildung bei Hämsynthese 1003*, 1006f., 1008*.
— —, Transport mit Serumalbumin 310.
— —, Vorkommen im Blutserum 356.
— —, — in Erythrocyten 1009.
Koprosterin 876.
—, Beimengung zu Lithofellinsäure 185.
—, Bildung aus Cholesterin 876f.
—, keine Resorption von 249, 872.
—, Stoffwechselprodukt des Cholesterins 870.
epi-Koprosterin, Bildung aus Cholestenon 876*.
—, — — Cholesterin 877.
Korallenpolypen 719.
Korksäure, Abbau durch Nierencyclophorase 1144 Tab.
—, Ausscheidung im Harn 810f., 813 Tab.
Korpusdrüsen, Magen 33.
Kost, gemischte, Natriumgehalt 621.
—, kochsalzarme und Wasserhaushalt 603.
—, rachitogene 717.
Kostformen, natriumfreie 620.
Kot:
Ausscheidung von Arsen im 693.
— Blei im 688.
— Calcium im 639f., 643 Tab., 649.
— Chlorid im 631f.
— Coffein im 1223f.
— Eisen im 660f.
— Fett im 801.
— Harnsäure im 1213.
— Kieselsäure im 691.
— Kobalt im 673.
— Lithium im 684.
— Phosphat im 643 Tab., 649, 651.
— Schwefel im 653.
— Selen im 695.
— Stickstoff im 174.
— Wasser im 593.
— Zink im 677.
Bildung 179.
Farbe 184.
Gehalt an Calcium 641.
— Eisen 660.
— Fluor 696.
— Kalium 625.

Kot:
Wasser 183f.
Menge beim Menschen 180 Tab.
Kotfett, Zusammensetzung 794, 801.
Kotsteine 186.
Kotsterine 192.
Kottumoren 186.
Krämpfe, hypoglykämische 318, 772.
—, tonische 645.
Krankheit, ADDISONsche 633, 772, 773.
—, — s. a. ADDISONsche Krankheit.
—, — s. a. Morbus ADDISON.
Krankheit, BASEDOWsche 682, 775.
—, — s. a. Morbus BASEDOW.
—, —, Purinausscheidung bei 1247.
—, —, Purinstoffwechsel bei 1232.
Krankheit, KASCHIN-BECKsche 665.
Krankheiten, Beeinflussung des Säure-Basen-Gleichgewichtes im Blut durch 542ff.
—, Blut, Sauerstoffkapazität bei 510f.
—, Lipoidzusammensetzung der Leukocyten bei 461.
Kreatin:
938*.
Ausscheidung 945.
— bei Arbeit, körperlicher 651.
Beziehung zu Glykokoll 939.
— zum Purinstoffwechsel 1219.
Bildung 946f., 948*, 949, 969.
—, Energielieferung für 1235.
— aus Glykocyamin 962*.
— — Purinen und Methylpurinen 1237.
— im Cytoplasma 1090 Tab., 1153 Tab.
— von Rhodanid aus 954.
Endprodukt des Stoffwechsels 911.
Gehalt im Blut 279 Tab., 313 Tab., 320 Tab., 341, 349 Tab.
— — Blutplasma 279 Tab.
— — Blutserum 279 Tab., 341 Tab., 348ff., 444 Tab., 572 Tab.
— in Erythrocyten 279 Tab., 349, 444 Tab.
— — Leukocyten 460 Tab.
— — Pericardialflüssigkeit 562.
Methylgruppen, labile, im 960, 963.
Retention 946.
Stoffwechsel 945—948.
Umwandlung in Kreatinin 946.
Verhalten bei Blutenteiweißung 340 Tab.
Vorkommen 945*.
— im Darmsaft 152.
— in Ergüssen 560.
— im Rest-N des Blutes 341.
Kreatinin:
Ausscheidung 945f.
— im Harn 651.
Bildung von Purin aus 1218.
Gehalt im Blut 279 Tab., 313 Tab., 317, 320 Tab., 341.
— — Blutplasma 279 Tab.
— — Blutserum 279 Tab., 341 Tab., 348 Tab., 572 Tab.
— in Erythrocyten 279 Tab., 349, 444 Tab.
— — Leukocyten 460 Tab.
Kreatinin:
Verhalten gegen Eiweißfällungsmittel 340 Tab.
Vorkommen 945.
— in Echinococcusblasen 579.
— im Darmsaft 152.
— — Reststickstoff des Blutes 341.
Kreatininclearance bei Gicht 1253.
Kreatinphosphat s. Kreatinphosphorsäure.
Kreatinphosphorsäure:
s. a. Phosphokreatin.
Bildung 788.
Bindungsernergie 785.
Energielieferung für -bildung 740.
Energiegewinn aus — für Muskelarbeit 786.
Gehalt im Blut 349, 412.
— in Spermatozoen 788.
Phosphorylierung von Adenosindiphosphorsäure durch 1235.
als P-Verbindung, energiereiche 650.
Reaktionsänderung bei Spaltung der 1161.
Spaltung durch Nucleotidase 129.
Vorkommen in Erythrocyten 446.
— in Muskulatur 945*, 946.
Krebs s. Carcinom.
Krebsauslösung, chemische 1096.
Krebsgewebe, Punkt, isoelektrischer, des Zellkerns 1099 Tab.
—, Zusammensetzung der Kernproteine aus Aminosäuren 1110 Tab.
Krebskranke, Gehalt an Tryptophan im Serumalbumin 311.
Krebsmetastasen, Einschmelzung von Knochensalzen durch 721.
Krebsmuskel, keine Rephosphorylierung von Adenylsäure im 1236.
—, Vorkommen von Adenosintriphosphatase 787.
Kreislauf, Beeinflussung durch Arbeit 540.
—, Regulation durch Adenosinverbindungen 1184.
—, enterohepatischer 339, 438.
Kreislaufdekompensation, Phosphat, anorganisches, im Blut bei 413.
Kreislaufstörungen, Beeinflussung des Säure-Basen-Gleichgewichtes im Blut durch 543.
—, Rest-C-Erhöhung 330.
—, Vermehrung der Erythrocyten bei 543.
—, — des Hämoglobins bei 543.
Kresol, Vorkommen im Blut 328f.
—, Bildung bei Darmfäulnis 189f.
Kretinismus, kein Aneurin im Liquor bei 574.
—, Gehalt im Blut an Jod bei 410, 682.
—, — Blutplasma an Phosphatase bei 377.
Kröte, Magen, Salzsäurebildung 59f.
Krötenstoffwechselprodukte, Hämolyse durch 421.
KROGH, Mikrotonometer 503.
Kropf, endemischer 683.
Krummdarm 103.

Die Seiten 1—840 befinden sich im Bandteil a, die Seiten 841—1257 im Bandteil b.

Kryoglobulin 557.
Kryolith 697.
Kryptagglutinoide 389.
Krypten, LIEBERKÜHNsche 105, 107, 109, 143.
Kryptoxanthin, Vorkommen im Blut 357.
Krystalbumin s. Crystalbumin.
Küken, Vitamin D und Verknöcherung bei 714.
Kükenblut, Gehalt an Nucleotiden 348 Tab.
Kükenrachitis 717.
Kuh, Gehalt im Blut an Allantoin 1215.
—, — Blutserum an Vitamin A 359.
Kuhmilch, Gehalt an Eisen 661.
—, — Kobalt 672.
—, Rachitis bei Ernährung mit 717.
—, Wirkung, puffernde 82.
Kuhmilcheiweiß, Resorption 225.
Kupfer:
Schrifttum 665.
Aufnahme durch Zellkerne 1124.
—, tägliche, mit der Nahrung 687.
Ausscheidung 666f.
Bedarf 667f.
Bedeutung für Cytochromsynthese 669, 1015.
— Hämoglobinbildung 437, 466, 669, 1010.
Förderung des Pflanzenwachstums durch 679.
Funktion 668ff.
Gehalt im Blut 282 Tab., 401.
— — Blutplasma 282 Tab., 436.
— — Blutserum 282 Tab., 401f., 429, 576 Tab., 670.
— in Erythrocyten 401, 429.
— im Pankreassaft 158.
— in Zellkernen 1101 Tab.
Oxydation von Cystein durch 955.
Resorption 666.
Speicherung 666.
als Spurenelement 655.
Stoffwechsel 665—670.
Transport von — durch Serumalbumin 310.
(II), Aktivierung der Aldolase durch 747.
Kupfer-Amalgamplomben 688.
Kupfer-Eiweißverbindungen 429.
Kupfermangel, Chlorophylldefekt bei 667.
Kupfermangelkrankheiten 402, 667f.
Kupferproteide 666.
Kupfersteine 667.
Kupfersulfat, markiertes (^{64}Cu),Resorptionsversuche mit 666.
KUPFFERsche Sternzellen 467, 471, 662.
KUSSMAULsche Atmung 543.
Kynurenin, Ausscheidung 993.
—, Bildung aus Tryptophan 988, 989*, 990, 993*.
—, — von Alanin aus 990f.
—, — — Xanthurensäure aus 990*.
— ⇌ α-Ketoglutarsäure in Mitochondrien 1150 Tab.
Kynurenin, Pigmentbildung aus 994.
—, Spaltung durch Kynureninase 992.
—, Stoffwechsel im Cytoplasma 1153 Tab.
—, Wachstumswirkung 992.
Kynureninase 992, 994.
—, Gehalt im Cytoplasma 1084 Tab., 1153 Tab.
Kynureninsäure 987f., 989*, 990.

Lab s. Magensaft, Labenzym.
Labferment, Hemmung durch Fluorid 697.
—, s. a. Magensaft, Labenzym.
Labgerinnung 97.
Labmagen 46, **101f.**
—, Gehalt an Säure im 56.
—, Pepsinwirkung im 77.
—, p_H-Wert im 50.
—, Stärkespaltung im 85.
—, Vorkommen von Gärungssäuren im 57.
Labmagensaft 57, 73.
Laccase 666, 668f.
Lachs, Purinsynthese beim 1218.
Lactase 730.
—, Vorkommen im Blutplasma 379.
—, — Darm 120 Tab., 126f., 154.
Lactat, Bildung von Harnsäure aus 1205.
—, Gehalt im Blutplasma 529 Tab.
—, Übergang der C-Atome in Harnsäure 1206.
— s. a. Milchsäure.
Lactation, Aktivität von Milchdrüsenfermenten während 1134 Abb.
—, Bedeutung von Mangan für 671f.
—, Lactosegehalt im Harn bei 734.
—, Magnesiumbedarf 636.
—, Vorkommen von Lactose bei 729.
Lactationshormon, Vorkommen im Blut 368.
Lactationslipämie 862.
Lacticodehydrogenase 752f., 755, 757 Tab., 785.
— s. a. Milchsäuredehydrogenase.
Lactobacillus acidophilus, Vitamin B_{12} als Wuchsstoff für 1244.
— arabinosus, Bedarf an Kalium 626.
— —, Bildung von Purin durch 1246.
— —, — Thymin in 1228.
— bulgaricus, Bildung von Pyrimidinen durch 1227.
— — -Faktor 1037.
— casei, Bildung von Polynucleotiden durch 1193.
— —, Purin in 1221.
— —, Thymin in 1228, 1245.
— —, Einbau von ^{14}C-Guanin in Ribonuleotidpurine 1193.
— —, Vitamin B_{12} als Wuchsstoff für 1244.
— —, Wachstumshemmung durch Purine 1252.
— — -Faktor, Wirkung auf Blutbildung 1251.
— delbrückii, Brenztraubensäureoxydation durch 756.

Lactobacillus acidophilus leichmanii, Vitamin B_{12} als Wuchsstoff für 1244.
— — 313, Umwandlung, gegenseitige, von Adenin in Guanin 1193.
— pentoaceticus, Arabinosespaltung durch 748.
— pentosus 124—2, Vorkommen von Pyrimidin-Nucleosidasen in 1188.
Lactoflavin:
s. a. Riboflavin.
s. a. Vitamin B_2.
Bedeutung für Hämoglobins ynthese 1010f.
— Porphyrinbildung 436, 439.
Bestimmung 363.
Bindung an Serumalbumin 306.
Einfluß auf Purinstoffwechsel 1244.
Einheiten 363.
Gehalt im Blut 281 Tab., 362, 674.
— — Blutserum 281 Tab., 362f.
— — Cyclophorasesystem 1132 Tab.
— — Liquor cerebrospinalis 574.
— in Zellelementen 1094 Tab.
Vorkommen im Darmsaft 154.
Vorstufe des Cofermentes der gelben Fermente 650.
Lactoflavinmangel, Gehalt im Blut an Pantothensäure bei 363.
Lactonase, Gehalt in Zellelementen 1090 Tab.
—, Vorkommen in Mikrosomen 1151.
—, — Zellkernen 1116 Tab.
Lactose, Assimilationsgrenze 734 Tab.
—, Resorption 223f.
—, — bei Darmstörungen 731.
—, Vorkommen bei Lactation 729, 734.
—, — im Blut (?) 313, 319, 320 Tab.
—, — in Darmschleimhaut 127.
β-Lactose, Darmflora, Umstimmung durch 183.
Lactosurie 734.
Lähmung, familiär paroxysmale 628.
Laevulose s. Fructose.
LANSING-Virus, Lokalisation 1147.
Lanthansalze, Hemmung der Blutgerinnung durch 496.
Laurinsäure, Bildung von Acetessigsäure aus 802 Tab.
—, — Methylnonylketon aus 810 Tab.
—, — Palmitin- und Stearinsäure aus 856.
—, Einbau in Phosphatide 849, 856.
—, Freisetzung aus „Atlas Tween 20“ 162.
—, Hemmung des Citronensäurecyclus durch 1143.
—, Oxydation durch Cyclophorasesystem 831.
—, Resorption von 799 Tab.
L. E. B. = LOVIBOND-Einheit 358.
Leber:
Abbau von Acetessigsäure in 827.
— Cholesterin in 878.
— Citronensäure in 1060 Tab., 1061.
— Cortison in 891.
— Essigsäure in 1033.

Leber:
Abbau von 17-Ketosteroiden in 898.
Abgabe von Glucose 771, 782.
Anreicherung von Aminosäuren, freien 916.
Atmung 739.
Aufnahme von Arsen durch 693.
— Eisen durch 661.
— Glykokoll in Zellkernbestandteile 1123 Tab.
Ausscheidung von Kupfer in der 667.
Bedeutung für Kaliumregulation 627f.
— Kohlenhydratstoffwechsel 726.
— Phosphatidstoffwechsel 866.
Beeinflussung des Blut-p_H 537.
Beteiligung am Eiweißstoffwechsel 912.
Bildung von Acetessigsäure in 856.
— Allantoin in 1208, 1210, 1216.
— Cholesterin in 874f.
— Citronensäure in 1060 Tab.
— Cytochrom in 1015.
— Diphosphopyridinnucleotid in Zellkernen der 1116 Tab.
— Fettsäuren in 832, 834f., 856.
— Fibrinogen in 475.
— Glykogen in 731, 761, 772 Tab., 773f., 776.
— Harnsäure in 1204, 1207f.
— Harnstoff in 1149.
— Hippursäure in 921.
— 17-Ketosteroiden in 898.
— Nucleinsäuren in 1190.
— Phosphatasen in 376.
— Phosphatiden in 859, 863.
— Plasmaeiweißstoffen in Leber 287f.
— Prothrombin in 478.
— Xanthinoxydase in 1202.
— Zucker aus Aminosäuren 949.
als Blutspeicher 262f.
Chromosomen, Gehalt an Desoxyribonucleinsäure bei Hunger 1239.
Cyclophorasesystem 1142.
Desaminierung in der 929.
Desoxyribonucleinsäuren, Zusammensetzung aus Basen 1106 Tab., 1108 Tab.
Einbau von Aminosäuren in Eiweiß 923f., 1146.
Eiweiß, Halbwertszeit 923.
Erneuerungsgeschwindigkeit der Zellen 1121.
Enzym, Essigsäure aktivierendes 1041.
Fermente, glutathionspaltende 922f.
Funktionseisen 656 Tab.
Funktionsproben 319, 355, 376.
Galaktosebelastung 223.
Gehalt an Acetalphosphatiden 846.
— Alanin 917.
— Aluminium 685.
— Aminosäuren, essentiellen 916.
— Amylase 775.
— Arsen 692.
— Brenztraubensäure 824.
— Calcium 635.

Leber:
Gehalt an Chlor 629.
— Cholin 137 Tab.
— Cholinoxydase 1145.
— Cholinphosphorsäure 851.
— Eisen 656, 656 Tab.
— Fermenten in Zellkernen 1114 Tab., 1116 Tab.
— Glykogen 729f., 773f., 776, 782.
— — nach Adrenalin 772 Tab.
— — nach Glucosefütterung 770 Tab.
— Histidin 917.
— Katalase 1127.
— Kobalt 672f.
— Kohlenhydraten 730.
— Kohlensäureanhydratase 522.
— Kupfer 401.
— Lecithin 846.
— Lithium 684.
— Magnesium 635.
— Mangan 670.
— Nickel 686.
— Nucleinsäure nach Oestradiol 1234.
— — während der Schwangerschaft 1190.
— Pentosenucleinsäure bei Hepatektomie 1185.
— — bei Tetrachlorkohlenstoffvergiftung 1190.
— Phosphatase 125 Tab.
— Phosphatiden 841, 844 Tab., 846 Tab., 847f.
— Phosphor 111 Tab.
— Purinen 1185.
— Sphingosinphosphorsäurecholinester 853.
— Vitamin A bei Nekrose der 360.
— Wasser 591, 592 Tab.
— Zink 675.
Glutamin-Transferase-Wirkung 921.
Glykogen, Bildung aus Aceton 829.
—, — Propionsäure 808.
Glykolyse 740, 1114 Tab.
Kohlensäureassimilation 1053f.
Mitochondrien, Acetatoxydation durch 1142.
—, Adenylsäurephosphorylierung durch 1138.
— Citrullinbildung in 1164.
—, Propionsäureoxydation durch 1143.
—, Stoffwechselleistungen 1136 Tab.
—, Umsatzgeschwindigkeit der Phosphatide 1144.
Neutralfette, Gehalt an Fettsäuren, ungesättigten 845 Tab.
Nucleinsäureumsatz 1233.
Pentose-: Desoxypentosenucleinsäureverhältnis 1234.
Phosphatide, Abbau 850.
—, Gehalt an Fettsäuren, ungesättigten 845 Tab.
Phosphorylierungen 648.
Pufferungskurven 1162 Abb.

Leber:
P-Verbindungen, Veränderungen an 111 Tab.
Ribonucleinsäuren, Zusammensetzung aus Basen 1107 Tab., 1108 Tab.
Rolle beim Phosphatidumsatz 860ff., 864.
Speicherung von Eisen in der 660, 662, 664.
— Eiweiß in der 927f.
— Ferritin in der 1010.
— Glykogen in der 729, 732.
— Kreatin in der 946.
— Kupfer in der 666.
— Phosphaten, hochpolymeren, in der 649.
— Phosphor in der 648.
— Wasser in der 597.
Steroide, 11β-Oxylierung 886.
Steroidhormone, Veresterung in der 880.
Steroidstoffwechsel 891, 897, 900, 905.
Stoffwechsel und Insulin 782f.
Testosteronstoffwechsel 897.
Umaminierung durch 936.
Vorkommen von Hefeadenylsäuredesaminase in 1189.
— Nucleindesaminasen in 1189.
— Ribonucleotidase in 1186.
— Xanthindehydrogenase in 1202.
Zusammensetzung der Kernproteine aus Aminosäuren 1110 Tab.
ischämische, Gehalt an Nucleinsäuren 1247.
regenerierende, Einbau von Aminosäuren 1124.
—, Eiweißsynthese in der 1125.
—, Ribonucleotidsynthese in der 1125.
Leberarterie, Blutzuckergehalt 732.
Leberdystrophie, akute, Harnstoffgehalt im Blut bei 342.
—, — gelbe, Aminosäuren im Blut bei 345.
—, — —, Blutzuckersenkung bei 318.
—, — —, Harnsäurebildung bei 1247.
—, — —, Kreatin und Kreatinin im Blut bei 348.
Lebercapillaren, Eiweißdurchlässigkeit 601.
Lebercholesterinesterase 163.
Lebercirrhose, Bluteiweißkörper bei 304f., 307.
—, Darmfäulnisprodukte im Blut bei 329.
—, Eiweißfraktionen in Cantharidenblasen bei 577 Tab.
—, — — Serum bei 577 Tab.
—, Eiweißgehalt der Lymphe bei 553.
—, Gehalt im Blut an Cholinesterase bei 374.
—, — Kalium bei 394.
—, — Vitamin A bei 359.
—, Harnsäurebildung bei 1247.
—, Kupfergehalt der Leber bei 666.
—, Plasmaphosphatide bei 861.
Leberdegeneration, akute, Blutdiastase bei 379.
Lebererkrankungen, Blutsenkung bei 266.

Lebererkrankungen, Gehalt im Blut an Cholesterin bei 338.
—, — Fett bei 333.
—, — Kupfer bei 402.
—, — Schwefel bei 415.
—, — Serumglobulin bei 306.
—, — Serumeiweißkörper, Änderungen bei 307.
Leberesterase ein Albumin 161.
Leberfett, Erneuerung der Fettsäuren 835.
Leberlipase 162, 164.
—, Hemmung durch Silberionen 687.
Leberlymphe 548, 550f., 553f.
Leberregeneration 1096f.
Leberrythmus 316.
Leberschädigungen, Fibrinolyse bei 297.
—, Fibrinogenverminderung bei 296.
—, Rest-C-Erhöhung 330.
Lebervene, Blutzuckergehalt 315, 732.
Leberzellschädigungen, Hämatin im Serum bei 438.
Lecithasen s. Lecithinasen.
Lecithin:
Bedeutung für Fettresorption 232, 249.
— Fettstoffwechsel 161.
Berechnung aus Phosphatid-P 412.
Bildung 849.
— bei Fettresorption im Darm 118f., 796.
Erythrocytenresistenz, Herabsetzung 421.
Fermente der —spaltung 851.
Gehalt im Blut 332 Tab., 334, 426 Tab.
— — Blutplasma 332 Tab., 334, 443 Tab., 846, 858.
— — Blutserum 427 Tab.
— — Eiterserum, menschlichen 584 Tab.
— in Erythrocyten 857.
— — Leber 846.
— — Mitochondrien 1076 Tab.
— — Niere 844 Tab., 846 Tab.
— — Organen 844 Tab., 846 Tab.
— im Skeletmuskel 846 Tab.
— in Zellkernen 1076 Tab.
Resorption 238, 248.
Spaltung im Darm 124.
— — Pankreas 163.
— durch α-Toxin von Cl. welchii 852.
Lecithinase 162, 372, 851.
—, Thrombokinasewirkung 483.
—, Umsatzgeschwindigkeit 848.
—, Verhalten bei WALLERscher Degeneration 865.
—, Vorkommen in Gehirnsubstanz 845.
—, — — Pankreas 160 Tab.
—, Wirkung von Lecithase B auf 163.
— A u. B 163, 851.
Lecitholipase 842.
Lecksucht 668.
Leerdarm 103.
LEGALsche Acetonprobe 351.
Leghämoglobin 1013ff.
Leguminosen, N_2-Assimilation 617.
Leguminosen, Natriumgehalt 621.
—, Phosphatidgehalt 842.
—, Stickstoffbindung 1013ff.
Leim-albuminosen, Bildung bei Magenverdauung 76.
Leimpeptone, Bildung bei Magenverdauung 76.
Leistendrüsen, Zusammensetzung 557.
Lepidopteren, Peptidase 654.
Leucin:
Abbau von 951*.
Acetylderivate 918.
Aminosäure, unentbehrliche 933f.
Benzoylderivate 918.
Bildung von Acetessigsäure aus 929.
— Aceton aus 929, 951.
— Acetonkörpern aus 933.
— α-Ketoisocapronsäure aus 929.
— Purinen aus 1241.
— Rhodanid aus 954.
—, keine, von Zucker aus 765*, Tab., 766 Tab., 951.
Carbobenzoxyderivat 918.
Carbobenzoylglycinderivat 918.
Desaminierung 930.
Einbau in Zellfraktionen 1146 Tab.
Gehalt im Blutplasma 344 Tab., 569 Tab.
— — Harn 344 Tab.
— — Liquor cerebrospinalis 568 Tab., 569 Tab.
— in Rattenleber 1072 Tab.
— — Stromatin 441 Tab.
— — Zellkernproteinen 1110 Tab.
-^{15}N, Einbau in Hämin 997 Tab.
Nierenclearance 344 Tab.
Resorption 227 Tab.
Stoffwechsel 951.
Transpeptidation mit Glutathion 920*.
Vorkommen im Darmchymus 174, 175 Tab.
— in Darmschleimhaut 119.
— im Eiterserum 583.
— — Magensaft 69, 98.
— — Magenschleimhaut 40.
— im Pankreassaft 158.
markiertes, Untersuchung des Eiweißstoffwechsels mit 912.
— (D, ^{15}N), Einbau in Eiweiß 923.
L-Leucinamidase, Gehalt in Zellelementen 1084 Tab., 1114 Tab.
Leucin-anilid 918*.
Leucinglycin, Spaltung durch Dipeptidase 122.
Leucyl-glycyl-glycin, Wirkung auf Lipasen 163 Tab.
Leucyl-peptidase, Vorkommen im Darm 122.
Leukämie:
Gehalt im Blut an Eisen bei 399.
— — — — Rest-C bei 330.
— in Leukocyten an Glykogen bei 462.
Glykolyse bei 458.
Harnsäurebildung und -ausscheidung bei 1200.
Leukocytose bei 457.

Leukämie:
keine Leukocytenaggregation bei 459.
Purinausscheidung bei 1247.
Purinvermehrung 1181.
akute, Gehalt in Erythrocyten an Protoporphyrin bei 1008.
basophile myeloische, Gehalt im Blut an Heparin bei 499.
lymphatische, Gehalt im Blut an Lipoiden bei 461.
—, — in Leukocyten an Glutathion bei 462.
myeloische, Gehalt im Blut an Aminosäuren bei 345.
—, — — an Harnsäure bei 347.
—, — — — Lipoiden bei 461.
Leukocyten:
255f., **455—470.**
Aggregation 459.
Aminosäuretransport im Blut 228.
Atmung 458.
Aufgaben, physiologische 458.
Bedeutung für Resorption 207.
— Verdauung 178.
Bildungsstätten 465.
Einteilung, morphologische 457.
Entstehung 469f.
Gehalt an Amylase 379, 464 Tab.
— Aneurin 452 Tab.
— Calcium 430 Tab., 460.
— Cerebrosiden 335.
— Chlor 430 Tab.
— Cholesterin 461.
— Dehydrogenasen 382.
— Eiweißstoffen 460.
— Extraktivstoffen 460.
— Fermenten 462f., 464 Tab.
— Fetten 461.
— β-Glucuronidase 379.
— Glutathion 448 Tab., 462.
— Glykogen 321, 444, 462.
— Histamin 352.
— Histaminase 382, 464 Tab.
— Hormonen 463.
— Kalium 430 Tab., 460.
— Katalase 449, 463, 464 Tab.
— Kathepsin 34, 464 Tab.
— Kohlenhydraten 462.
— Kreatin und Kreatinin 460 Tab.
— Lipasen 464 Tab.
— Lipoiden 461.
— Magnesium 430 Tab.
— Maltase 379, 464 Tab.
— Mineralstoffen 460.
— Natrium 430 Tab., 460.
— Oxydasen 457f., 462.
— Peptidasen 381f.
— Peroxydasen 462.
— Phosphatasen 375, 450, 464 Tab.
— Phosphatiden 461, 857f.
— Phosphor, anorganischem 430 Tab., 460.
— Proteinasen 380.
Leukocyten:
Gehalt an Rest-N 460.
— Riboflavin 452 Tab., 463.
— Schwefelverbindungen, organischen 462.
— Serumglobulin 306.
— Trockensubstanz 460.
— Vitamin C 365.
— Vitaminen 463.
— Zink 404 Tab., 429, 460.
Gewicht, spezifisches 263 Tab.
Gewinnung 459.
Glykolyse 423, 458.
Größe und Form 455.
Lebensdauer 470.
Mineralbestandteile 430 Tab.
Untergang 470.
Verteilung 458 Tab.
Vorkommen in Exsudaten 558.
— von Albumin 460.
— — Ascorbinsäure 472.
— — Chondroitinschwefelsäure 461.
— — Dipeptidase 464 Tab.
— — Eisen 460.
— — Esterasen 464 Tab., 555.
— — Fermenten 464 Tab.
— — Globulinen 460.
— — α-Glucosidase 464 Tab.
— — Indophenoloxydase 457.
— — Kathepsin 34, 464 Tab.
— — Kohlensäureanhydratase 382, 464 Tab.
— — Lipasen 464 Tab.
— — Mucoitinschwefelsäure 462.
— — Myosin (?) 460.
— — Nucleoproteiden 460.
— — Nucleosidasen 464 Tab.
— — Oxydasen 464 Tab.
— — Peptidasen 464 Tab.
— — Phosphatasen 125 Tab., 464 Tab.
— — Proteasen 464 Tab.
— — Tripeptidasen 464 Tab.
— — Trypsin 464 Tab.
Zahl 456f.
—, Beeinflussung durch Vitamine 457.
Zusammensetzung, chemische 459, 460 Tab. 472 Tab.
acidophile 457 Tab., 458.
basophile 457 Tab., 458, 462.
eosinophile 457 Tab., 458, 463.
granulierte 457.
neutrophile 457 Tab., 458, 462.
polymorphkernige 457, 458 Tab.
Leukocytose 456.
—, Glykolyse bei 458.
— und Harnsäureausscheidung 1199.
— durch Nucleotide und Nucleoside 1237.
— bei Resorption von Purinen 1181.
Leukodiäthylsafranin 1128*.
Leukopenie 456.
—, Behandlung mit Nucleotiden 1237.
Leukopterin 1237.
LEWIS-Faktor 389.

Lichenin, Fermentbildung gegen 176.
LIEBERKÜHNsche Krypten 105, 107, 109.
LIEBERMANN-BURCHARDsche Reaktion 339.
LIEBIG, Minimumgesetz 612.
Lignin, Verhalten im Darm 188.
Lignocerinsäure, Vorkommen in Stromaphosphatiden 442.
Lignocerylsphingosin, Bildung bei Spaltung von Sphingomyelin 852.
Linolensäure, Dehydrierung, biologische 821f.
—, Einbau von Deuterium in — durch Schimmelpilze 836.
—, kein Einbau von Deuterium in 833.
—, Gehalt in Neutralfetten 845 Tab.
—, — Phosphatiden 845 Tab.
—, Oxydation durch Mitochondrien 832.
Linolsäure, Dehydrierung, biologische 821f.
—, Einbau von Deuterium in — durch Schimmelpilze 836.
—, kein Einbau von Deuterium in 833.
—, Fettsäure, essentielle 820.
—, Gehalt in Neutralfetten 845 Tab.
—, — Phosphatiden 845 Tab.
—, Oxydation durch Cyclophorasesystem 1141.
—, — Mitochondrien 832.
—, Vorkommen in Cardiolipin 846.
—, — Cholesterinestern des Blutplasmas 338.
—, — Lipoiden des Blutplasmas 335.
Linse, Gehalt an Kohlensäureanhydratase 522.
Lipämie 272, 333f., 359, 473, 861f.
Lipasen:
Aktivierung durch Galle 233.
Aktivierung durch Thiole 654.
Aktivitäts-p_H-Kurve 39 Abb.
Bestimmung 171, 372.
Gehalt im Blutserum 371f.
Hemmung durch Fluorid 697.
Vorkommen im Colonsaft 179.
— — Darm 120 Tab., 124, 130, 145f, 176, 809.
— — Darmsaft 84, 151.
— — Dickdarminhalt 186.
— in Eiterzellen 584.
— — Ergüssen 560.
— — Erythrocyten 451.
— — Galle 167.
— — Gelenksynovia 582.
— im Jejunalsaft 154.
— in Kaninchenlymphe 555.
— — Leukocyten 464 Tab.
— im Liquor cerebrospinalis 575.
— — Magen 35 Tab., 38, 39 Tab., 83.
— — Pankreas 160 Tab., 163 Tab., 164.
— — —, fetalen 1127.
— — Pankreassaft 158f., 160 Tab.
— in Pankreaszellkernen 1127.
— — Plasmaeiweiß 293 Tab.
— in Pleuraflüssigkeit 562.
— im Speichel 25.
— in Zellkernen 1114 Tab.
atoxylresistente 372.
Lipide, Gehalt im Zellkern 1100 Tab.
Lipochrome, Vorkommen im Blutserum 353, 356f.
α-lipoic acid 1039, 1053.
— s. a. α-Lipoinsäure.
lipoic dehydrogenase 1040.
Lipoidalbumine 331.
Lipoide, Bedeutung für Fixierung der Enzyme 1144.
—, Bildung in Zellkernen 1117.
—, Gehalt im Blut 330—339.
—, — — Blutplasma 332 Tab., 333 Tab.
—, — in Erythrocyten 280 Tab., 441ff.
—, — — Zellelementen 1073 Tab.
—, Resorption 248.
—, Verteilung, intracelluläre 1073—1076 Tab.
Lipoidglobuline 331.
Lipoidjod im Blut 410 Tab.
Lipoidnephrose, Gehalt im Blut an Cholesterin 338.
—, — Fett bei 333.
—, — Harnstoff bei 342.
—, Harnsäureausscheidung bei 1248.
Lipoidphosphor, Gehalt im Blut 411.
—, — in Zellelementen 1075 Tab.
—, — Blutplasma 282 Tab.
—, — Blutserum 282 Tab., 576 Tab.
α-Lipoinsäure, Gehalt in Zellelementen 1094 Tab.
— s. a. α-lipoic acid.
Lipokinase 39, 83, 97.
Lipoproteide 287, 293 Tab., 301, 321 Tab., 331, 419, 859, 1105.
α_1-Lipoprotein 293 Tab., 859.
β-Lipoprotein 306.
β_1-Lipoprotein 292, 293 Tab., 301, 859.
Lipoproteine s. Lipoproteide.
Lipositol, Gehalt in Mikrosomen 868.
Lipothiamid 1039.
Lipoxydase 822.
Liquoid (ROCHE), Verhinderung der Blutgerinnung durch 256, 286, 491.
Liquor s. Liquor cerebrospinalis.
— peritonei 105.
Liquor cerebrospinalis:
564—576, 601.
Schrifttum 564.
Albumin/Globulin-Verhältnis 568, 571 Tab., 572 Tab.
Anionenüberschuß 576.
Bildung 565.
Druck 566, 571 Tab.
Eigenschaften 566.
Eiweißquotient 568, 571 Tab., 572 Tab.
Gefrierpunktserniedrigung 566, 571 Tab.
Gehalt an Acetaldehyd 572 Tab.
— Acetylcholin 570.
— Adeninnucleotid 570.
— Äthanol 572 Tab.
— Albumin 567 Tab., 571 Tab., 572 Tab.
— Aluminium 575.
— Aminosäuren 572 Tab.
— —, freien 568 Tab., 571 Tab.

Liquor cerebrospinalis:
Gehalt an Aminosäure-N 568.
— Ammoniak 569.
— Amylase 575.
— Aneurin 574.
— Arginin 568 Tab., 569 Tab.
— Asche 572 Tab.
— Blei 575.
— Brenztraubensäure 572 Tab.
— Brom 576.
— Calcium 571 Tab., 575, 576 Tab.,
— Chloriden 408, 571 Tab., 576 Tab.,
— Cholesterin 571 Tab., 572 Tab., 573 Tab.
— Cholin 569f., 571 Tab.
— Cholinesterase 555.
— Citronensäure 572 Tab.
— Cocarboxylase 574.
— Coenzym I u. II 575.
— Cystin 569.
— Eisen 571 Tab., 575, 576 Tab.
— Eiweiß 567 Tab., 569 Tab., 571 Tab., 572 Tab.
— Englobulin 567.
— Fermenten 574f.
— Fettsäuren 572 Tab., 573.
— Fibrinogen 567.
— Gesamt-N 568f., 571 Tab., 572 Tab.
— Globulin 567 Tab., 571 Tab., 572 Tab.
— Glutathion 570.
— Harnsäure 569, 571 Tab., 572 Tab.
— Harnstoff 569, 571 Tab., 572 Tab.
— Histamin 570.
— Histidin 568 Tab., 569 Tab.
— Hormonen 573.
— Indikan 569.
— Isoleucin 568 Tab., 569 Tab.
— Jod 576 Tab.
— Kalium 571 Tab., 575, 576 Tab.
— Katalase 575.
— Kohlenhydraten 567 Tab., 570, 571 Tab.
— Kochsalz 571 Tab., 575.
— Kreatin und Kreatinin 569, 571 Tab., 572 Tab.
— Kupfer 575, 576 Tab.
— Lactoflavin 574.
— Lecithin 571 Tab.
— Leucin 568 Tab., 569 Tab.
— Lipasen 575.
— Lipoiden 572f.
— Lipoid-P 576 Tab.
— Lysin 568 Tab., 569 Tab.
— Magnesium 571 Tab., 575, 576 Tab.
— Methionin 569 Tab.
— Milchsäure 570, 571 Tab., 572 Tab.
— Mineralstoffen 572 Tab., 575.
— Natrium 571 Tab., 575, 576 Tab.
— Nicotinsäureamid 574.
— Nitraten 571 Tab.
— Oxalsäure 572 Tab.
— Peptiden 568.
— Phenol 569.
— Phenylalanin 568 Tab., 569 Tab.
— Phosphatiden 572 Tab., 573 Tab.,

Liquor cerebrospinalis:
Gehalt an Phosphor 571 Tab., 575, 576 Tab.
— Rest-N 569, 571 Tab., 572 Tab.
— Rhodan 571 Tab., 576 Tab.
— Stoffen, organischen 572 Tab.
— Sulfat 576.
— Threonin 568 Tab.
— Tyrosin 568 Tab., 569 Tab.
— Traubenzucker 567, 570, 571 Tab., 572 Tab.
— Trockenrückstand 572 Tab.
— Valin 568 Tab., 569 Tab.
— Vitaminen 572ff.
— Wasser 572 Tab., 592 Tab.
— Zellen 566, 567 Tab., 571 Tab.
— Zucker 567 Tab., 570, 571 Tab., 572 Tab.
Gewicht, spezifisches 571 Tab.
Interferometer-Index 571 Tab.
Menge 564, 571 Tab.
Oberflächenspannung 566, 571 Tab.
Pufferung 1162.
Reaktion 571 Tab.
Refraktometer-Index 571 Tab.
Resorption 565.
Untersuchung 565.
Viskosität 571 Tab.
Vorkommen von Diastase 575.
— Dipeptidase 575.
— Fibrinogen 567.
— Glycerophosphatase 574f.
— Harnsäure in 1198.
— Hormonen 573.
— Lipasen 575.
— Oxydasen 575.
— Peroxydasen 575.
— Phosphatasen 574.
— Tryptophan 569.
— Vitaminen 573f.
— Xanthochrom 566.
Zusammensetzung 567—576.
Lithium, Stoffwechsel 683f.
—, Vorkommen im Blut 406.
— radioaktives, Anreicherung im Tumorgewebe 684.
Lithiumchlorid, radioaktives, Ausscheidung im Magen 64.
Lithiumsalze, Steigerung der Harnsäurelöslichkeit durch 1250.
Lithiumurat, Wirkung, sympathicolytische 1251.
Lithofellinsäure in Bezoarsteinen 185.
little leaves 674.
LOCKEsche Lösung 267 Tab.
Löslichkeitsprodukt 711.
Löslichkeitskoeffizient 501, 502 Tab.
Lösung, LUGOLsche 410.
Lösungen, iso-, hyper-, hypotonische 419.
LOVIBOND-Einheit 358.
Luciferase, Gehalt an Adeninnucleotid 1184.
Lues, Eisengehalt im Blut bei 575.
Luft, Jodgehalt 411.
—, atmosphärische, Zusammensetzung 503 Tab.

Luftembolie 505.
LUGOLsche Lösung 410.
Lunge:
Abbau von Citronensäure durch 1060 Tab.
Abgabe von Selenverbindungen durch die 695.
Ablagerung von Kieselsäure in 691.
Anatomie 502.
Atmung, Hemmung durch Fluorid 739.
Aufnahme von Arsen durch 693.
— Eisen durch 661.
— Kieselsäure durch 692.
Ausscheidung von Cholesterin durch 877f.
— Wasser durch 593.
Bedeutung für Fibrinogengehalt des Blutes 289.
— Reaktionsregulierung 1164.
— Regulation des Säurebasengleichgewichtes 545.
Bildung von Citronensäure durch 1060 Tab.
— Fettsäuren in 835.
— Histamin in 978.
— Phosphatiden in 848.
Gasaustausch 525, 526 Abb., 535, 536 Tab.
Gehalt an Aluminium 685.
— Eisen 656 Tab.
— Kieselsäure 691.
— Lithium 684.
— Phosphatase 125 Tab.
— Phosphatiden 841, 844 Tab., 846 Tab.
— Wasser 591, 592 Tab.
— Zink 675f., 678.
Glykolyse 739f.
Kohlensäurebindung und -abgabe 519.
Vorgänge, physikalische, in der 502—506.
Vorkommen von 5-Nucleotidase in 1187.
— Ribonucleotidase in 1186.
Lungenabszeß, Viskosität der Kniegelenkslymphe bei 580.
Lungenalveolen, Anatomie 502.
Lungenembolie, Heparinbehandlung 493.
Lungengase 503.
Lungenödem, Viscosität des Blutes bei 274.
Lungentuberkulose, Exsudat, seröses, bei 558.
—, Katalasegehalt im Blut bei 449.
Lutein, Vorkommen im Blut 356f.
Luteinisierungshormon 287, 368.
LUTHERAN-Faktor 389.
Lycopin, Vorkommen im Blut 356f.
Lymphagoga 549.
Lymphe:
545—557.
Schrifttum 546.
Bildung 555f.
Druck im Ductus thoracicus 108.
Eigenschaften, physikalische 547, 548 Tab., 553 Tab.
Fett-Transport durch die 793, 797f.
Gehalt an Albumin 553, 554 Tab.
— Calcium 550 Tab., 551 Tab., 555 Tab.
— Chloriden 550 Tab., 551 Tab., 553 Tab., 554 Tab., 555 Tab.
Lymphe:
Gehalt an Cholesterin 552, 554.
— Cholin 554 Tab.
— Eiweiß 552 Tab., 553, 554 Tab., 601.
— Fermenten 555.
— Gas 551.
— Globulinen 553, 554 Tab.
— Glucose 730.
— Harnstoff 554.
— Kalium 551 Tab., 554 Tab., 555 Tab.
— Ketonkörpern 554 Tab.
— Kohlensäure 551 Tab., 555 Tab.
— Magnesium 551 Tab.
— Milchsäure 554 Tab.
— Natrium 551 Tab., 555 Tab.
— Phosphatiden 240, 552, 554, 798f.
— Phosphor 550 Tab., 551 Tab., 554 Tab., 555 Tab.
— Sauerstoff 551, 555 Tab.
— Schwefel 554 Tab., 555 Tab.
— Stickstoff 550 Tab., 551, 554 Tab., 555 Tab.
— Verbindungen, ätherlöslichen 552 Tab., 554 Tab.
— Wasser 548, 552 Tab., 555 Tab., 592 Tab.
— Xanthin 554.
— Zellen 548.
— Zucker 550 Tab., 554 Tab.
Gewinnung 550.
Menge 548f.
Vorkommen von γ-Globulinen 553.
— Histaminase 555.
Zusammensetzung 552f., 554 Tab., 555 Tab.
primäre 547.
Lymphogranulomatose, Gehalt im Magensaft an P-Verbindungen bei 66.
Lymphfistel 550.
Lymphgefäßlymphe, Konstanten 547 Tab.
Lymphknoten 555ff.
—, Bildung von Nucleinsäuren in 1190, 1192.
—, Fettgehalt 556.
Lymphkörperchen s. Leukocyten.
Lymphocyten 255, 455ff., 458, 461f.
—, Gehalt an Katalase 463.
—, Vorkommen in Exsudaten 558.
—, — von Nucleotidasen und Nucleosidasen in 1187.
Lymphonoduli solitarii et aggregati 107.
Lyoenzyme 34.
Lyosecretin 132.
Lysin:
Aminosäure, unentbehrliche 933f., 967.
kein Austausch von Aminogruppen 923, 935.
Bildung aus α-Aminoadipinsäure 968.
— — Diaminopimelinsäure 968.
— von Cadaverin aus 931, 954.
—, keine, von Zucker aus 765 Tab.
Bindung an Serumalbumin 306.
Einbau in Eiweiß 924f.
— Zellfraktionen 1146 Tab.
Gehalt im Blutplasma 344 Tab., 569 Tab.
— — Harn 344 Tab.

Lysin:
Gehalt im Liquor cerebrospinalis 568 Tab., 569 Tab.
— in Rattenleber 1072 Tab.
— im Stromaeiweiß 440 Tab.
— in Zellkernproteinen 1110 Tab.
Nierenclearance 344 Tab.
Stoffwechsel 967f.
Vorkommen im Darmchymus 174.
— in Darmschleimhaut 119.
— — Magenschleimhaut 40.
Lysocithin, Wirkung von Lecithase B auf 163.
Lysolecithin Spaltung durch Darmschleimhaut 124.
Lysophosphatide 842, 851.
Lysophospholipasen 851.
Lysozym 25, 151, 654.

Mäuse, geschwulstkranke, Phosphorstoffwechsel 648.
—, leukämische, Phosphorstoffwechsel 648.
Mäuse-Ascitestumor, Stoffwechselleistungen der Mitochondrien 1136 Tab.
Mäusehepatome, Octanatoxydation durch 832.
Magen:
30—102.
Schrifttum 30.
s. a. Mageninhalt.
s. a. Magensaft.
s. a. Magenschleimhaut.
Aciditätsregulierung 62f.
Anatomie 32ff.
Belegzellen 33, 36, 38, 51, 58f., 61.
—, Bedeutung für Wasserstoffionentransport 62.
—, Salzsäurebildung 34, 59.
Bildung von Chloriden 33, 63, 63 Abb.
— Fermenten 34, 35 Abb., Tab., 39.
— Säuren 100.
— Salzsäure 33f., 38, 58—63.
— — und Urease 37.
— —, Wirkungsgrad, thermodynamischer 62.
Chloride, Bedeutung für Salzsäurebildung 57.
Dünndarminhalt, Rücktritt in den 94.
Eiweißverdauung 74—82, 97f.
Entleerungszeit 45, 111.
Entwicklung von Bakterien im 90.
Enzyme 34—40.
Enzymverteilung 36 Tab., Abb.
Exstirpation 67.
Fettverdauung 39, 95, 97.
Fundusdrüsen 32ff., 83, 85.
—, Fermentbildung in 36 Abb., Tab.
Gärung im 68.
Gehalt an Acetylcholin 40, 138 Tab., Abb., 139 Tab.
— Cholin 137 Tab.
— Lipasen 35 Tab., 38, 39 Tab., 83.
Kohlendioxyd, Freisetzung im 68.

Magen:
Kohlenhydratverdauung 95—98.
Lebensnotwendigkeit 102.
Leersekret 88.
Leistung, sekretorische, Prüfung 87.
Lipasewirkung im s. Magenlipase.
Lösung von Mineralien durch Salzsäure 96.
Milchgerinnung im 84.
Mucoprotein 70f.
Nachsekret 88.
Nebensekret 51, 58.
Nüchterninhalt 56, 66, 88—90.
Nüchternsekret 73, 88.
PAWLOW-Fistel 48, 73.
— s. a. PAWLOW-Hund.
pH-Wert 149 Tab.
— s. a. Magen, Wasserstoffionenkonzentration.
Pylorusdrüsen, Fermentbildung 36 Abb., Tab.
Resorption von Aminosäuren 228.
— Fett 245.
— Gasen 68.
— Peptonen 228.
— Salzen 214.
— Wasser 208f.
— Zuckern 221.
Salzsäure s. Magensaft, Salzsäure.
Sekretion von Chloriden 58.
— Salzsäure 42, 45, 58—64, 71.
—, alkalische 58.
Selbstverdauung 82.
Stoffe, sekretionsauslösende 42.
Supersekretion 89f.
Totalexstirpation 38, 102.
Verdauung s. Magenverdauung.
Verdünnungssekret 58.
Vorkommen von Cholinacetylase im 140.
— Kohlensäureanhydratase 35 Tab., 38, 61, 522.
— Lipase im 73, 95, 97, 163.
Wasserstoffionenkonzentration, Grenzwerte 63.
— s. a. Magen, pH-Wert.
kleiner 47.
Magenausheberung, fraktionierte 169.
Magencarcinom s. Magenkrebs.
Magenchymus 79.
Magen-Darmkanal, pH-Werte 149 Tab.
—, Schleimhaut 203 Abb.
Magendarmtraktus, Zellen, argentaffine 121.
Magendrüsen 32f.
—, Funktion 57.
—, Leistung, sekretorische 47, 49.
—, Sekretionsreize für 41—46.
Magenerweichung 82.
Magenfistel 30, 46ff., 55, 64.
Magengase 68.
Magengeschwüre 60f.
—, s. a. Magenulcus.
—, s. a. Ulcus pepticum.
—, s. a. Ulcus pylori.

Magengrübchen 33, 37.
Mageninhalt:
86—93, 143.
s. a. Magensaft.
Acidität, Beeinflussung durch Speichel 66.
—, Bestimmung 88.
Aciditätskurve 91, 91 Abb.
Anregung der Darmsekretion 146.
Ausheberung, fraktionierte 87f.
Definition 46.
Fraktionen 88.
Gase 90.
Gehalt an Buttersäure 98.
— Essigsäure 98.
— Maltose 98.
— Milchsäure 98.
— Mineralstoffen 51, 52 Tab., 92 Tab.
Gesamt-N 92f.
Gewinnung 86.
Leersekret 90.
Menge beim Hund 147 Tab.
Nachsekret 90.
Neugeborene 50.
Reizsekret 90, 91 Tab.
Säuregehalt 87 Tab., Abb.
Schichtung 32, 67, 93f.
Sekretionskurve 91.
Untersuchung, stufenweise 91.
Zusammensetzung 90, 92f.
Magenkrankheiten, Aminosäuregehalt im Magensaft bei 69.
Magenkrebs, Gehalt im Blut an Diastase bei 379.
—, — — — Mucoproteid bei 302.
—, — — Mageninhalt an Stickstoff 92f.
—, — — — — P bei 66.
—, Schädigung der Magendrüsen bei 74.
Magenlipase 39, 73, 83f., 95, 97, 163.
Magenmucin 70.
—, lösliches 71.
Magenmucoprotein 70f.
Magenperforation 61.
Magenprotease 81.
Magenprotein, lösliches 70.
Magenproteose 70.
Magenresektion 38.
Magensaft:
46—86, 92 Tab., 143.
s. a. Magen.
s. a. Mageninhalt.
Acidität 45, 49ff., 50 Tab., 66.
—, freie s. Magensaft, Salzsäure, freie.
Aciditätsbezeichnungen u. -werte 56 Tab.
Aciditätsgrad 52, 55.
Aciditätskurven s. Magensaft, Titrationskurven.
Alkalinität 54.
Anacidität 56 Tab., 58, 66, 73, 79, 92 Tab.
Bezeichnung der Aciditätsverhältnisse 56 Tab.
Chloride, Bestimmung 55.
—, Verdrängung durch andere Ionen 68.
—, Verlust mit dem 64.
Magensaft:
Dauersekretion 41, 46.
Drehung, spezifische 49 Tab.
Druck, osmotischer 51.
Eigenschaften, physikalische 48.
Enzyme s. Magensaft, Fermente.
Fermente 35 Tab., 73—85.
—, glykolysierende 85.
Gefrierpunktserniedrigung 48, 49 Tab.
Gehalt an Acetonstoffen 86.
— Alkalichloriden 51, 57, 65f.
— Amino-N 52 Tab.
— Aminosäuren 69.
— Ammoniak 37, 68, 85.
— Asche 52 Tab., 65.
— Bestandteilen, organischen 52 Tab., 68—86.
— Buttersäure 93.
— Calcium 52 Tab., 65f., 72, 92 Tab.
— Chloriden 48, 51, 54f., 57—64, 65 Tab., 92 Tab.
— Eiweiß 52 Tab., 68f.
— Essigsäure 93.
— Fettsäuren 93.
— Harnsäure 52 Tab., 69.
— Harnstoff 52 Tab., 69.
— Histamin 69, 86.
— Kalium 52 Tab., 65f., 72, 92 Tab.
— Kohlensäure 53, 60.
— Magnesium 52 Tab., 65f., 72, 92 Tab.
— Milchsäure 54, 85, 90, 92, 98—101.
— Mineralstoffen 51—68.
— — im Nüchternsekret 92 Tab.
— Mucin-N 52 Tab.
— Natrium 51 Tab., 65f., 92 Tab.
— β-Oxybuttersäure 86.
— Phosphat und Acidität 66f.
— Reststickstoff 52 Tab.
— Rhodan 67.
— Salzsäure 50 Abb., 51, 52 Tab., 53—55, 64, 65 Tab., 66, 80 Abb., 87 Abb., Tab., 101.
— Spurenelementen 67.
— Trockensubstanz 52 Tab., 65, 69.
— Wasser 52 Tab., 592 Tab.
Gesamtacidität 42, 50 Abb., 52 Tab., 54f., 62 Abb., 63 Abb.
Gesamtaciditätsdefizit 54.
Gewinnung 47.
Gewicht, spezifisches 48, 49 Tab.
Hyperacidität 49, 67, 69, 73.
Hypoacidität 69, 73.
Hypochlorhydrie 56 Tab.
Kathepsin 31, 33, 35 Tab., 77—92, 97, 171.
bei Krankheiten 93.
Labenzym 31, 34, 35 Tab., 73, 80f.
Leersekret 92 Tab.
Leitfähigkeit 49 Tab.
Lipase 83f.
Menge 47f., 79.
Mucin 72.
N-Verteilung 52 Tab., 68f.
Normacidität 56 Tab.

Magensaft:
Oberflächenspannung 49 Tab.
Ort der Bildung 32.
Parachymosin s. Magensaft, Labenzym.
Pepsin 24, 31, 33ff., 44, 50f., **73—83**, 93, 97, 101f., 168.
— Bestimmung 74f.
—, Einheit 36.
—, Nachweis 74.
—, Ort der Bildung 34, 73.
—, p_H-Aktivitätskurve 79 Abb.
—, —-Optimum 74, 78.
—, Temperaturoptimum 78.
—, Wirkung, Abhängigkeit vom Säuregrad 77.
—, —, Hemmung durch schwache Säuren 77.
Pepsin-Parachymosin-Komplex 80.
Pepsin-Salzsäure 76.
p_H-Aktivitätskurve 78 Abb.
p_H-Wert s. Magensaft, Wasserstoffionenkonzentration.
Säuredefizit 53f.
Salzsäure, Bestimmung 54.
—, freie 50 Abb., 51—55, 64—66.
—, Gesamt- 50 Abb., 51—56.
—, gebundene 51—55.
Salzsäurebildung und Chloridgehalt des Blutes 64.
Salzsäuredefizit 53f.
Salzsäuremangel 65.
Sekretion, Phasen 41—44.
Sekretionsgeschwindigkeit 51.
Sekretionsmechanismus 41—46.
Subacidität 56 Tab., 58, 70.
Superacidität 56.
Titrationsacidität 55.
— s. a. Magensaft, Aciditätsgrad.
Titrationskurven 50 Abb., 62 Abb., 63 Abb., 87 Abb., 91 Abb., 92 Abb..
Titrationswerte 49, 50 Abb., 52 Tab., 53, 55f., 65 Tab., 87 Abb., Tab.
Verhältnis Kathepsin: Pepsin 79.
Vorkommen eines Körpers, eiweißartigen 69.
— von Alanin 69.
— — Aminosäuren 58.
— — Amylase 84f.
— — Chloriden 408.
— — Essigsäure 93.
— — Fermenten 73—85.
— — Glucosamin 69.
— — Histamin 69, 86.
— — Kallikrein 86.
— — Kathepsin 31, 33, 35 Tab., 73, 75, 97, 171.
— — Leucin 69, 98.
— — Mineralsäure 54.
— — Mucin 69f.
— — Nicotinsäure(amid) 40.
— — Rhodanid 954.
— — Substanzen, blutgruppenspezifischen 85f.

Magensaft:
Vorkommen von Urease 35 Tab., 37, 85.
Wasserabgabe mit 600 Tab.
Wasserstoffionenkonzentration 48, 49 Tab.
Wirkung, antiseptische 67.
Zusammensetzung 51—85.
alcaline component 58.
alkalischer 54.
eingetrockneter 48.
Magensaftdrüsen 33.
Magensaftlocker 79.
Magensaftsekretion bei Chloridmangel 633f.
—, Darmphase 46.
—, psychische 46.
Magensalzsäure und Eisenresorption 657.
Magenschleim 42, 53, **69—72**, 83.
—, Sekretionsreize für 70.
Magenschleimhaut:
s. a. Magen.
Ausscheidung von Jod 681.
Eiweißstoffe 40.
Fermente 34—40.
Fundusdrüsen, Salzsäurebildung 44.
Gehalt an Acetylcholin 40.
— Arginin 40.
— Chlor 40 Tab., 629.
— Enteramin 40.
—, Enzymen 34—40.
— Jod 681.
— Kathepsin 34, 77.
— Kohlensäurenanhydratase 35 Tab. 38, 61, 522.
— Mineralstoffen 40 Tab.
— Phosphatase 125 Tab.
— Salzsäure 36 Tab., Abb.
— Wasser 40 Tab.
Hauptzellen 33f., 36 Tab., 37, 43, 51, 71, 78, 81.
—, Bildungsort des Pepsins 34, 73.
Histologie 33.
Mechanismus der Salzsäuresekretion 630.
Nebenzellen 33, 70.
Potentialdifferenz 61.
Regionen 32, 33 Abb.
Speicherung von Chloriden 63.
Stoffwechsel 60ff.
Stoffwechselinhibitoren 62.
Urease 35, 37.
Verhalten, elektrisches 60ff.
Vorkommen von Aminosäuren, freien 40.
— Carbohydrasen 35 Tab.
— Carboxylase 37.
— Esterasen 35 Tab., 37.
— Histamin 40.
— Kathepsin 34, 35 Tab., 77.
— Lipase 83, 95.
— Lipoiden 40.
— Nicotinsäure(amid) 40.
— Stoffen, kreislaufwirksamen 40.

Magenschleimhaut:
Vorkommen von Verbindungen, N-haltigen 40.
Wirkung, bakterienhemmende 67.
Zusammensetzung, chemische 34—40.
Zylinderzellen 36.
Magensekretion, Darmphase der 44.
—, Hemmung der 45.
—, Histaminreiz auf 49.
—, p_H-Registrierung, fortlaufende 49.
—, Pylorusphase 41.
— nach Vagusreizung 41.
Magensonde 46, 86.
Magenstoff, CASTLEscher 34, 35 Tab., 38, 121.
— s. a. Ferment, CASTLEsches.
— s. a. intrinsic factor.
Magenstraße 32.
Magenulcus 49, 75, 79, 379.
Magenulcus s. a. Magengeschwür.
— s. a. Ulcus pepticum.
— s. a. Ulcus pylori.
Magenverdauung 29—102, 108.
—, Ablauf 93—102.
—, Fortsetzung im Duodenum 82.
— im Fundus 93f.
—, Gasbildung bei 68, 100f.
—, Mechanik der 31.
— beim Menschen 96f.
— beim Pferd 98.
— im Pylorus 94.
— beim Säugling 97.
—, Säurebildung bei 98, 100.
— beim Schwein 98.
— beim Wiederkäuer 98.
Magermilch, Verdauung im Magen 77f.
Magnesium:
634—637.
Schrifttum 634.
Aktivierung der Adenosintriphosphatase durch 787.
— Brenztraubensäureoxydation durch 756.
— Cholinoxydase durch 1145.
— Enolase durch 751.
— Hexokinase durch 741.
— Phosphatasen durch 636.
— Phosphoglucomutase durch 743.
— Transpeptidierung durch 920.
Anreicherung im arbeitenden Muskel 637.
Ansatz 611 Tab.
Ausscheidung 635.
Bedarf 636.
Bedeutung, physiologische 636.
— für Argininsynthese 972.
— — Citrullinsynthese 971f.
— — Fettsäureoxydation 830f.
— — Glucosephosphorylierung 1235.
— — Glutamin - Asparagin - Transferase 921.
— — β-Oxybuttersäureoxydation 1141.
— — Phosphorylierung, oxydative 1139.
— — Proteinsynthese 1145.
Magnesium:
Bestand 635.
Bestimmung 398.
Bilanz 635.
und Calciumstoffwechsel, Zusammenhänge 635f.
und Fettresorption 801.
Gehalt im Blut 426 Tab., 529 Tab., 530.
— in Blutplättchen 430 Tab.
— im Blutplasma 281 Tab., 635.
— — Blutserum 281 Tab., 397f., 426 Tab., 427 Tab., 430 Tab., 560 Tab., 576 Tab.
— im Darmsaft 151 Tab., 158,
— in Ergüssen, serösen 560 Tab.
— — Erythrocyten 281 Tab., 426 Tab., 427 Tab., 428, 430 Tab.
— — Gelenklymphe 582.
— — Leukocyten 430 Tab.
— — Lymphe 551 Tab.
— im Magensaft 52 Tab., 65f., 72, 92 Tab.
— — Speichel 17 Tab., 21 Tab.
— in Zellkernen 1101 Tab.
Mangelschäden 636.
Oxydation von Cystein durch 955.
Resorption 635.
Retention 635.
Senkung der Körpertemperatur 635.
Stoffwechsel 634—637.
Verteilung 635.
Wirkung, narkotische 635.
Magnesium-fluorophosphat 697.
Magnesiumsalze, Bedeutung für Fettresorption 248.
Magnesiumsulfat, Förderung der Pankreassekretion 155.
—, Verhinderung der Blutgerinnung durch 286.
Magnesium-Vinylphäoporphyrin a_5 1022, 1023*.
— -protoporphyrin 1022, 1023*.
Maikäfer, Gehalt an Cholesterin 870.
Maiseiweiß, Mangel an Lysin und Tryptophan 967.
Maisstärke, Verdauung 28.
Makrocyten 418.
Makroglobulinämie 577 Tab.
Malachitgrün, Enzymhemmung durch 1113.
Malaria, Vorkommen von Hämatin im Blut bei 356.
„malic enzyme" 1054.
Malicodehydrogenase 1047.
Malonat 759 Tab., 827.
Malonsäure, Ausscheidung beim Hund 813.
— als Enzymgift 758, 1058f.
—, substituierte 817.
^{13}C-Malonsäure 813.
Maltase 730.
—, Bildung in den LIEBERKÜHNschen Krypten 107.
—, Vorkommen im Darm 25, 120 Tab., 126f., 154, 165.
—, — — Dickdarmsekret 179.
—, — — Gewebe 223.

Die Seiten 1—840 befinden sich im Bandteil a, die Seiten 841—1257 im Bandteil b.

Maltase, Vorkommen in Leukocyten 379, 464 Tab.
—, — im Pankreassaft 158, 160 Tab., 166.
—, — — Speichel 25.
Maltose, Bildung aus Stärke 22.
—, — bei Magenverdauung 96, 98.
—, Resorption 223.
—, Spaltung im Darm 126, 730.
—, — durch Pankreassaft 167, 730.
—, Vorkommen im Blut (?) 313, 320 Tab.
Mandelsäure, Bildung aus Phenylaminoessigsäure 929.
Mangan:
Schrifttum 670.
Aktivierung der Arginase durch 686.
— Enolase durch 751.
— Oxalbernsteinsäurecarboxylase durch 1052.
Aufnahme durch Zellkerne 1124.
Bedeutung für Brenztraubensäureoxydation 756.
— Chlorophyllbildung 672.
— Hämoglobinbildung 671, 1010.
— Pflanzenwachstum 679.
Gehalt im Blut 406, 430, 670.
— in Erythrocyten 430.
— — Organen 670.
— — Zellkernen 1101 Tab.
Mangelkrankheiten 672.
Stoffwechsel 670ff.
als Spurenelement 655.
Vorkommen in Leberzellkernen 1124.
radioaktives 670.
Manganvergiftung 671.
Mannit, Bestimmung des extracellulären Raumes mit 598.
Mannose, Gehalt im Serummucoid 301.
—, Nierenschwelle 733.
—, Resorption 218, 731.
—, Umsatz durch Hefehexokinase 741.
—, Vorkommen in Bluteiweißkörpern 300, 311, 322.
—, Wirkung auf Darmbewegung 140.
—, Wirkung auf Insulinhypoglykämie 761.
D-Mannose 322.
Mannosephosphate 743.
Margarine, Hemmung der Magensaftsekretion durch 45.
—, Phosphatidgehalt 841.
Markräume, primäre 705.
Markscheiden, Aufbau, chemischer 864.
Mastdarm 103.
Mastixreaktion 568.
Mastocytome, Heparingehalt 493.
Mastzellen 499, 579.
—, Heparingehalt 493.
Maus, Blutzuckergehalt 314 Tab.
—, Cardiadrüsen 32.
—, Citronensäuregehalt 1061.
—, Desoxyribonucleinsäuren, Zusammensetzung aus Basen 1108 Tab.
—, Salzsäurebildung im Magen 60.
—, Speichelamylase 23.
Maus, weiße, Leukocytenzahl 456 Tab.
Meconium, Sterilität 183.
—, Ausscheidung von Harnsäure im 1213.
—, Vorkommen von Porphyrinen im 1005.
Meerschnecken, Gehalt an Kohlensäureanhydratase 522.
Meerschweinchen:
Blut, P-Verteilung im 413 Tab.
Blutmenge 259.
Blutzucker 314 Tab.
Darm, Acetylcholingehalt 139 Tab.
Leber, Atmungshemmung durch Gifte 760 Tab.
—, Eisendepot 662.
— Phosphatasegehalt 852.
—, Vorkommen von Hämolysin 1147 Tab.
—, — Inhibitor 1147 Tab.
Lecithingehalt 137.
Magenschleimhaut, Lipasegehalt 39 Tab.
Muskel, Atmungshemmung durch Gifte 760 Tab.
Organe, Cholingehalt 137 Tab.
Scorbut 636.
Serumcholesterinwerte 337.
Serumeiweißmenge 286 Tab.
Serumglobulinmenge 305 Tab.
Speichelamylase 23.
Meerwasser als Trinkwasser 597, 599, 601.
Megakaryocyten 471.
Megalocyten 418, 466.
Mehlmotte, Pigmentbildung bei 994.
Mehlnährschaden 603.
MEISSNERscher Plexus s. Plexus submucosus (MEISSNER).
Melancholie, Behandlung mit Brom 700.
—, Gehalt im Blut an Vitamin B_1 bei 574.
Melanin, Bildung 985f.
Melanogen, Transport mit Serumalbumin 310.
Melanophorenreaktion 368.
Melolontha vulgaris, Vorkommen von Guanin in 1217.
Membrandiffusion, aktive 423.
Membrangleichgewicht 269.
Mengenelemente, Stoffwechsel 614—654.
Meningismus, Oberflächenspannung des Liquor bei 566.
Meningitis, Blutzuckersteigerung bei 318.
—, Gehalt im Liquor an Eisen bei 575.
—, — an Vitamin B_1 bei 574.
—, Oberflächenspannung des Liquor bei 566.
—, eitrige, Fermentgehalt im Liquor bei 575.
—, epidemische, Viscosität des Blutes bei 274.
—, tuberkulöse, Liquor, Gehalt an Acetylcholin bei 570.
—, —, — — Fermenten bei 575.
Meningokokken-Meningitis, Acetylcholin im Liquor bei 570.
— -Endotoxin, Hemmung der Hexokinase durch 777.
Mensch:
Ausscheidung von Allantoin 1215.
— Harnsäure 1208, 1212f.

Mensch:
Ausscheidung von Schwefel im Harn 952 Tab.
Beeinflussung des Purinstoffwechsels 1230f.
Cardiadrüsen 32.
Cervix-Carcinom, Volumen des Zellkerns 1098 Tab.
Cervixepithel, Volumen des Zellkerns 1098 Tab.
Chlorgehalt des Blutes und Magensaftbildung 64.
Colonektomie, Folgen 199.
Desoxyribonucleinsäuren, Zusammensetzung aus Basen 1106 Tab., 1108 Tab.
Dickdarmverdauung 196.
Dünndarmresektion, Folgen 198.
Duodenalinhalt 169f.
Duodenalsaft, Fermentgehalt 162.
Eisenvorrat 660, 1009 Tab.
Ergüsse, seröse, Mineralstoffgehalt 560 Tab.
kein Ferment, uricolytisches 1181.
Hämoglobintypen 1011.
Knochensubstanz, anorganische 703 Tab.
Leukocytenzahl 457 Tab.
Lymphgefäßlymphe 547 Tab.
Magen, Salzsäure- und Chloridabgabe 62.
—, Salzsäurebildung 60.
Magensaft 47ff.
—, Chloridgehalt 57.
—, Zusammensetzung 52 Tab.
Magensaftsekretion 46.
Magensäurewerte 55.
Magenschleimhaut, Histologie 33f.
—, Lipasegehalt 39 Tab.
Magensekret nach Histamin 52 Tab.
Magenverdauung 96f.
Mineralbedarf 611.
5-Nucleotidasegehalt in Geweben 1187.
Parotisspeichel 14f., 15 Tab.
Purinsynthese 1218.
Serumeiweißmenge 286 Tab.
Speichel, Amylase 23f.
—, Gewinnung 14, 16, 18.
—, Kohlensäureanhydratase 25.
—, Sekretion 13.
Sublingualisspeichel 18.
Submandibularisspeichel 14, 16, 17 Tab.
Wassergehalt 591 Tab.
Zuckerresorption, Dickdarm 222.
Menschenhai, Knochensubstanz, anorganische 703 Tab.
Menstrualblut, Eisenverlust mit 660.
—, Gehalt an Arsen 405, 693.
—, — Follikelhormon 370.
Menstruation, Gehalt im Blut an Fett 333.
—, — Jod 682.
—, Erythrocytenzahl bei 418.
Mercaptane 652.
— bei Darmfäulnis 189.
Mercaptursäure, Bildung 838, 953*, 966, 967*.
Mesenterialvenenblut, Gehalt an Amino-N nach Eiweißfütterung 913.
Mesenteriallymphknoten, Zusammensetzung 556, 557 Tab.
Mesitol, Oxydation 812*.
Mesobilifuscin 355, 1017*.
Mesobilileukan 1017*.
Mesobilirubin, Bildung aus Bilirubin 193.
—, — beim Hämoglobinabbau 1017*.
—, Vorkommen in der Galle 1016.
Mesobiliviolin, Bildung aus Urobilin(ogen) 438.
Mesobiliviolinreaktion 355.
Mesoporphyrin, Bildung beim Abbau, chemischen, von Hämin 998, 999*, 1000*.
„metabolic pool“ 912.
Metaglobulin s. Fibrinogen.
metal combining protein 659, 664.
Metaphosphat, Bildung in Hefe 789.
—, Phosphatbindung, energiereiche, in 785.
—, Spaltung 648f.
Metathrombinbildung 487.
Methämoglobin 1013.
—, Bildung aus Hämoglobin 76, 508.
—, — bei Vergiftung 518.
—, Reduktion durch DPN in Erythrocyten 453.
—, — zu Hämoglobin 435.
—, Vorkommen im Blut 434f.
Methan, Bildung, bakterielle, im Darm 187, 193.
—, — im Magen 98.
—, Resorption aus Bauch- und Brusthöhle 253 Tab.
—, — im Darm 215 Tab.
—, — — Magen 68.
—, Vorkommen im Blut 507.
—, in der Lungenluft 503.
Methanol, Bildung von Cholin aus 964.
—, — keine, von Zucker aus 764 Tab.
—, Oxydation im Cytoplasma 1090 Tab., 1153 Tab.
Methionin:
952*.
Abbau 966.
Aminosäure, unentbehrliche 654, 933f., 963.
Ausscheidung im Harn 954.
— von Cystin nach Zufuhr von 955.
Bedeutung für Fettstoffwechsel 161.
Beteiligung an Purinsynthese 1221.
Bildung 854, 934.
— in Bakterien 652.
— von Ameisensäure aus 840*.
— — Cystein aus 654.
— — Cystin aus 654, 960.
— — Homocystein aus 960.
— — Kreatin aus 348, 948*.
— — Methylmercaptan aus 1149.
Desaminierung 930.
Einbau in Phosphatide 850.
Gehalt in Aldolase 748.
— im Blut 414, 445 Tab., 654.
— — Blutplasma 344 Tab., 445 Tab.
— in Erythrocyten 344, 440 Tab., 445 Tab.

Die Seiten 1—840 befinden sich im Bandteil a, die Seiten 841—1257 im Bandteil b.

Methionin:
Gehalt im Harn 344 Tab., 954.
— — Liquor cerebrospinalis 569 Tab.
— in Zellkernproteinen 1110 Tab.
Mangel, Bluteiweißgehalt bei 654.
als Methyldonator 853f., 855 Abb., 856, 948, 960—963, 1227.
Methylgruppenaustausch 960.
Nierenclearance 344 Tab.
Reduktion durch Darmbakterien 173.
Resorption 227, 653.
Stoffwechsel 960—967.
Wachstumsförderung durch 654.
aktiviertes 964.
^{35}S-Methionin 654.
Methioninsulfon 966.
Methioninsulfoxyd 966.
L-Methionyl-L-methionin 920*.
A-Methopterin, Hemmung der Nucleinsäuresynthese in Leber und Milz durch 1197.
—, — Purinsynthese durch 1220f., 1245.
Methyladipinsäure, Verhalten im Stoffwechsel 818 Tab.
Methyl-äthyl-maleinimid, Bildung beim Abbau, chemischen, von Hämin 998, 999*, 1000*.
Methyl-äthyl-tartarimid, Bildung beim Abbau, chemischen, von Hämin 999, 1000*.
Methylalloxan, Wirkung, diabetogene 779.
Methylamin, Bildung aus Sarkosin 939.
—, — bei Darmfäulnis 189.
Methylaminoäthanol, Methylierung zu Cholin durch Methionin 961.
6-Methylaminopurin, Bedeutung für Lactobacillus casei 1222.
Methylbernsteinsäure, α, β-Dehydrierung 806.
α-Methylbuttersäure, Bildung von Methylketon aus 810.
β-Methylbuttersäure, Abbau 952.
Methylbutyrat, Spaltung durch Lipasen 163 Tab.
α-Methylcapronsäure, Bildung von Methylketon aus 810.
Methylcholanthren, Entgiftung 967.
5-Methylcytosin, Vorkommen in Desoxyribonucleinsäuren 1105, 1226.
5-Methyldesoxycytidylsäure 1228.
2-Methyl-4-dimethylaminoazobenzol, Vermehrung der Mitochondrien durch 1127.
4-Methyl-dodecansäure, ω-Oxydation 815 Tab.
Methyldonatoren 960f.
3,3'-Methylen-bis-(2,4-di-ketochroman) 495*.
3,3'-Methylen-bis-(4-oxycumarin) 495*.
Methylenblau, Beeinflussung des Mitochondrienstoffwechsels 1149.
Methyl-fructose, Resorption 220.
Methylfumarsäure, Bildung aus Monomethylbernsteinsäure 817.
Methylglyoxal, Bildung von Dioxyaceton aus 770.
—, — Milchsäure aus — im Cytoplasma 1153 Tab.
—, — Purin aus 1218.
Methylgruppen, Bildung aus Aceton und Ameisensäure 963.
—, — von Formaldehyd aus 941.
—, Oxydation in Mitochondrien 1090 Tab.
—, labile, Herkunft 963.
Methylguanidin, Vorkommen im Blutserum 353.
—, Wirkung auf Darmsaftsekretion 147.
—, — Pankreassekretion 155.
1-Methylguanin, Bedeutung für Lactobacillus casei 1222.
7-Methylguanin, Vorkommen im Harn 1223.
8-Methylguanin, Bedeutung für Lactobacillus casei 1222.
Methylguanidinobuttersäure, keine Umwandlung in Kreatin 947.
7-Methylharnsäure, Bildung aus Theobromin 1214.
Methylharnsäuren, Bildung aus Methylxanthinen 1199, 1224f.
—, Farbwert bei Harnsäurebestimmung 347.
—, Störung der Harnsäurebestimmung durch 1199, 1214.
—, Vorkommen im Harn 1224.
Methylfumarsäure, Bildung aus Methylbernsteinsäure 806.
Methylhydantoin, Bildung von Kreatin aus 1237.
Methylimidazol, Bildung von Purin aus 1218.
Methylketone, Abbau 829.
—, Bildung aus Fettsäuren durch Schimmelpilze 810 Tab.
Methylkinase 964.
α-Methyllaurinsäure, Bildung von Methylketon aus 810.
D,L-Methylmandelat, Spaltung durch Lipasen 163 Tab.
Methylmercaptan, Bildung aus Methionin 1149.
α-Methylmyristinsäure, Verhalten im Stoffwechsel 816 Tab.
α-Methylstearinsäure, Verhalten im Stoffwechsel 816 Tab.
2-Methyl-1,4-naphthochinon 494f.
N^1-Methylnicotinsäure-amid, Bildung aus Tryptophan 991f., 994.
Methyloxydation 811f., 815, 817.
2-Methyl-3-oxy-1,4-naphthochinon 494*.
p-Methyloxyphenylalanin, Spaltung im Tierkörper 983.
p-Methylphenylalanin, Spaltung im Tierkörper 983.
α-Methyl-γ-phenylbuttersäure, Abbau 814*.
α-Methyl-β-phenylpropionsäure, Abbau 805*, 814*.
2-Methyl-3-phythyl-1,4-naphthochinon (= Vitamin K_1) 494*.
Methylpurine 1223—1225.
—, Bildung von Kreatin aus 1237.
—, Entgiftung 1235.
—, Entmethylierung 1224.
— im Purinstoffwechsel, pflanzlichen 1180.

2-Methylsebacinsäure, Bildung aus 4-Methyldodekansäure 815 Tab.
Methylstearinsäuren, Oxydation 815.
Methyltyrosin, Bedeutung für Umaminierung 937.
1-Methylxanthin, Bedeutung für Lactobacillus casei 1222.
—, Gehalt im Harn 1217.
—, Vorkommen 1217.
Methylxanthine, Gehalt im Harn 1223f.
— als Kaliumsensibilisatoren 1251.
β-Methylzimtsäure, Bildung aus γ-Phenylbuttersäure 805*.
METT, Pepsinbestimmung 74f., 77.
MICHAELIS-Konstante 787.
Miesmuschel, Gehalt an Cholesterin 870.
Mikrococcus aerogenes, Abbau von Pyrimidinen durch 1230.
— —, Bildung von Pyrimidinen aus Purinen 1228.
— lysodeicticus, Oxalessigsäuresecarboxylase 1054.
Mikrocyten 418.
Mikroorganismen, Bildung von Bernsteinsäure 1028.
—, Eiweiß- und Wirkstoffbildung beim Pflanzenfresser 101.
—, Tryptophanstoffwechsel bei 995.
— s. a. Bakterien.
Mikrosomen:
1150ff.
s. a. Zellelemente.
s. a. Zellfraktionen.
Antigenwirkung 1147.
Bildung von Eiweiß in 1145.
Einbau von Aminosäuren in Eiweiß 924.
— ^{15}N-Glykokoll in Ribonucleotide 1122 Tab.
— ^{32}P in Ribonucleotide 1121 Tab., 1122 Tab.
Einbauquote von Aminosäuren in 924.
Gehalt an Acetalphosphatiden 1076 Tab.
— Acetylcholinesterase 1084 Tab.
— Adenosintriphosphatase 1088 Tab.
— Adenylsäurephosphatase 1088 Tab.
— Äthanolamin 1076 Tab.
— Aneurin 1094 Tab.
— Arginase 1084 Tab.
— Arylsulfatase 1086 Tab.
— Cholesterin 1074 Tab.
— Cholinoxydase 1080 Tab.
— Cholinphosphatiden 1076 Tab.
— Choriongonadotropin 1096 Tab.
— Cocarboxylase 1094 Tab.
— Coenzym A 1094 Tab.
— Cytochrom c 1078 Tab.
— Cytochromoxydase 1078 Tab.
— DPN-Cytochrom c-Reductase 1078 Tab.
— DPN-Nucleosidase 1090 Tab.
— Eisen 1077 Tab.
— Eiweiß 1068 Tab.
— Enzym, Fettsäuren aktivierendem 1080 Tab.
Mikrosomen:
Gehalt an Enzym, jodierendem 1090 Tab.
— Esterase 1082f. Tab.
— Fettsäuredehydrogenase 1080 Tab.
— Fettsäuren 1073 f. Tab.
— Fibrinolysokinase 1084 Tab.
— Folinsäure 1094 Tab.
— Fumarase 1084 Tab.
— Glucose-6-phosphat-phosphatase 1086 f. Tab.
— β-Glucuronidase 1086 Tab.
— Glutaminase 1084 Tab.
— Heparin 1071 Tab.
— Hexosediphosphatase 1088 Tab.
— Histaminase 1080 Tab.
— Hormon, antidiuretischem 1094 Tab.
— —, gonadotropem 1096 Tab.
— Hyaluronidase 1086 Tab.
— Isocitronensäuredehydrogenase 1082 Tab.
— Jod 1077 Tab.
— Kalium 1077 Tab.
— Katalase 1078 Tab.
— Kathepsin 1084 Tab.
— Kohlenstoff 1071 Tab.
— Kupfer 1077 Tab.
— Lactoflavin 1094 Tab.
— Lactonase 1090 Tab.
— L-Leucinamidase 1084 Tab.
— Lipoiden 868, 1073 Tab.
— Lipoidphosphor 1075 Tab.
— α-Lipoinsäure 1094 Tab.,
— Natrium 1077 Tab.
— Oxalessigsäureoxydase 1080 Tab.
— Pantothensäure 1094 Tab.
— Phosphatasen 1086 Tab.
— Phosphatiden 868, 1075 Tab.
— Phosphatid-Fettsäuren 1075 Tab.
— Phosphor 1070 Tab.
— Phosphorylase 1088 Tab.
— Pyridoxin 1094 Tab.
— Reststickstoff 1069 Tab.
— Rhodanese 1090 Tab.
— Ribonuclease 1090 Tab.
— Ribonucleinsäure 868, 1069f. Tab.
— Schwefel 1071 Tab.
— Serin 1076 Tab.
— Stickstoff 1068 Tab.
— Succinodehydrogenase 1080 Tab.
— Succinoxydase 1078f. Tab.
— Thyroxin 1096 Tab.
— TPN-Cytochrom c-Reductase 1078 Tab.
— Unverseifbarem 1075 Tab.
— Uricase 1082 Tab.
— Vitamin A 1094 Tab.
— — -Ester 1084 Tab.
— Vitamin B_{12} 1094 Tab.
— Wasserstoff 1071 Tab.
Gewinnung 1066.
Ribonucleinsäuren, Zusammensetzung aus Basen 1108 Tab.
Sedimentierung 1067.

Die Seiten 1—840 befinden sich im Bandteil a, die Seiten 841—1257 im Bandteil b.

Mikrosomen:
Umsatzgeschwindigkeit der Phosphatide in 1144.
Vorkommen von Thrombokinase in 1151.
Zusammensetzung der Ribonucleinsäuren aus 1077 Tab.
Mikrosomenantikörper 1147.
Mikrotonometer, KROGHsches 503.
Milben, Vorkommen von Guanin in 1217.
Milch, Gehalt an Arsen 693.
—, — Eisen 661f.
—, — Phosphatiden 841.
—, — Vitamin A 359.
—, — Zink 676.
—, Labgerinnung 79f., 97.
— Sekretionsförderung der Speicheldrüsen durch 13.
—, Übergang von Jod in 682.
—, Vorkommen von Xanthindehydrogenase in 1202.
—, fluoridhaltige 697.
—, selenhaltige 695.
Milchanämie 666, 669.
Milchdrüse, Bindung von ^{32}P 647.
—, Bildung von Fettsäuren in 832.
—, — Phosphatiden in 867.
—, Gehalt an Bernsteinsäureoxydase 1134.
—, — Citronensäure 1061.
—, — Cytochromoxydase 1134.
—, — Phosphatiden während Sekretion 857.
—, Mitochondrien, Stoffwechselleistungen 1136 Tab.
—, Vorkommen von Xanthindehydrogenase in 1202.
Milcheiweiß, Verdauung 81, 97.
Milchfett, Bildung aus Essigsäure 832.
Milchgerinnung 645.
Milchsäure:
s. a. Lactat.
Abgabe durch den Muskel 732, 761.
Beeinflussung des Säure-Basen-Gleichgewichtes im Blut 540, 543, 545.
— der Sauerstoffbindung im Blut 540.
Bestimmung 324, 727.
Beteiligung an Purinsynthese 1220.
Bildung, Hemmung durch Sauerstoff 759 Tab.
—, Selbsthemmung 1163.
— aus L-Arabinose durch Lactobacillus pentoaceticus 748.
— — Methylglyoxal im Cytoplasma 1153 Tab.
— — Propionsäure 808f.
— bei Cystein/Cystinumwandlung 958.
— — Gärung 101, 187, 189, 730.
— — Glykolyse 323, 727, 735, 739*, 753, 755, 757 Tab., 759 Tab., 761 Abb., 785.
— — — in Tumoren 760.
— von Harnsäure aus 944.
— — Zucker aus 761ff., 764* Tab., 765, 766 Tab., 783.
— Brenztraubensäure, Koppelung mit anderen Redoxsystemen 828.
Milchsäure:
Dehydrierung durch Cozymase 1235.
Energiegewinn bei -bildung 736 Tab., 737, 785.
— Oxydation im Muskel 786.
Entfernung aus dem Blut 537.
Gehalt im Blut 279 Tab., 323f., 328 Tab., 773.
— — — bei Arbeit 328 Tab.
— — Blutplasma 279 Tab., 323 Tab.
— — Blutserum 279 Tab., 572 Tab.
— in Erythrocyten 279 Tab., 323 Tab., 444.
— — Lymphe 554 Tab.
— im Magensaft 54, 85, 90, 92, 98 bis 101.
— — Speichel 15f., 21 Tab., 27.
Harnsäurevorstufe bei Vögeln 1204.
Hemmung der Harnsäurebildung durch 1242.
Lösungswärme 736 Tab.
Magensaft, Nachweis und Bestimmung 92.
Reaktion an Lacticodehydrogenase 752*.
Resorption 216.
Verbrennungswärme 736 Tab.
Vorkommen in Echinococcusblasenflüssigkeit 579.
— — Ergüssen 560.
— — Pericardialflüssigkeit 562.
Wirkung von Fluorid auf -bildung und -oxydation 697, 758.
markierte, Abbau 839.
D-Milchsäure, Bildung aus Propionsäure 808.
—, Oxydation durch Cyclophorasesystem 1149.
—, — Mitochondrien 1136 Tab.
L-Milchsäure, Bildung aus Propionsäure 808.
—, Umwandlung in D(+)-Milchsäure im Cytoplasma 1153 Tab
Milchsäurebakterien in Pansen und Haube 99.
Milchsäuredehydrogenase 808.
— s. a. Lacticodehydrogenase.
—, Aktivierung durch Thiole 654.
—, Gehalt im Cytoplasma 1082 Tab.
—, — in Mitochondrien 1082 Tab., 1149.
—, — — Zellkernen 1082 Tab.
—, Hydrierung von α,γ-Diketosäuren durch 805.
—, Hydrierung von Janusgrün B durch 1128.
—, Verhalten in Mitochondrien 1129, 1131f.
—, Vorkommen im Cyclophorasesystem 1134.
—, — in Zellkernen 1114 Tab.
Milchsäureflora im Magen 98.
Milchsäureoxydase, Verhalten in Mitochondrien 1129.
Milchsäureracemase, Vorkommen im Cytoplasma 1149.
Milchzucker, Spaltung im Darm 730.
—, Lactasebildung, Anregung durch 127.
„milieu intèrieur“ 1157, 1164.
—, Reaktion 1173.
Milz:
Abbau von Citronensäure in 1060 Tab.

Milz:
Abbau von Harnsäure zu Allantoin in 1210.
Anreicherung freier Aminosäuren 916.
Atmung 739.
Aufnahme von Arsen durch 693.
Bedeutung für Blutbildung 465, 469.
Beteiligung am Eiweißstoffwechsel 912.
Bildung von Citronensäure in 1060 Tab.
— Harnsäure in 1202.
— Nucleinsäuren in 1190.
— Phosphatiden in 848.
als Blutspeicher 262f.
Desoxyribonucleinsäuren, Zusammensetzung aus Basen 1106 Tab., 1108 Tab.
Eisenaufnahme 661.
Eisendepot 660, 662, 664.
Gehalt an Aldolase 748.
— Arsen 692.
— Calcium 635.
— Colamin-phosphatiden 845.
— Eisen 656, 656 Tab.
— Kieselsäure 692.
— L-Leucinamidase in Zellkernen 1114 Tab.
— Magnesium 635.
— Phosphatiden 844 Tab., 846 Tab.
— Purinen 1185.
— Wasser 592 Tab.
Glykolyse 739f.
Speicherung von Phosphaten, hochpolymeren 649.
Vorkommen von Hefeadenylsäuredesaminase in 1189.
— Nucleindesaminasen in 1189.
— Ribonucleotidase in 1186.
— Xanthindehydrogenase in 1202.
leukämische, Gehalt an Ribonucleinsäure 1247.
Mineralstoffe, Ansatz bei jungen Mädchen 611 Tab.
—, Ausscheidung 195, 610.
—, Kreislauf 610f.
—, Resorption 210—216, 609f.
—, Verteilung, intracelluläre 1077 Tab.
Mineralstoffmangel 612.
Mineralstoffwechsel 608—700.
—, Schrifttum 609.
—, Steuerung 612f.
—, Systematik 613f.
Minimumgesetz von Liebig 612.
Mitochondrien:
1127—1150.
s. a. Zellelemente.
s. a. Zellfraktionen.
Abbau von Propionsäure in 808.
Aktivierung durch DPN 1137.
Aktivität von Fermenten in 1129.
Aminosäuren, Umsetzung in 1147.
Anreicherung von Antigenen in 1146.
Antigenwirkung 1147.
Atmungsförderung durch Kaliumionen 1155.
Atmungskettenphosphorylierung 1137.

Mitochondrien:
Bedeutung von Adenosintriphosphorsäure für Funktion der 1128, 1138.
— Adenylsäure für Permeabilität der 1129.
Beteiligung an Immunitätsreaktionen 1146.
Bildung von Adenosintriphosphorsäure in 1155.
— Citrullin in 1149, 1155.
— Eiweiß in 1145.
— Glykokoll aus Serin und Sarkosin in 1148.
— Hippursäure in 1145.
— Phosphatiden 1144.
— Serin aus Glykokoll und Formiat 1148.
Bindung von Kohlenwasserstoffen, cancerogenen, durch 1154.
— Coenzym in 1131.
Darstellung 1127.
Einbau von Aminosäuren in Eiweiß 924.
— ^{15}N-Glykokoll in Ribonucleotide 1122 Tab.
— ^{32}P in Ribonucleotide 1121 Tab.
Empfindlichkeit gegen Schädigungen 1133.
Energielieferung für Zelleistungen durch 1118.
Enzym, acetataktivierendes, Darstellung 1142.
Enzyme, Abtrennung von 1131.
—, Bindung in 1130f.
Färbung durch Janusgrün B 1128.
Fettsäureoxydation 830ff.
Gehalt an Acetylcholinesterase 1084 Tab.
— — Acetalphosphatiden 1076 Tab.
— — Adenosin 1071 Tab.
— — Adenosindesaminase 1090 Tab.
— — Adenosintriphosphatase 1088 Tab.
— — Adenylsäurephosphatase 1088 Tab.
— — Adrenalin 1096 Tab.
— — Äpfelsäuredehydrogenase 1082 Tab. 1131 Tab.
— — Äthanolamin 1076 Tab.
— — Alkoholdehydrogenase 1082 Tab.
— — Aminosäuren 1072 Tab.
— — Aminopeptidase 1084 Tab.
— — Aminooxydase 1080 Tab.
— — Arginase 1084 Tab.
— — Arylsulfatase 1086 Tab.
— — Benzoylargininamid-amidase 1084 Tab.
— — Bernsteinsäuredehydrogenase 1131.
— — Betainaldehydoxydase 1080 Tab.
— — Cholesterin 1074 Tab.
— — Cholinesterase 1084 Tab.
— — Cholinoxydase 1080 Tab.
— — Cholinphosphatiden 1076 Tab.
— — Choriongonadotropin 1096 Tab.
— — Coenzym A 1094 Tab.
— — Cytochrom c 868, 1078 Tab.
— — Cytochromoxydase 868, 1078 Tab.

Die Seiten 1—840 befinden sich im Bandteil a, die Seiten 841—1257 im Bandteil b.

Mitochondrien:
Gehalt an Dehydropeptidase 1084 Tab.
— — Desoxyribonuclease 1090 Tab.
— — Dijodtyrosin 1096 Tab.
— — DPN-Cytochrom c-Reductase 1078 Tab., 1131.
— — DPN-Nucleosidase 1090 Tab.
— — Eisen 1077 Tab.
— — Eiweiß 1068 Tab.
— — Enzym, Fettsäuren aktivierendem 1080 Tab.
— — —, jodierendem 1090 Tab.
— — Enzymsystemen 1130.
— — Esterase 1082f. Tab.
— — Ferment der Ornithursäuresynthese 921.
— — Fettsäuren 1073f. Tab.
— — Fettsäuredehydrogenase 1080 Tab.
— — Fettsäureoxydase 1080 Tab.
— — Fibrinolysokinase 1084 Tab.
— — Folininsäure 1094 Tab., 1132.
— — Folsäure 1094 Tab., 1132.
— — Formaldehyd-Pyruvat-Carboligase 1090 Tab.
— — Fumarase 1084 Tab.
— — Glucose-6-phosphat-phosphatase 1086f. Tab.
— — β-Glucuronidase 1086 Tab.
— — Glutaminase 1084 Tab.
— — Glutaminsäuredehydrogenase 1080 Tab.
— — Glutaminsäure-Oxalessigsäure-Transaminase 1086 Tab.
— — Glutathionreductase 1082 Tab.
— — α-Glycerophosphat-dehydrogenase 1082 Tab.
— — Heparin 1071 Tab.
— — Hexokinase 1082 Tab.
— — Hexosediphosphat 1071 Tab.
— — Hexosediphosphatase 1088 Tab.
— — Hexosemonophosphat 1071 Tab.
— — Histaminase 1080 Tab.
— — Hormon, antidiuretischem 1094 Tab.
— — —, gonadotropem 1096 Tab.
— — Hyaluronidase 1086 Tab.
— — Isocitronensäuredehydrogenase 1082 Tab.
— — Jod 1077 Tab.
— — Kalium 1077 Tab., 1133.
— — Katalase 1078 Tab., 1148.
— — Kathepsin 1084 Tab.
— — α-Ketoglutarsäure 1080 Tab.
— — Kohlenstoff 1071 Tab.
— — Kupfer 1077 Tab.
— — Kynurenin-Transaminase 1086 Tab.
— — Lactoflavin 1094 Tab.
— — Lactonase 1090 Tab.
— — Lecithin 1076 Tab.
— — L-Leucinamidase 1084 Tab.
— — Lipoiden 867, 1073 Tab., 1144.
— — Lipoidphosphor 1075 Tab.
— — α-Lipoinsäure 1094 Tab.

Mitochondrien:
Gehalt an Milchsäuredehydrogenase 1082 Tab.
— — Monoamino-phospholipoiden 1076 Tab.
— — Monobutyrase 1084 Tab.
— — Myokinase 1088 Tab.
— — Natrium 1077 Tab.
— — Neutralfett 1073 Tab.
— — Oxalessigsäureoxydase 1080 Tab.
— — D-β-Oxybuttersäuredehydrogenase 1082 Tab.
— — Oxydationsfermenten 1027.
— — Pantothensäure 1094 Tab.
— — Peptidase 1084 Tab.
— — Phosphat, energiereichem 1071 Tab.
— — Phosphatase, alkalischer 1086 Tab.
— — Phosphatase, saurer 1086 Tab., 1129.
— — Phosphatiden 857, 867f., 1075 Tab.
— — Phosphatid-Fettsäuren 1075 Tab.
— — Phospholipoiden 1075 Tab.
— — Phosphor 1070 Tab.
— — Phosphorylase 1088 Tab.
— — Prolinoxydase 1148.
— — Pyridoxin 1094 Tab.
— — Pyrophosphatase 1088 Tab.
— — — Reststickstoff 1069 Tab.
— — Rhodanese 1090 Tab.
— — Ribonuclease 1090 Tab., 1129.
— — Ribonucleinsäure 868, 1069f. Tab.
— — Schwefel 1071 Tab.
— — Serin 1076 Tab.
— — Sorbitdehydrogenase 1082 Tab.
— — Sphingomyelin 1076 Tab.
— — Stickstoff 1068 Tab., 1127.
— — Succinodehydrogenase 1080 Tab.
— — Succinoxydase 868, 1078f. Tab.
— — Sulfatase 1086 Tab.
— — Thyroxin 1096 Tab.
— — TPN-Cytochrom c-Reductase 1078 Tab.
— — Transaminasen 1086 Tab.
— — Unverseifbarem 1075 Tab.
— — Uricase 1082 Tab.
— — Vitamin A 1094 Tab.
— — —B_{12} 1094 Tab.
— — Wasserstoff 1071 Tab.
— in Geweben und Stoffwechselbeanspruchung 1135 Tab.
— Tumorzellen 1127.
— von Zellen an 1127.
Gestalt 1127.
Gewicht 1135.
Gewinnung 1066f.
Harnstoffsynthese in Leber 1124.
Inaktivierung 1133.
Membran 1128f.
Neubildung 1135.
Oxydation in 1155.
— von Aminosäuren in 1148.
— — Brenztraubensäure in 1155.
— — Fettsäuren in 1141.

Mitochondrien:
Oxydation von α-Ketoglutarsäure durch 1139.
— — α-Picolinsäure durch 1148.
— — L-Prolin und L-Oxyprolin durch 1148.
— — Sorbinsäure in 1080 Tab.
Oxydationsvermögen 1128.
Peptidbindungen, Knüpfungen durch 1145.
Permeabilität für Nucleotide 1128.
Phosphatide, Umsatzgeschwindigkeit 867, 1144.
Phosphorylierung, oxydative 1137ff.
Proteine, Aminosäurezusammensetzung 1130.
Quellung 1128f.
Ribonucleinsäuren, Zusammensetzung aus Basen 1108 Tab.
Sauerstoffverbrauch 1155.
Sedimentierung 1066.
Stoffwechsel, Beeinflussung durch Farbstoffe 1149.
Stoffwechselleistungen 1130 Abb., 1135, 1136 Tab.
Stoffwechselprozesse 1150 Tab.
Trockengewicht 1127.
Vergiftung mit Dinitrophenol 1129.
„Vermehrung" und Zellteilung 1096.
Vorkommen von Betainaldehyddehydrogenase in 1145.
— Fettsäuredehydrogenase in 1144.
— — Hämolysininhibitor in Leber 1147.
— — Myokinase in 1138.
— — Proteinfraktionen in 1130.
Wirkung von Reizung, elektrischer, auf 1135.
— Ultraschall auf 1130f.
Zahl der — und Aktivität des Cyclophorasesystems 1134.
— bei Geschwülsten 1093f.
— der Eiweißmoleküle in 1135.
— pro Zelle bei Leberregeneration 1096.
Zusammensetzung der Ribonucleinsäuren aus 1077 Tab.
„große" und „kleine" 1127.
pflanzliche 1137.
Mitochondrienantikörper 1147.
Mitose, Energiebedarf 1117.
—, Umsatz von Desoxyribonucleotiden während der 1119f.
—, Voraussetzungen, energetische 1118.
MOLISCHsche Probe 729.
Molke, Bildung im Magen 81.
Mollusken, Cholesteringehalt 870.
—, Kupfergehalt im Blut 401.
Molybdän, Gehalt in Zellkernen 1101 Tab.
—, Stoffwechsel 686.
— als Spurenelement 655.
—, Wachstumshemmung durch 678.
—, radioaktives 686.
Monoalkyl-bernsteinsäuren, Toleranzwerte und Schmelzpunkte 818 Abb.
Monoaminoxydase, Wirkung 932.
Monoamino-phosphatide, Gehalt in Mitochondrien 1076 Tab.
—, Gehalt in Organen, verschiedenen 844 Tab.
—, — Zellkernen 1076 Tab.
Monobutyrase, Gehalt in Mitochondrien 1084 Tab.
—, — Zellkernen 1084 Tab., 1114 Tab.
Monocyten 455, 457f., 462.
Monoglyceride, Bildung bei Fettspaltung im Darm 799.
—, Resorption 232, 239, 247, 797, 799.
Monojodacetat, Hemmung von Oxydoreduktionen durch 758f.
Monojodessigsäure, Hemmung der Fettablagerung in der Darmwand 241, 242 Tab.
—, — Fettsäureresorption durch 238.
—, — Zuckerresorption durch 217, 219.
Monojodtyrosin 683.
Monomethyläthanolamin, kein Umsatz durch Cholinacetylase 1045.
Monomethylbernsteinsäure, Bildung von Methylfumarsäure aus 817.
Monomethylcolamin, Einbau in Phosphatide 850.
—, Methylierung zu Cholin 854, 855 Abb.
Mono-methyl-glucosen, Resorption 220.
Mononatriumurat in Blut und Gewebe 1255.
Mononucleotidase, Vorkommen in Darm 128f.
—, — Pankreas 166.
Mononucleotide, Bildung von Pyrimidinen aus 1228.
—, Resorption im Dünndarm 1181.
—, Spaltung im Darm 129.
—, Vorkommen in Pflanzen 1180.
Monophenylphosphat, Spaltung im Darm 129.
Monophosphoglycerinsäure, fehlt in Erythrocyten 446.
Monosaccharide, Resorption 216—223, 731.
Moose, Lufttrocknung, Verträglichkeit für 606.
Morbus ADDISON, Abbau von Dehydroandrosteron bei 900.
—, Ausscheidung von 17-Ketosteroiden bei 902f.
—, Chlormangel bei 633.
—, Fehlen der C_{19}-Steroide bei 896.
—, Hypoglykämie bei 772.
—, Muskelschwäche bei 773.
Morbus BASEDOW, Glucoseausscheidung im Harn bei 735.
—, Knochenveränderungen bei 719.
—, Plasmaphosphatide bei 861.
— s. a. BASEDOWsche Krankheit.
Morbus PAGET 718.
Morphin, Hyperglykämie durch 733.
mottled leaves 674.
mottled teeth 698.
Mucin:
Adsorptionsverbindung mit Amylase 24.
Bedeutung für Verhinderung von Magengeschwüren 83.

Mucin:
Beziehung zu blutgruppenspezifischer Substanz A 40.
Bestimmung 71.
Bildung in Becherzellen und Duodenaldrüsen 147.
Funktion des — im Speichel 27.
Gehalt an Kohlenhydraten 320.
— — Gelenklymphe 582 Tab.
— — Blut 582 Tab.
— im Submandibularisspeichel 17 Tab.
ein Glykoproteid 729.
Hemmung von Pepsin durch 77.
Lösung durch Magensaft 76.
fehlt im Parotisspeichel 14.
Spaltung durch Pepsin 76, 83.
Unverdaulichkeit 76.
Vorkommen im Darmsaft 134, 150, 152.
— — Ileumsaft 154.
— — Magensaft 69f.
— in Parotisextrakt 25.
— im Speichel 11.
— in Synovialflüssigkeit 579.
Mucinase aus Bakterien 582.
—, Vorkommen im Darminhalt (?) 179.
—, — — Magen 34, 35 Tab.
—, — in Pankreas und Pankreassaft 25, 160 Tab.
Mucoide, Lösung durch Magensaft 77.
—, Kohlenhydratgehalt 320.
—, Vorkommen im Speichel 11f., 77.
α_2-Mucoidglobulin, Gehalt im Plasmaeiweiß 293 Tab.
Mucoitinschwefelsäure, Gehalt in Mucoproteid aus Magensaft 77.
—, Vorkommen in Leukocyten 462.
—, — Magenmucosa 40.
Muconamidsäure, Bildung aus Sorbinsäureamid 821 Tab.
Muconsäure, Bildung aus Benzol 983*.
Mucopolysaccharide als Schutzkolloide im Harn 650.
—, Vorkommen im Knochen 653.
Mucoproteide, Bindung von Calcium und Phosphat an — im Knochen 712.
Mucoprotein, gelöstes, Magen 70f.
Mucosablock bei Eisenresorption 658, 663, 665.
Mundhöhlendrüsen 11, 13.
Mundschleim 18.
Mundschleimhaut, Resorptionsvermögen 29.
Mundverdauung 8—29, 82.
—, Bissenbildung 10.
—, Kauen 9.
Murmeltier, Quotient, respiratorischer 770.
Muscheln, Gehalt der Schalen an Calciumcarbonat 719.
Muschelmuskel, Phosphorgehalt 651.
Musculus psoas, Eisengehalt 656 Tab.
Muskel:
s. a. Muskulatur.
s. a. Skeletmuskel.
Abbau von Acetessigsäure durch 827.

Muskel:
Abbau von Cortison durch 891.
Adaptationsgeschwindigkeit 645.
Akkommodationsgeschwindigkeit 645.
Aktivität des Cyclophorasesystems 1134.
Anreicherung freier Aminosäuren 916.
Bedeutung für Kaliumregulation 627f.
Bernsteinsäureoxydation 1135 Tab.
Bildung von Harnsäure im 1202.
— Phosphatiden im 848.
Eisenaufnahme 661.
Energiegewinn beim Kohlenhydratabbau im 786.
Energiehaushalt 651.
Funktionseisen 656 Tab.
Gehalt an Acetalphosphatiden 863.
— Aldolase 748.
— Arsen 692.
— Bor 689.
— Glucose 730.
— Glykogen 729f., 773f., 777.
— —, Beeinflussung durch Adrenalin 772 Tab.
— Kupfer 401.
— Phosphatiden 841.
— Phosphor 651.
— Purinen 1185.
Glykogen, keine Glucosebildung aus 782.
—, Vorrat beim Menschen 729.
Glykogenbildung 731, 770.
Glykolyse 760.
—, Beschleunigung durch Arsenverbindungen 694.
—, Insulinwirkung auf 781.
Ketonkörperbildung 327.
Lokalisierung der Phosphorylierung, oxydativen 1140.
Magnesiumaufnahme bei Arbeit 637.
Natrium/Chlor-Verhältnis 619.
Neutralfette, Gehalt an Fettsäuren, ungesättigten 845 Tab.
Phosphatide, Gehalt an Fettsäuren, ungesättigten 845 Tab.
Phosphorylierungen 648.
p_H-Wert 1173 Tab.
Raum, extracellulärer 599.
Verteilung von Ammoniak zwischen — und Außenlösung 1166.
Vorkommen von Carbaminoverbindungen 1165f.
— Nucleindesaminasen in 1189.
alloxandiabetischer 789.
quergestreifter, Gehalt an Phosphatiden 862f.
—, Lokalisation der ATP im 1185.
ruhender, p_H-Wert 1166.
Muskeladenylsäure, Bedeutung, physiologische 1184.
—, Bildung 1194.
—, — aus ^{15}N-Ammoniumcitrat 1192.
—, — von Ammoniak aus 1201.
—, Desaminierung, reversible 1201.
—, Spaltung durch 5-Nucleotidase 1187.

Muskelaldolase 747.
Muskelarbeit, Phosphat, anorganisches, im Blut bei 413.
— und Purinstoffwechsel 1238f.
Muskelatrophie, Phosphatidgehalt des Muskels bei 863.
—, Gehalt im Muskel an Adenosintriphosphorsäure 1230.
—, — an Nucleinsäuren 1230.
Muskeldystrophie, Phosphatidgehalt des Muskels bei 863.
—, progressive, Ribonucleotidaseausscheidung bei 1247.
Muskeleiweiß, Kohlenhydratbildung aus 763.
—, Stickstoffaustausch 912.
Muskelfaser, Chloridfreiheit 629.
Muskelhexokinase 741f., 780f.
Muskelkontraktion, Energielieferung für 740.
—, anaerobe 647.
Muskelmembran, Anionenimpermeabilität 629.
Muskelphosphorylase 744f.
Muskelstarre, p_H-Verschiebung bei 1175.
Muskeltätigkeit, Beanspruchung der Pufferung durch 1162.
—, Harnstoffgehalt im Blut bei 342.
Muskelverkalkungen 731.
Muskelwasser, Mobilisierung von 599.
Muskulatur:
s. a. Muskel.
s. a. Skeletmuskel.
Abbau von Harnsäure zu Allantoin in 1210.
Aufnahme von Kalium 624.
Bildung von Allantoin aus Harnsäure in 1208.
— Milchsäure in 771.
— Phosphatiden in 863.
Einbauaktivität für Aminosäuren 923.
Gehalt an Acetalphosphatiden 846.
— Aminosäuren nach Aminosäurezufuhr 916.
— Anserin 979.
— Calcium 635.
— Carnosin 979.
— Chlor 629.
— Jod 680.
— Magnesium 635.
— Mangan 670.
— Wasser 591, 592 Tab.
Glykogensynthese 731, 770.
P-Umsatz 651.
Stoffwechseltypus 1029.
Umsatz von Acetessigsäure 829.
— Phosphatiden 862.
Vorkommen von Kreatinphosphorsäure 945*, 946.
quergestreifte, Vorkommen von Kreatin in 945.
Mutarotatase 730.
Myasthenie bei Rachitis 716.
Mycobacterium phlei, Desoxyribonucleinsäuren, Zusammensetzung aus Basen 1108 Tab.
Mycobacterium tuberculosis, Desoxyribonucleinsäuren, Zusammensetzung aus Basen 1106 Tab., 1108 Tab.
Myelitis, akute, Myositis ossificans bei 722.
Myelocyten 705.
—, Glykogengehalt 462.
Myelom, multiples, Plasmaphosphatase bei 376.
Myelomatose, Globulin, atypisches, im Blut bei 303.
Myelose, funiculäre 38.
Myelosklerose, Protoporphyringehalt im Blut bei 1008.
Myocardinfarkt, Gehalt an Harnsäure im Blut bei 1198.
Myogen A 748, 753.
Myoglobin, Aminosäurezusammensetzung 1013.
—, Biosynthese 1013.
—, CO-Bildung beim oxydo-reduktiven Abbau von 1019.
—, Dauer der Bildung 1010.
—, Eisengehalt 655, 656 Tab., 1009 Tab.
—, Molekulargewicht 513.
—, p_K-Wert 1014.
Myokinase 787.
—, Gehalt in Mitochondrien 1088 Tab., 1138.
—, Vorkommen im Cytoplasma 1154.
Myosin 787.
—, Bindung von 5-Adenylsäuredesaminase an 1185, 1201.
—, Vorkommen in Leukocyten (?) 460.
Myositis ossificans circumscripta 721.
— — progressiva 722.
Myristinsäure, Bildung aus Behensäure 803.
—, — von Acetonkörpern aus 804, 831 Tab.
—, — — Methylundecylketon aus 810 Tab.
—, — — Palmitinsäure aus 856.
—, — — Stearinsäure aus 834, 856.
—, Einbau in Phosphatide 849, 1144.
—, Hemmung des Citronensäurecyclus durch 1143.
—, Oxydation durch Mitochondrien 831 Tab., 1142 Tab.
—, Resorption von 799 Tab.
Myrosin, Verhalten im Verdauungskanal 181.
Myxödem, kein Aneurin in Blut bei 574.
—, Gehalt im Blut an Jod bei 410, 682.
—, — Natrium bei 394.
—, — Protoporphyrin bei 1008.
—, — Plasmaphosphatiden bei 861.
—, — Vitamin C bei 360.
—, Hypoglykämie bei 775.
—, Quellung des Unterhautzellgewebes bei 605.
Myxoprotein 302, 309.

^{24}Na, Halbwertszeit 611 Tab.
Nabelschnurgefäße, Phosphatidgehalt 866.
Nabelvenenblut, Kupfergehalt 402.
—, Sauerstoffsättigung 516.
Nadel, FRANCKEsche 257.
Nährstoffe, Kreislauf 728.

Nährstoffe, Resorption 208—250.
Nagetiere, Magenschleimhaut, Gehalt an Lipase 39 Tab.
Nahrung:
Arsenquellen 693.
Ausnutzung 29.
Beeinflussung des Säure-Basen-Gleichgewichtes im Blut durch die 541.
Eisenquellen 657.
Gehalt an Cholesterin 871.
— Fluor 696, 698.
— Mineralstoffen 642.
Magensekretion, Erregung durch 42, 44.
Transport zum Magen 29.
Verflüssigung 10.
Zerkleinerung, mechanische 8.
alkalische, Wirkung auf Harnsäuregehalt von Blut und Harn 1242f.
purinreiche 1199.
Nahrungsaufnahme 9f.
Nahrungsbedarf 79.
Nahrungsbestandteile des Körpers, Vorräte 729.
—, Verwertung 728.
Nahrungseiweiß, Beziehung zum Körpereiweiß 911.
Nahrungsmittel, Ausnutzung 174.
—, Gehalt an Chloriden 630.
—, — Natrium 621.
Nahrungsmittelamylase 98.
Nahrungsmittelfermente 9, 23, 39, 73, 99.
Nahrungsphosphatide, Resorption 842f.
Nakaturuitis 673.
1,4-Naphthochinon-2-sulfonsäure, Fibrinogenkoagulation durch 477.
β-Naphtholglucuronsäure, Spaltung durch Dünndarmschleimhaut 127.
Narkose, Blutamylase bei 379.
—, Blutzuckersteigerung nach 318, 733.
Nasenschlundsonde 86.
Nativplasma 286.
Natrium:
Schrifttum 618.
Ansatz 611 Tab.
Ausscheidung 599, 620f.
Austausch der Zelle 622.
— im Liquor cerebrospinalis 620.
Bedarf 621.
Bedeutung, biologische 621.
Bestand im Körper 619.
Bestimmung 394.
Gehalt im Blut 281 Tab., 426 Tab., 529 Tab. 530.
— in Blutplättchen 430 Tab.
— — Blutplasma 65f., 281 Tab., 620, 623.
— Blutserum 281 Tab., 393f., 426 Tab., 427 Tab., 430 Tab., 560 Tab., 576 Tab., 623 Tab.
— in Erythrocyten 281 Tab., 425, 426 Tab., 427 Tab., 428 Tab., 430 Tab., 623.
— im Darmsaft 151 Tab., 152, 154.
— in Ergüssen, serösen 560 Tab.
Natrium:
Gehalt in Gelenklymphe 582.
— — Leukocyten 430 Tab., 460.
— — Lymphe 551 Tab., 555 Tab.
— im Magensaft 52 Tab., 65f., 92 Tab.
— in Magenschleimhaut 40 Tab.
— im Pankreas 40 Tab.
— — Pankreassaft 158.
— — Speichel 17 Tab., 21 Tab., 92 Tab.
Haushalt, Störungen 621f.
Mobilisation bei Acidose 603.
Permeabilität durch Zellmembran 602.
Regulation durch Nebenschilddrüsen 613.
Resorption 620.
Retention von 625 Tab.
Stoffwechsel 618—622.
Verteilung 619f.
— im Blut 623 Tab.
radioaktives, Bestimmung des extracellulären Raumes mit 598.
—, Resorption 211.
— (^{24}Na) 620, 623f.
Natriumacetat, markiertes (D), Umsatz im Körper 873.
Natriumchlorid, Beeinflussung der Ca- und P-Speicherung 643.
Natriumcitrat, Verhinderung der Blutgerinnung durch 256, 286.
Natriumdiurese 627.
Natrium-Eisen(III)-tartrat, Verwertung 658.
Natriumfluorid, Aufhebung der Kationenimpermeabilität der Erythrocyten durch 626.
—, Einfluß auf Häminbildung 1004.
—, Hemmung der Atmung von Organen durch 739.
—, — Enolase durch 751.
—, — Glykolyse durch 423, 751.
—, —, keine, der Gluconsäureoxydation durch 738.
—, Verhinderung der Blutgerinnung 256, 286.
— s. a. Fluor.
— s. a. Fluorid.
Natriumhexametaphosphat, Gerinnungsverhinderung durch 490f.
Natriumhydrogencarbonat, Alkalose nach 541.
— im Blut 518.
— s. a. Hydrogencarbonat.
^{14}C-Natriumhydrogencarbonat, Verwertung zur Pyrimidinsynthese 1228.
Natriumjodacetat, Hemmung der Glykolyse durch 423.
Natrium-Mangel-Schock 621f.
Natrium-Mangel-Zustände 622.
Natriumnitrit, Förderung der Pankreassekretion durch 155.
Natriumoxalat, Verhinderung der Blutgerinnung durch 256, 286.
Natriumphosphat, radioaktives, Untersuchung der Phosphatidbildung im Darm mit 118.

Natriumsilicofluorid, Kariesprophylaxe mit 699.
Natriumsulfat, markiertes (^{18}O), kein O-Austausch 615, 653.
Natriumsulfid, Umsatz im Körper 654.
—, markiertes ($Na_2{}^{35}S$), Stoffwechselversuche mit 654.
Natriumthiosulfat, Förderung der Rhodanidbildung durch 653.
Nebenniere, Bedeutung für Blutbildung 465, 469.
—, — Fettresorption 247.
—, — Lymphbildung 556.
—, — Zuckerresorption 218.
—, Bildung von C_{19}-Steroiden 896.
—, Citronensäureabbau 1060 Tab.
—, Citronensäurebildung 1060 Tab.
—, Fermentsystem der Corticosteroidhormone in 885 Anm.
—, Gehalt an Cholesterin 773.
—, — Corticosteron 881.
—, — Oestron 904.
—, Glutamin-Transferase-Wirkung 921.
—, Kobaltspeicherung 673.
—, Steroide, 11-Oxylierung 883, 885.
—, Vorkommen von Ascorbinsäure in 1154.
—, Wirkung auf Bluteiweiß 289.
—, Zinkaufnahme durch 677.
Nebennierenerkrankungen, Glucoseausscheidung im Harn bei 735.
—, Schwefel im Blut bei 415.
Nebennierenexstirpation, Brenztraubensäuregehalt des Blutes nach 326.
Nebennierenhormone, Einfluß auf den Phosphatidspiegel 861.
Nebenniereninsuffizienz, Cholesterinverteilung im Blut bei 443.
—, Veränderung der Ionenverteilung bei 627.
Nebennierenmark, Entdeckung von Adrenalin im 727.
—, Regulation der Leukocytenzahl 456.
Nebennierenrinde:
Bedeutung für Fettsäuresynthese 834.
— Kaliumregulation 627f.
Bildung von Dehydroisoandrosteron bei Tumoren der 899.
Corticosteronsynthese 883ff.
Einfluß auf Purinausscheidung 1234.
Eiweißmobilisierung durch 927.
Gehalt an C_{21}-Steroid unbekannter Konstitution 881.
Harnausscheidung von 17-Ketosteroiden bei Tumoren der 903.
— C_{19}-Steroiden bei Tumoren der 896.
Hemmung der Hexokinase durch 780.
Hyperplasie 892, 900.
Natriumregulation durch 613.
Regulation der Leukocytenzahl 456.
Sekretionsleistung 881, 883.
C_{21}-Steroide 881—886.
Unterfunktion, Defekterscheinungen bei 744 Tab.
Nebennierenrinde:
Wirkung auf Gehalt im Blut an Acetonkörpern 328.
— — Kohlenhydratstoffwechsel 772ff.
— von Kost, natriumarmer, auf 620.
Nebennierenrindenhormone 369, 768.
—, Bedeutung für Glucoseresorption 219f.
—, Blutcholesterin nach Zufuhr von 338.
—, Indican im Blut nach 351.
Nebennierenrindeninsuffizienz, Gehalt im Blut an Fett bei 333.
—, — Kalium 394.
Nebennierenschädigung, Natriumgehalt des Blutes bei 394.
Nebennierentumoren, Ausscheidung von C_{21}-Steroiden bei 894.
Nebenschilddrüse, Bedeutung für Zuckerresorption 218.
— und Calcium-Phosphathaushalt 613, 645, 715, 721.
—, Folgen der Exstirpation 645, 651.
—, Funktion 715.
Nebenschilddrüsenhormon und Kieselsäurestoffwechsel 692.
—, Vorkommen im Blut 367.
Nebenschilddrüseninsuffizienz und Calciumionisation 612.
Nebenschilddrüsentumoren, Entmineralisierung des Skelets bei 642.
Nebenschilddrüsenunterfunktion 692.
Nebenzellen s. Magenschleimhaut, Nebenzellen.
Neodymsalze, Hemmung der Blutgerinnung durch 496.
Neoplasmen, Umsatz von Desoxyribonucleinsäure bei 1247.
Neosalvarsan, Hemmung der Allantoinbildung 1211.
Neosalvarsan, Verhinderung der Blutgerinnung durch 491.
Neospongosterin 870.
Nephritis, Chloridretention im Gewebe 408.
—, Gehalt im Blut an Chloriden bei 407.
—, — Kreatin und Kreatinin bei 348f.
—, — Phosphat, anorganischem bei 413.
—, — Serumglobulin bei 306.
—, Mageninhalt, Stickstoffgehalt bei 92.
Nephrosen, Eisenausscheidung bei 661.
—, Gehalt im Blut an Serumalbumin bei 310.
—, — Vitamin A bei 359.
—, — Calcium bei 397.
—, Lipämie bei 862.
—, Oedeme bei 604.
—, Viscosität der Kniegelenkslymphe bei 580.
—, Veränderung der Plasmaeiweißkörper bei 303.
Nerven, Vorkommen von 5-Nucleotidase in 1187.
—, periphere, Gehalt an Acetalphosphatiden 866.

Nerven, periphere, Gehalt an Phosphatiden bei Arteriosklerose 865.
—, —, — — Diabetes 865.
—, —, Phosphatidumsatz 865.
—, —, Zusammensetzung der Phospholipoide 865.
Nervenfasern, markhaltige, Phosphatide der 864.
Nervengewebe, Phosphatide, Zusammensetzung 845.
—, Phosphatidsynthese 848.
—, Trockensubstanz 1099 Tab.
—, Vorkommen von Nucleindesaminasen in 1189.
Nervenmembran, Anionenimpermeabilität 629.
Nervensubstanz, Gehalt an Phosphatiden 863—866.
—, Wassergehalt 592 Tab.
Nervensystem, Gehalt an Kohlensäureanhydratase 522.
—, sympathisches, Innervation der Speicheldrüsen 14, 16.
—, vegetatives, Einfluß auf Blutbildung 465.
Nervenzellen, Bildung von Phosphatiden in 865.
Nervonsäure, Bildung aus Ölsäure 819.
Nervus glossopharyngeus 14.
Nervus ischiadicus, Gehalt an Phosphatiden 844 Tab.
— vagus 44f., 47.
NESSLERS Reagenz 37.
Netzhaut, Gehalt an Zink 675.
—, Vorkommen von 5-Nucleotidase in 1187.
Netzmagen 32, 99.
NEUBERG-Ester 745*, 746*.
— s. a. Fructose-6-phosphat.
Neugeborene, Blutmenge 258, 259 Tab.
—, Blutzuckerwert 314 Tab.
—, Harnsäureausscheidung 1238.
—, Harnsäureinfarkte 1181, 1256.
—, Mageninhalt 50.
—, Zinkreserve 676.
Neugeborenenblut, Erythrocytengehalt 257.
Neurin, Wirkung auf Harnsäureausscheidung 1230.
Neurohypophyse, Jodanreicherung 682.
Neurospora, Chinolinsäure kein Ersatz für Nicotinsäure bei 993.
—, Desaminase in 939.
—, Lysinbildung in 968.
—, Oxalessigsäure, Vorstufe der Pyrimidine bei 1228*.
—, Umsatz von Tryptophan durch 991f.
— crassa, Fermentdefekte bei Zinkmangel 679.
— —, Tryptophanstoffwechsel 995.
Neutralfette, Gehalt an Fettsäuren, ungesättigten, in Muskel und Leber 845 Tab.
—, — im Blut 280 Tab., 332 Tab., 333 Tab., 334, 426.
—, — — Blutplasma 280 Tab., 442 Tab.
—, — — Blutserum 280 Tab., 427 Tab.
Neutralfette, Gehalt in Erythrocyten 280 Tab., 442 Tab.
—, — Mitochondrien 1073 Tab.
—, — — Zellkernen 1073 Tab.
—, Resorption von ungespaltenem 238ff.
—, Vorkommen in Eiterkörperchen 584.
Neutralfett-Fettsäuren, Gehalt in Zellkernen 1100 Tab.
Neutralschwefel 911.
—, Vorkommen im Blut 414f.
—, — Harn 953.
Niacin, Gehalt im Cyclophorasesystem 1132 Tab.
— s. a. Nicotinsäure.
Nicht-Eiweißschwefel 414.
Nicht-Histon-Proteid, Aminosäurezusammensetzung 1110 Tab.
Nickel, Aktivierung der Carboxylase durch 754.
—, Gehalt in Zellkernen 1101 Tab.
— als Spurenelement 655.
—, Stoffwechsel 686.
Nicotin, Hemmung der CO_2-Produktion im Magen 68.
—, — Magensaftsekretion 45.
—, Hyperglykämie durch 733.
Nicotinsäure:
s. a. Niacin.
s. a. Pellagraschutzstoff.
Ausscheidung 993.
Bedeutung für Hämoglobinsynthese 1010.
Bildung aus Ornithin 969.
— — Tryptophan 991f., 993*.
— und Vitamin B_6 993.
Gehalt im Blut 363, 452, 453 Tab.
— — — bei Kobalt-Mangeltieren 674.
— in Codehydrogenasen 776.
— — Zellkernen 1094 Tab.
Verhinderung des Alloxandiabetes durch 779.
Vorkommen in Erythrocyten 363.
— im Magensaft 40.
— — Speichel 26 Tab.
Nicotinsäureamid:
s. a. Pellagraschutzstoff.
Bestimmung 364.
Beteiligung an Oxydation der Steroide 885.
Bildung aus Tryptophan 991.
— von Nucleotiden aus 1195.
— — Trigonellinamid aus 962.
—, keine, von Purindesoxyribosiden aus 1195.
Gehalt im Blut 280 Tab., 363 Tab., 364, 452, 453 Tab.
— — Blutserum 281 Tab., 363f.
— in Erythrocyten 363, 452.
— im Liquor cerebrospinalis 574.
Methylierung 962, 1153 Tab.
Regulation des Kohlenhydratstoffwechsels durch 768.
Umwandlung in Trigonellin 961, 962*.
Vorkommen im Magensaft 40.

Nicotinsäureamid-Methylkinase, Gehalt im Cytoplasma 1090 Tab.
Nicotinsäureamidribose-5-phosphat, Spaltung durch 5-Nucleotidase 1187.
Nicotinsäureamidmononucleotid Bildung von Diphosphopyridinnucleotid aus — im Zellkern 1125.
—, Reaktion mit ATP 1140.
NIEMANN-PICKsche Erkrankung, Plasmaphosphatidgehalt bei 861.
Niere:
Abbau von Acetessigsäure in 827.
— Bernsteinsäure 1135 Tab.
— Citronensäure in 1060 Tab.
— Cortison durch 891.
— Essigsäure in 1027f., 1033.
Anpassung an Natrium-Mangel 624.
Aufnahme von Arsen durch 693.
— Eisen durch 661.
— Glykokoll in Zellkernbestandteile der 1123 Tab.
Ausscheidung von Arsen durch 693.
— Calcium durch 640, 642, 643 Tab., 649f., 661.
— Chlorid durch 631f.
— Eisen durch 660f.
— Jod durch 681.
— Kalium durch 624.
— Kieselsäure durch 690ff.
— Kupfer durch 666f.
— Natrium durch 620.
— Phosphat durch 642, 643 Tab., 649f., 651.
— Wasser durch 593.
Bedeutung für Reaktionsregulierung 545, 1164.
— Wasserhaushalt 600, 603.
Beteiligung am Eiweißstoffwechsel 912.
Bildung von Acetessigsäure in 830.
— Allantoin aus Harnsäure in 1208.
— Ammoniak in 535, 543.
— Citronensäure in 1060 Tab.
— Harnsäure in 1202, 1204, 1207f.
— Phosphatiden in 848.
Blutversorgung 732.
Cyclophorasesystem 1142.
—, Fettsäureoxydation durch 1141, 1144.
Desaminierungen in der 535, 929.
Desoxyribonucleinsäuren, Zusammensetzung aus Basen 1106 Tab., 1108 Tab.
Einbauaktivität für Aminosäuren 923.
Gehalt an Calcium 635.
— Chlor 629.
— Cholin 137 Tab.
— Eisen 656 Tab.
— Fermenten in Zellkernen 1114 Tab., 1116 Tab.
— —, glutathionspaltenden, in 922f.
— Kobalt 673.
— Kohlensäureanhydratase 522.
— an Kupfer 666.
Niere:
Gehalt an Lecithin 846.
— Magnesium 635.
— Phosphat 647.
— Phosphatase 125 Tab.
— Phosphatiden 844 Tab., 846 Tab..
— Phosphor 111 Tab.
— Purinen 1185.
— P-Verbindungen bei Resorption im Darm von Glucose und Öl 111 Tab.
— Sphingosinphosphorsäurecholinester 853.
— Wasser 592 Tab.
Mitochondrien, Acetatoxydation durch 1142.
— Stoffwechselleistungen 1136 Tab.
—, Umsatz von Essigsäure 1143.
Phosphatidumsatz 862.
p_H-Wert 1173 Tab.
Regulation des osmotischen Druckes durch 535.
Ribonucleinsäuren, Zusammensetzung aus Basen 1107 Tab.
Rückresorption von Zucker 734.
Säure-Basen-Gleichgewicht, Regulation 534f.
Sekretionsschwelle für Phosphationen 649.
Speicherung von Aminosäuren, freien, in 916.
— Eiweiß in 927.
— Jod in 682.
— Kreatin in 946.
— Quecksilber 687.
Steroide, 11 β-Oxylierung 886.
Steroidstoffwechsel 891, 897, 905.
Stoffwechseltypus 1029.
Testosteronstoffwechsel 897.
Umaminierung durch 936.
Vorkommen von Hefeadenylsäure-desaminase in 1189.
— Nucleindesaminasen in 1189.
— Xanthindehydrogenase in 1202.
Zuckerschwelle 733.
Nierenclearance für Aminosäuren 344 Tab., 345.
— Kreatinin 349.
Nierenentfernung, Blutcholesterin nach 338.
Nierenentzündungen, chronische 360.
Nierenerkrankungen, Blut, spez. Gewicht, bei 264.
—, Gehalt im Blut an Harnsäure bei 347.
—, — Katalase bei 449.
—, — Rest-C bei 330.
—, — Schwefel bei 415.
—, Hyperchlorämie bei 408.
Niereninsuffizienz, Gehalt im Blut an Calcium bei 397.
—, — — an Darmfäulnisprodukten bei 329.
—, — — Liquor cerebrospinalis an Reststickstoff bei 569.
—, — — Mageninhalt an Stickstoff bei 93.

Niereninsuffizienz, Kaliumvergiftung bei 624.
—, Konzentrationsvermögen für Harnsäure bei 1248.
—, Natriumaustausch zwischen extra- und intrazellulärem Raum bei 622.
—, Xanthoproteinreaktion im Blut bei 329.
Nierenkrankheiten, Beeinflussung des Säure-Basen-Gleichgewichtes im Blut durch 543.
—, Indican im Blut bei 350.
Nierenphosphatase 375.
—, Hemmung bei Alloxanvergiftung 779.
—, — durch Cystin 654.
—, — — Kupfer 669.
Nierenschädigung, Calciumausscheidung bei 651.
—, Hypochlorämie bei 408.
—, Phosphatausscheidung bei 651.
Ninhydrin, Fibrinogenkoagulation durch 477.
—, Hemmung von Muskelhexokinase durch 741.
Nitella, p_H-Messung in 1170, 1173 Tab.
—, Reaktion von Zellsaft 1172.
Nitratstoffwechsel 617.
Nitrite, Gehalt im Blut 415f.
—, — Speichel 21 Tab.
Nonansäure, Bildung, keine, von Acetessigsäure aus 802 Tab.
NONNE-APPELTsche Reaktion 568, 571 Tab.
Nonylbernsteinsäure, Bildung von Bernsteinsäure aus 817.
n-Nonylbernsteinsäure, ω-Oxydation 817.
Noradrenalin, Bestimmung 369.
Norleucin als Aminosäure, entbehrliche 933.
—, Bedeutung für Umaminierung 937.
—, Bildung von α-Keto-n-capronsäure aus 929f.
Normoblastenkerne als Quelle der Harnsäure, endogenen 1200.
NORTHROP-Pepsin 75.
Norvalin, Desaminierung 930.
Notatin 1185.
Novasurol, Wirkung auf Harnsäureausscheidung 1250.
Novatophan, Wirkung auf Harnsäurestoffwechsel 1249.
N:S-Quotient, Eiweiß 653.
„nuclear fraction" 1066.
Nucleasen 1186, 1189 Schema.
—, Darstellung 129.
—, Hemmung durch Arsenat 694.
—, Vorkommen im Darmsaft 154, 171.
—, — Pankreassaft 166.
Nuclein, Bildung durch Pepsin 76.
Nucleindesaminasen 1188f.
—, Vorkommen in Darm und Darmsaft 120 Tab., 130.
Nucleine fehlen im Serum 347.
Nuclein-P, Vorkommen im Blut 412.
Nucleinsäuren:
Abbau 1185—1189.
Antagonisten von Sulfonamiden 1197.
Bedeutung für Vervielfältigungsmechanismus der Peptidkette 926.
Nucleinsäuren:
Bildung 1190—1198.
—, Bedeutung von Vitaminen für 1257.
—, Hemmung 1197.
—, — durch Cortison 1234.
—, — — Röntgenstrahlen 1196.
—, — — Yttriumkolloid 1197.
—, Wirkung von Röntgenbestrahlung auf 1242.
— in den Generationsorganen der Fische 912.
— von Allantoin aus — beim Menschen 1215.
Gehalt in Geweben, embryonalen 1185.
— im Muskel, atrophischen 1230.
— in Zellkernen 1101f. Tab.
als Gewebspuffer 1237.
P-Stoffwechsel 648.
Spaltung im Duodenum 171.
Stoffwechsel, intermediärer 1182—1198.
Umsatz bei Ratten, hypophyektomierten 1233.
UV-Absorption 33.
Verteilung, intracelluläre 1068—1071 Tab.
Vorkommen 1182—1185.
— im Harn 1186.
Nucleoalbumin, Gehalt in Flüssigkeiten, serösen 559 Tab.
Nucleogelase 1186.
Nucleohiston, Vorkommen in Thymusleukocyten 460.
Nucleolus 1097.
—, Gehalt an Phosphatiden 867.
Nucleophosphatase, keine Vergiftung durch Silber 130.
Nucleoproteide, Bedeutung als Energieüberträger 1183.
—, Gehalt im Blutplasma 313.
—, — — Blutserum 313.
—, — in Zellkernen 1100 Tab., 1180.
—, Hydrolyse durch Kallikrein 1237.
—, Spaltung durch Pepsin 76.
—, Struktur 1180.
—, Vorkommen in Leukocyten 460.
5-Nucleosidase 1187.
Nucleosidasen 1188, 1189 Schema.
—, Vorkommen im Blut 378.
—, Vorkommen in Darm und Darmsaft 120 Tab., 128—130.
—, — — Leukocyten 464 Tab.
—, — — Pankreas und Pankreassaft 160 Tab.
Nucleosiddesaminasen 1200, 1201.
Nucleoside 1180.
—, Abbau 1204.
—, Antagonisten von Sulfonamiden 1197.
—, Bildung aus Purin und Ribose-1-phosphatsynthese 1195.
—, Erzeugung von Leukocytose durch 1237.
—, Resorption im Dünndarm 1181.
—, Spaltung im Darm 129.
—, freie, Vorkommen in der Natur 1185.
Nucleosid-N im Blut 348.

Nucleosidphosphatase, Vorkommen in Zellkernen 1127.
Nucleosid-phosphorylase 1195.
—, Beteiligung bei Bildung von Phosphat, energiereichem (?) 1123.
—, Einfluß des Alters auf Verteilung, intracelluläre 1126 Tab.
—, Gehalt in Zellelementen bei Hunger 1126 Tab.
—, Vorkommen in Zellkernen 1116 Tab., 1127.
3-Nucleotidase, Vorkommen im Darm 129.
5-Nucleotidase 1187.
—, Vorkommen im Darm 129.
—, — in Zellkernen 1116 Tab.
Nucleotidasen, Dephosphorylierung durch 129.
—, Hemmung durch Aneurin 775.
—, Vorkommen in Darm und Darmsaft 120 Tab., 128ff.
—, Wirkung 1187, 1189 Schema.
Nucleotiddesaminasen 1189 Schema, 1200.
Nucleotide, Aufbau durch Phosphatasen 124.
—, Bedeutung als Energieüberträger 1183.
—, — für Cyclophorasesystem 1139.
—, Bildung, Geschwindigkeit 1121ff.
—, — aus Pentose und Desoxypentosephosphorsäure 1193.
—, — in Zellkernen 1117.
—, Einbau von ^{14}C-Glykokoll in 1123.
Nucleotide, Erzeugung von Leukocytose durch 1237.
—, Permeabilität von Mitochondrien für 1128.
—, Spaltung im Darm 129.
—, Vorkommen im Blut 411.
— s. a. Desoxyribonucleinsäure.
— s. a. Desoxyribonucleotide.
— s. a. Polynucleotide.
— s. a. Ribonucleotide.
Nucleotid-N im Blut 347f.
Nucleotid-N-ribosidase 1188.
—, Vorkommem in Darm und Darmsaft 128, 130.
—, — im Pankreas 166.
Nucleotid-Purine, Bildung aus Pyrimidinen 1227.

Oberschenkellymphe 552 Tab.
— s. a. Beinlymphe.
Obstipation, Gehalt im Blut an Diastase bei 379.
—, Ursache der intestinalen Autointoxikation 189.
— bei Verdauungsstörungen 183f.
—, spastische 140, 184.
Ochoa-Reaktion 1051.
Ochronose 981f., 1004.
$\Delta^{9,12}$-Octadecandiensäure (Linolsäure) als essentielle Fettsäure 820.
Δ^{9}-Octadecensäure, Verhalten im Stoffwechsel 1140.
Octadiensäure, Untersuchung der Fettresorption mit 799.
Octansäure, Bildung von Acetessigsäure aus 803f.
—, — Fettsäuren, höheren, aus 834.
—, — Glykogen aus 827.
—, Oxydation 823f., 831 Tab., 1142 Tab.
Octatetraen-1,8-dicarbonamidsäure, Bildung aus Decatetraensäureamid 821 Tab.
Octatriensäureamid, Bildung von Hexatrien-1,6-dicarbonamidsäure aus 821 Tab.
Octopin, Synthese 937.
Octopus vulgaris, Blutfarbstoff 665.
—, Harnsäuresynthese bei 1204.
Octylalkohol, Hemmung des L-Aminosäureabbaus durch 930.
Octylbernsteinsäure, Bildung von Bernsteinsäure aus 817.
n-Octylbernsteinsäure, ω-Oxydation 817.
Odontoblasten 722f.
Oedem, hämodynamisches 578.
Oedembereitschaft 578.
Oedeme 604f.
— bei Hypalbuminämie 601.
—, Hypochlorämie bei 408.
—, Menge der Flüssigkeit, interstiellen, bei 547.
—, Pathogenese 622.
—, Vermehrung der Serumglobuline bei 306.
—, periphere 580.
Oedemflüssigkeit 578.
Ödemkrankheit, Kupfer im Blut bei 402.
Ölsäure, Abbau durch Fettsäuredehydrogenase 1144.
—, Beeinflussung der Fettresorption durch 800.
—, Bildung aus Behensäure 803.
—, — — Stearinsäure 819.
—, — von Acetonkörpern aus 804.
—, —, keine, von Polyensäuren aus 821.
—, Einbau von Deuterium in 833.
—, Freisetzung bei Fettspaltung im Darm 162.
—, Gehalt in Neutralfetten 845 Tab.
—, — Phosphatiden 845 Tab.
—, Oxydation 831 Tab., 832, 1140.
—, —, keine, an der Doppelbindung 809.
—, Resorption im Darm 795.
—, Vorkommen im Cardiolipin 846.
—, — in Cholesterinestern des Blutes 338.
—, gebundene, Vorkommen im Blut 335.
Ölsäure-diäthylamid, keine Oxydation von 809.
Önanthsäure, Bildung von Methylbutylketon aus 810 Tab.
Oesophagus, Gehalt an Acetylcholinacetylase 140.
Oesophagusdivertikel, Bedeutung für Nahrungstransport 29.
Oesophagusfistel 47.
Oesophagusstriktur 46.
Oestradiol 904, 905*, 906 Tab.
—, Abbau durch Zellfraktionen 1156.

Oestradiol, Abbau im Cytoplasma 1153 Tab.
—, Veresterung mit Glucuronsäure 880.
—, Verteilung im Blut 451.
—, Wirkung auf Nucleinsäuregehalt der Leber 1234.
—, ^{131}J-markiertes 906.
Oestrandiol 907*.
$\Delta^{5,7,9}$-Oestratrienolon 906 Tab.
Oestriol 904, 905*, 906 Tab.
—, Veresterung mit Glucuronsäure 880.
Östrogene, Abbau durch Zellfraktionen 1156.
—, — im Cytoplasma 1082 Tab.
—, mit ^{131}J markierte, Verhalten im Stoffwechsel 906.
Oestron 904, 905*, 906 Tab.
—, Abbau durch Zellfraktionen 1156.
—, — im Blut 370.
—, — — Cytoplasma 1153 Tab.
—, Ausscheidung 906.
—, Veresterung mit Schwefelsäure 880.
—, Vorkommen im Speichel 26.
Oestrus, Brenztraubensäuregehalt des Blutes 326.
—, Störungen bei Manganmangel 672.
Ohrspeicheldrüse s. Glandula parotis.
Oligämie 258.
Oligasen 731.
Oligonucleasen, Vorkommen in Darm und Darmschleimhaut 120 Tab., 128.
Oligonucleotidasen 1187.
—, Vorkommen in Darm und Darmschleimhaut 128.
Oligonucleotide, Entstehung erst bei Isolierung 1183.
—, Spaltung durch Schlangengift 1187.
Oligophrenie, Phenylbrenztraubensäureausscheidung bei 980.
— s. a. Imbecillitas phenylpyruvica
Oligosaccharasen, Systematik 126, 187.
Ommochrome 995.
Omnivoren 10, 35.
—, Darm, Länge und Fassungsvermögen 104 Tab.
—, Ferment, stärkespaltendes, im Speichel 27.
—, Phosphatausscheidung 649.
Oocyten, Permeabilität der Kernmembran 1118.
Opossum, Ausscheidung von Allantoin 1215.
Organe:
Gehalt an Acetalphosphatiden 846.
— Acetylcholin 137, 138 Tab., 139 Tab.
— Aluminium 685.
— Arsen 692f.
— Cholin 137 Tab.
— Cholinphosphatiden 845 Tab.
— Citronensäure 1061 Tab.
— Colaminphosphatiden 845 Tab.
— Eisen 656 Tab.
— Fluor 696.
— Kephalin 844 Tab., 846 Tab.
— Mangan 670.
— Monoaminophosphatiden 844 Tab.
Organe:
Gehalt an Phosphatasen 125 Tab.
— Phosphatiden 844 Tab., 845 Tab.
— Silicium 691.
— Sphingomyelinen 844 Tab., 846 Tab.
— Phosphatiden beim Wachstum 486 Tab.
— Wasser 590ff.
— Zink 675.
Funktionseisen 656 Tab.
Säuren u. Basen ausscheidende 534.
Organextrakte, Wirkung auf Darmsaftsekretion, 147.
Organismus, Gehalt an Cholesterin bei Kost, lipoidarmer 872.
Organphosphatide, Jodzahl 849.
Ornithin 968—974.
—, Bedeutung für Harnstoffsynthese 970.
—, — Umaminierung 937.
—, Bildung aus Arginin 948*, 968*, 970*.
—, — von Arginin aus 970*.
—, — — Citrullin aus 971.
—, — — Nicotinsäure aus 969.
—, — — Putrescin aus 931.
—, — — Zucker aus 763, 765*, Tab., 969.
—, Entgiftung durch 969.
—, Umwandlung, reversible, zu Prolin und Glutaminsäure 968.
D-Ornithin 986.
Ornithursäure 969*.
—, Synthese 921f.
Orotsäure, Bildung aus Ureidobernsteinsäure 1227.
— nicht Purinvorstufe 1222.
—, Verwertung für Pyrimidinsynthese 1227.
^{15}N-Orotsäure, Bildung von Cytosin und Uracil aus 1193.
—, — Pyrimidinen aus 1227.
—, Einbau in Ribonucleotide 1122.
Orthokieselsäure, Ester der 691.
Osmose 207, 210.
Osseomucoid 702.
Ossifikation im Knorpel, rachitischen 637.
Osteoblasten 705, 709, 711, 719.
Osteocyten 711.
Osteogenin 713.
Osteoklasten 719.
Osteomalacie 718.
Osteomalacie, Gehalt im Blut an Calcium 397.
—, — Phosphat, anorganischem, bei 413.
—, — Phosphatase bei 376.
—, Phosphathaushalt bei 651.
Osteopathie, dystrophische 718.
Osteoporose 640.
Osteosklerose 698.
Ostitis deformans 718.
— —, Gehalt im Blut an Phosphatase bei 376.
— fibrosa, Gehalt im Blut an Calcium 397.
— —, — — Phosphatase bei 376.
— — generalisata Recklinghausen 642, 718.
Ostium ileocaecocolicum 172.

Ostreasterin 870.
Outginningsziekte 667.
Ovalbumin, Gehalt an Zucker, gebundenem 729.
—, jodiertes, Speicherung in Zellfraktionen 1147 Tab.
Ovarialhormone, Beeinflusung des p_H im Blut durch 272.
Ovarium, Bildung von C_{19}-Steroiden im 896.
—, Gehalt an β-Oestradiol 904.
—, — Oestron 904.
—, — Wasser 592 Tab.
—, — Zink 675.
Ovomucoid, Unverdaulichkeit durch Pepsin 76.
OWRENS Faktor V 481f., 484.
Oxalate, Gerinnungsverhinderung 485, 490f.
—, Hemmung der Glykolyse durch 759 Tab.
Oxalbernsteinsäure, Bildung von Oxalsäure aus 1028.
—, Decarboxylierung 1051f.
—, Gleichgewicht mit Isocitronensäure 1052.
—, — α-Ketoglutarsäure 1052.
—, Stabilität 1051.
Oxalbernsteinsäurecarboxylase 1051f.
Oxalcitramalsäure 1030, 1031*.
Oxalessigsäure:
Acetylierung 839.
⇌ Äpfelsäure, Bedeutung für Abbau der Fumarsäure im Citronensäurecyclus 1058.
— —, Koppelung mit anderen Redoxsystemen 828.
Bedeutung für Fettsäureoxydation 769, 830.
— Umaminierung 937f.
Beteiligung an Pyrimidinsynthese 1221.
Beziehung zu Glutaminsäure 950
Bildung aus Asparaginsäure 929, 949f., 1148.
— Brenztraubensäure 761f., 950, 1054*, 1055 Schema, 1163.
— Serin 942.
— bei Oxydation von Fettsäuren durch Mitochondrien 1141.
— von Asparaginsäure aus 950, 972.
— — Citronensäure aus 790, 809, 828, 1031f., **1045—47**, 1050, 1143.
— — Harnsäure aus 944.
— — Oxalsäure aus 1028.
— — Uridin aus 1228*.
Decarboxylierung, reversible 1053f.
Hemmung der Äpfelsäuredehydrogenase durch 1131.
Reduktion 737, 739.
Stellung im Citronensäurecyclus 1055 Schema.
— in der THUNBERGschen Theorie 1028.
Transaminierung mit Cysteinsäure 957.
Stabilität 785.
Verminderung bei Erschöpfung der Kohlenhydrate 829.
— der Ketose durch 828.
Oxalessigsäure:
Vorstufe der Pyrimidine bei Neurospora 1228*.
Zersetzung 1053, 1054*.
Oxalessigsäurecarboxylase 1054.
Oxalessigsäure-enol-phosphat 789, 791.
Oxalessigsäureoxydase, Gehalt in Zellelementen 1080 Tab.
—, — Zellkernen 1080 Tab., 1114 Tab.
Oxalsäure, Ausscheidung im Harn 813, 1027.
—, Bildung aus Glyoxylsäure 939, 1028.
—, — — Isobarbitursäure 1229.
—, — — Rohrzucker 738.
—, — beim Essigsäureabbau 1027f.
—, Gehalt im Blut 813.
—, — — Blutserum 326, 572 Tab.
—, — in Echinococcusblasenflüssigkeit 579.
—, Steigerung der Harnsäurebildung durch 1250.
—, Vorkommen im Knochenmark 1027.
—, in Konkrementen 1027.
—, Vorstufen der 1028.
—, Wirkung, anticalcifizierende 638.
Oxalsäuredehydrogenase 813.
Oxalursäure 1229*.
—, Bildung aus Guanosin 1218.
—, — von Harnstoff aus 1229.
Oxomutase 745f.
Oxyacetylendiurein 1213.
Oxyacetylen-diureincarbonsäure, Zwischenprodukt des Harnsäureabbaus 1208, 1209*, 1210.
Oxyadenine, Ablagerung von 2,8-Dioxyadenin in der Niere nach 1256.
—, Bildung aus Adenin 1202, 1223.
11β-Oxyaetiocholanolon 902.
2-Oxy-6-aminopurin-D-ribosid 1189, 1201.
2-Oxy-6-aminopyrimidin, Vorkommen in Thymonucleinsäure 1225.
11β-Oxyandrosteron 883, 902.
3-Oxyanthranilsäure, Bildung von Nicotinsäure aus 992, 993*.
—, Wachstumswirkung 993.
Oxy-asparaginsäure, Porphyrinsynthese aus 1001.
β-Oxybuttersäure:
Abbau im Cyclophorasesystem 831.
⇌ Acetessigsäure, Koppelung mit anderen Redox-Systemen 828.
Ausscheidung im Harn 535, 769.
Beeinflussung der Kohlensäurebindung im Blut durch 543, 545.
Bildung aus Buttersäure 805.
— — Fettsäuren 802.
— — Vinylessigsäure 1049.
— bei Diabetes mellitus 543.
— von Citronensäure aus 1031.
— — Serin aus 942.
—, keine, von Zucker aus 764*,Tab.
Dehydrierung durch Cozymase 1235.
Gehalt im Blut 327, 328 Tab.
— Magensaft 86.

Die Seiten 1—840 befinden sich im Bandteil a, die Seiten 841—1257 im Bandteil b.

β-Oxybuttersäure
Neutralisation durch Ammoniak bei Ausscheidung 537.
Oxydation durch Cyclophorasesystem 1140.
Wirkung auf Blutharnsäure 1242.
β-Oxybuttersäuredehydogenase 806, 828, 1132, 1141.
D-β-Oxybuttersäuredehydrogenase, Gehalt in Mitochondrien 1082 Tab.
D-β-Oxybutyryl-coenzym A 1141.
8-Oxychinolin, Hemmung von Phosphoglucomutase durch 742.
γ-Oxychinolin-α-carbonsäure (= Kynurensäure) 987, 989*.
7β-Oxycholesterin, Vorkommen im Serum 339.
11β-Oxy-corticosteroide 886.
17-Oxycorticosteron, Abbauprodukte im Harn 893 Tab.
—, Bildung aus Cortison 891, 1151.
—, — — 17-Oxy-11-desoxycorticosteron 883, 884 Schema.
—, — — 17-Oxyprogesteron 884 Schema.
—, — — Pregnenolon 885.
—, — im Cytoplasma 1153 Tab.
—, — von 17-Ketosteroid aus 903.
—, Gehalt in Nebennieren 881, 882 Tab.
—, Glucosurie und Salzausscheidung nach 773.
—. Vorkommen im Nebennierenblut 883.
—, — in Placenta 886 Tab.
— s. a, Δ^4-Pregnen-11β,17α,21-triol-3,20-dion.
Oxydasen, Vorkommen im Blut 382.
—, — in Eiterkörperchen 584.
—, — — Leukocyten 464 Tab.
—, — im Liquor cerebrospinalis 575.
—, — — Speichel 25.
Oxydation, biologische, Fermente der — in Mitochondrien 1130.
β-Oxydation der Fettsäuren 817, 822f., 831, 839.
—, Umkehr 833.
—, multiple, alternierende 803.
Oxydationsfermente, Fehlen im Zellkern 1113.
17-Oxy-11-dehydrocorticosteron 882 Tab., 884 Schema, 886 Tab., 891.
—, s. a. Cortison.
— s. a. Δ^4-Pregnen-17α,21-diol-3,11,20-trion.
β-Oxydehydrogenase 807.
17-Oxy-11-desoxycorticosteron 882 Tab., 883.
— s. a. Δ^4-Pregnen-11β,21-diol-3,20-dion.
— s. a. 11-Desoxy-17-oxycorticosteron.
4-Oxy-3,5-dimethylbenzaldehyd, Bildung aus Citral 812*.
Oxyfettaldehyd, Rolle bei Fettbildung aus Zucker 1029.
Oxyglutaminsäure als Aminosäure, entbehrliche 933.
—, —, glucoplastische 763.
Oxyglutaminsäurehalbaldehyd, Bildung aus L-Prolin 1133, 1148.
α-Oxyglutarsäure, Zuckerbildung aus 766Tab.
Oxyhäm, Zwischenprodukt der Gallenfarbstoffbildung 1018 Schema.
Oxyhämoglobin:
423, 433.
s. a. Blutfarbstoff.
s. a. Hämoglobin.
Alkalibindung 510.
Dissoziation 511—517.
—, Beeinflussung durch Kohlensäure 515.
—, — — pH 514.
—, HILLsche Formel 512f., 518.
Dissoziationskonstante 510.
Dissoziationskurve 511—517.
—, Beinflussung durch Temperatur 513.
Ionenbindung 530.
Punkt, isoelektrischer 510, 538.
„Reduktion", Geschwindigkeit 513.
Sauerstofftransport 508—516.
Spaltung, Temperaturkoeffizient 513.
„Oxyharnsäure" 1213.
β-Oxy-γ-ketosäure, Bildung aus α,γ-Diketosäure 805*.
11-Oxy-17-ketosteroide 903.
Oxykynurenin, Anhäufung bei Vitamin B_6-Mangel 994.
—, Spaltung zu Anthranilsäure und Alanin 990*, 992.
3-Oxykynurenin, Bildung bei Tryptophanabbau 993*.
1-Oxy-2-methyl-4-aminonaphthalinhydrochlorid (= Vitamin K_5) 494.
5-Oxymethyl-cytosin, Vorkommen in Coli-Bakteriophagen 1105.
α-Oxyphenazin, Bildung aus Pyocyanin 587*, 588.
p-Oxyphenylbrenztraubensäure, Abbau im Tierkörper 929.
—, Bildung aus Tyrosin 980ff., 984.
p-Oxyphenylessigsäure, Abbau, oxydativer 984.
p-Oxyphenylmilchsäure im Tierkörper nicht spaltbar 929.
—, Ausscheidung bei Meerschweinchen, scorbutischen 981.
—, Homogentinsäureausscheidung beim Alkaptonuriker nach 982.
17-Oxypregnanderivate 902.
11-Oxyprogesteron, Bildung aus Progesteron 884 Schema.
11β-Oxyprogesteron, Bildung aus Progesteron 883.
17-Oxyprogesteron 881, 882 Tab., 883, 884 Schema.
— s. a. Δ^4-Pregnen-17α-ol-3,20-dion.
17α-Oxyprogesteron, 17-Ketosteroidausscheidung nach 902.
Oxyprolin als Aminosäure, entbehrliche 933.
—, Bildung von 934.
—, — Acetonkörpern aus 987.
—, — Zucker aus 987.

Oxyprolin, Resorption 227.
—, Stoffwechsel 986f.
—, Vorkommen im Magensaft bei Gastritis 69.
L-Oxyprolin, Bildung von γ-Oxyglutaminsäurehalbaldehyd aus 1133, 1148.
—, Oxydation durch Mitochondrien 1136 Tab., 1148.
α-Oxypropionsäure, keine Bildung von Zukker aus 764*,Tab., 765.
Oxyproteinsäure, Vorkommen im Residualstickstoff des Blutes 431, 560.
Oxypurine 1217—1223.
—, Oxydation zu Harnsäure 1201, 1203.
— im Stoffwechsel, tierischen 1181.
—, Vorkommen 1217.
Oxysäuren, aromatische, Bildung bei Darmfäulnis 189.
—, —, Gehalt im Blut bei Niereninsuffizienz 329.
—, —, Transport durch Serumalbumin 310.
α-Oxysäuren-racemase, Gehalt im Cytoplasma 1090 Tab..
β-Oxysäuren, Einwirkung von β-Oxybuttersäuredehydrogenase auf 828.
Oxysteroide, Trennung durch Digitonin 879.
—, Veresterung 880.
3-Oxysteroide 895.
Δ^5-3β-Oxysteroide 892.
Δ^5-3β-Oxy-C_{19}-Steroide 900.
11-Oxysteroide 901.
11α-Oxysteroide 889*.
11β-Oxysteroide 886, 889*.
C_{19}-11-Oxysteroide 902.
20-Oxysteroide 888*.
Oxytocin, Gehalt an Sulfhydrylgruppen 654.
5-Oxytryptamin s. Enteramin.
Oxytryptophan, als Vorstufe des Kynurenins 988, 989*.
Oxytyramin, Bildung aus Dioxyphenylalanin 166, 931.
5-Oxyuracil, Bildung bei Uracilabbau 1229*.
β-Oxyvaleriansäure, Bildung aus Propionsäure 809.

^{32}P, Einbau in Nucleotide 1119.
—, — Phosphatide 648, 1123.
—, — Ribonucleotide 1121 Tab.
—, — Zähne 722.
—, — Zellkernphosphatide 1123, 1125f.
—, Halbwertszeit 611 Tab.
—, Schicksal im Körper 647f.
Padutin, Vorkommen im Speichel 26.
PAGETsche Krankheit, Erythrocytenphosphatase bei 450.
—, Gehalt im Blut an Calcium bei 397.
—, — Phosphatase bei 376.
Palmitinsäure, Bildung aus Behensäure 803.
—, — — Laurin- und Myristinsäure 849.
—, — im Ziegeneuter aus CH_3-*COOH 833.
—, — von Acetessigsäure aus 804, 824f*.
—, — — Glucose aus 762f.
Palmitinsäure, Bildung aus Palmitölsäure 819.
—, Gehalt im Blut an —, gebundener 335.
—, — in Hydrolecithin aus Lunge 846.
—, — — Sphingomyelinen 852f.
—, Oxydation von 805, 831 Tab.
—, Vorkommen in Cholesterinestern des Blutes 338.
—, markierte, Resorptionsweg 237f.
Palmitölsäure, Bildung aus Palmitinsäure 819.
Palmityl-Co A 808.
PANDYsche Reaktion 568, 571 Tab.
PANETHsche Zellen 107.
Pankreas:
145, **155—167**.
Anreicherung freier Aminosäuren 916.
Atmung 739.
Aufnahme von Glykokoll in Zellkernbestandteile 1123 Tab.
Desoxyribonucleinsäuren, Zusammensetzung aus Basen 1106 Tab.
Exstirpation 726f.
Gehalt an Carbohydrasen 164.
— Carboxypolypeptidasen 134, 159, 160 Tab., 161.
— Chloriden 40 Tab.
— Cholin 137 Tab.
— Cholinglycerophosphorsäure 851.
— Dicholinglycerophosphorsäure 851.
— Eisen 656 Tab.
— Fermenten 159—166.
— — in Zellkernen 1114 Tab., 1116 Tab.
— Jod 681.
— Kobalt 672f.
— Mineralstoffen 40 Tab.
— Nickel 686.
— Phosphatasen 164.
— Phosphatiden 844 Tab.
— Proteasen 123, 159f.
— Purinen 1185.
— Silicium 691.
— Sphingosinphosphorsäurecholinester 853.
— Trypsin in Zellkernen 1114 Tab., 1124.
— Wasser 592 Tab.
— Zink 403, 675f.
Inhibitorsubstanz 159.
Proteinasewirkung 1124 Tab.
Reaktion 1172.
Secretinwirkung auf 133.
Sekretionsreize 155f.
Vorkommen von Cholinesterase 164.
— Desoxyriboncleotidase in 1186.
— Esterasen 161.
— Kohlensäureanhydratase 158, 166.
— Maltase 158, 160 Tab., 166.
— Nucleindesaminasen in 1189.
— Ribonucleotidase in 1186.
Zusammensetzung, chemische 157—166.
fetales, Vorkommen von Amylase und Lipase im 1127.

Die Seiten 1—840 befinden sich im Bandteil a, die Seiten 841—1257 im Bandteil b.

Pankreasamylase 23, 40, 126, 134, **164f.**
—, Bildung im Zellkern 1125.
Pankreascholesterinesterase 163.
Pankreascirrhose, Gehalt im Blut an Diastase bei 379.
Pankreasdiabetes 783.
—, Bildung von Fettsäure bei 833.
—, Untersuchung 778ff.
—, Zusammenhang mit Hypophysenvorderlappen 774.
Pankreasektomie 769, 773ff.
Pankreaserkrankungen, Chloridretention im Gewebe 408.
—, chronische, Vitamin A-Gehalt im Blut bei 359.
Pankreasfaktor, hypoglykämischer 783.
Pankreasfermente, Bestimmung 161.
Pankreasfistel 156.
Pankreasfistelsaft 166.
Pankreasgangverschluß 379.
Pankreaslab 160 Tab.
Pankreaslipase:
176.
Aktivität 233.
Aktivierung 166.
Bedeutung von Calciumionen für 799.
Eigenschaften 163 Tab.
Entdeckung 161.
ein Globulin 161.
Hemmung durch Silberionen 687.
Identität mit Leberlipase 164.
Rücktritt in den Magen 95.
Spezifität 162.
Trennung von Pankreasamylase 164.
Vergleich mit Magenlipase 39.
Pankreasmaltase 165.
Pankreasnekrose 163, 379.
Pankreasnuclease 166.
Pankreasnucleinsäure, Bausteine 1225.
—, Identität mit Desoxyribonucleinsäure 1182.
Pankreassaft:
58, 143, **155—167.**
Bedeutung für Fettresorption 247.
Bestandteile, organische 157 Tab., 158.
Eigenschaften, physikalische 156.
Fettverdauung durch 167.
Gehalt an Amylase 158f., 161, **164—167,** 175, 730.
— Fermenten 159—166.
— Hydrogencarbonat 158.
— Mineralstoffen 157 Tab., 158.
— Proteasen 159ff.
Gewicht, spezifisches 156, 158.
Gewinnung 156.
Lipasebestimmung 163.
Menge 156.
Phosphatidabbau durch 842.
Proteasen, Aktivierung durch 161.
p_H-Wert 156, 158.
Regurgitation 46.
Sekretion 155f.
Wasserabgabe mit 600 Tab.
Pankreassaft:
Zinkausscheidung durch 677.
Pankreassekret, Definition 169.
—, Darmsaftabsonderung und 146.
Pankreatitis, Gehalt im Blut an Diastase bei 379, 563.
—, chronische, Gehalt im Blut an Lipase bei 163.
Pankreozymin 130, 131 Tab., 133f., 155.
Pansen 9, 32, **99f.**
—, Eiweißaufbau im 100.
—, Eiweißverdauung im 101.
—, Fettsäureresorption im 245.
—, Gärungsvorgänge im 100.
—, Kohlenhydratverdauung 100f.
—, p_H-Wert im 50, 100.
Pansenbakterien 99f., 187, 652.
Pantethein 1037*.
Pantothensäure, Acetylierung bei Mangel an 839.
—, Bedeutung für Brenztraubensäureoxydation durch Bakterien 1036.
—, — Essigsäureoxydation durch Mitochondrien 1143.
—, — Hämoglobinsynthese 1010f.
—, Beziehung zu Koproporphyrin I-Bildung 1011.
—, Gehalt im Blut 281 Tab., 452 Tab., 674.
—, — — Blutserum 281 Tab., 363.
—, — — Cyclophorasesystem 1132 Tab.
—, — — Speichel 26 Tab.
—, — in Zellelementen 1094 Tab.
—, Vorkommen im Coenzym A 1036, 1037*.
Papain, Aktivierung durch Arsenverbindungen 694.
—, — Thiolverbindungen 654.
—, Hemmung durch Vanadat 686.
—, Inaktivierung von Mitochondrien durch 1133.
—, Peptidsynthese durch 918f.
—, Wirkung auf Speichelamylase 29.
Papierelektrophorese 290.
Papilla duodeni 107.
Parachymosin, s. Magensaft, Labferment.
Parästhesien bei Kaliumvergiftung 628.
Paraffine, Oxydation 812.
—, Resorption von 239, 798.
—, Speichelsekretion nach 18, 27.
Parahämophilie 481, 498.
Paralyse, Gehalt im Gehirn an Lecithin bei 864.
—, — Liquor an Magnesium bei 575.
Parathormon, Bedeutung für Calciumresorption 715.
—, — Phosphatresorption 212.
—, Einfluß auf Phosphatausscheidung im Harn 715.
—, —, kein, auf Harnsäuregehalt im Blut 1234.
Paraxanthin, Autointoxikation mit 1224.
—, Vorkommen 1217.
—, — im Harn 1217, 1223f.
Parotisfistel 13—16.

Die Seiten 1—840 befinden sich im Bandteil a, die Seiten 841—1257 im Bandteil b.

Parotisspeichel 14ff.
Partialdruck 501.
„partition hypothesis", Fettresorption 797.
PASTEUR-MEYERHOFsche Reaktion 106, 747, 759f.
Patella coerulea, Zusammensetzung der Kernproteine aus Aminosäuren 1112—1113 Tab.
— vulgata, Zusammensetzung der Kernproteine aus Aminosäuren 1112—1113 Tab.
PAWLOW-Hund 47f., 73, 78, 84f., 94.
peat scours 668.
pecan rosette 674.
Pektine, Verdauung 188.
—, Vergärung 182, 187.
—, Verhalten im Pansen 100.
Pelargonsäure, Bildung von Methylhexylketon aus 810 Tab.
Pellagra, Auslösung durch Adenin 1246.
—, Gehalt im Blut an Brenztraubensäure bei 326.
—, — — — Pantothensäure bei 363.
—, — — — Zink bei 403.
—, — in Erythrocyten an Cozymase bei 454.
—, Ursache der 991.
Pellagraschutzstoff, Gehalt im Blut 363.
—, Vorkommen in Erythrocyten 363, 452.
— s. a. Nicotinsäure.
— s. a. Nicotinsäureamid.
Pemphigusblasen 577.
Pendelbewegung, Darm 109f., 205.
Penicillin, Einfluß auf die Bildung der Nucleinsäuren 1197f.
— in Hautblasen 578.
—, Hemmung von Ribonucleotidase durch 1187.
Penicillium brevicaule 694.
— glaucum 737.
— notatum 730, 851.
Pentacarboxyporphyrin 1006.
Pentaensäuren, Bildung aus Linolensäure 821.
—, Störung der Bestimmung ungesättigter Fettsäuren durch 336.
Pentaerythrit, kein Abbau im Organismus 738*.
Pentdyopent, Vorkommen in Erythrocyten 356.
Pentdyopentreaktion 355, 438.
Pentosane, Unverdaulichkeit 100, 730.
—, Verhalten im Dünndarm 175.
Pentose-: Desoxypentosenucleinsäure in Leber 1234.
Pentosen, Assimilation 735.
—, Ausscheidung 729, 735.
—, Dehydrierung durch Leberextrakte 738.
—, Resorption 222f., 731.
—, Vorkommen 313, 729.
Pentosenucleinsäuren, Bildung bei Leberregeneration 1240f.
—, — von Desoxypentosenucleinsäure aus 1191.
—, Bildungsgeschwindigkeit 1190.
— s. a. RNS.
— s. a. Ribonucleinsäure.
Pentosenucleotide, Gewebsveränderungen durch 1251.
Pentosephosphat, Abbau 1062f.
Pentose-5-phosphat, Bildung aus Glucose 1061.
Pentosephosphat-isomerase 1062.
Pentosurie 729, 734.
Pepsin, Adsorption an Erythrocyten 451.
—, Hemmung durch Fluorid 697.
—, Vorkommen in Leukocyten 464 Tab.
—, s. a. Magensaft, Pepsin.
Pepsinidin 35 Tab., 75.
Pepsinogen 35 Tab., 73.
Peptidaseeinheit 36.
Peptidasen 82, 151, 170.
—, Aktivierung durch Mangan 671.
—, Bestimmung 381.
—, Gehalt in Erythrocyten 450.
—, — in Mitochondrien 1084 Tab.
—, — im Zellkern 1114 Tab., 1125.
—, Spaltung von Peptonen durch 154.
—, Vorkommen im Colon 179.
—, Vorkommen im Blutserum 293 Tab., 381.
—, — in Leukocyten 464 Tab.
—, — — Magen und Magensaft 35 Tab.
D-Peptidasen, Vorkommen im Blut 382f., 450.
—, — in Zellkernen 1114 Tab.
Peptidbildung, Energiebedarf 919.
—, Energielieferung für 1235.
— durch Proteasen 916—920.
— — Transaminierung und Transpeptisation 919.
—, Verknüpfung mit Phosphorylierungsvorgängen 924.
—, — Reaktionen, energieliefernden 921.
Peptidbindung, Bildung durch Mikrosomen 1151.
—, — — Mitochondrien 1145.
—, — in Zellkernen 1117.
Peptide, Anteil am Neutralschwefel im Blut 415.
—, Resorption 914f.
—, Spaltung im Darm 913.
—, Zwischenprodukte bei der Eiweißsynthese 927.
D-Peptide, Spaltung durch Blutserum 382.
—, — durch Zellkerne 1125.
Peptid-N, Gehalt in Zellkernen 1100 Tab.
Pepton als Lymphagogon 549.
—, Bestandteil des Reststickstoffs im Blut 341.
—, Bildung bei Eiweißspaltung im Magen 95, 98, 102.
—, Resorption von 225f., 914.
—, Spaltung durch Peptidasen 154.
Peptonschock 353, 487, 498.
pericanalicular zone, Belegzellen 59.
Pericard, Resorption im 252.
Pericardialflüssigkeit 561, 562 Tab.
Pericardschwarten, Verkalkung 721.
Perichondrium 704.
peri-Naphtindan-2,3,4-trionhydrat zur Aminosäurebestimmung 345.

Periost 704, 711.
peristaltic rush 110.
Peristaltik 31, 140, 205.
— und Fettresorption 246.
Peritionealflüssigkeit 105, 562f.
Peritoneum, Stellung im Chloridstoffwechsel 408 Schema.
—, Resorption im 252.
Perniciosa s. Anämie, perniciöse.
Perosis 672.
Peroxydasen, Eisengehalt 656.
—, Vorkommen in Bakterien 1015.
—, — — Blutzellen 382.
—, — im Jejunumsaft von Schweinen 154.
—, — in Leukocyten 464 Tab.
—, — im Liquor cerebrospinalis 575.
— als Zellhämine 1024.
—, Zerstörung im Darm 181.
Perspiratio insensibilis 593, 595, 596, 600.
PEYERsche Plaques 107.
Pferd:
Blut, P-Verteilung 413 Tab.
—, Zusammensetzung 426 Tab., 427 Tab.
Blutmenge 259.
Blutzuckergehalt 314 Tab.
Cardiadrüsen 32.
Darmlänge 104 Tab.
Desoxyribonucleinsäure, Zusammensetzung aus Basen 1106 Tab.
Erythrocyten, Zusammensetzung 427Tab.
Gehalt im Blut an Eiweiß 426Tab., 427Tab.
— — Harnstoff 342.
— — Serumalbumin 311 Tab.
— — Serumeiweiß 286 Tab., 427 Tab.
— — Serumglobulin 305 Tab.
— Blutplasma, an Rest-N 341.
— Darm an Acetylcholin 139 Tab.
Leber, Gehalt an Zellkernen 1098 Tab.
Leukocyten 459.
—, Zusammensetzung 472 Tab.
Leukocytenzahl 456 Tab.
Liquor cerebrospinalis 571 Tab., 575.
Magen, kleiner 47.
Magensäurewerte 56.
Magensaftsekretion 46.
Magenverdauung 97f.
Pankreas, Gehalt an Zellkernen 1098 Tab.
Pericardialflüssigkeit 561, 563.
Sekretion der Gl. mandibularis 13.
Speichel 20.
Speichelamylase 23.
Speichelmenge 14.
Speichelsteine 22.
Submandibularisspeichel 17 Tab.
Thrombocyten, Zusammensetzung 472Tab.
Verdauungsdrüsen 108.
Vorkommen im Blut von Allantoin 1215.
— von Lipase in Magenschleimhaut 39Tab.
Pflanzen:
Bedeutung von Jod für 679.
— Zink für 674.
Gehalt an Aluminium 405.
— Arsen 692.
Pflanzen:
Gehalt an Fluor 695f.
— Mangan 670.
— Silicium 690.
Kupferbedarf 667.
Selenaufnahme 694.
Stickstoffaufnahme 618.
Vorkommen von Purinen in 1217.
Wasserbewegung, Kohäsionstheorie 607.
Wasserhaushalt 605—608.
Zellsaft, Pufferungsfähigkeit 1162.
lufttrockene, Hydrationswasser 606.
Pflanzenfresser 9, 11.
—, Ausscheidung von Harnsäure im Harn 1212.
—, Dickdarmverdauung 196.
—, Harnsäureabbau beim 1208.
—, Magensaft 77.
—, Magensaftsekretion 46.
—, Parotisspeichel 15.
—, Speichelmenge 14.
s. a. Herbivoren.
Pflanzenkephalin, Thrombokinasewirkung 483.
Pflanzensterine, keine Resorption von 192, 872.
Pflanzenstoffwechselprodukte, Hämolyse durch 421.
Pflanzenteile, Wassergehalt 606 Tab.
Pflanzenzellen, Fette, Ausnutzung in 248.
Pfortader, Resorption von Fett durch 244.
—, — Fettsäuren durch 799.
Pfortaderblut, Gehalt an Amino-N nach Eiweißfütterung 913.
—, — Blei 404..
—, — Lipase 371.
—, — Zucker 315, 731f.
p_H-Bereich, mit dem Leben verträglicher 1174.
p_H-Messung 1165—1172.
—, Temperaturkoeffizient 272.
p_H-Werte, Berechnung 1169.
— im Gewebe 1157—1177.
Phäophytine, Vorkommen im Stuhl 1025.
Phagocyten 455f., 458.
Phenacetin, Methämoglobinbildung durch 435.
Phenacetursäure, Bildung aus Fettsäuren, phenylsubstituierten 928.
—, Vorkommen im Rest-N des Blutes 341.
o-Phenanthrolin, Eisenbestimmung mit 660.
Phenol Ausscheidung im Harn 229.
— Bildung bei Darmfäulnis 189f.
— Gehalt im Blut 328f.
— — Dickdarminhalt des Schweins 181.
— Resorption von 953.
— Veresterung mit Schwefelsäure im Cytoplasma 1153 Tab.
Phenolase, Vorkommen in Leukocyten 382.
β-Phenolgalaktosid, Spaltung durch Dünndarmschleimhaut 127.
β-Phenolglucosid, Spaltung durch Dünndarmschleimhaut 127.

Phenoloxydase 666, 668f.
Phenolphosphorsäure zur Bestimmung von Phosphatase 377.
Phenolphthaleinglucuronsäure zur Bestimmung der β-Glucuronidase 380.
Phenolphthaleinphosphorsäure zur Bestimmung von Phosphatasen 377.
Phenolreagenz nach FOLIN-CIOCALTEU 71f.
Phenolschwefelsäure 953.
Phenylacetylglutamin, Vorkommen im Rest-N des Blutes 341.
Phenylalanin:
Acetylderivate 918.
Aminosäure, unentbehrliche 933f., 979.
Beeinflussung der Hämoglobinbildung durch 466.
Benzoylderivate 918.
Bildung von Acetessigsäure aus 827, 983.
— Aceton aus 982ff.
— Acetonkörpern aus 933.
— Adrenalin aus 984.
— Melanin aus 985.
— Phenylbrenztraubensäure aus 929.
— Tyrosin aus 935, 980.
— Tryptophan aus — im Cytoplasma 1153 Tab.
—, keine, von Zucker aus 765 Tab.
Carbobenzoxyderivate 918.
Carbobenzoylglycinderivate 918.
Desaminierung 930, 980.
Gehalt im Blutplasma 569 Tab.
— — Liquor cerebrospinalis 568 Tab., 569 Tab.
— in Rattenleber 1072 Tab.
— — Zellkernproteinen 1110 Tab.
Oxydation in Zellhomogenaten 1082 Tab.
Permeabilität der Erythrocyten für 422.
Stoffwechsel 979—986.
Transpeptidierung mit Glutathion 920.
Verhalten bei Xanthoproteinreaktion 329.
Vorkommen im Blut 344.
— — Darmchymus 175 Tab.
— in der Darmmuscularis 119.
— im Magensaft bei Gastritis 69.
Phenylalanin-3,4-chinon, Bildung bei Tyrosinoxydation 985*.
Phenylaminobuttersäure, Acetylierung 809, 838.
γ-Phenyl-α-aminobuttersäure, Bildung von Hippursäure aus 929.
Phenylaminoessigsäure, Bildung von Mandelsäure aus 929.
—, — Phenylglyoxylsäure aus 929.
Phenylbrenztraubensäure 980ff.
—, Bildung aus Phenylalanin 929.
γ-Phenylbuttersäure, Bildung von Phenylcrotonsäure aus 805*.
2-Phenylchinolin-4-carbonsäure(=Atophan), Hemmung der Harnsäurebildung durch 1249.
—, Verhinderung der Wirkung, diabetogenen, von Alloxan durch 779.
γ-Phenylcrotonsäure, Bildung aus γ-Phenylbuttersäure 805*.
Phenylendiamin, Hämolyse durch 421.
—, Kondensation mit Hippursäure 918.
Phenylessigsäure, Bildung aus Fettsäuren, phenylsubstituierten 802, 928.
—, — α-Methyl-γ-phenylbuttersäure 814*.
—, Hemmung der Fettsäureoxydation durch 1143.
Phenylfettsäuren, Oxydation 812.
Phenylglycerinsäure, keine Homogentisinsäurebildung aus 982.
Phenylhydrazinvergiftung, Koproporphyrinbildung bei 1004.
Phenylhydroxylamin, Hämolyse durch 421.
Phenylmilchsäure, Bildung von Phenylbrenztraubensäure aus 980.
—, —, —, von Homogentisinsäure aus 982.
p-Phenylmilchsäure, Ausscheidung 981.
Phenyl-β-milchsäure, keine Homogentisinsäurebildung aus 982.
β-Phenyl-β-oxypropionsäure, Bildung von Zimtsäure aus 807.
γ-Phenylpropanol, Bildung aus Zimtalkohol 806.
Phenylpropionsäure, keine Homogentisinsäurebildung aus 982.
Philadelphia-Sarkom 1, Gehalt an Aminopolypeptidase im Blut bei 381.
Phlebolithe 721.
Phloroglucin-Vanillinprobe (nach GÜNZBURG) 53.
Phlorrhizin, Abbau der Glutarsäure nach -vergiftung 814.
—, Abbau der Milchsäure bei -vergiftung 837.
—, Hemmung der Atmung durch 739.
—, — Fettablagerung in der Darmwand durch 241.
—, — Fettsäureresorption durch 238, 795, 843.
—, — Glykolyse durch 758.
—, — Phosphatidsynthese durch 842.
—, — Phosphoglucomutase durch 742.
—, — Phosphorylase durch 745.
—, — Phosphorylierungen durch 734.
—, — Zuckerresorption durch 217, 219.
—, Hyperglykämie durch 733.
—, Resorption 227.
—, keine Spaltung durch Dünndarm 127.
—, Vergiftung der Brenztraubensäure-phosphorylase 752.
—, Wirkung auf die Niere 932.
Phlorrhizindiabetes, Bildung von Zucker aus Cystin/Cystein bei 960.
—, keine, von Glucose aus Fett bei 836.
—, Gehalt im Muskel, entnervten, an Glykogen bei 768.
—, Mechanismus 734.
—, Verhalten von Alanin bei 948.
—, — Isoleucin bei 952.
—, — Tyrosin und Phenylalanin bei 893.
Phlorrhizinvergiftung, Wirkung auf die Leber 856.

Phosgenvergiftung 274, 356.
Phosphagen s. Phosphokreatin.
— s. Kreatinphosphorsäure.
Phosphatasen:
Abbau von Nucleinsäuren 1189 Schema.
Bestimmung 377.
Bildung der Knochengrundsubstanz 712.
Gehalt im Blutplasma 281 Tab., 450.
— — Blutserum 281 Tab., 375—377.
— in Erythrocyten 375, 450.
— — Organen 125 Tab.
Hemmung durch Arsenit 694.
— Fluorid 697.
— Thiole 654.
Spaltung von Cholinphosphat 852.
Vorkommen im Blut 375—377.
— — Darm 120 Tab., 124f., 128f, 177.
— — Duodenum 125 Tab.
— in Leukocyten 375, 450, 464 Tab.
— im Liquor cerebrospinalis 574.
— — Magen 35 Tab.
— — Pankreas 160 Tab.
— Plasmaeiweiß 312 Tab.
— — Speichel 25.
— in Zähnen 722.
alkalische, Auslösung von Verknöcherungen durch 711.
—, Einfluß des Alters auf Verteilung, intracelluläre 1126 Tab.
—, Gehalt in Zellelementen 1086 Tab., 1126 Tab.
—, Identität mit Nucleotidasen 1187.
—, Sekretionsauslösung der — aus Pankreas 134.
— Vorkommen in Bauchlymphe 555.
—, — — Darmschleimhaut 1127.
—, — im Plasmaeiweiß 293 Tab.
—, — in Zellkernen 1116 Tab., 1127.
—, Wirkungsoptimum der — des Blutes 377.
saure, Aktivierung der — aus Rattenlebermitochondrien 1129.
—, Gehalt im Blutserum 377.
—, — in Erythrocyten 374 Tab.
—, — — Zellelementen 1086 Tab., 1116 Tab.
—, Identität mit Nucleotidasen 1187.
thermolabile, Aktivierung durch UV-Licht 376.
Phosphatausscheidung, Beeinflussung 715.
Phosphataustausch, Knochen 716.
Phosphatbildung und Fettresorption 843.
Phosphatbindungen, energiereiche 784f.
—, —, Ausbeute bei der Oxydation 786—792.
—, —, Bildung 1053.
—, —, Bindungsenergie 785 Tab.
—, —, Energieäquivalent 792.
—, —, s. a. Phosphate, energiereiche.
Phosphate:
s. a. Phosphor.
Austausch der Sauerstoffatome im Organismus 615, 1139.
— in den Geweben 647.
Phosphate:
Bedeutung als Pufferungssystem der Zelle 1160.
— für Fettresorption 239.
— — Fettsäureoxydation 830f.
— — Harnreaktion 535.
— — Pufferung des Blutes 539.
Bereitstellung von Alkali durch 1162.
und Calcium, Antagonismus 650.
und Calciumhaushalt, Beziehungen 641, 647, 650.
und Calciumstoffwechsel, Zusammenhänge 637.
Dissoziationskonstante, zweite 1161.
Gehalt im Blut 426 Tab., 651.
— — Blutplasma 529 Tab.
— — Blutserum 426 Tab., 427 Tab., 560 Tab., 647.
— — Darmsaft 151 Tab., 152, 153 Tab., 154.
— in Darmschleimhaut 112 Tab.
— — Duodenalschleimhaut 111 Tab.
— — Ergüssen, serösen 560 Tab.
— — Erythrocyten 426 Tab., 431, 529 Tab.
— im Magensaft 52 Tab., 53, 66f.
— in Magenschleimhaut 40 Tab.
— im Pankreassaft 158.
— — Speichel 16 Tab., 21 Tab.
— in Zellen 1160f.
H_2CO_3-Systeme, Pufferungskurven 1162 Abb.
Notwendigkeit für Glutamin-Asparagin-Transferase 921.
Regulation durch Nebenschilddrüse 613.
Resorption von 212, 248.
und Resorption von Eisensalzen 657.
Stoffwechsel 715—718.
Veresterung in der Leber 647.
Wirkung, anticalcifizierende 638.
anorganische, Bedeutung für Brenztraubensäuredehydrierung 1035.
—, Gehalt in Erythrocyten 426 Tab., 431, 529 Tab.
—, Vorkommen im Blut 411—414.
energiereiche, Bedeutung für Bildung von Acetessigsäure 826.
—, — Fettsäureabbau 1048.
—, — Oxydationen in Mitochondrien 1155.
—, Beteiligung, keine, an Überführung von o-Phosphat in Bindung, organische 1123.
—, Bildung 790, 791 Abb., 792 Abb., 1137.
—, — bei Fettsäureoxydation 1142.
—, — in Mitochondrien 1133f., 1154.
—, — und Oxydation in der Zelle 788ff.
—, Gehalt in Mitochondrien 1071 Tab.
—, s. a. Phosphatbindung, energiereiche.
höherpolymere, Vorkommen 648.
^{32}P-Phosphate, Verwendung zur Nucleinsäurebildung 1192.
enol-Phosphate, Bindungsenergie 785.

Phosphatide:
Abbau 850—853.
— im Darm 841.
— in Pflanzenzellen 852.
Aufbau durch Phosphatasen der Darmschleimhaut 124.
Austausch der Fettsäuren 115.
Bausteine von Zellmembranen 867.
Bedeutung für Ausnutzung der Fette 800.
— — Cyclophorasesystem 1139.
— — Fettresorption 115ff., 795.
— — Fettsäureabbau 856.
— — Fettsäuresynthese 856.
— — Stoffwechsel 868f.
Bildung, Mechanismus, biologischer 849.
— in Darmwand 842.
— — Leber 847f.
— — — -Mitochondrien 1136 Tab., 1144.
— im Zellkern 1125f.
— von Filmen aus 869.
—, extrahepatische 848.
Bindung an Eiweiß 868.
— — Plasmaproteine 859.
— von Enzymen an — in Mitochondrien 1130.
Einbau von ^{32}P in — durch Zellkerne 1123.
Gehalt im Blut 241, 280 Tab., 332 Tab., 333 Tab., 334 Tab., 335, 857—862.
— in Blutplättchen 858.
— im Blutplasma 280 Tab., 334 Tab., 442 Tab., 443 Tab., 845 Tab., 858, 860f., 866.
— — Blutserum 280 Tab., 334 Tab., 572 Tab.
— — Cytoplasma 1075 Tab.
— in Dünndarmschleimhaut 113 Tab., 114, 115 Tab.
— — Erythrocyten 280 Tab., 442 Tab., 443 Tab., 857.
— — Lymphe 240, 552, 554, 798f.
— — Nerven, peripheren 865.
— in Organen 844 Tab., 845 Tab.
— — Zellkernen 1075 Tab., 1100 Tab., 1101 Tab.
Gehirn, Zusammensetzung 865.
Hämolyse durch 421.
Leber, Umsatzgeschwindigkeit in Mitochondrien 1144.
der Nahrung 841f.
Oxydation durch Mitochondrien 1136 Tab.
Rolle bei der Fortpflanzung 866f.
Stoffwechsel 841—869.
Thrombokinasewirkung 483.
Umsatz, Untersuchung mit Isotopenmethoden 847.
Umsatzgeschwindigkeit 848.
Umwandlung in Neutralfette 238.
Verdauung durch Phosphatasen 125.
Verteilung im Organismus 844—847.
Vorkommen in Eiterkörperchen 584.
— im Plasmaeiweiß 312 Tab.
— von Cholin in 136.

Phosphatide:
Zusammensetzung in Abhängigkeit von der Ernährung 849.
Zwischenstufen der Fettsynthese 834.
Phosphatid-Fettsäuren, Gehalt in Zellelementen 1075 Tab., 1100 Tab.
Phosphatidphosphor im Blut 411f.
Phosphatid-Ribonucleinsäure-Komplexe 868.
Phosphatidsäuren 124, 842, 852.
Phosphaturie 650.
Phosphobrenztraubensäure, Hemmung der Bildung durch Fluorid 697.
—, Phosphorylierung von Adenosindiphosphorsäure durch 1235.
—, Vorkommen im Blutserum 412.
Phosphocarnosin, Spaltung durch Muske 979.
Phosphodesoxyribomutase 1188, 1196.
Phospho-diesterasen, Spaltung von Cholin- u. Colaminglycerinphosphorsäure durch 852.
Phospho-enol-brenztraubensäure, Transphosphorylierung 626, 1054.
— s. a. Brenztraubensäure-enol-phosphat.
Phosphoglucomutase 742f., 780.
—, Gehalt im Cytoplasma 1082 Tab.
—, Stellung im Schema der Glykolyse und Gärung 757 Tab.
—, Vorkommen im Fettgewebe 745.
6-Phosphogluconsäure, Bildung aus Gluconsäure und ATP 741.
—, — beim Zuckerabbau, oxydativen 1029, 1061, 1062*.
—, CO_2-Fixierung durch 1062.
—, Dehydrierung im Cytoplasma 1153 Tab.
6-Phosphogluconsäuredehydrogenase 1062.
—, Gehalt im Cytoplasma 1082 Tab.
6-Phosphogluconsäurelacton 1062*.
Phosphoglycerinaldehyd, Aktivität der Triosephosphatdehydrogenase gegen 1040.
— s. a. Glycerinaldehydphosphorsäure.
Phosphoglycerinsäure, Bildung von Phosphobrenztraubensäure aus 697.
—, Phosphorylierung von Adenosindiphosphorsäure durch 1235.
Phospho-glyceromutase 751f.
Phosphohexoisomerase 745f.
— s. a. Phosphohexomutase.
Phosphohexokinase 746.
—, Bedeutung von Adenosintriphosphorsäure für 1235.
—, Hemmung durch Alloxan 741.
—, Stellung im Schema der Gärung und Glykolyse 757 Tab.
Phosphohexomutase 745f.
—, Stellung im Schema der Glykolyse und Gärung 757 Tab.
— s. a. Phosphohexoisomerase.
Phosphokreatin, Bedeutung für P-Umsatz 651.
—, Vorkommen im Blut 411.
— s. a. Kreatinphosphorsäure.
Phospholipoide s. Phosphatide.

Phosphomonoesterase 1187.
Phosphomonoesterase II 651.
Phosphoprotein in Zellkernen 1124.
Phosphoproteinphosphatase 651.
Phosphor:
s. a. Phosphate.
Schrifttum 646.
Ansatz 611 Tab.
Ausscheidung 649.
Bedarf 650.
Bedeutung, biologische 650.
— im Pflanzenstoffwechsel 646.
Gehalt im Blut 282 Tab., 411—414, 426 Tab.
— in Blutplättchen 430 Tab.
— im Blutserum 282 Tab., 427 Tab., 430 Tab.,576 Tab.
— in Erythrocyten 282 Tab., 428.
— — Gelenklymphe 582.
— — Leber 111 Tab.
— — Leukocyten 430 Tab., 460.
— — Lymphe 550 Tab., 551 Tab., 554 Tab. 555 Tab.
— — Niere 111 Tab.
— — Spermatoceleflüssigkeit 564.
— — Zellelementen 1070 Tab., 1100 Tab.
Resorption 646.
Retention von 625 Tab.
Stoffwechsel 646—651.
—, Regulation 651.
— bei Krankheiten 651.
— im Gewebe 647ff.
—, Verbindungen im Zellkern 1100 Tab.
—, energiereiche 650.
—, organische, Ausscheidung 650.
—, säurelösliche, organische 411—414.
Verteilung, intracelluläre 1068—1071 Tab.
Verweildauer im Gewebe 647.
— Körper 611.
gelber, Sklerosierungen nach 719.
markierter (^{32}P), Austausch im Knochen 715.
—, Einbau in Darmphosphatide 117.
—, — Nucleinsäuren 1190f.
—, Untersuchung des Phosphatidumsatzes mit 864—867.
—, Stoffwechselversuche mit 118, 646 bis 649.
säurelöslicher, Gehalt im Serum 411 bis 413.
Phosphorfraktionen im Blut 411 Tab., 412 Tab., 413 Tab., 414 Tab.
— im Darm 111ff.
— in Zellkernen 1099 Tab.
Phosphorindex 447.
Phosphorsäure, Bildung von Ca-phosphaten aus 706.
—, Verwertung für Nucleotidsynthese 1193f.
Phosphorsäureester, Vorkommen im Blut 411.
Phosphorverbindungen, Gehalt in Organen bei Resorption von Fett und Glucose 111 Tab.
Phosphorverbindungen, energiereiche, Verwertung zur Synthese von Nucleotiden 1194.
—, — s. a. Phosphatbindungen, energiereiche.
Phosphorvergiftung, Aminosäuren im Blut bei 345.
—, Fibrinolyse bei 297.
—, Harnsäurebildung bei 1247.
Phosphorylase 743ff., 780, 1123.
—, Bedeutung von Adenosintriphosphorsäure für 1235.
—, Gehalt in Zellelementen 1088 Tab., 1116 Tab., 1118.
—, Stellung im Schema der Glykolyse und Gärung 757 Tab.
Phosphorylierung, Bedeutung für Essigsäureabbau 1035.
—, — Peptidsynthese 925.
—, — Zuckerresorption 219.
— im Cytoplasma 1153 Tab.
— bei Fettsäureoxydation 830.
— — Fettresorption 795.
—, oxydative 921, 1133f., 1137ff., 1142.
—, —, Hemmung durch Dinitrophenol 921, 925.
—, —, — in Sarkosomen 1140.
Phosphoserin, Resorption von P aus 646.
Phosphotransacetylase 1035ff., 1040, 1043.
—, Acetessigsäurebildung mit — durch Bakterien 827.
—, Spaltung von Acetyl-coenzym A durch 1042.
—, Überführung von Acetylphosphat in Acetyl-coenzym A durch 790, 1037.
Phosphotriose-isomerase 750f.
—, Stellung im Schema der Glykolyse und Gärung 757 Tab.
Phosphotriosemutase s. Phosphotriose-isomerase.
α-Phospho-trioxyglutarsäure 738.
Photosynthese 1024.
Phthiocol 494*.
Phthionsäure, Vorkommen in Tuberkelbazillen 819.
Phycomyces blakesleeanus, Fettsäuresynthese durch 836.
Phykomyces-Test 361.
α-Phyllochinon 493.
Phylloerythrin, Bildung beim Chlorophyllabbau 1025.
Phylloerythrinogen beim Chlorophyllabbau 1025.
Physostigmin, Anregung der Pankreassekretion durch 155.
—, Ausschaltung der Cholinesterase durch 139.
—, Hemmung der Lipase durch 375.
—, Wirkung auf Harnsäureausscheidung 1230.
Phytase, Vorkommen bei Wirbeltieren, niederen 378.
—, — in Darmschleimhaut der Ratte 646.
—, Wirkung bei der Sauerteiggärung 638.

Phytin 646.
—, Beeinflussung der Resorption von Eisensalzen durch 657.
—, Einschränkung der Ca-Resorption durch 638.
—, Wirkung, rachitogene 638.
Phytokonkremente 185.
Phytosterine 870.
α-Picolinsäure, Oxydation durch Mitochondrien 1148.
Pigmentcirrhose 665.
Pigmentgallensteine 667.
Pikrotoxin, Wirkung auf Speichelzusammensetzung 17.
Pilocarpin, Wirkung auf Darmsaftsekretion 145, 147.
—, — Dickdarmsekretion 178.
—, — Harnsäureausscheidung 1230f.
—, — Magensaftsekretion 51, 68, 73.
—, — Nucleinsäurestoffwechsel 1231.
—, — Pankreassekretion 159.
—, — Speichelsekretion 27.
Pilikonkremente 185.
Pilze, Abbau von Brenztraubensäure durch 1031.
Pimelinsäure, Abbau durch Nierencyclophorase 1144 Tab.
pine disease 673.
Piperazin, Steigerung der Harnsäurelöslichkeit durch 1250.
Piqûre 726, 768.
—, Erregung des Harnsäurezentrums durch 1231.
Placenta:
Abbau der Harnsäure durch 1211.
Bildung von Phosphatiden in der 866.
Durchtritt von Fluorid durch 697.
Fermentsystem der Corticosteroidhormone in 885 Anm.
Gehalt an Cholinphosphorsäure 851.
— β-Oestradiol 904.
— Oestriol 904.
— Oestron 904.
— Sphingosinphosphorsäurecholinester 853.
Glykolyse 739f.
Resorption durch 252.
— von Glycerophosphat 866.
— — Phosphatiden, markierten (^{32}P), durch die 866.
— Vorkommen von Progesteron und C_{21}-Steroiden, verwandten 886 Tab., 887.
sanguinis 256.
Plaques, PEYERsche 107.
Plasma, Druck, kolloidosmotischer 604.
—, Gehalt an Chloriden im 629.
—, — Harnsäure im 1198.
—, — Phosphatiden im 844 Tab.
—, Kohlenhydrate, Aufteilung 313 Tab.
— Volumen 599.
—, —, Änderung nach Blutverlust 260.
— s. a. Blutplasma.
Plasma-Ac-globulin 481.
Plasma-Eisen, Abbaurate 1009.
—, Halbwertszeit 1009.
Plasmaeiweiß 286.
—, Bedeutung für Pufferung des Blutes 539.
—, Bestimmung 289—295.
—, Darstellung 289—295.
—, Denaturierung 289.
—, Ersatz durch Nahrungseiweiß 288f.
—, Fällung durch Ammonsulfat 289.
—, — Natriumsulfat 289.
—, Fraktionen 312 Tab.
—, Fraktionierung nach COHN 287.
—, Umsatz 602.
—, Viscosität, spezifische 274.
— s. a. Blutplasma, Gehalt an Eiweiß.
— s. a. Plasmaeiweißkörper.
— s. a. Plasmaproteine.
Plasmaeiweißkörper:
69, 288.
Bedeutung für Kohlensäurebindung 520.
Bestimmung, quantitative 294f.
Beteiligung am Gasaustausch 527.
Bildung 287 ff.
Carbaminosäureverbindungen 523.
Einbauaktivität für Aminosäuren 923.
Form und Größe 293 Tab.
Fraktionen s. unter Albumin, α_1-, α_2-, β_1-, β_2- und γ-Globulin, Fibrinogen.
Fraktionierung durch Alkohol 290—293.
— — Salze 294.
Lebensdauer 287.
Pufferwirkung 287.
Schicksal 287 ff.
Trennung durch Elektrophorese 290, 294, 298.
— — Ultrazentrifuge 288, 300.
Ursprung 287 ff.
Vehikelfunktion 287.
Vermehrung bei Myelom 288.
s. a. Blut, Gehalt an Eiweiß.
s. a. Plasmaeiweiß.
s. a. Plasmaproteine.
Plasmal, Gehalt im Blut 335.
Plasmalreaktion 856.
Plasmapherese 260, 288f., 601, 912, 928.
Plasmaphosphatide, Bildung in der Leber 796, 848.
—, Entstehung 859.
—, Kreislauf 860.
Plasmaprotease, Aktivierung 484f.
Plasmaproteine, Aminosäurezusammensetzung 303 Tab.
—, Bestimmung der Fraktionen 307.
—, Eigenschaften, physikalische 306 Tab.
—, Wirksamkeit, osmotische 601.
— s. a. Blut, Gehalt an Eiweiß.
— s. a. Plasmaeiweiß.
— s. a. Plasmaeiweißkörper.
Plasmaphosphatase 555.
Plasmathromboplastin 484, 487, 490, 498.
Plasmathromboplastinogen 484, 498.
Plasmazellen 472.
Plasmin 293 Tab., 297f., 489.

Plasmin, Gehalt an Kohlenhydrat 301.
Plasminogen 291, 292, 293 Tab., 297f., 301, 306, 489.
Plasteinbildung 171.
Plasteine 917f.
Plejadentheorie, HIRSZFELDsche 386.
Plethora vera 258, 261.
Pleura, Resorption in der 252.
Pleuraempyem, Zusammensetzung 586 Tab.
Pleuraexsudate, tuberkulöse 560f.
—, —, Natriumgehalt des Blutes bei 393.
Pleuraflüssigkeit 562.
Pleurahämothorax, Zusammensetzung 563 Tab.
Pleuraschwarten, Verkalkung 721.
Pleuritis, Gehalt des Blutes an Kalium bei 394.
—, Zusammensetzung der Pleuraflüssigkeit bei 559 Tab.
— exsudativa 562.
—, seröse 558.
Plexus myentericus (AUERBACH) 108, 135, 140.
— submucosus (MEISSNER) 106, 108, 140, 204.
Plicae circulares, Darm 106.
Pneumococcus, Typ III, Desoxyribonucleinsäuren, Zusammensetzung aus Basen 1106 Tab.
Pneumokokkenhämolysin 654.
Pneumokokkenstämme, penicillinresistente 1183.
Pneumonie, Chloridretention im Gewebe 408.
—, Exsudat, seröses, bei 558.
—, Gehalt im Blut an Calcium bei 394.
—, — — Cholesterin 338.
—, — — Harnsäure bei 347.
—, — — Milchsäure bei 324.
—, — — Phosphat, anorganischem bei 413.
—, — in Blutproteinen an Polysacchariden 321.
—, Hyperchlorämie bei 633.
—, Purinausscheidung bei 1247.
—, croupöse, Fibrinolyse bei 297.
—, —, Gehalt im Blut an CO_2 bei 274, 360.
—, —, Hypochlorämie bei 408.
Poikilocyten-Anämie, juvenile 1257.
Poliomyelitis, Ausscheidung von Porphyrinen der Reihe III bei 1019.
—, Vorkommen im Blut an Antihyaluronidase bei 384.
Poliomyelitisvirus, Lokalisation 1147.
Polyarthritis, Gehalt im Blut an Cholinesterase bei 374.
—, chronische, Gehalt im Blut an γ-Globulinen bei 581.
Polycytaemia vera, Eisenumsatz bei 1009.
Polycytämie, Blutsenkung bei 266.
— nach Bluttransfusionen 261.
—, Gehalt im Blut an Eisen bei 399.
—, — in Leukocyten an Glykogen bei 462.
— nach Kobaltzufuhr 430, 466, 673.
—, Viscosität von Blut bei 274.
Polyeder-Virus, Desoxyribonucleinsäure, Zusammensetzung aus Basen 1107 Tab.
Polyensäuren, Konstitution, chemische, und Wirkung, biologische 820f.
—, konjugierte, ω-Oxydation von 821 Tab. 822.
Polyfistelverfahren (LONDON) 169.
Polyketofettsäuren, Bildung, biologische, von Fettsäuren über (?) 767.
Polynucleasen, Vorkommen im Darm 120 Tab., 128.
Polynucleotidasen 1186, 1189 Schema.
—, Vorkommen im Darm 128.
—, — Pankreas 160 Tab., 166.
Polynucleotide 1180.
—, Abbauschema 1189.
—, Biosynthese 1118—1123.
— s. a. Nucleotide.
Polypeptidasen, Vorkommen im Blutserum 381.
—, — Darmsaft 151, 179.
D-Polypeptidasen, Vorkommen im Blut bei Carcinom 381.
Polypeptide, Bildung bei Verdauung im Magen 95.
—, Gehalt im Blut 343, 345f.
—, Neubildung in der Darmwand 915.
—, Resorption 224ff.
—, Vorkommen im Magensaft bei Gastritis 69.
—, — Residual-N des Blutes 341.
Polypeptid-N in Erythrocyten 444.
Polyphenoloxydase, Kupfergehalt 666, 668f.
Polyphosphate, Spaltung 648.
—, Vorkommen im Gewebe 1161.
Polysaccharide, Abbau 757 Tab.
—, Gehalt im Blut 321.
—, — Blutserum 314, 424, 729.
—, Jodreaktion 743f.
—, Resorption 224.
—, eiweißgebundene, Bestimmung 322.
—, schwefelsäurehaltige, Einfluß auf Blutgerinnung 492.
—, serologisch spezifische 730.
—, wasserunlösliche, Verdauung 187.
Polytomella, Ribonucleotidbindung an Proteine 1152.
Poriferasterin 870.
Porphobilin 1005.
Porphobilinogen 439, 1005, 1006*.
Porphyrie 1006, 1019—1022.
—, akute 1005, 1019f.
—, chronische 1008, 1019f.
—, idiopathische 1005.
—, kongenitale 356, 1007, 1019ff.
Porphyrine, Dualismus 1006—1008, 1020.
—, Gehalt im Blut 439.
—, Stoffwechsel 467, 996—1010.
—, —, pathologischer 1019.
—, Vorkommen bei Darmfäulnis 189f.
—, — im Blut 356, 439.
—, — in Erythrocyten 1008f.
—, — im Meconium 1006.

Porphyrinfermente, Hemmung durch Cyanid 758.
Porphyringerüst, Aufbau 1002—1005.
Porphyrinsynthese, Förderung durch Lactoflavin 436.
PP-Faktor, Gehalt im Liquor cerebrospinalis 574.
Präalbumin, Vorkommen in Liquor cerebrospinalis 568.
Präglobulin, Vorkommen in Leukocyten 460.
Präzipitine, Vorkommen in Plasmaeiweiß 306.
Praseodymsalze, Hemmung der Blutgerinnung durch 496.
Pregnandiol 778, 889.
—, Abbau 889.
— markiertes, aus Cholesterin, markiertem 878.
— s. a. Pregnan-3α, 20α-diol
Pregnan-3α, 20α-diol 889, 890*, 892, 893 Tab.
—, markiertes 887.
— s. a. Pregnandiol.
Pregnan-3α, 20β-diol 892, 893 Tab.
Pregnan-3β, 20α-diol 890*.
Pregnan-3β, 20β-diol 892.
Pregnan-3α, 17α-diol-11,20-dion 893 Tab.
Pregnan-3α, 6α-diol-20-on 894.
Pregnan-3α, 17α-diol-20-on 894.
Pregnan-3α, 20α-diol-11-on 893 Tab.
Pregnan-17α, 21-diol-3,11,20-trion 893 Tab., 902.
Pregnan-3,20-dion 890*, 893.
Pregnan-3α-ol 894.
Pregnan-3α-ol-11,20-dion 893 Tab.
Pregnan-3α-ol-20-on 890*, 892, 893 Tab.
—, markiertes 887.
Pregnan-3α, 17α, 20α,21-tetrol 895.
Pregnan-3α, 11β, 17α, 21-tetrol-20-on 893 Tab.
Pregnan-3α, 17α, 20α-triol 894.
Pregnan-3α, 17α, 21-triol-11,20-dion 891, 893 Tab.
allo-Pregnan-3α, 20α-diol 890*, 893 Tab.
allo-Pregnan-3β, 20α-diol 890*, 893 Tab.
allo-Pregnan-3β, 20β-diol 892.
allo-Pregnan-3β, 21-diol-11,20-dion 882 Tab.
allo-Pregnan-3α, 6α-diol-20-on 894.
allo-Pregnan-3β, 17α-diol-20-on 882 Tab.
allo-Pregnan-3α, 21-diol-20-on 891.
allo-Pregnan-3β, 21-diol-20-on 891.
allo-Pregnan-3,20-dion 890*, 893.
allo-Pregnan-3α-ol-20-on 890*, 893 Tab.
allo-Pregnan-3β-ol-20-on 882 Tab., 886 Tab., 890*, 893 Tab.
allo-Pregnan-3β, 11β, 17α, 20,21-pentol 882 Tab.
allo-Pregnan-3β, 17α, 20,21-tetrol 882 Tab.
allo-Pregnan-3α, 11β, 17α, 21-tetrol-20-on 882 Tab.
allo-Pregnan-3β, 16α, 20β-triol 894.
allo-Pregnan-3β, 17α, 20-triol 882, 882 Tab.
allo-Pregnan-3β, 20,21-triol 891.
allo-Pregnan-3β, 17α, 21-triol-11,20-dion 882 Tab.
allo-Pregnan-3β, 11β, 21-triol-20-on 882 Tab.
allo-Pregnan-3β, 17α, 21-triol-20-on 882 Tab.
$\Delta^{4,11}$-Pregnandien-21-ol-3,20-dion 884*.
Δ^5-Pregnen-3β, 20α-diol 892, 894.
Δ^4-Pregnen-11β, 21-diol-3,20-dion 882 Tab.
— s. a. Corticosteron.
Δ^4-Pregnen-17α, 21-diol-3,20-dion 882 Tab.
— s. a. 17-Oxy-11-desoxycorticosteron.
Δ^5-Pregnen-3β, 17α-diol-20-on 892.
Δ^5-Pregnen-3β, 21-diol-20-on 892.
Δ^4-Pregnen-17α, 21-diol-3,11,20-trion s. Cortison.
— s. a. 17-Oxy-11-dehydrocorticosteron.
Δ^4-Pregnen-3,20-dion 882 Tab.
— s. a. Progesteron.
Δ^4-Pregnen-17α-ol-3,20-dion 882 Tab.
— s. a. 17-Oxyprogesteron.
Δ^4-Pregnen-21-ol-3,20-dion 882 Tab.
— -Derivate 881.
— s. a. Desoxycorticosteron.
Pregnenolon 883f., 884 Schema, 885.
— Dehydrierung zu Progesteron 887.
Δ^5-Pregnen-3-ol-20-on 892.
Δ^5-Pregnen-3β-ol-20-on 883, 886 Tab., 895.
Δ^{16}-allo-Pregnen-3β-ol-20-on 894.
Δ^4-Pregnen-21-ol-3,11, 20-trion 882 Tab.
Δ^4-Pregnen-11β,17α,20,21-tetrol-3-on 882 Tab.
Δ^5-Pregnen-3β, 16α, 20α-triol 892.
Δ^5-Pregnen-3β, 17α, 20α-triol 892.
Δ^5-Pregnen-17α, 20,21-triol-3-on 902.
Δ^4-Pregnen-21-ol-3,11,20-trion s. 11-Dehydrocorticosteron.
Δ^4-Pregnen-11β, 17α, 21-triol-3,20-dion 882 Tab.
— s. a. 17-Oxycorticosteron.
Δ^4-Pregnen-17α, 20,21-triol-3,11-dion 882 Tab.
pre osseus substance 712.
Prinzip, CASTELsches s. Magenstoff, CASTLEscher.
—, s. Ferment, CASTLEsches.
—, s. intrinsic factor.
—, contrainsulinäres 774f.
—, diabetogenes 774.
Priscol, Wirkung auf Magensekretion 79.
Proaccelerin 481f.
Probe, LEGALsche 351.
— nach MOLISCH 729.
—, RIVALTAsche 559.
Probefrühstück 73f., 87.
— nach EWALD-BOAS 87.
Probemahlzeit nach RIEGEL 87.
Procarboxypolypeptidase, Umwandlung in Carboxypeptidase 168.
—, Vorkommen in Rinderpankreas, frischem 159, 160 Tab.
Processus vermiformis, Zellen, basalgekörnte, im 107.
Prochymase 73.
Proconvertin 481.
Prodigiosin 674.
Proenterokinase, Vorkommen im Pankreas 160 Tab.
Progesteron:
s. a. Δ^4-Pregnen-3,20-dion.

Progesteron:
s. a. Corpus leutum-Hormon.
Abbauprodukte im Harn 893 Tab.
Ausscheidung durch die Galle 892.
Bildung im Follikel 887.
— in Nebennierenrinde 887.
— — Placenta 887.
— — Zwischenzellen des Hodens 887.
— von 11 β-Oxyprogesteron aus 883.
Biosynthese 887.
Gehalt im Blut 439.
Hemmung der Glykogenbildung im Zwerchfell durch 778.
Oxydation 885f., 1082 Tab., 1148, 1153 Tab.
Reduktion der Δ^4-3-Ketogruppe 891.
Stoffwechsel 884 Schema, 889, 890*, 895.
Stoffwechselprodukt von Cholesterin 877f.
Vorkommen 881, 882 Tab., 886 Tab.
markiertes 889, 892, 908.
Proinvasin 384.
Prokinase, Vorkommen im Darm 120 Tab., 168.
—, — Pankreas 159, 160 Tab., 161, 166.
Prokynurenin 988.
Prolactin 775.
—, Gehalt im Blut 368.
Prolan, Vorkommen im Speichel von Hengsten 26.
Prolidase, Vorkommen im Darm 120 Tab., 123.
Prolin:
Aminosäure, entbehrliche 933.
Beeinflussung der Hämoglobinbildung durch 466.
Bildung 934.
— von Glucose aus 987.
— — Glutaminsäure aus 987.
— — Glycin aus 916.
— — α-Ketoglutarsäure aus 968.
— — Zucker aus 763, 765* Tab., 766 Tab.
—, reversible, aus Ornithin 968.
Gehalt im Darmchymus 175 Tab.
— in Rattenleber 1072 Tab.
— — Zellkernproteinen 1110 Tab.
Resorption 227.
Stoffwechsel 986*, 987.
Vorkommen im Blutplasma 344.
— in Jejunalschleimhaut 119.
^{15}N-Prolin, Einbau in Hämin 997 Tab.
D-Prolin, Bildung von δ-Keto-α-aminovaleriansäure aus 986*, 1148.
L-Prolin, Bildung von Oxyglutaminsäurehalbaldehyd aus 1148.
—, Oxydation durch Mitochondrien 1133. 1136 Tab., 1148.
Prolinase, Vorkommen im Darm 120 Tab., 123.
—, — in Magenschleimhaut 35 Tab., 37.
—, — im Pankreas 159, 160 Tab.
Prolinoxydase, Gehalt in Mitochondrien 1133, 1148.
L-Prolinoxydase, Vorkommen in Zellkernen 1114 Tab.
Prolinpeptidase, Vorkommen in der Pylorusschleimhaut 37.
Prolipase, Vorkommen in Frauenmilch 39.
Prolylglycin, Spaltung durch Prolinase 123.
Prolylglycylglycin, Spaltung durch Prolinase 123.
Prontosil, Hemmung der Allantoinbildung durch 1211.
—, — Kohlensäureanhydratase durch 60.
Propandiolphosphat, Gehalt in Erythrocyten 447 Tab.
Propanol, Bildung von Zucker aus 764*, Tab.
Propentdyopent, Bildung beim Hämoglobinabbau 1017*.
Propepsin, Vorkommen im Magen 35 Tab.
Propionsäure, Abbau 808.
—, Bildung aus Aminosäuren 929.
—, — — Fettsäuren 928.
—, — — —, alkylierten 816.
—, — — Isoleucin (?) 952.
—, — im Wiederkäuermagen 100.
—, — von Leberglykogen aus 808.
—, — — Zucker aus 762f., 764 Tab.*, 765, 766 Tab.
—, Endoxydation 1143.
—, Oxydation durch Mitochondrien 1136 Tab.
—, —, bakterielle im Dickdarm 187, 189.
—, Reaktion mit Coenzym A 828.
—, Umsatz durch Cyclophorasesystem 1142.
—, Vorkommen in Echinococcusblasen 579.
^{14}C-Propionsäure, Abbau 808.
Propionsäurebakterien, Aktivierung durch Thiole 654.
—, Kohlensäureassimilation 1054.
Propionsäureoxydase, Wirkung auf Propionsäure 808.
Propionylierungen 809, 839.
α-Propyladipinsäure, Bildung aus α-n-Propylmyristin- und -stearinsäure 816 Tab.
α-n-Propyladipinsäure, Verhalten im Stoffwechsel 818 Tab.
Propylalloxan, Wirkung, diabetogene 779.
7-Propyldecansäure, Bildung von 3-Propylhexansäure aus 815 Tab.
3-Propyl-glucose, Resorption 220.
Propylhexansäuren, Verhalten im Stoffwechsel 815 Tab.
α-n-Propylmyristinsäure, Bildung von α-Propyladipinsäure aus 816 Tab.
6-Propylnonansäure, Verhalten im Stoffwechsel 815 Tab.
5-Propyloctansäure, Bildung von 3-Propylhexansäure aus 815 Tab.
2-Propylpentansäure, Verhalten im Stoffwechsel 815 Tab.
α-n-Propylstearinsäure, Bildung von α-Propyladipinsäure aus 816 Tab.
Prosecretin, Vorkommen im Darm 131.
Proserozym 484, 487, 490f.
Prostata, Gehalt an Zink 675, 678.
Prostatacarcinom, Erythrocytenphosphatase bei 450.

Prostatahypertrophie, Kreatin und Kreatinin im Blut bei 348.
Prostatakrebs, Serumphosphatase bei 377.
Prostataphosphatase, saure, Bindung an Zellkerne 1109.
Prostigmin, Wirkung auf Cholinesterase 373.
Protagon, Vorkommen in Eiterkörperchen 584.
Protaminase, Vorkommen im Pankreas 159, 160 Tab.
Protamine, Aminosäurezusammensetzung 1112 Tab.
—, Gehalt an Hexonbasen 974.
—, Spaltung durch Pepsin 76.
—, Vorkommen 912.
—, — in Zellkernen 1097, 1105.
—, Wirkung auf Heparin 492.
Proteasen, Aktivierung durch Mangan 671.
—, Gehalt im Blutserum 346ff., 380f.
—, Pankreas-, Darmschleimhaut-, Darmsaft-, Vergleich 123.
—, Vorkommen im Darm 119, 120 Tab., 121 bis 124, 130.
—, — in Ergüssen 560,
—, — — Leukocyten 464 Tab.
—, — im Magen 35 Tab.
—, — in Schweinenieren-Zellkernen 1112.
—, — — Synovia 582.
— s. a. Proteinasen.
Protein, Gehalt im Blut 529 Tab., 530.
— aus Sarkom, Aminosäurezusammensetzung 1110 Tab.
— — Thymus, Aminosäurezusammensetzung 1110 Tab.
—, metal combining 664.
—, saures, Aminosäurezusammensetzung 1110 Tab.
—, —, aus Zellkernen 1109.
—, „thromboplastisches", aus Lungen, Eigenschaften 1151 Tab.
— A und B für Brenztraubensäuredecarboxylierung 1040.
— X, Bedeutung für Rh-Agglutinine 389.
Proteinasen, Aktivierung durch Thiole 654.
—, Bestimmung 380.
—, Vorkommen im Blutserum 380.
—, — — Darm 151, 154.
—, — in Speicheldrüsen 12.
— s. a. Proteasen.
Proteinasewirkung von Cytoplasma und Zellkernen 1124 Abb.
Proteinate, Bereitstellung von Alkali durch 1162.
Proteine, Bildung von Purin aus 1218.
—, Carbamate von 1165.
—, Carbamidbildung 1165*.
—, Umwandlung in Glucose 763.
—, Verteilung, intermediäre 1068—1071 Tab.
— des Zellkerns, Zusammensetzung 1110 bis 1113 Tab.
— s. a. Eiweiß.
— s. a. Eiweißkörper.
— s. a. Eiweißstoffe.
Proteinfraktionen im Cytoplasma 1152.
Protein-Phosphatid-Komplexe 868.
Proteinstickstoff, Verwendung zur Purinsynthese 1219.
Proteinsynthese, Bedeutung des Citronensäurecyclus für 1145.
—, — von ATP für 1145.
—, — — Magnesiumionen für 1145.
—, Energiebedarf 1117.
— in Zellkernen 1123.
Prothrombin 380, 474, 477—480, 481f., 485, 488 Schema.
—, Adsorption an Calciumphosphat 486.
—, Aktivierung 482, 484f., 488.
—, Bedeutung von Vitamin K für -Bildung 494.
—, Bestimmung 479f.
—, Darstellung 478.
—, Einheit 479.
—, Gehalt im Blut 479, 497.
ein Prothrombin-Antiprothrombin-Komplex 487.
—, Verteilung auf Plasmaeiweißfraktionen 306, 312 Tab.
—, Vorkommen in Fibrinogenpräparaten 476.
—, — im Plasmaeiweiß 291f., 293 Tab.
—, Wirkung von Plasmin auf 298.
prothrombin convertibility factor 481.
Prothrombinindex 480.
Protochlorophyll 1022*, 1023.
Protogen A, Bedeutung für Abbau von α-Ketosäuren 1039.
Protohämin, Entstehung bei Hämoglobinverdauung 76.
Protoplasma, Struktur 1158.
Protoporphyrin:
Bildung aus Hämin 999*.
— bei Fäulnisvorgängen 76, 438.
— in Erythrocyten 1004.
—, keine, aus Tryptophan 990.
Biosynthese 998—1005, 1007.
Einbau von Eisen in 1009ff., 1015.
— Glycin-^{15}N in 997.
Gehalt in Erythrocyten 436, 1004, 1008.
Vorkommen im Blut 439.
I, Bildung bei der Erythropoese 437.
— —, keine, aus Koproporphyrin I 1007.
IX, Abbau, chemischer 1000*.
—, Bildung, biologische 1003*.
—, Vorstufe des Chlorophylls 1022.
—, radioaktives 1004.
Protozoen, Gehalt an Cholesterin 870.
—, Vorkommen im Dickdarm 183.
Protrypsin, Ca-ionen notwendig für Umwandlung in Trypsin 645.
Provitamin D_3, Bildung aus Cholesterin 879.
Psalter 9, 32, 50, 99, **101**.
Pseudobronchien, Gehalt an Kohlensäureanhydratase 522.
Pseudocholinesterase, Aktivität im Serum 374 Tab.
Pseudoglobulin, Darstellung 309.
— A 309f.

β_1-Pseudoglobulin, krystallisiertes, metallbindendes 293 Tab.
Pseudoglobuline 309f.
—, Darstellung aus Blutserum 309.
—, Fällung durch Ammonsulfat 298.
—, — Neutralsalze 299 Tab.
—, Gehalt im Blutserum 304 Tab.
—, Verhalten bei Elektrodialyse 302.
Pseudohäm, Bildung beim Abbau von Häm 1018 Schema.
Pseudohämoglobine, Bildung aus Hämoglobin 437.
Pseudohämophilie 475.
Pseudokreatinine, Störung der Kreatinbestimmung durch 349.
Pseudomonas, Abbau von Tryptophan durch 989.
—, Oxydation von Gluconsäure durch 738.
— fluorescens, Abbau von Histidin durch 977.
— —, Bildung von Anthranilsäure durch 991.
Pseudovitamin B_{12} 1180.
Psoriasis, Exsudate, seröse, bei 560.
Psychosen, schizophrene, Gehalt im Blut an Ammoniak bei 343.
Pteroinsäure 1195.
Pteroylglutaminsäure, Bedeutung für Methylierungen 840.
—, Förderung der Xanthindehydrogenase durch 1203.
—, Gehalt im Cyclophorasesystem 1132 Tab.
—, Porphyrinausscheidung nach 439.
Ptyalin 22.
— s. a. Amylase.
Pufferungskurven, Blut 1162 Abb.
—, Leber 1162 Abb.
— für Phosphat-H_2CO_3-Systeme 1162 Abb.
Pulpa, Verhalten bei C-Avitaminosen 723.
Purinaminasen 1200.
—, Vorkommen 1217.
Purinbasen, Ausscheidung 1243.
—, — bei Diabetes insipidus 1233.
—, — — Fettsucht, hypophysärer 1233.
—, — — Vitamin B_6-Mangel 1244.
—, Oxydation bei Diabetes insipidus 1233.
—, Resorption aus dem Darm 1181.
—, kein Übergang in Pyrimidinbasen 1228.
—, Vorkommen in Faeces 1181.
—, — Nahrung 1181.
—, Wirkung von Adrenalin auf Ausscheidung von 1230.
—, freie, Gehalt in Geweben 1217.
—, —, Vorkommen 1180.
— -N, Gehalt im Blut 347.
Purindesaminasen 1189 Schema, 1200.
—, Vorkommen 1217.
Purindesoxyriboside, Spaltung, phosphorolytische, 1195.
Purine:
Abbau 1222f.
Aufnahme 1181.
Purine:
Ausscheidung, Steigerung durch Cortison 1234.
—, Wirkung von Hypophysektomie auf 1234.
—, — — Nebenniere auf 1234.
Bildung 347, 976f., 1218—1222.
—, Bedeutung von Formylfolsäure für 1245.
—, Hemmung durch Calciumsalze 1249.
—, — Pterine 1245.
— aus Aminoimidazolcarbonsäureamid im Cytoplasma 1153 Tab.
— — Aminosäuren 1241.
— — ^{15}N-Ammoniumcitrat 1219, 1227.
— — Histidin 976f.
— bei Vögeln 1219.
— durch Abbau 1217f.
— im Cytoplasma 1153 Tab.
— — Zellkern 1119.
— von Kreatin aus 1237.
als Fermentbestandteile 1179.
Gehalt im Blutserum 346ff.
— in Geweben 1185.
— im Muskel, atrophischen 1230.
Oxydation 1201.
—, Hemmung durch Calciumsalze 1249.
keine Reaktion mit Aldehyddehydrogenase 756.
Stoffwechsel 1177—1257.
—, Schrifttum 1177.
—, Abhängigkeit von Nahrungszufuhr 1239.
—, Beeinflussung, hormonale 1231—1234.
—, — durch Adrenalin 1230, 1232.
—, — — Aminosäuren 1240f.
—, — — Eiweiß 1240f.
—, — — Gallensäuren 1243.
—, — — Harnstoff 1241.
—, — — Insulin 1232.
—, — — Kost, purinreiche 1240.
—, — — Sexualhormone 1234.
—, — — Vitamine 1243—1246.
— bei Diabetes mellitus 1232.
— — Erkrankungen 1246ff.
—, Förderung durch Nervensystem, vegetatives 1231.
— und Gesamtstoffwechsel 1238—1248.
— im Hunger 1239.
— bei Kohlenhydrat- und Fettkost 1242.
— — Muskelarbeit 1238f.
—, Pathologie 1252—1257.
— in Pflanzen 1180.
—, Pharmakologie 1249—1252.
—, Regulation 1230f.
—, — durch Hypophyse 1233.
—, Steigerung durch Hypophysenvorderlappenextrakt 1233.
—, Störungen bei Erkrankungen, hypophysären 1233f.
—, Tagesschwankungen 1238.
— bei Vergiftungen 1246ff.
—, intermediärer 1182—1230.

Purine:
Transport 1181.
Vorkommen 1180.
— im Residual-N des Blutes 341.
Wirkung auf Wachstum von Lactobacillus casei 1252.
freie, Ablagerung bei Krankheiten 1181.
Purinnucleosidase 129, 1188.
Purinnucleosid-phosphorylase 1188.
Purinnucleotidase, Vorkommen in Pankreas 166.
Purinring, Spaltung durch Colibakterien 1213.
—, Synthese aus Aminosäuren 840.
—, — im Cytoplasma 1154.
—, Totalsynthese 1190.
Purinstoffe s. Purine.
Purinstoffwechselzentrum 1231.
Purinsynthese als „Ausscheidungssynthese" 1208.
—, keine Beteiligung von Essigsäure an 945.
— s. a. Purine, Bildung.
PURKINJE-Zellen 636.
Purpura thrombopenica 497.
Purpurin 18 1025.
Putrescin, Ausscheidung im Harn 954.
—, Bildung aus Arginin 954.
—, — — Ornithin 931.
—, — bei Darmfäulnis 189.
—, Oxydation durch Histaminase 932.
Pylorus 103.
Pylorusdrüsen 32, 85.
Pylorusregion, Hormonbildung 43.
Pylorusschleimhaut 41f.
—, Fermentwirkung 37.
Pylorusstenose 68.
Pyocyanin 587*.
Pyogenin, Vorkommen in Eiterkörperchen 584.
Pyosin, Vorkommen in Eiterkörperchen 584.
Pyoxanthin 588.
Pyoxanthose 588.
Pyrazolone, Hemmung von Cholinesterase durch 375.
Pyridin, Steigerung der Allantoinausscheidung durch 1211.
Pyridin-adenin-dinucleotid, Beteiligung bei Glutaminsäuredehydrierung 949.
Pyridin-dicarbonsäure, Hemmung der Wirkung, diabetogenen, von Alloxan durch 779.
Pyridinverdohämochromogen 1018*.
Pyridoxal als Coferment der Transaminase 1226.
Pyridoxalphosphat, Bedeutung für Cystathioninumsatz 966.
—, keine Beteiligung an Peptidsynthese 921.
—, Bildung, Energielieferung für 1235.
—, Coenzym der Cysteindesulfurierung 958.
—, Coferment von Purindesaminasen 1217.
—, — Transaminase 1201.
—, Gehalt im Cyclophorasesystem 1132.
—, Notwendigkeit für D-Serindehydrogenase 939.
Pyridoxal-3-phosphat, Inaktivität als Coferment 994.
Pyridoxal-5-phosphat, Aktivierung von Transaminasen durch 938.
—, Bedeutung für Tryptophanbildung in Neurospora 995.
—, Coferment des Kynurenin spaltenden Fermentes 994.
—, — von Bakteriendecarboxylasen 932.
—, — — Transaminase 989.
Pyridoxamin-5-phosphat, Aktivierung von Transaminasen durch 938.
Pyridoxin, Bedeutung für Eisenresorption 214.
—, — Hämoglobinsynthese 1010.
—, Bestimmung 364.
—, Gehalt im Blut 364.
—, — — Cyclophorasesystem 1132 Tab.
—, — in Zellelementen 1094 Tab.
—, keine Nucleosidbildung mit 1195.
—, Vorkommen im Speichel 26.
—, Wirkung auf Purinausscheidung 1244.
Pyridoxinmangel, Protoporphyringehalt von Erythrocyten bei 436.
Pyrimidinbasen 1225—1230.
—, Abbau 1228, 1229*.
—, Herkunft 1226f.
—, Vorkommen 1181, 1225f.
—, — im Harn 1226.
— s. a. Pyrimidine.
Pyrimidinderivate, Desaminierung 1226.
Pyrimidindesaminase 1189 Schema.
Pyrimidine, Abbau 1228ff.
—, Bildung aus ^{15}N-Ammoniumcitrat 1227.
—, — — ^{15}N-Orotsäure 1227.
—, — — Mononucleotiden 1228.
—, — — Pyrimidinnucleosiden 1228.
—, — von ^{15}N-Orotsäure (Uracil-4-carbonsäure) aus 1227.
—, Stoffwechsel 1177—1257.
—, Umwandlung in Nucleotid-Purine 1227.
— s. a. Pyrimidinbasen.
Pyrimidinnucleosidase 129, 1188.
Pyrimidinnucleoside, Bildung von Pyrimidinen aus 1228.
Pyrimidin-nucleosid-phosphorylase 1195.
Pyrimidinnucleotidase, Vorkommen im Pankreas 166.
Pyrimidinsynthese, Vorstufen 1226.
Pyrophosphat, Anreicherung im Cyclophorasesystem 1140.
—, — Gewebe 789.
—, Bildung bei Synthese von Acetyl-CoA aus Essigsäure 826.
—, Bindung, energiereiche, in 785.
—, Hemmung der Succinodehydrogenase durch 758.
—, Inaktivierung der Hefealdolase durch 747.
—, Spaltung durch Nucleotidase 129.
Pyrophosphatase, Gehalt in Mitochondrien 1088 Tab.
—, Gehalt in Zellkernen 1088 Tab.
—, Vorkommen im Blut 377.

Die Seiten 1—840 befinden sich im Bandteil a, die Seiten 841—1257 im Bandteil b.

Pyrophosphatase, Vorkommen in Erythrocyten 450.
Pyroschwefelsäure, Bildung beim Cysteinabbau 957.
Pyrrol, keine Bildung aus Tryptophan 990.
Pyrrolfarbstoffe, Aufbau aus Essigsäure 838.
Δ^3-Pyrrolin-5-carbonsäure 987.
Pyrrolsynthese 1002 Schema
— aus Succinyl-coenzymkomplex 1001.
Pyrroporphyrin, Bildung aus Chlorophyll im Wiederkäuermagen 1025.
Pyruvat, Bildung von Acetessigsäure aus 827.
—, — — Acetyl-coenzym A aus 1038ff.
—, Cofermente für Abbau, oxydativen 1039.
—, Oxydation 789.
—, Spaltung, thioklastische 1041.
— s. a. Brenztraubensäure.
Pyruvatkinase, Bedeutung von Adenosintriphosphorsäure für 1235.
Pyruvatoxydase 1040.
„pyruvic oxidase" 756.
Pyruvodehydrogenase 1031.

Qualle, Gehalt an Cholesterin 870.
Quarzstaub, Siliciumausscheidung nach Zufuhr von 691f.
Quecksilber, Aufnahme durch Atemwege — 687.
—, Gehalt im Blutserum 405.
— im Stoffwechsel 655, 687.
Quecksilberchlorid, Hämolyse durch 421.
Quecksilbernitrat, Erregung der Magensaftsekretion durch 70.
Quecksilberverbindungen, Natriumausscheidung nach 621.
Quecksilbervergiftung, Hypochlorämie bei 408.
Quellungsdruck 269.
Quellungsödem 578.
Quercetin, Oxydation in Mitochondrien 1150 Tab.
Quotient N/S 653.
—, respiratorischer 736, 769f., 776.
—, — s. a. R. Q.

Rachitis:
716—719.
Calcium: Phosphor-Verhältnis 717f.
Chronaxie 716.
Dentin und Schmelz bei 723.
Erzeugung durch Ca-reiche und P-arme Kost 646.
Formen 716.
Gehalt im Blut an Calcium bei 397, 715.
— Lipase bei 372.
— Phosphat, anorganischem, bei 413.
— Phosphatase bei 376.
P-Stoffwechsel bei 651.
Purinstoffwechsel bei 1246.
Sr-Zufuhr erzeugt -symptome 684.
Verkalkung von Gewebe, osteoidem, bei 710.

Radio-Thyroxin, Bindung an Serumeiweiß 367.
Radiumbestrahlung, Harnsäurestoffwechsel bei 1248.
Radiumemanation, Förderung der Xanthindehydrogenase durch 1203.
—, Harnsäureausscheidung nach 1248.
Ratte:
Alloxandiabetes 776.
Anämien, hypochrome 38.
Blut, Formen des Jod 682.
Blutmenge 259 Tab.
Blutzuckergehalt 314 Tab.
Calciumkonzentration, gesamte 704 Tab.
Cardiadrüsen 32.
Chloridverlust durch Magensaft 64.
Desoxyribonucleinsäuren, Zusammensetzung aus Basen 1106 Tab.
Diaphragma 778.
—, Glucoseaufnahme 780.
—, Glykogenbildung 773, 775, 777f., 781.
Eisenvorrat 660.
Eiweiß, Halbwertszeit 923.
Erythrocyten, Lebensdauer 1016.
Gehalt im Blut an Brenztraubensäure 325 Tab.
— — — — Harnstoff 342.
— — Darm an Acetylcholin 139 Tab.
— — — Fett 116ff.
— Gehalt in Organen an Cholin 137 Tab.
— Sperma an Cholin 137.
Gehirn, Mitochondrien 1137.
Herz, Durchmesser des Zellkerns 1098 Tab.
Leber, Durchmesser der Zelle 1098 Tab.
—, Plasma-Kern-Relation 1098 Tab.
—, Zellkern, Trockengewicht 1098 Tab.
—, —, Volumen 1098 Tab.
—, Zellzahl 1098 Tab.
Magen, p_H-Wert 50.
Magenschleimhautlipase 39 Tab.
Magnesiumbedarf 636.
Pericardialflüssigkeit 562.
P-Verteilung im Blut bei 413 Tab.
Ribonucleinsäure, Zusammensetzung aus Basen 1107 Tab., 1108 Tab.
Speichelamylase 23.
Vorkommen im Blut von Allantoin 1215f.
— — — Cystin 415.
— in Geweben von 5-Nucleotidase 1187.
Zuckerresorption 218, 222.
hypophysektomierte, Nucleinsäureumsatz bei 1233.
Rattenepitheliom, Gehalt von Nucleinsäuren 1247.
Rattenrachitis 717.
Rattenzwerchfell s. Ratten, Diaphragma.
Raubtiere, Magenschleimhautlipase 39 Tab.
Raum, extracellulärer 598ff., 621, 623, 632.
—, Bedeutung für K-Verteilung 626.
—, —, Chloridgehalt 629f.
—, —, Chloridverlust 633.
—, —, J-Verteilung 681.
—, —, Natriumaustausch 622.

Raum, intracellulärer 598ff., 621, 623, 633.
—, —, Bedeutung für K-Verteilung 626.
—, —, Gehalt an Chlorid und Natrium 629.
—, —, Natriumaustausch 622.
—, —, Wirkungen, osmotische, auf den 632.
—, intravasaler 599.
Reagens, GIRARDS 879.
—, GÜNZBURGS 53.
—, NESSLERS 37.
—, SCHLESINGERS 355.
—, TOEPFERS 53f.
—, UFFELMANNsches 92.
Reaktion nach CARR-PRICE 358.
—, EHRLICHsche 355.
—, KOBERsche 907.
—, LIEBERMANN-BURCHARDsche 339.
—, NONNE-APPELTsche 568, 571 Tab.
—, OCHOAsche 1051f.
—, PANDYsche 568, 571 Tab.
—, PASTEURsche 106.
—, SELIWANOFFsche 318.
—, THORMÄLENsche 351.
—, WOOD-WERKMANsche 1052, 1055.
—, allergische, Oedeme bei 605.
„Reaktionsregulation" 1164.
Recarboxylierungsreaktion in tierischen Zellen 762.
Receptoren (Blutgruppen) 385.
Rectum, p_H-Wert 149 Tab.
Redoxasen, Vorkommen im Blut 381f.
—, — — Speichel 25.
Reflexe, bedingte 12, 31, 41, 145.
—, unbedingte 12, 41.
Regenwurm, Kalkspeicher 637.
Reifungsstoff der Erythrocyten 466.
— s. a. Ferment, CASTLEsches.
Reis-Diät, Na-Gehalt 620.
Reisstärke, Verdauung 28.
Reitknochen 721.
Renguerra 668.
rennet s. Magensaft, Labferment.
Rennin s. Magensaft, Labenzym.
Reptilien, Harnsäureausscheidung im Harn 1212f.
—, Harnsäuresynthese bei 1204.
RES s. System, reticuloendotheliales.
Reserveeisen 656 Tab., 657.
Reserveeiweiß 289.
residual reduction 316.
Resorcin als Chromogen bei Harnsäurebestimmung 347.
Resorption:
200—254.
durch Gewebe 253f.
— die Haut 250f.
— — Lungen 250f.
— Oberflächen, innere 252.
— Schleimhäute 250f.
auswählende, von Salzen 211.
enterale 202—250.
—, Kräfte der 205—208.
—, von Alkoholen 249f.
—, — Aminosäuren 226ff.
Resorption:
Cholesterin 871f.
—, — Disacchariden 223f.
—, — Eiweiß 224f.
—, — Farbstoffen 250.
—, — Fetten 230—249.
—, — Gasen 215.
—, — Glycerin 236.
—, — Lipoiden 248.
—, — Mineralstoffen 210—216.
—, — Monosacchariden 216—223.
—, — Nährstoffen 208—250.
—, — Polypeptiden 225f.
—, — Säuren, organischen 250.
—, — Wasser 208ff.
interstitielle 251.
parenterale 202, 250—254.
—, von Eiweiß 224—230.
—, — Kohlenhydraten 216—224.
Resorptionskräfte 205, 211.
Resorptionsvermögen, Mundschleimhaut 29.
—, Zunge 29.
reste de deglucidation 316.
— fermention 316.
Restkohlenstoff, Gehalt im Blut 329f., 445.
—, — in Lymphe 554 Tab..
Rest-N s. Reststickstoff.
Restreduktion, Blut 313 Tab., 316f., 320 Tab.
Reststickstoff, Gehalt im Blut 93, 278 Tab., 339—342, 563 Tab., 687.
—, — — Blutplasma 278 Tab., 339—342.
—, — — Blutserum 278 Tab., 339—342, 444 Tab., 572 Tab., 577 Tab., 582 Tab., 653.
—, — — Cytoplasma 1069 Tab.
—, — in Ergüssen, serösen 560.
—, — — Erythrocyten 278 Tab., 340.
—, — — Lymphe 550 Tab., 554 Tab.
—, — — Mikrosomen 1069 Tab.
—, — Mitochondrien 1069 Tab.
—, — — Zellkernen 1100 Tab.
Reticulocyten 465f.
—, Einbau von Aminosäuren in Eiweiß 924, 1125.
—, Gehalt an Phosphatiden 858.
—, — Protoporphyrin 436.
—, — Ribosenucleinsäure 926.
—, Hämoglobinbildung in 1011.
—, Identität mit Erythrocyten, basophil punktierten 454.
—, Substantia reticulo-filamentosa 447.
Reticulocytenkrise, Einfluß auf Bildung der Harnsäure, endogenen 1200.
—, Gehalt an Protoporphyrin in Reticulocyten bei 436.
—, Harnsäureausscheidung bei 1247.
Reticulocytose, Protoporphyringehalt der Erythrocyten bei 1008.
Reticulumzellen 472.
Retina, Gehalt an Kohlensäureanhydratase 522.
Rhabarber, Reaktion 1172.
Rheinlachs, Körpereiweiß, Umbau 912.
—, Spermabildung 1180.

Rh-Faktor (= Rhesus-Faktor) 387—390.
Rhodan, Ausscheidung im Harn 954.
—, Bildung in Mitochondrien 1150 Tab.
—, Gehalt im Blut 415, 954.
—, — — Blutserum 576 Tab., 653.
—, — in Ergüssen, serösen 560 Tab.
—, — im Magensaft 52 Tab., 53, 66, 954.
—, — — Speichel 16, 18, 954.
— s. a. Rhodanid.
Rhodanese, Gehalt in Zellelementen 1090 Tab.
—, Vorkommen in Zellkernen 1116 Tab.
Rhodanid, Bestimmung des Raumes, extracellulären, mit 547, 598.
—, Bildung aus Aminosäuren 954.
—, Wirkung, keimtötende 67.
Rhodanid s. a. Rhodan.
Rhodansalze, Bildung im Körper 653.
Rhodoporphyrin, Vorkommen im Wiederkäuermagen 1025.
Ribodesose 729.
Riboflavin, Bedeutung für Hämoglobinsynthese 1010f.
—, Bestimmung 363.
—, Bildung, Hemmung durch Uracil 1244.
— bei Dismutation der Brenztraubensäure 1031.
—, Einfluß auf Purinstoffwechsel 1244.
—, Gehalt im Blut 281 Tab., 362, 452 Tab.
—, — — Blutplasma 281 Tab., 452 Tab.
—, — in Erythrocyten 281 Tab., 452 Tab.
—, — — Leukocyten 452 Tab., 463.
—, — — Thrombocyten 452 Tab., 463, 472.
—, Vorkommen im Speichel 26 Tab.
— s. a. Lactoflavin.
— s. a. Vitamin B_2.
Ribonucleinase 1186.
— beim BRACHET-Test 1183.
—, Gehalt in Erythrocyten 451, 1116 Tab.
—, — Zellelementen 1090 Tab.
—, Hemmung 1198.
—, — durch Magnesium 637.
—, Vorkommen in Mitochondrien 1129, 1131.
—, — im Pankreas 166, 451.
—, — in Zellkernen 1116 Tab.
Ribonucleinsäuren 1182.
—, Bedeutung für die Eiweißsynthese 926, 1183.
—, Bildung im Zellkern 1122.
—, Gehalt an D-Ribose 1182.
—, Gehalt im Cytoplasma und Eiweißsynthese 926.
—, — in Zellelementen 1069f. Tab.
—, — — Zellkernen 1069f. Tab., 1100 Tab., 1101f. Tab., 1105 Tab.
—, Nachweis 1183.
—, Vorkommen in Erythrocyten 447.
— aus Zellkernen, Zusammensetzung aus den einzelnen Basen 1107 Tab.
—, Zusammensetzung 1077 Tab.
— s. a. RNS.
Ribonucleodepolymerase 1186.
Ribonucleodepolymerase, Vorkommen in Pankreas 166.
Ribonucleoproteidase, Freisetzung von Adenosinverbindungen im Blut durch 1237.
Ribonucleotidase 1186f.
—, Hemmung durch Heparin 1187.
—, Inaktivierung durch Röntgenstrahlen 1187.
Ribonucleotide, Bedeutung für Eiweißsynthese 1125.
—, Bildung in Leber, regenerierender 1125.
—, — im Zellkern 1119—1123, 1154.
—, — in Zellelementen 1121 Tab.
—, Bindung an Enzyme in Mitochondrien 1130.
—, Einbau von ^{15}N-Adenin in 1121 Tab.
—, — — ^{15}N-Glykokoll in 1122, 1123 Tab.
—, — — ^{14}C-Guanin in Purine der — durch Lactobazillus casei 1193.
—, — — ^{15}N-Orotsäure in 1122.
—, — — ^{32}P in 1121 Tab.
—, Gehalt in Mitochondrien an 1149.
—, Spaltung durch Nucleotidasen 129, 1187.
— in der Struktur der Mitochondrien 1130.
—, Umsatzgeschwindigkeit 1119, 1120 Tab., 1121 Tab.
— s. a. Nucleotide.
Ribopolynucleotidase, Vorkommen im Darm 128.
—, — im Pankreas 166.
Ribose, Bildung durch Aldolase 747.
—, — von Glucose aus 730.
—, Umwandlung in Triose und Hexosephosphat 1196.
—, Vorkommen 729.
D-Ribose, keine Phosphorylierung durch Hefe 1194.
Ribose-1-phosphat, Bildung aus Guanosin 1195f.
—, — Inosin 1195f., 1217.
—, Gleichgewicht mit Ribose-5-phosphat 743, 1196.
Ribose-5-phosphat, Bildung von Glykolaldehyd aus 1196.
—, — Sedoheptulose-7-phosphat aus 1063.
—, Gleichgewicht mit Ribose-1-phosphat 743, 1196.
—, — Ribulose-5-phosphat 1062*.
—, Oxydation, direkte 737.
—, Spaltung durch 5-Nucleotidase 1187.
Ribose-1-phosphorsäure, Bildung aus Inosin 1193.
Ribose-3-phosphorsäure, Bildung von Nucleosid-3-phosphat aus 1193.
Ribosepolynucleotide, Gehalt in Erythrocyten 447.
Ribulose-5-phosphat, Gleichgewicht mit Ribose-5-phosphat 1062*.
—, Spaltung 1063*.
RIEGELsche Probemahlzeit 87 Tab.
Riesenknorpelzellen 705.
Rind:
Ausscheidung von C_{19}-Steroiden durch die Galle 901.

Rind:
Blutmenge 259.
Blutzuckergehalt 314 Tab.
Darmlänge 104 Tab.
Desoxyribonucleinsäuren, Zusammensetzung aus Basen 1106 Tab., 1108 Tab.
Gehalt im Blutplasma an Rest-N 341.
— — Darm an Acetylcholin 139 Tab.
— — — — Fett 113.
— — Herzen an Zellkernen 1098 Tab.
— in Magenschleimhaut an Lipase 39 Tab.
— — Organen an Cholin 137 Tab.
— — Pankreas an Zellkernen 1098 Tab.
Gelenklymphe 581 Tab.
Knochensubstanz, anorganische 703 Tab.
Labmagen, Säurewerte 56.
Leber, Eisendepot 662.
Leukocytenzahl 456 Tab.
Liquor cerebrospinalis 569, 571 Tab., 576 Tab.
Nebennierenrinde, Sekretion von Corticosteron und 17-Oxycorticosteron 882.
P-Verteilung im Blut 413 Tab.
Serumalbuminmenge 311 Tab.
Serumeiweißmenge 286 Tab.
Serumglobulinmenge 305 Tab.
Speichelamylase 23.
Speichelmenge 14.
Submandibularisspeichel 17 Tab.
Zahnbein 703 Tab.
Zahnschmelz 703 Tab.
Rindergalle, Löslichkeit von Fettsäuren in 234.
RINGER-Lösung 267 Tab.
RIVALTAsche Probe 559.
RNS : DNS im Muskel des Hühnerembryo, 1100 Tab.
— im Zellkern 1104.
RNS s. a. Ribonucleinsäuren.
ROBISON-Ester, Reaktion an Phosphoglucomutase 742*.
—, Reaktion an Phosphohexomutase 745*.
ROBISON-Esterdehydrogenase, Vorkommen in Pferdeerythrocyten 1062.
Röntgenbestrahlung, Gichtanfälle nach 1255.
—, Harnsäureausscheidung nach 1248.
—, Heparingehalt des Blutes nach 499.
—, Leukämiebehandlung mit 1181.
—, Purinvermehrung bei 1181.
—, Thrombocytenzahl nach 470.
—, Wirkung auf Harnsäurestoffwechsel 1233.
—, — Nucleinsäurestoffwechsel 1242, 1248.
Röntgenstrahlen, Hemmung der Ribonucleotidase durch 1186.
Rohfaser, Bedeutung für N-Ausnutzung 174.
Rohkost, Kochsalzarmut 603, 619.
Rohrzucker, Assimilationsgrenze 734 Tab.
—, Ausscheidung im Harn 734.
—, Bestimmung des Raumes, extracellulären, mit 598.
—, Glykogenbildung aus 745.
—, Oxydation zu Oxalsäure 738.
—, Spaltung durch Zellkerne 1118.
Rohrzucker, Spaltung im Dünndarm 126f., 730.
—, —, keine, im Säuglingsmagen 97.
Rollenbewegung, Darm 110.
ROUS-Sarkom, Gehalt an Nucleinsäuren 1247.
ROVIDA, Substanz, hyaline 584.
R.Q. bei Alloxandiabetes 776.
— s. a. Quotient, respiratorischer 776.
Rubidium, Verhalten im Stoffwechsel 684.
Ructus 100.
Rückenmark, Wassergehalt 592 Tab.
Rückenmarksflüssigkeit s. Liquor cerebrospinalis.
Rückenmarksschädigungen, traumatische 722.
Rubrobilin, Vorkommen in Erythrocyten 439.
Ruhr, P-Werte im Magensaft bei 66.
Rumen 32, 99.
Rumen-Urease 101.
Rutin, Oxydation in Mitochondrien 1150 Tab.

^{35}S, Halbwertszeit 611 Tab.
Saccharase, Hemmung durch Silberionen 687.
—, Vorkommen im Blutplasma 379.
—, — Darm 120 Tab., 126f., 151, 154, 179, 730.
Saccharoide = Restreduktion 316.
Saccharomyces anamensis, Hämsynthese in 1010.
— brevicaule, Bildung von Dimethyltellur 695.
— fragilis, Galaktohexokinase aus 741.
— —, Gleichgewicht Galaktose-1-phosphat ⇌ Glucose-1-phosphat 762.
Saccharose, Resorption 223.
—, Vorkommen im Blut 313, 319.
— s. a. Rohrzucker.
Sacculi alveolares 502.
S-Acetacetyl-N-acetylcysteamin, Spaltung durch β-Ketohydrase 807.
Säuerung, postmortale 1169.
Säugetiere, Ausscheidung von Allantoin im Harn 1212f.
—, Knochensubstanz, anorganische 703 Tab.
—, Magenschleimhaut, Histologie 33f.
—, Purinsynthese bei 1218.
—, Eisenstoffwechsel 661.
Säugling, Gehalt an Eisen 400.
—, — — Harnsäure im Harn 1238.
—, Labferment 80.
—, Magengase 68.
—, Magenverdauung 97.
—, Milchverdauung 84.
—, Nahrungsbedarf 79.
—, Retention von Natrium und Kalium 619.
—, Wasserabgabe, extrarenale 593.
Säure-Basen-Gleichgewicht 256, 534—545.
—, Regulation 537—539, 545.
Säuren, aromatische, Hemmung der Harnsäurebildung durch 1242.

Säuren, organische, Gehalt im Blut 529 Tab.
—, —, Resorption 250.
Saftlocker, natürliche 44.
Sahne, Phosphatidgehalt 841.
Salamander, Fehlen der Guanosinoxydase bei 1201.
Salicin, Spaltung durch Dünndarmschleimhaut 127.
Salicylaldehyd, Umsetzung durch Acetaldehyddehydrogenase 756.
Salicylsäure, Darmfäulnisprodukte im Blut nach 329.
—, Wirkung auf Purinstoffwechsel 1249.
Salm, Desoxyribonucleinsäuren, Zusammensetzung aus Basen 1106 Tab., 1108 Tab.
saltsick 668.
salt sickness 673.
Salvarsan, Verhinderung der Blutgerinnung durch 491.
Salze, Resorption im Gewebe 253.
—, Transport durch Serumalbumin 310.
—, anorganische, in der Lymphe 552 Tab., 555 Tab.
Salzfieber 632.
Salzlösungen, physiologische 267 Tab.
Salzplasma 286.
Salzsäure im Magen s. Magensaft, Salzsäure.
Samariumsalze, Hemmung der Blutgerinnung durch 496.
Samenblasen, Gehalt an Zink 675.
—, Stoffwechselleistungen der Mitochondrien 1136 Tab.
Samenflüssigkeit, Vorkommen von Fructose in 729.
Samenstranglymphe 552 Tab.
Saponine, Hämolyse durch 421.
Sarcoidosis, Gehalt an Eiweiß im Blut bei 321.
Sarkom, Desoxyribonucleinsäuren, Zusammensetzung aus Basen 1108 Tab.
—, Zusammensetzung der Zellkernproteine aus Aminosäuren 1110 Tab.
Sarkosin 938*.
—, Abbau 939, 941.
—, Beteiligung an Serinsynthese 941.
—, Bildung von Ameisensäure aus 840*.
—, — Glykokoll aus 1148.
—, als Methyldonator 855, 961.
—, Oxydation zu Formaldehyd 1148.
Sarkosomen, Adenylsäurephosphorylierung durch 1138.
—, Phosphorylierung, oxydative, Hemmung in den 1140.
Sauerstoff:
  Ausnützung 527f.
  Austausch in der Lunge 505.
  Bindung an Hämoglobin 508—518.
  Differenz, arteriovenöse 527f.
  Diffusionsgröße 504.
  Gehalt in Lymphe 551, 555 Tab.
  — Transsudaten 561.
  Löslichkeit im Blut 505, 508.
  Resorption 215 Tab.
Sauerstoff:
  Resorption aus Bauch- und Brusthöhle 253 Tab.
  Spannung in Blut und Alveolarluft 504 Tab., 506.
  — im Gewebe 506f.
  Stoffwechsel 615.
  Transport 508—518.
  Utilisation 527f.
  isotoper (^{18}O), bei Stoffwechseluntersuchungen 615.
  molekularer, Giftigkeit 615.
Sauerstoffdruck s. Sauerstoff, Spannung.
Sauerstoffspannungsdifferenz, alveolar-arterielle 505.
Sauerteiggärung 638.
Saugkraftgefälle, Pflanzen 606f.
Sauropsiden, Harnsäuresynthese bei 944.
Schädigungsacidose 1176f.
Schaf:
  Blut, Allantoingehalt 1215.
  —, P-Verteilung im 413 Tab.
  Blutmenge 259.
  Blutserum, Rest-N-Gehalt 341.
  Darmlänge 104 Tab.
  Desoxyribonucleinsäuren, Zusammensetzung aus Basen 1106 Tab.
  Fructose im Fetalblut 319.
  Labmagen, Säurewerte 56.
  Magen, kleiner 47.
  Leukocytenzahl 456 Tab.
  Lipase in Magenschleimhaut 39 Tab.
  Pepsinwirkung im Labmagen 77.
  Speichel 15, 15 Tab., 17 Tab., 20.
  Speichelamylase 23.
  Speichelmenge 14.
  Stärkespaltung im Labmagen 85.
Schaltstücke, Drüsen 11.
SCHARDINGERsches Ferment 1202.
Scheinfütterung 47f., 64, 69, 83.
Schilddrüse:
  s. a. Thyreoidea.
  Abbau von Citronensäure 1060 Tab.
  Aufnahme von Zink durch 677.
  Bedeutung für Blutbildung 465.
  — Lymphbildung 556.
  Bildung von Citronensäure 1060 Tab.
  Gehalt an Brom 699.
  — Citronensäure 1061.
  — Jod 680.
  — Thyroxin 682.
  Jodregulation 613.
  Jodspeicherung in der 681f.
  Jodverbindungen in der 411.
  Wirkung auf Bluteiweißgehalt 289.
  — Kohlenhydratstoffwechsel 775.
Schilddrüsenentfernung, Jod im Blut nach 410.
Schilddrüsenhormon, Beeinflussung des Purinstoffwechsels durch 1231f.
—, Vorkommen im Blut 367.
Schildkröte, Darm, Acetylcholingehalt 139 Tab.

Schildkröte, Knochensubstanz, anorganische 703 Tab.
Schimmelpilze, Bildung von Arsenverbindungen, organischen 694.
—, Citronensäuregärung 1030.
—, Fettsäureabbau 810.
—, Fettsäuresynthese durch 835.
Schizophrenie, Blutzuckersenkung nach Insulintherapie 318.
—, Liquor cerebrospinalis bei 566, 575.
Schlangengifte, Beeinflussung der Blutgerinnung 491.
—, Gehalt an Lecithinasen 851.
—, — Thiolgruppen 654.
—, Spaltung von Oligonucleotiden durch 1187.
—, Vorkommen von 5-Nucleotidase in 1187.
Schlangengiftlecithinase, Wirkung auf Lebermitochondrien 1130.
Schlangenstoffwechselprodukte, Hämolyse durch 421.
Schleimbeutel, Verkalkungen von 722.
Schleimdrüsen 11, 13, 51.
Schleimklümpchen im Darmsaft 149.
SCHLESINGERS Reagenz 355.
Schlundrinne 99.
Schmalz, Phosphatidgehalt 841.
Schmelz, Ca-Aufnahme durch 723.
—, P-Aufnahme durch 716, 722.
Schnecken, Calciumcarbonat in den Schalen 719.
—, Kalkspeicher 637.
Schneckenmuskel, Phosphorgehalt 651.
Schock, Adenosinverbindungen im Blut bei 1236.
—, Blutzucker bei 314.
—, Histamin im Blut bei 353.
—, Fibrinolyse bei 489.
—, Gehalt im Blut an Kalium bei 394.
—, — — Rest-N bei 342.
—, anaphylaktischer, Heparinausschwemmung bei 499.
—, —, Histamin im Blut bei 353.
—, hypoglykämischer, bei Erregung, psychischer 769.
—, —, bei Kost, fettreicher 334.
Schonkost, kochsalzarme 620, 622.
Schock, traumatischer, Zusammensetzung der Leberzellen bei 1097.
Schrumpfniere, Gicht, sekundäre, bei 1256.
Schutzfermente, Aktivierung durch Thiole 654.
Schutzstoff, antithyreoidaler, Vorkommen im Blut 368.
—, antithyreotroper, Vorkommen im Blutserum 368, 451.
Schwämme, Gehalt an Silicium 690.
—, Skelett 719.
—, holzzerstörende 738.
Schwangerschaft:
Aktivität von Fermenten der Milchdrüse bei 1134 Abb.
Albumine des Blutes bei 321.
Schwangerschaft:
Antihyaluronidasen im Blut bei 384.
Ausscheidung von Histidin bei 979.
— C_{21}-Steroiden bei 894.
Blutsenkung bei 266.
Calciumbedarf 642.
Gehalt im Blut an Acetonkörpern bei 328.
— — — Cholesterin bei 337f.
— — — Eisen bei 399.
— — — Fett bei 333.
— — — Fibrinogen bei 296, 477.
— — — Hydrogencarbonat bei 542.
— — — Indican bei 350.
— — — Natrium bei 393.
— — — Phosphatasen bei 376.
— — — Vitamin C bei 365.
— — Blutserum an Eisen bei 664.
— — — Globulinen bei 306.
— — — Polypeptiden bei 346.
— — — Polysaccharid bei 729.
— in Leber an Nucleinsäuren 1190.
— — Lymphe an Hormon, gonadotropem 573.
Hypochlorämie bei 408.
Thrombocytenzahl bei 470.
Schwangerschaftslipämie 862.
Schwangerschaftstoxämie 622.
Schwangerschaftstoxikose 979.
Schwefel:
Schrifttum 651.
Gehalt im Blut 282 Tab., 414f.
— — Blutplasma 282 Tab.
— — Blutserum 282 Tab., 414, 427 Tab.
— in Erythrocyten 282 Tab., 447ff.
— — Lymphe 554 Tab., 555 Tab.
— im Magensaft 52 Tab.
— in Mikrosomen 1071 Tab.
— — Mitochondrien 1071 Tab.
— im Pankreasaft 158.
— — Speichel 21 Tab.
— — Tierkörper 652ff.
Kreislauf in der Natur 652.
Oxydation von 959f.
Reduktion im Darm 194.
Resorption 652f.
Stoffwechsel 651—654.
Verteilung, intracelluläre 1068—1071 Tab.
kolloidaler, Schicksal im Organismus 653f.
organisch gebundener, Ausscheidung im Harn 952.
—, im Blut 414f.
radioaktiver (^{35}S), Stoffwechselversuche mit 653.
Schwefelsäure, Bedeutung für Entgiftung 735.
—, Beeinflussung der Salzsäurebildung im Magen durch 62, 63 Abb.
— im Speichel von Dolium galea 19.
—, gepaarte, Förderung der Bildung von — durch Zink 403.
—, —, Vorkommen im Blut 414.

Schwefelsäure, organische, im Blut 414f.
Schwefelsäureester, Vorkommen im Harn 653.
Schwefelverbindungen, Reduktion durch Bakterien 173.
Schwefelwasserstoff, Bildung aus Cystein 958*, 959.
—, — im Darm 173, 189f., 194.
—, — — Pansen 101.
—, —, keine, von Cystein aus 965.
—, Oxydation von 652, 959.
—, Resorption 215 Tab.
—, — aus Bauch- und Brusthöhle 253 Tab.
—, — im Magen 68.
—, Vorkommen im Darminhalt 193.
Schweflige Säure, Bildung beim Cysteinabbau 957.
Schwein:
Blut, Allantoingehalt 1215.
Blutmenge 259.
Cardiadrüsen 32.
Darmlänge 104 Tab.
Dickdarmverdauung 196.
Dünndarm, Fettgehalt 113.
Eisenvorrat 660.
Guaningicht 1181.
Histamin, Isolierung aus Pylorusregion 43.
Jejunumsaft 154.
Leber, Eisendepot 662.
Leukocytenzahl 456 Tab.
Magen, Enzymverteilung 36 Tab., Abb.
Magensaft 47.
Magensaftsekretion 46.
Lipase der Magenschleimhaut, p_H-Bereich 39 Tab.
Magenverdauung 98.
Mundverdauung 29.
Nieren, Enzym der Transpeptidierung 920.
—, Punkt, isoelektrischer, des Zellkerns 1099 Tab.
—, Zellkernanalyse 1099 Tab.
Parotissekretion 13.
P-Verteilung im Blut 413 Tab.
Serumalbuminmenge 311 Tab.
Serumeiweißmenge 286 Tab.
Serumglobulinmenge 305 Tab.
Speichel 20.
Speichelamylase 23, 98.
Speichelmenge 13.
Speichelsteine 22.
Verdauungsdrüsen 108.
Vorkommen von 5-Nucleotidase in Geweben von 1187.
Schweiß, Ausscheidung von Arsen 693.
—, — Calcium 640.
—, — Chlorid 408, 631f.
—, — Eisen 660f.
—, — Fluor 697.
—, — Wasser 593f.
—, Gehalt an Wasser 592 Tab.
—, Vorkommen von Harnsäure im 1213.
Schweiß, Zusammensetzung 594 Tab.
Schwermetallsalze, Hämolyse durch 421
Schwitzen, N-Abgabe bei 594.
—, Natriumabgabe bei 620f.
—, Wasserabgabe bei 593, 600, 604.
Sebacinsäure, Abbau durch Nierencyclophorase 1144 Tab.
—, Ausscheidung im Harn 810, 813 Tab.
Secretin 130—135.
—, Erregung der Pankreassekretion durch 155.
—, Hormon der Darmdrüsen 145, 147.
—, Natur, chemische 169.
—, Spaltung durch Pepsin 133.
—, Vorkommen 132.
—, Wirkung 133.
Sedoheptulose-7-phosphat, Bildung aus Ribose-5-phosphat 1063*.
Seebäder, Wirkung auf Harnsäurestoffwechsel 1250.
Seeigel, Desoxyribonucleinsäuren, Zusammensetzung aus Basen 1106 Tab.
—, Gehalt an Kohlensäureanhydratase 522.
Seeigelei, Einbau von ^{15}N-Alanin im 1135.
—, Lokalisation der Enzyme im 1130.
—, p_H-Wert 1173 Tab.
—, Purinsynthese 1220.
—, Zellkern 1099 Tab.
Seestern, p_H-Wert 1173 Tab.
Seewalze, Gehalt an Kohlensäureanhydratase 522.
Segmentation, Darm 205.
—, rhythmische, Darm 110.
Sehnenscheidenflüssigkeit 579.
Seidenraupe, Gehalt an Sterinen 870.
—, Purinsynthese bei 1218.
Seifen, Bedeutung für Fettresorption 233, 793.
—, Hämolyse durch 421.
—, Vorkommen im Pankreassaft 158.
Sekretröhren, Drüsen 11.
Selachier, Bildung von Allantoin bei 1215.
—, Blut, Harnstoffgehalt 342.
—, Phosphatase, alkalische, in Zähnen 711.
Selaginella, Verhalten bei Trocknung 606.
Selen, Schrifttum 694.
—, Stoffwechsel 694f.
—, Wirkung auf Fermente 695.
Selenat, Verhalten im Stoffwechsel 695.
Selenit, Verhalten im Stoffwechsel 695.
SELIWANOFFsche Reaktion 318.
Senf, Gehalt an Mercaptanen 652.
Senföl, Reizung der Magensaftsekretion 70.
Sepsis, Harnsäure im Blut bei 347.
—, Purinvermehrung bei 1181.
—, Schwefel im Blut bei 415.
Serin:
938*.
Abbau 939, 941f.
Aminosäure, entbehrliche 933.
Bedeutung von Ameisensäure für Auf- und Abbau von 945.
Beziehung zu Glykokoll 939—942, 945.

Serin:
Bildung 853, 934.
— aus Acetessigsäure 942.
— — Aceton 963.
— — Brenztraubensäure 941.
— — Cystein 654.
— — Glutamin 853.
— — Glykokoll 840, 964, 1148.
— — β-Oxybuttersäure 942.
— — Tryptophan 992.
— bei Fettfütterung 942.
— durch Mitochondrien 1136 Tab.
— von Ameisensäure aus 840*.
— — Aminomalonsäure aus 1058.
— — Cholin aus 855 Abb., 964.
— — Colamin aus 855 Abb.
— — Cystein aus 654, 965*.
— — Glykogen aus 942.
— — Glykokoll aus 940ff.
— — Harnsäure aus 944, 1206.
— — Kreatin aus 947.
— — Protoporphyrinderivaten aus 943.
— — Purinen aus 1219f.
— — Tryptophan aus 995.
— — Zucker aus 763, 765*, Tab., 942.
Einbau in Phosphatide 850.
Gehalt in Zellelementen 1076 Tab.
— Zellkernproteinen 1110 Tab.
Resorption 227.
Stoffwechsel 938—948.
Vorkommen in Duodenalschleimhaut 119.
^{13}C-Serin, Verwendung zur Nucleinsäurebildung 1192.
^{15}N-Serin, Einbau in Hämin 997 Tab.
L-Serin, Abbau durch Neurospora 939.
Serinphosphatide, Gehalt in Organen 845 Tab.
—, — im Plasma 845 Tab.
—, Spaltung durch α-Toxin von Cl. welchii 852.
—, Verhalten beim Wachstum 847.
—, Vorkommen im Gehirn 863.
Seroglykoid 310 Tab., 311, 320.
Serolipoid 301.
Seromucoid 301, 311.
Serosamucin 559.
Serozym 477, 484, 487.
Serratia marcescens, Desoxyribonucleinsäuren, Zusammensetzung aus Basen 1108 Tab.
Serum s. Blutserum.
Serum-Ac-Globulin 301, 481.
Serumalbumin 286, 298, **310ff.**
—, Darstellung 308, 310f.
—, Gehalt im Blut 278 Tab., 286, 299, 311 Tab.
—, Transportfunktion 310.
—, Gehalt an Cholesterin 337.
—, — — Glucosamin 323 Tab.
—, — — Kohlenhydrat 320 Tab.
—, — in Hydrocele- und Spermatocele-flüssigkeit 564 Tab.
—, Vorkommen in Transsudaten und Exsudaten 559.
—, krystallisiertes 311.
Serumeiweißstoffe s. Blutserum, Eiweißkörper.
Serumglobuline 286, 298, **309f.**
—, Darstellung 308.
—, Gehalt an Cholesterin 337.
—, — — Glucosamin 323 Tab.
—, — im Blut 278 Tab., 286, 299, 305.
— — in Blutkörperchen 306.
—, Menge 305 Tab.
—, Transportfunktion 306.
— in Transsudaten und Exsudaten 559.
Serumlipase bei Ratten, alloxandiabetischen 779.
Serumpeptidasen, Aktivierung durch Kobalt 674.
Serumphosphatase, alkalische, bei Rachitis 716.
—, —, bei Ratten, alloxandiabetischen 779.
Sexualhormone, Einfluß auf den Purinstoffwechsel 1234.
— und Regulation des Kohlenhydratstoffwechsels 768.
—, Wirkung auf Purinstoffwechsel 1234.
SHERMAN-Einheit 358.
Sichelzellenanämie 436, 468, 998, 1011, 1012 Tab.
Sichelzellthalassämie 1012 Tab.
Siderophilin 659, 1009.
Silber, Gehalt im Blut 406.
—, Transport durch Serumalbumin 310.
—, Verhalten im Stoffwechsel 687.
—, radioaktives 687.
Silicium, Gehalt im Blut 416.
—, — — Organen 691.
—, — im Pankreassaft 158.
—, Schrifttum 690.
— als Spurenelement 655.
—, Stoffwechsel 690ff.
Silicosis s. Silikose.
Silikate, Verhalten im Stoffwechsel 691.
Silikose 690f.
Sionon 738.
Sitosterin, Veresterung durch Pankreasesterase 163.
Skatol 172, 180, 189f.
Skatoxyl 229.
Skelet, Entmineralisation 642.
—, Gehalt an Citronensäure 1061.
—, — Kupfer 401.
—, — Strontium 684.
— als Magnesiumspeicher 636.
— s. a. Knochen.
Skeletmuskel, Bildung und Abbau von Citronensäure im 1060 Tab.
—, Eiweißspeicherung im 927.
—, Gehalt an Cholin 137 Tab.
—, — Colaminphosphatiden 845.
—, — Kohlensäureanhydratase 522.
—, — Lecithin 846 Tab.
—, — Phosphatase 125 Tab.
—, — Phosphatiden 846 Tab.
—, Umaminierung durch 936.
— s. a. Muskel
— s. a. Muskulatur.

Skeletumbau bei Calciummangel 713.
Sklerose, multiple, Gehalt des Blutes an Calcium bei 397.
Skorbut, Blutungen, subcutane, bei 497.
—, Gehalt im Blutserum an Phosphatase bei 377.
—, Unterscheidung von K-Avitaminose 493.
—, Störung des Kohlenhydratstoffwechsels bei 776.
—, Verzögerung durch Magnesium 636.
Skybala 110.
slipped tendon 672.
SMITH-Einheit 362.
sodium depletion shock 622.
Sojabohnen, Gehalt an Acetalphosphatiden 846.
—, Lipoxydase 822.
Sojazellen, Lösung von Fett aus 794.
Solitärknötchen 107.
Sorbinsäure, Bildung von Acetessigsäure aus 823.
—, Oxydation in Mitochondrien 1080 Tab.
Sorbinsäureamid, Bildung von Muconamidsäure aus 821 Tab.
Sorbit, Resorption 250.
—, Verwendung in der Diabetesdiät 738.
Sorbitdehydrogenase, Gehalt in Mitochondrien 1082 Tab.
—, Vorkommen in Katzenleber 738.
Sorbose, Resorption 218 Tab.
Spasmophilie, Gehalt im Blut an Calcium bei 397, 651.
—, — — — Phosphat bei 651.
Speckhaut 266, 477.
Speichel:
10—**29**, 46f., 88, 143.
Alkalireserve 15 Tab., 16.
Bedeutung für Fettverdauung im Magen 95.
Dauersekretion 28.
Eigenschaften, physikalische 18f.
Gefrierpunktserniedrigung 17 Tab., 19.
Gehalt an Aceton 27.
— Albumin 17 Tab.
— Alkali 28.
— Alkohol 21, 27.
— Ammoniak 23 Tab., 52 Tab..
— Amylase 12, 18, **22—25**, 98, 175, 730.
— Asche 15 Tab., 21 Tab.
— Biotin 26 Tab.
— Citronensäure 21 Tab.
— Eiweiß 14, 16, 21 Tab.
— Fermenten 22—25.
— Folsäure 26 Tab.
— Gasen 16, 19.
— Gesamt-N 15 Tab., 17 Tab., 21 Tab.
— α-Glucosidase 25.
— Glucose 21, 26.
— Harnsäure 21Tab.
— Harnstoff 15, 21 Tab., 27.
— Histamin 26.
— Jod 21 Tab.
— Kohlensäure 16, 19.

Speichel:
Gehalt an Maltase 25.
— Milchsäure 15f., 21 Tab., 27.
— Mineralstoffen 6f., 15 Tab., 16 Tab., 17 Tab.,19f., 21 Tab., 22, 92 Tab.
— Mucin 14, 16ff., 21 Tab., 22.
— Nicotinsäureamid 26 Tab.
— Nitriten 21 Tab.
— Phosphat 66.
— Rest-N 15 Tab., 17 Tab., 27.
— Rhodan 16, 18, 20, 21 Tab., 954.
— Substanzen, organischen 16f., 21 Tab., 22ff.
— Trockensubstanz 15 Tab., 16 Tab., 17 Tab., 21 Tab.
— Vitaminen 26 Tab.
— Wasser 15 Tab., 17 Tab., 20, 21 Tab., [592 Tab.
— Zucker 18, 26.
Gewicht, spezifisches 15 Tab., 17 Tab., 19.
Gewinnung 14, 16, 18.
Menge 13f., 18.
Oberflächenspannung 17 Tab.
pH-Wert 15 Tab., 17 Tab., 19, 19 Tab.
Proteolyse 28.
Pufferwirkung 19.
Reaktion s. Speichel, pH-Wert.
Säurebindungsvermögen 16 Tab.
Stärkeabbau 28.
Viscosität 17 Tab.
Vorkommen von Aminosäuren im 27.
— Amylase im 18, **22—25**, 84, 96, 126.
— Blutgruppensubstanzen 26.
— Fermenten 15 Tab., 22—26, 73.
— Hormonen im 26.
— Substanz, blutdrucksenkender im 12.
— Substanz, blutgruppenspezifischer im [12, 26.
— Vitaminen im 26 Tab.
Wasserabgabe mit 600 Tab.
Wasserstoffionenkonzentration s. Speichel, pH-Wert.
Wirkung, chemische 28.
—, mechanische 27.
Zusammensetzung, chemische 20—27.
gemischter 16 Tab., 18—27.
paralytischer 16.
Speichelbakterien 12.
Speicheldrüsen **10ff.**, 48.
—, Ausscheidung von Jod 681.
—, Dauersekretion 14.
—, Innervation 14, 16.
— Sekrete 14—18.
—, Sekretionsreize für 12ff.
—, Stoffwechsel 1177.
Speichelkörperchen 18.
Speichel-Lysozym 25.
Speichelsekretion, Reflexe 12.
—, Einflüsse, psychische 12, 14.
Speichelsteine 20, 721.
Speiseröhre, Acetylcholingehalt 138Tab., Abb.
Sperma, Desoxyribonucleinsäuren, Zusammensetzung aus Basen 1106 Tab., 1108 Tab.
—, Gehalt an Cholinphosphorsäure 851.
—, Vorkommen von 5-Nucleotidase im 1187.

Spermatoceleflüssigkeit 563f.
Spermatozoen, Desoxyribonucleinsäuren, Zusammensetzung aus Basen 1106 Tab.
—, Gehalt an Kreatinphosphat 788.
—, Zusammensetzung der Kernproteine aus Aminosäuren 1110—1113 Tab.
Spermatozoenbildung, Bedeutung von Arginin für 934.
Spermin, Oxydation durch Histaminase 932.
Sphingomyeline:
851.
Gehalt an Cholin 136.
— im Blut 332 Tab., 334 Tab., 335.
— — Blutplasma 334 Tab., 844 Tab., 858.
— in Erythrocyten 858.
— — Mitochondrien 1076 Tab.
— — Organen 844 Tab., 846 Tab.
— — — bei NIEMANN-PICKscher Erkrankung 861.
— — Zellkernen 1076 Tab.
Spaltung, enzymatische 852.
— durch Pankreaslipase 853.
— — α-Toxin aus Cl. welchii 852.
Thrombokinasewirkung 483.
Umsatzgeschwindigkeit 848.
Verhalten bei WALLERscher Degeneration 865.
Vorkommen im Gehirn 863f.
Sphingosinphosphorsäure-Cholinester, Vorkommen im Tierkörper 853.
Spinnenstoffwechselprodukte, Hämolyse durch 421.
Spirohydantoin, keine Bildung von Allantoin aus 1209.
Splanchnicotomie, Wirkung auf Purinstoffwechsel 1230.
Spongin, Spaltung durch Pepsin 76.
Sportkrankheit, Blutzuckersenkung bei 318.
Sportschock 776.
Sprue, Fettdiarrhöen bei 184, 641.
— Resorption von Fett bei 239, 247.
—, — Wasser bei 209.
Spurenelemente 430, 614, 655—700.
—, Gehalt im Blutserum 398—406.
—, — in Erythrocyten 430.
—, Schrifttum 655, 683.
—, Verteilung, intracelluläre 1077 Tab.
Spurenmetalle 683.
Squalen fehlt im Serum, menschlichen 339.
—, Vorstufe für die Cholesterinsynthese 874.
^{14}C-Squalen, Übergang in ^{14}C-Cholesterin 874.
Stärke, Abbau durch Pankreassaft 22f., 28, 126, 167, 730.
—, — — Speichel 23, 730.
—, — im Darm 126, 154.
—, — — Magen 96, 100.
—, Amyloseanteil, Struktur 744.
—, Ausnutzung im Dickdarm 180, 222.
—, Diffusion durch Darmschleimhaut 224.
—, Reaktion mit Kartoffelphosphorylase 745.
—, Vergärung 187.
Staphylococcus aureus, Ribosenucleinsäuregehalt 926.
Staphylococcus aureus, Wirkung von Penicillin auf Ribonucleinsäurestoffwechsel von 1197.
STAUB-Effekt 734.
Stauung, venöse, Milchsäurevermehrung im Blut bei 324.
Stauungsikterus, Gehalt im Blut an Gallensäuren und Bilirubin bei 339.
—, Wirkung auf Purinstoffwechsel 1243.
Stearinsäure, Beeinflussung der Fettsäureresorption durch 800.
—, Bildung aus Fettsäuren, niederen 849, 856.
—, Bildung im Organismus 833.
—, — von Acetonkörpern aus 804.
—, — — Choleinsäure mit 793.
—, —, keine, von Polyensäuren aus 821.
—, Dehydrierung zu Ölsäure 819.
—, Energiefreisetzung bei anaerober Spaltung 1026.
—, Hemmung des Citronensäurecyclus durch 1143.
—, Oxydation durch Mitochondrien 831 Tab.
—, Resorption von 799 Tab.
—, deuterierte, Verfütterung 803.
^{14}C-Stearinsäure 115, 237, 834, 875.
Stearolsäure, Spaltung 809.
Steatorrhoe 628.
Stenonianusfistel 14.
Stercobilin, Ausscheidung 1020, 1021 Abb.
—, Bestimmung 356.
—, Bildung aus Cytochrom c 1015.
—, — — Hämoglobin 1017*.
—, — im Dickdarm 181, 193.
—, Nachweis 438.
—, Reaktion mit SCHELSINGERs Reagens 355.
—, Vorkommen in Erythrocyten 438.
Stercobilinogen, Bestimmung 356.
—, Bildung aus Hämoglobin 1017*.
—, — im Dickdarm 179, 181, 193, 438.
—, Gehalt im Blutserum 355.
—, Nachweis 438.
Stercobilinurie 194.
Stercophorbide 1025.
Sternzellen, KUPFFERsche 467, 471, 662.
Steroide, Δ^5-3β-Oxygruppe, Reduktion 896.
—, 11β-Oxylierung 885f.
—, Resorption 248.
—, alkoholische 895.
—, phenolische 904.
—, —, Ausscheidung 906.
—, pregnandiolähnliche 894.
Δ^9-Steroide 889*.
Δ^{11}-Steroide 889.
C_{18}-Steroide 879f., 904—907.
—, Ausscheidung 906.
—, Bildung im Hoden 906.
—, Stoffwechsel 904.
—, Vorkommen 904.
C_{19}-Steroide 879f., 895—904.
—, Ausscheidung 901.
—, Biosynthese 895f.
—, Vorkommen 895f.

C_{19}-Steroide, markierte 906.
C_{21}-Steroide 879—895.
—, Abbau 892.
—, Ausscheidung 892.
—, 3-Oxyderivate 892.
—, Reaktionsmöglichkeiten der Δ^4-3-Ketogruppe 888.
—, Stoffwechsel 887.
—, Vorkommen 886 Tab.
—, markierte 906.
Steroidhormone, Δ^4-3-Ketogruppe 891, 897.
—, 3α-Oxygruppe 891.
—, Stoffwechsel 869.
Steroidmetabolite, Paarung mit Säuren 880.
Stickoxyd, Bindung an Hämoglobin 434.
Stickoxydul, Resorption 215 Tab.
—, — aus Bauch- und Brusthöhle 253 Tab.
Stickstoff:
Assimilation 616.
Ausscheidung im Kot 174.
Bilanz bei ACTH-Wirkung 1233.
Bindung durch Pflanzen 1014.
Fraktionen in Schweinenieren-Zellkernen 1099 Tab.
Gehalt im Blut 505.
— — Cytoplasma 1068 Tab.
— in Lymphe 550 Tab., 551, 554 Tab., 555 Tab.
— — Mikrosomen 1068 Tab.
— — Mitochondrien 1068 Tab.
— — Transsudaten 561.
— — Zellkernen 1068 Tab., 1100 Tab., 1110 Tab.
Lösung im Blut 507.
Kreislauf 616.
Resorption aus Bauch- und Brusthöhle 253 Tab.
— im Darm 215 Tab.
— — Magen 68.
Stoffwechsel 616ff.
Umsatz und Chloridhaushalt 634.
Verteilung, intracelluläre 1068—1071 Tab.
atmosphärischer, Verwertung durch Bakterien 616.
Stickstoffgleichgewicht 911f., 934.
Stickstofflost, Einfluß auf Bildung der Harnsäure, endogenen 1200.
—, Hemmung der Nucleinsäuresynthese durch 1197, 1248.
—, Leukämiebehandlung mit 1181.
—, Wirkung auf Leberzellen 1097.
Stier, Desoxyribonucleinsäuren, Zusammensetzung aus Basen 1106 Tab.
Stigmasterin, Veresterung durch Pankreasesterase 163.
Stilböstrol, Wirkung auf Glykogenstoffwechsel 778.
cn^+-Stoff 994f.
Stoffe, gerinnungshemmende 256, 286.
—, oberflächenaktive 421.
Stoffwechsel von Organen und Substanzen s. bei diesen.
stomach contents 46.
stomach juice 46.
γ-Strahlen, Wirkung auf Nucleinsäuresynthese 1197.
Strahlenhämolyse 421.
Streptococcus acidi lactici Grotenfeldt im Säuglingsstuhl 183.
— alpha im Magen- und Ileuminhalt 173.
— giganteus in der Caecumflora 182.
— haemolyticus, Hemmung der Nucleinsäurebildung in — durch Acriflavin 1197.
— ovalis (= Enterococcus) im Kot 183.
Streptokinase 293 Tab., 297, 489.
Streptokokken, Fibrinolysin 489.
—, Vorkommen von Desoxyribonuleotidase in 1186.
Streptokokkenantitoxin 292 Tab.
Streptomycin, Hemmung der Ribonuclease durch 1198.
Streptopelia alba, Blutzuckerwert 316.
stress, Hypokaliämie bei 628.
Stroma, Darstellung 439.
Stromaeiweiß 419, 439f.
Stromatin 389, 440, 441 Tab.
Stromatolyse 420.
Strontium, Ausscheidung 640.
—, Bedeutung für Stickstoffbindung durch Azotobakter 644.
—, Sklerosierungen durch 719.
—, Verhalten im Stoffwechsel 684f.
—, radioaktives (^{89}Sr), Versuche über Verknöcherung mit 684, 714.
Strukturelemente, Beziehungen, gegenseitige 1155f.
Strychnin, Hyperglykämie durch 733.
Stülpbewegungen, Dickdarm 110.
Stuhl, Chloride 408.
Stute, trächtige, Ausscheidung von C_{21}-Steroiden bei 894.
Stuhlporphyrine, Bestimmung 1021.
—, Trennung 1021.
Subacidität s. Magensaft, Subacidität.
Sublingualisspeichel 18.
Submandibularisspeichel 16—18.
Suboccipitalpunktion 565, 566 Tab.
Substantia reticulo-filamentosa 447.
Substanz P 141.
—, antidiuretische, im Serum bei Diabetes insipidus 368.
—, blutdrucksenkende, im Speichel 12.
—, hyaline (Rovida) in Leukocyten 460.
Substanzen, blutgruppenspezifische, im Magensaft 85f.
—, —, in Magenschleimhaut 40.
—, —, im Speichel 12.
Substratphosphorylierung 1118.
— in Mitochondrien 1154.
Succinodehydrogenase, Aktivitätssteigerung durch ACTH 884 Anm.
—, Gehalt an Sulfhydrylgruppen 654.
—, —, in Zellelementen 1080 Tab.
—, Hemmung durch Malonsäure und Pyrophosphat 758.
—, Schädigung in Tumoren 760.

Succinodehydrogenase s. a. Succinoxydase.
Succinoxydase, Aktivität in Mitochondrien 1129, 1137.
—, Gehalt in Zellelementen 1078f. Tab.
—, — Zellkernen 1078f. Tab., 1114 Tab.
—, Hemmung durch Acetessigsäure 830.
—, Inaktivierung durch Cytoplasma 1133.
—, Zerstörung durch α-Toxin 1144.
— s. a. Succinodehydrogenase.
Succinyl-CoA s. Succinyl-coenzym A.
Succinyl-coenzym A 814, 826, 1139.
—, Bildung aus α-Ketoglutarat 1053.
—, Deacylierung 839.
— -Enzymkomplex, Pyrrolsynthese aus 1001*.
— s. a. Bernsteinsäure, aktivierte.
Succinylsulfanilamid, Bildung 839.
Succinylsulfothiazol, Inaktivierung der Darmflora durch 994.
Succulenten, Austrocknung 606.
sucre virtuel 313.
Süßkleekrankheit 494.
Sulfanilamide als Acceptor für Succinylrest 1053.
—, Acetylierung 1036, 1044.
— s. a. Sulfonamide.
Sulfatase fehlt im Blut 377.
—, Gehalt in Mitochondrien 1086 Tab.
Sulfate, Ausscheidung 653.
—, Austausch, kein, von O mit Wasser 653.
—, nach Cystinsulfodioxyd 959.
—, Bildung aus Methionin 966.
—, — Schwefelwasserstoff 959.
—, Gehalt im Blut 529 Tab.
—, — Blutserum 426 Tab., 576 Tab.
—, — Darmsaft 154.
—, Reduktion, bakterielle 652f.
—, — in Pflanzen 652.
—, Resorption 212.
— als Stoffwechselendprodukt 911.
—, anorganische, Ausscheidung im Harn 952.
—, —, Bildung aus Cystin/Cystein 956f.
—, —, — — Cysteinsulfinsäure 957.
—, —, — von Esterschwefelsäuren aus 953.
—, —, Vorkommen im Blut 414f.
—, markierte (^{35}S), Stoffwechselversuche mit 653.
Sulfationen, O-Austausch 653.
Sulfat-Schwefel, Bildung im Stoffwechsel 652.
Sulfensäure, Bildung bei Cysteinoxydation 956.
Sulfhämoglobin 435, 437.
Sulfhydrylverbindungen, Hemmung der Oxydation durch Natriumpertitanat 685.
Sulfid-Schwefel als Form des Schwefels in der tierischen Nahrung 652.
—, markierter (^{35}S), Stoffwechselversuche mit 654.
Sulfit, Hemmung der Glykolyse durch 758, 759 Tab.
—, — von Oxydoreduktionen durch 758f.
—, Oxydation durch Thiosulfatbakterien 652.
p-Sulfoamidobenzoesäure, Hemmung der Magensaftsekretion 60.
Sulfobrenztraubensäure, Bildung aus Cysteinsäure 957.
—, Umaminierung 957.
Sulfonamide, Antagonisten der 1197.
—, Hemmung der Cholinesterase 375.
—, — Nucleinsäuresynthese durch 1197.
—, — Purinsynthese durch 1221.
—, Kondensation mit Hippursäure 918.
—, Transport durch Serumalbumine 310.
—, Wirkung auf Purinsynthese 1246.
— s. a. Sulfanilamide.
Sulfosäuren, Vorkommen im Blut (?) 414.
Sulfoxylsäure, Bildung beim Cysteinabbau 957.
Sumpfgas in der Lungenluft 503.
Superchlorhydrie, Magensaft 56 Tab.
Supersekretion, Magen 56 Tab., 58.
swayback 668.
Symbiose, Bakterien im Verdauungskanal 186.
Sympathektomie, Wirkung auf den Darm 138.
Sympathicomimetica, Verminderung der eosinophilen Leukocyten nach 456.
Sympathicus, Hyperglykämie durch Erregung des 733.
Sympathicusspeichel 16f.
Symphytum, Allantoinsynthese in 1215.
Synärese 474, 488.
Syndrom, nephrotisches, Eiweißfraktionen im Serum und in Cantharidenblasen bei 577 Tab.
Synovialflüssigkeit 559, 579—583.
Synoviamucin 580f.
Synovin 581.
Syphilis, Diastase im Liquor bei 575.
Syringomyelie, Bildung von Knochengewebe in der Muskulatur bei 722.
System, reticuloendotheliales, Bilirubinbildung 438, 1016.
—, — Eisenaufnahme 664.
—, —, Eiweißbildung im 288.
—, —, Erythrocytenzerstörung im 467.
—, —, Thrombocytenzerstörung im 471.
—, — und Uricolyse 1211.

Tabes, Knochenbildung in Muskulatur bei 722.
—, Phosphat, anorganisches, im Blut bei 413.
Takadiastase 853.
Takata-Ara-Reaktion 306.
Takata-Reaktion 302.
Tannase, Vorkommen im Blut 377.
Tannin, Spaltung durch Blutzellen 377.
Tapetum, Zinkgehalt 676.
Tardivsaft 88.
Tartronsäure als Harnsäurevorstufe bei Vögeln 1204.
Taube:
Blut, Brenztraubensäuregehalt 325 Tab.
—, Vitamin B_2-Gehalt bei Avitaminose 362.

Die Seiten 1—840 befinden sich im Bandteil a, die Seiten 841—1257 im Bandteil b.

Taube:
Darm, Acetylcholingehalt 139 Tab.
Darmbakterien 182.
Desoxyribonucleinsäuren, Zusammensetzung aus Basen 1106 Tab.
Gewebe, Vorkommen von 5-Nucleotidase in 1187.
Harnsäurebildung bei der 1219.
Leber, Bildung von Acetessigsäure in 1036.
—, — Harnstoff in 1207.
—, Fehlen der Xanthindehydrogenase 1205.
Magen, Atmungshemmung durch Gifte 760 Tab.
Magensaft 47.
Magensekret nach Histamin 52 Tab.
Muskel, Atmungshemmung durch Gifte 760 Tab.
—, Bildung von Harnstoff in 1207.
Niere, Bildung von Harnstoff in 1207.
Zuckerresorption 218.
Taucher, Druckbelastung 505.
Taurin, Bildung aus Cysteinsäure 957*.
—, — Cystin/Cystein 956.
—, — Cystinsulfodioxyd 959.
—, — Methionin 966.
—, Reduktion, bakterielle, im Dünndarm 173.
—, Vorkommen im Reststickstoff des Blutes 341.
Taurocholsäure 956.
—, Förderung der Fettresorption durch 795.
—, Komplexbildung mit Fettsäuren 794.
—, Lösung von Ölsäure durch 234.
TB 1, Einfluß auf Bildung der Harnsäure, endogenen 1200.
teart land, Mangangehalt im Boden 686.
Tellur, Verhalten im Stoffwechsel 695.
Tellurit, Bildung von Dimethyltellur aus — durch S. brevicaule 695.
Test, JACOBSONscher 151.
Testes, Citronensäureabbau und -bildung 1060 Tab.
—, Fermentsystem der Corticosteroidhormone in 885 Anm.
—, Gehalt an Phosphatiden 846 Tab.
—, — allo-Pregnan-3α-ol-20-on 886 Tab.
—, — allo-Pregnan-3β-ol-20-on 886 Tab.
—, — Chlorid 629.
—, — Δ^5-Pregnen-3β-ol-20-on 886 Tab.
—, — Progesteron 886 Tab.
—, Vorkommen von C_{21}-Steroiden 887.
Testosteron 895ff., 898*, 899, 901.
—, Abbau im Cytoplasma 1153 Tab.
—, Abbauweg 898*.
—, Brenztraubensäure im Blut, Beeinflussung 326.
—, Dehydrierung im Cytoplasma 1082 Tab.
—, Oxydation der 17β-Oxygruppe 897.
—, Stoffwechsel 896—899.
—, markiertes, Abbau 898.
—, —, Bildung aus Acetat, markiertem 895.
„cis"-Testosteron 898*, 899.
Tetanie bei Alkalosis 544.
—, Gehalt im Blut an Calcium bei 397.
—, — — Phosphat, anorganischem 413.
—, Hyperphosphatämie 715.
— bei Nierenschädigung 651.
— — Sprue 641.
— nach Nebenschilddrüsenexstirpation 645.
Tetraäthyl-thiuramid-sulfid, Hemmung der Xanthinoxydase 1203*.
— s. a. Antabus.
Tetrachlorkohlenstoffvergiftung, Aminosäuren im Blut bei 345.
—, Harnsäurebildung bei 1247f.
—, Plasmaphosphatide bei 861.
n-Tetradecylmalonsäure, Oxydation 817.
Tetraensäuren, Bildung aus Linolsäure 821.
—, Gehalt im Blutserum 336.
Tetrahydro-β-naphthylamin, Blutharnsäure nach 1246.
Δ^{15}-Tetrakosensäure, Bildung aus Ölsäure 819.
Tetramethylamin, Anregung der Pankreassekretion durch 155.
2,3,4,6-Tetramethylglucose 744.
Tetranucleotide 1183.
Tetrosen 738.
Thalassaemia major u. minor, Hämoglobinarten bei 1012 Tab.
Theobromin 1180.
—, Ausscheidungsprodukt von Methylxanthinen 1224.
—, Bildung von Methylharnsäure aus 1224.
—, —, keine, von Harnsäure aus 1199.
—, Demethylierung 1214.
—, Kaliumsensibilisierung durch 1251.
— als Quelle der Methylpurine im Harn 1223.
—, Schutzwirkung bei Tetrachlorkohlenstoffvergiftung 1248.
—, Wirkung, sympathicolytische 1251.
—, — auf Harnsäureausscheidung 1214, 1225.
Theophyllin 1180.
—, Ausscheidungsprodukte von 1224.
—, Bildung von Methylharnsäure aus 1224.
—, —, keine, von Harnsäure aus 1199.
—, Kaliumsensibilisierung durch 1251.
— als Quelle der Methylpurine im Harn 1223.
—, Vorkommen im Harn 1224.
—, Wirkung, sympathicolytische 1251.
—, — auf Harnsäureausscheidung 1214, 1225, 1250.
—, — — Allantoinausscheidung 1250.
Thiamin, keine Beeinflussung durch Sauerstoff 450.
— im Speichel 26 Tab.
— s. a. Aneurin.
— s. a. Vitamin B_1.
Thiamin-pyrophosphat 1185.
— s. a. Cocarboxylase.
Thioäthanolamin, Baustein von Coenzym A 1037.

β-Thiobrenztraubensäure, Bedeutung für Umaminierung 937.
Thiochromtest 361.
thioctic acid, Bedeutung für Abbau von α-Ketosäuren 1039.
— s. a. α-lipoic acid u. Lipoinsäure.
Thiolasen 1049.
β-Thiolbrenztraubensäure, Bildung aus Cystein 958.
Thiole, Aktivierung und Hemmung von Fermenten durch 654.
Thiolverbindungen, Stoffwechsel 652f.
Thionein, Verhalten bei Blutenteiweißung 340 Tab.
— s. a. Ergothionein.
Thioschwefelsäure, Bildung beim Cysteinabbau 957.
Thiosulfat, Ausscheidung im Harn 954.
—, Bildung aus Cystin/Cystein 956.
—, — — Methionin 966.
Thiosulfatbakterien, Oxydation von Schwefelverbindungen durch 652.
THIRY-Fistel 144, 150 Tab., 153 Tab.
THIRY-VELLA-Fistel 144, 150 Tab., 151f., 171.
Thorium, Harnsäureausscheidung nach 1248.
THORMÄLENsche Reaktion 351.
Threonin, Aminosäure, unentbehrliche 933f.
—, Gehalt im Blutplasma 344 Tab., 569 Tab.
—, — — Harn 344 Tab.
—, — — Liquor cerebrospinalis 568 Tab., 569 Tab.
—, — in Zellkernproteinen 1110 Tab.
—, Nierenclearance 344 Tab.
— keine Reaminierung 923.
L-Threonin, Abbau durch Neurospora 939.
Threosen, Dehydrierung 738.
Thrombin:
298, 474, 485f.
Bildung 480, 487, 497.
— durch Serum-Ac-globulin 301.
zur Blutstillung 500.
Ca-Verbindung, kolloidale (?) 645.
Darstellung 486.
als Denaturase 476, 488.
-Einheit 479.
Messung des Antithrombinwertes im Plasma mit 487.
Verhalten bei Plasmaeiweißfraktionierung 293 Tab.
Verunreinigung von Serumglobelin durch 309.
Wirkung von Heparin auf 492.
—, keine, fibrinolytische 489.
—, proteolytische 380.
Thrombocyten s. Blutplättchen.
Thrombocytose 470.
Thrombocystopenie 470.
Thrombogen 477, 488.
Thrombokinase 481, 482ff., 485, 489.
—, Bildung in Blutplättchen 483, 487.
—, — an der Luft 490.
—, Lokalisation in Mikrosomen 1151.
— aus Lungen, Eigenschaften 1151 Tab.
Thrombokinase, Schlangengift als 480.
—, Stellung im Gerinnungsschema 488 Tab..
—, Wirkungsstärke bei verschiedenen Tieren 474.
Thromboligin 297.
Thrombolysin 297.
Thromboplastin 293 Tab., 480, 484.
Thromboplastinogen 497.
Thrombose 296, 471.
—, Dicumarolbehandlung 496, 499.
—, Heparinbehandlung 493, 499.
—, Organisierung 297.
Thrombozym 488.
Thunfisch, Knochensubstanz, anorganische 703 Tab.
Thymektomie, Einfluß auf Nucleinsäuregehalt der Leber 1234.
Thymidin, Bildung aus Desoxythymidin 1193.
— als Wuchsstoff für Lactobazillen 1244.
Thymidylsäure, Bildung aus ^{14}C-Formiat 1228.
—, Einbau von ^{14}C-Formiat in 1195.
Thymin:
Abbau 1228, 1229*.
— durch Micrococcus aerogenes 1230.
Bedeutung für Lactobacillus casei 1222.
— Pigmentstoffwechsel von Drosophilalarven 1237.
Bildung, Bedeutung von Folsäure für 1245.
— aus Adenin 1228.
— — Ammoniumcitrat-^{15}N 1226.
— — ^{15}N-Desoxycytidin 1227.
— — ^{15}N-Desoxythymidin 1227.
— — Hypoxanthin 1228.
— — Uracil 840, 1227.
—, bakterielle 1228.
—, keine, von Desoxyribosiden aus 1195.
Vorkommen in Thymonucleinsäure 1225.
Wirkung auf Blutbildung 467, 1251.
^{15}N-Thymin, Bildung von Ammoniak aus 1230.
—, — Harnstoff aus 1230.
—, Verwendung zur Nucleinsäuresynthese 1192.
Thyminglykol, Bildung beim Thyminabbau 1228.
Thymoltrübungstest 302.
Thymonucleinase aus Duodenalschleimhaut 128.
Thymonucleinsäure, Bausteine 1225.
—, Bedeutung für Erythropoese 467.
—, Identität mit Desoxyribonucleinsäure 1182.
—, Spaltung durch Pankreaspolynucleotidase 166.
—, Spaltung im Darm 128ff.
Thymosin, Bildung im Darm 129f.
Thymus:
Bildung und Abbau von Citronensäure in 1060 Tab.
— von Nucleinsäuren in 1190.

Die Seiten 1—840 befinden sich im Bandteil a, die Seiten 841—1257 im Bandteil b.

Thymus:
Desoxyribonucleinsäuren, Zusammensetzung aus Basen 1106 Tab., 1108 Tab.
Gehalt an Fermenten in Zellkernen 1114 Tab., 1116 Tab.
— Kobalt 672.
— Phosphatiden 844 Tab.
— Purinen 1185.
— Wasser 592 Tab.
Kobaltspeicherung 673.
Leukocyten 459ff.
Nucleinsäureumsatz 1233.
Ribonucleinsäuren, Zusammensetzung aus Basen 1107 Tab.
Substanz, wachstumsfördernde, aus 1156.
Zellkerne, Bindung von Prostataphosphatase 1109.
Zusammensetzung der Kernproteine aus Aminosäuren 1110 Tab.
Thymusdrüsen, Leukocyten 460.
Thymusexstirpation, kein Einfluß auf Glykogenstoffwechsel 773.
Thyreoglobulin fehlt im Blut 367.
—, Jodierung in Mitochondrien 1150 Tab.
—, Resorption 225.
—, Wirksamkeit 683 Tab.
Thyreoidea, Bedeutung für Zuckerresorption 218.
—, Wassergehalt 592 Tab.
— s. a. Schilddrüse.
Thyreoidektomie, Beeinflussung des Purinstoffwechsels durch 1231f.
—, Hypoglykämie nach 775.
—, Jodgehalt im Blut nach 682.
—, Stoffwechselwirkung von Arsen nach 694.
Thyreotoxikose durch Jodgaben, hohe 683.
—, Kreislaufzeit bei 262.
Thyroxin:
411, 986*.
Abgabe ins Blut nach ^{131}J-Zufuhr 683.
Bedeutung für Fettresorption 247.
— Zuckerresorption 218.
Beeinflussung des Purinstoffwechsels durch 1232.
Entgiftung durch Kupfer 669.
Gehalt im Blut 367.
— in Zellelementen 1096 Tab.
Geschwindigkeit der Bildung 410, 683.
Glykogenabbau in Leber nach 776.
Insulinempfindlichkeit nach 775.
Jodanreicherung in Neurohypophyse nach 682.
fehlt im Liquor cerebrospinalis 573.
Wirksamkeit 683 Tab.
Wirkung auf Phosphorylierung, oxydative 1140.
^{131}J-Thyroxin 1096 Tab.
Thysanura, Vorkommen von Guanin in 1217.
Tiere, leberlose, Blutzuckergehalt bei 732.
—, trächtige, Desoxyribonucleinsäureumsatz im Gewebe von 1234.
—, winterschlafende, Quotient, respiratorischer, bei 836.
Tierkörper, Gehalt an Arsen 692.
Tierlymphe 550—552.
Tintenfische, Calciumcarbonatplatte bei 719.
Titan, Vorkommen im Blut 406.
—, — in Organismen 685.
Tocopherol, Gehalt im Blut 360f.
— s. a. Vitamin E.
α-Tocopherol, Einfluß auf Purinstoffwechsel 1246.
Toluidin, Kondensation mit Hippursäure 918.
Toluidinblau, Aufhebung der Heparinwirkung durch 492.
—, Färbung der Mastzellengranula durch 493.
p-Toluolsulfonamid, Hemmung der Kohlensäureanhydratase durch 60.
Tonephin, Steigerung der Harnsäureausscheidung 1233.
Tonsillen, Aktivierung der Speichelamylase 25.
Topinambur, Ausnutzung im Darm 188.
Torula, Propionsäureabbau 808.
— utilis, Methioninbildung in 652.
Torulopsis lipofera, Fettbildung durch 767.
α-Toxin, Cl. welchii, Zerstörung der Succinoxydase der Mitochondrien durch 1144.
Trachea, Anatomie 502.
Tränen, Wassergehalt 592 Tab.
Transacetylasen 652, 1038.
Transacetylierung 837ff.
Transacylierungen 839.
Transamidierung 919.
Transaminasen, Gehalt in Mitochondrien 1086 Tab.
—, Übertragung der NH_2-Gruppe der Purine auf α-Ketoglutarsäure durch 1217.
—, Vorkommen 938.
—, — in Zellkernen 1116 Tab.
Transaminierung 936, 972.
— in Zellkernen 1125.
— s. a. Umaminierung.
Transferrin 659, 1009.
„Transketolase“ 1063.
Transmethylierung 960—964.
Transmineralisationen 610.
Transpeptidasen 921.
Transpeptidierungen bei der Proteinsynthese im Zellkern 1125.
Transpeptisation 919.
Transpiration, Mineralstoffverlust durch 612.
—, Pflanzen 606.
Transsudate 557—561.
—, Gasgehalt 561.
Traubenzucker s. Glucose.
Traumatinsäure 806.
Triäthylen-imino-1,3,5-triazin, Harnsäureausscheidung nach 1200.
Triäthylenmelamin, Einfluß auf Bildung der Harnsäure, endogenen 1200.
—, Leukämiebehandlung mit 1181.
Tributyrin, Spaltung durch Lipasen 163 Tab.
—, — Magenlipase 39, 84 Tab.
—, — im Darm 797.

Tributyrinase 555, 575.
α-Tricalciumphosphat 708, 711.
Tricarbonsäurecyclus 737, 756, 766, 785f., 790, 791 Abb., 792.
— nach KREBS 1056 Schema.
—, Redoxpotentiale 791 Abb.
—, umgekehrter 761.
— s. a. Citronensäurecyclus.
Tricarbonsäurecyclustheorie 1055—1058.
Trichinen, Verkalkung der Kapseln 721.
Tridecansäure, Bildung von Methyldecylketon aus 810 Tab.
Trideuteroessigsäure, Bildung von Bernsteinsäure aus 1057.
—, — Citronensäure aus 1057.
Triensäuren, Gehalt im Blut 336.
Triessigsäure, Spaltung 804*, 1143.
—, Oxydation 1155.
Triglyceride, Ausnutzung 246.
—, Resorption 797.
—, Spaltung 84 Tab.
Trigonellin, Methylgruppen, labile, im 963.
Trigonellinamid, Bildung aus Nicotinsäureamid 961, 962*.
—, Bildung aus Tryptophan 991.
Trijodthyronin 683.
—, Wirkung auf Phosphorylierung, oxydative 1140.
3,5,3′-L-Trijodothyronin, Vorkommen im Blut 367.
Trimethylamin bei Darmfäulnis 189.
Trimethylaminoxyd, Vorkommen bei Meerestieren 353.
Trimethylarsin, Arsenikbildung durch Penicillium brevicaule aus 694.
Trimethylessigsäure, Bindung an Glucuronsäure 815.
2,3,6-Trimethylglucose 744.
1,3,7-Trimethylharnsäure, Bildung aus Coffein 1225.
2,4,4′-Trimethylpentansäure, Bindung an Glucuronsäure 815.
3,13,19-Trimethyltricosansäure 819.
1,3,7-Trimethylxanthin als Quelle der Methylpurine im Harn 1223.
Trinkwasser, Gehalt an Fluor 696, 698.
Triolein, Spaltung im Darm 799.
Triosephosphat 1029.
—, Bildung aus Pentosephosphaten 1061.
—, Kondensation mit Glykolaldehyd 747, 1196.
Triosephosphat-dehydrogenase 1040.
—, Vorkommen in Zellkernen 1114 Tab.
Triphosphopyridinnucleotid, Bildung, Energielieferung für 1235.
—, Coferment der Isocitricodehydrogenase 1051f.
—, Gehalt im Cyclophorasesystem 1132.
— -Cytochrom c-Reductase, Gehalt in Zellelementen 1078 Tab.
— -—, — Zellkernen 1078 Tab., 1114 Tab.
Triosephosphorsäure, Vorkommen im Blut 412.
Tripeptidasen, Vorkommen in Leukocyten 464 Tab.
Triticonucleinsäure, Identität mit Ribonucleinsäure 1182.
Tritium, Markierung von Cholesterin durch 878.
Trockenfibrinogen 295.
Tromexan 496.
Trypanblau, Steigerung der Allantoinausscheidung durch 1211.
Trypsin:
73, 76, 82, 97.
Adsorption an Erythrocyten 451.
Aktivierung 484f.
Bestimmung 161, 171.
Bildung im Zellkern 1125.
Darmschleimhaut 119f.
fehlt im Dickdarmsaft 179.
— Liquor cerebrospinalis 575.
Förderung der -wirkung durch Galle 167f.
Gehalt in Pankreaszellkernen 1124.
Hemmung durch Fluorid 697.
— Thiole 654.
Inaktivierung von Mitochondrien durch 1133.
pH-Optimum 170.
Rücktritt in den Magen 94.
Spaltung von Secretin durch 133.
Steigerung der Bildung durch Secretin 134.
Trennung von Erepsin 121.
— Pankreasamylase 164.
Vorkommen im Dickdarm 180.
— in Leukocyten 464 Tab.
— im Pankreas 160 Tab.
— — Pankreassaft 159, 160 Tab.
— — Serum 380.
— in Zellkernen 1114 Tab.
Wirkung auf Hexokinase 741.
Zerstörung der Speichelamylase durch 24.
Trypsininhibitor 160 Tab., 297.
Trypsinogen 120f., 154, 159, 160 Tab., 168.
Tryptamin, Bildung aus Tryptophan 931.
—, — bei Darmfäulnis 189.
—, — von Indolessigsäure aus 351.
—, Vorkommen im Serum (?) 353.
Tryptophan:
987*.
Abbau zu Anthranilsäure 990f.
— Kynurensäure 987—990, 989*.
— Nicotinsäure 991ff.
— Xanthurensäure 987—990.
Aminosäure, unentbehrliche 933f., 987.
Bildung aus Indol und Serin 995.
— von Alanin aus 992.
— — Aminodicarbonsäuren aus 992.
— — Glucose aus 992.
— — Indol aus 995.
— — Indolessigsäure aus 351.
— — N-Methylnicotinsäureamid aus 991f., 994.
— — Nicotinsäure aus 993*.
— — Serin aus 992.

Tryptophan:
Bildung, keine, von Homogentisinsäure aus 982.
—, —, von Zucker aus 765*, Tab.
Decarboxylierung in Gewebe, tierischem 931.
Desaminierung 930.
fehlt im Secretin 133.
Gehalt im Blutplasma 344 Tab.
— — Harn 344 Tab.
— in Rattenleber 1072 Tab.
— im Stromaeiweiß 440 Tab.
— — Stromatin 441 Tab.
— in Zellkernproteinen 1110 Tab.
—, verschiedener, in Serumalbumin und -globulin 311.
Nierenclearance 344 Tab.
Pigmentbildung bei Insekten 994, 995*.
keine Porphyrinbildung aus 437.
Resorption 227 Tab.
Spaltung, bakterielle, im Darm 191.
Stoffwechsel 987—995.
— bei Mikroorganismen 995.
— — Neurospora crassa 995.
Vorkommen im Darmchymus 175 Tab.
— Liquor cerebrospinalis 569.
Wachstumswirkung 993.
Wirkung bei Pellagra 991.
Xanthoproteinreaktion 329.
L-Tryptophan, Oxydation im Cytoplasma 1153 Tab.
Tryptophanpyrrolase 123, 988.
Tuber cinereum, Purinstoffwechselzentrum im 1231.
—, Steuerung der Leukocytenzahl durch 469.
Tuberkelbacillenfettsäuren 819.
Tuberkelherde, Verkalkung 721.
Tuberkulose, Blutsenkung bei 266.
—, Gehalt im Blut an Cholesterin bei 338.
—, — — Eisen bei 400.
—, — — Eiweiß bei 321.
—, — — Harnsäure bei 1247.
—, — — Histamin bei 353.
—, — — Jod bei 410.
—, — — Lipase bei 372.
—, — Blutserum an Polysacchariden bei 729.
—, Hypochlorämie bei 408.
— der Nebennieren 772.
—, Polysaccharidgehalt der Blutproteine bei 321.
—, Verkalkung bei 721.
—, exsudative, Blutcalcium bei 397.
—, exsudativ-produktive, Einfluß auf Bildung der Harnsäure, endogenen 1200.
Tubifexeier, Aktivierung der Leucylpeptidase in — durch Magnesium 636.
Tulpe, Reaktion der Blütenblätter 1172.
Tumoren, Anreicherung von radioaktivem ^{65}Zn in 679.
—, Einbau von Aminosäuren in Eiweiß 924.
—, Gehalt an Cholesterinestern 857.
—, — — Harnsäure in 1198.
Tumoren, Gehalt an Phosphatiden 857.
—, — im Blut an Eisen bei 400.
—, Glykolyse 760.
—, Mitochondrien 1137, 1139.
—, maligne, Kupfer im Blut bei 402.
—, —, Purinstoffwechsel bei 1247.
—, —, Verkalkung 721.
Tumorgewebe, keine Cysteindesulfhydrase in 959.
—, Gehalt an Purinbasen, freien 1180.
—, Vorkommen von D-Aminosäuren in 930.
—, malignes, Phosphataufnahme durch 1191.
Tumorzellen, Gehalt an Mitochondrien 1127.
Tunica serosa, Dünndarm 105.
Turacin 666.
Turteltaube, Blutzucker 316.
Tuscheblockade, Hemmung der Allantoinbildung durch 1211.
Tween 20 162.
Tween 80 801.
Typhus-Agglutinine, Vorkommen in Plasmaeiweißkörpern 292 Tab., 301.
—, Fibrinogenverminderung bei 296.
— -0-Antikörper 312 Tab.
Typhusvaccine, Blutharnsäure nach 1246.
Tyramin, Bildung aus Tyrosin 931.
—, Gehalt im Blutserum 353.
—, Resorption 229.
—, Vorkommen im Reststickstoff des Blutes 341.
TYRODE-Lösung 267 Tab.
Tyrosin:
980*.
Aktivierung von Hämogenase durch 466.
Aminosäure, entbehrliche 933.
Bildung 934.
— aus Glucose 983.
— — Phenylalanin 980.
— im Cytoplasma 1153 Tab.
— von Acetessigsäure aus 827, 893.
— — Aceton aus 982ff.
— — Adrenalin aus 984, 985*.
— — Alanin aus 983.
— — Dioxyphenylalanin aus 984.
— — Glucose aus 983.
— — Kreatin aus 947.
— — Melanin aus 985.
Decarboxylierung in Gewebe, tierischem 931.
Desaminierung 930, 980.
Eintritt in Erythrocyten 422.
Eiweißbestimmung aus dem —gehalt 295.
Ergänzung von Gelatine durch 289.
Gehalt im Blutplasma 344, 569 Tab.
— — Liquor cerebrospinalis 568 Tab., 569 Tab.
— in Rattenleber 1072 Tab.
— im Stromaeiweiß 440 Tab.
— — Stromatin 441 Tab.
— in Zellkernproteinen 1110 Tab.
—, verschiedener, in Serumalbumin und -globulin 311.

Tyrosin:
Oxydation im Cytoplasma 1080 Tab., 1153 Tab.
Stoffwechsel 979—986.
Verweildauer im Blut 915f.
Vorkommen im Darmchymus 174, 175Tab.
— — Eiterserum 583.
— in Dünndarmschleimhaut 119.
— — Magenschleimhaut 40.
— im Schweinemagen 98.
Xanthoproteinreaktion 329.
markiertes, Bestimmung der Eiweißerneuerung mit 912.
—, Verwertung 923.
o-Tyrosin, Desaminierung 929.
Tyrosinamid, Peptidbildung aus — durch Papain 918.
Tyrosinase 669, 985f.
—, Gehalt in Cytoplasma 1080 Tab.

UFFELMANNsches Reagenz 92.
Ulcus duodeni, Gehalt im Blut an Diastase bei 379.
— —, — Kalium bei 394.
— —, Pepsinwirkung bei 73.
— — s. a. Duodenalgeschwüre.
— pepticum 83.
— — jejuni 73.
— pylori 73.
— — s. a. Magengeschwür.
— symplex rotundum 83.
— — — s. a. Magengeschwür.
— ventriculi, Kupfer im Blut bei 394, 402.
— — s. a. Magengeschwür.
Ulcuskranke, Magensaftmenge 48.
Ultraschall, Wirkung auf Mitochondrien 1130f.
—, — Ribonucleotidase 1185.
— zur Zellkernisolierung 1066.
Ultraschallhämolyse 421.
Ultraviolettbestrahlung, Phosphor im Blut nach 413.
Umaminierung 935—938, 949f., 957.
Undecandisäure, Bildung durch Oxydation 810, 813 Tab.
—, Bildung von Methyloctylketon aus 810Tab.
—, —, keine, von Acetessigsäure aus 802 Tab.
Undecylensäure, Abbau durch Fettsäuredehydrogenase 1144.
n-Undecylmalonsäure, Oxydation 817.
Universalempfänger 386.
Universalspender 385.
Unterernährung, Gehalt im Blut an Cholinesterase bei 374.
—, — Kupfer bei 402.
—, — Phosphatiden bei 334.
—, — Zink bei 402.
—, Oedeme bei 604.
— s. a. Hunger.
Unterhautzellgewebe, Chloridspeicherung 630.
Unterkieferdrüse 10f.
— s. a. Glandula submandibularis.
Unterzungendrüsen 10f.
— s. a. Glandula sublingualis.
Unverseifbares, Gehalt in Zellelementen 1075 Tab.
Uracil:
1188.
Abbau 1229*.
— durch Micrococcus aerogenes 1230.
Bildung aus Asparaginsäure 1227.
— — Cytosin durch Hefe 1226.
— — Desoxyribonucleosiden 1196.
— — Purinen 1228.
— von Thymin aus 840, 1227.
—, keine, von Desoxyribosiden aus 1195.
Einbau von ^{15}N-Glykokoll in 1122 Tab.
Hemmung der Riboflavinbildung durch 1244.
Vorkommen 1185.
— in Nucleinsäure 1226.
Wirkung auf Blutbildung 1251.
als Wuchsstoff für Lactobazillen 1244.
^{15}N-Uracil, Bildung von Ammoniak aus 1230.
—, — Harnstoff aus 1230.
—, Nucleinsäuresynthese aus 1192.
Uracil-4-carbonsäure, Bildung aus Ureidobernsteinsäure 1227*.
— s. a. Orotsäure.
Uracildesoxyribosid, Vorkommen 1185.
Uracil-(3)-ribosid, Baustein der Polynucleotidsynthese 1193.
Urämie, Gehalt im Blut an Calcium bei 397.
—, — — — Cholesterin bei 338.
—, — — — Harnstoff bei 37.
—, — — Liquor cerebrospinalis an Harnstoff bei 569.
—, — Magensaft an Ammoniak bei 68.
—, — — Harnstoff bei 37.
—, Hypochlorämie bei 408.
Uran, Vorkommen im Organismus 406.
„Uran"-3β, 11-diol 894.
„Uran"-11-ol-3-on 894.
„Uran"-3α, 11,20-triol 894.
Uratclearance 1253.
Urate, Gehalt im Blut 529 Tab.
Urbarmachungs- oder Heidemoorkrankheit 667.
Urease, Einheit 37.
—, Förderung durch Arsenobenzolderivate 694.
—, Gehalt an Sulfhydrylgruppen 654.
—, Hemmung durch Fluorid 697.
—, — Kupfer 669.
—, — Silberionen 687.
—, Verhalten im Verdauungskanal 181.
—, Vorkommen im Colon 35.
—, — Magen 35 Tab.
—, — Speichel 25.
Ureidobernsteinsäure, Bildung von Orotsäure aus 1222, 1227*.
—, Verwertung für Pyrimidinsynthese 1227.
Urethan, Einfluß auf Bildung der Harnsäure, endogenen 1200.

Urethan, Hemmung der Nucleinsäuresynthese durch 1197, 1248.
—, Leukämiebehandlung mit 457, 1181.
Uricämie, Beeinflussung durch Insulin 1232.
Uricase 1135, **1209f.**
—, Gehalt an Eisen 1210.
—, — an Zink 403, 1210.
—, — im Cytoplasma 1082 Tab.
—, — in Zellelementen 1082 Tab.
—, — — — bei Hunger 1126 Tab.
—, — in Zellkernen 1082 Tab., 1114 Tab.
— zur Harnsäurebestimmung 346.
—, Vorkommen in Leber 1127.
—, Wirkung von BAL auf 1210
Uricolyse 1208—1211.
— bei Eiweißfettkost 1242.
—, — Hunger 1239.
— und System, reticuloendotheliales 1211.
Uricoteliker 1181, 1198.
Uridin, Bildung aus Oxalessigsäure 1228*.
—, — durch Neurospora 1195*.
—, — im Darm 130.
—, —, keine, von Purin aus 1228.
—, Einbau von ^{15}N-Glykokoll in 1227.
—, Spaltung durch Uridinnucleosidase 1188.
—, Verwertung zur Nucleinsäuresynthese 1193.
Uridinnucleosidase 1188.
— aus Hefe 1226.
Uridin-5-phosphat, Spaltung durch 5-Nucleotidase 1187.
Uridylsäure, Bildung im Darm 128.
—, — in Zellelementen 1121 Tab.
—, Vorkommen in Hefenucleinsäure 1225.
—, — Pankreasnucleinsäure 1225.
—, — Ribonucleotiden 1183.
—, Wirkung auf die Milz 1251.
—, — Tumorwachstum 1251.
Uroanthelon 142.
Urobilin 193f.
—, Ausscheidung, tägliche 435.
—, Beimengung zu Lithofellinsäure 185.
—, Bestimmung 356.
—, Beziehung zu Chlororubin 1025.
—, Bildung aus Urobilinogen 181, 355.
—, Nachweis 438.
—, Vorkommen im Blutserum 355.
— -IX,α 1017.
Urobilinogen, Ausscheidung, tägliche 435.
—, Bestimmung 356.
—, Beziehung zu Chlororubinogen 1025.
—, Bildung 193.
—, — beim Hämoglobinabbau 1017*.
—, — von Urobilin aus 181.
—, Gehalt im Blut 279 Tab.
—, — Blutplasma 279 Tab.
—, — Blutserum 279 Tab., 355f.
—, Nachweis 438.
—, Transport durch Serumalbumine 310.
Urobilinogenurie 355.
Urobilinurie 194.
Urocaninase 976.
Urocaninsäure 975, 976*, 977.
Urochromogen 341.
Urogastron 142.
Uroporphyrin, Bildung aus Porphobilinogen 1005.
—, Kupfersalz = Turacin 666.
—, Vorkommen im Blut 439.
—, — Knochenmark 1003f.
—, Vorstufe der Enzyme, respiratorischen, und Cytochrome 1015.
— I, Ausscheidung 1020.
— —, Bildung aus Porphobilinogen 1006.
— —, Synthese 1007, 1008*.
— —, Vorkommen im Blutserum 356.
— —, Vorstufe von Porphyrinen 1019.
— III, Synthese 1003*, 1007, 1008*.
— —, Vorkommen im Blutserum 356.
— —, Vorstufe von Porphyrinen 1019.
Uropterin 1237.
Uroxamsäure, Bildung aus Harnsäure 1209.
Uterus, Volumen des Zellkerns 1098 Tab.
Uterusblut, Sauerstoffsättigung 516.
Uterusmuskulatur, Glykolyse 740.
UV-Bestrahlung, Wirkung auf Harnsäureausscheidung 1248.

Vagotomie, Wirkung auf Harnsäurestoffwechsel 1231.
—, — Magensaftbildung 45.
Vagotonie, Blutcalcium bei 397.
Vagusdurchschneidung, Wirkung auf den Darm 138.
Vagusreizung, Darmsaftsekretion nach 145.
—, Magensekretion nach 41, 51.
Vakuolen, pflanzliche 1170.
Valeriansäure, Bildung aus Fettsäuren, verzweigten 816.
—, — — Propionsäure und Äthanol 835.
—, — bei Darmfäulnis 189.
—, — im Wiederkäuermagen 100.
—, — von Methyläthylketon aus 810 Tab.
—, — — Propionsäure aus 802.
—, — — Zucker aus 763, 764*, Tab., 766 Tab.
—, —, bakterielle, im Dickdarm 187.
—, —, keine, von Acetessigsäure aus 802 Tab.
—, Vorkommen im Eiterserum 583.
n-Valeriansäure, Vorkommen in Echinococcusblasen 579.
Valin:
951*.
Amniosäure, unentbehrliche 933f.
Bildung von Kreatin aus 947.
— — Zucker aus 951.
—, keine, von Aceton aus 951.
—, —, von Zucker aus 765*, Tab., 766 Tab.
Desaminierung 930.
Gehalt im Blutplasma 344 Tab., 569 Tab.
— in Darmschleimhaut 119.
— im Liquor cerebrospinalis 568 Tab., 569 Tab.
— — Harn 344 Tab.
— in Rattenleber 1072 Tab.
— — Zellkernproteinen 1110 Tab.
Nierenclearance 344 Tab.

Valin 951*:
Resorption 227 Tab.
Umsetzung mit Glutathion 920.
Vorkommen im Magensaft 69.
Valonia, p_H-Messung in 1170, 1173 Tab.
Valvula coli (ileocoecalis) 103.
VAN DER REIS, Dünndarmpatrone 169, 172.
VAN SLYKE, Blutgasbestimmung 507.
Vanadium, Bedeutung, biologische 686.
— als Spurenelement 655.
Vasodilatin 130, 131 Tab., 142.
Vasopressin 654.
Vegetabilien, Natriumgehalt 621.
Venenblut, Adrenalingehalt 369.
Ventrikel, dritter 565.
—, vierter 565.
Ventrikelpunktion 565, 566 Tab.
Verbindungen, organische, Jodeinbau in 682.
—, schwefelhaltige, Ausscheidung im Harn 952.
—, zuckerbildende und nichtzuckerbildende 764f. Tab.
Verbrennungen, Blut, spez. Gewicht bei 264.
Verdauung:
6—199.
Beeinflussung des Säure-Basen-Gleichgewichtes im Blut durch die 541.
im Darm s. Darmverdauung.
Darmlymphe bei 550 Tab.
Dickdarm 177—196.
Fermente 8, 22—26, 73—85, 119—130, 159—166.
Grundlagen, anatomische 8.
Magen s. Magenverdauung.
Mechanik 9.
Mund s. Mundverdauung.
Orte und Grundlagen, physikalische 8.
Pankreassaft, Wirkung auf 166.
Steuerung 8.
Viscosität des Blutes während 274.
Verdauungsdrüsen, Bedeutung für Reaktionsregulierung 1164.
Verdauungsfermente, Eindringen durch Zellmembranen, pflanzliche 96, 181.
Verdauungsleukocytose 107.
Verdauungslymphe s. Chylus.
Verdauungssäfte, Wasserabgabe mit den 600 Tab.
Verdoglobin 435, 437, 1015f., 1018 Schema.
Verdohäm 1018 Schema.
Verdohämochromogen 437, 1018.
Verdohämoglobin 435, 437.
Verdoperoxydase 462.
Verkalkung:
700—723.
Schrifttum 700, 720.
von Gewebe, geschädigtem und abgestorbenem 721.
Hemmungskörper 709.
bei Pflanzen und Tieren 719.
Störungen 713, 720.
durch Vorgänge, enzymatische 711.
dystrophische 709.
Verkalkung:
generalisierte 722.
metastatische 721.
pathologische 720.
senile 721.
trophoneurotische 722.
Verkalkungsdefekte 698.
Verkalkungsvorgang 705, 709—714.
Verknöcherung, Regulation, hormonale 715.
—, Stadien der 712.
— und Vitamin D 714.
—, pathologische 720.
—, Verschlußikterus, Erythrocytenphosphatase bei 450.
—, Gehalt des Blutes an Kalium bei 394.
Verweildauer der Elemente im Körper 610.
Verweilsonde 47, 64, 86, 88.
v^+-Ferment 995.
Villi intestinales 106.
Villikinin 106, 130, 131 Tab., 142, 206.
Vinylessigsäure, Bildung von β-Oxybuttersäure aus 1049.
—, Oxydation durch Cyclophorasesystem 831.
Vinylphäoporphyrin a_5 1022.
Virilismus 894, 900.
Virus, Gehalt an Nucleoproteiden 1180.
—, Lokalisation in der Zelle 1147.
Viscosität, reduzierte 274.
Vitalfärbung 1170.
Vitamin A:
Bestimmung 360.
Bedeutung für Eiweißresorption 229.
— Fettresorption 248.
— Fettsäureresorption 235.
Bildung aus Carotin im Darm 143, 197.
— — — in der Leber 197.
Einfluß auf Purinstoffwechsel 1243.
Ester im Fischdarm 118.
—, Gehalt in Mikrosomen 1084 Tab., 1094 Tab.
Fettresorption 241.
Gehalt im Blut 280 Tab.
— — Blutplasma 280 Tab.
— — Blutserum 280 Tab., 357—360.
— — Liquor cerebrospinalis 574.
— in Zellelementen 1094 Tab.
-Mangel 723, 776.
—, Brenztraubensäuregehalt des Blutes bei 326.
Resorption 249, 801.
Strontiumansatz nach 684.
Vorkommen in Erythrocyten 451.
Wirkung, keine auf Leukocytenzahl 457.
Vitamin A-Esterase, Vorkommen in Mikrosomen 1151.
Vitamin B, Bedeutung für Eiweißresorption 229.
—, — Fettresorption 241, 243 Abb., 248.
—, Beeinflussung des Blutbildes durch 418.
—, — der Magensaftsekretion durch 44.
—, — des Purinstoffwechsels durch 1243.
Vitamin B-Komplex, Bedeutung für Zuckerresorption 217.

Vitamin B_1:
s. a. Aneurin.
s. a. Thiamin.
-Avitaminose 776.
Baustein von Cocarboxylase 754.
Bedeutung für Zuckerresorption 217f.
Beeinflussung des Kohlenhydratstoffwechsels durch 775.
— Purinstoffwechsels durch 1243.
Bestimmung 362.
Bildung, bakterielle, im Darm 194.
Einheiten 362.
Gehalt im Blutplasma 281 Tab.
— — Blutserum 281 Tab., 361f.
— — — an Brenztraubensäure nach 326.
— — Liquor cerebrospinalis 574.
-Mangel, Brenztraubensäuregehalt des Blutes bei 326.
— bei Gicht 1244.
Pyrimidinderivat 1180.
Struktur 1237.
Verteilung im Blut 451.
Wirkung keine, auf Leukocytenzahl 457.
Vitamin B_2, Bedeutung für Fettresorption 148.
—, Bestimmung 363.
—, Beeinflussung des Purinstoffwechsels durch 1244.
—, Gehalt im Blut 281 Tab.
—, — — Blutserum 362.
—, Struktur 1237.
—, Vorkommen im Darm 154.
—, Wirkung, keine, auf Leukocytenzahl 457.
— s. a. Riboflavin.
— s. a. Lactoflavin.
Vitamin B_2-Komplex, Vorkommen im Darm 143.
Vitamin B_6, Aktivierung von Transaminasen durch 938.
—, Bestimmung 364.
—, Beeinflussung des Purinstoffwechsels 1244.
—, Gehalt im Blut bei Kobaltmangel 674.
—, — Blutserum 364.
— und Nicotinsäurebildung 993.
— -Komplex 454.
Vitamin B_{12}:
s. a. Cyanocobalamin.
Aufbau über Pseudovitamine B_{12} 1180.
Bedeutung für Cystinsynthese 964.
— Hämoglobinsynthese 1010.
— Methylierungen 941, 963ff.
— Nucleinsäuresynthese 1257.
— Serinsynthese 964.
Beeinflussung der Homogentisinsäurebildung durch 983.
Bestimmung 364.
Biosynthese 1180.
^{60}Co-markiertes 674.
Beeinflussung des Purinstoffwechsels 1244.
Förderung der Resorption durch Magenstoff 121.
Vitamin B_{12}:
Gehalt an Kobalt 406, 430, 466, 673f.
— im Blutserum 364.
— in Zellelementen 1094 Tab.
Vorkommen 466f.
Wirkung bei Anämie, perniciöser 1245.
als Wuchsstoff für Lactobazillen 1244.
Vitamin C:
s. a. Ascorbinsäure.
Avitaminose 384.
Bedeutung für Eisenresorption 214.
— Phenylalaninabbau 981.
— Tyrosinabbau 981, 984.
— Zuckerresorption 217.
Bestimmung 365.
Beeinflussung der Purinsynthese durch 1245f.
Gehalt im Blut 281 Tab., 454.
— — Blutplasma 281 Tab., 365 Tab., 454.
— — Blutserum 281 Tab., 364ff.
— in Erythrocyten 365 Tab., 454.
— — Leukocyten 463.
— im Liquor cerebrospinalis 573.
— in Thrombocyten 365 Tab.
Ort der Bildung 194.
Vorkommen im Darm 143.
— in Hautblasen 578.
— — Magenschleimhaut 40.
— im Speichel 26 Tab.
Wirkung auf Kohlenhydratstoffwechsel 776.
— Leukocytenzahl 457.
— Redoxpotential des Blutes 276.
Vitamin D:
s. a. Calciferol.
Bedeutung für Calciumresorption 213, 638, 714f.
— Fettresorption 248.
— Zuckerresorption 217.
Beeinflussung des Purinstoffwechsels durch 1245.
Calciumablagerung nach 721f.
Gehalt im Blutplasma 280 Tab.
— — an Phosphatase nach 376.
— im Blutserum 280 Tab., 360.
Mangel 717.
—, Gehalt des Blutes an Calcium bei 397.
Resorption 249.
Strontiumansatz durch 684.
und Verknöcherung 714.
Vorkommen in Erythrocyten 454.
Wirkung auf Phosphatausscheidung 715.
Wirkungsmechanismus 714.
Vitamin E, Bestimmnug 361.
—, Beeinflussung des Purinstoffwechsels durch 1246.
—, Gehalt im Blut 280 Tab.
—, — — Blutserum 360f., 454.
—, — — Liquor cerebrospinalis 574.
— -Mangel, Muskeldystrophie bei 863.
— s. a. Tocopherol.
Vitamin H, Gehalt im Blut 281 Tab., 366.
—, — Harn 366.

Vitamin H', Gehalt im Blut 281 Tab., 366.
Vitamin K 493f., 494*, 495f.
—, Bestimmung 361.
—, Bildung, bakterielle, im Darm 183, 194.
—, Gehalt im Blutplasma 281 Tab., 361.
—, — Blutserum 281 Tab., 361.
—, — Speichel 26 Tab.
—, Resorption 499.
Vitamin P 366.
Vitamine, Beeinflussung der Blutbildung durch 466, 470.
— und Purinstoffwechsel 1243—1246.
—, Vorkommen im Dünndarm 143.
Vögel, Ausscheidung von Harnsäure im Harn 1212f.
—, Blutmenge 259.
—, Blutzuckergehalt 314 Tab.
—, Erythrocyten, Lebensdauer 1016.
—, Harnsäuresynthese bei 1204.
—, Knochensubstanz, anorganische 703 Tab.
—, Purinsynthese bei 1219.
—, Speichelamylase 23.
Vormägen 9, 98ff.
„Vorniere" 598, 605.

Wachstum, Phosphatidgehalt im Organismus während 846 Tab., 847.
Wachstumshormon, Vorkommen im Blut 368.
Wachstumsjahre, Calciumbedarf 642.
Wärmehämolyse 420.
Wärmeregulation 596.
Wärmestich, Bluthamsäure nach 1246.
Wal, Pericardialflüssigkeit 562.
WALKER-Carcinom, Gehalt an Aldolase 748.
— — — 256, Aminopolypeptidasegehalt im Blut bei 381.
WALLERsche Degeneration 865.
WARBURGsches Atmungsferment 656, 663.
WARING-Blendor 1066.
Warmblüter, Magen, Salzsäurebildung 60.
Wasser:
  Aktivität 532.
  Austausch, kein, von O mit Sulfat 653.
  Bestimmung 392.
  Gehalt im Blut 277 Tab., 391f., 426 Tab., 592 Tab.
  — — Blutplasma 277 Tab., 391f.
  — — Blutserum 277 Tab., 391f., 426 Tab., 427 Tab., 572 Tab.
  — in Erythrocyten 277 Tab., 391f., 425, 426 Tab., 427 Tab.
  Mobilisierung 599.
  Resorption 208ff.
  Stoffwechsel 310, 589—608.
  — Schrifttum 589.
  Transport durch Serumalbumin 310.
  Weg im Körper 597.
  extracelluläres 431.
  isotopes ($H_2^{18}O$), O-Austausch 615.
  schweres, zur Bestimmung des Körperwassers 590.
Wasser:
  schweres, Einbau von Deuterium aus — in Cholesterin und Fettsäuren 615, 832.
  —, s. a. Deuteriumoxyd.
Wasserabgabe 593.
— durch Pflanzen 606f.
—, extrarenale 593.
—, unvermeidliche 594.
Wasseraufnahme durch Pflanzen 606.
Wasseraustausch zwischen Raum, extra- und intracellulärem 602.
Wasserbelastungsversuch 595.
Wasserbestand des Körpers und Kochsalzgehalt der Nahrung 603.
Wasserbewegung im Körper 600—603.
Wasserbilanz 594ff.
Wasserbildung bei Verbrennung 592 Tab.
Wasserbindungsvermögen, Gewebe 253.
„Wasser"-diurese 595.
Wasserhaushalt 590—608.
— und Ernährung 603.
—, Regulation 256, 603f.
—, Störungen 604.
Wassermangel, Wasserhaushalt bei 596.
Wassermokassinschlange, Phospholipase aus 851.
Wasserresorption im Gewebe 253.
Wasserretention 603.
Wasser-Salz-Relation 595.
Wasserstoff, Bildung im Magen 98.
—, Entstehung bei Buttersäuregärung 68.
—, Gehalt in Mikrosomen 1071 Tab.
—, — Mitochondrien 1071 Tab.
—, Lösung im Blut 507.
—, Resorption 215 Tab.
—, — aus Bauch- und Brusthöhle 253 Tab.
—, Stoffwechsel 614f.
—, Verbrennungsenergie 786.
—, Vorkommen im Darminhalt 193.
—, — in Lungenluft 503.
—, schwerer s. Deuterium.
Wasserstoffgärung, Dickdarm 187.
Wasserstoffionen, Hämolyse durch 421.
—, Permeabilität der Zellwand für 1164.
Wasserstoffionenkonzentration, Beeinflussung der Oxyhämoglobindissoziation durch 514.
— im Blut 271, 510.
Wasserstoffsuperoxyd, Bildung 614.
—, Bildung durch D-Asparaginoxydase 1148.
Wasserstoffverbrennung als energieliefernde Reaktion 785f.
Wasserstoß 595.
Wassersucht 578.
Wasservergiftung 595, 598, 633.
Wasserverlust bei Dursten 599.
—, tödlicher 596.
Wasserzufuhr 592, 594.
Weinbergschnecke, Gehalt an Cholesterin 870.
—, Fermente, cellulosespaltende 730.
Weinbergschneckenschale, Zusammensetzung 719 Tab.
Weißseuche 667.

Weizen, Desoxyribonucleinsäuren, Zusammensetzung aus Basen 1108 Tab.
—, Phosphatidgehalt 842.
Weizenkeime, Desoxyribonucleinsäuren, Zusammensetzung aus Basen 1106 Tab.
Weizenproteinase 686.
Weizenstärke, Verdauung 28.
Wellen, peristaltische 110.
WELTMANN-Reaktion 307.
WELTMANNsches Koagulationsband 302.
Wespengift, Lysophospholipase in 851.
Widder, Blut, Harnstoffgehalt 342.
—, Desoxyribonucleinsäuren, Zusammensetzung aus Basen 1106 Tab.
Wiederkäuer, Bissenbildung 10.
—, Cellulosespaltung 731.
—, Darm, p_H-Werte 50.
—, Labmagen 33.
—, —, Säurewerte 56.
—, Magen, p_H-Wert 50.
—, Magensaftsekretion 46.
—, Magenschleimhaut, Gehalt an Lipase 39 Tab.
—, Magensystem 32.
—, Rejektion der Nahrung beim 99.
—, Speichel 20.
—, —, Alkalinität 28.
—, —, Dauersekretion 14, 28.
—, Speichelmenge 13.
—, Speichelsteine 22.
—, Verdauung im Magen 98—102.
—, Verdauungsdrüsen 108.
—, Zuckerresorption 222.
Wiederkauen 99.
—, Anregung der Speichelsekretion 15.
Wirbellose, Gehalt an Kohlensäureanhydratase 522.
—, Harnsäuresynthese bei 1204.
Wirkung, oligodynamische 687.
—, spezifisch-dynamische 1241.
WITTE-Pepton, Förderung der Magensaftsekretion durch 155.
WOHLGEMUTH, Diastasebestimmung 23.
— -Einheit 378.
WOOD-WERKMAN-Reaktion 1052, 1055f.
Wuchsstoffbildung, Bedeutung von Zink für 674.
Würmer, Gehalt an Cholesterin 870.
Wurmfortsatz, Zellen, basalgekörnte, im 107.
Wurzeldruck 607.
Wurzelhaare, pflanzliche, p_H-Wert 1173 Tab.

Xanthelasma 338.
Xanthin:
Ausscheidung von Harnsäure nach 1199.
Bedeutung für Lactobacillus casei 1222.
Beeinflussung der Allantoinausscheidung durch 1216.
— des Blutfibrinogens durch 1251.
Bildung aus Alanin 1205.
— — Coffein 1225.
— — Guanin 1201, 1217.
— im Organismus 1219.
Xanthin:
Bildung in Taubenleber 1205.
— von Harnsäure aus 1202, 1217.
— — Uracil aus 1228.
—, keine, von Purindesoxyribosiden aus 1195.
Förderung der Riboflavinbildung durch 1244.
Gehalt im Blut 347.
— — Harn 1217.
— in Lymphe 554.
Schutzwirkung bei Tetrachlorkohlenstoffvergiftung 1248.
Substanz, harnsäurebildende 1205.
Vorkommen 1217.
— in Eiterkörperchen 584.
Wirkung auf Wachstum von Lactobacillus casei 1252.
Xanthindehydrogenase 1201f., 1217.
—, Aktivierung durch Methylenblau 1203.
—, Gehalt von Küken bei Folinsäuremangel 1245.
—, Hemmung durch Folsäure 1245.
—, Oxydation von Hypoxanthin durch 1220.
—, Reduktion der Gruppe, prosthetischen 1202.
— fehlt in Taubenleber 1205.
—, Vorkommen im Blut 382.
— s. a. Xanthinoxydase.
Xanthinoxydase 1201.
—, Bildung in der Leber 1202.
—, Förderung durch Gallensäuren 1243.
—, Gehalt an Adeninnucleotid 1184, 1236.
—, Hemmung durch Flavonoide 1248.
— der Leber bei Ernährung, eiweißarmer 1241.
—, Struktur 1237.
—, Vorkommen in Erythrocyten 451.
—, — Zellkernen 1114 Tab.
—, Wirkung auf Hypoxanthin 1202f., 1209.
Xanthinribosid, Bildung aus Guanosin 1189.
Xanthochrom, Vorkommen im Liquor cerebrospinalis 566.
Xanthochromasie 566.
Xanthophyll, Resorption 249.
—, Vorkommen im Blutserum 356f.
Xanthoproteinreaktion 190, 329, 342.
Xanthopterin 1237.
—, Abbau, fermentativer 1202.
—, Aktivierung von Hämogenase durch 466.
—, Bildung, keine, von Purindesoxyribosiden aus 1195.
—, Hemmung der Xanthindehydrogenase durch 1203.
—, Wirkung auf Blutbildung 467.
Xanthorubin 439.
Xanthosin, Bildung aus Guanosin 1189, 1201.
Xanthosinphosphorylase 1196.
Xanthosis 357, 359.
Xanthosylsäure, Bildung aus Guanylsäure 1201.
Xanthurensäure 987, 990*, 994.
— Ausscheidung 993.

„X“ Protein 293 Tab.
L-Xyloketose 729, 734.
Xylose, Resorption 217f., 223.
—, Wirkung auf Harnsäureausscheidung 1242.
D-Xylose 738.
yellow tip 667.
Yttriumkolloid, Hemmung der Nucleinsäuresynthese durch 1197.
Zählkammer nach FUCHS-ROSENTHAL 566.
Zähne 703.
—, Ablagerung von Fluor in 697f.
—, Calcium- und Phosphatstoffwechsel 722.
—, Gehalt an Fluor 696.
—, Phosphataustausch 647.
—, gesprenkelte 698.
Zahnasche, Zusammensetzung 703 Tab.
Zahnbein 708.
Zahnkaries 28f., 698f., 723.
Zahnpulpa 708.
Zahnschmelz 704, 708f.
Zahnstein 20, 709 Tab.
Zahnsubstanz, Apatitstruktur 708.
—, anorganische, künstliche 703 Tab.
Zeaxanthin, Vorkommen im Blutserum 357.
Zein, Fehlen von Lysin und Tryptophan im 967.
Zellbestandteile, Abtrennung 1066.
—, Fraktionierung 1065ff.
Zellelemente, Leistungen, chemische 1064 bis 1156.
—, Schrifttum 1064.
—, Zusammensetzung, chemische 1067 bis 1097.
— s. a. Cytoplasma.
— s. a. Mikrosomen.
— s. a. Mitochondrien.
— s. a. Zellkerne.
— s. a. Zellfraktionen.
Zellen:
Alkalireserve 1164.
CO_2-Spannung 1160f.
Erneuerungsgeschwindigkeit 1121.
Gehalt an Mitochondrien 1127, 1132.
— Phosphat 1160f.
— Ribonucleotiden bei Eiweißsynthese 1125.
Ionenpermeabilität 1164.
Kalium-Natrium-Austausch 623f.
Kaliumverlust 627.
Membran, Impermeabilität für Natrium 623.
—, —, selektive 602.
—, Permeabilität für Kalium 623.
—, Phosphatidgehalt 867.
Membransystem, Bedeutung für Reaktionsregulierung 1164.
Oberflächen, Permeabilität für Wasserstoffionen 1157, 1164.
PANETHsche 107, 122.
pH 1166, 1171f.
— der Außenfläche 1167.
Zellen:
pH, Konstanz 1174.
— -Verschiebung bei Zelltod 1175.
—, integrales 1158.
—, regionales 1159.
Phosphatidverteilung 867ff.
Pufferkapazität 1164.
Pufferung 1174.
Pufferungsfähigkeit 1159—1164.
Pufferungssystem 1160.
Reaktion 1156—1177.
Stoffaustausch mit Gewebssäften 251.
Teilung und Mitochondrien-„Vermehrung“ 1096.
Verteilung von Chlorid zwischen — und Außenlösung 1166.
— Kalium zwischen — und Außenlösung 1166.
Wanderungsgeschwindigkeit 1167.
basalgekörnte 107.
pflanzliche, Pufferungsfähigkeit 1162.
—, Verdauung aus 96.
Zellfraktionen, Speicherung von 9-^{14}C-2-Acetylaminofluoren 1154 Tab.
—, — Buttergelb 1154 Tab.
—, — Ovalbumin, jodiertem 1147 Tab.
— s. a. Cytoplasma.
— — Mikrosomen.
— — Mitochondrien.
— — Zellelemente.
— — Zellkerne.
Zellhämine 1024.
Zellinneres, Dissoziationskonstante 1167.
Zellkernbestandteile, Einbau von ^{15}N-Glykokoll in 1121.
Zellkerne:
1097—1127.
s. a. Zellelemente.
s. a. Zellfraktionen.
Antigenspeicherung in 1147.
Aufbau, chemischer 1097—1113.
Aufnahme von Schwermetallen 1124.
Beteiligung an der Eiweißsynthese 1125.
Bildung von DPN in 1125.
— Eiweiß in 1145.
— Enzymen in 1124f.
— Glucose-1-phosphat durch 1118.
— Nucleinsäure in 1190.
— Pankreasamylase in 1125.
— Polynucleotiden in 1122f.
— Purinen in 1119.
— Trypsin in 1125.
Einbau von Aminosäuren in Eiweiß 924.
— ^{14}C aus Glykokoll in Lipoide 1125.
— ^{32}P in Ribonucleotide 1121 Tab., 1122 Tab.
Gehalt an Acetylcholinesterase 1084 Tab.
— Acetalphosphatiden 1076 Tab.
— Adenosindesaminase 1090 Tab., 1126 Tab.
— Adenosintriphosphatase 1088 Tab.
— Adenylsäurephosphatase 1088 Tab.
— Äpfelsäuredehydrogenase 1082 Tab.
— Äthanolamin 1076 Tab.

Zellkerne:
Gehalt an Alkoholdehydrogenase 1082 Tab.
— Aneurin 1094 Tab.
— Arginase 1084 Tab., 1126 Tab.
— Arylsulfatase 1086 Tab.
— Betainaldehydoxydase 1080 Tab.
— Biotin 1094 Tab.
— Calcium 1101 Tab.
— Cerebrosiden 1076 Tab.
— Cholesterin 1074 Tab.
— Cholinoxydase 1080 Tab.
— Cholinphosphatiden 1076 Tab.
— Choriongonadotropin 1096 Tab.
— Chrom 1101 Tab.
— Cocarboxylase 1094 Tab.
— Coenzym A 1094 Tab.
— Cytochrom c 1078 Tab.
— Cytochromoxydase 1078 Tab.
— Dijodtyrosin 1096 Tab.
— DPN-Cytochrom c-Reductase 1078 Tab.
— DPN-Nucleosidase 1090 Tab.
— Eisen 1077 Tab., 1101 Tab.
— Eiweiß 1068 Tab.
— Enzym, jodierendem 1090 Tab.
— Esterase 1082f. Tab., 1126 Tab.
— Fermenten 1114—1117 Tab., 1126.
— Fettsäuren 1073f. Tab.
— Fettsäureoxydase 1080 Tab.
— Fibrinolysokinase 1084 Tab.
— Folininsäure 1094 Tab.
— Folsäure 1094 Tab.
— Fumarase 1084 Tab.
— Glucose-6-phosphat-phosphatase 1086f. Tab.
— β-Glucuronidase 1086 Tab., 1126 Tab.
— Glutaminase 1084 Tab.
— Glutaminsäure-dehydrogenase 1080 Tab., 1125.
— Glutathionase 1125.
— Glutathionreductase 1082 Tab.
— α-Glycerophosphat-dehydrogenase 1082 Tab.
— Hexosediphosphatase 1088 Tab.
— Hormon, antidiuretischem 1094 Tab.
— —, gonadotropem 1096 Tab.
— Inosit 1094 Tab.
— Isocitronensäuredehydrogenase 1082 Tab.
— Jod 1077 Tab.
— Kalium 1077 Tab.
— Katalase 1078 Tab., 1126 Tab.
— Kathepsin 1084 Tab., 1125.
— Kephalin 1076 Tab.
— Kobalt 1101 Tab.
— Kohlensäureanhydratase 1090 Tab.
— Kupfer 1077 Tab., 1101 Tab.
— Lactoflavin 1094 Tab.
— Lactonase 1090 Tab.
— Lecithin 1076 Tab.
— L-Leucinamidase 1084 Tab.
— Lipiden 1100 Tab.
— Lipoiden 1073 Tab.
— Lipoidphosphor 1075 Tab.

Zellkerne:
Gehalt an α-Lipoinsäure 1094 Tab.
— Magnesium 1101 Tab.
— Mangan 1101 Tab.
— Milchsäuredehydrogenase 1082 Tab.
— Molybdän 1101 Tab.
— Monoamino-phospholipoide 1076 Tab.
— Monobutyrase 1084 Tab.
— Natrium 1077 Tab.
— Neutralfett 1073 Tab.
— Nickel 1101 Tab.
— Nicotinsäure 1094 Tab.
— Nucleinsäure 1101f. Tab., 1104 Tab.
— Nucleoproteiden 1180.
— Nucleosidphosphorylase 1126 Tab.
— Oxalessigsäureoxydase 1080 Tab.
— Pantothensäure 1094 Tab.
— Peptidasen 1125.
— Phosphatase, alkalischer 1086 Tab., 1126 Tab.
— —, saurer 1086 Tab.
— Phosphatiden 867, 1075 Tab., 1101 Tab.
— Phosphatid-Fettsäuren 1075 Tab.
— Phosphoprotein 1124.
— Phosphor 1070 Tab.
— Phosphorylase 1088 Tab., 1118.
— Pyridoxin 1094 Tab.
— Pyrophosphatase 1088 Tab.
— Rhodanese 1090 Tab.
— Ribonuclease 1090 Tab.
— Ribonucleinsäure 1069f. Tab., 1104 Tab.
— Serin 1076 Tab.
— Sphingomyelin 1076 Tab.
— Stickstoff 1068 Tab.
— Stickstoffverbindungen 1100 Tab.
— Succinoxydase 1078f. Tab.
— Thyroxin 1096 Tab.
— TPN-Cytochrom c-Reductase 1078 Tab.
— Uricase 1082 Tab., 1126 Tab.
— Vitamin A 1094 Tab.
— — B_{12} 1094 Tab.
— Zink 1101 Tab.
— Zinn 1101 Tab.
Globulin aus 1109.
Glykolyse im 1118.
Isolierung 1065f.
Lipoproteid aus 1109.
Membran 1097.
Phosphatide, Umsatzgeschwindigkeit 867.
p_H-Wert 1173 Tab.
Protein, saures 1109.
Proteinasewirkung 1124 Abb.
Proteine, Aminosäurezusammensetzung 1110 Tab., 1123.
Proteinsynthese in 926, 1123.
$Q_M^{N_2}$ 1118.
Ribonucleinsäuren, Zusammensetzung aus Basen 1108 Tab.
Säugetiere, Proteinfraktionen 1105.
Sedimentierung 1066.
Spaltung von Rohrzucker durch 1118.
Stoffwechselleistungen 1113—1127.

Zellkerne:
Transaminierung in 1125.
Umsatzgeschwindigkeit der Histone 1123.
— Phosphatide 1144.
Verteilung von Enzymen in 1127.
Zellstruktur, p_H-Verschiedenheiten im Bereich der 1158f.
Zentralnervensystem, Bedeutung für Bildung der Leukocyten 469.
—, — Cholesterinstoffwechsel 874.
Ziege, Blutzuckergehalt 314 Tab.
—, Darmlänge 104 Tab.
—, Leukocytenzahl 456 Tab.
—, Liquor cerebrospinalis 571 Tab.
—, Magen, kleiner 47.
—, Magensaftsekretion 46.
—, Speichel 20.
—, Speichelamylase 23.
—, Speichelmenge 14.
—, Speichelsekretion 13.
—, Submandibularisspeichel 17 Tab.
Ziegenmilch, Eisengehalt 661.
Zimtalkohol, Bildung von γ-Phenylpropanol aus 806.
Zimtsäure, Bildung aus β-Phenyl-β-oxypropionsäure 807.
—, —, keine, von Homogentisinsäure aus 982.
—, Hemmung der Fettsäureoxydation durch 1143.
—, Oxydation 806.
Zink:
Schrifttum 674.
Aktivierung der Aldolase durch 747.
— Carboxylase durch 754.
Aufnahme durch Zellkerne 1124.
Ausscheidung bei Porphyrinurie 677.
Bedeutung, biologische 678.
— für Hämoglobinbildung 401.
Bestand des menschlichen Körpers 675.
Bestimmung 675.
Gehalt im Blut 282 Tab., 403f., 429.
— — Blutplasma 282 Tab., 404 Tab., 429.
— — Blutserum 282 Tab., 403f.
— in Chorioidea 610, 675, 676 Tab.
— — Erythrocyten 282 Tab., 403 Tab., 404 Tab., 429.
— — Leukocyten 404 Tab., 429, 460.
— — Organen 675.
— im Pankreassaft 158.
— in Tumoren, bösartigen 679.
— — Zellkernen 1101 Tab.
Hemmung der Phosphoglucomutase durch 743.
als Spurenelement 655.
Stoffwechsel 674—679.
Wirkung, biologische 678.
radioaktives 677, 679.
— (^{65}Zn), Anreicherung in Tumoren 679.
— —, Stoffwechselversuche mit 677.
Zinkkomplexbildner 678.
Zinkmangel 403.
Zinkmangelerscheinungen 677.
Zinkmangelkrankheiten 674.
Zinn, Gehalt im Blut 406.
—, — — Blutplasma 429.
—, — in Erythrocyten 429.
—, — — Zellkernen 1101 Tab.
—, Vorkommen 688.
Zottenpumpe 106.
Zucker:
s. a. Glucose.
s. a. Kohlenhydrat.
Abbau, Biochemie 735—759.
—, anaerober 738—759.
Assimilationsgrenze 734 Tab.
Ausscheidung im Harn 732.
Bildung aus Alanin 948f.
— — Arginin 969.
— — Asparaginsäure 948f.
— — Cystein und Cystin 960.
— — Glutaminsäure 948f.
— — Histidin 974.
— — Isoleucin 952*.
— — Ornithin 969.
— — Oxyprolin 987.
— — Valin 951.
— von Glycin und Serin aus 942.
Gehalt im Blutserum 279 Tab., 427 Tab., 550 Tab., 577 Tab.
— in Ergüssen, serösen 560.
— — Lymphe 550 Tab., 554 Tab.
Hemmung der Magensaftsekretion durch 45.
als Lymphagogon 549.
Oxydation, aerobe 737.
—, direkte 735.
Resorption im Gewebe, subcutanen 253.
—, Phosphorylierung bei 219.
—, selektive 218ff.
Resorptionsgeschwindigkeit 218 Tab.
Stoffwechsel, Energetik 736 f.
Umwandlung in Fett 1029.
freier, im Blutserum 320 Tab.
—, Vorkommen 729.
gebundener, im Blut 313, 320 Tab.
—, Vorkommen 729.
latenter, im Blut 313, 320 Tab.
Zuckerbildner 764f. Tab., 766 Tab.
Zuckergemische, Resorption 220.
Zuckerkrankheit s. Diabetes.
— s. Diabetes mellitus.
Zuckerphosphate, Oxydation, direkte 1061ff.
Zuckerphosphorsäureester in den P-Fraktionen des Blutes 412.
Zuckerstich 726, 768.
Zuckerzentrum 768.
Zugblasen 577.
Zunge, Resorptionsvermögen 29.
Zungendrüsen, EBNERsche 11.
Zustände, hypoglykämische 732.
Zwerchfell, Einbau von Aminosäuren in Eiweiß 924.
—, Phosphatidgehalt 841.
Zwölffingerdarm s. a. Duodenum 103.
Zymase, Zerstörung im Darm 181.
Zymohexase 746—748.

Berichtigungen

zu Band I.

Seite

71, 5. Absatz, vorletzte Zeile: statt: δέσμος lies: δεσμός.

192: Bei der I. Periode lies: *1* H statt: 1 H.

Bei der II. Periode lies: *5* B statt: *5* B.

Letzte Zeile statt: Mettalloide lies: Metalloide.

215: In der 2. Zeile der Überschrift δ: In der 2. Zeile statt: Ti lies: Tl.

219[11]: Statt: Wolff, Hanns: H. **318** lies: Wolff, Hanns: B. Z. **318**.

224, 1. Absatz, 4. letzte Zeile: statt: des Koproporphyrin vor[6] (s. S. 894ff.) lies: des Uroporphyrin vor[6] (s. S. 896ff.).

284: bei Formel der L(+)-Idose: statt: H_2CO in der letzten Zeile lies: H_2COH.

314: Beim Formelbild des Hesperidins: statt:

—OC—OH in der 1. Zeile rechts lies: —O—CH.

379: vorletzter Absatz, 2. Zeile: statt: Thannhauser[0] lies: Thannhauser[10].

450: Bei Formel IV fehlt der Bindungstrich zwischen C 10 und C 11.

493: In der Methioninformel: statt: $CH_2—S—CH$ lies: $CH_2—S—CH_3$.

510, 2. Absatz, 2. Zeile: Statt 571 lies: 511.

543, unter der betr. Formel: statt: Typtophan lies: Tryptophan.

582, in der Formel der Lysergsäure: statt: \N/ lies im unteren rechten Ring: \NH/.

788, in der Anserinformel: statt: $CH_2 \cdot N_2H$ lies rechts oben: $CH_2 \cdot NH_2$.

822[8]: statt: Stockstad lies: Stokstad.

1055: vorletzter Absatz, 4. Zeile: statt: Phloridzin lies: Phlorrhizin.

1201[4]: statt: Wake.man lies: Wakeman.

1235, 2. Absatz, 3. letzte Zeile: statt: H_2-Übertr[illegible]

1262, bei Angier, R. B. u. a.: statt: Hutschin[illegible], [illegible] Stockstad lies: Stokstad.

1310: statt: Fenold lies: Fevold und ordne ein unter: Fevold.

1323: statt: Garrod lies: Garrod, A. E.

1382, bei Mackenzie, C. G. u. a.: statt: E. P. Keller lies: E. B. Keller.

1392: statt: Minkowsky lies: Minkowski.

1443: statt: Stockstad lies: Stokstad.

1458: statt: Vogler, K., u. F. Huzinka lies: Vogler, K., u. F. Hunziker.

1482: statt: Alloxanthin lies: Alloxantin.

1529: Unter Harn füge ein hinter Guanidin: Harnindican 792.

1534: bei Indican statt: s. auch Harndican lies: s. auch Harn, Harnindican.

1530: Vor Harnsedimente füge ein: Harnsäure 807ff.

1543: statt: Kynureninsäure lies: Kynurensäure.

1571: statt: Proteinogene Anurie, s. Anurie, proteinogene lies: Proteinogene Amine, s. Amine, proteinogene.

1580: bei Serum: statt: Liproproteide lies: Lipoproteide.

zu Band II/1.

23[5]: statt: De Marco, R. de lies: Marco, R. de.

30[13]: statt: Trans. R. Soc. London **144**, 45 (1842) lies: Trans. R. Soc. London **144**, 45 (1824).

30[14]: bei Meyer, J. S. ist hinter Beaumont hinzuzufügen: St. Louis, Miss.

41[3]: statt: Hellenbrandt lies: Hellebrandt.

57[1]: statt: R. Brinck lies: J. Brinck.

59[2]: statt: Amer. J. Physiol. **101**, 8 lies: Amer. J. Physiol. **101**, P 8.

62, 2. Absatz, 6. Zeile von unten: statt: Wasserstofftransport lies: Wassertransport.

77[4]: statt: Krzywane lies: Krzywanek.

83[2]: statt: C. J. Farmer lies: C. I. Farmer.

86, 2. Absatz, 4. Zeile: hinter *Padutin* ist einzufügen: (*Kallikrein*).

93, 2. Absatz, letzte Zeile: hinter S. 52 ist einzufügen: sowie S. 69.

96[2]: statt: Industr. engng. Chem. (II) **16**, 646 (1944) lies: Biochem. J. **34**, 961 (1940).

97[8]: statt: Davidson lies: Davidsohn.

106[3]: statt: Kokas, E. V. lies: Kokas, E. v.

107: statt [8] Sinelnikov lies: [9] Sinelnikov.

110[1]: statt: Stump lies: Stumpf.

112[2]: statt: Verh. dtsch. Ges. inn. Med. 276 lies: Verh. dtsch. Ges. inn. Med. **56**, 276.

Seite

129, 4. letzte Zeile: statt: *Pyrimidinnucdeosidasen* lies: *Pyrimidinnucleosidasen*.
131[5]: Das Zitat muß lauten: The Secretory Mechanism of the Digestive Glands. 2. Aufl.
132, 2. Absatz, 7. Zeile: statt: pro Schweinedarm lies: pro m Schweinedarm.
139[7]: statt: LÉVY, J., et E. KAHANE: XIIe Réunion Ass. Physiol. Louvain **1938**, 114 lies: KAHANE, E., et J. LÉVY: Ann. Physiol. Physicochim. biol. **14**, 575 (1938).
142[4]: statt: Heft 3/4 lies: 188.
147, 2. Absatz, Zeile 3: vor: zahlreicher füge ein: und.
149[10]: statt: 867 lies: 866.
151[2]: statt LE BRETON, A. lies: LE BRETON, E.
154[2]: statt: H. D. SMYTH lies: D. H. SMYTH.
155, letzter Absatz vorletzte Zeile: statt: Pankreassaft lies: Pankreassaft-.
155[12]: statt: C. **1952**, 3521 lies: C. **1952**, 3520.
159, vorletzte Zeile: statt: Aminopolypeptidase[12] und Dipeptidase[13] lies: Aminopolypeptidase[12], Dipeptidase[13] und Prolinase.
161[2]: ist zu ergänzen durch: s. a. 160[2].
164[2]: statt MCFARLANE lies: MACFARLANE.
165[16]: statt: E. DUCKERT lies: F. DUCKERT; statt: 1964 lies: 1064.
179[5]: statt: L. WOHLGEMUTH lies: J. WOHLGEMUTH.
184[8]: statt: (1549) lies: (1949).
195[3]: statt: A. STEGEL lies: A. STEGEL jr.
199, vorletzter Absatz, 2. Zeile: statt: Befunde bei der Wegnahme von Darmstücken, Darmresektionen lies: Befunde die Wegnahme von Darmstücken bei Darmresektionen.
200[9]: statt: metabolisme lies: métabolisme.
204[1]: statt: HIRSCH, C. Chr. lies: HIRSCH, G. C.
205[1]: statt: s. a. Bd. **1**, S. 65 lies: s. a. Bd. **1**, S. 65 und 180.
213[8]: statt: H. G. GRÜNHAGEN lies: H.-G. GRÜNHAGEN.
213[19]: statt: J. v. MUTIUS lies: I. v. MUTIUS.
217[8]: statt: Acta med. nagasak. **1**, 3 (1939) lies: Nagasaki Igakkai Zasshi **17**, 35 (1939).
219[18]: statt: BOYDANOVE lies: BOGDANOVE.
220[12]: statt: SKELTON, P. R. lies: SKELTON, F. R.
226[11]: statt: ABEL, S. J. lies: ABEL, J. J.
227, 4. Absatz, 1. Zeile: statt: Aus isolierten lies: An isolierten. 3. Zeile: statt: 100 g Std lies: 100 g/Std.
255[10]: statt: (1950) lies: (1952).
262[6]: statt: (1933) lies: (1930).
265[1]: statt: **35** lies: **235**.
286[8]: statt: (1951) lies: (1950/51).
288[9]: statt: WELCH lies: WEECH.
297[15]: statt: MILSTONE, J. H. lies: MILSTONE, H.
306[1]: statt: W. L. HUGHES lies: W. L. HUGHES jr.
312[2]: statt: J. R. N. GURD lies: F. R. N. GURD.
314, letzter Absatz, 3. Zeile: statt: Fliege von lies: Fliege, von.
314[1]: statt: BILEN lies: M. BILEN.
319[12]: statt: Washington 115, **21**, lies: Washington **21**.
330: Tabelle am Schluß der Seite: statt: Lipoide lies: Lipide.
351[18] und 352[1, 17]: statt: GADDUM, J. H., u. H. H. DALE lies: GADDUM, J. H.
356[7]: statt: SANO lies: SANÒ.
362[2]: statt: SCHULTZ lies: SCHLUTZ.
368[2]: statt: Bd. **2** lies: Bd. **2**/1 (2mal).
372[9]: statt (1936) lies: (1937).
373: Der Kopf der Tabelle ist zu ergänzen durch: von Ratten.
374[7]: statt: SAWITZKY lies: SAWITSKY. — Bei MCARDLE, B. statt: (1949) lies: (1940).
382[18]: statt: **I** lies: I.
385[1]: bei SCHMIDT, H. statt: 1950 lies: 1950—.
389[9]: statt: Adv. Sci. lies: Adv. Sci., Bangalore.
392[8]: statt: THOMANN, I. lies: THOMANN, J.
398[5]: statt: SHUKERS, C. F. lies: SHUKERS, C. F., E. M. KNOTT and F. W. SCHLUTZ.
400[6]: statt: CROHNHEIM lies: CRONHEIM.
401[4]: bei YOSIKAWA, statt: 211 lies: 211, 231. — Bei YOSIKAWA, H., u. H. SIBUTA; statt: 223, 232 lies: 223.
405[21]: bei SEIFERT, P., u. R. BROSSMER, statt: (1952) lies: (1951/52).
406[19]: statt: 698ff. lies: 688ff.
406[23]: statt: S. B. BRISKAS lies: S. BRISKAS.
407[8]: statt: 340 lies: 430.
407[16]: statt: **16**/3, 1 lies: **16**, 33.

Seite
409[25]: statt: Nord. med. Ark. lies: Nord. Med.
410[8]: statt: Amer. Rev. Tuberc. **1945**, 561: lies: Amer. Rev. Tuberc. **45**, **561** (**1945**).
411[8]: statt: L. BENNETT lies: L. L. BENNETT.
411[10]: statt: MCCLENDON, J. F., A. C. BRATTON, R. V. WHITE and W. C. FORSTER lies: MCCLENDON, J. F., and A. C. BRATTON.
415[5]: statt: PERKOWITZ lies: PEPKOWITZ.
426: In den Fußnoten setze vor D'Ans-Lax: [3].
428, Fußnoten, 1. Zeile: statt: M. G. GUEST lies: G. M. GUEST.
429[3]: statt: MILLER, L. T. lies: MILLER, L. L.
432[20], 2. Zitat: statt: MCFARLANE lies: MACFARLANE.
456[2]: Hinter Neugeborenen füge ein: 2. Aufl.
456[11], 2. Zitat: statt: PRONTY lies: PRUNTY.
458[7], 3. Zitat: statt: Amer. J. Path. lies: Amer. J. clin. Path.
459[8], 2. Zitat: statt: (1947) lies: (1946).
466[11], bei CASTLE, W. B.: statt (1936) lies: (1935).
470[4]: statt: OSGOOD, E. lies: OSGOOD, E. E.
482[10]: statt: WAR lies: WARE.
495[12]: statt: M. A. VINET lies: A. VINET.
500[16]: statt: HENDERSON, Y., u. O. KLIMMER lies: HENDERSON, Y.
500[19]: statt: Oxford lies: New Haven, London.
502[4]: statt: B. TAYLOR lies: N. B. TAYLOR.
528[12]: statt: Teil 4/2 lies: Teil 4.
537[2]: statt: HESS, R. W. lies: HESS, W. R.
540[1]: statt: RAPOPORT, R. lies: RAPOPORT, S.
557[6] statt: (1034) lies: (1934).
571[5]: statt: (1927) lies: (1926/27).
582[10]: statt: KING, G. lies: KING, K.
583[1]: statt: G. A. BENNET lies: G. A. BENNETT.
589[19]: statt: ELKINTON, I. R. lies: ELKINTON, J. R.
597: statt: [1] STRAUB, W. lies: [2] STRAUB, W.
598[8]: statt: H. W. WINKLER lies: A. W. WINKLER.
601[6]: statt: F. P. MOORE lies: F. D. MOORE.
603[3]: statt: TOBLER, L. u. G. BESSAU lies: TOBLER, L.
606[1]: statt: Fortschr. Bot. **1**, 144—154 (1931) lies: Fortschr. Bot. **1**, **144—154** (1930).
625[3]: statt: 251 lies: **251**.
626[16]: statt: PHILIPPS lies: PHILLIPS.
628[3]: statt: P. MCALLEN lies: P. M. MCALLEN.
628[7]: statt: P. W. RAWSON lies: R. W. RAWSON.
634[11]: statt: biochémie lies: biochimie.
634[15]: statt: **16**/2/2 lies: **16**/2.
648[5]: statt: M. L. JUNGGREN lies: M. LJUNGGREN.
652[3]: statt: THOMAS, M. V. lies: THOMAS, M. D.
662[3], [6]: statt: SCHULTZ lies: SCHLUTZ.
665[2]: statt: HEGSTEDT lies: HEGSTED.
667[8], [9]: statt: CHOU, T. O. lies: CHOU, T.-P.
672[8]: statt: DANIELS, A., L. lies: DANIELS, A. L.
683, 2. Absatz, 2. Zeile: statt Mono-, Di- und Trijodtyrosin lies: **Mono- und Dijodtyrosin** sowie Trijodthyronin.
685[23]: statt: Ann. Inst. Past. lies: Ann. Inst. Pasteur.
695, Absatz 2, Zeile 3: statt: alkali lies: alcali.
695[34]: statt: CLAUSSMANN lies: CLAUSMANN.
699, letzter Absatz, 5. Zeile: statt: drepessiven lies: depressiven.
699[24]: statt: G. A. BUTTU lies: G. ALEXIANU-BUTTU.
700[27]: statt: SENDROY, J. lies: SENDROY, J. jr.
729[3]: statt: S. C. ANHEGER-LISIE lies: C. C. ANHEGGER-LISIE.
738[1]: statt: DICKENS, F., and F. LIP : lies: LIPMANN, F.
743[10]: statt: C. T. CORI lies: C. F. CORI.
744, letzter Absatz, 3. Zeile: statt: weiteres lies: weiteren.
746[6]: statt: ENGELHARD lies: ENGELHARDT.
748[10]: statt: Biochemie II lies: Biochemie III.
751[2]: statt: R. JUNOWICZ-KOCHALATY lies: R. JUNOWICZ-KOCHOLATY.
751[4]: statt: H. O. L. FISCHSR lies: H. O. L. FISCHER.
756[6]: statt: R. M. BUCK lies: R. M. BOCK.
777[3]: statt: J. A. ZAPP lies: J. A. ZAPP jr.
781[6]: statt: C. E. PARK lies: C. R. PARK.

Seite

796[4]: statt: Barnes, R., H. E. S. Miller lies: Branes, R. H., E. S. Miller.
800[15]: statt: D. Drummey lies: G. D. Drummey.
839[4]: statt: Pricer lies: Pricer jr.
851[5]: statt: Soc. int. Mirobiol. Bull. lies: Soc. int. Microbiol. Boll.
853[14]: statt: Schenk lies: Schenck.
858[16]: statt: J. W. Bancroft lies: F. W. Bancroft.
858[17], (2. Zeile der Fußnoten S. 859): statt Tigne lies: Teague.
877[13]: statt: Womach lies: Womack.
886, 2. Absatz, 5. Zeile: statt: Rizopusstämme lies: Rhizopusstämme.
886[4]: statt: Plager, I. E. lies: Plager, J. E.
886[10]: statt: Dorfmann lies: Dorfman.
893[4]: statt: and lies: u.
894, 1. Absatz, Tabelle, 7. Zeile: statt: allo-Pregnen $3\beta,16\alpha,20\beta$-triol lies: allo-Pregnan-3β, 16α, 20β-triol.
899, Literatur zu S. 898[3]: statt: C. M. Barry lies: M. C. Barry.
900, 4. Absatz, Tabelle: statt: Δ^5-Androsten-3β, 17β-diol[3]) lies: Δ^5-Androsten-3β, 17β-diol[4]).
901[13]: statt: J. F. Sommerville lies: I. F. Sommerville.
902, 1. Absatz, Tabelle: statt: Androsten-3α, 16α, 17β-triol lies: Androstan-3α, 16α, 17β-triol.
905[7]: statt: M. M. Hofman lies: M. M. Hoffman.
918, 2. Absatz, vorletzte Zeile: statt Phenyldiamin lies: Phenylendiamin.
954, 3. Absatz, Zeile 1: statt: *Pudrescin* lies: *Putrescin*.
954[21]: statt: L. Conti lies: H. Conti.
961[2] 2. Absatz: die beiden Formeln sind zu ersetzen durch:

$$[(H_3C)_2\!-\!\overset{+}{S}\!-\!CH_2\!-\!COO^-] \text{ und } [(H_3C)_2\!-\!\overset{+}{S}\!-\!CH_2\!-\!CH_2\!-\!COO^-].$$

967[4]: statt: Gutman, H. R. lies: Gutmann, H. R.
967[9]: statt: Weissmann, N. lies: Weissman, N.
971[2]: statt: D. Rittfnberg lies: D. Rittenberg.
975, 2. Absatz, 16. Zeile: statt: konnte lies: konnten.
982[8]: statt: J. Nabeh lies: I. Nabeh.
989, 2. Absatz, Formel: statt: [Tryptophan O_x] lies: [Tryptophan Ox].
991, 2. Absatz, 3.letzte Zeile: statt: Das C(3) lies: Der C(3).
1012 Tab., Zeile 9 u. 10: statt: Thalassämie lies: Thalassaemia.
1016[8]: statt: J. biol. Ch. 157 lies: Nature **157**.
1031[5]: statt: F. Thomas lies: H. Thomas.
1043, 2. letzte Zeile: statt: $H_3C\!-\!C\cdot OO\!-\!AsO_3^{--}$ lies: $H_3C\!-\!COO\!-\!AsO_3^{--}$.
1046[4], letzte Zeile: statt: Ochoa lies: S. Ochoa.
1049, Formel a) im vorletzten Absatz:
statt: R—ÇH$_2$—S—Enzym lies: R—CH$_2$—CO—S-Enzym.
1050[3]: statt: Arch. Mikrobiol., Paris lies: Arch. Mikrobiol., Berlin.
1051[10]: statt: Plaut, G. W. lies: Plaut, G. W. E.
1059[2]: statt: Kalnitski lies: Kalnitsky.
1072[10]: statt: vnd lies: and.
1271, r. Spalte: bei Barkan, G., 7. Zeile: statt: Hämoglobinabbbau lies: Hämoglobinabbau.
1304, r. Spalte: bei Chargaff, E., 11. Zeile: statt: Intracelulläre lies: Intracelluläre.
1309, r. Spalte: Colingsworth, D. R. u. a. ist zu setzen nach: Colin, G.
1322, r. Spalte: bei Döring, G. K., u. H. H. Loeschke statt: Hämopoieitin lies: Hämopoietin.
1327, r. Spalte, 2. Zeile: statt: 971[19] lies: 971[9].
1338, l. Spalte: bei Finch, C. A., 4. Zeile: statt: Hegstedt lies: Hegsted.
1339, r. Spalte: bei Flaschenträger, B., u. P. B. Müller, 2. Zeile: statt: 326[10] lies: 326[20].
1357, rechte Spalte: bei Greenberg, D. M., and E. M. Cuthbertson:
statt: Cl^+ und HCO_3^+ lies: Cl^- und HCO_3^-.
1429, r. Spalte: statt: Lynen, F(rieda), s. Lynen F(edor) 1028[5] lies: Lynen, F(rieda), s. Lynen, F(eodor) 1028[5].
1432, r. Spalte: bei McLean, F. C. statt: s. Slyke, D. D. lies: Slyke, D. D. van.
1436, r. Spalte: bei Marker, R. E., E. J. Lawson, 3. Zeile: statt: Progresteronmeta- lies: Progesteronmeta-.
1454, l. Spalte: statt: Naylor, N. M. lies: Naylor, M. N.
1482, r. Spalte: bei Rienits, K.G., 3. Zeile: statt: Thyrosinoxydation lies: Tyrosinoxydation.
1505, r. Spalte: statt: Serebescu lies: Serbescu.
1507, r. Spalte: bei Shirichi statt: Koktake lies: Kotake.
1528, r. Spalte: statt: Terszakowec lies: Terszakoweć.
1557, l. Spalte: bei Wollish: statt: Panthotensäurebestimmung lies: Pantothensäure.

721/1/52 — III/18/203